DIE STATIK IM EISENBETONBAU

Ein Lehr- und Handbuch der Baustatik

Verfaßt im Auftrage des Deutschen Beton-Vereins

von

Dr.-Ing. **Kurt Beyer**

ord. Professor an der Technischen Hochschule
Dresden

Zweite, vollständig neubearbeitete Auflage

Zweiter Band

Mit 800 Abbildungen im Text, zahlreichen
Tabellen und Rechenvorschriften

Springer-Verlag Berlin Heidelberg GmbH
1934

Vorwort.

Meiner lieben Mutter in treuem Gedenken.

Das Werk behandelt in zwei Bänden die theoretischen Grundlagen der Baustatik, ihre Methoden und deren Anwendung auf die Tragwerke des Eisenbetonbaues. Da jedoch die Theorie für alle Baustoffe gilt, deren elastische Eigenschaften durch das Hookesche Gesetz ausgedrückt werden können, läßt sich das Werk ebensogut auch zur statischen Untersuchung gleichartiger Stahlbauten verwenden.

Während der I. Band neben den Angaben über die äußeren Kräfte im wesentlichen die Theorie des Stabwerks enthält, behandelt der Hauptteil des II. Bandes deren Anwendung auf alle biegungssteifen Tragwerke des Brücken- und Hochbaues. Bemerkenswert sind hierbei die Angaben zur Berechnung des durchlaufenden Trägers mit veränderlichem Trägheitsmoment, zur statischen Untersuchung und Formgebung von Bogenträgern und die Tabellen zur übersichtlichen Berechnung von einfachen Rahmen. Die zunehmende Bedeutung querbelasteter drillungssteifer Tragwerke kommt durch die Berechnung der Trägerroste zur Geltung.

Die Plattenstatik der ersten Auflage ist erweitert und durch die Statik der Scheiben und Schalen ergänzt worden. Ebenso wie im ersten Hauptteil erleichtern auch hier Zahlenbeispiele, Tabellen und Rechenvorschriften die Anwendung im Bauwesen. Vielleicht regt die Verbindung der Statik des Stabwerks mit der Statik der Platten, Scheiben und Schalen manchen Leser zu einem Vergleich ihrer Methoden und Ergebnisse an und führt damit zu einer Vertiefung der baustatischen Erkenntnis und konstruktiven Gestaltung.

Dresden, im Juni 1934.

K. Beyer.

ISBN 978-3-662-40886-5   ISBN 978-3-662-41370-8 (eBook)
DOI 10.1007/978-3-662-41370-8

Inhaltsverzeichnis.

Zweiter Band.

Zahlenangaben und Tabellen.

Erster Band.

Der **erste Band** behandelt in der Einleitung die äußeren Kräfte am Tragwerk, die klassische Erddrucktheorie und den Seitendruck in Silozellen. Daran schließt sich ein kurzer Abriß aus der Elastizitätstheorie zur Klarstellung der Beziehungen zwischen dem Spannungs- und Verschiebungszustand eines elastischen Mittels.

Der erste Hauptteil des Werkes enthält neben der Berechnung der Schnittkräfte und Formänderung des statisch bestimmten Stabwerks die Theorie und Anwendung des durchgehend elastisch gestützten Stabes. Die ausführlichen Tabellen über die Schnittkräfte und über das Arbeitsintegral zur Berechnung ausgezeichneter Verschiebungen statisch bestimmter Träger sind ebenso wie die Angaben über die Biegelinien für den Handgebrauch bestimmt.

Der zweite Hauptteil bringt eine umfassende Darstellung der zahlreichen Methoden zur Berechnung statisch unbestimmter Stabwerke. Neben den allgemeinen Verfahren zur Auflösung der Elastizitätsgleichungen durch Elimination, Iteration, Integration und zeichnerische Hilfsmittel wird auch die Vereinfachung der Lösung durch Symmetrie des Tragwerks, durch Belastungsumordnung, durch Einführung von Gruppenlasten, durch Ansätze in zwei Stufen und durch statisch unbestimmte Hauptsysteme gezeigt.

Den Abschluß bildet die Entwicklung der Deformationsmethode zur vollständigen Analogie mit der Kraftmethode. Hierzu wird der Begriff des geometrisch unbestimmten Hauptsystems gebildet, aus dem die statischen Bedingungen der geometrisch unbestimmten Größen abgeleitet werden.

V. Anwendung der Theorie auf die im Bauwesen viel verwendeten Stabwerke.

45. Das Tragwerk als Gegenstand der baustatischen Untersuchung.

Die allgemeine Anordnung eines Bauwerks richtet sich nach dem Zweck der Anlage und nach der Größe und Lage der Lasten. Das Tragwerk übernimmt die äußeren Kräfte und vermittelt zwischen ihnen und den Stützkräften Gleichgewicht. Dabei verändert sich die Form des Tragwerks infolge der elastischen und plastischen Eigenschaften des Baustoffs.

Das System des Tragwerks und die Abmessungen der Teile werden, abgesehen von seltenen Ausnahmen, stets derart gewählt, daß der Formänderungszustand bei der vorgeschriebenen Belastung stabil ist und nur verschwindend kleine Verschiebungen entstehen. Ihre Größe ist neben den Baukosten und den betrieblichen Eigenschaften der Maßstab für die Güte des Tragwerks.

Die Formänderung wird als die Folge von inneren Kräften angesehen, die mit den äußeren Kräften im Gleichgewicht stehen. Spannung und Verzerrung sind erfahrungsgemäß miteinander verknüpft und im elastischen Bereich wechselweise eindeutig bestimmt. Die Zusammenhänge gelten hinreichend genau als linear, die Verschiebungen als verschwindend klein, so daß zunächst die kleinen Größen zweiter Ordnung und darauf die Verschiebungen selbst im Vergleich zu den Abmessungen der Bauteile vernachlässigt werden. Auf diese Weise entstehen Approximationsstufen der rationellen Lösung, welche durch das Experiment für technische Bedürfnisse als brauchbar bestätigt werden. Sie bilden die Baumechanik, die stets Wissenschaft bleibt, solange der Grad der Annäherung abgeschätzt und an einfachen Beispielen zahlenmäßig festgestellt werden kann.

Das Tragwerk besteht im allgemeinen aus einer Verbindung von Platten, Schalen, Scheiben und biegungssteifen oder biegungs- und drillungssteifen Stäben, die als Träger bezeichnet werden. Dazu treten meist auch Stäbe, die allein Längskräfte erhalten und daher nur die zur Stabilität des Formänderungszustandes notwendige Steifigkeit besitzen. Außerdem werden oft noch Bauteile verwendet, die nur Zugkräfte aufnehmen, dagegen unter Druckkräften ausschalten, so daß Tragwerke mit veränderlicher Gliederung entstehen. Die Kennzeichnung der Bauteile ist durch ausgezeichnete Annahmen über den Formänderungs- und Spannungszustand bestimmt (Abschn. 8). Dasselbe gilt von der Verbindung der Bauteile, die biegungs- und drillungssteif, in Führungen beweglich oder um Achsen und Punkte frei drehbar angenommen wird.

Die analytischen Beziehungen des Verschiebungs- und Spannungszustandes werden am undeformierten Tragwerk und in der Regel getrennt für jeden einzelnen Bauteil abgeleitet. Hierzu müssen die Verschiebungen und die inneren Kräfte an den Rändern der Schalen, Scheiben und Platten oder an den Enden der Träger bekannt sein. Dieser Teil der Lösung gelingt jedoch nur selten streng. Man begnügt sich zumeist mit wahrscheinlichen Annahmen über die Formänderung an den Unstetigkeitsstellen und rechnet streng nur bei Stabwerken, deren Bauglieder starr oder in reibungslosen Gelenken frei drehbar verbunden sind. Die Fläche der Knotenscheiben ist im Vergleich zu den Abmessungen der Träger in der Regel klein, so daß die Stablängen bei der Untersuchung des Tragwerks auf die geometrischen Schnittpunkte der Stabachsen bezogen und nur die Trägheitsmomente im Bereich der Knoten unendlich groß eingesetzt werden, um den Formänderungszustand des Tragwerks richtig zu beurteilen. Die Untersuchung läßt sich dann nachträglich durch Sonderbetrachtungen an Scheiben mit vorgeschriebenen Randwerten ergänzen, falls nicht experimentell gewonnene Ergebnisse oder einfache statische Ansätze zwischen den äußeren und inneren Kräften zur Beurteilung der Sicherheit und Gestaltung dieser Bauteile ausreichen. Die Approximationsstufen der Theorie werden daher für baustatische Betrachtungen stets mit den Näherungsfolgen einer Idealisierung des Tragwerks verbunden. Diese behandelt die geometrische Form der Achsen und Querschnitte der Stäbe nach S. 25 und die Art ihrer Verbindung. Sie enthält außerdem Angaben zur angenäherten Beurteilung der Biegungs- und Drillungssteifigkeit durch Funktionen ζ, ϱ nach S. 97, ohne dabei auf besondere konstruktive Eigenschaften von örtlicher Bedeutung Rücksicht zu nehmen. Geeignete Annahmen über die Biegungs- und Drillungssteifigkeit ausgezeichneter Bauteile durch unendlich große Trägheitsmomente oder durch Vernachlässigung des Biegungs- und Drillungswiderstandes und damit Substitution starrer Stabanschlüsse durch Gelenke führen oft zu brauchbaren, zur Abschätzung geeigneten Näherungsrechnungen.

Jedes Stabwerk gilt bei der Untersuchung der Stabilität der Formänderung als räumliches Gebilde. Sie läßt sich am einfachsten nachweisen, wenn jeder Stabknoten kinematisch festliegt. Die Berechnung der Schnittkräfte und Verschiebungen räumlicher Tragwerke ist jedoch nur bei Idealisierung der Stabknoten durch reibungslose Gelenke einfach, die zwar bei ebenen Stabwerken in vielen Fällen zulässig, aber keinesfalls mit der Ausbildung räumlicher Stabknoten verträglich ist. Die statische Untersuchung der räumlichen Stabwerke mit biegungs- und drillungssteifen Knoten gelingt meist nur bei mehrfacher Symmetrie und ausgezeichneten Belastungsannahmen, welche durch Umordnung aus der vorgeschriebenen Belastung entstanden sind. Zahlreiche Aufgaben können auf diese Weise teils streng, teils angenähert auf die Berechnung ebener Stabwerke zurückgeführt werden. In anderen Fällen können auch Messungen an ausgeführten Bauwerken oder Modellen die räumliche Tragwirkung erschließen und damit die baustatische Untersuchung vorbereiten. Dabei werden stets Verschiebungen beobachtet und miteinander verglichen. Sie führen daher hier ebenso zur Spannungsberechnung wie in den klassischen Ansätzen der Elastizitätstheorie. Diese liefern beim ebenen oder räumlichen Stabwerk mit biegungssteifen oder biegungs- und drillungssteifen Gliedern die Komponenten für die Bewegung der Knoten und damit die geometrischen Randbedingungen für die Stäbe. Wird diese Rechnung durch wahrscheinliche Annahmen ersetzt, so entstehen oft brauchbare Näherungslösungen, die zur Abschätzung der Festigkeit und der Abmessungen der Bauteile oder zur Aufteilung eines mehrfach zusammenhängenden ebenen oder räumlichen elastischen Gebildes ausreichen. Unter Umständen wird die wahrscheinliche Formänderung auch in Grenzen eingeschlossen, für welche sich Ansatz und Zahlenrechnung vereinfachen. Der Nachweis der Sicherheit für Grenzbetrachtungen enthält auch die wirkliche Lösung, die unter Umständen vielleicht nur auf schwierigem Wege erhalten wird.

Die Anschlußkräfte der Stäbe lassen sich oft auch unmittelbar als Funktion der Belastung und der statisch überzähligen Größen des Tragwerks anschreiben, wenn ihre Anzahl und ihre wechselseitige Abhängigkeit gering sind. Die Abschätzung der statisch unbestimmten Größen und damit die Vorbereitung von angenäherten Lösungen ist allerdings auf diesem Wege schwieriger.

Während zur Berechnung der unabhängigen Komponenten des Verschiebungszustandes des Stabwerks nach Abschn. 38 statische Bedingungsgleichungen verwendet werden (Lösung B), erhalten diese zur Berechnung der statisch unbestimmten Größen nach Abschn. 24 geometrischen Inhalt (Lösung A). Je kleiner die Anzahl der unabhängigen Komponenten des Verschiebungszustandes ist, um so eher wird man zur Lösung B greifen, dagegen werden die Schnittkräfte aus den statisch überzähligen Größen berechnet, wenn die Lösung A übersichtlich ist und nicht durch ungünstige Fehlerfortpflanzung leidet. Die zahlreichen Untersuchungen der folgenden Abschnitte bieten ausreichende Gelegenheit, die Brauchbarkeit der beiden Ansätze kritisch zu beurteilen.

Das Ergebnis beschreibt die Formänderung der Stäbe und ihre Schnittkräfte, aus denen die Spannungen des Querschnitts je nach der Ausführung des Tragwerks in Stahl oder Eisenbeton abgeleitet werden. Die Verteilung der Schnittkräfte auf die Bestandteile des Querschnitts ist dabei ebenso wie die Berechnung der Spannungen nur soweit behandelt worden, als dies für die Baustatik notwendig ist. Die vollständige Lösung der Aufgabe und die Untersuchung der Stabilität der Formänderung bleiben in der Regel der Festigkeitslehre vorbehalten. Damit ist das Ziel der Statik des Stabwerks umrissen, nachdem als Voraussetzung für die Brauchbarkeit ihrer Methoden die klare, durch physikalische und statische Erkenntnis bestimmte Konstruktion hervorgehoben worden ist.

Rieckhof: Experimentelle Statik für statisch unbestimmte Systeme. Selbstverlag Beton u. Eisen 1925 Heft 11 S. 260; 1926 S. 73; Beton u. Eisen 1926 Heft 8. — Hofacker, K.: Mechanostatische Untersuchungen hochgradig statisch unbestimmter Tragwerke. Schweiz. Bauztg. 1926 S. 153. — Gottschalk: Lösung statischer Aufgaben mittels Modellgerät. Z. VDI 1926 S. 261. — Derselbe: Lösung statischer Aufgaben mittels Kontinuität. Beton u. Eisen 1927 Heft 15; 1929 S. 113. — Tillmann, R.: Der Modellversuch in der Baustatik. Z. öst. Ing.- u. Arch.-Ver. 1929 Heft 27—30. — Ritter, M.: Experimentelle Methoden der Baustatik. Schweiz. Bauztg. Bd. 96 (1930) Heft 18. — Kann, F.: Fortschritte in der experimentellen Statik vielfach statisch unbestimmter Rahmensysteme. Abh. Int. Kongreß Lüttich 1930. — Derselbe: Drehwinkelverfahren in der experimentellen Statik des Rahmensystems. Z. d. B. 1931 Heft 30. — Beaufoy: Grundsätzliche Schwierigkeiten bei mech. Bemessungsverfahren. Engineering Heft 3491. London 1932. — Schächterle: Modellverfahren zur Ermittlung der inneren Kräfte von beliebig belasteten statisch unbestimmten Tragwerken mit Hilfe der Drehwinkel-Verformungslehre. Org. Fortschr. Eisenbahnwes. 1933 Heft 2.

46. Balkenträger mit statisch unbestimmter Stützung.

Die Trägerenden a und n sind frei drehbar, elastisch drehbar oder starr eingespannt. Die elastische Verdrehung der Endstützen wird durch den EJ_cfachen Betrag ε_1, ε_n des Winkels bestimmt, um den sich diese durch ein Kräftepaar von 1 mt drehen (Abb. 359). Bei starrer Einspannung ist $\varepsilon = 0$. Zur Berechnung der Schnittkräfte werden die negativen Einspannungs- und Stützenmomente $-M_k$ als überzählige Größen X_k verwendet (Abb. 360). Das Hauptsystem besteht dann

Abb. 359.

aus einer Reihe einfacher Träger, die in den gestützten Gelenken k zusammenhängen. Die statisch unbestimmten Schnittkräfte werden nach den Abschnitten 23 ff. aus geometrischen Bedingungsgleichungen berechnet. Die Vorzahlen δ_{kk}, δ_{ik} und die Belastungszahlen $\delta_{k\otimes}$ bedeuten dann die gegenseitige Verdrehung der Stützenquerschnitte k des Hauptsystems infolge von $-X_k = 1$ oder vorgeschriebenen äußeren Ursachen. Sie werden bei beliebig veränderlichem Querschnitt nach Abschn. 18, bei Approximation der Veränderlichkeit der Trägerquerschnitte nach S. 97 ff. aus den Angaben der Tabellen 13 bis 15 entwickelt. Die auf den Stab l_k entfallenden Anteile der Formänderungen $\delta_{(k-1)(k-1)}$, δ_{kk} sind bei symmetrischer Ausbildung

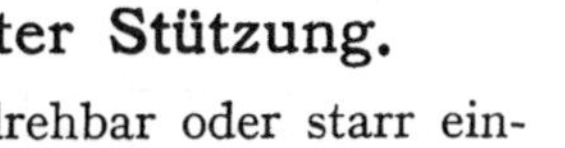

$$\delta_{(k-1)(k-1),2} = \delta_{kk,1} = 2\,\mu_k\,l'_k/6\,, \qquad \mu_k = 3\int_0^1 \xi^2\,\zeta_k\,d\xi\,,$$

$$\delta_{k(k-1)} = \lambda_k\,l'_k/6\,, \qquad \lambda_k = 6\int_0^1 \xi\,\xi'\,\zeta_k\,d\xi\,,$$

$$l'_k = l_k\,J_c/J_k\,, \qquad \zeta_k = J_k/J\,;$$

$$(634)$$

bei unsymmetrischer Ausbildung in den Endfeldern

$$\delta_{11,1} = 2\,\overline{\mu}_1\,l'_1/6\,, \qquad \overline{\mu}_1 = 3\int_0^1 \xi^2\,\zeta_1\,d\xi\,,$$
$$\delta_{nn,2} = 2\,\overline{\mu}_n\,l'_{n+1}/6\,, \qquad \overline{\mu}_n = 3\int_0^1 \xi'^2\,\zeta_{n+1}\,d\xi\,. \tag{635}$$

Die Beiwerte $\mu_k, \lambda_k, \overline{\mu}$ werden für die Approximation der Querschnittsfunktion ζ_k nach (634) berechnet. Die Ergebnisse sind in Tabelle 29 eingetragen.

Tabelle 29. Beiwerte μ_k, λ_k und $\overline{\mu}$ für verschiedene Funktionen $\zeta_k = J_k/J$;

reduzierte Biegelinien $\overline{\omega}_D = \dfrac{6}{l_k\,l'_k}\,\delta_{km}$, $\overline{\omega}'_D = \dfrac{6}{l_k\,l'_k}\,\delta_{(k-1)\,m}$.

$\xi = x/l$, $\xi' = x'/l = 1 - \xi$, $\xi'' = \tfrac{1}{2} - \xi'$; $v = v/l$, $v' = 1 - v$.

a) Symmetrische Funktionen ζ_k ($\zeta_k = \text{const}$: $\mu = \lambda = 1$). ω_D nach Tab. 22 S. 116.

	μ_k, λ_k	$\overline{\omega}_D$, $\overline{\omega}'_D$
1	$\mu_k = (1 - 2v)(1 - v\,v')$ $= v'^3 - v^3$ $\lambda_k = (1 - 2v)(1 + 2\,v\,v')$	$\overline{\omega}_D = \omega_D - v^2\{3\,\xi - 2\,v\,(2\,\xi - 1)\}$ * $\overline{\omega}'_D = \omega'_D - v^2\{3\,\xi' - 2\,v\,(2\,\xi' - 1)\}$
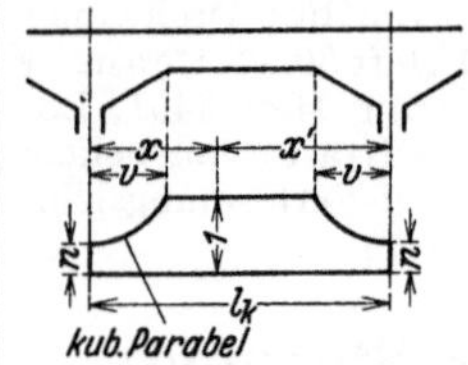 2	(angenähert) $\mu_k = 1 - (1 - n)\left[2\,v\,v' + \dfrac{v}{3}\right]$ $\lambda_k = 1 - 3(1 - n)\,v^2$	$\overline{\omega}_D = \omega_D - (1 - n)\,v^2\left[\dfrac{9}{5}\,\xi - v\,(2\,\xi - 1)\right]$ * $\overline{\omega}'_D = \omega'_D - (1 - n)\,v^2\left[\dfrac{9}{5}\,\xi' - v\,(2\,\xi' - 1)\right]$
3	$\mu_k = 1 - \dfrac{1 - n}{2}\,v\,(2 + v'^2)$ $\lambda_k = 1 - (1 - n)\,v^2\,(2 - v)$	$\overline{\omega}_D = \omega_D - \dfrac{1 - n}{2}\,v^2\,(v + 2\,v'\,\xi)$ * $\overline{\omega}'_D = \omega'_D - \dfrac{1 - n}{2}\,v^2\,(v + 2\,v'\,\xi')$
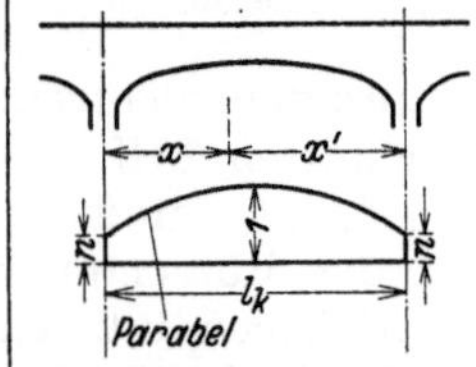 4	$\zeta_k = 1 - 4\,(1 - n)\,\xi''^2$ $\mu_k = \dfrac{2n + 3}{5}$ $\lambda_k = \dfrac{n + 4}{5}$	$\overline{\omega}_D = \omega_D - \dfrac{1 - n}{5}\,\{\omega_D - 2\,\omega_R\,\xi^2\,(3\,\xi' - 1)\}$ $\overline{\omega}'_D = \omega'_D - \dfrac{1 - n}{5}\,\{\omega'_D - 2\,\omega_R\,\xi'^2\,(3\,\xi - 1)\}$
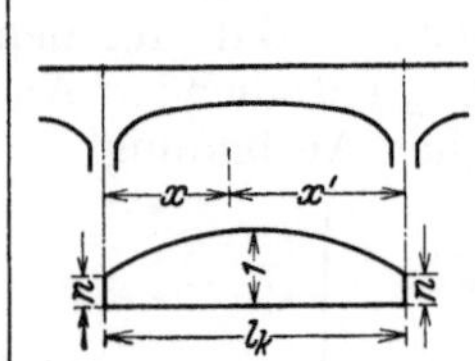 5	$\zeta_k = 1 - (1 - n)\,(2\,\xi'')^{2r}$ $\mu_k = \dfrac{3n\,(r+1) + r\,(4r + 5)}{(2r + 1)(2r + 3)}$ $\lambda_k = \dfrac{3n + 4r\,(r + 2)}{(2r + 1)(2r + 3)}$	$\overline{\omega}_D = \omega_D - \dfrac{3}{2}\,(1 - n)\,\Phi$ $\Phi = \dfrac{\{1 + (2r + 1)\,\xi\}\{1 - (2\,\xi - 1)^{2(r+1)}\}}{(2r + 1)(2r + 2)(2r + 3)}$ $\overline{\omega}'_D = \omega'_D - \dfrac{3}{2}\,(1 - n)\,\Psi$ $\Psi = \dfrac{\{1 + (2r + 1)\,\xi'\}\{1 - (2\,\xi' - 1)^{2(r+1)}\}}{(2r + 1)(2r + 2)(2r + 3)}$

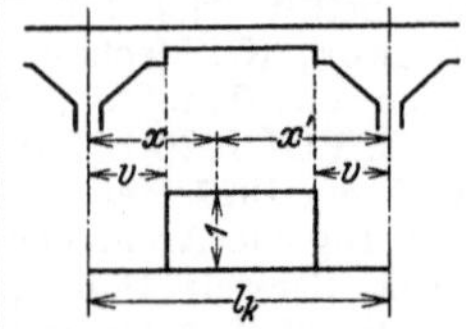

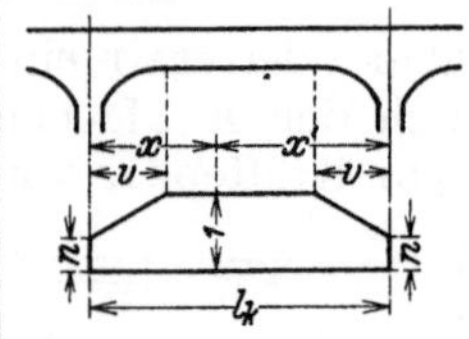

---

* $\overline{\omega}_D$ und $\overline{\omega}'_D$ für den Bereich zwischen den Vouten.

Tabelle 29 (Fortsetzung). b) Unsymmetrische Funktionen ζ_k .

6 ζ_k	[Figur]	$\bar\mu = v'^3 \approx \mu_k$	Feld $\mathrm{1}$ $$\overline\omega_D = \omega_D - \xi\, v^2\,(1 + 2v')$$ $*$ Feld $n + 1$ $$\overline\omega'_D = \omega'_D - \xi'\, v^2\,(1 + 2v')$$
7 ζ_k	[Figur] kub. Parabel	(angenähert) $$\bar\mu = 1 - (1-n)\left[2\,v\,v' + \frac{v}{3}\right]$$ $$= \mu_k$$	Feld $\mathrm{1}$ $$\overline\omega_D = \omega_D - \xi\, v^2\,(1 - n)\left(\frac{9}{5} - v\right)$$ $*$ Feld $n + 1$ $$\overline\omega'_D = \omega'_D - \xi'\, v^2\,(1 - n)\left(\frac{9}{5} - v\right)$$
8 ζ_k	[Figur]	$$\bar\mu = 1 - \frac{1-n}{4}\,v\,[(2-v)^2 + 2]$$	Feld $\mathrm{1}$ $$\overline\omega_D = \omega_D - \frac{1-n}{2}\,v^2\,(2 - v)\,\xi$$ $*$ Feld $n + 1$ $$\overline\omega'_D = \omega'_D - \frac{1-n}{2}\,v^2\,(2 - v)\,\xi'$$
9 ζ_k	[Figur] Parabel	$$\zeta_k = 1 - (1 - n)\,\xi'^2$$ $$\bar\mu = \frac{3n + 2}{5}$$	Feld $\mathrm{1}$ $$\overline\omega_D = \omega_D - \frac{3}{10}\,(1 - n)\,(\xi - \xi^5)$$ Feld $n + 1$ $$\overline\omega'_D = \omega'_D - \frac{3}{10}\,(1 - n)\,(\xi' - \xi'^5)$$
10 ζ_k	[Figur]	$$\zeta_k = 1 - (1 - n)\,\xi'^r$$ $$\bar\mu = \frac{3n + r}{3 + r}$$	Feld $\mathrm{1}$ $$\overline\omega_D = \omega_D - \frac{6\,(1 - n)}{(r + 2)\,(r + 3)}\,(\xi - \xi^{r+3})$$ Feld $n + 1$ $$\overline\omega'_D = \omega'_D - \frac{6\,(1 - n)}{(r + 2)\,(r + 3)}\,(\xi' - \xi'^{r+3})$$

Die Beiwerte λ sind bei der Verstärkung des Trägers nächst den Stützen durch Vouten mit $v \leqq 0{,}2$ angenähert gleich 1.

Die Belastungszahlen $\delta_{(k-1)0}$, δ_{k0} werden trotz der Berücksichtigung der elastischen Eigenschaften der Träger in den Vorzahlen des Ansatzes nach einer der Funktionen ζ_k in der Regel nur mit konstantem Trägheitsmoment angegeben. Die Fehler sind bei der Unsicherheit in der Bemessung und Eintragung der Lasten meist ohne Bedeutung. Sie werden aber trotzdem in den Einflußlinien δ_{km}, d. h. also in den Biegelinien δ_{mk} des Hauptsystems besser vermieden, um für die Einflußlinien stetige Linien zu erhalten.

Die genauen Belastungszahlen entstehen durch numerische Integration von (300) und bei der Einführung einer der ausgezeichneten Funktionen ζ_k durch Anwendung der Tabellen 12 bis 21. In diesen sind auch die Ordinaten der Biegelinien δ_{mk} für Träger mit Vouten angeschrieben. In der Regel genügt jedoch die Berechnung der Biegelinien für den Bereich des Trägers zwischen den Vouten mit $J = J_k$ und die geradlinige Verlängerung bis zum Stützpunkt, da hier die Krümmung infolge des größeren Trägheitsmomentes der Vouten klein ist. Die Ordinaten des mittleren Abschnitts werden nach

$$\delta_{mk} = \frac{l_k\,l'_k}{6}\,\overline\omega_D \tag{636}$$

$*$ $\overline\omega_D$ und $\overline\omega'_D$ für den Bereich zwischen den Vouten.

mit den Angaben der Tabelle 29 für die Funktion $\bar{\omega}_D$ berechnet. Bei annähernd konstantem Trägheitsmoment der einzelnen Träger k des Hauptsystems gelten die Vorzahlen und die Belastungszahlen der Tabelle 12. $\bar{\omega}_D$ wird dann gleich ω_D. Ist außerdem noch das mittlere Trägheitsmoment des Trägers k zur Stützweite l_k verhältnisgleich und damit $l_k J_c / J_k = l'_k = l'$, so erhalten die überzähligen Größen der Bedingungsgleichungen (297) konstante Koeffizienten, die Ansatz und Lösung vereinfachen.

Die Schnittkräfte des Trägers aus einer Belastung $\mathfrak{P}$ und den ihr zugeordneten überzähligen Größen X_{k-1}, X_k, X_{k+1} sind aus dem Gleichgewicht der äußeren Kräfte oder durch die formale Superposition nach (332) bestimmt (Abb. 360).

$$\left.\begin{aligned}
&\text{Stützenmomente:} \quad &-M_{k-1} &= X_{k-1}, \qquad -M_k = X_k, \\
&\text{Momente im Felde } l_k: \quad &M &= M_0 - X_{k-1}\,\xi' - X_k\,\xi, \\
&\text{„} \quad \text{„} \quad \text{„} \quad l_{k+1}: \quad &M &= M_0 - X_k\,\xi' - X_{k+1}\,\xi, \\
&\text{Querkräfte im Felde } l_k: \quad &Q &= Q_0 - \frac{1}{l_k}(X_k - X_{k-1}), \\
&\text{„} \quad \text{„} \quad \text{„} \quad l_{k+1}: \quad &Q &= Q_0 - \frac{1}{l_{k+1}}(X_{k+1} - X_k), \\
&\text{Stützkraft:} \quad &A_k &= A_0 + \frac{1}{l_k}(X_k - X_{k-1}) - \frac{1}{l_{k+1}}(X_{k+1} - X_k).
\end{aligned}\right\} \tag{637}$$

Die Ansätze gelten auch für die Bildung der Einflußlinien. Die Buchstaben A_0, M_0, Q_0 bezeichnen daher entweder die Stütz- und Schnittkräfte des einfachen Trägers oder deren Einflußlinien. Die Grenzwerte der Stützenmomente und der Biegungsmomente in Querschnitten zwischen dem Festpunkte $F_{(k-1)k}$, $F_{k(k-1)}$ (S. 255) aus gleichförmiger Belastung p treten stets bei feldweiser Belastung ein. In dem benachbarten Bereiche genügt in der Regel eine lineare Funktion, welche durch die Grenzwerte der Biegungsmomente in den Stütz- und Festpunkten bestimmt ist. (Abb. 374i.) Aus diesem Grunde sind auch die Festpunkte F_{1a} und F_{nb} für die Randfelder l_1, l_{n+1} mit frei drehbaren Endstützen notwendig. Sie werden außerdem noch verwendet, um die Schnittkräfte des durchgehenden Trägers aus einem statisch bestimmten Biegungsmoment M_a oder M_b über einer Endstütze, z. B. durch Belastung eines Kragarmes, graphisch zu verfolgen. Die Abstände der Festpunkte sind nach (435) durch $\varkappa_{1a} = \delta_{1a}/\delta_{11}^{(n-1)} = \delta_{1a}\beta_{11}$ und $\varkappa_{nb} = \delta_{nb}/\delta_{nn}^{(n-1)} = \delta_{nb}\beta_{nn}$ bestimmt.

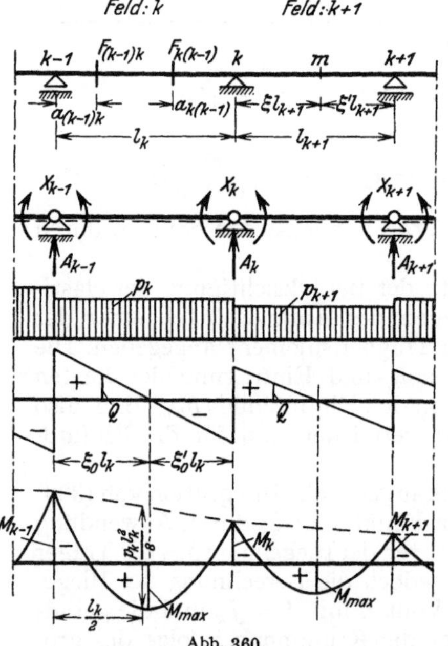

Abb. 360.

$$a_{1a} = \frac{\varkappa_{1a}\,l_1}{1 + \varkappa_{1a}}, \qquad a_{nb} = \frac{\varkappa_{nb}\,l_{n+1}}{1 + \varkappa_{nb}}. \tag{638}$$

Mit M_p^* und Q_p^* als Biegungsmoment und Querkraft für gleichförmig verteilte volle Belastung des ganzen Trägers ist

$$\left.\begin{aligned}
\max M_p + \min M_p &= M_p^*, \\
\max Q_p + \min Q_p &= Q_p^*.
\end{aligned}\right\} \tag{639}$$

Daher kann oft zur Vereinfachung der Rechnung der eine Grenzwert aus M_p^*, Q_p^* und dem anderen berechnet werden.

Die Biegungsmomente des Trägers l_k sind bei gleichförmiger Belastung p_k (Abb. 360)

$$M = \frac{p_k\,l_k^2}{2}\,\omega_R - X_{k-1}\,\xi' - X_k\,\xi. \tag{640}$$

Die Abszissen $\xi_0 l_k$, $\xi_0' l_k$ des Grenzwertes $M_{\max}$ werden nach S. 42 aus der Bedingung $dM/d\xi = 0$ bestimmt. Mit

$$X_k - X_{k-1} = \Delta X_k \quad \text{ist} \quad \xi_0 = \frac{1}{2} - \frac{\Delta X_k}{p_k l_k^2}, \qquad \xi_0' = \frac{1}{2} + \frac{\Delta X_k}{p_k l_k^2} \qquad (641)$$

und

$$M_{\max} = \frac{p_k l_k^2}{2}\, \xi_0^2 - X_{k-1} = \frac{p_k l_k^2}{2}\, \xi_0'^2 - X_k . \qquad (642)$$

1. Träger über einem Feld. a) Einfach statisch unbestimmte Anordnung. Der Träger ist links eingespannt, rechts frei drehbar gelagert. Als statisch überzählige Größe X_1 dient das Einspannungsmoment $-M_a$ (Abb. 361).

$$X_1 = \frac{\delta_{10}}{\delta_{11} + \varepsilon_1} \quad \text{(starre Einspannung: } \varepsilon_1 = 0\text{)} . \qquad (643)$$

Zahlenrechnung bei beliebig veränderlichem Trägheitsmoment nach Abschn. 18,

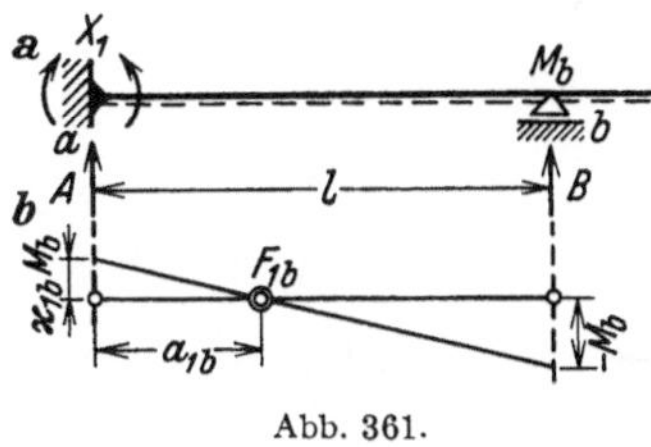

Abb. 361.

bei Approximation der elastischen Eigenschaften nach (635). Darnach ist für $\varepsilon_1 = 0$ (starre Einspannung) $\delta_{11} = \bar{\mu}\,2l'/6$, bei gleichbleibendem Querschnitt $\delta_{11} = l'/3$ und δ_{10} nach Tabelle 12 einzusetzen. Der Festpunkt

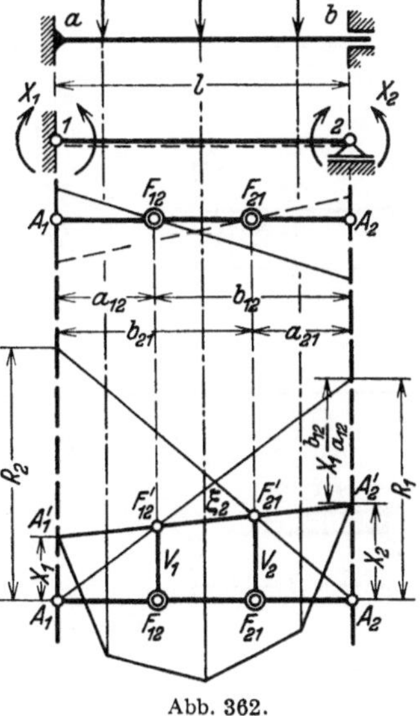

Abb. 362.

F_{1b} wird mit $\delta_{1b} = \lambda l'/6$ nach (437) durch

$$\frac{X_1}{M_b} = \varkappa_{1b} = \frac{\lambda}{2\bar{\mu}}, \qquad a_{1b} = \frac{\lambda l}{\lambda + 2\bar{\mu}} \qquad (644)$$

bestimmt; für $J = \text{const}$ ist $\lambda = \bar{\mu} = 1$, $\varkappa_{1b} = 1/2$, $a_{1b} = l/3$.

Bei Belastung des Kragträgers ist das Stützenmoment M_b statisch bestimmt und daher $X_1 = \varkappa_{1b} \cdot M_b$ (Abb. 361). Stütz- und Schnittkräfte für Träger mit konstantem Trägheitsmoment und $\varepsilon_1 = 0$ sind in Tabelle 30 eingetragen.

b) Zweifach statisch unbestimmte Anordnung. Der Träger ist auf der einen Seite starr, auf der anderen beweglich eingespannt (Abb. 362). Als statisch überzählige Größen werden die Einspannungsmomente $-M_a = X_1$, $-M_b = X_2$ verwendet und nach (345) für elastische Verdrehung der Stützen berechnet. Der EJ_cfache Betrag der gegenseitigen Verdrehung der Stützenquerschnitte durch $-X_1 = 1$ oder $-X_2 = 1$ ist dann

$$\delta_{11} + \varepsilon_1 = \delta_{11}^*, \qquad \delta_{22} + \varepsilon_2 = \delta_{22}^*, \qquad (645)$$

so daß die folgenden geometrischen Bedingungsgleichungen entstehen:

$$X_1 \delta_{11}^* + X_2 \delta_{12} = \delta_{10}, \qquad X_1 \delta_{21} + X_2 \delta_{22}^* = \delta_{20} .$$

Die Vorzahlen und Belastungszahlen ergeben sich bei beliebig veränderlichem Trägheitsmoment nach Abschn. 18, bei Approximation der Funktion ζ nach Tabelle 29. Darnach ist $\delta_{11} = \delta_{22} = 2\mu l'/6$, $\delta_{12} = \lambda l'/6$. Die algebraische Auflösung der Gleichungen steht auf S. 172, die Verwendung der Ergebnisse auf S. 396. Zur graphischen Auflösung des Ansatzes dient folgende Umformung:

$$X_1 \frac{\delta_{11} + \varepsilon_1}{\delta_{12}} + X_2 = \frac{\delta_{10}}{\delta_{12}}, \qquad X_1 + X_2 \frac{\delta_{22} + \varepsilon_2}{\delta_{12}} = \frac{\delta_{20}}{\delta_{12}} .$$

Tabelle 30. **Links eingespannter, rechts frei gelagerter Träger, $J = $ const.**

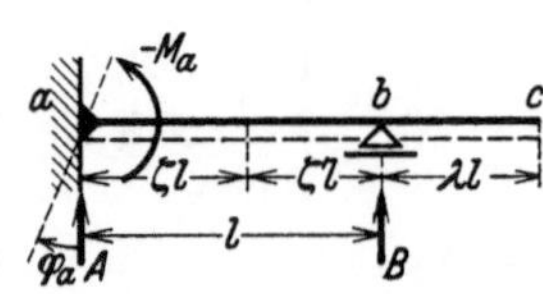

Abszissen der Belastung: $\xi\, l,\ \xi'\, l$

Abszissen der Stabquerschnitte: $\zeta\, l,\ \zeta'\, l$

$-M_a = X_1$; Schnittkräfte zwischen a und b:

$$M = M_0 - X_1\, \zeta'\,; \qquad Q = Q_0 + X_1/l\,;$$
$$A = A_0 + X_1/l\,; \qquad B = B_0 - X_1/l\,.$$

$A = \tfrac{1}{2}(2 - 3\,\xi^2 + \xi^3)$

$B = \tfrac{1}{2}\,\xi^2\,(3 - \xi)$

$M_a = -\dfrac{l}{2}(\xi' - \xi'^3) = -\dfrac{l}{2}\,\omega'_D$

$\zeta = \xi:\quad M_m = \dfrac{l}{2}\,\xi^2\,\xi'\,(3 - \xi)$

$A = \tfrac{5}{8}\,p\,l$

$B = \tfrac{3}{8}\,p\,l$

$M_a = -\dfrac{p\,l^2}{8}$

$\zeta = \dfrac{5}{8}:\quad \max M = \dfrac{5\,p\,l^2}{64}$

$A = -\tfrac{3}{2}\,\xi'$

$B = \tfrac{1}{2}(3\,\xi - 1)$

$M_a = +\dfrac{l}{2}\,\xi'$

$M_b = -l\,\xi'$

$A = -\tfrac{3}{4}\,p\,l\,\lambda^2$

$B = \dfrac{p\,l}{4}\,\lambda\,(4 + 3\,\lambda)$

$M_a = \dfrac{p\,l^2}{4}\,\lambda^2$

$M_b = -\dfrac{p\,l^2}{2}\,\lambda^2$

$A = \dfrac{p\,l}{2}\,\alpha\left(2 - \alpha^2 + \dfrac{\alpha^3}{4}\right)$

$B = \dfrac{p\,l}{2}\,\alpha^3\left(1 - \dfrac{\alpha}{4}\right)$

$M_a = -\dfrac{p\,l^2}{2}\,\alpha^2\left(1 - \alpha + \dfrac{\alpha^2}{4}\right)$

$A = \dfrac{p\,l}{8}\,\alpha'^2\,(6 - \alpha'^2)$

$B = \dfrac{p\,l}{8}\,\alpha'\,(8 - 6\,\alpha' + \alpha'^3)$

$M_a = -\dfrac{p\,l^2}{8}\,\alpha'^2\,(2 - \alpha'^2)$

$A = \dfrac{p\,l}{40}\,\alpha\,(20 - 5\,\alpha^2 + \alpha^3)$

$B = \dfrac{p\,l}{40}\,\alpha^3\,(5 - \alpha)$

$M_a = -\dfrac{p\,l^2}{120}\,\alpha^2\,(20 - 15\,\alpha + 3\,\alpha^2)$

$A = \dfrac{p\,l}{40}\,\alpha'^2\,(10 - \alpha'^2)$

$B = \dfrac{p\,l}{40}\,\alpha'\,(20 - 10\,\alpha' + \alpha'^3)$

$M_a = -\dfrac{p\,l^2}{120}\,\alpha'^2\,(10 - 3\,\alpha'^2)$

Sonderfall: $\alpha = 1$

$A = \tfrac{2}{5}\,p\,l\,; \quad B = \tfrac{1}{10}\,p\,l\,; \quad M_a = -\tfrac{1}{15}\,p\,l^2$

Sonderfall: $\alpha' = 1$

$A = \tfrac{9}{40}\,p\,l\,; \quad B = \tfrac{11}{40}\,p\,l\,; \quad M_a = -\tfrac{7}{120}\,p\,l^2$

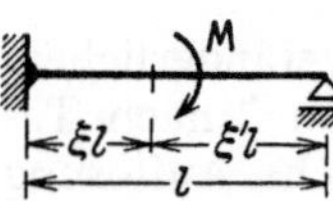

$A = -\dfrac{3}{2\,l}\,M\,\xi\,(2 - \xi) = -B\,; \quad M_a = +\dfrac{1}{2}\,M\,(1 - 3\,\xi'^2) = +\dfrac{1}{2}\,M\,\omega'_M$

Sonderfall: $\xi = 1\,; \qquad A = -\dfrac{3}{2\,l}\,M = -B\,; \qquad M_a = +\dfrac{1}{2}\,M$

Ungleichförmige Temperaturänderung $t_o - t_u = \Delta t:\ M_a = \tfrac{3}{2}\,E\,J_c\,\alpha_t\,\Delta t/h$

Stützenverschiebungen $\Delta_a,\ \Delta_b$ und $\varphi_a:\ M_a = E\,J_c\,\dfrac{3}{l}\left(\varphi_a + \dfrac{3\,\Delta_a}{l} - \dfrac{3\,\Delta_b}{l}\right)$

Tabelle 31. Beiderseits eingespannter Träger, $J = \mathrm{const}$ *.

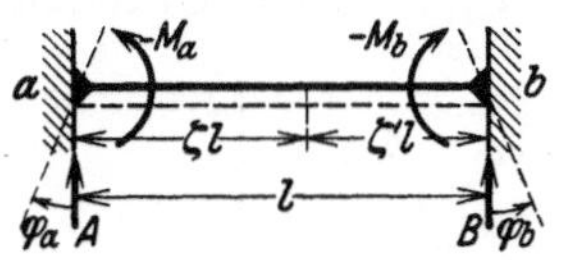

Abszissen der Belastung: $\quad\quad \xi l,\ \xi' l$

Abszissen der Stabquerschnitte: $\zeta l,\ \zeta' l$

$$- M_a = X_1;\quad - M_b = X_2.$$

$$M = M_0 - X_1 \xi' - X_2 \xi;\quad\quad A = A_0 - \frac{X_2 - X_1}{l}$$

$$Q = Q_0 - \frac{X_2 - X_1}{l};\quad\quad B = B_0 + \frac{X_2 - X_1}{l}$$

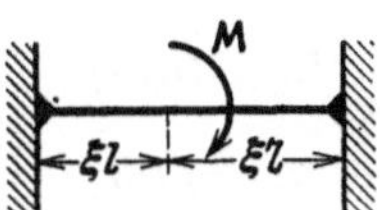

$$A = \xi'^2 (1 + 2\xi)$$
$$B = \xi^2 (1 + 2\xi')$$

$$M_a = - l\, \xi\, \xi'^2;\quad M_b = - l\, \xi^2\, \xi'$$

$$\zeta = \xi:\quad\quad M_m = 2\, l\, \xi^2\, \xi'^2$$

$$A = B = \frac{p\,l}{2}$$
$$M_a = M_b = - \frac{p\,l^2}{12}$$

$\zeta = 0{,}2113$ und $\zeta = 0{,}7887$: $M = 0$

$$\zeta = 0{,}5:\quad \max M = + \frac{p\,l^2}{24}$$

$$A = - 6\,\mathsf{M}\, \xi\, (1 - \xi)$$
$$B = + 6\,\mathsf{M}\, \xi\, (1 - \xi)$$

$$M_a = - \mathsf{M}\,(1 - 4\xi + 3\xi^2)$$

$$M_b = - \mathsf{M}\, \xi\, (2 - 3\xi)$$

$$A = \frac{p\,l}{20}\, \alpha'^3 (15 - 8\,\alpha')$$
$$B = \frac{p\,l}{20}\, \alpha' [10 - \alpha'^2 (15 - 8\,\alpha')]$$

$$M_a = - \frac{p\,l^2}{20}\, \alpha'^3 (5 - 4\,\alpha')$$

$$M_b = - \frac{p\,l^2}{30}\, \alpha'^2 (10 - 15\,\alpha' + 6\,\alpha'^2)$$

$$A = 2\,p\,l\,\gamma\, [\xi'^2 (3 - 2\xi') - \gamma^2 (2\xi' - 1)]$$
$$B = 2\,p\,l\,\gamma\, [\xi^2 (3 - 2\xi) - \gamma^2 (2\xi - 1)]$$
$$M_a = - \tfrac{2}{3}\, p\,l^2\,\gamma\, [3\,\xi'^2\,\xi - \gamma^2 (3\xi' - 1)]$$
$$M_b = - \tfrac{2}{3}\, p\,l^2\,\gamma\, [3\,\xi^2\,\xi' - \gamma^2 (3\xi - 1)]$$

Sonderfall: $\gamma = \xi \leqq 0{,}5$

$$A = 2\,p\,l\,\xi\, [1 - 4\,\xi^2\,\xi'],\quad B = 8\,p\,l\,\xi^3\,\xi'$$
$$M_a = - \tfrac{2}{3}\, p\,l^2\,\xi^2 [1 - 4\xi' + 6\xi'^2]$$
$$M_b = - \tfrac{2}{3}\, p\,l^2\,\xi'^2 [1 - 4\xi + 6\xi^2]$$

Sonderfall $\xi = 0{,}5$: $A = B = p\,l\,\gamma$

$$M_a = M_b = - \frac{p\,l^2}{12}\, \gamma\, [3 - 4\gamma^2]$$

$$A = \frac{p\,l}{20}\, \alpha'^3 (5 - 2\,\alpha')$$
$$B = \frac{p\,l}{20}\, \alpha' [10 - \alpha'^2 (5 - 2\,\alpha')]$$

$$M_a = - \frac{p\,l^2}{60}\, \alpha'^3 (5 - 3\,\alpha')$$

$$M_b = - \frac{p\,l^2}{60}\, \alpha'^2 [10 (1 - \alpha') + 3\,\alpha'^2]$$

Sonderfall: $\alpha' = 1$

$$A = \tfrac{3}{20}\, p\,l,\quad\quad B = \tfrac{7}{20}\, p\,l$$
$$M_a = - \tfrac{1}{30}\, p\,l^2,\quad\quad M_b = - \tfrac{1}{20}\, p\,l^2$$

$\zeta = 0{,}237$ und $\zeta = 0{,}808$: $M = 0$

$$\zeta = 0{,}548:\quad \max M = \frac{p\,l^2}{46{,}6}$$

Ungleichförmige Temperaturänderung $t_0 - t_u = \Delta t$: $\quad M_a = - M_b = E\,J_c\,\alpha_t\,\Delta t / h$

Stützenverschiebungen $\Delta_a,\ \Delta_b$: $\quad M_a = - \dfrac{6}{l^2} (\Delta_b - \Delta_a)\, E\,J;\quad M_b = - \dfrac{6}{l^2} (\Delta_a - \Delta_b)\, E\,J$

Stützenverdrehungen $\varphi_a,\ \varphi_b$: $\quad M_a = + \dfrac{2}{l} (2\,\varphi_a - \varphi_b)\, E\,J;\quad M_b = \dfrac{2}{l} (2\,\varphi_b - \varphi_a)\, E\,J$

---

* Weitere Belastungsfälle siehe Tabelle **17** Seite **112**.

In dieser sind die reziproken Vorzahlen nach S. 255 Kennbeziehungen zwischen den Einspannungsmomenten. Sie bestimmen die Festpunkte F_{12}, F_{21} der Untersuchung (Abb. 362).

$$\delta_{10} = 0: \quad -\frac{X_1}{X_2} = \frac{a_{12}}{b_{12}} = \varkappa_{12} = \frac{\delta_{12}}{\delta_{11} + \varepsilon_1} = \frac{\lambda}{2\,\mu + 6\,\varepsilon_1/l}\,, \left.\begin{array}{c}\\[2ex]\\\end{array}\right\}$$
$$\delta_{20} = 0: \quad -\frac{X_2}{X_1} = \frac{a_{21}}{b_{21}} = \varkappa_{21} = \frac{\delta_{12}}{\delta_{22} + \varepsilon_2} = \frac{\lambda}{2\,\mu + 6\,\varepsilon_2/l}\,. \tag{646}$$

$$a_{12} = \frac{\delta_{12}}{\delta_{11} + \delta_{12} + \varepsilon_1}\, l = \frac{\lambda\, l}{2\,\mu + \lambda + 6\,\varepsilon_1/l}\,,$$
$$a_{21} = \frac{\delta_{12}}{\delta_{22} + \delta_{12} + \varepsilon_2}\, l = \frac{\lambda\, l}{2\,\mu + \lambda + 6\,\varepsilon_2/l}\,. \tag{647}$$

Je mehr sich die Endquerschnitte bei der Belastung des Trägers drehen, je größer also ε_1 und ε_2 vorgeschrieben werden, um so kleiner sind die Strecken a_{12}, a_{21}.

$$X_1 \frac{b_{12}}{a_{12}} + X_2 = \frac{\delta_{10}}{\delta_{12}} = R_1\,, \qquad X_1 + X_2 \frac{b_{21}}{a_{21}} = \frac{\delta_{20}}{\delta_{12}} = R_2\,.$$

Die Quotienten R_1, R_2 besitzen die Dimension der unbekannten Einspannungsmomente. Sie sind unabhängig von den statisch unbestimmten Größen und erhalten durch die Art der graphischen Auflösung die Bezeichnung Kreuzlinienabschnitte. In der Regel werden die den Festpunkten F_{12}, F_{21} zugeordneten Ordinaten V_1, V_2 verwendet.

$$V_1 = \frac{a_{12}}{l}\, R_1 = \frac{\lambda}{2\,\mu + \lambda + 6\,\varepsilon_1/l}\, R_1\,, \qquad V_2 = \frac{a_{21}}{l}\, R_2 = \frac{\lambda}{2\,\mu + \lambda + 6\,\varepsilon_2/l}\, R_2\,. \tag{648}$$

Bei konstantem Trägheitsmoment und $\varepsilon_1 = 0$, $\varepsilon_2 = 0$ ist $a_{12} = a_{21} = l/3$, $\varkappa_{12} = \varkappa_{21} = 1/2$,

$$R_1 = \frac{6\,\delta_{10}}{l'}\,, \qquad R_2 = \frac{6\,\delta_{20}}{l'}\,; \qquad V_1 = \frac{2\,\delta_{10}}{l'}\,, \qquad V_2 = \frac{2\,\delta_{20}}{l'}\,. \tag{649}$$

Die Belastungszahlen δ_{10}, δ_{20} sind in Abschn. 18 als Verdrehung der Endtangenten eines einfachen Balkenträgers angegeben, so daß sich besondere Tabellen für die Kreuzlinienabschnitte R_1, R_2 erübrigen. Die Abb. 362 zeigt neben der graphischen Ermittlung von X_1, X_2 aus R_1, R_2 oder V_1, V_2 außerdem noch die der Biegungsmomente des ganzen Trägers nach (637).

Bei konstantem Trägheitsmoment und $\varepsilon_1 = 0$, $\varepsilon_2 = 0$ entstehen Stütz- und Schnittkräfte nach Tabelle 31 (S. 399).

Die Anwendung der Tabellen 30 u. 31 läßt sich an der Berechnung einer Kranbahnstütze zeigen, deren Enden nach Abb. 363 frei, frei drehbar oder starr eingespannt sind.

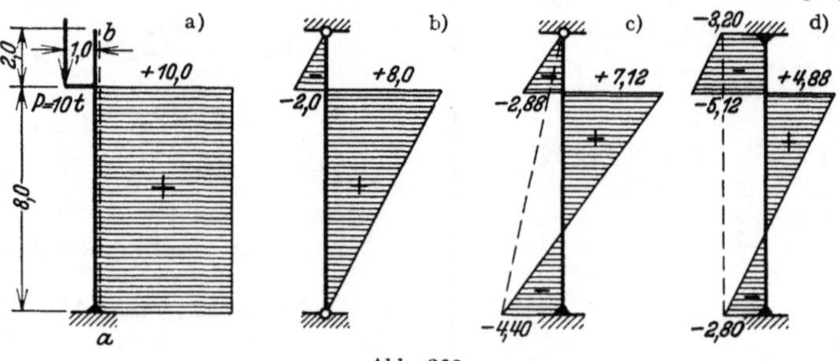

Abb. 363.

Abb. 363a: Kragträger und Abb. 363b: Balkenträger, Schnittkräfte nach Tabelle 6 u. 7. Abb. 363c: Einseitig eingespannter und gelenkig gestützter Stab.
Tabelle 30 liefert für $\mathsf{M} = -10,0$ mt, $l = 10,0$ m, $\xi = 0,8$

$$A = -B = +\frac{3}{2 \cdot 10,0}\, 10,0 \cdot 0,8\,(2 - 0,8) = 1,44\ \text{t}\,,$$
$$M_a = -\tfrac{1}{2}\, 10,0\,[1 - 3 \cdot 0,2^2] = -4,4\ \text{mt}\,.$$

Abb. 363 d: Beiderseits eingespannte Stütze.

Nach Tabelle 31 wird für $M = -10{,}0$ mt, $l = 10{,}0$ m, $\xi = 0{,}8$

$$A = -B = +6 \cdot 10{,}0 \cdot 0{,}8 \,(1 - 0{,}8) = 9{,}6 \text{ t},$$

$$M_a = +10{,}0 \,[1 - 4 \cdot 0{,}8 + 3 \cdot 0{,}8^2] = -2{,}8 \text{ mt},$$

$$M_b = +10{,}0 \cdot 0{,}8 \,(2 - 3 \cdot 0{,}8) = -3{,}2 \text{ mt}.$$

2. Träger über zwei Feldern.

Allgemeine Anordnung nach Abb. 364. Hauptsystem: Zwei einfache Träger (I), (II). Statisch überzählige Größen: Einspannungsmomente $-M_a = X_1$, $-M_c = X_3$, Stützenmoment $-M_b = X_2$. Berechnung bei allgemeiner Anordnung nach Abschn. 26, bei feldweise konstantem Trägheitsmoment mit Tabelle 32, Teil A. Teil B enthält Angaben bei veränderlichem Trägheitsmoment.

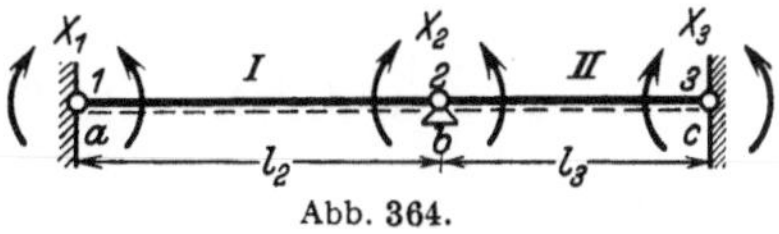

Abb. 364.

Tabelle 32. Träger über zwei Feldern.

A. Das Trägheitsmoment ist feldweise konstant.

Abkürzungen: 1) $\alpha = l_2/l_3$, 2) $\alpha' = l_2'/l_3'$, 3) $\varphi = 2\,(1 + \alpha')$,

$$4)\ \psi = \frac{4 + 3\,\alpha'}{2}, \qquad 5)\ \eta = \frac{3 + 4\,\alpha'}{2}.$$

Klammerwerte $[\omega_D' - \varkappa_{k\,(k-1)}\,\omega_D]$ und $[\omega_D - \varkappa_{(k-1)\,k}\,\omega_D']$ sind für $0{,}200 < \varkappa < 0{,}380$ in Tabelle 34 Seite 410 angegeben.

Formeln zur Ermittlung der Festpunktabstände aus den Kennbezeichnungen:

$$a_{(k-1)\,k} = \frac{\varkappa_{(k-1)\,k}\,l_k}{1 + \varkappa_{(k-1)\,k}}, \qquad a_{k\,(k-1)} = \frac{\varkappa_{k\,(k-1)}\,l_k}{1 + \varkappa_{k\,(k-1)}}.$$

Berechnung der Stützkräfte: vgl. Seite 396 und 424.

a) Anordnung Abb. 365.

$$-M_b = X_2$$

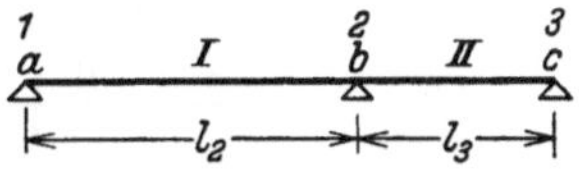

Abb. 365.

Kennbeziehungen:

$$\varkappa_{a2} = 0, \qquad \varkappa_{c2} = 0,$$
$$\varkappa_{2c} = \frac{1}{\varphi}, \qquad \varkappa_{2a} = \frac{\alpha'}{\varphi}.$$

$$X_2 = \frac{1}{\varphi\,l_3'}\,6\,\delta_{20}.$$

Einflußlinien:

Bereich	I	II
$\varphi\,X_2$	$l_2\,\alpha'\,\omega_D$	$l_3\,\omega_D'$

Schnittkräfte für feldweise Belastung:

Belastung	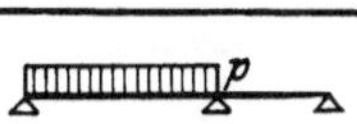	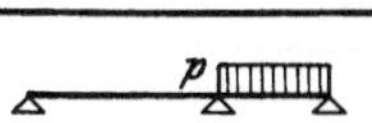	
X_2	$\dfrac{p\,l_3^2}{4}\,\dfrac{\alpha'}{\varphi}$	$\dfrac{p\,l_3^2}{4}\,\dfrac{1}{\varphi}$	$\dfrac{p\,l_3^2}{4}\,\dfrac{1 + \alpha'\,\alpha^2}{\varphi}$
I — max M	$\dfrac{p\,l_2^2}{2}\,\xi_0^2$		$\dfrac{p\,l_2^2}{2}\,\xi_0^2$
I — ξ_0	$\dfrac{\psi}{2\,\varphi}$		$\dfrac{1}{2} - \dfrac{1}{4\,\alpha^2}\,\dfrac{1 + \alpha'\,\alpha^2}{\varphi}$
II — max M		$\dfrac{p\,l_3^2}{2}\,\xi_0'^2$	$\dfrac{p\,l_3^2}{2}\,\xi_0'^2$
II — ξ_0'		$\dfrac{\eta}{2\,\varphi}$	$\dfrac{1}{2} - \dfrac{1}{4}\,\dfrac{1 + \alpha'\,\alpha^2}{\varphi}$

Überzählige Schnittkraft X_2 für besondere Belastungen:

Belastung	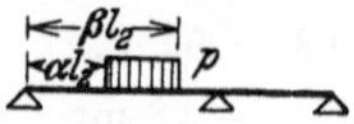	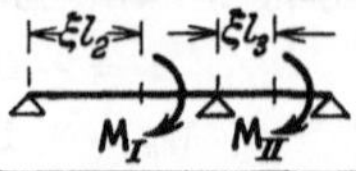
X_2	$\dfrac{p\,l_2^2}{4}\,\dfrac{\alpha'}{\varphi}\,[2\,(\beta^2 - \alpha^2) - (\beta^4 - \alpha^4)]$	$-\dfrac{1}{\varphi}\,[\omega_M\,\mathsf{M}_I\,\alpha' - \omega'_M\,\mathsf{M}_{II}]$

Ungleichförmige Erwärmung $t_u - t_o = \Delta t$: $X_2 = \dfrac{3}{2}\,E\,J_c\,\dfrac{\alpha_t\,\Delta t}{d}\,\dfrac{l_2 + l_3}{l'_2 + l'_3}\,.$

Stützensenkungen Δ_a, Δ_b, Δ_c: $X_2 = \dfrac{3\,E\,J_c}{l'_2 + l'_3}\left[\dfrac{\Delta_a}{l_2} - \Delta_b\left(\dfrac{1}{l_2} + \dfrac{1}{l_3}\right) + \dfrac{\Delta_c}{l_3}\right].$

b) Anordnung Abb. 366.

$- M_a = X_1,$ $- M_b = X_2.$

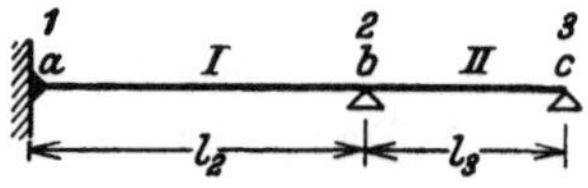

Abb. 366.

Kennbeziehungen:

$$\varkappa_{12} = \frac{1}{2}, \qquad \varkappa_{c2} = 0,$$

$$\varkappa_{2c} = \frac{1}{\psi}, \qquad \varkappa_{21} = \frac{\alpha'}{\varphi}.$$

Konjugierte Matrix der β_{ik}:

	δ_{10}	δ_{20}
$\dfrac{1}{3}\,l'_3\,\psi \cdot X_1$	φ/α'	-1
$\dfrac{1}{3}\,l'_3\,\psi \cdot X_2$	-1	2

Einflußlinien:

Bereich	I	II
$\psi \cdot X_1$	$\dfrac{l_2}{2}\,\varphi\,[\omega'_D - \varkappa_{21}\,\omega_D]$	$-\dfrac{l_3}{2}\,\omega'_D$
$\psi \cdot X_2$	$l_2\,\alpha'\,[\omega_D - \varkappa_{12}\,\omega'_D]$	$l_3\,\omega_D$

Schnittkräfte für feldweise Belastung:

Belastung		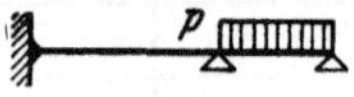	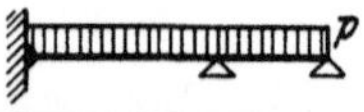
	X_1	$\dfrac{p\,l_2^2}{16}\,\dfrac{2 + \varphi}{\psi}$	$-\dfrac{p\,l_3^2}{8}\,\dfrac{1}{\psi}$	$\dfrac{p\,l_2^2}{16}\,\dfrac{\alpha^2\,(2 + \varphi) - 2}{\psi}$
	X_2	$\dfrac{p\,l_2^2}{8}\,\dfrac{\alpha'}{\psi}$	$\dfrac{p\,l_3^2}{4}\,\dfrac{1}{\psi}$	
I	$\max M$	$\dfrac{p\,l_2^2}{8}\left(4\,\xi_0'^2 - \dfrac{\alpha'}{\varphi}\right)$		$\dfrac{p\,l_3^2}{8}\left(4\,\xi_0'^2 - \dfrac{1}{\alpha^2}\,\dfrac{2 + \alpha'\,\alpha^2}{\psi}\right)$
	ξ_0	$\dfrac{3\,\varphi}{8\,\psi}$		$\dfrac{1}{2} + \dfrac{3 - 2\,\alpha^2}{8\,\psi\,\alpha^2}$
II	$\max M$		$\dfrac{p\,l_3^2}{2}\,\xi_0'^2$	$\dfrac{p\,l_3^2}{2}\,\xi_0'^2$
	ξ_0'		$\dfrac{3\,\varphi}{8\,\psi}$	$\dfrac{1}{2} - \dfrac{1}{8}\,\dfrac{2 + \alpha'\,\alpha^2}{\psi}$

c) Anordnung Abb. 367.

$$- M_a = X_1, \quad - M_b = X_2, \quad - M_c = X_3.$$

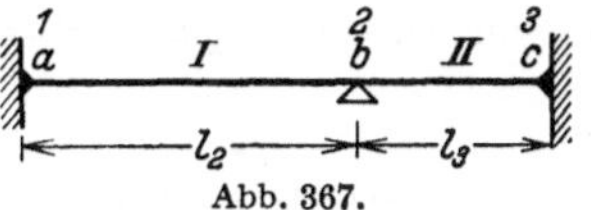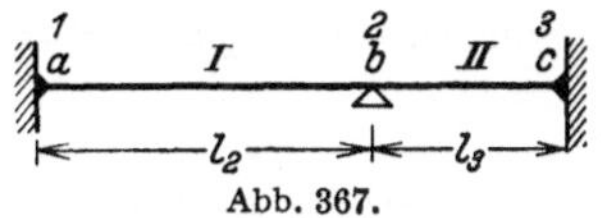

Abb. 367.

Kennbeziehungen:	Konjugierte Matrix der β_{ik}:

$$\varkappa_{12} = \frac{1}{2}, \qquad \varkappa_{32} = \frac{1}{2},$$

$$\varkappa_{23} = \frac{1}{\psi}, \qquad \varkappa_{21} = \frac{\alpha'}{\eta}.$$

	δ_{10}	δ_{20}	δ_{30}
$\frac{1}{2} l_3' \varphi \cdot X_1$	$2\,\eta/\alpha'$	$-\,2$	1
$\frac{1}{2} l_3' \varphi \cdot X_2$	$-\,2$	4	$-\,2$
$\frac{1}{2} l_3' \varphi \cdot X_3$	1	$-\,2$	$2\,\psi$

Einflußlinien:

Bereich:	I	II
$\frac{3}{4}\,\varphi \cdot X_1$	$\frac{l_2}{2}\,\eta\left[\omega_D' - \varkappa_{21}\omega_D\right]$	$-\frac{l_3}{2}\left[\omega_D' - \varkappa_{32}\omega_D\right]$
$\frac{3}{4}\,\varphi \cdot X_2$	$l_2\alpha'\left[\omega_D - \varkappa_{12}\omega_D'\right]$	$l_3\left[\omega_D' - \varkappa_{32}\omega_D\right]$
$\frac{3}{4}\,\varphi \cdot X_3$	$-\frac{l_2}{2}\,\alpha'\left[\omega_D - \varkappa_{12}\omega_D'\right]$	$\frac{l_3}{2}\,\psi\left[\omega_D - \varkappa_{23}\omega_D'\right]$

Schnittkräfte für feldweise Belastung:

Belastung			
X_1	$\dfrac{p\,l_2^2}{12}\,\dfrac{\varphi + 1}{\varphi}$	$-\dfrac{p\,l_3^2}{12}\,\dfrac{1}{\varphi}$	$\dfrac{p\,l_3^2}{12}\,\dfrac{\alpha^2(\varphi + 1) - 1}{\varphi}$
X_2	$\dfrac{p\,l_2^2}{6}\,\dfrac{\alpha'}{\varphi}$	$\dfrac{p\,l_3^2}{6}\,\dfrac{1}{\varphi}$	$\dfrac{p\,l_3^2}{6}\,\dfrac{1 + \alpha'\alpha^2}{\varphi}$
X_3	$-\dfrac{p\,l_2^2}{12}\,\dfrac{\alpha'}{\varphi}$	$\dfrac{p\,l_3^2}{6}\,\dfrac{\psi - 1}{\varphi}$	$\dfrac{p\,l_3^2}{12}\,\dfrac{\alpha'(3 - \alpha^2) + 2}{\varphi}$
I — max M	$\dfrac{p\,l_2^2}{6}\left(3\,\xi_0'^2 - \dfrac{\alpha'}{\varphi}\right)$		$\dfrac{p\,l_3^2}{6}\left(3\,\xi_0'^2 - \dfrac{1}{\alpha^2}\,\dfrac{1 + \alpha'\alpha^2}{\varphi}\right)$
I — ξ_0	$\dfrac{\eta}{2\,\varphi}$		$\dfrac{1}{2} + \dfrac{1}{\alpha^2}\,\dfrac{1 - \alpha^2}{4\,\varphi}$
II — max M		$\dfrac{p\,l_3^2}{6}\left(3\,\xi_0^2 - \dfrac{1}{\varphi}\right)$	$\dfrac{p\,l_3^2}{6}\left(3\,\xi_0^2 - \dfrac{1 + \alpha'\alpha^2}{\varphi}\right)$
II — ξ_0'		$\dfrac{\psi}{2\,\varphi}$	$\dfrac{1}{2} - \alpha'\,\dfrac{1 - \alpha^2}{4\,\varphi}$

B. Das Trägheitsmoment ist veränderlich.

Anordnung nach Abb. 368

$$-M_b = X_2$$

Unsymmetrischer Verlauf* der Funktionen ζ_k.

Abb. 368*.

Approximation von $\zeta_k = J_k/J$ und Beiwert $\bar{\mu}$: Tabelle 29 b, S. 395.

Die Belastungszahlen können nach S. 395 mit hinreichender Genauigkeit für feldweise konstantes Trägheitsmoment berechnet werden.

* Für symmetrischen Verlauf von ζ_k tritt an die Stelle von $\bar{\mu}$ der entsprechende Wert μ der Tabelle 29. (In Abb. 368 ist $\mu_3 = \bar{\mu}_3$.)

Abkürzungen: $\alpha = l_2/l_3$; $\alpha' = l_2'/l_3'$; $\varphi' = 2(\overline{\mu}_3 + \overline{\mu}_2\,\alpha')$.

$$X_2 = \frac{1}{\varphi'\,l_3'}\,6\,\delta_{20}$$

Einflußlinien:

Bereich:	I	II
$\varphi' \cdot X_2$	$l_2\,\alpha'\,\overline{\omega}_D$	$l_3\,\overline{\omega}_D'$

Reduzierte Biegelinien $\overline{\omega}_D$, $\overline{\omega}_D'$ nach Tabelle 29, S. 395.

Schnittkräfte für feldweise Belastung:

Belastung			
X_2	$\dfrac{p\,l_2^2}{4}\,\dfrac{\alpha'}{\varphi'}$	$\dfrac{p\,l_3^2}{4}\,\dfrac{1}{\varphi'}$	$\dfrac{p\,l_3^2}{4}\,\dfrac{1+\alpha'\,\alpha^2}{\varphi'}$

3. Träger über drei Feldern.

Allgemeine Anordnung nach Abb. 369. Hauptsystem: Drei einfache Träger. Statisch überzählige Größen: Einspannungsmomente $-M_a = X_1$, $-M_d = X_4$, Stützenmomente $-M_b = X_2$, $-M_c = X_3$. Berechnung bei allgemeiner Anordnung nach Abschn. 26, bei feldweise konstantem Trägheitsmoment mit den Werten der Tabelle 33, Teil A. Teil B enthält Angaben bei veränderlichem Trägheitsmoment.

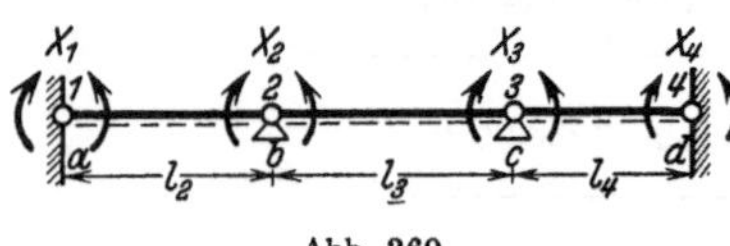

Abb. 369.

Tabelle 33. Träger über drei Feldern.

A. Das Trägheitsmoment ist feldweise konstant.

Abkürzungen: 1) $\alpha_1' = l_2'/l_3'$,   3) $\varphi_1 = 2(1 + \alpha_1')$,   5) $\psi_1 = 2(1 + \tfrac{3}{4}\alpha_1')$,

2) $\alpha_2' = l_4'/l_3'$,   4) $\varphi_2 = 2(1 + \alpha_2')$,   6) $\psi_2 = 2(1 + \tfrac{3}{4}\alpha_2')$,

7) $\eta_1 = \varphi_1\varphi_2 - 1$,   9) $\eta_3 = \psi_1\psi_2 - 1$,

8) $\eta_2 = \psi_1\varphi_2 - 1$,   10) $\eta_4 = \varphi_1\psi_2 - 1$.

Klammerwerte $[\omega_D' - \varkappa_{k\,(k-1)}\,\omega_D]$ und $[\omega_D - \varkappa_{(k-1)\,k}\,\omega_D']$ sind für $0{,}200 < \varkappa < 0{,}380$ in der Tabelle 34 Seite 410 angegeben.

Formeln zur Ermittlung der Festpunktabstände aus den Kennbeziehungen:

$$a_{(k-1)\,k} = \frac{\varkappa_{(k-1)\,k}\,l_k}{1 + \varkappa_{(k-1)\,k}} ;\qquad a_{k\,(k-1)} = \frac{\varkappa_{k\,(k-1)}\,l_k}{1 + \varkappa_{k\,(k-1)}} ;$$

Berechnung der Stützkräfte und der maximalen Momente: vgl. S. 396.

a) Anordnung Abb. 370.

$-M_b = X_2$, $-M_c = X_3$,

Abkürzungen: 1 bis 4 und 7.

Abb. 370.

Kennbeziehungen:

$$\varkappa_{a2} = 0 , \qquad \varkappa_{d3} = 0$$

$$\varkappa_{23} = \frac{1}{\varphi_1} , \qquad \varkappa_{32} = \frac{1}{\varphi_2}$$

$$\varkappa_{3d} = \frac{\alpha_2'\,\varphi_1}{\eta_1} , \qquad \varkappa_{2a} = \frac{\alpha_1'\,\varphi_2}{\eta_1}$$

Konjugierte Matrix der β_{ik}

	δ_{20}	δ_{30}
$\frac{1}{6}\,l_3'\,\eta_1 \cdot X_2$	φ_2	-1
$\frac{1}{6}\,l_3'\,\eta_1 \cdot X_3$	-1	φ_1

Einflußlinien:

Bereich:	I	II	III
$\eta_1 \cdot X_2$	$l_2\,\alpha_1'\,\varphi_2\,\omega_D$	$l_3\,\varphi_2\,[\omega_D' - \varkappa_{32}\,\omega_D]$	$-l_4\,\alpha_2'\,\omega_D'$
$\eta_1 \cdot X_3$	$-l_2\,\alpha_1'\,\omega_D$	$l_3\,\varphi_1\,[\omega_D - \varkappa_{23}\,\omega_D']$	$l_4\,\alpha_2'\,\varphi_1\,\omega_D'$

Überzählige Größen für feldweise Belastung:

Belastung			
$\eta_1 \cdot X_2$	$\dfrac{p\, l_2^2}{4}\, \alpha_1'\, \varphi_2$	$\dfrac{p\, l_3^2}{4}\, (\varphi_2 - \mathrm{I})$	$-\dfrac{p\, l_4^2}{4}\, \alpha_2'$
$\eta_1 \cdot X_3$	$-\dfrac{p\, l_2^2}{4}\, \alpha_1'$	$\dfrac{p\, l_3^2}{4}\, (\varphi_1 - \mathrm{I})$	$\dfrac{p\, l_4^2}{4}\, \alpha_2'\, \varphi_1$

Überzählige Größen für besondere Belastungen:

$$X_2 = \frac{\mathrm{I}}{\eta_1}\, \frac{p\, l_2^2}{4}\, \alpha_1'\, \varphi_2\, \xi^2\, (2 - \xi^2)$$

$$X_3 = -\frac{\mathrm{I}}{\eta_1}\, \frac{p\, l_2^2}{4}\, \alpha_1'\, \xi^2\, (2 - \xi^2)$$

$$X_2 = \frac{\mathrm{I}}{\eta_1}\, \frac{p\, l_3^2}{4}\, \xi^2\, [2\, (2\, \varphi_2 - \mathrm{I}) - 4\, \xi\, \varphi_2 + \xi^2\, (\varphi_2 + \mathrm{I})]$$

$$X_3 = \frac{\mathrm{I}}{\eta_1}\, \frac{p\, l_3^2}{4}\, \xi^2\, [4\, \alpha_1' + 4\, \xi - \xi^2\, (\varphi_1 + \mathrm{I})]$$

$$X_2 = -\frac{\mathrm{I}}{\eta_1}\, \frac{p\, l_4^2}{4}\, \alpha_2'\, \xi^2\, (4 - 4\, \xi + \xi^2)$$

$$X_3 = \frac{\mathrm{I}}{\eta_1}\, \frac{p\, l_4^2}{4}\, \alpha_2'\, \varphi_1\, \xi^2\, (4 - 4\, \xi + \xi^2)$$

$$X_2 = \frac{\mathrm{I}}{\eta_1}\, \mathsf{M}\, \alpha_1'\, \varphi_2\,; \qquad X_3 = -\frac{\mathrm{I}}{\eta_1}\, \mathsf{M}\, \alpha_1'$$

$$X_2 = -\frac{\mathrm{I}}{\eta_1}\, 2\, \mathsf{M}\, \alpha_1'\, \varphi_2\,; \qquad X_3 = \frac{\mathrm{I}}{\eta_1}\, 2\, \mathsf{M}\, \alpha_1'$$

$$X_2 = -\frac{\mathrm{I}}{\eta_1}\, 2\, \mathsf{M}\, \alpha_2'\,; \qquad X_3 = \frac{\mathrm{I}}{\eta_1}\, 2\, \mathsf{M}\, \alpha_3'\, \varphi_1$$

$$X_2 = \frac{\mathrm{I}}{\eta_1}\, \mathsf{M}\, \alpha_2'\,; \qquad X_3 = -\frac{\mathrm{I}}{\eta_1}\, \mathsf{M}\, \alpha_2'\, \varphi_1$$

Ungleichförmige Erwärmung $t_u - t_o = \varDelta t$:

$$X_2 = E\, J_c\, \frac{\alpha_t\, \varDelta t}{d}\, \frac{3}{l_3'\, \eta_1}\, [\varphi_2\, (l_2 + l_3) - (l_3 + l_4)]$$

$$X_3 = E\, J_c\, \frac{\alpha_t\, \varDelta t}{d}\, \frac{3}{l_3'\, \eta_1}\, [\varphi_1\, (l_3 + l_4) - (l_2 + l_3)]\,.$$

Stützenverschiebungen $\varDelta_a$, $\varDelta_b$, $\varDelta_c$ und $\varDelta_d$:

$$X_2 = E\, J_c\, \frac{6}{l_3'\, \eta_1}\, \left[\frac{\mathrm{I}}{l_2}\, (\varDelta_a - \varDelta_b)\, \varphi_2 - \frac{\mathrm{I}}{l_3}\, (\varDelta_b - \varDelta_c)\, (\varphi_2 + \mathrm{I}) + \frac{\mathrm{I}}{l_4}\, (\varDelta_c - \varDelta_d)\right]$$

$$X_3 = E\, J_c\, \frac{6}{l_3'\, \eta_1}\, \left[\frac{\mathrm{I}}{l_4}\, (\varDelta_d - \varDelta_c)\, \varphi_1 - \frac{\mathrm{I}}{l_3}\, (\varDelta_c - \varDelta_b)\, (\varphi_1 + \mathrm{I}) + \frac{\mathrm{I}}{l_2}\, (\varDelta_b - \varDelta_a)\right]\,.$$

b) Anordnung Abb. 371.

$$-M_a = X_1, \quad -M_b = X_2, \quad -M_c = X_3$$

Abkürzungen 1 bis 5, 7 und 8.

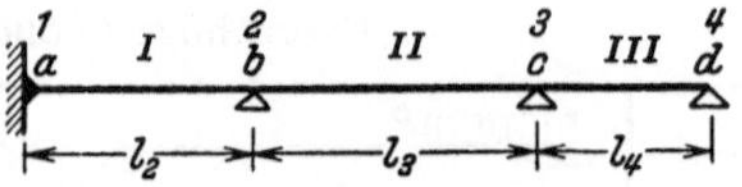

Abb. 371.

Kennbeziehungen:

$$\varkappa_{12} = \frac{1}{2}, \qquad \varkappa_{d3} = 0,$$

$$\varkappa_{23} = \frac{1}{\psi_1}, \qquad \varkappa_{32} = \frac{1}{\varphi_2},$$

$$\varkappa_{3d} = \frac{\alpha'_2 \psi_1}{\eta_3}, \qquad \varkappa_{21} = \frac{\alpha'_1 \varphi_2}{\eta_1}.$$

Konjugierte Matrix der β_{ik}:

	δ_{10}	δ_{20}	δ_{30}
$\frac{1}{3}\, l'_3\, \eta_2 \cdot X_1$	η_1/α'_1	$-\varphi_2$	1
$\frac{1}{3}\, l'_3\, \eta_2 \cdot X_2$	$-\varphi_2$	$2\,\varphi_2$	-2
$\frac{1}{3}\, l'_3\, \eta_2 \cdot X_3$	1	-2	$2\,\psi_1$

Einflußlinien:

Bereich:	I	II	III
$\eta_2 \cdot X_1$	$\dfrac{l_2}{2}\, \eta_1\, [\omega'_D - \varkappa_{21}\, \omega_D]$	$-\dfrac{l_3}{2}\, \varphi_2\, [\omega'_D - \varkappa_{32}\, \omega_D]$	$\dfrac{l_4}{2}\, \alpha'_2\, \omega'_D$
$\eta_2 \cdot X_2$	$l_2\, \alpha'_1\, \varphi_2\, [\omega_D - \varkappa_{12}\, \omega'_D]$	$l_3\, \varphi_2\, [\omega'_D - \varkappa_{32}\, \omega_D]$	$-l_4\, \alpha'_2\, \omega'_D$
$\eta_2 \cdot X_3$	$-l_2\, \alpha'_1\, [\omega_D - \varkappa_{12}\, \omega'_D]$	$l_3\, \psi_1\, [\omega_D - \varkappa_{23}\, \omega'_D]$	$l_4\, \alpha'_2\, \psi_1\, \omega'_D$

Überzählige Größen für feldweise Belastung:

Belastung	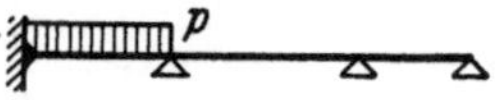		
$\eta_2 \cdot X_1$	$\dfrac{p\, l_2^2}{16}\, [\varphi_2\, (2 + \varphi_1) - 2]$	$-\dfrac{p\, l_3^2}{8}\, (\varphi_2 - 1)$	$\dfrac{p\, l_4^2}{8}\, \alpha'_2$
$\eta_2 \cdot X_2$	$\dfrac{p\, l_2^2}{8}\, \alpha'_1\, \varphi_2$	$\dfrac{p\, l_3^2}{4}\, (\varphi_2 - 1)$	$-\dfrac{p\, l_4^2}{4}\, \alpha'_2$
$\eta_2 \cdot X_3$	$-\dfrac{p\, l_2^2}{8}\, \alpha'_1$	$\dfrac{p\, l_3^2}{4}\, (\psi_1 - 1)$	$\dfrac{p\, l_4^2}{4}\, \alpha'_2\, \psi_1$

c) Anordnung Abb. 372

$$-M_a = X_1, \qquad -M_b = X_2,$$
$$-M_c = X_3, \qquad -M_d = X_4$$

Abkürzungen 1 bis 6, 8 bis 10.

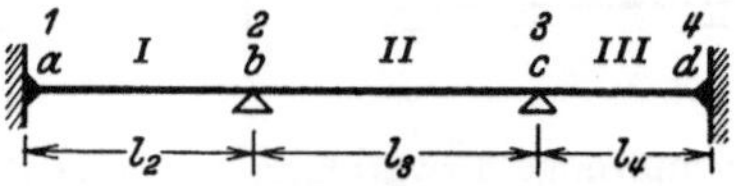

Abb. 372.

Kennbeziehungen:

$$\varkappa_{12} = \frac{1}{2}, \qquad \varkappa_{43} = \frac{1}{2},$$

$$\varkappa_{23} = \frac{1}{\psi_1}, \qquad \varkappa_{32} = \frac{1}{\psi_2},$$

$$\varkappa_{34} = \frac{\alpha'_2 \psi_1}{\eta_2}, \qquad \varkappa_{21} = \frac{\alpha'_1 \psi_2}{\eta_4}.$$

Konjugierte Matrix der β_{ik}:

	δ_{10}	δ_{20}	δ_{30}	δ_{40}
$\frac{2}{3}\, l'_3\, \eta_3 \cdot X_1$	$2\, \eta_4/\alpha'_1$	$-2\, \psi_2$	2	-1
$\frac{2}{3}\, l'_3\, \eta_3 \cdot X_2$	$-2\, \psi_2$	$4\, \psi_2$	-4	2
$\frac{2}{3}\, l'_3\, \eta_3 \cdot X_3$	2	-4	$4\, \psi_1$	$-2\, \psi_1$
$\frac{2}{3}\, l'_3\, \eta_3 \cdot X_4$	-1	2	$-2\, \psi_1$	$2\, \eta_2/\alpha'_2$

Einflußlinien:

Bereich:	I	II	III
$\eta_3 \cdot X_1$	$\dfrac{l_2}{2}\,\eta_4\,[\omega_D' - \varkappa_{21}\,\omega_D]$	$-\dfrac{l_3}{2}\,\psi_3\,[\omega_D' - \varkappa_{32}\,\omega_D]$	$\dfrac{l_4}{2}\,\alpha_2'\,[\omega_D' - \varkappa_{43}\,\omega_D]$
$\eta_3 \cdot X_2$	$l_2\,\alpha_1'\,\psi_2\,[\omega_D - \varkappa_{12}\,\omega_D']$	$l_3\,\psi_2\,[\omega_D' - \varkappa_{32}\,\omega_D]$	$-l_4\,\alpha_2'\,[\omega_D' - \varkappa_{43}\,\omega_D]$
$\eta_3 \cdot X_3$	$-l_2\,\alpha_1'\,[\omega_D - \varkappa_{12}\,\omega_D']$	$l_3\,\psi_1\,[\omega_D - \varkappa_{23}\,\omega_D']$	$l_4\,\alpha_2'\,\psi_1\,[\omega_D' - \varkappa_{43}\,\omega_D]$
$\eta_3 \cdot X_4$	$\dfrac{l_2}{2}\,\alpha_1'\,[\omega_D - \varkappa_{12}\,\omega_D']$	$-\dfrac{l_3}{2}\,\psi_1\,[\omega_D - \varkappa_{23}\,\omega_D']$	$\dfrac{l_4}{2}\,\eta_2\,[\omega_D - \varkappa_{34}\,\omega_D']$

Überzählige Größen für feldweise Belastung:

Belastung	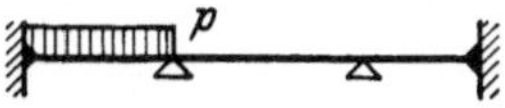		
$\eta_3 \cdot X_1$	$\dfrac{p\,l_2^2}{16}\,[\psi_2\,(2 + \varphi_1) - 2]$	$-\dfrac{p\,l_3^2}{8}\,(\psi_2 - 1)$	$\dfrac{p\,l_4^2}{16}\,\alpha_2'$
$\eta_3 \cdot X_2$	$\dfrac{p\,l_2^2}{8}\,\alpha_1'\,\psi_2$	$\dfrac{p\,l_3^2}{4}\,(\psi_2 - 1)$	$-\dfrac{p\,l_4^2}{8}\,\alpha_2'$
$\eta_3 \cdot X_3$	$-\dfrac{p\,l_2^2}{8}\,\alpha_1'$	$\dfrac{p\,l_3^2}{4}\,(\psi_1 - 1)$	$\dfrac{p\,l_4^2}{8}\,\alpha_2'\,\psi_1$
$\eta_3 \cdot X_4$	$\dfrac{p\,l_2^2}{16}\,\alpha_1'$	$-\dfrac{p\,l_3^2}{8}\,(\psi_1 - 1)$	$\dfrac{p\,l_4^2}{16}\,[\psi_1\,(2 + \varphi_2) - 2]$

B. Das Trägheitsmoment ist veränderlich.

Anordnung Abb. 373

$-M_b = X_2,\quad -M_c = X_3.$

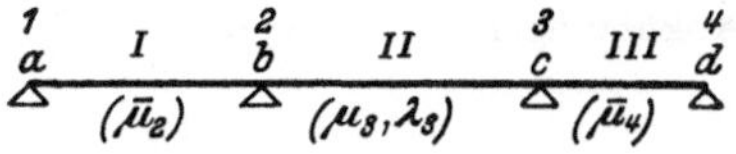

Abb. 373.

Unsymmetrischer Verlauf* von ζ_k im Feld I und III, symmetrischer Verlauf von ζ_k im Felde II. Approximation von $\zeta_k = J_k/J$ und Beiwerte μ, $\bar{\mu}$ und λ: Tabelle 29 S. 394 [$\lambda_2 \approx \lambda_4 \approx 1$, oder numerisch nach (634)].

Die Belastungszahlen können nach Seite 395 mit hinreichender Genauigkeit für feldweise konstantes Trägheitsmoment berechnet werden.

Abkürzungen:

$$\alpha_1' = l_2'/l_3', \qquad \varphi_1' = \frac{2}{\lambda_3}\,(\mu_3 + \bar{\mu}_2\,\alpha_1'),$$

$$\alpha_2' = l_4'/l_3', \qquad \varphi_2' = \frac{2}{\lambda_3}\,(\mu_3 + \bar{\mu}_4\,\alpha_2'),$$

$$\eta_1' = \lambda_3\,(\varphi_1'\,\varphi_4' - 1).$$

Kennbeziehungen:

$$\varkappa_{a2} = 0, \qquad \varkappa_{d3} = 0,$$

$$\varkappa_{23} = \frac{1}{\varphi_1'}, \qquad \varkappa_{32} = \frac{1}{\varphi_2'},$$

$$\varkappa_{3d} = \frac{\alpha_2'\,\varphi_1'}{\eta_1'}\,\lambda_4, \qquad \varkappa_{2a} = \frac{\alpha_1'\,\varphi_2'}{\eta_2'}\,\lambda_2.$$

Konjugierte Matrix der β_{ik}:

	δ_{20}	δ_{30}
$\dfrac{1}{6}\,l_3'\,\eta_1' \cdot X_2$	φ_2'	-1
$\dfrac{1}{6}\,l_3'\,\eta_1' \cdot X_3$	-1	φ_1'

* Für symmetrischen Verlauf von ζ_k im Felde I und III sind die Werte $\bar{\mu}_2$, $\bar{\mu}_4$ durch die entsprechenden Werte μ_2, μ_4 der Tabelle 29 zu ersetzen.

Einflußlinien:

Bereich	I	II	III
$\eta_1' \cdot X_2$	$l_2\,\alpha_1'\,\varphi_2'\,\overline{\omega}_D$	$l_3\,\varphi_2'\,[\overline{\omega}_D' - \varkappa_{32}\,\overline{\omega}_D]$	$-\,l_4\,\alpha_2'\,\overline{\omega}_D'$
$\eta_1' \cdot X_3$	$-\,l_2\,\alpha_1'\,\overline{\omega}_D$	$l_3\,\varphi_1'\,[\overline{\omega}_D - \varkappa_{23}\,\overline{\omega}_D']$	$l_4\,\alpha_2'\,\varphi_1'\,\overline{\omega}_D'$

Reduzierte Biegelinien $\overline{\omega}_D$, $\overline{\omega}_D'$ nach Tabelle **29** S. **394**.

Überzählige Größen für feldweise Belastung:

Belastung			
$\eta_1' \cdot X_2$	$\dfrac{p\,l_2^2}{4}\,\alpha_1'\,\varphi_2'$	$\dfrac{p\,l_3^2}{4}\,(\varphi_2' - 1)$	$-\dfrac{p\,l_4^2}{4}\,\alpha_2'$
$\eta_1' \cdot X_3$	$-\dfrac{p\,l_2^2}{4}\,\alpha_1'$	$\dfrac{p\,l_3^2}{4}\,(\varphi_1' - 1)$	$\dfrac{p\,l_4^2}{4}\,\alpha_2'\,\varphi_1'$

Durchgehender Träger über vier Stützen (Abb. 374 auf Seite 412).

Berechnung mit den Werten der Tabelle **33**, Teil A a).

$$l_2 = 12{,}0 \text{ m}, \qquad J_c/J_2 = 2{,}5, \qquad l_2' = 30{,}0 \text{ m}$$

$$l_3 = 18{,}0 \text{ m}, \qquad J_c/J_3 = 1{,}0, \qquad l_3' = 18{,}0 \text{ m}$$

$$l_4 = \;\,9{,}0 \text{ m}, \qquad J_c/J_4 = 4{,}0, \qquad l_4' = 36{,}0 \text{ m}$$

$$J_c = \frac{1{,}4^3}{12}\cdot 0{,}5 = 0{,}11433 \text{ m}^4; \qquad E = 2\,100\,000 \text{ t/m}^2; \qquad \alpha_t = 0{,}00001.$$

Abkürzungen:
$$\alpha_1' = \frac{30}{18} = \frac{5}{3}, \qquad \varphi_1 = 2\left(1 + \frac{5}{3}\right) = \frac{16}{3},$$

$$\alpha_2' = \frac{36}{18} = 2, \qquad \varphi_2 = 2\,(1 + 2) = 6,$$

$$\eta_1 = \frac{16}{3}\cdot 6 - 1 = 31.$$

<table>
<tr><td>

Kennbeziehungen:

$\varkappa_{a2} = 0$, $\varkappa_{d3} = 0$,

$\varkappa_{23} = \dfrac{3}{16}$, $\varkappa_{32} = \dfrac{1}{6}$,

$\varkappa_{3d} = \dfrac{2\cdot 16}{31\cdot 3} = \dfrac{32}{93}$, $\varkappa_{2a} = \dfrac{5\cdot 6}{3\cdot 31} = \dfrac{30}{93}$.

</td><td>

Konjugierte Matrix der β_{ik}:

$-M_b = X_2;\qquad -M_c = X_3$

$\dfrac{1}{6}\,l_3'\,\eta_1 = \dfrac{1}{6}\,18{,}0\cdot 31 = 93;$

	δ_{20}	δ_{30}
$93\cdot X_2$	6	-1
$93\cdot X_3$	-1	$16/3$

</td></tr>
</table>

Festpunktabstände: (Abb. 374 i) $a_{a2} = a_{d3} = 0$

$$a_{23} = \frac{3\cdot 18{,}0}{16\left(1 + \dfrac{3}{16}\right)} = 2{,}84 \text{ m}; \qquad a_{32} = \frac{1\cdot 18{,}0}{6\left(1 + \dfrac{1}{6}\right)} = 2{,}57 \text{ m};$$

$$a_{3d} = \frac{32\cdot 9}{93\left(1 + \dfrac{32}{93}\right)} = 2{,}30 \text{ m}; \qquad a_{2a} = \frac{30\cdot 12}{93\left(1 + \dfrac{30}{93}\right)} = 2{,}93 \text{ m}.$$

Einflußlinien: Werte $[\omega'_D - \varkappa_{32}\,\omega_D]$ und $[\omega_D - \varkappa_{23}\,\omega'_D]$ vgl. Tabelle **34** S. 410.

Bereich:	I	II	III
$31 \cdot X_2$ (Abb. 374b)	$12{,}0 \cdot \dfrac{5}{3} \cdot 6\,\omega_D = 120\,\omega_D$	$18{,}0 \cdot 6 \cdot [\omega'_D - \varkappa_{32}\,\omega_D]$ $= 108\,[\omega'_D - \varkappa_{32}\,\omega_D]$	$-9{,}0 \cdot 2 \cdot \omega'_D = -18\,\omega'_D$
$31 \cdot X_3$ (Abb. 374c)	$-12{,}0 \cdot \dfrac{5}{3} \cdot \omega_D = -20\,\omega_D$	$18{,}0 \cdot \dfrac{16}{3}\,[\omega_D - \varkappa_{23}\,\omega'_D]$ $= 96\,[\omega_D - \varkappa_{23}\,\omega'_D]$	$9{,}0 \cdot 2 \cdot \dfrac{16}{3} \cdot \omega'_D = 96\,\omega'_D$

Einflußlinien der Stütz- und Schnittkräfte.

a) Stützendruck A: (Abb. 374d)

$$A = A_0 - \frac{X_2}{l_2} = A_0 - \frac{X_2}{12{,}0};$$

b) Querkraft Q im Felde 2 (Abb. 374e)

$$Q = Q_0 + \frac{X_2 - X_3}{l_3} = Q_0 + \frac{X_2 - X_3}{18{,}0};$$

c) Stützendruck B: (Abb. 374f)

$$B = B_0 + \left(\frac{1}{l_2} + \frac{1}{l_3}\right) X_2 - \frac{1}{l_3} X_3$$
$$= B_0 + \left(\frac{1}{12{,}0} + \frac{1}{18{,}0}\right) X_2 - \frac{1}{18{,}0} X_3;$$

d) Moment M_m im Felde 1 (Abb. 374g)

$$M_m = M_{m\,0} - \xi_m X_2 = M_{m\,0} - \frac{X_2}{2};$$

e) Moment M_n im Felde 2 (Abb. 374h)

$$M_n = M_{n\,0} - \xi'_n X_2 - \xi_n X_3 = M_{n\,0} - \frac{X_2 + X_3}{2}$$

Schnittkräfte für gleichförmige Streckenlast $p = 1{,}0$ t/m.

a) feldweise Belastung:

Belastung			
$31 \cdot X_2$	$\dfrac{12{,}0^2}{4} \cdot \dfrac{5}{3} \cdot 6 = 360$	$\dfrac{18{,}0^2}{4}\,(6 - 1) = 405$	$-\dfrac{9{,}0^2}{4} \cdot 2 = -40{,}5$
$31 \cdot X_3$	$-\dfrac{12{,}0^2}{4} \cdot \dfrac{5}{3} = -60$	$\dfrac{18{,}0^2}{4}\left(\dfrac{16}{3} - 1\right) = 351$	$\dfrac{9{,}0^2}{4} \cdot 2 \cdot \dfrac{16}{3} = 216$

b) Streckenlasten:

$$X_2 = \frac{1}{31}\,\frac{12{,}0^2}{4}\,\frac{5}{3}\,6\,\xi^2(2 - \xi^2) = \frac{360}{31}\,\xi^2(2 - \xi^2)$$

$$X_3 = -\frac{1}{31}\,\frac{12{,}0^2}{4}\,\frac{5}{3}\,\xi^2(2 - \xi^2) = -\frac{60}{31}\,\xi^2(2 - \xi^2)$$

$$X_2 = \frac{1}{31}\,\frac{18{,}0^2}{4}\,\xi^2\,[2\,(2 \cdot 6{,}0 - 1) - 4\,\xi\,6{,}0 + \xi^2(6{,}0 + 1)]$$

$$= \frac{81}{31}\,\xi^2\,[22 - 24\,\xi + 7\,\xi^2]$$

$$X_3 = \frac{1}{31}\,\frac{18{,}0^2}{4}\,\xi^2\left[4 \cdot \frac{5}{3} + 4\,\xi - \xi^2\left(\frac{16}{3} + 1\right)\right]$$

$$= \frac{27}{31}\,\xi^2\,[20 + 12\,\xi - 19\,\xi^2]$$

$$X_2 = -\frac{1}{31}\,\frac{9{,}0^2}{4}\,2\,\xi^2(4 - 4\,\xi + \xi^2) = -\frac{40{,}5}{31}\,\xi^2(4 - 4\,\xi + \xi^2)$$

$$X_3 = \frac{1}{31}\,\frac{9{,}0^2}{4}\,2\,\frac{16}{3}\,\xi^2(4 - 4\,\xi + \xi^2) = \frac{216}{31}\,\xi^2(4 - 4\,\xi + \xi^2)$$

Tabelle 34. $\omega'_D - \varkappa_{k\,(k-1)}\,\omega_D$.

$\varkappa$	$\xi = x : l =$													$\varkappa$
	0,1	0,2	¼	0,30	⅓	0,4	0,5	0,6	⅔	0,7	¾	0,8	0,9	
0,200	0,15120	0,24960	0,28125	0,30240	0,31111	0,31680	0,30000	0,25920	0,22222	0,20160	0,16875	0,13440	0,06480	0,200
02	100	922	078	185	052	613	0,29925	843	148	089	809	382	446	02
04	080	883	031	131	0,30993	546	850	766	074	017	744	325	412	04
06	061	845	0,27984	076	933	478	775	690	000	0,19946	678	267	377	06
08	041	806	938	022	874	411	700	613	0,21926	874	613	210	343	08
0,210	0,15021	0,24768	0,27891	0,29967	0,30815	0,31344	0,29625	0,25536	0,21852	0,19803	0,16547	0,13152	0,06309	0,210
12	012	730	844	912	756	277	550	459	778	732	481	094	275	12
14	0,14981	691	797	858	696	210	475	382	704	660	416	037	241	14
16	962	653	750	803	637	142	400	306	630	589	350	0,12979	206	16
18	942	614	703	749	578	075	325	229	556	517	284	922	172	18
0,220	0,14922	0,24576	0,27656	0,29694	0,30519	0,31008	0,29250	0,25152	0,21482	0,19446	0,16219	0,12864	0,06138	0,220
22	902	538	609	639	459	0,30941	175	075	407	375	153	806	104	22
24	882	499	563	585	400	874	100	0,24998	333	303	088	749	070	24
26	863	467	516	530	341	806	025	922	259	232	022	691	035	26
28	843	422	469	476	282	739	0,28950	845	185	160	0,15956	634	001	28
0,230	0,14823	0,24384	0,27422	0,29421	0,30222	0,30672	0,28875	0,24768	0,21111	0,19089	0,15891	0,12576	0,05967	0,230
32	803	346	375	366	163	605	800	691	037	018	825	518	933	32
34	783	307	328	312	104	538	725	614	0,20963	0,18946	759	461	899	34
36	764	269	281	257	045	470	650	538	889	875	694	403	864	36
38	744	230	234	203	0,29985	403	575	461	815	803	628	346	830	38
0,240	0,14724	0,24192	0,27188	0,29148	0,29926	0,30336	0,28500	0,24384	0,20741	0,18732	0,15563	0,12288	0,05796	0,240
42	704	154	141	093	867	269	425	307	667	661	497	230	762	42
44	684	115	094	039	807	202	350	230	593	589	431	173	728	44
46	664	077	047	0,28984	748	134	275	154	519	518	366	115	693	46
48	645	038	000	930	689	067	200	077	444	446	300	058	659	48
0,250	0,14625	0,24000	0,26953	0,28875	0,29630	0,30000	0,28125	0,24000	0,20370	0,18375	0,15234	0,12000	0,05625	0,250
52	605	0,23962	906	820	570	0,29933	050	0,23923	296	304	169	0,11942	591	52
54	585	923	859	766	511	866	0,27975	846	222	232	103	885	557	54
56	566	885	813	711	452	798	900	770	148	161	038	827	522	56
58	546	846	766	657	393	731	825	693	074	089	0,14972	770	488	58
0,260	0,14526	0,23808	0,26719	0,28602	0,29333	0,29664	0,27750	0,23616	0,20000	0,18018	0,14906	0,11712	0,05454	0,260
62	506	770	672	547	274	597	675	539	0,19926	0,17947	841	654	420	62
64	486	731	625	493	215	530	600	462	852	875	775	597	386	64
66	467	693	578	438	156	462	525	386	777	804	709	539	351	66
68	447	654	531	384	096	395	450	309	703	732	644	482	317	68
0,270	0,14427	0,23616	0,26484	0,28329	0,29037	0,29328	0,27375	0,23232	0,19629	0,17661	0,14578	0,11424	0,05283	0,270
72	407	578	438	274	0,28978	261	300	155	555	590	513	366	249	72
74	387	539	391	220	919	194	225	078	481	518	447	309	215	74
76	368	501	344	165	859	126	150	002	407	447	381	251	180	76
78	348	462	297	111	800	059	075	0,22925	333	375	316	194	146	78
0,280	0,14328	0,23424	0,26250	0,28056	0,28741	0,28992	0,27000	0,22848	0,19259	0,17304	0,14250	0,11136	0,05112	0,280
82	308	386	203	001	682	925	0,26925	771	185	233	184	078	078	82
84	288	347	156	0,27947	622	858	850	694	111	161	119	021	044	84
86	269	309	109	892	563	790	775	618	037	090	053	0,10963	009	86
88	249	270	063	838	504	723	700	541	0,18963	018	0,13988	906	0,04975	88
	0,9	0,8	¾	0,7	⅔	0,6	0,5	0,4	⅓	0,3	¼	0,2	0,1	$\varkappa$

$$\xi = x : l =$$

$$\omega_D - \varkappa_{(k-1)\,k}\,\omega'_D .$$

Tabelle 34. $\omega'_D - \varkappa_{k\,(k-1)}\,\omega_D$.

$\varkappa$	$\xi = x : l =$													$\varkappa$
	0,1	0,2	¼	0,3	⅓	0,4	0,5	0,6	⅔	0,7	¾	0,8	0,9	
0,290	0,14229	0,23232	0,26016	0,27783	0,28444	0,28656	0,26625	0,22464	0,18889	0,16947	0,13922	0,10848	0,04941	0,290
92	209	194	0,25969	728	385	589	550	387	814	876	856	790	907	92
94	189	155	922	674	326	522	475	310	740	804	791	733	873	94
96	170	117	875	619	267	454	400	234	666	733	725	675	838	96
98	150	078	828	565	207	387	325	157	592	661	659	618	804	98
0,300	0,14130	0,23040	0,25781	0,27510	0,28148	0,28320	0,26250	0,22080	0,18518	0,16590	0,13594	0,10560	0,04770	0,300
02	110	002	734	455	089	253	175	003	444	519	528	502	736	02
04	090	0,22963	688	401	030	186	100	0,21926	370	447	463	445	702	04
06	071	925	641	346	0,27970	118	025	850	296	376	397	387	667	06
08	051	886	594	292	911	051	0,25950	773	222	304	331	330	633	08
0,310	0,14031	0,22848	0,25547	0,27237	0,27852	0,27984	0,25875	0,21696	0,18148	0,16233	0,13266	0,10272	0,04599	0,310
12	011	810	500	182	793	917	800	619	074	162	200	214	565	12
14	0,13991	771	453	128	733	850	725	542	000	090	134	157	531	14
16	972	733	406	073	674	782	650	466	0,17925	019	069	099	496	16
18	952	694	359	019	615	715	575	389	851	0,15947	003	042	462	18
0,320	0,13932	0,22656	0,25313	0,26964	0,27556	0,27648	0,25500	0,21312	0,17777	0,15876	0,12938	0,09984	0,04428	0,320
22	912	618	266	909	496	581	425	235	703	805	872	926	394	22
24	892	579	219	855	437	514	350	158	629	733	806	869	360	24
26	873	541	172	800	378	446	275	082	555	662	741	811	325	26
28	853	502	125	746	319	379	200	005	481	590	675	754	291	28
0,330	0,13833	0,22464	0,25078	0,26691	0,27259	0,27312	0,25125	0,20928	0,17407	0,15519	0,12609	0,09696	0,04257	0,330
32	813	426	031	636	200	245	050	851	333	448	544	638	223	32
34	793	387	0,24984	582	141	178	0,24975	774	259	376	478	581	189	34
36	774	349	938	527	082	110	900	698	185	305	413	523	154	36
38	754	310	891	473	022	043	825	621	111	233	347	466	120	38
0,340	0,13734	0,22272	0,24844	0,26418	0,26963	0,26976	0,24750	0,20544	0,17037	0,15162	0,12281	0,09408	0,04086	0,340
42	714	234	797	363	904	909	675	467	0,16962	091	216	350	052	42
44	694	195	750	309	847	842	600	390	888	019	150	293	018	44
46	675	157	703	254	785	774	525	314	814	0,14948	084	235	0,03983	46
48	655	118	656	200	726	707	450	237	740	876	019	178	949	48
0,350	0,13635	0,22080	0,24609	0,26145	0,26667	0,26640	0,24375	0,20160	0,16666	0,14805	0,11953	0,09120	0,03915	0,350
52	615	042	563	090	607	573	300	083	592	734	888	062	881	52
54	595	003	516	036	548	506	225	006	518	662	822	005	847	54
56	576	0,21965	469	0,25981	489	438	150	0,19930	444	591	756	0,08947	812	56
58	556	926	422	927	430	371	075	853	370	519	691	890	778	58
0,360	0,13536	0,21888	0,24375	0,25872	0,26370	0,26304	0,24000	0,19776	0,16296	0,14448	0,11625	0,08832	0,03744	0,360
62	516	850	328	817	311	237	0,23925	699	222	377	559	774	710	62
64	496	811	281	763	252	170	850	622	148	305	494	717	676	64
66	477	773	234	708	193	102	775	546	073	234	428	659	641	66
68	457	734	188	654	133	035	700	469	0,15999	162	363	602	607	68
0,370	0,13437	0,21696	0,24141	0,25599	0,26074	0,25968	0,23625	0,19392	0,15925	0,14091	0.11297	0,08544	0,03573	0,370
72	417	658	093	544	015	901	550	315	852	020	232	486	539	72
74	397	619	046	490	0,25955	834	475	238	778	0,13948	166	429	505	74
76	378	581	0,23999	435	896	766	400	162	704	877	101	371	470	76
78	358	542	952	381	837	699	325	085	630	805	035	314	436	78
0,380	0,13338	0,21504	0,23906	0,25326	0,25778	0,25632	0,23250	0,19008	0,15556	0,13734	0,10969	0,08256	0,03402	0,380
	0,9	0,8	¾	0,7	⅔	0,6	0,5	0,4	⅓	0,3	¼	0,2	0,1	$\varkappa$

$$\xi = x : l =$$

$$\omega_D - \varkappa_{(k-1)\,k}\,\omega'_D .$$

I
X_2
II
X_3
III
a
m
b
i
n
c
d
A
B
C
D
l_2=12,00
l_3=18,00
l_4=9,00
a
J_c/J_2=2,5
J_c/J_3=1,0
J_c/J_4=4,0
254,1
+
−
b
Einflußlinie für X_2=−M_b
−
+
+
Einflußlinie für X_3=−M_c
c
181,4
+1,000
+
−
+
Einflußlinie für A
d
−
+
Einflußlinie für Q_i
im Felde II
−1,000
+1,000
+
−
e
Einflußlinie für B
+1,000
+
f
Einflußlinie für M_m
−
+2,274
+
+
g
Einflußlinie für M_n
−
+3,490
−
h
−24,68 p
−18,29 p
Größtwerte der Momente für
gleichförmig verteilte Last p
2
1
2
3
1
+12,85 p
+1,31 p
+28,31 p
+
−
4
+19,47 p
+
i
a_2a
a_23
a_32
a_3d
Belastungsfall für
Linienzug 1:
Linienzug 2:
Linienzug 3:
Linienzug 4:

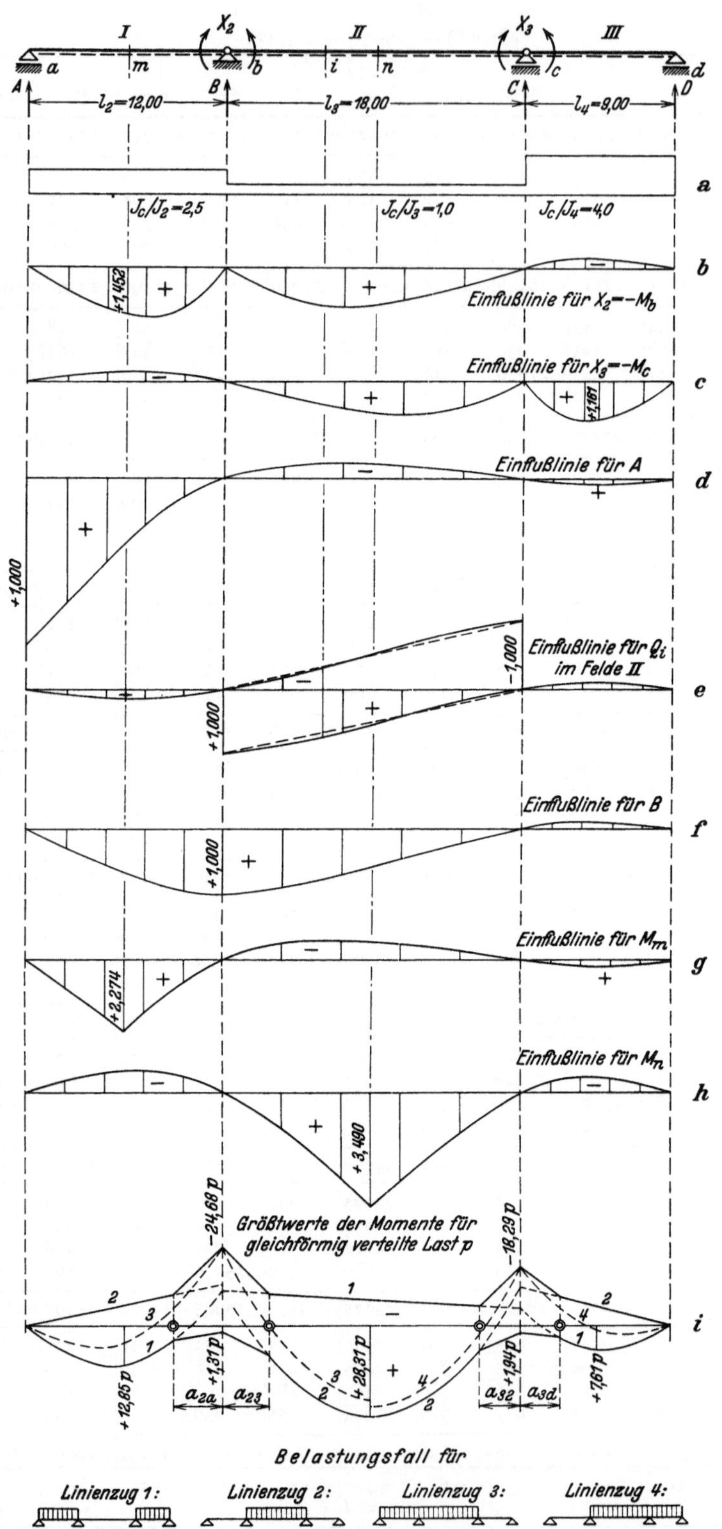

Abb. 374.

Grenzwerte der Momente bei gleichförmiger Streckenlast $p = 1{,}0$ t/m (Abb. 374i).

a) Feldmomente: Überzählige Größen für ungünstigste Laststellung.

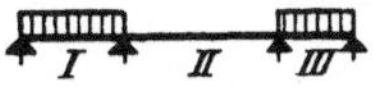 M_{max} in I und II M_{min} in II	$X_2 = \dfrac{1}{31}\,(360 - 40{,}5) = 10{,}30$ mt, $X_3 = \dfrac{1}{31}\,(216 - 60{,}0) = 5{,}03$ mt.
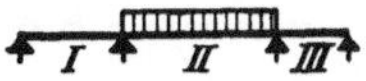 M_{min} in I und III M_{max} in II	$X_2 = \dfrac{405}{31} = 13{,}06$ mt, $\qquad$ $X_3 = \dfrac{351}{31} = 11{,}32$ mt.

b) Stützenmomente: $\quad -M_b = X_2, \quad -M_c = X_3$.

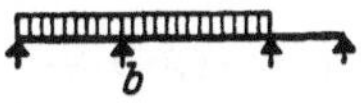 $M_{b\ min}$	$X_{2\ max} = \dfrac{1}{31}\,(360 + 405) = 24{,}68$ mt, $X_3 = \dfrac{1}{31}\,(351 - 60) = 9{,}40$ mt.
 $M_{b\ max}$	$X_{2\ min} = -\dfrac{40{,}5}{31} = -1{,}31$ mt, $\qquad$ $X_3 = \dfrac{216}{31} = 6{,}96$ mt.
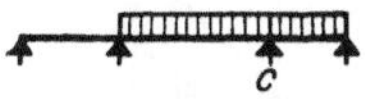 $M_{c\ min}$	$X_2 = \dfrac{1}{31}\,(405 - 40{,}5) = 11{,}75$ mt, $X_{3\ max} = \dfrac{1}{31}\,(351 + 216) = 18{,}29$ mt.
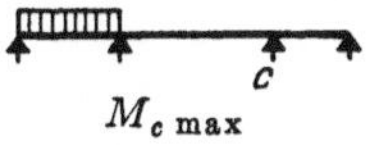 $M_{c\ max}$	$X_2 = \dfrac{1}{31}\,360 = 11{,}6$ mt, $\qquad$ $X_{3\ min} = -\dfrac{60}{31} = -1{,}94$ mt.

Grenzwerte der Querkräfte bei gleichförmiger Streckenlast $p = 1{,}0$ t/m (Abb. 375).

a) Q_{min}:

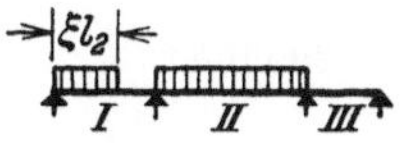 Q_{min} im Feld I	$Q_{0\ min} = -\dfrac{l_2}{2}\,\xi^2 = -\dfrac{12{,}0}{2}\,\xi^2 = -6{,}0\,\xi^2,$ $X_2 = \dfrac{360}{31}\,\xi^2\,(2 - \xi^2) + \dfrac{405}{31},$ $Q_{min} = Q_{0\ min} - \dfrac{X_2}{l_2} = Q_{0\ min} - \dfrac{X_2}{12{,}0}.$
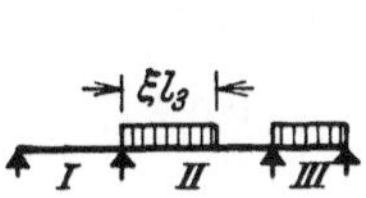 Q_{min} im Feld II	$Q_{0\ min} = -\dfrac{l_3}{2}\,\xi^2 = -\dfrac{18{,}0}{2}\,\xi^2 = -9{,}0\,\xi^2,$ $X_2 = \dfrac{81}{31}\,\xi^2\,[22 - 24\,\xi + 7\,\xi^2] - \dfrac{40{,}5}{31},$ $X_3 = \dfrac{27}{31}\,\xi^2\,[20 + 12\,\xi - 19\,\xi^2] + \dfrac{216}{31},$ $Q_{min} = Q_{0\ min} + \dfrac{X_2 - X_3}{l_3} = Q_{0\ min} + \dfrac{X_2 - X_3}{18{,}0}.$
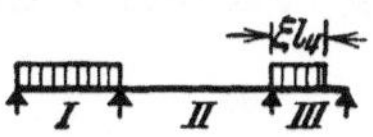 Q_{min} im Feld III	$Q_{0\ min} = -\dfrac{l_4}{2}\,\xi^2 = -\dfrac{9{,}0}{2}\,\xi^2 = -4{,}5\,\xi^2,$ $X_3 = \dfrac{216}{31}\,\xi^2\,(4 - 4\,\xi + \xi^2) - \dfrac{60}{31},$ $Q_{min} = Q_{0\ min} + \dfrac{X_3}{l_4} = Q_{0\ min} + \dfrac{X_3}{9{,}0}.$

b) Q_{max}: Nach (639) ist

$$Q_{max} = Q^* - Q_{min}.$$

Vollbelastung:	$X_2^* = \dfrac{1}{31}(360 + 405 - 40,5) = 23,35$ mt
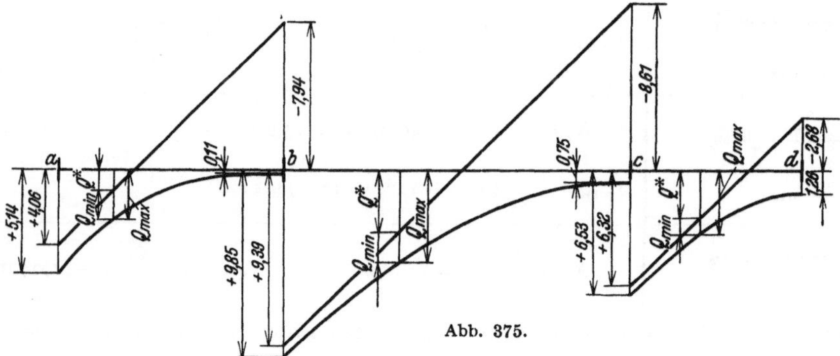	$X_3^* = \dfrac{1}{31}(-60 + 351 + 216) = 16,36$ mt

Bereich:	I	II	III
Q_0^*	$\left(\dfrac{1}{2}-\xi\right)l_2 = (0,5-\xi)12,0$	$\left(\dfrac{1}{2}-\xi\right)l_3 = (0,5-\xi)18,0$	$\left(\dfrac{1}{2}-\xi\right)l_4$ $= (0,5-\xi)9,0$
Q^*	$Q_0^* - X_2^*/l_2$ $= (0,5-\xi)12,0 - \dfrac{23,35}{12,0}$ $= 12,0\,(0,338-\xi)$	$Q_0^* + (X_2^* - X_3^*)/l_3$ $= (0,5-\xi)18,0 + \dfrac{23,35-16,36}{18,0}$ $= 18,0\,(0,522-\xi)$	$Q_0^* + X_3^*/l_4$ $= (0,5-\xi)9,0 + \dfrac{16,36}{9,0}$ $= 9,0\,(0,702-\xi)$

Abb. 375.

Überzählige Größen aus ungleichförmiger Erwärmung:

$$t_u - t_0 = \Delta t = 15^0; \quad d = 1,0\ \text{m}; \quad E J_c = 240\,100\ \text{tm}^2;$$

$$X_2 = 240\,100\,\frac{0,00001 \cdot 15}{1,0} \cdot \frac{3}{18,0 \cdot 31}\,[6\,(12,0 + 18,0) - (18,0 + 9,0)] = 29,60\ \text{mt},$$

$$X_3 = 240\,100\,\frac{0,00001 \cdot 15}{1,0} \cdot \frac{3}{18,0 \cdot 31}\left[\frac{16}{3}\,(18,0 + 9,0) - (12,0 + 18,0)\right] = 22,08\ \text{mt}.$$

Überzählige Größen aus Stützenverschiebungen:

$$\Delta_a = 0; \quad \Delta_b = 0,010\ \text{m}; \quad \Delta_c = 0,015\ \text{m}; \quad \Delta_d = 0; \quad E J_c = 240\,100\ \text{tm}^2;$$

$$X_2 = 240\,100\,\frac{6}{18,0 \cdot 31}\left[\frac{1}{12,0}\,(-0,01)\,6 - \frac{1}{18,0}\,(0,01 - 0,015)\,(6 + 1) + \frac{1}{9,0}\,0,015\right],$$

$$X_3 = 240\,100\,\frac{6}{18,0 \cdot 31}\left[\frac{1}{9,0}\,(-0,015)\,\frac{16}{3} - \frac{1}{18,0}\,(0,015 - 0,01)\left(\frac{16}{3} + 1\right) + \frac{1}{12,0}\,0,01\right],$$

$$X_2 = -3,58\ \text{mt}; \quad X_3 = -25,4\ \text{mt}.$$

47. Der durchlaufende Balkenträger auf beliebig vielen frei drehbaren Zwischenstützen.

Die Endstützen des Tragwerks sind frei drehbar aufgelagert oder starr eingespannt. Elastische Einspannung der Endstützen kann nach S. 397 berücksichtigt werden. Die Verwendung der Einspannungs- und Stützenmomente $-M_k$ $(k = 1 \ldots n)$

zu statisch überzähligen Größen X_k $(k = 1 \ldots n)$ liefert als Hauptsystem eine zusammenhängende Reihe einfacher Träger. Die geometrischen Bedingungen über die Kontinuität ihrer Formänderung an den Stützpunkten k zur Berechnung der statisch überzähligen Größen bilden dreigliedrige Gleichungen nach Abschn. 29.

$$X_1 \delta_{11} + X_2 \delta_{12} = \delta_{1 \otimes},$$

$$\cdots \cdots \cdots \cdots \cdots \cdots$$

$$X_{k-1} \delta_{k(k-1)} + X_k \delta_{kk} + X_{k+1} \delta_{k(k+1)} = \delta_{k \otimes}, \qquad (650)$$

$$\cdots \cdots \cdots \cdots \cdots \cdots$$

$$X_{n-1} \delta_{n(n-1)} + X_n \delta_{nn} = \delta_{n \otimes}.$$

Vorzahlen. Die Vorzahlen δ_{ik}, δ_{kk} und die Belastungszahlen $\delta_{k \otimes}$ werden bei beliebig vorgeschriebener Steifigkeit des Stabzugs nach Abschn. 18 abgeleitet. Bei

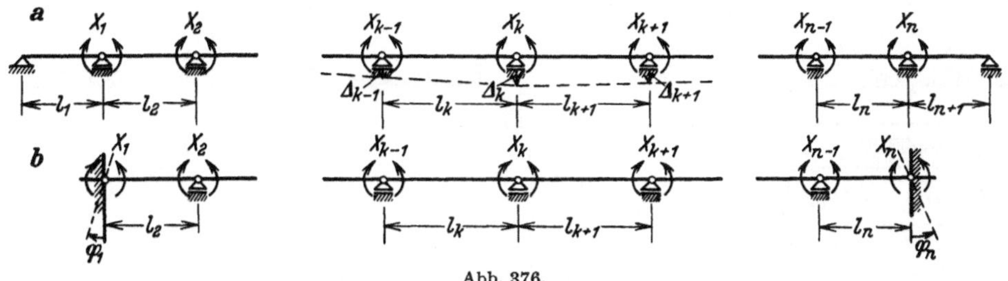

Abb. 376.

Approximation der Veränderlichkeit des Querschnitts nach einer der auf S. 394 angegebenen Regeln wird mit den $6EJ_c$ fachen Beträgen der Formänderungen gerechnet.

$$\left. \begin{aligned} 6\,\delta_{kk} &= 2\,(\mu_k l'_k + \mu_{k+1} l'_{k+1}), \\ 6\,\delta_{k(k-1)} &= \lambda_k l'_k, \qquad 6\,\delta_{k(k+1)} = \lambda_{k+1} l'_{k+1}; \end{aligned} \right\} \qquad (651)$$

freie Auflagerung der Enden (Abb. 376a):

$$\left. \begin{aligned} 6\,\delta_{11} &= 2\,(\overline{\mu}_1 l'_1 + \mu_2 l'_2), \\ 6\,\delta_{nn} &= 2\,(\mu_n l'_n + \overline{\mu}_{n+1} l'_{n+1}); \end{aligned} \right\} \qquad (652)$$

starre Einspannung der Enden (Abb. 376b):

$$6\,\delta_{11} = 2\,\mu_2 l'_2, \qquad 6\,\delta_{nn} = 2\,\mu_n l'_n. \qquad (653)$$

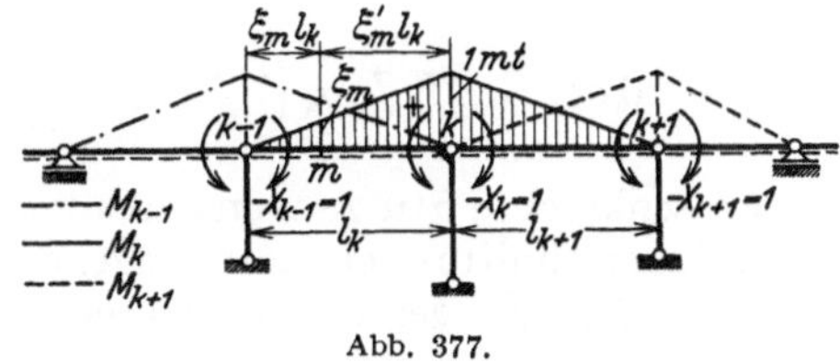

Abb. 377.

Die Beiwerte μ_k, λ_k, $\overline{\mu}$ sind für verschiedene Funktionen ζ_k in Tabelle 29 S. 394 enthalten. Die Vorzahlen δ_{12} und $\delta_{n(n-1)}$ werden für beide Randbedingungen ebenso wie die Vorzahlen $\delta_{k(k+1)}$ und $\delta_{(k-1)k}$ gebildet.

Bei konstantem Trägheitsmoment J_k des Stabzuges zwischen je zwei Stützpunkten ist

$$\left. \begin{aligned} 6\,\delta_{k(k-1)} = l'_k, \qquad 6\,\delta_{kk} = 2\,(l'_k + l'_{k+1}), \qquad 6\,\delta_{k(k+1)} = l'_{k+1}, \\ \text{freie Auflagerung der Endstützen:} \quad 6\,\delta_{11} = 2\,(l'_1 + l'_2), \qquad 6\,\delta_{nn} = 2\,(l'_n + l'_{n+1}), \\ \text{starre Einspannung der Endstützen:} \quad 6\,\delta_{11} = 2\,l'_2, \qquad 6\,\delta_{nn} = 2\,l'_n. \end{aligned} \right\} \quad (654)$$

Belastungszahlen. Die Belastungszahlen $6\,\delta_{k0}$ werden nach S. 395 nur für konstantes Trägheitsmoment J_k im Bereiche eines jeden Feldes l_k (Tabelle 35) angegeben. Sie bestehen in der Regel aus zwei Beiträgen, die von der Belastung der beiden der Stütze k benachbarten Träger l_k, l_{k+1} herrühren.

Tabelle 35[1]. Belastungszahlen.

$$6\,\delta_{k0} = l_k\,l'_k\,\sum_k P\,\omega_D + l_{k+1}\,l'_{k+1}\,\sum_{k+1} P\,\omega'_D$$

Ergebnisse für vorgeschriebene Lastengruppen vgl. S. 112.

$$6\,\delta_{k0} = l'_k\,\sum_k \mathrm{M}\,\omega_M - l'_{k+1}\,\sum_{k+1}\mathrm{M}\,\omega'_M$$

Streckenbelastung:

$$6\,\delta_{k0} = c_k\,p_k\,l_k^2\,l'_k + c'_{k+1}\,p_{k+1}\,l_{k+1}^2\,l'_{k+1}$$

$$c_k = c'_{k+1} = \frac{1}{4} \qquad\qquad c_k = c'_{k+1} = \frac{2}{15}$$

$$c_k = c'_{k+1} = \frac{5}{32} \qquad\qquad c_k = c'_{k+1} = \frac{7}{60}$$

$$c_k = \frac{1}{4}\,(1 - \zeta^2)^2, \qquad c'_{k+1} = \frac{1}{4}\,(1 - \zeta'^2)^2$$

$$c_k = \frac{1}{4}\,\zeta^2\,(2 - \zeta^2), \qquad c'_{k+1} = \frac{1}{4}\,\zeta'^2\,(2 - \zeta'^2)$$

$$c_k = \frac{1}{4}\,[\zeta_2^2\,(2 - \zeta_2^2) - \zeta_1^2\,(2 - \zeta_1^2)],$$

$$c'_{k+1} = \frac{1}{4}\,[\zeta_2'^2\,(2 - \zeta_2'^2) - \zeta_1'^2\,(2 - \zeta_1'^2)].$$

Diese Angaben können nach Tabelle 12 für zahlreiche andere Belastungsfälle ergänzt und nach Tabellen 13 bis 15 auch für veränderliches Trägheitsmoment im Bereiche eines Trägerabschnitts angeschrieben werden.

Ungleichförmige Temperaturänderung $\varDelta t_k$ im Bereiche von l_k mit der mittleren Trägerhöhe d_k liefert

$$6\,\delta_{kt} = 3\,E\,J_c\,\alpha_t\left(\frac{\varDelta t_k\,l_k}{d_k} + \frac{\varDelta t_{k+1}\,l_{k+1}}{d_{k+1}}\right) \approx 3\,E\,J_c\,\frac{\alpha_t\,\varDelta t}{d}\,(l_k + l_{k+1})\,. \tag{655}$$

Werden senkrechte Stützenverschiebungen $\varDelta_{k-1}$, $\varDelta_k$, $\varDelta_{k+1}$ und Verdrehungen φ_1, φ_n der Endquerschnitte bei starr angenommener Einspannung der Trägerenden im Sinne von X_1, X_n gemessen oder geschätzt (Abb. 376), so entsteht

$$6\,\delta_{ks} = 6\,E\,J_c\left[\frac{\varDelta_{k-1}}{l_k} - \varDelta_k\left(\frac{1}{l_k} + \frac{1}{l_{k+1}}\right) + \frac{\varDelta_{k+1}}{l_{k+1}}\right],$$

$$6\,\delta_{1s} = -\,E\,J_c\left(\frac{\varDelta_1 - \varDelta_2}{l_2} + \varphi_1\right); \qquad 6\,\delta_{ns} = -\,6\,E\,J_c\left(\frac{\varDelta_n - \varDelta_{n-1}}{l_n} + \varphi_n\right)\,. \tag{656}$$

Auflösung des Ansatzes. Die dreigliedrige Matrix (650) der Vorzahlen (651) wird unter Einbeziehung der Belastungsglieder nach der Rechenvorschrift S. 230 ff. aufgelöst. Die konjugierte Matrix mit den Vorzahlen $\beta'_{ik} = \beta_{ik}/6$ entsteht entweder aus zwei Kettenbrüchen nach (394), (404) oder durch Vorwärts- und Rückwärtselimination nach Gauß. Da die 6 fachen Vorzahlen δ_{ik} verwendet werden,

---

[1] Funktionswerte ω auf S. 116 ff.

ist (vgl. Abschnitt 24)

$$X_k = \sum_{i=1}^{i=n} \beta'_{ki}\, 6\, \delta_{i\,\otimes}, \quad k = 1, \ldots, n.$$

Damit sind nach (637) auch die Stütz- und Schnittkräfte des ganzen Trägers bestimmt.

Kennbeziehungen und Teillösungen. Bei der algebraischen Auflösung des Ansatzes mit $6\delta_{n0} = 1$ u. $6\delta_{10} = 1$ durch Kettenbrüche oder durch Elimination nach Gauß entstehen neben den Vorzahlen β'_{nn} und β'_{11} auch die für den dreigliedrigen Ansatz charakteristischen Kennbeziehungen zwischen je zwei aufeinanderfolgenden Stützenmomenten.

$$-\frac{X_{h-1}}{X_h} = \varkappa_{(h-1)\,h}, \qquad -\frac{X_r}{X_{r-1}} = \varkappa_{r\,(r-1)}.$$

Sie werden zu deren Berechnung bei der Belastung eines einzelnen Feldes l_k verwendet (Abb. 378c). Die l_k benachbarten Stützenmomente X_{k-1}, X_k ergeben sich nach (415) aus 2 Gleichungen mit 2 Unbekannten.

$$X_{k-1} = \frac{\varkappa_{(k-1)\,k}}{\delta_{(k-1)\,k}}\,\frac{\delta_{(k-1)\,0} - \varkappa_{k\,(k-1)}\,\delta_{k\,0}}{1 - \varkappa_{(k-1)\,k}\,\varkappa_{k\,(k-1)}}; \qquad X_k = \frac{\varkappa_{k\,(k-1)}}{\delta_{k\,(k-1)}}\,\frac{\delta_{k\,0} - \varkappa_{(k-1)\,k}\,\delta_{(k-1)\,0}}{1 - \varkappa_{(k-1)\,k}\,\varkappa_{k\,(k-1)}}. \tag{657}$$

Für $6\,\delta_{(k-1)\,k} = \lambda_k l'_k$ und gleichförmige Belastung des Feldes l_k mit p_k ist

$$6\,\delta_{k0} = 6\,\delta_{(k-1)\,0} = \tfrac{1}{4} p_k l_k^2 l'_k,$$

$$X_{k-1} = \frac{p_k l_k^2}{4\,\lambda_k}\,\frac{\varkappa_{(k-1)\,k} - \varkappa_{(k-1)\,k}\,\varkappa_{k\,(k-1)}}{1 - \varkappa_{(k-1)\,k}\,\varkappa_{k\,(k-1)}}; \qquad X_k = \frac{p_k l_k^2}{4\,\lambda_k}\,\frac{\varkappa_{k\,(k-1)} - \varkappa_{(k-1)\,k}\,\varkappa_{k\,(k-1)}}{1 - \varkappa_{(k-1)\,k}\,\varkappa_{k\,(k-1)}}. \tag{658}$$

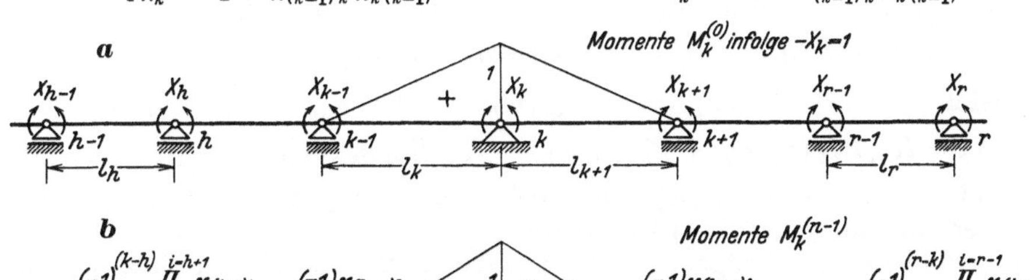
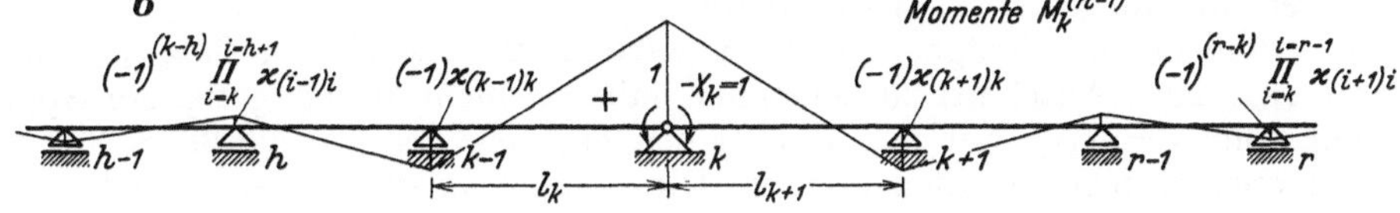
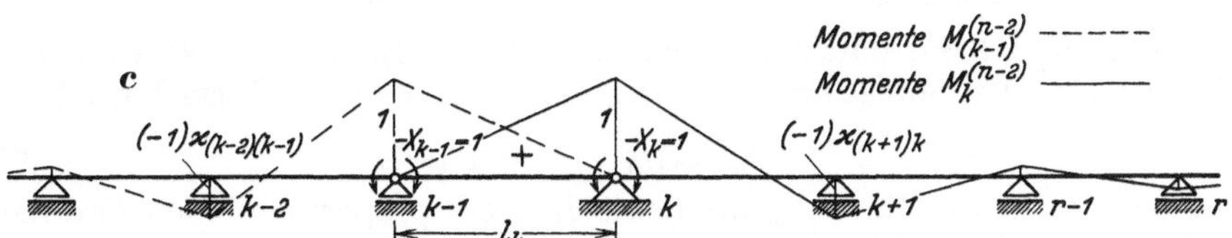

Abb. 378. Biegungsmomente eines durchlaufenden Trägers infolge $-X_k = 1$ in einem statisch bestimmten, einem $n-1$ und $n-2$ fach statisch unbestimmten Hauptsystem.

Die Stützenmomente X_h $[h < (k-1)]$ sind dann durch die Kennbeziehungen $\varkappa_{(h-1)\,h}$, die Stützenmomente X_r $(r > k)$ durch die Kennbeziehungen $\varkappa_{r\,(r-1)}$ bestimmt (Abb. 378c). Da eine beliebige Belastung des Stabzugs nach den einzelnen Feldern zerlegt werden kann, so läßt sich die Lösung durch Superposition der Teilergebnisse auch auf den allgemeinen Fall anwenden.

Die Hauptglieder β'_{kk} der konjugierten Matrix werden für $6\,\delta_{k0} = 1$ erhalten und in Verbindung mit den Kennbeziehungen $X_{k-1}/X_k = -\varkappa_{(k-1)\,k}$, $X_{(k+1)}/X_k = -\varkappa_{(k+1)\,k}$ aus (410) folgendermaßen angeschrieben:

$$\beta'_{kk} = \frac{1}{-\varkappa_{(k-1)\,k}\,6\,\delta_{k\,(k-1)} + 6\,\delta_{kk} - \varkappa_{(k+1)\,k}\,6\,\delta_{k\,(k+1)}}. \tag{659}$$

Sie lassen sich außerdem mit dem Ansatz (657) ableiten.

$$\beta'_{kk} = \frac{\varkappa_{k(k-1)}}{6\,\delta_{k(k-1)}\,(1 - \varkappa_{(k-1)k}\,\varkappa_{k(k-1)})} = \frac{\varkappa_{k(k+1)}}{6\,\delta_{k(k+1)}\,(1 - \varkappa_{k(k+1)}\,\varkappa_{(k+1)k})} ,$$

$$\beta'_{(k-1)(k-1)} = \frac{\varkappa_{(k-1)k}}{6\,\delta_{k(k-1)}\,(1 - \varkappa_{(k-1)k}\varkappa_{k(k-1)})} ; \quad \beta'_{(k+1)(k+1)} = \frac{\varkappa_{(k+1)k}}{6\,\delta_{k(k+1)}\,(1 - \varkappa_{k(k+1)}\varkappa_{(k+1)k})} . \qquad (660)$$

Daher kann die Hauptdiagonale der konjugierten Matrix dreigliedriger Bedingungsgleichungen auch nach

$$\frac{\beta'_{(k-1)(k-1)}}{\beta'_{kk}} = \frac{\varkappa_{(k-1)k}}{\varkappa_{k(k-1)}} , \qquad \frac{\beta'_{kk}}{\beta'_{(k+1)(k+1)}} = \frac{\varkappa_{k(k+1)}}{\varkappa_{(k+1)k}} \qquad (661)$$

entwickelt werden, wenn beide Kettenbrüche oder beide Eliminationen ausgerechnet worden sind. Die Nebenglieder β'_{hk} der konjugierten Matrix ergeben sich aus den Hauptgliedern β'_{kk} für $h < k$:

$$\beta'_{(k-1)k} = -\,\varkappa_{(k-1)k}\,\beta'_{kk} , \qquad \beta'_{hk} = (-1)^{(k-h)}\,\beta'_{kk} \prod_{i=k}^{i=h+1} \varkappa_{(i-1)i} . \qquad (662)$$

Die Nebenglieder β'_{rk} für $r > k$ sind

$$\beta'_{(k+1)k} = -\,\varkappa_{(k+1)k}\,\beta'_{kk} , \qquad \beta'_{rk} = (-1)^{(r-k)}\,\beta'_{kk} \prod_{i=k}^{i=r-1} \varkappa_{(i+1)i} . \qquad (663)$$

Einflußlinien der Stützenmomente X_k. a) Die wandernde Last $P = 1$ t bewegt sich in den beiden, dem Stützpunkte k benachbarten Feldern l_k und l_{k+1}. Bei konstantem Trägheitsmoment J_k, J_{k+1} der Träger ist für

P im Felde l_k: $\qquad 6\,\delta_{(k-1)m} = l_k\,l'_k\,\omega'_D , \qquad 6\,\delta_{km} = l_k\,l'_k\,\omega_D ,$

$$X_k = l_k\,l'_k\,(\beta'_{k(k-1)}\,\omega'_D + \beta'_{kk}\,\omega_D) = l_k\,l'_k\,\beta'_{kk}\,(\omega_D - \varkappa_{(k-1)k}\,\omega'_D) , \qquad (664)$$

P im Felde l_{k+1}: $\qquad 6\,\delta_{km} = l_{k+1}\,l'_{k+1}\,\omega'_D , \qquad 6\,\delta_{(k+1)m} = l_{k+1}\,l'_{k+1}\,\omega_D$

$$X_k = l_{k+1}\,l'_{k+1}\,(\beta'_{kk}\,\omega'_D + \beta'_{k(k+1)}\,\omega_D) = l_{k+1}\,l'_{k+1}\,\beta'_{kk}\,(\omega'_D - \varkappa_{(k+1)k}\,\omega_D) . \qquad (665)$$

Die Funktionen $(\omega_D - \varkappa_{(k-1)k}\,\omega'_D)$ und $(\omega'_D - \varkappa_{(k+1)k}\,\omega_D)$ sind mit $\varkappa_{(k-1)k}$, $\varkappa_{k(k-1)}$ als Leitwert in Tabelle 34 S. 410 enthalten.

Bei veränderlichem Trägheitsmoment werden die Biegelinien $6\delta_{(k-1)m}$, $6\delta_{km}$ des Trägers l_k nach Abschnitt 20 berechnet, falls sie nicht durch geeignete Approximation von $\zeta_k = J_k/J$ mit den Funktionen $\overline{\omega}_D$, $\overline{\omega}'_D$ der Tabelle 29 S. 394 unmittelbar angeschrieben werden können. Dies genügt in der Regel, so daß

$$6\,\delta_{(k-1)m} = l_k\,l'_k\,\overline{\omega}'_D , \qquad 6\,\delta_{km} = l_k\,l'_k\,\overline{\omega}_D \qquad (666)$$

ist und in (664) und (665) daher auch ω_D, ω'_D durch $\overline{\omega}_D$, $\overline{\omega}'_D$ ersetzt werden.

b) Die Last $P = 1$ t bewegt sich in einem Felde l_h links vom Querschnitt $k - 1$.

$$X_k = (-1)^{k-h}\,\varkappa_{(h+1)h} \cdots \varkappa_{k(k-1)}\,X_h . \qquad (667)$$

Die Ordinaten der Einflußlinie X_k im Felde l_h sind proportional den Ordinaten der Einflußlinie X_h des Feldes l_h.

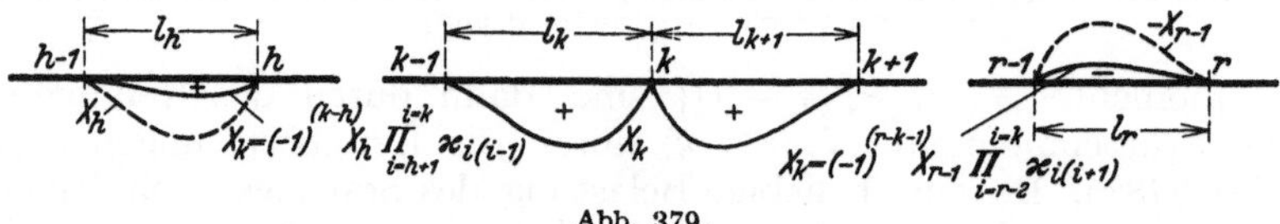

Abb. 379.

c) Die Last $P = 1$ t bewegt sich in einem Felde l_r rechts vom Querschnitt $k + 1$.

$$X_k = (-1)^{r-k-1}\,\varkappa_{(r-2)(r-1)} \cdots \varkappa_{k(k+1)}\,X_{r-1} . \qquad (668)$$

Die Ordinaten der Einflußlinie im Felde l_r sind proportional den Ordinaten der Einflußlinie X_{r-1} im Felde l_r. Daher wird jede Einflußlinie X_k in allen Feldern l_h, l_r aus den Einflußlinien der ihnen benachbarten Stützenmomente X_h, X_{r-1} gebildet (Abb. 379).

Zeichnerische Untersuchung. Um das Ergebnis der zeichnerischen Auflösung dreigliedriger Gleichungen nach Abschnitt 32 bei der Untersuchung des durchgehenden Trägers auf starren und frei drehbaren Stützen mit der zeichnerischen Darstellung der Biegungsmomente übersichtlich zu verbinden, werden die Punkte A_k der Achse den Stützenpunkten zugeordnet und daher die Abschnitte $\overline{A_{k-1}A_k} = \varDelta_k$ in einem geeigneten Längenmaßstab nach den Feldweiten l_k bemessen.

Die zeichnerische Auflösung stützt sich auf die Festpunkte $F_{(k-1)k}, F_{k(k-1)}$ im Felde l_k der Achse, die durch die Abschnitte $a_{(k-1)k}, a_{k(k-1)}$ bestimmt sind, auf die Ordinaten $V_{(k-1)k}, V_{kk}$, die aus den Kreuzlinienabschnitten $R_{(k-1)k}, R_{kk}$ berechnet werden oder auf die Koordinaten e_k, T_k der einem vorgeschriebenen Belastungsfall zugeordneten Punkte E'_k.

Die Nebenglieder δ_{ik} der Matrix des Ansatzes (650) sind positiv, so daß die Festpunkte $F_{(k-1)k}, F_{k(k-1)}$ nach S. 255 innerhalb des zugeordneten Intervalles l_k liegen. Die Abschnitte $a_{(k-1)k}, a_{k(k-1)}$ werden aus den Kennbeziehungen $\varkappa_{(k-1)k}, \varkappa_{k(k-1)}$ berechnet oder nach S. 256 mit Hilfe der Wirkungslinien elastischer Gewichte $\mathfrak{w}'_{k,1}, \mathfrak{w}'_{k,2}, \mathfrak{w}_k$ zeichnerisch bestimmt. Nach Abschnitt 32 ist

$$a_{(k-1)k} = \frac{\varkappa_{(k-1)k}}{1 + \varkappa_{(k-1)k}}\, l_k, \qquad a_{k(k-1)} = \frac{\varkappa_{k(k-1)}}{1 + \varkappa_{k(k-1)}}\, l_k. \tag{669}$$

Die Kennbeziehungen müssen also bekannt, die Kettenbrüche (394), (404) daher ausgewertet sein, um die Festpunkte einrechnen zu können.

Die Wirkungslinien $\mathfrak{w}'_{k,1}, \mathfrak{w}'_{k,2}, \mathfrak{w}_k$ sind durch die Strecken $c_{kk}, c_{(k+1)k}$ und e_k bestimmt. Mit

$$\delta_{kk} = l'_k \int_k \xi^2 \frac{J_k}{J}\, d\xi + l'_{k+1} \int_{k+1} \xi'^2 \frac{J_{k+1}}{J}\, d\xi' = \delta_{kk,1} + \delta_{kk,2}$$

ist

$$c_{kk} = \frac{\delta_{k(k-1)}}{\delta_{k(k-1)} + \delta_{kk,1}}\, l_k, \qquad c_{(k+1)k} = \frac{\delta_{k(k+1)}}{\delta_{kk,2} + \delta_{k(k+1)}}\, l_{k+1}, \tag{670}$$

$$e_k = \frac{\delta_{k(k+1)}\, l_{k+1} - \delta_{k(k-1)}\, l_k}{\delta_{k(k-1)} + \delta_{kk} + \delta_{k(k+1)}}.$$

Bei frei drehbarer Auflagerung oder starrer Einspannung der Endstützen ist

$$e_1 = \frac{\delta_{12}}{\delta_{11} + \delta_{12}}\, l_2 = a_{12}, \qquad e_n = -\frac{\delta_{n(n-1)}}{\delta_{nn} + \delta_{n(n-1)}}\, l_n = -a_{n(n-1)}. \tag{671}$$

Bei Belastung eines einzelnen Feldes werden nach S. 258 und Abb. 227 die Ordinaten

$$\left.\begin{aligned}
V_{(k-1)k} &= \frac{a_{(k-1)k}}{l_k} & R_{(k-1)k} &= \frac{a_{(k-1)k}}{l_k}\, \frac{\delta_{(k-1)\otimes}}{\delta_{k(k-1)}}, \\
V_{kk} &= \frac{a_{k(k-1)}}{l_k} & R_{kk} &= \frac{a_{k(k-1)}}{l_k}\, \frac{\delta_{k\otimes}}{\delta_{k(k-1)}}
\end{aligned}\right\} \tag{672}$$

verwendet.

Die Ordinaten T_k der Punkte E'_k (Abb. 230) zur Untersuchung eines beliebigen Belastungsfalles sind

$$T_1 = \frac{\delta_{1\otimes}}{\delta_{11} + \delta_{12}}, \qquad T_k = \frac{\delta_{k\otimes}}{\delta_{k(k-1)} + \delta_{kk} + \delta_{k(k+1)}}, \qquad T_n = \frac{\delta_{n\otimes}}{\delta_{n(n-1)} + \delta_{nn}}. \tag{673}$$

Diese nach einem vorgeschriebenen Längen- oder Momentenmaßstab aufzutragenden Strecken sind durch die Vorzahlen des Ansatzes bekannt. Sie lassen sich unmittelbar anschreiben, wenn die Veränderlichkeit des Querschnitts im Bereiche eines jeden Feldes nach Tabelle 29 approximiert oder vernachlässigt, also mit feldweise konstantem Trägheitsmoment J_k gerechnet wird. In diesen Fällen werden nach S. 393 die folgenden Strecken verwendet:

$$c_{kk} = \frac{\lambda_k}{\lambda_k + 2\mu_k}\, l_k\,, \qquad c_{(k+1)k} = \frac{\lambda_{k+1}}{\lambda_{k+1} + 2\mu_{k+1}}\, l_{k+1}\,, \left.\vphantom{\frac{\lambda_{k+1} l_{k+1} l'_{k+1} - \lambda_k l_k l'_k}{(\lambda_k + 2\mu_k) l'_k + (\lambda_{k+1} + 2\mu_{k+1}) l'_{k+1}}}\right\}$$

$$e_k = \frac{\lambda_{k+1}\, l_{k+1}\, l'_{k+1} - \lambda_k\, l_k\, l'_k}{(\lambda_k + 2\mu_k)\, l'_k + (\lambda_{k+1} + 2\mu_{k+1})\, l'_{k+1}}\,. \tag{674}$$

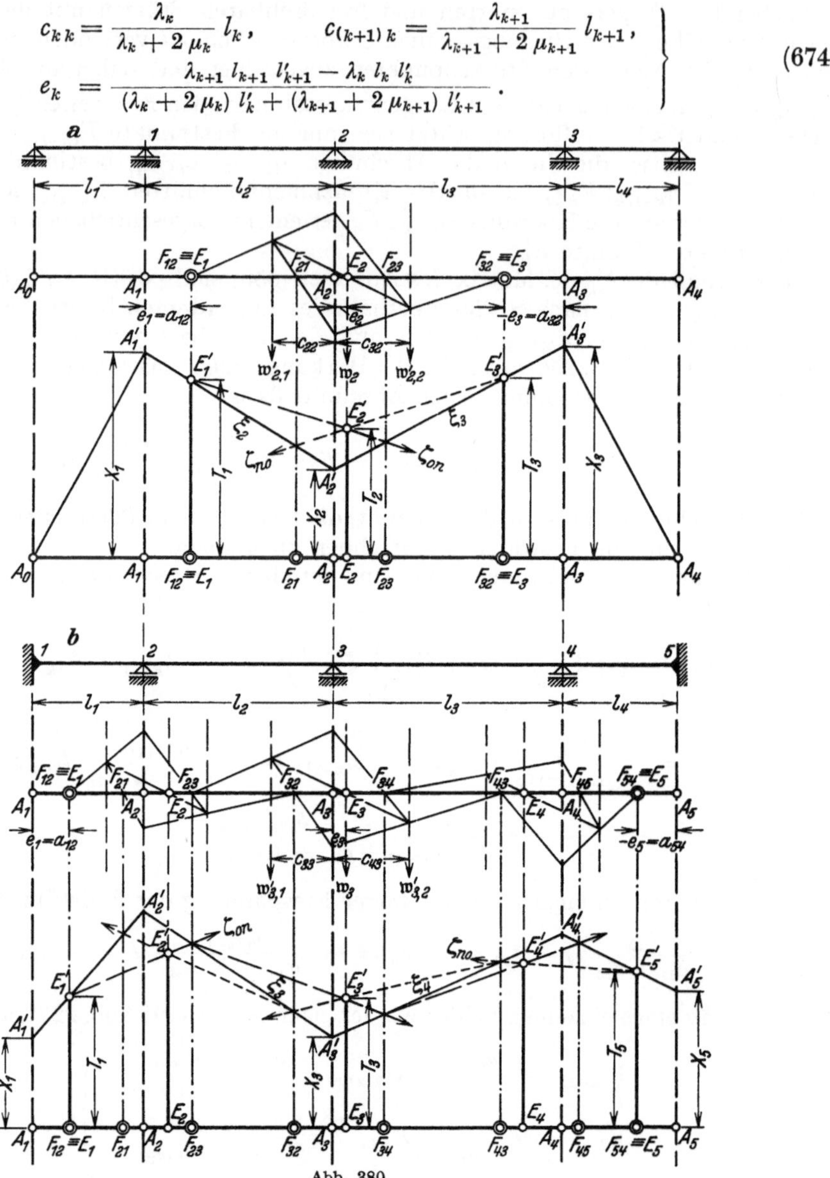

Abb. 380.

1. Einrechnung der Schwerlinien $w'_{k,1}$, $w'_{k,2}$, w_k mit den Abständen c_{kk}, $c_{k(k+1)}$, e_k.

2. Konstruktion der Festpunkte $F_{(k-1)k}$, $F_{k(k-1)}$.

3. Auftragen der Ordinaten $T_k = \overline{E_k E'_k}$ für jede Gruppe äußerer Ursachen $\mathfrak{P}$, Δt, Δ_k.

4. Linienzüge ζ_{on}, ζ_{no}.

5. Linienzug ξ_k; Kontrolle: Die Geraden ξ_k, ξ_{k+1} schneiden sich auf der Senkrechten durch A_k im Punkte A'_k; $\overline{A_k A'_k} = X_k$

Konstantes Trägheitsmoment im Bereich des Stabes l_k, l_{k+1}: $\lambda = \mu = 1$

$$c_{kk} = \frac{l_k}{3}\,, \qquad c_{(k+1)k} = \frac{l_{k+1}}{3}\,, \qquad e_k = \frac{l_{k+1}\, l'_{k+1} - l_k\, l'_k}{3\,(l'_k + l'_{k+1})}\,, \left.\vphantom{\frac{l_{k+1} l'_{k+1}}{3}}\right\}$$

$$V_{(k-1)k} = \frac{a_{(k-1)k}}{l_k}\, \frac{6\,\delta_{(k-1)}\otimes}{l'_k}\,, \qquad V_{kk} = \frac{a_{k(k-1)}}{l_k}\, \frac{6\,\delta_k\otimes}{l'_k}\,. \tag{675}$$

Die Schwerlinien $\mathfrak{w}'_{k,1}$, $\mathfrak{w}'_{k,2}$ in den Abständen c_{kk}, $c_{(k+1)k}$ sind daher Drittelslinien. Ist das Trägheitsmoment im Bereich des ganzen Trägers konstant, so wird $e_k = (l_{k+1} - l_k)/3$ und daher die Schwerlinie $\mathfrak{w}_k$ im Abstande e_k die verschränkte Drittelslinie.

Allgemeiner Belastungsfall:

$$\left.\begin{aligned} T_k &= \frac{6\,\delta_k \otimes}{(\lambda_k + 2\,\mu_k)\,l'_k + (\lambda_{k+1} + 2\,\mu_{k+1})\,l'_{k+1}}\,, \\[2mm] \text{für } \mu = \lambda = 1 \text{ ist} \qquad T_k &= \frac{6\,\delta_k \otimes}{3\,(l'_k + l'_{k+1})}\,. \end{aligned}\right\} \tag{676}$$

Für eine Temperaturänderung Δt des Trägers mit der mittleren Höhe d und für Stützensenkungen $\Delta_{k-1}, \Delta_k, \Delta_{k+1}$ ist

$$T_k = \frac{6\,EJ_c\left[\dfrac{\alpha_t \Delta t}{2\,d}\,(l_k + l_{k+1}) + \dfrac{\Delta_{k-1}}{l_k} - \Delta_k\left(\dfrac{1}{l_k} + \dfrac{1}{l_{k+1}}\right) + \dfrac{\Delta_{k+1}}{l_{k+1}}\right]}{(\lambda_k + 2\,\mu_k)\,l'_k + (\lambda_{k+1} + 2\,\mu_{k+1})\,l'_{k+1}}\,. \tag{677}$$

Bei frei drehbaren Endstützen ist

$$\left.\begin{aligned} e_1 &= \frac{\lambda_2\,l_2\,l'_2}{2\,\bar\mu_1\,l'_1 + (\lambda_2 + 2\,\mu_2)\,l'_2} = a_{12}, & -e_n &= \frac{\lambda_n\,l_n\,l'_n}{(\lambda_n + 2\,\mu_n)\,l'_n + 2\,\bar\mu_{n+1}\,l'_{n+1}} = a_{n\,(n-1)}, \\[2mm] T_1 &= \frac{6\,\delta_1 \otimes}{2\,\bar\mu_1\,l'_1 + (\lambda_2 + 2\,\mu_2)\,l'_2}\,, & T_n &= \frac{6\,\delta_n \otimes}{(\lambda_n + 2\,\mu_n)\,l'_n + 2\,\bar\mu_{n+1}\,l'_{n+1}}\,, \end{aligned}\right\} \tag{678}$$

bei starrer Einspannung der Endquerschnitte (1) und (n)

$$\left.\begin{aligned} e_1 &= \frac{\lambda_2\,l_2\,l'_2}{(\lambda_2 + 2\,\mu_2)\,l'_2} = a_{12}, & -e_n &= \frac{\lambda_n\,l_n\,l'_n}{(\lambda_n + 2\,\mu_n)\,l'_n} = a_{n\,(n-1)}, \\[2mm] T_1 &= \frac{6\,\delta_1 \otimes}{(\lambda_2 + 2\,\mu_2)\,l'_2}\,, & T_n &= \frac{6\,\delta_n \otimes}{(\lambda_n + 2\,\mu_n)\,l'_n}\,. \end{aligned}\right\} \tag{679}$$

Bei Belastung eines einzelnen Feldes l_k werden die benachbarten Stützenmomente X_{k-1}, X_k nach Abb. 227 mit den den Festpunkten zugeordneten Ordinaten $V_{(k-1)k}$,

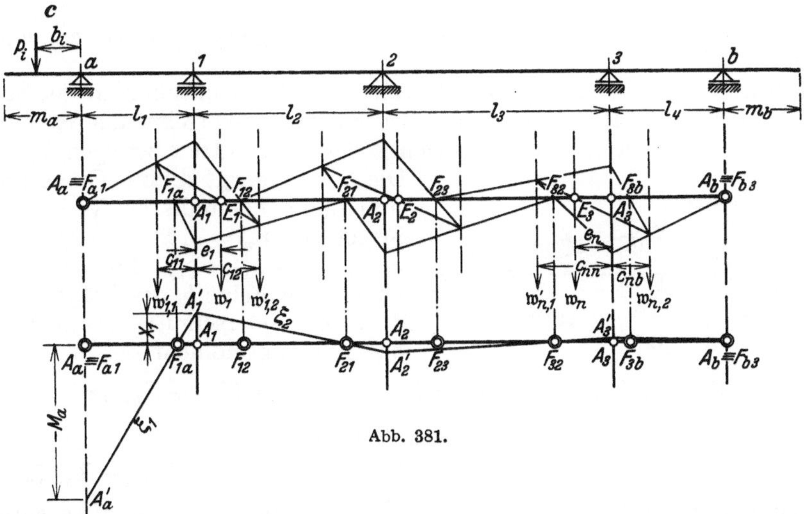

Abb. 381.

Belastung des linken Kragarmes. $M_a = -\Sigma P_i\,b_i$. Festpunkte zeichnerisch nach Abschn. 32. Die Schwerlinien in den Randfeldern werden nach (670) mit $(\delta_{k(k-1)})_{k=1} = \delta_{1a} = \dfrac{\lambda_1\,l'_1}{6}$, $(\delta_{k(k+1)})_{k=n} = \delta_{nb} = \dfrac{\lambda_{n+1}\,l'_{n+1}}{6}$ eingerechnet.

V_{kk} aufgezeichnet. Die übrigen Stützenmomente sind links vom Stützpunkt $(k-1)$ durch die Festpunkte $F_{(h-1)h}$, rechts vom Stützpunkt k durch die Festpunkte $F_{r(r-1)}$ bestimmt. Um darauf auch die Biegungsmomente im belasteten Felde l_k anzugeben, werden nach dem Ansatz (637) die Biegungsmomente M_0 des einfachen Balkenträgers l_k von $\overline{A'_{k-1}\,A'_k} = \xi_k$ als Bezugsgeraden aus abgetragen.

Die allgemeine zeichnerische Untersuchung einer beliebigen Belastung mit Hilfe der Festpunkte und der Punkte E'_k ist ausführlich auf S. 260 beschrieben, so daß darauf in Verbindung mit den beiden Abb. 380 und 381 verwiesen werden kann.

Die Entwicklung der Einflußlinien der Stützenmomente aus den Festpunkten. Das Stützenmoment X_k ist als überzählige Größe eines $(n-1)$fach statisch unbestimmten Hauptsystems

$$X_k = \delta_{k0}^{(n-1)} / \delta_{kk}^{(n-1)}.$$

Die Einflußlinie wird daher aus der Biegelinie $\delta_{mk}^{(n-1)}$ des Hauptsystems für $- X_k = 1$ abgeleitet und daher aus den Momenten $M_k^{(n-1)}$ berechnet, die für den Lastangriff $- X_k = 1$ mit Hilfe der Festpunkte aufgezeichnet werden (Abb. 378b).

$$\delta_{kk}^{(n-1)} = -\, \varkappa_{(k-1)\,k}\, \delta_{k\,(k-1)} + \delta_{kk} - \varkappa_{(k+1)\,k}\, \delta_{k\,(k+1)}$$

$$= \delta_{k\,(k-1)} \left(\frac{b_{k\,(k-1)}}{a_{k\,(k-1)}} - \frac{a_{(k-1)\,k}}{b_{(k-1)\,k}} \right) + \delta_{k\,(k+1)} \left(\frac{b_{k\,(k+1)}}{a_{k\,(k+1)}} - \frac{a_{(k+1)\,k}}{b_{(k+1)\,k}} \right).$$

Bei Approximation der Querschnittsveränderlichkeit nach Tabelle 29 ist

$$6\,\delta_{kk}^{(n-1)} = l'_k \left(2\mu_k - \lambda_k\, \frac{a_{(k-1)\,k}}{b_{(k-1)\,k}} \right) + l'_{k+1} \left(2\mu_{k+1} - \lambda_{k+1}\, \frac{a_{(k+1)\,k}}{b_{(k+1)\,k}} \right). \tag{680}$$

Gleichung der Biegelinie $6\,\delta_{mk}^{(n-1)}$ für $J_k/J = \text{const}$.

$$
\begin{aligned}
\text{Feld } l_k: \quad & 6\,\delta_{mk}^{(n-1)} = l_k\, l'_k\, (\omega_D - \varkappa_{(k-1)\,k}\, \omega'_D)\,, \\[4pt]
\text{,, } l_{k+1}: \quad & 6\,\delta_{mk}^{(n-1)} = l_{k+1}\, l'_{k+1}\, (\omega'_D - \varkappa_{(k+1)\,k}\, \omega_D)\,, \\[4pt]
\text{,, } l_h: \quad & 6\,\delta_{mk}^{(n-1)} = (-1)^{(k-h)}\, \varkappa_{(k-1)\,k} \cdots \varkappa_{h\,(h+1)}\, l_h\, l'_h\, (\omega_D - \varkappa_{(h-1)\,h}\, \omega'_D)\,, \\[2pt]
\text{\scriptsize links von } k \quad & \\[4pt]
\text{,, } l_r: \quad & 6\,\delta_{mk}^{(n-1)} = (-1)^{(r-1-k)}\, \varkappa_{(k+1)\,k} \cdots \varkappa_{(r-1)\,(r-2)}\, l_r\, l'_r\, (\omega'_D - \varkappa_{r\,(r-1)}\, \omega_D)\,. \\[2pt]
\text{\scriptsize rechts von } k \quad &
\end{aligned}
\tag{681}
$$

Für $\zeta_k = J_k/J$ nach S. 394 treten an die Stelle von ω_D, ω'_D die Werte $\overline{\omega}_D$, $\overline{\omega}'_D$ nach Tabelle 29.

Einflußlinien der Schnitt- und Stützkräfte. Die Einflußlinien der Schnittkräfte werden in der Regel auf eine Gruppe von Querschnitten m bezogen, welche das Feld l_k in eine Anzahl (ϱ_k) gleichgroßer Abschnitte c zerlegen $(l_k = \varrho_k c)$.

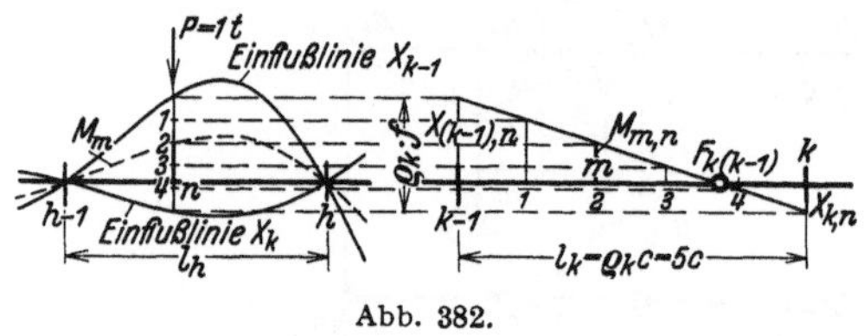

Abb. 382.

Die Abszissen x_m, x'_m eines Querschnitts m sind daher ebenfalls ein Vielfaches der Strecken c $(x_m = \varrho'_k c,\ x'_m = \varrho''_k c,\ x_m + x'_m = l_k,\ \varrho'_k + \varrho''_k = \varrho_k)$. Solange sich die Last P im Felde l_k des Trägers bewegt, dem der Querschnitt m angehört, ist das Biegungsmoment

$$M_m = M_{m0} - X_{k-1}\, \xi'_m - X_k\, \xi_m = M_{m0} - X_{k-1} - (X_k - X_{k-1})\, \xi_m. \tag{682}$$

Greift P außerhalb von l_k an, so ist $M_{m0} = 0$ und

$$M_m = - X_{k-1}\, \xi'_m - X_k\, \xi_m = - X_{k-1} - (X_k - X_{k-1})\, \xi_m = - X_k - (X_{k-1} - X_k)\, \xi'_m. \tag{683}$$

Die Ordinaten der Einflußlinien von X_{k-1} und X_k besitzen hier stets entgegengesetztes Vorzeichen, so daß nach (683) die Einflußlinien der Feldmomente M_m die Summe der einem jeden Lastpunkt zugeordneten Ordinate $|X_{k-1}| + |X_k|$ ebenfalls in ϱ_k gleichgroße Abschnitte f teilen (Abb. 382).

Die Einflußlinien M_m werden innerhalb des Feldes l_k am einfachsten aus den Zustandslinien gefunden, die für die Stellung der Last P in jedem Teilpunkt m der Strecke l_k mit Hilfe der vorhandenen Einflußlinien X_{k-1} und X_k aufgezeichnet werden. Sie bestehen in jedem Falle aus zwei geraden Linien (I, II), so daß die Feldmomente der Querschnitte m' im Bereich von x_m links vom Lastpunkt m durch Unterteilung der Strecke Z_m in ϱ'_k gleichgroße Abschnitte f' erhalten werden. Die Intervallgrenzen sind Punkte der Einflußlinien für die Feldmomente in den Querschnitten m' bei Stellung der Last im Punkte m. Dasselbe gilt von den Feldmomenten der Querschnitte m'' im Bereiche x'_m rechts vom Lastpunkt m. Sie werden durch die Aufteilung der Ordinate Z'_m in ϱ''_k gleichgroße Strecken f'' gefunden. Die Intervallgrenzen sind Punkte der Einflußlinien für die Feldmomente in den Querschnitten m'' rechts von m bei Stellung der Last P über m (Abb. 383).

Die Feldmomente M_m^* bei Stellung der Last über dem Querschnitt m bilden die Spitzenkurve des Feldes l_k. Ihre Ordinaten werden nach Abb. 383 aufgetragen oder nach (657) u. (682) aus

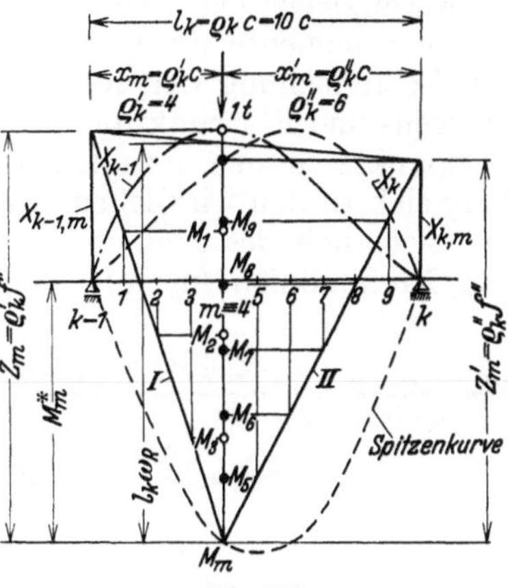

Abb. 383.

$$M_m^* = l_k\,\xi_m\,\xi'_m\left[1 - \xi'_m\,\frac{(1+\xi'_m)\,\varkappa_{(k-1)k} - (1+\xi_m)\,\varkappa_{(k-1)k}\,\varkappa_{k(k-1)}}{1 - \varkappa_{(k-1)k}\,\varkappa_{k(k-1)}}\right.$$

$$\left. - \xi_m\,\frac{(1+\xi_m)\,\varkappa_{(k-1)k} - (1+\xi'_m)\,\varkappa_{(k-1)k}\,\varkappa_{k(k-1)}}{1 - \varkappa_{(k-1)k}\,\varkappa_{k(k-1)}}\right] \tag{684}$$

berechnet, so daß die Ordinaten $Z_m = M_m^* + X_{(k-1)m}$ und $Z'_m = M_m^* + X_{km}$ für jede Stellung der Einzellast P bekannt sind und nach Vorschrift in ϱ'_k oder ϱ''_k Strecken aufgeteilt werden können. Auf diese Weise entstehen nach Abb. 384a die rechten, nach Abb. 384b die linken Zweige der Einflußlinien der Feldmomente, die sich in einem Punkte der Spitzenkurve schneiden.

Die Ordinaten der Einflußlinie des Feldmomentes für den Querschnitt im linken Festpunkt $F_{(k-1)k}$ sind rechts vom Abschnitt l_k Null, denn

$$M_m = -X_{k-1}\,\frac{b_{(k-1)k}}{l_k} - X_k\,\frac{a_{(k-1)k}}{l_k}$$

$$= -\left(\frac{X_{k-1}}{X_k} + \frac{a_{(k-1)k}}{b_{(k-1)k}}\right)\frac{X_k\,b_{(k-1)k}}{l_k} = 0. \tag{685}$$

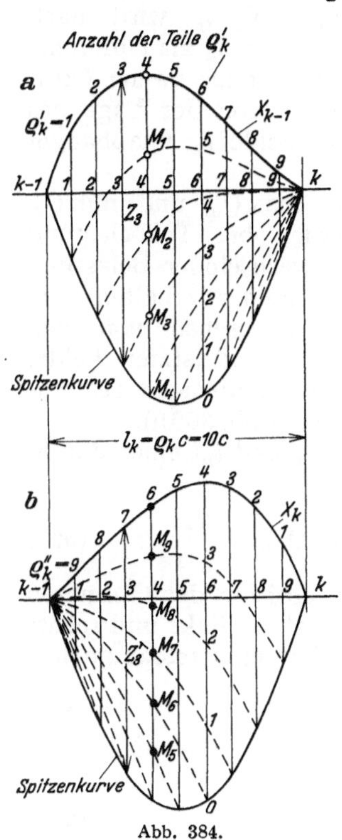

Abb. 384.

Die Einflußlinie berührt die Achse im Punkte k.

Aus dem gleichen Grunde sind auch die Ordinaten der Einflußlinie des Feldmomentes im Querschnitt des rechten Festpunktes $F_{k(k-1)}$ links vom Abschnitt l_k Null. Die Einflußlinien der Biegungs-

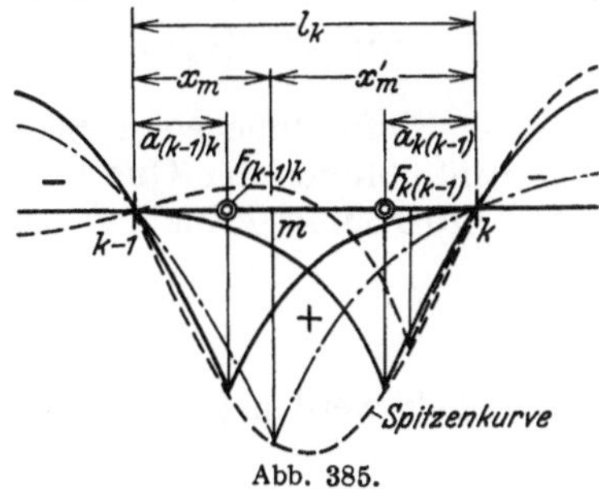

Abb. 385.

momente für Querschnitte zwischen den Festpunkten ($x_m > a_{(k-1)k}$, $x'_m > a_{k(k-1)}$) sind daher nach (685) in den benachbarten Abschnitten l_{k-1}, l_{k+1} negativ, im Abschnitt l_k also durch die in k oder $(k-1)$ vorgeschriebene Stetigkeit der Linie positiv. Dagegen wechseln die Einflußlinien der Biegungsmomente das Vorzeichen im Felde l_k für Querschnitte im Bereiche von $a_{(k-1)k}$ oder $a_{k(k-1)}$ (Abb. 385).

Die größten positiven und negativen Feldmomente entstehen daher bei gleichförmiger Nutzlast p für alle Querschnitte m zwischen den Festpunkten durch feldweise Belastung. Dasselbe gilt für die Stützenmomente. Die Grenzwerte der Biegungsmomente für Querschnitte im Bereiche von $a_{k(k-1)}$ oder $a_{(k-1)k}$ werden zur Vereinfachung der Rechnung in der Regel zwischen den Grenzwerten des Stützen- und Festpunktmomentes linear interpoliert (Abb. 374i). Dabei werden die Festpunkte in den Randfeldern nach S. 396 eingerechnet. Das Ergebnis ist im Vergleich zu den wirklichen Grenzwerten etwas zu ungünstig, also zur Beurteilung der Sicherheit des Trägers zulässig. Auf diese Weise erübrigt sich die Darstellung von Einflußlinien für alle Tragwerke, die nur gleichförmig verteilte Nutzlasten aufzunehmen haben.

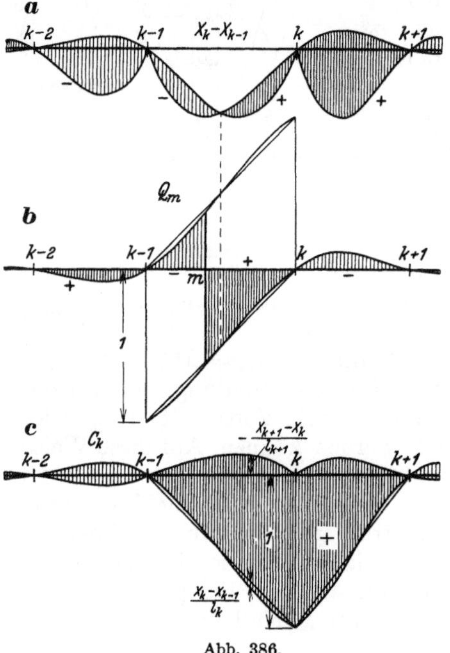

Abb. 386.

Die Einflußlinie der Querkraft Q_m im Querschnitt m des Feldes l_k wird aus

$$Q_m = Q_{m0} - \frac{X_k - X_{k-1}}{l_k}, \qquad \left. \begin{array}{c} \\ \\ \end{array} \right\}$$
$$Q_m = - \frac{X_k - X_{k-1}}{l_k} \qquad (686)$$

abgeleitet, je nachdem die Last P innerhalb oder außerhalb des Feldes l_k steht. Der Ausdruck $(X_k - X_{k-1})$ wird nach Abb. 386 im Bereiche von l_k als Differenz, außerhalb von l_k als Summe zweier Ordinaten gebildet. Er ist von der Lage des Querschnitts m im Felde l_k unabhängig (Abb. 386a, 386b).

Die Grenzwerte $\max Q_m$ und $\min Q_m$ der Querkraft werden bei Teilbelastung des Feldes l_k und abwechselnder Belastung der anschließenden Felder erhalten. Sie unterscheiden sich, abgesehen von den Grenzwerten im ersten und letzten Felde, nur unwesentlich von denjenigen des einfachen Balkenträgers (Abb. 386b).

Für die Querschnitte m des ersten und letzten Feldes (l_1 und l_n) eines durchlaufenden Trägers mit frei drehbaren Enden ist

$$\text{für } l_1: \quad Q_m = Q_{m0} - \frac{X_1}{l_1}; \qquad \text{für } l_{n+1}: \quad Q_m = Q_{m0} + \frac{X_n}{l_{n+1}}. \qquad (687)$$

Die Einflußlinie einer Stützkraft C_k kann durch Superposition der Ordinaten der Einflußlinien der Querkräfte Q'_k, Q''_k in dem Querschnitt k', k'' links und rechts vom Stützpunkt k nach $C_k = - Q'_k + Q''_k$ aufgezeichnet oder unmittelbar nach

$$C_k = C_{k0} + \frac{X_k - X_{k-1}}{l_k} - \frac{X_{k+1} - X_k}{l_{k+1}} \qquad (688)$$

entwickelt werden (Abb. 386c). Bei frei drehbaren Endstützen ist

$$A = A_0 - X_1/l_1; \qquad B = B_0 - X_n/l_{n+1}. \qquad (689)$$

Vereinfachung der Annahmen über die elastischen Eigenschaften. Während bisher mit der Möglichkeit eines Wechsels der für die elastischen Eigenschaften des Trägers charakteristischen Längen gerechnet wurde, entstehen für den Fall, daß

$$\lambda_k l'_k = \lambda l', \qquad \mu_k l'_k = \mu l', \qquad \mu/\lambda = \chi, \qquad l_k + l_{k+1},$$

Bedingungsgleichungen mit konstanten Vorzahlen

$$\lambda X_{k-1} + 4\,\mu\,X_k + \lambda\,X_{k+1} = 6\,\delta_{k\,0}/l',$$ (690)

bei feldweiser Belastung ist

$$\frac{6\,\delta_{k\,0}}{l'} = \frac{p_k\,l_k^2}{4} + \frac{p_{k+1}\,l_{k+1}^2}{4}.$$ (691)

Einzellasten:

$$\frac{6\,\delta_{k\,0}}{l'} = l_k \sum_k P\,\omega_D + l_{k+1} \sum_{k+1} P\,\omega_D'.$$

Kennbeziehungen (392):

$$\varkappa_{(k-1)\,k} = \frac{1}{4\,\chi - \varkappa_{(k-2)\,(k-1)}},$$ (692)

$$\varkappa_{k\,(k-1)} = \frac{1}{4\,\chi - \varkappa_{(k+1)\,k}}.$$ (693)

Durchlaufender Träger mit unendlich vielen Feldern.

$$l_k' = l', \qquad \varkappa_{(k-1)\,k} = \varkappa_{k\,(k-1)} = \varkappa = 2\,\chi - \sqrt{4\,\chi^2 - 1}.$$

Sind die Stützweiten außerdem gleichgroß ($l_k = l$) und daher das Trägheitsmoment des Trägers konstant ($J_k = J$), so ist für $\chi = 1$

$$a_{(k-1)\,k} = a_{k\,(k-1)} = 0{,}211\,l.$$ (694)

Durchlaufender Träger mit einer begrenzten Anzahl von Feldern. Sind
die Träger aller Zwischenöffnungen durch $l_k' = l'$ ausgezeichnet, dagegen die
elastischen Eigenschaften der Träger über den Endfeldern bei freidrehbarer Auflagerung der Enden derart bestimmt, daß

$$\varkappa_{12} = \varkappa_{n\,(n-1)} = \varkappa_{(k-1)\,k} = \varkappa_{k\,(k-1)} = \varkappa = 2\,\chi - \sqrt{4\,\chi^2 - 1},$$

so ist $\quad \delta_{12}/\delta_{11} = \varkappa = \dfrac{\lambda\,l'}{2\,(\bar\mu\,l_1' + \mu\,l')}\quad$ und daher $\quad l_1' = \dfrac{1}{\bar\mu_1}\left(\dfrac{\lambda}{2\,\varkappa} - \mu\right)l'.$ (695)

Die Bedingung kann entweder durch geeignete Ablängung der Träger oder durch die
Wahl der Querschnitte erfüllt werden. Sie gilt ebenso für $\delta_{n(n-1)}/\delta_{nn} = \varkappa$ und liefert

$$l_n' = \frac{1}{\bar\mu_n}\left(\frac{\lambda}{2\,\varkappa} - \mu\right)l'.$$ (696)

Bedingungsgleichungen 1 und n nach (634) u. (690)

$$\frac{\lambda}{\varkappa}\,X_1 + \lambda\,X_2 = \frac{6\,\delta_{10}}{l'}, \qquad \lambda X_{n-1} + \frac{\lambda}{\varkappa}\,X_n = \frac{6\,\delta_{n0}}{l'}.$$

Sonderfall $\quad \lambda = \mu = \bar\mu = 1:\quad \varkappa = 0{,}268, \quad l_1' = 0{,}866\,l'.$

Belastung eines einzelnen Feldes l_k

a) symmetrisch   b) antimetrisch

$$X_{k-1} = 6\,\frac{{}^{(1)}\delta_{k\,0}}{l'}\,\frac{\varkappa}{\lambda\,(1+\varkappa)} = X_k, \quad (697\,a) \qquad X_{k-1} = 6\,\frac{{}^{(2)}\delta_{k\,0}}{l'}\,\frac{\varkappa}{\lambda\,(1-\varkappa)} = -X_k. \quad (697\,b)$$

Belastung eines Endfeldes:

$$X_1 = \frac{6\,\delta_{10}}{l'}\,\frac{\varkappa}{\lambda\,(1-\varkappa^2)}, \qquad X_n = \frac{6\,\delta_{n0}}{l'}\,\frac{\varkappa}{\lambda\,(1-\varkappa^2)}.$$ (698)

Einflußlinie des Stützenmomentes

$$\text{Feld } l_k\ :\quad X_k = l_k\,\frac{\varkappa}{\lambda\,(1-\varkappa^2)}\,(\overline\omega_D - \varkappa\,\overline\omega_D'),$$ (699)

$$\text{Feld } l_{k+1}:\quad X_k = l_{k+1}\,\frac{\varkappa}{\lambda\,(1-\varkappa^2)}\,(\overline\omega_D' - \varkappa\,\overline\omega_D);$$

mit $\overline\omega_D,\ \overline\omega_D'$ nach Tabelle 29.

Bei gleichen Feldweiten, gleicher Belastung und gleicher Approximation von $\zeta_k = J_k/J$ in allen Feldern entsteht nach (690) eine Differenzengleichung zweiter Ordnung mit konstanten Belastungszahlen. Für gleichmäßig verteilte Belastung ist

$$\lambda X_{k-1} + 4\mu X_k + \lambda X_{k+1} = \frac{p\,l^2}{2}.$$

Lösung der homogenen Gleichung (vgl. Abschn. 33) $X_k = \varrho^k$;
charakteristische Gleichung

$$\left.\begin{array}{l} \lambda + 4\mu\varrho + \lambda\varrho^2 = 0\,, \qquad \varrho_{1,2} = -2\chi \pm \sqrt{4\chi^2 - 1}\,, \qquad \varrho = \varrho_1\,, \\[2mm] X_k = \frac{p\,l^2}{4\lambda(1 + 2\chi)}\left(1 - \frac{\varrho^{n-k} + \varrho^k}{1 + \varrho^n}\right). \end{array}\right\} \quad (700)$$

Lösung für hydraulische Belastung vgl. S. 269.

Durchlaufender Träger mit gleichen elastischen Eigenschaften in allen Feldern.

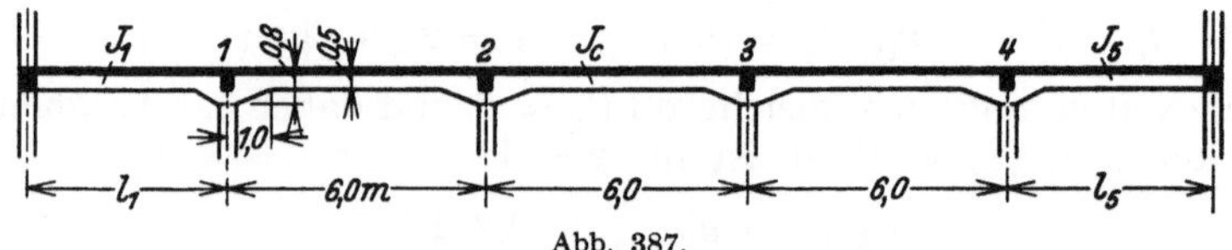

Abb. 387.

1. Geometrische Grundlagen:
$$l = 6{,}0 \text{ m}\,, \qquad v = 1{,}0 \text{ m}\,, \qquad \nu = 1/6\,, \qquad l' = 6{,}0 \text{ m}\,.$$

2. Approximation des Trägheitsmomentes (Abb. 388):
$$n = \frac{J_k}{J_a} = \frac{J_c}{J_a} = \frac{0{,}5^3}{0{,}8^3} = 0{,}244; \qquad \text{Tabelle 29 Fall 2:}$$

$$\mu_k = \mu = \bar\mu = 1 - (1 - 0{,}244)\left[2\,\frac{1}{6}\cdot\frac{5}{6} + \frac{1}{3\cdot 6}\right] = 0{,}75;$$

$$\lambda_k = \lambda = 1 - 3(1 - 0{,}244)\frac{1}{6^2} = 0{,}94\,.$$

3. Bemessung der Endfelder nach (695):
$$\chi = \frac{0{,}75}{0{,}94} \approx 0{,}8; \qquad \varkappa = 2\cdot 0{,}8 - \sqrt{4\cdot 0{,}8^2 - 1} = 0{,}35\,,$$

$$l_1' = l_5' = \frac{1}{0{,}75}\left(\frac{0{,}94}{2\cdot 0{,}35} - 0{,}75\right)l' = 0{,}785\,l'\,.$$

a) Die Trägheitsmomente der Rand- und Zwischenträger sind gleich, $J_1 = J_5 = J_c$:
$$l_1 = l_5 = 0{,}785\,l = 4{,}7 \text{ m}\,.$$

b) Die Stützweiten der Rand- und Zwischenfelder sind gleich, $l_1 = l_5 = l$:
$$J_1 = J_5 = \frac{J_c}{0{,}785} = 1{,}275\,J_c\,.$$

4. Belastung $p = 1$ t/m in Feld l_1: $\quad \dfrac{6\,\delta_{10}}{l'} = \dfrac{l_1^2}{4}\cdot 0{,}785 = 0{,}196\,l_1^2$,

daher nach (698) $\qquad X_1 = 0{,}196\,l_1^2\,\dfrac{0{,}35}{0{,}94\,(1 - 0{,}35^2)} = 0{,}083\,l_1^2;$

Anordnung a) $\quad X_1 = 1{,}85$ mt, $\qquad$ Anordnung b) $\quad X_1 = 3{,}0$ mt.

Berechnung eines durchlaufenden Brückenträgers.

1. Geometrische Grundlagen.
$$l_1 = l_4 = 22{,}0\,, \qquad l_2 = l_3 = 28{,}0 \text{ m}\,. \qquad J_a = \tfrac{2}{3}\,J_c\,.$$
$$l_1' = l_4' = 33{,}0\,, \qquad l_2' = l_3' = 28{,}0 \text{ m}\,.$$

2. Approximation des Trägheitsmomentes (Abb. 389c). Parabel mit $n = 0$. Tab. 29. Fall 4 u. 9.

$$\bar{\mu}_1 = \mu_4 = 0,4 , \qquad \mu_2 = \mu_3 = 0,6 , \qquad \lambda_2 = \lambda_3 = 0,8 .$$

3. Vorzahlen nach (651):

$$6\,\delta_{11} = 6\,\delta_{33} = 2\,(0,4 \cdot 33,0 + 0,6 \cdot 28) = 60,0 ,$$

$$6\,\delta_{22} = 2\,(0,6 \cdot 28 + 0,6 \cdot 28) = 67,2 .$$

$$6\,\delta_{12} = 6\,\delta_{23} = 0,8 \cdot 28 = 22,4 .$$

konjugierte Matrix $10^3 \beta'_{ik}$

δ Matrix

X_1	X_2	X_3
60,0	22,4	
22,4	67,2	22,4
	22,4	60,0

$\longleftarrow -0,380\,711 \qquad -0,373\,333 \longrightarrow$

	$6\,\delta_{10}$	$6\,\delta_{20}$	$6\,\delta_{30}$
$10^3\,X_1$	19,4280	$-7,3964$	2,7613
$10^3\,X_2$	$-7,3964$	19,8119	$-7,3964$
$10^3\,X_3$	2,7613	$-7,3964$	19,4280

$-0,373\,333$
$-0,380\,711$

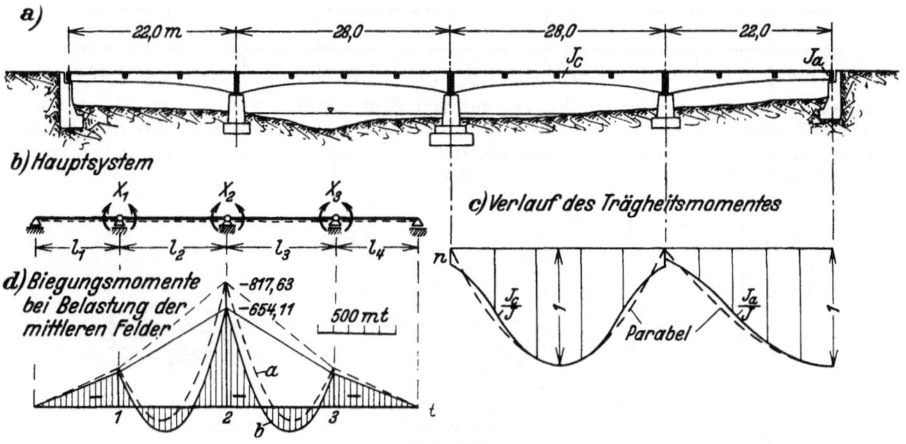

Abb. 389.

4. Belastung: $p = 6$ t/m auf l_2 und l_3.

a) Belastungszahlen für konst. Trägheitsmoment. Tab. 35

$$6\,\delta_{10} = 6\,\delta_{30} = \tfrac{1}{4} \cdot 6 \cdot 28^3 = 32\,928 , \qquad 6\,\delta_{20} = \tfrac{1}{4} \cdot 6 \cdot (28^3 + 28^3) = 65\,856 .$$

X_1	X_2	X_3
243,55 mt	817,63 mt	243,55 mt

Abb. 389d, Lösung a.

b) Belastungszahlen für die Approximation unter 2. nach Tab. 13a.

$$6\,\delta_{10} = 6\,\delta_{30} = 6\,\frac{1}{15} \cdot 1 \cdot \frac{6 \cdot 28^2}{8} \cdot 4 \cdot 28 = 26\,342,4 , \qquad 6\,\delta_{20} = 52\,684,8;$$

X_1	X_2	X_3
194,84 mt	654,11 mt	194,84 mt

Abb. 389d, Lösung b.

5. Einflußlinien X_1, X_2.

Biegelinien $\bar{\omega}_D = 6\,\delta_{mk}/l_k\,l'_k$ n. Tab. 29, Fall 4 und 9.

Feld 1: $\bar{\omega}_D = \omega_D - \tfrac{3}{10}\,(\xi - \xi^5) ,$ Feld 2: $\bar{\omega}_D = \omega_D - \tfrac{1}{5}\,\{\omega_D - 2\,\omega_R\,\xi^2\,(3\,\xi' - 1)\} .$

ξ	Feld 1 $\overline{\omega}_D$	Feld 4 $\overline{\omega}'_D$	Feld 2 u. 3 $\overline{\omega}_D$	Feld 2 u. 3 $\overline{\omega}'_D$
0,2	0,1321	0,1463	0,1572	0,2140
0,4	0,2191	0,2273	0,2811	0,3141
0,6	0,2273	0,2191	0,3141	0,2811
0,8	0,1463	0,1321	0,2140	0,1572

Feld 1: $X_1 = 22,0 \cdot 33,0 \cdot 0,019428\,\overline{\omega}_D$
$\qquad = 14,104728\,\overline{\omega}_D$ (Gl. 664),

Feld 2: $X_1 = 15,232336\,(\overline{\omega}'_D$
$\qquad\qquad - 0,380711\,\overline{\omega}_D)\,,$

Feld 2: $X_2 = 15,532530\,(\overline{\omega}_D$
$\qquad\qquad - 0,373333\,\overline{\omega}'_D)\,,$

Feld 3: X_2 Spiegelbild zu Feld 2.

Einflußlinie X_3: Spiegelbild zu X_1.
In den übrigen Feldern wird nach (667) u. (668)

Feld 3: $X_1 = (-1)^1 \cdot 0,373333\,X_2$,
Feld 4: $X_1 = (-1)^2 \cdot 0,380711 \cdot 0,373333\,X_3$,
Feld 1: $X_2 = (-1)^1 \cdot 0,380711 \cdot X_1$,
Feld 2: X_2 Spiegelbild zu Feld 1.

6. Einflußlinien der Feldmomente im Feld 2. Konstruktion n. S. 423 $\varrho_k = 10$, $c = 2,8$ m. Die Ordinaten $X_2 - X_1$ werden nach Abb. 391 in 10 gleiche Teile geteilt. Die Spitzenkurve wird nach Abb. 383 aufgetragen.

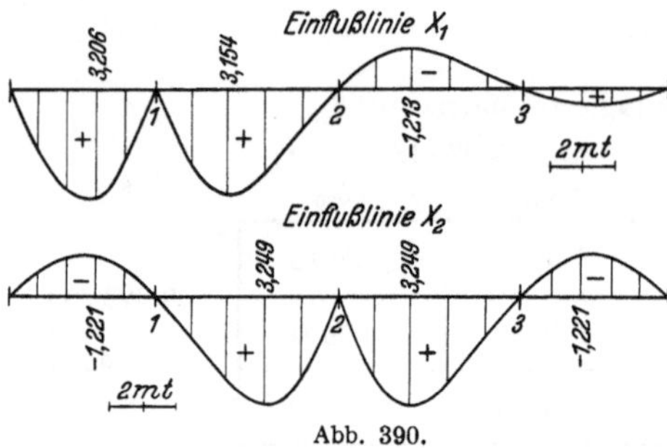

Abb. 390.

m	1	2	3	4	5	6	7	8	9
$l\,\omega_R$	2,52	4,48	5,88	6,72	7,0	6,72	5,88	4,48	2,52 mt

Die Ordinaten zwischen der Spitzenkurve und den Einflußlinien von X_2 und X_1 werden mit dem Rechenschieber in 9, 8, 7 . . . gleiche Abschnitte geteilt. Dies ist in Abb. 391 nur für die Einflußlinie M_4 angegeben worden. Einflußlinien für Zwischenpunkte eines Abschnitts c entstehen durch Unterteilung der zugeordneten Ordinatenabschnitte f', f''.

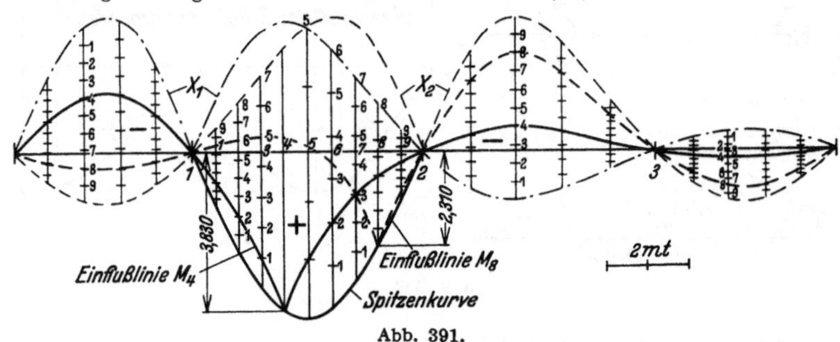

Abb. 391.

7. Einflußlinien der Querkräfte in Feld 2. Die Ordinaten $(X_2 - X_1)/l_2$ werden mit dem Rechenschieber gebildet und von der Stabachse, im Feld 2 von der Geraden Q_{m0} aus abgetragen (Abb. 392).

8. Einflußlinie der Stützkraft C_1. Die Ordinaten X_1/l_1 der Querkraftlinie im Feld 1 und die Querkraftlinie Abb. 392 werden superponiert. $C_1 = Q_{m2} - Q_{m1}$ (Abb. 393).

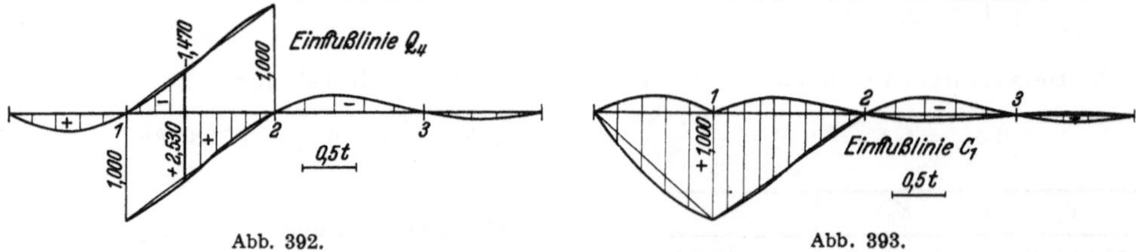

Abb. 392.   Abb. 393.

Zeichnerische Untersuchung eines Deckenunterzugs.

1. Geometrische Grundlagen:
$$l_1 = 4,0\,, \qquad l_2 = l_3 = 10,0\,, \qquad l_4 = 4,0\,, \qquad l_5 = l_6 = 8,0\ \text{m}\,,$$
$$l'_1 = 12,0\,, \qquad l'_2 = l'_3 = 10,0\,, \qquad l'_4 = 4,0\,, \qquad l'_5 = l'_6 = 16,0\ \text{m}\,.$$

2. Approximation des Trägheitsmomentes für gerade Vouten, Tab. 29 Fall 2 u. 7.

Feld l_2, l_3	Feld l_4	Feld l_5, l_6

$$n = 0,4, \qquad v = 0,16,$$
$$\mu = 1 - 0,6 \times$$
$$\times \left(2 \cdot 0,16 \cdot 0,84 + \frac{0,16}{3}\right)$$
$$\mu = 0,81, \qquad \lambda \approx 1$$

$$n = 0,4, \qquad v = 0,25,$$
$$\mu = 1 - 0,6 \times$$
$$\times \left(2 \cdot 0,25 \cdot 0,75 + \frac{0,25}{3}\right)$$
$$\mu = 0,73,$$
$$\lambda = 1 - 3 \cdot 0,6 \cdot 0,25^2 = 0,89$$

$$n = 0,22, \qquad v = 0,188,$$
$$\mu = 1 - 0,78 \times$$
$$\times \left(2 \cdot 0,188 \cdot 0,812 + \frac{0,188}{3}\right)$$
$$\mu = 0,71, \qquad \lambda \approx 1$$

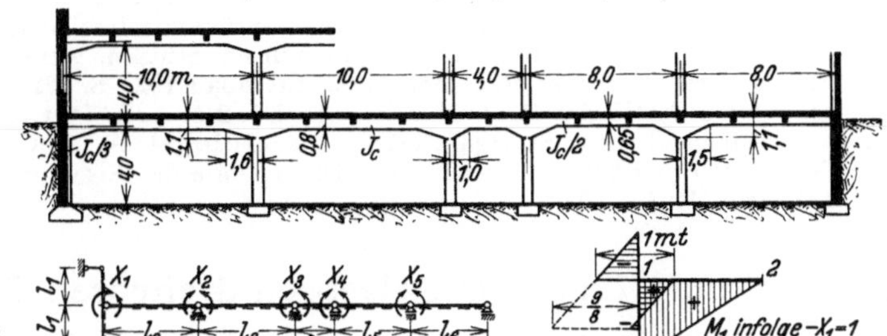

Abb. 394.

3. Wirkungslinien $\mathfrak{w}'_{k1}$, $\mathfrak{w}'_{k2}$, $\mathfrak{w}_k$ nach (674) $e_k = Z_k/N_k$.

k	$\lambda_k l_k$	$\lambda_k + 2\mu_k$	c_{kk}	$c_{(k+1)k}$	$\lambda_k l_k l'_k$	Z_k	$(\lambda_k + 2\mu_k)l'_k$	N_k	$e_k\ [m]$
2	10,0	2,62	3,81	3,81	100	0	26,2	52,4	0
3	10,0	2,62	3,81	1,52	100	$-\,85,76$	26,2	35,6	$-\,2,41$
4	3,56	2,35	1,52	3,31	14,24	113,76	9,4	48,12	2,36
5	8,0	2,42	3,31	—	128	$-\,128$	38,72	61,44	$-\,2,085$
6	(0)	(1,42)	—	—	(0) Gl. (670)		22,72	—	—

M_1 für $-X_1 = 1$ (Abb. 394) nach Tab. 30. $\qquad 6\,\delta_{11} = 6 \cdot 12 \cdot \frac{1}{2}\left(\frac{7}{16} - \frac{2}{16}\right) + 2 \cdot 0,81 \cdot 10 = 21,82.$

$$6\,\delta_{11} + 6\,\delta_{12} = 21,82 + 10 = 31,82, \quad \text{Gl. (670):} \quad e_1 = a_{12} = \frac{1 \cdot 10 \cdot 10}{31,82} = 3,14 \text{ m}.$$

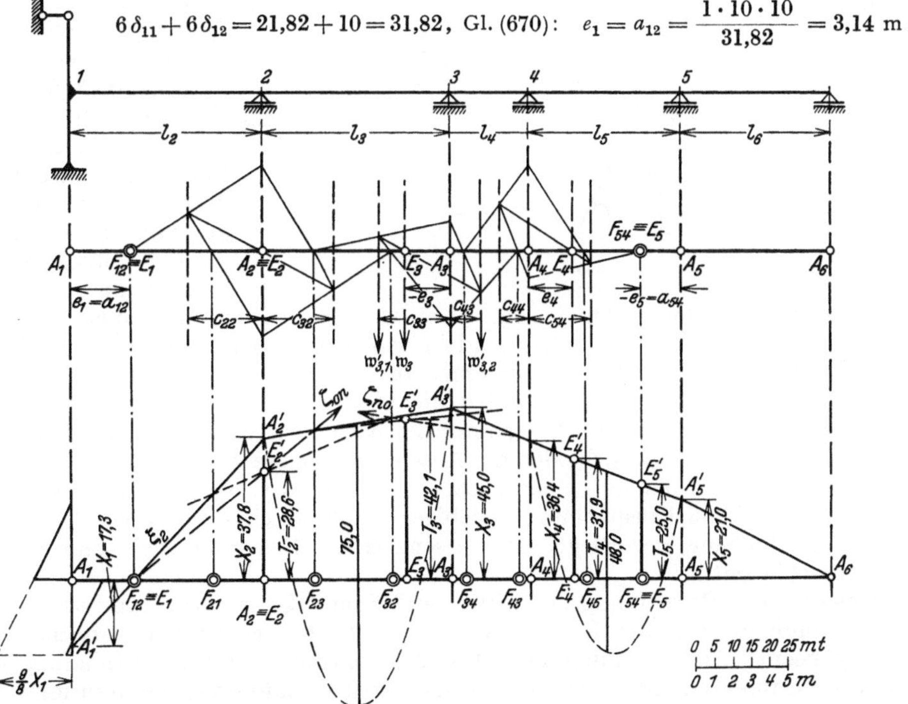

Abb. 395. Der Verlauf der Biegungsmomente in den belasteten Feldern l_3, l_5 ist mit gestrichelten Linien dargestellt.

4. **Festpunkte.** Zeichnerisch nach Abb. 395.

5. **Belastung.** $p = 6$ t/m auf Feld l_3 u. l_5.

Belastungszahlen für $J =$ const. Tab. 35.

$$6\,\delta_{10} = 0\,, \qquad 6\,\delta_{20} = \tfrac{1}{4} \cdot 6 \cdot 1000 = 1500 = 6\,\delta_{30}\,, \qquad 6\,\delta_{40} = \tfrac{1}{4} \cdot 6 \cdot 64 \cdot 16 = 1536 = 6\,\delta_{50}\,.$$

Gl. (676) $T_k = 6\,\delta_{k0}/N_k,\quad T_1 = 0,\quad T_2 = 1500/52{,}4 = 28{,}6,\quad T_3 = 42{,}1,\quad T_4 = 31{,}9,\quad T_5 = 25{,}0$ mt.

Die Abschnitte T_k werden von den Punkten E_k im Momentenmaßstab aufgetragen (positiv nach oben, negativ nach unten). Die Geradenzüge ζ_{0n} und ζ_{n0} bestimmen die Punkte des Geradenzugs ξ_k auf den Festpunktsenkrechten und damit die Stützenmomente.

Hertwig, A.: Die Berechnung des Trägers auf mehreren Stützen mit gleichem und veränderlichem Querschnitt, mit frei drehbaren oder eingespannten Stützen. Arm. Beton 1913 S. 219. — Derselbe: Die Berechnung der Rahmengebilde. Eisenbau 1921 S. 122. — Müller-Breslau, H.: Die graphische Statik der Baukonstruktionen Bd. 2 5. Aufl. Stuttgart 1922. — Mörsch, E.: Der durchlaufende Träger. Stuttgart 1928. — Kleinlogel, A., u. G. Sigmann: Der durchlaufende Träger. Berlin 1929. — Domke, O.: Die Theorie des Eisenbetons. Handb. Eisenbetonbau Bd. 1 4. Aufl. Berlin 1930.

48. Der durchlaufende Träger mit elastisch drehbaren Stützen.

Die einfache und zuverlässige Ausführung starrer Stabknoten im Eisenbetonbau erklärt die Bedeutung des durchlaufenden Trägers mit elastisch drehbaren Stützen im Bauwesen. Er unterscheidet sich von dem durchgehenden Rahmen (Abb. 396b) durch die unverschiebliche Lage der Stabknoten. Der Riegel des durchgehenden Trägers ist daher stets horizontal gestützt. Er wird je nach der Bestimmung des Tragwerks gerade und waagerecht, gerade und schräg oder als gebrochener Stabzug ausgeführt, dessen Knoten gestützt sind (Abb. 396e). Die Pfosten stehen in der Regel senkrecht. Die Fußpunkte werden frei drehbar oder starr eingespannt angenommen. Der Stockwerkrahmen kann als mehr-

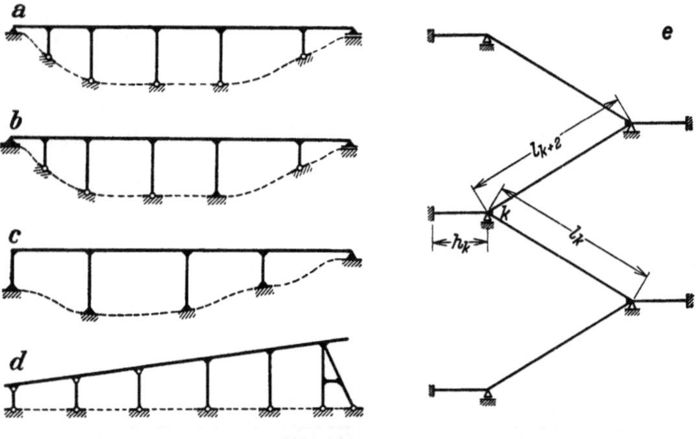

Abb. 396.

facher durchgehender Rahmen angesehen werden. Die beiden einem mittleren Riegel zugeordneten Stützenreihen sind in den benachbarten Riegeln elastisch eingespannt. Um die Untersuchung in einer für die Beurteilung der Festigkeit zulässigen Form zu vereinfachen, werden die statischen oder geometrischen Randbedingungen am Anschluß der Pfosten mit den benachbarten Riegeln vorgeschrieben, indem die Knotendrehwinkel oder die Anschlußmomente Null gesetzt werden. Die Pfosten gelten dann als starr eingespannt oder frei drehbar gestützt. Außerdem kann eine elastische Einspannung beliebiger Größe geschätzt werden. Die waagerechte Verschiebung der Riegel ist bei senkrechter Belastung klein und wird daher vernachlässigt.

Ansatz. Zur Berechnung der Stütz- und Schnittkräfte des Tragwerks werden die Anschlußmomente der Riegel als statisch überzählige Größen verwendet und aus den geometrischen Bedingungen für die Kontinuität der Formänderung eines statisch bestimmten oder statisch unbestimmten Hauptsystems bestimmt. Die Gleichungen enthalten je drei statisch überzählige Größen X_k. Auf diese Weise entsteht ein Ansatz nach (701). Die Nebenglieder einer Zeile der Matrix haben stets verschiedenes Vorzeichen.

Die Anschlußmomente der Riegel links und rechts der Stütze k werden durch die Fußzeichen k und $(k+1)$, die benachbarten Felder durch l_k und l_{k+2} unterschieden. X_1 und X_n sind je nach der Abstützung der Trägerenden Riegelmomente rechts oder links von den Endstützen (Abb. 397 b, c).

$$
\left.
\begin{aligned}
X_1\,\delta_{11} \qquad\qquad\quad + X_2\,\delta_{12} \qquad\qquad &= \delta_{10} \\
\;\cdots\cdots\cdots\cdots\cdots\cdots\cdots\cdots\cdots\cdots\cdots\cdots\cdots\; & \\
X_{k-1}\,\delta_{k\,(k-1)} + X_k\,\delta_{k\,k} \qquad + X_{k+1}\,\delta_{k\,(k+1)} \;\;= \delta_{k0} & \\
X_k\,\delta_{(k+1)\,k} \; + X_{k+1}\,\delta_{(k+1)\,(k+1)} + X_{k+2}\,\delta_{(k+1)\,(k+2)} &= \delta_{(k+1)\,0} \\
\;\cdots\cdots\cdots\cdots\cdots\cdots\cdots\cdots\cdots\cdots\cdots\cdots\cdots\; & \\
X_{n-1}\,\delta_{n\,(n-1)} + X_n\,\delta_{n\,n} \qquad\qquad\qquad\quad &= \delta_{n0}\,.
\end{aligned}
\right\}
\tag{701}
$$

Die Hauptglieder der Matrix werden nach

$$
\delta_{k\,k} = \delta_{k\,k,1} + \delta_{k\,k,2}\,; \qquad \delta_{(k+1)\,(k+1)} = \delta_{(k+1)\,(k+1),1} + \delta_{(k+1)\,(k+1),2}
$$

zerlegt. Die Anteile $\delta_{k\,k,\,1}$ und $\delta_{(k+1)\,(k+1),\,1}$ bezeichnen die Verdrehung der Endquerschnitte k, $(k+1)$ der Riegelstäbe l_k, l_{k+2}, die Beiträge $\delta_{k\,k.\,2}$, $\delta_{(k+1)(k+1),\,2}$ die

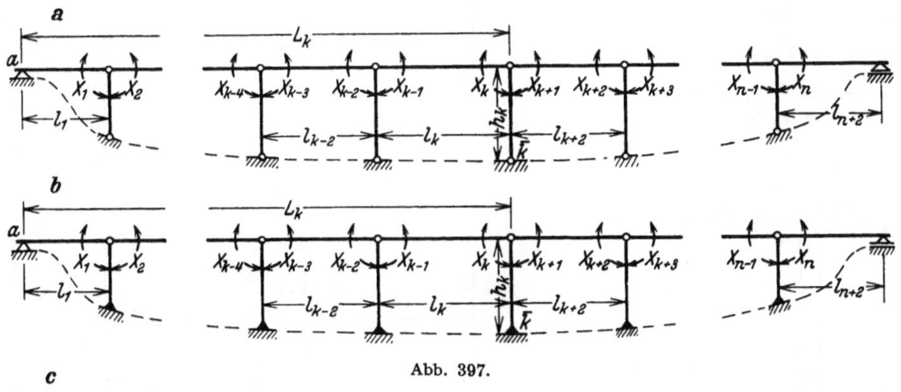

Abb. 397.

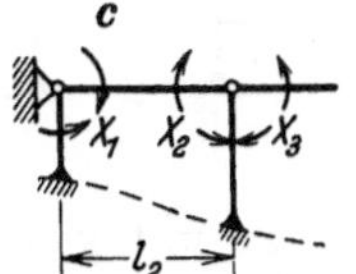

Drehwinkel der Pfostentangente am Anschluß der Riegel l_k, l_{k+2} infolge von $-X_k = 1$ und $-X_{k+1} = 1$. Daher ist auch

$$
\mathbf{1}_k\,\delta_{k\,k,2} = \mathbf{1}_{k+1}\,\delta_{(k+1)\,(k+1),2} = -\mathbf{1}_k\,\delta_{k\,(k+1)} = -\mathbf{1}_{k+1}\,\delta_{(k+1)\,k}\,.
$$

Die zweiten Anteile der Hauptglieder gelten je nach Ausbildung und Lagerung des Pfostens für die statisch bestimmte oder statisch unbestimmte Anordnung (Abb. 397 a, b).

Die Vorzahlen. Die Beiträge $\delta_{k\,k,\,1}$, $\delta_{(k+1)(k+1),\,1}$, $\delta_{k(k-1)}$, $\delta_{(k+1)(k+2)}$ werden durch die elastischen Eigenschaften der Riegelstäbe bestimmt. Die Veränderlichkeit des Trägheitsmomentes kann nach einer der Annahmen auf S. 394 approximiert, in zahlreichen Fällen aber auch vernachlässigt werden. Nach S. 393 ist (Abb. 398)

$$
\left.
\begin{aligned}
6\,\delta_{k\,k,1} &= 2\,\mu_k\,l_k'\,, & 6\,\delta_{(k+1)\,(k+1),1} &= 2\,\mu_{k+2}\,l_{k+2}'\,, \\
6\,\delta_{k\,(k-1)} &= \lambda_k\,l_k'\,, & 6\,\delta_{(k+1)\,(k+2)} &= \lambda_{k+2}\,l_{k+2}'\,.
\end{aligned}
\right\}
\tag{702}
$$

Bei unveränderlichem Trägheitsmoment J_k, J_{k+2} im Bereiche von l_k, l_{k+2} ist $\mu_k = \lambda_k = 1$ und $\mu_{k+2} = \lambda_{k+2} = 1$. Die Vorzahlen $\delta_{k\,k,2} = \delta_{(k+1)\,(k+1),\,2} = -\,\delta_{k(k+1)}$ werden durch die Anordnung der Pfosten und durch die Art ihrer Stützung bestimmt.

1. Einteilige Stützen mit frei drehbarer Auflagerung (Abb. 398a). Ausbildung a) Die Stützen besitzen im Bereiche $\bar{h}_k$ konstantes Trägheitsmoment. Im Bereich des Abschnittes $h_k - \bar{h}_k = f_k$ wird das Trägheitsmoment unendlich groß angenommen (Abb. 399).

$$6\,\delta_{kk,2} = 6\,\delta_{(k+1)(k+1),2} = -6\,\delta_{k(k+1)} = 2\,\frac{\bar{h}_k^3}{h_k^3}\,h_k'. \tag{703}$$

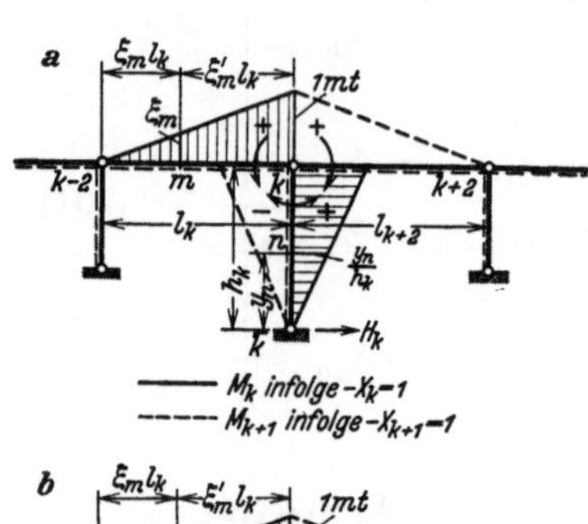

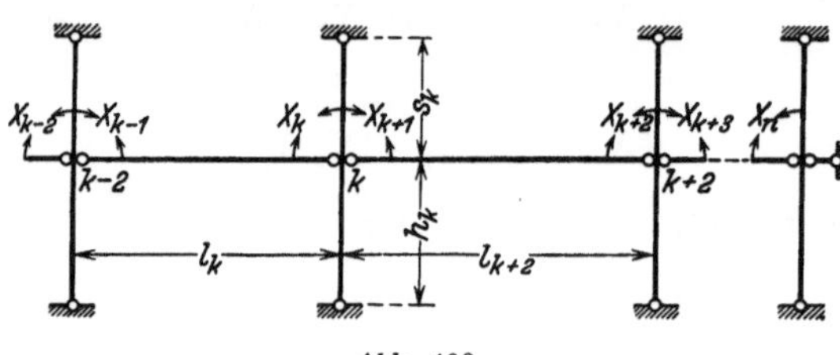

Ausbildung b) Das Trägheitsmoment ist im Bereich der theoretischen Stützenlänge h_k konstant.

$$6\,\delta_{kk,2} = 6\,\delta_{(k+1)(k+1),2} = -6\,\delta_{k(k+1)} = 2\,h_k'. \tag{704}$$

Abb. 400.

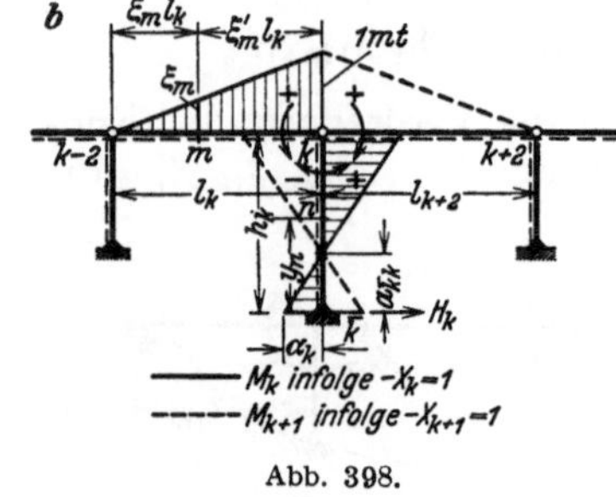
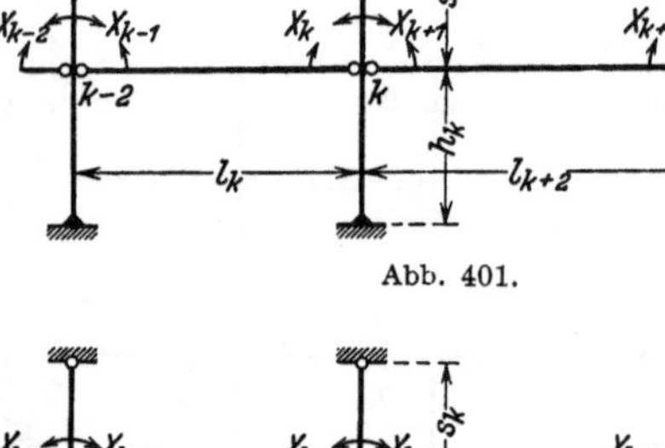

Abb. 401.

Abb. 398.

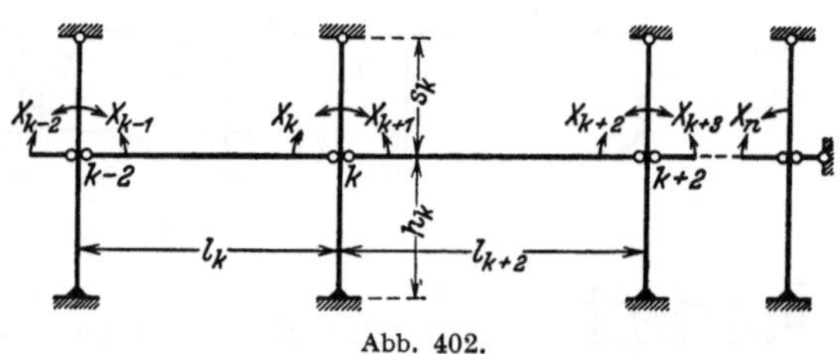

Abb. 399.

Abb. 402.

Bei linear veränderlicher Stärke der Stütze wird der einer Stütze mit gleichbleibender Stärke ($J =$ const) äquivalente mittlere Querschnitt J_k^* nach S. 99 bestimmt (Abb. 399).

2. Einteilige Stützen mit starrer Einspannung der Enden (Abb. 398b). Ausbildung a)

$$a_{\bar{k}k} = \frac{\bar{h}_k}{3}\,\frac{h_k + 2f_k}{h_k + f_k},$$

$$6\,\delta_{kk,2} = 6\,\delta_{(k+1)(k+1),2} = -6\,\delta_{k(k+1)} = \frac{3\,\bar{h}_k^3}{2\,h_k\,[h_k^2 + h_k f_k + f_k^2]}\,h_k'. \tag{705}$$

Ausbildung b) $\qquad a_{\bar{k}k} = h_k/3$.

$$6\,\delta_{kk,2} = 6\,\delta_{(k+1)(k+1),2} = -6\,\delta_{k(k+1)} = \tfrac{3}{2}\,h_k'. \tag{706}$$

3. Zweiteilige Anordnung der Stützen $s_k + h_k$. Die Trägheitsmomente J_{ks}, J_{kh} werden im Bereich der theoretischen Längen s_k, h_k konstant angenommen.

a) Die Enden der beiden Stützen sind frei drehbar gelagert (Abb. 400).

$$6\,\delta_{kk,2} = 6\,\delta_{(k+1)(k+1),2} = -6\,\delta_{k(k+1)} = \frac{2\,s_k'\,h_k'}{s_k' + h_k'}. \tag{707}$$

b) Die Enden der beiden Stützen sind starr eingespannt (Abb. 401).

$$6\,\delta_{kk,2} = 6\,\delta_{(k+1)\,(k+1),\,2} = -\,6\,\delta_{k\,(k+1)} = \frac{3\,s'_k\,h'_k}{2\,(s'_k + h'_k)}.\qquad(708)$$

c) Die Enden der beiden Stützen sind elastisch eingespannt. Der Abstand $a_{\bar{k}k}$ der Momentennullpunkte von den Enden der Stützen wird mit $h/4$ geschätzt.

$$6\,\delta_{kk,2} = 6\,\delta_{(k+1)\,(k+1),\,2} = -\,6\,\delta_{k\,(k+1)} = \frac{5\,s'_k\,h'_k}{3\,(s'_k + h'_k)}.\qquad(709)$$

d) Die obere Stütze s_k ist frei drehbar angeschlossen, die untere Stütze h_k starr eingespannt (Abb. 402).

$$6\,\delta_{kk,2} = 6\,\delta_{(k+1)\,(k+1),\,2} = -\,6\,\delta_{k\,(k+1)} = \frac{6\,s'_k\,h'_k}{4\,s'_k + 3\,h'_k}.\qquad(710)$$

Belastungszahlen. Die Belastungszahlen $\delta_{k\otimes}$, $\delta_{(k+1)\otimes}$ werden als virtuelle Arbeiten aus der Verdrehung der Querschnitte k, $k+1$ des Hauptsystems gebildet, welche bei der Belastung der Stäbe l_k, l_{k+2}, h_k oder durch Temperaturänderung und Stützenverschiebung entsteht. Die Riegel des Hauptsystems l_k, l_{k+2} sind einfache Balkenträger, deren Endverdrehung bei konstantem Trägheitsmoment für alle in Betracht kommenden Belastungen in Tabelle 17 angegeben sind oder sich nach Tabelle 12 entwickeln lassen. Sie werden ebenso wie die Vorzahlen der statisch überzähligen Schnittkräfte im 6fachen Betrage eingesetzt und für die häufigen Belastungsfälle nochmals angeschrieben.

Tabelle 36[1]. Belastungsglieder für $J_k = $ const und Lastangriff am Riegel l_k, l_{k+2}.

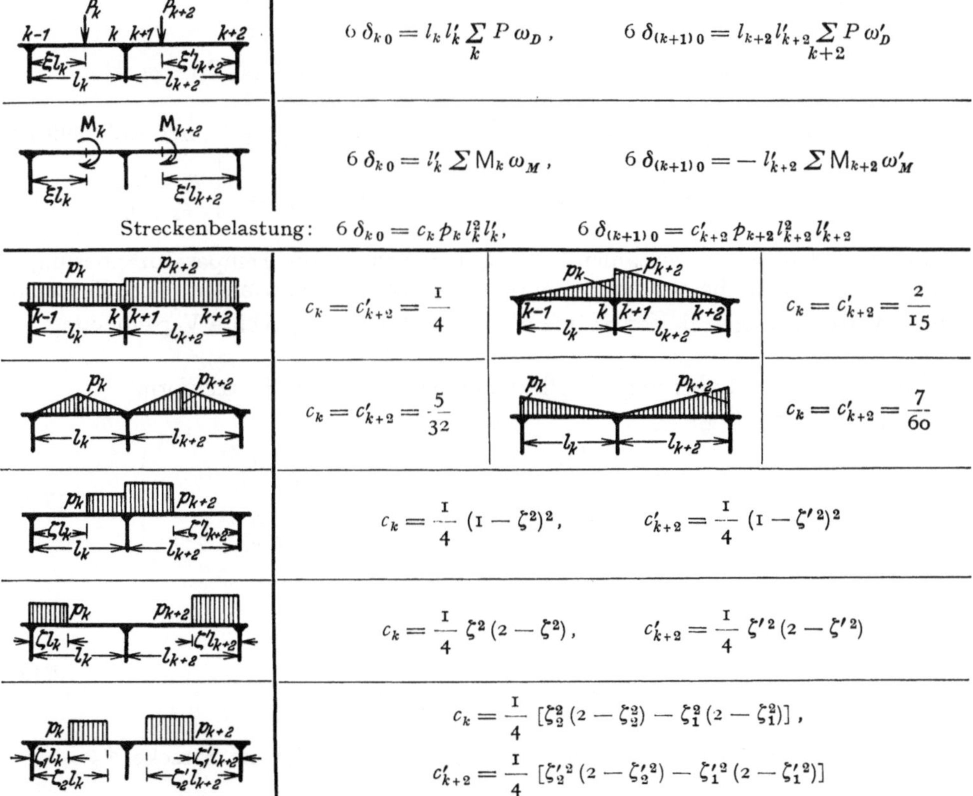

Bei Lastangriff am Pfosten h_k ist dessen Abstützung zu beachten.

---

[1] Funktionswerte ω auf S. 116 ff.

Tabelle 37[1]. Belastungsglieder $6\,\delta_{k\,0} = -\,6\,\delta_{(k+1)\,0}$ für $J = $ const und Lastangriff am Pfosten h_k.

Belastungsfall	$6\,\delta_{k\,0}$ (frei drehbare Lagerung)	$6\,\delta_{k\,0}$ (starre Einspannung)
1	$-\dfrac{1}{4}\,p_k\,h_k^2\,h_k'$	$-\dfrac{1}{8}\,p_k\,h_k^2\,h_k'$
2	$-\dfrac{7}{60}\,p_k\,h_k^2\,h_k'$	$-\dfrac{1}{20}\,p_k\,h_k^2\,h_k'$
3	$-\dfrac{1}{60}\,p_k\,h_k^2\,h_k'\,\beta^2\,(10-3\,\beta^2)$	$-\dfrac{1}{40}\,p_k\,h_k^2\,h_k'\,\beta^3\,(5-3\,\beta)$
4	$-\,P\,h_k\,h_k'\,\omega_D$	$-\dfrac{3}{2}\,P\,h_k\,h_k'\,\omega_\tau$
5	$-\,P\,c\,h_k'\,\omega_M$	$-\dfrac{3}{2}\,P\,c\,h_k'\,\xi\,(2-3\,\xi)$
6	$-\,P\,h_k\,h_k'\,[\omega_D\,(\xi_1)-\omega_D\,(\xi_2)]$	$-\dfrac{3}{2}\,P\,h_k\,h_k'\,[\omega_\tau\,(\xi_1)-\omega_\tau\,(\xi_2)]$

Bei Belastung eines am Fuße $\bar{k}$ eingespannten Pfostens mit $f_k \neq 0$ nach Abb. 399 ist

$$6\,\delta_{k\,0}^{(1)} = 6\int M_k^{(1)}\,M_k^{(0)}\,\frac{J_c}{J}\,ds\,, \quad M_k^{(1)} \text{ nach Abb. 398b mit} \quad a_{\bar{k}k} = \frac{\bar{h}_k}{3}\,\frac{h_k+2\,f_k}{h_k+f_k}\,. \tag{711}$$

Die folgenden Belastungszahlen beschränken sich auf die Temperaturänderung t, $\varDelta t$ des Riegels und die ihr äquivalente Wirkung des Schwindens, auf die senkrechten Verschiebungen $\varDelta_k$ der Stützenfüße $\bar{k}$ und die waagerechte Verschiebung $\varDelta_R$ des Riegels.

a) Frei drehbare Lagerung der Pfostenenden (beliebige Stützenform).
Temperaturänderung:

$$\left.\begin{aligned}
6\,\delta_{k\,t} &= +\,6\,E\,J_c\,\frac{1}{h_k}\,\alpha_t\,t\,(l_1+\cdots l_k) + 3\,E\,J_c\,\frac{\alpha_t\,\varDelta t}{d_k}\,l_k\,, \\
6\,\delta_{(k+1)\,t} &= -\,6\,E\,J_c\,\frac{1}{h_k}\,\alpha_t\,t\,(l_1+\cdots l_k) + 3\,E\,J_c\,\frac{\alpha_t\,\varDelta t}{d_{k+1}}\,l_{k+1}\,,
\end{aligned}\right\} \tag{712}$$

senkrechte Stützenverschiebung:

$$\left.\begin{aligned}
6\,\delta_{k\,s} &= +\,6\,E\,J_c\,\frac{\varDelta_{k-2}-\varDelta_k}{l_k}\,, \\
6\,\delta_{(k+1)\,s} &= -\,6\,E\,J_c\,\frac{\varDelta_k-\varDelta_{k+2}}{l_{k+2}}\,;
\end{aligned}\right\} \tag{713}$$

waagerechte Verschiebung des Riegels um eine vorgeschriebene Strecke $\varDelta_R$:

$$6\,\delta_{k\,s} = 6\,E\,J_c\,\frac{\varDelta_R}{h_k} = -\,6\,\delta_{(k+1)\,s}\,. \tag{714}$$

---

[1] Funktionswerte ω auf S. 116 ff.

b) Starre Einspannung der Pfostenenden.

Temperaturänderung (näherungsweise für beliebige Stützenform):

$$6\,\delta_{k\,t} = 9\,EJ_c\frac{1}{h_k}\alpha_t\,t\,(l_1 + \cdots l_k) + 3\,EJ_c\frac{\alpha_t\varDelta t}{d_k}\,l_k,$$
$$6\,\delta_{(k+1)\,t} = -9\,EJ_c\frac{1}{h_k}\alpha_t\,t\,(l_1 + \cdots l_k) + 3\,EJ_c\frac{\alpha_t\varDelta t}{d_{k+1}}\,l_{k+2},$$
$$\tag{715}$$

senkrechte Stützenverschiebung (für beliebige Stützenform):

$$6\,\delta_{k\,s} = +6\,EJ_c\frac{\varDelta_{k-2}-\varDelta_k}{l_k}, \qquad 6\,\delta_{(k+1)\,s} = -6\,EJ_c\frac{\varDelta_k-\varDelta_{k-2}}{l_{k+2}}, \tag{716}$$

waagerechte Verschiebung des Riegels, für $J = \mathrm{const}$:

$$6\,\delta_{k\,s} = 9\,EJ_c\frac{\varDelta_R}{h_k} = -6\,\delta_{(k+1)\,s}, \tag{717}$$

für $J = \infty$ im Bereich $f_k = h_k - \overline{h}_k$ der Stütze:

$$6\,\delta_{k\,s} = 9\,EJ_c\varDelta_R\frac{h_k + f_k}{h_k^2 + h_k\,f_k + f_k^2} = -6\,\delta_{(k+1)\,s}. \tag{718}$$

Lösung. Die statisch überzähligen Größen X_k sind nach (701) die Wurzeln dreigliedriger linearer Gleichungen, die unter Einbeziehung der Belastungszahlen mit dem Gaußschen Algorithmus nach der Rechenvorschrift S. 232 aufgelöst werden. Die konjugierte Matrix entsteht auf dieselbe Weise oder nach S. 232 aus 2 Kettenbrüchen, die neben den Vorzahlen β'_{nn}, β'_{11} die Kennbeziehungen $\varkappa_{(k-1)\,k}$, $\varkappa_{k(k-1)}$ und damit alle übrigen Glieder β'_{kk}, β'_{ik} liefern.

Da die Verschiebungen $\delta_{k(k-1)}$ positiv, dagegen die Verschiebungen $\delta_{k(k+1)}$ negativ sind, werden die Kennbeziehungen $\varkappa_{(k-1)\,k}$, $\varkappa_{k(k-1)}$ zwischen den Endmomenten eines Trägers l_k ebenso wie beim durchgehenden Träger auf frei drehbaren Stützen stets positiv, dagegen die Kennbeziehungen $\varkappa_{k(k+1)}$, $\varkappa_{(k+1)\,k}$ der beiden Riegelmomente zu beiden Seiten der Stütze h_k negativ. Trotzdem gelten hier nach Abschn. 29 dieselben Vorschriften über die Verwendung der Kennbeziehungen zur Bildung der konjugierten Matrix und zur Berechnung der Stützenmomente wie beim durchgehenden Träger auf frei drehbaren Stützen.

Die konjugierte Matrix β'_{ik} ist den Elastizitätsgleichungen (701) mit den 6fachen Beträgen der Vorzahlen δ_{ik} zugeordnet, so daß

$$X_k = \sum \beta'_{kh}(6\,\delta_{h\otimes}), \qquad X_{k+1} = \sum \beta'_{(k+1)h}(6\,\delta_{h\otimes}) \tag{719}$$

und damit auch alle übrigen Stütz- und Schnittkräfte des Tragwerks bestimmt sind.

a) Querschnitt m im Riegel l_k (Abb. 398).

$$M_m = M_{m\,0} - X_{k-1}\,\xi'_m - X_k\,\xi_m, \qquad Q_m = Q_{m\,0} - \frac{X_k - X_{k-1}}{l_k}. \tag{720}$$

b) Querschnitt n im Pfosten h_k im Abstand y_n vom Stützenfuß $\overline{k}$ an gerechnet (Abb. 398).

Frei drehbare Lagerung des Pfostens.   Starre Einspannung des Pfostens.

$$M_n = M_{n\,0} - \frac{X_{k+1} - X_k}{h_k}\,y_n, \qquad\qquad M_n = M_{n\,0}^{(1)} - \frac{X_{k+1} - X_k}{2\,h_k}\,(3\,y_n - h_k),$$
$$Q_n = Q_{n\,0} - \frac{X_{k+1} - X_k}{h_k}. \qquad\qquad\qquad Q_n = Q_{n\,0}^{(1)} - \frac{3}{2}\frac{X_{k+1} - X_k}{h_k}.$$

$$\tag{721a}\qquad\qquad\qquad\qquad\qquad\tag{721b}$$

Längskraft und senkrechte Stützkraft des Pfostens h_k mit den Querkräften Q'_k, Q''_k des Riegels links und rechts vom Anschlußpunkt k:

$$C_k = -Q'_k + Q''_k = C_{k\,0} + \frac{X_k - X_{k-1}}{l_k} - \frac{X_{k+2} - X_{k+1}}{l_{k+2}}. \tag{722}$$

Waagerechte Stützkraft des Pfostens h_k:

frei drehbare Lagerung in $\bar{k}$

$$H_k = H_{k0} - \frac{X_{k+1} - X_k}{h_k}, \quad (723)$$

starre Einspannung in $\bar{k}$

$$H_k = H_{k0}^{(1)} - \frac{3}{2} \frac{X_{k+1} - X_k}{h_k}. \quad (724)$$

Die Stütz- und Schnittkräfte des Hauptsystems sind bei einteiligen Pfosten und frei drehbarer Lagerung des Fußes statisch bestimmt, bei starrer Einspannung und bei Verwendung von zweiteiligen Stützen statisch unbestimmt. Sie werden dann nach S. 397 berechnet oder aus vorhandenen Tabellen 30 u. 32 entnommen. In der Regel sind die Pfosten unbelastet, also H_{k0}, M_{n0}, Q_{n0} Null.

Der Ansatz (719) liefert nach (328) auch die Einflußlinien der statisch überzähligen Größen. Dabei sind $\delta_{h0} = \delta_{mh}$ bei senkrechter Belastung und waagerechtem Riegel die Ordinaten der senkrechten Biegelinien der Riegelstäbe l_h des Hauptsystems für $- X_h = 1$. Die Einflußlinien setzen sich daher ebenso wie beim durchgehenden Träger auf frei drehbaren Stützen aus zwei Biegelinien zusammen. Die analytischen Ausdrücke für die Gleichungen der Einflußlinien auf S. 418 gelten auch für den durchgehenden Träger mit elastisch drehbaren Stützen. Darnach wird nach (667) die Einflußlinie einer statisch überzähligen Größe X_k im Felde l_h aus der Einflußlinie X_h dieses Feldes, im Felde l_r aus der Einflußlinie X_{r-1} dieses Feldes entwickelt. Aus demselben Grunde stimmen auch die Regeln für die ungünstigsten Belastungen mit denjenigen überein, die auf S. 424 für den durchgehenden Träger auf frei drehbaren Stützen abgeleitet worden sind.

Zeichnerische Untersuchung. Die Punkte A_k, A_{k+1} der Achse A_1, A_n der Lösung fallen in Übereinstimmung mit der relativen Lage der Stützenmomente X_k, X_{k+1} zusammen. Die Abschnitte $\varDelta_k$, $\varDelta_{k+2}$ werden proportional zu den Riegellängen l_k, l_{k+2} aufgetragen. Die Kennbeziehungen $\varkappa_{(k-1)k}$, $\varkappa_{k(k-1)}$ der analytischen Lösung des Ansatzes (701) bestimmen dann nach S. 255 die Strecken $a_{(k-1)k}$, $a_{k(k-1)}$ und damit die Festpunkte $F_{(k-1)k}$, $F_{k(k-1)}$, die Kennbeziehungen $\varkappa_{k(k+1)}$, $\varkappa_{(k+1)k}$ nach Abb. 225 die Übergangslinien $\mathfrak{u}_{k(k+1)}$, $\mathfrak{u}_{(k+1)k}$.

Die Anschlußmomente X_{k-1}, X_k des Riegelstabes l_k sind bei Belastung dieses Abschnitts allein aus zwei Gleichungen mit zwei Unbekannten (447), zeichnerisch durch Abb. 228 bekannt. Die Kreuzlinienabschnitte $R_{(k-1)k}$, R_{kk} und die Ordinaten $V_{(k-1)k}$, V_{kk} werden ebenso wie beim durchgehenden Träger auf frei drehbaren Stützen berechnet (672). Die übrigen Stützenmomente ergeben sich nach S. 258 und Abb. 228 aus den Festpunkten und Übergangslinien.

Die zeichnerische Bestimmung der Festpunkte und Übergangslinien ohne die Verwendung algebraisch berechneter Kennbeziehungen ist in Abschn. 32, S. 257 abgeleitet worden. Sie stützt sich auf die Wirkungslinien elastischer Gewichte, deren Lage für beliebige elastische Eigenschaften der Stäbe mit der Aufzeichnung der Biegelinien der Stäbe l_k für $- X_k = 1$ bestimmt oder durch die folgenden Strecken eingerechnet wird.

$$c_{kk} = \frac{\delta_{k(k-1)}}{\delta_{k(k-1)} + \delta_{kk,1}}\, l_k, \qquad \bar{c}_{kk} = \frac{\delta_{k(k-1)}}{\delta_{k(k-1)} + \delta_{kk}}\, l_k,$$

$$c_{(k+2)(k+1)} = \frac{\delta_{(k+1)(k+2)}}{\delta_{(k+1)(k+1),1} + \delta_{(k+1)(k+2)}}\, l_{k+2}, \qquad \bar{c}_{(k+2)(k+1)} = \frac{\delta_{(k+1)(k+2)}}{\delta_{(k+1)(k+1)} + \delta_{(k+1)(k+2)}}\, l_{k+2},$$

$$e_{k(k+1)} = \frac{\delta_{(k+1)(k+2)}\, l_{k+2} - \delta_{k(k-1)}\, l_k}{\delta_{k(k-1)} + \delta_{kk,1} + \delta_{(k+1)(k+1),1} + \delta_{(k+1)(k+2)}}.$$

Nach S. 431 kann mit der Approximation der elastischen Eigenschaften der Riegelstäbe nach Tabelle 29 und der Pfosten nach (703 ff.) gerechnet und

$$\left. \begin{array}{ll} 6\,\delta_{k(k-1)} = \lambda_k\, l_k', & 6\,\delta_{(k+1)(k+2)} = \lambda_{k+2}\, l_{k+2}', \\[2mm] 6\,\delta_{kk,1} = 2\,\mu_k\, l_k', & 6\,\delta_{(k+1)(k+1),1} = 2\,\mu_{k+2}\, l_{k+2}' \end{array} \right\} \quad (725)$$

gesetzt werden. Der Beiwert λ ist nach S. 395 in zahlreichen Fällen 1. Dasselbe gilt auch von dem Beiwert μ, wenn das Trägheitsmoment J_k im Bereiche eines jeden Riegelabschnittes konstant angenommen wird. Um die Rechenvorschrift formal zu vereinfachen, wird $- 6\,\delta_{k(k+1)}$ stets durch $+ 2\,\psi_k h'_k$ ausgedrückt und ψ_k entsprechend der Art der Pfostenstützung nach (703 ff.) eingesetzt.

$$c_{kk} = \frac{\lambda_k}{\lambda_k + 2\,\mu_k}\, l_k\,, \qquad \bar{c}_{kk} = \frac{\lambda_k}{\lambda_k + 2\,\mu_k + 2\,\psi_k h'_k/l'_k}\, l_k\,, \qquad c_{(k+2)(k+1)} = \frac{\lambda_{k+2}}{\lambda_{k+2} + 2\,\mu_{k+2}}\, l_{k+2}\,, \left.\begin{array}{l} \\ \\ \end{array}\right\}$$

$$\bar{c}_{(k+2)(k+1)} = \frac{\lambda_{k+2}}{\lambda_{k+2} + 2\,\mu_{k+2} + 2\,\psi_k h'_k/l'_{k+2}}\, l_{k+2}\,, \qquad e_{k(k+1)} = \frac{\lambda_{k+2}\, l'_{k+2}\, l_{k+2} - \lambda_k\, l'_k\, l_k}{l'_k\,(\lambda_k + 2\,\mu_k) + l'_{k+2}\,(\lambda_{k+2} + 2\,\mu_{k+2})}\,, \qquad (726)$$

für $J_k = \text{const}$ und $J_{k+2} = \text{const}$ ist

$$c_{kk} = \frac{l_k}{3}\,, \qquad \bar{c}_{kk} = \frac{l_k}{3 + 2\,\psi_k h'_k/l'_k}\,, \qquad c_{(k+2)(k+1)} = \frac{l_{k+2}}{3}\,, \left.\begin{array}{l} \\ \\ \end{array}\right\}$$

$$\bar{c}_{(k+2)(k+1)} = \frac{l_{k+2}}{3 + 2\,\psi_k h'_k/l'_{k+2}}\,, \qquad e_{k(k+1)} = \frac{l'_{k+2}\, l_{k+2} - l'_k\, l_k}{3\,(l'_k + l'_{k+2})}\,. \qquad (727)$$

Zur zeichnerischen Untersuchung eines allgemeinen Belastungsfalles werden außerdem noch die Punkte E'_k durch die Koordinaten $e_k = c_{kk}$ und

$$T_k = \frac{6\,\delta_{k0}}{(\lambda_k + 2\,\mu_k)\, l'_k}\,; \qquad \mu_k = \lambda_k = 1: \qquad T_k = 2\,\frac{\delta_{k0}}{l'_k} \qquad (728)$$

eingerechnet (Abb. 232). Ungleichförmige Temperaturänderung und senkrechte Stützenverschiebungen ergeben

$$T_k = \frac{6\,E\,J_c\left[\dfrac{\alpha_t\,\varDelta t}{2\,d}\, l_k + \dfrac{1}{l_k}\,(\varDelta_k - \varDelta_{k-2})\right]}{(\lambda_k + 2\,\mu_k)\, l'_k}\,. \qquad (729)$$

Die Ergebnisse für e_1, T_1 und c_n, T_n lassen sich jeweils ebenso wie auf S. 421 ableiten. Für die Lösung nach Abb. 233 werden nach S. 263 die Punkte $E_{k(k+1)}$ mit den Koordinaten $e_{k(k+1)}$, $T_{k(k+1)}$ und die Strecken S_k bestimmt.

Die Verwendung der Ordinaten $V_{k(k-1)}$, V_{kk} zur zeichnerischen Bestimmung der Riegelmomente X_{k-1}, X_k und der übrigen Stützenmomente ist in Abschn. 32 begründet und in Abb. 228 gezeigt worden. Der allgemeine Belastungsfall wird nach den Bemerkungen auf S. 262 und nach Abb. 232 untersucht.

Die Biegungsmomente und Querkräfte der Riegelstäbe werden nach (720) ebenso wie beim durchlaufenden Träger mit frei drehbaren Stützen aufgetragen, die Schnittkräfte der Pfosten nach (721) mit den Ergebnissen für Kopf und Fuß entwickelt. Dabei sind bei statisch unbestimmter Anordnung zunächst die Momente und Querkräfte im Hauptsystem zu berechnen.

Die Einflußlinien der Stützenmomente und der Schnittkräfte in Riegel und Pfosten lassen sich nach denselben Regeln entwickeln, die auf S. 422 für den durchlaufenden Träger auf frei drehbaren Stützen abgeleitet worden sind.

Vereinfachung der Annahmen über die elastischen Eigenschaften. Die statisch unbestimmten Schnittkräfte sind nach (702) durch die elastisch wirksamen Längen l'_k, $\mu_k l'_k$, $\lambda_k l'_k$ der Riegel und durch die Art und Abstützung der Pfosten bestimmt, die in den Ansatz nach (703 ff.) mit $2\,\psi_k h'_k$ eingehen. Werden diese mit dem Felde l_k und dem Pfosten h_k veränderlichen Strecken konstant angenommen, so entstehen einfache Näherungslösungen mit den folgenden Bedingungsgleichungen:

$$\lambda_k X_{k-1} + 2\,\mu_k\left(1 + \frac{\psi_k h'_k}{\mu_k l'_k}\right) X_k - 2\,\frac{\psi_k h'_k}{l'_k}\, X_{k+1} = \lambda X_{k-1} + a X_k - b X_{k+1} = \frac{6\,\delta_{k0}}{l'}\,.$$

Sonderfall $\lambda = \mu = 1:\quad X_{k-1} + (2 + b)\, X_k - b X_{k+1} = 6\,\delta_{k0}/l'$.

Bei unendlich vielen Stützen sind die Kennbeziehungen $\varkappa_{(k-1)k}$, $\varkappa_{k(k-1)}$ zwischen den Anschlußmomenten eines Riegels und die Kennbeziehungen $\varkappa_{k(k+1)}$, $\varkappa_{(k+1)k}$

zwischen den Anschlußmomenten der Riegel zu beiden Seiten einer Stütze konstant, und zwar

$$x_{(k-1)\,k} = x_{k\,(k-1)} = x \quad \text{und} \quad x_{k\,(k+1)} = x_{(k+1)\,k} = -\varepsilon .$$

Mit

$$\frac{(a+b)(a-b)+\lambda^2}{2\,a\,\lambda} = \varrho \text{ ist } x = \varrho - \sqrt{\varrho^2-1} = -\frac{X_{k-1}}{X_k}, \quad \varepsilon = \frac{b}{a-x\,\lambda} = \frac{X_k}{X_{k+1}}. \qquad (730)$$

Sonderfall $\lambda = \mu = 1$:

$$\varrho = \frac{5+4\,b}{2\,(2+b)} .$$

Da die Hauptglieder $\beta_{k\,k}$ der konjugierten Matrix für x und ε konstant sind, genügt es, die Nebenglieder einer Zeile der Matrix anzuschreiben.

$$\beta_{(k-2)\,k} = -\frac{x^2\,\varepsilon}{l'\,\lambda\,(1-x^2)}, \qquad \beta_{(k-1)\,k} = -\frac{x^2}{l'\,\lambda\,(1-x^2)}, \qquad \beta_{k\,k} = \frac{x}{l'\,\lambda\,(1-x^2)},$$

$$\beta_{(k+1)\,k} = \frac{x\,\varepsilon}{l'\,\lambda\,(1-x^2)}, \qquad \beta_{(k+2)\,k} = -\frac{x^2\,\varepsilon}{l'\,\lambda\,(1-x^2)} .$$

Bei einer begrenzten Anzahl von Stützen haben die Endfelder die gleichen elastischen Eigenschaften wie die Zwischenfelder, wenn

für Endfelder nach Abb. 397a, b   für Endfelder nach Abb. 397c

$$l_1' = \frac{2\,\mu - x\,\lambda}{2\,\bar\mu_1}\,l'; \qquad (731a)$$

$$l_2' = l' \quad \text{und}$$
$$2\,\psi_0\,h_0' = 2\,\psi\,h'\,(1-\varepsilon). \qquad (731b)$$

Bei symmetrischer Belastung (1) und antimetrischer Belastung (2) des Riegels l_k ist

$$1)\ X_{k-1} = X_k = 6\,\frac{^{(1)}\delta_{(k-1)\,0}}{l'}\,\frac{x}{\lambda\,(1+x)}, \quad 2)\ X_{(k-1)} = -X_k = 6\,\frac{^{(2)}\delta_{(k-1)\,0}}{l'}\,\frac{x}{\lambda\,(1-x)}; \qquad (732)$$

für Belastung eines Endfeldes nach Abb. 397a, b

$$X_1 = \frac{6\,\delta_{10}}{l'}\,\frac{\varepsilon}{1-\varepsilon^2}, \qquad X_n = \frac{6\,\delta_{n\,0}}{l'}\,\frac{\varepsilon}{1-\varepsilon^2} . \qquad (733)$$

Die übrigen Anschlußmomente sind analytisch durch die Kennbeziehungen, zeichnerisch durch die Festpunkte und Übergangslinien bestimmt. Die Schnittkräfte aus einer allgemeinen Belastung des Trägers werden durch Superposition der Teilergebnisse aus feldweiser Belastung erhalten. Die Gleichungen der Einflußlinien von X_{k-1} und X_k im Felde l_k sind

$$X_{k-1} = l_k\,\frac{x}{\lambda\,(1-x^2)}\,(\overline{\omega}_D' - x\,\overline{\omega}_D), \qquad X_k = l_k\,\frac{x}{\lambda\,(1-x^2)}\,(\overline{\omega}_D - x\,\overline{\omega}_D') . \qquad (734)$$

Sie werden nach S. 436 zur Aufzeichnung der Einflußlinien der übrigen Stützenmomente verwendet und bilden damit nach S. 435 auch die Grundlage für die Einflußlinien der übrigen Schnittkräfte.

Untersuchung der Pilzdecke (Abb. 406) mit vereinfachten Annahmen für die elastischen Eigenschaften.

1. Geometrische Grundlagen nach S. 441 u. 442.

$$l' = 5{,}4 \text{ m}, \qquad \mu = 0{,}7, \qquad \lambda = 0{,}93, \qquad 2\,\psi\,h' = 2{,}58 ,$$

$$a = 2 \cdot 0{,}7\left(1 + \frac{2{,}58}{2 \cdot 0{,}7 \cdot 5{,}4}\right) = 1{,}88, \qquad b = \frac{2{,}58}{5{,}4} = 0{,}48, \qquad \varrho = 1{,}192 ,$$

$$x = 1{,}192 - \sqrt{1{,}192^2 - 1} = 0{,}544, \qquad \varepsilon = \frac{0{,}48}{1{,}88 - 0{,}544 \cdot 0{,}93} = 0{,}348$$

$$2\,\psi_0\,h_0' = 2{,}58\,(1 - 0{,}348) = 1{,}68 .$$

2. Bemessung der Endstützen nach (731 b).

$$h = s = 4{,}2 \text{ m}, \quad J_0 = 21{,}33, \quad J_u = 76{,}26, \quad J_c = 36 \text{ dm}^4;$$

nach (709) ist

$$2\,\psi_0\,h_0' = \frac{5}{3}\,\frac{h_0'\,s_0'}{h_0' + s_0'} = \frac{5}{3}\,\frac{4{,}2\,J_c}{J_{0s} + J_{0h}} = 1{,}68,$$

also

$$J_{0s} + J_{0h} = 4{,}16\,J_c \quad \text{oder z. B.} \quad J_{0s} = 1{,}54\,J_s, \quad J_{0h} = 1{,}54\,J_h.$$

Für diese Abmessungen wird bei Belastung des Feldes l_2 mit $p = 1 \text{ t/m}$

$$\frac{6\,\delta_{10}}{l'} = \frac{l_2^2}{4} = \frac{5{,}4^2}{4} = 7{,}29, \qquad X_1 = X_2 = 7{,}19\,\frac{0{,}544}{0{,}93\,(1 + 0{,}544)} = 2{,}75 \text{ mt}.$$

3. Belastung $p = 1 \text{ t/m}$ auf allen Feldern. Superposition:

$$X_1 = 2{,}75\,(1 - \varepsilon\varkappa + \varepsilon^2\varkappa^2 - \varepsilon^3\varkappa^3) = 2{,}31 \text{ mt}, \qquad X_2 = 2{,}75\,(1 + \varepsilon - \varepsilon^2\varkappa + \varepsilon^3\varkappa^2) = 3{,}56 \text{ mt},$$

$$X_3 = 2{,}75\,(1 + \varepsilon - \varepsilon\varkappa + \varepsilon^2\varkappa^2) = 3{,}29 \text{ mt}, \qquad X_4 = 2{,}75\,(1 + \varepsilon - \varepsilon\varkappa - 2^2\varkappa) = 3{,}09 \text{ mt}.$$

Untersuchung durchlaufender Träger mit Hilfe der Knotendrehwinkel.

Die Stabdrehwinkel ϑ_i des Tragwerks sind bei allen äußeren Ursachen Null oder vorgeschrieben (gleichförmige Temperaturänderung des Riegels $\vartheta_{i0} = \vartheta_{it}$, Stützenverschiebungen $\vartheta_{i0} = \vartheta_{is}$). Die n Knotendrehwinkel $\varphi_J\,(J = A \ldots N)$ eines durchgehenden Trägers mit n Zwischenstützen werden daher nach Abschn. 39 bei beliebiger Abstützung der Pfosten aus n statischen Bedingungsgleichungen $\delta A_J = 0$ berechnet.

$$\delta A_J = \varphi_{J-1}\,a_{J(J-1)} + \varphi_J\,a_{JJ} + \varphi_{J+1}\,a_{J(J+1)} + a_{J0} = 0. \tag{735}$$

Das Trägheitsmoment aller Träger l_i und Pfosten h_i, s_i gilt im Bereich der geometrischen Stablänge als konstant.

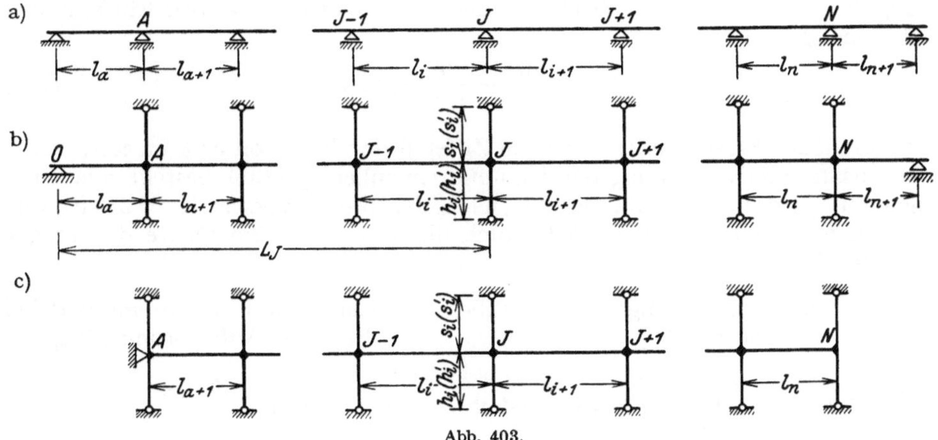

Abb. 403.

Vorzahlen der Knotendrehwinkel. 1. Durchlaufender Träger mit frei drehbaren Stützen (Abb. 403 a)

$$a_{J(J-1)} = -\frac{2}{l_i'}, \qquad a_{JJ} = -\frac{4}{l_i'} - \frac{4}{l_{i+1}'}, \qquad a_{J(J+1)} = -\frac{2}{l_{i+1}'}, \tag{736}$$

freie Auflagerung der Endstützen

$$a_{AA} = -\frac{3}{l_a'} - \frac{4}{l_{a+1}'}, \qquad a_{NN} = -\frac{4}{l_n'} - \frac{3}{l_{n+1}'}, \tag{737 a}$$

starre Einspannung der Endstützen

$$a_{AA} = -\frac{4}{l'_a} - \frac{4}{l'_{a+1}}, \qquad a_{NN} = -\frac{4}{l'_n} - \frac{4}{l'_{n+1}}. \tag{737b}$$

2. Durchlaufender Träger mit elastisch drehbaren Stützen (Abb. 403b)

$$a_{J(J-1)} = -\frac{2}{l'_i}, \qquad a_{JJ} = -\frac{4}{l'_i} - \frac{4}{l'_{i+1}} - \frac{\lambda_h}{h'_i} - \frac{\lambda_s}{s'_i}, \qquad a_{J(J+1)} = -\frac{2}{l'_{i+1}}. \tag{738}$$

Die Beiwerte λ_h, λ_s erhalten bei starrer Einspannung der Pfosten h_i, s_i den Betrag 4, bei frei drehbarer Auflagerung der Pfosten den Betrag 3, bei elastischer Einspannung mit dem Momentennullpunkt in dem Viertelpunkt den Betrag 3,6. Bei frei drehbarer Auflagerung der Randträger l_a, l_{n+1} ist

$$a_{AA} = -\frac{3}{l'_a} - \frac{4}{l'_{a+1}} - \frac{\lambda_h}{h'_a} - \frac{\lambda_s}{s'_a}, \qquad a_{NN} = -\frac{4}{l'_n} - \frac{3}{l'_{n+1}} - \frac{\lambda_h}{h'_n} - \frac{\lambda_s}{s'_n}. \tag{739}$$

Abschluß des Tragwerks nach Abb. 403c: $1/l'_a = 1/l'_{n+1} = 0$. Anordnung des Tragwerks nach Abb. 397: $1/s' = 0$.

Belastungszahlen des Ansatzes. Die Belastungszahlen a_{J0} werden für die an den Trägern l_i und an den Pfosten h_i, s_i angreifenden äußeren Kräfte nach (536) gebildet. Man bedient sich bei Stäben mit zwei eingespannten Enden der Tabelle 25, bei Stäben mit einem eingespannten Ende der Tabelle 26. Gemessene oder geschätzte senkrechte Verschiebungen der Stützpunkte ergeben

$$a_{J0} = +\frac{6}{l_i \, l'_i}(\varDelta_J - \varDelta_{J-1}) + \frac{6}{l_{i+1} \, l'_{i+1}}(\varDelta_{J+1} - \varDelta_J). \tag{740}$$

Bei gleichförmiger Temperaturänderung des Trägers um t^0 und waagerechter Abstützung des linken Stützpunktes O (Abstand $\overline{OJ} = L_J$ ist mit starrer Einspannung der Pfostenenden

$$a_{J0} = +\left(\frac{6}{h_i \, h'_i} - \frac{6}{s_i \, s'_i}\right)\alpha_t \, t \, L_J. \tag{741}$$

Für frei drehbare Pfostenenden wird die Ziffer 6 durch die Ziffer 3 ersetzt.

Der Ansatz zur Berechnung der Knotendrehwinkel φ_J (735) besteht aus Gleichungen mit je drei Unbekannten, die nach der Rechenvorschrift S. 230ff. aufgelöst werden. Damit sind nach (529) auch die Stabanschlußmomente der Träger und Pfosten bekannt.

a) Elastische Einspannung beider Stabenden (530)

b) Elastische Einspannung und frei drehbare Auflagerung (532)

$$M_J^{(i)} = M_{J0}^{(i)} + \frac{2}{l'_i}(2\varphi_J + \varphi_{J-1} - 3\vartheta_{i0}). \qquad\qquad M_J^{(i)} = M_{J0}^{(i)} + \frac{3}{l'_i}(\varphi_J - \vartheta_{i0}).$$

Die Aufzeichnung der Einflußlinien der Knotendrehwinkel φ_J und der Stabanschlußmomente $M_J^{(i)}$ ist in Abschn. 40 abgeleitet und für den durchlaufenden Träger auf elastisch drehbaren Stützen dargelegt worden.

Die Verwendung der Knotendrehwinkel liefert die Schnittkräfte im Gegensatz zur Lösung auf S. 435 in zwei Stufen. Sie ist übersichtlich und vor allem bei mehrteiliger Ausbildung der Zwischenstützen (Abb. 396d) von Bedeutung. Die Rechnung ist an einem Beispiel auf S. 328ff. gezeigt worden.

Auch diese Untersuchung kann durch geometrische Auslegung der Kennbeziehungen zwischen je zwei Stabanschlußmomenten am Stabknoten und an einem

Systemstabe graphisch behandelt werden. Das ist in Abschn. 44 geschehen und dort auch durch Beispiele belegt worden, so daß sich besondere Angaben erübrigen, zumal die Lösung im Vergleich zu den ausführlichen Rechenvorschriften dieses Abschnitts weder sachliche noch formale Vorteile bietet.

Berechnung einer Pilzdecke.

Die Decke des zweiten Geschosses wird unter der Annahme berechnet, daß eine waagerechte Verschiebung der Riegel ausgeschlossen ist.

$$l_k = 5{,}4 \text{ m}, \qquad J_k = J_c = 36{,}0 \text{ dm}^4.$$

$$l_k' = 5{,}4, \qquad s' = 7{,}09, \qquad h' = 1{,}983 \text{ m}.$$

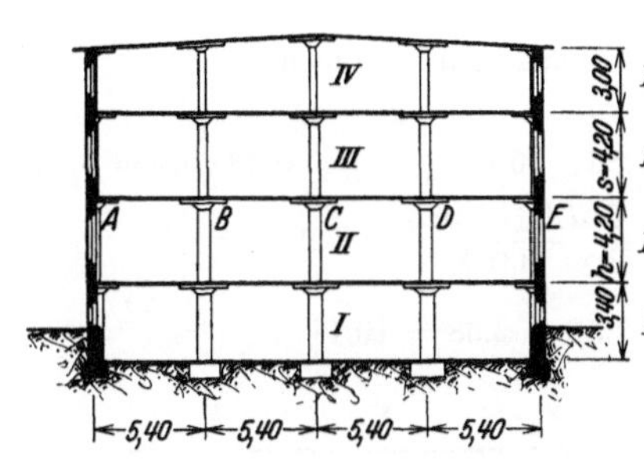

Abb. 404.

Säulenabmessungen

IV 25 cm□, J = 3,26 dm⁴

III 40 cm□, J = 21,33 dm⁴

II 55 cm□, J = 76,26 dm⁴

I 65 cm□, J = 148,50 dm⁴

Deckenstärke 20 cm

A. Berechnung für feldweise konstantes Trägheitsmoment mit Hilfe der Knotendrehwinkel (S. 439). Elastische Einspannung der Pfostenenden ($a_{kk} = h_k/4$).

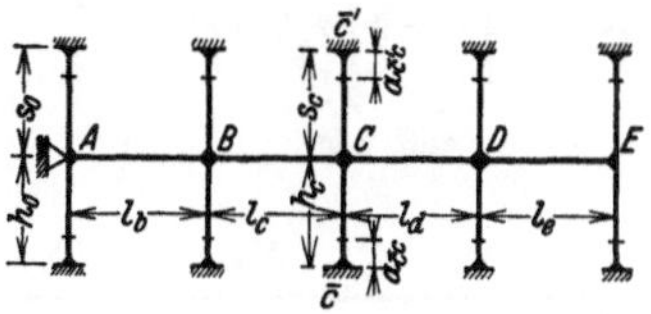

Abb. 405.

1. Vorzahlen nach Gl. (738)

$$a_{AA} = a_{EE} = -\frac{4}{5{,}4} - \frac{3{,}6}{1{,}983} - \frac{3{,}6}{7{,}09} = -3{,}0639,$$

$$a_{JJ} = -\frac{4}{5{,}4} - \frac{4}{5{,}4} - \frac{3{,}6}{1{,}983} - \frac{3{,}6}{7{,}09} = -3{,}8047,$$

$$a_{J(J+1)} = -\frac{2}{5{,}4} = -0{,}3704.$$

Die Stabdrehwinkel sind Null.

φ_A	φ_B	φ_C	φ_D	φ_E		
— 3,0639	— 0,3704				a_{A0}	o
— 0,3704	— 3,8047	— 0,3704			a_{B0}	o
	— 0,3704	— 3,8047	— 0,3704		a_{C0}	o
		— 0,3704	— 3,8047	— 0,3704	a_{D0}	o
			— 0,3704	— 3,0639	a_{E0}	o

2. Belastung $p = 1$ t/m auf allen Feldern. Tab. 25.

$$M_{J0}^{(k)} = -M_{k0}^{(k)} = -\frac{1 \cdot 5{,}4^2}{12} = -2{,}43, \qquad a_{A0} = -a_{E0} = +2{,}43, \qquad a_{J0} = 0.$$

Infolge Symmetrie ist $\varphi_C = 0$. Daher folgt aus den ersten beiden Gleichungen

$$\varphi_A = 0{,}80254, \qquad \varphi_B = -0{,}07812.$$

Nach Gl. (530) wird

$$M_A^{(b)} = -2{,}43 + 0{,}3704\,(\ \ 2\cdot 0{,}80254 - 0{,}07812) = -1{,}864\ \text{mt},$$

$$M_B^{(b)} = \ \ \ 2{,}43 + 0{,}3704\,(-2\cdot 0{,}07812 + 0{,}80254) = +2{,}669\ \text{mt},$$

$$M_B^{(c)} = -2{,}43 + 0{,}3704\,(-2\cdot 0{,}07812 + 0) \qquad\quad = -2{,}488\ \text{mt},$$

$$M_C^{(c)} = \ \ \ 2{,}43 + 0{,}3704\,(0 - 0{,}07812) \qquad\qquad\quad = +2{,}401\ \text{mt}.$$

Die Anschlußmomente der Pfosten verhalten sich wie deren Trägheitsmomente.

B. Berechnung unter Berücksichtigung starrer Stützenköpfe beim Riegel. Elastische Einspannung der Pfostenenden $(a_{\bar{k}k} = h_k/4)$.

1. Approximation des Trägheitsmomentes der Riegel. Tab. 29 (für alle Felder gleich).

$$v = 0{,}6\ \text{m}, \qquad \nu = \frac{1}{9}, \qquad \mu = \left(1 - \frac{2}{9}\right)\left(1 - \frac{1}{9}\,\frac{8}{9}\right) = 0{,}7, \qquad \lambda = 0{,}93.$$

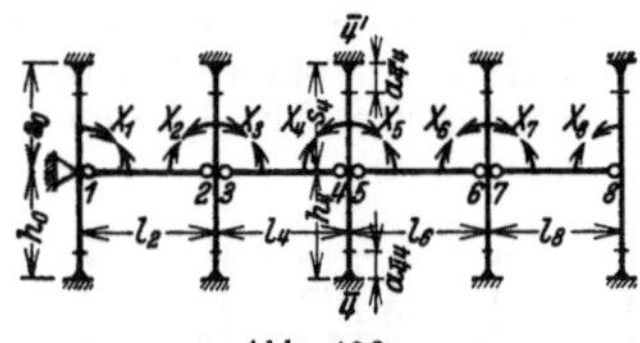

Abb. 406.

Für die Pfosten wird $J = \text{const}$ angenommen.

2. Vorzahlen nach (702).

$$6\,\delta_{kk,1} = 2\cdot 0{,}7\cdot 5{,}4 = 7{,}56, \qquad 6\,\delta_{(k+1)\,(k+2)} = 0{,}93\cdot 5{,}4 = 5{,}02,$$

$$6\,\delta_{kk,2} = \frac{5}{3}\,\frac{7{,}09\cdot 1{,}983}{9{,}073} = 2{,}58,$$

$$6\,\delta_{kk} = 7{,}56 + 2{,}58 = 10{,}14.$$

X_1	X_2	X_3	X_4	X_5	X_6	X_7	X_8	
10,14	5,02							δ_{10}
5,02	10,14	−2,58						δ_{20}
	−2,58	10,14	5,02					δ_{30}
		5,02	10,14	−2,58				δ_{40}
			−2,58	10,14	5,02			δ_{50}
				5,02	10,14	−2,58		δ_{60}
					−2,58	10,14	5,02	δ_{70}
						5,02	10,14	δ_{80}

3. Belastung $p = 1\ \text{t/m}$ auf allen Feldern. Tab. 36. $6\,\delta_{k0} = \dfrac{5{,}4^3}{4} = 39{,}366$. Infolge Symmetrie ergibt sich aus den ersten 4 Gleichungen

$$X_1 = 2{,}038, \qquad X_2 = 3{,}726, \qquad X_3 = 3{,}355, \qquad X_4 = 2{,}980\ \text{mt}.$$

C. Zeichnerische Lösung mit Berücksichtigung der starren Stützenköpfe beim Riegel. Elastische Einspannung der Pfostenenden $(a_{\bar{k}k} = h_k/4)$.

$$\text{Gl. (726)}\quad c_{kk} = c_{(k+2)\,(k+1)} = \frac{0{,}93}{0{,}93 + 2\cdot 0{,}7}\cdot 5{,}4 = 2{,}156 = e_k = e_{k+1},$$

$$2\,\psi_k h_k' = 2{,}58, \qquad \bar{c}_{kk} = \bar{c}_{(k+2)\,(k+1)} = \frac{0{,}93}{0{,}93 + 2\cdot 0{,}7 + 2{,}58/5{,}4}\cdot 5{,}4 = 1{,}79,$$

$$c_{21} = c_{88} = e_1 = e_8 = 1{,}79,$$

$$T_k = \frac{39{,}366}{12{,}58} = 3{,}13\ \text{mt}, \qquad T_1 = T_8 = \frac{39{,}366}{15{,}16} = 2{,}59\ \text{mt}.$$

Festpunkte zeichnerisch nach Abb. 226, Überzählige nach Abb. 407.

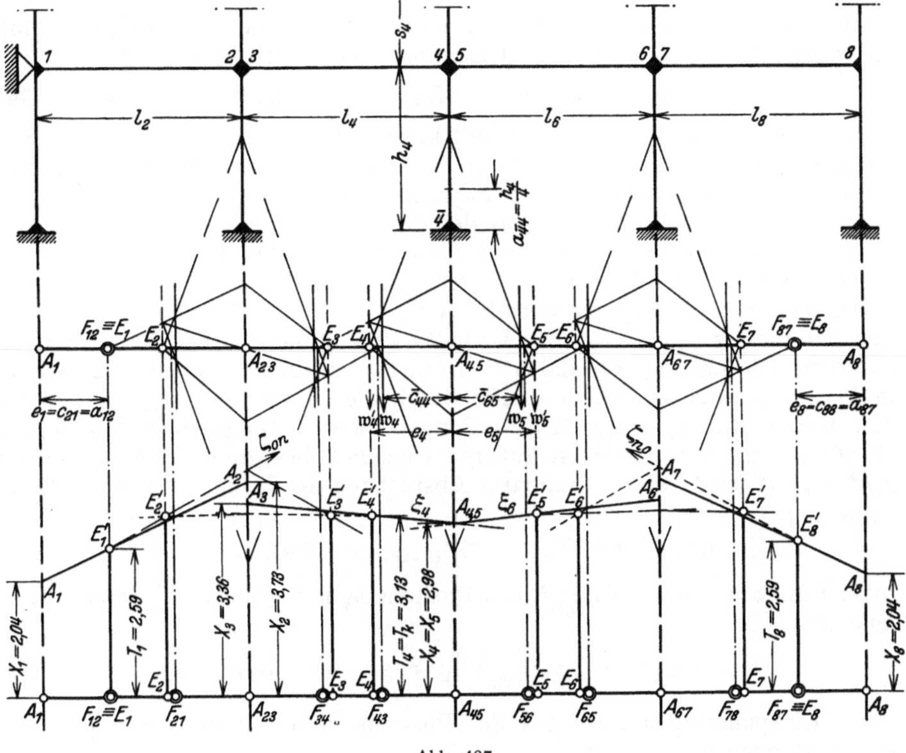

Abb. 407.

1. Geometrische Entwicklung der Festpunkte und Übergangslinien aus den Schwerlinien nach S. 257.

2. Eintragung der Punkte E'_k mit e_k und T_k.

3. Der Geradenzug ζ_{0n} bestimmt die linke Gruppe der den Festpunkten $F_{(k-1)k}$ zugeordneten Punkte der Geraden ξ_k, der Geradenzug ζ_{n0} die rechte Gruppe der den Festpunkten $F_{k(k-1)}$ zugeordneten Punkte von ξ_k. Diese schneiden auf den Ordinaten zu A_{k-2}, A_k die Stützenmomente X_{k-1}, X_k ab.

Schächterle, W.: Beiträge zur Berechnung elastischer Bogen und Rahmen. Berlin 1914. — Leve, V.: Die Berechnung durchlaufender Träger und mehrstieliger Rahmen nach der Methode des Zahlenrechtecks. Borna 1916. — Straßner, A.: Neuere Methoden zur Statik der Rahmentragwerke. Bd. 1: Der durchlaufende Rahmen. Berlin 1922. — Derselbe: Tabellen für die Einflußlinien und die Momente des durchlaufenden Rahmens. Berlin 1922. — Kann, F.: Durchlaufende Eisenbetonkonstruktionen in elastischer Verbindung mit Zwischenstützen. Berlin 1926. — Crämer, H.: Der elastisch drehbare, gestützte Durchlaufbalken. Berlin 1927. — Mörsch, E.: Der durchlaufende Träger. Stuttgart 1928.

49. Die Rahmenstellung mit beliebig vielen Feldern, geraden Riegelstäben und senkrechten Pfosten.

Die Rahmenstellung entsteht durch Beseitigung der waagerechten Stützung a des Riegels eines durchlaufenden Trägers mit elastisch drehbaren Pfosten (Abb. 397), so daß die waagerechten Komponenten der Lasten am Riegel und der Unterschied der Querkräfte an den Pfostenköpfen den Stützpunkten durch die Biegungssteifigkeit der Pfosten zugeleitet werden. Hiermit ist eine Verschiebung der Stabknoten verbunden. Da jedoch stets die von den statisch überzähligen Größen abhängigen Längenänderungen der Stäbe vernachlässigt werden, sind die waagerechten Verschiebungen durch einen Parameter ψ_1 bestimmt. Er ist beim durchgehenden Träger Null. Man verwendet für ψ_1 den EJ_cfachen Betrag des Stabdrehwinkels ϑ^* eines der beiden Endpfosten, bei Symmetrie der Rahmenstellung den EJ_cfachen Betrag des Drehwinkels der Mittelstütze oder der waagerechten Verschiebung des Symmetriepunktes des Riegels. Nach dem Superpositionsgesetz kann daher jeder Knotendrehwinkel φ_J und jede statisch überzählige Schnittkraft X_h durch die folgende lineare Beziehung angegeben werden:

$$\varphi_J = \varphi_{J\otimes} + \varphi_{J1}\,\psi_1\,, \qquad X_h = X_{h\otimes} + \psi_1 X_{h1}\,. \tag{742}$$

Die Knotendrehwinkel $\varphi_{J\otimes}$ und die Schnittkräfte $X_{h\otimes}$ bezeichnen mit $\psi_1 = 0$ die Wirkung der äußeren Ursachen ($\mathfrak{P}, t, \varDelta t, \varDelta_k$) am durchgehenden Träger. Die Knotendrehwinkel φ_{J1} und die Schnittkräfte X_{h1} entstehen aus dem Drehwinkel $\psi_1 = 1$ eines ausgezeichneten Pfostens h^* und der ihm zugeordneten waagerechten Verschiebung $\varDelta = 1 \cdot h^*$ des Stützpunktes a des durchgehenden Trägers. Die Schnittkräfte und Knotendrehwinkel sind aus dem Abschn. 48 bekannt.

Die Verwendung der Knotendrehwinkel $\varphi_{J\otimes}$, φ_{J1} zur Berechnung des unabhängigen Parameters ψ_1 des Ansatzes ist in Abschn. 39 gezeigt und durch Beispiele belegt worden. Die Lösung wird daher hier mit den statisch unbestimmten Schnittkräften $X_{h\otimes}$, X_{h1} angegeben. Diese sind durch die Glieder β_{hk}, $\beta_{h(k+1)}$ der konjugierten Matrix des Ansatzes (719) und aus den Belastungszahlen $\delta_{k\otimes}$, $\delta_{(k+1)\otimes}$ (Tabelle 36) für die verschiedenen äußeren Ursachen bestimmt. Für $\psi_1 = 1$ und $\varDelta = \psi_1 h^* = 1 \cdot h^*$ wird bei frei drehbarer Abstützung der Enden einteiliger Pfosten in $\bar{k}$ (Abb. 408)

$$6\,\delta_{ks} = 6\,h^*/h_k\,, \qquad 6\,\delta_{(k+1)s} = -\,6\,h^*/h_k\,, \tag{743}$$

bei starrer Einspannung am Ende $\bar{k}$ des Pfostens h_k mit $J = \infty$ im Bereich f_k des Stützenkopfes

$$6\,\delta_{ks} = 9\,h^*\,\frac{h_k + f_k}{h_k^2 + h_k\,f_k + f_k^2} = -\,6\,\delta_{(k+1)s}\,, \tag{744}$$

bei starrer Einspannung am Ende $\bar{k}$ des Pfostens h_k mit konstantem Trägheitsmoment im Bereich h_k, $(f_k = 0)$

$$6\,\delta_{ks} = 9\,h^*/h_k\,, \qquad 6\,\delta_{(k+1)s} = -\,9\,h^*/h_k\,. \tag{745}$$

Daher ist mit $k = 0, 2, 4 \ldots$ bei gelenkiger Auflagerung in $\bar{k}$:

$$X_{h1} = 6 \sum_k \frac{h^*}{h_k}\,(\beta'_{hk} - \beta'_{h(k+1)})\,, \tag{746}$$

bei starrer Einspannung in $\bar{k}$, $f_k = 0$:

$$X_{h1} = 9 \sum_k \frac{h^*}{h_k}\,(\beta'_{hk} - \beta'_{h(k+1)})\,. \tag{747}$$

Der EJ_c-fache Betrag ψ_1 des Stabdrehwinkels ist durch das Gleichgewicht der Schnittkräfte der Rahmenstellung bestimmt. Sie wird für diesen Nachweis in eine statisch äquivalente zwangläufige Stabkette $\varGamma_1$ verwandelt, an deren Elementen $i \equiv \overline{JK}$ neben der Belastung $\mathfrak{P}_i$ die Stabendmomente $M_J^{(i)}$, $M_K^{(i)}$ als äußere Kräfte angreifen. Der Drehsinn im Uhrzeiger ist an beiden Stabenden positiv. Dasselbe gilt daher auch von der Momentensumme $M^{(i)} = M_J^{(i)} + M_K^{(i)}$ (Abb. 408) und ihren Anteilen $M_0^{(i)}$, $M_1^{(i)}$ in

$$M^{(i)} = M_0^{(i)} + \psi_1 M_1^{(i)}\,. \tag{748}$$

Die äußeren Kräfte der Kette ($\mathfrak{P}_i$, $M^{(i)}$) sind nach dem Prinzip der virtuellen Verrückungen (524) im Gleichgewicht, wenn ihre virtuelle Arbeit für den Bewegungszustand $\psi_1' = 1$ Null ist. Dabei drehen sich die Stäbe i um einen Hauptpol (i) mit der Geschwindigkeit v_{i1}.

$$\delta A_1 = \varSigma\,(\mathsf{M}_P^{(i)} + M_0^{(i)} + \psi_1 M_1^{(i)})\,v_{i1} = 0\,,$$

$$\psi_1 = -\,\frac{\varSigma\,(\mathsf{M}_P^{(i)} + M_0^{(i)})\,v_{i1}}{\varSigma\,M_1^{(i)}\,v_{i1}}\,. \tag{749}$$

In diesem Ansatz ist $M_P^{(i)}$ das Moment aller Lasten am Stabe i in bezug auf dessen Hauptpol (i). Die Momentensummen $M_i^{(0)}$, $M_1^{(i)}$ sind Funktionen der statisch überzähligen Schnittkräfte X_{h0}, X_{h1} des durchlaufenden Trägers auf elastisch drehbaren Stützen infolge der äußeren Ursachen oder $\psi_1 = 1$. Bei senkrechten Pfosten sind die Winkelgeschwindigkeiten der Riegelstäbe Null. Sie verschieben sich parallel. Daher sind hier nur die waagerechten Komponenten W der Kräfte an der virtuellen Arbeit beteiligt. Sie beträgt $\sum W h^* = h^* \sum W$. Die virtuelle Arbeit der Kräfte am Pfosten h_k wird aus den folgenden Ergebnissen gebildet (Abb. 408).

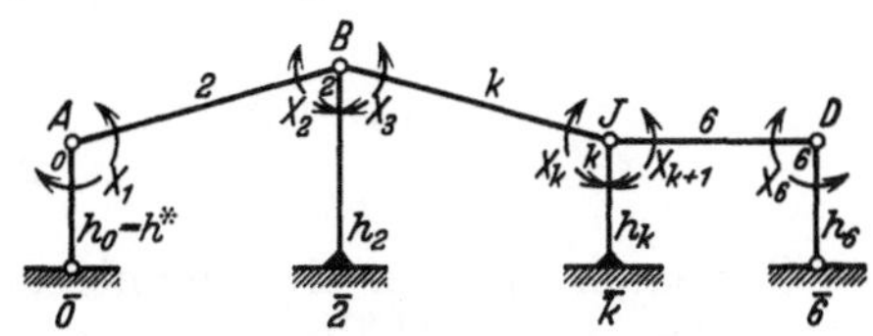

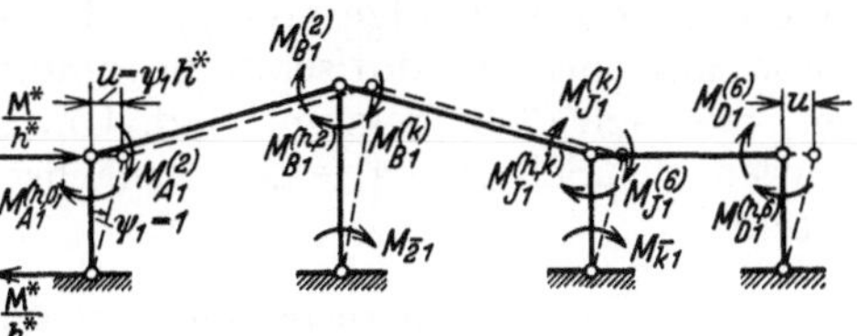

Abb. 408.

Winkelgeschwindigkeit: $\qquad v_{k1} = h^*/h_k$.

Stabendmomente bei Belastung des Riegels:

$$M_{\bar{k}0} = \alpha_k (X_{(k+1)0} - X_{k0}) , \qquad M_0^{(h,k)} = (1 + \alpha_k)(X_{(k+1)0} - X_{k0}) . \tag{750}$$

Gleichm. Temperaturänd.: $M_0^{(h,k)} = (1+\alpha_k)(X_{(k+1)t,0} - X_{kt,0}) - \dfrac{3 L_k \alpha_t t}{h_k h_k' \beta_k} E J_c$. $\tag{751}$

$\psi_1 = 1$:

$$\begin{aligned} M_{\bar{k}1} &= \alpha_k (X_{(k+1)1} - X_{k1}) - \frac{3 h^*}{h_k h_k' \beta_k} , \\[2mm] M_1^{(h,k)} &= (1 + \alpha_k)(X_{(k+1)1} - X_{k1}) - \frac{3 h^*}{h_k h_k' \beta_k} . \end{aligned} \right\} \tag{752}$$

Bei frei drehbaren Pfostenenden ist $\alpha_k = 0$, $\beta_k = \infty$, bei eingespannten Pfostenenden

$$\alpha_k = \frac{\bar{h}_k (h_k + 2 f_k)}{2 (h_k^2 + h_k f_k + f_k^2)} , \qquad \beta_k = 1 - \frac{f_k^3}{h_k^3} . \tag{753}$$

Mit ψ_1 ist dann

$$X_k = X_{k0} + \psi_1 X_{k1} ,$$

also infolge

Belastung: $\qquad M_{\bar{k}} = \alpha_k (X_{(k+1)0} - X_{k0}) + \psi_1 M_{\bar{k}1} ,$

Temperaturänd.: $\qquad M_{\bar{k}} = \alpha_k (X_{(k+1)t,0} - X_{kt,0}) - \dfrac{3 L_k \alpha_t t}{h_k h_k' \beta_k} E J_c + \psi_{1t} M_{\bar{k}1} .$ $\left.\right\} \tag{754}$

Die Einflußlinien einer beliebigen Schnittkraft K_r bestehen nach (742) aus den Ordinaten der Einflußlinie K_{r0} des durchgehenden Trägers $(\psi_1 = 0)$ und den Ordinaten ψ_{1m} der Einflußlinie von ψ_1 nach deren Erweiterung mit der Schnittkraft K_{r1} infolge von $\psi_1 = 1$. Nach dem Satze von Maxwell ist

$$P_m v_{m\mathsf{M}} = \mathsf{M} \psi_{1m} ,$$

d. h. die Arbeit der wandernden Last P_m bei einer durch ein Kräftepaar M hervorgerufenen $E J_c$fachen Einbiegung $v_{m\mathsf{M}}$ des Riegels des durchlaufenden Rahmens ist gleich der virtuellen Arbeit des Kräftepaares M am Pfosten h^* während deren im $E J_c$fachen Betrage angegebenen Verdrehung ψ_{1m} infolge von P_m. Die äußeren Ursachen P_m und M können nach S. 90 beliebig festgesetzt werden. Daher soll $P_m = 1$, dagegen M so groß gewählt werden, daß dabei der Drehwinkel $\psi_1 = 1$ wird.

$$\mathsf{M} = \mathsf{M}^* , \qquad v_{m\mathsf{M}} = v_{m\psi} , \qquad 1_m v_{m\psi} = \mathsf{M}^* \psi_{1m} .$$

Der Betrag M* wird aus dem Gleichgewicht der Schnittkräfte an einer zwangläufigen, mit $\psi_1 = 1$ angetriebenen Stabkette (Abb. 408) berechnet. Die Winkelgeschwindigkeiten der Riegel sind Null, diejenigen der Pfosten $v_k = h^*/h_k$.

Nach (524) ist dann

$$\mathsf{M}^* \cdot \mathrm{i} + \varSigma \left(M_1^{(k)} \frac{h^*}{h_k} \right) = 0 \, ,$$

$$\psi_{1\,m} = \frac{v_{m\,\psi}}{\mathsf{M}^*} = - \frac{v_{m\,\psi}}{\varSigma \left(M_1^{(k)} \dfrac{h^*}{h_k} \right)} \, . \tag{755}$$

Die Ordinaten ψ_{1m} der Einflußlinie des EJ_c fachen Betrages des ausgezeichneten Drehwinkels sind verhältnisgleich mit den EJ_c fachen Ordinaten $v_{m\psi}$ der Biegelinie des Trägers infolge von $\psi_1 = 1$. Sie wird aus den Endmomenten der Riegelstäbe, also aus den statisch unbestimmten Schnittkräften $X_{(h-1)1}$, X_{h1} aufgezeichnet, die nach (746) bekannt sind. Um die Ordinaten ψ_{1m} unmittelbar zu erhalten, werden die Schnittkräfte X_h zunächst durch den Nenner des Ausdrucks (755) geteilt.

Berechnung eines durchlaufenden Rahmens.

1. Geometrische Grundlagen.

k	l_k	J_k	l_k'	h_k	$J_{h,k}$	h_k'	$\bar{h}_k$	$\bar{f}_k$
1	24,0	0,138	24,0	29,3	0,086	47,1	27,9	1,4
3	24,0	0,138	24,0	29,3	0,086	47,1	27,9	1,4
5	24,0	0,138	24,0	11,1	0,011	139,1	9,7	1,4
7	18,0	0,050	49,68	11,1	0,011	139,1	9,7	1,4
9	12,0	0,050	33,12	—	—	—	—	—

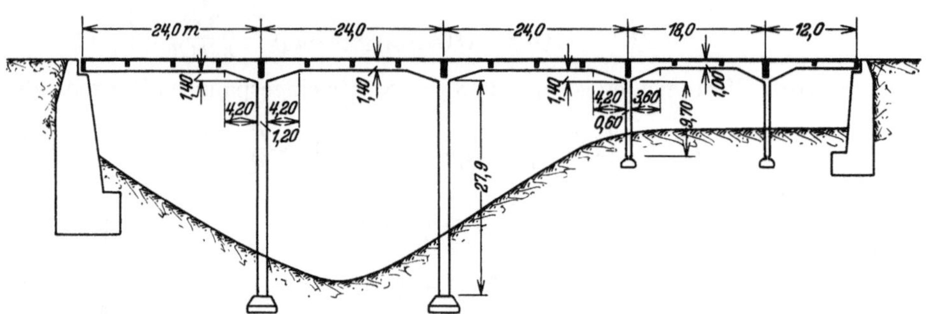

Abb. 409.

2. Approximation des Trägheitsmomentes für gerade Vouten. Tab. 29, Fall 3.

$$\nu_1 = \nu_3 = \nu_5 = 0{,}2 \, , \qquad \nu_7 = 0{,}217 \, , \qquad \nu_9 = 0{,}323 \, ,$$

$$n_1 = n_3 = n_5 = \frac{1{,}4^3}{2{,}8^3} = 0{,}125 \, , \qquad n_7 = n_8 = \frac{1{,}0^3}{2{,}8^3} = 0{,}045 \, ,$$

$$\bar{\mu}_1 = \bar{\mu}_3 = \bar{\mu}_5 = 1 - (1 - 0{,}125)\,[2 \cdot 0{,}2 \cdot 0{,}8 + 0{,}2/3] = 0{,}66 \, , \qquad \mu_7 = 0{,}61 \, , \qquad \bar{\mu}_9 = 0{,}48 \, ,$$

$$\lambda_3 = \lambda_5 = 1 - 3\,(1 - 0{,}125) \cdot 0{,}2^2 = 0{,}90 \, , \qquad \lambda_7 = 0{,}86 \, ,$$

$$\alpha_1 = \alpha_3 = \frac{27{,}9\,(29{,}3 + 2 \cdot 1{,}4)}{2\,(29{,}3^2 + 29{,}3 \cdot 1{,}4 + 1{,}4^2)} = 0{,}4967 \, , \qquad \beta_1 = \beta_3 = 1 - \frac{1{,}4^3}{29{,}3^3} \approx 1 \, .$$

3. Vorzahlen der ersten Stufe (durchlaufender Träger) nach (702) u. (705).

Riegel: $6\,\delta_{11,1} = 6\,\delta_{22,1} = 6\,\delta_{33,1} = 6\,\delta_{44,1} = 6\,\delta_{55,1} = 2 \cdot 0{,}66 \cdot 24 = 31{,}70$,

$$6\,\delta_{66,1} = 6\,\delta_{77,1} = 60{,}60, \qquad 6\,\delta_{88,1} = 31{,}80,$$

$$6\,\delta_{23} = 0{,}9 \cdot 24 = 21{,}60, \qquad 6\,\delta_{45} = 21{,}60, \qquad 6\,\delta_{67} = 42{,}70.$$

Pfosten: $6\,\delta_{11,2} = \dfrac{3 \cdot 27{,}9^3 \cdot 47.1}{2 \cdot 29{,}3\,(29{,}3^2 + 29{,}3 \cdot 1{,}4 + 1{,}4^2)} = 58{,}10$,

$$6\,\delta_{11,2} = 6\,\delta_{44,2} = -\,6\,\delta_{34} = 58{,}10, \qquad 6\,\delta_{33,2} = 6\,\delta_{44,2} = -\,6\,\delta_{34} = 58{,}10,$$

$$6\,\delta_{55\,2} = 2\,\frac{9{,}7^3}{11{,}13} \cdot 139{,}1 = 186{,}0, \qquad 6\,\delta_{66,2} = -\,6\,\delta_{56} = 6\,\delta_{77,2} = 6\,\delta_{88,2} = -\,6\,\delta_{78} = 186{,}0,$$

$$\delta_{kk} = \delta_{kk,1} + \delta_{kk,2}.$$

Matrix der geometrischen Bedingungen $\delta_k = 0$.

X_{10}	X_{20}	X_{30}	X_{40}	X_{50}	X_{60}	X_{70}	X_{80}
89,8	−58,1						
−58,1	89,8	21,6					
	21,6	89,8	−58,1				
		−58,1	89,8	21,6			
			21,6	217,7	−186,0		
				−186,0	246,6	42,7	
					42,7	246,6	−186,0
						−186,0	217,8

Konjugierte Matrix $10^3\,\beta'_{ik}$.

$$+\,0{,}723\,876 - 0{,}441\,569 + 0{,}703\,674 - 0{,}334\,880 + 0{,}823\,652 - 0{,}486\,571 + 0{,}853\,994 \;\;\to$$

	$6\,\delta_{10}$	$6\,\delta_{20}$	$6\,\delta_{30}$	$6\,\delta_{40}$	$6\,\delta_{50}$	$6\,\delta_{60}$	$6\,\delta_{70}$	$6\,\delta_{80}$	
$10^3 X_{10}$	+20,9456	+15,1621	−6,6950	−4,7112	+1,5777	+1,2995	−0,6323	−0,5400	+0,646 993
$10^3 X_{20}$	+15,1621	+23,4347	−10,3480	−7,2816	+2,4385	+2,0085	−0,9773	−0,8346	−0,413 716
$10^3 X_{30}$	−6,6950	−10,3480	+25,0124	+17,6006	−5,8940	−4,8547	+2,3621	+2,0173	+0,718 493
$10^3 X_{40}$	−4,7112	−7,2816	+17,6006	+24,4965	−8,2034	−6,7568	+3,2876	+2,8076	−0,449 480
$10^3 X_{50}$	+1,5777	+2,4385	−5,8940	−8,2034	+18,2509	+15,0324	−7,3143	−6,2464	+0,894 268
$10^3 X_{60}$	+1,2995	+2,0085	−4,8547	−6,7568	+15,0324	+16,8097	−8,1791	−6,9849	−0,531 981
$10^3 X_{70}$	−0,6323	−0,9773	+2,3621	+3,2876	−7,3143	−8,1791	+15,3748	+13,1300	+0,830 786
$10^3 X_{80}$	−0,5400	−0,8346	+2,0173	+2,8076	−6,2464	−6,9849	+13,1300	+15,8043	

4. Zustand $\psi_1 = 1$. Belastungszahlen nach (744) u. (743). $h^* = h_1$; $X_{k1} = \Sigma\beta'_{ki}\,6\,\delta_{is}$.

$$6\,\delta_{1s} = -\,6\,\delta_{2s} = 6\,\delta_{3s} = -\,6\,\delta_{4s} = 9\,\frac{29{,}3\,(29{,}3 + 1{,}4)}{29{,}3^2 + 29{,}3 \cdot 1{,}4 + 1{,}4^2} = 8{,}9804,$$

$$6\,\delta_{5s} = -\,6\,\delta_{6s} = 6\,\delta_{7s} = -\,6\,\delta_{8s} = 6\,\frac{29{,}3}{11{,}1} = 15{,}8378.$$

X_{11}	X_{21}	X_{31}	X_{41}	X_{51}	X_{61}	X_{71}	X_{81}
$+0{,}03707$	$-0{,}09728$	$+0{,}08837$	$-0{,}05415$	$+0{,}04707$	$-0{,}03635$	$+0{,}04404$	$-0{,}03511$ mt

$$M_1^{(h,\,1)} = 1{,}4967\,(-\,0{,}09728 - 0{,}03707) - \frac{3 \cdot 29{,}3}{29{,}3 \cdot 47{,}1 \cdot 1} = -\,0{,}26478\,, \qquad M_1^{(h,\,3)} = -\,0{,}27700 \text{ mt}\,,$$

$$M_1^{(h,\,5)} = -\,0{,}03635 - 0{,}04707 = -\,0{,}08342\,, \qquad M_1^{(h,\,7)} = -\,0{,}07915 \text{ mt}\,.$$

$$\dot v_{11} = \dot v_{31} = 1\,, \qquad \dot v_{51} = \dot v_{71} = \frac{29{,}3}{11.1} = 2{,}6396\,;$$

$$\sum M_1^{(i)}\,\dot v_{i1} = -\,0{,}97089\,.$$

$$M_{\bar 1\,1} = 0{,}4967\,(-\,0{,}09728 - 0{,}03707) - \frac{3}{47{,}1 \cdot 1} = -\,0{,}13043\,, \qquad M_{\bar 3\,1} = -\,0{,}13448 \text{ mt}.$$

5. Belastung der Felder l_1 und l_3 mit $p = 4$ t/m. Belastungszahlen nach Tab. 36.

$$6\,\delta_{10} = 6\,\delta_{20} = 6\,\delta_{30} = \tfrac{1}{4} \cdot 4 \cdot 24^2 \cdot 24 = 13824\,,$$

$$\delta_{40} = \delta_{50} = \delta_{60} = \delta_{70} = \delta_{80} = 0\,.$$

X_{10}	X_{20}	X_{30}	X_{40}	X_{50}	X_{60}	X_{70}	X_{80}
$+406{,}59$	$+390{,}51$	$+110{,}16$	$+77{,}51$	$-25{,}96$	$-21{,}38$	$+10{,}42$	$+8{,}89$ mt

$$M_0^{(h,\,1)} = 1{,}4967\,(390{,}51 - 406{,}59) = -\,24{,}067\,, \qquad M_0^{(h,\,3)} = -\,48{,}867 \text{ mt}\,,$$

$$M_0^{(h,\,5)} = -\,21{,}38 + 25{,}96 = +\,4{,}58\,, \qquad M_0^{(h,\,7)} = -\,1{,}53 \text{ mt}\,,$$

$$\sum M_0^{(i)}\,\dot v_{i1} = -\,64{,}884\,,$$

$$\psi_1 = -\,\frac{-\,64{,}884}{-\,0{,}97089} = -\,66{,}829\,.$$

$$X_1 = 406{,}59 - 66{,}829 \cdot 0{,}03707 = +\,404{,}11 \text{ mt usw.}$$

X_1	X_2	X_3	X_4	X_5	X_6	X_7	X_8
$+\,404{,}11$	$+\,397{,}01$	$+\,104{,}25$	$+\,81{,}13$	$-\,29{,}11$	$-\,18{,}95$	$+\,7{,}48$	$+\,11{,}24$ mt

$$M_{\bar 1} = 0{,}4967\,(390{,}51 - 406{,}59) + 66{,}829 \cdot 0{,}13043 = +\,0{,}73\,, \qquad M_{\bar 3} = -\,7{,}23 \text{ mt}\,.$$

Die Biegungsmomente werden durch das Diagramm a der Abb. 410 dargestellt. Die Berücksichtigung der Vouten in den Belastungszahlen δ_{k0} durch numerische Integration nach Abschn. 18 ergibt $6\,\delta_{10} = 6\,\delta_{20} = 6\,\delta_{30} = 12150$ und $X_{10} = 357{,}36$, $X_{20} = 343{,}22$; $X_{30} = 96{,}82$; $X_{40} = 68{,}12$ mt usw. Damit entsteht in Abb. 410 das Diagramm b der Biegungsmomente.

6. Temperaturerhöhung des Riegels um 15^0. Belastungszahlen nach (715) u. (712).

$$6\,E J_c\,\alpha_t\,t = 6 \cdot 2\,100\,000 \cdot 0{,}138 \cdot 10^{-5} \cdot 15 = 43{,}47\,; \qquad 9\,E J_c\,\alpha_t\,t = 65{,}21\,.$$

$$6\,\delta_{1t} = -\,6\,\delta_{2t} = 65{,}21\,\frac{24}{29{,}3} = 53{,}41\,, \qquad 6\,\delta_{3t} = -\,6\,\delta_{4t} = 106{,}82\,,$$

$$6\,\delta_{5t} = -\,6\,\delta_{6t} = 43{,}47 \cdot \frac{72}{11{,}1} = 281{,}97\,, \qquad 6\,\delta_{7t} = -\,6\,\delta_{8t} = 352{,}50\,.$$

X_{10}	X_{20}	X_{30}	X_{40}	X_{50}	X_{60}	X_{70}	X_{80}
$+0{,}14\,286$	$-0{,}69\,843$	$+0{,}81\,533$	$-0{,}83\,804$	$+0{,}73\,178$	$-0{,}75\,679$	$+0{,}95\,471$	$-0{,}80\,314$ mt

$$M_0^{(h,\,1)} = 1{,}4967\,(-\,0{,}69843 - 0{,}14286) - \frac{43{,}47 \cdot 24}{2 \cdot 29{,}3 \cdot 47{,}1 \cdot 1} = -\,1{,}63715\,,$$

$$M_0^{(h,\,3)} = -\,3{,}23058\,, \qquad M_0^{(h,\,5)} = -\,1{,}48857\,, \qquad M_0^{(h,\,7)} = -\,1{,}75785 \text{ mt}\,.$$

$$\sum M_0^{(i)}\,\dot v_{i1} = -\,13{,}437\,, \qquad \psi_{1t} = -\,13{,}840\,.$$

X_1	X_2	X_3	X_4	X_5	X_6	X_7	X_8
— 0,370	+ 0,648	— 0,408	— 0,089	+ 0,081	— 0,254	+ 0,345	— 0,317 mt

$$M_{\bar{1}} = 0{,}4967\,(-0{,}69843 - 0{,}14286) - \frac{43{,}47 \cdot 24}{2 \cdot 29{,}3 \cdot 47{,}1 \cdot 1} + 13{,}840 \cdot 0{,}13043 = +1{,}009 \text{ mt},$$

$$M_{\bar{3}} = +0{,}284 \text{ mt}.$$

Die Momente sind in Abb. 411 aufgezeichnet.

7. **Einflußlinie** ψ_{1m}. Entwicklung aus der Biegelinie $v_{m\psi}$ des Riegels für $\psi_1 = 1$ nach S. 445 und damit aus den Biegelinien der Träger des Hauptsystems für $-X_k = 1$, $(k = 1 \ldots 8)$.

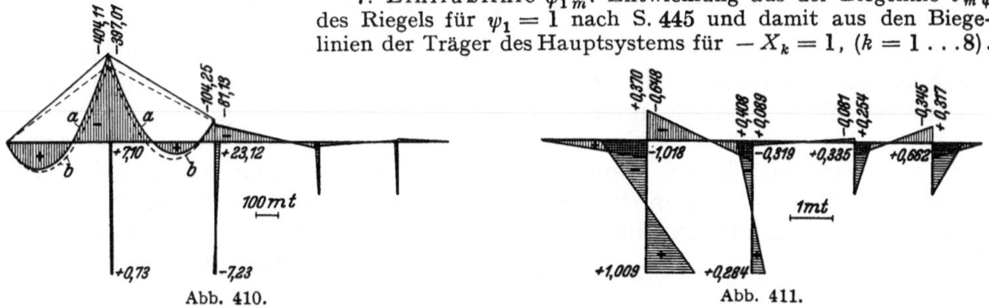

Abb. 410. Abb. 411.

Diese werden nach S. 124 als Momentenlinien der elastischen Gewichte der Abschnitte l_3 und l_5 berechnet und mit

$$\delta_{3m} = \frac{l_3\,l_3'}{6}\,\bar{\omega}_D, \qquad \delta_{2m} = \frac{l_3\,l_3'}{6}\,\bar{\omega}_D'$$

angeschrieben. Hierbei ergeben sich für $\bar{\omega}_D$ und $\bar{\omega}_D'$ folgende Werte:

m	0	0,1	0,2	0,4	0,6	0,8	0,9	1,0
$\bar{\omega}_D$	0	0,0877	0,1731	0,3063	0,3435	0,2367	0,1244	0
$\bar{\omega}_D'$	0	0,1244	0,2367	0,3435	0,3063	0,1731	0,0877	0

Das Ergebnis gilt mit großer Annäherung auch für das Randfeld l_1, da $\bar{\mu} \approx \mu$. Es kann für den Trägerabschnitt zwischen den Vouten nach der Tabelle 29 unmittelbar angeschrieben werden und unterscheidet sich innerhalb der Vouten nur unwesentlich von der auf S. 395 als Näherung bezeichneten geraden Linie. Die Biegelinien der Felder l_7, l_9 entstehen in gleicher Weise.

Die Biegelinie $v_{m\psi}$ wird mit den Biegungsmomenten X_{k1} aus $\psi_1 = 1$ (S. 448) gebildet, im Felde l_3 z. B. aus X_{21} und X_{31}. Die Einflußlinie ψ_{1m} folgt dann aus (755) (Abb. 412).

$$\text{Feld } l_1: \quad \psi_{1m} = -\frac{-X_{11}}{-0{,}97089} \cdot \frac{24^2}{6} \cdot \frac{6}{l_1\,l_1'}\,\delta_{m1} \approx -3{,}6654\,\bar{\omega}_D,$$

$$\text{Feld } l_3: \quad \psi_{1m} = -\frac{-1}{-0{,}97089} \cdot \frac{24^2}{6}\,(X_{31}\,\bar{\omega}_D + X_{21}\,\bar{\omega}_D') = -98{,}8783\,(0{,}08837\,\bar{\omega}_D - 0{,}09728\,\bar{\omega}_D'),$$

$$\text{Feld } l_5: \quad \psi_{1m} = -\frac{-1}{-0{,}97089}\,\frac{24^2}{6}\,(X_{51}\,\bar{\omega}_D + X_{41}\,\bar{\omega}_D') = -98{,}8783\,(0{,}04707\,\bar{\omega}_D - 0{,}05415\,\bar{\omega}_D').$$

usw.

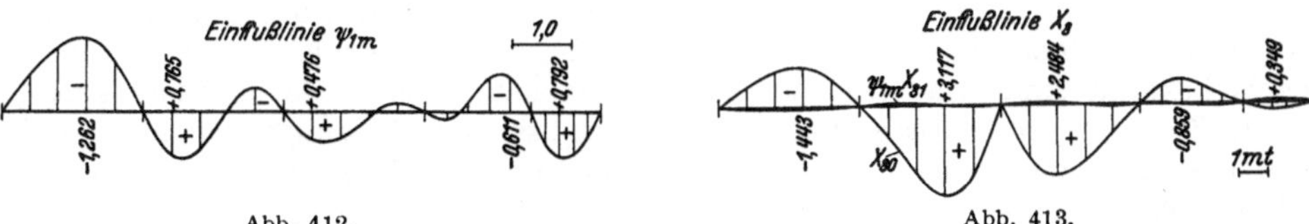

Abb. 412. Abb. 413.

8. **Einflußlinie** X_3. Einflußlinie X_{30} nach Gl. (665).

$$\text{Feld } l_1: \quad X_{30} = -0{,}006695 \cdot 24^2 \cdot \frac{6}{l_1\,l_1'}\,\delta_{m1} \approx -3{,}856320\,\bar{\omega}_D,$$

$$\text{Feld } l_3: \quad X_{30} = 0{,}025012 \cdot 24^2\,(\bar{\omega}_D - \varkappa_{23}\,\bar{\omega}_D') = 14{,}407142\,(\bar{\omega}_D - 0{,}413716\,\bar{\omega}_D'),$$

$$\text{Feld } l_5: \quad X_{30} = 0{,}017601 \cdot 24^2\,(\bar{\omega}_D' - \varkappa_{54}\,\bar{\omega}_D) = 10{,}137946\,(\bar{\omega}_D' - 0{,}334880\,\bar{\omega}_D)$$

usw.

Die Einflußlinie X_3 ergibt sich durch Superposition von X_{30} und der um $X_{31} = 0{,}08837$ erweiterten Einflußlinie $\psi_{1\,m}$ (Abb. 413).

Dieses Beispiel wurde in Abschn. 40 für konstantes Trägheitsmoment gerechnet. Der Vergleich zeigt den Einfluß der Vouten auf die Größe der Schnittkräfte.

Spiegel, G.: Mehrstielige Rahmen. Berlin 1920. — Nakonz, W.: Die Berechnung mehrstieliger Rahmen unter Anwendung statisch unbestimmter Hauptsysteme. Berlin 1924. — Kleinlogel, A.: Mehrstielige Rahmen 2. Aufl. Berlin 1927.

50. Die Erweiterung der Aufgabe.

Im Bauwesen sind zahlreiche Tragwerke im Gebrauch, die als bauliche Ausgestaltung eines durchlaufenden Trägers oder Rahmens angesehen und daher auch in ähnlicher Weise statisch untersucht werden. Die Anordnung schräger Stützen ist in Abb. 298 gezeigt und auf S. 328 nachgeprüft worden. An die Stelle einzelner End- oder Zwischenpfosten können zur Übertragung waagerechter Kräfte auch Stützböcke dienen. Die Schnittkräfte des Tragwerks werden in diesem Falle nach S. 319 aus den Knotendrehwinkeln abgeleitet. Die elastischen Verschiebungen der Anschlußpunkte der Riegel in senkrechter Richtung besitzen nur in Ausnahmefällen Bedeutung.

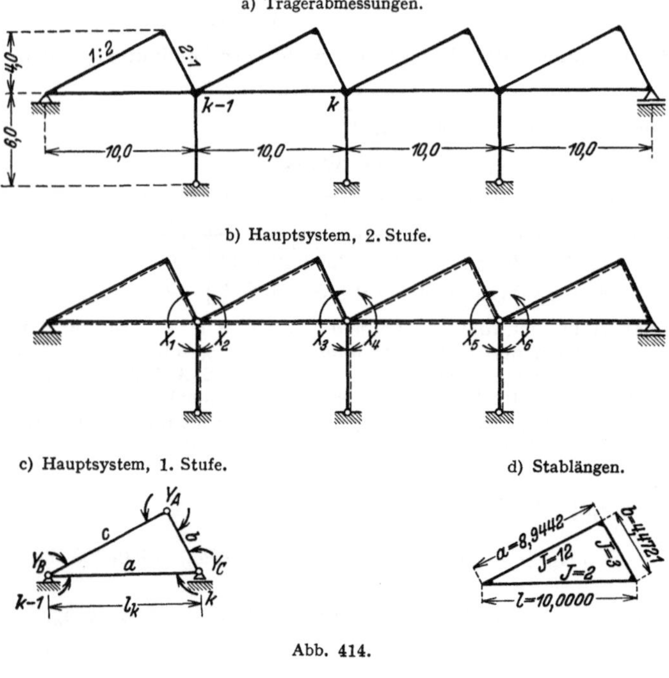

Abb. 414.

Tragwerke nach Abb. 414 können als durchlaufende Träger oder durchlaufende Rahmen mit aufgelöstem Riegel angesehen werden, wenn die Änderung der Stützenentfernung durch die Belastung klein genug bleibt, um vernachlässigt zu werden. Die Berechnung der Schnittkräfte aus den Komponenten des Verschiebungszustandes der Knotenpunktfigur ist auf S. 310 erwähnt worden. Sie kann auch auf die Ansätze des Abschn. 24 zurückgeführt werden, wenn die Formänderungen δ_{k0}, $\delta_{kk,1}$ usw. des innerlich statisch unbestimmten, als Balken gestützten Rahmenriegels bekannt sind. Das wird an der Untersuchung eines Shedbinders gezeigt, dessen Zuggurte zur Abstützung von Transmissionen biegungssteif ausgebildet worden sind, so daß mit der senkrechten Belastung p_a, p_b, p_c aller drei Stäbe gerechnet werden muß.

Die Lösung zerfällt in zwei Stufen. Die erste behandelt die statisch unbestimmten Schnittkräfte Y_A, Y_B, Y_C des Rahmenriegels l_k für dessen Belastung mit p_a, p_b oder p_c und durch die äußeren Kräfte $- X_{k-1} = 1$, $- X_k = 1$ und die Berechnung der Verdrehung der Endquerschnitte $(k - 1)$, k infolge dieser äußeren Ursachen. In der zweiten Stufe werden die nunmehr bekannten Verdrehungen δ_{k0}, $\delta_{kk,1}$, $\delta_{k(k-1)}$, $\delta_{(k-1)(k-1),1}$ zur Berechnung der Stützenmomente X_k, X_{k+1} rechts und links von einer Stütze k nach Abb. 414 verwendet. Mit diesen und den Schnittkräften des statisch unbestimmten Hauptsystems aus $\mathfrak{P}$, $-X_{k-1}=1$, $-X_k=1$ ist dann eine beliebige Schnittkraft des Rahmenriegels

$$M = M_0^{(3)} - X_{k-1}M_{(k-1)}^{(3)} - X_k M_k^{(3)} .$$

1. Stufe (Abb. 414c). Berechnung der Eckmomente Y_A, Y_B, Y_C.

<table>
<tr><td>Matrix der Elastizitätsgleichungen</td><td>Konjugierte Matrix der Vorzahlen β_{AB}.</td></tr>
</table>

	Y_A	Y_B	Y_C
1	+ 1,4907	+ 0,2484	+ 0,4969
2	+ 0,2484	+ 3,8302	+ 1,6667
3	+ 0,4969	+ 1,6667	+ 4,3271

		δ_{A0}	δ_{B0}	δ_{C0}
Y_A		+ 0,69802	− 0,01248	− 0,07535
Y_B		− 0,01248	+ 0,31388	− 0,11946
Y_C		− 0,07535	− 0,11946	+ 0,28577

Die Formänderungen δ_{A0}, δ_{B0}, δ_{C0} werden für $-X_{k-1}=1$, $-X_k=1$ und für die Belastung der Stäbe mit p_a, p_b, p_c berechnet. Damit sind die statisch überzähligen Eckmomente nach (354) bekannt, so daß die Biegungsmomente für jeden Belastungsfall angegeben werden können ($-X_{k-1}=1$: Abb. 415a, $-X_k=1$: Abb. 415b, p_a: Abb. 415c, p_b: Abb. 415d, p_c: Abb. 415e). Mit diesen sind die Verdrehungen der End. querschnitte $(k-1)$, k des Rahmen. riegels nach (305) $(J_c=2,$ Pfosten: $J=4)$

$$\delta_{kk,1}^{(3)} = \int M_k^{(3)} M_k^{(0)} \frac{J_c}{J}\,ds = 0,6135 ,$$

$$\delta_{(k-1)(k-1),1}^{(3)} = 0,3792 ,$$

$$\delta_{k(k-1)}^{(3)} = -0,0055 ,$$

$$-\delta_{k(k+1)} = \delta_{kk,2} = \delta_{(k+1)(k+1),2} = +1 .$$

Damit kann nach (488) auch die zweite Stufe der statischen Untersuchung zur Berechnung der Stützenmomente X_{k-1}, X_k, X_{k+1} usw. angeschrieben werden. Sie besteht aus dreigliedrigen Gleichungen und zeichnet sich dadurch aus, daß die Vorzahlen $\delta_{23} = \delta_{45}$ so klein sind, daß der Ansatz in drei unabhängige Teile zerlegt und der elastische Zusammenhang damit auf zwei Rahmenriegel mit dem Zwischenpfosten beschränkt werden kann.

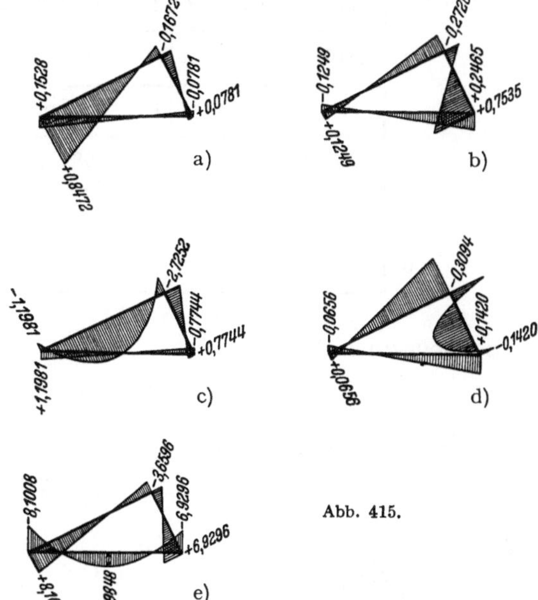

Abb. 415.

	X_1	X_2	X_3	X_4	X_5	X_6
1	+ 1,6135	− 1,0000				
2	− 1,0000	+ 1,3792	− 0,0055			
3		− 0,0055	+ 1,6135	− 1,0000		
4			− 1,0000	+ 1,3792	− 0,0055	
5				− 0,0055	+ 1,6135	− 1,0000
6					− 1,0000	+ 1,3792

Der vollständige Ansatz wird nach der Rechenvorschrift S. 232 aufgelöst. Die Kennbeziehungen $\varkappa_{(k-1)k}$, $\varkappa_{k(k-1)}$ und die Vorzahlen β_{ik} der konjugierten Matrix bestätigen die erwähnte Aufteilung der elastischen Wirkung des Tragwerks. Das Verhältnis zwischen zwei aufeinanderfolgenden Stützenmomenten des homogenen Ansatzes mit $\delta_{10} = 1$ oder $\delta_{50} = 1$ ist stets positiv. Die statischen Eigenschaften des durchgehenden Trägers sind durch die Auflösung des Riegels verlorengegangen.

$k(k-1)$	65	54	43	32	21
$-\varkappa_{k(k-1)}$	$-0,725058$	$-0,006191$	$-0,725076$	$-0,006191$	$-0,725076$
$(k-1)k$	12	23	34	45	56
$-\varkappa_{(k-1)k}$	$-0,619771$	$-0,007242$	$-0,619786$	$-0,007242$	$-0,619786$

Vorzahlen β_{ik}.

$$\text{➤}\!\!-\!\!-\ 0{,}725076 \quad 0{,}006191 \quad 0{,}725076 \quad 0{,}006191 \quad 0{,}725058 \longrightarrow$$

	1	2	3	4	5	6	
1	1,125589	0,816136	0,005052	0,003663	0,000023	0,000016	0,619771
2	0,816136	1,316833	0,008152	0,005911	0,000037	0,000027	0,007242
3	0,005052	0,008152	1,125632	0,816168	0,005053	0,003663	0,619786
4	0,003663	0,005911	0,816168	1,316853	0,008152	0,005911	0,007242
5	0,000023	0,000037	0,005053	0,008152	1,125623	0,816139	0,619786
6	0,000016	0,000027	0.003663	0,005911	0,816139	1,316805	

Die Belastungsglieder

$$\delta_{k0}^{(3)} = \int M_0^{(0)} M_k^{(3)} \frac{J_c}{J}\, ds = \int M_0^{(3)} M_k^{(0)} \frac{J_c}{J}\, ds$$

werden nach (305) mit Hilfe der Abb. 415 berechnet. Damit sind dann

$$X_k = \sum \beta_{kh} \delta_{h0}^{(3)}, \qquad Y_A = Y_{A0}^{(3)} - X_{k-1} Y_{A(k-1)}^{(3)} - X_k Y_{Ak}^{(3)}$$

bestimmt. Die Ergebnisse sind in Abb. 416 für zwei Belastungsfälle aufgezeichnet worden.

Die Verwendung des durchgehenden Trägers als Hauptsystem. Die Untersuchung hochgradig statisch unbestimmter Tragwerke bietet in zahlreichen Fällen Gelegenheit, den durchgehenden Träger auch als statisch unbestimmtes Hauptsystem, also im Gegensatz zur Untersuchung des Shedträgers (Abb. 414) als Hauptsystem der ersten Stufe des Ansatzes zu verwenden. Die Längskraft X_n eines

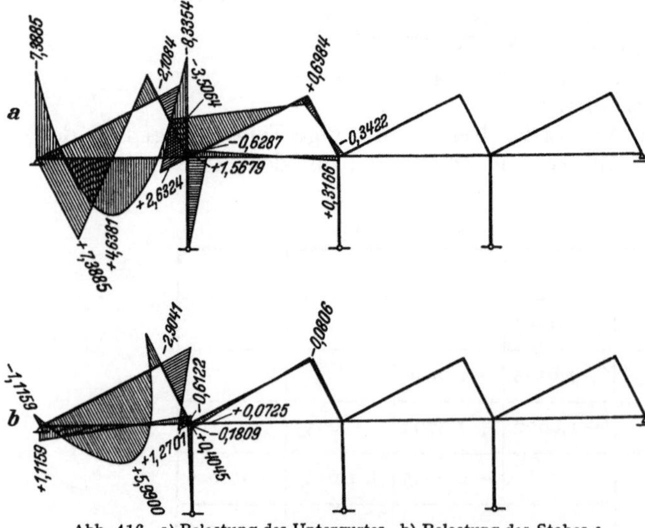

Abb. 416. a) Belastung des Untergurtes, b) Belastung des Stabes c im ersten Felde.

Rahmens (Abb. 417a) ist die statisch überzählige Größe eines durchlaufenden Trägers. Sie wird nach S. 296 in einer zweiten Stufe berechnet. $X_n = \delta_{n0}^{(n-1)}/\delta_{nn}^{(n-1)}$. Da die Längenänderungen der biegungssteifen Stäbe jedoch vernachlässigt werden, ist X_n bei jeder Belastung Null und nur für eine Temperaturänderung des Riegels zu berechnen.

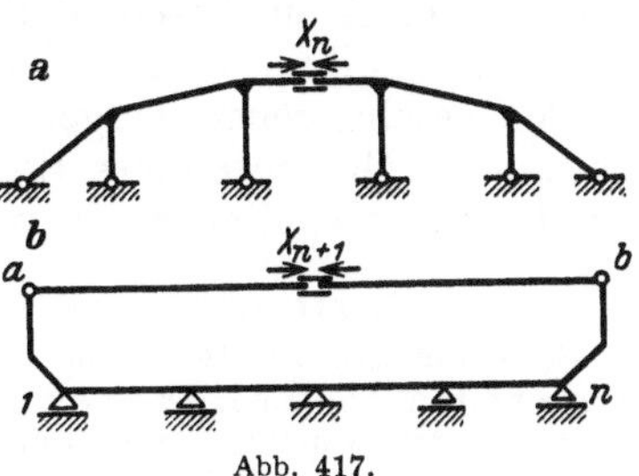

Abb. 417.

Der Ansatz findet auch bei Tragwerken nach Abb. 418 Anwendung. In diesem Falle sind jedoch Längskräfte X_a infolge einer Belastung des Stabzugs vorhanden. $X_a \approx 0$ bedeutet daher nur eine Näherungslösung, deren Gültigkeit nicht ohne weiteres übersehen werden kann und daher

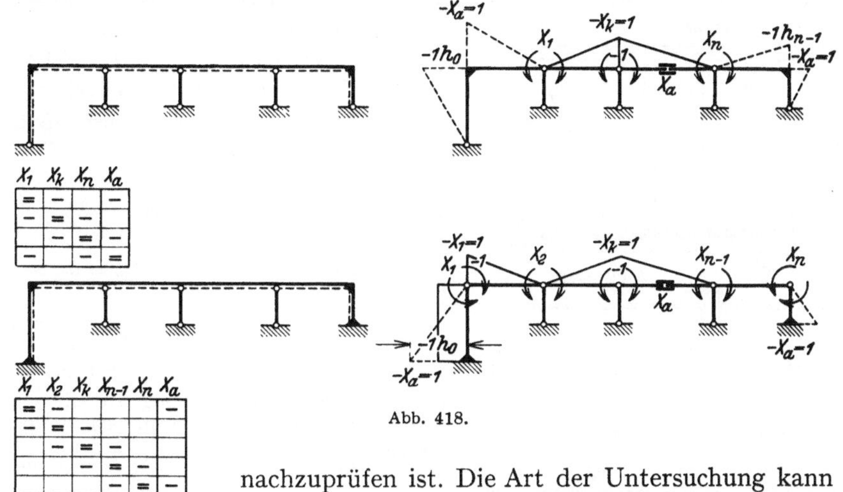

Abb. 418.

nachzuprüfen ist. Die Art der Untersuchung kann auch auf den Behälterrahmen (Abb. 417b) übertragen werden. Die Änderung der Länge $\overline{ab}$ ist aber in der Regel so klein, daß bei symmetrischer Ausbildung des Rahmens mit unverschieblichen Punkten a, b gerechnet werden kann.

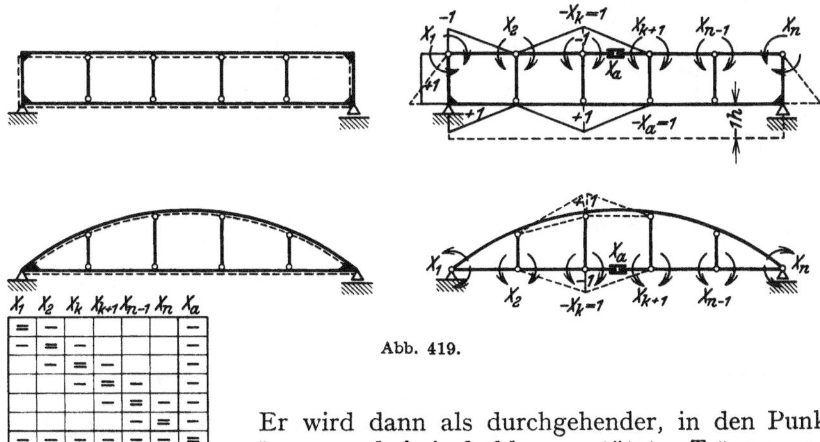

Abb. 419.

Er wird dann als durchgehender, in den Punkten a, $1, \ldots, n, b$ frei drehbar gestützter Träger angesehen, dessen Längskraft X_{n+1} statisch bestimmt ist.

Das Hauptsystem zur Berechnung der Längskraft X_a eines Bogenträgers mit biegungssteifem Zugband (Abb. 419) oder biegungssteifem Streckbalken kann bei Vernachlässigung der Längenänderung der Stäbe zwischen Balken und Bogen als durchlaufender Balkenträger mit senkrecht verschieblichen Zwischenstützen angesehen werden. Die statischen Eigenschaften lassen sich am einfachsten für $J_c/J\cos\alpha = $ const beschreiben, da in diesem Falle die Belastung den beiden biegungssteifen Gurten im Verhältnis ihrer Trägheitsmomente zufällt. Dasselbe gilt dann nach S. 270 auch für den geschlossenen Träger, nur daß in diesem Falle nicht die Balkenmomente, sondern die Momente eines Bogenträgers aufgeteilt werden, die für den Träger mit schlaffem Zugband erhalten werden würden.

Berechnung eines symmetrischen Behälterrahmens Abb. 420.

Bei symmetrischer Belastung sind die Querkraft und die Verdrehung der Stabtangente im Querschnitt der Symmetrieachse Null. Daher ändert die Annahme einer beweglichen Einspannung im Querschnitt *8* nichts am Spannungs- und Verschiebungszustand des Tragwerks. Die Schnittkräfte werden daher für den einen der beiden symmetrischen, im Querschnitt *8* beweglich, im Querschnitt *4* starr eingespannten, durchlaufenden Träger über vier Feldern berechnet.

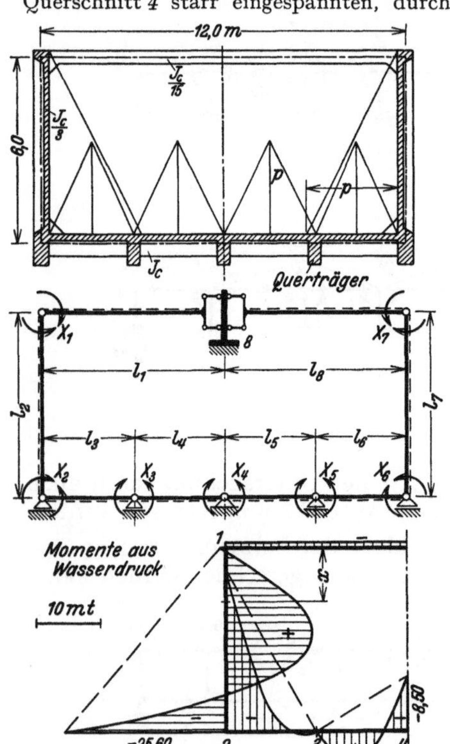

Abb. 420.

1. Geometrische Grundlagen.

$$l_1 = l_2 = 6,0 \text{ m}, \qquad l_3 = l_4 = 3,0 \text{ m},$$
$$l_1' = 90, \qquad l_2' = 18, \qquad l_3' = l_4' = 3 \text{ m}.$$

2. Ansatz und Vorzahlen nach (651) für bewegliche Einspannung in *8* und starre Einspannung in *4*.

$$\delta_{11} = l_1' + \frac{l_2'}{3} = 90 + \frac{18}{3} = 96, \qquad \delta_{12} = \frac{18}{6} = 3,$$

$$\delta_{22} = \frac{18}{3} + \frac{3}{3} = 7, \qquad \delta_{23} = \delta_{34} = 0,5,$$

$$\delta_{33} = \frac{1}{3}(3+3) = 2, \qquad \delta_{44} = \frac{1}{3}\cdot 3 = 1.$$

3. Belastung: Der Wasserdruck wird von der Bodenplatte dreieckförmig auf die Quer- und Längsträger verteilt. Rahmenabstand 2,0 m, $p = 2,0 \cdot 6,0 = 12$ t/m.

4. Belastungszahlen nach Tab. 35.

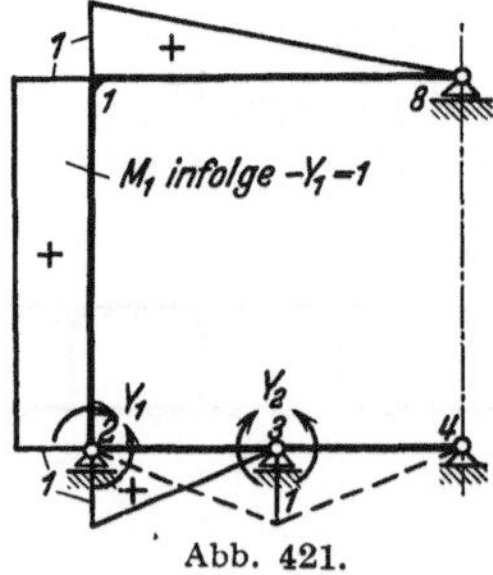

Abb. 421.

$$\delta_{10} = \frac{1}{6}\cdot\frac{7}{60}\cdot 12\cdot 6^2\cdot 18 = 151,2, \qquad \delta_{20} = \frac{1}{6}\cdot\frac{2}{15}\cdot 12\cdot 6^2\cdot 18 + \frac{1}{6}\cdot\frac{5}{32}\cdot 12\cdot 3^2\cdot 3 = 181,5,$$

$$\delta_{30} = 2\,\delta_{40} = 2\cdot\frac{1}{6}\cdot\frac{5}{32}\cdot 12\cdot 3^2\cdot 3 = 16,9.$$

5. Lösung.

X_1	X_2	X_3	X_4	
96	3			151,2
3	7	0,5		181,5
	0,5	2	0,5	16,9
		0,5	1	8,45

$M_1 = -X_1 = -0,78$ mt

$M_2 = -X_2 = -25,60$ mt

$M_3 = -X_3 = +0,08$ mt

$M_4 = -X_4 = -8,50$ mt

Feld l_2:

$$M_{0x} = \frac{p\,l_2^2}{6}\,\omega_D,$$

Feld l_3, l_4, $\left(\xi \leqq \dfrac{1}{2}\right)$:

$$M_{0x} = \frac{p\,l_3^2}{4}\left(\omega_D - \frac{\xi^3}{3}\right).$$

Bei antimetrischer Belastung des Tragwerks durch Winddruck sind das Biegungsmoment und die senkrechte Verschiebung der Querschnitte *4* und *8* der Symmetrieachse Null. Die Schnittkräfte werden daher mit dem Hauptsystem Abb. 421 berechnet.

$$Y_1 = - M_2 = M_6, \qquad Y_2 = - M_3 = M_5, \qquad M_4 = 0;$$

$$\delta_{11} = \frac{l'_1}{3} + l'_2 + \frac{l'_3}{3}, \qquad \delta_{12} = \frac{l'_3}{6}, \qquad \delta_{12} = \frac{l'_3 + l'_4}{3}.$$

51. Der Stockwerkrahmen.

Der Stockwerkrahmen ist in der Gegenwart ein wichtiges Traggerüst des Brücken- und Hochbaues. Während die Verbindung von Zwischenstütze und Riegel bei Ausführungen in Stahl für den Festigkeitsnachweis in der Regel frei drehbar angenommen wird, gilt sie bei der einfachen Ausbildung der Rahmenknoten im Eisenbetonbau als steif. Die Unterteilung in Tragwerke mit zwei und mehr als zwei Pfosten ist durch die Verwendung des Stockwerkrahmens im Bauwesen entstanden; sie läßt sich noch besser durch die statische Untersuchung begründen.

Der Stockwerkrahmen mit zwei Pfosten. Die Rahmenknoten liegen beliebig zueinander oder symmetrisch zu einer Mittellinie. Unter diesen Stockwerkrahmen ist die Anordnung mit senkrechten Pfosten ausgezeichnet.

Die Schnittkräfte des Tragwerks lassen sich stets aus den überzähligen Größen X_k eines statisch bestimmten oder statisch unbestimmten Hauptsystems ableiten. Der statisch bestimmte Aufbau von Dreigelenkrahmen führt zu geometrischen Bedingungsgleichungen mit acht oder fünf überzähligen Größen. Die geometrischen Bedingungen für die Formänderung eines statisch unbestimmten Hauptsystems aus Zweigelenkrahmen enthalten je sechs oder drei statisch überzählige Größen. Die Auflösung des Ansatzes leidet in beiden Fällen durch ungünstige Fehlerfortpflanzung. Daher werden bei einem Stabnetz mit beliebiger Knotenpunktfigur nach Abschn. 38 ff. zunächst die Knoten- und Stabdrehwinkel φ_J, ϑ_h aus den Gleichgewichtsbedingungen (523) der Schnittkräfte berechnet und diese dann selbst als Funktionen der Komponenten φ_J, ϑ_h des Verschiebungszustandes angegeben. Die Gleichgewichtsbedingung $\delta A_J = 0$ enthält vier unbekannte Knotendrehwinkel φ_J und zwei unabhängige Parameter ψ_c des Verschiebungszustandes, die Gleichgewichtsbedingung $\delta A_c = 0$ je vier Knotendrehwinkel φ_J und einen Parameter ψ_c. Da diese nach S. 311 voneinander unabhängig sein sollen, werden dafür die relativen Drehwinkel eines der beiden Pfosten h_k zum Riegelstab l_k der Stabkette (k) verwendet. Die Gleichungen lassen sich für jeden Belastungsfall am besten durch Iteration auflösen.

Berechnung der waagerechten Verschiebung u_F und der Verdrehung ϑ_i des Stabes i des Gerüstes Abb. 422 infolge einer exzentrisch zur Stabachse angreifenden waagerechten Kraft W.

1. Geometrische Grundlagen.

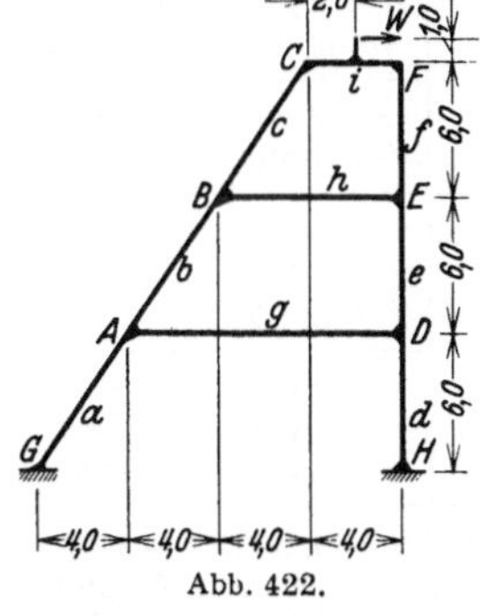

Abb. 422.

k	l_k [m]	J_c/J_k	l'_k	$1/l'_k$
a	7,211 102	1	7,211 102	0,1387
b	7,211 102	1	7,211 102	0,1387
c	7,211 102	1	7,211 102	0,1387
d	6,000 000	1	6,000 000	0,1667
e	6,000 000	1	6,000 000	0,1667
f	6,000 000	1	6,000 000	0,1667
g	12,000 000	⅓	4,000 000	0,2500
h	8,000 000	⅓	2,666 667	0,3750
i	4,000 000	1	4,000 000	0,2500

2. Die geometrisch überzähligen Größen des Verschiebungszustandes und die statischen Bedingungsgleichungen. Als unabhängige geometrisch überzählige Größen

im Sinne von S. 311 werden neben den 6 Knotendrehwinkeln $\varphi_A \ldots \varphi_F$ und dem Stabdrehwinkel $\vartheta_d = \psi_1$ die gegenseitigen Verdrehungen $\vartheta_e - \vartheta_g = \psi_2$ und $\vartheta_f - \vartheta_h = \psi_3$ verwendet. Sie bilden die Wurzeln der 9 statischen Bedingungen.

$$\delta A_J = \sum a_{JK}\varphi_K + \sum a_{Jc}\psi_c + a_{J0} = 0 \qquad J = A \ldots F,$$
$$\delta A_h = \sum a_{hK}\varphi_K + \sum a_{hc}\psi_c + a_{h0} = 0 \qquad h = 1, 2, 3.$$

Die Vorzahlen bedeuten nach Abschn. 38 die virtuelle Arbeit der äußeren Kräfte an neun verschiedenen zwangläufigen Gebilden $\varGamma_J$, $\varGamma_h$ im Geschwindigkeitszustand $\dot\varphi_J = 1$, $\dot\psi_h = 1$. Diese äußeren Kräfte in a_{JK}, a_{Jc} sind Anschlußmomente des Hauptsystems infolge von $\varphi_K = 1$ oder aus den Stabdrehwinkeln ϑ_{hc} infolge von $\psi_c = 1$. Die äußeren Kräfte in a_{J0}, a_{h0} bestehen aus der Belastung $\mathfrak{P}$ und den ihr zugeordneten Anschlußmomenten des Hauptsystems. Diese werden nach (507) oder der Tabelle 25 gebildet (S. 457).

a) Bewegungszustände $\psi_1 = 1$, $\psi_2 = 1$, $\psi_3 = 1$ (Abb. 423).

α) Kinematische Kette $\varGamma_1$ (Abb. 423a): $\psi_1 = \vartheta_d = 1$, $\psi_2 = \vartheta_e - \vartheta_g = 0$, $\psi_3 = \vartheta_f - \vartheta_h = 0$.

$$\vartheta_I = 1, \qquad \vartheta_{II} = -\vartheta_I \frac{6{,}0}{18{,}0} = -\frac{1}{3}, \qquad \vartheta_{III} = -\vartheta_{II}\frac{3}{1} = +1,$$
$$u_{F1} = -\vartheta_{II} \cdot 6{,}00 = +2{,}00.$$

β) Kinematische Kette $\varGamma_2$ (Abb. 423b): $\psi_1 = \vartheta_d = 0$, $\psi_2 = \vartheta_e - \vartheta_g = 1$, $\psi_3 = \vartheta_f - \vartheta_h = 0$.

$$\vartheta_I = 1, \qquad \vartheta_{II} = -\vartheta_I \frac{6{,}0}{12{,}0} = -\frac{1}{2}, \qquad \vartheta_{III} = -\vartheta_{II}\frac{2}{1} = +1,$$
$$u_{F2} = -\vartheta_{II} \cdot 6{,}00 = +3{,}00.$$

γ) Kinematische Kette $\varGamma_3$ (Abb. 423c): $\psi_1 = \vartheta_d = 0$, $\psi_2 = \vartheta_e - \vartheta_g = 0$, $\psi_3 = \vartheta_f - \vartheta_h = 1$.

$$\vartheta_I = 1, \qquad \vartheta_{II} = -\vartheta_I \frac{6{,}0}{6{,}0} = -1, \qquad \vartheta_{II} = +1, \qquad u_{F3} = -\vartheta_{II} \cdot 6{,}00 = +6{,}00.$$

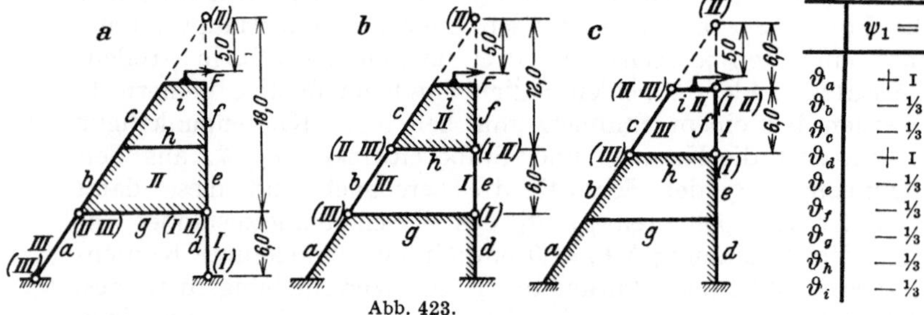

	$\psi_1 = 1$	$\psi_2 = 1$	$\psi_3 = 1$
ϑ_a	$+1$	0	0
ϑ_b	$-\tfrac{1}{3}$	$+1$	0
ϑ_c	$-\tfrac{1}{3}$	$-\tfrac{1}{2}$	$+1$
ϑ_d	$+1$	0	0
ϑ_e	$-\tfrac{1}{3}$	$+1$	0
ϑ_f	$-\tfrac{1}{3}$	$-\tfrac{1}{2}$	$+1$
ϑ_g	$-\tfrac{1}{3}$	0	0
ϑ_h	$-\tfrac{1}{3}$	$-\tfrac{1}{2}$	0
ϑ_i	$-\tfrac{1}{3}$	$-\tfrac{1}{2}$	-1

Abb. 423.

b) Tabelle der Anschlußmomente nach (530).

	$\varphi_A = 1$	$\varphi_B = 1$	$\varphi_C = 1$	$\varphi_D = 1$	$\varphi_E = 1$	$\varphi_F = 1$	$\psi_1 = 1$	$\psi_2 = 1$	$\psi_3 = 1$
$M_A^{(a)}$	$+0{,}5548$	0	0	0	0	0	$-0{,}8322$	0	0
$M_A^{(b)}$	$+0{,}5548$	$+0{,}2774$	0	0	0	0	$+0{,}2774$	$-0{,}8322$	0
$M_A^{(g)}$	$+1{,}0000$	0	0	$+0{,}5000$	0	0	$+0{,}5000$	0	0
$M_B^{(b)}$	$+0{,}2774$	$+0{,}5548$	0	0	0	0	$+0{,}2774$	$-0{,}8322$	0
$M_B^{(c)}$	0	$+0{,}5548$	$+0{,}2774$	0	0	0	$+0{,}2774$	$+0{,}4161$	$-0{,}8322$
$M_B^{(h)}$	0	$+1{,}5000$	0	0	$+0{,}7500$	0	$+0{,}7500$	$+1{,}1250$	0
$M_C^{(c)}$	0	$+0{,}2774$	$+0{,}5548$	0	0	0	$+0{,}2774$	$+0{,}4161$	$-0{,}8322$
$M_C^{(i)}$	0	0	$+1{,}0000$	0	0	$+0{,}5000$	$+0{,}5000$	$+0{,}7500$	$+1{,}5000$
$M_D^{(d)}$	0	0	0	$+0{,}6668$	0	0	$-1{,}0002$	0	0
$M_D^{(e)}$	0	0	0	$+0{,}6668$	$+0{,}3334$	0	$+0{,}3334$	$-1{,}0002$	0
$M_D^{(g)}$	$+0{,}5000$	0	0	$+1{,}0000$	0	0	$+0{,}5000$	0	0
$M_E^{(e)}$	0	0	0	$+0{,}3334$	$+0{,}6668$	0	$+0{,}3334$	$-1{,}0002$	0
$M_E^{(f)}$	0	0	0	0	$+0{,}6668$	$+0{,}3334$	$+0{,}3334$	$+0{,}5001$	$-1{,}0002$
$M_E^{(h)}$	0	$+0{,}7500$	0	0	$+1{,}5000$	0	$+0{,}7500$	$+1{,}1250$	0
$M_F^{(f)}$	0	0	0	0	$+0{,}3334$	$+0{,}6668$	$+0{,}3334$	$+0{,}5001$	$-1{,}0002$
$M_F^{(i)}$	0	0	$+0{,}5000$	0	0	$+1{,}0000$	$+0{,}5000$	$+0{,}7500$	$+1{,}5000$
$M_G^{(a)}$	$+0{,}2774$	0	0	0	0	0	$-0{,}8322$	0	0
$M_H^{(d)}$	0	0	0	$+0{,}3334$	0	0	$-1{,}0002$	0	0

c) Die Vorzahlen der statischen Bedingungen.

$$a_{AK} = -\mathrm{i}_A (M_{AK}^{(a)} + M_{AK}^{(b)} + M_{AK}^{(g)}), \qquad a_{BK} = -\mathrm{i}_B (M_{BK}^{(b)} + M_{BK}^{(c)} + M_{BK}^{(h)}).$$

Mit $M_{aK} = M_{AK}^{(a)} + M_{GK}^{(a)}$, der Summe der Stabendmomente im positiven Drehsinn aus $K \equiv A \ldots F, 1, 2, 3$, ist

$$a_{1K} = \mathrm{i}_1 M_{aK} + \mathrm{i}_1 M_{dK} - \tfrac{1}{3} \cdot \mathrm{i}_1 (M_{bK} + M_{cK} + M_{eK} + M_{fK} + M_{gK} + M_{hK} + M_{iK}),$$

$$a_{2K} = \mathrm{i}_2 M_{bK} + \mathrm{i}_2 M_{eK} - \tfrac{1}{2} \cdot \mathrm{i}_2 (M_{cK} + M_{fK} + M_{hK} + M_{iK}).$$

d) Die Belastungszahlen (Abb. 424).

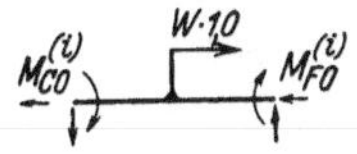

$$M_{C0}^{(i)} = M_{F0}^{(i)} = + \frac{W \cdot 1,0}{4} \quad \text{(Tabelle 25)},$$

Abb. 424.

$$a_{C0} = -\mathrm{i}_C \cdot M_{C0}^{(i)} = -0,25\,W, \qquad a_{F0} = -\mathrm{i}_F \cdot M_{F0}^{(i)} = -0,25\,W.$$

$$a_{10} = \mathrm{i}_1 (-\tfrac{1}{3}) (2 \cdot 0,25\,W - 5,0\,W), \qquad a_{20} = \mathrm{i}_2 (-\tfrac{1}{2}) (2 \cdot 0,25\,W - 5,0\,W),$$

$$a_{30} = \mathrm{i}_3 (-1) (2 \cdot 0,25\,W - 5,0\,W).$$

e) Matrix der statischen Bedingungen.

	φ_A	φ_B	φ_C	φ_D	φ_E	φ_F	ψ_1	ψ_2	ψ_3	a_{J0}
A	−2,1096	−0,2774	·	−0,5000	·	·	+0,0548	+0,8322	·	
B	−0,2774	−2,6096	−0,2774	·	−0,7500	·	−1,3048	−0,7089	+0,8322	
C	·	−0,2774	−1,5548	·	·	−0,5000	−0,7774	−1,1661	−0,6678	−0,25
D	−5,000	·	·	−2,3336	−0,3334	·	+0,1668	+1,0002	·	
E	·	−0,7500	·	−0,3334	−2,8336	−0,3334	−1,4168	−0,6249	+1,0002	
F	·	·	−0,5000	·	−0,3334	−1,6668	−0,8334	−1,2501	−0,4998	−0,25
1	+0,0548	−1,3048	−0,7774	+0,1668	−1,4168	−0,8334	−5,6459	−0,6392	+0,2216	+1,50
2	+0,8322	−0,7089	−1,1661	+1,0002	−0,6249	−1,2501	−0,6392	−6,4560	+0,3324	+2,25
3	·	+0,8322	−0,6678	·	+1,0002	−0,4998	+0,2216	+0,3324	−6,6648	+4,50

3. Auflösung durch Iteration (Abschn. 30).

φ_A	φ_B	φ_C	φ_D	φ_E	φ_F	ψ_1	ψ_2	ψ_3
+0,2788	−0,1178	−1,1160	+0,3444	−0,0378	−0,9834	+0,5546	+0,8379	+0,9006

4. EJ_c fache waagerechte Verschiebung des Knotens F (Stab i).

$$u_F = \psi_1 u_{F1} + \psi_2 u_{F2} + \psi_3 u_{F3} = \psi_1 \cdot 2,00 + \psi_2 \cdot 3,00 + \psi_3 \cdot 6,00 = 9,0265.$$

EJ_c fache Verdrehung des Stabes i.

$$\vartheta_i = \psi_1 \vartheta_{i1} + \psi_2 \vartheta_{i2} + \psi_3 \vartheta_{i3} = \psi_1 \left(-\tfrac{1}{3}\right) + \psi_2 \left(-\tfrac{1}{2}\right) + \psi_3 (-1) = -1,5045.$$

Der symmetrische Stockwerkrahmen mit zwei geneigten Pfosten. Die äußeren Ursachen des Spannungs- und Verschiebungszustandes des Tragwerks (Belastung $\mathfrak{P}$, Temperaturänderung t und die Stützenverschiebungen) werden nach S. 186 in den symmetrischen und antimetrischen Anteil zerlegt. Die Schnittkräfte sind nach Abschn. 28 Funktionen von statisch überzähligen Gruppenlasten eines statisch bestimmten Hauptsystems, die aus den Schnittkräften am unteren Ende der Pfosten h_r eines jeden Stockwerks (r) gebildet werden. Dies sind links die Kräfte $A^{(r)}$, $H_a^{(r)}$, $M_a^{(r)}$, rechts die Kräfte $B^{(r)}$, $H_b^{(r)}$, $M_b^{(r)}$ (Abb. 425).

$$X_r = \frac{M_a^{(r)} + M_b^{(r)}}{2}, \qquad Y_r = \frac{M_a^{(r)} - M_b^{(r)}}{2}, \qquad X_r' = \frac{H_a^{(r)} + H_b^{(r)}}{2} \cdot h_r. \qquad (756)$$

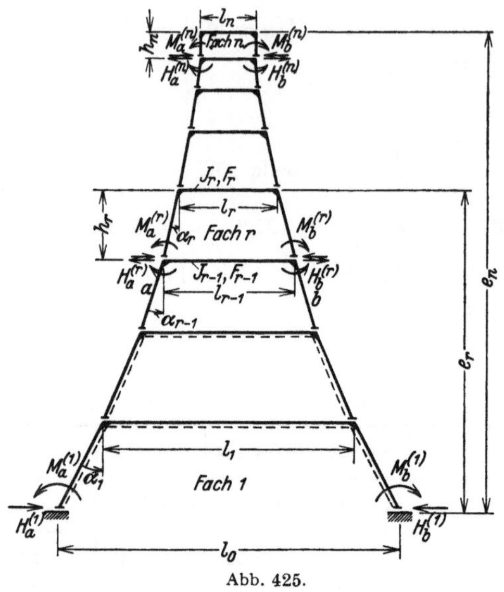

Abb. 425.

Die Kräfte $A^{(r)}$, $B^{(r)}$, $C^{(r)} = (H_a^{(r)} - H_b^{(r)})/2$ sind statisch bestimmt. Die Stützkräfte $A_0^{(r)}$, $B_0^{(r)}$, $C_0^{(r)}$ stehen mit den Lasten $\sum P$, $\sum W$ im Gleichgewicht. Bei symmetrischer Belastung ist

$$C_0^{(r)} = 0, \qquad A_0^{(r)} = B_0^{(r)},$$

bei antimetrischer Belastung

$$A_0^{(r)} = -B_0^{(r)},$$

$$C_0^{(r)} = H_a^{(r)} = -H_b^{(r)} = \tfrac{1}{2} \sum_r^n W.$$

Die statisch unbestimmten Größen X_r, X_r', Y_r ergeben sich nach Abschn. 28 aus den geometrischen Bedingungen für die Formänderung des Hauptsystems. Diese werden aus den Schaubildern für die Schnittkräfte infolge von $-X_r = 1$, $-X_r' = 1$, $-Y_r = 1$ (Abb. 426) abgeleitet und bilden zwei Gruppen voneinander unabhängiger Gleichungen mit den Unbekannten X_r, X_r' und

mit Y_r. Bei symmetrischer Belastung sind die Kräfte Y_r, bei antimetrischer Belastung die Kräfte X_r, X_r' Null.

Symmetrischer Anteil:

$$\left.\begin{array}{r} X_{r-1}' \, \tau_{(r-1)'(r-1)'} + X_{r-1} \, \tau_{(r-1)'(r-1)} + X_r \, \tau_{(r-1)'r} = \tau_{(r-1)'\otimes}, \\[4pt] X_{(r-1)} \, \tau_{r(r-1)} + X_r \, \tau_{rr} + X_{(r+1)} \, \tau_{r(r+1)} + X_{r-1}' \, \tau_{r(r-1)'} + X_r' \, \tau_{rr'} = \tau_{r\otimes}, \\[4pt] X_r' \, \tau_{r'r'} + X_r \, \tau_{r'r} + X_{r+1} \, \tau_{r'(r+1)} = \tau_{r'\otimes}. \end{array}\right\} \qquad (757)$$

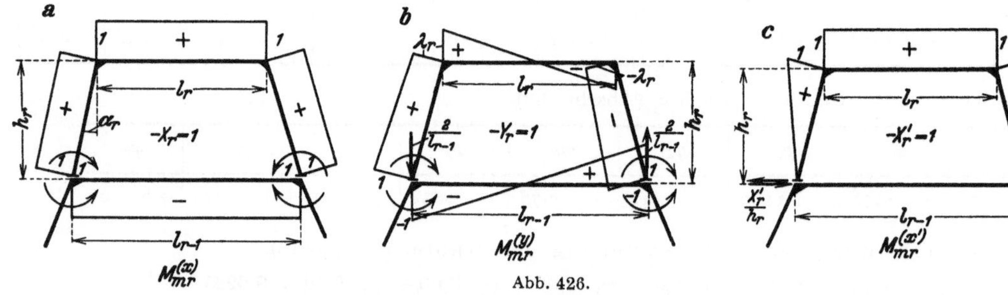

Abb. 426.

Die Regelgleichung entsteht durch Elimination von X_{r-1}' und X_r'.

$$\left.\begin{array}{l} X_{r-1}\left[\tau_{r(r-1)} - \dfrac{\tau_{(r-1)'(r-1)}}{\tau_{(r-1)'(r-1)'}}\, \tau_{r(r-1)'}\right] + X_r\left[\tau_{rr} - \dfrac{\tau_{r'r}^2}{\tau_{r'r'}} - \dfrac{\tau_{r(r-1)'}^2}{\tau_{(r-1)'(r-1)'}}\right] \\[12pt] \qquad + X_{r+1}\left[\tau_{r(r+1)} - \dfrac{\tau_{r'(r+1)}}{\tau_{r'r'}}\, \tau_{rr'}\right] = \tau_{r\otimes} - \dfrac{\tau_{r(r-1)'}}{\tau_{(r-1)'(r-1)'}}\, \tau_{(r-1)'\otimes} - \dfrac{\tau_{rr'}}{\tau_{r'r'}}\, \tau_{r'\otimes}. \end{array}\right\} \qquad (758a)$$

Sie kann auch unmittelbar als geometrische Bedingung (285) für die Formänderung eines statisch unbestimmten Hauptsystems angeschrieben werden, das aus Zweigelenkrahmen besteht. Diese lautet in der üblichen Schreibweise (294)

$$X_{r-1}\, \tau_{r(r-1)}^{(1)} + X_r\, \tau_{rr}^{(1)} + X_{r+1}\, \tau_{r(r+1)}^{(1)} = \tau_{r\otimes}^{(1)}. \qquad (758b)$$

Die Vorzahlen und Belastungszahlen dieser Gleichungen sind bereits in (758a) als Funktionen der Verschiebungen eines statisch bestimmten Stabzugs entwickelt worden. Antimetrischer Anteil:

$$Y_{(r-1)}\,\delta_{r\,(r-1)} + Y_r\,\delta_{rr} + Y_{(r+1)}\,\delta_{r\,(r+1)} = \delta_{r\otimes}\,. \tag{759}$$

Ableitung der Vorzahlen nach Abb. 426.

$$l_r\,\frac{J_c}{J_r} = l'_r\,, \qquad h_r\,\frac{J_c}{J_{rh}} = h'_r\,, \qquad \frac{l_r}{l_{r-1}} = \lambda_r\,,$$

$$\tau_{r'r'} = l'_r + \tfrac{2}{3}h'_r\sec\alpha_r = b_r\,, \qquad \tau_{r'r} = l'_r + h'_r\sec\alpha_r = a_r\,,$$

$$\tau_{r(r-1)} = \tau_{r(r-1)'} = -l'_{r-1}\,, \qquad \tau_{r(r+1)} = \tau_{r'(r+1)} = -l'_r\,,$$

$$\tau_{rr} = l'_r + 2h'_r\sec\alpha_r + l'_{r-1} = a_r + h'_r\sec\alpha_r + l'_{r-1}\,,$$

$$\delta_{r(r-1)} = -\frac{\lambda_{r-1}\,l'_{r-1}}{3}\,, \qquad \delta_{r(r+1)} = -\frac{\lambda_r\,l'_r}{3}\,,$$

$$\delta_{rr} = \tfrac{1}{3}[\lambda_r^2\,l'_r + l'_{r-1} + 2h'_r\sec\alpha_r\,(1+\lambda_r+\lambda_r^2)]\,. \tag{760}$$

Sonderfall senkrechter Pfosten:

$$\alpha_r = 0\,, \quad \sec\alpha_r = 1\,, \quad \text{tg}\,\alpha_r = 0\,, \quad \lambda_r = 1\,,$$

$$b_r = l'_r + \tfrac{2}{3}h'_r\,, \qquad a_r = l'_r + h'_r\,.$$

Ableitung der Belastungszahlen.
a) Symmetrische Belastung. 1. Eigengewicht. Das Eigengewicht g_k eines jeden Rahmens k wird gleichförmig über die Strecke $l_k + 2h_k\,\text{tg}\,\alpha_k = l_{k-1}$ verteilt und das Biegungsmoment im Bereich der Pfosten näherungsweise linear angenommen (Abb. 427).

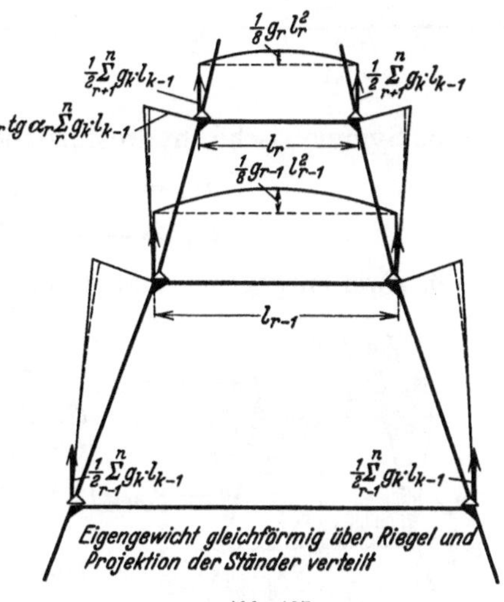

Abb. 427.

$$\tau_{r0} = a_r\,h_r\,\text{tg}\,\alpha_r\cdot\tfrac{1}{2}\sum\limits_{r}^{n}g_k\,l_{k-1} - l'_{r-1}\,h_{r-1}\,\text{tg}\,\alpha_{r-1}$$

$$\cdot\tfrac{1}{2}\sum\limits_{r-1}^{n}g_k\,l_{k-1} + \tfrac{1}{12}(g_r\,l_r^2\,l'_r - g_{r-1}\,l_{r-1}^2\,l'_{r-1})\,;$$

$$\tau_{r'0} = b_r\,h_r\,\text{tg}\,\alpha_r\cdot\tfrac{1}{2}\sum\limits_{r}^{n}g_k\,l_{k-1} + g_r\,\frac{l_r^2\,l'_r}{12}\,.$$

2. Gleichförmig über jeden Riegel l_k verteilte Nutzlast p_k (Abb. 428).

$$\tau_{r0} = a_r\,h_r\,\text{tg}\,\alpha_r\cdot\tfrac{1}{2}\sum\limits_{r}^{n}p_k\,l_k - l'_{r-1}\,h_{r-1}\,\text{tg}\,\alpha_{r-1}\cdot\tfrac{1}{2}\sum\limits_{r-1}^{n}p_k\,l_k$$

$$+ \tfrac{1}{12}(p_r\,l_r^2\,l'_r - p_{r-1}\,l_{r-1}^2\,l'_{r-1})\,;$$

$$\tau_{r'0} = b_r\,h_r\,\text{tg}\,\alpha_r\cdot\tfrac{1}{2}\sum\limits_{r}^{n}p_k\,l_k + \tfrac{1}{12}p_r\,l_r^2\,l'_r\,.$$

3. Symmetrische Anordnung von Einzellasten $\sum P$ über jedem Riegel.

$$\tau_{r0} = a_r\,h_r\,\text{tg}\,\alpha_r\cdot\tfrac{1}{2}\sum\limits_{r}^{n}\sum\limits_{k}P - l'_{r-1}\,h_{r-1}\,\text{tg}\,\alpha_{r-1}\cdot\tfrac{1}{2}\sum\limits_{r-1}^{n}\sum\limits_{k}P$$

$$+ \tfrac{1}{2}(l_r\,l'_r\sum\limits_{r}P\,\omega_R - l_{r-1}\,l'_{r-1}\sum\limits_{r-1}P\,\omega_R)\,;$$

$$\tau_{r'0} = b_r\,h_r\,\text{tg}\,\alpha_r\cdot\tfrac{1}{2}\sum\limits_{r}^{n}\sum\limits_{k}P + \frac{l_r\,l'_r}{2}\sum\limits_{r}P\,\omega_R\,;$$

Die $\sum\limits_{k}P$ und $\sum\limits_{k}P\,\omega_R$ enthalten alle Lasten des Riegels l_k.

4. Symmetrische, gleichförmig verteilte horizontale Belastung $w_k/2$ der Pfosten (Abb. 429).

$$\tau_{r0} = -\tfrac{1}{12} w_r h_r^2 (2 a_r + l_r') + \tfrac{1}{4} w_{r-1} h_{r-1}^2 l_{r-1}' = -\tfrac{1}{4} w_r h_r^2 b_r + \tfrac{1}{4} w_{r-1} h_{r-1}^2 l_{r-1}';$$
$$\tau_{r'0} = -\tfrac{1}{8} w_r h_r^2 (a_r + l_r').$$

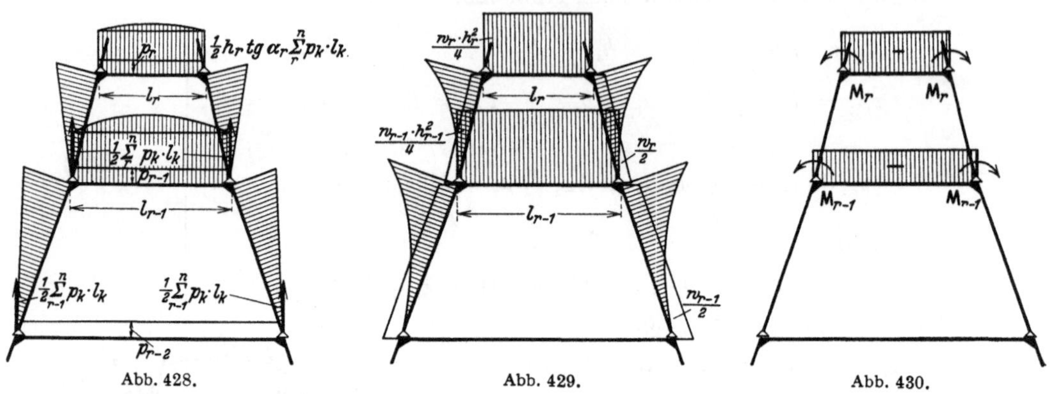

Abb. 428. Abb. 429. Abb. 430.

5. Symmetrische, hydrostatische horizontale Belastung w_k der Pfosten.

$$\tau_{r0} = -\tfrac{1}{24} w_r h_r^2 (3 a_r + l_r') + \tfrac{1}{3} w_{r-1} h_{r-1} l_{r-1}';$$
$$\tau_{r'0} = -\tfrac{1}{60} w_r h_r^2 (11 a_r + 9 l_r').$$

6. Zwei entgegengesetzt drehende Momente M_k am Riegel l_k (Abb. 430).

$$\tau_{r0} = -M_r l_r' + M_{r-1} l_{r-1}'; \qquad \tau_{r'0} = -M_r l_r'.$$

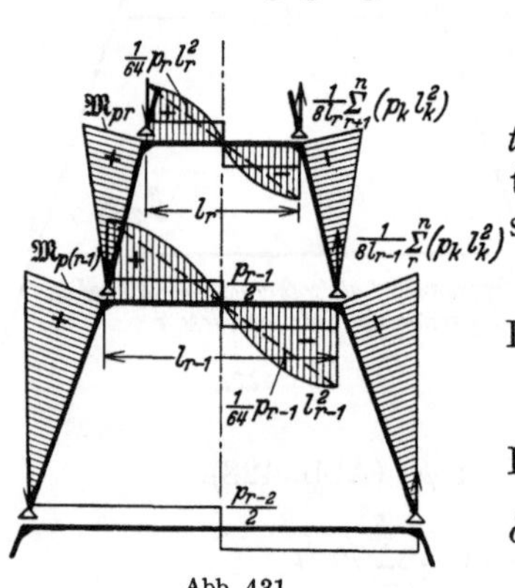

Abb. 431.

7. Gleichförmige Erwärmung des Rahmens um t^0. Bei statisch bestimmter Stützung nach Abb. 434c treten keine Schnittkräfte auf, bei statisch unbestimmter Stützung nach Abb. 434a oder b wird

$$\tau_{1t} = 0; \qquad \tau_{1't} = E J_c \alpha t l_0.$$

Die übrigen Formänderungen τ_{rt} sind Null.

b) **Antimetrische Belastung.**

1. Antimetrische, senkrecht gerichtete gleichförmige Belastung $p_k/2$ der Riegel (Abb. 431).

$$\delta_{r0} = \tfrac{1}{3} \mathfrak{M}_{pr}[\lambda_r (2 a_r - l_r') + (a_r - l_r')] - \frac{\mathfrak{M}_{p(r-1)} l_{r-1}'}{3}$$
$$+ \frac{p_r \lambda_r l_r^2 l_r' - p_{r-1} l_{r-1}^2 l_{r-1}'}{192},$$

$$\mathfrak{M}_{pr} = \frac{h_r \operatorname{tg} \alpha_r}{8 l_{r-1}} \sum_r^n p_k l_k^2, \qquad \mathfrak{M}_{p(r-1)} = \frac{h_{r-1} \operatorname{tg} \alpha_{r-1}}{8 l_{r-2}} \sum_{r-1}^n p_k l_k^2.$$

2. Antimetrische, zum Riegel senkrechte Gruppe von Einzellasten $P/2$.

$$\delta_{r0} = \tfrac{1}{3} \mathfrak{M}_{Pr} [\lambda_r (2 a_r - l_r') + (a_r - l_r')] - \tfrac{1}{3} \mathfrak{M}_{P(r-1)} l_{r-1}'$$
$$- \frac{\lambda_r l_r l_r'}{6} \sum_r P \omega_D'' + \frac{l_{r-1} l_{r-1}'}{6} \sum_{r-1} P \omega_D'', \qquad \text{(Tabelle 22)}$$

$$\mathfrak{M}_{Pr} = \frac{h_r \operatorname{tg} \alpha_r}{l_{r-1}} \sum_r^n \sum_k P c, \qquad \mathfrak{M}_{P(r-1)} = \frac{h_{r-1} \operatorname{tg} \alpha_{r-1}}{l_{r-2}} \sum_{r-1}^n \sum_k P c \qquad \text{(Abb. 432)}.$$

3. Antimetrische Belastung des Riegels durch horizontale Einzellasten $W_k/2$.

$$\delta_{r\,0} = \tfrac{1}{3}\,\mathfrak{M}_{W\,r}\,[\lambda_r\,(2\,a_r - l'_r) + (a_r - l'_r)] - \tfrac{1}{3}\,\mathfrak{M}_{W\,(r-1)}\,l'_{r-1},$$

$$\mathfrak{M}_{W\,r} = \frac{h_r}{2}\,\sum_r^n W_k - \frac{h_r\,\mathrm{tg}\,\alpha_r}{l_{r-1}}\,\sum_r^n W_k\,(e_k - e_{r-1}) \qquad (\text{Abb. 433}),$$

$$\mathfrak{M}_{W\,(r-1)} = \frac{h_{r-1}}{2}\,\sum_{r-1}^n W_k - \frac{h_{r-1}\,\mathrm{tg}\,\alpha_{r-1}}{l_{r-2}}\,\sum_{r-1}^n W_k\,(e_k - e_{r-2}).$$

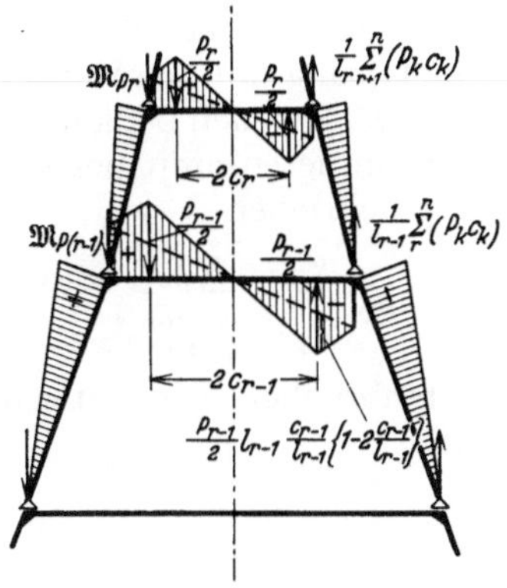

Abb. 432.

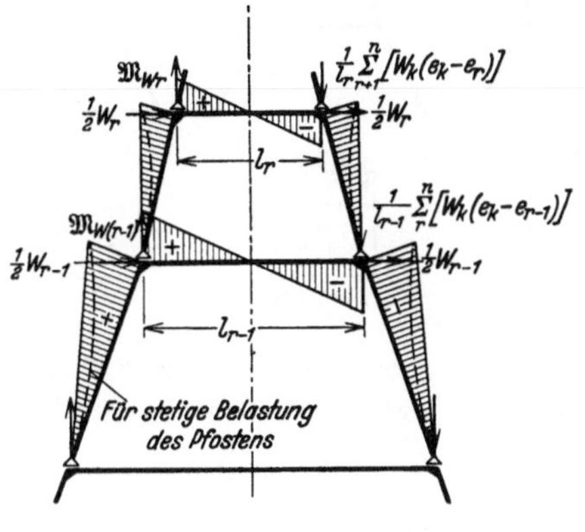

Abb. 433.

4. Antimetrische, waagerechte und gleichförmige Belastung $w_k/2$ der Pfosten (Abb. 433).

$$\delta_{r\,0} = \frac{1}{3}\,\mathfrak{M}_{w\,r}\,[\lambda_r\,(2\,a_r - l'_r) + (a_r - l'_r)] - \frac{1}{3}\,\mathfrak{M}_{w\,(r-1)}\,l'_{r-1} + \frac{w_r\,h_r^2}{24}\,(a_r - l'_r)\,\lambda_{r+1},$$

$$\mathfrak{M}_{w\,r} = \frac{h_r}{2}\,\sum_r^n w_k\,h_k - \frac{h_r\,\mathrm{tg}\,\alpha_r}{l_{r-1}}\,\sum_r^n w_k\,h_k\left(e_k - e_{r-1} - \frac{h_k}{2}\right) - \frac{w_r\,h_r^2}{4},$$

bei konstantem $w_k = w$,

$$\mathfrak{M}_{w\,r} = \frac{w\,h_r}{2}\,\sum_r^n h_k - \frac{w\,h_r\,\mathrm{tg}\,\alpha_r}{2\,l_{r-1}}\left(\sum_r^n h_k\right)^2 - \frac{w\,h_r^2}{4}.$$

5. Antimetrisch wirkende Momente $M_k/2$ an den Rahmenknoten.

$$\delta_{r\,0} = \tfrac{1}{3}\,\mathfrak{M}_{M\,r}\,[\lambda_r\,(2\,a_r - l'_r) + (a_r - l'_r)] - \tfrac{1}{3}\,\mathfrak{M}_{M\,(r-1)}\,l'_{r-1} + \tfrac{1}{3}\,(\lambda_r\,l'_r\,M_r - l'_{r-1}\,M_{r-1}),$$

$$\mathfrak{M}_{M\,r} = -\frac{h_r\,\mathrm{tg}\,\alpha_r}{l_{r-1}}\,\sum_r^n M_k.$$

Sind die Riegel am Anschluß mit den Pfosten durch Vouten verstärkt, deren Einfluß nicht vernachlässigt werden soll, so lassen sich die Vorzahlen mit einer Approximation der elastischen Eigenschaften nach den Tabellen 13 bis 15 berichtigen. Dasselbe gilt auch bei anderen Riegelformen, die vor allem zum oberen Abschluß des Tragwerks dienen. In diesem Falle wird mit Vorteil die Tabelle 12 zu Rate gezogen.

Ansatz und Lösung. Die statisch unbestimmten Gruppenlasten X_r, Y_r werden aus zwei voneinander unabhängigen Ansätzen berechnet, von denen jeder bei n Feldern des Tragwerks und starrer Einspannung oder Auflagerung nach

Abb. 434c n Gleichungen enthält. Bei frei drehbarem Anschluß der Pfosten h_1 nach Abb. 434a sind $(n-1)$ Gleichungen aufzulösen. Die Nebenglieder der Matrix des symmetrischen Anteils sind positiv, diejenigen des antimetrischen Anteils negativ. Durch die Belastung eines Riegels l_k oder eines Pfostens h_k sind die Belastungszahlen δ_{10} bis δ_{k0} von Null verschieden, dagegen

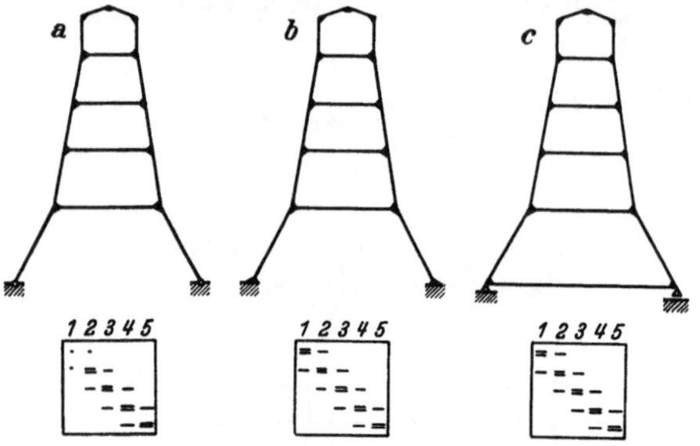

$$\delta_{(k+1)0} = 0, \ldots \delta_{n0} = 0.$$

Die statisch unbestimmten Größen X_r, Y_r werden nach der Vorschrift S. 236 berechnet. Bei zahlreichen Belastungsfällen wird die Lösung mit den Vorzahlen $\beta_{rk}^{(x)}$ und $\beta_{rk}^{(y)}$ der den beiden Ansätzen zugeordneten konjugierten Matrix angeschrieben.

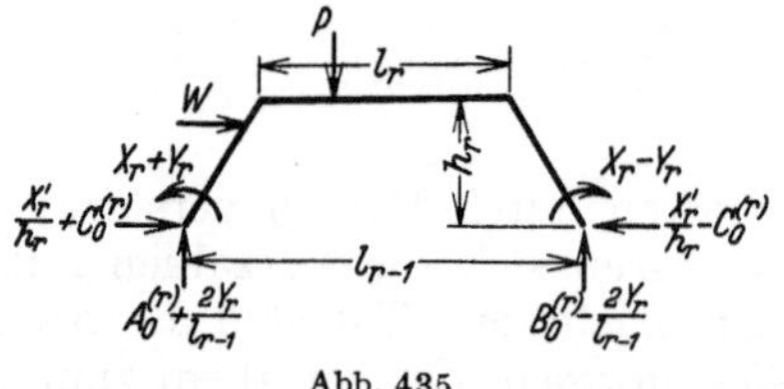

Abb. 434.

$$X_r = \sum \beta_{rk}^{(x)} \tau_{k\otimes},$$
$$Y_r = \sum \beta_{rk}^{(y)} \delta_{k\otimes}.$$

Die Vorzahlen ergeben sich nach S. 237 aus je 2 Kettenbrüchen. Die statisch unbestimmten Einzelkräfte der Ableitung auf S. 458 sind

$$M_a^{(r)} = X_r + Y_r, \qquad M_b^{(r)} = X_r - Y_r.$$

Aus (757) und (760) wird

$$\frac{X_r'}{h_r} = \frac{H_a^{(r)} + H_b^{(r)}}{2} = \frac{1}{h_r\, b_r}\left(\tau_{r'\otimes} - X_r\, a_r + X_{r+1}\, l_r'\right),$$

$$H_a^{(r)} = \frac{X_r'}{h_r} + C_0^{(r)}, \qquad H_b^{(r)} = \frac{X_r'}{h_r} - C_0^{(r)}.$$

Die Schnittkräfte werden mit den Gleichgewichtsbedingungen aus den Lasten und den in Abb. 435 eingetragenen Anschlußkräften rechnerisch oder zeichnerisch bestimmt.

Die Rechenvorschrift wird für einzelne ausgezeichnete Belastungsfälle an dem Binder einer Aufbereitungsanlage (Abb. 436) erläutert. Sie behandeln die gleichförmige Belastung $p_1 = 1$ t/m einer Bühne, Einzellasten $P_0 = 1$ t aus Maschinengewichten, Windbelastung $W = 1$ t und einseitige Sonnenbestrahlung $t = 10^0$ (Abb. 437 bis 440).

Die Vorzahlen der Bedingungsgleichungen für das obere Stockwerk mit gekrümmtem Abschlußriegel werden mit Hilfe der Tabelle 12 abgeleitet. Darnach ist ohne besondere Begründung

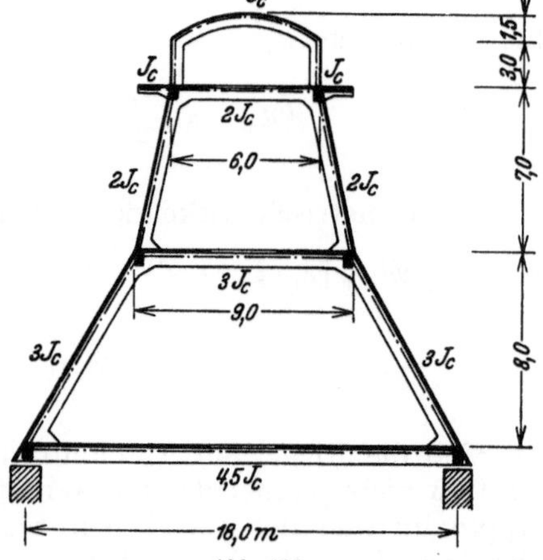

Abb. 435.

Abb. 436.

$$\tau_{3'3'} = l_3' + \frac{2}{3} h_3' + \frac{8}{15}\left(\frac{f}{h_3}\right)^2 l_3' + \frac{4}{3}\frac{f}{h_3} l_3' = b_3 + \frac{8}{15}\left(\frac{f}{h_3}\right)^2 l_3' + \frac{4}{3}\frac{f}{h_3} l_3',$$

$$\tau_{3'3} = l_3' + h_3' + \frac{2}{3}\frac{f}{h_3} l_3' = a_3 + \frac{2}{3}\frac{f}{h_3} l_3'.$$

Die übrigen Vorzahlen ergeben sich aus den Ansätzen (758) und (760). Die Zahlenrechnung wird folgendermaßen entwickelt:

r	0	1	2	3
l_r	18,00	9,00	6,00	6,00
h_r	—	8,50	7,00	3,00
$l'_r = -\tau_{r\,(r+1)} = -\tau_{r'\,(r+1)}$	4,00	3,00	3,00	6,00
h'_r	—	2,833	3,500	3,000
$\operatorname{tg}\alpha_r$	—	0,529412	0,214286	0,0000
$\sec\alpha_r$	—	1,131493	1,022701	1,0000
$h'_r \sec\alpha_r$	—	3,20590	3,57945	3,0000
$a_r = l'_r + h_r \sec\alpha_r$	—	6,20590	6,57945	9,0000
$b_r = l'_r + 2/3 \cdot h_r \sec\alpha_r$	—	5,13727	5,38630	8,0000
$\tau_{r\,r'}$	—	6,20590	6,57945	11,0000
$\tau_{r'\,r'}$	—	5,13727	5,38630	12,8000
$\tau_{r\,r} = a_r + h_r \sec\alpha_r + l'_{r-1}$	—	13,41180	13,15891	15,0000
$-\dfrac{\tau_{r'\,(r+1)}}{\tau_{r'\,r'}}\tau_{r\,r'}$	—	3,62405	3,66455	5,15625
$\tau^{(3)}_{r\,(r+1)} = \tau_{r\,(r+1)} - \dfrac{\tau_{r'\,(r+1)}}{\tau_{r'\,r'}}\tau_{r\,r'}$	—	0,62405	0,66455	—
$\tau^2_{r\,r'}/\tau_{r'\,r'}$	—	7,49682	8,03690	9,45313
$\tau^2_{r\,(r-1)'}/\tau_{(r-1)'\,(r-1)'}$	—	—	1,75190	1,67091
$\tau^{(3)}_{r\,r} = \tau_{r\,r} - \dfrac{\tau^2_{r'\,r}}{\tau_{r'\,r'}} - \dfrac{\tau^2_{r\,(r-1)'}}{\tau_{(r-1)'\,(r-1)'}}$	—	5,91498	3,37011	3,87597
λ_r	—	0,500	0,66667	1,0000
$3\,\delta_{r\,(r+1)} = -\lambda_r\,l'_r$	—	−1,500	−2,000	—
$1 + \lambda_r + \lambda_r^2$	—	1,7500	2,11111	3,0000
$2\,h'_r \sec\alpha_r\,(1 + \lambda_r + \lambda_r^2)$	—	11,22065	15,11323	18,0000
$\lambda_r^2\,l'_r$	—	0,7500	1,33333	6,0000
$3\,\delta_{r\,r} = \lambda_r^2\,l'_r + l'_{r-1} + 2\,h'_r \sec\alpha_r\,(1 + \lambda_r + \lambda_r^2)$	—	15,97065	19,44656	27,0000

Die beiden voneinander unabhängigen Gruppen der Bedingungsgleichungen (758 b) und (759) sind daher für

<table>
<tr><td colspan="4" align="center">Antimetrische Belastung</td><td></td><td colspan="4" align="center">Symmetrische Belastung</td></tr>
<tr><td></td><td align="center">Y_1</td><td align="center">Y_2</td><td align="center">Y_3</td><td></td><td></td><td align="center">X_1</td><td align="center">X_2</td><td align="center">X_3</td></tr>
<tr><td>1</td><td>+15,971</td><td>− 1,500</td><td>—</td><td></td><td>1</td><td>+5,9150</td><td>+0,6240</td><td>—</td></tr>
<tr><td>2</td><td>− 1,500</td><td>+19,447</td><td>− 2,00</td><td></td><td>2</td><td>+0,6240</td><td>+3,3701</td><td>+0,6645</td></tr>
<tr><td>3</td><td>—</td><td>− 2,00</td><td>+27,00</td><td></td><td>3</td><td>—</td><td>+0,6645</td><td>+3,8760</td></tr>
</table>

Kettenbrüche zur Ermittlung der Kennbeziehungen und der Vorzahlen $\beta'^{(\nu)} = \beta^{(\nu)}/3$:

$$\beta'_{11} = \cfrac{1}{15,971 - \cfrac{(-1,50)\,(-1,50)}{19,447 - \cfrac{(-2,0)\,(-2,0)}{27,00}}}\,,$$

$$\beta'_{33} = \cfrac{1}{27,0 - \cfrac{(-2,00)\,(-2,00)}{19,447 - \cfrac{(-1,50)\,(-1,50)}{15,969}}}\,,$$

$$\varkappa_{32} = \frac{-2,0}{27,00} = -0,0740741\,, \qquad \varkappa_{12} = \frac{-1,50}{15,971} = -0,0939202\,,$$

$$\varkappa_{21} = \frac{-1,50}{19,447 - 0,148} = -0,0777248\,, \qquad \varkappa_{23} = \frac{-2,00}{19,447 - 0,141} = -0,1035941\,,$$

$$\beta'_{11} = \frac{1}{15,971 - 0,117} = +0,0630739\,, \qquad \beta'_{33} = \frac{1}{27 - 0,207} = +0,0373234\,,$$

$-\varkappa_{21} = \quad\ \ -\varkappa_{32} =$
$+0,0777248 \quad +0,0740741$

Matrix der Vorzahlen $\beta'^{(y)}$

	1	2	3	
1	$+0,0630739$	$+0,0049024$	$+0,0003631$	$+0,0939202 = -\varkappa_{12}\,,$
2	$+0,0049024$	$+0,0521976$	$+0,0038665$	
3	$+0,0003631$	$+0,0038665$	$+0,0373234$	$+0,1035941 = -\varkappa_{23}\,.$

Kettenbrüche zur Ermittlung der Kennbeziehungen und der Vorzahlen $\beta^{(x)}$:

$$\beta_{11} = \frac{1}{5,9150 - \dfrac{0,6240 \cdot 0,6240}{\dfrac{3,3701 - 0,6645 \cdot 0,6645}{3,8760}}}\,, \qquad \beta_{33} = \frac{1}{3,8760 - \dfrac{0,6645 \cdot 0,6645}{\dfrac{3,3701 - 0,6240 \cdot 0,6240}{5,9150}}}\,,$$

$$\varkappa_{32} = \frac{0,6645}{3,8760} = +0,171454\,, \qquad \varkappa_{12} = \frac{0,6240}{5,9150} = +0,105503\,,$$

$$\varkappa_{21} = \frac{0,6240}{3,3701 - 0,1139} = +0,191652\,, \qquad \varkappa_{23} = \frac{0,6645}{3,3701 - 0,0658} = +0,201119\,,$$

$$\beta_{11} = \frac{1}{5,9150 - 0,1196} = +0,172551\,, \qquad \beta_{33} = \frac{1}{3,8760 - 0,1336} = +0,267214\,.$$

$-\varkappa_{21} = \quad\ \ -\varkappa_{32} =$
$-0,191652 \quad -0,171454$

Matrix der Vorzahlen $\beta^{(x)}$

	1	2	3	
1	$+0,172551$	$-0,033070$	$+0,005670$	$-0,105503 = -\varkappa_{12}$
2	$-0,033070$	$+0,313447$	$-0,053742$	
3	$+0,005670$	$-0,053742$	$+0,267214$	$-0,201119 = -\varkappa_{23}$

Die vorgeschriebenen Belastungen werden in den symmetrischen und antimetrischen Anteil aufgespalten (Abb. 437 bis 440). Ansatz und Größe der Belastungsglieder für p_1, P_0, W sind auf S. 465, für die Temperaturänderung t auf S. 466 angegeben.

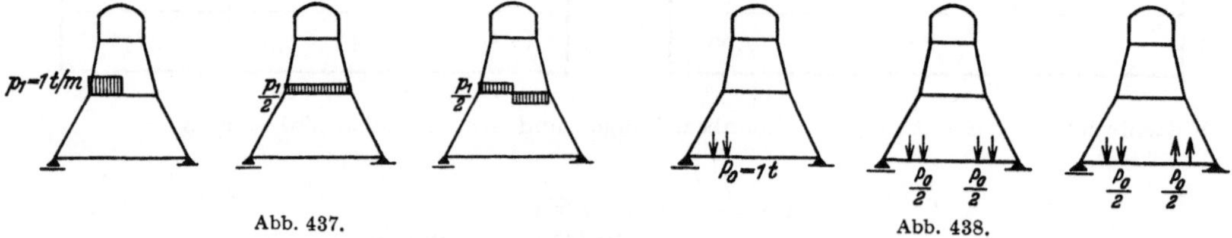

Abb. 437.　　　　　　　　　　　　　　　　Abb. 438.

Auswertung der überzähligen Größen

$$X_r = \sum \beta_{rh}^{(x)}\, \tau_{h0}^{(3)}\,, \qquad Y_r = \sum \frac{\beta_{rh}^{(y)}}{3} \cdot 3\,\delta_{h0} = \sum \beta_{rh}'^{(y)} \cdot 3\,\delta_{h0}\,,$$

$$\frac{1}{h_r} X'_r = \frac{1}{h_r\,\tau_{r'r'}}\left(\tau_{r'0} - X_r\,\tau_{r'r} - X_{r+1}\,\tau_{r'(r+1)}\right).$$

Belastungsglieder.

	$p_1 = 1$	$P_0 = 1$	$W = 1$	
τ_{10}	$a_1(h_1\tan\alpha_1)\dfrac{p_1 l_1}{4} + \dfrac{p_1 l_1^2 l_1'}{24}$	$-\dfrac{l_0 l_0'}{4}P_0(0,16+0,21)\cdot 2$	0	Symmetrischer Anteil $\dfrac{p_1}{2},\ \dfrac{P_0}{2},\ \dfrac{W}{2}$
τ_{20}	$-l_1'(h_1\tan\alpha_1)\dfrac{p_1 l_1}{4} - \dfrac{p_1 l_1^2 l_1'}{24}$	0	0	
τ_{30}	0	0	$-\dfrac{W}{3}f\cdot l_3' \quad =-3,00$	
$\tau_{1'0}$	$b_1(h_1\tan\alpha_1)\dfrac{p_1 l_1}{4} + \dfrac{p_1 l_1^2 l_1'}{24} = 62,13981$	0	0	
$\tau_{2'0}$	0	0	0	
$\tau_{3'0}$	0	0	$-\dfrac{W}{15}f l_3'\left(5+4\dfrac{f}{h_3}\right) \quad =-4,20$	
$\tau_{10}^{(3)}$	$-\dfrac{p_1 l_1^2 l_1'}{24}\left(\dfrac{a_1}{b_1}-1\right) =-2,106161$	$-\dfrac{l_0 l_0'}{4}P_0(0,16+0,21)\cdot 2=-13,32$	0	
$\tau_{20}^{(3)}$	$-\dfrac{p_1 l_1^2 l_1'}{24}\left(1-\dfrac{l_1'}{b_1}\right) =-4,212322$	0	0	
$\tau_{30}^{(3)}$	0	0	$-3,00 + 0,8593\cdot 4,20 \quad =+0,609375$	
$\mathfrak{M}_1$	$\dfrac{p_1 l_1^2(h_1\tan\alpha_1)}{8 l_0} =+2,53125$	0	$\dfrac{h_1\cdot 3W}{2} - \dfrac{h_1\tan\alpha_1}{l_0}(8,5+15,5+18,5)W =+2,125$	Antimetrischer Anteil $\dfrac{p_1}{2},\ \dfrac{P_0}{2},\ \dfrac{W}{2}$
$\mathfrak{M}_2$	0	0	$\dfrac{h_2\cdot 2W}{2} - \dfrac{h_2\tan\alpha_2}{l_1}(7,0+10,0)W =+4,16667$	
$\mathfrak{M}_3$	0	0	$\dfrac{h_3\cdot W}{2} - \dfrac{h_3\tan\alpha_3}{l_2}\cdot 3,0W =+1,500$	
$3\,\delta_{10}$	$\mathfrak{M}_{p1}[\lambda_1(2a_1-l_1')+(a_1-l_1')] + \lambda_1\dfrac{p_1 l_1^2 l_1'}{64} =+21,92517$	$-\dfrac{l_0 l_0'}{4}P_0(0,192+0,168)=-6,48$	$\mathfrak{M}_{w1}[(2a_1-l_1')\lambda_1+(a_1-l_1')] =+16,8126$	
$3\,\delta_{20}$	$-\mathfrak{M}_{p1}l_1' - \dfrac{p_1 l_1^2 l_1'}{64} =-11,39062$	0	$\mathfrak{M}_{w2}[(2a_2-l_2')\lambda_2+(a_2-l_2')] - \mathfrak{M}_{w1}l_1' =+36,7585$	
$3\,\delta_{30}$	0	0	$\mathfrak{M}_{w3}[(2a_3-l_3')\lambda_3+(a_3-l_3')] - \mathfrak{M}_{w2}l_2' =+10,00$	

Belastung p_1 (Abb. 437).
Antimetrischer Anteil.

$$Y_1 = + 0{,}0630739 \cdot 21{,}92517 - 0{,}0049244 \cdot 11{,}39062 = + 1{,}32706 \,,$$
$$Y_2 = + 0{,}0049024 \cdot 21{,}92517 - 0{,}0521976 \cdot 11{,}39062 = - 0{,}48708 \,,$$
$$Y_3 = + 0{,}0003631 \cdot 21{,}92517 - 0{,}0038665 \cdot 11{,}39062 = - 0{,}03608 \,.$$

Symmetrischer Anteil.

$$X_1 = - 0{,}172551 \cdot 2{,}106161 + 0{,}033070 \cdot 4{,}212322 = - 0{,}22412 \,,$$
$$X_2 = + 0{,}033070 \cdot 2{,}106161 - 0{,}313447 \cdot 4{,}212322 = - 1{,}25069 \,,$$
$$X_3 = - 0{,}005670 \cdot 2{,}106161 + 0{,}053742 \cdot 4{,}212322 = + 0{,}21444 \,.$$

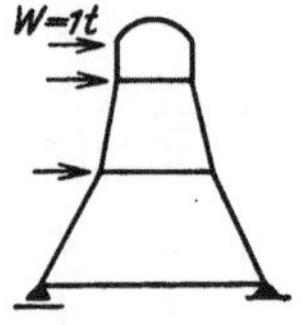
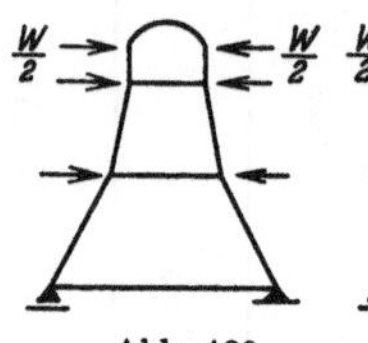

Abb. 439.

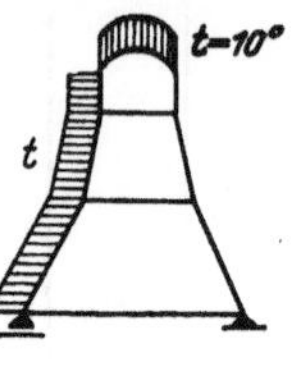
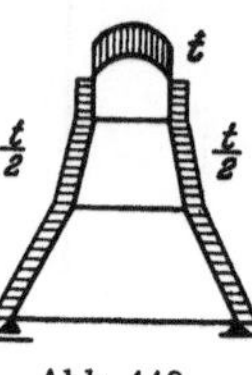
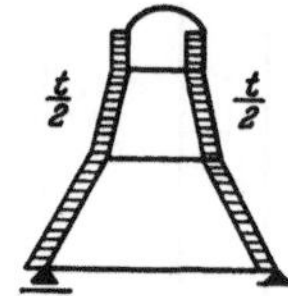

Abb. 440.

$$\frac{1}{h_1} X_1' = \frac{1}{8{,}5 \cdot 5{,}1373} \, (62{,}13981 + 0{,}22412 \cdot 6{,}2059 - 1{,}25069 \cdot 3{,}00) = + 1{,}36899 \,,$$

$$\frac{1}{h_2} X_2' = \frac{1}{7{,}0 \cdot 5{,}3863} \, (\qquad\qquad + 1{,}25069 \cdot 6{,}5795 + 0{,}21444 \cdot 3{,}00) = + 0{,}23531 \,,$$

$$\frac{1}{h_3} X_3' = \frac{1}{3{,}0 \cdot 12{,}800} \, (\qquad\qquad - 0{,}21444 \cdot 11{,}0000 \qquad\qquad) = - 0{,}06143 \,.$$

Biegungsmomente des Stabwerks in Abb. 441.

Belastung P_0 (Abb. 438).
Antimetrischer Anteil.

$$Y_1 = - 0{,}0630739 \cdot 6{,}48 = - 0{,}4087 \,,$$
$$Y_2 = - 0{,}0049024 \cdot 6{,}48 = - 0{,}0318 \,,$$
$$Y_3 = - 0{,}003631 \ \cdot 6{,}48 = - 0{,}0024 \,.$$ (Fortsetzung auf S. 467.)

Belastungsglieder für symmetrische und antimetrische Temperaturänderung $t = 10^0$.

$$E \, \alpha_t = 21 \text{ t/m}^2 \qquad\qquad J_c = 0{,}012825 \text{ m}^4$$

Be-lastung	$t = 10^0$ C	
$\tau_{1't}$	$E J_c \, \alpha_t \, t \cdot \mathrm{tg}\,\alpha_1$ $\qquad = + \ 1{,}42584$	Symmetrische Erwärmung der Pfosten um $t/2$, des obersten Riegels um t.
$\tau_{2't}$	$E J_c \, \alpha_t \, t \cdot \mathrm{tg}\,\alpha_2$ $\qquad = + \ 0{,}57712$	
$\tau_{3't}$	$E J_c \, \alpha_t \, t \cdot l_3/h_3$ $\qquad = + \ 5{,}38650$	
$\tau_{1t}^{(3)}$	$-1{,}208015 \cdot 1{,}42584$ $\qquad = - \ 1{,}72244$	
$\tau_{2t}^{(3)}$	$-1{,}221516 \cdot 0{,}57712 + \dfrac{3{,}00}{5{,}13727} \cdot 1{,}42584 = + \ 0{,}12768$	
$\tau_{3t}^{(3)}$	$-0{,}859375 \cdot 5{,}38650 + \dfrac{3{,}00}{5{,}38630} \cdot 0{,}57712 = - \ 4{,}31872$	
$3\,\delta_{1t}$	$6 E J_c \, \alpha_t \, t \cdot \dfrac{h_1}{l_0}$ $\qquad = + \ 7{,}63087$	Antimetrische Erwärmung der Pfosten um $t/2$.
$3\,\delta_{2t}$	$6 E J_c \, \alpha_t \, t \cdot \dfrac{h_2}{l_1}$ $\qquad = + 12{,}56849$	
$3\,\delta_{3t}$	$6 E J_c \, \alpha_t \, t \cdot \dfrac{h_3}{l_2}$ $\qquad = + \ 8{,}07975$	

Symmetrischer Anteil.

$$X_1 = -0,172551 \cdot 13,32 = -2,2984 ,$$
$$X_2 = +0,033070 \cdot 13,32 = +0,4405 ,$$
$$X_3 = -0,005670 \cdot 13,32 = -0,0755 ,$$

$$\frac{X_1'}{h_1} = \frac{1}{8,5 \cdot 5,1373} \, (+2,2984 \cdot 6,2059 + 0,4405 \cdot 3,00) = +0,3569 ,$$

$$\frac{X_2'}{h_2} = \frac{1}{7,0 \cdot 5,3863} \, (-0,4405 \cdot 6,5795 - 0,0755 \cdot 3,00) = -0,0829 ,$$

$$\frac{X_3'}{h_3} = \frac{1}{3,0 \cdot 12,8000} \, (+0,0755 \cdot 11,0000 \qquad\qquad) = +0,0216 .$$

Biegungsmomente des Stabwerks in Abb. **442**.

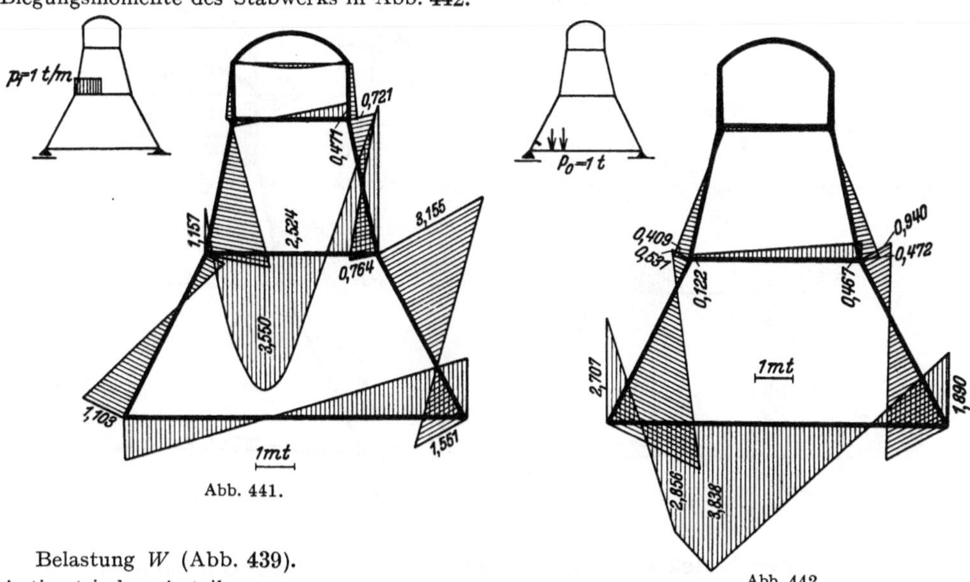

Belastung W (Abb. **439**).
Antimetrischer Anteil.

$$Y_1 = +0,0630739 \cdot 16,8126 + 0,0049024 \cdot 36,7585 + 0,0003631 \cdot 10,00 = +1,2443 ,$$
$$Y_2 = +0,0049024 \cdot 16,8126 + 0,0521976 \cdot 36,7585 + 0,0038665 \cdot 10,00 = +2,0398 ,$$
$$Y_3 = +0,0003631 \cdot 16,8126 + 0,0038665 \cdot 36,7585 + 0,0373234 \cdot 10,00 = +0,5215 .$$

Symmetrischer Anteil.

$$X_1 = +0,005670 \cdot 0,609375 = +0,0035 ,$$
$$X_2 = -0,053742 \cdot 0,609375 = -0,0327 ,$$
$$X_3 = +0,267214 \cdot 0,609375 = +0,1628 .$$

$$\frac{X_1'}{h_1} = \frac{1}{8,5 \cdot 5,1373} \, (\qquad -0,0035 \cdot 6,2059 - 0,0327 \cdot 3,00) = -0,0027 ,$$

$$\frac{X_2'}{h_2} = \frac{1}{7,0 \cdot 5,3863} \, (\qquad +0,0327 \cdot 6,5795 + 0,1628 \cdot 3,00) = +0,0187$$

$$\frac{X_3'}{h_3} = \frac{1}{3,0 \cdot 12,8000} \, (-4,20 - 0,1628 \cdot 11,0000) \qquad\qquad = -0,1560 .$$

Biegungsmomente des Stabwerks in Abb. **443**.

Temperaturänderung (Abb. **440**).
Antimetrischer Anteil.

$$Y_1 = +0,0630739 \cdot 7,63087 + 0,0049024 \cdot 12,56849 + 0,0003631 \cdot 8,07975 = +0,54586 ,$$
$$Y_2 = +0,0049024 \cdot 7,63087 + 0,0521976 \cdot 12,56849 + 0,0038665 \cdot 8,07975 = +0,72470 ,$$
$$Y_3 + 0,= 0003631 \cdot 7,63087 + 0,0038665 \cdot 12,56849 + 0,0373234 \cdot 8,07975 = +0,35293 .$$

30*

Symmetrischer Anteil.

$$X_1 = -0,172551 \cdot 1,72244 - 0,033070 \cdot 0,12768 - 0,005670 \cdot 4,31872 = -0,32592,$$
$$X_2 = +0,033070 \cdot 1,72244 + 0,313447 \cdot 0,12768 + 0,053742 \cdot 4,31872 = +0,32908,$$
$$X_3 = -0,005670 \cdot 1,72244 - 0,053742 \cdot 0,12768 - 0,267214 \cdot 4,31872 = -1,17065.$$

$$\frac{X_1'}{h_1} = \frac{1}{8,5 \cdot 5,1373}(1,42584 + 0,32592 \cdot 6,2059 + 0,32908 \cdot 3,00) = +0,10158,$$

$$\frac{X_2'}{h_2} = \frac{1}{7,0 \cdot 5,3863}(0,57712 - 0,32908 \cdot 6,5795 - 1,17065 \cdot 3,00) = -0,13526,$$

$$\frac{X_3'}{h_3} = \frac{1}{3,0 \cdot 12,8000}(5,38650 + 1,17065 \cdot 11,0000) = +0,47562.$$

Biegungsmomente des Stabwerks in Abb. 444.

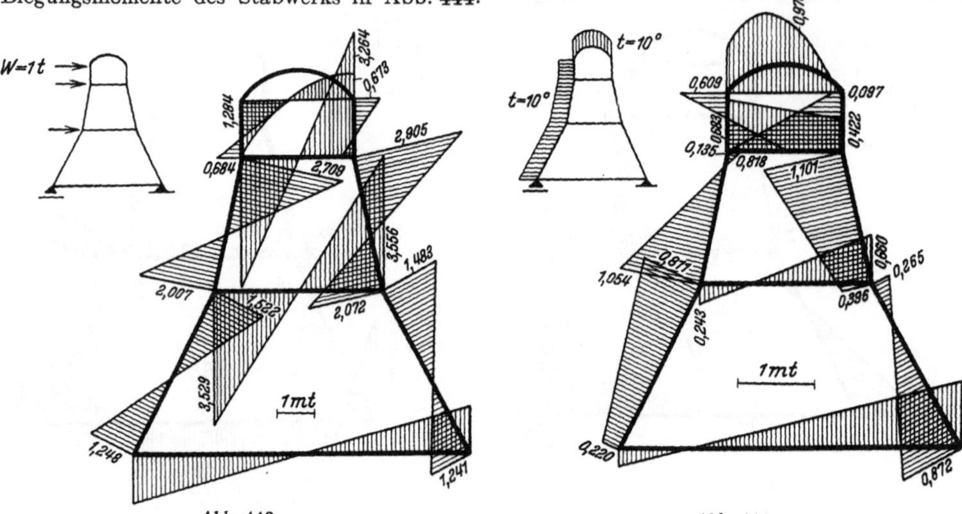

Abb. 443.   Abb. 444.

Symmetrischer Stockwerkrahmen mit gelenkig angeschlossenen Zwischenriegeln. Bei zahlreichen Bauaufgaben, zu deren Lösung Stockwerkrahmen herangezogen werden, dienen die Zwischenriegel nur zur Aussteifung und zur Knicksicherung der Pfosten. Ihre biegungssteife Verbindung ist dann unnötig. Der Stockwerkrahmen mit r Zwischenriegeln ist in diesem Falle bei symmetrischer

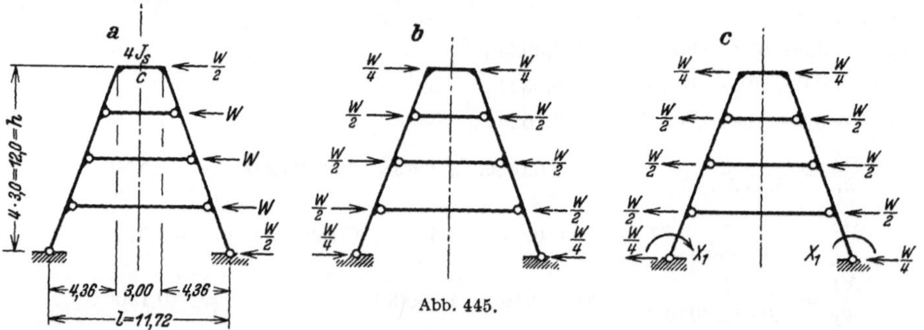

Abb. 445.

Belastung $(r+1)$ oder $(r+2)$fach statisch unbestimmt, je nachdem die Pfostenenden frei drehbar gestützt oder eingespannt sind. Die Schnittkräfte werden dabei aus statisch unbestimmten Gruppenlasten berechnet, die aus der halben Summe symmetrisch liegender Pfostenmomente bestehen. Die Elastizitätsgleichungen erhalten dieselbe Form wie bei der Berechnung des durchlaufenden Trägers. Bei Antimetrie der Belastung sind das Biegungsmoment im Querschnitt c (Abb. 445a) und die Längskräfte in den Riegeln Null, die Schnittkräfte daher bei frei drehbaren Pfostenenden statisch bestimmt, bei starrer Einspannung der Pfostenenden einfach statisch unbestimmt. Die statisch unbestimmte Querkraft im Scheitel oder das statisch unbestimmte Einspannmoment können nach Abschn. 26 berechnet werden. In zahlreichen Fällen genügen die Angaben der Tabelle 47.

Beispiel. Die Windbelastung des Rahmens (Abb. 445a) wird in den symmetrischen und den antimetrischen Anteil umgeordnet (Abb. 445b, c). Der symmetrische Anteil erzeugt bei Vernachlässigung der Längenänderung der Stäbe in den Riegeln nur Druckkräfte. Bei antimetrischer Belastung sind die

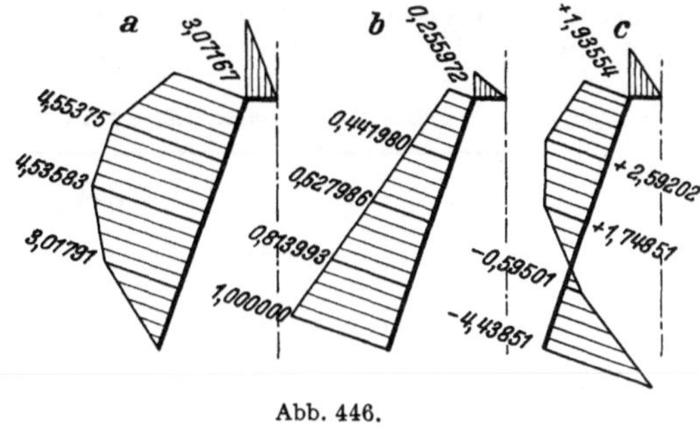

Abb. 446.

Riegel spannungslos. Querkraft im Scheitel: $Q_c = 2\,W\,\dfrac{h/2}{l/2} = 2{,}047\,78\ W$. Momente siehe Abb. 446a. Bei eingespannten Pfosten wird das Einspannmoment $X_1 = \delta_{10}/\delta_{11}$ unter Verwendung der Momente M_1 nach Abb. 446b berechnet. $\delta_{10} = 32{,}832\,83\ W$, $\delta_{11} = 7{,}397\,10$, $X_1 = 4{,}438\,51\ W$. Statisch unbestimmte Momente: Abb. 446c.

Der symmetrische Stockwerkrahmen mit zwei senkrechten Pfosten. Das Tragwerk kann als Sonderfall der Abb. 425 mit $\alpha_r = 0$ nach der allgemeinen Rechenvorschrift auf S. 457ff. statisch untersucht werden. Die Lösung ist aber mit anderen überzähligen Größen, die auf Grund der besonderen Eigenschaften des symmetrischen oder antimetrischen Verschiebungs- und Spannungszustandes ausgewählt werden, einfacher.

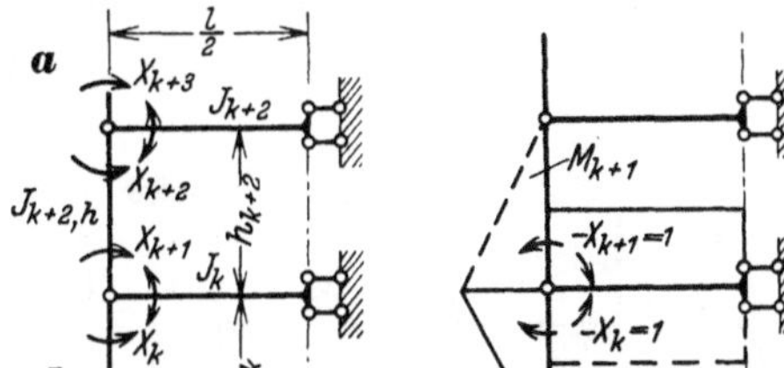

a) Symmetrische Belastung: Spannnungs- und Verschiebungszustand sind symmetrisch. Daher sind in der Symmetrieachse die Tangenten an die Biegelinien der Riegel waagerecht und die Querkräfte Null. Die statische Untersuchung kann daher auf die linke Hälfte des Rahmens beschränkt und der Riegel in der Symmetrieachse mit $Q = 0$, $dw/dx = 0$ beweglich eingespannt angenommen werden. Die dem Riegelanschluß k benachbarten Biegungsmomente X_k, X_{k+1} des Pfostens sind statisch unbestimmt. Auf diese Weise entsteht das Hauptsystem Abb. 447a mit den folgenden geometrischen Bedingungen für die Formänderung:

Abb. 447.

$$X_{k-1}\,\delta_{k(k-1)} + X_k\delta_{kk} + X_{k+1}\,\delta_{k(k+1)} \qquad\qquad\qquad = \delta_{k0}\,,$$
$$X_k\,\delta_{(k+1)k} + X_{k+1}\,\delta_{(k+1)(k+1)} + X_{k+2}\,\delta_{(k+1)(k+2)} = \delta_{(k+1)0}\,. \qquad (761)$$

Sechsfacher Betrag der Vorzahlen unter Berücksichtigung einer Riegelverstärkung nach Tabelle 29:

$$6\,\delta_{k(k-1)} = h'_k\,, \qquad 6\,\delta_{kk} = 2\,h'_k + (2\,\mu_k + \lambda_k)\,l'_k\,,$$
$$6\,\delta_{k(k+1)} = -(2\,\mu_k + \lambda_k)\,l'_k = 6\,\delta_{(k+1)k}\,, \qquad (762)$$
$$6\,\delta_{(k+1)(k+1)} = 2\,h'_{k+2} + (2\,\mu_k + \lambda_k)\,l'_k\,, \qquad 6\,\delta_{(k+1)(k+2)} = h'_{k+2}\,.$$

Konstantes Trägheitsmoment des Riegels l_k: $\mu_k = 1$, $\lambda_k = 1$.

Die Belastung eines einzelnen Riegels l_k liefert nur die Belastungszahlen $-6\,\delta_{k0} = 6\,\delta_{(k+1)0}$, die Belastung eines einzelnen Pfostens h_k nur $6\,\delta_{(k-1)0}$ und $6\,\delta_{k0}$. Das Kräftebild kann daher ebenso wie beim durchlaufenden Träger mit Festpunkten, Übergangslinien und Kreuzlinienabschnitten aufgezeichnet werden.

Belastungsglieder für symmetrische Belastung (Abb. 448a).

p_k	$-6\,\delta_{k0} = 6\,\delta_{(k+1)0} = \dfrac{p_k\,l^2\,l'_k}{4}$
P_k	$-6\,\delta_{k0} = 6\,\delta_{(k+1)0} = 3\,P_k\,l\,l'_k\,\omega_R$
w_k	$6\,\delta_{(k-1)0} = 6\,\delta_{k0} = -\dfrac{w_k\,h_k^2\,h'_k}{4}$
$\overline{w}_k$	$6\,\delta_{(k-1)0} = -\dfrac{2}{15}\,w_k\,h_k^2\,h'_k\,, \qquad 6\,\delta_{k0} = -\dfrac{7}{60}\,w_k\,h_k^2\,h'_k$
M_k	$-6\,\delta_{k0} = 6\,\delta_{(k+1)0} = 3\,l'_k\,\mathsf{M}_k$

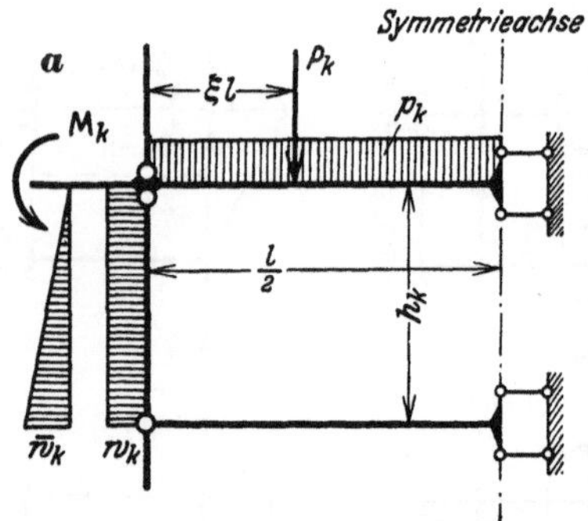

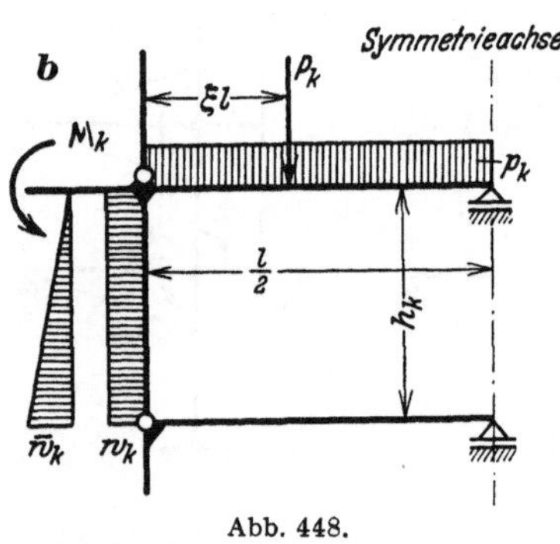

Abb. 448.

Der dreigliedrige Ansatz wird rechnerisch nach S. 232, also ebenso wie für den durchlaufenden Träger mit elastisch drehbaren Stützen gelöst. Dasselbe gilt für die zeichnerische Behandlung eines allgemeinen Belastungsfalles nach Abschn. 32. Die Zahlenrechnung ist in dem folgenden Beispiel ausführlich erläutert worden.

b) **Antimetrische Belastung.** Spannungs- und Verschiebungszustand sind antimetrisch. Daher sind nach S. 185 in der Symmetrieachse die Biegungsmomente und die senkrechten Verschiebungen der Querschnitte Null. Die Untersuchung kann daher auf die linke Hälfte des Tragwerks beschränkt und der Riegel mit $M=0, N=0$, $w=0$ in der Symmetrieachse durchschnitten und in senkrechtem Sinne gestützt angenommen werden. Die Biegungsmomente X_{k-1}, X_{k+1}, X_{k+3} am unteren Ende der Pfosten sind statisch unbestimmt. Auf diese Weise entsteht das statisch bestimmte Hauptsystem Abb. 447b. Die geometrischen Bedingungen lauten

$$X_{k-1}\,\delta_{(k+1)\,(k-1)} + X_{k+1}\,\delta_{(k+1)\,(k+1)}$$
$$+ X_{k+3}\,\delta_{(k+1)\,(k+3)} = \delta_{(k+1)0}\,. \qquad (763)$$

Sechsfacher Betrag der Vorzahlen unter Berücksichtigung der Riegelverstärkung nach Tabelle 29:

$$6\,\delta_{(k+1)\,(k-1)} = -l'_k(2\mu_k - \lambda_k)\,, \qquad 6\,\delta_{(k+1)\,(k+3)} = -l'_{(k+2)}(2\mu_{k+2} - \lambda_{k+2})\,,$$
$$6\,\delta_{(k+1)\,(k+1)} = \;\;\; l'_k(2\mu_k - \lambda_k) + 6\,h'_{k+2} + l'_{k+2}(2\mu_{k+2} - \lambda_{k+2})\,. \qquad (764)$$

Konstantes Trägheitsmoment des Riegels l_k: $\quad \mu_k = \lambda_k = 1$.

Bei Belastung eines einzelnen Riegels l_k sind nur die Belastungszahlen $6\,\delta_{(k+1)0} = -6\,\delta_{(k-1)0}$ von Null verschieden. Dagegen liefert die Belastung eines Pfostens h_k Belastungsglieder $\delta_{10} \neq 0$ bis $\delta_{(k+1)0} \neq 0$.

Belastungsglieder für antimetrische Belastung　(Abb. 448 b).

p_k	$-6\,\delta_{(k-1)\,0} = 6\,\delta_{(k+1)\,0} = \dfrac{p_k\,l^2\,l'_k}{32}$
P_k	$-6\,\delta_{(k-1)\,0} = 6\,\delta_{(k+1)\,0} = P_k\,l\,l'_k\,\omega_R\,(1-2\,\xi)$
w_k	$6\,\delta_{(k+1)\,0} = \dfrac{w_k\,h_k^2\,l'_k}{2}\,,\qquad 6\,\delta_{(k-1)\,0} = -\dfrac{w_k\,h_k^2}{2}\left(l'_k + 4\,h'_k - 2\,\dfrac{h_{k-2}}{h_k}\,l'_{k-2}\right)$ $6\,\delta_{(k-3)\,0} = -\,w_k\,h_k\,h_{k-2}\left(l'_{k-2} + 3\,h'_{k-2} - \dfrac{h_{k-4}}{h_{k-2}}\,l'_{k-4}\right)$ $6\,\delta_{(k-5)\,0} = -\,w_k\,h_k\,h_{k-4}\left(l'_{k-4} + 3\,h'_{k-4} - \dfrac{h_{k-6}}{h_{k-4}}\,l'_{k-6}\right)\quad$ usw.
$\overline{w}_k$	$6\,\delta_{(k+1)\,0} = \dfrac{\overline{w}_k\,h_k^2\,l'_k}{6}\,,\qquad 6\,\delta_{(k-1)\,0} = -\dfrac{\overline{w}_k\,h_k^2}{12}\left(2\,l'_k + 9\,h'_k - 6\,\dfrac{h_{k-2}}{h_k}\,l'_{k-2}\right)$ $6\,\delta_{(k-3)\,0} = -\dfrac{\overline{w}_k\,h_k\,h_{k-2}}{2}\left(l'_{k-2} + 3\,h'_{k-2} - \dfrac{h_{k-4}}{h_{k-2}}\,l'_{k-4}\right)$ $6\,\delta_{(k-5)\,0} = -\dfrac{\overline{w}_k\,h_k\,h_{k-4}}{2}\left(l'_{k-4} + 3\,h'_{k-4} - \dfrac{h_{k-6}}{h_{k-4}}\,l'_{k-6}\right)\quad$ usw.
M_k	$-6\,\delta_{(k-1)\,0} = 6\,\delta_{(k+1)\,0} = l'_k\,M_k$

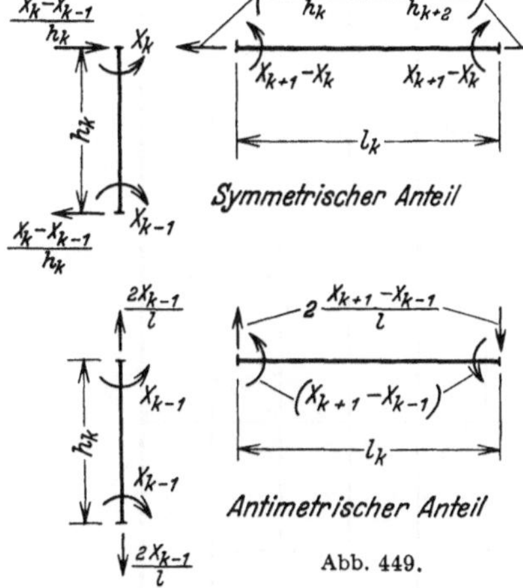

Abb. 449.

Der dreigliedrige Ansatz (763) kann in ähnlicher Weise wie beim durchlaufenden Träger nach der bekannten Rechenvorschrift rechnerisch oder zeichnerisch gelöst werden.

Die Schnittkräfte ergeben sich aus dem statisch bestimmten Anteil und den Anschlußkräften in Abb. 449.

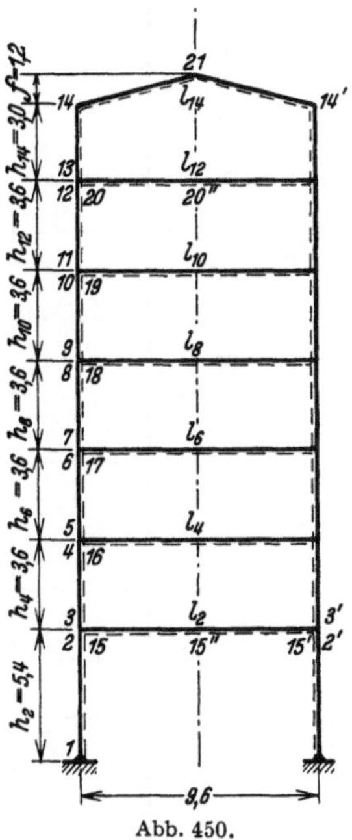

Abb. 450.

Statische Untersuchung eines Stockwerkrahmens mit 7 Geschossen für ständige Last und Windlast. Grenzwerte der Biegungsmomente bei voller Nutzlast in einzelnen Geschossen.

1. Geometrische Grundlagen. Abb. 450. Die Trägheitsmomente sind im Bereich eines jeden Stabes konstant. $J_c = 72\ dm^4$.

A. Symmetrische Belastung. Berechnung nach S. 469. Die statisch überzähligen Größen sind die Anschlußmomente X_k, X_{k+1} der Pfosten.

2. Die geometrischen Bedingungsgleichungen (761). Momente M_k und M_{k+1} nach Abb. 447 a, Momente M_{13} und M_{14} nach Abb. 451, Vorzahlen der Matrix nach (762):

k	l_k	J_k	l'_k	k	h_k	J_k	h'_k
2	9,6	171	4,03	2	5,4	307	1,27
4	9,6	171	4,03	4	3,6	256	1,01
6	9,6	108	6,40	6	3,6	256	1,01
8	9,6	90	7,68	8	3,6	143	1,81
10	9,6	90	7,68	10	3,6	143	1,81
12	9,6	72	9,60	12	3,6	72	3,60
14	9,6	72	9,90	14	3,0	60	3,60

Matrix der Vorzahlen $6\,\delta_{ik}$.

	X_1	X_2	X_3	X_4	X_5	X_6	X_7	X_8	X_9	X_{10}	X_{11}	X_{12}	X_{13}	X_{14}
1	2,54	1,27												
2	1,27	14,63	− 12,09											
3		− 12,09	14,11	1,01										
4			1,01	14,11	− 12,09									
5				− 12,09	14,11	1,01								
6					1,01	21,22	− 19,20							
7						− 19,20	22,82	1,81						
8							1,81	26,66	− 23,04					
9								− 23,04	26,66	1,81				
10									1,81	26,66	− 23,04			
11										− 23,04	30,24	3,60		
12											3,60	36,00	− 28,80	
13												− 28,80	37,584	− 3,924
14													− 3,924	50,36

$$6\,\delta_{k\,(k-1)} = h'_k, \qquad 6\,\delta_{k\,k} = 2\,h'_k + 3\,l'_k, \qquad 6\,\delta_{k\,(k+1)} = -\,3\,l'_k,$$

$$6\,\delta_{(k+1)\,(k+1)} = 2\,h'_{k+1} + 3\,l'_k, \qquad 6\,\delta_{(k+1)\,(k+2)} = h'_{k+2},$$

$$6\,\delta_{13\,13} = 2\,h'_{14} + 3\,l'_{12} + l'_{14}\left(\frac{f}{h_{14}}\right)^2,$$

$$6\,\delta_{14\,14} = 2\,h'_{14} + l'_{14}\left[3 + 3\,\frac{f}{h_{14}} + \left(\frac{f}{h_{14}}\right)^2\right],$$

$$6\,\delta_{13\,14} = h'_{14} - \frac{l'_{14}}{2}\,\frac{f}{h_{14}}\left(3 + 2\,\frac{f}{h_{14}}\right).$$

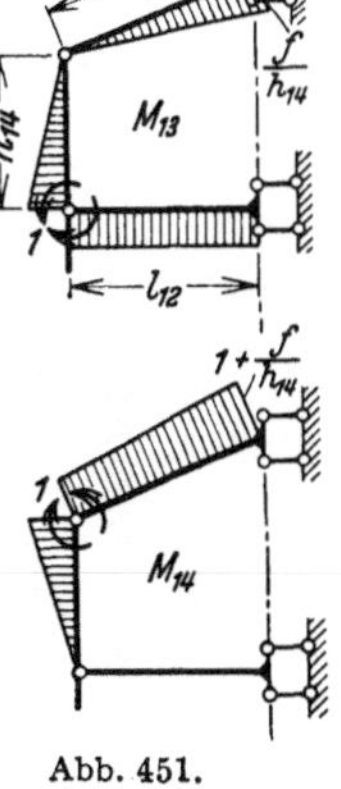

Abb. 451.

Ergebnis der Rechnung auf S. 472.

3. Die Auflösung des Ansatzes. Anwendung der Rechenvorschrift auf S. 238 mit den Kennbeziehungen $-X_k/X_{k+1} = \varkappa_{k\,(k+1)}$, $-X_k/X_{k-1} = \varkappa_{k\,(k-1)}$ und den Vorzahlen $\beta'_{i\,k} = \beta_{i\,k}/6$ der konjugierten Matrix. Da bei symmetrischer Belastung p_k eines Riegels l_k nach S. 470 nur die Belastungsglieder $-\,6\,\delta_{k\,0} = 6\,\delta_{(k+1)\,0}$ und bei symmetrischer gleichförmiger Belastung w_k eines Pfostenpaares nur die Belastungsglieder $6\,\delta_{(k-1)\,0} = 6\,\delta_{k\,0}$ entstehen, so genügen die Vorzahlen $\beta_{k\,k}/6$ der Hauptdiagonalen der konjugierten Matrix und die beiderseits benachbarten Nebenglieder $\beta_{k\,(k-1)}/6$, $\beta_{k\,(k+1)}/6$. Die konjugierte Matrix wird daher nur für diesen Bereich berechnet. Das Ergebnis der Auflösung nach S. 238 besteht in der Tabelle S. 474.

a) Symmetrische Belastung eines Riegels

$$X_k = \left(-\frac{\beta_{k\,k}}{6} + \frac{\beta_{k\,(k+1)}}{6}\right)6\,\delta_{(k+1)\,0}, \qquad X_{k+1} = \left(-\frac{\beta_{(k+1)\,k}}{6} + \frac{\beta_{(k+1)\,(k+1)}}{6}\right)6\,\delta_{(k+1)\,0};$$

b) symmetrische Belastung eines Pfostenpaares

$$X_{k-1} = \left(\frac{\beta_{(k-1)\,(k-1)}}{6} + \frac{\beta_{(k-1)\,k}}{6}\right)6\,\delta_{k\,0}, \qquad X_k = \left(\frac{\beta_{k\,(k-1)}}{6} + \frac{\beta_{k\,k}}{6}\right)6\,\delta_{k\,0}.$$

Die übrigen statisch unbestimmten Größen sind für jede Belastung p_k, w_k durch die Kennbeziehungen $\varkappa_{k\,(k-1)}$, $\varkappa_{k\,(k+1)}$ bestimmt.

4. Die statisch unbestimmten Schnittkräfte bei gleichförmiger Belastung p_k der einzelnen Riegel l_k. Die Belastungsglieder sind nach S. 470 für $p_k = 1\,\text{t/m}$ $(k = 2, 4, \ldots, 12)$

$$-\,6\,\delta_{k\,0} = 6\,\delta_{(k+1)\,0} = \frac{p_k\,l^2\,l'_k}{4}.$$

Die Belastung p_{14} erzeugt nach Abb. 451

$$6\,\delta_{13,\,0} = \frac{5}{32}\,p_{14}\,l^2\,l'_{14}\,\frac{f}{h_{14}} = 57,024, \qquad 6\,\delta_{14,\,0} = -\frac{1}{32}\,p_{14}\,l^2\,l'_{14}\left(8 + 5\,\frac{f}{h_{14}}\right) = -\,285,120.$$

Berechnung der l_k benachbarten Pfostenendmomente X_k, X_{k+1} $(k = 2, 4, \ldots, 12)$ nach 3a:

k	2	4	6	8	10	12
p_k	1,00	1,00	1,00	1,00	1,00	1,00
l'_k	4,03	4,03	6,40	7,68	7,68	9,60
$-\,6\,\delta_{k\,0} = 6\,\delta_{(k+1)\,0}$	92,85	92,85	147,46	176,95	176,95	221,18
$-\dfrac{\beta_{k\,k}}{6} + \dfrac{\beta_{k\,(k+1)}}{6}$	$-\,0,036678$	$-\,0,039198$	$-\,0,031630$	$-\,0,021131$	$-\,0,026638$	$-\,0,018275$
X_k	$-\,3,4056$	$-\,3,6395$	$-\,4,6642$	$-\,3,7391$	$-\,4,7136$	$-\,4,0421$
$-\dfrac{\beta_{(k+1)\,k}}{6} + \dfrac{\beta_{(k+1)\,(k+1)}}{6}$	$+\,0,040255$	$+\,0,037868$	$+\,0,017600$	$+\,0,019529$	$+\,0,013185$	$+\,0,012707$
X_{k+1}	$+\,3,7377$	$+\,3,5160$	$+\,2,5953$	$+\,3,4557$	$+\,2,3331$	$+\,2,8105$

Die Belastung $p_{14} = 1\,\text{t/m}$ erzeugt

$$X_{13} = \frac{\beta_{13,13}}{6}\cdot 6\,\delta_{13,0} + \frac{\beta_{13,14}}{6}\cdot 6\,\delta_{14,0} = +\,2,6031, \qquad X_{14} = -\,5,4588.$$

474　　51. Der Stockwerkrahmen.

$$10^6\text{-fache Vorzahlen } \beta'_{ik} = \frac{1}{6}\,\beta_{ik}.$$

Obere Randwerte $-\varkappa_{k(k-1)}$ (von links nach rechts, zwischen den Spalten):

zwischen Spalten	Wert	zwischen Spalten	Wert
1–2	$-0,312974$	2–3	$+0,874454$
3–4	$-0,281421$	4–5	$+0,870230$
5	$-0,214964$	6	$+0,860497$
7	$-0,280281$	8	$+0,876832$
9	$-0,211920$	10	$+0,786416$
11	$-0,261818$	12	$+0,772569$
13–14	$+0,077919$		

$i \backslash k$	1	2	3	4	5	6	7	8	9	10	11	12	13	14	$-\varkappa_{(k-1)k}$
1	$+466739$	-146077													$-0,500000$
2	-146077	$+292154$	$+255476$												$+0,863880$
3		$+255476$	$+295731$	-83225											$-0,275528$
4			-85225	$+302056$	$+262858$										$+0,874078$
5				$+262858$	$+300726$	-64645									$-0,285118$
6					-64645	$+226732$	$+195102$								$+0,917255$
7						$+195102$	$+212702$	-59616							$-0,347495$
8							-59616	$+171561$	$+150430$						$+0,885097$
9								$+150430$	$+169959$	-36018					$-0,288798$
10									-36018	$+124716$	$+98078$				$+0,881500$
11										$+98078$	$+111263$	-29131			$-0,362529$
12											-29131	$+80354$	$+62079$		$+0,830093$
13												$+62079$	$+74786$	$+5827$	$+0,286898$
14													$+5827$	$+20311$	

Die anderen überzähligen Schnittkräfte sind für jeden Belastungsfall p_k

$$X_{h-1} = -\varkappa_{(h-1)\,h}\,X_h\,, \qquad X_r = -\varkappa_{r\,(r-1)}\,X_{r-1} \qquad (h < k,\ r > k+1)\,,$$

die Anschlußmomente der Riegel: $(X_{k+1} - X_k)$. Damit kann folgende Tabelle angeschrieben werden:

	$p_2 = 1$	$p_4 = 1$	$p_6 = 1$	$p_8 = 1$	$p_{10} = 1$	$p_{12} = 1$	$p_{14} = 1$
X_1	$+ 1{,}7028$	$- 0{,}4332$	$+ 0{,}1383$	$- 0{,}0354$	$+ 0{,}0114$	$- 0{,}0031$	$+ 0{,}0017$
X_2	$- 3{,}4056$	$+ 0{,}8663$	$- 0{,}2766$	$+ 0{,}0707$	$- 0{,}0228$	$+ 0{,}0062$	$- 0{,}0034$
X_3	$+ 3{,}7377$	$+ 1{,}0028$	$- 0{,}3202$	$+ 0{,}0818$	$- 0{,}0264$	$+ 0{,}0072$	$- 0{,}0039$
X_4	$- 1{,}0519$	$- 3{,}6395$	$+ 1{,}1623$	$- 0{,}2970$	$+ 0{,}0957$	$- 0{,}0262$	$+ 0{,}0140$
X_5	$- 0{,}9154$	$+ 3{,}5160$	$+ 1{,}3298$	$- 0{,}3398$	$+ 0{,}1095$	$- 0{,}0300$	$+ 0{,}0160$
X_6	$+ 0{,}1968$	$- 0{,}7558$	$- 4{,}6642$	$+ 1{,}1918$	$- 0{,}3841$	$+ 0{,}1052$	$- 0{,}0562$
X_7	$+ 0{,}1693$	$- 0{,}6504$	$+ 2{,}5953$	$+ 1{,}2993$	$- 0{,}4187$	$+ 0{,}1147$	$- 0{,}0613$
X_8	$- 0{,}0475$	$+ 0{,}1823$	$- 0{,}7274$	$- 3{,}7391$	$+ 1{,}2049$	$- 0{,}3302$	$+ 0{,}1765$
X_9	$- 0{,}0416$	$+ 0{,}1598$	$- 0{,}6378$	$+ 3{,}4557$	$+ 1{,}3613$	$- 0{,}3731$	$+ 0{,}1994$
X_{10}	$+ 0{,}0088$	$- 0{,}0339$	$+ 0{,}1352$	$- 0{,}7323$	$- 4{,}7136$	$+ 1{,}2918$	$- 0{,}6906$
X_{11}	$+ 0{,}0069$	$- 0{,}0267$	$+ 0{,}1063$	$- 0{,}5759$	$+ 2{,}3331$	$+ 1{,}4654$	$- 0{,}7834$
X_{12}	$- 0{,}0018$	$+ 0{,}0070$	$- 0{,}0278$	$+ 0{,}1508$	$- 0{,}6108$	$- 4{,}0421$	$+ 2{,}1608$
X_{13}	$- 0{,}0014$	$+ 0{,}0054$	$- 0{,}0215$	$+ 0{,}1165$	$- 0{,}4719$	$+ 2{,}8105$	$+ 2{,}6031$
X_{14}	$- 0{,}0001$	$+ 0{,}0004$	$- 0{,}0017$	$+ 0{,}0091$	$- 0{,}0368$	$+ 0{,}2190$	$- 5{,}4588$
$X_2 - X_3$	$- 7{,}1433$	$- 0{,}1365$	$+ 0{,}0436$	$- 0{,}0111$	$+ 0{,}0036$	$- 0{,}0010$	$+ 0{,}0005$
$X_4 - X_5$	$- 0{,}1365$	$- 7{,}1555$	$- 0{,}1675$	$+ 0{,}0428$	$- 0{,}0138$	$+ 0{,}0038$	$- 0{,}0020$
$X_6 - X_7$	$+ 0{,}0275$	$- 0{,}1054$	$- 7{,}2595$	$- 0{,}1075$	$+ 0{,}0346$	$- 0{,}0095$	$+ 0{,}0051$
$X_8 - X_9$	$- 0{,}0059$	$+ 0{,}0225$	$- 0{,}0896$	$- 7{,}1948$	$- 0{,}1564$	$+ 0{,}0429$	$- 0{,}0229$
$X_{10} - X_{11}$	$+ 0{,}0019$	$- 0{,}0072$	$+ 0{,}0289$	$- 0{,}1564$	$- 7{,}0467$	$- 0{,}1736$	$+ 0{,}0928$
$X_{12} - X_{13}$	$- 0{,}0004$	$+ 0{,}0016$	$- 0{,}0063$	$+ 0{,}0343$	$- 0{,}1389$	$- 6{,}8526$	$- 0{,}4423$
$+ X_{14}$	$- 0{,}0001$	$+ 0{,}0004$	$- 0{,}0017$	$+ 0{,}0091$	$- 0{,}0368$	$+ 0{,}2190$	$- 5{,}4588$

5. **Die statisch unbestimmten Schnittkräfte bei gleichförmiger, symmetrischer Windbelastung** $w_k = 0{,}525$ t/m. Nach S. 470 entsteht bei symmetrischer Belastung des Pfostenpaares h_k durch w_k ($k = 2, 4, \ldots, 12$)

$$6\,\delta_{(k-1)\,0} = 6\,\delta_{k\,0} = -\frac{w_k\,h_k^2\,h_k'}{4}\,.$$

Nach Abb. 452 ist außerdem

$$6\,\delta_{13,\,0} = -9{,}11736, \qquad 6\,\delta_{14,\,0} = +18{,}38781\,.$$

Berechnung der statisch unbestimmten Schnittkräfte X_{k-1}, X_k nach 3 b:

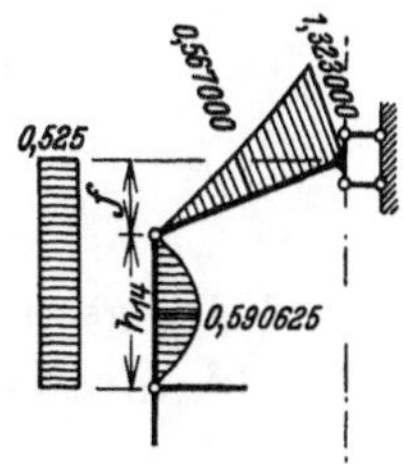

Abb. 452.

k	2	4	6	8	10	12
w_k	0,525					
h_k	5,4	3,6	3,6	3,6	3,6	3,6
h'_k	1,27	1,01	1,01	1,81	1,81	3,60
$6\,\delta_{(k-1)0} = 6\,\delta_{k0}$	$-4,86061$	$-1,71801$	$-1,71801$	$-3,07881$	$-3,07881$	$-6,12360$
$\dfrac{\beta_{(k-1)(k-1)}}{6} + \dfrac{\beta_{(k-1)k}}{6}$	$+0,320662$	$+0,212506$	$+0,236081$	$+0,153086$	$+0,133941$	$+0,082132$
X_{k-1}	$-1,5586$	$-0,3651$	$-0,4056$	$-0,4713$	$-0,4124$	$-0,5029$
$\dfrac{\beta_{k(k-1)}}{6} + \dfrac{\beta_{kk}}{6}$	$+0,146077$	$+0,218831$	$+0,162087$	$+0,111945$	$+0,088698$	$+0,051223$
X_k	$-0,7100$	$-0,3760$	$-0,2785$	$-0,3447$	$-0,2731$	$-0,3137$

$$X_{13} = -0,5747\,, \qquad X_{14} = +0,3203\,.$$

Die anschließenden Pfostenmomente ergeben sich wiederum aus $X_{h-1} = -\varkappa_{(h-1)h} X_h$, $X_r = -\varkappa_{r(r-1)} X_{r-1}$. Das Ergebnis ist in der folgenden Zahlentafel enthalten.

	w_2	w_4	w_6	w_8	w_{10}	w_{12}	w_{14}	Σ
X_1	$-1,5586$	$+0,1577$	$-0,0422$	$+0,0128$	$-0,0034$	$+0,0011$	$-0,0004$	$-1,4330$
X_2	$-0,7100$	$-0,3154$	$+0,0844$	$-0,0256$	$+0,0069$	$-0,0021$	$+0,0007$	$-0,9612$
X_3	$-0,6209$	$-0,3651$	$+0,0977$	$-0,0297$	$+0,0080$	$-0,0025$	$+0,0009$	$-0,9116$
X_4	$+0,1747$	$-0,3760$	$-0,3545$	$+0,1077$	$-0,0290$	$+0,0090$	$-0,0031$	$-0,4711$
X_5	$+0,1521$	$-0,3272$	$-0,4056$	$+0,1233$	$-0,0332$	$+0,0103$	$-0,0035$	$-0,4838$
X_6	$-0,0327$	$+0,0703$	$-0,2785$	$-0,4323$	$+0,1163$	$-0,0361$	$+0,0124$	$-0,5805$
X_7	$-0,0281$	$+0,0605$	$-0,2396$	$-0,4713$	$+0,1268$	$-0,0394$	$+0,0135$	$-0,5776$
X_8	$+0,0079$	$-0,0170$	$+0,0672$	$-0,3447$	$-0,3650$	$+0,1133$	$-0,0390$	$-0,5772$
X_9	$+0,0069$	$-0,0149$	$+0,0589$	$-0,3022$	$-0,4124$	$+0,1280$	$-0,0440$	$-0,5796$
X_{10}	$-0,0015$	$+0,0032$	$-0,0125$	$+0,0640$	$-0,2731$	$-0,4432$	$+0,1525$	$-0,5107$
X_{11}	$-0,0012$	$+0,0025$	$-0,0098$	$+0,0504$	$-0,2148$	$-0,5029$	$+0,1730$	$-0,5029$
X_{12}	$+0,0003$	$-0,0006$	$+0,0026$	$-0,0132$	$+0,0562$	$-0,3137$	$-0,4771$	$-0,7455$
X_{13}	$+0,0002$	$-0,0005$	$+0,0020$	$-0,0102$	$+0,0434$	$-0,2423$	$-0,5747$	$-0,7821$
X_{14}	$+0,0000$	$-0,0000$	$+0,0002$	$-0,0008$	$+0,0034$	$-0,0189$	$+0,3204$	$+0,3042$

B. Antimetrische Belastung. Berechnung nach S. 470. Die statisch überzähligen Größen sind die Anschlußmomente am unteren Pfostenende.

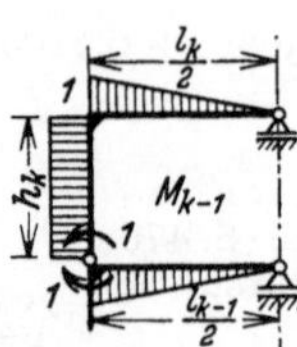

Abb. 453.

6. **Die geometrischen Bedingungsgleichungen (763).** Die Vorzahlen sind nach **(764)**

$$6\,\delta_{(k+1)(k-1)} = -l'_k\,, \qquad 6\,\delta_{(k+1)(k+3)} = -l'_{k+2}\,, \qquad 6\,\delta_{(k+1)(k+1)} = l'_k + 6\,h'_{k+2} + l'^{}_{k+2}\,.$$

Der Ansatz gilt unverändert für das Dachgeschoß mit schrägem Riegel (Abb. **453**).

Matrix der Vorzahlen $6\,\delta_{ik}$:

	X_1	X_3	X_5	X_7	X_9	X_{11}	X_{13}
1	$+\,11{,}65$	$-\,4{,}03$					
3	$-\,4{,}03$	$+\,14{,}12$	$-\,4{,}03$				
5		$-\,4{,}03$	$+\,16{,}49$	$-\,6{,}40$			
7			$-\,6{,}40$	$+\,24{,}94$	$-\,7{,}68$		
9				$-\,7{,}68$	$+\,26{,}22$	$-\,7{,}68$	
11					$-\,7{,}68$	$+\,38{,}88$	$-\,9{,}60$
13						$-\,9{,}60$	$+\,41{,}10$

7. Auflösung des Ansatzes.

a) Antimetrische Belastung eines Riegels l_k. Es treten nur zwei Belastungsglieder $-\,6\,\delta_{(k-1)\,0} = 6\delta_{(k+1)\,0}$ auf, so daß die gleiche Rechenvorschrift wie unter 3a verwendet wird.

b) Antimetrische Windlast. Antimetrische Windlast eines Pfostenpaares h_k gibt Belastungszahlen $\delta_{10}, \delta_{30}, \ldots, \delta_{(k+1)\,0}$. Da jedoch in der Regel nur Windbelastung auf die ganze Pfostenlänge in Betracht kommt, werden die Belastungszahlen δ_{k0} am besten nach (171) unmittelbar aus den Biegungsmomenten M_0 des Hauptsystems angegeben. Die statisch unbestimmten Schnittkräfte können nach S. 236 mit dem Gaußschen Algorithmus berechnet werden. Das Ergebnis läßt sich auch nach einer Superposition anschreiben, in dem jede überzählige Größe X_i zunächst für $6\delta_{h0}$ allein bestimmt wird $(X_i \to X_{ih})$. Hierzu genügen die Kennbeziehungen und die Hauptglieder $\beta_{hh}/6$ der konjugierten Matrix.

$$X_{hh} = 6\,\delta_{h0} \cdot \frac{\beta_{hh}}{6},$$

$$X_{(i-1)\,h} = -\varkappa_{(i-1)\,i}X_{ih} \quad \text{für } i \leq h$$

oder

$$X_{(i+1)\,h} = -\varkappa_{(i+1)\,i}X_{ih} \quad \text{für } i \geq h;$$

$$X_i = \sum_{h=1}^{h=n} X_{ih}.$$

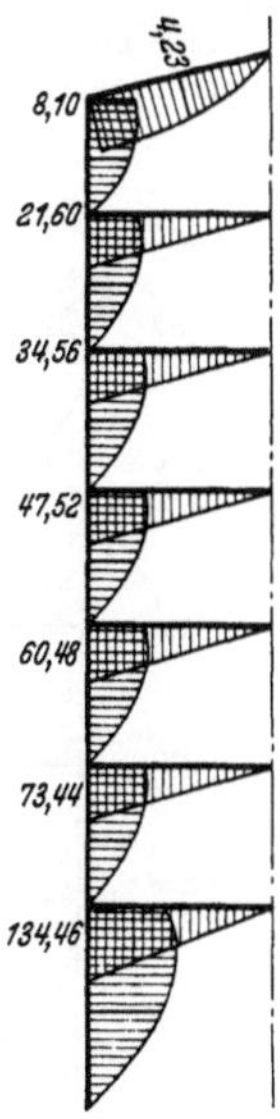

Biegungsmomente in der Mitte der Pfosten:

5,175
12,42
18,90
25,38
31,86
38,34
70,875

Abb. 454.

Kennbeziehungen und Vorzahlen $\beta_{(k+1)\,(k+1)}/6$ zur Matrix am Kopf der Seite.

$\varkappa_{31}$	$\varkappa_{53}$	$\varkappa_{75}$	$\varkappa_{97}$	$\varkappa_{11\,9}$	$\varkappa_{13\,11}$
$-0{,}309\,687$	$-0{,}274\,653$	$-0{,}283\,898$	$-0{,}312\,067$	$-0{,}209\,620$	$-0{,}233\,577$

$\varkappa_{11\,13}$	$\varkappa_{9\,11}$	$\varkappa_{79}$	$\varkappa_{57}$	$\varkappa_{35}$	$\varkappa_{13}$
$-0{,}263\,900$	$-0{,}325\,854$	$-0{,}345\,204$	$-0{,}420\,671$	$-0{,}316\,676$	$-0{,}345\,923$

β_{11}	β_{33}	β_{55}	β_{77}	β_{99}	$\beta_{11\,11}$	$\beta_{13\,13}$
$+0{,}096\,1357$	$+0{,}086\,0653$	$+0{,}074\,6444$	$+0{,}050\,3752$	$+0{,}045\,5395$	$+0{,}029\,2954$	$+0{,}025\,9292$

8. Die statisch unbestimmten Schnittkräfte für volle antimetrische Windlast. Die Momente des Hauptsystems sind in Abb. 454 ohne Einhaltung eines Maßstabes aufgetragen. In Verbindung mit Abb. 453 ist z. B.

$$6\,\delta_{70} = 6\int M_7 M_0\, \frac{J_c}{J}\, ds$$

$$= w\,[l_6' \cdot 60{,}48 - h_8'\,(47{,}52 + 4 \cdot 25{,}38) - l_8' \cdot 47{,}52] = -\,130{,}013\,.$$

Belastungszahlen und Superposition der Teilergebnisse:

h	1	3	5	7	9	11	13	Σ
$6\,\delta_{h0}$	$-563,159$	$+8,843$	$-147,477$	$-130,013$	$-52,425$	$-104,237$	$+11,397$	—
$\beta_{hh}/6$	$+\ 0,096\,1357$	$+0,086\,0653$	$+\ 0,074\,6444$	$+\ 0,050\,3752$	$+\ 0,045\,5395$	$+\ 0,029\,2954$	$+\ 0,025\,9292$	—
X_1	$-\ 54,1397$	$+0,2633$	$-\ 1,2059$	$-\ 0,3018$	$-\ 0,0380$	$-\ 0,0158$	$+\ 0,0004$	$-55,4375$
X_3	$-\ 16,7663$	$+0,7611$	$-\ 3,4861$	$-\ 0,8725$	$-\ 0,1098$	$-\ 0,0458$	$+\ 0,0012$	$-20,5182$
X_5	$-\ 4,6049$	$+0,2090$	$-\ 11,0083$	$-\ 2,7551$	$-\ 0,3467$	$-\ 0,1445$	$+\ 0,0037$	$-18,6468$
X_7	$-\ 1,3073$	$+0,0593$	$-\ 3,1252$	$-\ 6,5494$	$-\ 0,8241$	$-\ 0,3435$	$+\ 0,0088$	$-12,0814$
X_9	$-\ 0,4080$	$+0,0185$	$-\ 0,9753$	$-\ 2,0439$	$-\ 2,3874$	$-\ 0,9951$	$+\ 0,0254$	$-\ 6,7658$
X_{11}	$-\ 0,0855$	$+0,0039$	$-\ 0,2044$	$-\ 0,4284$	$-\ 0,5004$	$-\ 3,0537$	$+\ 0,0780$	$-\ 4,1905$
X_{13}	$-\ 0,0200$	$+0,0009$	$-\ 0,0477$	$-\ 0,1001$	$-\ 0,1169$	$-\ 0,7133$	$+\ 0,2955$	$-\ 0,7016$

C. Biegungsmomente aus Eigengewicht. g_2 bis $g_{12}=1{,}8$ t/m, $g_{14}=1{,}25$ t/m (Dachriegel).

Die Teilergebnisse der Tabelle S. 475 aus p_2 bis p_{12} werden addiert und mit 1,8 multipliziert. Hierzu treten die mit g_{14} erweiterten Ergebnisse für $p_{14}=1$.

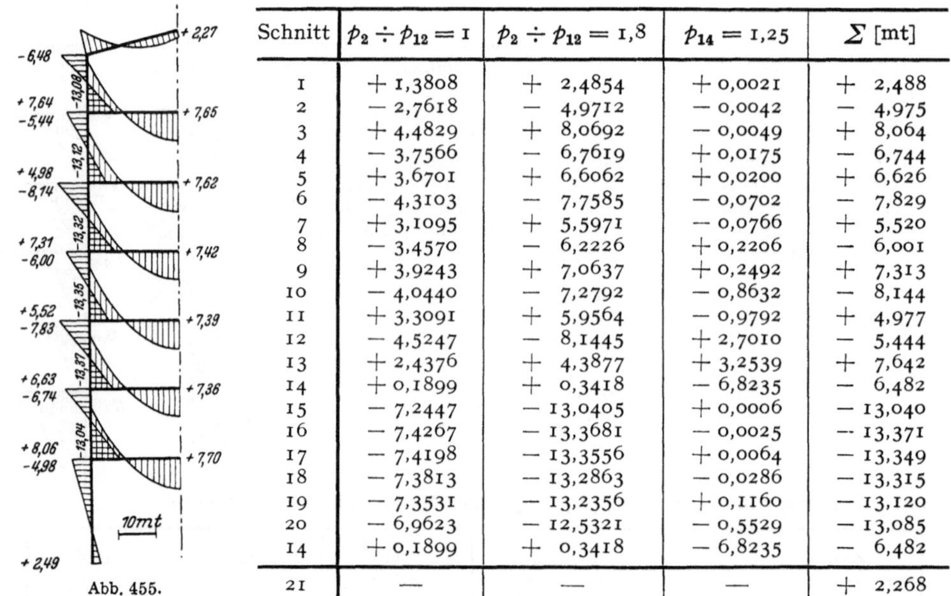

Abb. 455.

Schnitt	$p_2 \div p_{12} = 1$	$p_2 \div p_{12} = 1{,}8$	$p_{14} = 1{,}25$	Σ [mt]
1	$+1,3808$	$+2,4854$	$+0,0021$	$+2,488$
2	$-2,7618$	$-4,9712$	$-0,0042$	$-4,975$
3	$+4,4829$	$+8,0692$	$-0,0049$	$+8,064$
4	$-3,7566$	$-6,7619$	$+0,0175$	$-6,744$
5	$+3,6701$	$+6,6062$	$+0,0200$	$+6,626$
6	$-4,3103$	$-7,7585$	$-0,0702$	$-7,829$
7	$+3,1095$	$+5,5971$	$-0,0766$	$+5,520$
8	$-3,4570$	$-6,2226$	$+0,2206$	$-6,001$
9	$+3,9243$	$+7,0637$	$+0,2492$	$+7,313$
10	$-4,0440$	$-7,2792$	$-0,8632$	$-8,144$
11	$+3,3091$	$+5,9564$	$-0,9792$	$+4,977$
12	$-4,5247$	$-8,1445$	$+2,7010$	$-5,444$
13	$+2,4376$	$+4,3877$	$+3,2539$	$+7,642$
14	$+0,1899$	$+0,3418$	$-6,8235$	$-6,482$
15	$-7,2447$	$-13,0405$	$+0,0006$	$-13,040$
16	$-7,4267$	$-13,3681$	$-0,0025$	$-13,371$
17	$-7,4198$	$-13,3556$	$+0,0064$	$-13,349$
18	$-7,3813$	$-13,2863$	$-0,0286$	$-13,315$
19	$-7,3531$	$-13,2356$	$+0,1160$	$-13,120$
20	$-6,9623$	$-12,5321$	$-0,5529$	$-13,085$
14	$+0,1899$	$+0,3418$	$-6,8235$	$-6,482$
21	—	—	—	$+2,268$

Die Momente sind in Abb. 455 dargestellt.

D. Grenzwerte der Biegungsmomente infolge Nutzlast von 2,5 t/m auf Geschoßbreite.

Die Belastungsvorschrift ergibt sich aus den Vorzeichen der Teilergebnisse der Tabelle S. 475. Diese liefert auch die Schnittkräfte für $p=1$ t/m.

Schnitt	$M_{\max}$ Belastung	$M_{\max}$ Grenzwert $p=1$	$M_{\max}$ Grenzwert $p=2,5$	$M_{\min}$ Belastung	$M_{\min}$ Grenzwert $p=1$	$M_{\min}$ Grenzwert $p=2,5$
5	p_4, p_6, p_{10}	$+4,9553$	$+12,388$	p_2, p_8, p_{12}	$-1,2852$	$-3,213$
6	p_2, p_8, p_{12}	$+1,4938$	$+3,734$	p_4, p_6, p_{10}	$-5,8041$	$-14,510$
17	p_2, p_{10}	$+0,0621$	$+0,155$	p_4, p_6, p_8, p_{12}	$-7,4819$	$-18,705$
17''	p_2, p_6, p_{10}	$+4,3226$	$+10,806$	p_4, p_8, p_{12}	$-0,2224$	$-0,556$

$$\text{Balkenmoment für } p_k = 1 \text{ t/m:} \quad \frac{p_k \cdot 9{,}6^2}{8} = \frac{1 \cdot 9{,}6^2}{8} = 11{,}52 \text{ tm}.$$

Biegungsmomente infolge Windbelastung w.

Schnitt	Symmetrische Belastung w			Antimetrische Belastung w			Unsymmetr. Belastung $2w$	Unsymmetr. Belastung w	Schnitt	Unsymmetr. Belastung $2w$	Unsymmetr. Belastung w
	Stat. best. Anteil	Stat. unbest. Anteil	Σ	Stat. best. Anteil	Stat. unbest. Anteil	Σ					
1	0	− 1,4330	− 1,4330	0	− 55,4375	− 55,4375	− 56,8705	− 28,435	1′	+ 54,0045	+ 27,002
3	0	− 0,9116	− 0,9116	0	− 20,5182	− 20,5182	− 21,4298	− 10,715	3′	+ 19,6066	+ 9,803
5	0	− 0,4838	− 0,4838	0	− 18,6460	− 18,6460	− 19,1298	− 9,565	5′	+ 18,1622	+ 9,081
7	0	− 0,5778	− 0,5778	0	− 12,0812	− 12,0812	− 12,6590	− 6,330	7′	+ 11,5034	+ 5,752
9	0	− 0,5796	− 0,5796	0	− 6,7657	− 6,7657	− 7,3453	− 3,673	9′	+ 6,1861	+ 3,093
11	0	− 0,5029	− 0,5029	0	− 4,1905	− 4,1905	− 4,6934	− 2,347	11′	+ 3,6876	+ 1,844
13	0	− 0,7821	− 0,7821	0	− 0,7016	− 0,7016	− 1,4837	− 0,742	13	− 0,0805	− 0,040
2	0	− 0,9612	− 0,9612	+ 70,5915	− 55,4375	+ 15,1540	+ 14,1928	+ 7,096	2′	− 16,1152	− 8,058
4	0	− 0,4711	− 0,4711	+ 38,5560	− 20,5182	+ 18,0378	+ 17,5667	+ 8,783	4′	− 18,5089	− 9,254
6	0	− 0,5805	− 0,5805	+ 31,7520	− 18,6460	+ 13,1060	+ 12,5255	+ 6,263	6′	− 13,6865	− 6,843
8	0	− 0,5772	− 0,5772	+ 24,9480	− 12,0812	+ 12,8668	+ 12,2896	+ 6,145	8′	− 13,4440	− 6,722
10	0	− 0,5107	− 0,5107	+ 18,1440	− 6,7657	+ 11,3783	+ 10,8676	+ 5,434	10′	− 11,8890	− 5,945
12	0	− 0,7455	− 0,7455	+ 11,3400	− 4,1905	+ 7,1495	+ 6,4040	+ 3,202	12′	− 7,8950	− 3,948
14	0	+ 0,3042	+ 0,3042	+ 4,2525	− 0,7016	+ 3,5509	+ 3,8551	+ 1,928	14	− 3,2467	− 1,623
15	0	− 0,0496	− 0,0496	+ 70,5915	− 34,9193	+ 35,6722	+ 35,6226	+ 17,811	15′	− 35,7218	− 17,861
16	0	+ 0,0127	+ 0,0127	+ 38,5560	− 1,8722	+ 36,6838	+ 36,6965	+ 18,348	16′	− 36,6711	− 18,336
17	0	− 0,0027	− 0,0027	+ 31,7520	− 6,5648	+ 25,1872	+ 25,1845	+ 12,592	17′	− 25,1899	− 12,595
18	0	+ 0,0024	+ 0,0024	+ 24,9480	− 5,3155	+ 19,6325	+ 19,6349	+ 9,817	18′	− 19,6301	− 9,815
19	0	− 0,0078	− 0,0078	+ 18,1440	− 2,5752	+ 15,5688	+ 15,5610	+ 7,780	19′	− 15,5766	− 7,788
20	0	+ 0,0366	+ 0,0366	+ 11,3400	− 3,4889	+ 7,8511	+ 7,8877	+ 3,944	20′	− 7,8145	− 3,907
21	− 1,3230	+ 0,7387	− 0,5843	0	0	0	− 0,5843	− 0,292	21′	− 0,5843	− 0,292

E. **Biegungsmomente aus Windbelastung.** Das Ergebnis wird durch Superposition des symmetrischen und des antimetrischen Anteils in der Tabelle S. 479 erhalten. Die Momente sind in Abb. 456 aufgezeichnet.

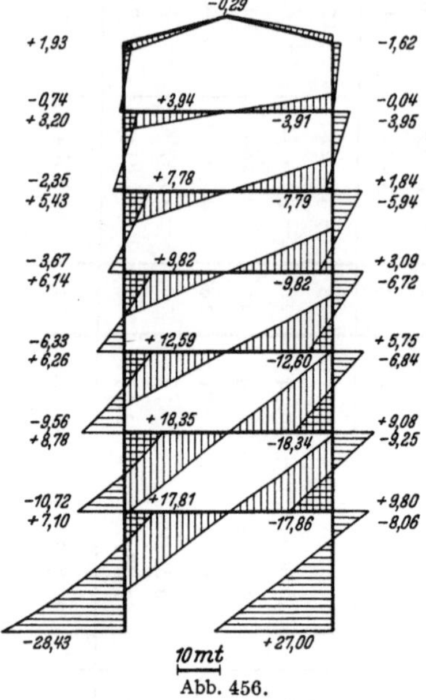

Abb. 456.

Der symmetrische Stockwerkrahmen mit mehr als zwei Pfosten und frei drehbar angeschlossenen Zwischenstielen. Die Untersuchung des Stockwerkrahmens mit zwei Pfosten für symmetrische Belastung nach S. 469, für antimetrische Belastung nach S. 470 kann unmittelbar auf das erweiterte symmetrische System mit gelenkig angeschlossenen Zwischenpfosten übertragen werden. Die Riegel des Hauptsystems werden jedoch nicht mehr allein in der Symmetrieachse, sondern nach Abb. 457 auch durch Zwischenpfosten gestützt. Sie bilden daher bei beiden Lösungen durchlaufende

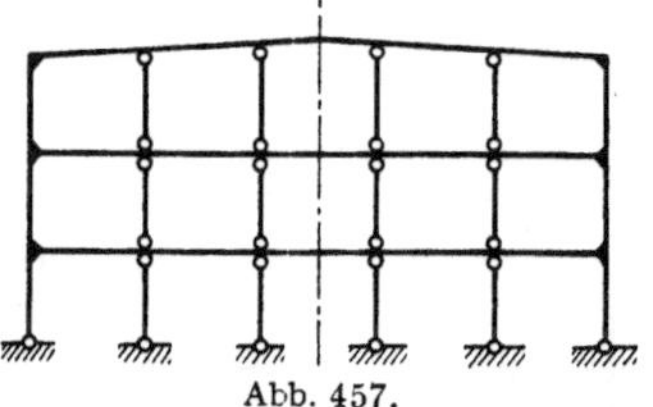

Abb. 457.

Träger mit frei drehbaren Zwischenstützen, das Hauptsystem ist also statisch unbestimmt. Trotzdem werden die überzähligen Größen ebenso wie nach (761) und (763) aus dreigliedrigen geometrischen Bedingungsgleichungen berechnet, nur daß die Vorzahlen $\delta_{kk}^{(r)}$, $\delta_{k(k-1)}^{(r)}$ und die Belastungszahlen $\delta_{k0}^{(r)}$ aus der Formänderung eines durchlaufenden nach Abb. 458a oder Abb. 458b gestützten Trägers k infolge $-X_k = 1$, $-X_{k+1} = 1$ und der Belastung $\mathfrak{P}$ hervorgehen (311). Hierzu werden die Biegungsmomente $M_k^{(r)}$, $M_{k+1}^{(r)}$, $M_0^{(r)}$ für jeden Riegelabschnitt

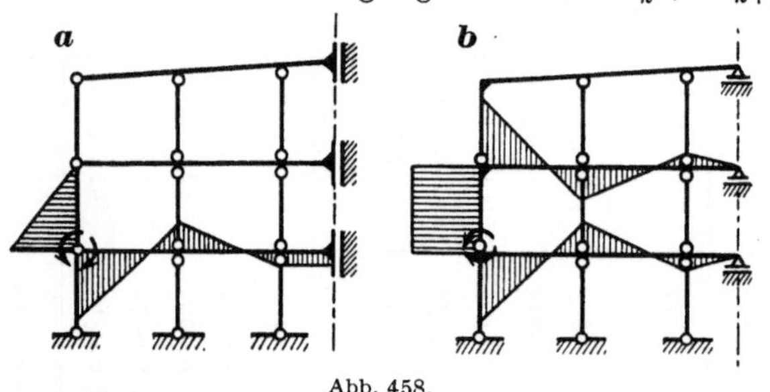

Abb. 458.

Abb. 458a oder Abb. 458b nach Abschn. 47 bestimmt.

Das Ergebnis hat für Ausführungen in Eisenbeton keine Bedeutung, so daß die Lösung abgebrochen wird. Sie bietet bei Anwendung der Angaben des Abschn. 37, der sich mit statisch unbestimmten Hauptsystemen beschäftigt, keine Schwierigkeiten.

Stockwerkrahmen mit mehr als zwei Pfosten und biegungssteifer Verbindung von Pfosten und Riegel. Die Schnittkräfte werden aus den Knoten- und Stabdrehwinkeln des Tragwerks entwickelt (Abschn. 38ff.). Die Untersuchung ist auf S. 345ff. gezeigt und in Abschn. 42 auf die Berechnung von symmetrischen Stockwerkrahmen mit zwei, drei und vier Stützen angewendet worden. Der Ansatz bietet keine Schwierigkeiten. Die Zahlenrechnung ist zuverlässig, leider jedoch zeitraubend. Man begnügt sich aus diesem Grunde in der Regel mit Näherungslösungen auf Grund einer Abschätzung des Verschiebungszustandes.

Die Pfostendrehwinkel ψ_c sind bei senkrechter Belastung der Riegel stets klein, so daß sie bei der angenäherten Beschreibung des Spannungs- und Formänderungszustandes vernachlässigt werden können. Man beschränkt die Untersuchung in diesem Falle oft nur auf einen durchlaufenden Riegel, dessen Pfosten an den benachbarten beiden Riegeln mit vorgeschriebenen statischen oder geometrischen Eigenschaften enden. Dabei werden die Anschlußmomente der Pfosten oder die Knotendrehwinkel der benachbarten Riegel Null gesetzt (frei drehbare Verbindung oder starre Einspannung der Pfosten). Die wahre Lösung für $\psi_c = 0$ wird durch das Ergebnis aus beiden Annahmen eingeschlossen. Sie entspricht einer elastischen Einspannung der Pfostenenden, die oft auch als Grundlage des Spannungsnachweises geschätzt wird. Dabei werden die Wendepunkte der elastischen Linien, also die Nullpunkte der Momentenlinien der dem Riegel benachbarten Pfosten, im Abstand $3/4 \cdot h$ vom Riegel angenommen.

Der durchlaufende Riegel ist in Abschn. 48 mit statisch unbestimmten Schnittkräften und mit Knotendrehwinkeln berechnet worden. Die Untersuchung bedarf nach geeigneten Annahmen über die elastische Einspannung der Pfosten keiner Ergänzung. Sie kann rechnerisch (S. 230) oder zeichnerisch (S. 262) durchgeführt werden. Die Momentenlinien schneiden dabei meist die Achsen der Pfosten im Abstand $0,25\,h$ von dem benachbarten Riegel.

Zur Abschätzung der Schnittkräfte genügen die Ergebnisse auf S. 438 für den durchlaufenden Träger mit unendlich vielen Feldern $l'_k = l'$ oder Annahmen über

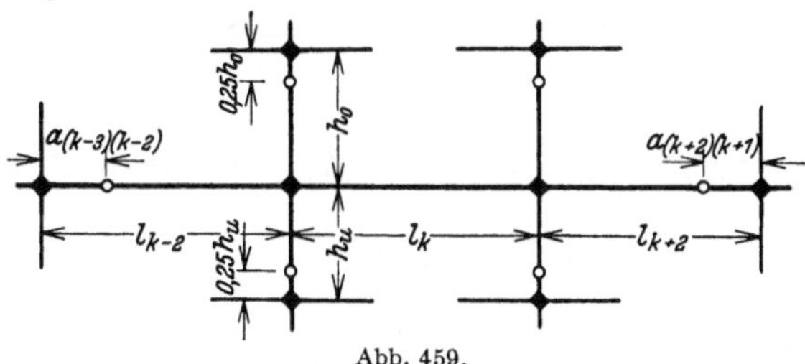

Abb. 459.

die Lage der Festpunkte in den Trägern l_{k-2}, l_{k+2} neben dem belasteten Felde l_k (Abb. 459). Man wählt ebenso wie bei den Pfosten

$$a_{(k-3)\,(k-2)} = 0{,}25\,l_{k-2}\,, \qquad a_{(k+2)\,(k+1)} = 0{,}25\,l_{k+2}\,.$$

Waagerechte Belastung. Man unterscheidet Lastangriff am Knoten und Pfosten, rechnet jedoch in der Regel den allgemeinen Fall nur für unverschiebliche Abstützung der Pfosten durch die Riegel, um dann die Stützkräfte gemeinsam mit den vorgeschriebenen Knotenlasten als äußere Kräfte des Stockwerkrahmens zu verwenden. Die Annahme $\psi_c = 0$ ist dann auch in einer Näherungslösung unbrauchbar.

Das Schaubild der Biegungsmomente besteht bei Knotenbelastung aus geraden Linien, welche die Stabachsen schneiden, so daß die Schnittpunkte oft zur Abschätzung der Lösung in die Halbierungspunkte der Stäbe gelegt und die Querkräfte eines jeden Stockwerks proportional zu den Trägheitsmomenten der Pfosten auf diese verteilt werden. Damit sind dann die Stabendmomente bestimmt. Leider ist das Ergebnis selbst als Näherungslösung ohne große Bedeutung, da der Spannungszustand des Stockwerkrahmens durch die Annahme der Momentennullpunkte in den Pfostenmitten zu günstig beurteilt wird.

Bleibt die Näherungslösung auf Stockwerkrahmen mit rechteckigem Umriß und rechteckigen Feldern beschränkt, so wird man auch bei ungleicher Verteilung der Nutzlast damit rechnen können, daß die Trägheitsmomente der Säulen der Geschosse in einem konstanten Verhältnis stehen, die Trägheitsmomente der Säulen des ersten Geschosses also mit $J_a c_1,\ J_a c_2 \ldots J_a c_k$, diejenigen eines anderen mit $J_b c_1, J_b c_2 \ldots J_b c_k$ beschrieben werden, wobei die Säulen $J_a c_2,\ J_b c_2$ demselben Strang (2) angehören.

Da nun die horizontalen Verschiebungen der Knotenpunkte eines Riegels gleich groß sind und die Schaubilder der Biegungsmomente aller Pfosten der Form nach übereinstimmen, können nach dem wirklich vorhandenen Verschiebungszustand die waagerechten Biegelinien der Pfosten in erster Annäherung als kongruent und daher die Knotendrehwinkel eines Riegels gleich groß angenommen werden ($\varphi_{J,r} = \varphi_J$, $r = 1 \ldots s$).

Die Addition der Gleichungen $\delta A_J = 0$ für alle Knoten J eines Geschosses liefert unter Berücksichtigung der Kongruenz der Biegelinien (Abb. 460)

$$2\,\varphi_H \sum_{r=1}^{r=s} \frac{1}{h'_{i,r}} + \varphi_J \left(4 \sum_{r=1}^{r=s} \frac{1}{h'_{i,r}} + 12 \sum_{r=2}^{r=s} \frac{1}{l'_{i,r}} + 4 \sum_{r=1}^{r=s} \frac{1}{h'_{k,r}} \right)$$

$$+ 2\,\varphi_K \sum_{r=1}^{r=s} \frac{1}{h'_{k,r}} - 6\,\psi_i \sum_{r=1}^{r=s} \frac{1}{h'_{i,r}} - 6\,\psi_k \sum_{r=1}^{r=s} \frac{1}{h'_{k,r}} = 0 \, . \tag{a}$$

Die Gleichungen $\delta A_c = 0$ lauten für die beiden dem Riegel i benachbarten Stockwerke

$$6 \sum_{r=1}^{r=s} \frac{1}{h'_{i,r}} \, (\varphi_H + \varphi_J - 2\,\psi_i) + W_i h_i = 0 \, , \quad W_i = \sum_{i}^{n} H_m \, , \left. \vphantom{\sum_{r=1}^{r=s}} \right\}$$

$$6 \sum_{r=1}^{r=s} \frac{1}{h'_{k,r}} \, (\varphi_J + \varphi_K - 2\,\psi_k) + W_k h_k = 0 \, , \quad W_k = \sum_{k}^{n} H_m \, . \tag{b}$$

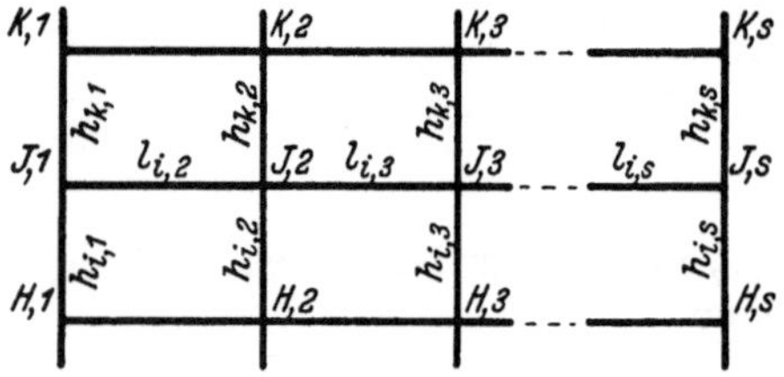

Mit

$$h'_{i,r} = h_i \frac{J_c}{J_{i,r}} = h_i \frac{J_c}{J_{i,1} c_r} = \frac{h'_{i,1}}{c_r} \, , \qquad C = \sum_{r=1}^{r=s} c_r$$

wird

$$\sum_{r=1}^{r=s} \frac{1}{h'_{i,r}} = \frac{1}{h'_{i,1}} \sum_{r=1}^{r=s} c_r = \frac{C}{h'_{i,1}} \, .$$

Abb. 460.

$$\sum_{r=2}^{r=s} \frac{1}{l'_{i,r}} = \frac{s-1}{l'_{i,m}}$$ liefert einen Mittelwert $l'_{i,m}$. Die Substitution der Pfostendrehwinkel ψ_i, ψ_k nach (b)

$$6\,\psi_i \frac{C}{h'_{i,1}} = \frac{3\,C}{h'_{i,1}} (\varphi_H + \varphi_J) + \frac{W_i h_i}{2} \, , \left. \vphantom{\frac{C}{h'_{i,1}}} \right\}$$

$$6\,\psi_k \frac{C}{h'_{k,1}} = \frac{3\,C}{h'_{k,1}} (\varphi_J + \varphi_K) + \frac{W_k h_k}{2} \tag{765}$$

in (a) liefert die folgenden dreigliedrigen Beziehungen zwischen den Knotendrehwinkeln dreier benachbarter Riegel:

$$-\varphi_H \frac{1}{h'_{i,1}} + \varphi_J \left(\frac{1}{h'_{i,1}} + \frac{12\,(s-1)}{C\,l'_{i,m}} + \frac{1}{h'_{k,1}} \right) - \varphi_K \frac{1}{h'_{k,1}} - \frac{W_i h_i}{2\,C} - \frac{W_k h_k}{2\,C} = 0 \, , \tag{766a}$$

allgemein:

$$\varphi_H \, \bar{a}_{JH} + \varphi_J \, \bar{a}_{JJ} + \varphi_K \, \bar{a}_{JK} + \bar{a}_{J0} = 0 \, . \tag{766b}$$

Sie werden am einfachsten durch Iteration gelöst, da die Hauptglieder wesentlich größer als die Nebenglieder sind.

Die Ergebnisse dieser Näherungsrechnung lassen sich durch Iteration der statischen Bedingungen (599) bis (601) verbessern.

Die Brauchbarkeit der Lösung wird an dem Stockwerkrahmen Abb. 331 nachgeprüft, dessen Stab- und Knotendrehwinkel nach Abschn. 42 bekannt sind. Er besitzt $s = 4$ Pfosten, also $12 \, (s - 1) = 36$, und ist zur Mittellinie symmetrisch, daher $c_1 = c_4 = 1,00$, $c_2 = c_3 = 1,28$, $C = 2 \, (c_1 + c_2) = 4,56$. Für den Abschlußriegel l_g ist $1/l'_{g,m} = 1/3 \cdot (2 \cdot 0,105 + 0,211) = 0,140$, für alle übrigen Riegel $1/l'_{i,m} = 0,216$. Die reziproken Werte $1/h'_{g,1}$ werden nach S. 359 angeschrieben, so daß alle Vorzahlen und Belastungszahlen des Ansatzes (766) bekannt sind.

i	$1/h'_{i,1} =$ $\bar{a}_{(J-1)J}$	$1/h'_{(i+1),1} =$ $\bar{a}_{J(J+1)}$	$\dfrac{1}{l'_{i,m}}$	$\dfrac{36}{C\,l'_{i,m}}$	$\bar{a}_{JJ}$	W_i	$W_i h_i$	$\dfrac{W_i h_i}{2\,C}$	$\bar{a}_{J_0}$
g	$-\,0,059$	$-$	$0,140$	$1,105$	$1,164$	$1,105$	$3,757$	$0,41$	$-\,0,41$
f	$-\,0,085$	$-\,0,059$	$0,216$	$1,705$	$1,849$	$3,380$	$12,168$	$1,34$	$-\,1,75$
e	$-\,0,198$	$-\,0,085$	$0,216$	$1,705$	$1,988$	$5,720$	$20,592$	$2,26$	$-\,3,60$
d	$-\,0,254$	$-\,0,198$	$0,216$	$1,705$	$2,157$	$8,060$	$29,016$	$3,20$	$-\,5,46$
c	$-\,0,254$	$-\,0,254$	$0,216$	$1,705$	$2,213$	$10,400$	$37,440$	$4,10$	$-\,7,30$
b	$-\,0,340$	$-\,0,254$	$0,216$	$1,705$	$2,299$	$12,740$	$45,864$	$5,02$	$-\,9,12$
a	$-$	$-\,0,340$	$0,216$	$1,705$	$2,607$	$14,885$	$44,655$	$4,90$	$-\,9,92$

Ansatz der Bedingungsgleichungen (766).

	φ_A	φ_B	φ_C	φ_D	φ_E	φ_F	φ_G	$\bar{a}_{J_0}$
A	$2,607$	$-\,0,340$						$-\,9,92$
B	$-\,0,340$	$2,299$	$-\,0,254$					$-\,9,12$
C		$-\,0,254$	$2,213$	$-\,0,254$				$-\,7,30$
D			$-\,0,254$	$2,157$	$-\,0,198$			$-\,5,46$
E				$-\,0,198$	$1,988$	$-\,0,085$		$-\,3,60$
F					$-\,0,085$	$1,849$	$-\,0,059$	$-\,1,75$
G						$-\,0,059$	$1,164$	$-\,0,41$

Iteration der Lösung.

φ_A	φ_B	φ_C	φ_D	φ_E	φ_F	φ_G
$3,80$	$4,52$	$3,82$	$2,98$	$2,11$	$1,04$	$0,40$
$4,39$	$5,04$	$4,22$	$3,22$	$2,17$	$1,05$	$0,40$
$4,46$	$5,09$	$4,25$	$3,24$	$2,17$	$1,05$	$0,40$
$4,47$	$5,10$	$4,25$	$3,24$	$2,17$	$1,05$	$0,40$
$4,47$	$5,10$					

Fehler gegenüber dem genauen Ergebnis auf S. 365.

Winkel . . .	φ_A	φ_B	φ_C	φ_D	φ_E	φ_F	φ_G
Fehler in % .	$-\,12$	$-\,17$	$-\,18$	$-\,19$	$-\,28$	$-\,40$	$-\,50$
Winkel . . .	φ_H	φ_J	φ_K	φ_L	φ_M	φ_N	φ_R
Fehler in % .	$+\,7$	$+\,9$	$+\,9$	$+\,10$	$+\,16$	$+\,30$	$+\,48$

Berechnung der Stabdrehwinkel nach (765).

$$\psi_i = \frac{W_i h_i}{2\,C} \cdot \frac{h'_{i,1}}{6} + \frac{1}{2}\,(\varphi_{J-1} + \varphi_J).$$

i	$\dfrac{W_i h_i}{2\,C}$	$\dfrac{6}{h'_{i,1}}$	$\dfrac{W_i h_i}{2\,C}\Big/\dfrac{6}{h'_{i,1}}$	φ_{J-1}	φ_J	ψ_i	Fehler ψ_i %
a	4,90	3,372	1,45	0	4,47	3,69	+ 1,1
b	5,02	2,040	2,46	4,47	5,10	7,24	− 1,3
c	4,10	1,524	2,69	5,10	4,25	7,37	− 1,9
d	3,20	1,524	2,10	4,25	3,24	5,84	− 2,2
e	2,26	1,188	1,90	3,24	2,17	4,70	− 2,1
f	1,34	0,510	2,63	2,17	1,05	4,24	− 5,1
g	0,41	0,354	1,16	1,05	0,40	1,88	− 16,1

Werden diese Werte als Grundlage der Iteration der statischen Bedingungsgleichungen von S. 362/363 verwendet, so liefern die zweiten verbesserten Werte

φ_A	φ_B	φ_C	φ_D	φ_E	φ_F	φ_G
+ 5,08	+ 6,11	+ 5,14	+ 3,96	+ 3,08	+ 1,73	+ 0,75

φ_H	φ_J	φ_K	φ_L	φ_M	φ_N	φ_R
+ 4,17	+ 4,65	+ 3,86	+ 2,94	+ 1,86	+ 0,80	+ 0,26

ψ_a	ψ_b	ψ_c	ψ_d	ψ_e	ψ_f	ψ_g
+ 3,65	+ 7,32	+ 7,46	+ 5,92	+ 4,79	+ 4,46	+ 2,21

bereits eine gute Annäherung für die Biegungsmomente.

$M_J^{(h)}$	Betrag	Fehler %	$M_J^{(h)}$	Betrag	Fehler %	$M_J^{(h)}$	Betrag	Fehler %	$M_J^{(h)}$	Betrag	Fehler %
$M_C^{(\bar c)}$	− 3,04	0,3	$M_F^{(\bar f)}$	− 1,16	0,0	$M_H^{(\bar h)}$	− 4,11	0,5	$M_N^{(\bar n)}$	− 2,10	0,0
$M_C^{(c)}$	+ 4,72	1,3	$M_F^{(f)}$	+ 1,42	2,1	$M_H^{(a)}$	+ 4,48	0,0	$M_N^{(f)}$	+ 1,11	1,8
$M_C^{(\bar d)}$	− 1,79	1,7	$M_F^{(\bar g)}$	− 0,26	7,1	$M_H^{(h)}$	+ 7,86	0,1	$M_N^{(n)}$	+ 1,51	1,9
						$M_H^{(\bar i)}$	− 8,16	0,3	$M_N^{(\bar r)}$	− 0,52	8,8

Die Näherungslösung für die Stabdrehwinkel ψ_c auf S. 482 ist also auch zur strengen statischen Untersuchung des Tragwerks nützlich, da sie gute Anfangswerte zur Iteration der allgemeinen Lösung liefert. Ihre Konvergenz ist daher günstig, so daß die algebraische Auflösung der Bedingungen nach Abschn. 29 unnötig wird.

Spiegel, G.: Mehrstielige Rahmen. Berlin 1920. — Traub: Beitrag zur Berechnung von Stockwerkrahmen. Bauing. 1922 S. 18. — Fritsche: Die Berechnung des symmetrischen Stockwerkrahmens mit geneigten und lotrechten Ständern mit Hilfe von Differenzengleichungen. Berlin 1923. — Grüning, M.: Die Statik des ebenen Tragwerks. Berlin 1925. — Bleich-Melan: Die gewöhnlichen und partiellen Differenzengleichungen der Baustatik. Berlin 1927. — Pasternack, P.: Berechnung vielfach statisch unbestimmter biegefester Stab- und Flächentragwerke. Zürich 1927. — Worch, G.: Studie über die Wahl der Unbekannten bei der Berechnung hochgradig statisch unbestimmter Systeme. Beton u. Eisen 1928 S. 363. — Takabeya, F.: Rahmentafeln. Berlin 1930. — Bleich, F.: Stahlhochbauten Bd. 1. Berlin 1932. — Michnik, P.: Näherungsverfahren zur Berechnung von Stockwerkrahmen für vertikale und horizontale Belastungen. Bauing. 1932 S. 74.

52. Der Rahmenträger.

Der Rahmenträger ist ebenso wie der Stockwerkrahmen ein durch Stabführung und Stützung ausgezeichnetes Netz steifer Vierecke. Die Stäbe sind gerade, die Pfosten parallel zueinander. Die Träger unterscheiden sich durch die Gurtführung und durch die Art ihrer Abstützung. Abb. 461.

Die statische Eigenart des Rahmenträgers beruht im Gegensatz zu anderen Tragwerken des Eisenbetonbaues in der Verwendung von Bauteilen, in denen neben Biegungsmomenten gleichzeitig auch große Längs- und Querkräfte auftreten. Die bauliche Ausgestaltung der Rahmenstäbe und die Überleitung der Kräfte am Stabknoten verlangt daher besondere Sorgfalt. Diese Schwierigkeiten zwingen oft dazu, Teile des Rahmenträgers vollwandig oder als Fachwerk auszuführen, soweit dies durch die Art der Bauaufgabe möglich ist.

Der Spannungs- und Formänderungszustand ist bei n geschlossenen steifen Vierecken durch $3\,n$ statisch unbestimmte Schnittkräfte oder durch $2\,(n+1)$ Knotendrehwinkel und n Stabdrehwinkel bestimmt. Die vollständige Lösung wird jedoch in der Regel nur für Träger mit besonderen elastischen Eigenschaften angegeben, welche die Aufgabe vereinfachen. In anderen Fällen begnügt man sich mit einer Annäherung.

Rahmenträger mit beliebiger Gurtform und Belastung durch Einzelkräfte in den Stabknoten. Die Trägheitsmomente der Stäbe werden im Bereich ihrer theoretischen Länge als konstant, die Trägheitsmomente der Gurtstäbe im Felde k außerdem noch proportional zu ihren Längen angenommen; $J_k^a \cos\alpha_k = J_k^b \cos\beta_k$ (Abb. 462). Die elastische Mitwirkung der Zwischenkonstruktion (Decke, Fahrbahn) als Teil einer Gurtung kann daher bei dieser Untersuchung ebensowenig Berücksichtigung finden wie Risse im Beton der Zuggurte. Im Grenzfall wird nur ein Gurt als biegungssteif angenommen (Abb. 461f).

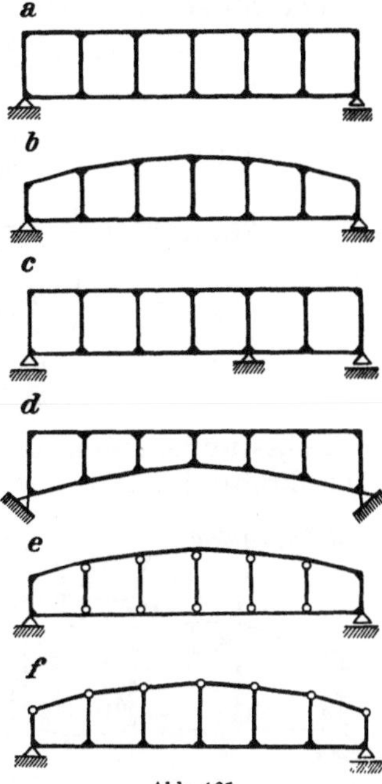

Abb. 461.

Die Abb. 461 e, f können als Grenzfälle des Rahmenträgers angesehen werden, bei denen entweder die Pfosten oder der Obergurt nur Längskräfte erhalten.

Werden die Längenänderungen der Pfosten vernachlässigt, so sind die senkrechten Verschiebungen zweier Stabknoten k^a, k^b und die Drehwinkel der Gurtstäbe des Feldes (k) eines Trägers mit $J_k^a \cos\alpha_k = J_k^b \cos\beta_k$ gleichgroß. Die Differenz der Gleichgewichtsbedingungen (523) $\delta A_k^a = 0$, $\delta A_k^b = 0$ $(k = 1,\ldots, n)$ enthält daher nur die unbekannten Differenzen $(\varphi_k^a - \varphi_k^b)$ senkrecht zugeordneter Knotendrehwinkel. Der Ansatz ist bei Eintragung der Lasten in den Knotenpunkten homogen und daher: $\varphi_k^a = \varphi_k^b$. Nach der Definition des Drehsinns in Abb. 462 sind dann die Biegungsmomente $M_{k(k-1)}^a$, $M_{k(k-1)}^b$ der Gurte einander gleich und die Biegungsmomente M_k^a, M_k^b an den Pfostenenden entgegengesetzt gleich. Das Biegungsmoment in Pfostenmitte ist also Null $(X_k' = 0)$ und

$$Y_k = \frac{M_{k(k-1)}^a + M_{k(k-1)}^b}{2}, \qquad k = 1,\ldots, n \qquad (767)$$

die einzige statisch unbestimmte Größe des Spannungszustandes. Die Rechnung enthält daher durch diese Annahmen nur n statisch überzählige Größen. Sie werden aus ebenso vielen geometrischen Bedingungsgleichungen bestimmt,

$$1_k\,(\delta_k^a + \delta_k^b) = 0, \qquad k = 1,\ldots, n.$$

Außer der ersten und letzten enthält nach Abb. 462 jede von ihnen drei Unbekannte.

$$Y_{k-1}\,\delta_{k(k-1)} + Y_k\,\delta_{kk} + Y_{k+1}\,\delta_{k(k+1)} = \delta_{k\otimes}.$$

Die Vorzahlen und Belastungszahlen werden für einen Träger mit geradem Untergurt und gebrochenem Obergurt unter Berücksichtigung der Längenänderungen der Gurtstäbe und der Querkräfte in den Pfosten angeschrieben. Das Hauptsystem ist in Abb. 462a aufgezeichnet.

Vorzahlen nach Abb. 462b. Mit den Abkürzungen:

$$\zeta_k' = \frac{c_k}{s_{k\,a}} + \frac{(h_k - h_{k-1})^2}{2\,c_k\,s_k^a}, \qquad v_k = \varkappa \frac{E\,J_c}{G\,F_k^h}, \qquad J_k^b = J_k^a \cos\alpha_k,$$

ist

$$\delta_{k(k-1)} = -\frac{1}{3}\left(\frac{h_{k-1}}{h_k}\,h_{k-1}' + 12\,v_{k-1}\frac{1}{h_k}\right),$$

$$\delta_{k(k+1)} = -\frac{1}{3}\left(\frac{h_k}{h_{k+1}}\,h_k' + 12\,v_k\frac{1}{h_{k+1}}\right),$$

$$\delta_{kk} = \frac{1}{3}\left[2\,c_k'\left(\frac{h_{k-1}^2}{h_k^2} + \frac{h_{k-1}}{h_k} + 1\right) + \frac{h_{k-1}^2}{h_k^2}\,h_{k-1}' + h_k'\right.$$

$$\left.+ \frac{12}{h_k^2}(v_{k-1}h_{k-1} + v_k h_k) + 12\,\frac{c_k}{h_k^2}\left(\frac{J_c}{F_k^a}\,\frac{s_k^a}{c_k}\,\zeta_k'^2 + \frac{J_c}{F_k^h}\right)\right]. \qquad (768)$$

Belastungszahlen nach Abb. 462c. Der Träger wird in den Stabknoten durch Einzelkräfte belastet. Die Stützkräfte sind statisch bestimmt und damit auch die Komponenten V_{k0}, H_{k0} aller äußeren Kräfte links von einem Schnitt durch das Feld k und deren Momente M_{k0}^a, M_{k0}^b in bezug auf die Punkte k^a, k^b bekannt.

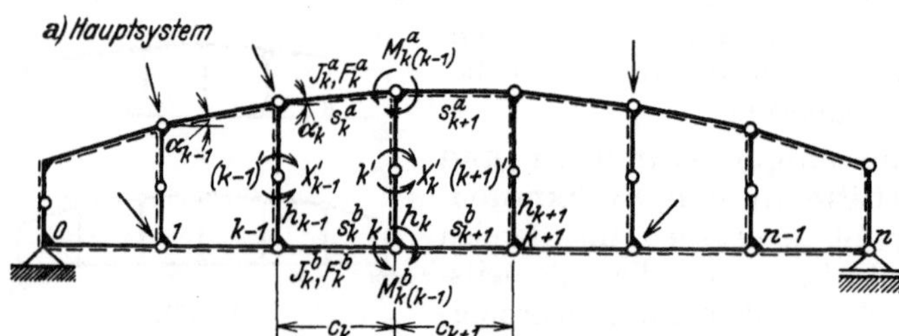

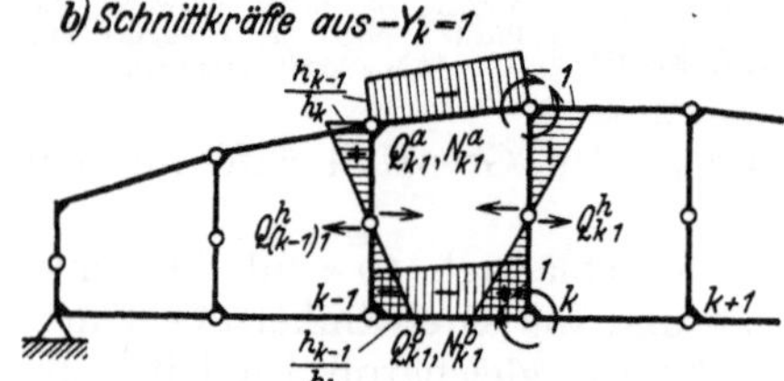

$$Q_{k1}^a = -\frac{h_k - h_{k-1}}{h_k\,s_k^a}, \qquad Q_{k1}^b = -\frac{h_k - h_{k-1}}{h_k\,c_k}.$$

$$Q_{(k-1)1}^h = -\frac{2}{h_k}, \qquad Q_{k1}^h = -\frac{2}{h_k}.$$

$$N_{k1}^a = -\frac{2}{h_k}\,\zeta_k', \qquad N_{k1}^b = +\frac{2}{h_k}.$$

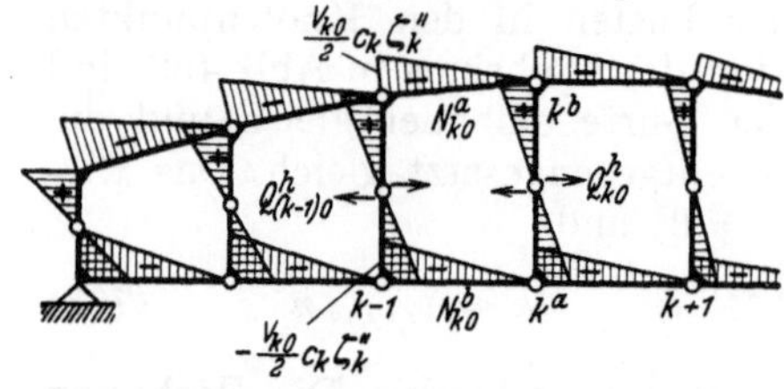

$$Q_{k0}^a = \frac{V_{k0}}{2}\,\frac{c_k}{s_k^a}\,\zeta_k'', \qquad Q_{k0}^b = \frac{V_{k0}}{2}\,\zeta_k''.$$

$$Q_{(k-1)0}^h = -V_{k0}\,\frac{c_k}{h_{k-1}}\,\zeta_k'', \qquad Q_{k0}^h = -V_{(k+1)0}\,\frac{c_{k+1}}{h_k}\,\zeta_{k+1}''.$$

$$N_{k0}^a = -\frac{M_{k0}^b}{h_k}\,\zeta_{k0}, \qquad N_{k0}^b = +\frac{M_{k0}^a}{h_k}.$$

Abb. 462.

Mit diesen werden zur Berechnung der Belastungszahlen δ_{k0} die Funktionen ζ_{k0}, ζ_k'', ζ_k'' gebildet.

$$V_{k0} = A - \sum_0^{k-1} P; \qquad \zeta_k'' = \left(1 - \frac{M_{k0}^b}{V_{k0}}\,\frac{h_k - h_{k-1}}{h_k\,c_k}\right);$$

$$\zeta_k''' = \left(1 + \frac{M_{k0}^b}{V_{k0}}\,\frac{h_k - h_{k-1}}{h_k\,c_k}\right); \qquad \zeta_{k0} = \frac{c_k}{s_k^a}\left[1 + \frac{V_{k0}}{M_{k0}^b}\,\frac{\zeta_k''}{2}\,\frac{h_k}{c_k}\,(h_k - h_{k-1})\right];$$

$$\delta_{k0} = V_{k0}\frac{\zeta_k''}{6}\frac{c_k}{h_k}\,[\lambda_k'(2\,h_{k-1} + h_k) + h_{k-1}'\,h_{k-1} + 12\,v_{k-1}]$$

$$- V_{(k+1)0}\frac{\zeta_{k+1}''}{6}\,c_{k+1}\left(h_k' + 12\,\frac{v_k}{h_k}\right) + 2\,\frac{c_k}{h_k^2}\left(\frac{J_c}{F_k^a}\,\frac{s_k^a}{c_k}\,M_{k0}^b\,\zeta_{k0}\,\zeta_k' + \frac{J_c}{F_k^h}\,M_{k0}^a\right). \qquad (769)$$

Die Vorzahlen und Belastungszahlen des Ansatzes sind wesentlich einfacher, wenn die Biegung der Pfosten durch Querkräfte ($\nu_k = 0$) allein oder gemeinsam mit der Längenänderung der Gurtstäbe ($J_c/F_k^a = 0$, $J_c/F_k^b = 0$, $k = 1, \ldots, n$) vernachlässigt wird. Die Regelgleichungen bleiben dabei dreigliedrig. Sie gestatten auch ohne Zahlen leicht, die Größenordnung der Vorzahlen abzuschätzen. Die Nebenglieder der Matrix sind bei Trägern mit starken Pfosten wesentlich kleiner als die Glieder der Hauptdiagonale. Die Annahme $\delta_{k(k-1)} = \delta_{k(k+1)} = 0$ führt daher zu einer Näherungslösung, mit der das Kräftebild im Felde c_k abgeschätzt werden kann. Die Vorzahlen $\delta_{k(k-1)}$, $\delta_{k(k+1)}$ werden mit h'_{k-1}, h'_k Null. Dies gilt für einen Rahmenträger mit sehr steifen Pfosten ($J_k^h = \infty$). Die statisch überzähligen Größen Y_k sind dann voneinander unabhängig. Für senkrechte Knotenlasten ist mit $M_{k0}^a = M_{k0}^b = M_{k0}$

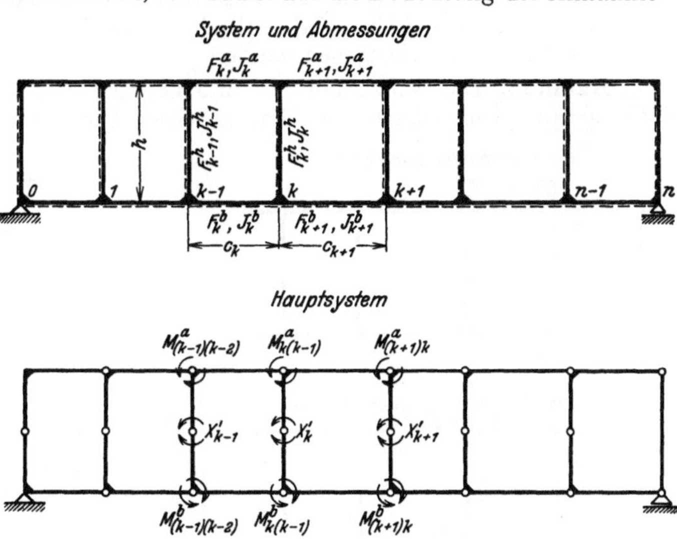

Abb. 463.

$$Y_k \approx \frac{1}{4}\,\frac{2\,h_{k-1} + h_k}{h_{k-1}^2 + h_{k-1}\,h_k + h_k^2}\,(M_{k0}\,h_{k-1} - M_{(k-1)0}\,h_k)$$

$$= \frac{1}{2}\left(M_{k0} - M_{k0}^*\,\frac{h_k}{h_k^*}\right). \tag{770}$$

Hierin bedeutet h_k^* den Trägerabstand in der vertikalen Schwerlinie $S-S$ des Trapezes aus den Stäben s_k^a, s_k^b, h_{k-1}, h_k und M_{k0}^* das Moment der äußeren Kräfte links vom Feld c_k in bezug auf einen Punkt dieser Schwerlinie. (Abb. 463.) Das Ergebnis läßt sich leicht auch für ein beliebiges Verhältnis der Trägheitsmomente der Gurtstäbe eines Feldes anschreiben, um damit auf die Bedeutung der Annahme $J_k^a \cos\alpha_k = J_k^b \cos\beta_k$ einer allgemeinen Lösung zu schließen.

Rahmenträger mit parallelen Gurten $\left(J_k^a = J_k^b\right)$ und Belastung zwischen den Stabknoten. Die Untersuchung wird auf einen Rahmenträger beschränkt, dessen elastische Eigenschaften in bezug auf die waagerechte Mittellinie des Stabnetzes symmetrisch sind. Die Längskräfte der Pfosten sind klein, so daß deren Längenänderungen vernachlässigt werden können. Die $3\,n$ statisch unbestimmten Schnittkräfte eines Trägers mit n Feldern werden zur Symmetrieachse symmetrisch angeordnet. Für die Auswahl des Hauptsystems sind dieselben Gesichtspunkte maßgebend wie bei der Untersuchung des Stockwerkrahmens mit zwei Pfosten, mit der diejenige des Rahmenträgers, abgesehen von der Stützung, übereinstimmt. Im Gegensatz zu S. 458 wird eine Kette von Dreigelenkrahmen als Hauptsystem gewählt (Abb. 464), so daß die statisch unbestimmten Schnittkräfte des Rahmenträgers $M_{k(k-1)}^a$, $M_{k(k-1)}^b$, X'_k zu den folgenden überzähligen Größen zusammengefaßt werden können:

$$Y_k = \tfrac{1}{2}(M_{k(k-1)}^a + M_{k(k-1)}^b); \quad X_k = \tfrac{1}{2}(M_{k(k-1)}^a - M_{k(k-1)}^b); \quad X'_k = M'_k. \tag{771}$$

Die statisch unbestimmten Gruppenlasten Y_k sind nach Abb. 464 antimetrisch, die Gruppenlasten X_k, X_k' symmetrisch zur Achse. Sie sind daher unabhängig voneinander. Die n Gruppenlasten Y_k werden aus n Gleichungen mit je drei Unbekannten berechnet.

$$Y_{k-1}\,\delta_{k\,(k-1)} + Y_k\,\delta_{kk} + Y_{k+1}\,\delta_{k\,(k+1)} = \delta_{k\otimes}. \tag{772}$$

Die n Gruppenlasten X_k sind in $2\,n$ Gleichungen gemeinsam mit den n statisch unbestimmten Schnittkräften X_k' enthalten. Diese werden eliminiert, so daß auch die Gruppenlasten X_k aus n dreigliedrigen Gleichungen berechnet werden. Die Schnittkräfte X_k' ergeben sich daraus durch Rekursion.

$$X_{(k-1)}\,\tau_{k\,(k-1)} + X_k\,\tau_{kk} + X_{(k+1)}\,\tau_{k\,(k+1)} + X_{(k-1)}'\,\tau_{k\,(k-1)'} + X_k'\,\tau_{k\,k'} = \tau_{k\otimes},$$

$$X_{(k-1)}'\,\tau_{(k-1)'\,(k-1)'} + X_{(k-1)}\,\tau_{(k-1)'\,(k-1)} + X_k\,\tau_{(k-1)'\,k} = \tau_{(k-1)'\otimes},$$

$$X_k'\,\tau_{k'\,k'} + X_k\,\tau_{k'\,k} + X_{(k+1)}\,\tau_{k'\,(k+1)} = \tau_{k'\otimes},$$

$$X_{(k-1)}\left(\tau_{k\,(k-1)} - \tau_{k\,(k-1)'}\,\frac{\tau_{(k-1)'\,(k-1)}}{\tau_{(k-1)'\,(k-1)'}}\right) + X_k\left(\tau_{kk} - \tau_{k\,(k-1)'}\,\frac{\tau_{(k-1)'\,k}}{\tau_{(k-1)'\,(k-1)'}} - \tau_{k\,k'}\,\frac{\tau_{k\,k'}}{\tau_{k'\,k'}}\right)$$

$$+ X_{(k+1)}\left(\tau_{k\,(k+1)} - \tau_{k\,k'}\,\frac{\tau_{k'\,(k+1)}}{\tau_{k'\,k'}}\right) = \tau_{k\otimes} - \tau_{(k-1)'\otimes}\,\frac{\tau_{k\,(k-1)'}}{\tau_{(k-1)'\,(k-1)'}} - \tau_{k'\otimes}\,\frac{\tau_{k\,k'}}{\tau_{k'\,k'}}. \tag{773}$$

Diese Bedingungsgleichungen gelten für ein statisch unbestimmtes Hauptsystem, das aus einer Kette von Zweigelenkrahmen besteht. Sie können daher auch folgendermaßen angeschrieben werden:

$$X_{k-1}\,\tau_{k\,(k-1)}^{(1)} + X_k\,\tau_{kk}^{(1)} + X_{k+1}\,\tau_{k\,(k+1)}^{(1)} = \tau_{k\otimes}^{(1)}.$$

Die Vorzahlen sind in (773) als Funktion der Verschiebungen des statisch bestimmten Tragwerks (Abb. 464) enthalten. Sie können auch unmittelbar nach (489) aus Tabelle 43 angegeben werden.

Vorzahlen. Die Vorzahlen der Matrix werden bei der Eigenart der Kraftwirkung aus dem allgemeinen Ansatz (299) berechnet, in dem nicht allein die

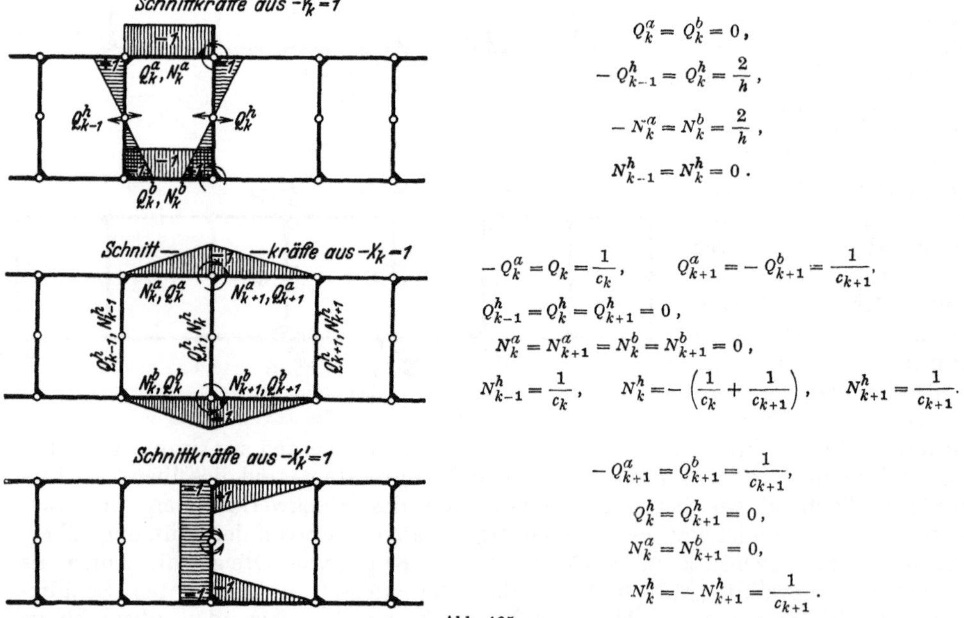

$$Q_k^a = Q_k^b = 0,$$

$$-Q_{k-1}^h = Q_k^h = \frac{2}{h},$$

$$-N_k^a = N_k^b = \frac{2}{h},$$

$$N_{k-1}^h = N_k^h = 0.$$

$$-Q_k^a = Q_k = \frac{1}{c_k}, \qquad Q_{k+1}^a = -Q_{k+1}^b = \frac{1}{c_{k+1}},$$

$$Q_{k-1}^h = Q_k^h = Q_{k+1}^h = 0,$$

$$N_k^a = N_{k+1}^a = N_k^b = N_{k+1}^b = 0,$$

$$N_{k-1}^h = \frac{1}{c_k}, \qquad N_k^h = -\left(\frac{1}{c_k} + \frac{1}{c_{k+1}}\right), \qquad N_{k+1}^h = \frac{1}{c_{k+1}}.$$

$$-Q_{k+1}^a = Q_{k+1}^b = \frac{1}{c_{k+1}},$$

$$Q_k^h = Q_{k+1}^h = 0,$$

$$N_k^a = N_{k+1}^b = 0,$$

$$N_k^h = -N_{k+1}^h = \frac{1}{c_{k+1}}.$$

Abb. 465.

Biegungsmomente, sondern auch Quer- und Längskräfte berücksichtigt sind. Ihr Anteil enthält im Bereich der Gurtstäbe l_k den elastischen Beiwert $\gamma_k = \varkappa E J_c : G F_k^a$, im Bereich der Pfosten h_k den Beiwert $\nu_k = \varkappa E J_c : G F_k^h$. Die Schnittkräfte des Hauptsystems aus $-Y_k = 1$, $-X_k = 1$, $-X'_k = 1$ sind in den Abb. 465 eingetragen.

$$\left.\begin{aligned} \delta_{k(k-1)} &= -\frac{1}{3}\left(h'_{k-1} + 12\frac{\nu_{k-1}}{h}\right), \qquad \delta_{k(k+1)} = -\frac{1}{3}\left(h'_k + \frac{12\,\nu_k}{h}\right), \\ \delta_{kk} &= \frac{1}{3}\left[h'_{k-1} + h'_k + 6\,c'_k + \frac{12}{h_k}(\nu_{k-1} + \nu_k) + 24\frac{J_c}{F_k^a}\frac{c_k}{h^2}\right]; \end{aligned}\right\} \tag{774}$$

$$\left.\begin{aligned} \tau^{(1)}_{k(k-1)} &= \frac{h'_{k-1}\left(c'_k - 6\frac{\gamma_k}{c_k}\right)}{2\,c'_k + 3\,h'_{k-1} + 6\frac{\gamma_k}{c_k}}, \qquad \tau^{(1)}_{k(k+1)} = \frac{h'_k\left(c'_{k+1} - 6\frac{\gamma_{k+1}}{c_{k+1}}\right)}{2\,c'_{k+1} + 3\,h'_k + 6\frac{\gamma_{k+1}}{c_{k+1}})}, \\ \tau^{(1)}_{kk} &= \left(\frac{2}{3}c'_k + 2\frac{\gamma_k}{c_k}\right) + \left(\frac{2}{3}c'_{k+1} + 2\frac{\gamma_{k+1}}{c_{k+1}}\right) - \frac{\left(c'_k - 6\frac{\gamma_k}{c_k}\right)^2}{3\left(2\,c'_k + 3\,h'_{k-1} + 6\frac{\gamma_k}{c_k}\right)} \\ &\quad - \frac{\left(2\,c'_{k+1} + 6\frac{\gamma_{k+1}}{c_{k+1}}\right)^2}{3\left(2\,c'_{k-1} + 3\,h'_k + 6\frac{\gamma_{k+1}}{c_{k+1}}\right)}. \end{aligned}\right\} \tag{775}$$

Belastungszahlen. Senkrechte Einzellasten in den Knotenpunkten des Ober- und Untergurtes. $P_h^a + P_h^b = P_h$.

V_{k0}, M_{k0}^a, M_{k0}^b bezeichnen die Querkräfte und die Momente der äußeren Kräfte A, $\mathfrak{P}$ links von einem Schnitt durch das Feld k in bezug auf die Punkte k^a, k^b.

$$V_{k0} = A - \sum_{h=0}^{k-1} P_h, \qquad M_{k0}^a = M_{k0}^b = M_{k0} = A\,x_k - \sum_{h=0}^{k-1} P_h(x_k - a_h), \tag{776}$$

$$\left.\begin{aligned} \delta_{k0} &= V_{k0}\frac{c_k c'_k}{2} + \frac{1}{6}V_{k0}c_k\left(h'_{k-1} + 12\frac{\nu_{k-1}}{h}\right) \\ &\quad - \frac{1}{6}V_{(k+1)0}c_{k+1}\left(h'_k + 12\frac{\nu_k}{h}\right) + 4\,M_{k0}\frac{c_k}{h^2}\frac{J_c}{F_k^a}, \end{aligned}\right\} \tag{777}$$

$\tau^{(1)}_{k0} = 0$ und daher $X_k = 0$, $X'_k = 0$.

Waagerechte Einzellasten am Obergurt (Bremskräfte), Abb. 466.

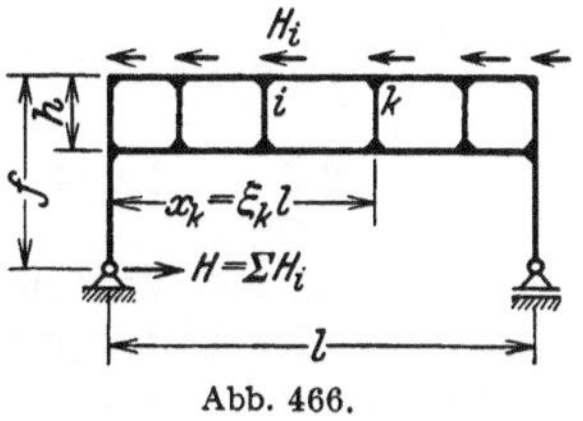

Abb. 466.

$$\left.\begin{aligned} V_{k0} &= \frac{f}{l}H, \qquad M_{k0}^a = -f\,\xi'_k H, \\ M_{k0}^b &= h\sum_{i=k}^{n} H_i - f\,\xi'_k H. \end{aligned}\right\} \tag{778}$$

$$\left.\begin{aligned} \delta_{k0} &= \frac{1}{2}H\frac{f}{l}\left[c_k c'_k + \frac{c_k}{3}\left(h'_{k-1} + 12\frac{\nu_{k-1}}{h}\right) - \frac{c_{k+1}}{3}\left(h'_k + 12\frac{\nu_k}{h}\right)\right] \\ &\quad - 2\frac{J_c}{F_k^a}\frac{c_k}{h^2}\left(2\,f\,\xi'_k H - h\sum_{i=k}^{h} H_i\right). \end{aligned}\right\} \tag{779}$$

Greifen die waagerechten Kräfte, wie dies bei Bremskräften die Regel sein wird, exzentrisch zu den Knotenpunkten an, so werden die Schnittkräfte aus der Knotenlast und einem Kräftepaar am Knoten berechnet, das in einen antimetrischen und einen symmetrischen Anteil zerlegt worden ist.

Temperaturänderung. Obergurt t_a°, Untergurt t_b°.

Antimetrischer Anteil: $\frac{1}{2}(t_a - t_b)$

$$\delta_{kt} = 2\,E\,J_c\frac{c_k}{h}\alpha_t(t_b - t_a). \tag{780}$$

Symmetrischer Anteil: $\frac{1}{2}(t_a + t_b)$. Die Schnittkräfte sind Null.

Senkrechte Belastung der Gurtstäbe zwischen den Stabknoten. Die Kräfte $\mathfrak{P}$ werden in einen antimetrischen und einen symmetrischen Anteil zerlegt

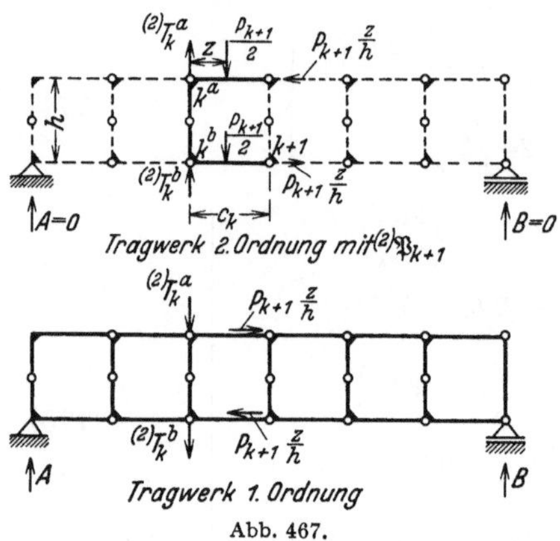

Abb. 467.

$\mathfrak{P} = {}^{(2)}\mathfrak{P} + {}^{(1)}\mathfrak{P}$ (Abb. 468a, b). Jeder wirkt in einem Dreigelenkrahmen, welcher die Belastung zunächst als Tragwerk zweiter Ordnung auf die Knoten k^a, k^b der Rahmenkette überträgt. Das Hauptsystem erhält daher in den Knotenpunkten Einzelkräfte T_k^a, T_k^b. Diese sind bei antimetrischer Belastung des Tragwerks gleich groß und gleichgerichtet $({}^{(2)}T_k)$, bei symmetrischer Belastung entgegengesetzt gleich $({}^{(1)}T_k)$. Die Belastungsglieder δ_{k0}, $\tau_{k0}^{(1)}$ lassen sich daher aus je zwei Teilen zusammensetzen $(\delta_{k0} = \delta_{k0,1} + \delta_{k0,2}$, $\tau_{k0}^{(1)} = \tau_{k0,1}^{(1)} + \tau_{k0,2}^{(1)})$. Die Anteile $\delta_{k0,2}$, $\tau_{k0,2}^{(1)}$ gelten für die Rahmen als Tragglieder zweiter Ordnung (Abb. 467). Der Anteil $\delta_{k0,1}$ wird nach (777) berechnet, der Anteil $\tau_{k0,1}^{(1)}$ ist Null, da das Hauptsystem, abgesehen von der Längskraft der Pfosten, spannungslos ist.

$$\delta_{k0,2} = \frac{p_k\,c_k^2}{12}\,(2\,c_k' + h_{k-1}') - \frac{p_{k+1}\,c_{k+1}^2}{12}\,h_k' + \frac{c_k'}{2\,c_k}\sum_k P\,z^2 + \frac{h_{k-1}'}{6}\sum_k P\,z - \frac{h_k'}{6}\sum_{k+1} P\,z$$

$$+ \frac{2\,v_{k-1}}{h}\left(\frac{p_k\,c_k^2}{2} + \sum_k P\,z\right) - \frac{2\,v_k}{h}\left(\frac{p_{k+1}\,c_{k+1}^2}{2} + \sum_{k+1} P\,z\right). \tag{781}$$

$$\tau_{k0}^{(1)} = \pm\left[-\left(\frac{p_k\,c_k^2\,c_k'}{24} + \frac{p_{k+1}\,c_{k+1}^2\,c_{k+1}'}{24}\right) - \left(\frac{c_k\,c_k'}{6}\sum_k P\,\omega_D + \frac{c_{k+1}\,c_{k+1}'}{6}\sum_{k+1} P\,\omega_D'\right)\right.$$

$$+ \frac{c_k' - 6\dfrac{\gamma_k}{c_k}}{2\,c_k' + 3\,h_{k-1}' + 6\dfrac{\gamma_k}{c_k}}\left(\frac{p_k\,c_k^2\,c_k'}{24} + \frac{c_k\,c_k'}{6}\sum_k P\,\omega_D'\right)$$

$$\left.+ \frac{2\,c_{k+1}' + 6\dfrac{\gamma_{k+1}}{c_{k+1}}}{2\,c_{k+1}' + 3\,h_k' + 6\dfrac{\gamma_{k+1}}{c_{k+1}}}\left(\frac{p_{k+1}\,c_{k+1}^2\,c_{k+1}'}{24} + \frac{c_{k+1}\,c_{k+1}'}{6}\sum_{k+1} P\,\omega_D'\right)\right]. \tag{782}$$

Das positive Vorzeichen gilt bei Belastung des Obergurtes, das negative bei Belastung des Untergurtes.

Die statisch überzähligen Gruppenlasten X_k für den symmetrischen Anteil $^{(1)}\mathfrak{P}$, Y_k für den antimetrischen Anteil $^{(2)}\mathfrak{P}$ sind in zwei dreigliedrigen Gruppen von Gleichungen enthalten, die nach der Rechenvorschrift S. 232 oder durch Iteration aufgelöst werden. Die Gruppenlasten X_k sind bei Lastangriff in den Stabknoten Null. Die für den Festigkeitsnachweis wichtigen Schnittkräfte ergeben sich aus dem Superpositionsgesetz (288) oder aus dem Gleichgewicht der äußeren Kräfte am Hauptsystem.

a) Gurte:

$$\begin{aligned}
M_{k(k-1)}^a &= Y_k + X_k; \qquad M_{k(k-1)}^b = Y_k - X_k,\\
M_{(k-1)k}^a &= M_{(k-1)k0}^a + Y_k + X_{k-1} - X_{k-1}',\\
M_{(k-1)k}^b &= M_{(k-1)k0}^b + Y_k - X_{k-1} + X_{k-1}'\\
-N_k^a &= N_k^b = \frac{M_{k0} - 2\,Y_k}{h},\\[4pt]
Q_k^a &= Q_{k0}^a - \frac{1}{c_k}(X_{k-1} - X_k - X_{k-1}'),\\[4pt]
Q_k^b &= Q_{k0}^b + \frac{1}{c_k}(X_{k-1} - X_k - X_{k-1}').
\end{aligned}\tag{783}$$

b) Pfosten:

$$X'_k = \frac{1}{\tau_{k'k'}}\left(\tau_{k'0} - X_k\tau_{k'k} - X_{k+1}\tau_{k'(k+1)}\right),$$

$$M^a_k = -M^a_{k(k+1)0} - (Y_{k+1} - Y_k - X'_k) = M^a_{k(k-1)} - M^a_{k(k+1)},$$

$$M^b_k = M^b_{k(k+1)0} + (Y_{k+1} - Y_k + X'_k) = M^b_{k(k+1)} - M^b_{k(k-1)},$$

$$Q^h_k = -V_{(k+1)0}\frac{c_{k+1}}{h} + \frac{2}{h}(Y_{k+1} - Y_k).$$

$$(784)$$

Belastungsumordnung:

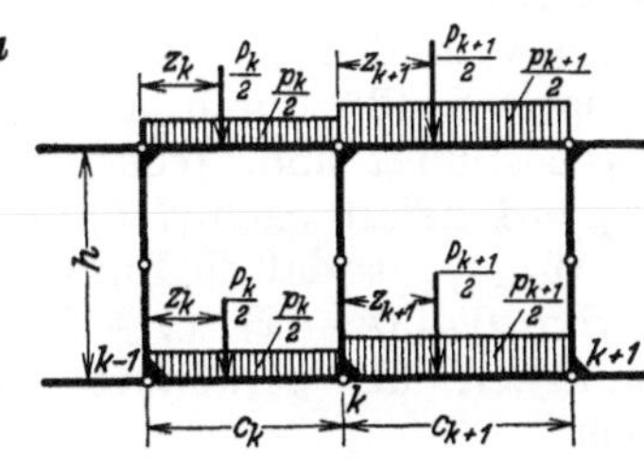
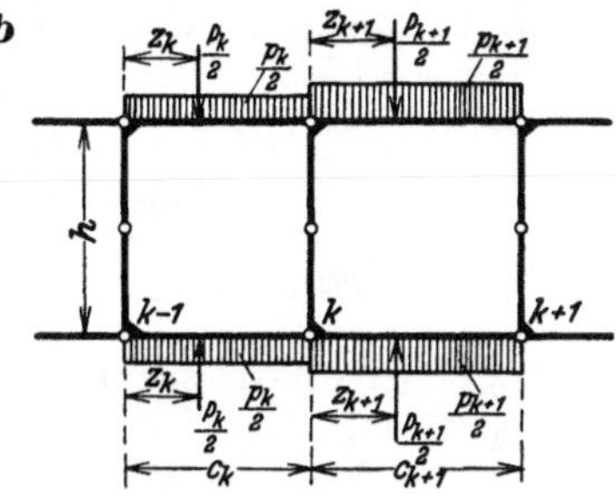

Schnittkräfte im System 2. Ordnung:

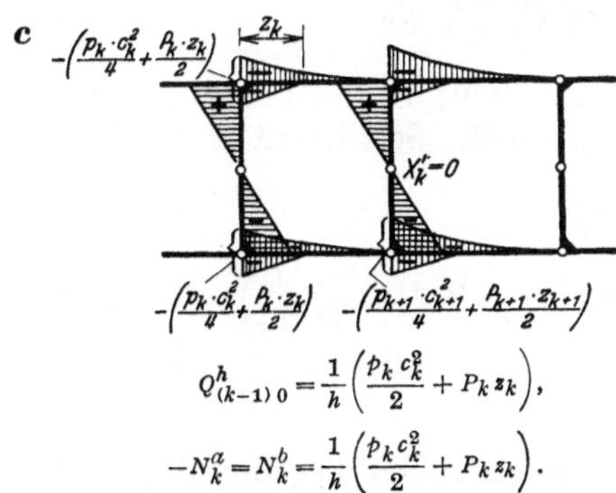

$$Q^h_{(k-1)0} = \frac{1}{h}\left(\frac{p_k c_k^2}{2} + P_k z_k\right),$$

$$-N^a_k = N^b_k = \frac{1}{h}\left(\frac{p_k c_k^2}{2} + P_k z_k\right).$$

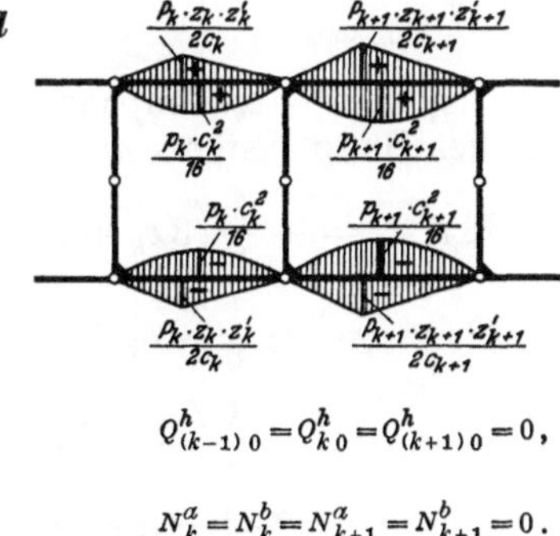

$$Q^h_{(k-1)0} = Q^h_{k0} = Q^h_{(k+1)0} = 0,$$

$$N^a_k = N^b_k = N^a_{k+1} = N^b_{k+1} = 0.$$

Schnittkräfte im System 1. Ordnung:

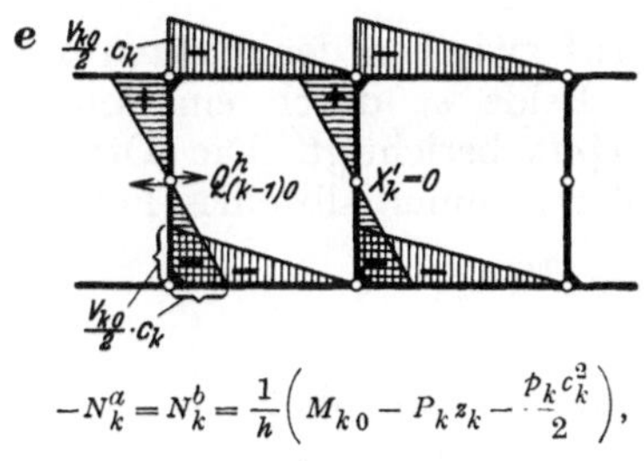

$$-N^a_k = N^b_k = \frac{1}{h}\left(M_{k0} - P_k z_k - \frac{p_k c_k^2}{2}\right),$$

$$Q^h_{(k-1)0} = -\frac{1}{h}V_{k0}c_k.$$

$$^{(2)}T_k = {}^{(2)}T^a_k + {}^{(2)}T^b_k = p_{k+1}c_{k+1} + \sum_{(k+1)} P,$$

A, V_{k0}, M_{k0} wie im Hauptsystem. $V_{k0} = V_{(k-1)0} - T_{k-1}$.
Die Längskräfte der beiden Systeme werden addiert und in $\delta_{k0,1}$ eingerechnet. Hierdurch entsteht wieder Gl. (777).

Abb. 468.

Die Einflußlinien. Die Einflußlinien der Schnittkräfte werden in der Regel nur für mittelbare Belastung des Ober- oder Untergurts gezeichnet. Sie sind dann zwischen den Pfosten gerade Linien. Die Gruppenlasten X_k, X'_k sind Null und die Einflußlinien der Schnittkräfte daher nur von den statisch unbestimmten Gruppenlasten Y_k abhängig.

Die Einflußlinien Y_k werden nach (328) aus den Vorzahlen $\beta^{(y)}_{kh}$ der konjugierten Matrix zu (772) berechnet.

$$Y_k = \sum \beta^{(y)}_{kh}\delta_{mh}.$$

Da die Hauptglieder $\beta_{kk}^{(y)}$ der Matrix in der Regel wesentlich größer sind als deren Nebenglieder, so genügt bereits $Y_k = \beta_{kk}^{(y)}\delta_{mk}$ als Näherung und

$$Y_k = \beta_{k(k-1)}^{(y)}\delta_{m(k-1)} + \beta_{kk}^{(y)}\delta_{mk} + \beta_{k(k+1)}^{(y)}\delta_{m(k+1)} \tag{785}$$

als Lösung.

Die Belastungszahlen δ_{mk} bezeichnen die Biegelinien des Lastgurtes des Hauptsystems (Abb. 464) für $-Y_k = 1$, $(k = 1 \ldots n)$. Bei mittelbarer Belastung des Lastgurtes werden nur die Ordinaten δ_{mk} in den Knotenpunkten verwendet, die nach S. 125 durch die elastischen Gewichte $\mathfrak{W}_{ik}$ bestimmt sind. Jeder Belastungszustand $-Y_k = 1$ liefert nach (786) drei Kräfte $\mathfrak{W}_{(k-1)k}$, $\mathfrak{W}_{kk}$, $\mathfrak{W}_{(k+1)k}$, so daß die Einflußlinien Y_k im Bereich von $0 \div (k-2)$, $(k+2) \div n$ mit großer Genauigkeit als geradlinig angesehen werden können.

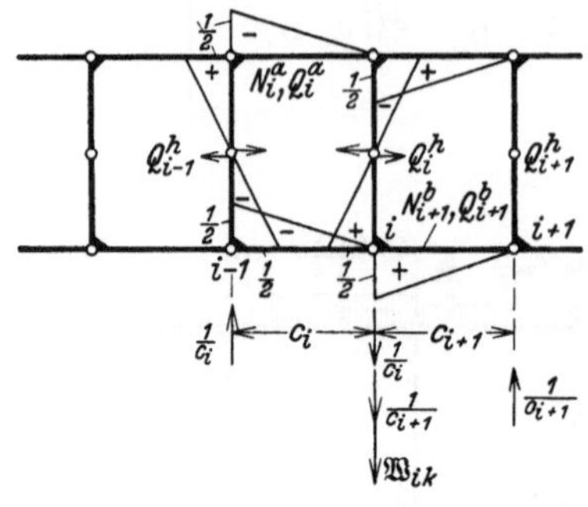

$$-\bar{Q}_i^a = \bar{Q}_i^b = \frac{1}{2\,c_i}, \quad -\bar{Q}_{i+1}^a = \bar{Q}_{i+1}^b = \frac{1}{2\,c_{i+1}},$$

$$-\bar{Q}_{i-1}^h = \bar{Q}_i^h = \frac{1}{h}, \qquad \bar{Q}_{i+1}^h = 0,$$

$$-\bar{N}_i^a = \bar{N}_i^b = \frac{1}{h}, \qquad \bar{N}_{i+1}^a = \bar{N}_{i+1}^b = 0.$$

Abb. 469.

$$\mathfrak{W}_{ik} = \int \bar{N} N_k \frac{J_c}{F}\, ds + \int \bar{M} M_k\, ds$$

$$+ \int \varkappa \bar{Q}\, Q_k \frac{E J_c}{G F}\, ds. \tag{786}$$

Belastung „1_i“ des Geradenpaares c_i, c_{i+1} (Abb. 469): Schnittkräfte $\bar{N}$, $\bar{M}$, $\bar{Q}$; Belastung des Hauptsystems mit $-Y_k = 1$ (Abb. 465): Schnittkräfte N_k, M_k, Q_k.

$$\left.\begin{aligned}
\mathfrak{W}_{(k-1)k} &= -\frac{1}{6}\left(3\,c_k' + h_{k-1}' + 12\,\frac{v_{k-1}}{h}\right),\\[4pt]
\mathfrak{W}_{kk} &= +\frac{1}{6}\left(3\,c_k' + h_{k-1}' + h_k' + 12\,\frac{v_{k-1}+v_k}{h} + 24\,\frac{c_k}{h^2}\frac{J_c}{F_k}\right),\\[4pt]
\mathfrak{W}_{(k+1)k} &= -\frac{1}{6}\left(h_k' + 12\,\frac{v_k}{h}\right).
\end{aligned}\right\} \tag{787}$$

Die Momente aus den $\mathfrak{W}$-Kräften sind gleich den Ordinaten der Biegelinie $\delta_{mk} = M_{k\mathfrak{w}}$. Werden die mit den β-Zahlen erweiterten $\mathfrak{W}$-Kräfte verwendet, so liefert das Moment $M_{\mathfrak{w}}$ unmittelbar die Einflußordinate Y_k.

Um die Einflußlinie Y_k auch bei Lastangriff zwischen den Pfosten nach (787) aufzuzeichnen, wird jede Biegelinie δ_{mk} im Felde c_k durch eine quadratische Parabel mit den Ordinaten $\Delta\delta_{mk} = -\frac{1}{2}\,c_k c_k' \omega_R$ berichtigt. Die Ordinaten der Einflußlinien X_k sind in den Stabknoten Null und innerhalb eines Feldes c_h

$$X_k = \beta_{k(h-1)}^{(x)}\tau_{m(h-1)}^{(1)} + \beta_{kh}^{(x)}\tau_{mh}^{(1)}.$$

Daher ist im

$$\left.\begin{aligned}
\text{Feld } c_k &: \quad X_k = \beta_{kk}^{(x)}\left(\tau_{mk}^{(1)} - \varkappa_{(k-1)k}\tau_{m(k-1)}^{(1)}\right),\\[4pt]
\text{Feld } c_{k+1} &: \quad X_k = \beta_{kk}^{(x)}\left(\tau_{mk}^{(1)} - \varkappa_{(k+1)k}\tau_{m(k+1)}^{(1)}\right).
\end{aligned}\right\} \tag{788}$$

Ebenso werden die Ordinaten der Einflußlinien X_k' berechnet. Die Biegelinien $\tau_{mk}^{(1)}$ ergeben sich aus (782) für $p = 0$ und $P_k = 1$, $P_{k+1} = 0$. In den übrigen Feldern ist $X_k \approx 0$, da die Nebenglieder der konjugierten Matrix in der Regel so klein sind, daß ihre Beiträge vernachlässigt werden können.

$$M_{k(k-1)}^a = Y_k + X_k, \qquad M_{k(k-1)}^b = Y_k - X_k.$$

Die Ordinaten der Einflußlinien Y_k in den Knotenpunkten können auch als Einflußgrößen Y_{km} berechnet und aufgetragen werden. Die Last $P = 1$ wird dabei der Reihe nach jedem Knoten m des Lastgurtes zugewiesen. Auch in diesem Falle genügen in der Regel zur Berechnung von Y_{km} aus der konjugierten Matrix neben dem Hauptglied $\beta_{kk}^{(v)}$ die beiden benachbarten Nebenglieder der Zeile.

$$Y_{km} = \beta_{k(k-1)}^{(v)} \, \delta_{(k-1)m} + \beta_{kk}^{(v)} \, \delta_{km} + \beta_{k(k+1)}^{(v)} \, \delta_{(k+1)m} \, .$$

δ_{mk} sind die Belastungszahlen für $P = 1$ im Lastpunkt m. Die Einflußlinie ist nach (785) wiederum durch Y_{km}, $(m = (k-2) \ldots (k+2))$ ausreichend bestimmt, da der Bereich $0 \div (k-2)$, $(k+2) \div n$ geradlinig angenommen werden kann.

Belastungszahlen δ_{km} $(k = 1 \ldots m-1, m, m+1 \ldots n)$ für den Rahmenträger mit parallelen Gurten, gleichgroßen Feldern $(c_k = c, l = nc)$ und gleichen Abmessungen der Pfosten $(h_k' = h', v_k = v)$. Lastpunkt m: $x_m = mc$, $x_m' = m'c = (n-m)c$ (Abb. 470). Elastisch wirksame Länge der Gurtstäbe k:

$$c_k' \quad \text{und} \quad \frac{c_k}{h^2} \frac{J_c}{F_k^a} = \bar{c}_k' \, . \qquad \text{Stützkräfte für } P_m = 1: \qquad A_m = \frac{m'}{n}, \quad B_m = \frac{m}{n} \, .$$

$$\delta_{1m} = \frac{1}{2} A_m c \, (c_1' + 8 \bar{c}_1'), \ldots$$

$$\delta_{(m-1)m} = \frac{1}{2} A_m c \, (c_{m-1}' + 8 (m-1) \bar{c}_{m-1}') \, ,$$

$$\delta_{mm} = \frac{1}{2} A_m c \, (c_m' + 8 m \bar{c}_m') + \frac{c}{6} \left(h' + 12 \frac{v}{h} \right) , \left. \begin{array}{c} \\ \\ \end{array} \right\} \qquad (789)$$

$$\delta_{(m+1)m} = - \frac{1}{2} B_m c \, (c_{m+1}' + 8 (m'-1) \bar{c}_{m+1}'), \ldots$$

$$\delta_{nm} = - \frac{1}{6} B_m c \left(3 c_n' + h' + 12 \frac{v}{h} \right) .$$

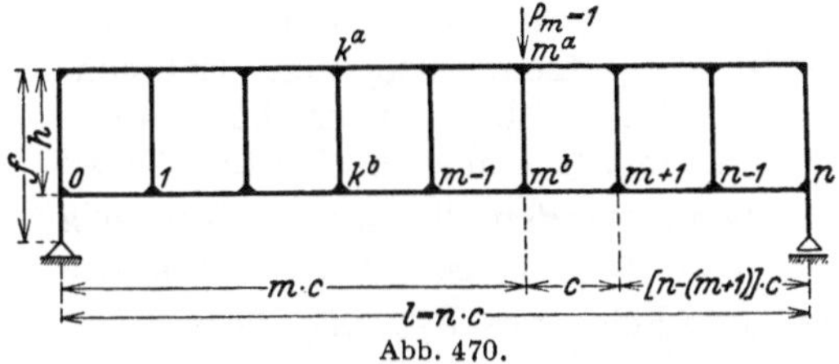

Abb. 470.

Die vollwandige Ausführung einzelner Trägerabschnitte, die namentlich an den Enden einfacher Rahmenträger zur Übertragung der Querkraft notwendig ist, hat keinen Einfluß auf den Ansatz. Die vollwandigen Trägerabschnitte bedeuten für die Berechnung Pfosten mit unendlich großem Trägheitsmoment.

Der versteifte Balkenträger Abb. 471a ist auf S. 485 als Grenzfall eines Rahmenträgers bezeichnet worden, dessen elastische Eigenschaften durch $J_k^b \gg J_k^a$ ausgezeichnet sind. Der Obergurt erhält in diesem Falle nur Längskräfte, die Querkräfte werden allein vom Lastgurt aufgenommen. Das Kräftebild kann mit einem Hauptsystem Abb. 471b berechnet werden. Ein unmittelbarer Vergleich mit der statischen Unter-

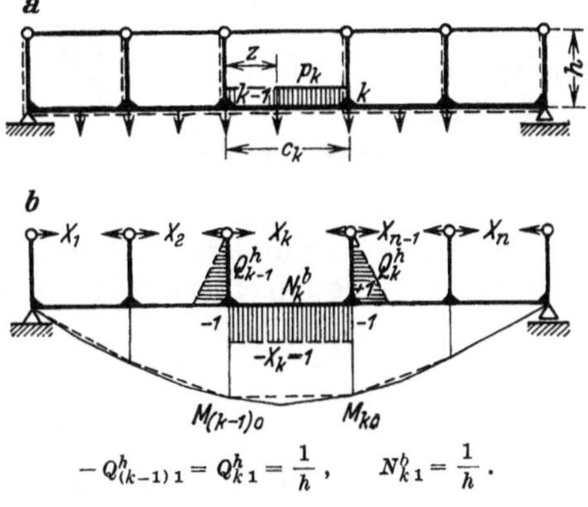

$$- Q_{(k-1)1}^h = Q_{k1}^h = \frac{1}{h}, \qquad N_{k1}^b = \frac{1}{h} \, .$$

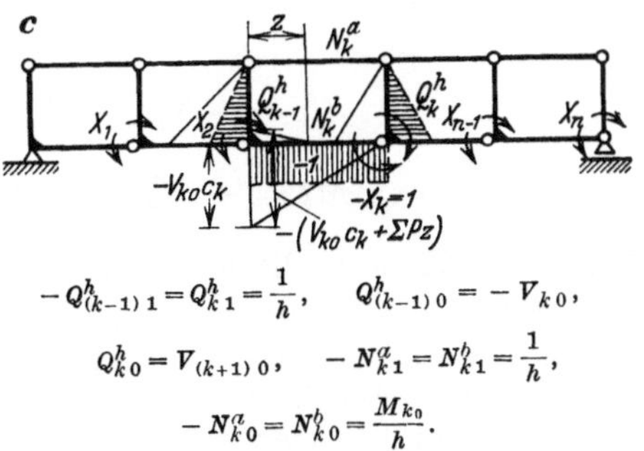

$$- Q_{(k-1)1}^h = Q_{k1}^h = \frac{1}{h}, \qquad Q_{(k-1)0}^h = - V_{k0},$$

$$Q_{k0}^h = V_{(k+1)0}, \qquad - N_{k1}^a = N_{k1}^b = \frac{1}{h},$$

$$- N_{k0}^a = N_{k0}^b = \frac{M_{k0}}{h} \, .$$

Abb. 471.

suchung des Rahmenträgers ist durch die Wahl eines Hauptsystems Abb. 471c möglich. In beiden Lösungen ergeben sich dreigliedrige Bedingungsgleichungen.

$$X_{k-1}\,\delta_{k\,(k-1)} + X_k\,\delta_{k\,k} + X_{k+1}\,\delta_{k\,(k+1)} = \delta_{k\,0}.$$

Nach Abb. 471c ist

$$3\,\delta_{k\,(k-1)} = -\left(h'_{k-1} + 3\,\frac{v_{k-1}}{h}\right), \qquad 3\,\delta_{k\,(k+1)} = -\left(h'_k + 3\,\frac{v_k}{h}\right),$$

$$3\,\delta_{k\,k} = \left[3\,c'_k + h'_{k-1} + h'_k + \frac{3}{h}\,(v_{k-1} + v_k) + 3\,\frac{c_k}{h^2}\left(\frac{J_c}{F_o} + \frac{J_c}{F_u}\right)\right],$$

$$3\,\delta_{k\,0} = \frac{c'_k}{2}\left[3\,V_{k\,0}\,c_k + p_k\,c_k^2 + \frac{3}{c_k}\,\Sigma\,P_k\,z_k^2\right]$$

$$+ 3\,\frac{M_{k\,0}}{h^2}\left(\frac{J_c}{F_o} + \frac{J_c}{F_u}\right)c_k + V_{k\,0}\left(c_k\,h'_{k-1} + 3\,\frac{c_k}{h}\,v_{k-1}\right)$$

$$- V_{(k+1)\,0}\left(c_{k+1}\,h'_k + 3\,\frac{c_{k+1}}{h}\,v_k\right). \tag{790}$$

Näherungsberechnung eines Rahmenträgers. Die statische Untersuchung eines Rahmenträgers mit parallelen Gurten und elastischer Symmetrie in bezug auf eine waagerechte Achse lehrt, daß die Biegungsmomente bei senkrechten Einzellasten in den Knotenpunkten nicht nur in der Mitte der Pfosten, sondern auch in der Nähe der Gurtstabmitten Null sind. Es liegt daher nahe, diese zur angenäherten Beschreibung des Kräftebildes dort ebenfalls Null zu setzen, also den Rahmenträger durch ein statisch bestimmtes System mit Gelenken nach Abb. 472 zu ersetzen. Werden die auf die Mitten $\bar{k}$ der Gurtstäbe c_k bezogenen Querkräfte und Momente aller äußeren Kräfte links von dem Felde mit $\bar{V}_{k\,0}$, $\bar{M}_{k\,0}$ bezeichnet, so lassen sich die folgenden Schnittkräfte anschreiben:

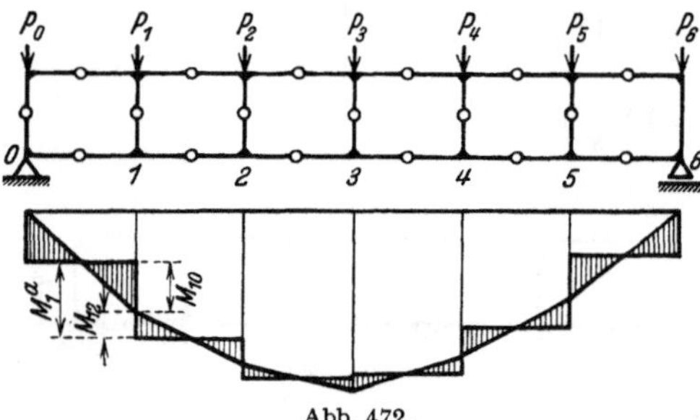

Abb. 472.

Gurtstäbe:

$$-N_k^a = N_k^b = \frac{\bar{M}_{k\,0}}{h}, \qquad Q_k^a = Q_k^b = \frac{1}{2}\,\bar{V}_{k\,0},$$

$$M_{k\,(k-1)}^a = -M_{(k-1)\,k}^a = \tfrac{1}{4}\,\bar{V}_{k\,0}\,c_k, \qquad M_{k\,(k-1)}^b = -M_{(k-1)\,k}^b = \tfrac{1}{4}\,\bar{V}_{k\,0}\,c_k. \tag{791}$$

Pfosten:

$$N_k^h = \tfrac{1}{2}\,(P_k^b - P_k^a),$$

$$Q_k^h = -N_{k-1}^a + N_k^a = -\frac{1}{h}\,(\bar{M}_{k\,0} - \bar{M}_{(k-1)\,0}),$$

$$M_k^a = -M_k^b = -\tfrac{1}{2}\,Q_k^h\,h = \tfrac{1}{2}(\bar{M}_{k\,0} - \bar{M}_{(k-1)\,0}). \tag{792}$$

Die Abb. 472 zeigt die graphische Verwendung der Ergebnisse. Darnach sind zunächst die Momente für die Einzellasten $P/2$ aufgetragen und daraus die Momente $\bar{M}_{k\,0}$ gebildet worden. Dieses elementare Ergebnis zeigt die ungünstigen statischen Eigenschaften des Rahmenträgers, die sich namentlich aus den großen Querkräften in Pfosten und Gurten nächst den Auflagern ergeben. Sie lassen sich hier durch vollwandige Ausführung des Trägers und engere Stellung der Pfosten mildern.

Näherungsrechnung für den Rahmenträger (Abb. 474).

Belastung $P = 2,5\,t$ in den Knoten 1, 2, 3, 4, 5, 6.

k	$\bar{0}$	$\bar{1}$	1	$\bar{2}$	2	$\bar{3} = 3'$	3	$\bar{4} = 4'$
P	$(-7,5)$	o	2,5	o	2,5	o	2,5	o t
V_{k0}	o	7,5	7,5	5	5	2,5	2,5	o t
$c/2$	—	1,25	1,25	1,25	1,25	2,5	2,5	2,5 m
$V_{k0}c/2$	—	9,38	9,38	6,25	6,25	6,25	6,25	o mt
$M_{k0}/2$	—	4,69	9,38	12,50	15,63	18,75	21,88	21,88 mt
$M_{k(k+1)}$	$-4,69$		$-3,12$		$-3,12$		o	mt
$M_{k(k-1)}$			4,69		3,12		3,12	mt

Die Momente sind in Abb. 473 dargestellt. Die genauen Werte sind nach S. 497 berechnet und das Ergebnis in Klammern und gestrichelten Linien eingetragen.

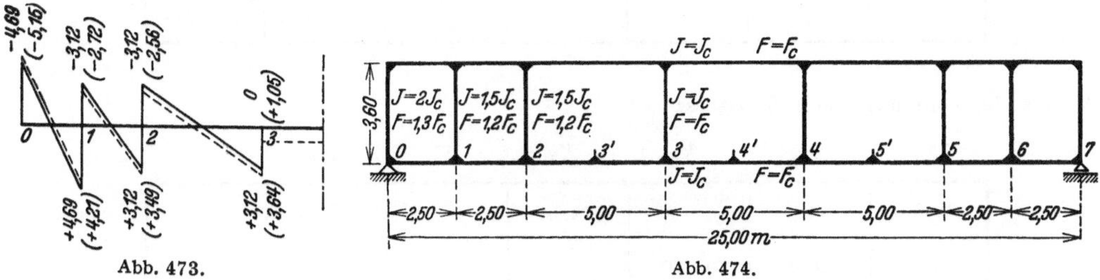

Abb. 473. Abb. 474.

Zahlenbeispiel für die Berechnung eines Rahmenträgers (Abb. 474).

Das Tragwerk ist symmetrisch zu einer waagerechten und zu einer senkrechten Mittellinie.

Geometrische Grundlagen.

$$h_0' = 1,8 , \qquad h_1' = h_2' = 2,4 , \qquad h_3' = 3,6\,\mathrm{m} ,$$
$$c_1' = c_2' = 2,5 , \qquad c_3' = c_4' = 5,0\,\mathrm{m} ;$$

$$\varkappa = 1,2 , \qquad E/G = 2 , \qquad J_c = 0,0533\,\mathrm{m}^4 , \qquad F_c = 1,0\,\mathrm{m}^2 , \qquad J_c/F_k^a = 0,0533\,\mathrm{m}^2 ;$$

$$\nu_0 = 1,2 \cdot 2 \cdot 0,0533/1,3 = 0,0985 , \qquad \nu_1 = \nu_2 = 0,1067 , \qquad \nu_3 = 0,128 , \qquad \gamma_k = 0,128 .$$

Antimetrischer Ansatz, Vorzahlen nach (774):

$$\delta_{21} = -\frac{1}{3}\left(2,4 + 12 \cdot \frac{0,1067}{3,6}\right) = -0,919 , \qquad \delta_{23} = -\frac{1}{3}\left(2,4 + 12 \cdot \frac{0,1067}{3,6}\right) = -0,919 ,$$

$$\delta_{22} = \frac{1}{3}\left(2,4 + 2,4 + 6 \cdot 2,5 + \frac{12}{3,6} \cdot 2 \cdot 0,1067 + 24 \cdot 0,0533 \cdot \frac{2,5}{3,6^2}\right) = 6,921 .$$

Symmetrischer Ansatz, Vorzahlen nach (775):

$$\tau_{21}^{(1)} = \frac{2,4\left(2,5 - 6\dfrac{0,128}{2,5}\right)}{2 \cdot 2,5 + 3 \cdot 2,4 + 6\dfrac{0,128}{2,5}} = 0,421 , \qquad \tau_{23}^{(1)} = \frac{2,4\left(5,0 - 6\dfrac{0,128}{5,0}\right)}{2 \cdot 5,0 + 3 \cdot 2,4 + 6\dfrac{0,128}{5,0}} = 0,670 ,$$

$$\tau_{22}^{(1)} = \left(\frac{2}{3} \cdot 2,5 + 2\frac{0,128}{2,5}\right) + \left(\frac{2}{3} \cdot 5,0 + 2\frac{0,128}{5,0}\right) - \frac{\left(2,5 - 6\dfrac{0,128}{2,5}\right)^2}{3\left(2 \cdot 2,5 + 3 \cdot 2,4 + 6\dfrac{0,128}{2,5}\right)}$$

$$- \frac{\left(2 \cdot 5,0 + 6\dfrac{0,128}{5,0}\right)^2}{3\left(2 \cdot 5,0 + 3 \cdot 2,4 + 6\dfrac{0,128}{5,0}\right)} = 3,046 .$$

Matrix des antimetrischen Ansatzes:

	Y_1	Y_2	Y_3	Y_4	Y_5	Y_6	Y_7
$+6,712$	$-0,919$					
$-0,919$	$+6,921$	$-0,919$				
	$-0,919$	$+12,425$	$-1,342$			
		$-1,342$	$+12,846$	$-1,342$		
			$-1,342$	$+12,425$	$-0,919$	
				$-0,919$	$+6,921$	$-0,919$
					$-0,919$	$+6,712$

Matrix des symmetrischen Ansatzes:

	X_1	X_2	X_3	X_4	X_5	X_6	X_7
$2,638$	$0,421$					
$0,421$	$3,046$	$0,670$				
	$0,670$	$4,677$	$0,833$			
		$0,833$	$4,756$	$0,833$		
			$0,833$	$4,031$	$0,421$	
				$0,421$	$2,660$	$0,421$
					$0,421$	$1,641$

Bemerkenswert ist die geringe Abhängigkeit der überzähligen Größen, so daß die Form-
änderungen δ_{ki} und $\tau_{ki}^{(1)}$ mit $k \neq i$ zur Bildung eines ersten Näherungsergebnisses Null gesetzt
werden können.

Konjugierte Matrix $\beta_{ki}^{(y)}$ des antimetrischen Ansatzes:

	$-\varkappa_{21}$ $0,1341$	$-\varkappa_{32}$ $0,0748$	$-\varkappa_{43}$ $0,1057$	$-\varkappa_{54}$ $0,1091$	$-\varkappa_{65}$ $0,1352$	$-\varkappa_{76}$ $0,1370$	
1	$0,1518$	$0,0204$	$0,0015$	$0,0002$	$0,0000$	$0,0000$	$0,0000$
2	$0,0204$	$0,1486$	$0,0111$	$0,0012$	$0,0001$	$0,0000$	$0,0000$
3	$0,0015$	$0,0111$	$0,0822$	$0,0087$	$0,0009$	$0,0001$	$0,0000$
4	$0,0002$	$0,0012$	$0,0087$	$0,0796$	$0,0087$	$0,0012$	$0,0002$
5	$0,0000$	$0,0001$	$0,0009$	$0,0087$	$0,0822$	$0,0111$	$0,0015$
6	$0,0000$	$0,0000$	$0,0001$	$0,0012$	$0,0111$	$0,1486$	$0,0204$
7	$0,0000$	$0,0000$	$0,0000$	$0,0002$	$0,0015$	$0,0204$	$0,1518$

$$0,1370 = -\varkappa_{12}$$
$$0,1352 = -\varkappa_{23}$$
$$0,1091 = -\varkappa_{34}$$
$$0,1057 = -\varkappa_{45}$$
$$0,0748 = -\varkappa_{56}$$
$$0,1341 = -\varkappa_{67}$$

Konjugierte Matrix $\beta_{ki}^{(x)}$ des symmetrischen Ansatzes.

| | $-\varkappa_{21}$ | $-\varkappa_{32}$ | $-\varkappa_{43}$ | $-\varkappa_{54}$ | $-\varkappa_{65}$ | $-\varkappa_{76}$ | |
	$-0,1429$	$-0,1481$	$-0,1817$	$-0,2103$	$-0,1650$	$-0,2564$	$\longrightarrow$
1	$+0,3880$	$-0,0554$	$+0,0082$	$-0,0015$	$+0,0003$	$-0,0001$	$+0,0000$
2	$-0,0554$	$+0,3477$	$-0,0515$	$+0,0094$	$-0,0020$	$+0,0003$	$-0,0001$
3	$+0,0082$	$-0,0515$	$+0,2290$	$-0,0416$	$+0,0087$	$-0,0014$	$+0,0004$
4	$-0,0015$	$+0,0094$	$-0,0416$	$+0,2260$	$-0,0475$	$+0,0078$	$-0,0020$
5	$+0,0003$	$-0,0020$	$+0,0087$	$-0,0475$	$+0,2622$	$-0,0433$	$+0,0111$
6	$-0,0001$	$+0,0003$	$-0,0014$	$+0,0078$	$-0,0433$	$+0,3990$	$-0,1024$
7	$+0,0000$	$-0,0001$	$+0,0004$	$-0,0020$	$+0,0111$	$-0,1024$	$+0,6360$

$$-0,1595 = -\varkappa_{12}$$
$$-0,2249 = -\varkappa_{23}$$
$$-0,1840 = -\varkappa_{34}$$
$$-0,1810 = -\varkappa_{45}$$
$$-0,1085 = -\varkappa_{56}$$
$$-0,1610 = -\varkappa_{67}$$

Rechenvorschrift der überzähligen Größen.

$$Y_k = \Sigma \beta_{ki}^{(y)}\, \delta_{k0}, \qquad X_k = \Sigma \beta_{ki}^{(x)}\, \tau_{k0}^{(1)},$$

Senkrechte Einzellasten in den Punkten 1, 2, 3′ 3, 4′, ...

$$\delta_{20,1} = V_{20}\left[\frac{2,5 \cdot 2,5}{2} + \frac{1}{6} \cdot 2,5\left(2,4 + 12 \cdot \frac{0,1067}{3,6}\right)\right] - \frac{1}{6} V_{30}\, 5,0\left(2,4 + 12\frac{0,1067}{3,6}\right)$$
$$+ 4\, M_{20}\frac{2,5}{3,6^2}\cdot 0,0533 .$$

$$\delta_{10,1} = 4,011\, V_{10} - 1,148\, V_{20} + 0,0412\, M_{10},$$
$$\delta_{20,1} = 4,273\, V_{20} - 2,296\, V_{30} + 0,0412\, M_{20},$$
$$\delta_{30,1} = 14,796\, V_{30} - 3,356\, V_{40} + 0,0824\, M_{30},$$
$$\delta_{40,1} = 15,856\, V_{40} - 3,356\, V_{50} + 0,0824\, M_{40},$$
$$\delta_{50,1} = 15,856\, V_{50} - 1,148\, V_{60} + 0,0824\, M_{50},$$
$$\delta_{60,1} = 4,273\, V_{60} - 1,148\, V_{70} + 0,0412\, M_{60},$$
$$\delta_{70,1} = 4,273\, V_{70} .$$

$$\delta_{k0,2} = \frac{c_k'}{2\, c_k} P_k z_k^2 + \frac{1}{6} P_k z_k\left(h_{k-1}' + 12 \cdot \frac{v_{k-1}}{h}\right) - \frac{1}{6} P_{k+1} z_{k+1}\left(h_k' + 12\frac{v_k}{h}\right).$$

Gleichförmige Belastung $g = 1,0$ t/m liefert $P = 2,5\, t$ in 1, 2, 3′, 3, 4′, ...

$k =$	1	2	3	4	5	6	7
$V_{k0} =$	11,25	8,75	3,75	$-1,25$	$-6,25$	$-8,75$	$-11,25$ t
$M_{k0} =$	28,125	50,0	75,0	75,0	50,0	28,125	0 mt

$$\delta_{30,1} = 14,796 \cdot 3,75 + 3,356 \cdot 1,25 + 0,0824 \cdot 75 = 65,860,$$

$$\delta_{30,2} = \frac{5,0}{2\cdot 5,0}\, 2,5 \cdot 2,5^2 + \frac{1}{6}\, 2,5 \cdot 2,5\left(2,4 + 12\frac{0,1067}{3,6}\right) - \frac{1}{6}\, 2,5 \cdot 2,5\left(3,6 + 12\frac{0,128}{3,6}\right) = 6,4885;$$

δ_{10}	δ_{20}	δ_{30}	δ_{40}	δ_{50}	δ_{60}	δ_{70}
36,2375	27,9668	72,3485	15,1475	$-72,9283$	$-23,3150$	$-48,0713$

$$\tau_{30}^{(1)} = -\left[-\frac{5,0 \cdot 5,0}{6}\cdot 2,5 \cdot \frac{3}{8} - \frac{5,0 \cdot 5,0}{6}\cdot 2,5 \cdot \frac{3}{8} + \frac{5,0 \cdot 5,0}{6}\, 2,5 \cdot \frac{3}{8}\, \frac{5,0 - 6\dfrac{0,128}{5,0}}{2\cdot 5,0 + 3 \cdot 2,4 + 6\dfrac{0,128}{5,0}}\right.$$
$$\left. + \frac{5,0 \cdot 5,0}{6}\, 2,5\, \frac{3}{8}\, \frac{2 \cdot 5,0 + 6\dfrac{0,128}{5,0}}{2\cdot 5,0 + 3 \cdot 3,6 + 6\dfrac{0,128}{5,0}}\right] = 4,8286 .$$

$\tau_{10}^{(1)}$	$\tau_{20}^{(1)}$	$\tau_{30}^{(1)}$	$\tau_{40}^{(1)}$	$\tau_{50}^{(1)}$	$\tau_{60}^{(1)}$	$\tau_{70}^{(1)}$
o	1,6208	4,8286	5,0160	3,0028	o	o

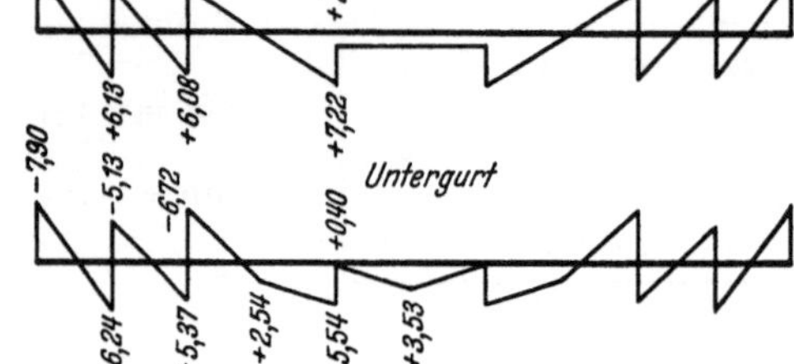

Abb. 475. Momente in mt für $g = 1,0$ t/m.

Ergebnis der Superposition.

$$Y_1 = 6,1829 \text{ mt},\qquad X_1 = -0,0568 \text{ mt},$$
$$Y_2 = 5,7236 \text{ mt},\qquad X_2 = 0,3560 \text{ mt},$$
$$Y_3 = 6,3756 \text{ mt},\qquad X_3 = 0,8397 \text{ mt},$$
$$Y_4 = 1,2039 \text{ mt},\qquad X_4 = 0,8053 \text{ mt},$$
$$Y_5 = -6,1259 \text{ mt},\qquad X_5 = 0,5907 \text{ mt},$$
$$Y_6 = -5,2294 \text{ mt},\qquad X_6 = -0,1000 \text{ mt},$$
$$Y_7 = -7,8792 \text{ mt},\qquad X_7 = 0,0225 \text{ mt},$$

$$M_{21}^a = 5,7236 + 0,3560 = 6,08 \text{ mt},$$
$$M_{21}^b = 5,7236 - 0,3560 = 5,37 \text{ mt},$$
$$M_{23}^a = M_{54}^a = -6,1259 + 0,5907 = -5,54 \text{ mt},$$
$$M_{23}^b = M_{54}^b = -6,1259 - 0,5907 = -6,72 \text{ mt}.$$

Einflußlinie Y_3 für $P = 1$ t in 1, 2, 3, 4, 5, 6

$$\mathfrak{W}_{23} = -\frac{1}{6}\left(3 \cdot 5 + 2,4 + 12\,\frac{0,1067}{36}\right) = -2,9593,$$

$$\mathfrak{W}_{33} = \frac{1}{6}\left(3 \cdot 5 + 2,4 + 3,6 + 24\,\frac{5}{3,6^2}\,0,0533\right) = +3,7127,$$

$$\mathfrak{W}_{43} = -\frac{1}{6}\left(3,6 + 12\,\frac{0,128}{3,6}\right) = -0,6711.$$

$$\beta_{33}^{(y)}\mathfrak{W}_{23} = -0,2433,\qquad \beta_{32}^{(y)}\mathfrak{W}_{12} = -0,0190,\qquad \beta_{34}^{(y)}\mathfrak{W}_{34} = -0,0276,$$
$$\beta_{33}^{(y)}\mathfrak{W}_{33} = +0,3052,\qquad \beta_{32}^{(y)}\mathfrak{W}_{22} = +0,0245,\qquad \beta_{34}^{(y)}\mathfrak{W}_{44} = +0,0341,$$
$$\beta_{33}^{(y)}\mathfrak{W}_{43} = -0,0552,\qquad \beta_{32}^{(y)}\mathfrak{W}_{32} = -0,0051,\qquad \beta_{34}^{(y)}\mathfrak{W}_{54} = -0,0058.$$

Die Superposition der Anteile an jedem Knoten ergibt

$\mathfrak{W}_1$	$\mathfrak{W}_2$	$\mathfrak{W}_3$	$\mathfrak{W}_4$	$\mathfrak{W}_5$	$\mathfrak{W}_6$
−0,0190	−0,2188	+0,2725	−0,0211	−0,0058	o

$$A_\mathfrak{w} = -0,0382,\qquad B_\mathfrak{w} = +0,0460,\qquad Y_3 = M_\mathfrak{w}.$$

$k =$	1	2	3	4	5	6	7
$Q_\mathfrak{w} =$	−0,0382	−0,0192	+0,1996	−0,0729	−0,0518	−0,0460	−0,0460
$Q_\mathfrak{w}c =$	−0,0955	−0,0480	+0,3980	−0,3645	−0,2590	−0,1150	−0,1150
$Y_3 =$	−0,096	−0,140	+0,854	+0,490	+0,231	+0,116	o mt

Ergänzung der Einflußlinie Y_3 für $P = 1$ t in 3′, 4′, 5′.

$$\Delta\delta_{k'k} = -\frac{c_k\,c_k'}{2}\,\omega_R = -\frac{5 \cdot 5}{2}\,\frac{1}{4} = -3,125,\qquad k = 3, 4, 5.\qquad \Delta Y_{3k'} = \beta_{3k}\,\delta_{k'k},$$

$$\Delta Y_{33'} = -0,0822 \cdot 3,125 = -0,257,\qquad \Delta Y_{34'} = -0,027,\qquad \Delta Y_{35'} = -0,003.$$

$$Y_{33'} = \frac{Y_{33} + Y_{32}}{2} + \Delta Y_{33'} = 0,098 \text{ mt},\qquad Y_{34'} = 0,645 \text{ mt},\qquad Y_{35'} = 0,357 \text{ mt}.$$

Einflußlinie X_3 für $P = 1$ t in 3′, 4′, 5′.

$$\tau_{3'2}^{(1)} = 0,6483,\quad \tau_{3'3}^{(1)} = 1,1255,\quad \tau_{4'3}^{(1)} = 0,8053,\quad \tau_{4'4}^{(1)} = 1,2011.$$

Feld c_3: $X_{33'} = 0,2290\,(1,1255 - 0,2249 \cdot 0,6483) = 0,224 \text{ mt},$

Feld c_4: $X_{34'} = 0,2290\,(0,8053 - 0,1817 \cdot 1,2011) = 0,134 \text{ mt}.$

Einflußlinien $M_{32}^a = Y_3 + X_3$, $M_{32}^b = Y_3 - X_3$.

$k =$	1	2	3'	3	4'	4	5'	5
$M_{32}^a =$	$-0,096$	$-0,144$	$0,322$	$0,854$	$0,779$	$0,490$	$0,334$	$0,231$ mt
$M_{32}^b =$	$-0,096$	$-0,144$	$-0,126$	$0,854$	$0,511$	$0,490$	$0,338$	$0,321$ mt

Die beiderseits anschließenden Teile sind geradlinig.

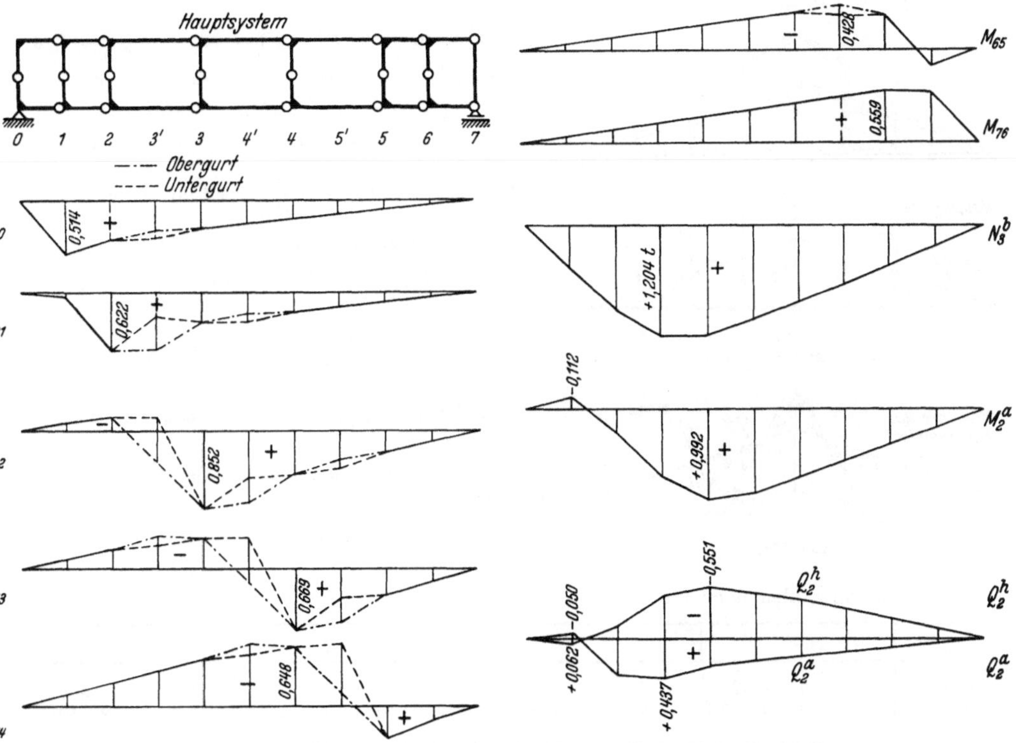

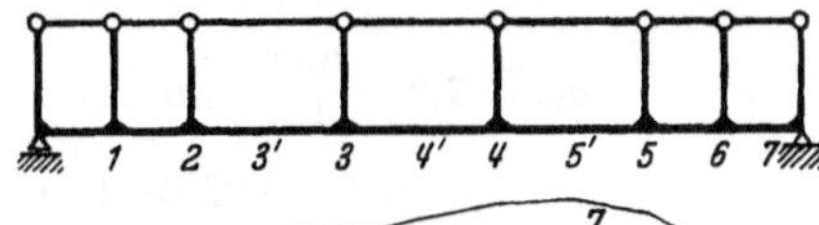

Abb. 476.

Einflußlinie $N_3^b = (M_{03} - 2\,Y_3)/h$.

$k =$	1	2	3'	3	4'	4	5'	5
$M_{03} =$	$1,500$	$3,000$	$4,500$	$6,000$	$5,000$	$4,000$	$3,000$	$2,000$
$N_3^b =$	$0,470$	$0,913$	$1,200$	$1,192$	$1,031$	$0,839$	$0,635$	$0,491$ t

Alle übrigen Einflußlinien ergeben sich in derselben Weise.

Ist das Trägheitsmoment des Untergurtes groß gegenüber dem des Obergurtes, so kann näherungsweise mit einem System nach Abb. **477** gerechnet werden. Die Einflußlinien für die Untergurtmomente haben dann die in Abb. **477** dargestellte Form.

$$J_k^b = J_c = 0,1 \text{ m}^4, \quad F_k^b = 1,0, \quad F_k^a = 0,2 \text{ m}^2,$$

$$J_0 = J_1 = J_2 = 0,025, \quad J_3 = 0,0125 \text{ m}^4,$$

$$F_0 = F_1 = F_2 = 0,30, \quad F_3 = 0,25 \text{ m}^2,$$

$$v_0 = v_1 = v_2 = 0,8, \quad v_3 = 0,96.$$

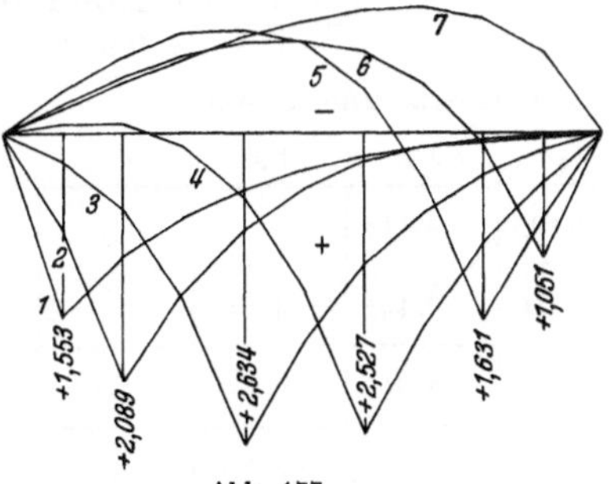

Abb. 477.

Berechnung eines Dachbinders mit vollwandigen Endfeldern (Abb. 478).

1. Geometrische Grundlagen.

$$c = 2,7 \text{ m}, \qquad h_0 = 1,8, \qquad h_1 = 2,7, \qquad h_2 = 3,6 \text{ m},$$

$$c/s_k^a = \cos\alpha = 0,9487, \qquad J_c = J^b = J^a \cos\alpha,$$

$$J_c = 0,0031 \text{ m}^4, \qquad F^a = 0,155, \qquad F^b = 0,150, \qquad F^h = 0,105 \text{ m}^2,$$

$$J_c/F^a = 0,0201, \qquad J_c/F^b = 0,0208, \qquad J_c/F^h = 0,0297 \text{ m}^2,$$

$$J_0^h = J_4^h = \infty, \qquad F_0^h = F_4^h = \infty, \qquad J_h = J_c/3;$$

$$\varkappa = 1,2, \qquad E/G = 2, \qquad v_0 = v_4 = 0,$$

$$v_1 = v_2 = v_3 = 0,0712, \qquad c' = c,$$

$$h_0' = h_4' = 0, \qquad h_1' = h_3' = 8,1, \qquad h_2' = 10,8 \text{ m}.$$

$$\zeta_k' = \frac{\cos\alpha}{2}\left(1 + \frac{1}{\cos^2\alpha}\right) = 1,00 = \text{const.}$$

2. Vorzahlen nach (768). Matrix s. u.

$$\delta_{11} = \frac{1}{3}\left[2 \cdot 2,7\left(\frac{1,8^2}{2,7^2} + \frac{1,8}{2,7} + 1\right) + 8,1\right.$$

$$+ \frac{12}{2,7^2} \cdot 0,0712 \cdot 2,7$$

$$\left. + 12\,\frac{2,7}{2,7^2}\left(0,0201 \cdot \frac{1}{0,9487} + 0,0208\right)\right] = 6,465.$$

3. Belastung: Eigengewicht aus Binder, Dach und Oberlicht.

$$P_0' = P_4' = 4,0 \text{ t}, \qquad P_0 = P_4 = 4,5 \text{ t},$$

$$P_1 = P_3 = 5,8 \text{ t}, \qquad P_2 = 2,8 \text{ t}.$$

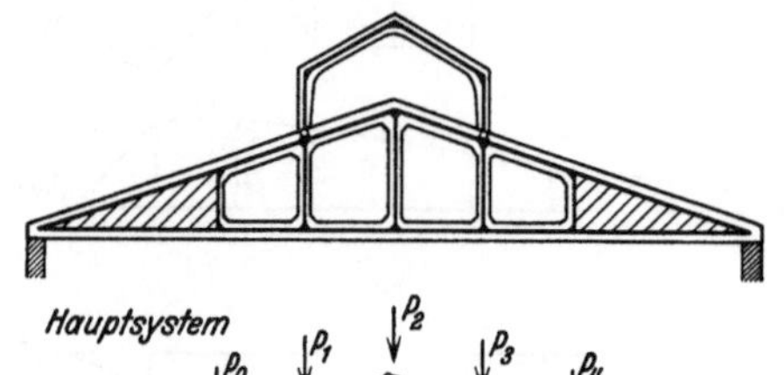

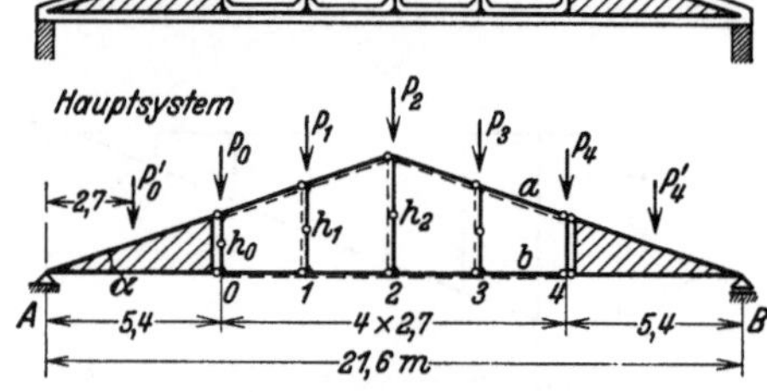

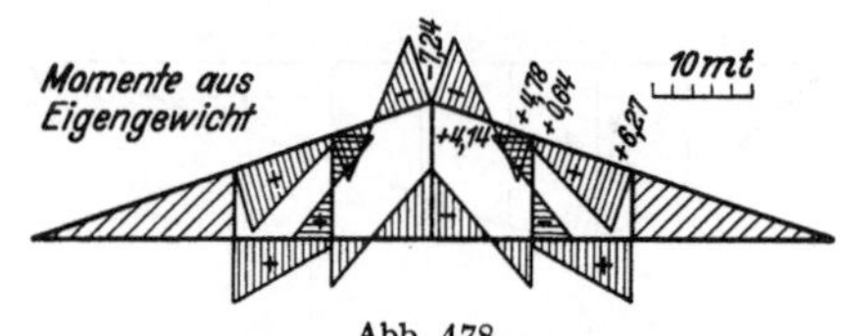

Abb. 478.

4. Belastungszahlen nach (769).

$k =$	A	$0'$	0	1	2	3	4	$4'$	B
$V_{k0} =$	0	15,7	11,7	7,2	1,4	$-1,4$	$-7,2$	$-11,7$	$-15,7$ t
$M_{k0} =$	0	42,40	74,00	93,44	97,22	93,44	74,00	42,40	0 mt

k	$\dfrac{M_{k0}}{V_{k0}}$	$\dfrac{M_{k0}}{V_{k0}}\dfrac{h_k - h_{k-1}}{h_k c_k}$	ζ_k''	ζ_k'''	ζ_{k0}
1	12,99	1,60	$-0,60$	2,60	1,04
2	69,40	6,42	$-5,42$	7,42	1,01
3	$-66,70$	8,24	$-7,24$	9,24	1,01
4	$-10,27$	1,90	$-0,90$	2,90	1,03

$$\delta_{10} = 7,2\,\frac{-0,60}{6} \cdot 1,0\,[2,7 \cdot 6,3 + 0] - 1,4\,\frac{-5,42}{6} \cdot 2,7\left(8,1 + \frac{0,854}{2,7}\right)$$

$$+ \frac{5,4}{2,7^2}\left(\frac{0,0201 \cdot 1,04}{0,9487} + 0,0208\right) \cdot 93,44 = 19,44.$$

5. δ Matrix und Lösung.

Y_1	Y_2	Y_3	Y_4	
6,465	$-2,110$			19,44
$-2,110$	9,445	$-4,910$		$-93,19$
	$-4,910$	16,800	$-4,210$	90,40
		$-4,210$	14,890	73,29

$$M_{10} = M_{34} = Y_1 = 0,64 \text{ mt},$$
$$M_{21} = M_{23} = Y_2 = -7,24 \text{ mt},$$
$$M_{32} = M_{12} = Y_3 = 4,78 \text{ mt},$$
$$M_{43} = M_{01} = Y_4 = 6,27 \text{ mt},$$
$$M_{k(k-1)}^a = M_{k(k-1)}^b, \qquad M_{kh}^a = -M_{kh}^b,$$
$$M_{1h}^b = -M_{3h}^b = 4,78 - 0,64 = 4,14 \text{ mt},$$

Mit den Momenten sind auch die Quer- und Längskräfte bekannt. Die Schnittkräfte aus Wind- und Schneelast werden in gleicher Weise berechnet.

Mann, L.: Statische Berechnung steifer Vierecknetze. Berlin 1909 und Z. Bauw. 1909. — Derselbe: Das strebenlose Ständerfachwerk. Müller-Breslau-Festschrift. Leipzig 1912. — Engesser, F.: Die Berechnung der Rahmenträger. Z. Bauw. 1913. — Grüning, M.: Die Spannungen im Knotenpunkt eines Vierendeelträgers. Eisenbau 1914. — Lührs, J.: Die statische Berechnung des Rahmenträgers. Eisenbau 1915 S. 83. — Mohr, O.: Die Berechnung der Pfostenträger. Eisenbau 1915. — Derselbe: Beitrag zur Berechnung der Rahmenträger. Berlin 1915. — Engesser, F.: Die Berechnung der Rahmenträger. Berlin 1919. — Hartmann, F.: Die statisch unbestimmten Systeme des Eisen- und Eisenbetonbaues. Berlin 1922. — Kriso, K.: Statik der Vierendeelträger. Berlin 1922. — Spiegel, G.: Der Rahmenträger. Berlin 1922. — Vieser, F.: Statische Berechnung der Vierendeelträger. Bautechn. 1927 S. 263. — Domke, O.: Handb. f. Eisenbetonbau Bd. 10 3. Aufl. Berlin 1931.

53. Die Berechnung von Silozellen.

Der Zellensilo wird in der Regel durch senkrechte Wände gebildet, die in den Kanten biegungssteif verbunden sind, so daß rechteckige Behälter zur Lagerung des Füllgutes entstehen. Der Innendruck wächst nach S. 14 mit zunehmender Schütthöhe z, ist jedoch für $z = $ const in jeder Zelle konstant. Die Wand wirkt daher unter dem Innendruck aus dem Füllgut als elastisch eingespannte Platte, für das Eigengewicht der Wand und für die Reibungskräfte längs der Wand als Scheibe. In der Regel wird auf die Klärung des räumlichen Spannungszustandes verzichtet und die Sicherheit des Bauwerks für Kräfte winkelrecht zur Wandebene in Abschnitten des Tragwerks zwischen je zwei waagerechten Schnitten festgestellt. Diese werden dann als waagerecht liegende Stabwerke berechnet, deren Knoten infolge der Längssteifigkeit der Wände unverschieblich sind.

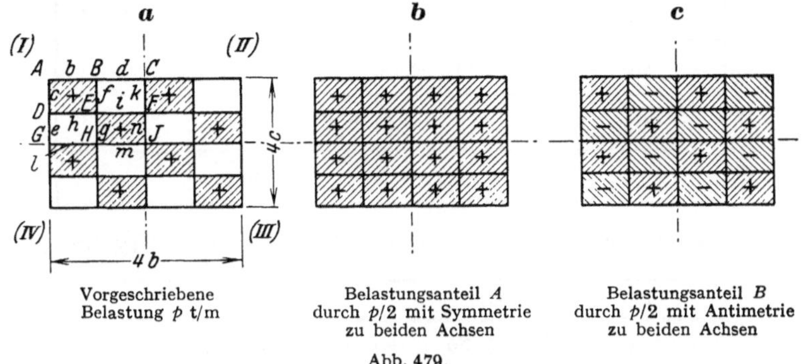

Vorgeschriebene
Belastung p t/m

Belastungsanteil A
durch $p/2$ mit Symmetrie
zu beiden Achsen

Belastungsanteil B
durch $p/2$ mit Antimetrie
zu beiden Achsen

Abb. 479.

Das Tragwerk Abb. 479a besteht darnach aus elastisch eingespannten, gleichförmig belasteten Stäben $\overline{JK} = l_k$. Ihr Spannungszustand ist durch die Belastung p und die benachbarten Knotendrehwinkel φ_J, φ_K bestimmt. Wird der Querschnitt im Bereich der theoretischen Stablänge l_k als konstant angenommen, so lassen sich n Knotendrehwinkel des Stabnetzes nach S. 320 aus n Bedingungsgleichungen $\delta A_J = 0$ berechnen, in denen die Stabdrehwinkel Null sind. Der allgemeine Ansatz wird bei Symmetrie des Tragwerks nach einer oder zwei Achsen durch Umordnung der Belastung in Anteile mit Symmetrie oder Antimetrie zu einer der beiden Achsen vereinfacht und in jedem Falle am besten durch Iteration nach Abschn. 30 gelöst. Damit sind auch die Schnittkräfte des Stabnetzes bekannt. Sie entstehen nach (530) durch die Überlagerung der bekannten Schnittkräfte des gleichförmig belasteten, beiderseits eingespannten Stabes $J K$ mit denjenigen, welche durch die Verdrehung der Endquerschnitte J, K um φ_J, φ_K hervorgerufen werden. Das Ergebnis läßt sich mit der Bedingung nachprüfen, daß die Summe der

Biegungsmomente an jedem Stabknoten Null ist. Die Querkräfte an den Stabenden werden als äußere Kräfte in die Längs- und Querwände eingetragen.

Für die Ausführung kommen neben allgemeinen Anordnungen im wesentlichen nur regelmäßige Bauwerke mit wenigen Zellenreihen in Betracht, deren Berechnung die ungünstigsten Ergebnisse in der Regel bei schachbrettartiger Füllung des Silos liefert.

Belastungsanteil A: Die Formänderung des elastischen Gebildes ist zu beiden Achsen symmetrisch. Die Drehwinkel der Stabknoten in den Symmetrieachsen sind daher Null. Im übrigen ist $\varphi_{A,I} = -\varphi_{A,II} = \varphi_{A,III} = -\varphi_{A,IV}$. Der Ansatz besteht aus 4 Gleichungen mit 4 Unbekannten. Sie werden nach (533), (534) angeschrieben. Darnach ist z. B.

$$\delta A_E = {}^{(1)}\varphi_B\, a_{EB} + {}^{(1)}\varphi_D\, a_{ED} + {}^{(1)}\varphi_E\, a_{EE} + a_{E0} = 0\,,$$

$$a_{EB} = 4\,(-\dot{\mathbf{i}}_E)\cdot\frac{2}{c'} = -\frac{8}{c'}\,,\qquad a_{ED} = -\frac{8}{b'}\,,$$

$$a_{EE} = 4\,(-\dot{\mathbf{i}}_E)\left(\frac{4}{b'} + \frac{4}{c'} + \frac{4}{b'} + \frac{4}{c'}\right) = -32\left(\frac{1}{b'} + \frac{1}{c'}\right)\,,$$

$$a_{A0} = 4\,(-\dot{\mathbf{i}}_A)\left(\frac{p}{2}\,\frac{b^2}{12} - \frac{p}{2}\,\frac{c^2}{12}\right) = -\frac{p}{6}\,(b^2 - c^2)\,,\qquad a_{B0} = a_{D0} = a_{E0} = 0\,,$$

so daß mit $b = 4{,}80$ m, $c = 3{,}20$ m, $J_b = 3\,J_c$, $p = 1$ t/m der folgende Ansatz angeschrieben werden kann:

	${}^{(1)}\varphi_A$	${}^{(1)}\varphi_B$	${}^{(1)}\varphi_D$	${}^{(1)}\varphi_E$	a_{K0}
A	$-15{,}0$	$-5{,}0$	$-2{,}5$		$-2{,}13333$
B	$-5{,}0$	$-25{,}0$		$-2{,}5$	
D	$-2{,}5$		$-20{,}0$	$-5{,}0$	
E		$-2{,}5$	$-5{,}0$	$-30{,}0$	

Die Iteration einer angenäherten Lösung liefert folgendes Ergebnis:

${}^{(1)}\varphi_A$	${}^{(1)}\varphi_B$	${}^{(1)}\varphi_D$	${}^{(1)}\varphi_E$
$-0{,}15637$	$+0{,}03189$	$+0{,}02109$	$-0{,}00617$

Belastungsanteil B: Die Formänderung des elastischen Gebildes ist zu beiden Achsen antimetrisch und damit $\varphi_{B,I} = \varphi_{B,II} = \varphi_{B,III} = \varphi_{B,IV}$. Der Ansatz (523) besteht jetzt aus neun Gleichungen mit neun Unbekannten, z. B.

$$\delta A_E = \varphi_B\, a_{EB} + \varphi_D\, a_{ED} + \varphi_E\, a_{EE} + \varphi_F\, a_{EF} + \varphi_H\, a_{EH} + a_{E0} = 0\,,$$

$$a_{EB} = 4\,(-\dot{\mathbf{i}}_E)\cdot\frac{2}{c'} = -\frac{8}{c'}\,,\qquad a_{ED} = 4\,(-\dot{\mathbf{i}}_E)\cdot\frac{2}{b'} = -\frac{8}{b'}\,,$$

$$a_{EE} = 4\,(-\dot{\mathbf{i}}_E)\left(\frac{4}{b'} + \frac{4}{c'} + \frac{4}{b'} + \frac{4}{c'}\right) = -32\left(\frac{1}{b'} + \frac{1}{c'}\right)\,,$$

$$a_{EF} = 4\,(-\dot{\mathbf{i}}_E)\cdot\frac{2}{b'} = -\frac{8}{b'}\,,\qquad a_{EH} = 4\,(-\dot{\mathbf{i}}_E)\cdot\frac{2}{c'} = -\frac{8}{c'}\,,$$

$$a_{E0} = 4\,(-\dot{\mathbf{i}}_E)\cdot 2\left(\frac{p\,b^2}{12} - \frac{p\,c^2}{12}\right) = -\frac{2}{3}\,p\,(b^2 - c^2)\,,$$

$$\delta A_J = \varphi_F a_{JF} + \varphi_H a_{JH} + \varphi_J a_{JJ} + a_{J0} = 0,$$

$$a_{JF} = 2\,(-\mathsf{i}_J)\cdot\frac{2}{c'} = -\frac{4}{c'}, \qquad a_{JH} = 2\,(-\mathsf{i}_J)\cdot\frac{2}{b'} = -\frac{4}{b'},$$

$$a_{JJ} = -\mathsf{i}_J\left(\frac{4}{b'} + \frac{4}{c'} + \frac{4}{b'} + \frac{4}{c'}\right) = -8\left(\frac{1}{b'} + \frac{1}{c'}\right),$$

$$a_{J0} = 2\,(-\mathsf{i}_J)\left(\frac{p\,b^2}{12} - \frac{p\,c'}{12}\right) = -\frac{1}{6}\,p\,(b^2 - c^2).$$

Matrix der Gleichungen $\sum \varphi_K a_{LK} + a_{L0} = 0$ für $b = 4{,}80$ m, $c = 3{,}20$ m, $J_b = 3\,J_c$, $p = 1$ t/m.

	φ_A	φ_B	φ_C	φ_D	φ_E	φ_F	φ_G	φ_H	φ_J	a_{L0}
A	−15,00	− 5,00		− 2,50						− 2,13333
B	− 5,00	−25,00	− 5,00		− 2,50					+ 4,26667
C		− 5,00	−12,50			− 1,25				− 2,13333
D	− 2,50			−20,00	− 5,00		− 2,50			+ 4,26667
E		− 2,50		− 5.00	−30,00	− 5,00		− 2,50		− 8,53333
F			− 1,25		− 5,00	−15,00			− 1,25	+ 4,26667
G				− 2,50			−10,00	− 2,50		− 2,13333
H					− 2,50		− 2,50	−15,00	− 2,50	+ 4,26667
J						− 1,25		− 2,50	− 7,50	− 2,13333

Die Iteration einer Näherungslösung liefert folgendes Ergebnis:

$^{(2)}\varphi_A$	$^{(2)}\varphi_B$	$^{(2)}\varphi_C$	$^{(2)}\varphi_D$	$^{(2)}\varphi_E$	$^{(2)}\varphi_F$	$^{(2)}\varphi_G$	$^{(2)}\varphi_H$	$^{(2)}\varphi_J$
− 0,33769	+ 0,36453	− 0,37006	+ 0,44375	− 0,52313	+ 0,53582	− 0,45940	+ 0,54052	− 0,55392

Die Knotendrehwinkel infolge der gegebenen Belastung werden durch Superposition des symmetrischen und des antimetrischen Anteils erhalten, z. B.

$$\varphi_{A,I} = {}^{(1)}\varphi_A + {}^{(2)}\varphi_A = -0{,}49406 = \varphi_{A,III},$$
$$\varphi_{A,II} = -{}^{(1)}\varphi_A + {}^{(2)}\varphi_A = -0{,}18132 = \varphi_{A,IV}.$$

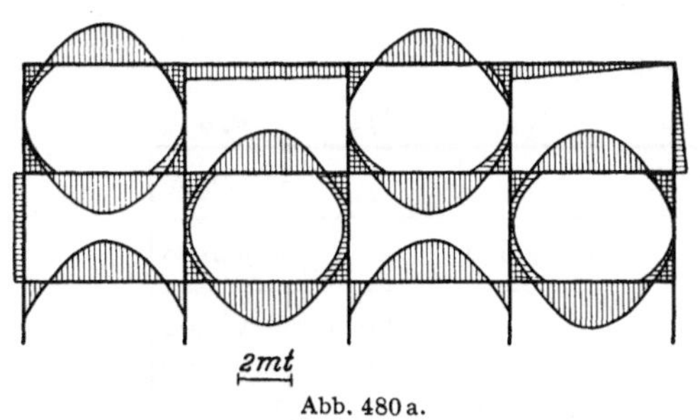

Abb. 480a.

Abb. 480b.

$\varphi_{A,I}$	$\varphi_{A,II}$	$\varphi_{B,I}$	$\varphi_{B,II}$	$\varphi_{D,I}$	$\varphi_{D,II}$	$\varphi_{E,I}$	$\varphi_{E,II}$
− 0,49406	− 0,18132	+ 0,39642	+ 0,33264	+ 0,46484	+ 0,42266	− 0,52930	− 0,51696

φ_C	φ_F	φ_G	φ_H	φ_J
− 0,37006	+ 0,53582	− 0,45940	+ 0,54052	− 0,55392

Die Stabendmomente $M_J^{(h)}$, $M_K^{(h)}$ eines Stabes $\overline{JK} = l_k$ sind nach (530) berechnet und auf der Zugseite aufgetragen worden (Abb. 480). Darnach ist z. B.

$$M_A^{(b)} = + p\,b^2/12 + 2/b' \cdot (2\,\varphi_A + \varphi_B) = +\,1{,}92000 - 0{,}73962 = +\,1{,}1804\ \text{mt.}$$

$$M_B^{(b)} = - p\,b^2/12 + 2/b' \cdot (2\,\varphi_B + \varphi_A) = -\,1{,}92000 + 0{,}37348 = -\,1{,}5465\ \text{mt.}$$

$$M_B^{(d)} = \qquad\quad + 2/b' \cdot (2\,\varphi_B + \varphi_C) = \qquad\qquad\qquad = +\,0{,}5285\ \text{mt.}$$

$$M_C^{(d)} = \qquad\quad + 2/b' \cdot (2\,\varphi_C + \varphi_B) = \qquad\qquad\qquad = -\,0{,}4296\ \text{mt.}$$

Die Rechenvorschrift wird im Zusammenhang an dem folgenden Beispiel wiederholt:

$c = 2{,}70\ \text{m}$, $b = 4{,}80\ \text{m}$, $J_b = 3\,J_c$, $1/c' = 0{,}370370$, $1/b' = 0{,}625$ (Abb. 481)

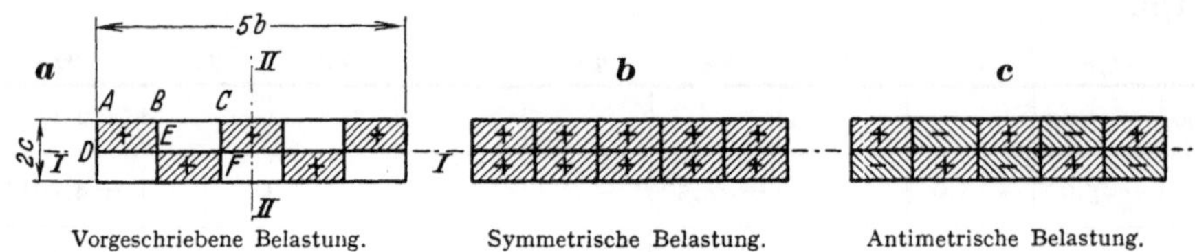

Vorgeschriebene Belastung.   Symmetrische Belastung.   Antimetrische Belastung.
Abb. 481.

Symmetrische Belastung $p/2$ (Abb. 481 b) $^{(1)}\varphi_D = {}^{(1)}\varphi_E = {}^{(1)}\varphi_F = 0$.

$$a_{A0} = 4\,(-\,i_A)\left(\frac{b^2}{12} - \frac{c^2}{12}\right)\frac{p}{2} = -\frac{p}{6}\,(b^2 - c^2) = -\,2{,}625\,, \qquad a_{B0} = a_{C0} = 0\,.$$

Matrix der Bedingungsgleichungen $\sum {}^{(1)}\varphi_K\,a_{JK} + a_{J0} = 0$.

	$^{(1)}\varphi_A$	$^{(1)}\varphi_B$	$^{(1)}\varphi_C$	a_{J0}
A	−15,9259	− 5,0000		− 2,6250
B	− 5,0000	− 25,9259	− 5,0000	
C		− 5,0000	− 20,9259	

Lösung durch Iteration:

$^{(1)}\varphi_A$	$^{(1)}\varphi_B$	$^{(1)}\varphi_C$
− 0,17600	+ 0,03558	− 0,00850

Antimetrische Belastung $p/2$ (Abb. 481 c).

Matrix der Bedingungsgleichungen $\sum {}^{(2)}\varphi_K\,a_{JK} + a_{J0} = 0$.

	$^{(2)}\varphi_A$	$^{(2)}\varphi_B$	$^{(2)}\varphi_C$	$^{(2)}\varphi_D$	$^{(2)}\varphi_E$	$^{(2)}\varphi_F$	a_{J0}
A	−15,9259	− 5,0000		− 2,9630			− 2,6250
B	− 5,0000	− 25,9259	− 5,0000		− 2,9630		+ 5,2500
C		− 5,0000	− 20,9259			− 2,9630	− 5,2500
D	− 2,9630			− 10,9259	− 2,5000		+ 2,6250
E		− 2,9630		− 2,5000	− 15,9259	− 2,5000	− 5,2500
F			− 2,9630		− 2,5000	− 13,4259	+ 5,2500

Lösung durch Iteration:

$^{(2)}\varphi_A$	$^{(2)}\varphi_B$	$^{(2)}\varphi_C$	$^{(2)}\varphi_D$	$^{(2)}\varphi_E$	$^{(2)}\varphi_F$
− 0,38797	+ 0,42769	− 0,43734	+ 0,47763	− 0,57762	+ 0,59511

Ergebnis der Überlagerung:

$$\varphi_{A,1} = {}^{(1)}\varphi_A + {}^{(2)}\varphi_A = -0{,}56396 , \qquad \varphi_{A,IV} = -{}^{(1)}\varphi_A + {}^{(2)}\varphi_A = -0{,}21198 .$$

$\varphi_{A,I}$	$\varphi_{A,IV}$	$\varphi_{B,I}$	$\varphi_{B,IV}$	$\varphi_{C,I}$	$\varphi_{C,IV}$	φ_D	φ_E	φ_F
$-0{,}56396$	$-0{,}21198$	$+0{,}46327$	$+0{,}39211$	$-0{,}44584$	$-0{,}42884$	$+0{,}47763$	$-0{,}57762$	$+0{,}59511$

Biegungsmomente s. Abb. 482.

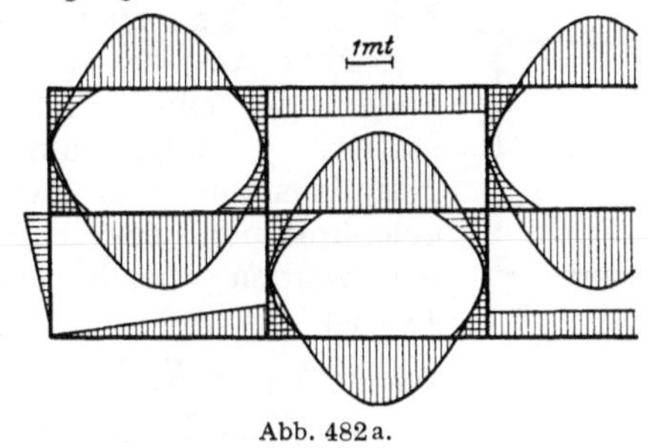

Abb. 482a.

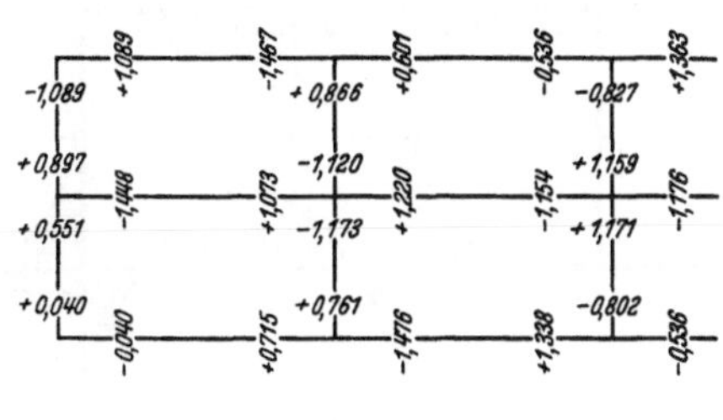

Abb. 482b.

Die einreihige Anordnung der Zellen.

Die einreihige Anordnung der Zellen. Belastung, Formänderung und Schnittkräfte sind zur Achse a symmetrisch (Abb. 483), also $\varphi_{A,I} = -\varphi_{A,II}$. Die Knotendrehwinkel werden daher aus einem dreigliedrigen Ansatz von Bedingungsgleichungen berechnet.

Beispiel zur Berechnung eines einreihigen Zellensilos mit unregelmäßiger Teilung (Abb. 483).

$$c = 3{,}20 \text{ m}, \qquad b_2 = b_3 = 2{,}40 \text{ m}, \qquad J_2 = J_3 = J_c/2,$$
$$b_4 = b_5 = 4{,}00 \text{ m}, \qquad J_4 = J_5 = 3 J_c,$$

$$\frac{1}{c'} = 0{,}3125, \qquad \frac{1}{b_2'} = \frac{1}{b_3'} = 0{,}2083, \qquad \frac{1}{b_4'} = \frac{1}{b_5'} = 0{,}7500,$$

Abb. 483.

$$a_{CB} = 2(-i_c) \cdot \frac{2}{b_c'} = -\frac{4}{l_c'} = -0{,}8333,$$

$$a_{CC} = 2(-i_c) \cdot \left(\frac{4}{b_c'} + \frac{2}{c'} + \frac{4}{b_d'} \right) = -4 \left(\frac{2}{b_c'} + \frac{1}{c'} + \frac{2}{b_d'} \right) = -8{,}9167,$$

$$a_{CD} = 2(-i_c) \cdot \frac{2}{b_d'} = -\frac{4}{b_d'} = -3{,}0000,$$

$$a_{C0} = 2(-i_c) \cdot \left(-\frac{p c^2}{12} + \frac{p b_4^2}{12} \right) = -\frac{p}{6}(b_4^2 - c^2) = -0{,}9600,$$

$$a_{D0} = 2(-i_D) \cdot \left(+\frac{p c^2}{12} - \frac{p b_4^2}{12} \right) = +0{,}9600 .$$

	φ_A	φ_B	φ_C	φ_D	φ_E	a_{J0}
A	$-2{,}9167$	$-0{,}8333$				
B	$-0{,}8333$	$-4{,}5833$	$-0{,}8333$			
C		$-0{,}8333$	$-8{,}9167$	$-3{,}0000$		$-0{,}9600$
D			$-3{,}0000$	$-13{,}2500$	$-3{,}0000$	$+0{,}9600$
E				$-3{,}0000$	$-7{,}2500$	

Lösung:

φ_A	φ_B	φ_C	φ_D	φ_E
$-0{,}00821$	$+0{,}02874$	$-0{,}14984$	$+0{,}11738$	$-0{,}04857$

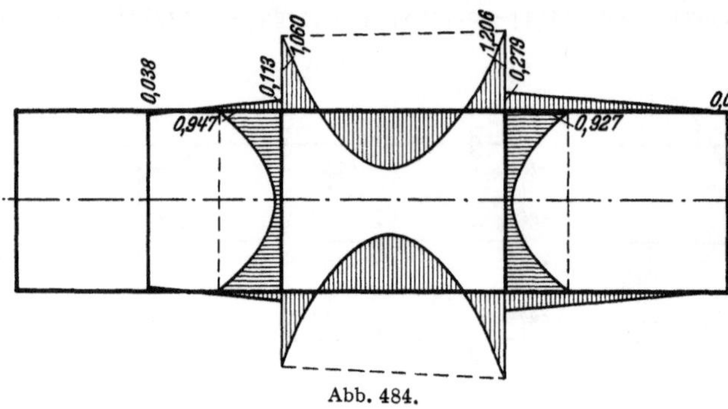

Abb. 484.

Biegungsmomente s. Abb. **484**.

Dieses Ergebnis kann bei n Zellen auch unmittelbar aus der Formänderung eines n fach statisch unbestimmten Hauptsystems aus Zweigelenkrahmen angeschrieben werden. Nach Abb. **485** ist

$$X_{k-1}\,\delta^{(n)}_{k(k-1)} + X_k\,\delta^{(n)}_{kk} + X_{k+1}\,\delta^{(n)}_{k(k+1)} = \delta^{(n)}_{k0}.$$

Die Vorzahlen werden nach (305) mit den Angaben der Tabelle **43** angeschrieben. In dieser ist das Verhältnis $b'_k/c'_{k-1} = \varkappa_k$. Das Seitenverhältnis c/b_k wird mit λ_k bezeichnet. Darnach ist

$$\left.\begin{aligned}
\delta^{(n)}_{kk} &= \int M^{(0)}_k M^{(n)}_k \frac{J_c}{J}\,ds = \frac{b'_k\,(2+\varkappa_k)}{3+2\varkappa_k} + \frac{2\varkappa_{k+1}}{3+2\varkappa_{k+1}}\,c'_k, \\
\delta^{(n)}_{k(k-1)} &= \frac{\varkappa_k}{3+2\varkappa_k}\,c'_{k-1}, \qquad \delta^{(n)}_{k(k+1)} = \frac{\varkappa_{k+1}}{3+2\varkappa_{k+1}}\,c'_k.
\end{aligned}\right\} \quad (793\,\mathrm{a})$$

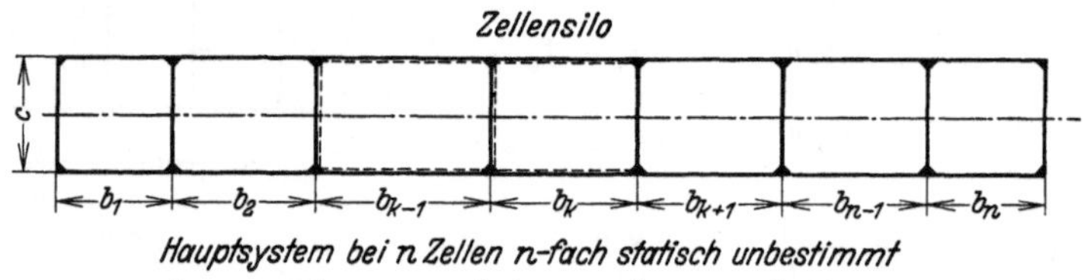

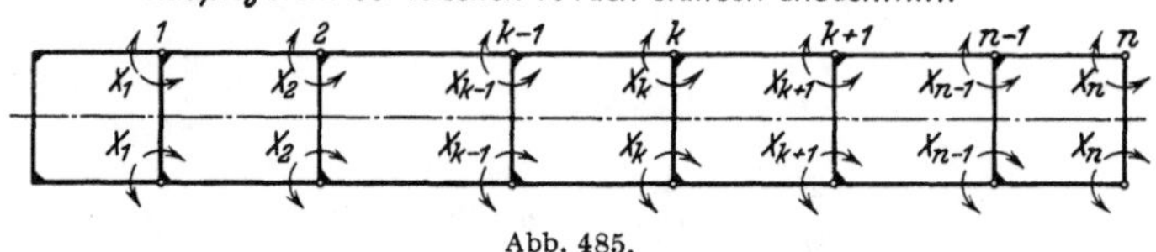

Abb. 485.

Hiervon weicht ab:

$$\delta^{(n)}_{nn} = \frac{b'_n\,(2+\varkappa_n)}{3+2\varkappa_n} + c'_n, \qquad (793\,\mathrm{b})$$

bei $c'_k = b'_k = 1$ ist $\qquad \delta^{(n)}_{kk} = 1, \quad \delta^{(n)}_{k(k-1)} = \delta^{(n)}_{k(k+1)} = \frac{1}{5}.$

Die Belastungszahlen sind bei beliebiger Füllung der Zellen, also bei verschieden großen Wanddrücken p_{k-1}, p_k:

$$\left.\begin{aligned}
\delta^{(n)}_{k0} &= -\frac{p_{k-1}\,c^2}{12}\,c'_{k-1}\,\frac{\varkappa_k}{3+2\varkappa_k} - \frac{p_k\,b_k^2}{12}\left[\frac{b'_k\,(3+\varkappa_k-\lambda_k^2)}{3+2\varkappa_k} + \frac{2\lambda_k^2\,\varkappa_{k+1}}{3+2\varkappa_{k+1}}\right] \\
&\quad - \frac{p_{k+1}\,b_{k+1}^2}{12}\,b'_{k+1}\,\frac{3-2\lambda_{k+1}^2}{3+2\varkappa_{k+1}}, \\[2mm]
\delta^{(n)}_{n0} &= -\frac{p_{n-1}\,c^2}{12}\,c'_{n-1}\,\frac{\varkappa_n}{3+2\varkappa_n} - \frac{p_n\,b_n^2}{12}\left[\frac{b'_n\,(3+\varkappa_n-\lambda_n^2)}{3+2\varkappa_n} + \lambda_n^2\,c'_n\right],
\end{aligned}\right\} \quad (794)$$

bei $c'_k = b'_k = 1$ ist

$$\delta^{(n)}_{k0} = -\tfrac{1}{60}\left[p_{k-1}\,c^2 + p_k\,b_k^2\,(4 + \lambda_k^2) + p_{k+1}\,b_{k+1}^2\,(3 - 2\,\lambda_{k+1}^2)\right],$$

$$\delta^{(n)}_{n0} = -\tfrac{1}{60}\left[p_{n-1}\,c^2 + p_n\,b_n^2\,4\,(1 + \lambda_n^2)\right].$$

Tabelle 38. Die Eckmomente einfacher Bauformen bei gleichförmigem Innendruck.

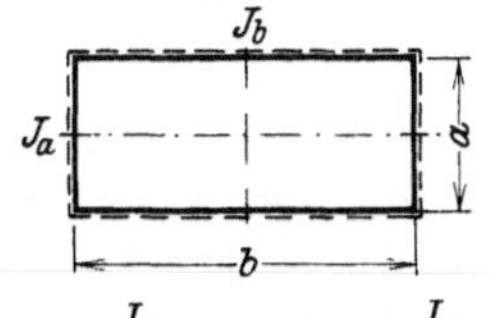 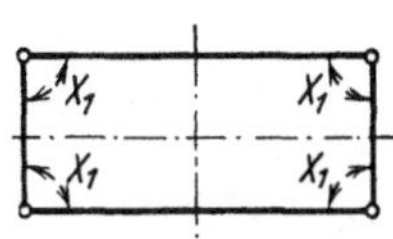 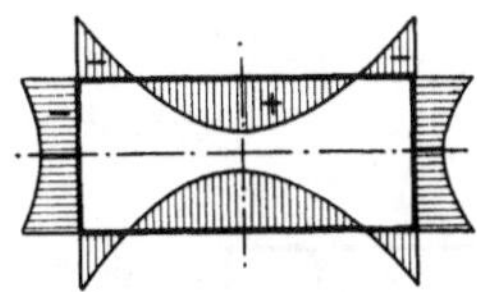

$$a' = a\,\frac{J_c}{J_a}, \qquad b' = b\,\frac{J_c}{J_b}, \qquad \lambda = \frac{a}{b}, \qquad \lambda' = \frac{a'}{b'}, \qquad X_1 = -\frac{p\,l^2}{12}\,\frac{1 + \lambda^2\lambda'}{1 + \lambda'},$$

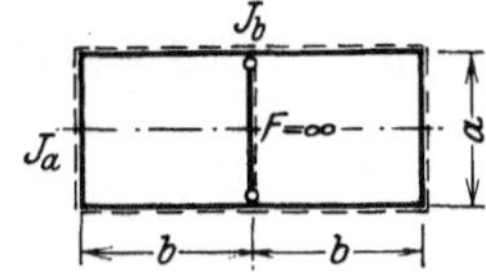

$$a' = a\,\frac{J_c}{J_a}, \qquad b' = b\,\frac{J_c}{J_b}, \qquad \lambda = \frac{a}{b}, \qquad \lambda' = \frac{a'}{b'}, \qquad \mu = 1 + 2\,\lambda', \qquad \nu = 2 + 3\,\lambda'.$$

Füllung der linken Kammer:

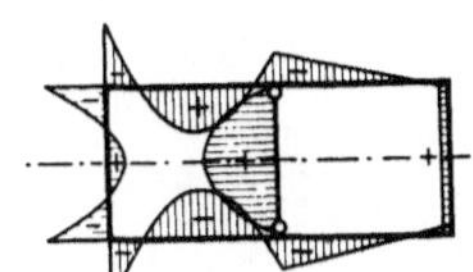

$$\begin{aligned} X_1 \atop X_1' &= -\frac{p\,b^2}{24}\left[\frac{1 + 2\,\lambda^2\lambda'}{\mu} \pm 3\,\frac{1 + \lambda^2\lambda'}{\nu}\right], \\[4pt] X_2 &= -\frac{p\,b^2}{24}\,\frac{1 + 3\,\lambda' - \lambda^2\lambda'}{\mu}, \end{aligned}$$

Füllung beider Kammern:

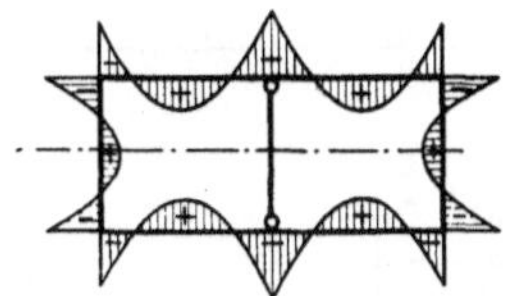

$$\begin{aligned} X_1 = X_1' &= -\frac{p\,b^2}{12}\,\frac{1 + 2\,\lambda^2\lambda}{\mu}, \\[4pt] X_2 &= -\frac{p\,b^2}{12}\,\frac{1 + 3\,\lambda' - \lambda^2\lambda'}{\mu}, \end{aligned}$$

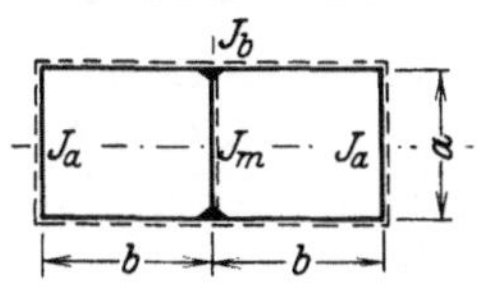 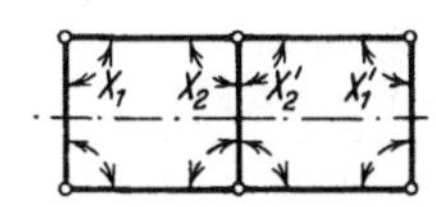

$$a' = a\,\frac{J_c}{J_a}, \qquad b' = b\,\frac{J_c}{J_b}, \qquad a'' = a\,\frac{J_c}{J_m}, \qquad \frac{a}{b} = \lambda, \qquad \frac{a'}{b'} = \lambda', \qquad \frac{a''}{b'} = \lambda'',$$

$$\mu = 1 + 2\,\lambda', \qquad \nu = \mu + 2\,\lambda''(2 + 3\,\lambda').$$

Füllung der linken Kammer:

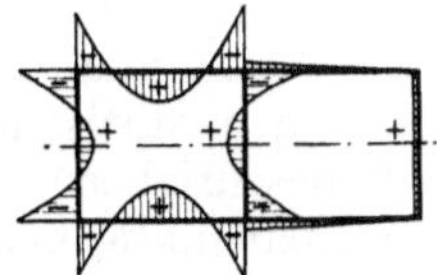

$$\begin{aligned} X_1 \atop X_1' &= -\frac{p\,b^2}{24}\left[\frac{1 + 2\,\lambda^2\lambda'}{\mu} \pm \frac{1 + 6\,\lambda'' + 2\,\lambda^2(\lambda' + 3\,\lambda'\lambda'' - \lambda'')}{\nu}\right], \\[4pt] X_2 \atop X_2' &= -\frac{p\,b^2}{24}\left[\frac{1 + 3\,\lambda' - \lambda^2\lambda'}{\mu} \pm \frac{1 + 3\,\lambda' - \lambda^2(\lambda' - 6\,\lambda'\lambda'' - 4\,\lambda'')}{\nu}\right], \end{aligned}$$

Füllung beider Kammern:

Die Überzähligen sind ebenso groß wie bei gelenkig angeschlossener Zwischenwand.

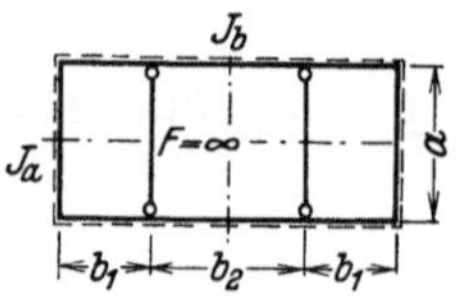

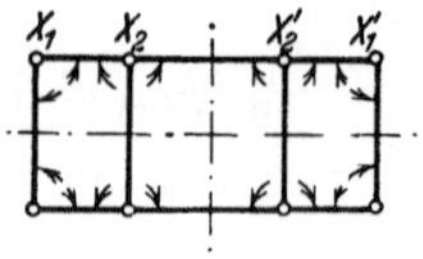

$$a' = a\,\frac{J_c}{J_a}\,; \qquad b_1' = b_1\,\frac{J_c}{J_b}\,; \qquad b_2' = b_2\,\frac{J_c}{J_b}\,; \qquad \lambda = \frac{a}{b_1}\,; \qquad \beta = \frac{b_2}{b_1}\,; \qquad \lambda' = \frac{a'}{b_1'}\,.$$

$$\mu = (2 + 3\,\lambda)(2 + 3\,\beta) - 1\,; \qquad \nu = (2 + 3\,\lambda)(2 + \beta) - 1\,.$$

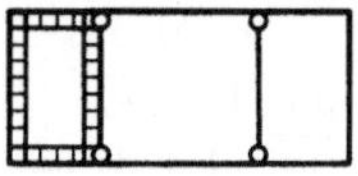

$$X_1 \atop X_1' = -\frac{p\,b_1^2}{8}\left[\frac{1 + 3\,\beta + \lambda^2\lambda'(2 + 3\,\beta)}{\mu} \pm \frac{1 + \beta + \lambda^2\lambda'(2 + \beta)}{\nu}\right],$$

$$X_2 \atop X_2' = -\frac{p\,b_1^2}{8}(1 + 3\,\lambda - \lambda^2\lambda')\left(\frac{1}{\mu} \pm \frac{1}{\nu}\right).$$

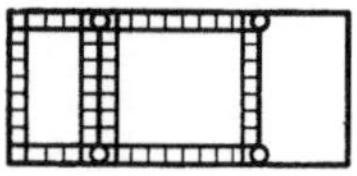

$$X_1 \atop X_1' = -\frac{p\,b_1^2}{8}\left[\frac{1 + 3\,\beta - 2\,\beta^3 + \lambda^2\lambda'(2 + 3\,\beta)}{\mu} \pm \frac{1 + \beta + \lambda^2\lambda'(2 + \beta)}{\nu}\right],$$

$$X_2 \atop X_2' = -\frac{p\,b_1^2}{8}\left[\frac{1 + 3\,\lambda + 2\,\beta^3(2 + 3\,\lambda) - \lambda^2\lambda'}{\mu} \pm \frac{1 + 3\,\lambda - \lambda^2\lambda'}{\nu}\right].$$

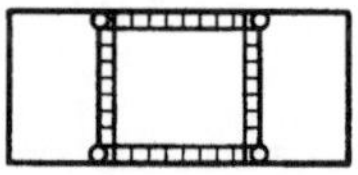

$$X_1 = X_1' = +\frac{p\,b_1^2}{4}\,\frac{\beta^3}{\mu}\,,$$

$$X_2 = X_2' = -\frac{p\,b_1^2}{4}\,\frac{\beta^3}{\mu}\,(2 + 3\,\lambda)\,,$$

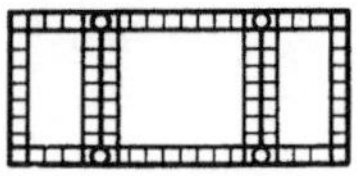

$$X_1 = X_1' = -\frac{p\,b_1^2}{4}\,\frac{1 + 3\,\beta - \beta^3 + \lambda^2\lambda'(2 + 3\,\beta)}{\mu}\,,$$

$$X_2 = X_2' = -\frac{p\,b_1^2}{4}\,\frac{1 + 3\,\lambda + (2 + 3\,\lambda)\,\beta^3 - \lambda^2\lambda'}{\mu}\,.$$

Eckmomente für konstanten Innendruck

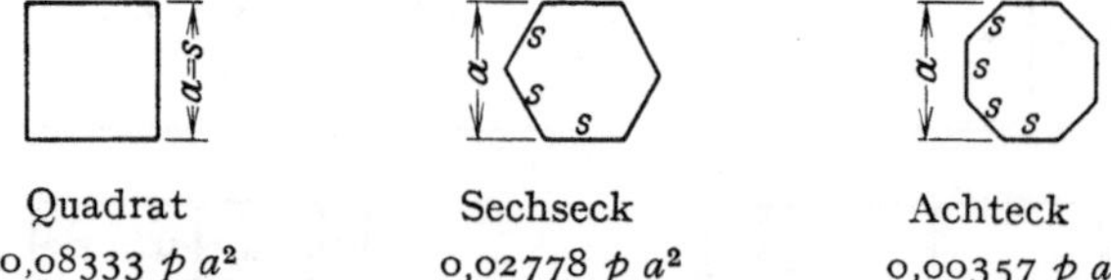

Quadrat	Sechseck	Achteck
$0{,}08333\ p\,a^2$	$0{,}02778\ p\,a^2$	$0{,}00357\ p\,a^2$

Marcus, H.: Die Berechnung von Silozellen. Z. Arch. Ing.-Wes. 1911. — Ritter, A.: Zur Berechnung von Silozellen. Arm. Beton 1913 S. 21. — Derselbe: Beitrag zur Berechnung rechteckiger Silozellen. Stuttgart 1916. — Schwarz, R.: Zur Berechnung der Zwickelzellen von Silos mit kreiszylindrischen Behältern. Bauing. 1930 S. 87.

54. Die Bogenträger.

Der Brücken- und Hochbau verwendet den Bogenträger als einzelnes Element oder in Verbindung mit Pfosten als Teil einer Bogenstellung. Die Mittellinie wird entweder geometrisch als Parabel, Kreis und Kettenlinie oder nach statischen Gesichtspunkten als Mittelkraftlinie einer gegebenen Belastung beschrieben. Sie ist in der Regel zu einer senkrechten Achse rechtwinklig oder schiefwinklig symmetrisch.

Die Bogenwirkung entsteht durch die waagerechte Abstützung der Träger gegen starre oder elastische Widerlager, die damit einen wichtigen Bestandteil des Tragwerks bilden. Ihr Verschiebungszustand ist daher bei der statischen Untersuchung ebenso zu bewerten wie die Belastung. Er wird durch die Verschiebung und Verdrehung der Kämpferquerschnitte beschrieben. Diese sind durch die elastischen Eigenschaften der Pfeiler, der Widerlager und der Zugglieder bestimmt, welche die Bogenenden verbinden. Die einfachen und mehrteiligen Bogenträger werden nach der Art ihrer Abstützung unterteilt. Ihre Verbindung mit biegungssteifen geraden Stäben bedeutet die Erweiterung der Aufgabe. Man unterscheidet Bogenträger mit biegungssteifem Zugband, Bogenträger mit durchgehendem Streckgurt und Rahmenträger.

Der einfache Bogenträger mit starren Widerlagern. Der einfache Bogenträger ist ein gekrümmter, elastischer Stab, dessen Stärke d im Vergleich zum Krümmungsradius ϱ klein ist ($d \leqq 0{,}1\,\varrho$), so daß die Verzerrung ε_0, $d\psi$ eines elementaren Abschnitts ds mit großer Genauigkeit nach denselben Funktionen der Schnittkräfte (N, M, Q) wie beim geraden Stabe angegeben werden kann (51). Dasselbe gilt auch für den durch zwei Längsschnitte im Abstand 1 begrenzten, der Quere nach gleichförmig belasteten Abschnitt des Gewölbes.

Die Belastung besteht aus Kräften und Kräftepaaren, die in der Trägerebene oder senkrecht dazu wirken. Außerdem sind Eigenspannungen aus Temperatur und Schwinden möglich. Die Schnittkräfte sind bei Abstützung des Trägers nach S. 196 dreifach statisch unbestimmt. Die Anzahl der statisch überzähligen Größen wird durch die Anordnung von Gelenken vermindert. Man verwendet den Ein-, Zwei- und Dreigelenkbogen. Die statisch bestimmte Anordnung ist in Abschn. 16 behandelt worden.

In allen drei Fällen wird oft nach derjenigen Bogenform gesucht, deren Randspannungen in jedem Querschnitt bei der ungünstigsten Belastung einander gleich und kleiner sind als ein vorgeschriebener Grenzwert, um die Festigkeitseigenschaften des homogenen Baustoffs vollständig auszunutzen. Bei einer einzelnen vorgeschriebenen Belastung wird daher deren Mittelkraftlinie mit der Bogenachse zusammenfallen oder diese in zahlreichen Punkten schneiden, sobald Eigenspannungen aus Temperaturänderung, Schwinden und Stützenbewegung wegfallen. Die Biegungsspannungen des Trägers sind dann Null oder nahezu Null. Um unter derselben Voraussetzung auch bei veränderlicher, gleichmäßig verteilter Nutzlast p gleich große Grenzwerte zu erhalten, wird die Mittelkraftlinie aus ständiger Last und halber Nutzlast $p/2$ als Bogenachse verwendet. Da sich diese jedoch infolge der Längskräfte und der Eigenspannungen elastisch verkürzt, wird das Ziel auf diese Weise bei statisch unbestimmter Stützung nicht erreicht und daher oft die Mittelkraftlinie der ständigen Last als Bogenachse gewählt. Durch die nachträgliche Berücksichtigung der Verkürzung bei der Formgebung läßt sich eine Verkleinerung der absoluten Grenzwerte der Randspannungen erreichen. Im übrigen ist die Bogenform durch die Abmessungen am Scheitel ($J = J_c$; $\alpha = 0$) und Kämpfer ($J = J_k$; $\alpha = \alpha_k$) bestimmt, die in eine für jedes Gewölbe ausgezeichnete Kennziffer $n = J_c/J_k \cos \alpha_k$ eingehen. Die Abmessungen der Querschnitte im Scheitel und Kämpfer werden auf Grund von Erfahrungen und Überschlagsrechnungen gewählt und stetig ineinander übergeführt.

Um die Vorzahlen und Belastungszahlen zur Berechnung der statisch unbestimmten Größen formal integrieren zu können, wird die Mittellinie $y(x)$ in einfacher Weise als Parabel, Kreisbogen oder Kettenlinie mathematisch beschrieben (S. 514 ff.). Dasselbe geschieht dann auch für das Trägheitsmoment J des Querschnitts. Die Approximation des Trägheitsmomentes J richtet sich nach dem mathematischen Ausdruck $y(x)$ der Mittellinie. Bei einem Kreisbogen ($\varrho = $ const) wird J konstant, bei einer Parabel wird $J_c/J \cos \alpha$ nach einer Parabel zweiter oder höherer ($2\,r$-ter) Ordnung angenommen. Der Parameter r kann, falls man sich nicht von vornherein für $r = 1$ entschließt, aus Abb. 486 abgeleitet werden. In dieser wird die Funktion $\dfrac{1}{1-n}\dfrac{J_c}{J\cos\alpha}$ des vorgeschriebenen Gewölbes mit den Funktionen

$\zeta^*(n,r)=\dfrac{1}{1-n}-\xi^{2r}$ und angenommenem r verglichen. Bei einer Kettenlinie wird

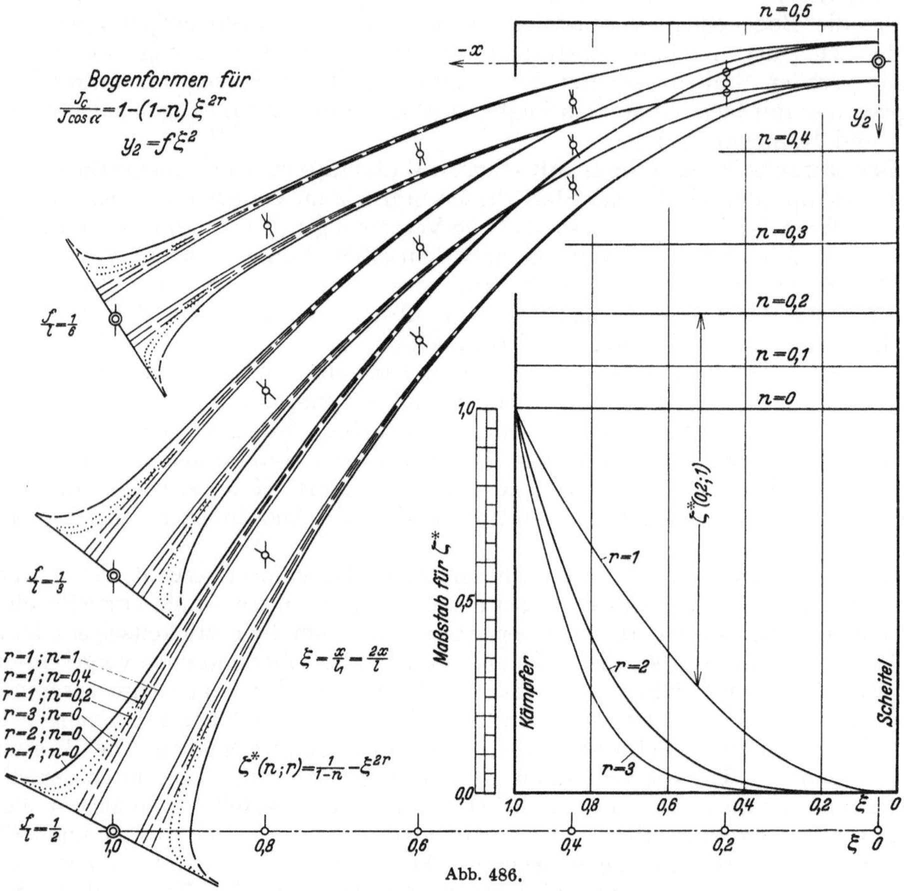

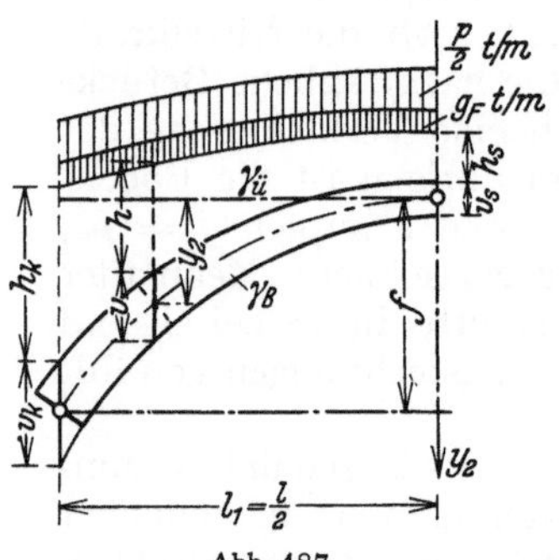

Abb. 486.

$J_c/J\cos\alpha$ durch eine hyperbolische Funktion approximiert, um einfache Integrationen zu erhalten.

Die Bogenachse als Mittelkraftlinie einer vorgeschriebenen Belastung. Die Mittelkraftlinie einer Gruppe von Kräften kann nach Abschn. 13 berechnet und aufgezeichnet werden, sobald diese, im vorliegenden Falle also die Kräfte aus Eigengewicht von Träger ($v\cdot\gamma_B$), Überbau ($h\cdot\gamma_{\ddot{u}}$) und Fahrbahntafel (g_F) bekannt sind (Abb. 487). Da aber die Bogenform zunächst bestimmt werden soll, kann die Aufgabe nur durch allmähliche Annäherung gelöst werden. Diese ist um so kürzer, je besser die erste Annahme mit dem endgültigen Ergebnis übereinstimmt.

Abb. 487.

Die Stützweite ($l=l_1+l_2$) und die Ordinate $y=f$ des Bogens im Scheitel sind gegeben. Dasselbe kann auch für die Belastung im Scheitel (q_s) und im Kämpfer (q_k) auf Grund eines Vorentwurfs angenommen werden. Für das Brückengewölbe (Abb. 487) ist unter Berücksichtigung der halben Verkehrslast

$$q_s=\tfrac{1}{2}p+g_F+h_s\gamma_{\ddot{u}}+v_s\gamma_B;\qquad q_k=\tfrac{1}{2}p+g_F+h_k\gamma_{\ddot{u}}+v_k\gamma_B. \tag{795}$$

Darnach darf die stetige Belastung eines symmetrischen Gewölbes angenähert durch die folgende Funktion beschrieben werden:

$$q = q_s + \frac{y_2}{f}\,(q_k - q_s)$$

$$= \frac{1}{2}\,p + g_F + h_s\,\gamma_{\ddot{u}} + v_s\,\gamma_B + \frac{y_2}{f}\,[(h_k - h_s)\,\gamma_{\ddot{u}} + (v_k - v_s)\,\gamma_B]. \tag{796}$$

Der Ansatz gilt auch für einen Bogen mit aufgelöstem Überbau und den auf die Längeneinheit bezogenen gemittelten Gewichten q_s, q_k, nur darf nicht dieselbe Übereinstimmung zwischen der angenommenen und der berechneten Bogenform, wie bei stetiger Belastung des Bogenträgers, erwartet werden.

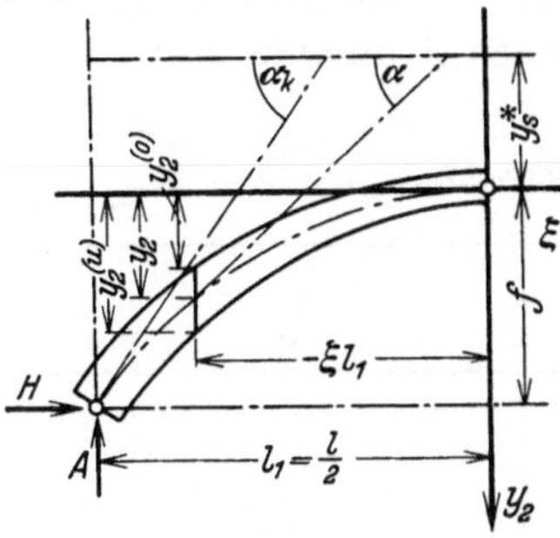

Die Differentialgleichung der Mittelkraftlinie ist nach (93)

$$H\,\frac{d^2 y_2}{d x^2} = q = q_s + \frac{y_2}{f}\,(q_k - q_s). \tag{797}$$

Sie beschreibt eine Kettenlinie. Die Lösung liefert bei symmetrischer Belastung und symmetrischer Bogenform folgendes Ergebnis:

Abb. 488.

$$\left.\begin{array}{l} x/l_1 = \xi; \qquad q_k/q_s = \varkappa = \mathfrak{Cof}\,c; \qquad \mathfrak{Sin}\,c = \sqrt{\varkappa^2 - 1}; \\[2mm] y_s^* = f/(\varkappa - 1); \qquad c = \mathfrak{Ar\,Cof}\,\varkappa = \ln(\varkappa + \sqrt{\varkappa^2 - 1}); \end{array}\right\} \tag{798}$$

$$\left.\begin{array}{l} y_2 = y_s^*\,(\mathfrak{Cof}\,\xi c - 1) = y_s^*\left[\dfrac{(\xi c)^2}{2!} + \dfrac{(\xi c)^4}{4!} + \dfrac{(\xi c)^6}{6!} + \cdots\right]; \\[4mm] \operatorname{tg}\alpha = \dfrac{d y_2}{d x} = \dfrac{c}{l_1}\,y_s^*\,\mathfrak{Sin}\,\xi c = \dfrac{c}{l_1}\,y_s^*\left[\xi c + \dfrac{(\xi c)^3}{3!} + \dfrac{(\xi c)^5}{5!} + \cdots\right]; \\[4mm] \operatorname{tg}\alpha_k = \dfrac{c}{l_1}\,y_s^*\,\mathfrak{Sin}\,c; \qquad \dfrac{y_2}{f} = \dfrac{\mathfrak{Cof}\,\xi c - 1}{\varkappa - 1}; \end{array}\right\} \tag{799}$$

$$A = B = \int_0^{l_1} q\,dx = q_s\,\frac{l_1}{c}\,\mathfrak{Sin}\,c; \qquad H = q_s\varrho_s = q_s\left(\frac{l_1}{c}\right)^2\frac{1}{y_s^*}. \tag{800}$$

$$v = v_s + (y_2/f)\,(v_k - v_s) \quad \text{(Abb. 487)}. \tag{801}$$

Darnach wird nach der Abschätzung von q_s, q_k zunächst der für den Bogenträger charakteristische Leitwert c aus der Tabelle 39 entnommen oder nach den bekannten Funktionstafeln[1] festgestellt. Mit diesem sind die Stützkräfte $A = B$, H und die

Tabelle 39. $c = \mathfrak{Ar\,Cof}\,\varkappa$, $\varkappa = q_k/q_s$.

$\varkappa$	c	$\varkappa$	c	$\varkappa$	c	$\varkappa$	c	$\varkappa$	c	$\varkappa$	c
—	—	2,0	1,317	3,0	1,763	4,0	2,063	6,0	2,478	8,0	2,769
1,1	0,444	2,1	1,373	3,1	1,797	4,2	2,114	6,2	2,511	8,5	2,830
1,2	0,622	2,2	1,425	3,2	1,831	4,4	2,162	6,4	2,543	9,0	2,887
1,3	0,756	2,3	1,475	3,3	1,863	4,6	2,207	6,6	2,574	9,5	2,942
1,4	0,867	2,4	1,522	3,4	1,895	4,8	2,251	6,8	2,605	10,0	2,993
1,5	0,962	2,5	1,567	3,5	1,925	5,0	2,292	7,0	2,634	11,0	3,089
1,6	1,047	2,6	1,609	3,6	1,954	5,2	2,332	7,2	2,662	12,0	3,176
1,7	1,123	2,7	1,650	3,7	1,983	5,4	2,371	7,4	2,690	13,0	3,257
1,8	1,193	2,8	1,689	3,8	2,010	5,6	2,408	7,6	2,717	14,0	3,331
1,9	1,257	2,9	1,727	3,9	2,037	5,8	2,443	7,8	2,743	15,0	3,400

[1] Taschenbuch f. Bauing. Bd. 1 5. Aufl. S. 35 ff.

Ordinaten y_2 der Mittellinie bestimmt. Diese können oft auch für abgerundete Leitwerte c nach Tabelle 40 angeschrieben werden. Die Bogenlaibungen

$$y_2^{(o)} = y_2\left(1 - \frac{v_k - v_s}{2f}\right) - \frac{v_s}{2}\,; \qquad y_2^{(u)} = y_2\left(1 + \frac{v_k - v_s}{2f}\right) + \frac{v_s}{2} \qquad (802)$$

sind ebenfalls Kettenlinien (Abb. 488). Damit ist eine geeignete Grundlage für die Form von Träger und Überbau vorhanden, nach der die Mittelkraftlinie aus Eigengewicht oder aus Eigengewicht $+\, p/2$ berechnet werden kann (S. 75). Der Vergleich mit der angenommenen Kettenlinie ist in der Regel so günstig, daß die Wiederholung der Untersuchung zu keinem wesentlichen Unterschiede zwischen Annahme und Ergebnis führt.

Tabelle 40. $\dfrac{y_2}{f} = \dfrac{\mathfrak{Cof}\,\dfrac{x}{l_1}\,c - 1}{\varkappa - 1}$ mit $c = \mathfrak{Ar\,Cof}\,\varkappa$ und $\varkappa = \dfrac{q_k}{q_s}$ als Leitwert.

$\varkappa$	$\xi = x/l_1 =$								
	0,1	0,2	0,3	0,4	0,5	0,6	0,7	0,8	0,9
1,5	0,0094	0,0372	0,0840	0,1500	0,2358	0,3426	0,4708	0,6220	0,7976
2,0	0,0087	0,0349	0,0791	0,1420	0,2248	0,3288	0,4559	0,6083	0,7887
2,5	0,0081	0,0330	0,0750	0,1353	0,2153	0,3170	0,4429	0,5961	0,7804
3,0	0,0078	0,0314	0,0716	0,1296	0,2071	0,3068	0,4316	0,5852	0,7727
3,5	0,0074	0,0300	0,0686	0,1246	0,2000	0,2978	0,4215	0,5756	0,7661
4,0	0,0071	0,0288	0,0659	0,1202	0,1937	0,2898	0,4125	0,5671	0,7602
4,5	0,0069	0,0277	0,0636	0,1162	0,1881	0,2827	0,4045	0,5594	0,7548
5,0	0,0066	0,0268	0,0615	0,1128	0,1830	0,2762	0,3972	0,5523	0,7498
6,0	0,0062	0,0252	0,0579	0,1066	0,1742	0,2649	0,3843	0,5397	0,7408
7,0	0,0058	0,0237	0,0548	0,1014	0,1667	0,2552	0,3732	0,5288	0,7330
8,0	0,0055	0,0225	0,0522	0,0969	0,1602	0,2468	0,3635	0,5193	0,7261
9,0	0,0052	0,0214	0,0499	0,0930	0,1545	0,2394	0,3550	0,5107	0,7199
10,0	0,0050	0,0205	0,0479	0,0896	0,1495	0,2328	0,3472	0,5031	0,7143

Bülow, F. v., u. J. Wiggers: Zahlentafel zur günstigen Formgebung gewölbter Brücken und Durchlässe bei beliebigem Pfeilverhältnis und beliebiger Überschüttungshöhe. Beton u. Eisen 1930 S. 409.

55. Der Zweigelenkbogen.

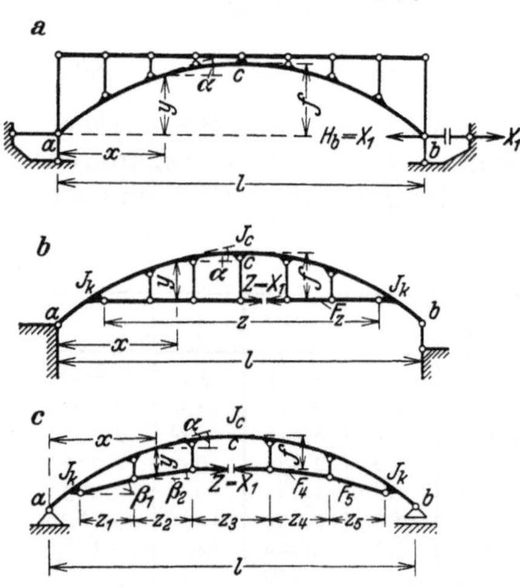

Abb. 489.

Die Gelenke des Trägers liegen in der Regel am Kämpfer. Eines von beiden ist längsbeweglich, wenn die Bogenkraft durch ein gerades oder gesprengtes Zugglied aufgenommen wird, das meist die Bogenkämpfer, in besonderen Fällen aber auch zwei beliebige Querschnitte verbindet.

Die Schnittkräfte sind einfach statisch unbestimmt, da der Verschiebungszustand des Bogenträgers in der Regel als unabhängig von dem zur Eintragung der Lasten notwendigen Überbau angesehen werden darf. Als überzählige Größe X_1 dient die Komponente H einer Stützkraft oder die waagerechte Komponente der Längskraft im Zugglied. Bei Symmetrie des Bogenträgers kann nach S. 196 auch $X_1 = 1/2 \cdot (H_a + H_b)$ gewählt werden, so daß bei Antimetrie der Belastung $X_1 = 0$, also $H_a = - H_b$, bei Symmetrie der Belastung $X_1 = H_a = H_b$ erhalten wird. Dasselbe gilt auch bei Verwendung der Längskraft N_c im Bogenscheitel c als statisch unbestimmte Schnittkraft. Sie wird in jedem Falle aus der Formänderung eines statisch bestimmten Balkenträgers berechnet. Bei ruhender Belastung ist auch das Biegungsmoment M_c im Bogenscheitel als statisch überzählige Größe geeignet.

$$X_1 = \frac{\delta_1 \otimes}{\delta_{11}} = \frac{\delta_{10} + \delta_{1t} + \delta_{1s}}{\delta_{11}}\,. \tag{803}$$

Vorzahl δ_{11}: a) Bogenträger mit zwei Kämpfergelenken (Abb. 489a)

$$X_1 = H_b:\quad \delta_{11} = \int y^2\,\frac{J_c}{J}\,ds + \frac{J_c}{F_c}\int \cos^2\alpha\,\frac{F_c}{F}\,ds = \delta'_{11} + \delta''_{11}\,. \tag{804}$$

b) Bogenträger mit geradem Zugglied (Abb. 489b)

$$X_1 = Z:\quad \delta_{11} = \int y^2\,\frac{J_c}{J}\,ds + \frac{J_c}{F_c}\int \cos^2\alpha\,\frac{F_c}{F}\,ds + \frac{E_b}{E_z}\frac{J_c}{F_z}\,z = \delta'_{11} + \delta''_{11} + \delta'''_{11}\,. \tag{805}$$

c) Bogenträger mit gesprengtem Zugglied (Abb. 489c). (Ohne Berücksichtigung der Längenänderungen der Hängestangen.)

$$X_1 = Z:\quad \delta_{11} = \int y^2\,\frac{J_c}{J}\,ds + \frac{J_c}{F_c}\int \frac{\cos^2(\alpha-\beta)}{\cos^2\alpha}\,\frac{F_c}{F}\,ds + \frac{J_c}{F_z}\sum z_h\,\sec^2\beta_h\cdot\frac{F_z}{F_h}$$
$$= \delta'_{11} + \delta''_{11} + \delta'''_{11}\,. \tag{806}$$

Belastungsglieder:

$$\delta_{10} = \int M_0\,y\,\frac{J_c}{J}\,ds + \frac{J_c}{F_c}\int N_0\cos\alpha\,\frac{F_c}{F}\,ds = \delta'_{10} + \delta''_{10}\,. \tag{807}$$

$$\delta_{1t} = E\,J_c\,\alpha_t\,t\,l;\qquad \delta_{1s} = -E\,J_c\,\Delta l. \quad\text{(Gleichhohe Kämpfer.)} \tag{808}$$

Darnach ist δ_{1t} bei gleichförmiger Temperaturänderung des Bogenträgers unabhängig von der Bogenform, die Verschiebung δ_{1s} bei Anordnung der Lager in gleicher Höhe unabhängig von senkrechten Verschiebungen. Die Ansätze für δ_{11}, δ_{10} werden bei beliebiger Bogenform und ständiger Belastung nach S. 95 oder 96 numerisch integriert oder zeichnerisch durch einen Verschiebungsplan des Hauptsystems nach S. 139 oder durch eine waagerechte Biegelinie bestimmt. Der Anteil $J_c/F_c\cdot\int\cos^2\alpha\,F_c/F\cdot ds$ ist gegenüber dem Anteil aus den Biegungsmomenten klein und kann angenähert gleich $l\cdot J_c/F_c$ gesetzt werden.

Die Einflußlinie $X_1\delta_{11} = \delta_{1m}$ wird als Biegelinie δ_{m1} des Balkenträgers für $-X_1 = 1$ mit $M_1 = 1\cdot y$ in der Regel nach S. 131 berechnet und aufgezeichnet.

$$6\,\mathfrak{W}_{k1} = c_k\,\frac{J_c}{J_k\cos\alpha_k}\,(y_{k-1} + 2y_k) + c_{k+1}\,\frac{J_c}{J_{k+1}\cos\alpha_{k+1}}\,(2y_k + y_{k+1})\,. \tag{809}$$

Die Mitwirkung der Längskräfte $N_1 = 1\cdot\cos\alpha$ kann durch die elastischen Gewichte von der Form (238) untersucht werden. Sie ist jedoch ohne große Bedeutung.

Wird die Biegelinie $\delta_{m1} = H_{\mathfrak{w}}y_{\mathfrak{w}}$ nach S. 136 als Seileck zu einem Richtungsbüschel der elastischen Gewichte $6\,\mathfrak{W}_{k1}$ mit der Polweite $H_{\mathfrak{w}} = 6\,\delta_{11}$ in $\mathfrak{W}$-Einheiten aufgezeichnet, so sind die Ordinaten $y_{\mathfrak{w}}$ des Seilecks nach S. 125 auch Ordinaten der Einflußlinie von X_1, d. h. der Betrag der Längen $y_{\mathfrak{w}}$ ist im Maßstab der Zeichnung gemessen gleichbedeutend mit dem Betrage von X_1 in t oder mt.

Die Grenzwerte der Spannungen des Querschnitts werden nach S. 28 aus den Kernmomenten und aus der Querkraft berechnet. Bei Bogenträgern mit gleich hoch liegenden Kämpfern ist

$$N = N_0 - X_1\cos\alpha\,,\qquad M = M_0 - X_1\,y\,,\qquad Q = Q_0 - X_1\sin\alpha\,, \tag{810}$$

so daß sich der Spannungszustand zu einer vorgeschriebenen Belastung ebenso wie auf S. 174 durch $M = X_1(M_0/X_1 - y)$ angeben läßt. Die Einflußlinien werden nach Abb. 490 folgendermaßen aufgezeichnet:

$$N = \cos\alpha\left(\frac{N_0}{\cos\alpha} - X_1\right), \qquad N_0 = -V_0\sin\alpha, \qquad N = -\cos\alpha\,(V_0\,\mathrm{tg}\,\alpha + X_1),$$

$$M = y\left(\frac{M_0}{y} - X_1\right), \qquad Q = \sin\alpha\left(\frac{Q_0}{\sin\alpha} - X_1\right) = \sin\alpha\,(V_0\,\mathrm{ctg}\,\alpha - X_1). \tag{811}$$

M_0, V_0 sind Ordinaten der Einflußlinien für die Schnittkräfte des geraden Balkenträgers. Die Ergebnisse lassen sich nach S. 170 leicht auch für Bogenträger mit Stützpunkten in verschiedener Höhe ableiten.

Um den Einfluß der Längskräfte N_1, N_0 auf den Betrag der statisch überzähligen Schnittkraft X_1 abzuschätzen, wird für den Nenner Gl. (803):

$$\delta_{11} = (1 + \nu)\int y^2\,\frac{J_c}{J}\,ds = (1 + \nu)\,\delta_{11}' \quad \text{mit} \quad \nu = \frac{\delta_{11}''}{\delta_{11}'},$$

$$\text{bei Bogenträgern mit Zugglied mit} \quad \nu = (\delta_{11}'' + \delta_{11}''')/\delta_{11}' \tag{812}$$

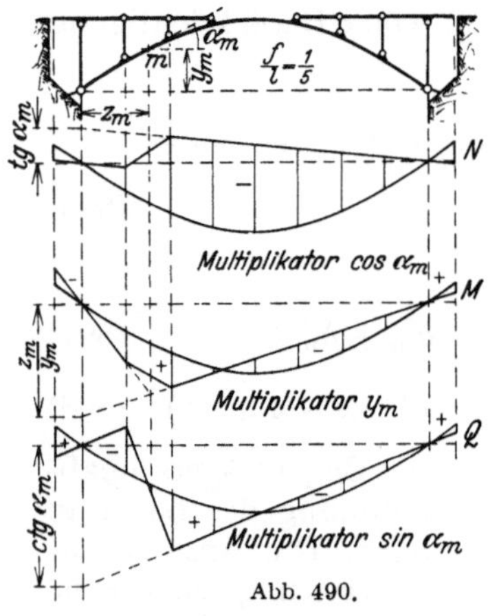
Abb. 490.

angeschrieben. Der Anteil $\nu\,\delta_{11}'$ der Längskräfte ist, verglichen mit demjenigen aus den Biegungsmomenten, stets klein und nur bei flachen Bogenträgern von Bedeutung. Er kann daher stets ohne Bedenken als Näherung für einen Kreisbogen mit gleichbleibendem Querschnitt und dem Zentriwinkel $2\alpha_0$ angegeben werden. In diesem Falle ist ($F_c/F \approx 1$)

$$\delta_{11}'' = \frac{J_c}{F_c}\int\cos^2\alpha\,\frac{F_c}{F}\,ds$$

$$= \frac{J_c}{F}\,\frac{l}{2}\left(\frac{\alpha_0}{\sin\alpha_0} + \cos\alpha_0\right) \approx \frac{J_c}{F}\cdot l. \tag{813}$$

Der Einfluß der Längskräfte auf den Betrag δ_{10} ist selbst verglichen mit deren Anteil auf δ_{11} klein und daher ohne Bedeutung.

Die Rechnung ist für einen Bogen, dessen Mittellinie mit der Mittelkraftlinie aus einer vorgeschriebenen Belastung q und zwei gleichgroßen, entgegengesetzt gerichteten Kräften $H_q = M_{0c}/f$ zusammenfällt, besonders einfach. Da $M_0 = 0$, $N_0 = -H_q/\cos\alpha$, ist

$$Z = H_q + X_1; \qquad X_1 = -\frac{H_q\left(\dfrac{J_c}{F_c}\displaystyle\int\frac{F_c}{F}\,ds + \dfrac{E_b}{E_z}\dfrac{J_c}{F_z}\,z\right)}{(1 + \nu)\displaystyle\int y^2\,\dfrac{J_c}{J}\,ds}; \qquad M = -X_1\cdot y, \tag{814}$$

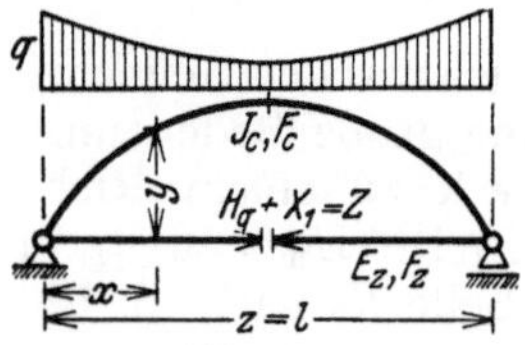

$\cos^2\alpha \approx 1$ [gleichbedeutend mit $\delta_{10}'' = 0$ in (807)] liefert:

$$\left(\frac{J_c}{F_c}\int\frac{F_c}{F}\,ds + \frac{E_b}{E_z}\frac{J_c}{F_z}\,z\right) : \int y^2\,\frac{J_c}{J}\,ds \approx \nu; \tag{815}$$

und damit

$$X_1 = -\frac{\nu}{1 + \nu}\,H_q; \qquad M = \frac{\nu}{1 + \nu}\,H_q\cdot y. \tag{816}$$

Abb. 491.

Für Bogenträger ohne Zugband ist $E_b J_c z/E_z F_z = 0$; $Z = H_b$ (Abb. 491).

Bei einem Bogenträger mit einem oberhalb der Kämpfer angeschlossenen Zugglied ist die in (814) verwendete Ordinate y der Abstand zwischen Bogenmittellinie und Zugglied (Abb. 489b). Außerhalb dieses Bereichs sind M_1, N_1 Null, die Biegelinie δ_{m1} ist daher geradlinig.

Tabelle 41. Zweigelenkbogenträger mit analytisch bestimmter Mittellinie.

Hauptsystem (Abb. 491): Balken auf zwei Stützen, festes Lager in a. Überzählige Größe X_1: Komponente H_b der Stützkraft oder Längskraft Z im Zugband.

1. **Die Mittellinie ist eine Parabel mit** $y = 4f\xi\xi'$; $\xi = x/l$. **Die Stütz-weite des Bogenträgers ist** l, der Querschnitt im Scheitel bestimmt durch J_c, F_c, am Kämpfer bestimmt durch α_k, J_k, F_k, n. Die elastischen Eigenschaften eines Zuggliedes ergeben sich aus dessen Länge z, dem Querschnitt F_z, dem Elastizi-tätsmodul des Baustoffes E_z. Die Ansätze (804) u. (807) für δ_{11}, δ_{10} lassen sich dann formal integrieren.

a) Bogenform: $J_c/J \cos\alpha = 1$; $n = 1$; $l = z$.

$$\xi = \frac{x}{l}, \qquad y = 4f\xi\xi', \qquad \delta_{11} = \frac{8}{15} f^2 l (1+\nu),$$

$$\nu = \frac{15}{8} \frac{1}{f^2} \frac{J_c}{F_c} \quad \text{oder} \quad \nu = \frac{15}{8} \frac{1}{f^2} \left(\frac{J_c}{F_c} + \frac{E_b}{E_z} \frac{J_c}{F_z} \right),$$

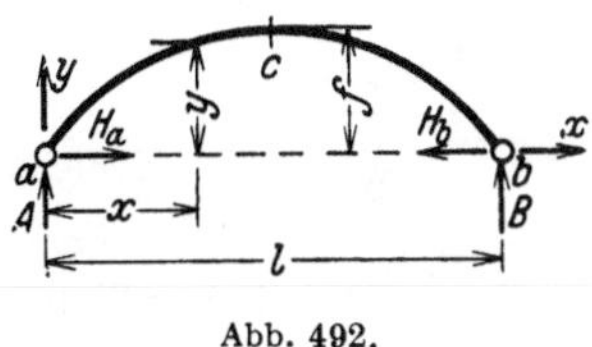

Abb. 492.

$$\delta_{1m} = \frac{f\,l^2}{3} (\xi - 2\xi^3 + \xi^4) = \frac{f\,l^2}{3} \omega_R (1+\omega_R) = \frac{f\,l^2}{3} \omega_P'', \quad (\omega_P'' \text{ Tab. 22}).$$

Gleichung der Einflußlinie: $X_1 = H_a = H_b$

$$H_{a\atop b} = \frac{5}{8} \frac{l}{f} \frac{1}{1+\nu} \omega_P''; \qquad M_c = \frac{l}{8} \left(4\xi - \frac{5}{1+\nu} \omega_P'' \right).$$

$$H_{a\atop b} = -\frac{1}{2} \left[\pm 1 + \frac{5-\eta'}{4(1+\nu)} \eta'^{\frac{3}{2}} \right];$$

$$M_c = -f \frac{\eta'}{2} \left[1 - \frac{5-\eta'}{4(1+\nu)} \sqrt{\eta'} \right].$$

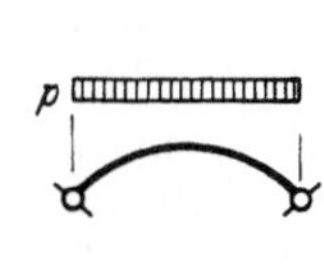

$$H_{a\atop b} = \frac{p\,l^2}{16 f (1+\nu)} \beta^2 (5 - 5\beta^2 + 2\beta^3),$$

$$A = \frac{p\,l}{2} \beta (2-\beta),$$

$$B = \frac{p\,l}{2} \beta^2.$$

$$H_{a\atop b} = \frac{p\,l^2}{8 f (1+\nu)},$$

$$A = B = \frac{p\,l}{2},$$

$$M_c = \frac{p\,l^2}{8} \frac{\nu}{1+\nu}.$$

$$H_{a\atop b} = 0{,}02279 \frac{p\,l^2}{f(1+\nu)},$$

$$A = \frac{5}{24} p\,l,$$

$$B = \frac{1}{24} p\,l.$$

$$H_{a\atop b} = \frac{p\,l^2}{16 f (1+\nu)},$$

$$A = 3B = \frac{3}{8} p\,l,$$

$$M_c = \frac{p\,l^2}{16} \frac{\nu}{1+\nu}.$$

$$H_{a\atop b} = \frac{5}{8} \frac{M}{f} \frac{1}{1+\nu} (1 - 6\xi^2 + 4\xi^3),$$

$$A = -B = -\frac{M}{l}.$$

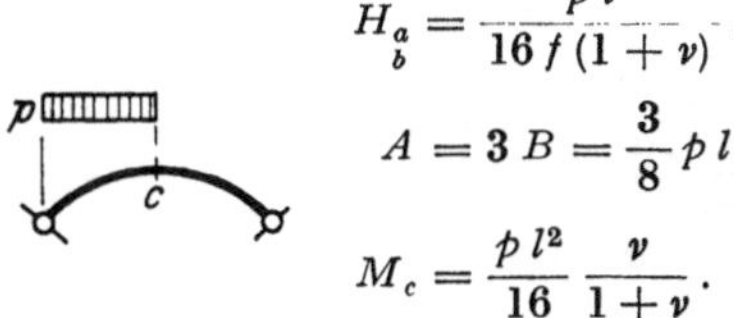

$$H_{a\atop b} = 0{,}02381 \frac{p\,l^2}{f(1+\nu)},$$

$$A = B = \frac{p\,l}{6}.$$

$$H_a = -0{,}4008\, p\,f,$$
$$H_b = +0{,}0992\, p\,f,$$
$$A = -B = -p\,f^2/6\,l,$$
$$M_c = -0{,}01587\, p\,f^2.$$

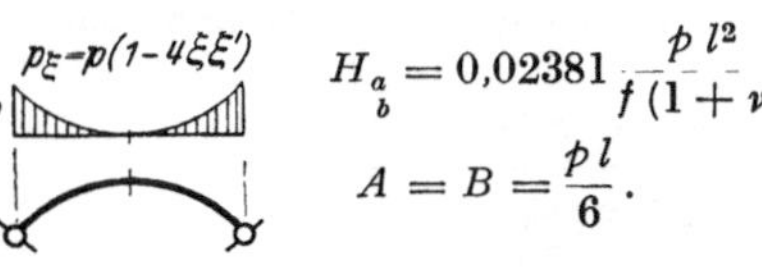

$$H_a = -0{,}7143\, p\,f,$$
$$H_b = +0{,}2857\, p\,f,$$
$$A = -B = -p\,f^2/2\,l,$$
$$M_c = -0{,}0357\, p\,f^2.$$

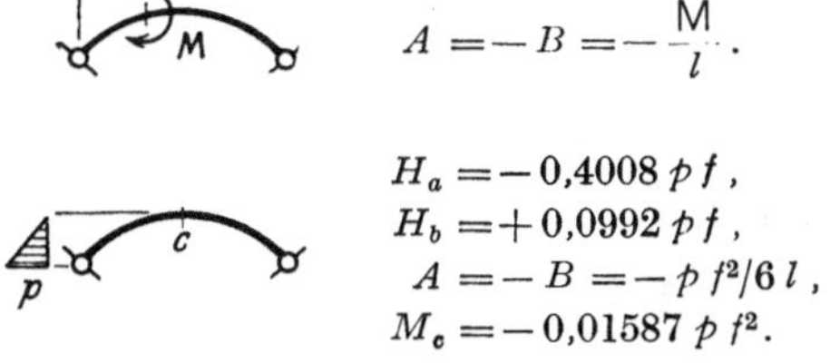

Temperaturänderung t und Stützenverschiebung Δl:

$$H_{a\atop b} = \frac{15\, E\, J_c\, (\alpha_t\, t\, l - \Delta l)}{8 f^2 l (1+\nu)}, \qquad A = B = 0, \qquad M_c = -H f.$$

33*

b) Bogenform: $J_c/J \cos \alpha = 1 - (1-n)(1-2\xi)^2$.

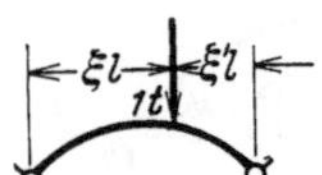

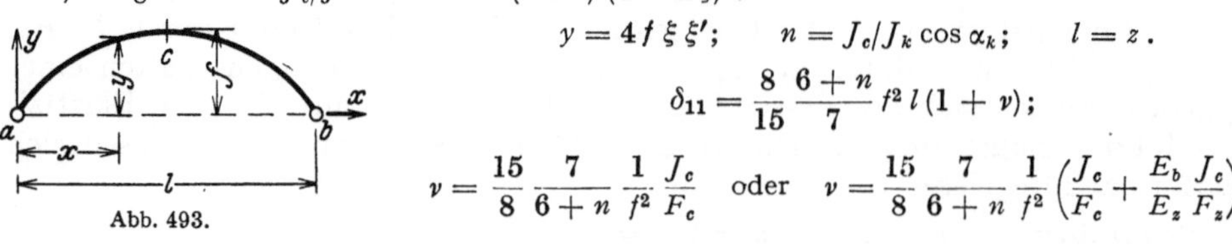

Abb. 493.

$$y = 4f\,\xi\,\xi'; \qquad n = J_c/J_k \cos \alpha_k; \qquad l = z.$$

$$\delta_{11} = \frac{8}{15}\,\frac{6+n}{7}\,f^2\,l\,(1+v);$$

$$v = \frac{15}{8}\,\frac{7}{6+n}\,\frac{1}{f^2}\,\frac{J_c}{F_c} \quad \text{oder} \quad v = \frac{15}{8}\,\frac{7}{6+n}\,\frac{1}{f^2}\left(\frac{J_c}{F_c} + \frac{E_b}{E_z}\,\frac{J_c}{F_z}\right).$$

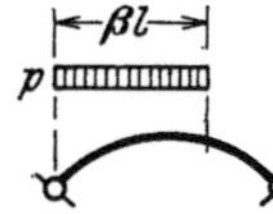

$$\delta_{1m} = \frac{f\,l^2}{3}\,\omega_P'' + \frac{f\,l^2}{15}\,(n-1)(1+\omega_R - 8\,\omega_R^2).$$

Gleichung der Einflußlinie: $H_a = H_b = X_1$.

$$X_1 = \frac{l}{f(1+v)}\,\frac{7\,\omega_R}{8\,(6+n)}\,[5(1+\omega_R) + (n-1)(1+\omega_R - 8\,\omega_R^2)] = \frac{l}{f(1+v)}\,\varkappa.$$

Die Funktion $\varkappa$ ist symmetrisch. Sie wird für den Leitwert n und ausgezeichnete Abszissen $\xi\,l$ der Lastpunkte angegeben.

Funktion $\varkappa$ für $0{,}1 \leqq n \leqq 1{,}2$.

n	Werte $\varkappa$ für die Lastpunkte $\xi =$						
	0,1	0,2	0,25	0,3	$^1/_3$	0,4	0,5
0,1	0,0585	0,1134	0,1377	0,1590	0,1710	0,1895	0,1994
0,2	0,0588	0,1138	0,1379	0,1590	0,1708	0,1890	0,1990
0,3	0,0591	0,1141	0,1382	0,1590	0,1707	0,1886	0,1986
0,4	0,0595	0,1144	0,1385	0,1590	0,1706	0,1882	0,1982
0,5	0,0598	0,1147	0,1387	0,1590	0,1705	0,1878	0,1978
0,6	0,0602	0,1150	0,1388	0,1590	0,1703	0,1874	0,1973
0,7	0,0605	0,1153	0,1389	0,1590	0,1701	0,1870	0,1968
0,8	0,0608	0,1156	0,1390	0,1590	0,1699	0,1867	0,1963
0,9	0,0610	0,1158	0,1390	0,1590	0,1697	0,1863	0,1959
1,0	0,0613	0,1160	0,1391	0,1590	0,1696	0,1860	0,1954
1,2	0,0619	0,1166	0,1392	0,1590	0,1693	0,1855	0,1948

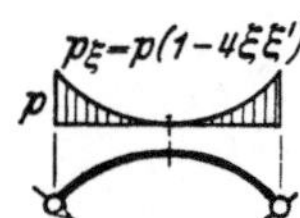

Streckenlast p. (Für $\beta = \tfrac{1}{2}$ und $\beta = 1$ wird X_1 von n unabhängig. Es gelten dann die Formeln auf S. 515):

$$X_1 = \frac{p\,l^2}{16\,f(1+v)}\,\frac{7}{6+n}\,\beta^2$$

$$\cdot \left[4 + n - 5\,n\,\beta^2 - (8-10\,n)\,\beta^3 + 8\,(1-n)\,\beta^4\left(1 - \frac{2}{7}\,\beta\right)\right].$$

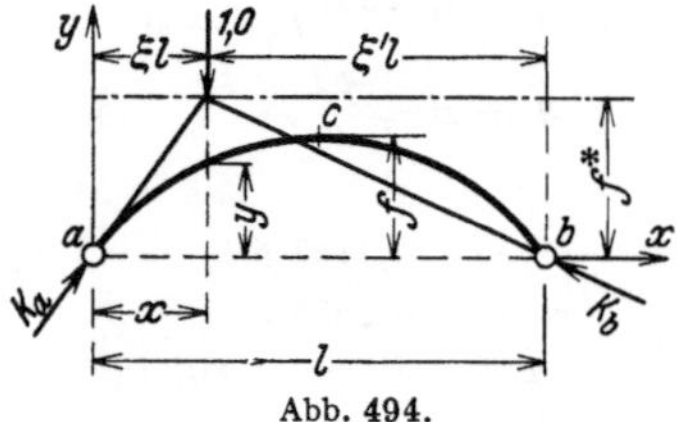

$$X_1 = \frac{p\,l^2}{36\,f(1+v)}\,\frac{5+n}{6+n}.$$

c) Bogenform zur vereinfachten Ableitung der Einflußlinien. Ohne Rücksicht auf die vorhandene Bogenform kann zur näherungsweisen Berechnung der Einflußlinien auch

$$\frac{J_c}{J\cos\alpha}\cdot y = \text{const} = f$$

und

$$\cos\alpha\,\frac{F_c}{F} = \text{const} = 1$$

gesetzt werden. Nach (803) ist dann mit

$$y = 4f\,\xi\,\xi', \qquad \eta = y/f$$

Abb. 494.

$$X_1 = \frac{\displaystyle\int M_0\,y\,\frac{J_c}{J\cos\alpha}\,dx}{\displaystyle\int y^2\,\frac{J_c}{J\cos\alpha}\,dx + \frac{J_c}{F_c}\int \cos\alpha\,\frac{F_c}{F}\,dx} = \frac{f\displaystyle\int M_0\,dx}{f\displaystyle\int y\,dx + \frac{J_c}{F_c}\int dx} = \frac{\displaystyle\int M_0\,dx}{\frac{2}{3}\,f\,l\,(1+v)}; \qquad v = \frac{3}{2}\,\frac{J_c}{F_c\,f^2}.$$

Gleichung der Einflußlinie:

$$X_1 = \frac{3}{4}\,\frac{l}{f}\,\frac{\omega_R}{1+\nu} = \frac{3}{16}\,\frac{l}{f\,(1+\nu)}\,\frac{y}{f}\,. \quad \text{(Parabel.)}$$

Die Stützkräfte K_a, K_b aus $P_m = 1$ (Abb. **494**) schneiden sich auf der Kämpferdrucklinie, in diesem Falle einer Parallelen zu $a \div b$ im Abstande

$$f^* = \frac{l}{H}\,\omega_R = \frac{4}{3}\,f\,(1+\nu)\,, \qquad H = X_1 = \frac{l}{f^*}\cdot\omega_R\,.$$

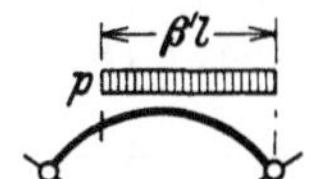

$$X_1 = \frac{p\,l^2}{8f}\,\frac{1}{1+\nu}\,\beta'^{\,2}\,(3-2\beta')\,, \qquad \beta' = 1{,}0: \qquad X_1 = \frac{p\,l^2}{8f}\,\frac{1}{1+\nu}\,.$$

Das Ergebnis ist trotz der Vereinfachung der Integranden brauchbar. Der Fehler läßt sich für die Einflußlinie X_1 und $J_c/J \cos \alpha = 1$ anschreiben:
Mit

$$X_1 = \frac{\int M_0\,y\,dx}{\int y^2\,dx\,(1+\nu)} = \frac{\int M_0\,dx}{\tfrac{2}{3}\cdot f\,l\,(1+\nu)}\left[1 + \frac{\varkappa - \chi}{1 - \varkappa}\right] \quad \text{und} \quad y' = f - y\,,$$

$$\varkappa = \frac{\int y\,y'\,dx}{f\int y\,dx}\,, \qquad \chi = \frac{\int M_0\,y'\,dx}{f\int M_0\,dx}\,, \quad \text{wird} \quad \varphi = \frac{\varkappa - \chi}{1 - \varkappa} = \frac{5\,\omega_R - 1}{6}\,.$$

Der größte Fehler beträgt daher: $(\xi = \xi' = \tfrac{1}{2})$, $\varphi = 1/24 \approx 4\%$. Er wird für Bogenform b S. 516 mit wachsendem $n = J_c/J_k \cos \alpha$ (sichelförmige Träger) immer geringer und für $n = 10/3$ nahezu Null.

Einflußlinie des Biegungsmomentes im Querschnitt r:

$$\psi = \frac{3}{16}\,\frac{l}{f\,(1+\nu)}\,, \qquad \eta_r = \frac{y_r}{f}\,,$$

$$M_r = \psi\,\eta_r\left(\frac{M_{0r}}{\psi\,\eta_r} - y\right) = \psi\,\eta_r\cdot\bar{y}\,,$$

mit

$$\frac{M_{0r,r}}{\psi\,\eta_r} = \frac{4}{3}\,f\,(1+\nu) = f^*$$

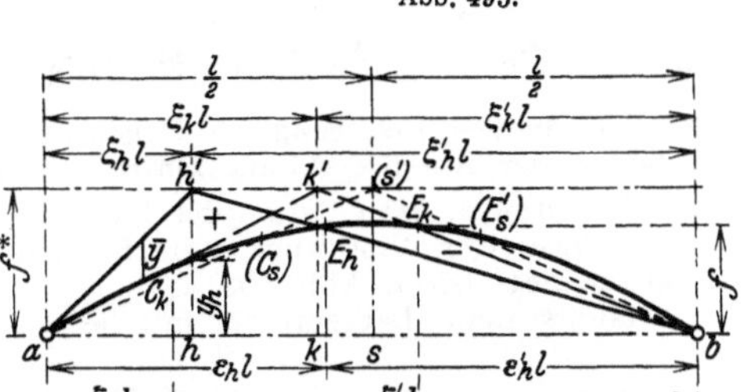

Abb. 495.

als ausgezeichnete Ordinate in r (Abb. **495**). Die Einflußlinien der Biegungsmomente in den Querschnitten $r \to h$ mit ξ_h oder $\xi'_h \gtrless (1+\nu)/3$ erhalten daher eine Lastscheide $E_h\,(\varepsilon_h, \varepsilon'_h)$ (Abb. **496**). Die Lastscheiden der übrigen Querschnitte $r \to k$ werden mit $C_k\,(\zeta_k, \zeta'_k)$; $E_k\,(\varepsilon_k, \varepsilon'_k)$ bezeichnet.
Bestimmung der Lastscheiden:

$$\varepsilon_h = (1+\nu)/3\,\xi'_h\,, \qquad \varepsilon'_h = 1 - \varepsilon_h\,,$$

$$\varepsilon_k = (1+\nu)/3\,\xi'_k\,, \qquad \varepsilon'_k = 1 - \varepsilon_k\,,$$

$$\zeta_k = 1 - \zeta'_k\,, \qquad \zeta'_k = (1+\nu)/3\,\xi_k\,.$$

Grenzwerte der Biegungsmomente für gleichförmig verteilte Nutzlast.

Abb. 496.

Für $\nu = 0$ sind der positive und negative Anteil der Einflußfläche einander gleich. Daher ist für gleichförmig verteilte Nutzlast p:

$r \to h$: eine Lastscheide

$$\varepsilon'_h = 1 - \frac{1}{3\,\xi_h}\,, \qquad H_h = \frac{p\,l^2}{8f}\,\varepsilon'^{\,2}_h\,(3 - 2\,\varepsilon'_h)\,,$$

$$\max|M_h| = \frac{p\,l^2}{2}\,\varepsilon'^{\,2}_h\,\xi_h - H_h\,y_h\,.$$

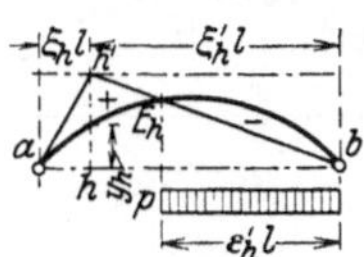

$r \to k$: zwei Lastscheiden

$$\varepsilon'_k = 1 - 1/3\,\xi'_k\,, \qquad \zeta_k = 1 - 1/3\,\xi_k\,,$$

$$H_k = \frac{p\,l^2}{8f}\,[\varepsilon'^{\,2}_k\,(3 - 2\,\varepsilon'_k) + \zeta^2_k\,(3 - 2\,\zeta_k)]\,,$$

$$\max|M_k| = \frac{p\,l^2}{2}\,[(\varepsilon'^{\,2}_k - \zeta^2_k)\,\xi_k + \zeta^2_k] - H_k\,y_k\,.$$

ε_r'; ζ_r; H_r und max $|M_r|$ für $p = $ const in den Schnitten $\xi_r = 0{,}1 \ldots 0{,}5$.

ξ_r	0,1	0,2	0,3	0,4	0,5
ε_r'	17/27	7/12	11/21	4/9	1/3
ζ_r	—	—	—	1/6	1/3
H_r	0,690 $p\,l^2/8\,f$	0,624 $p\,l^2/8\,f$	0,536 $p\,l^2/8\,f$	0,491 $p\,l^2/8\,f$	0,519 $p\,l^2/8\,f$
max $|M_r|$	0,01123 $p\,l^2$	0,01587 $p\,l^2$	0,01508 $p\,l^2$	0,01109 $p\,l^2$	0,00925 $p\,l^2$

2. Die Mittellinie ist ein Kreisbogen mit gleichbleibendem Querschnitt (F, J), von dem $l = 2l_1$ und f gegeben sind.

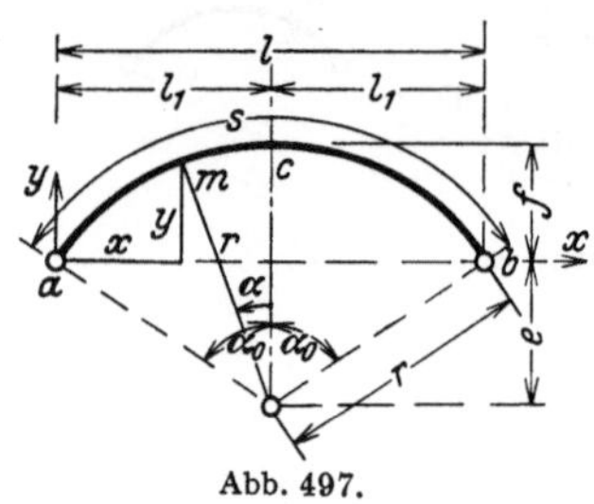

Abb. 497.

$$r = \frac{f}{2}\left[1 + \left(\frac{l_1}{f}\right)^2\right], \qquad e = r - f, \qquad s = 2\,r\,\alpha_0 .$$

$$\sin\alpha_0 = l_1/r , \qquad \cos\alpha_0 = e/r .$$

$$x = l_1 - r\sin\alpha , \qquad \xi = x/l ,$$

$$y = r\cos\alpha - e , \qquad \eta = y/f .$$

Damit wird nach (805)

$$\delta_{11} = r^3\,(\alpha_0 - 3\sin\alpha_0\cos\alpha_0 + 2\,\alpha_0\cos^2\alpha_0) + r\,\frac{J}{F}\,(\alpha_0 + \sin\alpha_0\cos\alpha_0) + l\,\frac{E_b\,J}{E_z\,F_z} ;$$

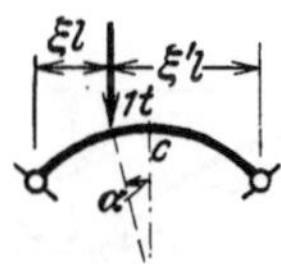

Einzellast 1 t im Punkt m (α) ohne Berücksichtigung von N_0:

$$\delta_{m1} = \frac{r\,l^2}{2}\,\omega_R + e\,r^2\,[(\cos\alpha + \alpha\sin\alpha) - (\cos\alpha_0 + \alpha_0\sin\alpha_0)] .$$

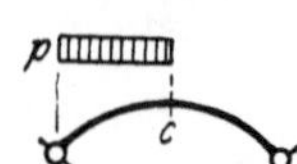

Halbseitige Belastung durch p:

$$\delta_{10} = \frac{p\,r^4}{4}\left[\sin\alpha_0\left(\frac{4}{3}\sin^2\alpha_0 - \cos^2\alpha_0\right) + \alpha_0\cos\alpha_0\,(1 - 2\sin^2\alpha_0)\right] - \frac{p\,l_1^3}{3\,r}\,\frac{J}{F} .$$

Bei vollständiger Belastung des Bogenträgers durch p ist δ_{10} doppelt so groß. Das Ergebnis gestattet, den Anteil der Längskräfte auch in allgemeinen Ansätzen für δ_{10}, δ_{11} abzuschätzen.

Winddruck. (Der Anteil der Längskräfte in δ_{10} wird vernachlässigt.)

a) Einseitiger Winddruck w im Bereich a bis c. Das feste Auflager von Bogenträgern mit Zugband liegt bei a. Abb. 498.

Hauptsystem: Balkenträger mit festem Auflager in a.

Für $w = w_0\sin^2\alpha$ winkelrecht zur Mittellinie ist: $\delta_{10} = \dfrac{w_0\,r^4}{3}\,\Phi$,

$$\Phi = -\sin\alpha_0\left(\frac{2}{3} + 3\cos\alpha_0 - \frac{7}{6}\cos^2\alpha_0\right) + \alpha_0\left(1 + \frac{1}{2}\cos\alpha_0 + 2\cos^2\alpha_0 - \cos^3\alpha_0\right) .$$

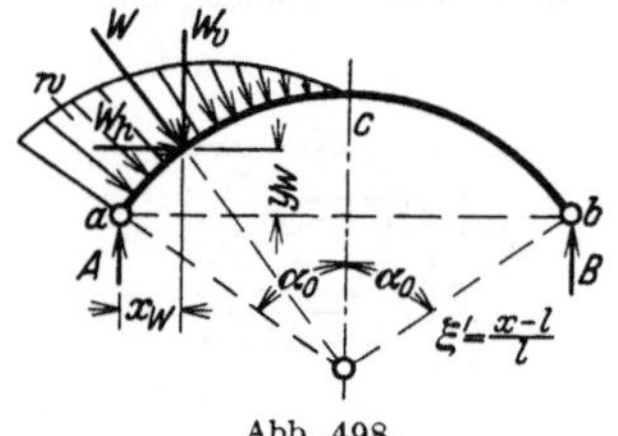

Abb. 498.

$$W_h = \frac{w_0\,r}{3}\,[2 - \cos\alpha_0\,(3 - \cos^2\alpha_0)] , \qquad W_v = \frac{w_0\,r}{3}\,\sin^3\alpha_0 ,$$

$$y_W = \frac{3}{4}\,l_1\,\frac{\sin^3\alpha_0}{2 - \cos\alpha_0\,(3 - \cos^2\alpha_0)} - e = \frac{3}{4}\,l_1\,\frac{W_v}{W_h} - e ,$$

$$x_W = \frac{l_1}{4} .$$

$$B = \frac{1}{l}\,(W_v\,l_1 - W_h\,e); \qquad a \text{ bis } c: M_0 = B\,l\,\xi' - \frac{w_0\,r^2}{3}\,(1 - \cos\alpha)^2; \qquad c \text{ bis } b: M_0 = B\,l\,\xi' .$$

Für die waagerechte Belastung $w = w_0 = $ const auf die Höhe f ist $\delta_{10} = \dfrac{w_0\,r^4}{2}\,\Phi$.

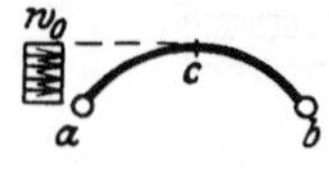

$$W_h = w_0 \cdot f; \qquad a \text{ bis } c: M_0 = \frac{w_0\,f^2}{2}\,(2\,\eta - \xi - \eta^2); \qquad c \text{ bis } b: M_b = \frac{w_0\,f^2}{2}\,\xi' .$$

b) Einseitiger Winddruck w im Bereich c bis b eines Bogenträgers mit Zugband. Das feste Auflager liegt bei a. Der Belastungsfall entsteht durch Überlagerung des Kräftebildes aus Belastungsfall a mit dem Kräftebild aus W_h in b. Hauptsystem wie unter a. $\delta''_{10} = 0$.

$$M_0 = W_h y; \qquad \delta_{10} = -W_h r^3 (\alpha_0 - 3 \sin \alpha_0 \cos \alpha_0 + 2 \alpha_0 \cos^2 \alpha_0).$$

$$\delta_{10} = -r l_1 M \left(1 - \alpha_0 \frac{e}{l_1}\right). \quad \Big| \quad \delta_{1t} = E J_c \alpha_t t l, \qquad \delta_{1s} = E J_c \cdot \Delta l.$$

Statische Untersuchung eines Brückenträgers mit Zugband (Abb. 499).

Beispiel zur Anwendung der Tabelle 41 S. 514ff. unter Berücksichtigung folgender Ausführungsmöglichkeiten:

1. Genietetes Zugband. $F_z = F_{ez}$. Anschluß am Kämpfer vor Ausrüstung des Bogens.
2. Zugband aus Eisenbeton. Anschluß am Kämpfer vor Ausrüstung des Bogens.
3. Genietetes Zugband $F_z = F_{ez}$, vor dem Anschluß am Bogenkämpfer um die Länge Δz gereckt und nach Ausrüstung des Bogens einbetoniert.

$$l = 68,00 \text{ m}, \qquad f = 11,33 \text{ m}, \qquad F_c = 1,39 \text{ m}^2, \qquad J_c = 0,47 \text{ m}^4, \qquad J_c/J \cos \alpha = 1.$$

Zugband: $\qquad F_{ez} = 0,045 \text{ m}^2, \qquad F_{bz} = 1,40 \text{ m}^2, \qquad F_{iz} = F_{bz} + F_{ez} \cdot E_e/E_b = 1,85 \text{ m}^2.$

$$E_b = 2\,100\,000 \text{ tm}^2,$$

$E_b/E_e = 1/10, \qquad \alpha_t = 0,00001.$

A. Belastung durch gleichförmig verteiltes Eigengewicht (Gleichgewichtsgruppe q, H_q) unter Berücksichtigung des Schwindens. $\quad q = 10,7 \text{ t/m}.$
$H_q = q l^2/8 f = 545,861 \text{ t}$; Schwindwirkung nach S. 35 mit $t = -15^0$.
Nach (816) ist:

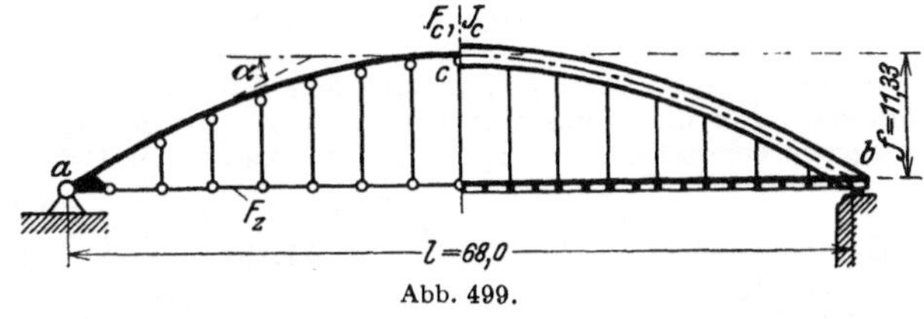

Abb. 499.

$$X_1 = -\frac{v}{1+v} H_q, \qquad X_{1t} = \frac{15}{8} \frac{E J_c \alpha_t t l}{f^2 l (1+v)},$$

$Z = H_q + X_1 + X_{1t}, \qquad M = -y (X_1 + X_{1t}), \qquad v$ nach S. 515.

Lösung 1. $\quad v = \dfrac{15}{8} \dfrac{1}{11,33^2} \left(\dfrac{0,47}{1,39} + \dfrac{1}{10} \dfrac{0,47}{0,045}\right) = 0,00494 + 0,01526 = 0,02020.$

$$X_1 = -10,808 \text{ t}, \qquad X_{1t} = -2,120 \text{ t}, \qquad Z = 532,933 \text{ t},$$

$$M = +12,928 \cdot y, \qquad \Delta z = Z l/E_e F_{ez} = 0,0383 \text{ m}.$$

Einsenkung der Scheitelquerschnitte. $\delta_c = \delta_{c,1} + \delta_{c,2} + \delta_{c,3}$. Nach (186) ist

$$\delta_{c,1} = \int \overline{M} M \, dx = -\frac{5}{48} f l^2 (X_1 + X_{1t}) = -5457,28 (X_1 + X_{1t}) = 70552,$$

Die Anteile $\delta_{c,2}$ und $\delta_{c,3}$ werden für einen Kreisbogen als Achse mit $r = 56,65$, $\cos \alpha_0 = 0,8$ und $F = F_c = $ const angegeben.

$$\delta_{c,2} = \frac{J_c}{F_c} \int \overline{N} N \frac{F_c}{F} \, ds = -\frac{J_c}{F_c} H_q r \left[\ln \cos \alpha_0 - \frac{X_1 + X_{1t}}{H_q} \frac{l^2}{8 r^2}\right] \approx -\frac{J_c}{F_c} H_q r \ln \cos \alpha_0 = 2331,$$

$$\delta_{c,3} = E J_c \int \overline{N} \alpha_t t \, ds = -E J_c \alpha_t t r (1 - \cos \alpha_0) = 1677,$$

$$\delta_c/E J_c = 0,0715 + 0,0024 + 0,0017 = 0,0756 \text{ m}.$$

Lösung 2. Die Längskraft Z des Verbundquerschnittes entfällt zum Teil auf die Rundeisenbewehrung (Z_e), zum Teil auf den Betonquerschnitt (Z_b). Da hierbei nach Versuchen von E. Mörsch die mittlere Beanspruchung σ_{bz} des Betons 80 t/m² nicht überschreitet, ist die mittlere Zugkraft in der Stahlbewehrung $Z_e = Z - 80 F_b$. Der Ansatz für v Seite 515 enthält die Dehnung des Zugbandes mit $F_z E_z$ für den Verbundquerschnitt. Sie wird durch die Einführung eines ideellen Elastizitätsmoduls E^* auf die Dehnung der Stahlbewehrung bezogen $(F_z E_z = F_e E^*)$.

$$\frac{1}{l} \int_0^l \varepsilon \, ds = \frac{Z}{F_e E^*} = \frac{Z_e}{F_e E_e} \quad \text{und daher} \quad \frac{1}{F_e E^*} = \frac{1}{F_e E_e} \frac{Z_e}{Z} \approx \frac{1}{F_e E_e} \frac{H_q - 80 F_b}{H_q} = \frac{1}{0,0566 E_e};$$

$$v = \frac{15}{8} \frac{1}{11,33^2} \left(\frac{0,47}{1,39} + \frac{1}{10} \frac{0,47}{0,0566}\right) = 0,00494 + 0,01192 = 0,01686 \,,$$

$$X_1 = -9,050\ \text{t}; \qquad X_{1t} = -2,127\ \text{t}; \qquad Z = 534,684\ \text{t}\,,$$

$$M = +11,177 \cdot y; \qquad \Delta z = 0,0385\ \text{m}; \qquad \delta_c/E J_c = 0,0659\ \text{m}\,.$$

Lösung 3. Das Biegungsmoment M_c im Scheitel ist in erster Annäherung Null, wenn die Reckung Δz des Zugbandes durch Pressen so groß gewählt wird, daß $Z = H_q = 545,861$ t. Der Beton des Zugbandes ist bei unbelasteter Brücke spannungslos.

Schwinden: $E J_c \Delta z_1 = - E J_c \alpha_t t l = - \delta_{1t}$; Belastung q, H_q:

$$E J_c \Delta z_2 = H_q \left[\frac{J_c}{F_c} \int \frac{F_c}{F}\, ds + \frac{E_b}{E_z} \frac{F_c}{F_z} z\right] \approx H_q \left[\frac{J_c}{F_c} l + \frac{E_b}{E_z} \frac{J_c}{F_z} l\right] = H_q (\delta_{11}'' + \delta_{11}''')\,.$$

$$\delta_{11}'' = 22,9928; \qquad \delta_{11}''' = 71,0222; \qquad \delta_{1t} = +10067,4\,.$$

$$\Delta z = [H_q(\delta_{11}'' + \delta_{11}''') - \delta_{1t}]/E_e J_c = 0,0622\ \text{m}; \qquad M_c \approx 0; \qquad \delta_c/E J_c = 0,0041\ \text{m}.$$

B. Veränderliche Belastung. Gleichung der Einflußlinie nach S. 515:

$$X_1 = \frac{5}{8} \frac{68,0}{11,33} \frac{1}{1+v}\, \omega_p'' = 3,7511 \frac{1}{1+v}\, \omega_p''\,.$$

Lösung 1. $v = 0,02020; \qquad X_1 = 3,6768\ \omega_p''; \qquad \xi = 0,5: \qquad X_1 = 1,1490$ t .

Lösung 2. $v = 0,01686; \qquad X_1 = 3,6889\ \omega_p''; \qquad \xi = 0,5: \qquad X_1 = 1,1528$ t .

Lösung 3. Die Längskraft H_q aus dem Eigengewicht wird von dem Stahlband allein aufgenommen. Für die Längskraft $Z - H_q = X_1$ aus der Verkehrsbelastung gilt das Zugband als homogener Querschnitt $(F_z E_z = F_{iz} E_b)$, solange der Beton rissefrei bleibt. Daher ist

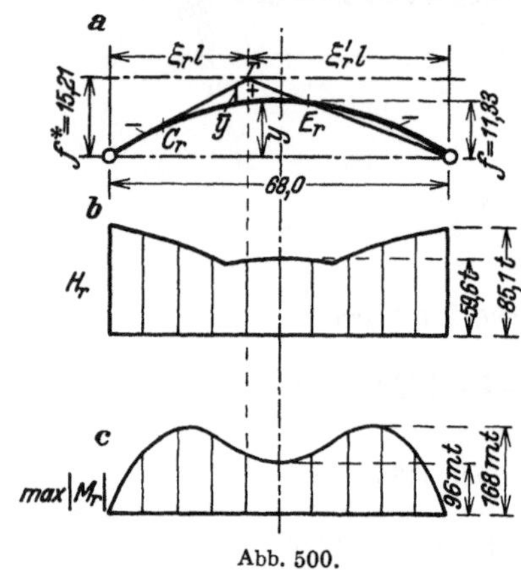

Abb. 500.

$$v = \frac{15}{8} \frac{1}{11,33^2} \left(\frac{0,47}{1,39} + 1 \frac{0,47}{1,85}\right) = 0,00494 + 0,00371 = 000865;$$

$$X_1 = 3,7189\ \omega_p''; \qquad \xi = 0,5: \qquad X_1 = 1,1622$ t .

C. Anwendung der vereinfachten Annahmen S. 516.
Die Einflußlinie X_1 ist eine Parabel. Für Lösung 3 wird

$$v = \frac{3}{2} \frac{1}{f^2} \left(\frac{J_c}{F_c} + \frac{E_b}{E_z} \frac{J_c}{F_z}\right) = 0,00395 + 0,00302 = 0,00697\,.$$

$$X_1 = \frac{3}{4} \frac{l}{f} \frac{\omega_R}{1+v} = 4,470\ \omega_R; \qquad \xi = 0,5: \quad X_1 = 1,1175$ t .

Einflußlinie M_r:

$$\psi = \frac{3}{16} \frac{l}{f} \frac{1}{1+v} = 1,1175\,, \qquad f^* = \frac{4}{3} f(1+v) = 15,2120\ \text{m}\,,$$

$$M_r = 1,1175\ \eta_r \cdot \bar{y}; \qquad \eta_r = y_r/f \ \ \text{(Abb. 500a)}.$$

Grenzwerte M_r: Für $v = 0$ und $p = 2,25$ t/m werden H_r und max $|M_r|$ aus der Tabelle S. 518 erhalten (Abb. 500b u. c).

Statische Untersuchung eines Hallenbinders mit Zugband (Abb. 501).

Krümmung und Querschnitt sind konstant. Binderabstand 5,0 m. Beispiel zur Anwendung der Tabelle 41 S. 518:

$$l = 30,0\ \text{m}\,, \quad l_1 = 15,0\ \text{m}\,, \quad f = 5,6\ \text{m}\,, \quad J = 0,017\ \text{m}^4\,, \quad F = 0,320\ \text{m}^2\,, \quad F_z = 0,00687\ \text{m}^2\,.$$

$$r = \frac{5,6}{2}\left[1 + \left(\frac{15,0}{5,6}\right)^2\right] = 22,89\ \text{m}\,, \qquad e = 22,89 - 5,60 = 17,29\ \text{m}\,,$$

$$\sin \alpha_0 = \frac{15,0}{22,89} = 0,6553\,, \qquad \cos \alpha_0 = \frac{17,29}{22,89} = 0,7554\,,$$

$$\alpha_0 \approx 40^0\,56'\,25''\,, \qquad \text{arc}\ \alpha_0 = 0,7145\,, \qquad s = 2 \cdot 22,89 \cdot 0,7145 = 32,71\,,$$

$$\delta_{11} = 22,89^3 (0,7145 - 3 \cdot 0,6553 \cdot 0,7554 + 2 \cdot 0,7145 \cdot 0,7554^2)$$

$$+ 22,89 \frac{0,017}{0,32} (0,7145 + 0,6553 \cdot 0,7554) + 30,0 \frac{1}{10} \frac{0,017}{0,00687}$$

$$= 538,497 + 1,471 + 7,424 = 547,392\,.$$

Das Ergebnis δ_{11} zerfällt in den Anteil δ'_{11} aus den Biegungsmomenten, den Anteil δ''_{11} aus der Längskraft im Bogen und in den Anteil δ'''_{11} aus der Längskraft im Zugband. Nach S. 514 ist

$$v = \frac{\delta''_{11} + \delta'''_{11}}{\delta'_{11}} = \frac{1,471 + 7,424}{538,497} = 0,01652 \,.$$

a) Halbseitige gleichförmige Belastung durch Schnee:

$$\delta_{10} = \delta'_{10} + \delta''_{10} = p \,\frac{22,89^4}{4} \left\{ 0,6553 \left(\frac{4}{3} \cdot 0,6553^2 - 0,7554^2 \right) + 0.7145 \cdot 0,7554 \,(1 - 2 \cdot 0,6553^2) \right\}$$

$$- p \,\frac{15,0^3}{3 \cdot 22,89} \,\frac{0,017}{0,32} = p \,[5316,12 - 2,61] = 5313,51 \,p \,, \qquad X_1 = \delta_{10}/\delta_{11} \,,$$

$$p = 5,0 \cdot 0,075 = 0,375 \,\text{t/m}\,, \qquad X_1 = 3,640 \,\text{t}\,, \qquad M = X_1 \left(\frac{M_0}{X_1} - y \right).$$

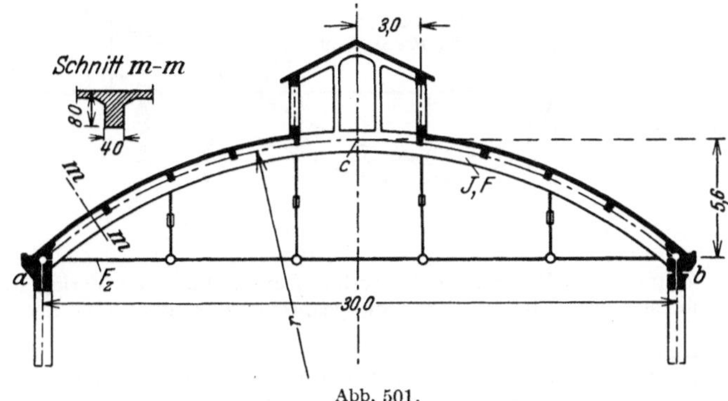

Abb. 501.

b) Gleichförmige volle Belastung des Trägers durch Eigengewicht $p = 3,6$ t/m. Die Rechnung dient gleichzeitig zum Studium des Einflusses der Längenänderung von Bogenträger und Zugband auf die Schnittkräfte.

$$\delta'_{10} = 2 \cdot 5316,12 \,p\,, \qquad \delta''_{10} = -2 \cdot 2,61 \,p\,, \qquad \delta_{10} = 2 \cdot 5313,51 \,p\,,$$

$$X_1 = \frac{\delta_{10}}{\delta_{11}} = 69,890 \,\text{t}\,, \qquad M_c = \frac{3,6 \cdot 30,0^2}{8} - 69,890 \cdot 5,6 = 13,62 \,\text{mt}\,.$$

Der Anteil δ''_{10} der Längskräfte im Zähler ist sehr klein. Ohne diesen wird

$$X_1 = \frac{\delta'_{10}}{\delta_{11}} = 69,924 \,\text{t}\,, \qquad M_c = \frac{3,6 \cdot 30,0^2}{8} - 69,924 \cdot 5,6 = 13,43 \,\text{mt}\,.$$

Der Anteil δ''_{10} wird daher stets vernachlässigt. Dagegen spielt bei der endgültigen Festsetzung der Schnittkraft M_c das Schwinden des Baustoffes eine wichtige Rolle. Mit $t = -15^0$ ist nach S. 519

$$\delta_{1t} = E J_c \alpha_t \, t \, l = -170,10 \,, \qquad X_1 = \frac{\delta_{10} + \delta_{1t}}{\delta_{11}} = 69,579 \,\text{t}\,, \qquad M_c = 15,36 \,\text{mt}\,.$$

Werden die Längenänderungen von Träger und Zugband bei der Bauausführung ausgeglichen, so ist

$$X_1^* = \frac{\delta'_{10}}{\delta'_{11}} = 71,079 \,\text{t}\,, \qquad M_c^* = \frac{3,6 \cdot 30,0^2}{8} - 71,079 \cdot 5,6 = 6,96 \,\text{mt}\,.$$

Um den mit dem Betrage M_c^* verbundenen wirtschaftlichen Vorteil auszunutzen, kann das Zugglied durch Sprengung an den Hängestangen um $E J_c \varDelta z = \delta_{1s}$ verkürzt werden, so daß

$$X_1 = \frac{\delta'_{10} + \delta''_{10} + \delta_{1t} + \delta_{1s}}{\delta'_{11} + \delta''_{11} + \delta'''_{11}} = \frac{\delta'_{10}}{\delta'_{11}} = X_1^* \qquad \text{und} \qquad M_c = M_c^*$$

erhalten wird. $\delta_{1s} = X_1^* (\delta''_{11} + \delta'''_{11}) - \delta''_{10} - \delta_{1t}$. Bei Eigengewicht $p = 3,6$ t/m ist

$$\delta_{1s} = 71,079 \,(1,471 + 7,424) + 18,792 + 170,100 = 821,140 \,, \qquad \varDelta z = \delta_{1s}/E J_c = 0,0230 \,\text{m}\,.$$

Die Verkürzung wird bei Anordnung des Zugbandes nach Abb. 502a durch eine Sprengung

$$f_z = \sqrt{z_1 \Delta z} = \sqrt{10,0 \cdot 0,023} = 0,480 \text{ m};$$

bei Anordnung des Zugbandes nach Abb. 502b durch Sprengung nach einem Kreisbogen mit einem Pfeil von

$$f_z = \sqrt{\tfrac{3}{8} z \Delta z} = \sqrt{\tfrac{3}{8} \cdot 30,0 \cdot 0,023} = 0,509 \text{ m}, \qquad r_z = 221,28 \text{ m}$$

erreicht.

Die Biegungsmomente aus Eigengewicht und Schwinden sind in Abb. 503 bei geradem und bei nachträglich gesprengtem Zugband miteinander verglichen worden.

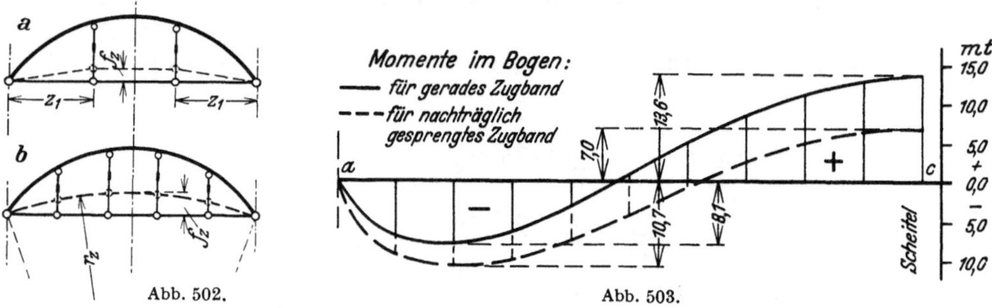

Abb. 502.   Abb. 503.

Die Erhöhung der positiven Momente bei geradem Zugband aus der Verlagerung der Bogenachse bleibt unberücksichtigt. Für nachträglich gesprengtes Zugband ist sie verschwindend klein.

Müller-Breslau, H.: Die graphische Statik der Baukonstruktionen Bd. 2, 2. Abt. S. 513. Leipzig 1908. — Hartmann, F.: Statisch unbestimmte Systeme. Berlin 1913. — Kuball, H.: Zweigelenkrahmen aus Eisenbeton mit Berücksichtigung des veränderlichen Trägheitsmomentes. Berlin 1920. — Troche, A.: Der Einfluß der Temperatur auf den Horizontalschub parabolischer Zweigelenkbogen. Bauing. 1925. — Derselbe: Der Horizontalschub kreisförmiger Zweigelenkbogen. Beton u. Eisen 1925. — Vgl. auch die Literatur auf S. 557.

56. Der beiderseits eingespannte Bogenträger.

Die Bogenform ist gegeben, der Verschiebungszustand des Trägers unabhängig von denjenigen Bauteilen, welche zur Eintragung der Lasten dienen. Die Bogenkämpfer sind auf starre Widerlager abgestützt oder elastisch in den Enden eines Balkenträgers eingespannt. Wird dieser außerdem durch Zugglieder mit dem Bogenträger verbunden, so überschreitet die Berechnung den Umfang einer einfachen statischen Aufgabe (Abschn. 58).

Der beiderseits eingespannte Bogenträger ist dreifach statisch unbestimmt. Die Schnittkräfte werden aus einem statisch bestimmten oder einem zweifach statisch unbestimmten Hauptsystem berechnet. Die statisch überzähligen Größen sind bei der Wahl eines Dreigelenkbogens als Hauptsystem am kleinsten, so daß nach S. 170 die besten Ergebnisse bei der Überlagerung der statisch bestimmten Anteile aus Belastung und überzähligen Größen erzielt werden. Dafür ist die Berechnung und Aufzeichnung der Einflußlinien als Biegelinie des Hauptsystems durch die Art der Randbedingungen nicht so einfach wie beim Balkenträger auf zwei Stützen und wie beim Freiträgerpaar. Diese werden daher als Hauptsystem in der Regel vorgezogen. Um dabei trotzdem relativ kleine überzählige Größen aus einer vorgeschriebenen Belastung q zu erhalten, wird diese durch geeignete Zusatzkräfte H_q ergänzt, die bekannt sind, untereinander im Gleichgewicht stehen und einen Anteil der inneren Kräfte des Trägers bedeuten (Abb. 504).

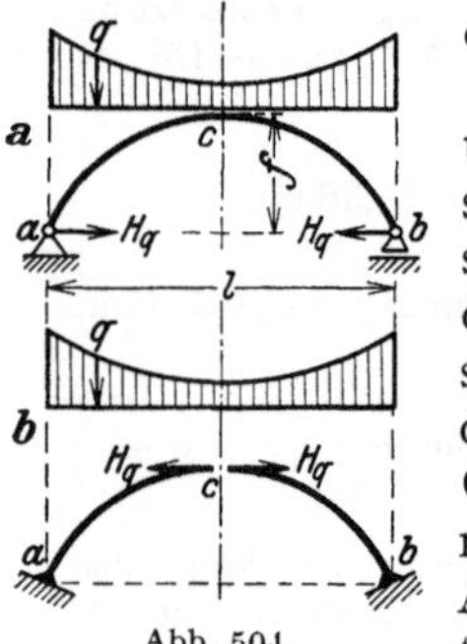

Abb. 504.

Ableitung der Schnittkräfte aus einem statisch bestimmten Hauptsystem.

Die überzähligen Größen X_1, X_2, X_3 sind entweder nach (475) durch eine mechanische Transformation statisch unbestimmter Schnittkräfte oder nach S. 274 als Gruppenlasten derart bestimmt, daß die Nebenglieder $\delta_{12}, \delta_{23}, \delta_{13}$ der Matrix der Elastizitätsgleichungen Null sind. In diesem Falle ist dann

$$X_1 = \frac{\delta_{1\otimes}}{\delta_{11}}, \qquad X_2 = \frac{\delta_{2\otimes}}{\delta_{22}}, \qquad X_3 = \frac{\delta_{3\otimes}}{\delta_{33}}. \tag{817}$$

Dieses einfache Ergebnis darf jedoch nur verwendet werden, wenn die Nebenbedingungen

$$\delta_{12} = 0, \qquad \delta_{23} = 0, \qquad \delta_{31} = 0 \tag{818}$$

nachgeprüft und vollständig erfüllt sind.

Lösung bei Symmetrie des Tragwerks.

a) Das Hauptsystem ist ein Balkenträger auf zwei Stützen (Abb. 505).

Die überzählige Größe X_1 besteht nach S. 274 aus den beiden, um die Strecke $y_{1,0}$ parallel verschobenen, statisch·unbestimmten Komponenten H der Stützkräfte, als Gruppenlast nach S. 283 aus den Kräften H und zwei gleich großen Biegungsmomenten $Y_{a1} = Y_{b1} = -H \cdot y_{1,0}$. Die beiden anderen, von X_1 unabhängigen überzähligen Größen X_2 und X_3 beziehen sich mit $X_1 = 0$ auf den beiderseits eingespannten Balkenträger, dessen Einspannungsmomente in a und b durch Y_a, Y_b bezeichnet werden.

$$X_2 = \tfrac{1}{2}(Y_a - Y_b), \qquad X_3 = \tfrac{1}{2}(Y_a + Y_b).$$

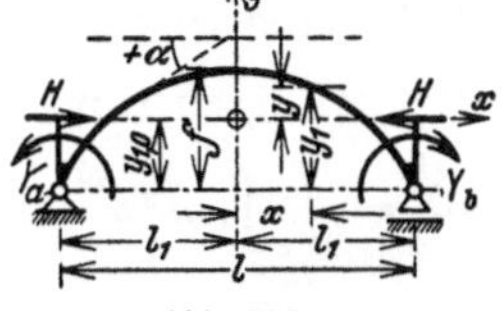

Die Verschiebung δ_{13} ist nach S. 196 Null für

$$y_{1,0} = \int_c^a y_1 \frac{J_c}{J}\, ds : \int_c^a \frac{J_c}{J}\, ds. \tag{819}$$

Abb. 505.

b) Das Hauptsystem ist ein Freiträgerpaar (Abb. 506).

Die überzählige Größe X_1 besteht nach S. 274 aus den beiden um die Strecke $y_{2,0}$ parallel verschobenen Längskräften $-N_c$ im Bogenscheitel c oder nach S. 283 aus einer Gruppenlast, die sich aus der Längskraft $-N_c$ und dem Biegungsmoment $Y_{c1} = -N_c y_{2,0}$ im Bogenscheitel zusammensetzt. Die überzählige, von X_1 unabhängige Größe X_3 ist das Biegungsmoment Y_c im Scheitel des beiderseits eingespannten Balkenträgers.

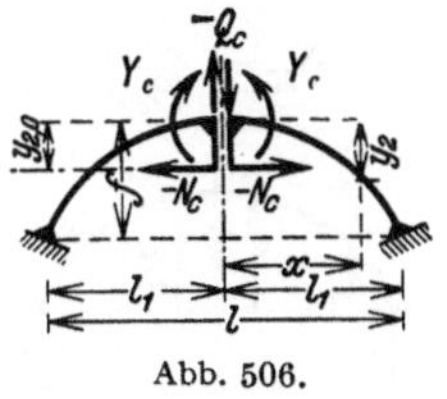

Als überzählige Größe X_2 wird eine Funktion der Querkraft Q_c im Bogenscheitel verwendet. $X_2 = +Q_c l_1$. Die Verschiebung δ_{13} ist nach (471) Null, wenn

$$y_{2,0} = \int_c^a y_2 \frac{J_c}{J}\, ds : \int_c^a \frac{J_c}{J}\, ds. \tag{820}$$

Abb. 506.

c) Das Hauptsystem ist ein Dreigelenkbogenträger (Abb. 507).

Die statisch unbestimmten Biegungsmomente M_a, M_b, M_c sind nach (468) Funktionen dreier statisch überzähliger Gruppenlasten, von denen X_1 und X_3 symmetrisch, X_2 antimetrisch ist. Sie werden daher nach folgender Transformation angeschrieben (Abschn. 36):

$$\left.\begin{aligned} -M_a &= Y_a = X_3 + X_2 + Y_{a1} X_1; \\ -M_b &= Y_b = X_3 - X_2 + Y_{b1} X_1; \qquad -M_c = Y_c = X_3 + X_1. \end{aligned}\right\} \tag{821}$$

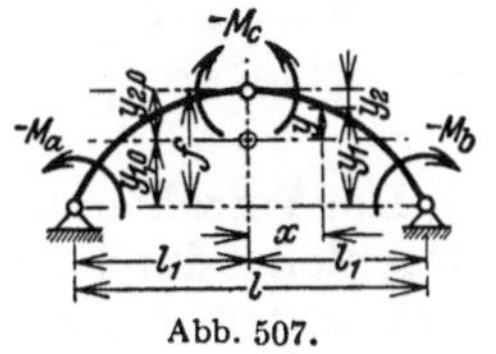

Infolge der Symmetrie ist

$$Y_{a1} = Y_{b1}, \qquad \delta_{12} = 0, \qquad \delta_{23} = 0$$

Abb. 507.

und nach S. 284 auch $\delta_{13} = 0$, wenn:

$$Y_{a1} = -\frac{\delta_{c1}}{\delta_{a1} + \delta_{b1}} = -\frac{\int y_1 \frac{J_c}{J} \, ds}{\int y_2 \frac{J_c}{J} \, ds} = -\frac{y_{1,0}}{y_{2,0}}. \tag{822}$$

Daher sind die Biegungsmomente infolge von $-X_1 = 1$

$$M_1 = \frac{y_1}{f} - \frac{y_2}{f} \frac{y_{1,0}}{y_{2,0}} = \frac{1}{y_{2,0}} (y_1 - y_{1,0}) = \frac{1}{y_{2,0}} (y_{2,0} - y_2) = \frac{1}{y_{2,0}} y \tag{823}$$

bis auf einen konstanten Beiwert ebenso groß wie in den beiden Fällen a) und b).

Die Schnittkräfte werden nach der Begründung auf S. 522 nur für das erste und zweite Hauptsystem angegeben. Die Lösungen stimmen in formaler Beziehung überein, wenn die Einflußlinien N_0, M_0, Q_0 des Balkenträgers oder Freiträgerpaares unter Beachtung der Vorzeichen aufgetragen und die Schnittkräfte N_0, M_0, Q_0 aus einer vorgeschriebenen Belastung q und den erwähnten Zusatzkräften H_q berechnet werden. $H_q = M_{0c}/f$. In diesem Ausdruck bedeutet M_{0c} das Moment der äußeren Kräfte aus der Belastung q eines Balkenträgers, bezogen auf den Schwerpunkt des Scheitelquerschnitts c.

Die Hauptglieder δ_{11}, δ_{22}, δ_{33} der Matrix der Elastizitätsgleichungen werden nach (299) gebildet.

Belastungszustand $-X_1 = 1$: $M_1 = y$, $N_1 = \cos\alpha$, $Q_1 = \sin\alpha$.

Belastungszustand $-X_2 = 1$: $M_2 = -x/l_1$, $N_2 = 1/l_1 \cdot \sin\alpha$, $Q_2 = -1/l_1 \cdot \cos\alpha$.

Belastungszustand $-X_3 = 1$: $M_3 = 1$, $N_3 = 0$, $Q_3 = 0$.

$$\delta_{11} = \frac{J_c}{F_c} \int \cos^2\alpha \frac{F_c}{F} ds + \int y^2 \frac{J_c}{J\cos\alpha} dx; \quad \delta_{22} = \frac{J_c}{F_c} \int \sin^2\alpha \frac{F_c}{F} ds + \int \frac{x^2}{l_1^2} \frac{J_c}{J\cos\alpha} dx; \left.\begin{array}{c} \\ \\ \\ \\ \end{array}\right\}$$

$$\delta_{33} = \int \frac{J_c}{J\cos\alpha} dx, \tag{824}$$

$$\int \cos^2\alpha \frac{F_c}{F} ds \approx l, \qquad \int \sin^2\alpha \frac{F_c}{F} ds \approx 0.$$

Die Belastungszahlen ergeben sich nach (299) mit M_0, N_0 für die äußeren Kräfte

$$\delta_{10} = \frac{J_c}{F_c} \int N_0 \cos\alpha \frac{F_c}{F} ds + \int M_0 y \frac{J_c}{J\cos\alpha} dx; \quad \int N_0 \cos\alpha \frac{F_c}{F} ds \approx 0, \left.\begin{array}{c} \\ \\ \\ \\ \\ \end{array}\right\}$$

$$\delta_{20} = \frac{J_c}{F_c} \int N_0 \frac{\sin\alpha}{l_1} ds - \int M_0 \frac{x}{l_1} \frac{J_c}{J\cos\alpha} dx; \quad \int N_0 \frac{\sin\alpha}{l_1} \frac{F_c}{F} ds \approx 0, \tag{825}$$

$$\delta_{30} = \int M_0 \frac{J_c}{J\cos\alpha} dx.$$

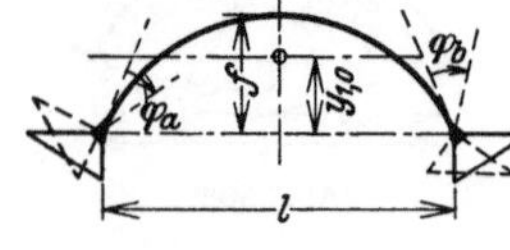

Abb. 508.

Belastungszahlen aus Temperaturänderung t, Δt und Stützenbewegung:

$$\delta_{1t} = EJ_c \left(\alpha_t t l + \int y \frac{\alpha_t \Delta t}{h} ds\right); \left.\begin{array}{c} \\ \\ \end{array}\right\}$$

$$\delta_{2t} = 0; \qquad \delta_{3t} = EJ_c \int \frac{\alpha_t \Delta t}{h} ds. \tag{826}$$

$$\delta_{1s} = EJ_c [y_{1,0}(\varphi_a - \varphi_b) - \Delta l], \left.\begin{array}{c} \\ \\ \\ \end{array}\right\}$$

$$\delta_{2s} = -EJ_c \left[(\varphi_a + \varphi_b) + \frac{2}{l}(\Delta_a - \Delta_b)\right], \tag{827}$$

$$\delta_{3s} = -EJ_c (\varphi_a - \varphi_b).$$

Die Vorzahlen und Belastungszahlen werden bei einer beliebig vorgeschriebenen Bogenform durch numerische Integration nach S. 95, am besten mit den Rechenvorschriften des Zahlenbeispiels S. 545 bestimmt.

Unter Umständen empfiehlt sich auch die Verwendung von n Stufen konstanter elastischer Wirkung nach S. 96 (Abb. 509)

$$c = e_m \frac{J_c}{J_m \cos \alpha_m} = \frac{1}{n} \sum_0^l \frac{J_c}{J \cos \alpha} \varDelta x \quad \text{oder} \quad \bar{c} = \bar{e}_m \frac{F_c}{F_m} = \frac{1}{n} \sum_0^l \frac{F_c}{F} \overline{\varDelta x} . \tag{828}$$

Dabei bedeuten die Summanden die mittleren Ordinaten einer beliebigen Unterteilung $\varDelta x$ des Integrationsbereiches l (also auch $l = r \cdot \varDelta x$) der beiden Funktionen $J_c/J \cos \alpha$ (Abb. 509a) und F_c/F (Abb. 509b). Die Vorzahlen werden dann durch einfache Summenbildung über die mittleren Ordinaten (m') der Intervalle e_m oder $\bar{e}_m$ erhalten (Rechenvorschrift S. 550).

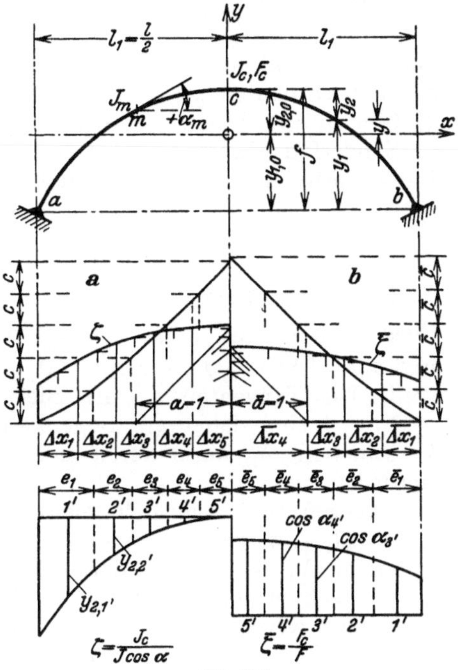

$$\delta_{11} = \frac{J_c}{F_c} \bar{c} \sum_1^n \cos \alpha + c \sum_1^n y^2 ,$$

$$\delta_{22} = \frac{J_c}{F_c} c \sum_1^n \frac{\sin^2 \alpha}{\cos \alpha} + c \sum_1^n \left(\frac{x}{l_1} \right)^2 , \tag{829}$$

$$y_{2,0} = \frac{1}{n} \sum_1^n y_2 , \qquad \delta_{33} = n c .$$

$$\delta_{10} = \frac{J_c}{F_c} \bar{c} \sum_1^n N_0 + c \sum_1^n M_0 y ,$$

$$\delta_{20} = \frac{J_c}{F_c} \bar{c} \sum_1^n N_0 \frac{\operatorname{tg} \alpha}{l_1} - c \sum_1^n M_0 \frac{x}{l_1} , \tag{830}$$

$$\delta_{30} = c \sum_1^n M_0 .$$

Abb. 509.

Symmetrie der Belastung: $\delta_{20} = 0$, $\quad X_2 = 0$, $\quad X_1 \neq 0$, $\quad X_3 \neq 0$, $\quad Q_c = 0$.

Antimetrie der Belastung: $\delta_{10} = 0$, $\quad \delta_{30} = 0$, $\quad X_1 = 0$, $\quad X_3 = 0$, $\quad X_2 \neq 0$.

Die Einflußlinien der überzähligen Größen stimmen bis auf einen Multiplikator mit den Biegelinien überein, welche für die Belastung $- X_1 = 1$, $- X_2 = 1$ oder $- X_3 = 1$ eines Balkenträgers auf zwei Stützen oder eines Freiträgerpaares festgestellt werden. Dies geschieht rechnerisch oder zeichnerisch nach Abschn. 21. Dabei werden die elastischen Gewichte $\mathfrak{W}_{m1}$, $\mathfrak{W}_{m2}$, $\mathfrak{W}_{m3}$ verwendet, die nach (206) aus den stetigen elastischen Kräften $\mathfrak{w}_1 = y \cdot J_c/J \cos \alpha$, $\mathfrak{w}_2 = - \xi \cdot J_c/J \cos \alpha$, $\mathfrak{w}_3 = 1 \cdot J_c/J \cos \alpha$ entwickelt werden. Ohne Rücksicht auf die Längskräfte aus $- X_1 = 1$ usw. ist bei geometrisch verschieden großen Intervallen $c'_m \equiv c_m$

$$\mathfrak{W}_{m1} = \frac{c'_m}{6} \left(y_{m-1} \frac{J_c}{J_{m-1} \cos \alpha_{m-1}} + 2 y_m \frac{J_c}{J_m \cos \alpha_m} \right)$$
$$+ \frac{c'_{m+1}}{6} \left(2 y_m \frac{J_c}{J_m \cos \alpha_m} + y_{m+1} \frac{J_c}{J_{m+1} \cos \alpha_{m+1}} \right) ,$$

$$- \mathfrak{W}_{m2} = \frac{c'_m}{6} \left(\frac{x_{m-1}}{l_1} \frac{J_c}{J_{m-1} \cos \alpha_{m-1}} + 2 \frac{x_m}{l_1} \frac{J_c}{J_m \cos \alpha_m} \right)$$
$$+ \frac{c'_{m+1}}{6} \left(2 \frac{x_m}{l_1} \frac{J_c}{J_m \cos \alpha_m} + \frac{x_{m+1}}{l_1} \frac{J_c}{J_{m+1} \cos \alpha_{m+1}} \right) , \tag{831}$$

$$\mathfrak{W}_{m3} = \frac{c'_m}{6} \left(\frac{J_c}{J_{m-1} \cos \alpha_{m-1}} + 2 \frac{J_c}{J_m \cos \alpha_m} \right)$$
$$+ \frac{c'_{m+1}}{6} \left(2 \frac{J_c}{J_m \cos \alpha_m} + \frac{J_c}{J_{m+1} \cos \alpha_{m+1}} \right) .$$

Sonderfall geometrisch gleich großer Intervalle $c'_m = c'$.

$$\frac{6}{c'}\,\mathfrak{W}_{m1} = y_{m-1}\,\frac{J_c}{J_{m-1}\cos\alpha_{m-1}} + 4\,y_m\,\frac{J_c}{J_m\cos\alpha_m} + y_{m+1}\,\frac{J_c}{J_{m+1}\cos\alpha_{m+1}}\,,$$

$$-\frac{6}{c'}\,\mathfrak{W}_{m2} = \frac{x_{m-1}}{l_1}\,\frac{J_c}{J_{m-1}\cos\alpha_{m-1}} + 4\,\frac{x_m}{l_1}\,\frac{J_c}{J_m\cos\alpha_m} + \frac{x_{m+1}}{l_1}\,\frac{J_c}{J_{m+1}\cos\alpha_{m+1}}\,,$$

$$\frac{6}{c'}\,\mathfrak{W}_{m3} = \frac{J_c}{J_{m-1}\cos\alpha_{m-1}} + 4\,\frac{J_c}{J_m\cos\alpha_m} + \frac{J_c}{J_{m+1}\cos\alpha_{m+1}}\,. \qquad (832)$$

Wird die Funktion $\mathfrak{w}$ im Bereiche $(m-1)\ldots(m+1)$ durch einen Parabelabschnitt mit den Ordinaten $\mathfrak{w}_{m-1}$, $\mathfrak{w}_m$, $\mathfrak{w}_{m+1}$ ersetzt, so treten an die Stelle von (832) die $\mathfrak{W}$-Gewichte nach den Angaben (207).

Sonderfall elastisch gleich großer Intervalle $c = e_m J_c/J_m \cos\alpha_m$ mit den Funktionswerten $y_{m'}$, $x_{m'}/l_1$ und 1 in den Mittelpunkten m' der Intervalle e_m.

$$\frac{1}{c}\,\mathfrak{W}_{m1} = y_{m'}\,, \qquad -\frac{1}{c}\,\mathfrak{W}_{m2} = \frac{x_{m'}}{l_1}\,, \qquad \frac{1}{c}\,\mathfrak{W}_{m3} = 1\,. \qquad (833)$$

Die Verwendung der elastischen Gewichte zur Berechnung der Ordinaten der Biegelinien δ_{m1}, δ_{m2}, δ_{m3} wird auf S. 550 gezeigt. Da $\delta_{12} = \int y \cdot J_c/J \cos\alpha \cdot dx = 0$ und $\delta_{13} = \int x\,y \cdot J_c/J \cos\alpha \cdot dx = 0$, ist $A_{\mathfrak{w},1} = 0$; $B_{\mathfrak{w},1} = 0$ und $Q_{\mathfrak{w},1}$ in Bogenmitte Null. Die Tangenten an die Biegelinie der beiden Hauptsysteme infolge von $-X_1 = 1$ sind daher am Bogenkämpfer und am Bogenscheitel waagerecht. Die Verschiebung δ_{11} kann durch eine horizontale Biegelinie geometrisch nachgeprüft werden.

Dagegen sind, wie sich leicht einsehen läßt, δ_{22} und δ_{33} in den Biegelinien $\delta_{m2} = \mathfrak{M}_{\mathfrak{w}2}$, $\delta_{m3} = \mathfrak{M}_{\mathfrak{w}3}$ bereits geometrisch enthalten. Die Ordinaten der Einflußlinien X_1 usw. werden daraus nach (817), also durch Division von δ_{m1} mit δ_{11} usw. berechnet und aufgetragen. Sie können nach S. 125 auch unmittelbar aufgezeichnet werden, wenn das Richtungsbüschel der Biegelinien δ_{m1} usw. nicht die Polweite $|EJ_c|\,\mathfrak{W}_1$-Einheiten, sondern $|\delta_{11}|\,\mathfrak{W}_1$-Einheiten erhält. Dasselbe gilt für die Einflußlinien X_2 und X_3. Die Polweiten der beiden anderen Richtungsbüschel sind $H_{\mathfrak{w}2} = |\delta_{22}|\,\mathfrak{W}_2$-Einheiten, $H_{\mathfrak{w}3} = |\delta_{33}|\,\mathfrak{W}_3$-Einheiten. Der Betrag der elastischen Gewichte kann auch nach den Ansätzen S. 135 entwickelt werden.

Die Schnittkräfte des Balkenträgers oder Freiträgerpaares aus einer vorgeschriebenen Belastung q, den Zusatzkräften H_q und den zugeordneten statisch überzähligen Größen sind

$$N = N_0 - X_1\cos\alpha - X_2\frac{\sin\alpha}{l_1}\,, \qquad Q = Q_0 - X_1\sin\alpha + X_2\frac{\cos\alpha}{l_1}\,,$$

$$M = M_0 - X_1 y + X_2\frac{x}{l_1} - X_3\,. \qquad (834)$$

Symmetrie der Belastung:

$$X_2 = 0\,, \quad Q_c = 0\,, \quad N_c = N_{c0} - X_1\,, \quad M_c = M_{c0} - X_1 y_{2,0} - X_3\,,$$
$$M_a = M_b = -X_3 + X_1 y_{1,0}\,, \quad M = {}^{(1)}M_0 - X_1 y - X_3\,. \qquad (835)$$

Antimetrie der Belastung:

$$X_1 = 0\,, \quad X_3 = 0\,, \quad M_c = 0\,, \quad N_c = 0\,, \quad Q_c = Q_{c0} + X_2/l_1\,,$$
$$M_a = -M_b = -X_2\,, \quad M = {}^{(2)}M_0 + X_2 x/l_1\,. \qquad (836)$$

Die Buchstaben x, y bezeichnen die Koordinaten des Bezugspunktes des Biegungsmomentes. Die Vorzeichen richten sich nach dem Achsensystem der Abb. 505. Sie beziehen sich bei der Bildung der Kernmomente auf einen der beiden Kernpunkte des Querschnitts (vgl. S. 28).

Die Biegungsmomente für vorgeschriebene Belastungen lassen sich nach den Regeln auf S. 71 aufzeichnen. Darnach ist mit $\xi = x/l_1$

$$M = X_1 \left(\frac{M_0 + X_2\,\xi - X_3}{X_1} - y \right) = X_1 \left(\frac{M_0^{(2)}}{X_1} - y \right).$$ (837)

Fällt die Mittelkraftlinie aus der Belastung q und den Zusatzkräften H_q mit der Mittellinie des Bogens zusammen, so ist mit $X_1 = \Delta H$ (Abb. 510)

$$M_0 = 0, \qquad N_0 = -H_q/\cos\alpha,$$

$$\left. \begin{aligned} H = H_q + X_1, \qquad X_1 &= -H_q \frac{J_c}{F_c} \int \frac{F_c}{F}\,ds \Big/ \delta_{11}, \\ M &= -X_1\,y, \end{aligned} \right\}$$ (838)

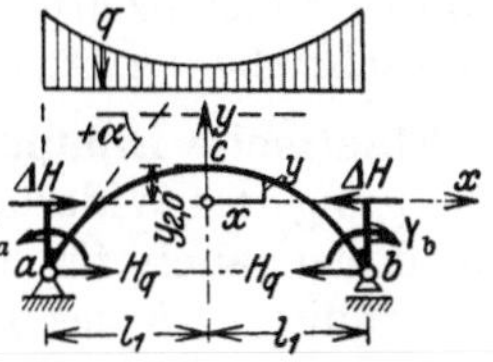

Abb. 510.

$$\delta_{11} = \frac{J_c}{F_c} \int \cos^2\alpha\, \frac{F_c}{F}\,ds + \int y^2 \frac{J_c}{J}\,ds = (1 + \nu) \int y^2 \frac{J_c}{J}\,ds.$$ (839)

Mit

$$\frac{J_c}{F_c} \int \frac{F_c}{F}\,ds : \int y^2 \frac{J_c}{J}\,ds = \frac{J_c}{F_c} \int (\sin^2\alpha + \cos^2\alpha) \frac{F_c}{F}\,ds \Big/ \delta_{11}' \approx \nu$$ (840)

ist

$$X_1 = -\frac{\nu}{1+\nu}\,H_q, \qquad M = \frac{\nu}{1+\nu}\,H_q\,y,$$ (841)

$$N = -\frac{H_q}{\cos\alpha}\,\frac{1 + \nu\sin^2\alpha}{1+\nu} \approx -\frac{1}{\cos\alpha}\,\frac{H_q}{1+\nu}.$$ (842)

Ableitung der Schnittkräfte aus einem statisch unbestimmten Hauptsystem. Die Schnittkräfte lassen sich auch aus einem statisch unbestimmten Hauptsystem mit der Längskraft $-N_c$ als überzähliger Größe X_1 in dem beiderseits eingespannten Träger entwickeln. Die Belastung erzeugt die Schnittkräfte $N_0^{(2)}$, $M_0^{(2)}$, $Q_0^{(2)}$ und die Einspannungsmomente $M_{a0}^{(2)}$, $M_{b0}^{(2)}$, die Kräftegruppe $-X_1 = 1$ die Schnittkräfte $N_1^{(2)}$, $M_1^{(2)}$, $Q_1^{(2)}$ und die Einspannungsmomente $M_{a1}^{(2)}$, $M_{b1}^{(2)}$. Sie werden bei beliebiger Trägerform nach (345), bei Symmetrie nach (359) mit den überzähligen Größen Y_a, Y_b eines statisch bestimmten Hauptsystems berechnet. Wird diese für die folgenden Angaben ebenso vorausgesetzt wie auf S. 523, so ist

$$\left. \begin{aligned} Y_{a0} &= \tfrac{1}{2}\,(M_{a0}^{(2)} + M_{b0}^{(2)}), \qquad Y_{b0} = \tfrac{1}{2}\,(M_{a0}^{(2)} - M_{b0}^{(2)}), \\ Y_{a1} &= \tfrac{1}{2}\,(M_{a1}^{(2)} + M_{b1}^{(2)}), \qquad Y_{b1} = \tfrac{1}{2}\,(M_{a1}^{(2)} - M_{b1}^{(2)}) = 0, \\ Y_{a1} &= M_{a1}^{(2)} = M_{b1}^{(2)} = -1 \cdot y_{1,0} = -\int y_1 \frac{J_c}{J\cos\alpha}\,dx : \int \frac{J_c}{J\cos\alpha}\,dx, \end{aligned} \right\}$$ (843)

$$X_1 = \delta_{10}^{(2)} / \delta_{11}^{(2)}, \qquad X_1 = \delta_{m1}^{(2)} / \delta_{11}^{(2)}.$$ (844)

Zähler und Nenner werden nach (305) berechnet.

$$\left. \begin{aligned} \delta_{10}^{(2)} &= \frac{J_c}{F_c} \int N_0^{(0)} \cos\alpha\, \frac{F_c}{F}\,ds + \int M_0^{(0)}\,y\, \frac{J_c}{J\cos\alpha}\,dx, \\ \delta_{11}^{(2)} &= \frac{J_c}{F_c} \int \cos^2\alpha\, \frac{F_c}{F}\,ds + \int y_1\,(y_1 - y_{1,0})\, \frac{J_c}{J\cos\alpha}\,dx, \end{aligned} \right\}$$ (845)

$$\delta_{1t}^{(2)} = E J_c\,\alpha_t\,t\,l, \qquad \delta_{1s}^{(2)} = E J_c\,[y_{1,0}\,(\varphi_a - \varphi_b) - \Delta l] \quad \text{(Abb. 508)}.$$ (846)

Die Biegelinie $\delta_{m1}^{(2)}$ des beiderseits eingespannten Trägers wird ebenso wie auf S. 525 aus der stetigen Belastung $\mathfrak{w}_1^{(2)} = y J_c/J \cos\alpha$ entwickelt.

$$N = N_0^{(2)} - X_1 \cos\alpha, \qquad M = M_0^{(2)} - X_1\,y, \qquad Q = Q_0^{(2)} - X_1 \sin\alpha.$$ (847)

Bei veränderlicher Belastung sind $N_0^{(2)}$, $M_0^{(2)}$, $Q_0^{(2)}$ Einflußlinien des beiderseits eingespannten Trägers. Bei vorgeschriebener Belastung werden die Biegungsmomente wieder nach S. 71 aufgezeichnet.

$$M = X_1 \left(\frac{M_0^{(2)}}{X_1} - y \right). \tag{848}$$

Damit ist gleichzeitig auch die Mittelkraftlinie der Belastung unter Beachtung der vorgeschriebenen statischen Randbedingungen gefunden worden.

Elastische Einspannung des symmetrischen Bogenträgers. Die elastische Bewegung der Widerlager führt zur Erweiterung des elastischen Systems. Dasselbe gilt daher auch für die virtuellen Arbeiten $1_1\delta_{11}$, $1_2\delta_{22}$, $1_3\delta_{33}$. Jeder Anschlußquerschnitt a, b des Bogenträgers verschiebt sich infolge einer hier angreifenden Kraft 1 in waagerechter Richtung um die Strecke ε_{11}/EJ_c, infolge eines hier angreifenden Kräftepaares um die Strecke ε_{12}/EJ_c. Dabei verdreht sich der Querschnitt um den Winkel ε_{22}/EJ_c. Die Buchstaben ε_{11}, ε_{12}, ε_{22} bezeichnen daher den EJ_cfachen Betrag der Verschiebungen. Ihr Einfluß auf den Parameter $y_{1,0}$ ist auf S. 277 abgeleitet.

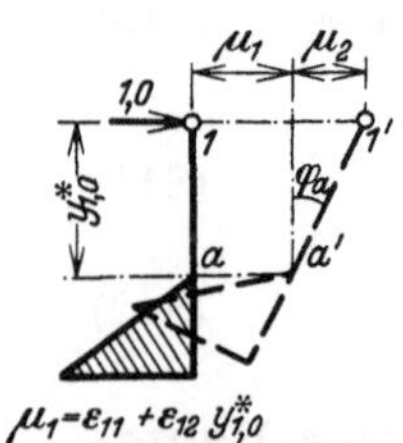

$$y_{1,0}^* = \left(\int_c^a y_1 \frac{J_c}{J} \, ds - \varepsilon_{21} \right) : \left(\int_c^a \frac{J_c}{J} \, ds + \varepsilon_{22} \right) \quad \text{(Abb. 511)}.$$

Die Vorzahlen des Ansatzes (824) werden in δ_{11}^*, δ_{22}^*, δ_{33}^* abgeändert. Sie sind nach Abb. 511

$$\left.
\begin{aligned}
\delta_{11}^* &= \delta_{11} + 2\left[(\varepsilon_{11} + \varepsilon_{12}\, y_{1,0}^*) + (\varepsilon_{21} + \varepsilon_{22}\, y_{1,0}^*)\, y_{1,0}^*\right], \\
\delta_{11}^* &= \delta_{11} + 2\left(\varepsilon_{11} + 2\,\varepsilon_{12}\, y_{1,0}^* + \varepsilon_{22}\, y_{1,0}^{*\,2}\right], \\
\delta_{22}^* &= \delta_{22} + 2\,\varepsilon_{22}, \qquad \delta_{33}^* = \delta_{33} + 2\,\varepsilon_{22}, \\
X_1 &= \delta_{1\otimes}/\delta_{11}^*, \qquad X_2 = \delta_{2\otimes}/\delta_{22}^*, \qquad X_3 = \delta_{3\otimes}/\delta_{33}^*.
\end{aligned}
\right\} \tag{849}$$

Abb. 511.

Bogenträger mit ungleich hohen Kämpfern. Die unabhängige Berechnung der drei statisch überzähligen Größen ist auf S. 274 gezeigt worden. Dasselbe Ergebnis kann auch durch die Bildung von statisch überzähligen Gruppenlasten nach Abschn. 36 erzielt werden. Der Ansatz ist auf S. 286 angeschrieben. Daneben läßt sich auch mit Vorteil der beiderseits eingespannte Balkenträger als Hauptsystem verwenden. Die Untersuchung bedarf nach den Bemerkungen auf S. 275 keiner Erläuterung.

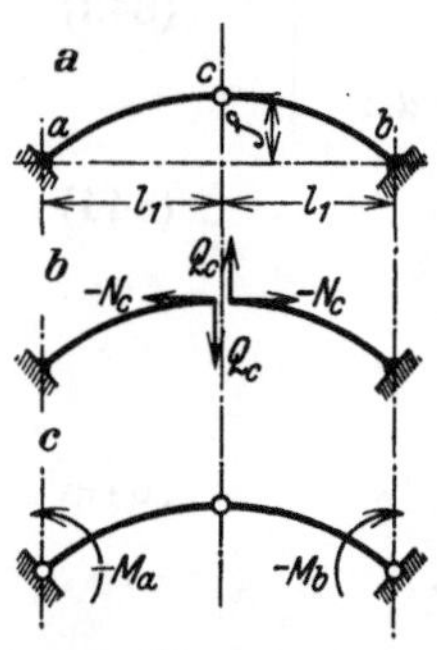

Abb. 512.

Der Eingelenkbogen. Der beiderseits eingespannte Bogenträger mit Scheitelgelenk hat nur Bedeutung für Bauwerke mit kleinem Pfeilverhältnis, deren Spannungen aus dem Schwinden des Baustoffs und aus Temperaturänderung im Vergleich zum Bogenträger ohne Gelenke vermindert werden sollen und deren Bogenstärken nächst dem Bogenscheitel nur klein sein können. Um die waagerechte Stützkraft des Eingelenkbogens herabzusetzen, kann dieser bei kleinen Stützweiten als Kragträger ausgerüstet werden. In diesem Falle entstehen waagerechte Kräfte nur aus Temperaturänderung und Nutzlast.

Die statische Untersuchung bedarf nach den ausführlichen Bemerkungen dieses Abschnitts keiner Erläuterung. Die beiden statisch überzähligen Größen können nach Abschn. 35 und 36 stets unabhängig voneinander angegeben werden. Bei Symmetrie des Tragwerks sind entweder $X_1 = -N_c$, $X_2 = Q_c$ äußere Kräfte eines Freiträgerpaares oder $X_1 = \frac{1}{2}(M_a + M_b)$, $X_2 = \frac{1}{2}(M_a - M_b)$ die statisch unbestimmten Gruppenlasten eines Dreigelenkbogenträgers (Abb. 512).

Besondere Bogenformen des beiderseits eingespannten Bogenträgers.

Um die Vorzahlen und die Belastungszahlen des Ansatzes formal integrieren zu können, wird die Funktion y der Mittellinie nach S. 508 als Parabel, Kreisbogen oder Kettenlinie mathematisch beschrieben und die für den Querschnitt maßgebende Funktion $J_c/J \cos\alpha = \zeta(x)$ nach

$$\zeta(x) = 1 - (1 - n)\,\xi^{2r} \quad \text{(Abb. 486)} \qquad \text{oder} \qquad \zeta(x) = \mu\,(1 - \varphi\,\mathfrak{Cof}\,\xi\,c)$$

angenommen. Die Beiwerte n und r sind auf S. 509, die Beiwerte μ, φ und c auf S. 534 erläutert worden. Die Rechnung wird für $n = 1$ oder für $\mu = 1$ am einfachsten. Die Ergebnisse sind in Tabelle 42 enthalten.

Nach dem Ergebnis der Zahlenrechnung auf S. 538ff. stimmen die Einflußlinien der überzähligen Größen und ihr Betrag für ausgezeichnete Belastungen für die beiden Annahmen der Bogenkrümmung nach einer Parabel oder nach einer Kettenlinie nahezu überein. Sie sind also nur unwesentlich von der Bogenachse abhängig, können daher angenähert auch dann nach den einfachen Ansätzen beim Parabelbogen berechnet werden, wenn die Bogenachse nach einer Kettenlinie gekrümmt ist. Dies gilt jedoch nicht für die Wirkungslinie von X_1, also für den Abstand $y_{1,0}$ (819) und für die Biegungsmomente. Diese sind von der Bogenform wesentlich abhängig und, wie zu erwarten, bei einem überschütteten Bogen mit der Kettenlinie als Achse günstiger als bei der Parabel. Dies liegt an dem Einfluß des Eigengewichts.

Tabelle 42. Beiderseits eingespannter Bogenträger mit analytisch bestimmter Mittellinie.

1. Die Mittellinie des Bogenträgers ist eine Parabel[1].

$$\xi = x/l_1, \qquad \xi' = 1 - \xi,$$
$$\eta_{1,0} = y_{1,0}/f, \qquad \eta_{2,0} = 1 - \eta_{1,0},$$
$$y = f\,[(1 - \xi^2) - \eta_{1,0}].$$

Hauptsystem: Balkenträger auf zwei Stützen ($l = 2\,l_1$).

$$X_1 = H,$$
$$X_2 = \tfrac{1}{2}(Y_a - Y_b),$$
$$X_3 = \tfrac{1}{2}(Y_a + Y_b),$$
$$A = A_0 + \frac{X_2}{l_1}, \qquad B = B_0 - \frac{X_2}{l_1}, \qquad M_{\substack{a\\b}} = X_1\,y_{1,0} \mp X_2 - X_3.$$

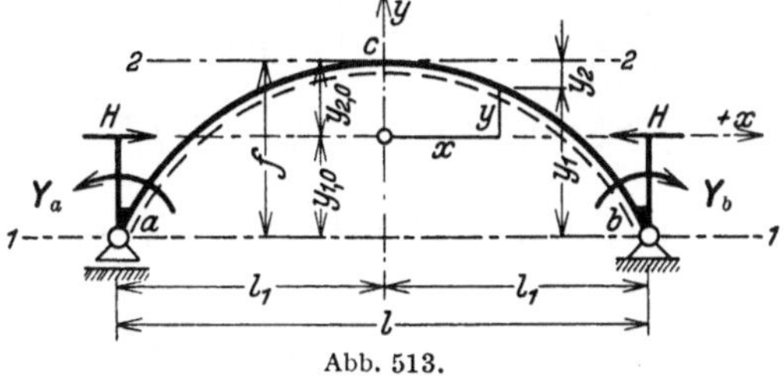

Abb. 513.

Die Integration der Ansätze (824ff.) liefert in Verbindung mit (819) folgende Ergebnisse:

a) Bogenform mit $J_c/J \cos\alpha = 1 - (1 - n)\,\xi^{2r}$,

$$r = 1, 2, 3 \ldots \infty, \qquad n = J_c/J_a \cos\alpha_a \qquad \text{(Abb. 486)}.$$

$$\eta_{1,0} = \frac{2}{3}\,\frac{4r\,(2 + r) + 3n}{(3 + 2r)\,(n + 2r)}, \qquad \eta_{2,0} = 1 - \eta_{1,0} = \frac{1}{3}\,\frac{(1 + 2r)\,(3n + 2r)}{(3 + 2r)\,(n + 2r)},$$

$$\cos^2\alpha \approx 1: \qquad \nu = \frac{J_c}{F_c}\,\frac{2\,l_1}{\delta'_{11}} = \frac{J_c}{F_c}\,\frac{1}{f^2\left[\dfrac{8}{15} - \dfrac{8\,(1 - n)}{(1 + 2r)\,(3 + 2r)\,(5 + 2r)} - \eta_{10}^2\left(1 - \dfrac{1 - n}{1 + 2r}\right)\right]},$$

$$\delta_{11} = 2\,l_1\,f^2\,(1 + \nu)\left[\frac{8}{15} - \frac{8\,(1 - n)}{(1 + 2r)\,(3 + 2r)\,(5 + 2r)} - \eta_{1,0}^2\left(1 - \frac{1 - n}{1 + 2r}\right)\right].$$

$$\delta_{22} = 2\,l_1\left[\frac{1}{3} - \frac{1 - n}{3 + 2r}\right], \qquad \delta_{33} = 2\,l_1\left[1 - \frac{1 - n}{1 + 2r}\right].$$

---

[1] Anwendung: Beispiel S. 535 und S. 538.

Gleichungen der Biegelinien:

$$\frac{d^2\delta_{m1}}{dx^2} = -y_2\left[1 - (1-n)\,\xi^{2r}\right], \qquad \frac{d^2\delta_{m2}}{dx^2} = +\frac{x}{l_1}\left[1 - (1-n)\,\xi^{2r}\right],$$

$$\frac{d^2\delta_{m3}}{dx^2} = -\left[1 - (1-n)\,\xi^{2r}\right].$$

Die Integration ergibt

$$\delta_{m1} = \frac{l_1^2}{12}\,f\left\{6\,\eta_{2,0}(1-\xi^2) - (1-\xi^4) - 6\,(1-n)\left[\frac{\eta_{2,0}}{1+2\,r}\,\frac{1-\xi^{2\,(1+r)}}{1+r} - \frac{1}{3+2\,r}\,\frac{1-\xi^{2\,(2+r)}}{2+r}\right]\right\},$$

$$\delta_{m2} = -\frac{l_1^2}{6}\,\xi\left[(1-\xi^2) - \frac{3\,(1-n)}{3+2\,r}\,\frac{1-\xi^{2\,(1+r)}}{1+r}\right],$$

$$\delta_{m3} = \frac{l_1^2}{2}\left[(1-\xi^2) - \frac{1-n}{1+2\,r}\,\frac{1-\xi^{2\,(1+r)}}{1+r}\right].$$

Belastungszahlen für besondere Belastungsfälle:

$$\delta_{10} = \frac{p\,l_1^2}{4f}\,\frac{1}{1+v}\,\delta_{11}, \qquad\qquad \delta_{10} = \frac{p\,l_1^2}{2f}\,\frac{1}{1+v}\,\delta_{11},$$

$$\delta_{20} = -\frac{p\,l_1^3}{24}\left[1 - \frac{6\,(1-n)}{(3+2\,r)\,(2+r)}\right], \qquad \delta_{20} = 0,$$

$$\delta_{30} = \frac{p\,l_1^3}{3}\left[1 - \frac{3\,(1-n)}{(1+2\,r)\,(3+2\,r)}\right], \qquad \delta_{30} = \frac{2}{3}\,p\,l_1^3\left[1 - \frac{3\,(1-n)}{(1+2\,r)\,(3+2\,r)}\right],$$

$$\delta_{10} = \frac{2}{3}\,f\,l_1^3\left[\frac{21\,\eta_{2,0} - 5}{105} - (1-n)\left(\frac{\eta_{2,0}}{(1+2\,r)\,(5+2\,r)} - \frac{1}{(3+2\,r)\,(5+2\,r)}\right)\right].$$

$$\delta_{20} = 0, \qquad \delta_{30} = \frac{2}{15}\,p\,l_1^3\left[1 - \frac{5\,(1-n)}{(1+2\,r)\,(5+2\,r)}\right],$$

$$A_0 = B_0 = \frac{p\,l_1}{3}; \qquad V_0 = p\,l_1\,\frac{\xi^3}{3}; \qquad M_0 = \frac{p\,l_1^2}{12}\,(1-\xi^4).$$

$$\delta_{20} = -\frac{p\,l_1^3}{12}\,\alpha^2\left[\left(1 - \frac{\alpha^2}{2}\right) - \frac{3\,(1-n)}{(3+2\,r)\,(1+r)}\left(1 - \frac{\alpha^{2\,(1+r)}}{2+r}\right)\right];$$

$$\delta_{30} = +\frac{p\,l_1^3}{2}\,\alpha\left[\left(1 - \frac{\alpha^2}{3}\right) - \frac{1-n}{(1+2\,r)\,(1+r)}\left(1 - \frac{\alpha^{2\,(1+r)}}{3+2\,r}\right)\right];$$

$$\delta_{10} = \frac{p\,l_1^3\,f}{12}\left\{6\,\eta_{2,0}\left(1 - \frac{\alpha^2}{3}\right) - \left(1 - \frac{\alpha^4}{5}\right) - 6\,(1-n)\left[\frac{\eta_{2,0}}{(1+2\,r)\,(1+r)}\left(1 - \frac{\alpha^{2\,(1+r)}}{3+2\,r}\right)\right.\right.$$
$$\left.\left. - \frac{1}{(3+2\,r)\,(2+r)}\left(1 - \frac{\alpha^{2\,(2+r)}}{5+2\,r}\right)\right]\right\};$$

$$\delta_{1s} = +E\,J_c\left[(\varphi_a - \varphi_b)\,\eta_{1,0}\,f - \Delta\,l\right]; \qquad l = 2\,l_1;$$

$$\delta_{2s} = -E\,J_c\left[(\varphi_a + \varphi_b) + \frac{2}{l}\,(\Delta_a - \Delta_b)\right];$$

$$\delta_{3s} = -E\,J_c\,(\varphi_a - \varphi_b);$$

$$\delta_{1t} = E\,J_c\,\alpha_t\,t\,l; \qquad \delta_{2t} = \delta_{3t} = 0.$$

b) **Bogenform** mit $J_c/J \cos \alpha = 1 - (1 - n)\, \xi^2$; $\quad n = J_c/J_a \cos \alpha_a$ (Abb. 486).

$$\eta_{1,0} = \frac{2}{5}\,\frac{4+n}{2+n}; \qquad \nu = \frac{175}{4}\,\frac{J_c}{F_c \cdot f^2}\,\frac{2+n}{n(8+n)+8/3};$$

$$\delta_{11} = \frac{4}{175}\, l\, f^2 (1+\nu)\,\frac{n(8+n)+8/3}{2+n};$$

$$\delta_{22} = \frac{1}{15}\, l\,(2+3n); \qquad \delta_{33} = \frac{1}{3}\, l\,(2+n).$$

Gleichungen der Einflußlinien:

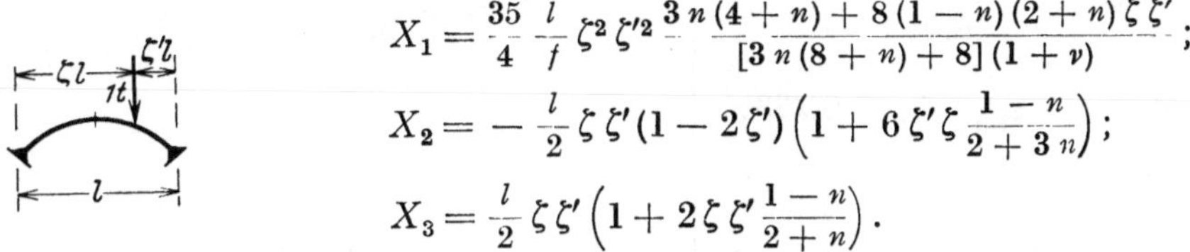

$$X_1 = \frac{35}{4}\,\frac{l}{f}\,\zeta^2\zeta'^2\,\frac{3\,n\,(4+n)+8\,(1-n)(2+n)\,\zeta\zeta'}{[3\,n\,(8+n)+8](1+\nu)};$$

$$X_2 = -\frac{l}{2}\,\zeta\zeta'(1-2\zeta')\left(1+6\,\zeta'\zeta\,\frac{1-n}{2+3n}\right);$$

$$X_3 = \frac{l}{2}\,\zeta\zeta'\left(1+2\,\zeta\zeta'\,\frac{1-n}{2+n}\right).$$

Besondere Belastungsfälle:

$$X_1 = \frac{p\,l^2}{16\,f}\,\frac{1}{1+\nu};$$

$$X_2 = -\frac{p\,l^2}{64}\,\frac{3+2n}{2+3n};$$

$$X_3 = \frac{p\,l^2}{40}\,\frac{4+n}{2+n}.$$

$$X_1 = \frac{p\,l^2}{8\,f}\,\frac{1}{1+\nu};$$

$$X_2 = 0;$$

$$X_3 = \frac{p\,l^2}{20}\,\frac{4+n}{2+n}.$$

$p_\xi = p\xi^2$

$$X_1 = \frac{p\,l^2}{72\,f}\,\frac{1}{1+\nu}\,\frac{8(1+4n)+5\,n^2}{3\,n\,(8+n)+8};$$

V_0, M_0 (S. 530). $\quad X_2 = 0; \qquad X_3 = \frac{1}{420}\,p\,l^2\,\frac{16+5n}{2+n}.$

$$X_2 = \frac{p\,l^2}{4}\,\alpha^2\alpha'^2\left(1+4\,\frac{1-n}{2+3n}\,\alpha\alpha'\right);$$

$$X_3 = \frac{p\,l^2}{60}\,\alpha^2\left\{5(1+2\alpha')+2\,\frac{1-n}{2+n}\,\alpha\,[1+3\,\alpha'(1+2\alpha')]\right\};$$

$$X_1 = \frac{p\,l^2}{8\,f}\,\alpha^3\,\frac{7\,n\,(4+n)\,[1+3\,\alpha'(1+2\alpha')]+4\,(1-n)(2+n)\,\alpha\,\{1+2\,\alpha'\,[2+5\,\alpha'(1+2\alpha')]\}}{[3\,n\,(8+n)+8](1+\nu)}.$$

Temperaturänderung und Stützensenkung wie unter 1, a) S. 530.

c) **Bogenform** mit $J_c/J \cos \alpha = 1$ (Abb. 486).

$$\eta_{1,0} = \frac{2}{3}; \qquad \nu = \frac{45}{4}\,\frac{J_c}{F_c\,f^2}; \qquad \delta_{11} = \frac{4}{45}\, l\, f^2(1+\nu); \qquad \delta_{22} = \frac{l}{3}; \qquad \delta_{33} = l.$$

Gleichungen der Einflußlinien: (Abb. 514, S. 532).

$$X_1 = \frac{15}{4}\,\frac{l}{f}\,\frac{1}{1+\nu}\,\zeta^2\zeta'^2; \qquad X_2 = -\frac{l}{2}\,\zeta\zeta'(1-2\zeta'); \qquad X_3 = \frac{l}{2}\,\zeta\zeta'.$$

$$A = \zeta'^2(1+2\zeta); \qquad B = \zeta^2(1+2\zeta'); \qquad H = X_1.$$

$$M_a = l\,\zeta\,\zeta'^2\left[\frac{5}{2(1+\nu)}\,\zeta - 1\right]; \qquad M_b = l\,\zeta^2\,\zeta'\left[\frac{5}{2(1+\nu)}\,\zeta' - 1\right];$$

$$0 \leq \zeta \leq \frac{1}{2}: \qquad M_c = \frac{l}{2}\,\zeta^2\left[1 - \frac{5}{2(1+\nu)}\,\zeta'^2\right].$$

Besondere Belastungsfälle:

$$A = B = \frac{p\,l}{6},$$

$$H = \frac{p\,l}{56}\,\frac{l}{f}\,\frac{1}{1+\nu},$$

$$M_a = M_b = -\frac{p\,l^2}{420}\,\frac{7\,\nu+2}{1+\nu},$$

$$M_c = -\frac{p\,l^2}{1680}\,\frac{3-7\,\nu}{1+\nu}.$$

$$A = B = \frac{p\,l}{2},$$

$$H = \frac{p\,l}{8}\cdot\frac{l}{f}\,\frac{1}{1+\nu};$$

$$M_a = M_b = -\frac{p\,l^2}{12}\,\frac{\nu}{1+\nu},$$

$$M_c = +\frac{p\,l^2}{24}\,\frac{\nu}{1+\nu}.$$

$$\nu = 0:\ \max M_m = +\frac{p\,l^2}{509};\ \ \zeta_m = 0{,}233.$$

$$A = \frac{p\,l}{2}\,\alpha\,[1 + \alpha'\,(1+\alpha\alpha')];$$

$$B = \frac{p\,l}{2}\,\alpha^2\,(1 - \alpha'^2),$$

$$H = \frac{p\,l^2}{8\,f}\,\alpha^3\,\frac{1 + 3\,\alpha'\,(1 + 2\,\alpha')}{1+\nu},$$

$$M_a = -\frac{p\,l^2}{12}\,\alpha^2\,\frac{6\,\alpha'^3 + \nu\,(1 + 2\,\alpha' + 3\,\alpha'^2)}{1+\nu},$$

$$M_b = \frac{p\,l^2}{12}\,\alpha^3\,\frac{6\,\alpha'^2 - \nu\,(1 + 3\,\alpha')}{1+\nu}.$$

$$A = \frac{13}{32}\,p\,l,$$

$$B = \frac{3}{32}\,p\,l,$$

$$H = \frac{p\,l}{16}\,\frac{l}{f}\,\frac{1}{1+\nu},$$

$$M_a = -\frac{p\,l^2}{192}\,\frac{3 + 11\,\nu}{1+\nu},$$

$$M_b = \frac{p\,l^2}{192}\,\frac{3 - 5\,\nu}{1+\nu},$$

$$M_c = \frac{p\,l^2}{48}\,\frac{\nu}{1+\nu}.$$

Temperaturänderung und Stützensenkung wie unter 1, a), S. 530.

Abb. 514. Einflußlinien für Bogen mit $Jc/J\cos\alpha = 1$ (S. 531).

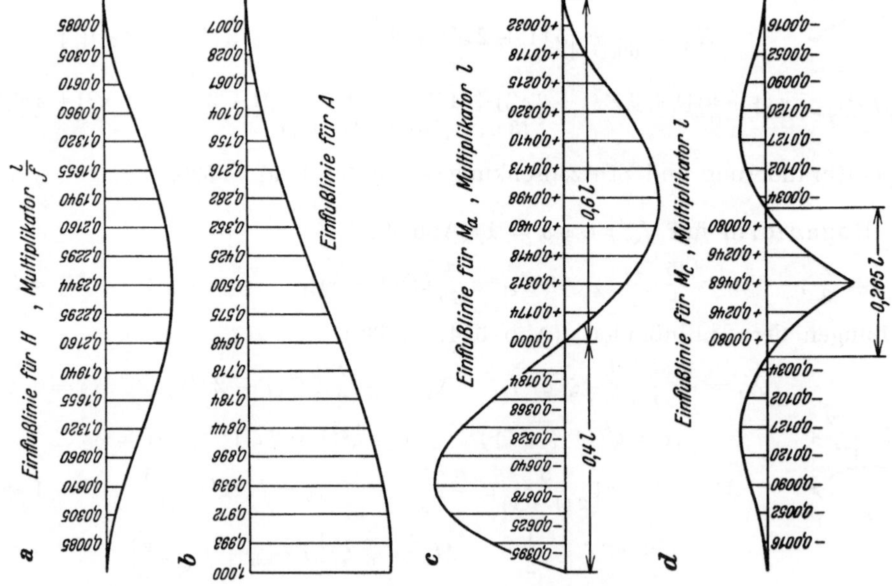

2. Die Mittellinie des Bogenträgers ist ein symmetrischer Kreisbogen mit $l = 2\,l_1$, f und $2\,\alpha_0$ (Abb. 515)[1].

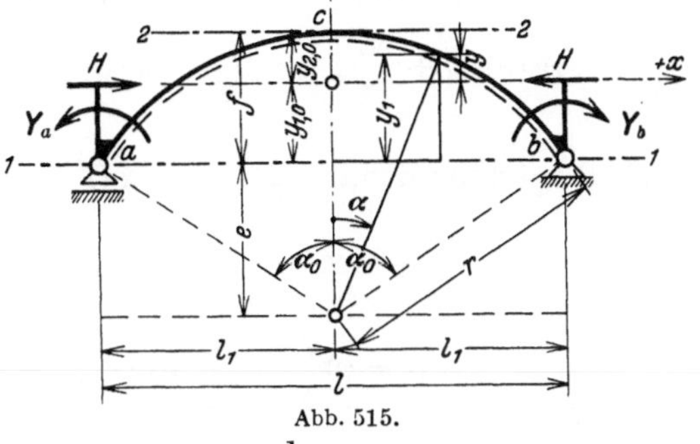

Abb. 515.

$$\xi = x/l_1, \qquad \xi' = 1 - \xi,$$

$$ds = r\,d\alpha.$$

$$r = \frac{f}{2}\left[1 + \left(\frac{l_1}{f}\right)^2\right], \qquad e = r - f,$$

$$\sin\alpha_0 = l_1/r, \qquad \cos\alpha_0 = e/r.$$

$$x = r\cdot\sin\alpha,$$

$$y_1 = r\,(\cos\alpha - \cos\alpha_0).$$

Hauptsystem: Balkenträger auf zwei Stützen ($l = 2\,l_1$)

$$X_1 = H, \qquad X_2 = \frac{1}{2}(Y_a - Y_b), \qquad X_3 = \frac{1}{2}(Y_a + Y_b),$$

$$A = A_0 + \frac{X_2}{l_1}, \qquad B = B_0 - \frac{X_2}{l_1}, \qquad M_b^a = X_1 y_{1,0} \mp X_2 - X_3.$$

Die Bogenstärke wird konstant angenommen: $J_c/J = 1$.

$$y_{1,0} = r\left(\frac{\sin\alpha_0}{\alpha_0} - \cos\alpha_0\right), \qquad y = r\left[\cos\alpha - \frac{\sin\alpha_0}{\alpha_0}\right].$$

$$\delta_{11} = 2\int_0^{\alpha_0} y^2\,ds = r^3\alpha_0\left[1 + \frac{\sin\alpha_0}{\alpha_0}\cos\alpha_0 - 2\left(\frac{\sin\alpha_0}{\alpha_0}\right)^2\right] + \frac{J}{F}\,r\,\alpha_0\left(1 + \frac{\sin\alpha_0}{\alpha_0}\cos\alpha_0\right),$$

$$\delta_{22} = 2\int_0^{\alpha_0}\left(\frac{x}{l_1}\right)^2 ds = \frac{r\,\alpha_0}{\sin^2\alpha_0}\left(1 - \frac{\sin\alpha_0}{\alpha_0}\cos\alpha_0\right); \qquad \delta_{33} = 2\int_0^{\alpha_0} ds = 2\,r\,\alpha_0.$$

Die Einflußlinien ergeben sich aus den Biegelinien $\delta_{m1}, \delta_{m2}, \delta_{m3}$, deren Gleichungen nach (195) angeschrieben werden.

$$\frac{d^2\delta_{m1}}{dx^2} = -\frac{r\left(\cos\alpha - \dfrac{\sin\alpha_0}{\alpha_0}\right)}{\cos\alpha}, \qquad \frac{d^2\delta_{m2}}{dx^2} = \frac{r}{l_1}\frac{\sin\alpha}{\cos\alpha}, \qquad \frac{d^2\delta_{m3}}{dx^2} = -\frac{1}{\cos\alpha}.$$

Durch Integration ist mit Berücksichtigung der Randbedingungen:

$$\delta_{m1} = r^3\frac{\sin\alpha_0}{\alpha_0}\left[(\cos\alpha + \alpha\sin\alpha) - (\cos\alpha_0 + \alpha_0\sin\alpha_0) + \frac{\alpha_0}{2\sin\alpha_0}(\sin^2\alpha_0 - \sin^2\alpha)\right],$$

$$\delta_{m2} = -\frac{r^2}{2\sin\alpha_0}\left[(\sin\alpha\cos\alpha + \alpha) - \frac{\sin\alpha}{\sin\alpha_0}(\sin\alpha_0\cos\alpha_0 + \alpha_0)\right],$$

$$\delta_{m3} = r^2\left[(\cos\alpha_0 + \alpha_0\sin\alpha_0) - (\cos\alpha + \alpha\sin\alpha)\right].$$

3. Die Mittellinie des Bogenträgers ist eine symmetrische Kettenlinie[2]:

$$y_2 = y_s^*\,(\mathfrak{Cof}\,\xi c - 1), \qquad \xi = x/l_1.$$

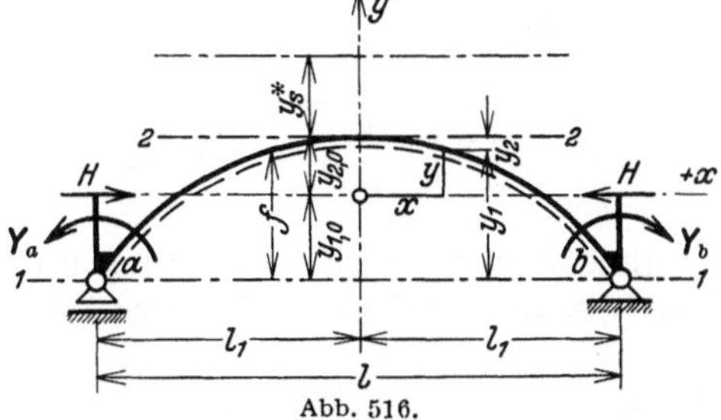

Abb. 516.

Sie ist bestimmt durch $l = 2\,l_1$, f und die Belastungshöhen im Scheitel q_s, im Kämpfer q_k. Verhältnis $q_k/q_s = \varkappa$, Abb. 487.

$$y_s^* = \frac{1}{\varkappa - 1}\,f,$$

$$c = \mathfrak{Ar}\,\mathfrak{Cof}\,\varkappa,$$

$$\mathfrak{Cof}\,c = \varkappa, \qquad \mathfrak{Sin}\,c = \sqrt{\varkappa^2 - 1}.$$

---

[1] Wegen der Fehlerempfindlichkeit der Formeln empfiehlt sich die Verwendung einer Rechenmaschine.

[2] Anwendung: Beispiel S. 540.

Hauptsystem: Balkenträger auf zwei Stützen $(l = 2\,l_1)$

$$X_1 = H, \qquad X_2 = \tfrac{1}{2}(Y_a - Y_b), \qquad X_3 = \tfrac{1}{2}(Y_a + Y_b).$$

$$A = A_0 + \frac{X_2}{l_1}, \qquad B = B_0 - \frac{X_2}{l_1}, \qquad M_b^a = X_1 y_{1,0} \mp X_2 - X_3.$$

a) **Bogenform mit** $\dfrac{J_c}{J\cos\alpha} = \mu\,(1 - \varphi\,\operatorname{Cof}\xi c),$

$$n = \frac{J_c}{J_a \cos\alpha_a}, \qquad \mu = \frac{\operatorname{Cof} c - n}{\operatorname{Cof} c - 1}, \qquad \varphi = \frac{\mu - 1}{\mu}.$$

$$y_{2,0} = y_s^* \,\frac{(1+\varphi)\left(\dfrac{\operatorname{Sin} c}{c} - 1\right) - \dfrac{\varphi}{2}\left(\dfrac{\operatorname{Sin} c}{c}\operatorname{Cof} c - 1\right)}{1 - \varphi\,\dfrac{\operatorname{Sin} c}{c}}, \qquad \psi = 1 + \frac{y_{2,0}}{y_s^*}.$$

Zur Abschätzung des Einflusses der Längskräfte genügen die Werte ν für parabolisch gekrümmte Mittellinie und gleich großes n der Tabelle 42, 1, b) S. 531.

$$\delta_{11} = 2\mu\,l_1\,y_s^{*2}\,(1+\nu)\left[\psi^2 - 2\psi\left(1 + \frac{\varphi\psi}{2}\right)\frac{\operatorname{Sin} c}{c} + \frac{1}{2}(1 + 2\varphi\psi)\left(\frac{\operatorname{Sin} c}{c}\operatorname{Cof} c + 1\right)\right.$$

$$\left. - \frac{\varphi}{3}\frac{\operatorname{Sin} c}{c}(2 + \operatorname{Cof}^2 c)\right],$$

$$\delta_{22} = \frac{2}{3}\,\mu\,l_1\left\{1 - 3\varphi\left[\frac{\operatorname{Sin} c}{c} + \frac{2}{c^2}\left(\frac{\operatorname{Sin} c}{c} - \operatorname{Cof} c\right)\right]\right\}, \qquad \delta_{33} = 2\mu\,l_1\left(1 - \varphi\,\frac{\operatorname{Sin} c}{c}\right).$$

Gleichungen der Biegelinien:

$$\delta_{m1} = \frac{\mu}{2}\,y_s^*\left(\frac{l_1}{c}\right)^2\left\{\left[c^2\left(\psi + \frac{\varphi}{2}\right) - 2(1 + \varphi\psi)\operatorname{Cof} c + \frac{\varphi}{4}\operatorname{Cof} 2c\right]\right.$$

$$\left. - \left[\left(\psi + \frac{\varphi}{2}\right)(\xi c)^2 - 2(1 + \varphi\psi)\operatorname{Cof}\xi c + \frac{\varphi}{4}\operatorname{Cof} 2\xi c\right]\right\},$$

$$\delta_{m2} = -\frac{\mu}{6c}\left(\frac{l_1}{c}\right)^2\xi c\left\{\left[c^2 - 6\varphi\left(\operatorname{Cof} c - 2\frac{\operatorname{Sin} c}{c}\right)\right] - \left[(\xi c)^2 - 6\varphi\left(\operatorname{Cof}\xi c - 2\frac{\operatorname{Sin}\xi c}{\xi c}\right)\right]\right\},$$

$$\delta_{m3} = \frac{\mu}{2}\left(\frac{l_1}{c}\right)^2\left\{[c^2 - 2\varphi\operatorname{Cof} c] - [(\xi c)^2 - 2\varphi\operatorname{Cof}\xi c]\right\}.$$

Besondere Belastungsfälle:

$$\delta_{20} = -\frac{\mu}{24}\,p\,l_1\left(\frac{l_1}{c}\right)^2\left[c^2 - 12\varphi\left(\operatorname{Cof} c - 4\frac{\operatorname{Sin} c}{c} + 6\frac{\operatorname{Cof} c - 1}{c^2}\right)\right],$$

$$\delta_{30} = \frac{\mu}{3}\,p\,l_1\left(\frac{l_1}{c}\right)^2\left[c^2 - 3\varphi\left(\operatorname{Cof} c - \frac{\operatorname{Sin} c}{c}\right)\right],$$

$$\delta_{10} = \mu\,y_s^*\,p\,l_1\left(\frac{l_1}{c}\right)^2\left[\frac{c^2}{3}\left(\psi + \frac{\varphi}{2}\right) - (1 + \varphi\psi)\left(\operatorname{Cof} c - \frac{\operatorname{Sin} c}{c}\right) + \frac{\varphi}{8}\left(\operatorname{Cof} 2c - \frac{\operatorname{Sin} 2c}{2c}\right)\right].$$

Für gleichmäßig verteilte Belastung p des ganzen Trägers ist $\delta_{20} = 0$, δ_{10} und δ_{30} doppelt so groß wie für halbseitige Belastung.

$$H_q = \frac{q_s}{y_s^*}\left(\frac{l_1}{c}\right)^2; \quad \text{(S. 511)} \qquad M = \frac{\nu}{1+\nu}\,H_q\cdot y;$$

$$N = -\frac{H_q}{\cos\alpha}\,\frac{1 + \nu\sin^2\alpha}{1 + \nu} \approx -\frac{1}{\cos\alpha}\,\frac{H_q}{1+\nu}; \quad \text{(S. 527)}.$$

b) Bogenform mit $\dfrac{J_c}{J\cos\alpha}=1$.

$$\eta_0 = 1 - \frac{y_{2,0}}{f}, \qquad y_{2,0} = y_s^*\left(\frac{\mathfrak{Sin}\,c}{c}-1\right); \qquad y = y_s^*\left(\frac{\mathfrak{Sin}\,c}{c}-\mathfrak{Cof}\,\xi c\right).$$

$$\delta_{11} = l_1\, y_s^{*\,2}\,(1+\nu)\left[1+\frac{\mathfrak{Sin}\,c}{c}\,\mathfrak{Cof}\,c - 2\left(\frac{\mathfrak{Sin}\,c}{c}\right)^2\right]; \qquad \delta_{22}=\frac{2}{3}\,l_1; \qquad \delta_{33}=2\,l_1.$$

Gleichungen der Einflußlinien:

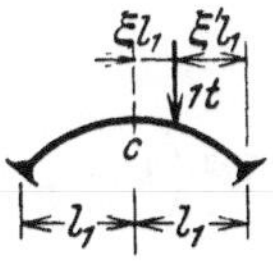

$$X_1 = \frac{y_s^*}{2}\cdot\left(\frac{l_1}{c}\right)^2\frac{1}{\delta_{11}}\left[\left(c^2\frac{\mathfrak{Sin}\,c}{c}-2\,\mathfrak{Cof}\,c\right)-\left((\xi c)^2\frac{\mathfrak{Sin}\,c}{c}-2\,\mathfrak{Cof}\,c\right)\right];$$

$$X_2 = -\frac{l_1}{4}\,\xi\,(1-\xi^2) = -\frac{l_1}{4}\,\omega_D; \qquad X_3 = \frac{l_1}{4}\,(1-\xi^2).$$

Besondere Belastungsfälle:

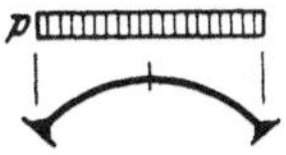

$$X_2 = 0; \qquad X_3 = \frac{p\,l_1^2}{3};$$

$$X_1 = y_s^*\,p\,l_1\left(\frac{l_1}{c}\right)^2\frac{2}{\delta_{11}}\left[\left(1+\frac{c^2}{3}\right)\frac{\mathfrak{Sin}\,c}{c}-\mathfrak{Cof}\,c\right].$$

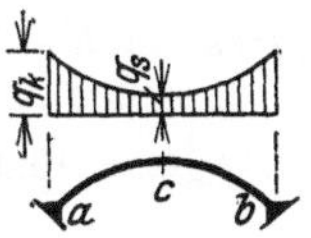

$$H_q = \frac{q_s}{y_s^*}\left(\frac{l_1}{c}\right)^2;$$

$$M = \frac{\nu}{1+\nu}\,H_q\cdot y;$$

$$N \approx -\frac{1}{\cos\alpha}\,\frac{H_q}{1+\nu}\quad(\text{s. unter a}).$$

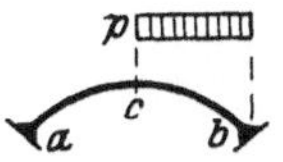

$$X_1 = y_s^*\,p\,l_1\left(\frac{l_1}{c}\right)^2\frac{1}{\delta_{11}}\left[\left(1+\frac{c^2}{3}\right)\frac{\mathfrak{Sin}\,c}{c}-\mathfrak{Cof}\,c\right];$$

$$X_2 = -\frac{p\,l_1^2}{16}; \qquad X_3 = \frac{p\,l_1^2}{6}.$$

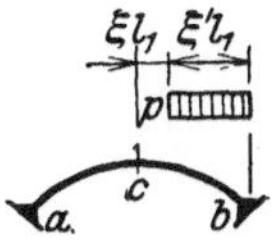

$$X_1 = y_s^*\,p\,l_1\left(\frac{l_1}{c}\right)^2\frac{1}{\delta_{11}}\times$$

$$\times\left[\left(1+\frac{c^2}{3}\right)\frac{\mathfrak{Sin}\,c}{c}-\mathfrak{Cof}\,c-\frac{\mathfrak{Sin}\,\xi c-\xi c\,\mathfrak{Cof}\,c}{c}+\frac{c^2}{6}\,\xi\,(\xi^2-3)\,\frac{\mathfrak{Sin}\,c}{c}\right];$$

$$X_2 = -\frac{p\,l_1^2}{16}\,(1-\xi^2)^2; \qquad X_3 = \frac{p\,l_1^2}{12}\,\xi'^2\,(3-\xi').$$

Temperaturänderung und Stützensenkung wie unter 1, a) S. 530.

Statische Untersuchung eines beiderseits eingespannten Gewölbes (Abb. 517) mit parabolisch gekrümmter Mittellinie und verschiedenen Annahmen über die Bogenform als Beispiel für die Anwendung der Tabelle 42 S. 529 ff.

$$y_1 = f\,(1-\xi^2).$$

Der Querschnitt ist nach S. 510 bestimmt durch

$$J_c/J\,\cos\alpha = 1-(1-n)\,\xi^{2\,r}.$$

Die Untersuchung wird durchgeführt für

$$n = J_c/J_k\,\cos\alpha_k = 0$$

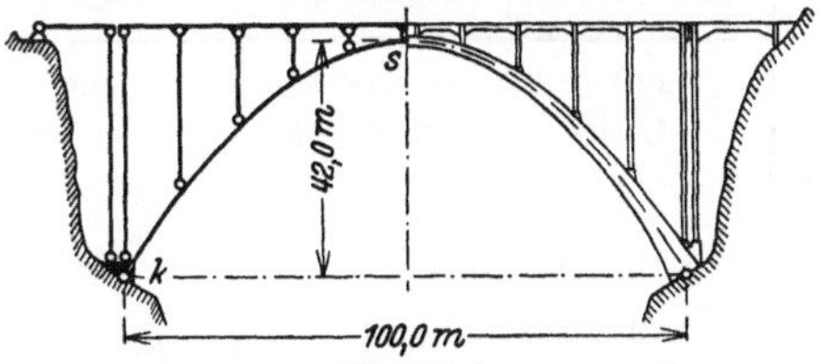

und veränderliches r ($r = 1, 2, 3$ und ∞). $r = \infty$ liefert mit $J_c/J\cos\alpha = 1$ dieselbe Bogenform wie $n = 1$. Die geometrische Bedeutung der Annahmen für die Bogenform zeigt Abb. 486 S. 510. Die Zahlenrechnung nach S. 529 wird für $r = 2$ angegeben, im übrigen auf die Mitteilung der Ergebnisse beschränkt.

Abb. 517.

1. Geometrische Grundlagen. $l = 2\,l_1 = 100{,}0$ m; $f = 42{,}0$ m.

$$F_s = F_c = 2{,}1 \text{ m}^2; \qquad J_s = J_c = 0{,}772 \text{ m}^4; \qquad J_c/J \cos \alpha = 1 - \xi^{2r}.$$

2. Hauptsystem nach S. 529: Balken auf 2 Stützen (Abb. 513)

$$\eta_{1,0} = \frac{2}{3}\,\frac{4 + 2\,r}{3 + 2\,r};$$

$$\eta_{2,0} = \frac{1}{3}\,\frac{1 + 2\,r}{3 + 2\,r};$$

$r =$	1	2	3	∞
$\eta_{1,0} =$	0,800	0,762	0,741	0,666
$\eta_{2,0} =$	0,200	0,238	0,259	0,333

3. Vorzahlen für $r = 2$ nach S. 529

$$k = \left[\frac{8}{15} - \frac{8}{(1 + 2\,r)\,(3 + 2\,r)\,(5 + 2\,r)} - \eta_{1,0}^2 \left(1 - \frac{1}{1 + 2\,r}\right)\right] = \frac{8}{15} - \frac{8}{5 \cdot 7 \cdot 9} - 0{,}762^2 \left(1 - \frac{1}{5}\right)$$

$$= 0{,}04342; \qquad v = \frac{0{,}772}{2{,}1}\,\frac{1}{42{,}0^2\,k} = 0{,}004800;$$

$$\delta_{11} = 100{,}0 \cdot 42{,}0^2 \,(1 + v)\,k = 7695{,}98;$$

$$\delta_{22} = 100{,}0 \cdot \left[\frac{1}{3} - \frac{1}{7}\right] = 19{,}0476; \qquad \delta_{33} = 100{,}0 \left[1 - \frac{1}{s}\right] = 80{,}00.$$

$r =$	1	2	3	∞
$k =$	0,03047	0,04342	0,05115	0,08889
$v =$	0,006840	0,004800	0,004074	0,002345
$\delta_{11} =$	5411,60	7695,98	9059,55	15716,89
$\delta_{22} =$	13,3333	19,0476	22,2222	33,3333
$\delta_{33} =$	66,6667	80,0000	85,7143	100,000

4. Einflußlinien der überzähligen Größen für $r = 2$.

a) X_1 nach S. 530 mit $\eta_{2,0} = 0{,}238$; $6\,\eta_{2,0} = 1{,}428$.

$$\frac{6\,\eta_{2,0}}{(1 + 2\,r)\,(1 + r)} = 0{,}0952, \qquad\qquad X_1 = \frac{l_1^2\,f}{12\,\delta_{11}} \cdot K_1 = 1{,}13696 \cdot K_1,$$

$$\frac{6}{(3 + 2\,r)\,(2 + r)} = 0{,}21429, \qquad\qquad \xi^2, \; \xi^4 \text{ vgl. Tab. 22 S. 116.}$$

ξ	ξ^2	ξ^4	ξ^6	ξ^8	$1 - \xi^2$	$1 - \xi^4$	$1 - \xi^6$	$1 - \xi^8$
0,0	0,0	0,0	0,0	0,0	1,0	1,0	1,0	1,0
0,2	0,04	0,0016	0,00006	0,00000	0,96	0,9984	0,99994	1,000000
⋮	⋮	⋮	⋮	⋮	⋮	⋮	⋮	⋮

ξ	$1{,}428\,(1 - \xi^2)$	$-\,(1 - \xi^4)$	$-\,0{,}0952\,(1 - \xi^6)$	$+\,0{,}21429\,(1 - \xi^8)$	$\{\Sigma\} = K_1$	$X_1 = 1{,}137 \cdot K_1$
0,0	1,428	− 1,0000	− 0,09520	0,21429	0,54709	0,62201
0,2	1,37088	− 0,9984	− 0,09519	0,21429	0,49157	0,55890
⋮	⋮	⋮	⋮	⋮	⋮	⋮

b) X_2 nach S. 530

$$\frac{3}{3 + 2\,r}\,\frac{1}{1 + r} = \frac{1}{7} = 0{,}14286,$$

$$X_2 = -\frac{l_1^2}{6\,\delta_{22}}\,\xi \cdot K_2 = -\,21{,}875 \cdot K_2 \cdot \xi.$$

c) X_3 nach S. 530

$$\frac{1}{1 + 2\,r}\,\frac{1}{1 + r} = \frac{1}{15} = 0{,}06667,$$

$$X_3 = +\frac{l_1^2}{2\,\delta_{33}} \cdot K_3 = 15{,}625 \cdot K_3.$$

ξ	$1 - \xi^2$	$-0{,}14285\,(1-\xi^6)$	$[\Sigma] = K_2$	$K_2 \cdot \xi$	$X_2 = -21{,}875 \cdot K \cdot \xi$
0,0	1,00	$-0{,}14286$	0,85714	0,00000	$-0{,}0000$
0,2	0,96	$-0{,}14285$	0,81715	0,16343	$-3{,}5750$
⋮	⋮	⋮	⋮	⋮	⋮

ξ	$1 - \xi^2$	$-0{,}06667\,(1-\xi^6)$	$[\Sigma] = K_3$	$X_3 = 15{,}625 \cdot K_3$
0,0	1,00	$-0{,}06667$	0,93333	14,583
0,2	0,96	$-0{,}06666$	0,89334	13,958
⋮	⋮	⋮	⋮	⋮

Ergebnisse für die Abb. 518

ξ	X_1 [t]			X_2 [mt]			X_3 [mt]		
	$r=1$	$r=2$	$r=\infty$	$r=1$	$r=2$	$r=\infty$	$r=1$	$r=2$	$r=\infty$
0,0	0,647	0,622	0,557	$-0{,}00$	$-0{,}00$	$-0{,}00$	15,63	14,58	12,50
0,2	0,572	0,559	0,513	$-4{,}13$	$-3{,}58$	$-2{,}40$	14,88	13,96	12,00
0,4	0,383	0,392	0,393	$-6{,}85$	$-6{,}11$	$-4{,}20$	12,71	12,09	10,50
0,6	0,170	0,186	0,228	$-7{,}10$	$-6{,}61$	$-4{,}80$	9,28	9,01	8,00
0,8	0,030	0,036	0,072	$-4{,}57$	$-4{,}46$	$-3{,}60$	4,91	4,86	4,50
1,0	0,000	0,000	0,000	$-0{,}00$	$-0{,}00$	$-0{,}00$	0,00	0,00	0,00

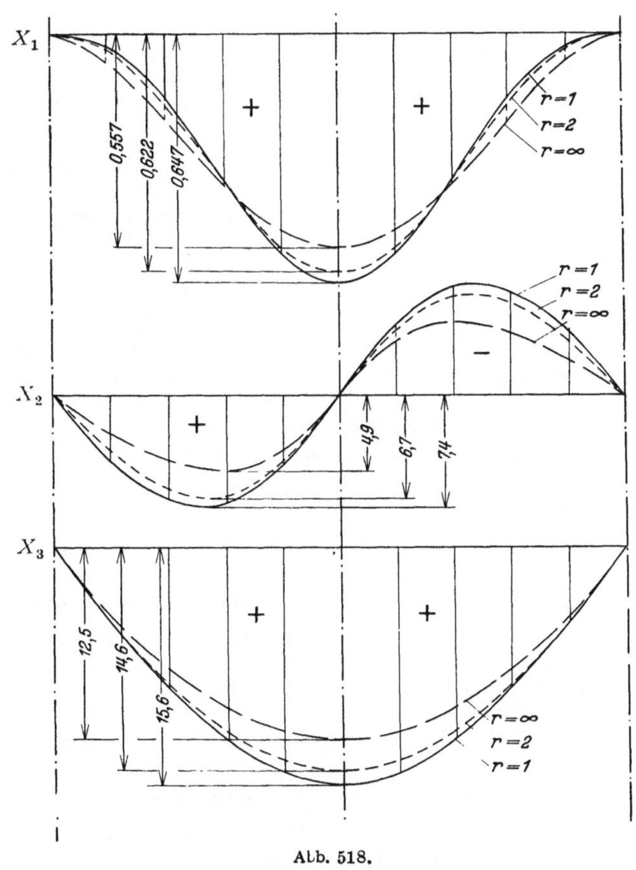

Abb. 518.

5. Einflußlinien der Stützkraft A und der Biegungsmomente im Kämpfer und Scheitel (Abb. 519).

$$A = A_0 + X_2/l_1 = A_0 + X_2/50{,}0,$$
$$M_a = X_1 \cdot y_{1,0} - X_2 - X_3; \qquad M_c = M_{c0} - X_1 y_{2,0} - X_3.$$

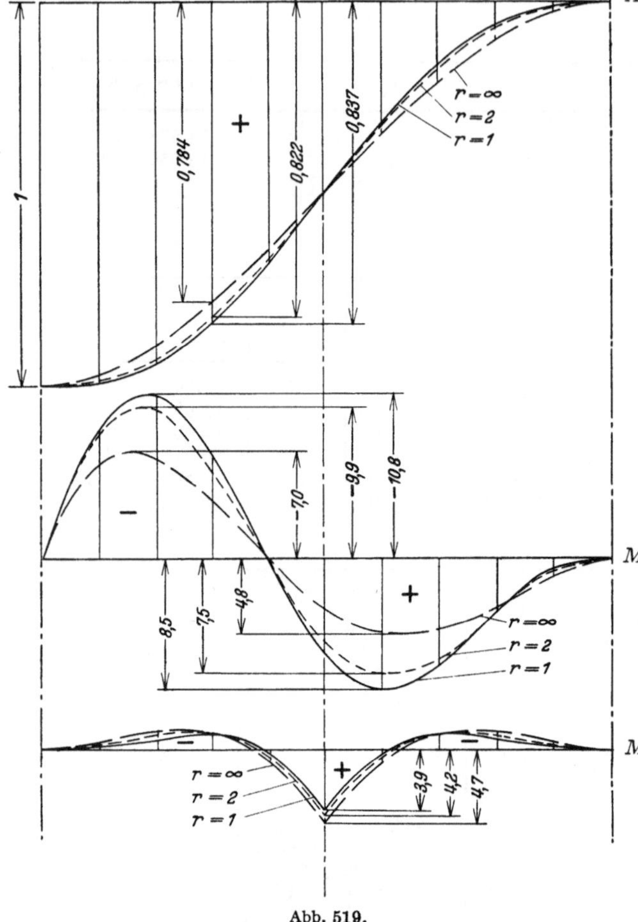

Abb. 519.

Schnittkräfte und Randspannungen eines symmetrischen Bogenträgers als Funktion der Bogenform.

Um den Spannungszustand eines Bogenträgers als Funktion einer mathematisch beschriebenen Mittellinie und Querschnittsänderung zu studieren, werden sechs Träger untersucht, von denen drei nach der quadratischen Parabel, drei andere nach der Kettenlinie gekrümmt sind, die mit großer Annäherung als Stützlinie für Eigengewicht angesehen werden kann. Das Verhältnis

$$n = J_c/J_k \cos \alpha_k$$

(S. 509) wird mit 0,4, 1,0 und 1,29 gewählt. Das Verhältnis $n = 0{,}4$ ist bei zahlreichen Bauwerken eingehalten, das Verhältnis $n = 1{,}0$ vereinfacht die Zahlenrechnung, während $n = 1{,}29$ für $f/l \approx 1/5$ Bogenträger mit gleichbleibendem Querschnitt liefert. Die Untersuchung des Bogenträgers mit einer Parabel oder Kettenlinie als Achse und $n \doteq 0{,}4$ wird als Beispiel für die Anwendung der Tabelle 42 S. 529 ff. ausführlich angeschrieben, für die anderen Verhältniszahlen n jedoch auf die Mitteilung der Ergebnisse beschränkt. Der Vergleich stützt sich auf eine Belastung aus Eigengewicht, Schwinden und halbseitiger Nutzlast. Diese ist relativ ungünstig und daher zur summarischen Bewertung geeignet.

Gemeinsame Grundlagen für Formgebung und Belastung.

$$f = 4{,}12 \text{ m}, \qquad l_1 = 13{,}72 \text{ m}, \qquad l = 2\,l_1 = 27{,}44 \text{ m},$$
$$d_c = 0{,}52 \text{ m}, \qquad J_c = 0{,}0118 \text{ m}^4.$$

Belastungsordinaten (Abb. 520)

Scheitel: $q_s = 2{,}55$ t/m²;   Kämpfer: $q_k = 11{,}02$ t/m².

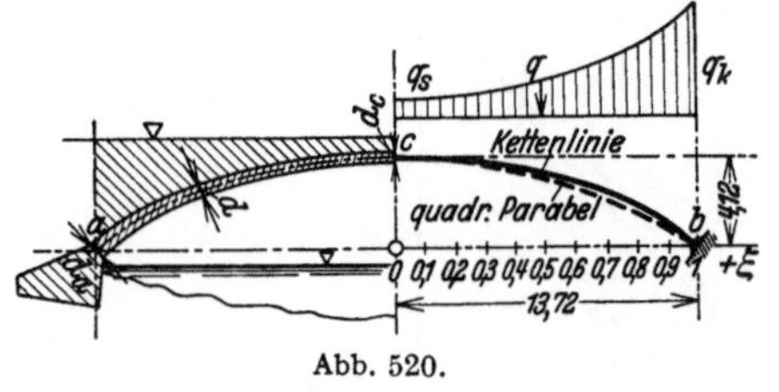

Abb. 520.

$\cos \alpha_a = 0{,}8562.$

I. Die Bogenachse ist eine Parabel.

1. Geometrische Grundlagen (Abb. 513) nach S. 529.

$$y_1 = f\,(1 - \xi^2) = 4{,}12\,(1 - \xi^2);$$
$$\operatorname{tg} \alpha = -2\left(\frac{f}{l_1}\right)\xi = -0{,}60058\,\xi;$$

Mit $d_a = 0{,}77$ m wird $J_a = J_b = 0{,}038$ m⁴ und

$$n = \frac{J_c}{J_a \cos \alpha_a} = \frac{0{,}0118}{0{,}038 \cdot 0{,}8562} = 0{,}36 \approx 0{,}4.$$

Approximation des Querschnittes (Abb. 486) nach Tab. 42, 1, b: $J_c/J \cos \alpha = 1 - 0,6\,\xi^2$.

Hieraus Gewölbestärken d (Abb. 520), Querschnitte F und Widerstandsmomente W.

2. **Hauptsystem** nach S. 529 Balken auf 2 Stützen (Abb. 513).

$$\eta_{1,0} = \frac{2}{5}\,\frac{4 + 0,4}{2 + 0,4},$$

$$y = y_1 - y_{1,0}.$$

$n =$	0,4	1,0	1,29
$\eta_{1,0} =$	0,73333	0,66667	0,64316
$y_{1,0} =$	3,02132	2,74668	2,64982

3. **Vorzahlen** nach S. 531. Bogenträger $n = 0,4$; $F_c = 0,52$ m²; $f^2 = 16,9744$:

$$v = \frac{175}{4}\,\frac{0,0118}{0,52 \cdot 16,9744}\,\frac{2 + 0,4}{0,4\,(8 + 0,4) + 8/3} = 0,02329;$$

$$\delta_{11} = \frac{4}{175} \cdot 27,44 \cdot 16,9744 \cdot 1,02329\,\frac{0,4\,(8 + 0,4) + 8/3}{2 + 0,4},$$

$$\delta_{22} = \frac{1}{15}\,27,44\,(2 + 3 \cdot 0,4);$$

$$\delta_{33} = \frac{1}{3}\,27,44\,(2 + 0,4).$$

$n =$	0,4	1,0	1,29
$v =$	0,02329	0,01504	0,01313
$\delta_{11} =$	27,35682	42,02512	48,03193
$\delta_{22} =$	5,85387	9,14667	10,73819
$\delta_{33} =$	21,95200	27,44000	30,09253

4. **Einflußlinien der überzähligen Größen** nach S. 531. Bogenträger $n = 0,4$:

$$X_1 = \frac{35}{4}\,\frac{27,44}{4,12}\,\omega_R^2(\zeta)\,\frac{3 \cdot 0,4\,(4 + 0,4) + 8\,(1 - 0,4)\,(2 + 0,4)\,\omega_R(\zeta)}{[3 \cdot 0,4\,(8 + 0,4) + 8] \cdot 1,02329}$$

$$= 16,63150\,\omega_R^2(\zeta) + 36,28690\,\omega_R^3(\zeta) \qquad \text{(Abb. 524a)};$$

$$X_2 = -\frac{27,44}{2}\,\omega_R(\zeta)\,(1 - 2\,\zeta')\left[1 + 6\,\omega_R(\zeta)\,\frac{1 - 0,4}{2 + 3 \cdot 0,4}\right]$$

$$= -1,715\,\omega_R(\zeta)\,(1 - 2\,\zeta')\,[8 + 9\,\omega_R(\zeta)] \qquad \text{(Abb. 524b)};$$

$$X_3 = \frac{27,44}{2}\,\omega_R(\zeta)\left[1 + 2\,\omega_R(\zeta)\,\frac{1 - 0,4}{2 + 0,4}\right]$$

$$= 6,86\,[2\,\omega_R(\zeta) + \omega_R^2(\zeta)] \qquad \text{(Abb. 524c)}.$$

Die Einflußlinien X_1, X_2 und X_3 für $n = 1,29$ unterscheiden sich nur wenig von den Ergebnissen für $n = 1,0$.

5. **Schnittkräfte und Randspannungen aus Eigengewicht.**
Bogenträger $n = 0,4$; $q_k - q_s = 8,47$ nach S. 531:

a) $p = \text{const} = q_s = 2,55$:

$$X_1' = \frac{2,55 \cdot 27,44^2}{8 \cdot 4,12}\,\frac{1}{1,02329}; \qquad X_2' = 0; \qquad X_3' = \frac{2,55 \cdot 27,44^2}{20}\,\frac{4 + 0,4}{2 + 0,4},$$

b) $p_\xi = p\,\xi^2 = (q_k - q_s)\,\xi^2 = 8,47\,\xi^2$:

$$X_1'' = \frac{8,47 \cdot 27,44^2}{72 \cdot 4,12}\,\frac{1}{1,02329}\,\frac{8\,(1 + 4 \cdot 0,4 + 5 \cdot 0,16)}{3 \cdot 0,4\,(8 + 0,4) + 8};$$

$$X_2'' = 0; \qquad X_3'' = \frac{8,47 \cdot 27,44^2}{420}\,\frac{16 + 5 \cdot 0,4}{2 + 0,4};$$

c) Hieraus folgt:

$$X_1 = X_1' + X_1'';$$
$$X_2 = 0;$$
$$X_3 = X_3' + X_3''.$$

d) Längskräfte:

$$V_0 = l_1\left[q_s\,\xi + \frac{q_k - q_s}{3}\,\xi^3\right]$$

$$= 13,72\,[2,55\,\xi + 2,8233\,\xi^3];$$

$$N = -[V_0 \sin \alpha + X_1 \cos \alpha] \qquad \text{(Abb. 523)}.$$

$n =$	0,4	1,0	1,29
$X_1' =$	56,9277	57,3903	57,4984
$X_1'' =$	25,1003	27,2322	27,8100
$X_1 =$	82,0280	84,6225	85,3084
$X_3' =$	176,0025	160,0028	154,3612
$X_3'' =$	113,8842	106,2919	103,6150
$X_3 =$	289,8867	266,2947	257,9762

e) Momente:

$$M_0 = \frac{l_1^2}{12}\,[q_k + 5\,q_s - 6\,q_s\,\xi^2 - (q_k - q_s)\,\xi^4]$$

$$= 372{,}8688 - 240{,}0039\,\xi^2 - 132{,}8649\,\xi^4\;;$$

$$M = M_0 - X_1\,y - X_3 \quad \text{(Abb. 525)}.$$

f) Um die Bauwürdigkeit der drei Gewölbe miteinander zu vergleichen, werden die Randspannungen $\sigma = \dfrac{N}{F} \pm \dfrac{M}{W}$ (Abb. 527) für den homogenen Querschnitt angegeben, wenn auch $\sigma_{bz} > 5\ \text{kg/cm}^2$.

6. Schnittkräfte aus einseitiger Verkehrslast $p = 1{,}0\ \text{t/m}^2$. Bogenträger $n = 0{,}4$:

a) Überzählige Größen: $X_1 = 1{,}0\,\dfrac{27{,}44^2}{16 \cdot 4{,}12}\,\dfrac{1}{1{,}02329}\;;$

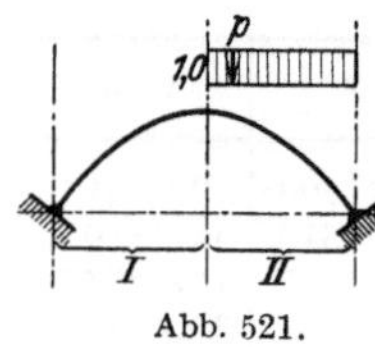

Abb. 521.

$$X_2 = -1{,}0\,\frac{27{,}44^2}{64}\,\frac{3 + 2 \cdot 0{,}4}{2 + 3 \cdot 0{,}4}\;;\qquad X_3 = 1{,}0\,\frac{27{,}44^2}{40}\,\frac{4 + 0{,}4}{2 + 0{,}4}\;;$$

$n =$	0,4	1,0	1,29
$X_1 =$	11,1623	11,2530	11,2742
$X_2 =$	− 13,9708	− 11,7649	− 11,1837
$X_3 =$	34,5103	31,3731	30,26669

b) Längskräfte:

$$A_0 = \frac{p\,l_1}{4} = 3{,}43\;;\qquad V_{0I} = A_0\;;\qquad V_{0II} = A_0\,(1 - 4\,\xi)\,.$$

$$N = -\,[V_0 \sin \alpha + X_1 \cos \alpha + X_2/l_1 \sin \alpha] \quad \text{(Abb. 523)}.$$

c) Momente:

$$M_{0I} = A\,l_1\,(1 + \xi)\;;\qquad M_{0II} = A\,l_1\,(1 + \xi - 2\,\xi^2)\,.$$

$$M = M_0 - X_1\,y + X_2\,\xi - X_3 \quad \text{(Abb. 526)}.$$

7. Schnittkräfte aus Schwinden $(t = -\,15^0)$.

Bogenträger $n = 0{,}4$: $\alpha_t = 0{,}00001$, $E = 2\,100\,000\ \text{t/m}^2$.

a) $\delta_{1t} = -\,2\,100\,000 \cdot 0{,}011815 \cdot 0{,}00001 \cdot 27{,}44 = -\,101{,}99448\;;$

$n =$	0,4	1,0	1,29	
X_{1t}	− 3,72830	− 2,42699	− 2,12347	$X_{2t} = X_{3t} = 0$.

b) Längskräfte: $N_t = -\,X_{1t} \cos \alpha$ (Abb. 523);

c) Momente: $M_t = -\,X_{1t} \cdot y$ (Abb. 525).

8. Schnittkräfte und Randspannungen aus Eigengewicht, halbseitiger Verkehrslast und Schwinden.

Momente: Abb. 528; Randspannungen: Abb. 529.

II. Die Bogenachse ist eine Kettenlinie.

1. Geometrische Grundlagen (Abb. 516 S. 533)

$$\mathfrak{Coj}\,c = \varkappa = \frac{q_k}{q_s} = 4{,}32,\qquad c = \mathfrak{Arc\,Coj}\,\varkappa = 2{,}14273,\qquad y_s^* = \frac{f}{\varkappa - 1} = 1{,}241\,.$$

$$y_2 = 1{,}241\,(\mathfrak{Coj}\,2{,}14273\,\xi - 1)\,.$$

$$\mathfrak{Sin}\,c = \sqrt{\varkappa^2 - 1} = 4{,}20267,\qquad \operatorname{tg}\alpha = -\,\frac{c}{l_1}\,y_s^*\,\mathfrak{Sin}\,\xi\,c = -\,0{,}19382\,\mathfrak{Sin}\,\xi\,c\,.$$

$$\cos\alpha_a = 0{,}77534.\qquad \text{Mit}\ \ d_a = 0{,}77\ \text{m}\ \ \text{wird}\ \ J_a = J_b = 0{,}038\ \text{m}^4\ \ \text{und}$$

$$n = \frac{J_c}{J_a \cdot \cos\alpha_a} = \frac{0{,}0118}{0{,}038 \cdot 0{,}77534} = 0{,}4\,.$$

Approximation des Querschnitts nach S. 534 mit:

$$\mu = \frac{4,32 - 0,4}{4,32 - 1} = 1,18072, \qquad \varphi = \frac{1,18072 - 1}{1,18072} = 0,15306,$$

$$\frac{J_c}{J \cos \alpha} = 1,18072\,(1 - 0,15306\,\mathfrak{Cof}\,2,14273\,\xi)\,.$$

Hieraus Gewölbestärken d (Abb. 522), Querschnitte F und Widerstandsmomente W.

Zahlen für die Ansätze nach Tabelle 42, 3 S. 533:

$$y_s^{*\,2} = 1,540, \qquad c^2 = 4,59129, \qquad (l_1/c)^2 = 40,999,$$

$$\mathfrak{Cof}\,c = 4,32, \qquad \mathfrak{Cof}^2 c = 18,6624, \qquad \mathfrak{Cof}\,2c = 36,32531,$$

$$\mathfrak{Sin}\,c = 4,20267, \qquad \frac{\mathfrak{Sin}\,c}{c} = 1,96136, \qquad \frac{\mathfrak{Sin}\,2c}{2c} = 8,47320.$$

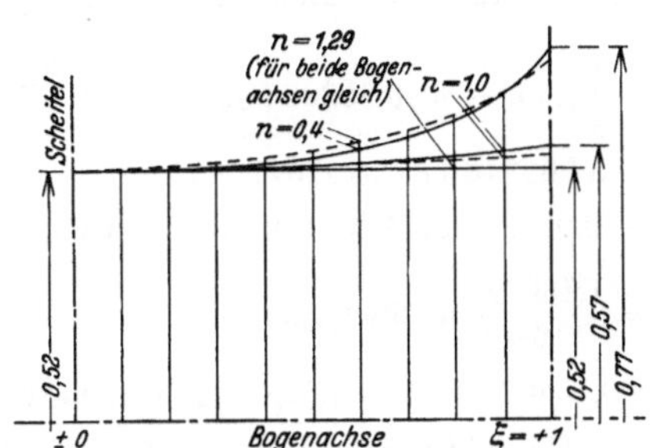

——— Die Bogenachse ist eine Kettenlinie
- - - - - Die Bogenachse ist eine quadr. Parabel

Abb. 522. Gewölbestärken d.

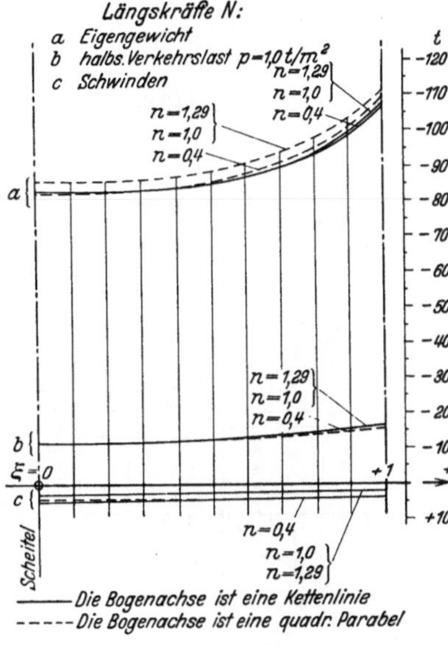

——— Die Bogenachse ist eine Kettenlinie
- - - - Die Bogenachse ist eine quadr. Parabel

Abb. 523.

2. Hauptsystem nach S. 533 Balken auf 2 Stützen (Abb. 516)

$$y_{2,0} = 1,241\;\frac{(1 + 0,15306)\,(1,96136 - 1) - \dfrac{0,15306}{2}\,(1,96136 \cdot 4,32 - 1)}{1 - 0,15306 \cdot 1,96136}\,,$$

$$y_{2,0} = 0,95158, \qquad y_{1,0} = 4,12 - 0,951581 = 3,168419,$$

$$\psi = 1 + \frac{0,951581}{1,241} = 1,766786, \qquad \begin{cases} \varphi\,\psi = 0,270424, \\ \psi^2 = 3,121533, \end{cases}$$

$$y = y_{2,0} - y_2,$$

$n =$	0,4	1,0	1,29
$y_{2,0} =$	0,95158	1,19305	1,28204

3. Vorzahlen. Die Ergebnisse v aus I, **3** können mit hinreichender Genauigkeit für die Achse nach einer Kettenlinie verwendet werden. $n = 0,4$ ergab $v = 0,02329$, somit:

$$\delta_{11} = 2 \cdot 1,18072 \cdot 13,72 \cdot 1,54 \cdot 1,02329 \left[3,12153 - 2 \cdot 1,76679 \left(1 + \frac{0,27042}{2}\right) 1,19136\right.$$

$$\left. + \frac{1}{2}\,(1 + 2 \cdot 0,27042)\,(1,96136 \cdot 4,32 + 1) - \frac{0,15306}{3}\,1,96136\,(2 + 18,6624)\right] = 24,73071,$$

$$\delta_{22} = \frac{2}{3}\,1,18072 \cdot 13,72 \left\{1 - 3 \cdot 0,15306 \left[1,96136 + \frac{2}{4,59129}\,(1,96136 - 4,22)\right]\right\} = 6,16833,$$

$$\delta_{33} = 2 \cdot 1,18072 \cdot 13,72\,(1 - 0,15306 \cdot 1,96136) = 22,67247.$$

$n =$	0,4	1,0	1,29
$\delta_{11} =$	24,73071	38,15818	43,77720
$\delta_{22} =$	6,16833	9,14667	10,58675
$\delta_{33} =$	22,67247	27,44000	29,74524

4. Einflußlinien der überzähligen Größen. Biegelinie des Bogenträgers $n = 0,4$:

$$\delta_{m\,1} = -\frac{1,18072}{2}\,1,241 \cdot 40,999 \left\{\left[4,59129\left(1,76679 + \frac{0,15306}{2}\right)\right.\right.$$

$$\left. - 2\,(1 + 0,270424)\,4,32 + \frac{0,15306}{4}\,36,32531\right] - \left[\left(1,76679\right.\right.$$

$$\left.\left. + \frac{0,15306}{2}\right)(\xi c)^2 - 2\,(1 + 0,27042)\,\mathfrak{Cof}\,(\xi c) + \frac{0,15306}{4}\,\mathfrak{Cof}\,(2\,\xi c)\right]\right\}$$

$$= 30,03738\,\{[2,540\,848\,\mathfrak{Cof}\,(\xi c) - 0,038\,265\,\mathfrak{Cof}\,(2\,\xi c) - 1,84332\,(\xi c)^2\} - 1,12325]\,,$$

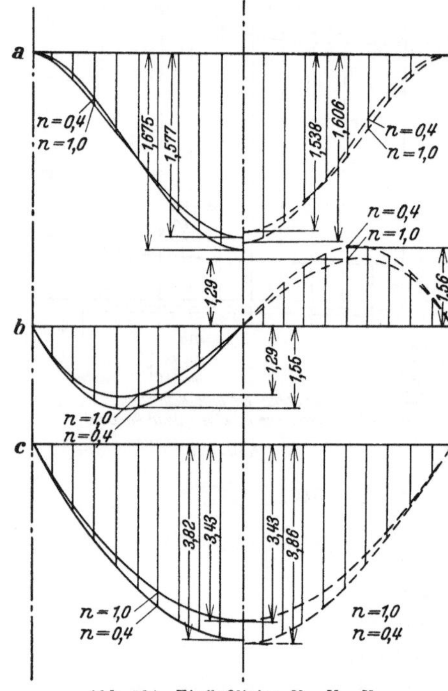

Abb. 524. Einflußlinien X_1, X_2, X_3.

———— Die Bogenachse ist eine Kettenlinie.
– – – Die Bogenachse ist eine quadratische Parabel.

$$\delta_{m\,2} = -\frac{1,18072}{6 \cdot 2,14273}\,40,999\,\xi c \times$$

$$\times \left\{[4,59129 - 6 \cdot 0,15306\,(4,32 - 2 \cdot 1,96136)]\right.$$

$$\left. - \left[(\xi c)^2 - 6 \cdot 0,15306\left(\mathfrak{Cof}\,\xi c - 2\,\frac{\mathfrak{Sin}\,\xi c}{\xi c}\right)\right]\right\}$$

$$= -3,765\,3165\,\xi c\,[4,22644 - (\xi c)^2$$

$$+ 0,91836\,\mathfrak{Cof}\,(\xi c)] + 6,91583\,\mathfrak{Sin}\,\xi c\,,$$

$$\delta_{m\,3} = \frac{1,18072}{2}\,40,999\,\{[4,59129$$

$$- 2 \cdot 0,15306 \cdot 4,32] - [(\xi c)^2 - 2 \cdot 0,15306\,\mathfrak{Cof}\,\xi c]\}$$

$$= 24,20417\,[3,26885 - (\xi c)^2 + 0,30612\,\mathfrak{Cof}\,\xi c]\,,$$

$$X_1 = \frac{\delta_{m\,1}}{\delta_{11}} \qquad \text{(Abb. 524a)},$$

$$X_2 = \frac{\delta_{m\,2}}{\delta_{22}} \qquad \text{(Abb. 524b)},$$

$$X_3 = \frac{\delta_{m\,3}}{\delta_{33}} \qquad \text{(Abb. 524c)}.$$

Die Einflußlinien X_1, X_2 und X_3 für $n = 1,29$ unterscheiden sich nur sehr wenig von den entsprechenden Werten für $n = 1,0$.

5. Schnittkräfte und Randspannungen aus Eigengewicht. Bogenträger $n = 0,4$, $q_k - q_s = 8,47$, daher nach S. **534**:

a) $H_q = \dfrac{8,47}{4,12}\,40,999 = 84,247\,\text{t}\,, \qquad 1 + \nu = 1,02329\,.$

b) Längskräfte: $N \approx -\dfrac{H_q}{1 + \nu}\,\dfrac{1}{\cos\alpha} = -82,330\,\dfrac{1}{\cos\alpha} \qquad \text{(Abb. 523)}\,.$

c) Momente: $M = \dfrac{\nu}{1 + \nu}\,H_q \cdot y = 1,91746 \cdot y \qquad \text{(Abb. 525)}\,.$

d) Randspannungen: $\sigma = \dfrac{N}{F} \pm \dfrac{M}{W} \qquad \text{(Abb. 527)}\,.$

6. Schnittkräfte aus halbseitiger Verkehrslast $p = 1,0\,\text{t/m}^2$.

a) Belastungszahlen und überzählige Größen $X_k = \delta_{k0}/\delta_{kk}$:

$$\delta_{10} = 1,18072 \cdot 1,241 \cdot 40,999 \cdot 1,0 \cdot 13,72 \left[\frac{4,59129}{3}\left(1,766\,786 + \frac{0,15306}{2}\right)\right.$$

$$\left. - (1 + 0,270424)\,(4,32 - 1,96136) + \frac{0,15306}{8}\,(36,32531 - 8,47320)\right] = 294,652\,,$$

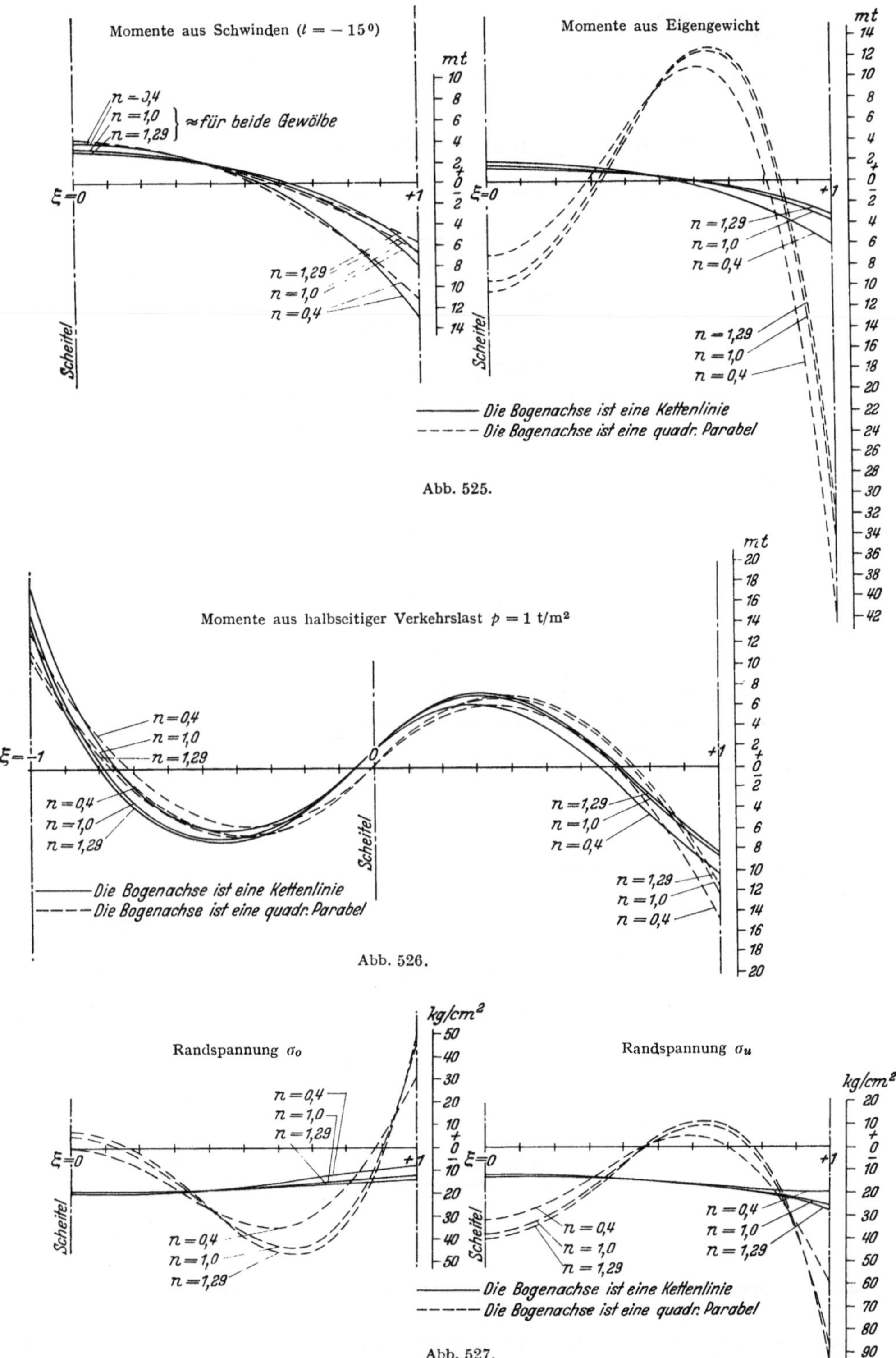

Abb. 525.

Abb. 526.

Abb. 527.

Randspannungen aus Eigengewicht.

$$\delta_{20} = -\frac{1{,}18072}{24} \cdot 40{,}999 \cdot 1{,}0 \cdot 13{,}72$$

$$\times \left[4{,}59129 - 12 \cdot 0{,}15306 \left(4{,}32 - 4 \cdot 1{,}96136 + 6\,\frac{4{,}32 - 1}{4{,}59129} \right) \right] \qquad = 448{,}922\,,$$

$$\delta_{30} = \frac{1{,}18072}{3}\, 40{,}999 \cdot 1{,}0 \cdot 13{,}72\,[4{,}59129 - 3 \cdot 0{,}15306\,(4{,}32 - 1{,}96136)] \qquad = 513{,}079\,,$$

$n =$	0,4	1,0	1,29
$\delta_{10} =$	294,652	448,922	513,079
$\delta_{20} =$	$-$ 85,723	$-$ 107,610	$-$ 118,193
$\delta_{30} =$	776,681	860,876	901,592
$X_1 =$	11,9144	11,7648	11,7202
$X_2 =$	$-$ 13,8972	$-$ 11,7649	$-$ 11,1643
$X_3 =$	34,2566	31,3730	30,3105

b) Längskräfte V_0 wie unter I, 6, b) (S. 540)

$$N = - [V_0 \sin \alpha + X_1 \cos \alpha + X_2/l_1 \cdot \sin \alpha] \qquad \text{(Abb. 523)},$$

c) Momente M_0 wie unter I, 6, c) (S. 540)

$$M = M_0 - X_1 y + X_2 \xi - X_3 \qquad \text{(Abb. 526)},$$

7. Schnittkräfte aus Schwinden $(t = -15^0)$.

a) Mit $\delta_{1t} = -101{,}99448$ wie unter I, 7, a) wird:

$n =$	0,4	1,0	1,29	
X_{1t}	$-$ 4,12420	$-$ 2,67294	$-$ 2,32985	$X_{2t} = X_{3t} = 0$.

b) Längskräfte: $N_t = - X_{1t} \cos \alpha$ (Abb. 523).
c) Momente: $M_t = - X_{1t} \cdot y$ (Abb. 525).

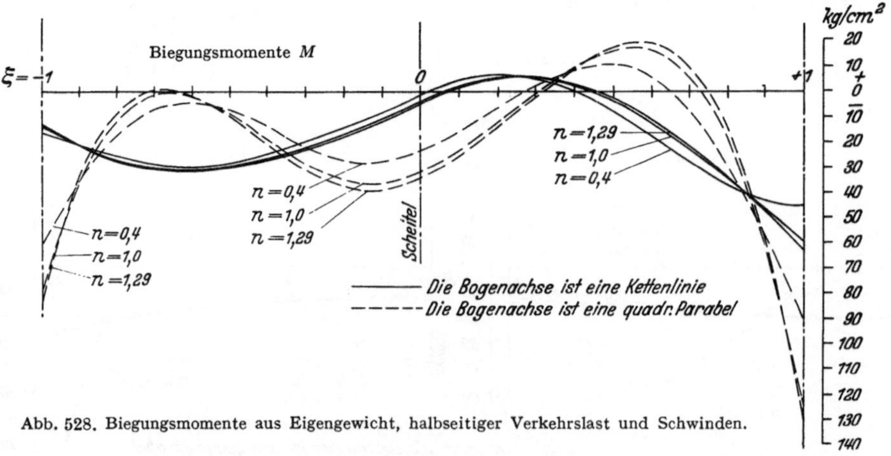

Abb. 528. Biegungsmomente aus Eigengewicht, halbseitiger Verkehrslast und Schwinden.

8. Schnittkräfte und Randspannungen aus Eigengewicht, halbseitiger Verkehrslast und Schwinden. Momente: Abb. 528, Randspannungen: Abb. 529.

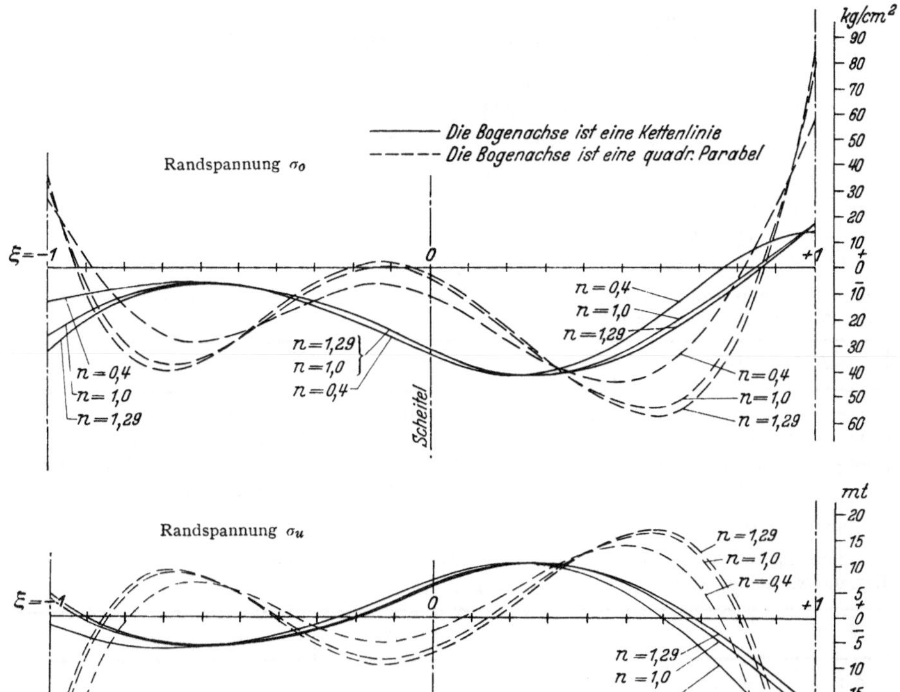

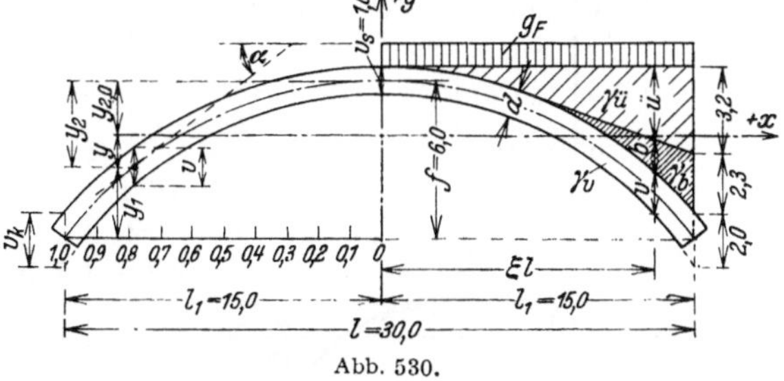

Abb. 529. Randspannungen aus Eigengewicht, halbseitiger Verkehrslast und Schwinden.

Rechenvorschrift zur statischen Untersuchung eines Gewölbes.

1. Geometrische Grundlagen (Abb. 530).

2. Annahmen für Eigengewicht.

			Abmessungen:	Scheitel	Kämpfer
Gewölbe einschl. Isolierung	$\gamma_v = 2,4$ t/m³		senkrecht gemessen	1,00 m	2,00 m
Ausgleichbeton	$\gamma_b = 2,0$ t/m³			0,00 m	2,30 m
Überschüttung	$\gamma_u = 1,8$ t/m³			0,00 m	3,20 m
Fahrbahn	$g_F = 2,0$ t/m²			—	—

Eigengewicht $q_s = 4,40$ t/m;

$q_k = 17,16$ t/m; $\varkappa = 17,16/4,4 = 3,90$.

$J_c = J_s = 0,08333$ m⁴, $J_c/J \cos \alpha$: Seite 547,

$\qquad F_c = F_s = 1,0$ m².

3. Bogenform: a) Die Bogenachse y_2 wird nach S. 510 in erster Annäherung als Kettenlinie für Eigengewicht angenommen: $\varkappa = 3,90$; $\mathfrak{Sin}\, c = 3,769651$.

$$y_x^* = 6,0/(3,9 - 1) = 2,06897;$$

$$c = \mathfrak{Ar}\,\mathfrak{Cof}\, 3,90 = 2,0373;$$

$$y_2 = 2,06897 [\mathfrak{Cof}\,(2,0373\, \xi) - 1];$$

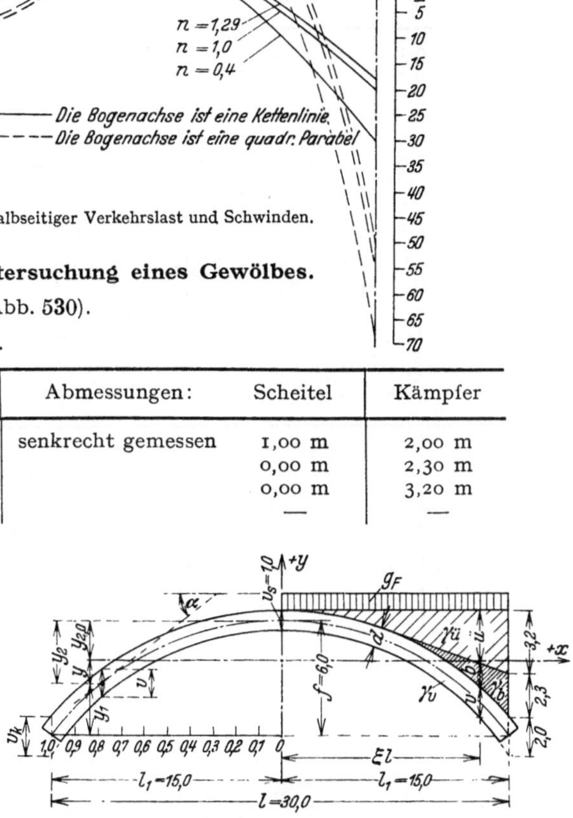

Abb. 530.

angenäherte Berechnung dieser Funktion mit $y_2 = 6,0\,(y_2/f)$ durch Interpolation der Tabelle S. 512. $l_1/c = 7,36269$.

$$\operatorname{tg}\alpha = \frac{2{,}06897}{7{,}36269}\,\mathfrak{Sin}\,(2{,}0373\,\xi) = 0{,}28101\,\mathfrak{Sin}\,(2{,}0373\,\xi);$$

$$\operatorname{tg}\alpha_k = 0{,}28101 \cdot 3{,}76962 = 1{,}05929;$$

$$A = B = 4{,}40 \cdot 7{,}36269 \cdot 3{,}769615 = 122{,}120\ \text{t};$$

$$H = 4{,}40 \cdot 7{,}36269^2/2{,}06897 = 115{,}285\ \text{t}.$$

$$v = 1{,}00 + (y_2/f)\,(2{,}00 - 1{,}00) = 1{,}00 + (y_2/f);$$

Gleichungen der Bogenlaibungen nach (802):

$$y_2^{(o)} = y_2\left(1 - \frac{2{,}0 - 1{,}0}{2 \cdot 6{,}0}\right) - \frac{1{,}00}{2} = \frac{11}{12}\,y_2 - 0{,}5; \qquad y_2^{(u)} = \frac{13}{12}\,y_2 + 0{,}5;$$

Die geometrischen Koordinaten y_2, v, α der Bogenform bei Unterteilung der Strecke l_1 in 10 gleichgroße Abschnitte $c' = 1{,}5$ m:

ξ	y_2/f	y_2	v	$c\,\xi$	$\mathfrak{Sin}\,c\,\xi$	$\operatorname{tg}\alpha$	$1 + \operatorname{tg}^2\alpha$	$\sqrt{1+\operatorname{tg}^2\alpha}$	$\mathfrak{Cof}\,\alpha$
0,0	0,0000	0,0000	1,0000	0,00000	0,00000	0,00000	1,00000	1,00000	1,0000
0,1	0,0072	0,0432	1,0072	0,20373	0,20514	0,05765	1,00332	1,00166	0,9983
0,2	0,0290	0,1740	1,0290	0,40746	0,41883	0,11770	1,01385	1,00690	0,9931
$\vdots$	$\vdots$	$\vdots$	$\vdots$	$\vdots$	$\vdots$	$\vdots$	$\vdots$	$\vdots$	$\vdots$
1,0	1,0000	6,0000	2,0000	2,03730	3,76975	1,05934	2,12220	1,45678	0,6864

b) Berechnung der Gewölbeachse als Stützlinie für Eigengewicht.

α) Eigengewicht: $q_m = v_m\gamma_v + b_m\gamma_b + \ddot{u}\gamma_u + g_F$;

m	ξ	b	$\ddot{u}$	$v\,\gamma_v$	$b\,\gamma_b$	$\ddot{u}\,\gamma_u$	g_F	q
0	0,1	—	0,000	2,400	—	0,000	2,00	4,400
1	0,2	—	0,035	2,417	—	0,063	2,00	4,480
$\vdots$	$\vdots$	$\vdots$	$\vdots$	$\vdots$	$\vdots$	$\vdots$	$\vdots$	$\vdots$
5	0,5	0,000	1,070	2,868	0,000	1,926	2,00	6,794
6	0,6	0,115	1,490	3,099	0,230	2,682	2,00	8,011
$\vdots$	$\vdots$	$\vdots$	$\vdots$	$\vdots$	$\vdots$	$\vdots$	$\vdots$	$\vdots$
10	1,0	2,300	3,200	4,800	4,600	5,760	2,00	17,160

β) Die Ordinaten y_2 der Stützlinie für die zu q_m äquivalente Gruppe von Einzellasten G_m in den Intervallgrenzen nach S. 75:

$$G_1 = \frac{c'}{6}\,(2\,q_1 + q_2); \qquad G_m = \frac{c'}{6}\,(q_{m-1} + 4\,q_m + q_{m+1}); \qquad G_n = \frac{c'}{6}\,(q_{n-1} + 2\,q_n);$$

$$\overline{V}_{0m} = \sum_0^{m-1} G_m, \qquad \overline{M}_{0m} = \sum_0^{m} (\overline{V}_{0m} \cdot c'), \qquad H = \overline{M}_{0,10}/f, \qquad y_2 = \overline{M}_{0m}/H.$$

m	ξ	q_m	$\dfrac{q_9 + 2\,q_{10}\ \mid\ 2\,q_1 + q_2}{q_{m-1} + 4\,q_m + q_{m+1}}$	G_m	$\overline{V}_{0m}$	$\overline{V}_{0m} \cdot c'$	$\overline{M}_{0m}$	y_2
0	0,0	4,400	— ∣ 13,280	3,320	0,000	0,000	0,000	0,00000
1	0,1	4,480	27,069	6,767	3,320	4,980	4,980	0,04335
$\vdots$	$\vdots$	$\vdots$	$\vdots$	$\vdots$	$\vdots$	$\vdots$	$\vdots$	$\vdots$
9	0,9	14,042	84,893	21,223	88,316	132,474	524,510	4,56880
10	1,0	17,160	48,362 ∣ —	12,091	109,539	164,309	688,819	6,00000

$$A = B = 121{,}630\ \text{t}; \quad H = 688{,}819/6{,}0 = 114{,}803\ \text{t}.$$

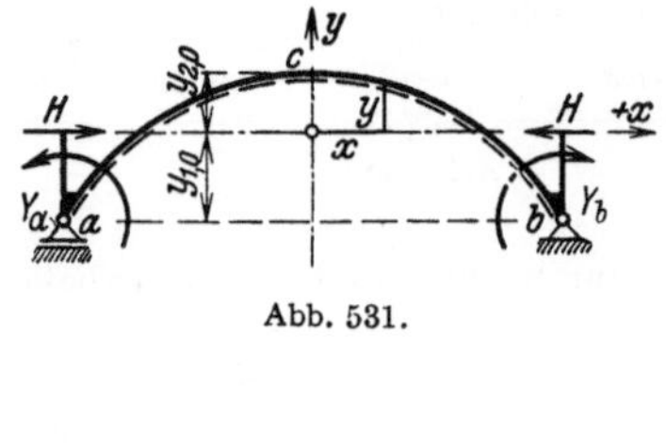

4. Hauptsystem zur Berechnung der statisch überzähligen Größen. Balkenträger auf 2 Stützen $l = 2\,l_1 = 30{,}0$ m.

Überzählige Größen nach S. 523:

$$X_1 = H, \qquad X_2 = \tfrac{1}{2}\,(Y_a - Y_b), \qquad X_3 = \tfrac{1}{2}\,(Y_a + Y_b),$$
$$M_1 = +\,y, \qquad M_2 = -\,\xi, \qquad M_3 = 1,$$
$$N_1 = \cos\alpha, \qquad N_2 = 1/l_1 \cdot \sin\alpha, \qquad N_3 = 0.$$

Abb. 531.

Der Träger ist symmetrisch, daher $\delta_{12} = 0$, $\delta_{23} = 0$. Nach S. 523 ist außerdem $\delta_{13} = 0$, wenn

$$y'_{2,0} = \frac{\displaystyle\int_c^a y_2 \frac{J_c}{J \cos \alpha}\,dx}{\displaystyle\int_c^a \frac{J_c}{J \cos \alpha}\,dx} = \frac{\Sigma\left(\lambda \cdot y_2 \dfrac{J_c}{J \cos \alpha}\right)}{\Sigma\left(\lambda \cdot \dfrac{J_c}{J \cos \alpha}\right)} = \frac{\Sigma_2}{\Sigma_1} = \frac{32{,}06796}{22{,}48201} = 1{,}42638\,.$$

Zähler und Nenner sind durch numerische Integration nach Simpson (181) entstanden.
$$(J_c = J_s = 0{,}08333\,, \quad J = d^3/12\,, \quad d = v \cos \alpha\,.)$$

ξ	d	J	$\dfrac{J_c}{J}$	$\dfrac{J_c}{J \cos \alpha}$	λ	$\lambda \cdot \dfrac{J_c}{J \cos \alpha}$	y_2	$y_2 \dfrac{J_c}{J \cos \alpha}$	$\lambda \cdot y_2 \dfrac{J_c}{J \cos \alpha}$
0,0	1,0000	0,08333	1,00000	1,00000	1	1,00000	0,00000	0,00000	0,00000
0,1	1,0055	0,08471	0,98375	0,98542	4	3,94168	0,04335	0,04272	0,17088
0,2	1,0219	0,08893	0,93707	0,94357	2	1,88714	0,17516	0,16528	0,33056
⋮	⋮	⋮	⋮	⋮	⋮	⋮	⋮	⋮	⋮
1,0	1,3728	0,21564	0,38645	0,56311	1	0,56311	6,00000	3,37866	3,37866
						$\Sigma_1 = 22{,}48201$			$\Sigma_2 = 32{,}06796$

Nachprüfung von y_{20} durch:

$$0 = \int_c^a y \frac{J_c}{J \cos \alpha}\,dx = \Sigma\left(\lambda \cdot y \frac{J_c}{J \cos \alpha}\right) = -\,0{,}00003 \approx 0{,}0\,.$$

Die überzähligen Größen sind daher unabhängig voneinander.

5. Die **Vorzahlen** δ_{kk} ergeben sich ebenfalls durch numerische Integration nach Simpson (181). Hierbei ist

$$c' = l_1/10 = 1{,}5 \text{ m}\,, \qquad y = y_{20} - y_2\,, \qquad J_c/F_c = 0{,}08333\,, \qquad \cos \alpha\, F_c/F = v_s/v\,,$$

$$\delta_{11} = 2\left\{\int_c^a y^2 \frac{J_c}{J \cos \alpha}\,dx + \frac{J_c}{F_c}\int_c^a \cos \alpha \frac{F_c}{F}\,dx\right\}$$

$$= 2\,\frac{c'}{3}\sum\left(\lambda \cdot y^2 \frac{J_c}{J \cos \alpha}\right) + 2\,\frac{c'}{3}\frac{J_c}{F_c}\sum\left(\lambda \cdot \cos \alpha \frac{F_c}{F}\right)$$

$$= \delta'_{11} + \delta''_{11} = 1{,}0\,\Sigma_4 + 0{,}08333\,\Sigma_5 = 58{,}01617 + 2{,}01833 = 60{,}03450\,,$$

$$\delta_{22} = 2\int_c^a \xi^2 \frac{J_c}{J \cos \alpha}\,dx = 2\,\frac{c'}{3}\sum\left(\lambda \cdot \xi^2 \frac{J_c}{J \cos \alpha}\right) = 1{,}0\,\Sigma_3 = 6{,}13492\,,$$

$$\delta_{33} = 2\int_c^a \frac{J_c}{J \cos \alpha}\,dx = 2\,\frac{c'}{3}\sum\left(\lambda \cdot \frac{J_c}{J \cos \alpha}\right) = 1{,}0\,\Sigma_1 = 22{,}48201\,.$$

ξ	$\xi^2 \dfrac{J_c}{J \cos \alpha}$	λ	$\lambda \cdot \xi^2 \dfrac{J_c}{J \cos \alpha}$	y	y^2	$y^2 \dfrac{J_c}{J \cos \alpha}$	$\lambda \cdot y^2 \dfrac{J_c}{J \cos \alpha}$	$\cos \alpha \dfrac{F_c}{F}$	$\lambda \cdot \cos \alpha \dfrac{F_c}{F}$
0,0	0,00000	1	0,00000	1,42638	2,03456	2,03456	2,03456	1,00000	1,00000
0,1	0,00985	4	0,03940	1,38303	1,91277	1,88488	7,53952	0,99285	3,97140
0,2	0,03774	2	0,07548	1,25122	1,56555	1,47721	2,95442	0,97182	1,94364
⋮	⋮	⋮	⋮	⋮	⋮	⋮	⋮	⋮	⋮
1,0	0,56311	1	0,56311	− 4,57362	20,91800	11,77913	11,77913	0,50000	0,50000
	$\Sigma_3 = 6{,}13492$					$\Sigma_4 = 58{,}01617$		$\Sigma_5 = 24{,}21992$	

6. Die **Einflußlinien** der überzähligen Größen X_k werden nach S. 525 als Biegelinien δ_{mk} des Balkenträgers berechnet. Hierzu dienen die elastischen Gewichte $\mathfrak{w}_{m1}$, $\mathfrak{w}_{m2}$, $\mathfrak{w}_{m3}$, die in eine äquivalente Gruppe von Einzelkräften $\mathfrak{W}_{m,1}$, $\mathfrak{W}_{m,2}$, $\mathfrak{W}_{m,3}$ verwandelt werden.

$$\mathfrak{W}_0 = \frac{c'}{12}\,(\mathfrak{w}_1 + 10\,\mathfrak{w}_0 + \mathfrak{w}_{-1}), \qquad \mathfrak{W}_{10} = \frac{c'}{24}\,(7\,\mathfrak{w}_{10} + 6\,\mathfrak{w}_9 - \mathfrak{w}_8),$$

$$\mathfrak{W}_m = \frac{c'}{12}\,(\mathfrak{w}_{m-1} + 10\,\mathfrak{w}_m + \mathfrak{w}_{m+1}),$$

$$Q\mathfrak{w},m = Q\mathfrak{w},0 + \sum_0^{m-1} \mathfrak{W}_h = A\mathfrak{w} - \sum_m^{10} \mathfrak{W}_h, \qquad M\mathfrak{w},(m-1) = M\mathfrak{w},m + Q\mathfrak{w},m \cdot c'.$$

Der Anteil der Längskräfte an den elastischen Gewichten wird vernachlässigt.

a) $\qquad X_1 = \dfrac{\delta_{m1}}{\delta_{11}} = \dfrac{M\mathfrak{w}}{60{,}03450}, \qquad \mathfrak{w}_{m1} = y_m\,\dfrac{J_c}{J_m \cos \alpha_m} \qquad$ (Abb. 532).

Mit $\delta_{13} = 2 \displaystyle\int_c^a y\,\frac{J_c}{J}\,ds = 0$ und $\delta_{12} = 2 \displaystyle\int_c^a \xi\,y\,\frac{J_c}{J} \cdot ds$ ist für $\xi = 0$: $Q\mathfrak{w} = 0$ und für $\xi = \pm 1$

neben $M\mathfrak{w}$ auch $Q\mathfrak{w} = 0$. Die Einflußlinie besitzt daher für $\xi = 0$ und $\xi = \pm 1$ waagerechte Tangenten. Dies kann für $\dfrac{d}{d_x}\,(\delta_{m1})$ auch unmittelbar bewiesen werden.

		(1)	(2)		(3)	(4)	(5)
m	ξ	$\mathfrak{w}_{m1}$	$\dfrac{10\,\mathfrak{w}_0 + 2\,\mathfrak{w}_1 \mid 7\,\mathfrak{w}_{10}+6\,\mathfrak{w}_9 - \mathfrak{w}_8}{\mathfrak{w}_{m-1} + 10\,\mathfrak{w}_m + \mathfrak{w}_{m+1}}$		$\mathfrak{W}'_m$	Verbesserung $\varDelta\,\mathfrak{W}'_m$	$\mathfrak{W}_m$
0	0,0	1,426 38	16,989 54	—	1,061 85	+ 0,000 33	1,062 18
1	0,1	1,362 87	16,235 69		2,029 46	+ 0,000 64	2,030 10
⋮	⋮	⋮	⋮		⋮	⋮	⋮
9	0,9	− 1,728 04	− 20,976 82		− 2,622 10	+ 0,000 82	− 2,621 28
10	1,0	− 2,575 45	—	− 27,275 42	− 1,704 71	+ 0,000 53	− 1,704 18

$$\sum \mathfrak{W}'_m = \int_c^a y\,\frac{J_c}{J}\,ds \neq 0. \ \text{Daher Verbesserung um } \varDelta\,\mathfrak{W}'_m = -\,k\,|\,\mathfrak{W}'_m\,|$$

mit $\quad k = \dfrac{\sum\limits_0^{10} \mathfrak{W}'_m}{\sum\limits_0^{10} |\,\mathfrak{W}'_m\,|}$

$\quad = \dfrac{-0{,}00457}{14{,}62223}$

$\quad = -0{,}00031254.$

b) $\qquad X_2 = \dfrac{\delta_{m2}}{\delta_{22}} = \dfrac{M\mathfrak{w}}{6{,}13492}, \qquad \mathfrak{w}_{m2} = -\,\xi_m\,\dfrac{J_c}{J_m \cos \alpha_m} \qquad$ (Abb. 532).

m	(6) $Q\mathfrak{w},m$	(7) $Q\mathfrak{w},m \cdot c'$	(8) $M\mathfrak{w},m$	(9) X_1 [t]
0	0,000 00	0,000 00	72,888 61	1,214 11
1	1,062 18	1,593 27	71,295 34	1,187 57
⋮	⋮	⋮	⋮	⋮
9	4,325 46	6,488 19	2,556 27	0,042 58
10	1,704 18	2,556 27	0,000 00	0,000 00

Die Funktion $\mathfrak{w}_{m2}$ ist antimetrisch. Daher ist $M\mathfrak{w}$ nicht nur für $\xi = \pm 1$, sondern auch für $\xi = 0$ Null. Die gegenseitige Verdrehung der Endtangenten der Biegelinie δ_{m2} ist δ_{22}.

		(1)	(2)		(3)	(4)
m	ξ	$\mathfrak{w}_{m2}$	$\dfrac{10\,\mathfrak{w}_0 \mid 7\,\mathfrak{w}_{10} + 6\,\mathfrak{w}_9 - \mathfrak{w}_8}{\mathfrak{w}_{m-1} + 10\,\mathfrak{w}_m + \mathfrak{w}_{m+1}}$		$\mathfrak{W}_m$	$\xi \cdot \mathfrak{W}_m$
0	0,0	0,000 00	0,000 00	—	0,000 00	0,000 00
1	− 0,1	0,098 54	1,174 11		0,146 76	0,014 68
⋮	⋮	⋮	⋮		⋮	⋮
9	− 0,9	0,494 93	5,963 39		0,745 42	0.670 88
10	− 1,0	0,563 11	—	6,460 37	0,403 71	0,403 77
					$A\mathfrak{w} =$	3,067 67

Da $\mathfrak{w}_1 = -\mathfrak{w}_{-1}$:

$$\mathfrak{W}_0 = \frac{c'}{24}\, 10\, \mathfrak{w}_0 ,$$

$$A_{\mathfrak{w}} = \sum_{0}^{10} (\xi\, \mathfrak{W}_m) ,$$

—	(5)	(6)	(7)	(8)
m	$Q_{\mathfrak{w},m}$	$Q_{\mathfrak{w},m} \cdot c'$	$M_{\mathfrak{w},m}$	$X_2\,[\mathrm{mt}]$
0	$-\,1{,}829\,92$	—	$0{,}000\,00$	$0{,}000\,00$
1	$-\,1{,}829\,92$	$-\,2{,}744\,88$	$2{,}744\,88$	$0{,}447\,42$
$\vdots$	$\vdots$	$\vdots$	$\vdots$	$\vdots$
9	$1{,}918\,48$	$2{,}877\,72$	$3{,}995\,85$	$0{,}651\,33$
10	$2{,}663\,90$	$3{,}995\,85$	$0{,}000\,00$	$0{,}000\,00$
(a)	$(3{,}067\,67)$			

c) $X_3 = \dfrac{\delta_{m3}}{\delta_{33}} = \dfrac{M_{\mathfrak{w}}}{22{,}48201}$, $\qquad \mathfrak{w}_{m3} = 1\,\dfrac{J_c}{J_m \cos \alpha_m}$. $\qquad$ (Abb. 532).

Die Funktion $\mathfrak{w}_{3\,m}$ ist symmetrisch, daher für $\xi = 0$: $Q_{\mathfrak{w}} = 0$, für $\xi = \pm 1$: $Q_{\mathfrak{w}} = \pm \tfrac{1}{2}\,\delta_{33}$. Die Biegelinie erhält in $\xi = 0$ eine waagerechte Tangente.

m	ξ	$\mathfrak{w}_{m3}$	$\begin{array}{c}10\,\mathfrak{w}_0 + 2\,\mathfrak{w}_1\\ \hline \mathfrak{w}_{m-1} + 10\,\mathfrak{w}_m + \mathfrak{w}_{m+1}\end{array}$	$7\,\mathfrak{w}_{10} + 6\,\mathfrak{w}_9 - \mathfrak{w}_8$	$\mathfrak{W}_m$	$Q_{\mathfrak{w},m}$	$Q_{\mathfrak{w},m} \cdot c'$	$M_{\mathfrak{w},m}$	$X_3\,[\mathrm{mt}]$
0	0,0	$1{,}000\,00$	$11{,}970\,84$	—	$0{,}748\,18$	$0{,}000\,00$	$0{,}000\,00$	$94{,}783\,60$	$4{,}215\,98$
1	0,1	$0{,}985\,42$	$11{,}797\,77$		$1{,}474\,72$	$0{,}748\,18$	$1{,}122\,27$	$93{,}661\,33$	$4{,}166\,06$
$\vdots$	$\vdots$	$\vdots$	$\vdots$		$\vdots$	$\vdots$	$\vdots$	$\vdots$	$\vdots$
9	0,9	$0{,}549\,92$	$6{,}626\,04$		$0{,}828\,26$	$9{,}995\,38$	$14{,}993\,07$	$16{,}235\,46$	$0{,}722\,15$
10	1,0	$0{,}563\,11$	—			$10{,}823\,64$	$16{,}235\,46$	$0{,}000\,00$	$0{,}000\,00$

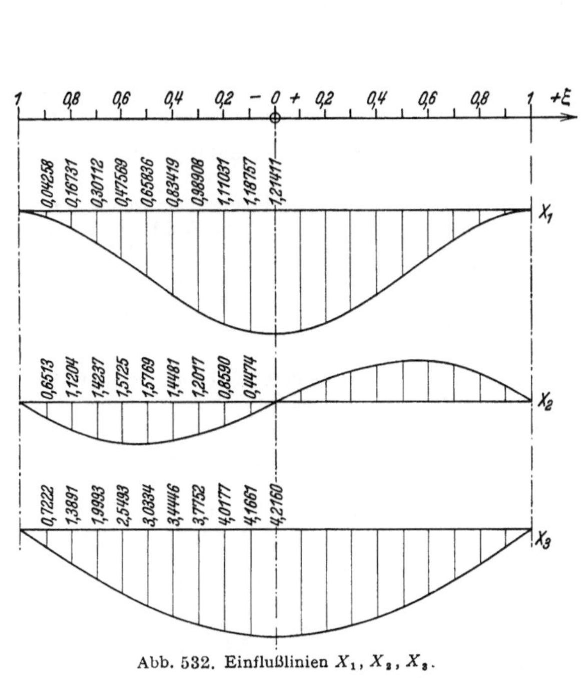

Abb. 532. Einflußlinien X_1, X_2, X_3.

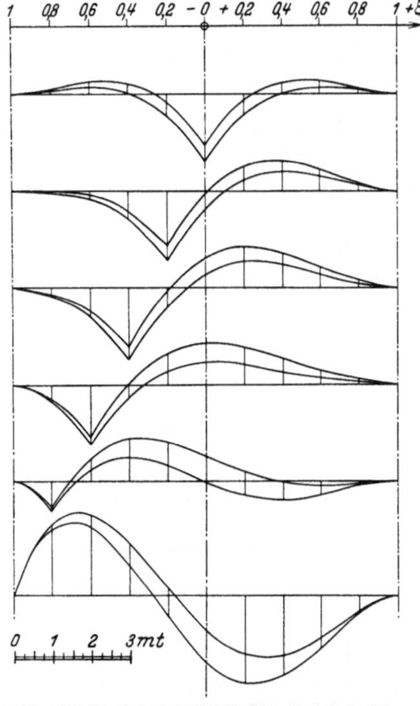

Abb. 533. Einflußlinien für die Kernmomente. Die oberen Linien gelten für die unteren Kernpunkte.

7. **Einflußlinie der Schnittkräfte.** a) Kernmomente (Abb. 533) im Querschnitt m:

$$M_m = M_{m0} - X_1\, y_m + X_2\, \xi_m - X_3 ,$$

im Scheitel c:

am Kämpfer (a und b):

$$M_c = M_{c0} - X_1 y_{20} \qquad\qquad - X_3,$$
$$M_a = \qquad\quad + X_1 y_{10} + X_2 \quad - X_3,$$
$$M_b = \qquad\quad + X_1 y_{10} - X_2 \quad - X_3.$$

    b) Querkräfte:

$$Q_m = Q_{m0} - X_1 \sin \alpha_m - X_2 \cos \alpha_m.$$

8. a) Biegungsmomente aus Eigengewicht (S. 527).

$$\nu = \frac{\delta_{11}''}{\delta_{11}'} = \frac{2{,}01833}{58{,}01617} = 0{,}03479; \qquad X_1 = \Delta H = -\frac{\nu}{1+\nu} H_q = -0{,}03362\, H_q.$$

Nach Seite 546 ist $H_q = 114{,}803$ t. Dabei ist die geringe Abweichung durch Änderung der Bogenform nicht berücksichtigt.

$$H = H_q + X_1 = 114{,}803 - 3{,}859 = 110{,}944 \text{ t,} \qquad M = -X_1 y = +3{,}859 \cdot y \text{ mt}.$$

$\pm\, \xi =$	0,0	0,1	0,2	0,3	0,4	0,5	0,6	0,7	0,8	0,9	1,0
M [mt]	5,505	5,338	4,829	3,959	2,692	0,976	−1,257	−4,102	−7,675	−12,128	−17,652

    Der Einfluß der Längskräfte auf δ_{10} ist nach S. 524 klein von zweiter Ordnung, fällt daher in der Rechnung weg.

    b) Biegungsmomente aus Schwinden (S. 524).

$$\alpha_t = 0{,}00001; \qquad t = -15^\circ; \qquad \delta_{1t} = E J_c \alpha_t\, tl = -787{,}5;$$
$$\delta_{2t} = \delta_{3t} = 0; \qquad X_{1t} = \delta_{1t}/\delta_{11} = -13{,}117 \text{ t;} \qquad M = -X_{1t} \cdot y.$$

$\pm\, \xi =$	0,0	0,1	0,2	0,3	0,4	0,5	0,6	0,7	0,8	0,9	1,0
M [mt]	18,710	18,141	16,412	13,455	9,148	3,318	−4,273	−13,941	−26,083	−41,218	−59,992

    c) Horizontales Ausweichen der Widerlager um $\Delta l = 0{,}001$ m.

$$\delta_{1s} = -E J_c \Delta l = -175{,}0; \qquad \delta_{2s} = \delta_{3s} = 0; \qquad X_{1s} = -2{,}915 \text{ t;} \qquad M = -X_{1s}\, y.$$

$\pm\, \xi =$	0,0	0,1	0,2	0,3	0,4	0,5	0,6	0,7	0,8	0,9	1,0
M [mt]	4,158	4,032	3,647	2,990	2,032	0,736	−0,949	−3,097	−5,796	−9,159	−13,331

    9. Graphische Nachprüfung der Einflußlinien unter Verwendung von Stufen konstanter elastischer Wirkung nach (828).

    a) Einteilung des Integrationsbereiches l_1 in 10 Teile e von gleichbleibender elastischer Wirkung (Abb. 534). Mit der Unterteilung $\Delta x_1 = \Delta x_2 = \cdots = \Delta x_m = \Delta x = l_1/10$ wird die Integralkurve

$$\frac{1}{\Delta x} \int_0^x J_c/J \cos \alpha \cdot dx = \sum_0^x J_c/J \cos \alpha$$

gebildet und ihre Ordinate für $x = l_1$ in 10 gleiche Teile $(c/\Delta x)$ geteilt. Hierdurch ist die Einteilung $e_1, e_2, \ldots, e_{10}$ von l_1 gefunden. Mittelpunkte der Intervalle e_m sind $1', 2' \ldots m' \ldots 10'$. Ihnen sind die folgenden Koordinaten der Bogenachse zugeordnet:

Punkt	y_2	$y = y_{2,0} - y_2$	y^2	ξ	ξ^2
$1'$	0,01	1,41	1,99	0,032	0,010
$2'$	0,05	1,37	1,88	0,110	0,012
$3'$	0,16	1,26	1,59	0,188	0,035
$\vdots$	$\vdots$	$\vdots$	$\vdots$	$\vdots$	$\vdots$
$10'$	5,00	− 3,58	12,82	0,933	0,870
Σ	14,24	− 0,04	25,06	—	2,736

$$\Delta x = l_1/10 = 1{,}5 \text{ m}.$$

$$c = \Delta x \left[\frac{1}{10} \sum_c^b \frac{J_c}{J \cos \alpha} \right]$$

$$= 1{,}5 \cdot 0{,}7496 = 1{,}124 \text{ m (Abb. 534)}.$$

$$y_{2,0} = \frac{2 \cdot 14{,}24}{2 \cdot 10} = 1{,}424 \text{ m}.$$

$$\delta_{11}' = 2 \cdot 1{,}124 \cdot 25{,}06 = 56{,}35, \qquad \delta_{11}'' = 2{,}02 \text{ (S. 525)}^*, \qquad \delta_{11} = \delta_{11}' + \delta_{11}'' = 58{,}37.$$

---

* Der Anteil δ_{11}'' kann auch nach den Angaben der S. 514 berechnet werden.

Mit $\dfrac{\sin^2\alpha}{\cos\alpha} \approx 0$ wird

$$\delta_{22} = 2 \cdot 1{,}124 \cdot 2{,}736 = 6{,}153, \qquad \delta_{33} = 2 \cdot 10 \cdot 1{,}124 = 22{,}49\,.$$

b) Einflußlinie X_1:

Verwendung der $(1/c)$fachen $\mathfrak{W}$-Gewichte; Elastische Gewichte $\mathfrak{W}_{m1}/c = \overline{\mathfrak{W}}_{m1}$ sind die Ordinaten y in den Punkten $1'$, $2' \ldots m'$. Mit $H_\mathfrak{w} = \delta_{11}/c$ Einheiten des $\overline{\mathfrak{W}}_{m1}$ ist 1 m im Maßstab der Zeichnung der Maßstab für 1 t der Einflußlinie. Um die Einflußlinie auf den 5fachen Betrag zu vergrößern, wird daher $H_{\mathfrak{w}1} = 58{,}37/(5\cdot1{,}124) = 10{,}39$ aufgetragen.

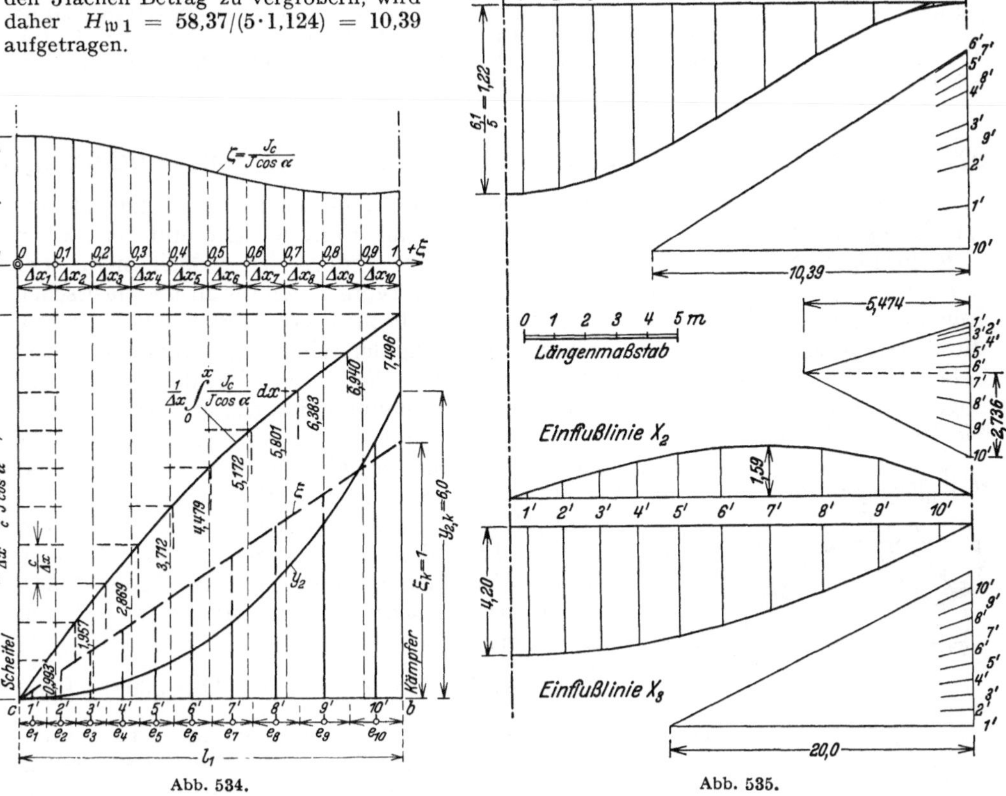

Abb. 534.   Abb. 535.

c) Einflußlinie X_2:

Elastische Gewichte $\overline{\mathfrak{W}}_{m2}$ sind die Abszissen ξ der Punkte $1'$, $2' \ldots m'$. Mit $H_{\mathfrak{w}2} = \delta_{22}/c$ Einheiten des $\overline{\mathfrak{W}}_{m2}$ ist 1 m im Maßstab der Zeichnung der Maßstab für 1 m/t der Einflußlinie.

$$H_{\mathfrak{w}2} = 6{,}153/1{,}124 = 5{,}474; \qquad A_\mathfrak{w} = \sum_1^n \xi^2 = 2{,}736\,.$$

Einflußlinie X_3:

Elastische Gewichte $\overline{\mathfrak{W}}_{m3}$ sind die Werte 1 in den Punkten $1'$, $2' \ldots m'$. Mit $H_{\mathfrak{w}3} = \delta_{33}/c$ Einheiten des $\overline{\mathfrak{W}}_{m3}$ ist 1 m im Maßstab der Zeichnung der Maßstab für 1 mt der Einflußlinie. $H_{\mathfrak{w}3} = 22{,}49/1{,}124 = 20{,}0$.

Müller-Breslau, H.: Die graphische Statik der Baukonstruktionen. Bd. 2, 2. Abt. Leipzig 1908. — Ritter, M.: Beiträge zur Theorie und Berechnung vollwandiger Bogenträger. Berlin 1909. — Schönhöfer, R.: Statische Untersuchung von Bögen und Wölbtragwerken. Berlin 1911. — Gaber, E.: Bau und Berechnung gewölbter Brücken und ihre Lehrgerüste. Berlin 1914. — Schächterle, K.: Beiträge zur Berechnung der im Eisenbetonbau üblichen elastischen Bogen und Rahmen. Berlin 1914. — Färber: Statische Berechnung von Gewölben. Dtsch. Bauztg. 1915 S. 156. — Derselbe: Rasche Ermittlung der Formen und Normalkräfte von

Gewölben. Dtsch. Bauztg. 1915 S. 6. — Schürch, H.: Wärmeeinfluß und Wärmebeobachtungen bei Betongewölben. Arm. Beton 1916. — Hawranek, A.: Berechnung von Bogenbrücken bei räumlichem Kraftangriff. Beton u. Eisen 1918. — Derselbe: Nebenspannungen von Eisenbetonbogenbrücken. Berlin 1919. — Straßner, A.: Neuere Methoden zur Statik der Rahmentragwerke und der elastischen Bogenträger Bd. 2. Berlin 1921. — Neumann, G.: Bogenform und Momentenbild. Beton u. Eisen 1922. — Pirlet, J.: Kompendium der Statik der Baukonstruktionen Bd. 2. Berlin 1923. — Proksch, E.: Beitrag zur Querschnittsbemessung der Betongewölbe. Beton u. Eisen 1923. — Derselbe: Der Einfluß elastischer Widerlager auf den eingespannten Bogen. Beton u. Eisen 1923. — Craemer, H.: Der Einfluß einseitig verschiedenschwerer Hinterfüllung auf elastische Gewölbe. Beton u. Eisen 1924. — Kasarnowsky, S.: Zur Statik eingespannter Gewölbe. Bauing. 1924. — Hartmann, F.: Die genauere Berechnung gelenkloser Gewölbe und der Einfluß des Verlaufs der Achse und der Gewölbestärke. Leipzig u. Wien 1925. — Kögler, F.: Gewölbetabellen, 2. Aufl. Berlin 1928. — Gesteschi, Th., u. J. Melan: Bogenbrücken. Handb. f. Eisenbetonbau Bd. 11 4. Aufl. Berlin 1932. — Bergdorfer, E.: Der Eingelenkbogen. Berlin 1929.

57. Die Beziehung zwischen Bogenform und Formänderung.

Die Mittellinie eines Bogenträgers wird in der Regel nach der Mittelkraftlinie für Eigengewicht oder nach der Mittelkraftlinie für Eigengewicht und der halben gleichförmigen Nutzlast p bestimmt. Diese Form ändert sich jedoch mehr oder weniger infolge der Verkürzung der Mittellinie, hervorgerufen durch die elastischen Eigenschaften des Baustoffs, durch die physikalischen Vorgänge beim Erhärten, durch Temperaturwechsel und durch die Bewegung der Widerlager. Daher entstehen neben den Längskräften auch Biegungsmomente, die im Scheitel des Zweigelenkbogens und im Scheitel und Kämpfer des eingespannten Bogens am größten sind. Sie lassen sich beim Ausrüsten durch bauliche Maßnahmen vermeiden, welche die

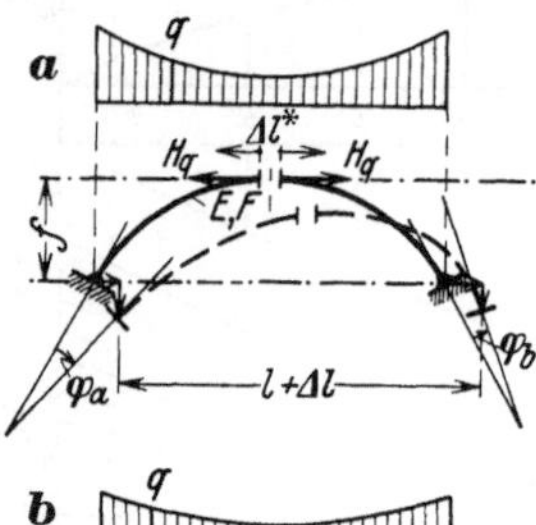
Abb. 536.

Verkürzung der Mittellinie ausgleichen und damit die senkrechte Verschiebung des Bogenscheitels verhindern. Die Mittellinie des Bogens ist dann auch nach Abschluß der Verformung Mittelkraftlinie der ausgezeichneten Belastung.

Die relative Verschiebung der Ufer des Scheitelquerschnitts c eines eingespannten Bogenträgers mit und ohne Scheitelgelenk ist

$$\varDelta l^* = H_q \int \frac{d s}{E F} - \alpha_t t l + \varDelta l - f(\varphi_a - \varphi_b). \quad \text{(Abb. 536a)} \quad (850)$$

Danach sind die Ufer des Scheitelquerschnitts c eines eingespannten Bogenträgers mit und ohne Scheitelgelenk beim Ausrüsten um den Betrag $\varDelta l^*$ gegenseitig zu entfernen. Der Anteil aus der Verdrehung der Widerlager fällt beim Zweigelenkbogen weg. Die relative Verschiebung der Ufer des Anschlußquerschnitts des Zuggliedes eines Zweigelenkbogens ist mit $(l + \varDelta l^*) > l$

$$- \varDelta l^* = H_q \int \frac{d s}{E F} - \alpha_t t l + \frac{H_q l}{E_e F_z}, \quad \text{(Abb. 536b)} \quad (851)$$

um die Biegungsmomente aus der Längenänderung von Bogen und Zugglied zu vermeiden.

Der Ausgleich wird beim Ausrüsten des beiderseits eingespannten Bogenträgers durch Druckpressen erreicht, welche im Bogenscheitel eingebaut werden. Sie liegen beim Ausrüsten des Zweigelenkbogens mit Zugband hinter dem Bogenkämpfer, um hier zunächst die Längskraft des relativ zum Bogenträger beweglichen Zuggliedes aufzunehmen und diesem zuzuführen. Dabei wird die Reckung des Zuggliedes und die Verkürzung des Bogenträgers ausgeglichen, so daß in der Fahrbahn keine Nebenspannungen aus der Formänderung der Hauptträger durch Eigengewicht entstehen (Beispiel S. 519).

Der Einfluß der Formänderung auf den Spannungszustand der drei statisch unbestimmten Bogenträger kann auch durch Überhöhung der Mittellinie um Δf^* und durch vorläufige Anordnung dreier Gelenke ausgeglichen werden. Der Betrag

$$\Delta f^* = \Delta l^* \cdot l_1/2 f \tag{852}$$

hängt naturgemäß von bestimmten Annahmen über die physikalischen Eigenschaften von Baustoff und Baugrund ab und kann nachträglich nicht mehr geändert werden. Die Bewegung der Gelenke und der hierfür notwendige Spielraum lassen sich leicht nach Abschn. 18 berechnen.

Verlagerung der Bogenachse. Um die besonderen baulichen Maßnahmen beim Ausrüsten der Bogenträger zu umgehen, ist mehrfach versucht worden, die Mittelkraftlinie mit den Ordinaten y als Mittellinie des Bogenträgers durch eine Linie mit den Ordinaten $\bar{y} = y + \Delta y$ zu ersetzen, deren Biegungsmomente aus der Formänderung durch Eigengewicht und Schwinden des Baustoffs kleiner sind als bei der Mittellinie y (Abb. 537).

Zähler und Nenner des Ausdrucks (817) für X_1 können ebenso wie auf S. 513 in die Anteile $\delta'_{10}, \delta'_{11}$ aus den Biegungsmomenten und in die Anteile $\delta_{1t}, \delta''_{10}, \delta''_{11}$ aus Schwinden und Längskraft zerlegt werden. Danach läßt sich neben der Bogenkraft $X_1(N, M, t)$ außerdem noch die Bogenkraft $X_1(M) = \delta'_{10}/\delta'_{11}$ anschreiben. Sie ist gleich der Kraft H_q, wenn die Mittellinie des Trägers mit der Mittelkraftlinie für die ausgezeichnete Belastung q, H_q zusammenfällt. Da nun $X_1(N, M, t) < X_1(M)$ ist und daher nach S. 524 im Bereich des Scheitels positive, im Bereich des Kämpfers negative Biegungsmomente entstehen, so kann an Stelle der Mittelkraftlinie y mit $X_1(M) = H_q$ eine Mittellinie $\bar{y} = y + \Delta y$ mit einer größeren Bogenkraft $\bar{X}_1(M) = \bar{\delta}'_{10}/\bar{\delta}'_{11}$ derart bestimmt werden, daß $\bar{X}_1(N, M, t) \approx H_q$, also $\bar{\delta}'_{11} < \delta'_{11}$ ist. Die Mittellinie $\bar{y}$ erhält daher unter Beibehaltung der Ordinaten y_a, y_c, y_b (Abb. 537) im Scheitel und Kämpfer eine größere und in der Mitte des Bogenschenkels eine kleinere Krümmung. Sie unterscheidet sich von

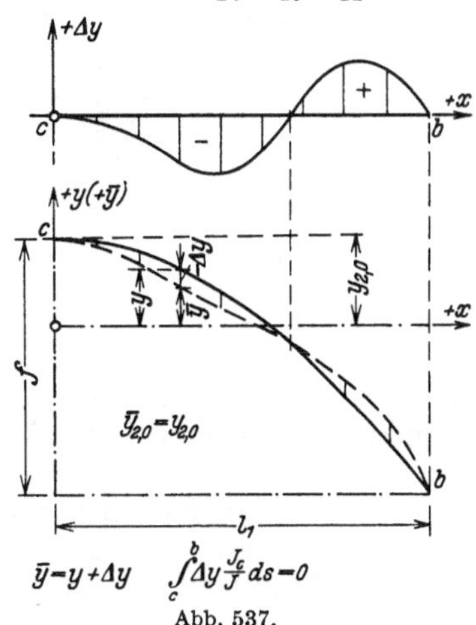

Abb. 537.

der Mittelkraftlinie zu q, H_q, so daß, abgesehen von den Biegungsmomenten $M(q, H_q)$ des Trägers auch Biegungsmomente $M_0(q, H_q)$ im Hauptsystem entstehen. Während also bei der Ausrüstung des Trägers mit Vorspannung durch Pressen die Biegungsspannungen aus einem ausgezeichneten Belastungs- und Verschiebungszustand nach S. 552 vermieden werden können, läßt sich keine Funktion $\Delta y(x)$ mit dem gleichen Ergebnis anschreiben. Dies liegt an dem Anteil der Längskräfte in der Bedingung

$$A_i^* = \frac{1}{2} \int \frac{N^2 ds}{EF} + \frac{1}{2} \int \frac{M^2 ds}{EJ} + \int N \alpha_t t\, ds = \min \tag{853}$$

für die statisch unbestimmten Schnittkräfte X_1, X_2, X_3. A_i^* wird nicht bei $M = 0$, $|N| = H_q/\cos\alpha$, sondern bei $|N| < H_q/\cos\alpha$, $M \neq 0$ zum Minimum. Die Verlagerung Δy der Mittellinie des Bogenträgers gegen die Mittelkraftlinie y kann daher stets nur eine Verminderung der größten Biegungsmomente herbeiführen.

Die Funktion $\Delta y(x)$ ist im Scheitel mit $x = 0$ durch die Randbedingungen Δy, $d(\Delta y)/dx = 0$, im Kämpfer mit $x = l_1$ durch $\Delta y = 0$ bestimmt (Abb. 537). Um die Lösung auf die x-Achse der vorgegebenen Mittellinie y zu beziehen, muß $\int \bar{y}(J_c/J) ds = 0$, also auch $\int \Delta y(J_c/J) ds = 0$ sein. Um die Biegungsmomente im Scheitel und Kämpfer zu begrenzen, ist ΔX_1 nach (841) Null oder der Größe nach vorgeschrieben. Für $\Delta y(x)$ bestehen daher fünf Bedingungen, die durch eine Kurve vierten Grades, z. B. die Parabel vierten Grades, befriedigt werden können. Diese Lösung ist von F. Campus vorgeschlagen worden.

Dasselbe Ziel läßt sich nach M. Ritter auch durch statische Überlegungen erreichen. Die den Einflußlinien η_c, η_a der Biegungsmomente des Bogenträgers im Scheitel (c) und Kämpfer (a) zugeordneten Summeneinflußlinien ζ, $\varkappa$ für zwei symmetrisch angreifende Lasten überschneiden sich auf einer Strecke $\overline{EF}$ mit negativen Ordinaten ζ und positiven Ordinaten $\varkappa$ (Abb. 538). Daher erzeugen in diesem Bereiche Zusatzlasten V, $v(x)$ negative Biegungsmomente im Scheitel und positive Biegungsmomente im Kämpfer, vermindern also die aus der Verkürzung der Bogenmittellinie herrührenden positiven Biegungsmomente im Scheitel und die negativen Biegungsmomente im Kämpfer. Dieselbe Wirkung entsteht auch unter

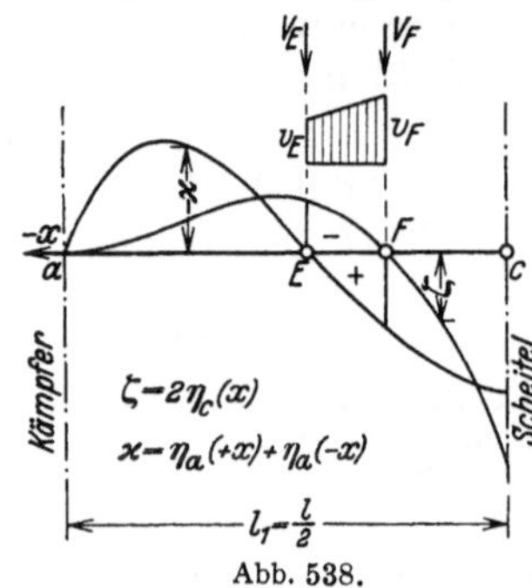

Abb. 538.

der vorhandenen Belastung q, H_q eines Bogenträgers, dessen Mittellinie als Mittelkraftlinie von q in Verbindung mit einer virtuellen Belastung $-v(x)$ und $(H_q + H_v)$ aufgezeichnet worden ist. Die Funktion $v(x)$ ist zunächst beliebig. Sie wird derart gewählt, daß sich die Biegungsmomente M_0 aus (q, H_q) nicht wesentlich ändern. Die Größe der virtuellen Belastung v im Bereiche $\overline{EF}$ hängt von dem zu tilgenden Anteil der Biegungsmomente M_{cq}, M_{aq} ab, die im Scheitel und Kämpfer aus der Längenänderung der Mittellinie y bei der Belastung q oder aus der Längenänderung bei Belastung, Schwinden und Stützenverschiebung Δl entstehen. Nach (841) ist allgemein

$$M_{cq} = \left(H_q \frac{v}{1+v} - \frac{\delta_{1t} + \delta_{1s}}{\delta_{11}}\right)(f - y_{1,0}) \; ; \quad - M_{aq} = \left(H_q \frac{v}{1+v} - \frac{\delta_{1t} + \delta_{1s}}{\delta_{11}}\right) y_{1,0} \, . \tag{854}$$

Die ausgezeichneten Ordinaten v_E, v_F einer linearen Funktion $v(x)$ sind darnach eindeutig bestimmt. Die Mittellinie aus q, $(-v)$, $(H_q + H_v)$ wird im Sinne der Bemerkung auf S. 553, verglichen mit derjenigen für q, H_q, im Bogenschenkel gestreckt, so daß die Krümmung am Scheitel und Kämpfer zunimmt.

Die Untersuchung besteht aus folgenden Teilen:

1. Mittelkraftlinie für die vorgeschriebene Belastung q, H_q mit den Ordinaten

$$y_{1q} = M_{0q}/H_q \, . \tag{855}$$

2. Berechnung von M_{cq}, M_{aq} nach (854). Annahme über den zu tilgenden Anteil und Berechnung von v_E, v_F aus der Bedingung

$$\Delta M_{cq} + \int_F^E \zeta v \, dx = 0 \, , \quad \Delta M_{aq} + \int_E^F \varkappa v \, dx = 0 \, . \tag{856}$$

3. Mittelkraftlinie für die virtuelle Belastung

$$y_{1v} = M_{0v}/H_v \, . \tag{857}$$

4. Ordinaten $\bar{y}_1$ der gesuchten Mittellinie oder Verlagerung $\Delta y = \bar{y}_1 - y_{1q}$

$$\bar{y}_1 = \frac{M_{0q} + M_{0v}}{H_q + H_v} \, , \quad \Delta y = (y_{1v} - y_{1q}) \frac{H_v}{H_q + H_v} \, . \tag{858}$$

M_{0v} und H_v sind negativ einzusetzen, da die virtuelle Belastung $v(x)$ zur vorgeschriebenen Belastung $q(x)$ entgegengesetzt gerichtet ist (Rechenvorschrift S. 555).

Die wirtschaftlich günstigste Bogenform ist bei der ungünstigsten Zusammenfassung aller äußeren Ursachen einschließlich Nutzlast und Temperaturwechsel durch gleich große Randspannungen ausgezeichnet, welche den für den Baustoff zulässigen Grenzwert erreichen. Sie wird aus vorgegebenen Abmessungen

$(y_h,\,J_h)$ mit

$$y_h^* = y_h + \varDelta y_h, \qquad J_h^* = J_h + \varDelta J_h \qquad (859)$$

derart bestimmt, daß in r Querschnitten die Bedingungen

$$-\sigma_o = \frac{\max M_{ku}}{W_o} = \frac{\min M_{ko}}{W_u} = \sigma_u; \qquad \max M_{ku} = -\sigma_{zul} W_o \qquad (860)$$

erfüllt sind. Dies ist für

$$X^* = X + \sum \frac{\partial X}{\partial y_h}\varDelta y_h + \sum \frac{\partial X}{\partial J_h}\varDelta J_h; \quad M^* = M + \sum \frac{\partial M}{\partial y_h}\varDelta y_h + \sum \frac{\partial M}{\partial J_h}\varDelta J_h \qquad (861)$$

der Fall, so daß bei Vernachlässigung der höheren Potenzen $2\,r$ lineare Gleichungen mit $2\,r$ unbekannten geometrischen Bestimmungsstücken $\varDelta y_h,\varDelta J_h$ entstehen. Die Lösung ist durch allmähliche Annäherung einfacher. Die Bedingungen (860) werden dann zunächst für die einzelnen Querschnitte (h) erfüllt, so daß bei Bogenträgern mit $W_o = W_u$ folgende Gleichung entsteht.

$$-H_q \varDelta y_h + \max M_{ku} = + H_q \varDelta y_h + |\min M_{ko}|,$$

$$-\varDelta y_h = \frac{|\min M_{ko}| - \max M_{ku}}{2\,H_q}. \qquad (862)$$

Darin enthält $\min M_{k0}$ den Anteil aus Eigengewicht, Nutzlast, Schwinden, Temperaturabfall (t), Ausweichen der Widerlager $(\varDelta l)$, $\max M_{ku}$ den Anteil aus Eigengewicht, Nutzlast und Temperaturzunahme (t). $y + \varDelta y_h$ ist die Ordinate der verbesserten Bogenform.

Bestimmung der Mittellinie eines beiderseits eingespannten Bogenträgers mit $M_c \approx 0,\ M_k \approx 0$.

Als Beispiel dient der Bogenträger mit einer Kettenlinie als Achse und $n = 0,4$ nach S. 538. (Abb. 520). Die Einflußlinien der überzähligen Größen und die Stütz- und Schnittkräfte aus Eigengewicht sind bekannt und werden übernommen.

1. Einflußlinien der Momente im Kämpfer und Scheitel.

$$M_a = 1\,\eta_a = X_1 y_{1,0} - X_2 - X_3,$$

$$M_c = 1\,\eta_c = M_{0c} - X_1 y_{2,0} - X_3 \qquad \text{(Abb. 540)},$$

2. Summeneinflußlinien der Kämpfermomente und Scheitelmomente für zwei symmetrisch angreifende Einzellasten (Abb. 539).

$$\left.\begin{aligned} M_{a\varSigma} &= 1\cdot\varkappa = \eta_a(\xi) + \eta_a(-\xi),\\ M_{c\varSigma} &= 1\cdot\zeta = \eta_c(\xi) + \eta_c(-\xi) \end{aligned}\right\} \qquad \text{(Abb. 541)}.$$

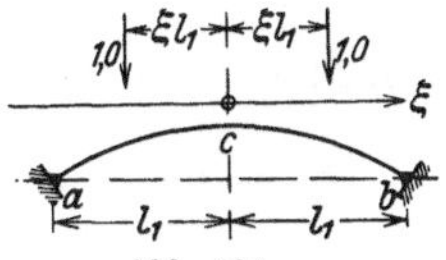

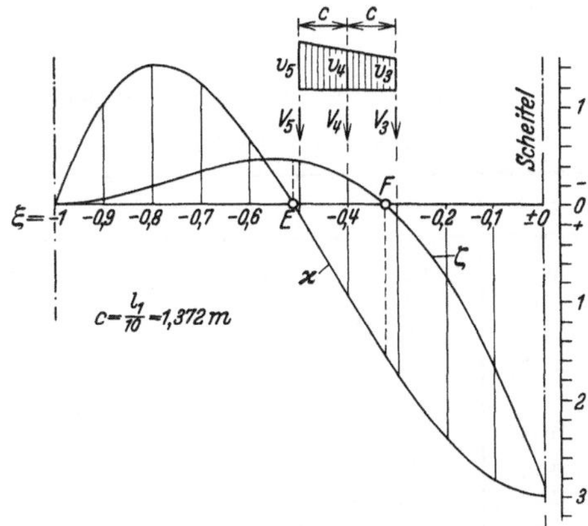

Abb. 539.

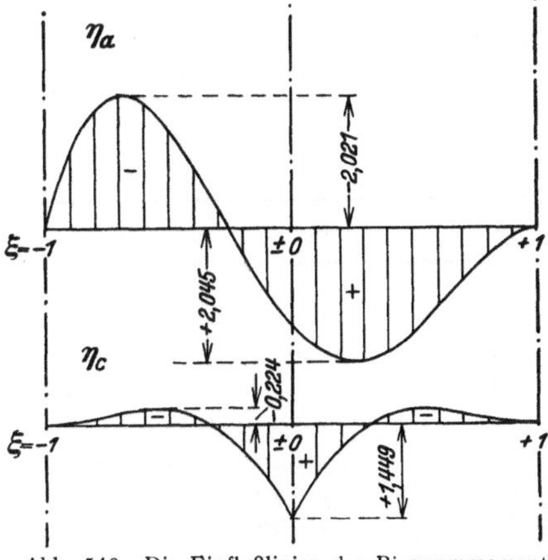

Abb. 540. Die Einflußlinien der Biegungsmomente des Bogenträgers im Kämpfer (η_a) und Scheitel (η_c).

Abb. 541. Die Summeneinflußlinien der Kämpfermomente $(\varkappa)$ und Scheitelmomente (ζ) für zwei symmetrisch angreifende Lasten.

m	ξ	η_a	ξ	η_a	ξ	η_c	$\varkappa_m$	ζ_m
0	$\pm\,0{,}0$	$1{,}49159$	$\pm\,0{,}0$	$1{,}49159$	$\pm\,0{,}0$	$+\,1{,}44934$	$+\,2{,}98318$	$+\,2{,}89868$
⋮	⋮	⋮	⋮	⋮	⋮	⋮	⋮	⋮
3	$-\,0{,}3$	$-\,0{,}27915$	$+\,0{,}3$	$+\,2{,}04547$	$\pm\,0{,}3$	$+\,0{,}05682$	$+\,1{,}76632$	$+\,0{,}11364$
4	$-\,0{,}4$	$-\,0{,}93256$	$+\,0{,}4$	$+\,1{,}89128$	$\pm\,0{,}4$	$-\,0{,}13679$	$+\,0{,}95872$	$-\,0{,}27358$
5	$-\,0{,}5$	$-\,1{,}49927$	$+\,0{,}5$	$+\,1{,}59751$	$\pm\,0{,}5$	$-\,0{,}22220$	$+\,0{,}09824$	$-\,0{,}44440$
⋮	⋮	⋮	⋮	⋮	⋮	⋮	⋮	⋮
9	$-\,0{,}9$	$-\,1{,}13420$	$+\,0{,}9$	$+\,0{,}10490$	$\pm\,09$	$-\,0{,}02710$	$-\,1{,}02930$	$-\,0{,}05420$
10	$-\,1{,}0$	$\mp\,0{,}00000$	$+\,1{,}0$	$+\,0{,}00000$	$\pm\,1{,}0$	$\mp\,0{,}00000$	$\mp\,0{,}00000$	$\mp\,0{,}00000$

3. Kämpfer- und Scheitelmoment aus Eigengewicht.
Nach II, 5, c) S. 542 ist: $M_{aq} = -\,6{,}07532,\quad M_{cq} = +\,1{,}82462.$

4. Berechnung von $v\,(x)$, V **aus (856) und aus der Bedingung** $M_a \approx 0$, $M_c \approx 0$.
$\varDelta M_{aq} = M_{aq},\quad \varDelta M_{cq} = M_{cq}.$ **Mit Simpson (S. 95) ist:**

$$-\varDelta M_{aq} \approx l_1 \int_{0,3}^{0,5} \varkappa\, v\, d\xi = \frac{c}{3} \sum_{0,3}^{0,5} \lambda \cdot \varkappa\, v = \frac{c}{3}\left[\varkappa_5 v_5 + 4\varkappa_4\,\frac{v_5 + v_3}{2} + \varkappa_3 v_3\right],$$

$$-\varDelta M_{cq} \approx l_1 \int_{0,3}^{0,5} \zeta\, v\, d\xi = \frac{c}{3} \sum_{0,3}^{0,5} \lambda \cdot \zeta\, v = \frac{c}{3}\left[\zeta_5 v_5 + 4\zeta_4\,\frac{v_5 + v_3}{2} + \zeta_3 v_3\right],$$

$$+\,6{,}07532 = 0{,}45733\,[0{,}09824\,v_5 + 2\cdot 0{,}95872\,v_5 + 2\cdot 0{,}95872\,v_3 + 1{,}76632\,v_3]\,,$$

$$-\,1{,}82462 = 0{,}45733\,[-\,0{,}44440\,v_5 - 2\cdot 0{,}27358\,v_5 - 2\cdot 0{,}27358\,v_3 + 0{,}11364\,v_3]\,.$$

$$v_5 = 3{,}21649\,,\quad v_3 = 1{,}84616\,,\quad \text{nach linearer Einschaltung: } v_4 = 2{,}53133\,;$$

$$V_5 = \frac{c}{6}\,(2v_5 + v_4) = 2{,}04984\,,\qquad\qquad V_3 = \frac{c}{6}\,(v_4 + 2v_3) = 1{,}42314\,,$$

$$V_4 = \frac{c}{6}\,(v_5 + 4v_4 + v_3) = 3{,}47299\,,\qquad A_v = \sum_3^5 V_m = 6{,}94597\,.$$

5. Mittelkraftlinie nach (135) für die virtuelle Belastung $\Sigma\,(-V_m)$.

$$H_v = M_{0c},\ \Sigma(-V)\big/f = \frac{-\,56{,}31940}{4{,}12} = -\,13{,}66976\,,\qquad y_{1v} = \frac{M_0,\,\Sigma(-V)}{H_v}\,,\qquad \text{(Abb. 542)}\,.$$

6. Mittelkraftlinie aus Eigengewicht (q_k, q_s) **nach (538).**
$$H_q = 84{,}247\ \mathrm{t}\ (\text{S. 542})\,,\qquad y_{1q} = y_1 = f - y_2\,,\qquad y_2\ (\text{S. 540})\,.$$

7. Verlagerung $\varDelta y$ **und Ordinaten** $\bar{y}_1$ **der gesuchten Mittellinie.**

$$\frac{H_v}{H_q + H_v} = \frac{-\,13{,}670}{84{,}247 - 13{,}670} = -\,0{,}193689\,,$$

$$\varDelta y = -\,0{,}193689\,(y_{1v} - y_{1q})\,,\qquad \bar{y}_1 = y_{1q} + \varDelta y\ \text{(Abb. 542)}\,.$$

ξ	x	c	P	V_0	$V_0 \cdot c$	M_{0q}
0	$13{,}720$	—	$(6{,}94597)$	—	—	—
$-\,1{,}0$	$13{,}720$	0	—	$6{,}94597$	$0{,}00000$	$0{,}00000$
$-\,0{,}9$	$12{,}348$	$1{,}372$	—	$6{,}94597$	$9{,}52987$	$9{,}52987$
$-\,0{,}8$	$10{,}976$	$1{,}372$	—	$6{,}94597$	$9{,}52987$	$19{,}05974$
⋮	⋮	⋮	⋮	⋮	⋮	⋮
$-\,0{,}5$	$6{,}860$	$1{,}372$	$2{,}04984$	$6{,}94597$	$9{,}52987$	$47{,}64935$
$-\,0{,}4$	$5{,}488$	$1{,}372$	$3{,}47299$	$4{,}89613$	$6{,}71749$	$54{,}36684$
$-\,0{,}3$	$4{,}116$	$1{,}372$	$1{,}42314$	$1{,}42314$	$1{,}95255$	$56{,}31939$
⋮	⋮	⋮	⋮	⋮	⋮	⋮
$0{,}0$	$0{,}000$	$1{,}372$	—	$0{,}00000$	$0{,}00000$	$56{,}31939$

ξ	$-1{,}0$	$-0{,}9$	$-0{,}8$	$-0{,}7$	$-0{,}6$	$-0{,}5$	$-0{,}4$	$-0{,}3$	$-0{,}2$	$-0{,}1$	$\mp0{,}0$
y_{1a}	0,000	1,002	1,804	2,442	2,945	3,337	3,636	3,855	4,004	4,091	4,120
$\bar{y}_1$	0,000	1,062	1,884	2,510	2,975	3,308	3,569	3,803	3,982	4,086	4,120
$\varDelta y$	0,000	$+0{,}060$	$+0{,}080$	$+0{,}068$	$+0{,}030$	$-0{,}029$	$-0{,}067$	$-0{,}052$	$-0{,}022$	$-0{,}005$	0,000

8. **Nachprüfung der Ergebnisse.** Eine Nachrechnung ergibt, daß die Bedingungen $M_c \approx 0$; $M_a = M_b \approx 0$ nahezu erfüllt sind (Abb. 542). Der Grad der Annäherung hängt von der Rechengenauigkeit ab.

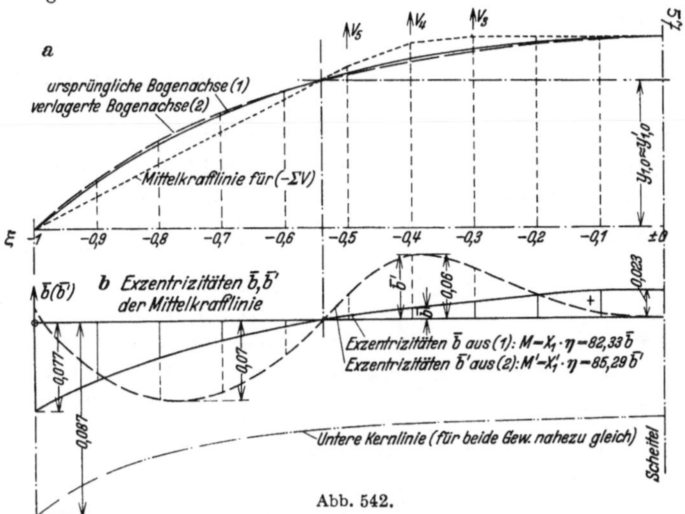

Abb. 542.

Färber: Der Gewölbebau. Neue Hilfsmittel für Berechnung und Bauausführung. Berlin 1916. — Ostenfeld, A.: Die günstigste Bogenform für statisch unbestimmte Bögen. Beton u. Eisen 1923. — Proksch, E.: Verfahren zum Aufsuchen der Bogenlinie gleicher Anstrengungen. Beton u. Eisen 1924 S. 33. — Ritter: Die Formgebung von Brückengewölben. Beitrag zum Internat. Brückenbaukongr. in Zürich 1926. — Krebitz, J.: Die günstigste Form statisch unbestimmter Bogenträger. Verhandlg. des 2. Internat. Kongr. f. Techn. Mech. Zürich 1927 u. Beton u. Eisen 1927 S. 199. — Kögler, F.: Die Formgebung der eingespannten Brückengewölbe. Bauing. 1928 S. 98. — Miozzi, E.: Die rationelle Bestimmung der Stützlinie in Gewölben. Bericht über die 2. Internat. Tagung f. Brückenbau und Hochbau. Wien 1929. — Campus, F.: La fibre moyenne des grandes voûtes hyperstatiques. Beitrag zum Internat. Brückenbaukongr. in Lüttich 1930. — Krebitz, J.: Die neue Wandau—Enns-Brücke. Beton u. Eisen 1930 S. 75. — Buschmann, W.: Über die Formgebung eingespannter Gewölbe. Bauing. 1931 S. 198. — Dischinger, F.: Beseitigung der zusätzlichen Biegungsmomente im Zweigelenkbogen mit Zugband. Abhandlung der Internat. Vereinigung f. Brückenbau und Hochbau Bd. 1 S. 69. Zürich 1932 u. Beton u. Eisen 1932 S. 309. — Miozzi, E.: Methode zur Verbesserung des Gleichgewichtszustandes der Gewölbe. Abhandlung der Internat. Vereinigung f. Brückenbau u. Hochbau Bd. 1 S. 337. Zürich 1932. — Mehmel: Bericht über Messungen bei Anwendung des Gewölbeexpansionsverfahrens beim Bau der Brücke über den Roguefluß. Bauing. 1933 S. 247.

58. Erweiterung der Aufgabe.

Die Nutzlast der Brücken wird in der Regel durch Zwischenmittel aus Erdschüttung und Betonmauerwerk oder durch besondere Tragwerke in die Bogenträger eingetragen. Die Fahrbahntafel wird auf die Bogenträger abgestützt oder daran aufgehängt und bei der statischen Untersuchung in der Regel derart idealisiert, daß die Schnittkräfte der Bogenträger unabhängig vom Überbau berechnet, also Auflast und Nutzlast dem Bogenträger statisch bestimmt zugeführt werden. Die Schüttung gilt daher als kohäsionslos, der Aufbau quer zur Fahrbahn in Streifen zerlegt, der Überbau als Folge von einzelnen Trägern, die untereinander und mit den Pfosten frei drehbar verbunden sind.

Diese Voraussetzung ist ganz oder auch teilweise nur in einzelnen Fällen verwirklicht worden. Die Fahrbahn stützt sich vielmehr auf durchlaufende Träger, deren Zwischenstützen mit diesem frei oder elastisch drehbar verbunden sind, so daß Bogenträger und Überbau elastisch voneinander abhängen. Um die Berechnung zu vereinfachen, werden die Formänderungen der Bogenträger bei der Untersuchung des Überbaues vernachlässigt und die Auflasten der Bogenträger durch den Überbau statisch bestimmt angenommen. Der elastische Zusammenhang von Bogenträger und Fahrbahn entlastet in der Regel den Bogenträger und erhöht die Spannungen des Überbaues. Um diese Nebenspannungen zu erfassen, liegt es nahe, die biegungssteifen Randträger der Fahrbahntafel dem Haupttragwerk einzugliedern, dafür aber auch den Baustoff der Bogenträger wirtschaftlich auszunützen.

Diese Entwicklung des Tragwerks wird darnach einerseits durch den biegungssteifen Bogenträger mit schlaffem Streckgurt (Abb. 543a und b) andererseits durch die Verbindung eines biegungssteifen Streckträgers mit einer Stabkette begrenzt (Abb. 543c und d), deren Elemente allein Längskräfte erhalten und daher nur die für die Stabilität notwendige Biegungssteifigkeit besitzen. Dazwischen liegen Tragwerke mit biegungssteifem Bogen und biegungssteifem Streckträger, die dann auch beide an der Übertragung des Momentes aus den äußeren Kräften am Tragwerk beteiligt sind (Abb. 543e und f). Die Belastung aus Fahrbahn und Nutzlast wird beiden Gurten durch senkrechte, frei drehbar angeschlossene Pfosten zugeführt. Der biegungssteife Anschluß (Abb. 543g und h) erzeugt in den Pfosten neben Längskräften auch Querkräften und dadurch eine Entlastung der Gurte von Biegungsmomenten. Diese ist bei schrägen Verbindungen (Abb. 543k und l) oder schrägen und senkrechten Verbindungen beider Gurte noch größer. Das Tragwerk wird zum Fachwerkträger mit biegungssteifen Gurten, in denen die Biegungsspannungen nur Neben

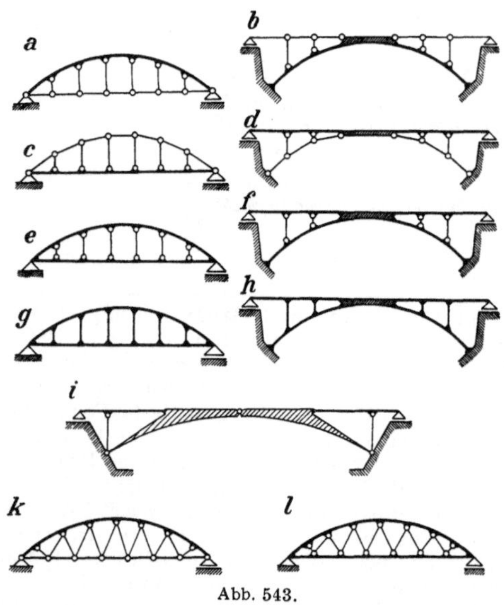

Abb. 543.

spannungen bedeuten. Um nicht die schönheitliche Wirkung der Bogenträger mit angehängter Fahrbahn durch die Überschneidung starker Wandglieder bei schräger Blickrichtung zu beeinträchtigen, sind schlaffe Stäbe aus Stahl verwendet worden, die nicht in der Lage sind, Druckkräfte zu übertragen, sondern dabei elastisch ausschalten. Die Gliederung des Tragwerks ist um so weniger veränderlich, je größer das Eigengewicht der Fahrbahn im Verhältnis zur Nutzlast ist.

Die Form der Träger wird in der Regel derart gewählt, daß die Pfosten und Bogenstäbe bei Eigengewicht im wesentlichen nur Längskräfte erhalten. Die Mittellinie des Stabbogens ist dann die Mittelkraftlinie aus Eigengewicht. Zur Berechnung dienen die Methoden der Abschnitte 24ff. Wenn dabei auch keine sachlichen Schwierigkeiten entstehen, so ist die Zahlenrechnung bei steif angeschlossenen Pfosten sehr umfangreich und fehlerempfindlich. Sie wird nach S. 485 bei gelenkig angeschlossenen Pfosten bereits wesentlich einfacher und bietet in den Beispielen Abb. 543d und i auch in formaler Beziehung keine Schwierigkeiten mehr. Der Einfluß gelenkig angeschlossener Hängestangen auf die Schnittkräfte eines Bogenträgers mit biegungssteifem Zugband oder Streckträger ist auf S. 270 abgeschätzt worden.

Bleich, F.: Die Berechnung statisch unbestimmter Tragwerke mit der Methode des Viermomentensatzes, 2. Aufl. Berlin 1925. — Girkmann, K.: Berechnung von Rahmen-Bogenträgern mit beliebigen Gurtquerschnitten. Stahlbau 1929 S. 253. — Maillart: Leichte Eisenbetonbrücken in der Schweiz. Bauing. 1931 S. 165. — Nielsen, O. F.: Bogenträger mit schräggestellten Hängestangen. Abhandlung d. Internat. Vereinigung f. Brückenbau u. Hochbau Bd. 1 S. 355. Zürich 1932.

59. Durchlaufende Bogenträger.

Die Mittellinie der durchlaufenden Bogenträger des Brücken- und Hochbaues ist stetig gekrümmt oder geradlinig gebrochen. Die Träger sind über den Stützen starr oder frei drehbar verbunden und stützen sich auf Pfeiler oder senkrechte Pfosten. Die Stützenquerschnitte sind starr oder frei drehbar, beweglich oder unverschieblich, elastisch drehbar oder elastisch verschieblich angeschlossen, so daß der wesentliche Anteil des Widerstandes entweder den Pfosten oder den Riegelstäben des Tragwerks zufällt.

Ist die Formänderung der Pfeiler ohne Einfluß auf den Spannungszustand der Träger, so werden die Schnittkräfte am einfachsten aus den geometrischen Bedingungen für die Formänderung eines statisch bestimmten oder unbestimmten Hauptsystems abgeleitet. Diese Rechnung verdient auch in allen anderen Fällen den Vorzug, wenn das Lösungsergebnis nicht durch ungünstige Fehlerfortpflanzung beeinträchtigt wird. Als statisch unbestimmte Hauptsysteme dienen die Rahmen und Bogenträger, deren Schnittkräfte aus den Tabellen in Abschn. 55, 56 und 61 bekannt sind oder in erster Stufe mit dreigliedrigen Bedingungsgleichungen angegeben werden können.

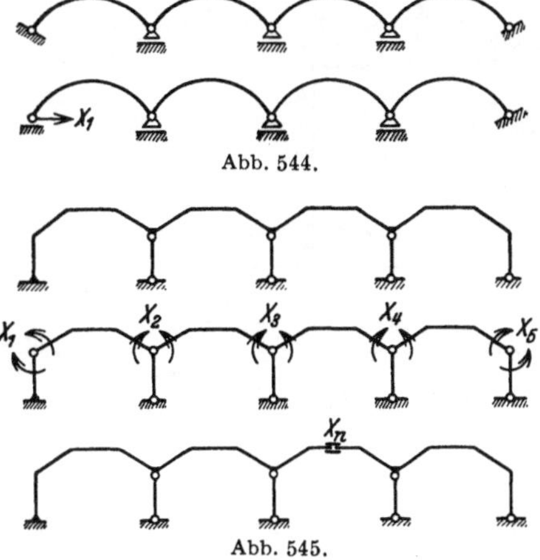

Abb. 544.

Abb. 545.

1. Der durchlaufende Bogen mit frei drehbarer Verbindung der Träger über den beweglich gelagerten Zwischenstützen ist einfach statisch unbestimmt. Die Bogenwirkung ist gering, da die Verschiebung δ_{10} aus der Belastung eines Feldes ebenso groß ist wie beim Zweigelenkbogen, dagegen die Verschiebung δ_{11} mit der Anzahl der Felder wächst (Abb. 544).

2. Der durchlaufende Bogen mit starrer Verbindung der Träger und beweglicher Lagerung der Zwischenstützen kann aus der Formänderung eines statisch bestimmten oder statisch unbestimmten Hauptsystems berechnet werden. Das eine besteht aus der Reihe einfacher Träger, das andere ist ein durchlaufender Balkenträger mit der Bogenkraft X_n als überzähliger Größe (Abb.

Abb. 546. Durchgehender Bogenträger auf frei drehbaren Stützpunkten mit oder ohne Scheitelgelenk.

545). Die statisch unbestimmten Schnittkräfte des Hauptsystems können daher nach Abschn. 47 mit einer Gruppe dreigliedriger Bedingungsgleichungen abgeleitet werden. Damit sind die Biegungsmomente $M_0^{(n-1)}$, $M_n^{(n-1)}$ also nach (305) auch die Verschiebungen $\delta_{n0}^{(n-1)}$, $\delta_{nn}^{(n-1)}$ bestimmt, so daß

$$X_n = \delta_{n0}^{(n-1)}/\delta_{nn}^{(n-1)} \quad \text{und} \quad M = M_0^{(n-1)} - X_n M_n^{(n-1)}.$$

3. Der durchlaufende Bogenträger mit frei drehbaren, aber unverschieblichen Zwischenstützen kann aus den geometrischen Bedingungen für die Form-

änderung eines Hauptsystems untersucht werden, an dem die Stützenmomente als überzählige Größen wirken. Der Ansatz ist dreigliedrig. Es besteht daher keine Veranlassung, die Schnittkräfte nach Abschn. 41 aus den Knotendrehwinkeln

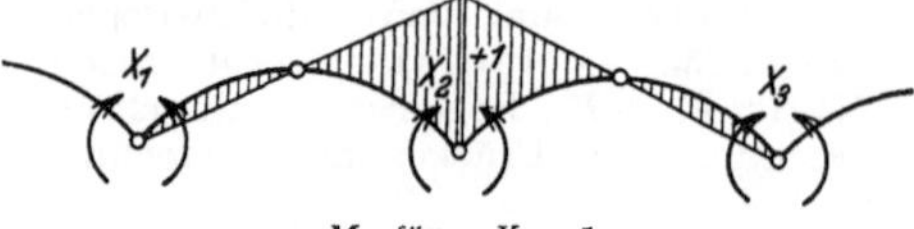

M_2 für $-X_2 = 1$

Abb. 547. Das statisch bestimmte Hauptsystem bei Anordnung von Scheitelgelenken. Die überzähligen Größen sind die Stützenmomente. Die Bedingungsgleichungen lauten bei Parabelform des Bogens und bei einer Querschnittsveränderung nach $J_c : J \cos \alpha = 1$
$$-X_1 l_2' + 4 X_2 (l_2' + l_3') - X_3 l_3' = 30 \delta_{20}^{(0)} .$$

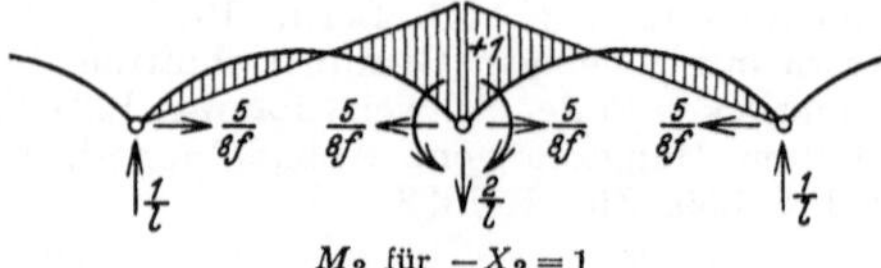

M_2 für $-X_2 = 1$

Abb. 548. Das statisch unbestimmte Hauptsystem besteht bei einem Träger ohne Scheitelgelenke aus einer Reihe von Zweigelenkbogen. Die überzähligen Größen sind die Stützenmomente. Die Bedingungsgleichungen lauten bei Parabelform des Bogens und bei einer Querschnittsveränderung nach $J_c : J \cos \alpha = 1$
$$-X_1 l_2' + 3 X_2 (l_2' + l_3') - X_3 l_3' = 24 \delta_{20}^{(5)} .$$

abzuleiten, denn die statischen Bedingungsgleichungen (583) mit $\psi_c = 0$ sind ebenfalls dreigliedrig. Dagegen läßt sich leicht dabei erkennen, daß der Spannungszustand eines Abschnittes von dem der anschließenden Felder weniger abhängt als beim durchlaufenden Balkenträger und daß die starre Einspannung der Trägerenden die Zerlegung des Trägers in statisch voneinander unabhängige Abschnitte bedeutet (Abb. 546 bis 548).

4. Der durchlaufende Bogenträger mit Pfosten auf frei drehbaren Enden läßt sich aus den geometrischen Verträglichkeitsbedingungen des statisch bestimmten Hauptsystems Abb. 549 berechnen. Der Ansatz erhält folgende Form:

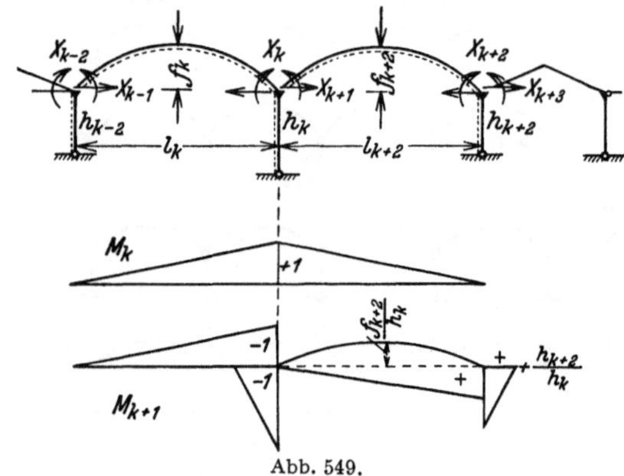

Abb. 549.

$$+ l_k' X_{k-2} + 2 \frac{h_k + f_k}{h_{k-2}} l_k' X_{k-1} + 2 (l_k' + l_{k+2}') X_k$$
$$- \left(2 l_k' - \frac{h_{k+2} + 2 f_{k+2}}{h_k} l_{k+2}' \right) X_{k+1} + l_{k+2}' X_{k+2} - l_{k+2}' X_{k+3} = 6 \delta_{k0} ,$$
$$- l_k' X_{k-2} - 2 \left(\frac{h_k}{h_{k-2}} h_k' + \frac{h_k + f_k}{h_{k-2}} l_k' \right) X_{k-1} - \left(2 l_k' - \frac{h_{k+2} + 2 f_{k+2}}{h_k} l_{k+2}' \right) X_k$$
$$+ 2 \left[l_k' + h_k' + \frac{h_{k+2}^2}{h_k^2} (l_{k+2}' + h_{k+2}') + \frac{8}{5} \frac{f_{k+2}^2}{h_k^2} l_{k+2}' + 2 \frac{f_{k+2} h_{k+2}}{h_k^2} l_{k+2}' \right] X_{k+1} \qquad (863)$$
$$+ 2 \frac{h_{k+2} + f_{k+2}}{h_k} l_{k+2}' X_{k+2} - 2 \left(\frac{h_{k+2} + f_{k+2}}{h_k} l_{k+2}' + \frac{h_{k+2}}{h_k} h_{k+2}' \right) X_{k+3} = 6 \delta_{(k+1)0} .$$

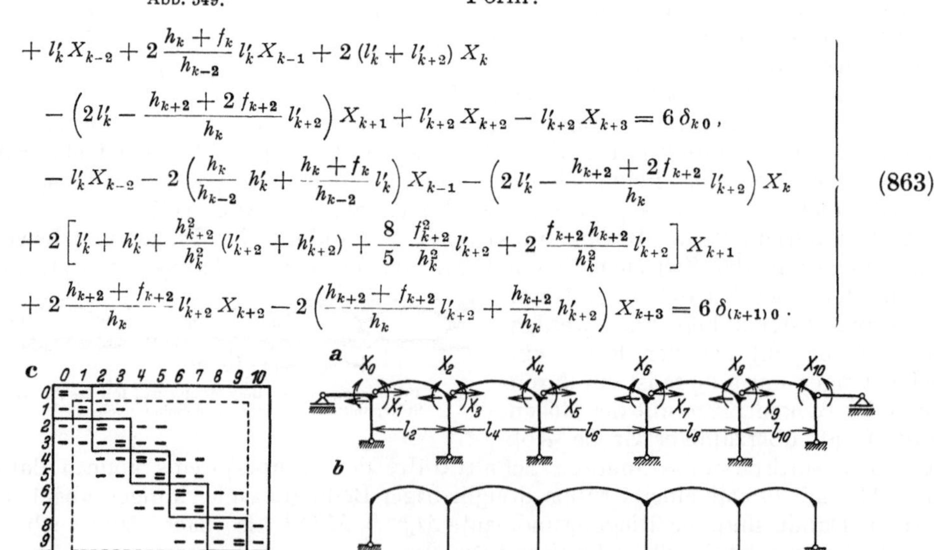

Abb. 550.

Je nachdem die Rahmenstellung nach Abb. 550a oder b abschließt, gilt in Abb. 550c die vollständige Matrix oder ihr umrandeter Kern. Der Ansatz wird nach S. 219 ff. aufgelöst. Der Abschluß der Rechnung nach S. 252 bedarf keiner Erläuterung. Dasselbe gilt bei Verwendung eines statisch unbestimmten Hauptsystems nach Abb. 551, dessen Spannungszustand für jeden Belastungsfall nach den Tabellen Abschn. 61 angeschrieben werden kann. Bei Symmetrie des Stabnetzes entsteht dann die folgende **Rechenvorschrift**:

Das Hauptsystem ist einfach statisch unbestimmt und die Bogenkraft H des mittleren Abschnitts überzählige Größe der ersten Eliminationsstufe. $H = Y_a$. Sie ist bei antimetrischer Belastung des Hauptsystems Null oder statisch bestimmt. Aus den symmetrisch liegenden statisch unbestimmten Schnittkräften der zweiten Eliminationsstufe (Abb. 551 b) werden nach Abschn. 28 folgende Gruppenlasten gebildet:

$$X_1 = \frac{X_a + X_d}{2}, \qquad X_2 = \frac{X_a - X_d}{2},$$

$$X_3 = \frac{X_b + X_c}{2}, \qquad X_4 = \frac{X_b - X_c}{2}.$$

Nach Tabelle 45 ist für den mittleren Rahmen ($J_h = J_c/3$), $\varkappa = 0{,}1333$, $\varphi = 0{,}45$, $\mu = 26{,}9430$ und mit den Werten Φ für

$$-X_1 = 1: \quad H = -W\,\Phi = +0{,}25 \cdot 0{,}227$$
$$= 0{,}0567\ \text{t},$$

$$-X_3 = 1: \quad H = \frac{M}{h}\,\Phi = \frac{1}{4{,}0}\,0{,}724$$
$$= 0{,}1810\ \text{t},$$

$$-X_2 = 1: \quad H_a = -H_b = \frac{1}{h} = 0{,}25\ \text{t},$$

$$-X_4 = 1: \quad H = 0.$$

Bei gleichförmiger Belastung der Endfelder ist $H = 0$, bei gleichförmiger Belastung $p = 3$ t/m des mittleren Abschnitts (Abb. 552) nach S. 583

$$H = \frac{p\,l}{8}\,\lambda\,\Phi = \frac{3 \cdot 10{,}0}{8} \cdot \frac{10}{4} \cdot 0{,}505 = 4{,}731\ \text{t}.$$

Der symmetrische (1) und antimetrische (2) Anteil $w/2$ einer waagerechten Belastung $w = 0{,}75$ t/m des linken Endpfostens (Abb. 553) liefert nach S. 584

$$^{(1)}H = -W\,\Phi = -\frac{w}{2} \cdot \frac{4}{2}\,\Phi$$
$$= -0{,}75 \cdot 0{,}227 = -0{,}170\ \text{t},$$

$$^{(2)}H_b = -\,^{(2)}H_a = \frac{W}{2} = \frac{0{,}75}{2} = 0{,}375\ \text{t}.$$

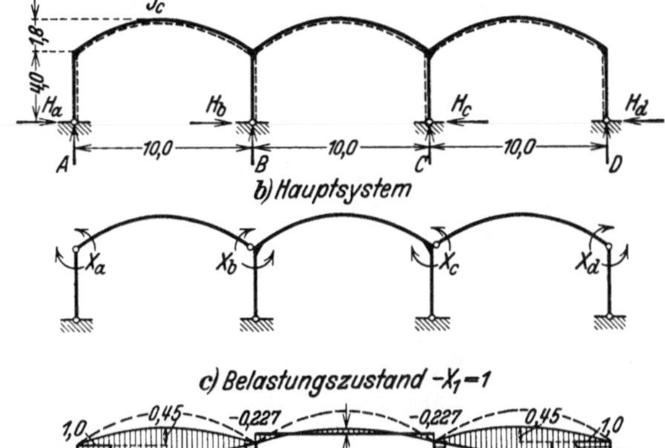

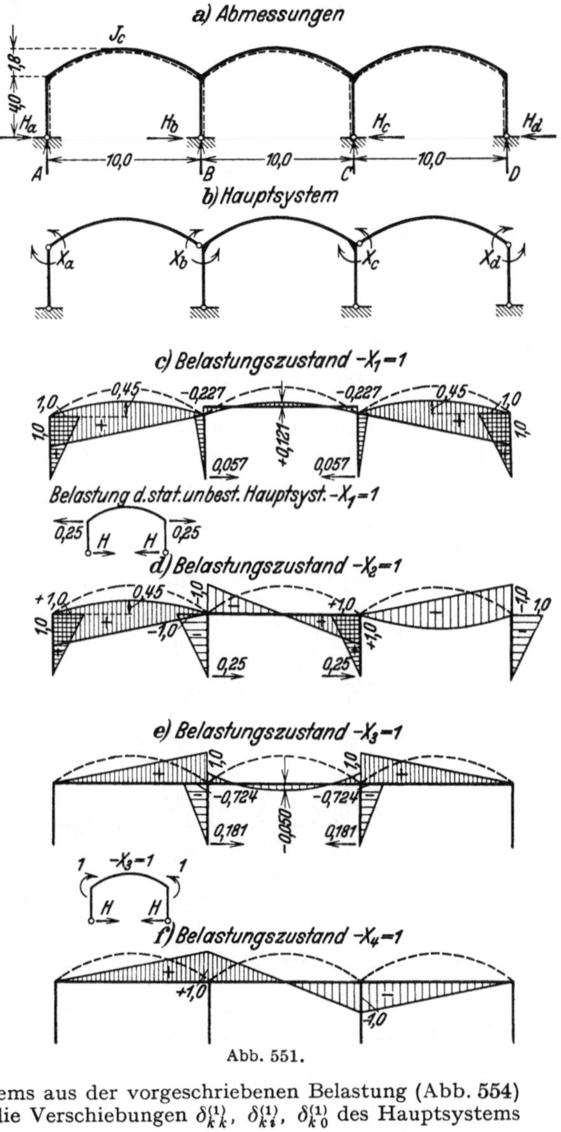

Abb. 551.

Damit sind die Schnittkräfte des Hauptsystems aus der vorgeschriebenen Belastung (Abb. 554) und aus $-X_1 = 1$ usw. bekannt, so daß die Verschiebungen $\delta_{kk}^{(1)}$, $\delta_{ki}^{(1)}$, $\delta_{k0}^{(1)}$ des Hauptsystems nach S. 161 angegeben werden können.

Symmetrischer Anteil		Antimetrischer Anteil	
X_1	X_3	X_2	X_4
15,870	6,467	19,937	3,000
6,467	7,263	3,000	10,000

5. Die durchlaufenden Bogenträger auf elastisch drehbaren Stützen mit frei drehbaren oder eingespannten Enden lassen sich nach einheitlichen Regeln untersuchen, wenn die Längskräfte im Bogenscheitel als überzählige Größen

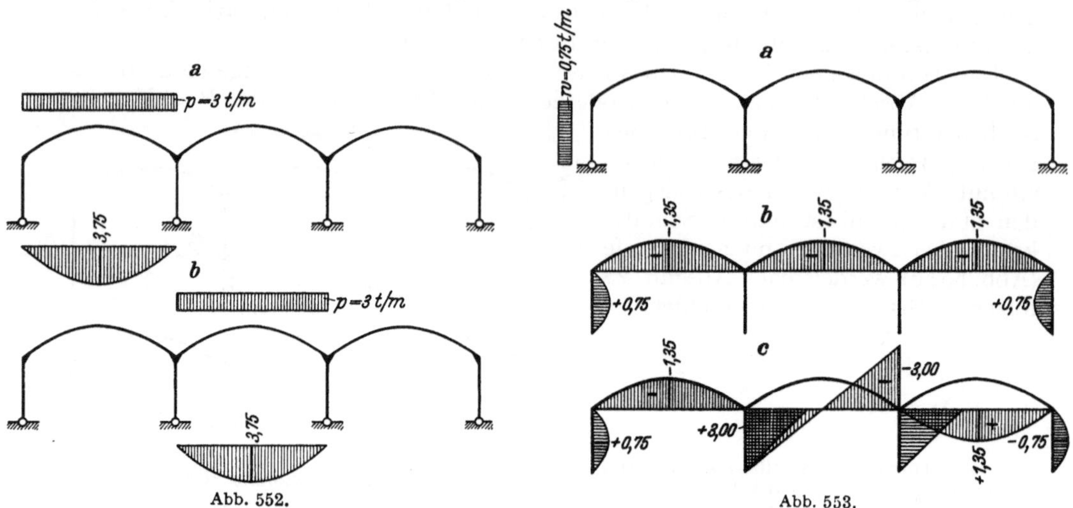

Abb. 552.

Abb. 553.

einer zweiten Eliminationsstufe bestimmt werden, so daß die statisch unbestimmten Stützenmomente des Trägers zunächst in einem durchlaufenden Balkenträger erscheinen und nach Abschn. 47 für die vorgeschriebene Belastung und die äußeren Kräfte — $X_3 = 1$ usw. aus dreigliedrigen Bedingungsgleichungen hervorgehen. In jedem Falle entsteht dann die folgende Rechenvorschrift:

Die geometrischen und elastischen Eigenschaften des Stabnetzes (Abb. 555) werden möglichst einfach gewählt, um

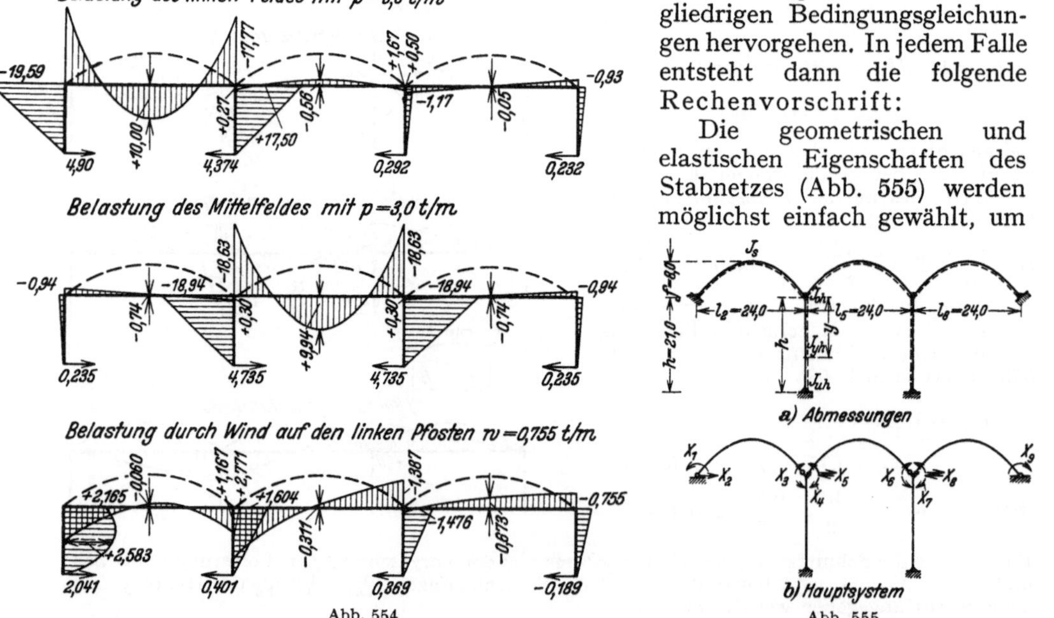

Abb. 554.

Abb. 555.

übersichtlich zu rechnen. Die Mittellinie des Trägers wird daher als Parabel angenommen, für die Querschnitte gilt $J_s/J \cos\alpha = 1$. Die Querschnitte des Zwischenpfeilers mit J_{vh} sollen mit $n = J_{oh} : J_{uh}$ die Funktion $J_{oh}/J_{uh} = 1 - (1-n)\,y^2/h^2$ erfüllen. Die waagerechte Verschiebung ε_{11} und die Verdrehung ε_{21} des Stützenkopfes durch eine waagerechte Kraft 1 ist daher im statisch bestimmten Hauptsystem nach Abschn. 18

$$\varepsilon_{11} = \int y^2 \frac{J_c}{J}\, dy = \frac{h^2 h'}{15}(2 + 3n), \qquad \varepsilon_{21} = \int y \frac{J_c}{J}\, ds = \frac{h h'}{4}(1 + n).$$

Ein Kräftepaar 1 am Stützenkopf führt zur Verdrehung

$$\varepsilon_{22} = \int \frac{J_c}{J}\, dy = \frac{h'}{3}(2 + n), \qquad h' = h \frac{J_s}{J_{oh}}.$$

Das Tragwerk zählt neun statisch unbestimmte Schnittkräfte, von denen die Längskräfte X_2, X_5, X_8 im Scheitel der Bogenträger in einer zweiten Stufe berechnet werden, so daß die erste nur die Einspannungsmomente eines sechsfach statisch unbestimmten Balkenträgers als überzählige Größen enthält. Sie werden durch $X_1^{(6)} = Y_1 \ldots X_9^{(6)} = Y_6$ bezeichnet und für die vorgeschriebenen Belastungen P, $- X_2 = 1$ aus dem folgenden Ansatz berechnet:

Die $6\,EJ_s/l'$ fachen Beträge der Verschiebungen sind

$$\delta'_{11} = 2, \qquad \delta'_{12} = 1, \qquad \delta'_{22} = 2 + \frac{6}{l}\,\varepsilon_{22}.$$

$$\delta'_{23} = -\frac{6}{l}\,\varepsilon_{22}.$$

Mit $l = l' = 24{,}0$ m, $h = 21{,}0$ m,

$J_s = 0{,}018$ m⁴, $J_{oh} = 0{,}0833$ m⁴,

$J_{uh} = 0{,}667$ m⁴,

$n = 0{,}0833/0{,}667 = 0{,}125$, $h' = 4{,}54$ m

nach Abb. 555 ist

$\varepsilon_{11} = 317{,}0$, $\varepsilon_{12} = 26{,}8$, $\varepsilon_{22} = 3{,}21$,

$\delta'_{22} = 2{,}8025$, $\delta'_{23} = -0{,}8025$.

	Y_1	Y_2	Y_3	Y_4	Y_5	Y_6
1	δ_{11}	δ_{12}				
2	δ_{21}	δ_{22}	δ_{23}			
4		δ_{32}	δ_{33}	δ_{34}		
6			δ_{43}	δ_{44}	δ_{45}	
7				δ_{54}	δ_{55}	δ_{56}
9					δ_{65}	δ_{66}

Bedingungsgleichungen der ersten Stufe:

	Y_1	Y_2	Y_3	Y_4	Y_5	Y_6
1	2	1				
3	1	$-2{,}8025$	$-0{,}8025$			
4		$-0{,}8025$	$2{,}8025$	1		
6			1	$2{,}8025$	$-0{,}8025$	
7				$-0{,}8025$	$2{,}8025$	1
9					1	2

Konjugierte Matrix nach Abschnitt 29:

$$\begin{array}{ccccc} -\varkappa_{21} & -\varkappa_{32} & -\varkappa_{43} & -\varkappa_{54} & -\varkappa_{65} \\ -0{,}394\,501 & +0{,}333\,525 & -0{,}396\,385 & +0{,}348\,534 & -0{,}500\,000 \end{array}$$

	1	3	4	6	7	9
1	$+0{,}622\,859$	$-0{,}245\,718$	$-0{,}081\,953$	$+0{,}032\,485$	$+0{,}011\,322$	$-0{,}005\,661$
3	$-0{,}245\,718$	$+0{,}491\,437$	$+0{,}163\,907$	$-0{,}064\,970$	$-0{,}022\,644$	$+0{,}011\,322$
4	$-0{,}081\,953$	$+0{,}163\,907$	$+0{,}470\,274$	$-0{,}186\,410$	$-0{,}064\,970$	$+0{,}032\,485$
6	$+0{,}032\,485$	$-0{,}064\,970$	$-0{,}186\,410$	$+0{,}470\,274$	$+0{,}163\,907$	$-0{,}081\,953$
7	$+0{,}011\,322$	$-0{,}022\,644$	$-0{,}064\,970$	$+0{,}163\,907$	$+0{,}491\,437$	$-0{,}245\,718$
9	$-0{,}005\,661$	$+0{,}011\,322$	$+0{,}032\,485$	$-0{,}081\,953$	$-0{,}245\,718$	$+0{,}622\,859$

$$-0{,}500\,000 = -\varkappa_{12}$$
$$+0{,}348\,534 = -\varkappa_{24}$$
$$-0{,}396\,385 = -\varkappa_{34}$$
$$+0{,}333\,525 = -\varkappa_{45}$$
$$-0{,}394\,501 = -\varkappa_{56}$$

Die Belastungszahlen $\delta'_{k0} = 6\,\delta_{k0}/l$ sind für

$$-X_2 = 1:\quad \delta'_{10} = 2\,f = 16,0\,, \qquad \delta'_{20} = 2\,f - \frac{6}{l}\,\varepsilon_{12} = 9,30\,, \qquad \delta'_{30} = \frac{6}{l}\,\varepsilon_{12} = 6,70\,,$$

$$-X_5 = 1:\quad \delta'_{20} = \frac{6}{l}\,\varepsilon_{12} = 6,70\,, \qquad \delta'_{30} = 2\,f - \frac{6}{l}\,\varepsilon_{12} = 9,30 = \delta'_{40}\,, \qquad \delta'_{50} = \frac{6}{l}\,\varepsilon_{12} = 6,70\,,$$

$$-X_8 = 1:\quad \delta'_{40} = \frac{6}{l}\,\varepsilon_{12} = 6,70\,, \qquad \delta'_{50} = 2\,f - \frac{6}{l}\,\varepsilon_{12} = 9,30\,, \qquad \delta'_{60} = 2\,f = 16,0\,.$$

Infolge der Symmetrie wird daher nach (412)

$$Y_{11} = Y_{68} = 7,13148\,, \qquad Y_{21} = Y_{58} = 1,73705\,, \qquad Y_{31} = Y_{48} = 3,36421\,,$$

$$Y_{41} = Y_{38} = -1,33282\,, \qquad Y_{51} = Y_{28} = -0,04356\,, \qquad Y_{61} = Y_{18} = 0,23237\,,$$

$$Y_{15} = Y_{65} = -2,03050\,, \qquad Y_{25} = Y_{55} = 4,36445\,, \qquad Y_{35} = Y_{45} = 3,30281\,.$$

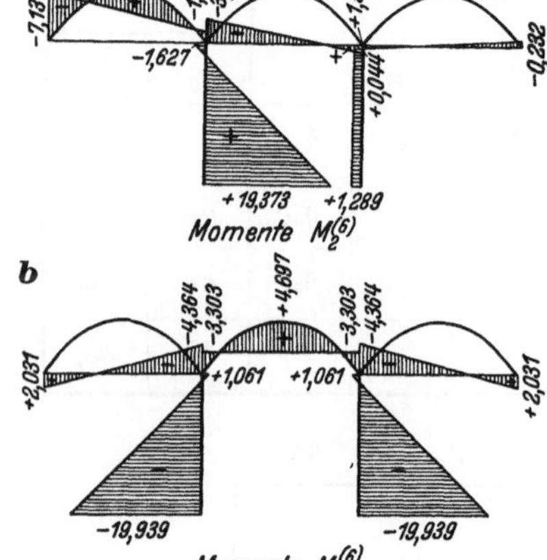

Abb. 556.

Abb. 556a zeigt die Momente $M_2^{(6)}$ infolge von $-X_2 = 1$, das Spiegelbild die Momente $M_8^{(6)}$ infolge von $-X_8 = 1$, Abb. 556b die Momente $M_5^{(6)}$ aus $-X_5 = 1$. Darnach können bei den einfachen elastischen Beziehungen $(J_s/J \cos \alpha)$ des Riegels die Biegelinien $\delta_{m2}^{(6)}$, $\delta_{m5}^{(6)}$, $\delta_{m8}^{(6)}$ unmittelbar nach Tab. 12 angeschrieben werden. Dasselbe würde auch bei einer vorgeschriebenen Belastung $\mathfrak{P}$ mit $\delta_{20}^{(6)}$, $\delta_{50}^{(6)}$, $\delta_{80}^{(6)}$ der Fall sein.

Die zweite Stufe des Ansatzes dient zur Berechnung der Längskräfte X_2, X_5, X_8. Sie besteht aus drei geometrischen Bedingungen für die Formänderung eines sechsfach statisch unbestimmten Hauptsystems. Die Vorzahlen des Ansatzes werden nach S. 161 berechnet. Darnach ist:

$$\delta_{22}^{(6)} = \int M_2^{(0)} M_2^{(6)} \frac{J_c}{J}\, ds$$

$$= 24,0\left[\frac{8}{15}\cdot 8,0\cdot 8,0 - \frac{1}{3}\,8,0\,(7,131 + 1,737)\right]$$

$$- 26,8 \cdot 1,627 + 317 = +525,036 = \delta_{88}^{(6)}\,,$$

$$\delta_{25}^{(6)} = 24,0 \cdot \frac{1}{3} \cdot 8,0\,(2,031 - 4,364) + 26,8 \cdot 1,061 - 317 = -467,877 = \delta_{85}^{(6)}\,,$$

$$\delta_{28}^{(6)} = 24,0 \cdot \frac{1}{3} \cdot 8,0\,(0,044 - 0,232) + 26,8 \cdot 1,289 = +22,513\,,$$

$$\delta_{55}^{(6)} = 24,0 \cdot \frac{8}{15} \cdot 8,0 \cdot 8,0 - 24,0 \cdot \frac{2}{3} \cdot 8,0 \cdot 3,303 - 2 \cdot 26,8 \cdot 1,061 + 2 \cdot 317 = +973,546\,.$$

Bedingungsgleichungen der zweiten Stufe:

	X_2	X_5	X_8
2	$+ 525,036$	$- 467,877$	$+ 22,513$
5	$- 467,877$	$+ 973,546$	$- 467,877$
8	$+ 22,513$	$- 467,877$	$+ 525,036$

Konjugierte Matrix:

	$\delta_{20}^{(6)}$	$\delta_{50}^{(6)}$	$\delta_{80}^{(6)}$
2	$+ 0,006106$	$+ 0,004912$	$+ 0,004116$
5	$+ 0,004912$	$+ 0,005749$	$+ 0,004912$
8	$+ 0,004116$	$+ 0,004912$	$+ 0,006106$

Die Fehlerempfindlichkeit des Ansatzes wird nach S. 167 geprüft.

$$\varphi = \pm p \frac{\Sigma |\delta_{ik} D_{ik}|}{D'} \approx \pm p \frac{1024 \cdot 10^6}{48 \cdot 10^6} = \pm 21{,}4\,p \,.$$

Sie ist nach S. 168 für das Ergebnis ungünstig. Berechnung der überzähligen Schnittkräfte:

$$X_2 = \beta_{22}\delta_{20}^{(6)} + \beta_{25}\delta_{50}^{(6)} + \beta_{28}\delta_{80}^{(6)} \,.$$

Einflußlinien (X_8 Spiegelbild zu X_2) (Abb. 557).

	Abschnitt l_2	Abschnitt l_5
X_2	$9{,}3788\,\omega_P'' - 3{,}1397\,\omega_D' - 3{,}0587\,\omega_D$	$7{,}5448\,\omega_P'' - 3{,}0027\,\omega_D' - 2{,}1054\,\omega_D$
X_5	$7{,}5448\,\omega_P'' - 2{,}3511\,\omega_D' - 3{,}2068\,\omega_D$	$8{,}3305\,\omega_P'' - 2{,}7807\,(\omega_D' + \omega_D)$

	Abschnitt l_8
X_2	$6{,}3222\,\omega_P'' - 2{,}7184\,\omega_D' - 1{,}9960\,\omega_D$
X_5	$7{,}5448\,\omega_P'' - 2{,}3511\,\omega_D - 3{,}2068\,\omega_D'$

Die Lösung ist bei Ausnützung der Symmetrie kürzer, jedoch hier mit Rücksicht auf andere Aufgaben allgemein durchgeführt worden.

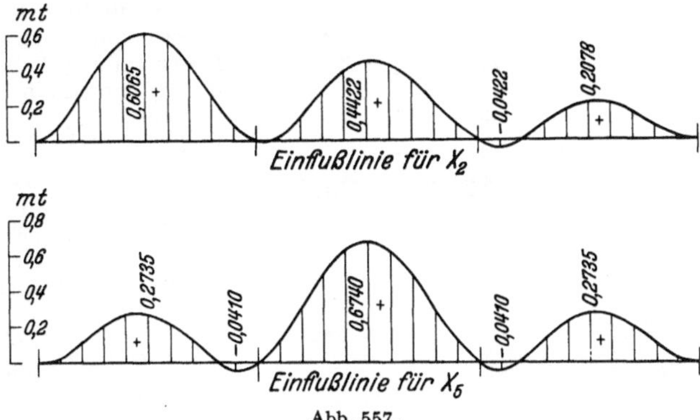

Abb. 557.

Eine angenäherte Untersuchung, bei welcher die Verdrehung φ_H der Stützenköpfe H als klein gegen deren waagerechte Verschiebung u_H vernachlässigt wird, ist wesentlich einfacher. Nach S. 563 ist:

$$u_H = (X_k - X_h)\,\varepsilon_{11}^{(h)} + (X_{h+1} - X_{k-1})\,\varepsilon_{12}^{(h)},$$
$$\varphi_H = (X_k - X_h)\,\varepsilon_{21}^{(h)} + (X_{h+1} - X_{k-1})\,\varepsilon_{22}^{(h)},$$

mit

$$\overline{\varphi}_H = 0, \qquad \overline{u}_H = (X_k - X_h)\left(\varepsilon_{11}^{(h)} - \frac{\varepsilon_{12}^{(h)\,2}}{\varepsilon_{22}^{(h)}}\right).$$

Werden die einzelnen Bogenträger l_h, l_k wie bisher als symmetrisch angenommen, so lassen sich aus den statisch unbestimmten Schnittkräften X_{k-1}, X_k, X_{k+1} eines Abschnitts l_k (Abb. 558) nach S. 523 folgende voneinander unabhängige Gruppenlasten bilden:

$$Z_{k-1} = \frac{X_{k-1} - X_{k+1}}{2}, \qquad Z_{k+1} = \frac{X_{k-1} + X_{k+1}}{2} \,.$$

$$Z_k: \quad X_k \text{ in Verbindung mit } Z_{(k+1)k} = -X_k y_0^{(k)} \,.$$

Da außerdem die Verdrehung der Stützenköpfe nach Vorschrift ausgeschlossen wird, sind alle Gruppenlasten $\ldots Z_{h-1}, Z_{k-1} \ldots Z_{h+1}, Z_{k+1} \ldots$ voneinander unabhängig. Nach S. 523 ist daher

$$Z_{k-1} = \delta_{(k-1)\,0}/\delta_{(k-1)\,(k-1)}, \qquad Z_{k+1} = \delta_{(k+1)\,0}/\delta_{(k+1)\,(k+1)}.$$

Die überzähligen Größen Z_k sind Wurzeln des folgenden dreigliedrigen Ansatzes:

$$Z_h \delta_{k\,h} + Z_k \delta_{k\,k} + Z_r \delta_{k\,r} = \delta_{k\,0}.$$

Er enthält bei Belastung eines Abschnittes l_k außer δ_{k0} keine Belastungszahlen, so daß mit den Kennbeziehungen

$$Z_h/Z_k = -\varkappa_{h\,k}, \qquad Z_r/Z_k = -\varkappa_{r\,k},$$

$$Z_k = \frac{\delta_{k\,0}}{-\delta_{k\,h}\varkappa_{h\,k} + \delta_{k\,k} - \delta_{k\,r}\varkappa_{r\,k}},$$

$$Z_k = \frac{\delta_{k\,0}}{\delta_{k\,k}} + \frac{\delta_{k\,0}}{\delta_{k\,k}} \frac{\delta_{k\,h}\varkappa_{h\,k} + \delta_{k\,r}\varkappa_{r\,k}}{-\delta_{k\,h}\varkappa_{h\,k} + \delta_{k\,k} - \delta_{k\,r}\varkappa_{r\,k}} = Z_{k,0} + Z_{k,1}.$$

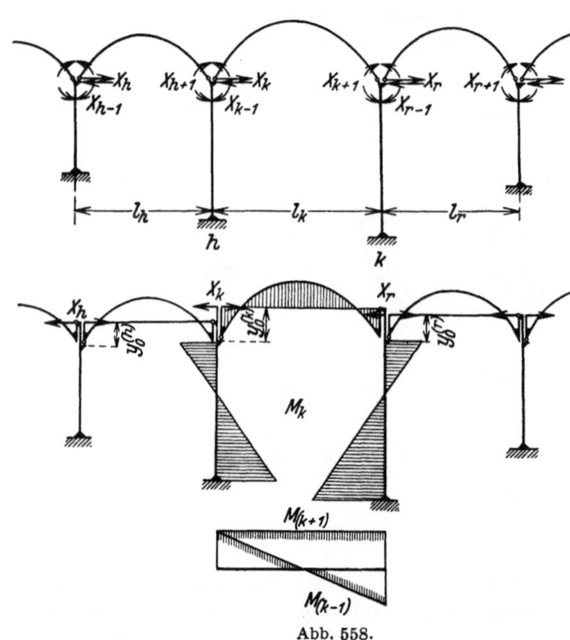

Abb. 558.

Der Anteil $Z_{k,1}$ beschreibt demnach den Einfluß der elastischen Eigenschaften aller übrigen Träger und Pfosten auf die Bogenkraft Z_k.

Um die Brauchbarkeit der Näherungsrechnung zu prüfen, wird die Bogenstellung Abb. 555 untersucht, für die bereits ein genaues Ergebnis vorliegt.

Bogenform: Parabel mit $l=24{,}0$ m, $f = 8{,}0$ m, $J_s = 0{,}018$ m⁴, $J_s/J \cos\alpha = 1$, $y_0^{(k)} = \tfrac{2}{3} f$.

Pfeiler: $h = 21{,}0$ m,

$$\frac{J_o}{J_v} = 1 - (1 - n)\frac{J^2}{h^2},$$

$$n = \frac{J_o}{J_u} = \frac{0{,}0833}{0{,}677} = 0{,}125,$$

$\varepsilon_{11} = 317{,}0$, $\varepsilon_{12} = 26{,}8$, $\varepsilon_{22} = 3{,}21$, daher

$$\delta_{22,1} = \frac{4}{45} f^2 l = 136{,}53,$$

$$\delta_{22,2} = \varepsilon_{11} - \frac{\varepsilon_{12}^2}{\varepsilon_{22}} = 93{,}25,$$

Matrix der Bedingungsgleichungen

	X_2	X_5	X_8
2	229,8	− 93,3	
5	− 93,3	323,0	− 93,3
8		− 93,3	229,8

Konjugierte Matrix der Vorzahlen β_{hk}.

	$\delta_{20}^{(6)}$	$\delta_{50}^{(6)}$	$\delta_{80}^{(6)}$
2	+ 0,005 018	+ 0,001 642	+ 0,000 667
5		+ 0,004 044	+ 0,001 642
8			+ 0,005 018

Gleichung der Einflußlinien für die Bogenkräfte.

	Bogen l_2	Bogen l_5	Bogen l_8
X_2	$\beta_{22}\,\delta_{m\,2}$ $\beta_{22}\dfrac{f\,l_2^2}{3}(\omega_P''-\omega_R)$ $7{,}7081\,(\omega_P''-\omega_R)$	$\beta_{25}\,\delta_{m\,5}$ $\beta_{25}\dfrac{f\,l_5^2}{3}(\omega_P''-\omega_R)$ $2{,}5221\,(\omega_P''-\omega_R)$	$\beta_{28}\,\delta_{m\,8}$ $\beta_{28}\dfrac{f\,l_8^2}{3}(\omega_P''-\omega_R)$ $1{,}0241\,(\omega_P''-\omega_R)$
X_5	$2{,}5221\,(\omega_P''-\omega_R)$	$6{,}2116\,(\omega_P''-\omega_R)$	$2{,}5221\,(\omega_P''-\omega_R)$
X_8	$1{,}0241\,(\omega_P''-\omega_R)$	$2{,}5221\,(\omega_P''-\omega_R)$	$7{,}7081\,(\omega_P''-\omega_R)$

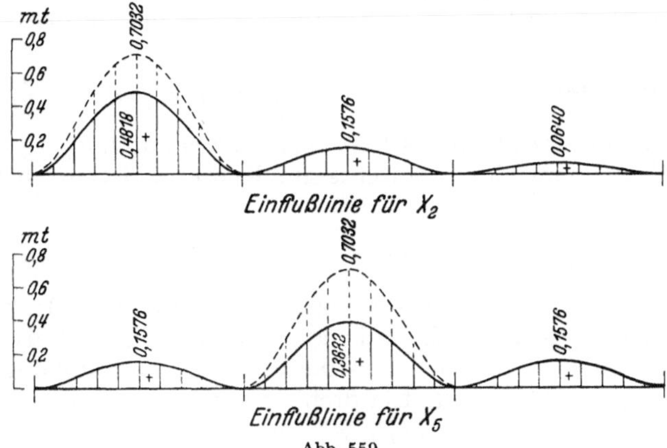

Abb. 559.

Zum Vergleich ist die Einflußlinie des beiderseits starr eingespannten Bogenträgers nach S. 531 berechnet und in Abb. 559 punktiert eingetragen worden.

$$X = \frac{15}{4}\,\frac{l}{f}\,\frac{1}{1+\nu}\,\zeta^2\zeta'^2 = \frac{15}{4}\,\frac{l}{f}\,\frac{1}{1+\nu}\,\omega_R^2 \,.$$

Das genaue Ergebnis steht auf S. 565 und kann nach S. 349 ebenfalls aus den Knoten- und Stabdrehwinkeln des Verschiebungszustandes abgeleitet werden. Auch hier bedeutet die Näherungsrechnung mit $\varphi_H = 0$ eine wesentliche Vereinfachung, die leicht im Ansatz der Lösung verfolgt werden kann.

Ritter, M.: Beiträge zur Theorie und Berechnung der vollwandigen Bogenträger ohne Scheitelgelenk. Berlin 1909. — Marcus, H.: Studien über mehrfach gestützte Rahmen und Bogenträger. Berlin 1911. — Müller-Breslau, H.: Zur Auflösung der mehrgliedrigen Elastizitätsgleichungen. Anwendung auf mehrfach gestützte Rahmen. Eisenbau 1917 S. 193. — Straßner, A.: Der durchlaufende Bogen. Berlin 1919. — Hertwig, A.: Die Berechnung der Rahmengebilde. Eisenbau 1921 S. 122. — Schächterle, K.: Die Talbrücken der Verbindungsbahn Tuttlingen—Hattingen. Beton u. Eisen 1933 S. 7.

60. Der Rahmen.

Geschlossene und offene Stabzüge mit geraden oder gekrümmten, steif miteinander verbundenen Elementen, werden als Rahmen bezeichnet, wenn die ihnen nach S. 312 zuzuordnende Stabkette beweglich ist. Die geschlossenen Rahmen sind statisch bestimmt oder statisch unbestimmt gestützt, die Enden der offenen Stabzüge in der Regel frei drehbar angeschlossen oder eingespannt. Die Verbindung mehrerer biegungssteifer Stabzüge liefert mehrteilige Rahmen.

Die Schnittkräfte werden entweder nach (288) als Funktion statisch überzähliger Größen X_k oder nach (500) als Funktion der geometrischen Randwerte φ_J, ϑ_h der

Formänderung angegeben. Diese sind nach Abschn. 24 ff. durch die geometrischen Bedingungen für den Verschiebungszustand eines statisch bestimmten oder statisch unbestimmten Hauptsystems, jene nach Abschn. 38 ff. durch die statischen Bedingungen für das Gleichgewicht der Anschlußkräfte an den Stabenden eines geometrisch bestimmten Hauptsystems bekannt. Beide Lösungen haben sich als ausreichendes und zuverlässiges Hilfsmittel zur Rahmenberechnung erwiesen. Trotzdem werden hierfür in der Literatur noch zahlreiche andere Ansätze vorgeschlagen, deren Eigenart durch die Auswertung der geometrischen Eigenschaften geschlossener Stabzüge und in der winkeltreuen Verformung der Stabknoten begründet, deren Kern jedoch stets in den allgemeinen Methoden enthalten ist.

Am Rahmenknoten K der Abb. 560a sind h Stäbe biegungssteif angeschlossen, von denen k und $(k+1)$ dem geschlossenen Stabzuge r zugeordnet sind. Sie bilden den Winkel $\Theta_K^{(r)} = 180^0 - \alpha_k^{(r)} + \alpha_{k+1}^{(r)}$. Er ändert sich infolge der Formänderung des Stabwerks.

$$\Theta_K^{(r)} \rightarrow \Theta_K^{(r)} + \varDelta\Theta_K^{(r)}; \qquad \varDelta\Theta_K^{(r)} = -\varDelta\alpha_k^{(r)} + \varDelta\alpha_{k+1}^{(r)} = \vartheta_k - \vartheta_{k+1}.$$

Die elastische Bewegung des Knotens K ist nach S. 305 durch u_K, v_K, φ_K bestimmt. Die winkeltreue Verformung des Stabwerks am Knoten liefert nach S. 306 $(h-1)$ Bedingungsgleichungen:

$$\varphi_K = \tau_K^{(k)} + \vartheta_k = \tau_K^{(k+1)} + \vartheta_{k+1} \quad \text{oder} \quad \tau_K^{(k+1)} - \tau_K^{(k)} + \vartheta_{k+1} - \vartheta_k = 0. \qquad (864)$$

Lösung a) Die Winkel beschreiben die Formänderung einer Gelenkkette $\overline{JK}$, an der neben der Belastung $\mathfrak{P}_k$ noch die Stabendmomente $M_J^{(k)}$, $M_K^{(k)}$ als äußere Kräfte angreifen. Die Lasten $\mathfrak{P}_k$ erzeugen allein die EJ_c fache Verdrehung $\tau_{J0}^{(k)}$, $\tau_{K0}^{(k)}$ der Endtangenten J, K eines beiderseits frei drehbar gestützten Stabes l_k (Tabelle 17), die unbekannten Stabendmomente $M_J^{(k)}$, $M_K^{(k)}$ die EJ_c fache Verdrehung $\tau_{JM}^{(k)}$, $\tau_{KM}^{(k)}$. Die Stabendmomente werden in Übereinstimmung mit dem Drehsinn der Winkel nach S. 305 im Uhrzeiger positiv bezeichnet. Die Gleichung

$$\tau_{KM}^{(k+1)} - \tau_{KM}^{(k)} + \vartheta_{k+1} - \vartheta_k + \tau_{K0}^{(k+1)} - \tau_{K0}^{(k)} = 0, \qquad (k = 1, \dots h-1), \qquad (865)$$

enthält daher 4 Stabendmomente als Unbekannte (Viermomentengleichung). Sie lautet bei geraden Stäben mit konstantem Trägheitsmoment J_k für

$$l_k' = l_k \frac{J_c}{J_k}, \qquad \tau_{JM}^{(k)} = \frac{l_k'}{6}(2M_J^{(k)} - M_K^{(k)}), \qquad \tau_{KM}^{(k)} = \frac{l_k'}{6}(2M_K^{(k)} - M_J^{(k)}), \qquad (866)$$

$$l_k' M_J^{(k)} - 2l_k' M_K^{(k)} + 2l_{k+1}' M_K^{(k+1)} - l_{k+1}' M_L^{(k+1)} + 6\vartheta_{k+1} - 6\vartheta_k + 6\tau_{K0}^{(k+1)} - 6\tau_{K0}^{(k)} = 0 \qquad (867)$$

und kann ebenso für Stäbe mit Zwischenstützung oder für gekrümmte Stäbe angeschrieben werden. Die EJ_c fachen Stabdrehwinkel $\vartheta_k, \vartheta_{k-1}$ sind nach (526) Funktionen der unabhängigen Komponenten ψ_c des Verschiebungszustandes. Sie werden gemeinsam mit den Stabendmomenten aus den geometrischen Bedingungen (867) und aus den Gleichgewichtsbedingungen für die Schnittkräfte $\delta A_J = 0$, $\delta A_c = 0$ (523) berechnet.

Lösung b) Die Substitution der Stabendmomente in (867) durch Funktionen geeigneter statisch überzähliger Größen nach Abschn. 24 und der Stabdrehwinkel ϑ_k durch Funktionen der Parameter ψ_c liefert die von Fr. Bleich angegebene Lösung, bei welcher nach Elimination der $\psi_c (c = 1 \dots f)$ ebenso viele Gleichungen als statisch überzählige Größen vorhanden sind.

Lösung c) Die Substitution der Stabdrehwinkel ϑ_k durch die unabhängigen Komponenten ψ_c in den geometrischen Bedingungen (864) und deren Elimination liefern für den Rahmen mit n geschlossenen, biegungssteifen Stabzügen $3n$ geometrische Bedingungen für die Drehwinkel $\tau_K^{(k)}$. Sie können auf Grund der Eigenart der Formänderung geschlossener Stabzüge auch unmittelbar angeschrieben werden.

Die Formänderungsenergie des Rahmens ist ebenso wie bei allen anderen Tragwerken ein Minimum, so daß für einen biegungssteifen geschlossenen Stabzug (r) mit den drei statisch unbestimmten Größen $X_{r+1}, X_{r+2}, X_{r+3}$ nach (314) die folgenden Bedingungen gelten:

$$\partial A_i/\partial X_{r+1} = 0, \qquad \partial A_i/\partial X_{r+2} = 0, \qquad \partial A_i/\partial X_{r+3} = 0. \tag{868}$$

Diese bedeuten mit X_{r+1} als Biegungsmoment des Querschnitts $(r+1)$ und mit X_{r+2}, X_{r+3} als den Längskräften zweier anderer Querschnitte $(r+2)$, $(r+3)$ nach (162) geometrisch, daß die gegenseitige Verdrehung der Querschnitte $(r+1)$ und die gegenseitige Verschiebung der Ufer der Querschnitte $(r+2)$, $(r+3)$ in Richtung der Stabtangente eines $(3\,n-3)$fach statisch unbestimmten Hauptsystems Null sind.

$$\begin{aligned}
\delta_{r+1}^{(3n)} &= \int M_{r+1}\, M^{(3n)}\, \frac{J_c}{J}\, ds = 0, \\[2mm]
\delta_{r+2}^{(3n)} &= \int M_{r+2}\, M^{(3n)}\, \frac{J_c}{J}\, ds + \int N_{r+2}\left(N^{(3n)}\, \frac{J_c}{F} + E\, J_c\, \alpha_t\, t\right) ds = 0, \\[2mm]
\delta_{r+3}^{(3n)} &= \int M_{r+3}\, M^{(3n)}\, \frac{J_c}{J}\, ds + \int N_{r+3}\left(N^{(3n)}\, \frac{J_c}{F} + E\, J_c\, \alpha_t\, t\right) ds = 0.
\end{aligned} \tag{869}$$

Mit den Abkürzungen

$$M^{(3n)}\, \frac{J_c}{J} = \mathfrak{w}, \qquad M^{(3n)}\, \frac{J_c}{J}\, ds = \mathfrak{w}\, ds = d\mathfrak{W}$$

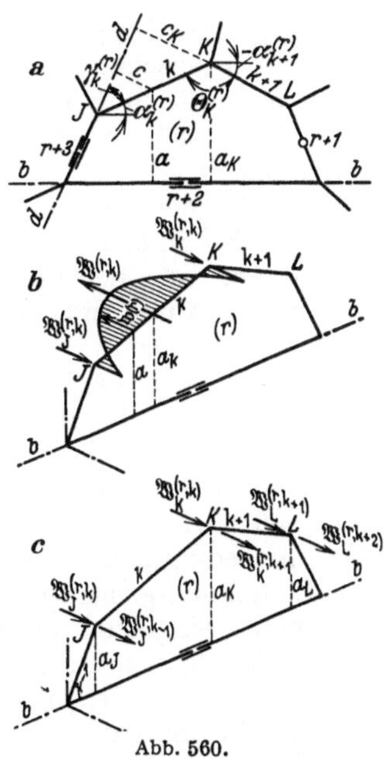
Abb. 560.

und den Beziehungen der Abb. 560 für

$$M_{r+1} = 1, \qquad M_{r+2} = a, \qquad N_{r+2} = \cos\alpha,$$
$$M_{r+3} = c, \qquad N_{r+3} = \cos\gamma$$

lauten die geometrischen Bedingungen (869) für $t = 0$ ohne den relativ kleinen Anteil der Längskräfte:

$$\int_r d\mathfrak{W} = 0, \qquad \int_r a\, d\mathfrak{W} = 0, \qquad \int_r c\, d\mathfrak{W} = 0. \tag{870}$$

$d\mathfrak{W}$ ist der $E J_c$ fache Betrag eines Winkels, der in der Mechanik als Vektor senkrecht zur Ebene der Bewegung aufgetragen wird. Daher darf $\mathfrak{w}$ als stetige, senkrecht zur Rahmenebene wirkende Linienbelastung, die relative Verdrehung $\mathfrak{W}_g$ einzelner Stabglieder in Anschluß- oder Zwischengelenken (g) als Einzellast angesehen werden. Die Gleichungen (870) bedeuten auf diese Weise das Gleichgewicht der parallelen fiktiven Kräfte $(\mathfrak{w}^{(r)}, \mathfrak{W}_g^{(r)})$ an einem geschlossenen Stabzug (r) des Rahmens, da die algebraische Summe und das statische Moment der Kräfte für zwei Achsen b, d der Rahmenebene nach (870) Null sind.

Dies gilt ebenso für die stabweise (k) Zusammenfassung der Kräfte $(\mathfrak{w}^{(r)}, \mathfrak{W}_g^{(r)})$ zu den resultierenden Kräften $\mathfrak{W}^{(r,k)}$ mit den Abständen a_k, c_k von den Achsen b, d (Abb. 560b, c) und deren Zerlegung nach den benachbarten Knotenpunkten J, K des Stabes k in $\mathfrak{W}_J^{(r,k)}$, $\mathfrak{W}_K^{(r,k)}$ mit

$$\int_k d\mathfrak{W}^{(r)} + \sum_k \mathfrak{W}_g^{(r)} = \mathfrak{W}^{(r,k)} = -\left(\mathfrak{W}_J^{(r,k)} + \mathfrak{W}_K^{(r,k)}\right)$$

und

$$\mathfrak{W}_K^{(r,k)} + \mathfrak{W}_K^{(r,k+1)} = \mathfrak{W}_K^{(r)}.$$

Die Gleichgewichtsbedingungen (870) können daher auch folgendermaßen geschrieben werden:

$$\sum \mathfrak{W}_K^{(r)} = 0\,, \qquad \sum a_K\,\mathfrak{W}_K^{(r)} = 0\,, \qquad \sum c_K\,\mathfrak{W}_K^{(r)} = 0\,. \tag{871}$$

Sie bilden mit

$$\mathfrak{W}_J^{(r,\,k)} = Q_{J,\,\mathfrak{w}}^{(r,\,k)} = \int\limits_{r,\,k} M\,\frac{J_c}{J}\,\frac{x'}{l_k}\,ds = \tau_J^{(k)}\,,$$

$$-\mathfrak{W}_K^{(r,\,k)} = Q_{K,\,\mathfrak{w}}^{(r,\,k)} = -\int M\,\frac{J_c}{J}\,\frac{x}{l_k}\,ds = \tau_K^{(k)}\,,$$

$$\mathfrak{W}_K^{(r)} = -Q_{K,\,\mathfrak{w}}^{(r,\,k)} + Q_{K,\,\mathfrak{w}}^{(r,\,k+1)} = \tau_K^{(k+1)} - \tau_K^{(k)} \tag{872}$$

in Verbindung mit (864) u. (865) Bedingungen für die Komponenten des Verschiebungszustandes oder für die Änderungen $\varDelta\Theta_K^{(r)} = \vartheta_k - \vartheta_{k+1}$ der Stabzugwinkel $\Theta_K^{(r)}$:

$$\sum_r (\tau_K^{(k+1)} - \tau_K^{(k)}) = 0\,, \qquad \sum_r a_K\,(\tau_K^{(k+1)} - \tau_K^{(k)}) = 0\,, \qquad \sum_r c_K\,(\tau_K^{(k+1)} - \tau_K^{(k)}) = 0\,,$$

$$\sum_r \varDelta\Theta_K^{(r)} = 0\,, \qquad \sum_r a_K\,\varDelta\Theta_K^{(r)} = 0\,, \qquad \sum_r c_K\,\varDelta\Theta_K^{(r)} = 0\,. \tag{873}$$

Diese sind mit den geometrischen Bedingungen (869) äquivalent. Das Ergebnis (873) kann nach Abschn. 21 auch unmittelbar angeschrieben werden. Dabei lassen sich leicht auch die Stablängenänderungen $\varDelta l_k \neq 0$ nach (234) berücksichtigen. Die Lösung eignet sich im wesentlichen nur für Rahmenstäbe mit gleichbleibendem Trägheitsmoment.

Um Rahmen nach (865) oder (867) zu berechnen, werden die Winkeländerungen $\varDelta\Theta_K^{(r)} = \mathfrak{W}_K^{(r)}$ in den von der Belastung allein abhängigen Anteil $\mathfrak{W}_{K\,0}^{(r)} = \tau_{K\,0}^{(k+1)} - \tau_{K\,0}^{(k)}$ und in einen von den unbekannten Stabendmomenten $M_J^{(k)}$, $M_K^{(k)}$ und $M_K^{(k+1)}$, $M_L^{(k+1)}$ abhängigen Anteil $\mathfrak{W}_{K\,M}^{(r)} = \tau_{K\,M}^{(k+1)} - \tau_{K\,M}^{(k)}$ zerlegt. Ihr Betrag ist für konstantes Trägheitsmoment der Stäbe k auf S. 112 angegeben. Als Unbekannte dienen entweder die Winkel oder die Stabendmomente $M_K^{(k)}$, $M_J^{(k)}$. Ihre Anzahl ist größer als die Anzahl $3\,n$ der verfügbaren Bedingungsgleichungen, so daß diese ebenso wie bei Lösung a) durch die Bedingungen über das Gleichgewicht der Stabendmomente ergänzt werden müssen. Hierzu eignen sich wiederum am besten die Ansätze (523) $\delta A_J = 0$, $\delta A_c = 0$ aus dem Prinzip der virtuellen Verrückungen. Diese Gleichgewichtsbedingungen sind jedoch unnötig, wenn die Stabendmomente in den $3\,n$ Bedingungsgleichungen als Funktion von $3\,n$ geeigneten statisch überzähligen Größen X_k eingesetzt werden. Hierfür lassen sich Schnittkräfte oder Gruppenlasten verwenden, die nachträglich für einen vorhandenen Ansatz geometrischer Bedingungen ausgewählt werden. Dies ist hier ebenso bemerkenswert wie für die Lösung b), obwohl ihr mechanischer Sinn mit den allgemeinen geometrischen Bedingungen (869) zur Berechnung statisch unbestimmter Tragwerke übereinstimmt.

Die Sonderbetrachtungen der Literatur zur Berechnung von Rahmen bieten nach diesen Bemerkungen im Vergleich zu den allgemeinen Methoden A oder B keine neue Erkenntnis. Sie benützen für den Ansatz nur eine mit dem vorgeschriebenen Tragwerk in geometrischer und statischer Beziehung äquivalente Stabkette, an der neben der Belastung $\mathfrak{P}$ die Stabendmomente als äußere Kräfte angreifen. Diese werden unmittelbar oder als Funktion von statisch überzähligen Größen berechnet. Die Lösung bietet keinesfalls Vorteile, wenn die zur Superposition geeigneten statisch unbestimmten Größen X_k und die für den Ansatz notwendigen Schnittkräfte M_0, M_k des statisch bestimmten oder unbestimmten Hauptsystems leicht angegeben werden können. Der Ansatz zeigt im Gegensatz zu den besonderen Rechenvorschriften für Rahmen stets eine symmetrische Matrix und zählt weniger Bedingungsgleichungen als diese. Daher werden die einfachen Rahmen des Hochbaues am besten aus den Gleichungen (285) für die Formänderung eines Hauptsystems berechnet. Das gilt vor allem bei veränderlicher Belastung, für welche die Einflußlinien der Schnittkräfte gezeichnet werden.

Diese Lösung ist für die symmetrischen Bauformen des offenen und geschlossenen Stabzugs mit konstantem Trägheitsmoment der Pfosten und Riegel sehr einfach und für die ausgezeichneten Schnittkräfte in den Tabellen Abschn. 61 für alle Belastungsfälle angeschrieben worden, die zum Nachweis der Sicherheit oder zur Verwendung des Tragwerks als statisch unbestimmtes Hauptsystem nötig sind. Die übrigen Schnittkräfte des Tragwerks werden analytisch oder zeichnerisch aus den äußeren Kräften des Hauptsystems, d. h. aus der vorgeschriebenen Belastung und den ihr zugeordneten, nunmehr bekannten statisch unbestimmten Größen berechnet. Dies ist auf S. 572 ff. an mehreren Beispielen gezeigt worden.

Allgemeine Bauform eines Stabzugs mit frei drehbaren Enden: 1. Lösung nach Abschn. 26:

$$M = M_0 - X_1 M_1, \qquad N = N_0 - X_1 N_1,$$
$$Q = Q_0 - X_1 Q_1.$$

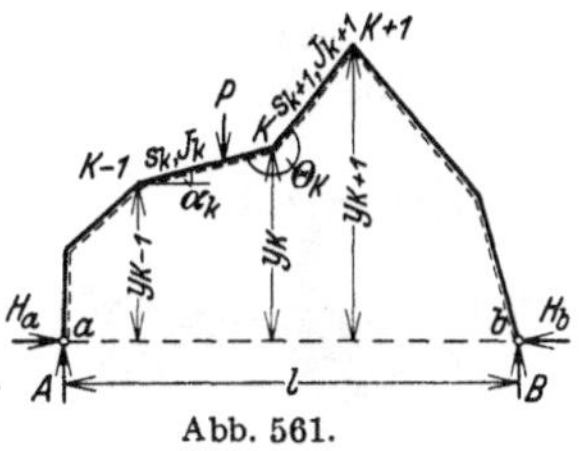

Nach Abb. 561 ist

$$X_1 = H_a = \delta_{10}/\delta_{11}, \qquad H_b = H_{b0} - X_1, \qquad M_1 = 1\,y,$$
$$N_1 = 1\cos\alpha, \qquad Q_1 = 1\sin\alpha.$$

Abb. 561.

Positive Momente erzeugen an der inneren Stabseite Zugspannungen. Bei stabweiser Integration wird ohne den Einfluß der Längskräfte auf die Formänderung

$$\left.\begin{aligned}
\delta_{11} &= \sum_{k=1}^{k=n} \tfrac{1}{3} s_k' (y_{K-1}^2 + y_K\,y_{K-1} + y_K^2), \qquad \delta_{1t} = E J_c\,\alpha_t\,t\,l, \qquad \delta_{1s} = -E J_c\,\Delta l, \\
\delta_{10} &= \sum_{k=1}^{k=n} \{\tfrac{1}{6} s_k' [M_{(k-1)0}(2y_{K-1}+y_K) + M_{k0}(y_{K-1}+2y_K)] + C_{K-1}^{(k)} + C_K^{(k)}\}.
\end{aligned}\right\} \qquad (874)$$

Der Anteil $C_{K-1}^{(k)} + C_K^{(k)}$ entsteht durch Belastung zwischen den Enden (K), $(K-1)$ des Stabes s_k. Das Ergebnis kann bei Summierung über die den einzelnen Stabknoten zufallenden Beiträge einfacher, und zwar ebenso wie in 875 angeschrieben werden.

2. Lösung nach S. 135 mit Berücksichtigung der Längskräfte:

$$\sum_{K=1}^{K=n-1} \mathfrak{W}_K\,y_K = \sum_{K=1}^{K=n-1} y_K \left(\Delta\Theta_K + \frac{\Delta s_k}{s_k}\operatorname{ctg}\alpha_k - \frac{\Delta s_{k+1}}{s_{k+1}}\operatorname{ctg}\alpha_{k+1} \right)$$

$$= \sum y_K\,\Delta\Theta_K + E J_c \sum \Delta s_k \cos\alpha_k = 0,$$

$$6\,\Delta\Theta_K = (M_{K-1} + 2 M_K)\,s_k' + (2 M_K + M_{K+1})\,s_{k+1}' - 6\tau_{K0}^{(k)} + 6\tau_{K0}^{(k+1)},$$

$$6 E J_c \Delta s_k = N_k s_k \frac{J_c}{F_k} + E J_c\,\alpha_t\,t\,s_k.$$

$$M_K = M_{K0} - X_1 y_K,$$

$$\sum \mathfrak{W}_K y_K = \sum \mathfrak{W}_{K0} y_K - X_1 \sum \mathfrak{W}_{K1} y_K = 0,$$

mit $\mathfrak{W}_K \approx \Delta\Theta_K$ (Vernachlässigung der Längskräfte) und Summierung über die Stabknoten ist

$$\sum \mathfrak{W}_{K0}\, y_K = \sum_{K=0}^{K=n} \left\{ M_{K0}\, \tfrac{1}{6}\, [y_{K-1}\, s'_k + 2\, y_K\, (s'_k + s'_{k+1}) + y_{K+1}\, s'_{k+1}] \right.$$
$$\left. + C_K^{(k)} + C_K^{(k+1)} \right\} = \delta_{10},$$
$$\sum \mathfrak{W}_{K1}\, y_K = \sum_{K=0}^{K=n} y_K\, \tfrac{1}{6}\, [y_{K-1}\, s'_k + 2\, y_K\, (s'_k + s'_{k+1}) + y_{k+1}\, s'_{k+1}] \qquad = \delta_{11}, \tag{875}$$

$$C_K^{(k)} = -\, y_K\, \tau_{K0}^{(k)}, \qquad C_K^{(k+1)} = y_K\, \tau_{K0}^{(k+1)}.$$

Berechnung eines Zweigelenkrahmens.

1. **Geometrische Grundlagen** (Abb. 562) (Tab. 44 S. 581).

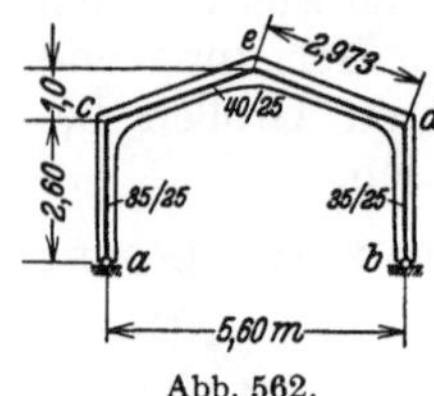
Abb. 562.

$$l = 5{,}6, \qquad h = 2{,}6, \qquad f = 1{,}0, \qquad s = 2{,}973 \text{ m};$$

$$\lambda = \frac{5{,}6}{2{,}6} = 2{,}154, \qquad \varphi = \frac{1{,}0}{2{,}6} = 0{,}385,$$

$$J_h = 8{,}94, \qquad J_s = 13{,}35 \text{ dm}^4, \qquad \varkappa = \frac{2{,}6}{2{,}973}\, \frac{13{,}35}{8{,}94} = 1{,}306,$$

$$\mu = 3 + 1{,}306 + 0{,}385 \cdot 3{,}385 = 5{,}609.$$

2. **Halbseitige Belastung** $p = 1$ t/m (Abb. 563).

a) Schnittkräfte (Tab. 44 S. 582).

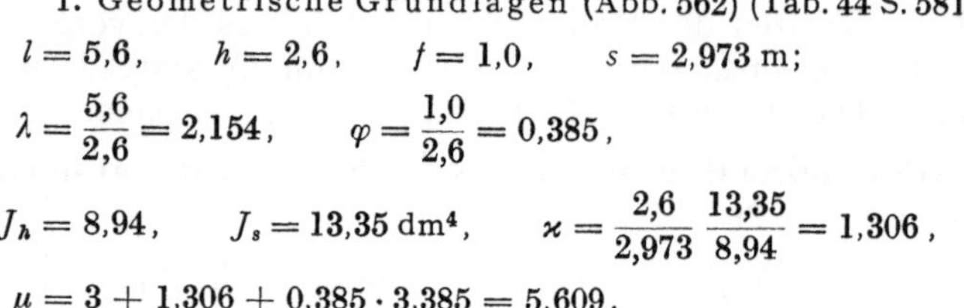

$$\Phi = \frac{8 + 5 \cdot 0{,}385}{4 \cdot 5{,}609} = 0{,}442,$$

$$A = \tfrac{3}{8} \cdot 1 \cdot 5{,}6 = 2{,}1 \text{ t}, \qquad B = \tfrac{1}{8} \cdot 1 \cdot 5{,}6 = 0{,}7 \text{ t},$$

$$H_{a,b} = \frac{1 \cdot 5{,}6}{16} \cdot 2{,}154 \cdot 0{,}442 = 0{,}333 \text{ t},$$

$$M_{c,d} = -\, \frac{1 \cdot 5{,}6^2}{16} \cdot 0{,}442 = -\,0{,}866 \text{ mt},$$

$$M_e = \frac{1 \cdot 5{,}6^2}{16}\, [1 - 1{,}385 \cdot 0{,}442] = 0{,}760 \text{ mt}.$$

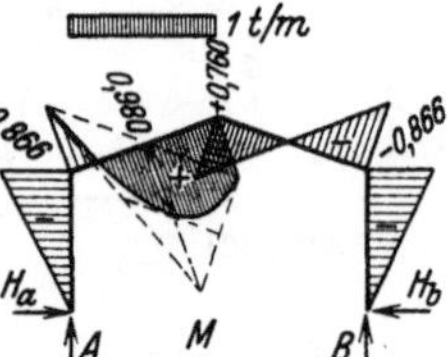

Mittelkraftlinie
Abb. 563.

b) Mittelkraftlinie nach S. 174.

$$M = S \cdot \bar{b}, \qquad S = H_{a,b} = 0{,}333 \text{ t},$$

$$b_e = \frac{B}{S}\, \frac{l}{2} = \frac{0{,}7}{0{,}333} \cdot \frac{5{,}6}{2} = 5{,}89 \text{ m}.$$

3. **Waagerechte Belastung** $w = 1$ t/m (Abb. 564).

a) Schnittkräfte (Tab. 44 S. 582).

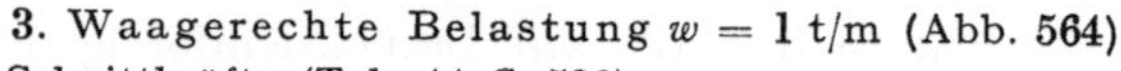
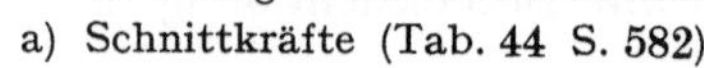

$$\Phi = \frac{1}{4 \cdot 5{,}609}\, [6 \cdot 2{,}385 + 5 \cdot 1{,}306] = 0{,}929,$$

$$A = -\,B = -\,\frac{1 \cdot 2{,}6^2}{2 \cdot 5{,}6} = -\,0{,}604 \text{ t},$$

$$H_{a,b} = -\,\frac{1 \cdot 2{,}6}{2}\, [1 \pm 1 - 0{,}4645] = \begin{cases} -\,1{,}996 \text{ t}, \\ +\,0{,}604 \text{ t}, \end{cases}$$

$$M_{c,d} = \frac{1 \cdot 2{,}6^2}{4}\, [1 \pm 1 - 0{,}929] = \begin{cases} +\,1{,}810 \text{ mt}, \\ -\,1{,}570 \text{ mt}, \end{cases}$$

$$M_e = \frac{1 \cdot 2{,}6^2}{4}\, [1 - 1{,}385 \cdot 0{,}929] = -\,0{,}484 \text{ mt}.$$

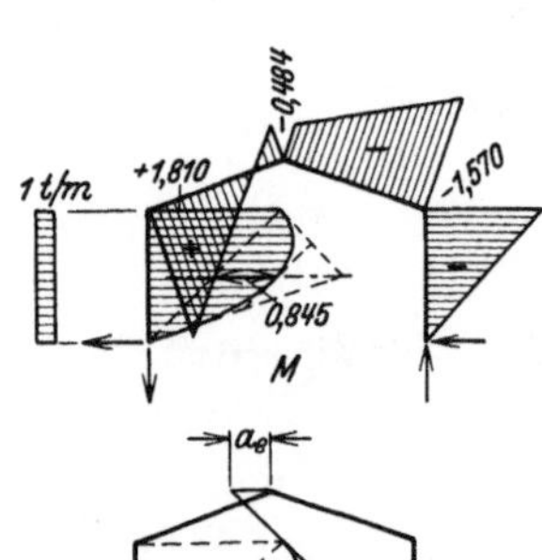

Mittelkraftlinie
Abb. 564.

b) Mittelkraftlinie nach S. 174.

$$M = S \cdot \bar{a}, \qquad S = B = +\,0{,}604 \text{ t},$$

$$a_e = \frac{H_b}{S}\, (h + f) - \frac{l}{2} = \frac{0{,}604}{0{,}604}\, (3{,}6 - 2{,}8) = 0{,}8 \text{ m}.$$

Berechnung eines Zweigelenkrahmens mit Zugband.

1. Geometrische Grundlagen (Abb. 565) (Tab. 46 S. 585).

$l = 27{,}0,\qquad h = 18{,}0,\qquad f = 4{,}0,\qquad s = 10{,}77\ \text{m},$

$l_1 = 7{,}0,\qquad h_1 = 14{,}0,\qquad a = 10{,}0\ \text{m};$

$$\lambda = \frac{10{,}0}{27{,}0} = 0{,}370,\qquad \psi = \frac{14{,}0}{18{,}0} = 0{,}778,\qquad \varphi = \frac{4{,}0}{14{,}0} = 0{,}286,$$

$$\lambda' = \frac{7{,}0}{27{,}0} = 0{,}260,\qquad \psi' = \frac{4{,}0}{18{,}0} = 0{,}222,\qquad v = \frac{27{,}0}{18{,}0} = 1{,}500,$$

$$J_h = 0{,}0333,\qquad J_s = J_e = 0{,}0576\ \text{m}^4,\qquad F_z = 0{,}00846\ \text{m}^2,\qquad J_c = J_s.$$

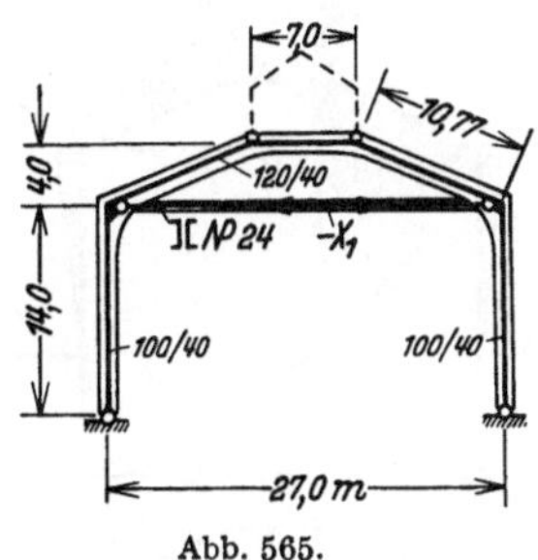

Abb. 565.

$$\varkappa_1 = \frac{7{,}0}{10{,}77} = 0{,}650,\qquad \varkappa_2 = \frac{14{,}0}{10{,}77}\,\frac{576}{333} = 2{,}246;\qquad \mu = 0{,}778^2 \cdot 3{,}246 + 1{,}778 + \frac{3}{2}\,0{,}650 = 4{,}717$$

2. Hauptsystem: Zweigelenkrahmen (Tab. 46 S. 585). Überzählige $X_1 = \dfrac{\delta_{10}^{(1)}}{\delta_{11}^{(1)}}$.

$$\delta_{11} = \int M_1^{(1)2}\,\frac{J_c}{J}\,ds + \frac{E_b\,J_c}{E_e\,F_z}\,N_1^2\,l = \int M_1^{(1)} M_1^{(0)}\,\frac{J_s}{J}\,ds + \frac{0{,}0576}{10\cdot 0{,}00846}\cdot 1 \cdot 27{,}0 = \int M_1^{(1)} M_1^{(0)}\,\frac{J_s}{J}\,ds + 18{,}383.$$

3. Belastung des Hauptsystems mit $-X_1 = 1\,t$ (Abb. 566) (Tab. 46 S. 586).

$$\Phi = \frac{0{,}286}{2\cdot 4{,}718}\,(3\cdot 1{,}650 - 0{,}222) = 0{,}143,$$

$$A_1^{(1)} = B_1^{(1)} = 0,$$

$$H_{a,b1}^{(1)} = 2\cdot\tfrac{1}{2}\,\psi\,\Phi = 0{,}778\cdot 0{,}143 = 0{,}111\ \text{t},$$

$$M_{c,d1}^{(1)} = -2\,\frac{h_1}{2}\,\psi\,\Phi = -14{,}0\cdot 0{,}777\cdot 0{,}143 = -1{,}559\ \text{mt},$$

$$M_{e,f1}^{(1)} = h_1(\varphi - \Phi) = 14{,}0\,(0{,}286 - 0{,}143) = 1{,}995\ \text{mt},$$

$$\int M_1^{(1)} M_1^{(0)}\,\frac{J_s}{J}\,ds = 2{,}002\cdot 4{,}0\cdot 7{,}0 + 2\cdot\frac{1}{6}$$

$$\times 4{,}0\,(2\cdot 2{,}002 - 1{,}558)\,10{,}77 = 90{,}765,$$

$$\delta_{11}^{(1)} = 90{,}765 + 18{,}383 = 109{,}148.$$

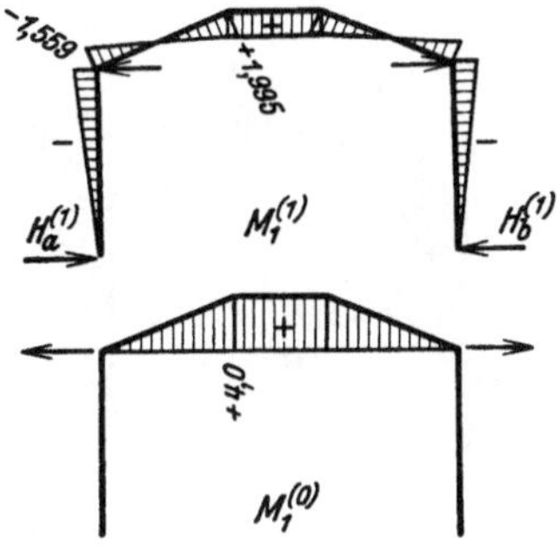

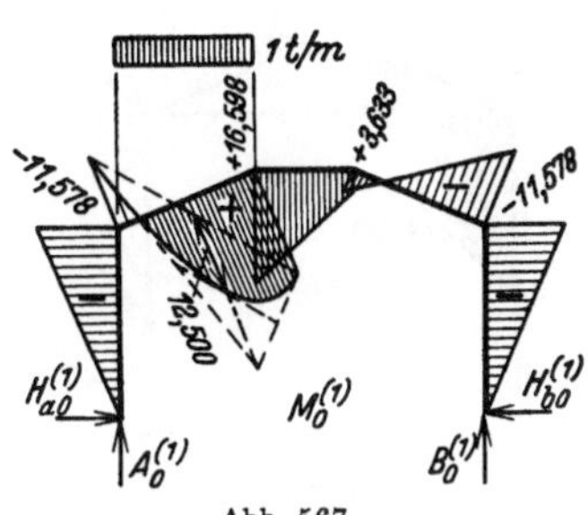

Abb. 566.

4. Halbseitige Belastung $p = 1\,t/\text{m}$ (Abb. 567 u. 568).

a) Schnittkräfte im Hauptsystem (Tab. 46 S. 586).

$$\Phi = \frac{1}{4\cdot 4{,}717}\,(5 + 3\cdot 0{,}778 + 6\cdot 0{,}650) = 0{,}595,$$

$$A_0^{(1)} = \frac{1\cdot 10}{2}\,(2 - 0{,}370) = 8{,}148\ \text{t};\qquad B_0^{(1)} = 1{,}852\ \text{t},$$

$$H_{a,b0}^{(1)} = \frac{1\cdot 10^2}{4\cdot 14{,}0}\cdot 0{,}778\cdot 0{,}595 = 0{,}827\ \text{t},$$

$$M_{c,d0}^{(1)} = -\frac{1\cdot 10^2}{4}\cdot 0{,}778\cdot 0{,}595 = -11{,}578\ \text{mt},$$

$$M_{e,f0}^{(1)} = \frac{1\cdot 10^2}{4}\,(1 \pm 0{,}260 - 0{,}595) = \begin{cases} 16{,}598\ \text{mt},\\ 3{,}633\ \text{mt}. \end{cases}$$

Abb. 567.

b) Berechnung von X_1.

$$\delta_{10}^{(1)} = \tfrac{1}{2}\,(16{,}598 + 3{,}633)\cdot 7{,}0 + \big[\tfrac{1}{6}\,(2\cdot 3{,}633 - 11{,}573) + \tfrac{1}{6}\,(2\cdot 16{,}598 - 11{,}573) + \tfrac{4}{3}\cdot 12{,}5\big]$$

$$\times 10{,}77 = 586{,}982.$$

$$X_1 = \frac{586{,}982}{109{,}148} = 5{,}378\ \text{t}.\qquad H_{a,b} = H_{a,b_0}^{(1)} - X_1 H_{a,b_1}^{(1)},\qquad M = M_0^{(1)} - X_1 M_1^{(1)}.$$

60. Der Rahmen.

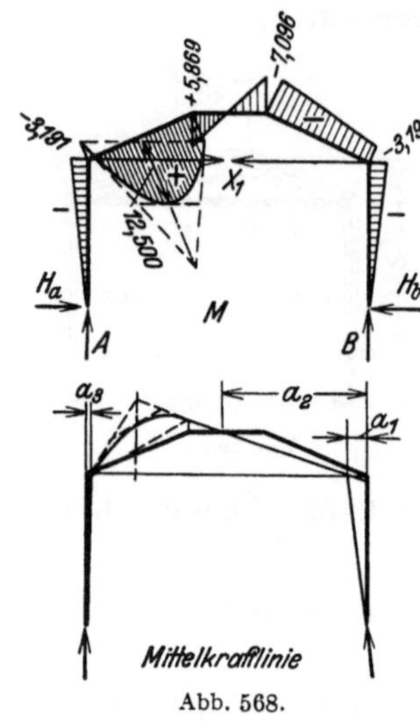

Abb. 568.

c) Schnittkräfte.

$$A = A_0^{(1)} = 8{,}148\,\text{t}\,, \qquad B = B_0^{(1)} = 1{,}852\,\text{t}\,,$$

$$H_{a,b} = 0{,}827 - 5{,}378 \cdot 0{,}111 = 0{,}228\,\text{t}\,,$$

$$M_{c,d} = -11{,}578 + 5{,}378 \cdot 1{,}559 = -3{,}191\,\text{mt}\,,$$

$$M_{e,f} = \left.\begin{matrix} 16{,}598 \\ 3{,}633 \end{matrix}\right\} - 5{,}378 \cdot 1{,}995 = \left\{\begin{matrix} 5{,}869\,\text{mt}\,, \\ -7{,}096\,\text{mt}\,. \end{matrix}\right.$$

d) Mittelkraftlinie.

$$a_1 = \frac{14{,}0 \cdot 0{,}228}{1{,}852} = 1{,}724\,\text{m}\,,$$

$$a_2 = \frac{18{,}0 \cdot 0{,}228 + 4{,}0 \cdot 5{,}378}{1{,}852} = 13{,}832\,\text{m}\,,$$

$$a_3 = \frac{14{,}0 \cdot 0{,}228}{8{,}148} = 0{,}392\,\text{m}\,.$$

5. **Waagerechte Belastung** $w = 1\,\text{t/m}$ (Abb. 569 u. 570).

a) Schnittkräfte im Hauptsystem (Tab. 46 S. 585).

$$\Phi = \frac{1}{4 \cdot 4{,}717}\,[4 \cdot 0{,}286\,(3 \cdot 1{,}650 - 0{,}222) + 6\,(1{,}650 + 0{,}778)$$
$$+ 3 \cdot 2{,}246 \cdot 0{,}778] = 1{,}326,$$

$$A_0^{(1)} = -B_0^{(1)} = -\frac{1 \cdot 14{,}0^2}{2 \cdot 27{,}0} = -3{,}630\,\text{t}\,,$$

$$H_{a,b0}^{(1)} = -\frac{1 \cdot 14{,}0}{2}\left(\pm 1 + \frac{0{,}778}{2} \cdot 1{,}326\right) = \left\{\begin{matrix} -10{,}609\,\text{t}\,, \\ +3{,}392\,\text{t}\,, \end{matrix}\right.$$

$$M_{c,d0}^{(1)} = -\frac{1 \cdot 14{,}0^2}{4}\,(1 \mp 1 - 0{,}778 \cdot 1{,}326) = \left\{\begin{matrix} +50{,}524\,\text{mt}\,, \\ -47{,}476\,\text{mt}\,, \end{matrix}\right.$$

$$M_{e,f0}^{(1)} = -\frac{1 \cdot 14{,}0^2}{4}\,(1 + 2 \cdot 0{,}286 \mp 0{,}260 - 1{,}326) = \left\{\begin{matrix} +0{,}662\,\text{mt}\,, \\ -24{,}750\,\text{mt}\,. \end{matrix}\right.$$

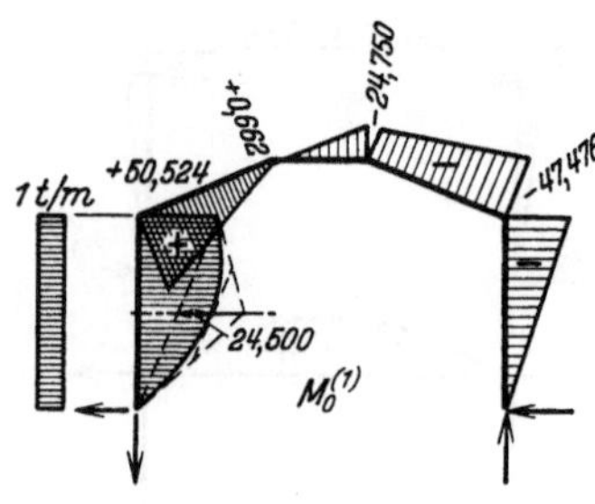

Abb. 569.

b) Berechnung von X_1.

$$\delta_{10}^{(1)} = \frac{4{,}0}{2}\,(0{,}662 - 24{,}750) \cdot 7{,}0$$

$$+ \left[\frac{4{,}0}{6}\,(2 \cdot 0{,}662 + 50{,}524) - \frac{4{,}0}{6}\,(2 \cdot 24{,}750 + 47{,}476)\right]$$

$$\times 10{,}77 = -661{,}292,$$

$$X_1 = \frac{-661{,}292}{109{,}148} = -6{,}059\,\text{t}\,.$$

c) Schnittkräfte.

$$A = -B = -3{,}630\,\text{t}\,,$$

$$H_{a,b} = \left.\begin{matrix} -10{,}609 \\ +3{,}392 \end{matrix}\right\} + 6{,}059 \cdot 0{,}111 = \left\{\begin{matrix} -9{,}934\,\text{t}\,, \\ +4{,}066\,\text{t}\,, \end{matrix}\right.$$

$$M_{c,d} = \left.\begin{matrix} 50{,}524 \\ -47{,}476 \end{matrix}\right\} - 6{,}059 \cdot 1{,}559 = \left\{\begin{matrix} +41{,}077\,\text{mt}\,, \\ -56{,}923\,\text{mt}\,, \end{matrix}\right.$$

$$M_{e,f} = \left.\begin{matrix} 0{,}662 \\ -24{,}750 \end{matrix}\right\} + 6{,}059 \cdot 1{,}995 = \left\{\begin{matrix} 12{,}749\,\text{mt}\,, \\ -12{,}663\,\text{mt}\,. \end{matrix}\right.$$

d) Mittelkraftlinie.

$$a_1 = \frac{4{,}066 \cdot 14{,}0}{3{,}630} = 15{,}683\,\text{m}\,,$$

$$a_2 = \frac{4{,}066 \cdot 18{,}0 - 6{,}059}{3{,}630} = 13{,}488\,\text{m}\,.$$

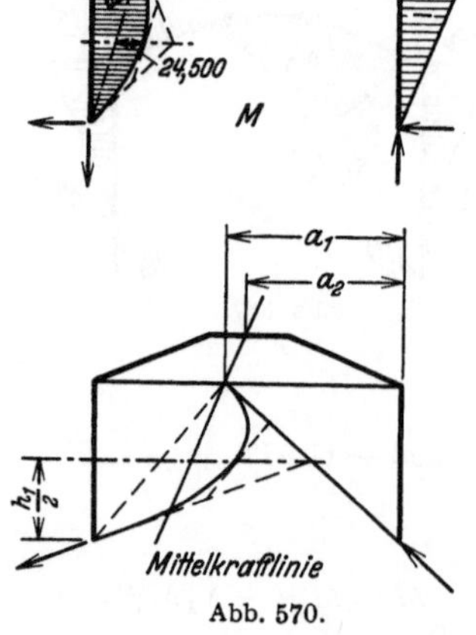

Abb. 570.

Berechnung eines geschlossenen, symmetrischen Rahmens.

1. Geometrische Grundlagen (Abb. 571) (Tab. 59 S. 605).

$$l_o = 6{,}0, \quad l_u = 9{,}0, \quad h = 3{,}0, \quad m = 1{,}5, \quad s = 3{,}3541 \text{ m},$$

$$\lambda_1 = \frac{1{,}5}{9{,}0} = 0{,}1667, \qquad \lambda_2 = \frac{1{,}5}{6{,}0} = 0{,}2500,$$

$$\lambda' = \frac{6{,}0}{9{,}0} = 0{,}667, \qquad \lambda'' = \frac{9{,}0}{6{,}0} = 1{,}5000,$$

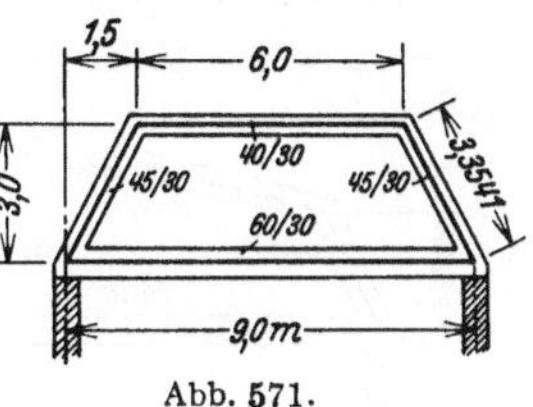

Abb. 571.

$$\varkappa_o = \frac{6{,}0}{3{,}3541} \frac{45^3}{40^3} = 2{,}5463, \qquad \varkappa_u = \frac{9{,}0}{3{,}3541} \frac{45^3}{60^3} = 1{,}1320,$$

$$\mu = (2 + 3 \cdot 2{,}5463)(2 + 3 \cdot 1{,}1320) - 1 = 51{,}0115,$$

$$v = 2{,}5463 \cdot 0{,}6667^2 + 1{,}1320 + 2(1 + 0{,}6667 + 0{,}6667^2) = 6{,}4862.$$

2. **Belastung des oberen Riegels mit** $p = 1 \text{ t/m}$. (Abb. 572).

a) Schnittkräfte (Tab. 59 S. 606).

$$H_{a,b} = \frac{1 \cdot 6{,}0^2}{2 \cdot 3{,}0}\left[\frac{2}{3}\frac{2{,}5463}{51{,}0115}(1 + 1{,}1320) + 0{,}2500\right] = 2{,}458 \text{ t}$$

$$M_{a,b} = \frac{1 \cdot 6{,}0^2}{4}\frac{2{,}5463}{51{,}0115} = 0{,}449 \text{ mt},$$

$$M_{c,d} = -\frac{1 \cdot 6{,}0^2}{4}\frac{2{,}5463}{51{,}0115}(2 + 3 \cdot 1{,}1320) = -2{,}424 \text{ mt}.$$

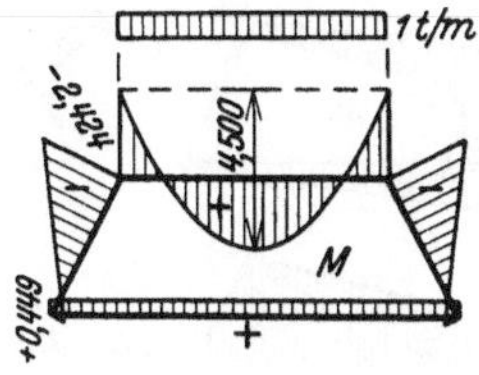

b) Mittelkraftlinie $M = S \cdot \bar{b}$, $S = H_{a,b} = 2{,}458$ t.

$$b_1 = \frac{2{,}424}{2{,}458} = 0{,}986 \text{ m}, \qquad b_2 = \frac{0{,}449}{2{,}458} = 0{,}183 \text{ m}.$$

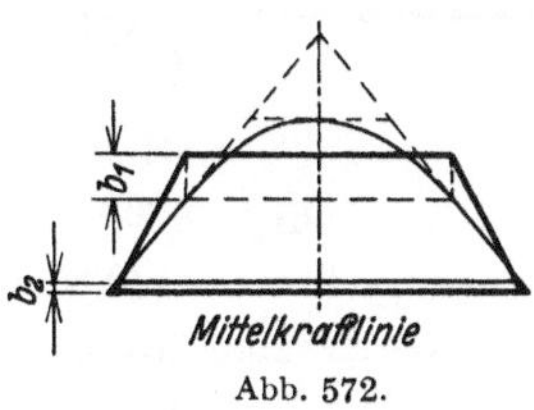

Abb. 572.

3. **Waagerechte Belastung** $w = 1 \text{ t/m}$ (Abb. 573). $\Phi = \dfrac{1}{6{,}4862}(2 + 1{,}1320 - 0{,}1667) = 0{,}4572$.

a) Schnittkräfte (Tab. 59 S. 607).

$$H_{a,b} = \frac{1 \cdot 3{,}0}{4}\left[\frac{3}{2 \cdot 51{,}0115}(1{,}1320 - 2{,}5463) - 1 \mp 2\right] = \begin{cases} -0{,}781 \text{ t}, \\ +2{,}219 \text{ t}, \end{cases}$$

$$M_{a,b} = -\frac{1 \cdot 3{,}0^2}{4}\left[\frac{1 + 3 \cdot 2{,}5463}{2 \cdot 51{,}0115} \pm (1 - 0{,}4572)\right] = \begin{cases} -1{,}412 \text{ mt}, \\ +1{,}031 \text{ mt}, \end{cases}$$

Abb. 573.

$$M_{c,d} = -\frac{1 \cdot 3{,}0^2}{4}\left[\frac{1 + 3 \cdot 1{,}1320}{2 \cdot 51{,}0115} \mp 0{,}6667 \cdot 0{,}4572\right] = \begin{cases} +0{,}589 \text{ mt}, \\ -0{,}783 \text{ mt}. \end{cases}$$

b) Mittelkraftlinie. Pfosten und oberer Riegel (I): $M_I = S_I \cdot \bar{a}$.

$$S_I = \frac{1}{l_u}\left[M_a - M_b + \frac{w h^2}{2}\right] = \frac{w h^2}{2 l_u}\Phi,$$

$$S_I = \frac{1 \cdot 3{,}0^2}{2 \cdot 9{,}0} \cdot 0{,}4572 = 0{,}2286 \text{ t}, \quad a_1 = \frac{1{,}031}{0{,}2286} = 4{,}510, \quad a_2 = \frac{0{,}589}{0{,}2286} = 2{,}577 \text{ m},$$

$$a_3 = \frac{1{,}412}{0{,}2286} = 6{,}177 \text{ m},$$

Unterer Riegel (II):

$$M_{II} = S_{II}\,\bar{b}, \qquad S_{II} = |H_a|,$$

$$b_1 = \frac{1{,}412}{0{,}781} = 1{,}808 \text{ m}.$$

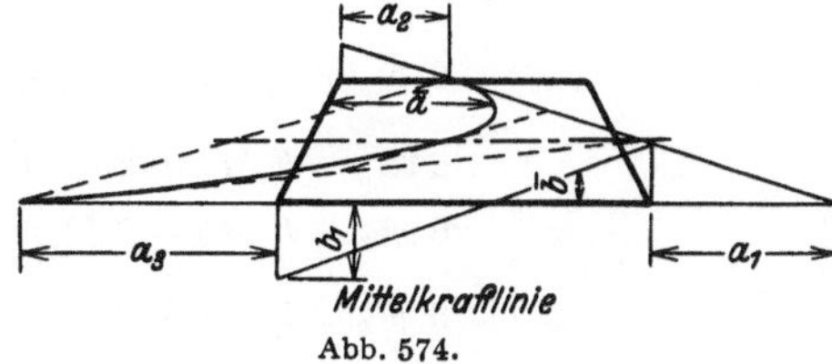

Abb. 574.

Berechnung eines geschlossenen, unsymmetrischen Rahmens.

A. Ansatz nach S. 154ff. mit den Überzähligen X_1, X_2, X_3 (Abb. 576).

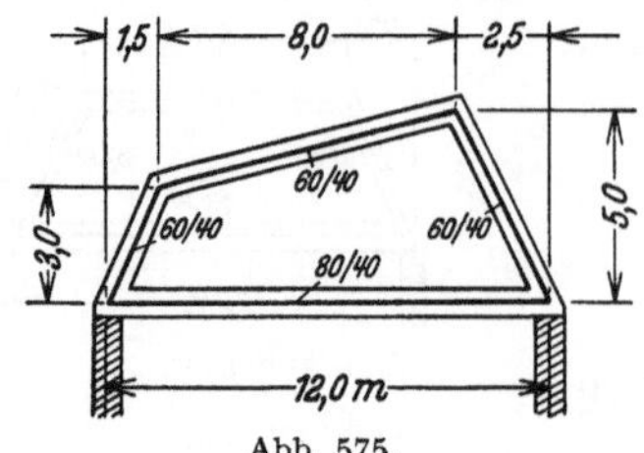

Abb. 575.

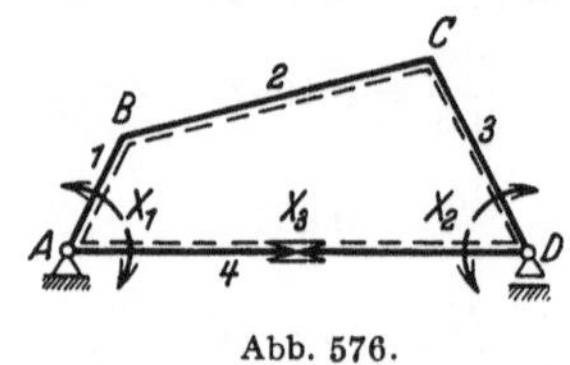

Abb. 576.

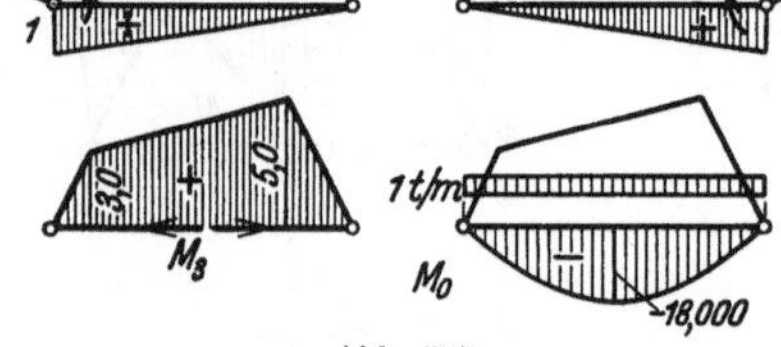

Abb. 577.

1. **Geometrische Grundlagen** (Abb. 575).

$$J_{1,2,3} = J_c = 0,0072\,, \quad J_4 = 0,0171 \text{ m}^4\,,$$
$$l_1 = l_1' = 3,354\,, \quad l_2 = l_2' = 8,246 \text{ m}\,,$$
$$l_3 = l_3' = 5,590\,, \quad l_4 = 12,0\,, \quad l_4' = 5,063 \text{ m}\,.$$

2. **Belastung.** $p = 1$ t/m auf l_4.

a) Vorzahlen und Belastungszahlen (Abb. 577).

$$\delta_{10} = -\tfrac{1}{3} \cdot 5,063 \cdot 18 = -30,375\,,$$
$$\delta_{20} = \delta_{10}\,, \qquad \delta_{30} = 0\,.$$

$$\delta_{11} = 5,063 \cdot \tfrac{1}{3} + 3,354 \cdot \tfrac{1}{3}\,(1 + 0,8750 + 0,8750^2) + 8,246$$
$$\cdot \tfrac{1}{3}\,(0,8750^2 + 0,8750 \cdot 0,2083 + 0,2083^2) + 5,590\,\tfrac{1}{3} \cdot 0,2083^2 = 7,4455\,, \quad \text{usw.}$$

b) Ansatz und Lösung.

X_1	X_2	X_3		
7,4455	3,2790	23,5025	$-30,375$	$X_1 = -M_A = -7,047$ mt,
3,2790	8,2502	28,4889	$-30,375$	$X_2 = -M_D = -7,967$ mt,
23,5025	28,4889	191,3351	0	$X_3 = +2,052$ t.

$$M_B = 0,875 \cdot 7,047 + 0,125 \cdot 7,967 - 3,0 \cdot 2,052 = 1,006 \text{ mt}\,,$$
$$M_C = 0,2083 \cdot 7,047 + 0,7917 \cdot 7,967 - 5,0 \cdot 2,052 = -2,485 \text{ mt}\,.$$

B. Lösung c auf S. 568, Belastung $p = 1$ t/m auf l_4.

Gl. (871): $\quad \mathfrak{W}_A + \mathfrak{W}_B + \mathfrak{W}_C + \mathfrak{W}_D = 0\,,$

(Abb. 578) $\quad \mathfrak{W}_B h_B + \mathfrak{W}_C h_C \qquad = 0\,,$

$$\mathfrak{W}_A s_A - \mathfrak{W}_C s_C \qquad = 0\,.$$

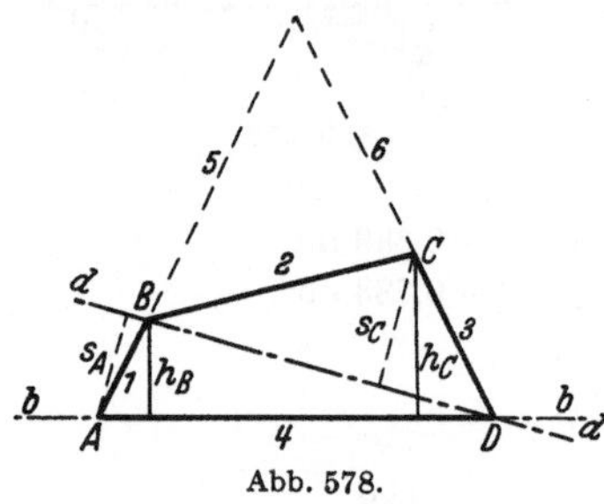

Abb. 578.

Die Gleichgewichtsbedingungen $\delta A_J = 0$ liefern

$$M_A^{(1)} = -M_A^{(4)} = M_A\,, \qquad M_B^{(2)} = -M_B^{(1)} = M_B\,,$$
$$M_C^{(3)} = -M_C^{(2)} = M_C\,, \qquad M_D^{(4)} = -M_D^{(3)} = M_D\,.$$

Mit $\quad 6\,\tau_{A0}^{(4)} = p\,\dfrac{l_4^2\,l_4'}{4} = -6\,\tau_{D0}^{(4)}\,, \quad \tau_{A0}^{(1)} = \tau_{B0}^{(1)} = \tau_{B0}^{(2)} = \tau_{C0}^{(2)} = \tau_{C0}^{(3)} = \tau_{D0}^{(3)} = 0$ ist nach (866), (872)

$$6\,\mathfrak{W}_A = l_4'\,M_D + 2\,(l_4' + l_1')\,M_A + l_1'\,M_B - \frac{p\,l_4^2\,l_4'}{4}\,,$$
$$6\,\mathfrak{W}_B = l_1'\,M_A + 2\,(l_1' + l_2')\,M_B + l_2'\,M_C\,,$$
$$6\,\mathfrak{W}_C = l_2'\,M_B + 2\,(l_2' + l_3')\,M_C + l_3'\,M_D\,,$$
$$6\,\mathfrak{W}_D = l_3'\,M_C + 2\,(l_3' + l_4')\,M_D + l_4'\,M_A - \frac{p\,l_4^2\,l_4'}{4}\,.$$

Gleichgewichtsbedingungen $\delta_{Ac} = 0$.

$$(M_A^{(1)} + M_B^{(1)})\, v_1 + (M_B^{(2)} + M_C^{(2)})\, v_2 + (M_C^{(3)} + M_D^{(3)})\, v_3 + (M_D^{(4)} + M_A^{(4)})\, v_4 = 0 ,$$

$$(M_A - M_B)\, v_1 + (M_B - M_C)\, v_2 + (M_C - M_D)\, v_3 + (M_D - M_A)\, v_4 = 0 .$$

$$v_1 = 1 , \qquad v_2 = -\frac{l_1}{l_5} , \qquad v_3 = \frac{l_1\, l_6}{l_5\, l_3} , \qquad v_4 = 0 .$$

Gleichungssystem für die Schnittkräfte M_A, M_B, M_C, M_D.

M_A	M_B	M_C	M_D	p	
$l_4' + l_1'$	$l_1' + l_2'$	$l_2' + l_3'$	$l_3' + l_4'$	$-\dfrac{l_4^2\, l_4'}{6}$	o
$l_1'\, h_B$	$2\,(l_1' + l_2')\, h_B + l_2'\, h_C$	$2\,(l_2' + l_3')\, h_C + l_2'\, h_B$	$l_3'\, h_C$	—	o
$2\,(l_4' + l_1')\, s_A$	$l_1'\, S_A - l_2'\, s_C$	$-\,2\,(l_2' + l_3')\, s_C$	$l_4'\, S_A - l_3'\, l_3'\, s_C$	$-\dfrac{l_4^2\, l_4'}{4}\, s_A$	o
I	$-\,\text{I} - \dfrac{l_1}{l_5}$	$\dfrac{l_1}{l_5} + \dfrac{l_1}{l_5}\dfrac{l_6}{l_3}$	$-\dfrac{l_1\, l_6}{l_5\, l_3}$	—	o

$$l_5 = 10{,}062 , \qquad l_6 = 7{,}826 , \qquad s_A\, 3{,}297 , \qquad s_C = 4{,}121 \text{ m} .$$

M_A	M_B	M_C	M_D	$p = $ I t/m	
8,4166	11,6003	13,8364	10,6527	− 121,5	o
10,0623	110,8328	163,1026	27,9510	o	o
55,4940	− 22,9234	− 114,0341	− 6,3466	− 600,8236	o
I	− 1,333	0,8	− 0,4667	o	o

$$M_A = 7{,}047 \text{ mt} , \qquad M_B = 1{,}006 \text{ mt} , \qquad M_C = -2{,}845 \text{ mt} , \qquad M_D = 7{,}967 \text{ mt} \quad \text{(Abb. 579)}.$$

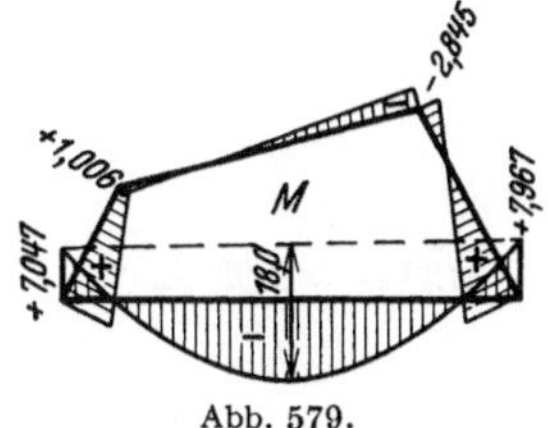

Abb. 579.

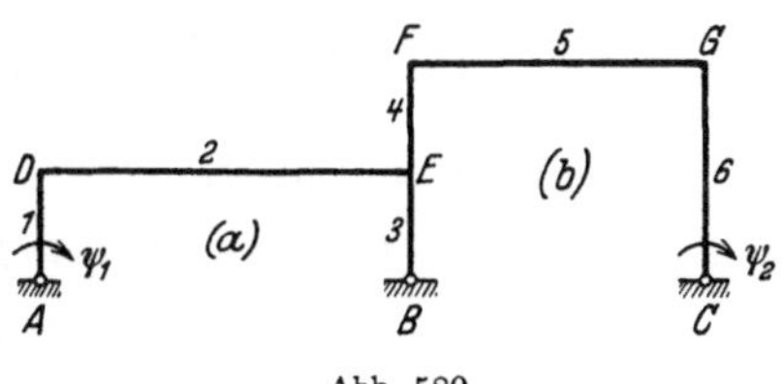

Abb. 580.

Berechnung des zweiteiligen Rahmens Abb. 580 nach Lösung a) auf S. 568.

Abmessungen nach S. 182. $l_1 = l_3 = l_4 = 4{,}5$ m,

$$l_2 = 15{,}0 , \qquad l_5 = 12{,}0 , \qquad l_6 = 9{,}0 , \qquad l_1' = 27{,}0 , \qquad l_3' = l_4' = 9{,}0 , \qquad l_2' = 15{,}0 \text{ m} ,$$

$$l_5' = 18{,}0 , \qquad l_6' = 18{,}0 \text{ m} .$$

Es sind 9 Stabendmomente und 6 Stabdrehwinkel unbekannt.

a) Bedingungen für die Formänderung des Stabzuges (Viermomentengleichungen).

$$\tau_{DM}^{(2)} - \tau_{DM}^{(1)} + \vartheta_2 - \vartheta_1 + \tau_{D0}^{(2)} - \tau_{D0}^{(1)} = 0 , \qquad \tau_{EM}^{(3)} - \tau_{EM}^{(2)} + \vartheta_3 - \vartheta_2 + \tau_{E0}^{(3)} - \tau_{E0}^{(2)} = 0 ,$$

$$\tau_{EM}^{(4)} - \tau_{EM}^{(3)} + \vartheta_4 - \vartheta_3 + \tau_{E0}^{(4)} - \tau_{E0}^{(3)} = 0 , \qquad \tau_{FM}^{(5)} - \tau_{FM}^{(4)} + \vartheta_5 - \vartheta_4 + \tau_{F0}^{(5)} - \tau_{F0}^{(4)} = 0 .$$

$$\tau_{GM}^{(6)} - \tau_{GM}^{(5)} + \vartheta_6 - \vartheta_5 + \tau_{G0}^{(6)} - \tau_{G0}^{(5)} = 0 , \qquad \tau_{KM}^{(k)} \text{ nach Gl. (866)}.$$

b) Bedingungen für das Gleichgewicht der Schnittkräfte, $\delta A_J = 0$.

$$M_D^{(1)} + M_D^{(2)} = 0, \qquad M_E^{(2)} + M_E^{(3)} + M_E^{(4)} = 0, \qquad M_F^{(4)} + M_F^{(5)} = 0, \qquad M_G^{(5)} + M_G^{(6)} = 0.$$

c) Bedingungen für die Formänderung der Stabkette.

$$\vartheta_1 = \vartheta_3 = \psi_1, \qquad \vartheta_2 = \vartheta_5 = 0, \qquad \vartheta_6 = \psi_2, \qquad \vartheta_4 = \psi_2 \frac{l_6}{l_4} - \psi_1 \frac{l_1}{l_4}.$$

d) Bedingungen für das Gleichgewicht der Schnittkräfte, $\delta A_c = 0$.

$$\dot\psi_1 = 0, \qquad M_D^{(1)} \cdot 1 + M_E^{(3)} \cdot 1 - (M_E^{(4)} + M_F^{(4)}) \frac{l_1}{l_4} = 0,$$

$$\dot\psi_2 = 1, \qquad M_G^{(6)} \cdot 1 + (M_E^{(4)} + M_F^{(4)}) \frac{l_6}{l_4} = 0.$$

Durch Substitution wird dieser allgemeine Ansatz auf 6 Gleichungen mit den unbekannten Eckmomenten M_B, M_D, M_G und Stabendmomenten $M_E^{(2)}$, $M_E^{(3)}$, $M_E^{(4)}$ zurückgeführt. Dabei ist es zweckmäßig, die $\mathfrak{W}$-Kräfte nach (872) in den Viermomentengleichungen einzuführen. Aus c) folgt:

$$\vartheta_2 - \vartheta_1 = -\psi_1, \qquad \vartheta_3 - \vartheta_2 = \psi_1, \qquad \vartheta_4 - \vartheta_3 = \psi_2 \frac{l_6}{l_4} - \psi_1 \frac{l_6}{l_4},$$

$$\vartheta_5 - \vartheta_4 = -\psi_2 \frac{l_6}{l_4} + \psi_1 \frac{l_1}{l_4}, \qquad \vartheta_6 - \vartheta_5 = \psi_2.$$

Damit gehen die Viermomentengleichungen über in

$$6\,\mathfrak{W}_D^{(a)} - 6\,\psi_1 = 0, \qquad 6\,\mathfrak{W}_E^{(a)} + 6\,\psi_1 = 0, \qquad 6\,\mathfrak{W}_E^{(b)} + 6\,\psi_2 \frac{l_6}{l_4} - 6\,\psi_1 \frac{l_6}{l_4} = 0,$$

$$6\,\mathfrak{W}_F^{(b)} + 6\,\psi_1 \frac{l_1}{l_4} - 6\,\psi_2 \frac{l_6}{l_4} = 0, \qquad 6\,\mathfrak{W}_G^{(b)} + 6\,\psi_2 = 0,$$

oder nach Substitution von ψ_1 und ψ_2 aus der ersten und letzten:

$$6\,\mathfrak{W}_D^{(a)} + 6\,\mathfrak{W}_E^{(a)} = 0, \tag{1. Gl.}$$

$$-6\,\mathfrak{W}_D^{(a)} \frac{l_6}{l_4} + 6\,\mathfrak{W}_E^{(b)} - 6\,\mathfrak{W}_G^{(b)} \frac{l_6}{l_4} = 0, \tag{2. Gl.}$$

$$6\,\mathfrak{W}_D^{(a)} \frac{l_1}{l_4} + 6\,\mathfrak{W}_F^{(b)} + 6\,\mathfrak{W}_G^{(b)} \frac{l_6}{l_4} = 0. \tag{3. Gl.}$$

Die Bedingungen $\delta A_J = 0$ liefern:

$$M_D^{(2)} = -M_D^{(1)} = M_D, \qquad M_F^{(5)} = -M_F^{(4)} = M_F, \qquad M_G^{(6)} = -M_G^{(5)} = M_G$$

und
$$M_E^{(2)} + M_E^{(3)} + M_E^{(4)} = 0. \tag{4. Gl.}$$

Aus $\delta A_c = 0$ folgt damit

$$\dot\psi_1 = 1, \qquad -M_D + M_E^{(3)} - (M_E^{(4)} - M_F) \frac{l_1}{l_4} = 0, \tag{5. Gl.}$$

$$\dot\psi_2 = 1, \qquad M_G + (M_E^{(4)} - M_F) \frac{l_6}{l_4} = 0. \tag{6. Gl.}$$

$\mathfrak{W}$-Kräfte nach Gl. (866), (872) für das vorliegende System:

$$6\,\mathfrak{W}_D^{(a)} = 2\,(l_1' + l_2')\,M_D - l_2'\,M_E^{(2)} + 6\,\tau_{D\,0}^{(2)} + 6\,\tau_{D\,0}^{(1)},$$

$$6\,\mathfrak{W}_E^{(a)} = l_2'\,M_D - 2\,l_2'\,M_E^{(2)} + 2\,l_3'\,M_E^{(3)} + 6\,\tau_{E\,0}^{(3)} - 6\,\tau_{E\,0}^{(2)},$$

$$6\,\mathfrak{W}_E^{(b)} = -2\,l_3'\,M_E^{(3)} + 2\,l_4'\,M_E^{(4)} + l_4'\,M_F + 6\,\tau_{E\,0}^{(4)} - 6\,\tau_{E\,0}^{(3)},$$

$$6\,\mathfrak{W}_F^{(b)} = l_4'\,M_E^{(4)} + 2\,(l_4' + l_5')\,M_F + l_5'\,M_G + 6\,\tau_{F\,0}^{(5)} - 6\,\tau_{F\,0}^{(4)},$$

$$6\,\mathfrak{W}_G^{(b)} = l_5'\,M_F + 2\,(l_5' + l_6')\,M_G + 6\,\tau_{G\,0}^{(6)} - 6\,\tau_{G\,0}^{(5)}.$$

Belastung: p t/m auf den Riegeln 2 und 5.

$$\tau_{D\,0}^{(1)} = \tau_{E\,0}^{(3)} = \tau_{E\,0}^{(4)} = \tau_{F\,0}^{(4)} = \tau_{G\,0}^{(6)} = 0\,,$$

$$6\,\tau_{D\,0}^{(2)} = -\,6\,\tau_{E\,0}^{(2)} = \frac{p\,l_2^{2}\,l_2'}{4}\,,\qquad 6\,\tau_{F\,0}^{(5)} = -\,6\,\tau_{G\,0}^{(5)} = \frac{p\,l_5^{2}\,l_5'}{4}\,.$$

Das Gleichungssystem wird in Form einer Matrix angeschrieben.

	M_D	$M_E^{(2)}$	$M_E^{(3)}$	$M_E^{(4)}$	M_F	M_G	p	
1	$2\,l_1' + 3\,l_2'$	$-\,3\,l_2'$	$2\,l_3'$	0	0	0	$\dfrac{l_2^{2}\,l_2'}{2}$	0
2	$-\,2\,(l_1' + l_2')\,\dfrac{l_6}{l_4}$	$l_2'\,\dfrac{l_6}{l_4}$	$-\,2\,l_3'$	$2\,l_4'$	$l_4' - l_5'\,\dfrac{l_6}{l_4}$	$-\,2\,(l_5' + l_6')\,\dfrac{l_6}{l_4}$	$-\,\dfrac{l_6}{l_4}\left(\dfrac{l_2^{2}\,l_2' + l_5^{2}\,l_5'}{4}\right)$	0
3	$2\,(l_1' + l_2')\,\dfrac{l_1}{l_4}$	$-\,l_2'\,\dfrac{l_1}{l_4}$	0	l_4'	$2\,(l_4' + l_5') + l_5'\,\dfrac{l_6}{l_4}$	$l_5' + 2\,(l_5' + l_6')\,\dfrac{l_6}{l_4}$	$\dfrac{l_2^{2}\,l_2'}{4}\dfrac{l_1}{l_4} + \dfrac{l_5^{2}\,l_5'}{4}\left(1 + \dfrac{l_6}{l_5}\right)$	0
4	0	1	1	1	0	0	0	0
5	$-\,1$	0	1	$-\,\dfrac{l_1}{l_4}$	$\dfrac{l_6}{l_4}$	0	0	0
6	0	0	0	$\dfrac{l_6}{l_4}$	$-\,\dfrac{l_6}{l_4}$	1	0	0

	M_D	$M_E^{(2)}$	$M_E^{(3)}$	$M_E^{(4)}$	M_F	M_G	p	
1	99	$-\,45$	18	0	0	0	$1687{,}5$	0
2	$-\,168$	30	$-\,18$	18	$-\,27$	$-\,144$	$-\,2983{,}5$	0
3	84	$-\,15$	0	9	90	162	$2787{,}75$	0
4	0	1	1	1	0	0	0	0
5	$-\,1$	0	1	$-\,1$	1	0	0	0
6	0	0	0	2	$-\,2$	1	0	0

$$M_D = -\;9{,}3269\,p\;\text{mt}\,,$$
$$M_E^{(2)} = +\,14{,}2645\,p\;\text{mt}\,,$$
$$M_E^{(3)} = -\;6{,}7899\,p\;\text{mt}\,,$$
$$M_E^{(4)} = -\;7{,}4746\,p\;\text{mt}\,,$$
$$M_F = -\,10{,}0116\,p\;\text{mt}\,,$$
$$M_G = -\;5{,}0739\,p\;\text{mt}\,.$$

Darstellung des Momentenbildes s. Abb. 169 S. 182.

Die Stabendmomente sind die Wurzeln von 6 Gleichungen, die keine symmetrische Matrix besitzen und für jede Belastung besonders aufgelöst werden. Sie lassen sich jedoch durch Superposition der Stabendmomente aus den Anteilen der Belastung und der drei statisch unbestimmten Größen nachträglich auf 3 Normalgleichungen zurückführen. Diese konnten bei Untersuchung desselben Rahmens nach Abschn. 25 auf S. 182 ff. unmittelbar angeschrieben werden. Diese Lösung ist daher einfacher.

Mohr, O.: Abhandlungen aus dem Gebiete der Techn. Mechanik, 3. Aufl. S. 512. Berlin 1928. — Kleinlogel, A.: Rahmenformeln, 6. Aufl. Berlin 1929. — Staack, J.: Rahmen und Balken. Berlin 1931.

61. Rahmentabellen.

Einfach statisch unbestimmte Rahmen.

Tabelle 43. Symmetrischer Rahmen mit geradem Riegel.

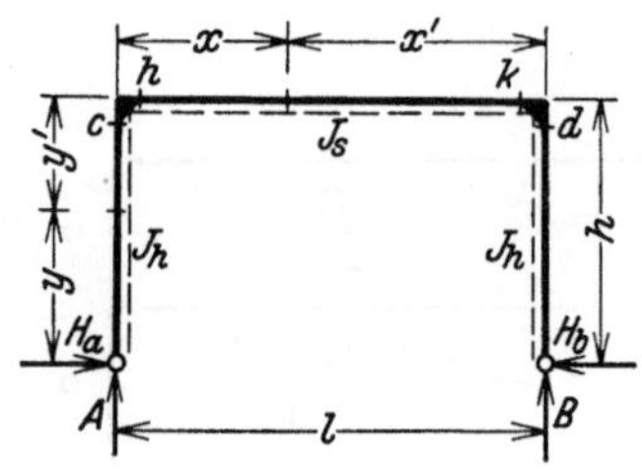

$$\xi = \frac{x}{l}, \qquad \eta = \frac{y}{h}, \qquad \varkappa = \frac{h}{l}\frac{J_s}{J_h}, \qquad \lambda = \frac{l}{h},$$

$$\xi' = \frac{x'}{l}, \qquad \eta' = \frac{y'}{h}, \qquad \mu = 3 + 2\varkappa, \qquad \omega_R = \xi - \xi^2.$$

$$M_{h,k} = M_{c,d}, \text{ wenn nicht besonders angegeben.}$$

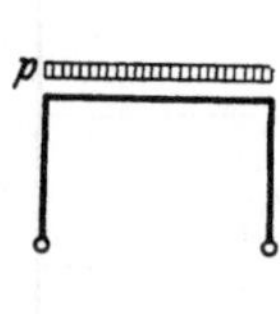

$$A = B = \frac{p\,l}{2},$$

$$H_{a,b} = \frac{\lambda}{4\,\mu}\,p\,l,$$

$$M_{c,d} = -\frac{p\,l^2}{4\,\mu}.$$

$$\Phi = \frac{1}{2\,\mu}(6 + 5\,\varkappa),$$

$$A = -B = -\frac{w\,h^2}{2\,l},$$

$$H_{a,b} = -\frac{w\,h}{2}\left(1 \pm 1 - \frac{1}{2}\,\Phi\right),$$

$$M_{c,d} = \frac{w\,h^2}{4}(1 \pm 1 - \Phi).$$

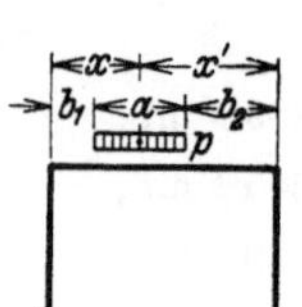

$$\Phi = \frac{\lambda}{2\,\mu}\left[3\,\omega_R - \left(\frac{a}{2\,l}\right)^2\right],$$

$$A = p\,a\,\xi', \qquad B = p\,a\,\xi,$$

$$H_{a,b} = p\,a\,\Phi,$$

$$M_{c,d} = -p\,a\,h\,\Phi,$$

$$b_1 = 0 \text{ oder } b_2 = 0: \quad \Phi = \frac{\lambda}{4\,\mu}\frac{a}{l}\left(3 - 2\,\frac{a}{l}\right),$$

$$b_1 = b_2: \quad \Phi = \frac{\lambda}{8\,\mu}\left(3 - \frac{a^2}{l^2}\right).$$

$$\Phi = \frac{1}{\mu}\left\{3\,(1 + \varkappa) - \varkappa\left[\eta^2 + \left(\frac{a}{2\,h}\right)^2\right]\right\},$$

$$A = -B = -w\,a\,\frac{\eta}{\lambda},$$

$$H_{a,b} = -\frac{w\,a}{2}(1 \pm 1 - \eta\,\Phi),$$

$$M_{c,d} = \frac{w\,a\,h\,\eta}{2}(1 \pm 1 - \Phi),$$

$$b_1 = 0: \quad \Phi = \frac{1}{2\,\mu}\left[6\,(1 + \varkappa) - \varkappa\frac{a^2}{h^2}\right],$$

$$b_2 = 0: \quad \Phi = \frac{1}{2\,\mu}\left[6 + 5\,\varkappa - \varkappa\left(1 - \frac{a}{h}\right)^2\right].$$

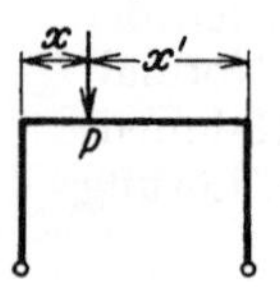

$$A = P\,\xi', \qquad B = P\,\xi,$$

$$H_{a,b} = \frac{3\,\lambda}{2\,\mu}\,P\,\omega_R,$$

$$M_{c,d} = -\frac{3}{2\,\mu}\,P\,l\,\omega_R.$$

$$\Phi = \frac{1}{\mu}\left[3\,(1 + \varkappa) - \varkappa\,\eta^2\right],$$

$$A = -B = -W\,\frac{y}{l},$$

$$H_{a,b} = -\frac{W}{2}(1 \pm 1 - \eta\,\Phi),$$

$$M_{c,d} = \frac{W\,h}{2}\,\eta\,(1 \pm 1 - \Phi),$$

$$y = h: \quad H_{a,b} = \mp\frac{W}{2}, \qquad M_{c,d} = \pm\frac{W\,h}{2}.$$

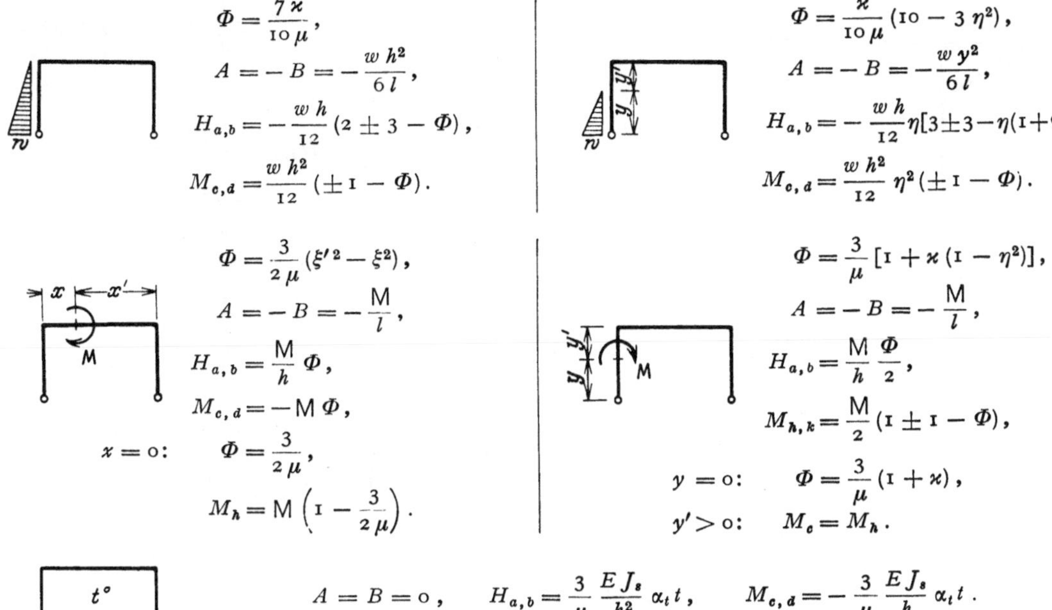

$$\Phi = \frac{7\,\varkappa}{10\,\mu},$$
$$A = -B = -\frac{w\,h^2}{6\,l},$$
$$H_{a,b} = -\frac{w\,h}{12}\,(2 \pm 3 - \Phi),$$
$$M_{c,d} = \frac{w\,h^2}{12}\,(\pm 1 - \Phi).$$

$$\Phi = \frac{\varkappa}{10\,\mu}\,(10 - 3\,\eta^2),$$
$$A = -B = -\frac{w\,y^2}{6\,l},$$
$$H_{a,b} = -\frac{w\,h}{12}\,\eta[3\pm3-\eta(1+\Phi)],$$
$$M_{c,d} = \frac{w\,h^2}{12}\,\eta^2\,(\pm 1 - \Phi).$$

$$\Phi = \frac{3}{2\,\mu}\,(\xi'^2 - \xi^2),$$
$$A = -B = -\frac{M}{l},$$
$$H_{a,b} = \frac{M}{h}\,\Phi,$$
$$M_{c,d} = -M\,\Phi,$$
$$x = 0: \quad \Phi = \frac{3}{2\,\mu},$$
$$M_h = M\left(1 - \frac{3}{2\,\mu}\right).$$

$$\Phi = \frac{3}{\mu}\,[1 + \varkappa\,(1 - \eta^2)],$$
$$A = -B = -\frac{M}{l},$$
$$H_{a,b} = \frac{M}{h}\,\frac{\Phi}{2},$$
$$M_{h,k} = \frac{M}{2}\,(1 \pm 1 - \Phi),$$
$$y = 0: \quad \Phi = \frac{3}{\mu}\,(1 + \varkappa),$$
$$y' > 0: \quad M_c = M_h.$$

$$A = B = 0, \qquad H_{a,b} = \frac{3}{\mu}\,\frac{E J_s}{h^2}\,\alpha_t\,t, \qquad M_{c,d} = -\frac{3}{\mu}\,\frac{E J_s}{h}\,\alpha_t\,t.$$

Zwei symmetrische oder antimetrische Einzelwirkungen.

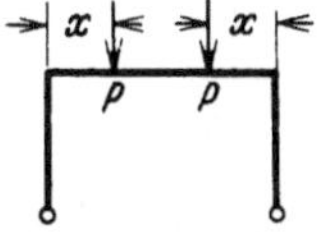

Der allgemeine Ausdruck für die horizontalen Gelenkkräfte infolge einer Einzelwirkung hat die Form

$$H_{a,b} = K\,(a \pm b + c\,\Phi).$$

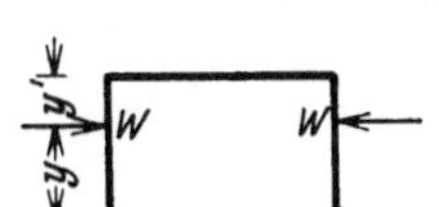

Damit ergibt sich für zwei symmetrische Einzelwirkungen

$$H_{a,b} = 2\,K\,(a + c\,\Phi),$$

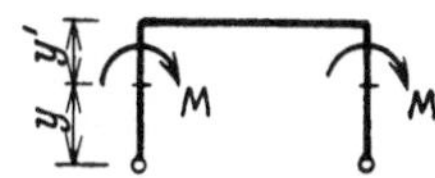

für zwei antimetrische Einzelwirkungen

$$H_{a,b} = \pm 2\,K\,b.$$

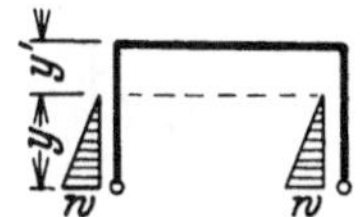

Dasselbe gilt für die Eckmomente. Diese Beziehungen gelten auch für die folgenden symmetrischen Rahmenformen.

Tabelle 44. Symmetrischer Rahmen mit gebrochenem Riegel.

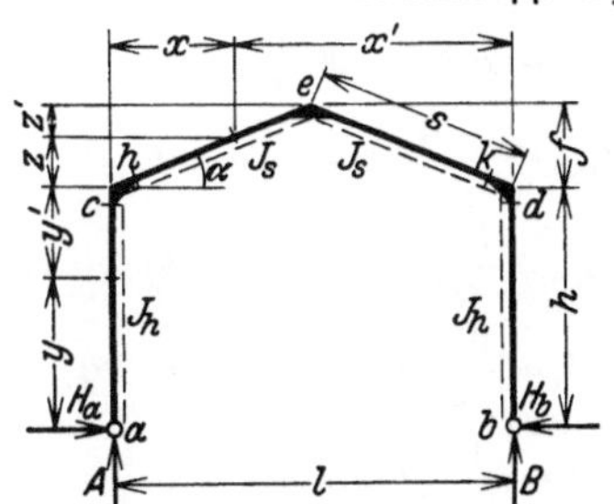

$$\xi = \frac{x}{l}, \qquad \eta = \frac{y}{h}, \qquad \zeta = \frac{z}{f}, \qquad \lambda = \frac{l}{h},$$
$$\xi' = \frac{x'}{l}, \qquad \eta' = \frac{y'}{h}, \qquad \zeta' = \frac{z'}{f}, \qquad \varphi = \frac{f}{h},$$
$$\varkappa = \frac{h}{s}\,\frac{J_s}{J_h}, \qquad \mu = 3 + \varkappa + \varphi\,(3 + \varphi).$$

$$M_{h,k} = M_{c,d}, \text{ wenn nicht besonders angegeben.}$$

$$\Phi = \frac{8 + 5\varphi}{4\mu},$$

$$A = B = \frac{pl}{2},$$

$$H_{a,b} = \frac{pl}{8}\,\lambda\,\Phi,$$

$$M_{c,d} = -\frac{pl^2}{8}\,\Phi,$$

$$M_e = \frac{pl^2}{8}\left[1 - (1+\varphi)\,\Phi\right].$$

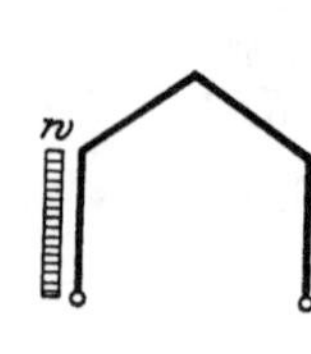

$$\Phi = \frac{1}{4\mu}\left[6(2+\varphi) + 5\varkappa\right],$$

$$A = -B = -\frac{wh^2}{2l},$$

$$H_{a,b} = -\frac{wh}{2}\left(1 \pm 1 - \frac{\Phi}{2}\right),$$

$$M_{c,d} = \frac{wh^2}{4}(1 \pm 1 - \Phi),$$

$$M_e = \frac{wh^2}{4}\left[1 - (1+\varphi)\,\Phi\right].$$

$$\Phi = \frac{8 + 5\varphi}{4\mu},$$

$$A = \frac{3}{8}\,pl, \qquad B = \frac{1}{8}\,pl,$$

$$H_{a\,b} = \frac{pl}{16}\,\lambda\,\Phi,$$

$$M_{c,d} = -\frac{pl^2}{16}\,\Phi,$$

$$M_e = \frac{pl^2}{16}\left[1 - (1+\varphi)\,\Phi\right].$$

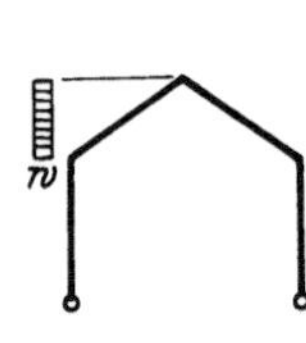

$$\Phi = \frac{\varphi}{8\mu}(4 + 3\varphi),$$

$$A = -B = -wf\,\frac{2h+f}{2l},$$

$$H_{a,b} = -\frac{wf}{2}(\pm 1 + \Phi),$$

$$M_{c,d} = \frac{wfh}{2}(\pm 1 + \Phi),$$

$$M_e = -\frac{wfh}{2}\left[\frac{\varphi}{2} - (1+\varphi)\,\Phi\right].$$

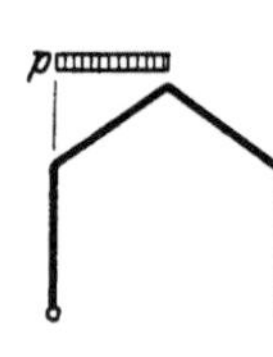

$$\Phi = \frac{\xi^2}{\mu}\left[\frac{3}{2}(2+\varphi) - \xi(2+\varphi\xi)\right],$$

$$A = \frac{pl}{2}\,\xi(2-\xi), \qquad B = \frac{pl}{2}\,\xi^2,$$

$$H_{a,b} = \frac{pl}{4}\,\lambda\,\Phi,$$

$$x \leqq l/2 \qquad M_{c,d} = -\frac{pl^2}{4}\,\Phi,$$

$$M_e = \frac{pl^2}{4}\left[\xi^2 - (1+\varphi)\,\Phi\right].$$

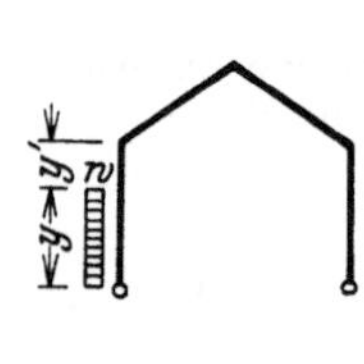

$$\Phi = \frac{1}{4\mu}\left[6(2+\varphi+\varkappa) - \varkappa\eta^2\right],$$

$$A = -B = -\frac{wy^2}{2l},$$

$$H_{a,b} = -\frac{wh}{2}\,\eta\left(1 \pm 1 - \frac{\eta}{2}\,\Phi\right),$$

$$M_{c,d} = \frac{wh^2}{4}\,\eta^2(1 \pm 1 - \Phi).$$

$$M_e = \frac{wh^2}{4}\,\eta^2\left[1 - (1+\varphi)\,\Phi\right].$$

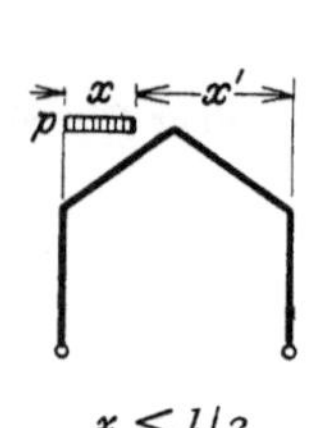

$$\Phi = \frac{\varphi}{8\mu}\left\{\zeta^2(4 + 3\varphi\zeta) + 2\zeta'\left[2(3 + 2\varphi) + \varphi\zeta(1 + \varphi\zeta)\right]\right\},$$

$$A = -B = -wz\,\frac{2h+z}{2l}, \qquad H_{a,b} = -\frac{wf}{2}\,\zeta(\pm 1 + \Phi),$$

$$M_{c,d} = \frac{wfh}{2}\,\zeta(\pm 1 + \Phi), \qquad M_e = -\frac{wfh}{2}\,\zeta\left[\varphi\left(1 - \frac{\zeta}{2}\right) - (1+\varphi)\,\Phi\right].$$

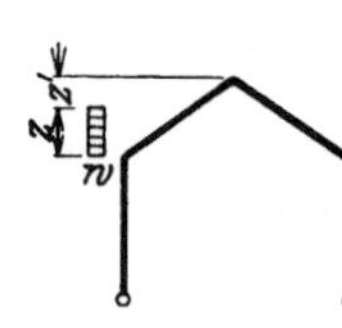
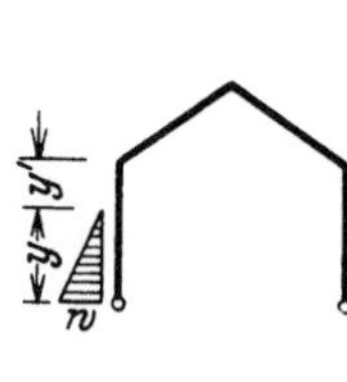

$$\Phi = \frac{1}{2\mu}\left[\varphi(3+2\varphi) - \varkappa + \frac{3}{10}\varkappa\eta^2\right],$$

$$A = -B = -\frac{wy^2}{6l},$$

$$H_{a,b} = -\frac{wh}{12}\,\eta[3 \pm 3 - \eta(1-\Phi)],$$

$$M_{c,d} = \frac{wh^2}{12}\,\eta^2[\pm 1 + \Phi],$$

$$M_e = -\frac{wh^2}{12}\,\eta^2[\varphi - (1+\varphi)\,\Phi],$$

$$y = h: \qquad \eta = 1, \quad \Phi = \frac{1}{2\mu}\left[\varphi(3+2\varphi) - \frac{7}{10}\varkappa\right].$$

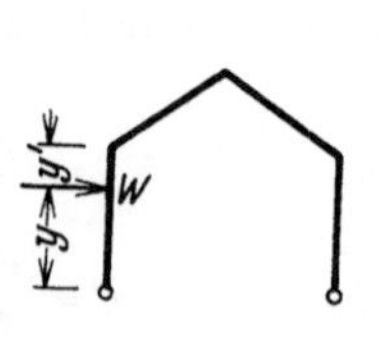

$$\Phi = \frac{1}{2\mu}\left[3(2+\varphi+\varkappa) - \varkappa\eta^2\right],$$

$$A = -B = -W\,\frac{y}{l},$$

$$H_{a,b} = -\frac{W}{2}(1 \pm 1 - \eta\,\Phi),$$

$$M_{c,d} = \frac{Wh}{2}\,\eta(1 \pm 1 - \Phi),$$

$$M_e = \frac{Wh}{2}\,\eta[1 - (1+\varphi)\,\Phi],$$

$$y = h: \qquad \eta = 1, \quad \Phi = \frac{1}{2\mu}[3(2+\varphi) + 2\varkappa].$$

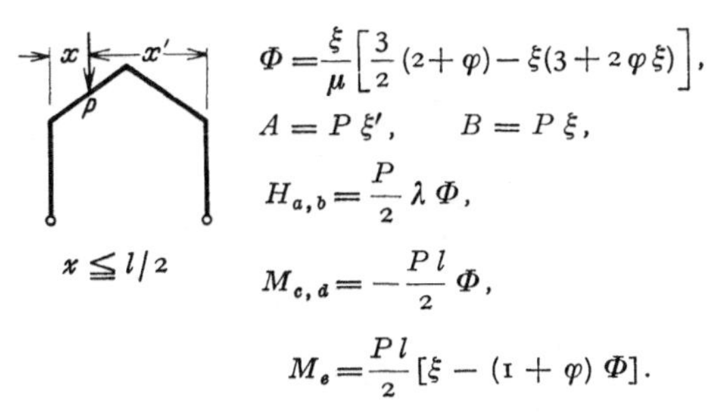

$$\Phi = \frac{\xi}{\mu}\left[\frac{3}{2}(2+\varphi)-\xi(3+2\,\varphi\,\xi)\right],$$

$$A = P\,\xi', \qquad B = P\,\xi,$$

$$H_{a,b}=\frac{P}{2}\lambda\,\Phi,$$

$x \leqq l/2$

$$M_{c,d}=-\frac{P\,l}{2}\Phi,$$

$$M_e=\frac{P\,l}{2}\left[\xi-(1+\varphi)\,\Phi\right].$$

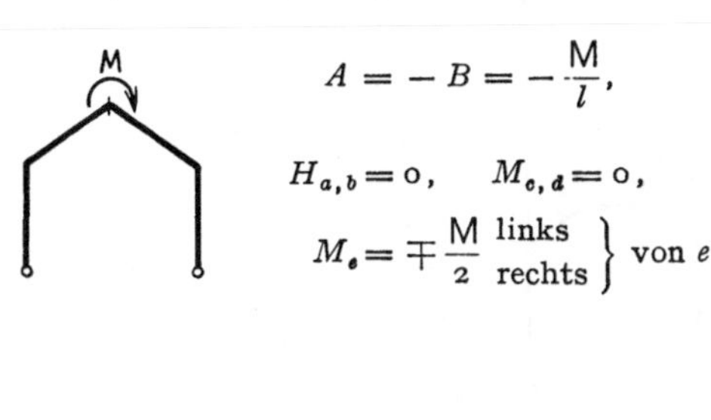

$$\Phi = \frac{\varphi}{2\,\mu}\zeta'^{2}\left[3(1+\varphi)-\varphi\,\zeta'\right],$$

$$A = -B = -W\frac{h+z}{l},$$

$$H_{a,b}=-\frac{W}{2}(\pm 1 + \Phi),$$

$$M_{c,d}=\frac{W\,h}{2}(\pm 1 + \Phi),$$

$$M_e=-\frac{W\,h}{2}\left[\varphi\,\zeta'-(1+\varphi)\,\Phi\right],$$

$$z=f:\quad \Phi=0,\quad M_e=0.$$

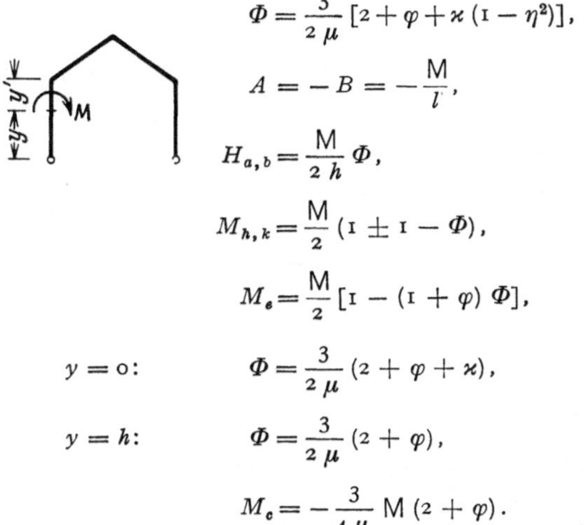

$$\Phi = \frac{3}{2\,\mu}\left[2+\varphi+\varkappa\,(1-\eta^{2})\right],$$

$$A = -B = -\frac{M}{l},$$

$$H_{a,b}=\frac{M}{2\,h}\Phi,$$

$$M_{h,k}=\frac{M}{2}(1 \pm 1 - \Phi),$$

$$M_e=\frac{M}{2}\left[1 - (1+\varphi)\,\Phi\right],$$

$y=0:\qquad \Phi=\dfrac{3}{2\,\mu}(2+\varphi+\varkappa),$

$y=h:\qquad \Phi=\dfrac{3}{2\,\mu}(2+\varphi),$

$$M_c=-\frac{3}{4\,\mu}M\,(2+\varphi).$$

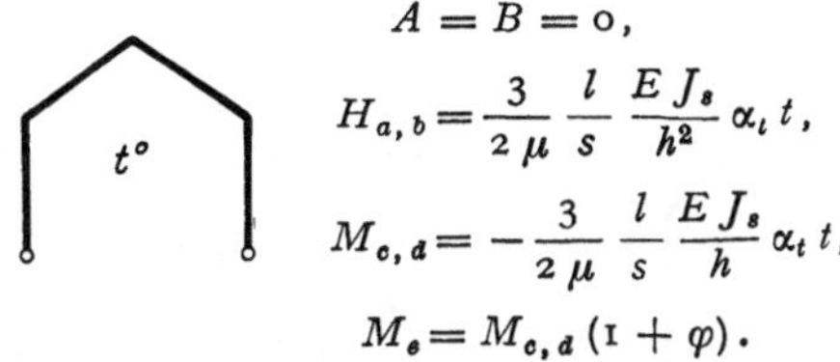

$$A = -B = -\frac{M}{l},$$

$$H_{a,b}=0,\qquad M_{c,d}=0,$$

$$M_e=\mp\frac{M}{2}\left.\begin{array}{l}\text{links}\\\text{rechts}\end{array}\right\}\text{ von } e.$$

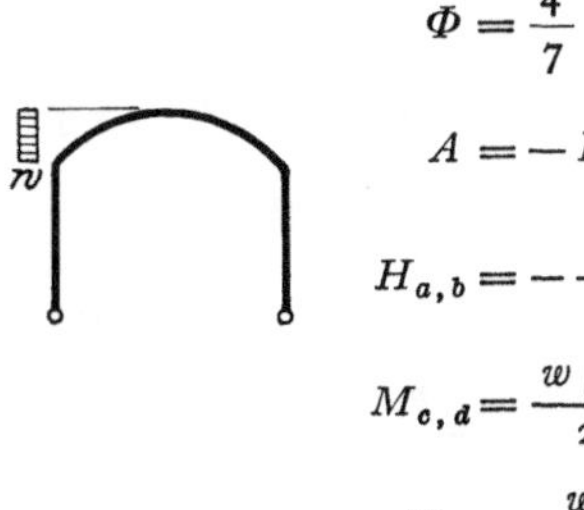

$$A = B = 0,$$

$$H_{a,b}=\frac{3}{2\,\mu}\frac{l}{s}\frac{E\,J_s}{h^{2}}\alpha_t\,t,$$

$$M_{c,d}=-\frac{3}{2\,\mu}\frac{l}{s}\frac{E\,J_s}{h}\alpha_t\,t,$$

$$M_e=M_{c,d}(1+\varphi).$$

Tabelle 45. Symmetrischer Rahmen mit parabolisch gekrümmtem Riegel.

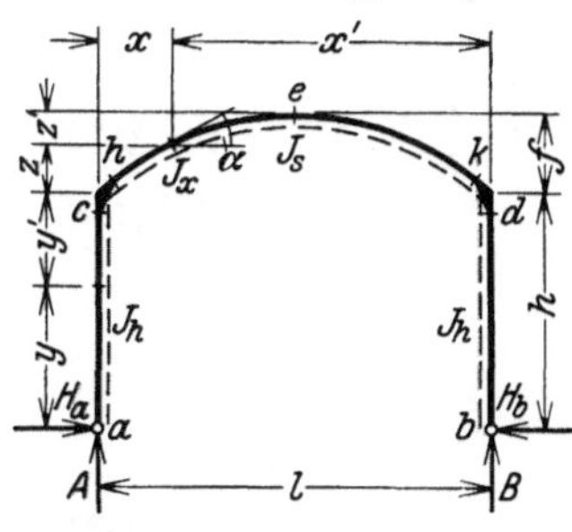

$$\xi = \frac{x}{l},\qquad \eta=\frac{y}{h},\qquad \zeta=\frac{z}{f},\qquad \lambda=\frac{l}{h},\qquad \frac{J_s}{J_x\cos\alpha}=1,$$

$$\xi'=\frac{x'}{l},\qquad \eta'=\frac{y'}{h},\qquad \zeta'=\frac{z'}{f},\qquad \varphi=\frac{f}{h},\qquad \varkappa=\frac{h}{l}\frac{J_s}{J_h},$$

$$\omega_R=\xi-\xi^{2},\qquad \mu=5(3+2\varkappa)+4\,\varphi\,(5+2\,\varphi).$$

$M_{h,k}=M_{c,d}$, wenn nicht besonders angegeben.

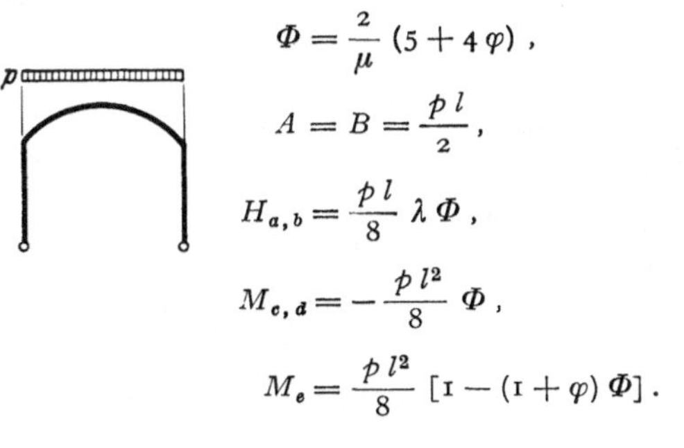

$$\Phi = \frac{2}{\mu}(5+4\varphi),$$

$$A = B = \frac{p\,l}{2},$$

$$H_{a,b}=\frac{p\,l}{8}\lambda\,\Phi,$$

$$M_{c,d}=-\frac{p\,l^{2}}{8}\Phi,$$

$$M_e=\frac{p\,l^{2}}{8}\left[1-(1+\varphi)\,\Phi\right].$$

$$\Phi = \frac{4}{7}\frac{\varphi}{\mu}(7+6\varphi),$$

$$A = -B = -\frac{w\,f\,(2\,h+f)}{2\,l},$$

$$H_{a,b}=-\frac{w\,f}{2}(\pm 1 + \Phi),$$

$$M_{c,d}=\frac{w\,f\,h}{2}(\pm 1 + \Phi),$$

$$M_e=-\frac{w\,f\,h}{2}\left[\frac{\varphi}{2}-(1+\varphi)\,\Phi\right].$$

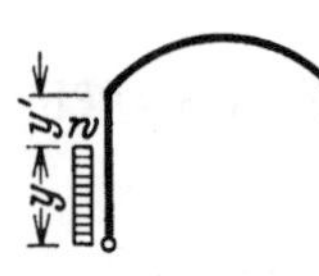

$$\Phi = \frac{\xi^2}{\mu}\left[5\,(3+2\,\varphi) - 10\,\xi\,(1+\varphi\,\xi) + 4\,\varphi\,\xi^3\right],$$

$$A = \frac{p\,x}{2}\,(2-\xi), \qquad B = \frac{p\,x}{2}\,\xi, \qquad H_{a,b} = \frac{p\,l}{4}\,\lambda\,\Phi,$$

$$M_{c,d} = -\frac{p\,l^2}{4}\,\Phi, \qquad x \leqq \frac{l}{2}: \qquad M_e = \frac{p\,l^2}{4}\left[\xi^2 - (1+\varphi)\,\Phi\right].$$

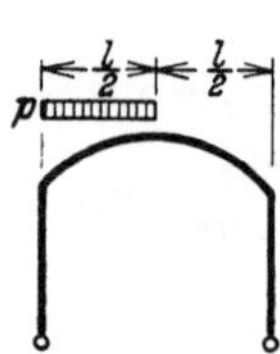

$$\Phi = \frac{5}{2\,\mu}\left\{2\left[3\,(1+\varkappa) + 2\,\varphi\right] - \varkappa\,\eta^2\right\},$$

$$A = -B = -\frac{w\,y^2}{2\,l}, \qquad H_{a,b} = -\frac{w\,h}{2}\,\eta\left(1 \pm 1 - \frac{\eta}{2}\,\Phi\right),$$

$$M_{c,d} = \frac{w\,h^2}{4}\,\eta^2\,(1 \pm 1 - \Phi), \qquad M_e = \frac{w\,h^2}{4}\,\eta^2\left[1 - (1+\varphi)\,\Phi\right].$$

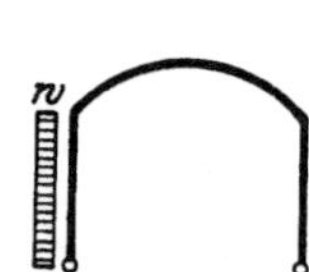

Left:

$$\Phi = \frac{2}{\mu}\,(5+4\,\varphi),$$

$$A = \frac{3}{8}\,p\,l, \qquad B = \frac{1}{8}\,p\,l,$$

$$H_{a,b} = \frac{p\,l}{16}\,\lambda\,\Phi,$$

$$M_{c,d} = -\frac{p\,l^2}{16}\,\Phi,$$

$$M_e = \frac{p\,l^2}{16}\left[1 - (1+\varphi)\,\Phi\right].$$

Right:

$$\Phi = \frac{5}{2\,\mu}\,(6+5\,\varkappa+4\,\varphi),$$

$$A = -B = -\frac{w\,h^2}{2\,l},$$

$$H_{a,b} = -\frac{w\,h}{2}\left(1 \pm 1 - \frac{\Phi}{2}\right),$$

$$M_{c,d} = +\frac{w\,h^2}{4}\,(1 \pm 1 - \Phi),$$

$$M_e = +\frac{w\,h^2}{4}\left[1 - (1+\varphi)\,\Phi\right].$$

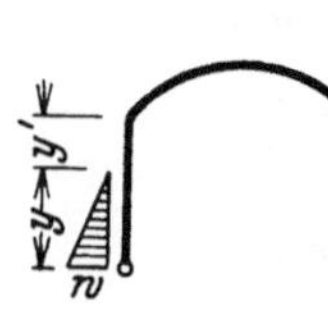

$$\Phi = \frac{1}{2\,\mu}\left\{10\left[3\,(1+\varkappa) + 2\,\varphi\right] - 3\,\varkappa\,\eta^2\right\},$$

$$A = -B = -\frac{w\,y^2}{6\,l}, \qquad H_{a,b} = -\frac{w\,h}{4}\,\eta\left(1 \pm 1 - \frac{\eta}{3}\,\Phi\right),$$

$$M_{c,d} = \frac{w\,h^2}{12}\,\eta^2\,(1 \pm 1 - \Phi), \qquad M_e = \frac{w\,h^2}{12}\,\eta^2\left[1 - (1+\varphi)\,\Phi\right],$$

$$y = h: \qquad \eta = 1, \qquad \Phi = \frac{1}{2\,\mu}\left[10\,(3+2\,\varphi) + 27\,\varkappa\right].$$

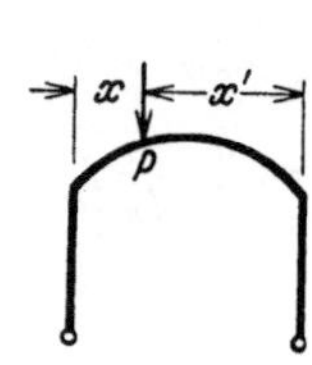

$$\Phi = \frac{5}{\mu}\,\omega_R\left[3 + 2\,\varphi\,(1+\omega_R)\right],$$

$$A = P\,\xi', \qquad B = P\,\xi,$$

$$H_{a,b} = \frac{P}{2}\,\lambda\,\Phi,$$

$$M_{c,d} = -\frac{P\,l}{2}\,\Phi,$$

$$x \leqq \frac{l}{2}: \qquad M_e = \frac{P\,l}{2}\left[\xi - (1+\varphi)\,\Phi\right].$$

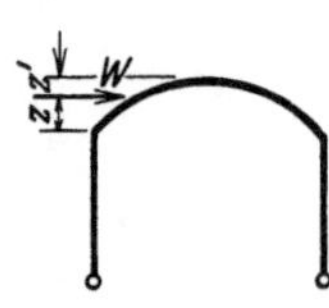

$$\Phi = 2\,\frac{\varphi}{\mu}\,\zeta'^{\frac{3}{2}}\left[5\,(1+\varphi) - \varphi\,\zeta'\right],$$

$$A = -B = -W\,\frac{h+z}{l},$$

$$H_{a,b} = -\frac{W}{2}\,(\pm 1 + \Phi),$$

$$M_{c,d} = \frac{W\,h}{2}\,(\pm 1 + \Phi),$$

$$M_e = -\frac{W\,h}{2}\left[\varphi\,\zeta' - (1+\varphi)\,\Phi\right].$$

$$\Phi = \frac{5}{\mu}\left[3\,(1+\varkappa) + 2\,\varphi - \varkappa\,\eta^2\right],$$

$$A = -B = -W\,\frac{y}{l},$$

$$H_{a,b} = -\frac{W}{2}\,(1 \pm 1 - \eta\,\Phi),$$

$$M_{c,d} = \frac{W\,h}{2}\,\eta\,(1 \pm 1 - \Phi),$$

$$M_e = \frac{W\,h}{2}\,\eta\left[1 - (1+\varphi)\,\Phi\right].$$

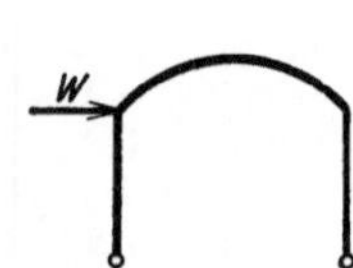

$$\Phi = 2\,\frac{\varphi}{\mu}\,(5+4\,\varphi),$$

$$A = -B = -W\,\frac{h}{l},$$

$$H_{a,b} = -\frac{W}{2}\,(\pm 1 + \Phi),$$

$$M_{c,d} = \frac{W\,h}{2}\,(\pm 1 + \Phi),$$

$$M_e = -\frac{W\,h}{2}\left[\varphi - (1+\varphi)\,\Phi\right].$$

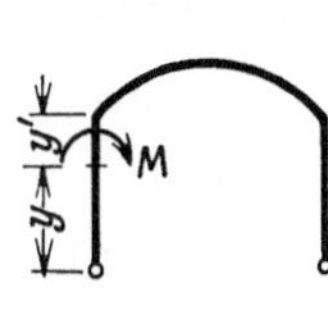

$$\Phi = \frac{5}{\mu}\,[3\,(\mathrm{I}+\varkappa)+2\,\varphi-3\,\varkappa\,\eta^2]\,,$$

$$A = -\,B = -\,\frac{\mathsf{M}}{l}\,, \qquad\qquad H_{a,b} = \frac{\mathsf{M}}{2\,h}\,\Phi\,,$$

$$M_{h\,k} = \frac{\mathsf{M}}{2}\,(\mathrm{I}\pm\mathrm{I}-\Phi)\,, \qquad\qquad M_e = \frac{\mathsf{M}}{2}\,[\mathrm{I}-(\mathrm{I}+\varphi)\,\Phi]\,,$$

$$y = \mathrm{o}: \qquad \eta = \mathrm{o}\,, \qquad\qquad y' = \mathrm{o}: \qquad \eta = \mathrm{I}\,, \qquad\qquad M_e = -\,\frac{\mathsf{M}}{2}\,\Phi\,.$$

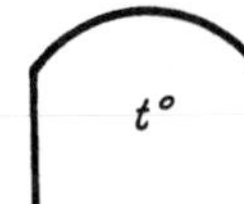

$$A = B = \mathrm{o}\,, \qquad\qquad H_{a,b} = \frac{\mathrm{15}}{\mu}\,\frac{E\,J_s}{h^2}\,\alpha_t\,t\,.$$

$$M_{c,d} = -\,\frac{\mathrm{15}}{\mu}\,\frac{E\,J_s}{h}\,\alpha_t\,t\,, \qquad\qquad M_e = M_{c,d}\,(\mathrm{I}+\varphi)\,.$$

Tabelle 46. Symmetrischer Rahmen mit mehrfach gebrochenem Riegel.

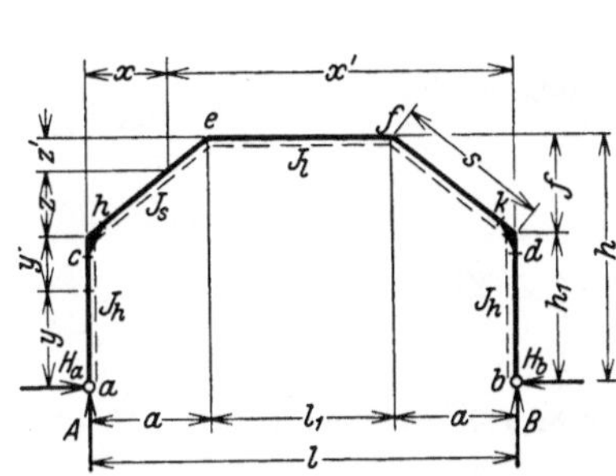

$$\xi = \frac{x}{l}\,, \qquad \eta = \frac{y}{h_1}\,, \qquad \zeta = \frac{z}{f}\,, \qquad \lambda = \frac{a}{l}\,,$$

$$\xi' = \frac{x'}{l}\,, \qquad \eta' = \frac{y'}{h_1}\,, \qquad \zeta' = \frac{z'}{f}\,, \qquad \lambda' = \frac{l_1}{l}\,,$$

$$\psi = \frac{h_1}{h}\,, \qquad \varphi = \frac{f}{h_1}\,, \qquad \varkappa_1 = \frac{l_1}{s}\,\frac{J_s}{J_e}\,,$$

$$\psi' = \frac{f}{h}\,, \qquad v = \frac{l}{h}\,, \qquad \varkappa_2 = \frac{h_1}{s}\,\frac{J_s}{J_h}\,,$$

$$\mu = \psi^2\,(\mathrm{I}+\varkappa_2)+\mathrm{I}+\psi+\frac{3}{2}\,\varkappa_1\,.$$

$$M_{h,k} = M_{c\,d}\,, \quad \text{wenn nicht besonders angegeben.}$$

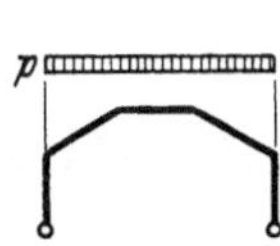

$$\Phi = \frac{\mathrm{I}}{4\,\mu}\,[2\,\lambda\,(2+\psi+\varkappa_1)-\lambda^2\,(3+\psi+2\,\varkappa_1)+\varkappa_1]\,,$$

$$A = B = \frac{p\,l}{2}\,, \qquad\qquad H_{a,b} = \frac{p\,l^2}{2\,h_1}\,\psi\,\Phi\,,$$

$$M_{c,d} = -\,\frac{p\,l^2}{2}\,\psi\,\Phi\,, \qquad\qquad M_{e,f} = \frac{p\,l^2}{2}\,[\lambda\,(\mathrm{I}-\lambda)-\Phi]\,.$$

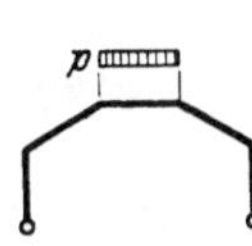

$$\Phi = \frac{\mathrm{I}}{4\,\mu}\,\{2\,\lambda\,[2\,(\mathrm{I}+\varkappa_1)+\psi]+\varkappa_1\}\,,$$

$$A = B = \frac{p\,l_1}{2}\,, \qquad\qquad H_{a,b} = \frac{p\,l_1}{2}\,\frac{l}{h_1}\,\psi\,\Phi\,,$$

$$M_{c,d} = -\,\frac{p\,l\,l_1}{2}\,\psi\,\Phi\,, \qquad\qquad M_{e,f} = \frac{p\,l\,l_1}{2}\,(\lambda-\Phi)\,,$$

$$\Phi = \frac{\mathrm{I}}{4\,\mu}\,\{4\,\varphi\,[3\,(\mathrm{I}+\varkappa_1)-\psi']+6\,(\mathrm{I}+\varkappa_1+\psi)+3\,\varkappa_2\,\psi\}\,,$$

$$A = -\,B = -\,\frac{w\,h_1^2}{2\,l}\,, \qquad\qquad H_{a,b} = -\,\frac{w\,h_1}{2}\,\Big(\pm\,\mathrm{I}+\frac{\psi}{2}\,\Phi\Big)\,,$$

$$M_{c,d} = -\,\frac{w\,h_1^2}{4}\,(\mathrm{I}\mp\mathrm{I}-\psi\,\Phi)\,, \qquad\qquad M_{e,f} = -\,\frac{w\,h_1^2}{4}\,(\mathrm{I}+2\,\varphi\mp\lambda'-\Phi)\,.$$

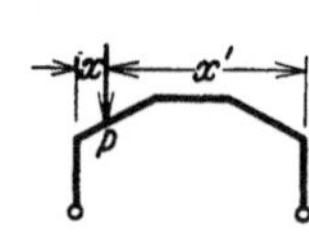

$$\Phi = \frac{1}{4\mu}\,(5 + 3\,\psi + 6\,\varkappa_1),$$

$$A = \frac{p\,a}{2}\,(2 - \lambda), \qquad B = \frac{p\,a}{2}\,\lambda,$$

$$H_{a,b} = \frac{p\,a^2}{4\,h_1}\,\psi\,\Phi,$$

$$M_{c,d} = -\frac{p\,a^2}{4}\,\psi\,\Phi,$$

$$M_{e,f} = \frac{p\,a^2}{4}\,(1 \pm \lambda' - \Phi).$$

$$\Phi = \frac{1}{4\mu}\,[3\,(1 + 2\,\varkappa_1) + \psi],$$

$$A = -B = -w\,f\,\frac{(2\,h_1 + f)}{2\,l},$$

$$H_{a,b} = -\frac{w\,f}{2}\left(\pm 1 + \frac{\psi'}{2}\,\Phi\right),$$

$$M_{c,d} = \frac{w\,f\,h_1}{2}\left(\pm 1 + \frac{\psi'}{2}\,\Phi\right),$$

$$M_{e,f} = -\frac{w\,f^2}{4}\left[1 \mp \lambda'\left(1 + \frac{2}{\varphi}\right) - \Phi\right].$$

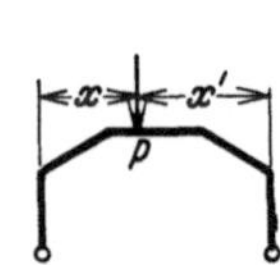

$$x \leqq a, \qquad \Phi = \frac{1}{2\mu}\left[3\,(1 + \psi + \varkappa_1) - \frac{\xi}{\lambda}\left(3\,\psi + \psi'\,\frac{\xi}{\lambda}\right)\right],$$

$$A = P\,\xi', \qquad B = P\,\xi, \qquad H_{a,b} = \frac{P\,l}{2\,h_1}\,\xi\,\psi\,\Phi,$$

$$M_{c,d} = -\frac{P\,l}{2}\,\xi\,\psi\,\Phi, \qquad M_{e,f} = \frac{P\,l}{2}\,\xi\,(1 \pm \lambda' - \Phi).$$

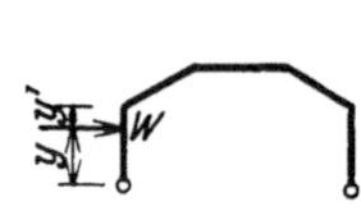

$$a \leqq x \leqq a + l_1, \qquad \Phi = \frac{1}{2\mu}\left[\lambda\,(2 + \psi) + 3\,\frac{\varkappa_1}{\lambda'}\,(\omega_R - \lambda^2)\right],$$

$$A = P\,\xi', \qquad B = P\,\xi, \qquad H_{a,b} = \frac{P\,l}{2\,h_1}\,\psi\,\Phi,$$

$$M_{c,d} = -\frac{P\,l}{2}\,\psi\,\Phi, \qquad M_{e,f} = \frac{P\,l}{2}\,\{[1 \pm (1 - 2\,\xi)]\,\lambda - \Phi\}.$$

$$\Phi = \frac{1}{2\mu}\,\{\varphi\,[3\,(1 + \varkappa_1) - \psi'] + 3\,\eta'\,(1 + \varkappa_1 + \psi) + \varkappa_2\,\psi\,\eta'^2\,(3 - \eta')\},$$

$$A = -B = -W\,\frac{y}{l}, \qquad H_{a,b} = -\frac{W}{2}\,(\pm 1 + \psi\,\Phi),$$

$$M_{c,d} = -\frac{W\,h_1}{2}\,(1 - \eta \mp \eta - \psi\,\Phi), \qquad M_{e,f} = -\frac{W\,h_1}{2}\,(1 + \varphi - \eta \mp \lambda'\,\eta - \Phi).$$

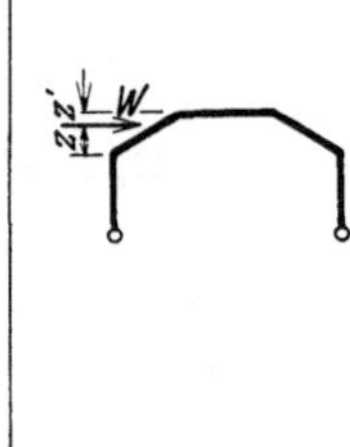

$$\Phi = \frac{\varphi}{2\mu}\,[3\,(1 + \varkappa_1) - \psi'],$$

$$A = -B = -W\,\frac{h_1}{l},$$

$$H_{a,b} = -\frac{W}{2}\,(\pm 1 + \psi\,\Phi),$$

$$M_{c,d} = \frac{W\,h_1}{2}\,(\pm 1 + \psi\,\Phi),$$

$$M_{e,f} = -\frac{W\,h_1}{2}\,(\varphi \mp \lambda' - \Phi).$$

$$\Phi = \frac{\zeta'}{2\mu}\,(3\,\varkappa_1 + 3\,\zeta' - \psi'\,\zeta'^2),$$

$$A = -B = -W\,\frac{h_1 + z}{l},$$

$$H_{a,b} = -\frac{W}{2}\,(\pm 1 + \psi'\,\Phi),$$

$$M_{c,d} = \frac{W\,h_1}{2}\,(\pm 1 + \psi'\,\Phi),$$

$$M_{e,f} = -\frac{W\,f}{2}\left[\zeta' \mp \lambda'\left(\frac{1}{\psi'} - \zeta'\right) - \Phi\right].$$

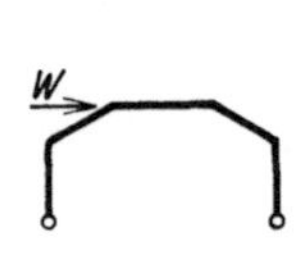

$$A = -B = -W\,\frac{h}{l},$$

$$H_{a,b} = \mp \frac{W}{2},$$

$$M_{c,d} = \pm \frac{W\,h_1}{2},$$

$$M_{e,f} = \pm \frac{W\,h}{2}\,\lambda'.$$

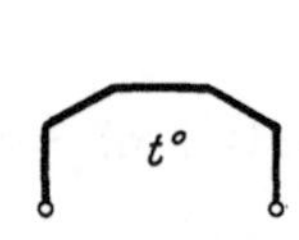

$$A = B = 0,$$

$$H_{a,b} = \frac{3}{2\,\mu}\,\frac{l}{s}\,\frac{E\,J_s}{h^2}\,\alpha_t\,t,$$

$$M_{c,d} = -H_{a,b}\,h_1,$$

$$M_{e,f} = -H_{a,b}\,h.$$

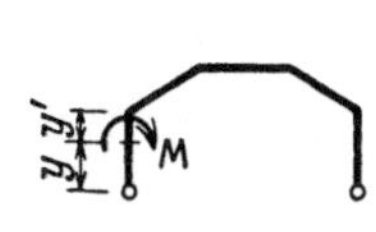

$$\Phi = \frac{3}{2\,\mu}\,[\mathrm{I} + \varkappa_1 + \psi + \varkappa_2\,\psi\,(\mathrm{I} - \eta^2)],$$

$$A = -\,B = -\,\frac{\mathsf{M}}{l}, \qquad\qquad H_{a,b} = \frac{\mathsf{M}}{2\,h}\,\Phi,$$

$$M_{h,k} = \frac{\mathsf{M}}{2}\,(\mathrm{I} \pm \mathrm{I} - \psi\,\Phi), \qquad M_{e,f} = \frac{\mathsf{M}}{2}\,(\mathrm{I} \pm \lambda' - \Phi),$$

$$y = 0:\quad \Phi = \frac{3}{2\,\mu}\,[\mathrm{I} + \varkappa_1 + \psi\,(\mathrm{I} + \varkappa_2)], \qquad y = h:\quad \Phi = \frac{3}{2\,\mu}\,(\mathrm{I} + \varkappa_1 + \psi), \qquad M_e = -\,\frac{\mathsf{M}}{2}\,\psi\,\Phi.$$

Tabelle 47. Symmetrischer Zweigelenkrahmen mit schrägen Pfosten:

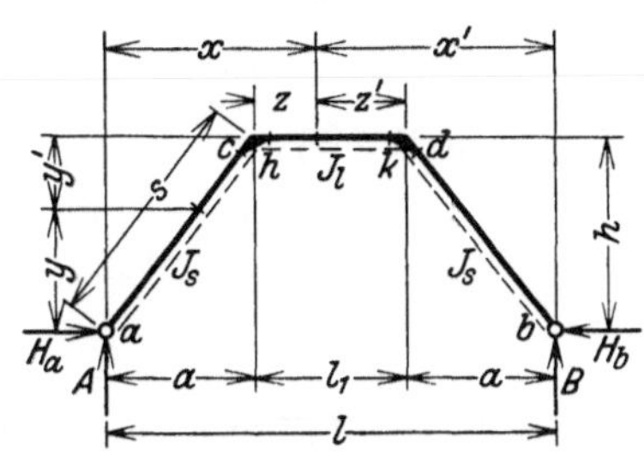

$$\xi = \frac{x}{l}, \qquad \eta = \frac{y}{h}, \qquad \zeta = \frac{z}{l_1}, \qquad \lambda = \frac{a}{l},$$

$$\xi' = \frac{x'}{l}, \qquad \eta' = \frac{y'}{h}, \qquad \zeta' = \frac{z'}{l_1}, \qquad \lambda' = \frac{l_1}{l},$$

$$\nu = \frac{l}{h}, \qquad \varkappa = \frac{l_1}{s}\,\frac{J_s}{J_l}, \qquad \mu = \mathrm{I} + \frac{3}{2}\,\varkappa.$$

$M_{h,k} = M_{c,d}$, wenn nicht besonders angegeben.

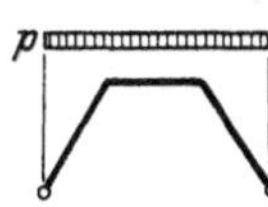

$$\Phi = \frac{\mathrm{I}}{4\,\mu}\,[2\,\lambda\,(2 + \varkappa) - \lambda^2\,(3 + 2\varkappa) + \varkappa],$$

$$A = B = \frac{p\,l}{2}, \qquad H_{a,b} = \frac{p\,l}{2}\,\nu\,\Phi, \qquad M_{c,d} = \frac{p\,l^2}{2}\,[\lambda\,(\mathrm{I} - \lambda) - \Phi].$$

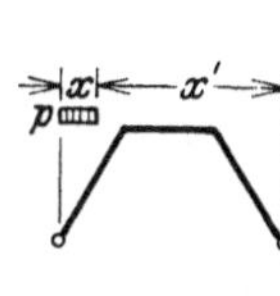

$$\Phi = \frac{\mathrm{I}}{4\,\mu}\left[6\,(\mathrm{I} + \varkappa) - \frac{\xi^2}{\lambda^2}\right],$$

$$A = \frac{p\,x}{2}\,(\mathrm{I} + \xi'), \qquad B = \frac{p\,x}{2}\,\xi,$$

$$H_{a,b} = \frac{p\,l}{4}\,\xi^2\,\nu\,\Phi,$$

$$M_{c,d} = \frac{p\,l^2}{4}\,\xi^2\,(\mathrm{I} \pm \lambda' - \Phi),$$

$$x = a:\quad \xi = \lambda, \qquad \Phi = \frac{\mathrm{I}}{4\,\mu}\,(5 + 6\,\varkappa).$$

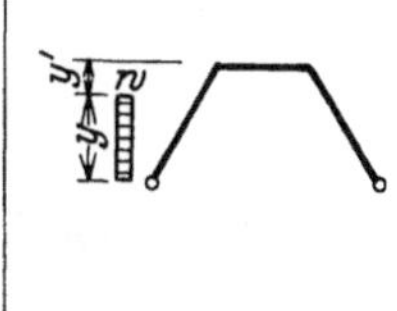

$$\Phi = \frac{\mathrm{I}}{4\,\mu}\,[6\,(\mathrm{I} + \varkappa) - \eta^2],$$

$$A = -\,B = -\,\frac{w\,y^2}{2\,l},$$

$$H_{a,b} = -\,\frac{w\,h}{2}\,\eta\left(\mathrm{I} \pm \mathrm{I} - \frac{\eta}{2}\,\Phi\right),$$

$$M_{c,d} = \frac{w\,h^2}{4}\,\eta^2\,(\mathrm{I} \pm \lambda' - \Phi),$$

$$y = h:\quad \eta = \mathrm{I}, \qquad \Phi = \frac{\mathrm{I}}{4\,\mu}\,(5 + 6\,\varkappa).$$

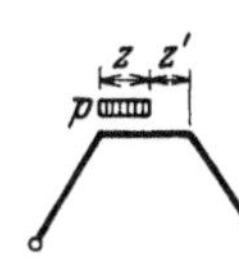

$$\Phi = \frac{\mathrm{I}}{4\,\mu}\,\{4\,\lambda + \varkappa\,[6\,\lambda + \lambda'\,\zeta\,(3 - 2\,\zeta)]\},$$

$$A = \frac{p\,z}{2}\,(\mathrm{I} + \lambda'\,\zeta'), \qquad\qquad B = \frac{p\,z}{2}\,(\mathrm{I} - \lambda'\,\zeta'),$$

$$H_{a,b} = \frac{p\,l_1}{2}\,\zeta\,\nu\,\Phi, \qquad\qquad M_{c,d} = \frac{p\,l\,l_1}{2}\,\zeta\,[\lambda\,(\mathrm{I} \pm \lambda'\,\zeta') - \Phi].$$

$$\Phi = \frac{\mathrm{I}}{4\,\mu}\,[4\,\lambda\,(\mathrm{I} + \varkappa) + \varkappa],$$

$$A = B = \frac{p\,l_1}{2},$$

$$H_{a,b} = \frac{p\,l_1}{2}\,\nu\,\Phi,$$

$$M_{c,d} = +\,\frac{p\,l_1\,l}{2}\,(\lambda - \Phi).$$

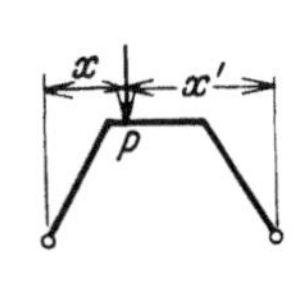

$$\Phi = \frac{\mathrm{I}}{2\,\mu}\left[2\,\lambda + 3\,\frac{\varkappa}{\lambda'}\,(\omega_R - \lambda^2)\right],$$

$$A = P\,\xi', \qquad B = P\,\xi,$$

$$H_{a,b} = \frac{P}{2}\,\nu\,\Phi,$$

$$a \leqq x \leqq a + l_1 \qquad M_{c,d} = \frac{P\,l}{2}\,\{[\mathrm{I} \pm (\mathrm{I} - 2\,\xi)]\,\lambda - \Phi\}.$$

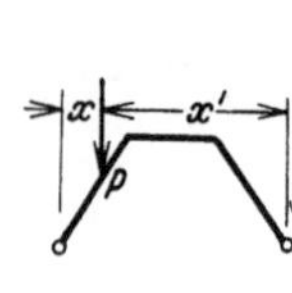

$$\Phi = \frac{1}{2\mu}\left[3(1+\varkappa) - \frac{\xi^2}{\lambda^2}\right],$$

$$A = P\,\xi', \qquad B = P\,\xi,$$

$$H_{a,b} = \frac{P}{2}\,\xi\,\nu\,\Phi,$$

$$M_{c,d} = \frac{Pl}{2}\,\xi\,(1 \pm \lambda' - \Phi).$$

$$0 < x \leqq a$$

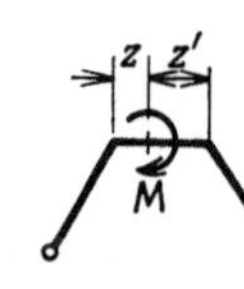

$$\Phi = \frac{\eta'}{2\mu}[3(\varkappa + \eta') - \eta'^2],$$

$$A = -B = -W\frac{y}{l},$$

$$H_{a,b} = -\frac{W}{2}(\pm 1 + \Phi),$$

$$M_{c,d} = -\frac{Wh}{2}[\eta' \mp \eta\lambda' - \Phi],$$

$$y = h:\ \eta = 1, \quad \eta' = 0, \quad \Phi = 0.$$

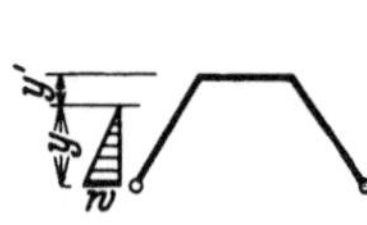

$$\Phi = \frac{1}{2\mu}(10 - 3\eta^2), \qquad A = -B = -\frac{wy^2}{6l}.$$

$$H_{a,b} = -\frac{wh}{120}\,\eta\,(30 \pm 30 - 10\,\eta - \eta\,\Phi), \qquad M_{c,d} = \frac{wh^2}{120}\,\eta^2(\pm 10\,\lambda' - \Phi),$$

$$y = h:\ \eta = 1, \qquad \Phi = \frac{7}{2\mu}.$$

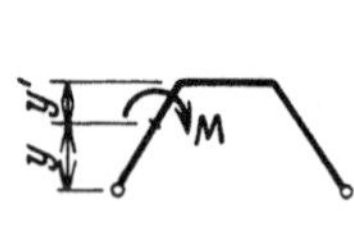

$$\Phi = \frac{3}{2\mu}(1 + \varkappa - \eta^2),$$

$$A = -B = -\frac{M}{l},$$

$$H_{a,b} = \frac{M}{2h}\,\Phi,$$

$$M_{h,k} = \frac{M}{2}(1 \pm \lambda' - \Phi),$$

$$y = 0:\ \Phi = \frac{3}{2\mu}(1 + \varkappa).$$

$$\Phi = \frac{3}{4}\frac{\varkappa}{\mu}(1 - 2\zeta),$$

$$A = -B = -\frac{M}{l},$$

$$H_{a,b} = \frac{M}{h}\,\Phi,$$

$$M_{c,d} = -M(\pm\lambda + \Phi),$$

$$z = 0:\ \Phi = \frac{3\varkappa}{4\mu}.$$

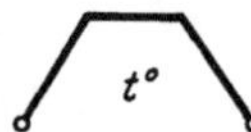

$$A = B = 0, \qquad H_{a,b} = \frac{3}{2\mu}\frac{l}{s}\frac{EJ_s}{h^2}\alpha_t\,t, \qquad M_{c,d} = -\frac{3}{2\mu}\frac{l}{s}\frac{EJ_s}{h}\alpha_t\,t.$$

Tabelle 48. Symmetrischer Rahmen mit geradem Riegel, Gelenke an den Traufpunkten.

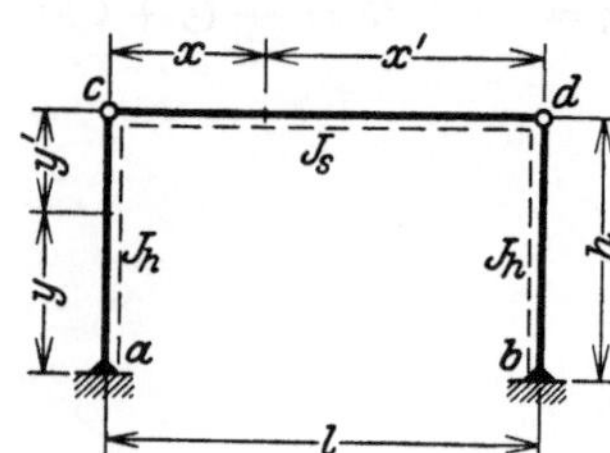

$$\xi = \frac{x}{l}, \qquad \eta = \frac{y}{h}, \qquad \lambda = \frac{l}{h}.$$

$$\xi' = \frac{x'}{l}, \qquad \eta' = \frac{y'}{h}.$$

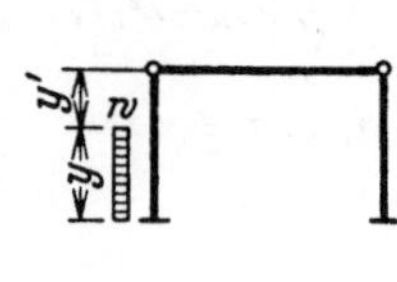

$$\Phi = \frac{1}{4}\,\eta\,(4 - \eta),$$

$$H_{c,d} = \frac{wh}{4}\,\eta^2\,\Phi,$$

$$M_{a,b} = -\frac{wh^2}{4}\,\eta^2\,[1 \pm 1 - \Phi],$$

$$y = h:\ \eta = 1, \qquad \Phi = \frac{3}{4}.$$

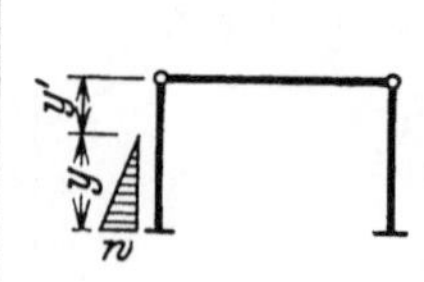

$$\Phi = \frac{3}{20}\,\eta\,(5 - \eta),$$

$$H_{c,d} = \frac{wh}{12}\,\eta^2\,\Phi,$$

$$M_{a,b} = -\frac{wh^2}{12}\,\eta^2\,[1 \pm 1 - \Phi],$$

$$y = h:\ \eta = 1, \qquad \Phi = \frac{3}{5}.$$

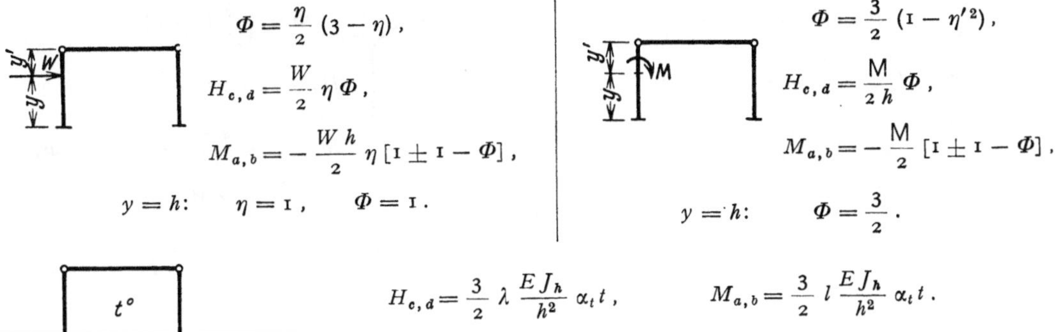

$$\Phi = \frac{\eta}{2}\,(3-\eta),$$

$$H_{c,d} = \frac{W}{2}\,\eta\,\Phi,$$

$$M_{a,b} = -\frac{W\,h}{2}\,\eta\,[1 \pm 1 - \Phi],$$

$$y = h: \qquad \eta = 1, \qquad \Phi = 1.$$

$$\Phi = \frac{3}{2}\,(1-\eta'^2),$$

$$H_{c,d} = \frac{M}{2\,h}\,\Phi,$$

$$M_{a,b} = -\frac{M}{2}\,[1 \pm 1 - \Phi].$$

$$y = h: \qquad \Phi = \frac{3}{2}.$$

$$t° \qquad H_{c,d} = \frac{3}{2}\,\lambda\,\frac{E J_h}{h^2}\,\alpha_t\,t, \qquad M_{a,b} = \frac{3}{2}\,l\,\frac{E J_h}{h^2}\,\alpha_t\,t.$$

Tabelle 49. Symmetrischer Rahmen mit parabolisch gekrümmtem Riegel.
Gelenke an den Traufpunkten.

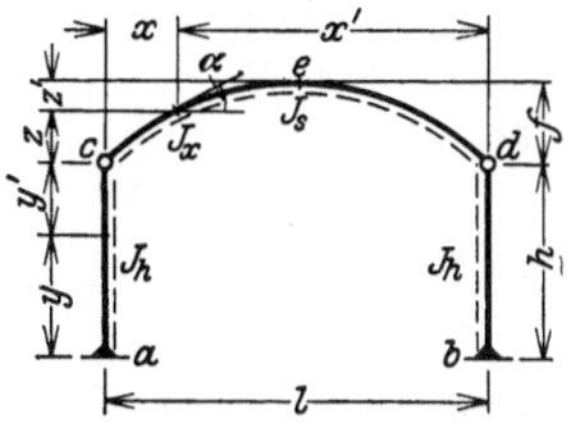

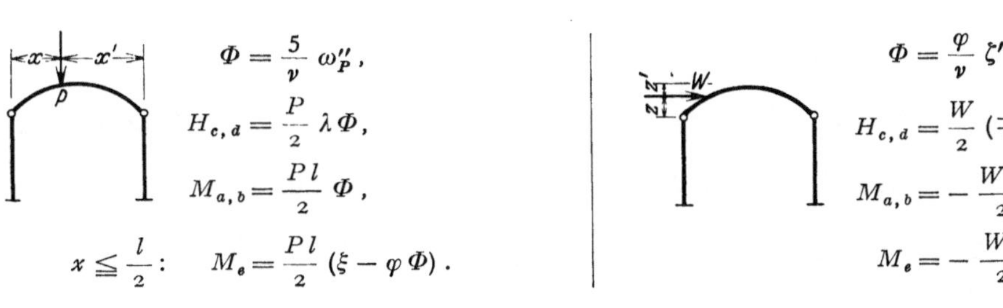

$$\xi = \frac{x}{l}, \qquad \eta = \frac{y}{h}, \qquad \zeta = \frac{z}{f}, \qquad \lambda = \frac{l}{h},$$

$$\xi' = \frac{x'}{l}, \qquad \eta' = \frac{y'}{h}, \qquad \zeta' = \frac{z'}{f}, \qquad \varphi = \frac{f}{h},$$

$$\frac{J_s}{J_x \cos\alpha} = 1, \qquad \varkappa = \frac{l\,J_h}{h\,J_s}, \qquad \mu = 5 + 4\varkappa\varphi^2, \qquad \nu = \frac{\mu}{\varkappa\varphi}.$$

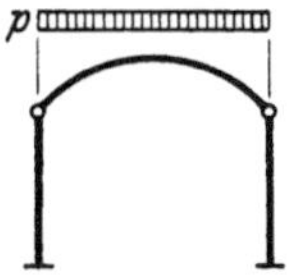

$$\Phi = \frac{4}{\nu},$$

$$H_{c,d} = \frac{p\,l}{8}\,\lambda\,\Phi,$$

$$M_{a,b} = \frac{p\,l^2}{8}\,\Phi,$$

$$M_e = \frac{p\,l^2}{8}\,(1 - \varphi\,\Phi).$$

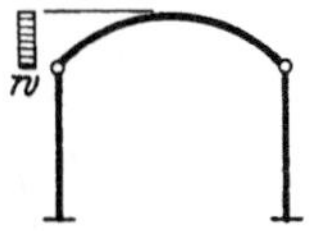

$$\Phi = \frac{24}{7}\,\frac{\varphi}{\nu},$$

$$H_{c,d} = -\frac{w\,f}{4}\,(\pm 2 + \Phi),$$

$$M_{a,b} = -\frac{w\,f\,h}{4}\,(\pm 2 + \Phi),$$

$$M_e = -\frac{w\,f^2}{4}\,(1 - \Phi).$$

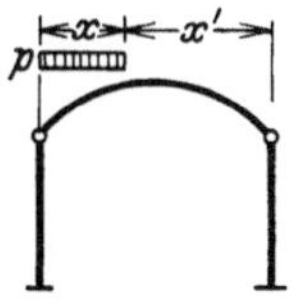

$$\Phi = \frac{\xi^2}{\nu}\,[5 - \xi^2(5 - 2\xi)],$$

$$H_{c,d} = \frac{p\,l}{4}\,\lambda\,\Phi,$$

$$M_{a,b} = \frac{p\,l^2}{4}\,\Phi,$$

$$x \lessgtr \frac{l}{2}: \qquad M_e = \frac{p\,l^2}{4}\,(\xi^2 - \varphi\,\Phi).$$

$$x = \frac{l}{2}: \qquad \Phi = \frac{1}{\nu}.$$

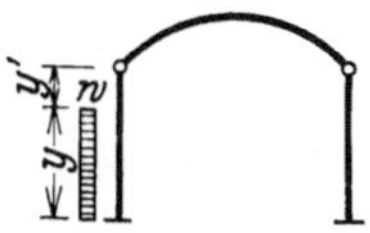

$$\Phi = \frac{5}{4\,\mu}\,\eta\,(4-\eta),$$

$$H_{c,d} = \frac{w\,h}{4}\,\eta^2\,\Phi,$$

$$M_{a,b} = -\frac{w\,h^2}{4}\,\eta^2\,[1 \pm 1 - \Phi],$$

$$M_e = -\varphi\,M_b,$$

$$y = h: \qquad \eta = 1, \qquad \Phi = \frac{15}{4\,\mu}.$$

$$\Phi = \frac{5}{\nu}\,\omega_P'',$$

$$H_{c,d} = \frac{P}{2}\,\lambda\,\Phi,$$

$$M_{a,b} = \frac{P\,l}{2}\,\Phi,$$

$$x \lessgtr \frac{l}{2}: \qquad M_e = \frac{P\,l}{2}\,(\xi - \varphi\,\Phi).$$

$$\Phi = \frac{\varphi}{\nu}\,\zeta'^{\frac{3}{2}}\,(5 - \zeta'),$$

$$H_{c,d} = \frac{W}{2}\,(\mp 1 - \Phi),$$

$$M_{a,b} = -\frac{W\,h}{2}\,(\pm 1 + \Phi),$$

$$M_e = -\frac{W\,f}{2}\,(\zeta' - \Phi).$$

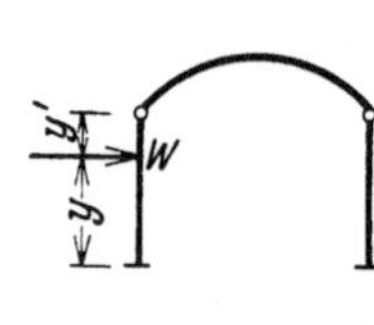

$$\Phi = \frac{5}{2\,\mu}\,\eta\,(3-\eta)\,,$$

$$H_{c,d} = \frac{W}{2}\,\eta\,\Phi\,,$$

$$M_{a,b} = -\frac{W\,h}{2}\,\eta\,[\mathrm{I} \pm \mathrm{I} - \Phi]\,,$$

$$M_e = -\varphi\,M_b\,,$$

$$y = h: \quad \eta = \mathrm{I}\,, \quad \Phi = \frac{5}{\mu}\,.$$

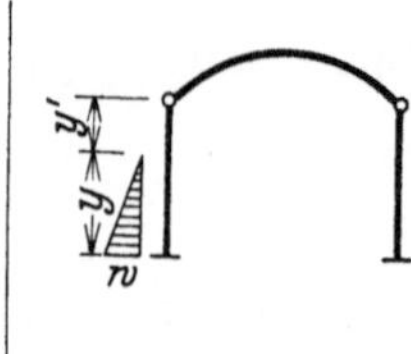

$$\Phi = \frac{3\,\eta}{4\,\mu}\,(5-\eta)\,,$$

$$H_{c,d} = \frac{w\,h}{12}\,\eta^2\,\Phi\,,$$

$$M_{a,b} = -\frac{w\,h^2}{12}\,\eta^2\,[\mathrm{I} \pm \mathrm{I} - \Phi]\,,$$

$$M_e = -\varphi\,M_b\,,$$

$$y = h: \quad \eta = \mathrm{I}\,, \quad \Phi = \frac{3}{\mu}\,.$$

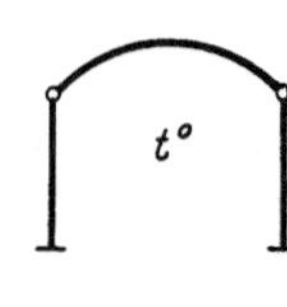

$$\Phi = \frac{15}{2\,\mu}\,(\mathrm{I} - \eta'^2)\,,$$

$$H_{c,d} = \frac{\mathsf{M}}{2\,h}\,\Phi\,,$$

$$M_{a,b} = -\frac{\mathsf{M}}{2}\,[\mathrm{I} \pm \mathrm{I} - \Phi]\,,$$

$$M_e = -\varphi\,M_b\,,$$

$$y = h: \quad \Phi = \frac{15}{2\,\mu}\,.$$

t^o

$$H_{c,d} = \frac{15}{2\,\mu}\,\lambda\,\frac{E\,J_s}{h^2}\,\alpha_t\,t\,,$$

$$M_{a,b} = \frac{15}{2\,\mu}\,l\,\frac{E\,J_s}{h^2}\,\alpha_t\,t\,,$$

$$M_e = -\varphi\,M_{a,b}\,.$$

Tabelle 50. **Symmetrischer Rahmen mit gebrochenem Riegel, Gelenke in den Traufpunkten.**

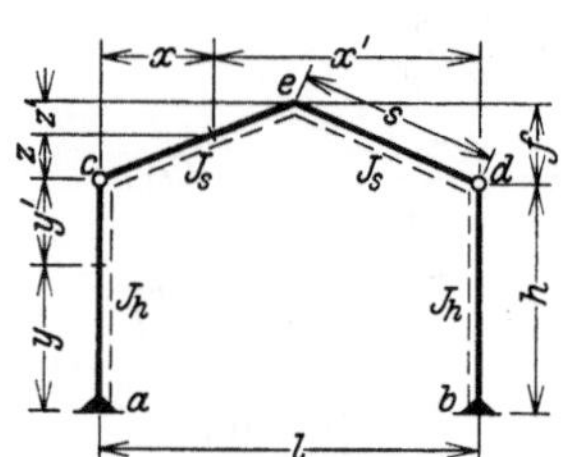

$$\xi = \frac{x}{l}\,, \qquad \eta = \frac{y}{h}\,, \qquad \zeta = \frac{z}{f}\,, \qquad \lambda = \frac{l}{h}\,,$$

$$\xi' = \frac{x'}{l}\,, \qquad \eta' = \frac{y'}{h}\,, \qquad \zeta' = \frac{z'}{f}\,, \qquad \varphi = \frac{f}{h}\,,$$

$$\varkappa = \frac{s}{h}\,\frac{J_h}{J_s}\,, \qquad \mu = \mathrm{I} + \varkappa\,\varphi^2\,, \qquad v = \frac{\mu}{\varkappa\,\varphi}\,.$$

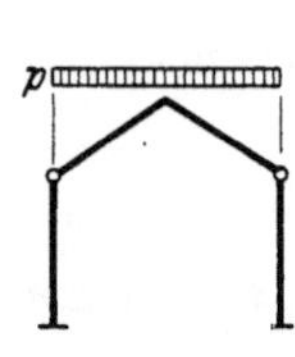

$$\Phi = \frac{5}{4\,v}\,,$$

$$H_{c,d} = \frac{p\,l}{8}\,\lambda\,\Phi\,,$$

$$M_{a,b} = \frac{p\,l^2}{8}\,\Phi\,,$$

$$M_e = \frac{p\,l^2}{8}\,(\mathrm{I} - \varphi\,\Phi)\,.$$

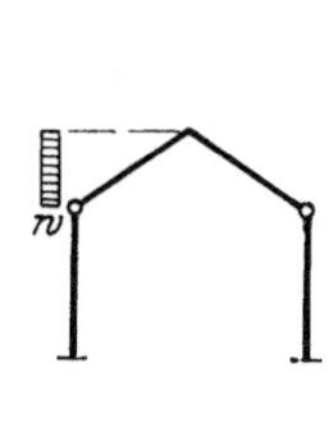

$$\Phi = \frac{3\,\varphi}{4\,v}\,,$$

$$H_{c,d} = -\frac{w\,f}{4}\,(\pm 2 + \Phi)\,,$$

$$M_{a,b} = -\frac{w \cdot f \cdot h}{4}\,[\pm 2 + \Phi]\,,$$

$$M_e = -\frac{w\,f^2}{4}\,(\mathrm{I} - \Phi)\,.$$

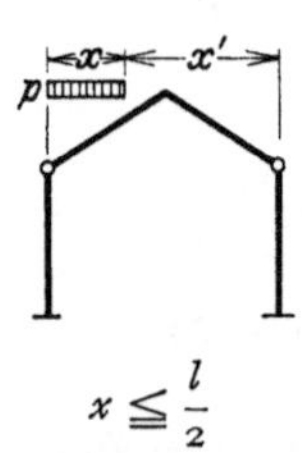

$$\Phi = \frac{\xi^2\,(3 - 2\,\xi^2)}{2\,v}\,,$$

$$H_{c,d} = \frac{p\,l}{4}\,\lambda\,\Phi\,,$$

$$M_{a,b} = \frac{p\,l^2}{4}\,\Phi\,,$$

$$x \leqq \frac{l}{2}$$

$$M_e = \frac{p\,l^2}{4}\,(\xi^2 - \varphi\,\Phi)\,,$$

$$x = \frac{l}{2}: \quad \Phi = \frac{5}{16\,v}\,.$$

$$\Phi = \frac{\eta}{4\,\mu}\,(4 - \eta)\,,$$

$$H_{c,d} = \frac{w\,h}{4}\,\eta^2\,\Phi\,,$$

$$M_{a,b} = -\frac{w\,h^2}{4}\,\eta^2\,[\mathrm{I} \pm \mathrm{I} - \Phi]\,,$$

$$M_e = -\varphi\,M_b\,,$$

$$y = h: \quad \eta = \mathrm{I}\,, \quad \Phi = \frac{3}{4\,\mu}\,.$$

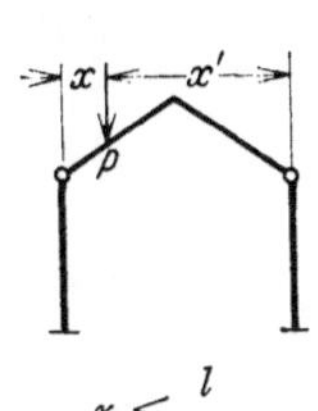

$$\Phi = \frac{\xi\,(3 - 4\,\xi^2)}{2\,\nu}\,,$$

$$H_{c,d} = \frac{P}{2}\,\lambda\,\Phi\,,$$

$$M_{a,b} = \frac{P\,l}{2}\,\Phi\,,$$

$x \leqq \dfrac{l}{2}$

$$M_e = \frac{P\,l}{2}\,(\xi - \varphi\,\Phi)\,.$$

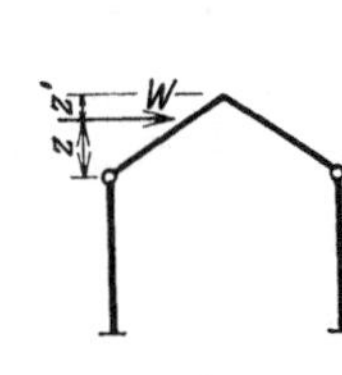

$$\Phi = \frac{\varphi}{2\,\nu}\,\zeta'^2\,(3 - \zeta')\,,$$

$$H_{c,d} = -\frac{W}{2}\,(\pm\,1 + \Phi)\,,$$

$$M_{a,b} = -\frac{W\,h}{2}\,(\pm\,1 + \Phi)\,,$$

$$M_e = -\frac{W\,f}{2}\,(\zeta' - \Phi)\,.$$

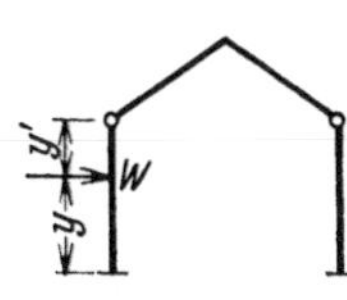

$$\Phi = \frac{\eta}{2\,\mu}\,(3 - \eta)\,,$$

$$H_{c,d} = \frac{W}{2}\,\eta\,\Phi\,,$$

$$M_{a,b} = -\frac{W\,h}{2}\,\eta\,[1 \pm 1 - \Phi]\,,$$

$$M_e = -\varphi\,M_b\,,$$

$y = h:\quad \eta = 1\,,\quad \Phi = \dfrac{1}{\mu}\,.$

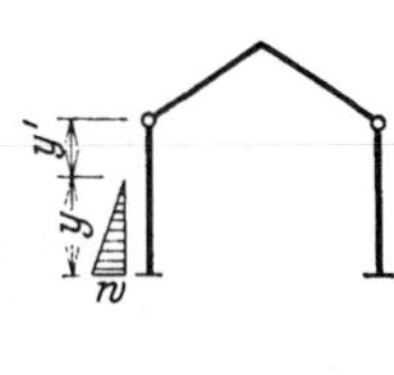

$$\Phi = \frac{3}{20\,\mu}\,\eta\,(5 - \eta)\,,$$

$$H_{c,d} = \frac{w\,h}{12}\,\eta^2\,\Phi\,,$$

$$M_{a,b} = -\frac{w\,h^2}{12}\,\eta^2\,[1 \pm 1 - \Phi]\,,$$

$$M_e = -\varphi\,M_b\,,$$

$y = h:\quad \eta = 1\,,\quad \Phi = \dfrac{3}{5\,\mu}\,.$

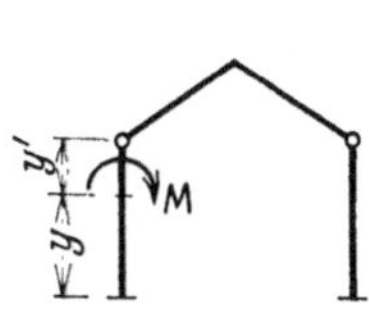

$$\Phi = \frac{3}{2\,\mu}\,(1 - \eta'^2)\,,$$

$$H_{c,d} = \frac{M}{2\,h}\,\Phi\,,$$

$$M_{a,b} = -\frac{M}{2}\,[1 \pm 1 - \Phi]\,,$$

$$M_e = -\varphi\,M_b\,,$$

$y = h:\quad \Phi = \dfrac{3}{2\,\mu}\,.$

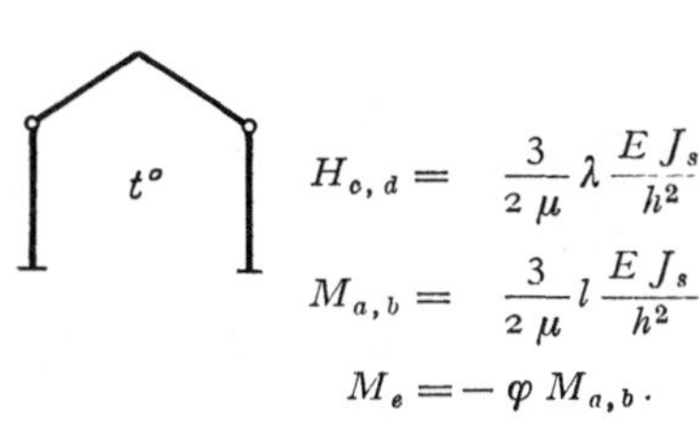

$$H_{c,d} = \frac{3}{2\,\mu}\,\lambda\,\frac{E\,J_s}{h^2}\,\alpha_t\,t\,,$$

$$M_{a,b} = \frac{3}{2\,\mu}\,l\,\frac{E\,J_s}{h^2}\,\alpha_t\,t\,,$$

$$M_e = -\varphi\,M_{a,b}\,.$$

Tabelle 51. Unsymmetrischer Rahmen mit geradem Riegel.

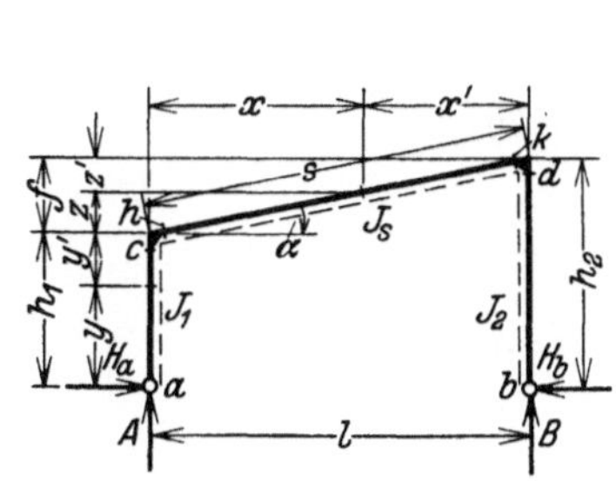

$$\xi = \frac{x}{l}\,,\qquad \eta = \frac{y}{h_1}\,,\qquad \zeta = \frac{z}{f}\,,\qquad \varphi_1 = \frac{f}{h_1}\,,$$

$$\xi' = \frac{x'}{l}\,,\qquad \eta' = \frac{y'}{h_1}\,,\qquad \zeta' = \frac{z'}{f}\,,\qquad \varphi_2 = \frac{f}{h_2}\,,$$

$$\lambda_1 = \frac{h_1}{h_2}\,,\qquad \nu_1 = \frac{l}{h_1}\,,\qquad \varkappa_1 = \frac{h_1}{s}\,\frac{J_s}{J_1}\,,$$

$$\lambda_2 = \frac{h_2}{h_1}\,,\qquad \nu_2 = \frac{l}{h_2}\,,\qquad \varkappa_2 = \frac{h_2}{s}\,\frac{J_s}{J_2}\,,$$

$$\mu = \lambda_1\,(1 + \varkappa_1) + 1 + \lambda_2\,(1 + \varkappa_2)\,,$$

$$M_{h,k} = M_{c,d}\,,\quad \text{wenn nicht besonders angegeben.}$$

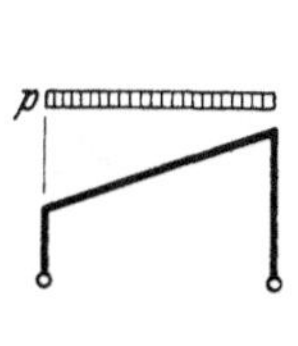

$$A = B = \frac{p\,l}{2}\,,$$

$$H_{a,b} = \frac{p\,l}{8\,\mu}\,(\nu_1 + \nu_2)\,,$$

$$M_c = -\frac{p\,l^2}{8\,\mu}\,(1 + \lambda_1)\,,$$

$$M_d = -\frac{p\,l^2}{8\,\mu}\,(1 + \lambda_2)\,.$$

$$A = \frac{p\,l}{3}\,,\qquad B = \frac{p\,l}{6}\,,$$

$$H_{a,b} = \frac{p\,l}{120\,\mu}\,(7\,\nu_1 + 8\,\nu_2)\,,$$

$$M_c = -\frac{p\,l^2}{120\,\mu}\,(7 + 8\,\lambda_1)\,,$$

$$M_d = -\frac{p\,l^2}{120\,\mu}\,(7\,\lambda_2 + 8)\,.$$

$$\Phi = \frac{\xi^2}{8\mu}\left[\nu_1(2-\xi^2)+\nu_2(2-\xi)^2\right],$$

$$A = \frac{px}{2}(1+\xi'), \qquad B = \frac{px}{2}\xi,$$

$$H_{a,b} = pl\,\Phi,$$

$$M_c = -pl^2\frac{\Phi}{\nu_1},$$

$$M_d = -pl^2\frac{\Phi}{\nu_2}.$$

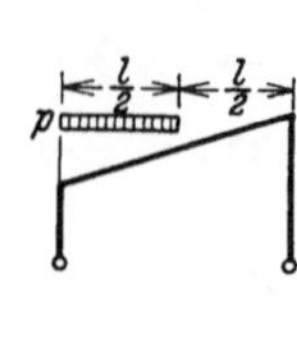

$$A = \frac{3}{8}pl, \qquad B = \frac{1}{8}pl,$$

$$H_{a,b} = \frac{pl}{128\mu}(7\nu_1+9\nu_2),$$

$$M_c = -\frac{pl^2}{128\mu}(7+9\lambda_1),$$

$$M_d = -\frac{pl^2}{128\mu}(7\lambda_2+9).$$

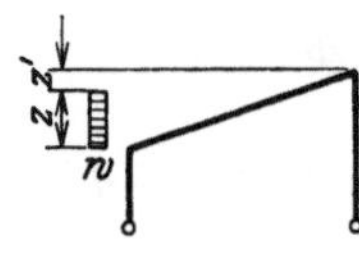

$$\Phi = \frac{1}{4\mu}\left\{4\left[1+2\lambda_1(1+\varkappa_1)\right]+\varphi_2\zeta\left[2(3+\varphi_1)-4\zeta-\varphi_1\zeta^2\right]\right\},$$

$$A = -B = -\frac{wz}{2}\frac{2+\varphi_1\zeta}{\nu_1}, \qquad H_{a,b} = -\frac{wz}{2}(1\pm 1-\Phi).$$

$$M_c = \frac{wz}{2}h_1(2-\Phi), \qquad M_d = -\frac{wz}{2}h_2\,\Phi,$$

$$z=f:\ \ \zeta=1, \qquad \Phi = \frac{\lambda_1}{4\mu}\left[6(2+\varphi_1)+\varphi_1^2+8\varkappa_1\right].$$

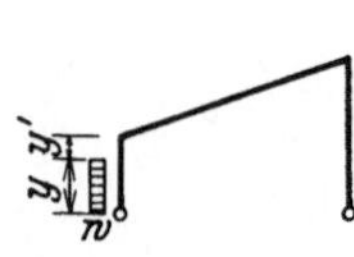

$$\Phi = \frac{1}{4\mu}\left\{2\left[1+\lambda_1(2+3\varkappa_1)-\lambda_1\varkappa_1\eta^2\right]\right\},$$

$$A = -B = -\frac{wy^2}{2l}, \qquad H_{a,b} = -\frac{wy}{2}(1\pm 1-\eta\,\Phi),$$

$$M_c = \frac{wy^2}{2}(1-\Phi), \qquad M_d = -\frac{wy^2}{2}\lambda_2\,\Phi,$$

$$y=h:\ \ \eta=1, \qquad \Phi = \frac{1}{4\mu}\left[2+\lambda_1(4+5\varkappa_1)\right].$$

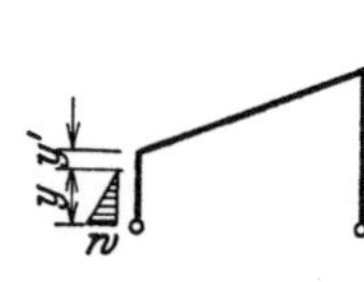

$$\Phi = \frac{1}{30\mu}\left\{10+\lambda_1\left[20+3\varkappa_1(10-\eta^2)\right]\right\},$$

$$A = -B = \frac{wy^2}{6l}, \qquad H_{a,b} = -\frac{wy}{4}(1\pm 1-\eta\,\Phi),$$

$$M_c = \frac{wy^2}{12}(2-3\,\Phi), \qquad M_d = -\frac{wy^2}{4}\lambda_2\,\Phi,$$

$$y=h:\ \ \eta=1, \qquad \Phi = \frac{1}{30\mu}\left[10+\lambda_1(20+27\varkappa_1)\right].$$

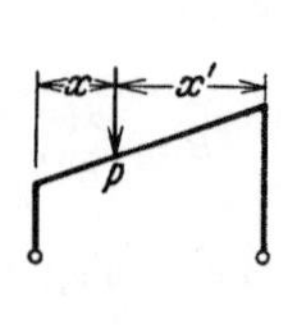

$$\Phi = \frac{1}{2\mu}(\nu_1\omega_D+\nu_2\omega_D'),$$

$$A = P\xi', \qquad B = P\xi,$$

$$H_{a,b} = P\,\Phi,$$

$$M_c = -Pl\frac{\Phi}{\nu_1},$$

$$M_d = -Pl\frac{\Phi}{\nu_2}.$$

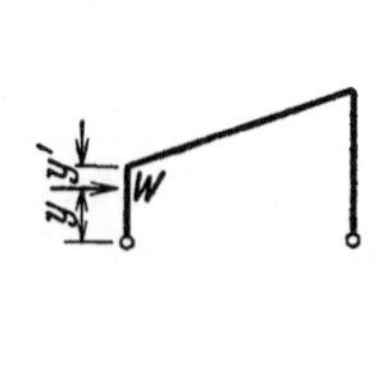

$$\Phi = \frac{1}{\mu}\left\{1+\lambda_1\left[2+\varkappa_1(3-\eta^2)\right]\right\},$$

$$A = -B = -\frac{Wy}{l},$$

$$H_{a,b} = -\frac{W}{2}(1\pm 1-\eta\,\Phi),$$

$$M_c = \frac{Wy}{2}(2-\Phi),$$

$$M_d = -\frac{Wy}{2}\lambda_2\,\Phi.$$

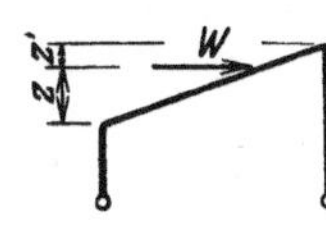

$$\Phi = \frac{1}{\mu}\left[1 + 2\lambda_1(1 + \varkappa_1) + (1 - \lambda_1)\,\omega_D' + (\lambda_2 - 1)\,\omega_D\right],$$

$$A = -B = -W\,\frac{h_1 + z}{l}, \qquad H_{a,b} = -\frac{W}{2}\,(1 \pm 1 - \Phi),$$

$$M_c = -H_a\,h_1, \qquad\qquad M_d = -H_b\,h_2,$$

$$z = 0: \quad \Phi = \frac{1}{\mu}\left[1 + 2\lambda_1(1 + \varkappa_1)\right].$$

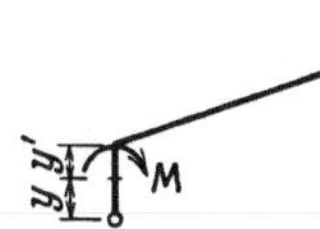

$$\Phi = \frac{1}{2\mu}\left[2 + \lambda_2 + 3\varkappa_1(1 - \eta^2)\right],$$

$$A = -B = -\frac{M}{l}, \qquad H_{a,b} = \frac{M}{h_2}\,\Phi,$$

$$M_c = M_h = M(1 - \lambda_1\Phi), \qquad M_d = -M\,\Phi,$$

$$y = 0: \quad \Phi = \frac{1}{2\mu}(2 + \lambda_2 + 3\varkappa_1),$$

$$y = h: \quad \Phi = \frac{1}{2\mu}(2 + \lambda_2), \quad M_c = -M\,\lambda_1\,\Phi.$$

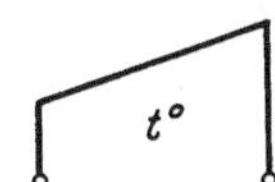

$$A = B = 0, \qquad H_{a,b} = \frac{3}{\mu}\,\frac{l}{s}\,\frac{E J_s}{h_1^2}\,\alpha_t\,t,$$

$$M_c = -H_a\,h_1, \qquad M_d = -H_b\,h_2.$$

Tabelle 52. Halbrahmen mit senkrechtem Pfosten.

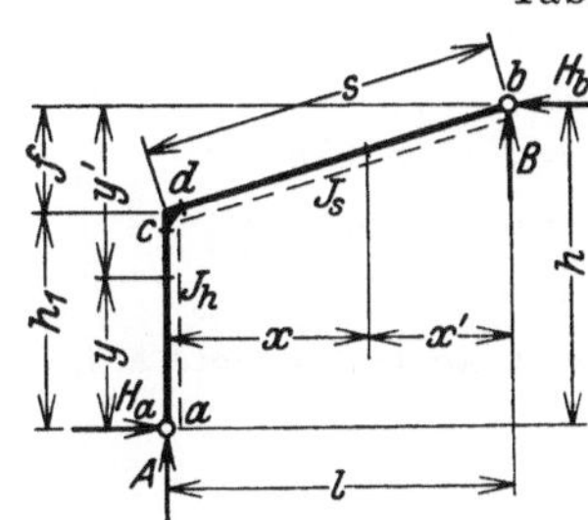

$$\xi = \frac{x}{l}, \qquad \eta = \frac{y}{h}, \qquad \zeta = \frac{y}{h_1}, \qquad \varphi = \frac{f}{h}, \qquad \varrho = \frac{f}{l},$$

$$\xi' = \frac{x'}{l}, \qquad \eta' = \frac{y'}{h}, \qquad \zeta' = \frac{y'}{f}, \qquad \varphi' = \frac{h_1}{h}, \qquad \varrho' = \frac{h_1}{l},$$

$$v = \frac{h}{l}, \qquad \psi = \frac{f}{h_1}, \qquad \varkappa = \frac{h_1}{s}\,\frac{J_c}{J_h}, \qquad \mu = 1 + \varkappa.$$

$$M_d = M_c, \quad \text{wenn nicht besonders angegeben.}$$

$$\xi^2 - \tfrac{1}{2}\xi^4 = \omega_\varphi, \quad \text{vgl. Tab. 22, S. 116.}$$

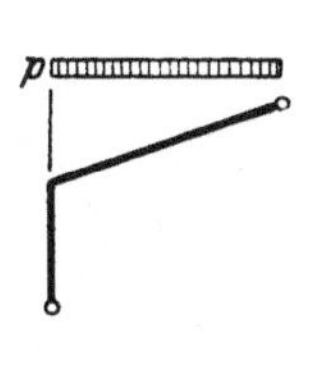

$$\Phi = \frac{1}{4\mu},$$

$$A, B = \frac{p\,l}{2}\left(1 \pm \frac{\Phi}{\varphi'}\right),$$

$$H_{a,b} = \frac{p\,l^2}{2\,h_1}\,\Phi,$$

$$M_c = -\frac{p\,l^2}{2}\,\Phi.$$

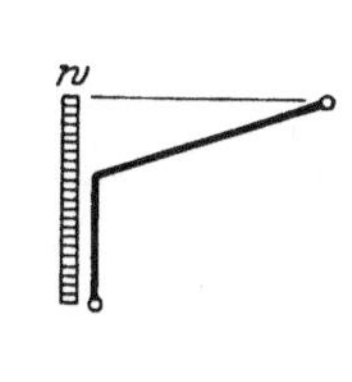

$$\Phi = \frac{\varkappa + \psi^2}{4\mu},$$

$$A, B = \pm\frac{w\,h_1}{2}\,v\,(\psi + \Phi),$$

$$H_{a,b} = \frac{w\,h_1}{2}\left(\mp\frac{1}{\varphi} + \psi + \Phi\right),$$

$$M_c = -\frac{w\,h_1^2}{2}\,\Phi.$$

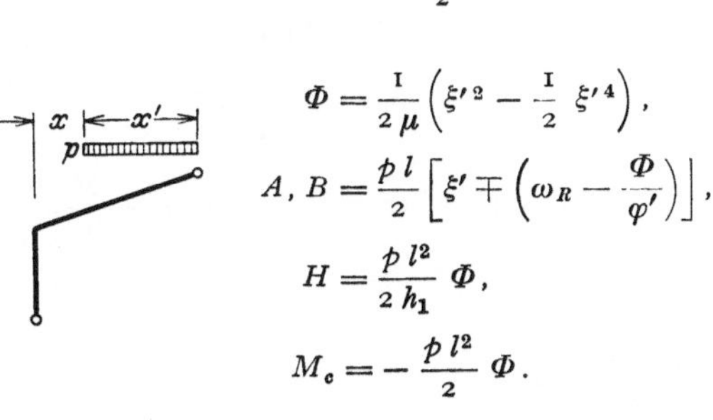

$$\Phi = \frac{1}{2\mu}\left(\xi'^2 - \frac{1}{2}\xi'^4\right),$$

$$A, B = \frac{p\,l}{2}\left[\xi' \mp \left(\omega_R - \frac{\Phi}{\varphi'}\right)\right],$$

$$H = \frac{p\,l^2}{2\,h_1}\,\Phi,$$

$$M_c = -\frac{p\,l^2}{2}\,\Phi.$$

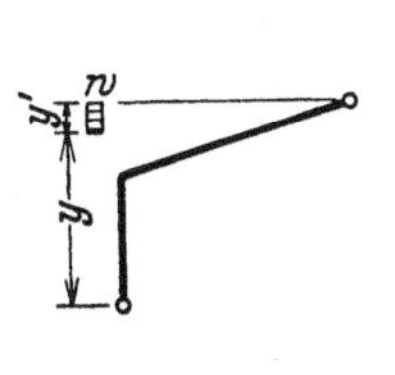

$$\Phi = \frac{1}{2\mu}\left(\zeta'^2 - \frac{1}{2}\zeta'^4\right),$$

$$A, B = \pm\frac{w\,f}{2}\,\varrho\left(\zeta'^2 + \frac{\Phi}{\varphi'}\right),$$

$$H_{a,b} = \frac{w\,f}{2}\,(\mp\zeta' + \zeta' + \psi\,\Phi),$$

$$M_c = -\frac{w\,f^2}{2}\,\Phi,$$

$$y = h_1: \quad \zeta' = 1, \quad \Phi = \frac{1}{4\mu}.$$

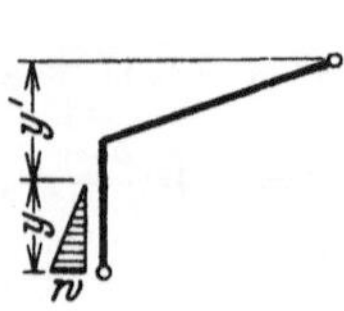

$$\Phi = \frac{\varkappa}{2\mu}\left(\zeta^2 - \frac{1}{2}\zeta^4\right),$$

$$A, B = \pm \frac{w\,h_1}{2}\,\varrho\left(\zeta^2 + \frac{\Phi}{\varphi}\right),$$

$$H_{a,b} = \frac{w\,h_1}{2}\left(\mp\zeta - \omega_R(\zeta) + \Phi\right),$$

$$M_c = -\frac{w\,h_1^2}{2}\,\Phi,$$

$$y = h_1: \quad \zeta = 1, \quad \Phi = \frac{\varkappa}{4\mu}.$$

$$\Phi = \frac{\varkappa}{\mu}\,\zeta\left(10 - 3\zeta^2\right),$$

$$A, B = \pm \frac{w\,h_1}{120}\,v\,\zeta\left(20\,\varphi\,\zeta + \Phi\right),$$

$$H_{a,b} = \frac{w\,h_1}{120}\,\zeta\left(\mp 30 - 30 + 20\,\zeta + \Phi\right),$$

$$M_c = -\frac{w\,h_1^2}{120}\,\zeta\,\Phi,$$

$$y = h: \quad \zeta = 1, \quad \Phi = 7\,\frac{\varkappa}{\mu}.$$

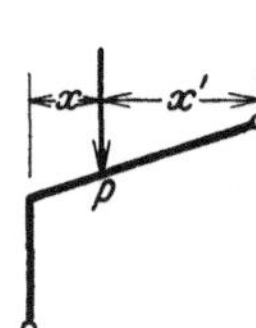

$$\Phi = \frac{1}{\mu}\left(\xi' - \xi'^3\right),$$

$$A, B = \frac{P}{2}\left[1 \mp \left(1 - 2\xi' - \frac{\Phi}{\varphi'}\right)\right],$$

$$H_{a,b} = \frac{P}{2}\,\frac{l}{h_1}\,\Phi,$$

$$M_c = -\frac{P\,l}{2}\,\Phi.$$

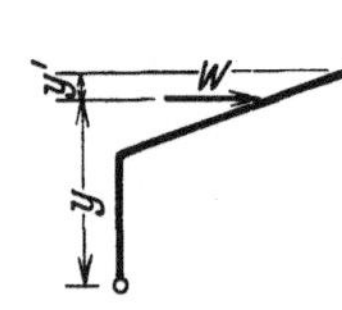

$$\Phi = \frac{1}{2\mu}\left(\zeta' - \zeta'^3\right),$$

$$A, B = \pm W\,\varrho\left(\zeta' + \frac{\Phi}{\varphi'}\right),$$

$$H_{a,b} = \frac{W}{2}\left(\mp 1 + 1 + 2\,\psi\,\Phi\right),$$

$$M_c = -W\,f\,\Phi.$$

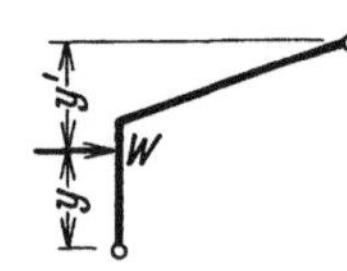

$$\Phi = \frac{\varkappa}{2\mu}\left(\zeta - \zeta^3\right),$$

$$A, B = \pm W\,\varrho\left(\zeta + \frac{\Phi}{\varphi}\right),$$

$$H_{a,b} = \frac{W}{2}\left[-1 \mp 1 + 2\left(\zeta + \Phi\right)\right],$$

$$M_c = -W\,h_1\,\Phi.$$

$$A = B = \pm W\,\varrho,$$

$$H_a = 0, \qquad H_b = W,$$

$$M_c = 0.$$

Es treten keine Momente auf.

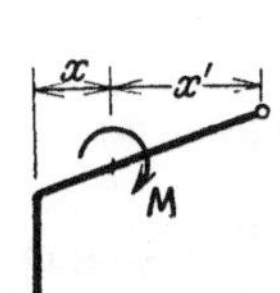

$$\Phi = \frac{\omega'_M}{2\mu},$$

$$A, B = \mp \frac{M}{l}\left(1 - \frac{\Phi}{\varphi'}\right),$$

$$H_{a,b} = \frac{M}{h_1}\,\Phi,$$

$$M_c = -M\,\Phi,$$

$$x = l: \quad \Phi = -\frac{1}{2\mu}.$$

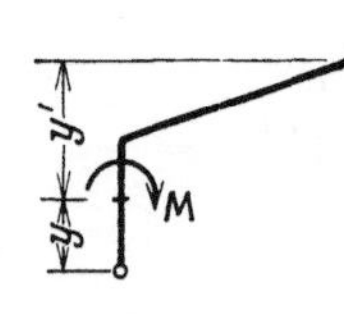

$$\Phi = \frac{\varkappa}{2\mu}\,\omega_M(\zeta),$$

$$A, B = \pm \frac{M}{l}\,\psi\left(1 - \frac{\Phi}{\varphi}\right),$$

$$H_{a,b} = \frac{M}{h_1}\left(1 - \Phi\right),$$

$$M_c = M\,\Phi,$$

$$y = 0: \quad \Phi = -\frac{\varkappa}{2\mu},$$

$$y = h_1: \quad \Phi = \frac{\varkappa}{\mu}, \quad M_c = -\frac{M}{\mu}.$$

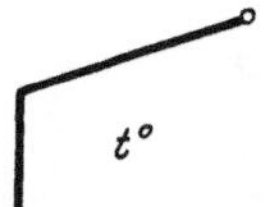

$$\Phi = 3\,\frac{E\,J_s}{l\,s}\,\frac{1 + v^2}{\varrho'^2\,\mu}\,\alpha_t\,t,$$

$$A, B = \pm v\,\Phi, \qquad H_{a,b} = \Phi, \qquad M_c = -h_1\,\Phi.$$

Tabelle 53. **Halbrahmen mit waagerechtem Riegel.**

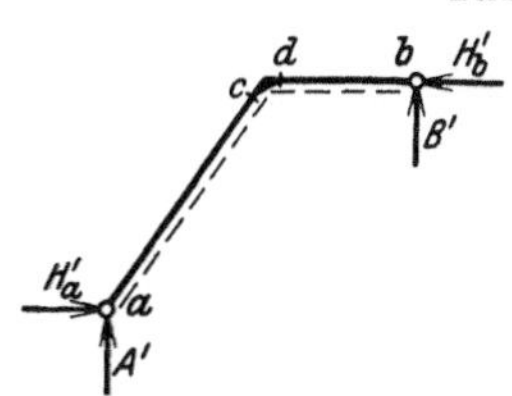

Mit den Werten A, B, $H_{a,b}$, M der Tabelle 52 für den mit seiner Belastung um 90^0 gedrehten Halbrahmen ergibt sich:

$$A' = H_b,$$
$$B' = -H_a,$$
$$H_a' = -B,$$
$$H_b' = A,$$
$$M_{c,d} = M_{d,c}.$$

Dreifach statisch unbestimmte Rahmen.

Tabelle 54. Symmetrischer Rahmen mit geradem Riegel.

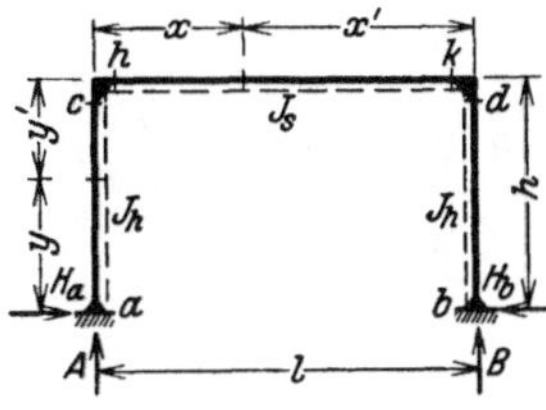

$$\xi = \frac{x}{l}, \qquad \eta = \frac{y}{h}, \qquad \omega \text{ Tabelle 22 S. 116}, \qquad \varkappa = \frac{h}{l}\frac{J_s}{J_h},$$

$$\xi' = \frac{x'}{l}, \qquad \eta' = \frac{y'}{h}, \qquad \mu = 2 + \varkappa, \qquad \nu = 1 + 6\varkappa,$$

$M_{h,k} = M_{c,d}$, wenn nicht besonders angegeben.

$$H_{a,b} = \frac{1}{4\mu}\frac{p\,l^2}{h},$$
$$M_{a,b} = \frac{p\,l^2}{12\,\mu},$$
$$M_{c,d} = -\frac{p\,l^2}{6\,\mu}.$$

$$H_{a,b} = \frac{1}{8\mu}\frac{p\,l^2}{h},$$
$$M_{a,b} = \frac{p\,l^2}{120}\left(\frac{5}{\mu} \pm \frac{1}{\nu}\right),$$
$$M_{c,d} = -\frac{p\,l^2}{120}\left(\frac{10}{\mu} \mp \frac{1}{\nu}\right).$$

$$\Phi = \frac{1}{\mu}(3\xi^2 - 2\xi^3),$$
$$H_{a,b} = \frac{1}{4}\frac{p\,l^2}{h}\,\Phi,$$
$$M_{a,b} = \frac{p\,l^2}{12}\left(\Phi \mp \frac{3}{\nu}\omega_R^2\right),$$
$$M_{c,d} = -\frac{p\,l^2}{12}\left(2\Phi \pm \frac{3}{\nu}\omega_R^2\right).$$

$$\Phi = \frac{1}{2\mu}(3\zeta - \zeta^3),$$
$$H_{a,b} = \frac{1}{4}\frac{p\,l^2}{h}\,\Phi,$$
$$M_{a,b} = \frac{p\,l^2}{12}\,\Phi,$$
$$\zeta = \frac{c}{l}. \qquad M_{c,d} = -\frac{p\,l^2}{6}\,\Phi.$$

$$H_{a,b} = \frac{1}{8\mu}\frac{p\,l^2}{h},$$
$$M_{a,b} = \frac{p\,l^2}{24}\left(\frac{1}{\mu} \mp \frac{3}{8\nu}\right),$$
$$M_{c,d} = -\frac{p\,l^2}{24}\left(\frac{2}{\mu} \pm \frac{3}{8\nu}\right).$$

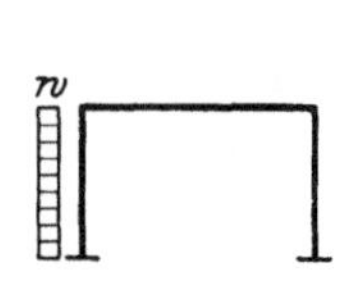

$$H_{a,b} = -\frac{w\,h}{4}\left(1 \pm 2 + \frac{1}{2\mu}\right),$$
$$M_{a,b} = -\frac{w\,h^2}{4}\left[\frac{3+\varkappa}{6\mu} \pm \left(1 - \frac{2\varkappa}{\nu}\right)\right],$$
$$M_{c,d} = -\frac{w\,h^2}{4}\varkappa\left(\frac{1}{6\mu} \mp \frac{2}{\nu}\right).$$

$$\Phi = \frac{1}{2} - \omega_\varphi',$$

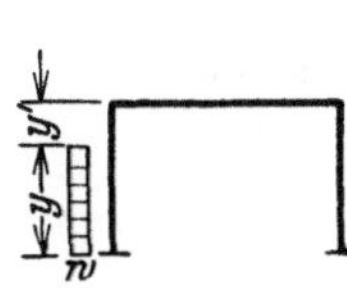

$$H_{a,b} = -\frac{w\,h}{4}\left\{2\eta \pm 2\eta - \eta^2 - \frac{1}{\mu}\left[\varkappa\,\omega_\varphi - (1+\varkappa)\,\Phi\right]\right\},$$

$$M_{a,b} = -\frac{w\,h^2}{4}\left\{\frac{1}{3\mu}\left[(3+2\varkappa)\,\Phi - \varkappa\,\omega_\varphi\right] \pm \eta^2\left(1 - 2\eta\frac{\varkappa}{\nu}\right)\right\},$$

$$M_{c,d} = -\frac{w\,h^2}{4}\varkappa\left[\frac{1}{3\mu}(2\omega_\varphi - \Phi) \mp 2\frac{\eta^3}{\nu}\right].$$

$$H_{a,b} = -\frac{w\,h}{40}\,\eta\left\{10 \pm 10 - \frac{\eta^2}{\mu}\left[5\,(1+\varkappa) - \eta\,(1+2\varkappa)\right]\right\},$$

$$M_{a,b} = +\frac{w\,h^2}{40}\,\eta^2\left[\frac{\eta}{3\,\mu}\,(1+\varkappa)\,(5-3\,\eta) + \frac{5}{3}\,\eta - \frac{10}{3} \mp \left(\frac{10}{3} - \frac{5\,\varkappa}{\nu}\,\eta\right)\right],$$

$$M_{c,d} = -\frac{w\,h^2}{40}\,\varkappa\,\eta^3\left[\frac{1}{3\,\mu}\,(5-3\,\eta) \mp \frac{5}{\nu}\right].$$

$$y = h: \qquad H_{a,b} = -\frac{w\,h}{40}\left[7 \pm 10 + \frac{2}{\mu}\right],$$

$$M_{a,b} = -\frac{w\,h^2}{40}\left[\frac{8+3\,\varkappa}{3\,\mu} \pm 5\left(\frac{2}{3} - \frac{\varkappa}{\nu}\right)\right], \qquad M_{c,d} = -\frac{w\,h^2}{40}\,\varkappa\left[\frac{2}{3\,\mu} \mp \frac{5}{\nu}\right].$$

$$\Phi = \frac{1}{\nu}\,(1 - 2\,\xi),$$

$$H_{a,b} = \frac{3}{2}\,\frac{P\,l}{h}\,\frac{\omega_R}{\mu},$$

$$M_{a,b} = \frac{P\,l}{2}\,\omega_R\left(\frac{1}{\mu} \mp \Phi\right),$$

$$M_{c,d} = -\frac{P\,l}{2}\,\omega_R\left(\frac{2}{\mu} \pm \Phi\right).$$

$$H_{a,b} = \mp \frac{W}{2},$$

$$M_{a,b} = \mp \frac{3}{2}\,W\,h\left(\frac{1}{3} - \frac{\varkappa}{\nu}\right),$$

$$M_{c,d} = \pm \frac{3}{2}\,W\,h\,\frac{\varkappa}{\nu}.$$

$$H_{a,b} = -\frac{W}{2}\left\{1 \pm 1 - \eta - \frac{1}{\mu}\left[\varkappa\,\omega_D - (1+\varkappa)\,\omega'_D\right]\right\},$$

$$M_{a,b} = -\frac{W\,h}{2}\left\{\frac{1}{\mu}\left[(1+\varkappa)\,\omega'_D - \varkappa\,\omega_R\right] \pm \eta\left(1 - 3\,\eta\,\frac{\varkappa}{\nu}\right)\right\},$$

$$M_{c,d} = -\frac{W\,h}{2}\,\varkappa\,\eta^2\left[\frac{1}{\mu}\,(1-\eta) \mp \frac{3}{\nu}\right].$$

$$H_{a,b} = \frac{M}{2\,h}\left\{1 - \frac{1}{\mu}\left[\varkappa\,\omega_M + (1+\varkappa)\,\omega'_M\right]\right\},$$

$$M_{a,b} = -\frac{M}{2}\left\{\frac{1}{3\,\mu}\left[(3+2\,\varkappa)\,\omega'_M + \varkappa\,\omega_M\right] \pm \left(1 - 6\,\eta\,\frac{\varkappa}{\nu}\right)\right\},$$

$$M_{h,k} = \frac{M}{2}\,\varkappa\left\{\frac{1}{3\,\mu}\left[2\,\omega_M + \omega'_M\right] \pm \frac{6}{\nu}\,\eta\right\}.$$

$$H_{a,b} = \frac{3}{2\,\mu}\,\frac{M}{h},$$

$$M_{a,b} = \frac{M}{2}\left[\frac{1}{\mu} \mp \frac{1}{\nu}\right],$$

$$M_{h,k} = \frac{M}{2}\,\varkappa\left[\frac{1}{\mu} \pm \frac{6}{\nu}\right].$$

$$\Phi = \frac{3}{\mu}\,\frac{E\,J_s}{h}\,\alpha_t\,t,$$

$$H_{a,b} = \frac{2\,\varkappa + 1}{\varkappa}\,\frac{\Phi}{h},$$

$$M_{a,b} = \frac{\varkappa + 1}{\varkappa}\,\Phi,$$

$$M_{c,d} = -\Phi.$$

Tabelle 55. Symmetrischer Rahmen mit gebrochenem Riegel.

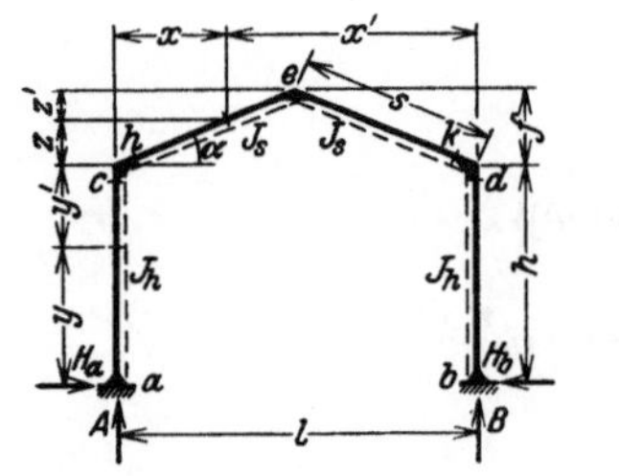

$$\xi = \frac{x}{l}, \qquad \eta = \frac{y}{h}, \qquad \zeta = \frac{z}{f}, \qquad \lambda = \frac{l}{h}, \qquad \varphi = \frac{f}{h},$$

$$\xi' = \frac{x'}{l}, \qquad \eta' = \frac{y'}{h}, \qquad \zeta' = \frac{z'}{f}, \qquad \varkappa = \frac{h}{s}\,\frac{J_s}{J_h}, \qquad \varrho = \frac{3}{2}\,\frac{\varkappa - \varphi}{\varkappa + \varphi^2},$$

$$\mu = 4\,(1+\varkappa) - 2\,\varrho\,(\varkappa - \varphi), \qquad \psi_1 = 2\,\frac{(1+\varkappa)}{\varkappa - \varphi},$$

$$\nu = 2 + 6\,\varkappa, \qquad \psi_2 = \frac{3}{2}\,\frac{2+\varkappa+\varphi}{\varkappa + \varphi^2} = (\psi_1 - 1)\,\varrho.$$

$$M_{h,k} = M_{c,d}, \qquad \text{wenn nicht besonders angegeben.}$$

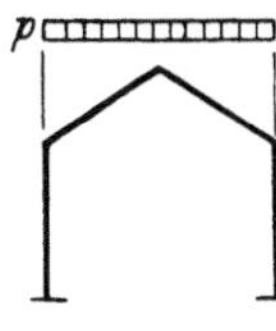

$$H_{a,b} = \frac{p\,l}{24}\frac{\varrho\,\lambda}{\mu}\,(5\,\varphi\,\psi_1 + 8),$$

$$M_{a\,b} = \frac{p\,l^2}{24\,\mu}\,[5\,\varphi\,\psi_2 + 8\,(\varrho - 1)],$$

$$M_{c,d} = -\frac{p\,l^2}{24\,\mu}\,(5\,\varphi\,\varrho + 8).$$

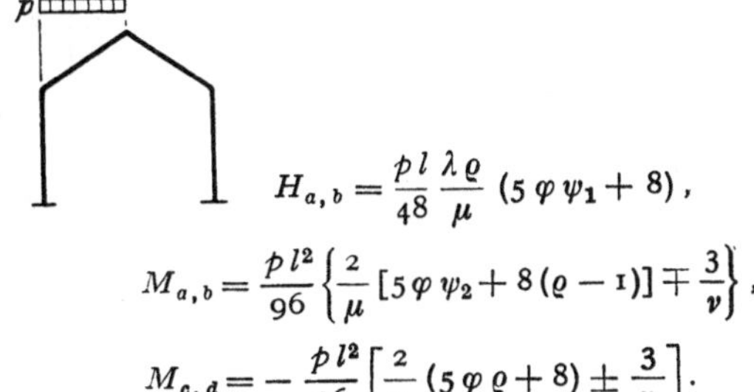

$$H_{a,b} = \frac{p\,l}{48}\frac{\lambda\,\varrho}{\mu}\,(5\,\varphi\,\psi_1 + 8),$$

$$M_{a,b} = \frac{p\,l^2}{96}\left\{\frac{2}{\mu}\,[5\,\varphi\,\psi_2 + 8\,(\varrho - 1)] \mp \frac{3}{\nu}\right\},$$

$$M_{c,d} = -\frac{p\,l^2}{96}\left[\frac{2}{\mu}\,(5\,\varphi\,\varrho + 8) \pm \frac{3}{\nu}\right].$$

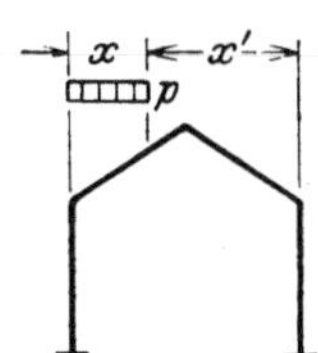

$$H_{a,b} = \frac{p\,l}{6}\frac{\varrho\,\lambda}{\mu}\,\xi^2\,[(\varphi\,\psi_1\,(3 - 2\,\xi^2) + 2\,(3 - 2\,\xi)],$$

$$M_{a,b} = \frac{p\,l^2}{6}\,\xi^2\left\{\frac{1}{\mu}\,[\varphi\,\psi_2\,(3 - 2\,\xi^2) + 2\,(3 - 2\,\xi)\,(\varrho - 1)] \mp \frac{3}{\nu}\,\xi'^2\right\},$$

$$x \leqq \frac{l}{2}: \quad M_{c,d} = -\frac{p\,l^2}{6}\,\xi^2\left\{\frac{1}{\mu}\,[\varphi\,\varrho\,(3 - 2\,\xi^2) + 2\,(3 - 2\,\xi)] \pm \frac{3}{\nu}\,\xi'^2\right\}.$$

$$H_{a,b} = -\frac{w\,h}{2}\,\eta\left\{\pm 1 + 1 - \frac{\varkappa\,\varrho}{6\,\mu}\,\eta^2\,[\psi_1\,(4 - \eta) - 4]\right\},$$

$$M_{a,b} = \frac{w\,h^2}{12}\,\eta^2\left\{\frac{\varkappa}{\mu}\,\eta\,[\psi_2\,(4 - \eta) - 4\,(\varrho - 1)] - 3 \mp \left(3 - 6\,\eta\,\frac{\varkappa}{\nu}\right)\right\},$$

$$M_{c,d} = -\frac{w\,h^2}{12}\,\varkappa\,\eta^3\left\{\frac{1}{\mu}\,[\varrho\,(4 - \eta) - 4] \mp \frac{6}{\nu}\right\}.$$

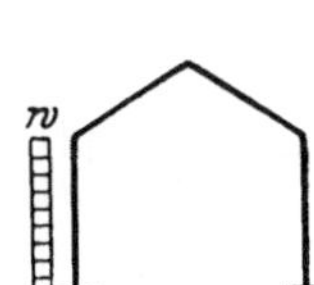

$$H_{a,b} = -\frac{w\,h}{2}\left[\pm 1 + 1 - \frac{\varkappa\,\varrho}{6\,\mu}\,(3\,\psi_1 - 4)\right],$$

$$M_{a,b} = \frac{w\,h^2}{12}\left\{\frac{\varkappa}{\mu}\,[3\,\psi_2 - 4\,(\varrho - 1)] - 3 \mp \left(3 - 6\,\frac{\varkappa}{\nu}\right)\right\},$$

$$M_{c,d} = -\frac{w\,h^2}{12}\,\varkappa\left[\frac{1}{\mu}\,(3\,\varrho - 4) \mp \frac{6}{\nu}\right].$$

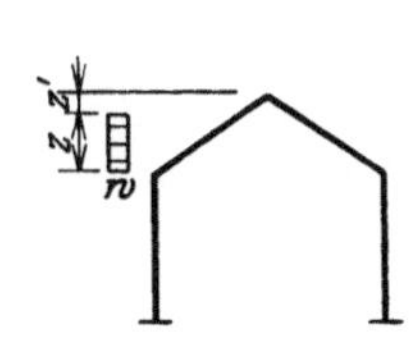

$$\Phi_1 = 1 + \zeta' + \zeta'^2, \qquad \Phi_2 = (1 + \zeta')\,(1 - \zeta'^2),$$

$$H_{a,b} = -\frac{w\,f}{2}\,\zeta\left\{\pm 1 + \frac{\varphi\,\varrho}{6\,\mu}\,[(3\,\varphi\,\psi_1 + 4)\,\Phi_1 - \varphi\,\psi_1\,\zeta'^3]\right\},$$

$$M_{a,b} = -\frac{w\,f^2}{24}\,\zeta\left\{\frac{2}{\mu}\,[3\,\varphi\,\psi_2 + 4\,(\varrho - 1)]\,\Phi_1 + \varphi\,\varrho\left(1 - \frac{2\,\psi_1}{\mu}\right)\,\zeta'^3 \pm \left[\frac{12}{\varphi} - \frac{3}{\nu}\left(12\,\frac{\varkappa}{\varphi} - \Phi_2\right)\right]\right\},$$

$$M_{c,d} = \frac{w\,f^2}{24}\,\zeta\left[\frac{2}{\mu}\,(3\,\varphi\,\varrho + 4)\,\Phi_1 - \varphi\,\varrho\,\zeta'^3 \pm \frac{3}{\nu}\left(12\,\frac{\varkappa}{\varphi} - \Phi_2\right)\right].$$

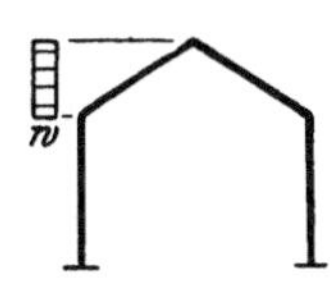

$$H_{a,b} = -\frac{w\,f}{2}\left[\pm 1 + \frac{\varphi\,\varrho}{6\,\mu}\,(3\,\varphi\,\psi_1 + 4)\right],$$

$$M_{a,b} = -\frac{w\,f^2}{24}\left\{\frac{2}{\mu}\,[3\,\varphi\,\psi_2 + 4\,(\varrho - 1)] \pm \left[\frac{12}{\varphi} - \frac{3}{\nu}\left(12\,\frac{\varkappa}{\varphi} - 1\right)\right]\right\},$$

$$M_{c,d} = \frac{w\,f^2}{24}\left[\frac{2}{\mu}\,(3\,\varphi\,\varrho + 4) \pm \frac{3}{\nu}\left(12\,\frac{\varkappa}{\varphi} - 1\right)\right].$$

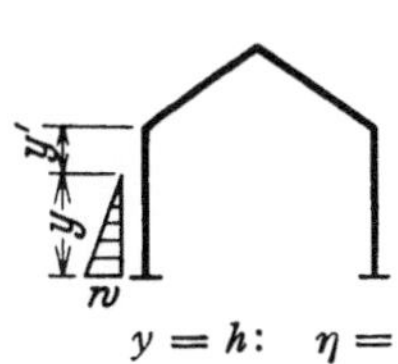

$$H_{a,b} = -\frac{w\,h}{4}\,\eta\left\{\pm 1 + 1 - \frac{\varkappa\,\varrho}{15\,\mu}\,\eta^2\,[\psi_1\,(5 - \eta) - 5]\right\},$$

$$M_{a,b} = \frac{w\,h^2}{120}\,\eta^2\left\{\frac{2\,\varkappa}{\mu}\,\eta\,[\psi_2\,(5 - \eta) - 5\,(\varrho - 1)] - 10 \mp \left(10 - 15\,\frac{\varkappa}{\nu}\,\eta\right)\right\},$$

$$M_{c,d} = -\frac{w\,h^2}{120}\,\varkappa\,\eta^3\left\{\frac{2}{\mu}\,[\varrho\,(5 - \eta) - 5] \mp \frac{15}{\nu}\right\}.$$

$$y = h: \quad \eta = 1$$

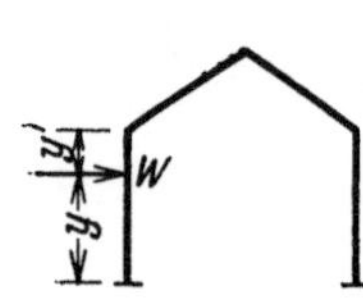

$$H_{a,b} = P \frac{\varrho \lambda}{3\mu} \xi \left[\varphi \psi_1 (3 - 4\xi^2) + 6\xi' \right],$$

$$M_{a,b} = P l \xi \left\{ \frac{1}{3\mu} \left[\varphi \psi_2 (3 - 4\xi^2) + 6(\varrho - 1)\xi' \right] \mp \frac{1}{\nu} \xi'(\xi' - \xi) \right\},$$

$$M_{c,d} = - P l \xi \left\{ \frac{1}{3\mu} \left[\varphi \varrho (3 - 4\xi^2) + 6\xi' \right] \pm \frac{1}{\nu} \xi'(\xi' - \xi) \right\}.$$

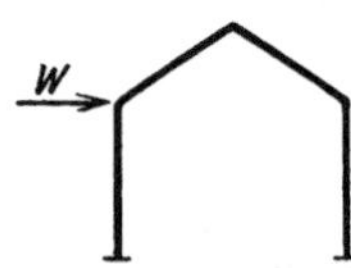

$$H_{a,b} = - \frac{W}{2} \left\{ \pm 1 + 1 - \frac{2\varkappa\varrho}{3\mu} \eta^2 \left[\psi_1 (3 - \eta) - 3 \right] \right\},$$

$$M_{a,b} = \frac{W h}{2} \eta \left\{ \frac{2\varkappa}{3\mu} \eta \left[\psi_2 (3 - \eta) - 3(\varrho - 1) \right] - 1 \pm \left(\frac{3}{\nu} \varkappa\eta - 1 \right) \right\},$$

$$M_{c,d} = - \frac{W h}{6} \varkappa \eta^2 \left\{ \frac{2}{\mu} \left[\varrho (3 - \eta) - 3 \right] \mp \frac{9}{\nu} \right\}.$$

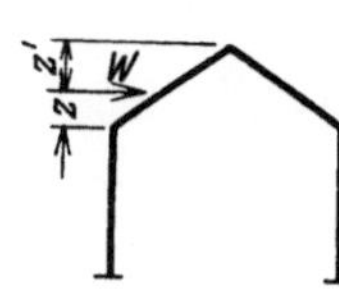

$$H_{a,b} = - \frac{W}{2} \left[\pm 1 + \frac{2\varphi\varrho}{3\mu} (2\varphi\psi_1 + 3) \right],$$

$$M_{a,b} = - \frac{W h}{2} \left\{ \frac{2\varphi}{3\mu} \left[2\varphi\psi_2 + 3(\varrho - 1) \right] \mp \left(\frac{3\varkappa}{\nu} - 1 \right) \right\},$$

$$M_{c,d} = \frac{W h}{2} \left[\frac{2\varphi}{3\mu} (2\varphi\varrho + 3) \pm \frac{3\varkappa}{\nu} \right].$$

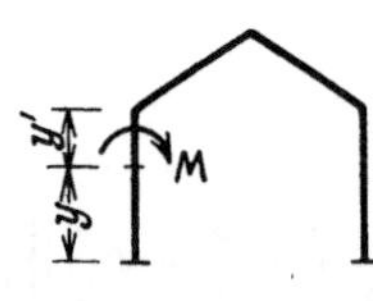

$$H_{a,b} = - \frac{W}{2} \left\{ \pm 1 + \frac{2\varphi\varrho}{3\mu} \zeta'^2 \left[\varphi\psi_1 (3 - \zeta') + 3 \right] \right\},$$

$$M_{a,b} = - \frac{W h}{2} \left\{ \frac{2\varphi}{3\mu} \zeta'^2 \left[\varphi\psi_2 (3 - \zeta') + 3(\varrho - 1) \right] \pm \left[1 - \frac{1}{\nu} (3\varkappa - \varphi(2 - \zeta) \omega_R(\zeta)) \right] \right\},$$

$$M_{c,d} = \frac{W h}{2} \left\{ \frac{2\varphi}{3\mu} \zeta'^2 \left[\varphi\varrho (3 - \zeta') + 3 \right] \pm \frac{1}{\nu} \left[3\varkappa - \varphi(2 - \zeta) \omega_R(\zeta) \right] \right\}.$$

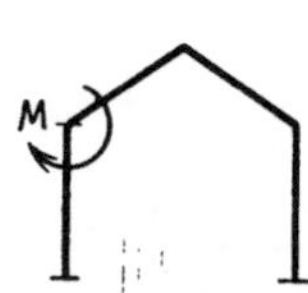

$$H_{a,b} = \frac{M}{h} \frac{\varkappa\varrho}{\mu} \eta \left[\psi_1 (2 - \eta) - 2 \right],$$

$$M_{a,b} = \frac{M}{2} \left\{ \frac{2\varkappa\eta}{\mu} \left[\psi_2 (2 - \eta) - 2(\varrho - 1) \right] - 1 \mp \left(1 - 6\eta \frac{\varkappa}{\nu} \right) \right\},$$

$$M_{h,k} = - M \varkappa \eta \left\{ \frac{1}{\mu} \left[\varrho (2 - \eta) - 2 \right] \mp \frac{3}{\nu} \right\}.$$

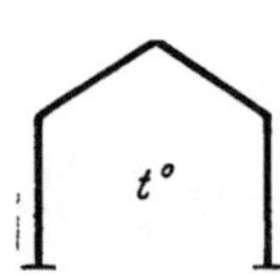

$$H_{a,b} = \frac{M}{h} \frac{\varkappa\varrho}{\mu} (\psi_1 - 2),$$

$$M_{a,b} = \frac{M}{2} \left\{ \frac{2\varkappa}{\mu} \left[\psi_2 - 2(\varrho - 1) \right] - 1 \mp \left[1 - \frac{6\varkappa}{\nu} \right] \right\},$$

$$M_{h,k} = - M \varkappa \left[\frac{1}{\mu} (\varrho - 2) \mp \frac{3}{\nu} \right].$$

$$H_{a,b} = \varrho \left(2 \frac{\varrho}{\mu} + \frac{1}{\varkappa - \varphi} \right) \frac{l}{3} \frac{E J_s}{h^2} \alpha_t t,$$

$$M_{a,b} = \varrho \left[\frac{2}{\mu} (\varrho - 1) + \frac{1}{\varkappa - \varphi} \right] \frac{l}{s} \frac{E J_s}{h} \alpha_t t,$$

$$M_{c,d} = - \frac{2\varrho}{\mu} \frac{l}{s} \frac{E J_s}{h} \alpha_t t.$$

Tabelle 56. Symmetrischer Rahmen mit parabolisch gekrümmtem Riegel.

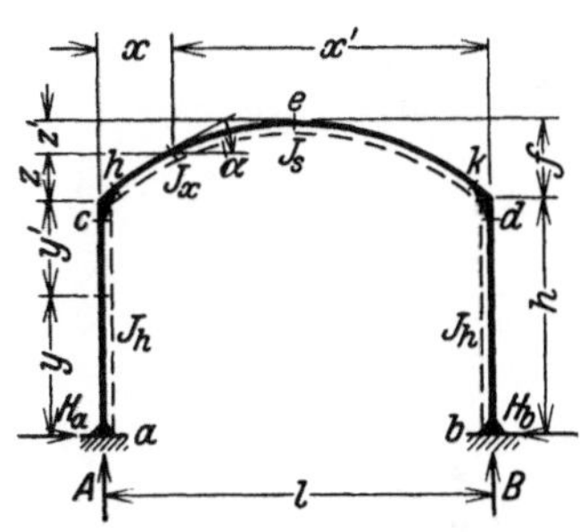

$$\xi = \frac{x}{l}, \qquad \eta = \frac{y}{h}, \qquad \zeta = \frac{z}{f}, \qquad \varphi = \frac{f}{h}, \qquad \frac{J_s}{J_x \cos\alpha} = 1,$$

$$\xi' = \frac{x'}{l}, \qquad \eta' = \frac{y'}{h}, \qquad \zeta' = \frac{z'}{f}, \qquad \varkappa = \frac{h}{l}\frac{J_s}{J_h}, \qquad \varrho = \frac{5}{2}\frac{3\varkappa - 2\varphi}{5\varkappa + 4\varphi^2},$$

$$\mu = 3(1 + 2\varkappa) - \varrho(3\varkappa - 2\varphi), \qquad \psi_1 = 3\frac{1 + 2\varkappa}{3\varkappa - 2\varphi},$$

$$\nu = 1 + 6\varkappa, \qquad\qquad \psi_2 = (\psi_1 - 1)\varrho,$$

$$M_{h,k} = M_{c,d}, \text{ wenn nicht besonders angegeben.}$$

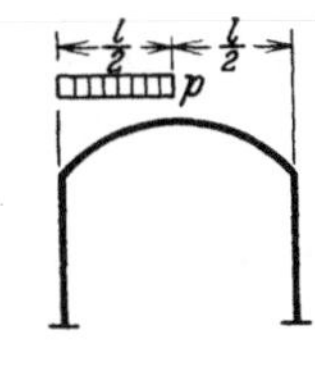

$$H_{a,b} = \frac{p\,l^2}{20\,h}\frac{\varrho}{\mu}(4\varphi\psi_1 + 5),$$

$$M_{a,b} = +\frac{p\,l^2}{20\,\mu}[4\varphi\psi_2 + 5(\varrho - 1)],$$

$$M_{c,d} = -\frac{p\,l^2}{20\,\mu}(4\varphi\varrho + 5).$$

$$H_{a,b} = \frac{p\,l^2}{40\,h}\frac{\varrho}{\mu}[4\varphi\psi_1 + 5],$$

$$M_{a,b} = +\frac{p\,l^2}{40}\left\{\frac{1}{\mu}[4\varphi\psi_2 + 5(\varrho-1)] \mp \frac{5}{8\nu}\right\},$$

$$M_{c,d} = -\frac{p\,l^2}{40}\left[\frac{1}{\mu}(4\varphi\varrho + 5) \pm \frac{5}{8\nu}\right].$$

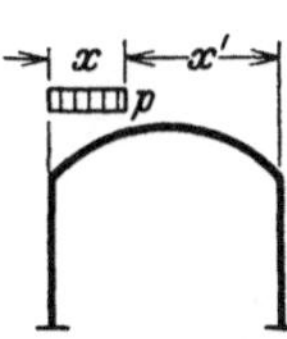

$$\Phi_1 = (5 - 5\xi^2 + 2\xi^3), \qquad \Phi_2 = (3 - 2\xi),$$

$$H_{a,b} = \frac{p\,l^2}{20\,h}\frac{\varrho}{\mu}\xi^2[2\varphi\psi_1\Phi_1 + 5\Phi_2],$$

$$M_{a,b} = +\frac{p\,l^2}{20}\xi^2\left\{\frac{1}{\mu}[2\varphi\psi_2\Phi_1 + 5(\varrho-1)\Phi_2] \mp \frac{5}{\nu}\xi'^2\right\},$$

$$M_{c,d} = -\frac{p\,l^2}{20}\xi^2\left\{\frac{1}{\mu}[2\varphi\varrho\Phi_1 + 5\Phi_2] \pm \frac{5}{\nu}\xi'^2\right\}.$$

$$H_{a,b} = -\frac{w\,h}{2}\eta\left\{1 \pm 1 - \frac{\varkappa\varrho}{4\mu}\eta^2[\psi_1(4-\eta) - 4]\right\},$$

$$M_{a,b} = +\frac{w\,h^2}{4}\eta^2\left\{\frac{\varkappa\eta}{2\mu}[\psi_2(4-\eta) - 4(\varrho-1)] - 1 \mp \left(1 - 2\eta\frac{\varkappa}{\nu}\right)\right\},$$

$$M_{c,d} = -\frac{w\,h^2}{4}\varkappa\eta^2\left\{\frac{1}{2\mu}[\varrho(4-\eta) - 4] \mp \frac{2}{\nu}\right\}.$$

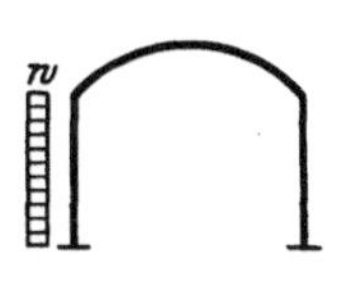

$$H_{a,b} = -\frac{w\,h}{2}\left[1 \pm 1 - \frac{\varkappa\varrho}{4\mu}(3\psi_1 - 4)\right],$$

$$M_{a,b} = +\frac{w\,h^2}{4}\left\{\frac{\varkappa}{2\mu}[3\psi_2 - 4(\varrho-1)] - 1 \mp \left(1 - \frac{2\varkappa}{\nu}\right)\right\},$$

$$M_{c,d} = -\frac{w\,h^2}{4}\varkappa\left[\frac{1}{2\mu}(3\varrho - 4) \mp \frac{2}{\nu}\right].$$

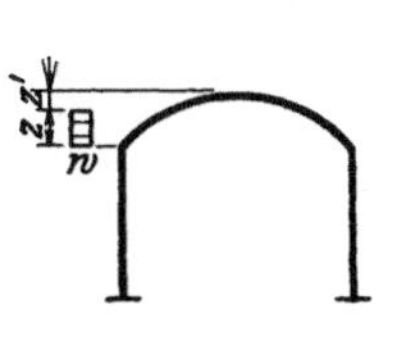

$$\Phi_1 = \left(1 - \zeta'^{\frac{5}{2}}\right), \qquad \Phi_2 = \left(1 - \zeta'^{\frac{7}{2}}\right),$$

$$H_{a,b} = -\frac{w\,f}{2}\left\{\pm\zeta + \frac{4}{5}\frac{\varphi\varrho}{\mu}\left[(\varphi\psi_1 + 1)\Phi_1 - \frac{1}{7}\varphi\psi_1\Phi_2\right]\right\},$$

$$M_{a,b} = -w\,f^2\left\{\frac{2}{5\mu}\left[(\varphi\psi_2 + \varrho - 1)\Phi_1 - \frac{\varphi\psi_2}{7}\Phi_2\right] \pm \zeta\left[\frac{1}{2\varphi} - \frac{1}{8\nu}\left(12\frac{\varkappa}{\varphi} - 1 + \zeta'^2\right)\right]\right\},$$

$$M_{c,d} = w\,f^2\left\{\frac{2}{5\mu}\left[(\varphi\varrho + 1)\Phi_1 - \frac{\varphi\varrho}{7}\Phi_2\right] \pm \frac{1}{8\nu}\zeta\left[12\frac{\varkappa}{\varphi} - 1 + \zeta'^2\right]\right\}.$$

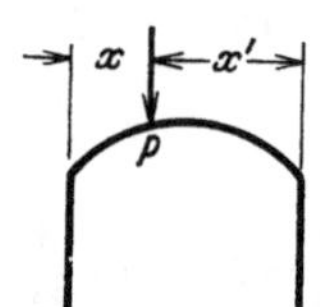

$$H_{a,b}=-\frac{w\,f}{2}\left[\pm\,1+\frac{4}{5}\,\frac{\varphi\,\varrho}{\mu}\left(\frac{6}{7}\,\varphi\,\psi_1+1\right)\right],$$

$$M_{a,b}=-w\,f^2\left\{\frac{2}{5\,\mu}\left[\frac{6}{7}\,\varphi\,\psi_2+(\varrho-1)\right]\pm\left[\frac{1}{2\,\varphi}-\frac{1}{8\,\nu}\left(12\,\frac{\varkappa}{\varphi}-1\right)\right]\right\},$$

$$M_{c,d}=w\,f^2\left[\frac{2}{5\,\mu}\left(\frac{6}{7}\,\varphi\,\varrho+1\right)\pm\frac{1}{8\,\nu}\left(12\,\frac{\varkappa}{\varphi}-1\right)\right].$$

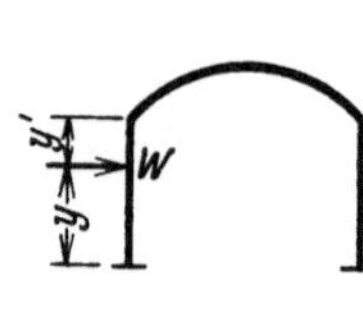

$$H_{a,b}=-\frac{w\,h}{4}\,\eta\left\{1\pm1-\frac{\varkappa\,\varrho\,\eta^2}{10\,\mu}\left[\psi_1(5-\eta)-5\right]\right\},$$

$$M_{a,b}=+\frac{w\,h^2}{40}\,\eta^2\left\{\frac{\varkappa\,\eta}{\mu}\left[\psi_2(5-\eta)-5(\varrho-1)\right]-\frac{10}{3}\mp\left(\frac{10}{3}-5\,\eta\,\frac{\varkappa}{\nu}\right)\right\},$$

$$M_{c,d}=-\frac{w\,h^2}{40}\,\varkappa\,\eta^3\left\{\frac{1}{\mu}\left[\varrho(5-\eta)-5\right]\mp\frac{5}{\nu}\right\}.$$

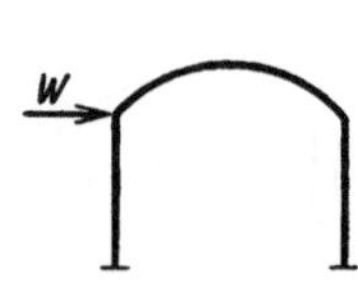

$$H_{a,b}=\frac{P\,l}{2\,h}\,\frac{\varrho}{\mu}\left(2\,\varphi\,\psi_1\,\omega_P''+3\,\omega_R\right),$$

$$M_{a,b}=+\frac{P\,l}{2}\left\{\frac{1}{\mu}\left[2\,\varphi\,\psi_2\,\omega_P''+3\,(\varrho-1)\,\omega_R\right]\mp\frac{1}{\nu}\,(\xi'-\xi)\,\omega_R\right\},$$

$$M_{c,d}=-\frac{P\,l}{2}\left[\frac{1}{\mu}\left(2\,\varphi\,\varrho\,\omega_P''+3\,\omega_R\right)\pm\frac{1}{\nu}\,(\xi'-\xi)\,\omega_R\right].$$

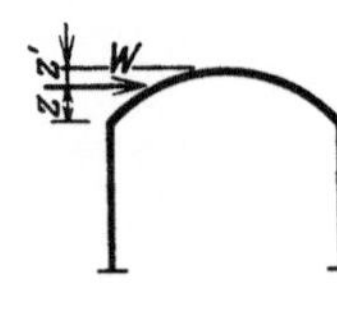

$$H_{a,b}=-\frac{W}{2}\left\{1\pm1-\frac{\varkappa\,\varrho}{\mu}\,\eta^2\left[\psi_1(3-\eta)-3\right]\right\},$$

$$M_{a,b}=+\frac{W\,h}{2}\,\eta\left\{\frac{\varkappa\,\eta}{\mu}\left[\psi_2(3-\eta)-3(\varrho-1)\right]-1\mp\left(1-3\,\eta\,\frac{\varkappa}{\nu}\right)\right\},$$

$$M_{c,d}=-\frac{W\,h}{2}\,\varkappa\,\eta^2\left\{\frac{1}{\mu}\left[\varrho(3-\eta)-3\right]\mp\frac{3}{\nu}\right\}.$$

$$H_{a,b}=-\frac{W}{2}\left[1\pm1-\frac{\varkappa\,\varrho}{\mu}\,(2\,\psi_1-3)\right],$$

$$M_{a,b}=+\frac{W\,h}{2}\left\{\frac{\varkappa}{\mu}\left[2\,\psi_2-3\,(\varrho-1)\right]-1\mp\left(1-3\,\frac{\varkappa}{\nu}\right)\right\},$$

$$M_{c,d}=-\frac{W\,h}{2}\,\varkappa\left[\frac{1}{\mu}\,(2\,\varrho-3)\mp\frac{3}{\nu}\right].$$

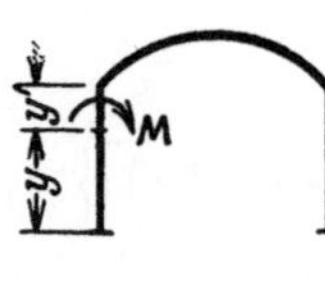

$$H_{a,b}=-\frac{W}{2}\left\{\pm\,1+\frac{2}{5}\,\frac{\varphi\,\varrho}{\mu}\,\zeta'^{\frac{3}{2}}\left[\varphi\,\psi_1(5-\zeta')+5\right]\right\},$$

$$M_{a,b}=-W\,f\left\{\frac{\zeta'^{\frac{3}{2}}}{5\,\mu}\left[\varphi\,\psi_2(5-\zeta')+5(\varrho-1)\right]\pm\left[\frac{1}{2\,\varphi}-\frac{1}{8\,\nu}\left(12\,\frac{\varkappa}{\varphi}-1-2\,\zeta'+3\,\zeta'^2\right)\right]\right\},$$

$$M_{c,d}=W\,f\left\{\frac{\zeta'^{\frac{3}{2}}}{5\,\mu}\left[\varphi\,\varrho(5-\zeta')+5\right]\pm\frac{1}{8\,\nu}\left[12\,\frac{\varkappa}{\varphi}-1-2\,\zeta'+3\,\zeta'^2\right]\right\}.$$

$$H_{a,b}=\frac{3}{2}\,\frac{M}{h}\,\frac{\varkappa\,\varrho}{\mu}\,\eta\left[\psi_1(2-\eta)-2\right],$$

$$M_{a,b}=+\frac{M}{2}\left\{\frac{3\,\varkappa\,\eta}{\mu}\left[\psi_2(2-\eta)-2\,(\varrho-1)\right]-1\mp\left(1-6\,\eta\,\frac{\varkappa}{\nu}\right)\right\},$$

$$M_{c,d}=-\frac{3}{2}\,M\,\varkappa\,\eta\left\{\frac{1}{\mu}\left[\varrho(2-\eta)-2\right]\mp\frac{2}{\nu}\right\}.$$

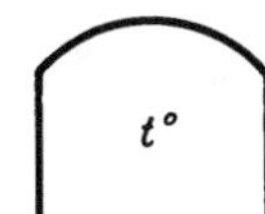

$$H_{a,b} = \frac{3}{2} \frac{M}{h} \frac{\varkappa \varrho}{\mu} (\psi_1 - 2),$$

$$M_{a,b} = + \frac{M}{2} \left\{ \frac{3\varkappa}{\mu} [\psi_2 - 2(\varrho - 1)] - 1 \mp \left(1 - 6\frac{\varkappa}{\nu}\right) \right\},$$

$$M_{h,k} = - \frac{3}{2} M \varkappa \left[\frac{1}{\mu} (\varrho - 2) \mp \frac{2}{\nu} \right].$$

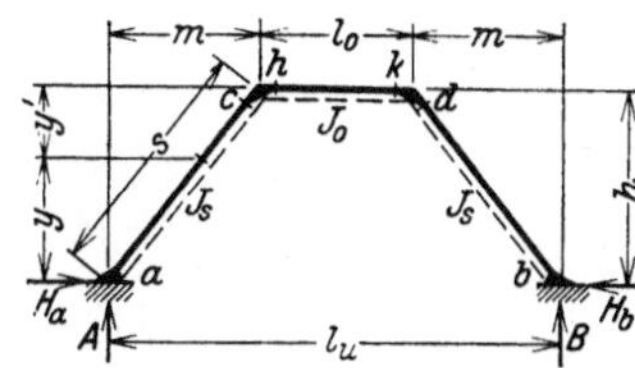

$$H_{a,b} = \frac{3\varrho\psi_1}{\mu} \frac{EJ_s}{h^2} \alpha_t\, t,$$

$$M_{a,b} = + \frac{3\psi_2}{\mu} \frac{EJ_s}{h} \alpha_t\, t, \qquad M_{c,d} = - \frac{3\varrho}{\mu} \frac{EJ_s}{h} \alpha_t\, t.$$

Tabelle 57. Symmetrischer Rahmen mit schrägen Pfosten.

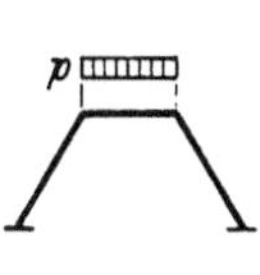

$$\eta = \frac{y}{h}, \qquad \lambda_1 = \frac{m}{l_u}, \qquad \lambda' = \frac{l_0}{l_u}, \qquad \varkappa = \frac{l_0}{s} \frac{J_s}{J_0},$$

$$\eta' = \frac{y'}{h}, \qquad \lambda_2 = \frac{m}{l_0}, \qquad \lambda'' = \frac{l_u}{l_0}, \qquad \mu = 1 + 2\varkappa,$$

$$\nu = \varkappa \lambda'^2 + 2(1 + \lambda' + \lambda'^2), \qquad \omega \text{ Tabelle 22, S. 116.}$$

$$M_{h,k} = M_{c,d}, \quad \text{wenn nicht besonders angegeben.}$$

$$H_{a,b} = \frac{p\,l_0^2}{4h} \left(\frac{\varkappa}{\mu} + 2\lambda_2 \right),$$

$$M_{a,b} = \frac{p\,l_0^2}{12} \frac{\varkappa}{\mu},$$

$$M_{c,d} = - \frac{p\,l_0^2}{6} \frac{\varkappa}{\mu}.$$

$$\Phi = \frac{\omega_R}{\nu} [\lambda'^2 \varkappa \omega_R - 2\lambda_1(2 + \lambda')],$$

$$\psi = 3\xi^2 - 2\xi^3,$$

$$\xi = \frac{x}{l_0}, \quad \xi' = \frac{x'}{l_0} \qquad H_{a,b} = \frac{p\,l_0^2}{4h} \left(\frac{\varkappa}{\mu} \psi + 2\lambda_2 \xi \right),$$

$$M_{c,d} = - \frac{p\,l_0^2}{4} \left(\frac{2\varkappa}{3\mu} \psi \pm \Phi \right),$$

$$M_{a,b} = \frac{p\,l_0^2}{4} \left[\frac{\varkappa}{3\mu} \psi \mp (2\lambda_2 \omega_R + \lambda'' \Phi) \right].$$

$$\Phi = \frac{1}{8\nu} [\lambda'^2 \varkappa - 8\lambda_1(2 + \lambda')],$$

$$H_{a,b} = \frac{p\,l_0^2}{8h} \left(\frac{\varkappa}{\mu} + 2\lambda_2 \right),$$

$$M_{a,b} = \frac{p\,l_0^2}{8} \left[\frac{\varkappa}{3\mu} \mp (\lambda_2 + \lambda'' \Phi) \right],$$

$$M_{c,d} = - \frac{p\,l_0^2}{8} \left(\frac{2\varkappa}{3\mu} \pm \Phi \right).$$

$$\Phi = \frac{2 - \lambda_1}{\nu},$$

$$H_{a,b} = \frac{p\,m^2}{4h} \left(1 - \frac{\varkappa}{2\mu} \right),$$

$$M_{a,b} = - \frac{p\,m^2}{4} \left[\frac{1 + 3\varkappa}{6\mu} \pm (1 - \Phi) \right],$$

$$M_{c,d} = - \frac{p\,m^2}{4} \left(\frac{1}{6\mu} \mp \lambda' \Phi \right).$$

$$\Phi = \frac{\xi^3}{\nu} (2 - \lambda_1 \xi), \qquad \psi = \frac{1}{2} - \omega'_\varphi,$$

$$H_{a,b} = \frac{p\,m^2}{4h} \left\{ \frac{1}{\mu} [\omega_\varphi - (1 + \varkappa)\psi] + \xi^2 \right\},$$

$$M_{a,b} = - \frac{p\,m^2}{4} \left\{ \frac{1}{3\mu} [(2 + 3\varkappa)\psi - \omega_\varphi] \pm (\xi^2 - \Phi) \right\},$$

$$M_{c,d} = - \frac{p\,m^2}{4} \left[\frac{1}{3\mu} (2\omega_\varphi - \psi) \mp \lambda' \Phi \right].$$

$$\xi = \frac{x}{m}, \quad \xi' = \frac{x'}{m}$$

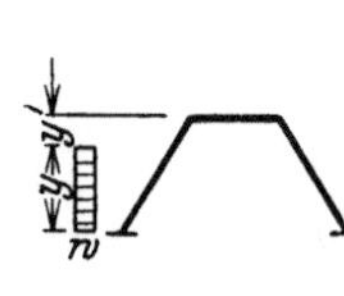

$$\Phi = \frac{2-\lambda_1}{\nu},$$

$$H_{a,b} = -\frac{wh}{4}\left(1 \pm 2 + \frac{\varkappa}{2\mu}\right),$$

$$M_{a,b} = -\frac{wh^2}{4}\left[\frac{1+3\varkappa}{6\mu} \pm (1-\Phi)\right],$$

$$M_{c,d} = -\frac{wh^2}{4}\left(\frac{1}{6\mu} \mp \lambda'\,\Phi\right).$$

$$\Phi = \frac{1}{\nu}(5-2\lambda_1),$$

$$H_{a,b} = \frac{wh}{40}\left(\frac{1}{\mu} - 8 \mp 10\right),$$

$$M_{a,b} = -\frac{wh^2}{40}\left[\frac{2\varkappa}{3\mu} + 1 \pm \left(\frac{10}{3}-\Phi\right)\right],$$

$$M_{c,d} = -\frac{wh^2}{40}\left(\frac{2}{3\mu} \mp \lambda'\,\Phi\right).$$

$$\Phi = \frac{\eta^3}{\nu}(2-\lambda_1\eta), \qquad \omega_\varphi'' = \frac{1}{2} - \omega_\varphi',$$

$$H_{a,b} = \frac{wh}{4}\left\{\frac{1}{\mu}\left[\omega_\varphi - (1+\varkappa)\,\omega_\varphi''\right] - 2\eta \mp 2\eta + \eta^2\right\},$$

$$M_{a,b} = -\frac{wh^2}{4}\left\{\frac{1}{3\mu}\left[(2+3\varkappa)\,\omega_\varphi'' - \omega_\varphi\right] \pm (\eta^2 - \Phi)\right\},$$

$$M_{c,d} = -\frac{wh^2}{4}\left\{\frac{1}{3\mu}\left[2\omega_\varphi - \omega_\varphi''\right] \mp \lambda'\,\Phi\right\}.$$

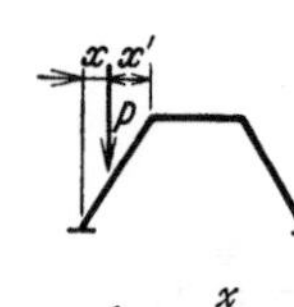

$$\Phi = \frac{\eta}{\nu}(5 - 2\lambda_1\eta),$$

$$H_{a,b} = \frac{wh}{40}\eta\left\{\frac{\eta^2}{\mu}\left[5(1+\varkappa) - \eta(2+\varkappa)\right] - 10 \mp 10\right\},$$

$$M_{a,b} = \frac{wh^2}{40}\eta^2\left[\frac{\eta}{3\mu}(1+\varkappa)(5-3\eta) + \frac{5}{3}\eta - \frac{10}{3} \mp \left(\frac{10}{3}-\Phi\right)\right],$$

$$M_{c,d} = -\frac{wh^2}{40}\eta^2\left[\frac{\eta}{3\mu}(5-3\eta) \mp \lambda'\,\Phi\right].$$

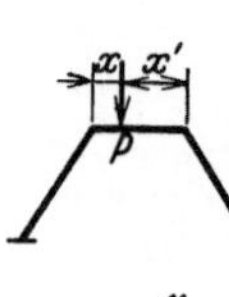

$$\Phi = \frac{\xi^2}{\nu}(3 - 2\lambda_1\xi),$$

$$H_{a,b} = \frac{Pm}{2h}\left\{\frac{1}{\mu}\left[\omega_D - (1+\varkappa)\,\omega_D'\right] + \xi\right\},$$

$$\xi = \frac{x}{m}\qquad M_{a,b} = -\frac{Pm}{2}\left\{\frac{1}{\mu}\left[(1+\varkappa)\,\omega_D' - \omega_R\right] \pm (\xi - \Phi)\right\},$$

$$\xi' = \frac{x'}{m}\qquad M_{c,d} = -\frac{Pm}{2}\left[\frac{1}{\mu}(\omega_D - \omega_R) \mp \lambda'\,\Phi\right].$$

$$\Phi = \frac{1-2\xi}{\nu}\left[\lambda'^2\varkappa\,\omega_R - \lambda_1(2+\lambda')\right],$$

$$H_{a,b} = \frac{Pl_0}{2h}\left[\frac{3\varkappa}{\mu}(\omega_R + \lambda_2)\right],$$

$$\xi = \frac{x}{l_0}\qquad M_{a,b} = \frac{Pl_0}{2h}\left\{\frac{\varkappa}{\mu}\omega_R \mp \left[\lambda_2(1-2\xi) + \lambda''\,\Phi\right]\right\},$$

$$\xi' = \frac{x'}{l_0}\qquad M_{c,d} = -\frac{Pl_0}{2}\left(\frac{2\varkappa}{\mu}\omega_R \pm \Phi\right).$$

$$\Phi = \frac{2 + \lambda'}{v},$$

$$H_{a,b} = \frac{P\,m}{2\,h},$$

$$M_{a,b} = \mp \frac{P\,m}{2}\,(1 - \Phi),$$

$$M_{c,d} = \pm \frac{P\,m}{2}\,\lambda'\,\Phi.$$

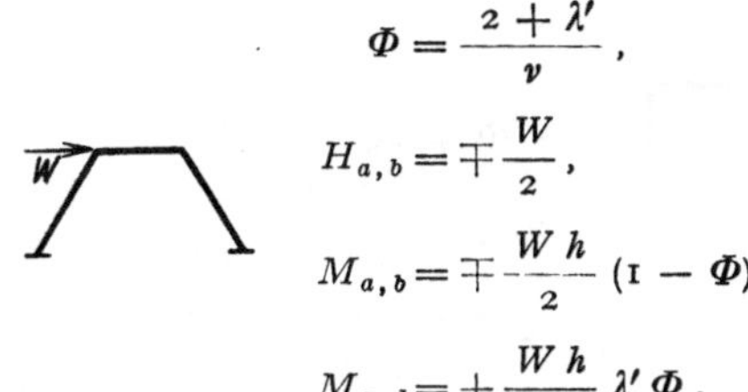

$$\Phi = \frac{2 + \lambda'}{v},$$

$$H_{a,b} = \mp \frac{W}{2},$$

$$M_{a,b} = \mp \frac{W\,h}{2}\,(1 - \Phi),$$

$$M_{c,d} = \pm \frac{W\,h}{2}\,\lambda'\,\Phi.$$

$$\Phi = \frac{\eta^2}{v}\,(3 - 2\,\lambda_1\,\eta), \qquad H_{a,b} = \frac{W}{2}\left\{ \frac{1}{\mu}\,[\omega_D - (1 + \varkappa)\,\omega'_D] - \eta' \mp 1 \right\},$$

$$M_{a,b} = -\frac{W\,h}{2}\left\{ \frac{1}{\mu}\,[(1 + \varkappa)\,\omega'_D - \omega_R] \pm (\eta - \Phi) \right\},$$

$$M_{c,d} = -\frac{W\,h}{2}\left[\frac{1}{\mu}\,(\omega_D - \omega_R) \mp \lambda'\,\Phi \right].$$

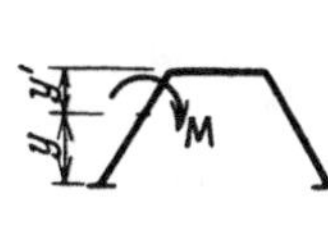

$$\Phi = \frac{6\,\eta}{v}\,(1 - \lambda_1\,\eta), \qquad H_{a,b} = -\frac{M}{2\,h}\left\{ \frac{1}{\mu}\,[(1 + \varkappa)\,\omega'_M + \omega_M] - 1 \right\},$$

$$M_{a,b} = -\frac{M}{2}\left\{ \frac{1}{3\,\mu}\,[(2 + 3\,\varkappa)\,\omega'_M + \omega_M] \pm (1 - \Phi) \right\},$$

$$M_{h,k} = \frac{M}{2}\left[\frac{1}{3\,\mu}\,(2\,\omega_M + \omega'_M) \pm \lambda'\,\Phi \right].$$

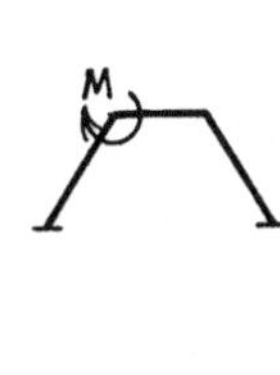

$$\Phi = \frac{6}{v}\,(1 - \lambda_1),$$

$$H_{a,b} = \frac{3}{2}\,\frac{M}{h}\,\frac{\varkappa}{\mu},$$

$$M_{a,b} = \frac{M}{2}\left[\frac{\varkappa}{\mu} \mp (1 - \Phi) \right],$$

$$M_{h,k} = \frac{M}{2}\left(\frac{1}{\mu} \pm \lambda'\,\Phi \right).$$

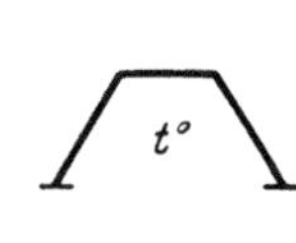

$$\Phi = \frac{3}{\mu}\,\frac{l_u}{h}\,\frac{E\,J_s}{s}\,\alpha_t\,t,$$

$$H_{a,b} = \frac{2 + \varkappa}{h}\,\Phi,$$

$$M_{a,b} = (1 + \varkappa)\,\Phi,$$

$$M_{h,k} = -\,\Phi.$$

Tabelle 58. Geschlossener, symmetrischer Rechteckrahmen.

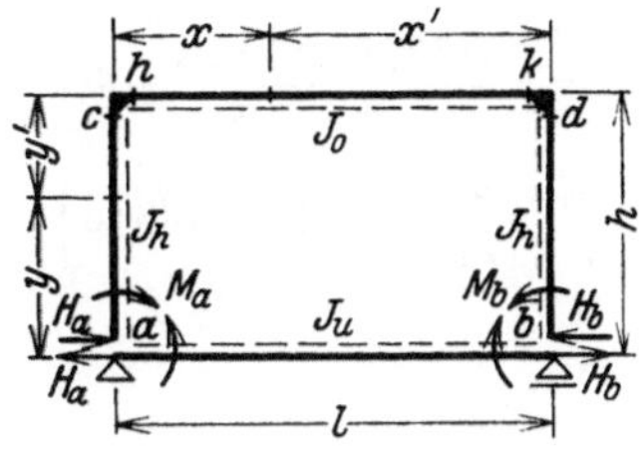

$$\xi = \frac{x}{l}, \qquad \eta = \frac{y}{h}, \qquad \varkappa_o = \frac{h}{l}\,\frac{J_o}{J_h}, \qquad \varkappa_u = \frac{h}{l}\,\frac{J_u}{J_h},$$

$$\xi' = \frac{x'}{l}, \qquad \eta' = \frac{y'}{h}, \qquad \mu = (2 + \varkappa_o) + \frac{3 + 2\,\varkappa_o}{\varkappa_u}, \qquad v = 1 + 6\,\varkappa_o + \frac{\varkappa_o}{\varkappa_n},$$

$M_{h,k} = M_{c,d}'$, wenn nicht besonders angegeben. $\qquad \omega$ Tabelle 22 S. 116.

Gleichmäßige Temperaturänderung erzeugt keine Schnittkräfte.

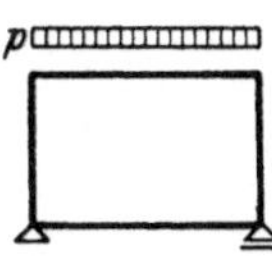

$$H_{a,b} = \frac{p\,l}{4}\,\frac{l}{h}\,\frac{1 + \varkappa_u}{\mu\,\varkappa_u},$$

$$M_{a,b} = \frac{p\,l^2}{12\,\mu},$$

$$M_{c,d} = -\frac{p\,l^2}{12}\,\frac{3 + 2\,\varkappa_u}{\mu\,\varkappa_u}.$$

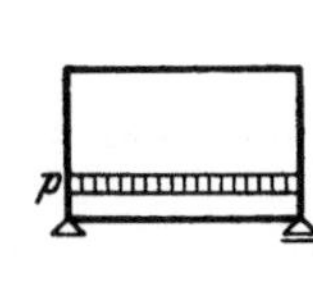

$$H_{a,b} = \frac{p\,l}{4}\,\frac{l}{h}\,\frac{1 + \varkappa_o}{\mu\,\varkappa_u},$$

$$M_{a,b} = \frac{p\,l^2}{12}\,\frac{3 + 2\,\varkappa_o}{\mu\,\varkappa_u},$$

$$M_{c,d} = -\frac{p\,l^2}{12\,\mu}\,\frac{\varkappa_o}{\varkappa_u}.$$

$$\Phi = 3\,\xi^2 - 2\,\xi^3,$$
$$H_{a,b} = \frac{p\,l}{4}\,\frac{l}{h}\,\frac{1+\varkappa_u}{\mu\,\varkappa_u}\,\Phi,$$
$$M_{a,b} = \frac{p\,l^2}{4}\left(\frac{1}{3\,\mu}\,\Phi \mp \frac{1}{\nu}\,\omega_R^2\right),$$
$$M_{c,d} = -\frac{p\,l^2}{4}\left(\frac{3+2\,\varkappa_u}{3\,\mu\,\varkappa_u}\,\Phi \pm \frac{1}{\nu}\,\omega_R^2\right).$$
$$x = \frac{l}{2}: \qquad \Phi = \frac{1}{2}, \qquad \omega_R^2 = \frac{1}{16}.$$

$$\Phi = 3\,\xi^2 - 2\,\xi^3,$$
$$H_{a,b} = \frac{p\,l}{4}\,\frac{l}{h}\,\frac{1+\varkappa_o}{\mu\,\varkappa_u}\,\Phi,$$
$$M_{a,b} = \frac{p\,l^2}{4}\left(\frac{3+2\varkappa_o}{3\,\mu\,\varkappa_u} \pm \frac{\varkappa_o}{\varkappa_u}\,\frac{1}{\nu}\,\omega_R^2\right),$$
$$M_{c,d} = -\frac{p\,l^2}{4}\cdot\frac{\varkappa_o}{\varkappa_u}\left(\frac{1}{3\,\mu}\,\Phi \mp \frac{1}{\nu}\,\omega_R^2\right).$$
$$x = \frac{l}{2}: \qquad \Phi = \frac{1}{2}, \qquad \omega_R^2 = \frac{1}{16}.$$

$$\Phi = \frac{1}{2}\,(3\,\zeta - \zeta^3),$$
$$H_{a,b} = \frac{p\,l}{4}\,\frac{l}{h}\,\frac{1+\varkappa_u}{\mu\,\varkappa_u}\,\Phi,$$
$$M_{a,b} = \frac{p\,l^2}{12}\,\frac{1}{\mu}\,\Phi,$$
$$M_{c,d} = -\frac{p\,l^2}{12}\,\frac{3+2\,\varkappa_u}{\mu\,\varkappa_u}\,\Phi.$$
$$\zeta = \frac{c}{l}$$

$$\Phi = \frac{1}{2}\,(3\,\zeta - \zeta^3),$$
$$H_{a,b} = \frac{p\,l}{4}\,\frac{l}{h}\,\frac{1+\varkappa_o}{\mu\,\varkappa_u}\,\Phi,$$
$$M_{a,b} = \frac{p\,l^2}{12}\,\frac{3+2\,\varkappa_o}{\mu\,\varkappa_u}\,\Phi,$$
$$M_{c,d} = -\frac{p\,l^2}{12}\,\frac{1}{\mu}\,\frac{\varkappa_o}{\varkappa_u}\,\Phi.$$
$$\zeta = \frac{c}{l}$$

$$H_{a,b} = \frac{p\,l}{8}\,\frac{l}{h}\,\frac{1+\varkappa_u}{\mu\,\varkappa_u},$$
$$M_{a,b} = \frac{p\,l^2}{120}\left(\frac{5}{\mu} \pm \frac{1}{\nu}\right),$$
$$M_{c,d} = -\frac{p\,l^2}{120}\left(\frac{5}{\mu}\,\frac{3+2\,\varkappa_u}{\varkappa_u} \mp \frac{1}{\nu}\right).$$

$$M_{a,b} = \frac{p\,l^2}{120}\left(\frac{5}{\mu}\,\frac{3+2\,\varkappa_o}{\varkappa_u} \mp \frac{\varkappa_o}{\varkappa_u}\,\frac{1}{\nu}\right),$$
$$M_{c,d} = -\frac{p\,l^2}{120}\,\frac{\varkappa_o}{\varkappa_u}\left(\frac{5}{\mu} \pm \frac{1}{\nu}\right),$$
$$H_{a,b} = \frac{p\,l}{8}\,\frac{l}{h}\,\frac{1+\varkappa_o}{\mu\,\varkappa_u}.$$

$$\Phi = \frac{\varkappa_o}{\varkappa_u}\,\frac{1+2\,\varkappa_u}{\nu},$$
$$H_{a,b} = \frac{w\,h}{4}\left[1 + \frac{1}{2\,\mu}\,\frac{\varkappa_o-\varkappa_u}{\varkappa_u}\right],$$
$$M_{a,b} = -\frac{w\,h^2}{4}\left[\frac{3+\varkappa_o}{6\,\mu} \pm (1-\Phi)\right],$$
$$M_{c,d} = -\frac{w\,h^2}{4}\left[\frac{\varkappa_o}{\varkappa_u}\,\frac{3+\varkappa_u}{6\,\mu} \mp \Phi\right].$$

$$\Phi = \frac{5}{\nu}\,\frac{\varkappa_o}{\varkappa_u}\,(2+3\,\varkappa_u),$$
$$M_{a,b} = -\frac{w\,h^2}{120}\left[\frac{8+3\varkappa_o}{\mu} \pm (10-\Phi)\right],$$
$$M_{c,d} = -\frac{w\,h^2}{120}\left[\frac{\varkappa_o}{\varkappa_u}\,\frac{7+2\varkappa_o}{\mu} \mp \Phi\right],$$
$$H_{a,b} = \frac{w\,h}{120}\left[\frac{1}{\mu}\left(7\,\frac{\varkappa_o}{\varkappa_u} - \varkappa_o - 8\right) - 20 \mp 30\right].$$

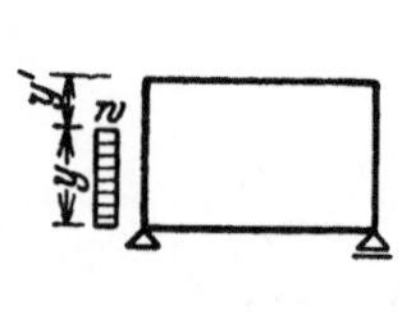

$$\Phi = \eta^2\,\frac{\varkappa_o}{\varkappa_u}\,\frac{1+2\,\eta\,\varkappa_u}{\nu}, \qquad \psi = \frac{1}{2} - \omega'_\varphi,$$
$$H_{a,b} = \frac{w\,h}{4}\left\{\frac{1}{\mu}\left[\frac{\varkappa_o}{\varkappa_u}\,(1+\varkappa_u)\,\omega_\varphi - (1+\varkappa_o)\,\psi + \eta^2\right] - 2\,\eta\,(1 \pm 1)\right\},$$
$$M_{a,b} = -\frac{w\,h^2}{4}\left\{\frac{1}{3\,\mu}\left[(3+2\,\varkappa_o)\,\psi - \varkappa_o\,\omega_\varphi\right] \pm (\eta^2 - \Phi)\right\},$$
$$M_{c,d} = -\frac{w\,h^2}{4}\left\{\frac{1}{3\,\mu}\left[\frac{\varkappa_o}{\varkappa_u}\,(3+2\,\varkappa_o)\,\omega_\varphi - \varkappa_o\,\psi\right] \mp \Phi\right\}.$$

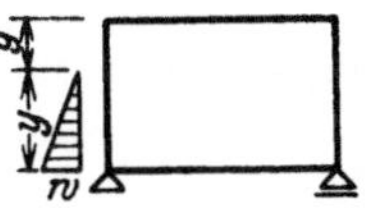

$$\Phi = \frac{5}{v}\,\frac{\varkappa_0}{\varkappa_u}\,(2 + 3\,\eta\,\varkappa_u)\,,$$

$$H_{a,b} = \frac{w\,h}{120}\,\eta\left\{\frac{\eta}{\mu}\left[10\left(\frac{\varkappa_0}{\varkappa_u} - \varkappa_0 - 2\right) + 15\,\eta\,(1 + \varkappa_0) - 3\,\eta^2\left(1 + 2\,\varkappa_0 + \frac{\varkappa_0}{\varkappa_u}\right)\right] + 10\,\eta - 30 \mp 30\right\},$$

$$M_{a,b} = -\frac{w\,h^2}{120}\,\eta^2\left\{\frac{1}{\mu}\left[10\,(2 + \varkappa_0) - 5\,\eta\,(3 + 2\,\varkappa_0) + 3\,\eta^2\,(1 + \varkappa_0)\right] \pm (10 - \Phi)\right\},$$

$$M_{c,d} = -\frac{w\,h^2}{120}\,\eta^2\left\{\frac{\varkappa_0}{\mu\,\varkappa_u}\left[10 + 5\,\eta\,\varkappa_u - 3\,\eta^2\,(1 + \varkappa_u)\right] \mp \Phi\right\}.$$

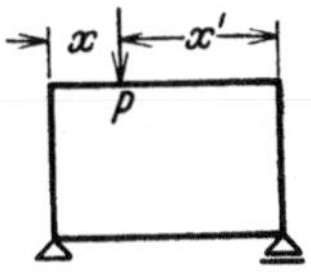

$$\Phi = \frac{1 - 2\,\xi}{v}\,, \qquad\qquad \Phi = \frac{1 - 2\,\xi}{v}\,\frac{\varkappa_0}{\varkappa_u}\,,$$

$$H_{a,b} = \frac{3}{2}\,\frac{P\,l}{h}\,\frac{1 + \varkappa_u}{\mu\,\varkappa_u}\,\omega_R\,, \qquad H_{a,b} = \frac{3}{2}\,\frac{P\,l}{h}\,\frac{1 + \varkappa_0}{\mu\,\varkappa_0}\,\omega_R\,,$$

$$M_{a,b} = \frac{P\,l}{2}\,\omega_R\left[\frac{1}{\mu} \mp \Phi\right]\,, \qquad M_{a,b} = \frac{P\,l}{2}\,\omega_R\left[\frac{3 + 2\,\varkappa_0}{\mu\,\varkappa_u} \pm \Phi\right]\,,$$

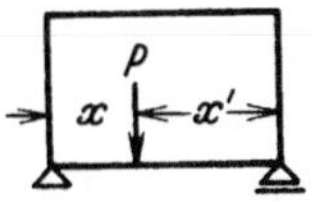

$$M_{c,d} = -\frac{P\,l}{2}\,\omega_R\left[\frac{3 + 2\,\varkappa_u}{\mu\,\varkappa_u} \pm \Phi\right]\,. \qquad M_{c,d} = -\frac{P\,l}{2}\,\omega_R\left[\frac{\varkappa_0}{\mu\,\varkappa_u} \mp \Phi\right]\,.$$

$$\Phi = \frac{\eta}{v}\,\frac{\varkappa_0}{\varkappa_u}\,(1 + 3\,\eta\,\varkappa_u)\,, \qquad\qquad y = h:\quad \Phi = \frac{\varkappa_0}{\varkappa_u}\,\frac{1 + 3\,\varkappa_u}{v}\,,$$

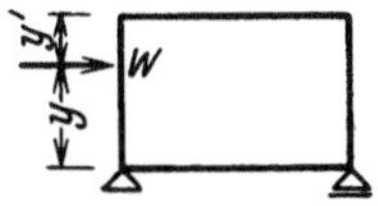

$$H_{a,b} = \frac{W}{2}\left\{\frac{1}{\mu}\left[(1 + \varkappa_u)\,\frac{\varkappa_0}{\varkappa_u}\,\omega_D - (1 + \varkappa_0)\,\omega_D'\right] + \eta - 1 \mp 1\right\}, \qquad H_{a,b} = \mp\frac{W}{2}\,,$$

$$M_{a,b} = -\frac{W\,h}{2}\left\{\frac{1}{\mu}\left[(1 + \varkappa_0)\,\omega_D' - \varkappa_0\,\omega_R\right] \pm (\eta - \Phi)\right\}, \qquad M_{a,b} = \mp\frac{W\,h}{2}\,(1 - \Phi)\,,$$

$$M_{c,d} = -\frac{W\,h}{2}\left\{\frac{\varkappa_0}{\mu\,\varkappa_u}\left[(1 + \varkappa_u)\,\omega_D - \varkappa_u\,\omega_R\right] \mp \Phi\right\}. \qquad M_{c,d} = \pm\frac{W\,h}{2}\,\Phi\,.$$

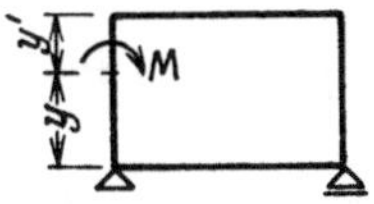

$$\Phi = \frac{1}{v}\,\frac{\varkappa_0}{\varkappa_u}\,(1 + 6\,\eta\,\varkappa_u)\,, \qquad\qquad y = h:$$

$$H_{a,b} = -\frac{M}{2\,h}\left\{\frac{1}{\mu}\left[(1 + \varkappa_0)\,\omega_M' + \varkappa_0\,\frac{1 + \varkappa_u}{\varkappa_u}\,\omega_M\right] - 1\right\}, \qquad H_{a,b} = \frac{3}{2}\,\frac{M}{h}\,\frac{1 + \varkappa_u}{\mu\,\varkappa_u}\,,$$

$$M_{a,b} = -\frac{M}{2}\left\{\frac{1}{3\,\mu}\left[(3 + 2\,\varkappa_0)\,\omega_M' + \varkappa_0\,\omega_M\right] \pm (1 - \Phi)\right\}, \qquad M_{a,b} = \frac{M}{2}\left(\frac{1}{\mu} \mp \frac{1}{v}\right)\,,$$

$$M_{hk} = \frac{M}{2}\left\{\frac{\varkappa_0}{3\,\mu\,\varkappa_u}\left[(3 + 2\,\varkappa_u)\,\omega_M + \varkappa_u\,\omega_M'\right] \pm \Phi\right\}. \qquad M_{h,k} = \frac{M}{2}\left[\frac{\varkappa_0}{\varkappa_u}\,\frac{2 + \varkappa_u}{\mu} \mp \left(\frac{1}{v} - 1\right)\right],$$

$y > 0$

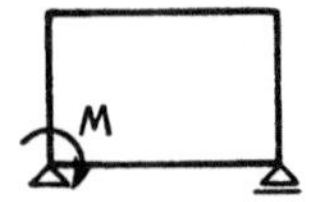

$$H_{a,b} = \frac{3}{2}\,\frac{M}{h}\,\frac{1 + \varkappa_0}{\mu\,\varkappa_u}\,, \qquad\qquad M_{c,d} = -\frac{M}{2}\,\frac{\varkappa_0}{\varkappa_u}\left[\frac{1}{\mu} \mp \frac{1}{v}\right]\,,$$

$$M_{a,b} = -\frac{M}{2}\left[\frac{2 + \varkappa_0}{\mu} \pm \left(1 - \frac{\varkappa_0}{v\,\varkappa_u}\right)\right]\,, \qquad M_a \text{ am Riegel.}$$

Tabelle 59. Geschlossener, symmetrischer Trapezrahmen.

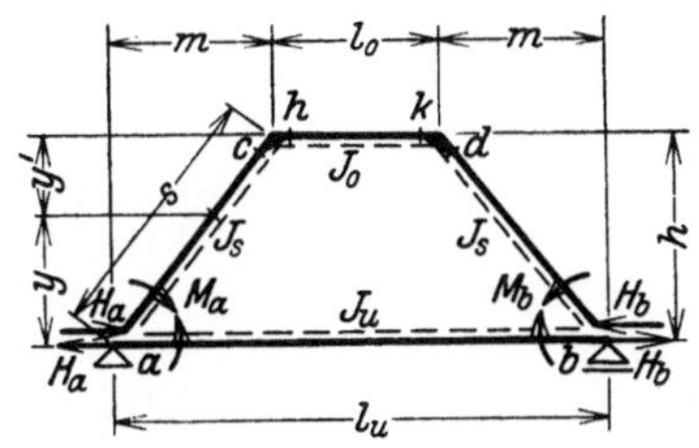

$$\eta = \frac{y}{h}\,, \qquad \lambda_1 = \frac{m}{l_u}\,, \qquad \lambda' = \frac{l_0}{l_u}\,, \qquad \omega \text{ Tabelle 22 S. 116.}$$

$$\eta' = \frac{y'}{h}\,, \qquad \lambda_2 = \frac{m}{l_0}\,, \qquad \lambda'' = \frac{l_u}{l_0}\,, \qquad \varkappa_0 = \frac{l_0}{s}\,\frac{J_s}{J_0}\,, \qquad \varkappa_u = \frac{l_u}{s}\,\frac{J_s}{J_u}\,,$$

$$\mu = (2 + 3\,\varkappa_0)(2 + 3\,\varkappa_u) - 1\,, \qquad v = \varkappa_0\,\lambda'^2 + \varkappa_u + 2\,(1 + \lambda' + \lambda'^2)\,,$$

$$M_{h,k} = M_{c,d}\,, \text{ wenn nicht besonders angegeben.}$$

Gleichmäßige Temperaturänderung erzeugt keine Schnittkräfte.

$$H_{a,b}' = \frac{p\,l_o^2}{2\,h}\left[\frac{3}{2}\frac{\varkappa_o}{\mu}\varkappa_o(1+\varkappa_u)+\lambda_2\right],$$

$$M_{a,b} = \frac{p\,l_o^2}{4}\frac{\varkappa_o}{\mu},$$

$$M_{c,d} = -\frac{p\,l_o^2}{4}\frac{\varkappa_o}{\mu}(2+3\varkappa_u).$$

$$H_{a,b} = \frac{3}{4}\frac{p\,l_u^2}{h}\frac{\varkappa_u}{\mu}(1+\varkappa_o),$$

$$M_{a,b} = \frac{p\,l_u^2}{4}\frac{\varkappa_u}{\mu}(2+3\varkappa_o),$$

$$M_{c,d} = -\frac{p\,l_u^2}{4}\frac{\varkappa_u}{\mu}.$$

$$\Phi = \tfrac{1}{2}(3\zeta_o - \zeta_o^3),$$

$$H_{a,b} = \frac{p\,l_o^2}{2\,h}\left[\frac{3\varkappa_o}{2\mu}(1+\varkappa_u)\Phi+\lambda_2\zeta_o\right],$$

$$M_{a,b} = \frac{p\,l_o^2}{4}\frac{\varkappa_o}{\mu}\Phi,$$

$$\zeta_o = \frac{c}{l_o}. \qquad M_{c,d} = -\frac{p\,l_o^2}{4}\frac{\varkappa_o}{\mu}(2+3\varkappa_u)\Phi.$$

$$\Phi = \tfrac{1}{2}(3\zeta_u - \zeta_u^3),$$

$$H_{a,b} = \frac{3}{4}\frac{p\,l_u^2}{h}\frac{\varkappa_u}{\mu}(1+\varkappa_o)\Phi,$$

$$M_{a,b} = \frac{p\,l_u^2}{4}\frac{\varkappa_u}{\mu}(2+3\varkappa_o)\Phi,$$

$$\zeta_u = \frac{c}{l_u}. \qquad M_{c,d} = -\frac{p\,l_u^2}{4}\frac{\varkappa_u}{\mu}\Phi.$$

$$\Phi = \frac{\omega_R}{v}[\lambda'^2\varkappa_o\,\omega_R - 2\lambda_1(2+\varkappa_u+\lambda')], \qquad \psi = 3\xi^2 - 2\xi^3,$$

$$H_{a,b} = \frac{p\,l_o^2}{4\,h}\left[\frac{3\varkappa_o}{\mu}(1+\varkappa_u)\psi + 2\lambda_2\xi\right],$$

$$\xi = \frac{x}{l_o}, \quad \xi' = \frac{x'}{l_o}. \qquad M_{a,b} = \frac{p\,l_o^2}{4}\left[\frac{\varkappa_o}{\mu}\psi \mp (2\lambda_2\omega_R + \lambda''\Phi)\right],$$

$$M_{c,d} = -\frac{p\,l_o^2}{4}\left[\frac{\varkappa_o}{\mu}(2+3\varkappa_u)\psi \pm \Phi\right].$$

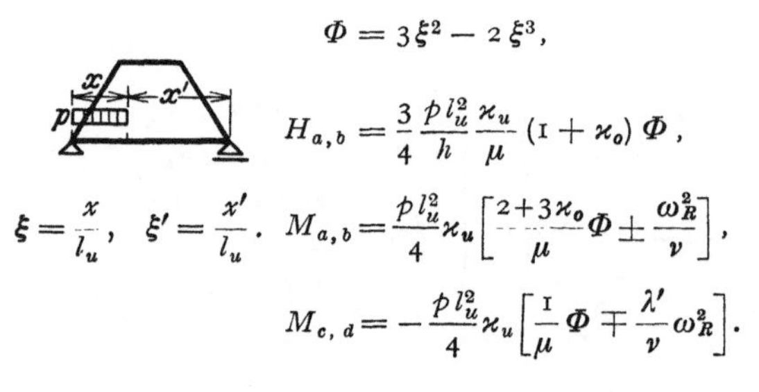

$$\Phi = 3\xi^2 - 2\xi^3,$$

$$H_{a,b} = \frac{3}{4}\frac{p\,l_u^2}{h}\frac{\varkappa_u}{\mu}(1+\varkappa_o)\Phi,$$

$$\xi = \frac{x}{l_u}, \quad \xi' = \frac{x'}{l_u}. \qquad M_{a,b} = \frac{p\,l_u^2}{4}\varkappa_u\left[\frac{2+3\varkappa_o}{\mu}\Phi \pm \frac{\omega_R^2}{v}\right],$$

$$M_{c,d} = -\frac{p\,l_u^2}{4}\varkappa_u\left[\frac{1}{\mu}\Phi \mp \frac{\lambda'}{v}\omega_R^2\right].$$

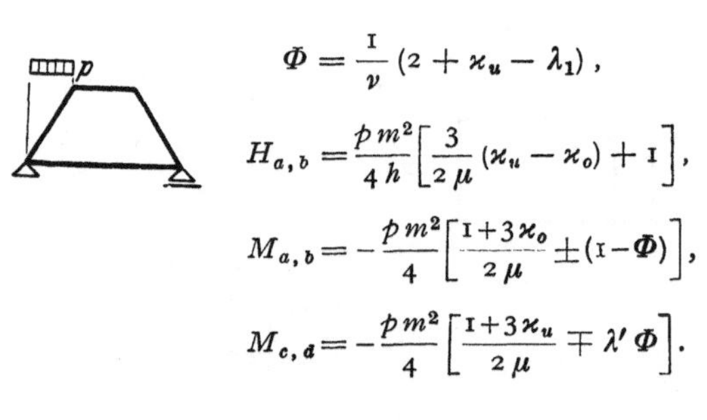

$$\Phi = \frac{1}{v}(2+\varkappa_u-\lambda_1),$$

$$H_{a,b} = \frac{p\,m^2}{4\,h}\left[\frac{3}{2\mu}(\varkappa_u-\varkappa_o)+1\right],$$

$$M_{a,b} = -\frac{p\,m^2}{4}\left[\frac{1+3\varkappa_o}{2\mu}\pm(1-\Phi)\right],$$

$$M_{c,d} = -\frac{p\,m^2}{4}\left[\frac{1+3\varkappa_u}{2\mu}\mp\lambda'\Phi\right].$$

$$H_{a,b} = \frac{3}{8}\frac{p\,l_u^2}{h}\frac{\varkappa_u}{\mu}(1+\varkappa_o), \qquad M_{a,b} = \frac{p\,l_u^2}{120}\varkappa_u\left[\frac{15}{\mu}(2+3\varkappa_o)\mp\frac{1}{v}\right],$$

$$M_{c,d} = -\frac{p\,l_u^2}{120}\varkappa_u\left[\frac{15}{\mu}\pm\frac{\lambda'}{v}\right].$$

$$\Phi = \frac{\xi^2}{v}[\varkappa_u + \xi(2-\lambda_1\xi)], \qquad \psi = \frac{1}{2}-\omega'_\varphi,$$

$$H_{a,b} = \frac{p\,m^2}{4\,h}\left\{\frac{3}{\mu}[(1+\varkappa_u)\omega_\varphi - (1+\varkappa_o)\psi]+\xi^2\right\},$$

$$\xi = \frac{x}{m}, \quad \xi' = \frac{x'}{m}. \qquad M_{a,b} = -\frac{p\,m^2}{4}\left\{\frac{1}{\mu}[(2+3\varkappa_o)\psi-\omega_\varphi]\pm(\xi^2-\Phi)\right\},$$

$$M_{c,d} = -\frac{p\,m^2}{4}\left\{\frac{1}{\mu}[(2+3\varkappa_u)\omega_\varphi-\psi]\mp\lambda'\Phi\right\}.$$

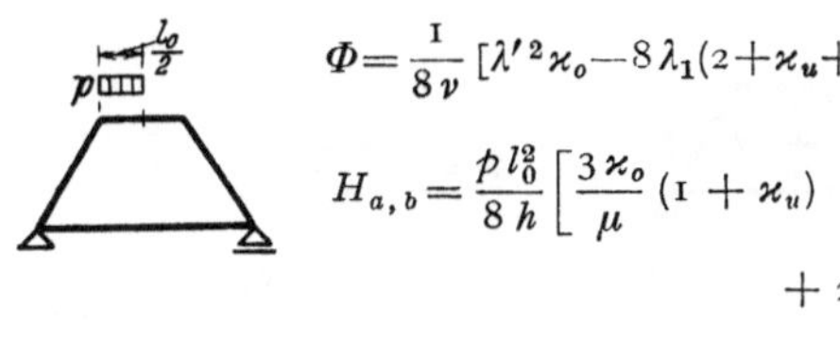
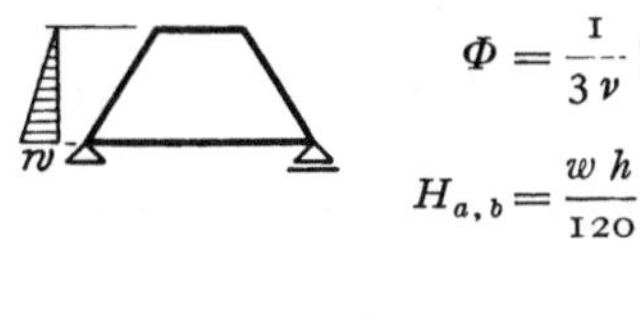

$$\Phi = \frac{1}{8\nu}\left[\lambda'^2\varkappa_0 - 8\lambda_1(2+\varkappa_u+\lambda')\right],$$

$$H_{a,b} = \frac{p\,l_0^2}{8h}\left[\frac{3\varkappa_0}{\mu}(1+\varkappa_u) + 2\lambda_2\right],$$

$$M_{a,b} = \frac{p\,l_0^2}{8}\left[\frac{\varkappa_0}{\mu} \mp (\lambda_2+\lambda''\Phi)\right],$$

$$M_{c,d} = -\frac{p\,l_0^2}{8}\left[\frac{\varkappa_0}{\mu}(2+3\varkappa_u)\pm\Phi\right].$$

$$H_{a,b} = \frac{3}{8}\frac{p\,l_u^2}{h\mu}\varkappa_u(1+\varkappa_0),$$

$$M_{a,b} = \frac{p\,l_u^2}{8}\varkappa_u\left[\frac{2+3\varkappa_0}{\mu}\pm\frac{1}{8\nu}\right],$$

$$M_{c,d} = -\frac{p\,l_u^2}{8}\varkappa_u\left[\frac{1}{\mu}\mp\frac{\lambda'}{8\nu}\right].$$

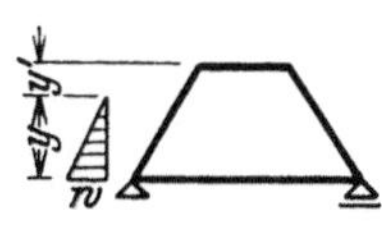

$$\Phi = \frac{1}{\nu}(2+\varkappa_u-\lambda_1),$$

$$H_{a,b} = \frac{wh}{4}\left[\frac{3}{2\mu}(\varkappa_u-\varkappa_0)-1\mp2\right],$$

$$M_{a,b} = -\frac{wh^2}{4}\left[\frac{1+3\varkappa_0}{2\mu}\pm(1-\Phi)\right],$$

$$M_{c,d} = -\frac{wh^2}{4}\left[\frac{1+3\varkappa_u}{2\mu}\mp\lambda'\Phi\right].$$

$$\Phi = \frac{1}{3\nu}\left[5(3+2\varkappa_u)-6\lambda_1\right],$$

$$H_{a,b} = \frac{wh}{120}\left[\frac{3}{\mu}(7\varkappa_u-8\varkappa_0-1)-20\mp30\right],$$

$$M_{a,b} = -\frac{wh^2}{40}\left[\frac{3+8\varkappa_0}{\mu}\pm\left(\frac{10}{3}-\Phi\right)\right],$$

$$M_{c,d} = -\frac{wh^2}{40}\left[\frac{2+7\varkappa_u}{\mu}\mp\lambda'\Phi\right].$$

$$\Phi = \frac{\eta^2}{\nu}\left[\varkappa_u+\eta(2-\lambda_1\eta)\right], \qquad \psi = \frac{1}{2}-\omega'_\varphi,$$

$$H_{a,b} = \frac{wh}{4}\left\{\frac{3}{\mu}\left[(1+\varkappa_u)\omega_\varphi-(1+\varkappa_0)\psi\right]+\eta^2-2\eta\mp2\eta\right\},$$

$$M_{a,b} = -\frac{wh^2}{4}\left\{\frac{1}{\mu}\left[(2+3\varkappa_0)\psi-\omega_\varphi\right]\pm(\eta^2-\Phi)\right\},$$

$$M_{c,d} = -\frac{wh^2}{4}\left\{\frac{1}{\mu}\left[(2+3\varkappa_u)\omega_\varphi-\psi\right]\mp\lambda'\Phi\right\}.$$

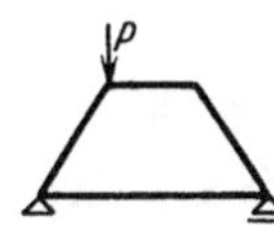

$$\Phi = \frac{1}{\nu}\left[10\varkappa_u+3\eta(5-2\lambda_1\eta)\right],$$

$$H_{a,b} = \frac{wh}{120}\eta\left\{\frac{3\eta}{\mu}\left[10(\varkappa_u-2\varkappa_0-1)+15\eta(1+\varkappa_0)-3\eta^2(2+\varkappa_0+\varkappa_u)\right]+10\eta-30\mp30\right\},$$

$$M_{a,b} = -\frac{wh^2}{120}\eta^2\left\{\frac{3}{\mu}\left[10(1+2\varkappa_0)-5\eta(2+3\varkappa_0)+3\eta^2(1+\varkappa_0)\right]\pm(10-\Phi)\right\},$$

$$M_{c,d} = -\frac{wh^2}{120}\eta^2\left\{\frac{3}{\mu}\left[10\varkappa_u+5\eta-3\eta^2(1+\varkappa_u)\right]\mp\lambda'\Phi\right\}.$$

$$\Phi = \frac{1}{\nu}(2+\varkappa_u+\lambda'), \qquad H_{a,b} = \frac{Pm}{2h}(2\Phi-1),$$

$$M_{a,b} = \mp\frac{Pm}{2}[1-\Phi], \qquad M_{c,d} = \pm\frac{Pm}{2}\lambda'\Phi.$$

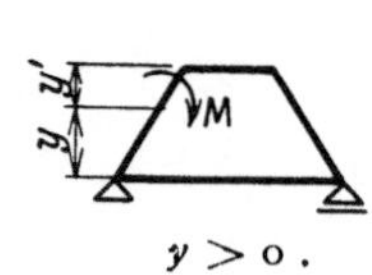

$$\Phi = \frac{1-2\,\xi}{\nu}\,[\lambda'^{\,2}\varkappa_0\,\omega_R - \lambda_1(2+\varkappa_u+\lambda')],$$

$$H_{a,b} = \frac{P\,m}{2\,h}\left[\frac{9\,\varkappa_0}{\mu\,\lambda_2}\,(1+\varkappa_u)\,\omega_R + 1\right],$$

$$\xi = \frac{x}{l_o}, \quad \xi' = \frac{x'}{l_o}.$$

$$M_{a,b} = \frac{P\,l_o}{2}\left\{\frac{3\,\varkappa_0}{\mu}\,\omega_R \mp [\lambda_2(1-2\,\xi)+\lambda''\Phi]\right\},$$

$$M_{c,d} = -\,\frac{P\,l_o}{2}\left[\frac{3\,\varkappa_0}{\mu}\,(2+3\varkappa_u)\,\omega_R \pm \Phi\right].$$

$$\Phi = \frac{1-2\,\xi}{\nu},$$

$$\xi = \frac{x}{l_u}, \quad \xi' = \frac{x'}{l_u}. \qquad H_{a,b} = \frac{9\,P\,l_u}{2\,h}\,\frac{\varkappa_u}{\mu}\,(1+\varkappa_0)\,\omega_R,$$

$$M_{a,b} = \frac{P\,l_u}{2}\,\varkappa_u\,\omega_R\left[\frac{3}{\mu}\,(2+3\varkappa_0)\pm\Phi\right],$$

$$M_{c,d} = -\,\frac{P\,l_u}{2}\,\varkappa_u\,\omega_R\left[\frac{3}{\mu}\mp\lambda'\Phi\right].$$

$$\Phi = \frac{\xi}{\nu}\,[\varkappa_u + \xi(3-2\,\lambda_1\xi)],$$

$$H_{a,b} = \frac{P\,m}{2\,h}\left\{\xi + \frac{3}{\mu}\,[(1+\varkappa_u)\,\omega_D - (1+\varkappa_0)\,\omega'_D]\right\},$$

$$M_{a,b} = -\,\frac{P\,m}{2}\left\{\frac{3}{\mu}\,[(1+\varkappa_0)\,\omega'_D - \omega_R]\pm(\xi-\Phi)\right\},$$

$$\xi = \frac{x}{m}, \quad \xi' = \frac{x'}{m}. \qquad M_{c,d} = -\,\frac{P\,m}{2}\left\{\frac{3}{\mu}\,[(1+\varkappa_u)\,\omega_D - \omega_R]\mp\lambda'\Phi\right\}.$$

$$\Phi = \frac{\eta}{\nu}\,[\varkappa_u + \eta(3-2\,\lambda_1\eta)], \qquad\qquad y=h:\ \ \Phi = \frac{1}{\nu}\,(2+\varkappa_u+\lambda'),$$

$$H_{a,b} = \frac{W}{2}\left\{\frac{3}{\mu}\,[(1+\varkappa_u)\,\omega_D - (1+\varkappa_0)\,\omega'_D]+\eta-1\mp1\right\}, \qquad H_{a,b} = \mp\frac{W}{2},$$

$$M_{a,b} = -\,\frac{W\,h}{2}\left\{\frac{3}{\mu}\,[(1+\varkappa_0)\,\omega'_D - \omega_R]\pm(\eta-\Phi)\right\}, \qquad M_{a,b} = \mp\frac{W\,h}{2}\,(1-\Phi),$$

$$M_{c,d} = -\,\frac{W\,h}{2}\left\{\frac{3}{\mu}\,[(1+\varkappa_u)\,\omega_D - \omega_R]\mp\lambda'\Phi\right\}. \qquad M_{c,d} = \pm\frac{W\,h}{2}\,\lambda'\Phi.$$

$$\Phi = \frac{1}{\nu}\,[\varkappa_u + 6\,\eta\,(1-\lambda_1\eta)],$$

$$H_{a,b} = \frac{M}{2\,h}\left\{1 - \frac{3}{\mu}\,[(1+\varkappa_u)\omega_M + (1+\varkappa_0)\,\omega'_M]\right\},$$

$$M_{a,b} = -\,\frac{M}{2}\left\{\frac{1}{\mu}\,[(2+3\varkappa_0)\,\omega'_M + \omega_M]\pm(1-\Phi)\right\},$$

$$y > 0.$$

$$M_{h,k} = \frac{M}{2}\left\{\frac{1}{\mu}\,[(2+3\varkappa_u)\,\omega_M + \omega'_M]\pm\lambda'\Phi\right\}.$$

$$\Phi = \frac{1}{\nu}\,[\varkappa_u + 6\,(1-\lambda_1)], \qquad\qquad H_{a,b} = \frac{M}{2\,h}\left[1-\frac{3}{\mu}\,(1+2\varkappa_0-\varkappa_u)\right],$$

$$H_{a,b} = \frac{M}{2\,h}\left[1-\frac{3}{\mu}(1+2\varkappa_u-\varkappa_0)\right], \qquad M_{a,b} = -\,\frac{M}{2}\left[\frac{3}{\mu}\,(1+2\varkappa_0)\right.$$

$$M_{a,b} = \frac{M}{2}\left[\frac{3\varkappa_0}{\mu}\mp(1-\Phi)\right], \qquad\qquad \left.\pm\left(1-\frac{\varkappa_u}{\nu}\right)\right],$$

$$M_{h,k} = \frac{M}{2}\left[\frac{3}{\mu}\,(1+2\varkappa_u)\pm\lambda'\Phi\right]. \qquad\qquad M_a\ \text{am Riegel},$$

$$M_{c,d} = -\,\frac{M}{2}\left[\frac{3\varkappa_u}{\mu}\mp\lambda'\frac{\varkappa_u}{\nu}\right].$$

Tabelle 60. Geschlossener, symmetrischer Dreiecksrahmen.

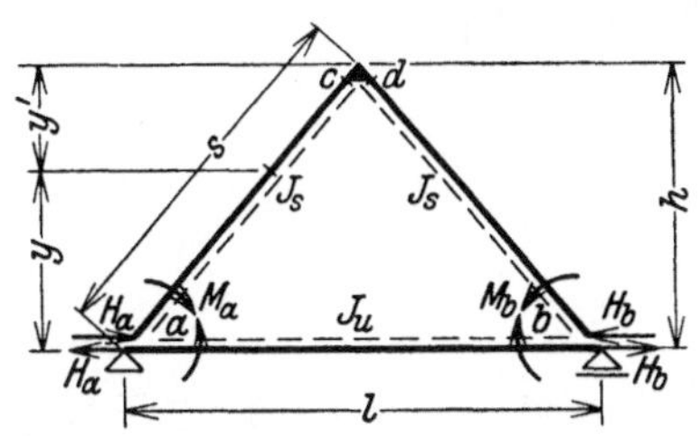

$$\eta = \frac{y}{h}, \qquad \eta' = \frac{y'}{h}, \qquad \varkappa = \frac{l}{s}\,\frac{J_s}{J_u},$$

$$\mu = 3\,(1 + 2\varkappa), \qquad \nu = 2 + \varkappa.$$

Gleichmäßige Temperaturänderung erzeugt keine Schnittkräfte.

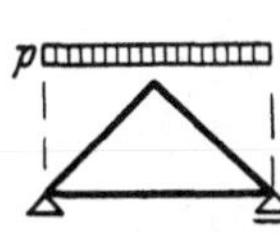

$$H_{a,b} = \frac{3}{16}\,\frac{p\,l^2}{h}\,\frac{1}{\mu}\,(2 + 5\varkappa),$$

$$M_{a,b} = -\frac{p\,l^2}{16\,\mu},$$

$$M_{c,d} = -\frac{p\,l^2}{16}\,\frac{1 + 3\varkappa}{\mu}.$$

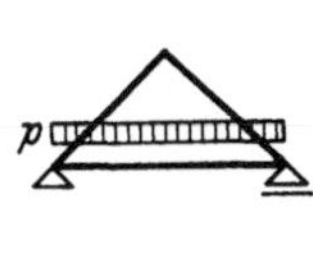

$$H_{a,b} = \frac{3}{4}\,\frac{p\,l^2}{h}\,\frac{\varkappa}{\mu},$$

$$M_{a,b} = \frac{p\,l^2}{2}\,\frac{\varkappa}{\mu},$$

$$M_{c,d} = -\frac{p\,l^2}{4}\,\frac{\varkappa}{\mu}.$$

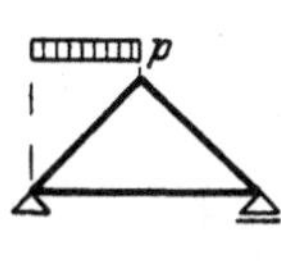

$$H_{a,b} = \frac{p\,l^2}{32\,h}\left(2 + \frac{3\varkappa}{\mu}\right),$$

$$M_{a,b} = -\frac{p\,l^2}{32}\left[\frac{1}{\mu} \pm \frac{1}{\nu}\right],$$

$$M_{c,d} = -\frac{p\,l^2}{32}\,\frac{1 + 3\varkappa}{\mu}.$$

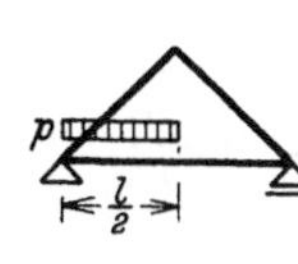

$$H_{a,b} = \frac{3}{8}\,\frac{p\,l^2}{h}\,\frac{\varkappa}{\mu},$$

$$M_{a,b} = \frac{p\,l^2}{8}\,\varkappa\left(\frac{2}{\mu} \pm \frac{1}{8\,\nu}\right),$$

$$M_{c,d} = -\frac{p\,l^2}{8}\,\frac{\varkappa}{\mu}.$$

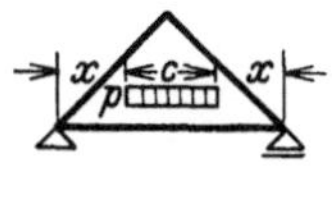

$$H_{a,b} = \frac{3}{8}\,\frac{p\,l^2}{h}\,\frac{\varkappa}{\mu}\,(3\zeta - \zeta^3),$$

$$M_{a,b} = \frac{p\,l^2}{4}\,\frac{\varkappa}{\mu}\,(3\zeta - \zeta^3),$$

$$\zeta = \frac{c}{l}. \qquad M_{c,d} = -\frac{p\,l^2}{8}\,\frac{\varkappa}{\mu}\,(3\zeta - \zeta^3).$$

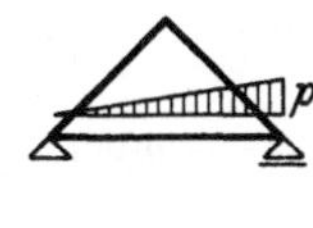

$$H_{a,b} = \frac{3}{8}\,\frac{p\,l^2}{h}\,\frac{\varkappa}{\mu},$$

$$M_{a,b} = \frac{p\,l^2}{120}\,\varkappa\left(\frac{30}{\mu} \mp \frac{1}{\nu}\right),$$

$$M_{c,d} = -\frac{p\,l^2}{8}\,\frac{\varkappa}{\mu}.$$

$$\Phi = \frac{1}{2} - \omega'_\varphi,$$

$$\xi = \frac{2\,x}{l}, \qquad \xi' = \frac{2\,x'}{l},$$

$$H_{a,b} = \frac{p\,l^2}{16\,h}\left\{\xi^2 + \frac{3}{\mu}\,[(1 + \varkappa)\,\omega_\varphi - \Phi)]\right\},$$

$$M_{a,b} = -\frac{p\,l^2}{16}\left[\frac{1}{\mu}\,(2\,\Phi - \omega_\varphi) \pm \frac{1}{\nu}\,\Phi\right],$$

$$M_{c,d} = -\frac{p\,l^2}{16}\,\frac{1}{\mu}\,[(2 + 3\varkappa)\,\omega_\varphi - \Phi].$$

$$\Phi = 3\,\xi^2 - 2\,\xi^3,$$

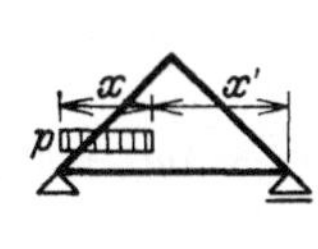

$$H_{a,b} = \frac{3}{4}\,\frac{p\,l^2}{h}\,\frac{\varkappa}{\mu}\,\Phi,$$

$$M_{a,b} = \frac{p\,l^2}{4}\,\varkappa\left[\frac{2}{\mu}\,\Phi \pm \frac{1}{\nu}\,\omega_R^2\right],$$

$$\xi = \frac{x}{l}, \quad \xi' = \frac{x'}{l}. \qquad M_{c,d} = -\frac{p\,l^2}{4}\,\frac{\varkappa}{\mu}\,\Phi.$$

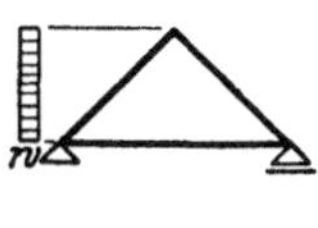

$$H_{a,b} = \frac{w\,h}{4}\left[\frac{3\varkappa}{2\,\mu} - 1 \mp 2\right],$$

$$M_{a,b} = -\frac{w\,h^2}{8}\left[\frac{1}{\mu} \pm \frac{1}{\nu}\right],$$

$$M_{c,d} = -\frac{w\,h^2}{8}\,\frac{1 + 3\varkappa}{\mu}.$$

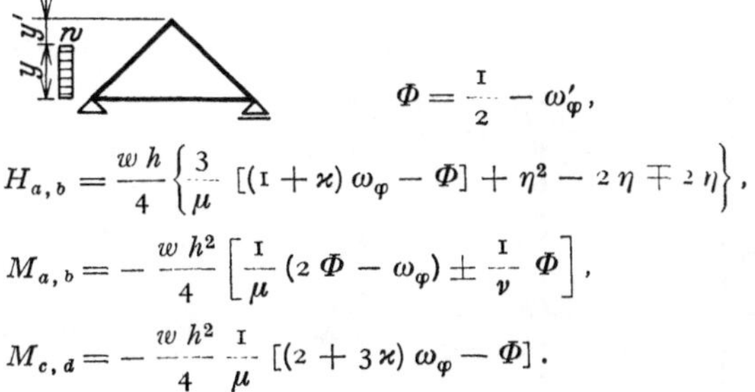

$$\Phi = \frac{1}{2} - \omega'_\varphi,$$

$$H_{a,b} = \frac{w\,h}{4}\left\{\frac{3}{\mu}\,[(1 + \varkappa)\,\omega_\varphi - \Phi] + \eta^2 - 2\,\eta \mp 2\,\eta\right\},$$

$$M_{a,b} = -\frac{w\,h^2}{4}\left[\frac{1}{\mu}\,(2\,\Phi - \omega_\varphi) \pm \frac{1}{\nu}\,\Phi\right],$$

$$M_{c,d} = -\frac{w\,h^2}{4}\,\frac{1}{\mu}\,[(2 + 3\varkappa)\,\omega_\varphi - \Phi].$$

$$H_{a,b} = \frac{wh}{120}\,\eta\left\{\frac{3\eta}{\mu}\left[10(\varkappa-1)+15\eta-3\eta^2\nu\right]+10\eta-30\mp30\right\},$$

$$M_{a,b} = -\frac{wh^2}{120}\,\eta^2\left\{\frac{3}{\mu}\left[10(1-\eta)+3\eta^2\right]\pm\frac{1}{\nu}\left[20-15\eta+3\eta^2\right]\right\},$$

$$M_{c,d} = -\frac{wh^2}{40}\,\frac{\eta^2}{\mu}\left[10\varkappa+5\eta-3(1+\varkappa)\eta^2\right].$$

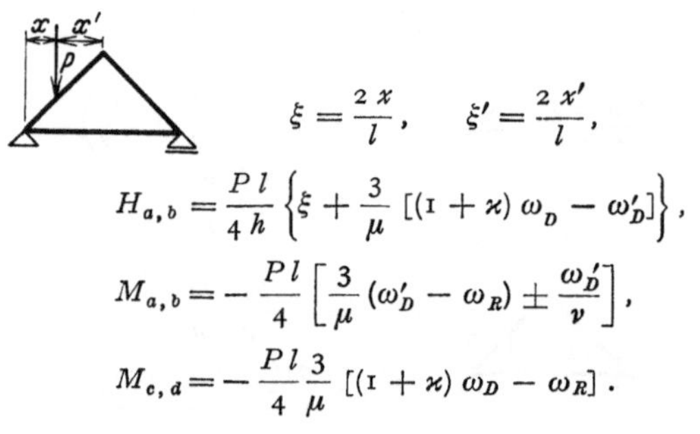

$$H_{a,b} = \frac{wh}{120}\left[\frac{3}{\mu}(7\varkappa-1)-20\mp30\right],$$

$$M_{a,b} = -\frac{wh^2}{40}\left(\frac{3}{\mu}\pm\frac{8}{3\nu}\right),$$

$$M_{c,d} = -\frac{wh^2}{40}\,\frac{2+7\varkappa}{\mu}.$$

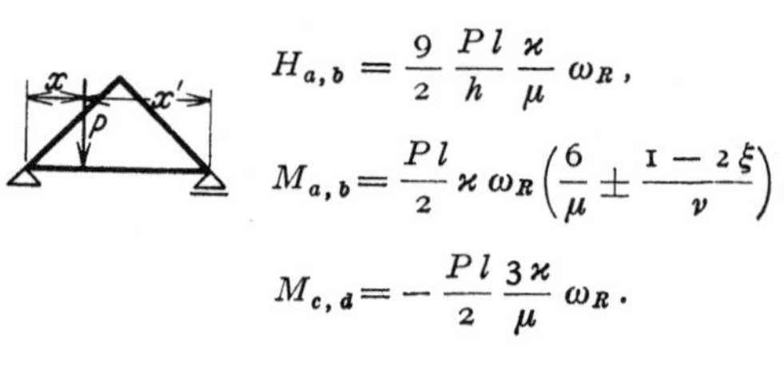

$$H_{a,b} = \frac{W}{2}\left\{\frac{3}{\mu}\left[(1+\varkappa)\omega_D-\omega_D'\right]+\eta-1\mp1\right\},$$

$$M_{a,b} = -\frac{wh}{2}\left[\frac{3}{\mu}(\omega_D'-\omega_R)\pm\frac{\omega_D'}{\nu}\right],$$

$$M_{c,d} = -\frac{wh}{2}\,\frac{3}{\mu}\left[(1+\varkappa)\omega_D-\omega_R\right].$$

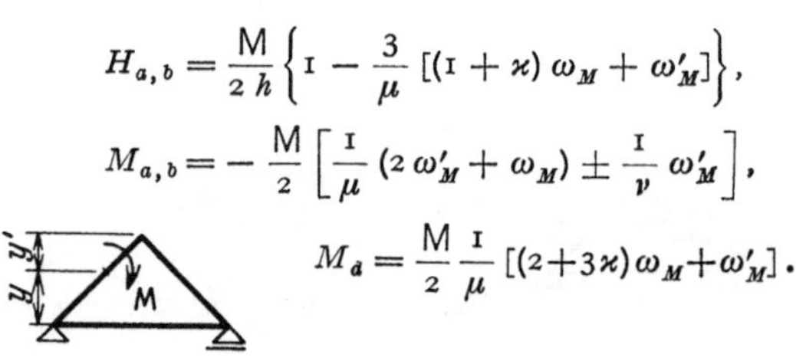

$$\xi = \frac{2x}{l}, \qquad \xi' = \frac{2x'}{l},$$

$$H_{a,b} = \frac{Pl}{4h}\left\{\xi+\frac{3}{\mu}\left[(1+\varkappa)\omega_D-\omega_D'\right]\right\},$$

$$M_{a,b} = -\frac{Pl}{4}\left[\frac{3}{\mu}(\omega_D'-\omega_R)\pm\frac{\omega_D'}{\nu}\right],$$

$$M_{c,d} = -\frac{Pl}{4}\,\frac{3}{\mu}\left[(1+\varkappa)\omega_D-\omega_R\right].$$

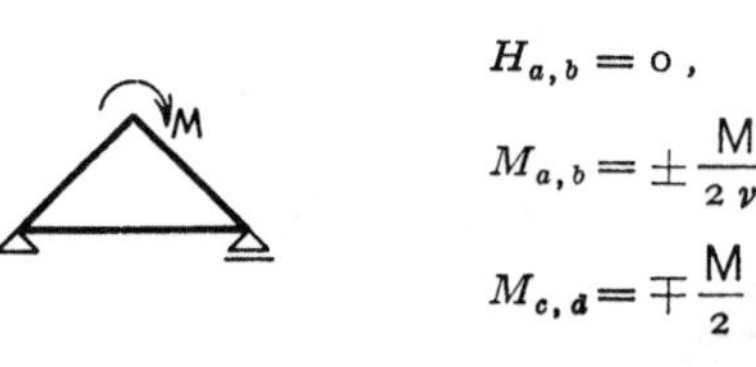

$$H_{a,b} = \frac{9}{2}\,\frac{Pl}{h}\,\frac{\varkappa}{\mu}\,\omega_R,$$

$$M_{a,b} = \frac{Pl}{2}\,\varkappa\,\omega_R\left(\frac{6}{\mu}\pm\frac{1-2\xi}{\nu}\right),$$

$$M_{c,d} = -\frac{Pl}{2}\,\frac{3\varkappa}{\mu}\,\omega_R.$$

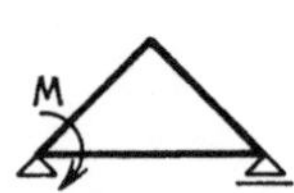

$$H_{a,b} = \frac{M}{2h}\left\{1-\frac{3}{\mu}\left[(1+\varkappa)\omega_M+\omega_M'\right]\right\},$$

$$M_{a,b} = -\frac{M}{2}\left[\frac{1}{\mu}(2\omega_M'+\omega_M)\pm\frac{1}{\nu}\,\omega_M'\right],$$

$$M_a = \frac{M}{2}\,\frac{1}{\mu}\left[(2+3\varkappa)\omega_M+\omega_M'\right].$$

$y > 0$

$$H_{a,b} = 0,$$

$$M_{a,b} = \pm\frac{M}{2\nu},$$

$$M_{c,d} = \mp\frac{M}{2}.$$

$$H_{a,b} = \frac{9}{2}\,\frac{M}{h}\,\frac{\varkappa}{\mu}, \qquad M_{c,d} = -\frac{3}{2}\,M\,\frac{\varkappa}{\mu},$$

$$M_{a,b} = -\frac{M}{2}\left[\frac{3}{\mu}\pm\frac{2}{\nu}\right], \qquad M_a \text{ am Riegel.}$$

Tabelle 61. Symmetrischer, dreistieliger Rahmen mit geradem Riegel.

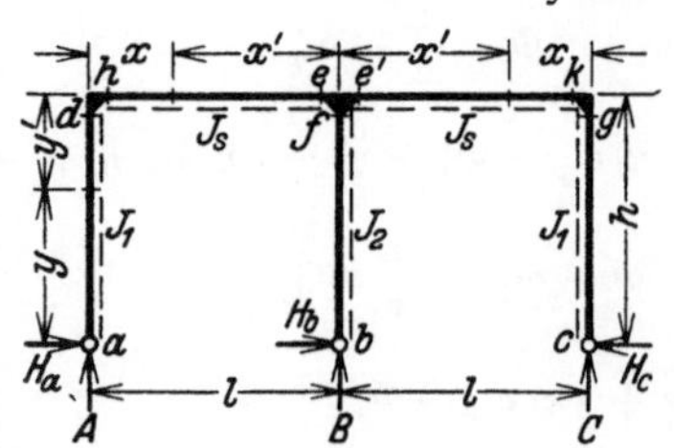

$$\xi = \frac{x}{l}, \quad \eta = \frac{y}{h}, \quad \varkappa_1 = \frac{h}{l}\,\frac{J_s}{J_1}, \quad \mu = 3+4\varkappa_1, \quad \alpha = 3+2\varkappa_1.$$

$$\xi' = \frac{x'}{l}, \quad \eta' = \frac{y'}{h}, \quad \varkappa_2 = \frac{h}{l}\,\frac{J_s}{J_2}, \quad \nu = 3+\varkappa_1+2\varkappa_2,$$

$$M_{h,k} = M_{d,g}, \quad \text{wenn nicht besonders angegeben.}$$

$$M_{d,g} = -\frac{pl^2}{4\mu},$$

$$M_{e,e'} = -\frac{pl^2}{4\mu}(1 + 2\varkappa_1),$$

$$M_f = 0.$$

$$M_{d,g} = -\frac{pl^2}{8}\left[\frac{1}{\mu} \pm \frac{1}{\nu}\right],$$

$$M_{e,e'} = -\frac{pl^2}{8}\left[\frac{1+2\varkappa_1}{\mu} \pm \frac{1}{\nu}\right],$$

$$M_f = \frac{pl^2}{4\nu}.$$

$$M_{d,g} = -\frac{px'^2}{4\mu}\xi'(4 - 3\xi'),$$

$$M_{e,e'} = -\frac{px'^2}{4\mu}\left[2\mu - 8(1+\varkappa_1)\xi' + \alpha\xi'^2\right],$$

$$M_f = 0.$$

$$M_{d,g} = -\frac{pl^2}{40}\left[\frac{2}{\mu} \pm \frac{5}{2\nu}\right],$$

$$M_{e,e'} = \frac{pl^2}{120}\left[\frac{9+16\varkappa_1}{\mu} \pm \frac{15}{2\nu}\right],$$

$$M_f = \frac{pl^2}{8\nu}.$$

$$\Phi = \frac{1}{\nu}(3 - 2\xi), \qquad M_{e,e'} = -\frac{px^2}{8}\left[\frac{1}{\mu}(4\varkappa_1 + 4\xi - \alpha\xi^2) \pm \Phi\right],$$

$$M_{d,g} = -\frac{px^2}{8}\left[\frac{1}{\mu}(6 - 8\xi + 3\xi^2) \pm \Phi\right], \qquad M_f = \frac{px^2}{4}\Phi.$$

$$\Phi = \frac{1}{2\nu}(2\alpha + \varkappa_1),$$

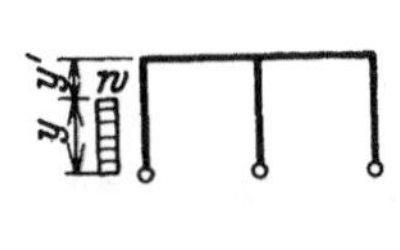

$$M_{d,g} = -\frac{wh^2}{4}\left[\frac{\varkappa_1}{\mu} \mp \left(1 - \frac{1}{2}\Phi\right)\right],$$

$$M_{e,e'} = \frac{wh^2}{8}\left[\frac{\varkappa_1}{\mu} \mp \Phi\right],$$

$$M_f = \frac{wh^2}{4}\Phi.$$

$$\Phi = \frac{1}{2\nu}(\alpha - \varkappa_2),$$

$$M_{d,g} = \pm\frac{wh^2}{4}[1 - \Phi],$$

$$M_{e,e'} = \mp\frac{wh^2}{4}\Phi,$$

$$M_f = \frac{wh^2}{2}\Phi.$$

$$\Phi = \frac{1}{2\nu}\left[\varkappa_1(2 - \eta^2) + 2\alpha\right],$$

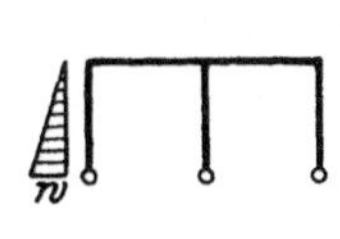

$$M_{d,g} = -\frac{wy^2}{8}\left[2\frac{\varkappa_1}{\mu}(2 - \eta^2) \mp (2 - \Phi)\right],$$

$$M_{e,e'} = \frac{wy^2}{8}\left[\frac{\varkappa_1}{\mu}(2 - \eta^2) \mp \Phi\right],$$

$$M_f = \frac{wy^2}{4}\Phi.$$

$$\Phi = \frac{1}{2\nu}\left[\alpha - \varkappa_2(2 - \eta^2)\right],$$

$$M_{d,g} = \pm\frac{wy^2}{4}[1 - \Phi],$$

$$M_{e,e'} = \mp\frac{wy^2}{4}\Phi,$$

$$M_f = \frac{wy^2}{2}\Phi.$$

$$\Phi = \frac{3}{2\nu}(10 + 9\varkappa_1),$$

$$M_{d,g} = -\frac{wh^2}{120}\left[14\frac{\varkappa_1}{\mu} \mp (10 - \Phi)\right],$$

$$M_{e,e'} = \frac{wh^2}{120}\left[7\frac{\varkappa_1}{\mu} \mp \Phi\right],$$

$$M_f = \frac{wh^2}{60}\Phi.$$

$$\Phi = \frac{1}{\nu}(7\varkappa_2 - 5\alpha),$$

$$M_{d,g} = \pm\frac{wh^2}{120}[10 + \Phi],$$

$$M_{e,e'} = \mp\frac{wh^2}{120}\Phi,$$

$$M_f = \frac{wh^2}{60}\Phi.$$

$$\varPhi = \frac{3}{2\,v}\left[10\,(1+\varkappa_1) - \varkappa_1\eta^2\right],$$

$$M_{d,g} = -\frac{w\,y^2}{120}\left[2\,\frac{\varkappa_1}{\mu}\,(10-3\,\eta^2)\mp(10-\varPhi)\right],$$

$$M_{e,e'} = \frac{w\,y^2}{120}\left[\frac{\varkappa_1}{\mu}\,(10-3\,\eta^2)\mp\varPhi\right],$$

$$M_f = \frac{w\,y^2}{60}\,\varPhi.$$

$$\varPhi = \frac{1}{v}\left[5\,(\alpha-2\,\varkappa_2)+3\,\varkappa_2\eta^2\right],$$

$$M_{d,g} = \pm\frac{w\,y^2}{120}\,(10-\varPhi),$$

$$M_{e,e'} = \mp\frac{w\,y^2}{120}\,\varPhi,$$

$$M_f = +\frac{w\,y^2}{60}\,\varPhi.$$

$$M_{d,g} = -\frac{3}{2}\,P\,l\,\omega_R\left[\frac{1}{\mu}\,\xi'\pm\frac{1}{2\,v}\right],$$

$$M_{e,e'} = -\frac{P\,l}{2}\,\omega_R\left[\frac{1}{\mu}\,(2\,\varkappa_1+\alpha\,\xi)\pm\frac{3}{2\,v}\right],$$

$$M_f = \frac{3}{2}\,\frac{P\,l}{v}\,\omega_R.$$

$$M_{d,g} = \pm\frac{W\,h}{2}\left(1-\frac{\alpha}{2\,v}\right),$$

$$M_{e,e'} = \mp\frac{W\,h}{4}\,\frac{\alpha}{v},$$

$$M_f = \frac{W\,h}{2}\,\frac{\alpha}{v}.$$

$$\varPhi = \frac{1}{2\,v}\left[\varkappa_1\,(1-\eta^2)+\alpha\right],$$

$$M_{d,g} = -\frac{W\,y}{2}\left[2\,\frac{\varkappa_1}{\mu}\,(1-\eta^2)\mp(1-\varPhi)\right],$$

$$M_{e,e'} = \frac{W\,y}{2}\left[\frac{\varkappa_1}{\mu}\,(1-\eta^2)\mp\varPhi\right],$$

$$M_f = W\,y\,\varPhi.$$

$$\varPhi = \frac{1}{2\,v}\left[2\,\varkappa_2\,(1-\eta^2)-\alpha\right],$$

$$M_{d,g} = \pm\frac{W\,y}{2}\left[1+\varPhi\right],$$

$$M_{e,e'} = \pm\frac{W\,y}{2}\,\varPhi,$$

$$M_f = -W\,y\,\varPhi.$$

$$\varPhi = \frac{1}{2\,v}\,(\alpha-\varkappa_1\omega_M),$$

$$M_{hk} = +\frac{\mathrm{M}}{2}\left[2\,\frac{\varkappa_1}{\mu}\,\omega_M\pm(1-\varPhi)\right],$$

$$M_{e,e'} = -\frac{\mathrm{M}}{2}\left[\frac{\varkappa_1}{\mu}\,\omega_M\pm\varPhi\right],$$

$$M_f = \mathrm{M}\,\varPhi.$$

$$y=h:\quad \varPhi = \frac{3}{2\,v},\quad \omega_M = 2,$$

$$y=0:\quad \varPhi = \frac{3}{2\,v}\,(1+\varkappa_1),\quad \omega_M = -1.$$

$$\varPhi = +\frac{1}{2\,v}\,(\alpha+2\,\varkappa_2\omega_M),$$

$$M_{d,g} = \pm\frac{\mathrm{M}}{2}\,(1-\varPhi),$$

$$M_{e,e'} = \mp\frac{\mathrm{M}}{2}\,\varPhi,$$

$$y'>0:\quad M_f = \mathrm{M}\,\varPhi,$$

$$y=h:\quad \varPhi = \frac{1}{2\,v}\,(2\,v-3),\quad M_f = -\mathrm{M}\,(1-\varPhi),$$

$$y=0:\quad \varPhi = \frac{1}{2\,v}\,(\alpha-2\,\varkappa_2).$$

$$M_{d,g} = -\frac{12\,E\,J_s\,\alpha_t\,t}{\mu\,h},\qquad M_{e,e'} = \frac{6\,E\,J_s\,\alpha_t\,t}{\mu\,h},\qquad M_f = 0.$$

Tabelle 62. Symmetrischer, dreistieliger Rahmen mit gebrochenem Riegel.

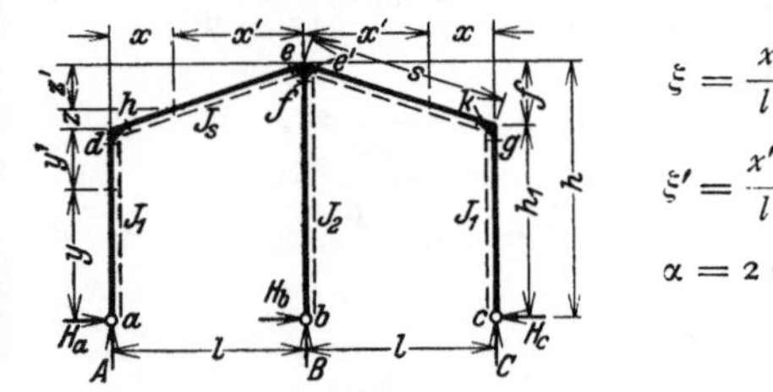

$$\xi = \frac{x}{l},\qquad \zeta = \frac{z}{f},\qquad \varphi = \frac{f}{h},\qquad \varphi' = \frac{h_1}{h},\qquad \varphi'' = \frac{h}{h_1},$$

$$\xi' = \frac{x'}{l},\qquad \zeta' = \frac{z'}{f},\qquad \varkappa_1 = \frac{h_1}{s}\,\frac{J_s}{J_1},\qquad \varkappa_2 = \frac{h}{s}\,\frac{J_s}{J_2},\qquad \mu = 3+4\,\varkappa_1,$$

$$\alpha = 2\,(1+\varkappa_1)+\varphi'',\qquad v = 1+2\,\varkappa_2+\varphi'+\varphi'^2\,(1+\varkappa_1),$$

$$M_{h,k} = M_{d,g},\ \text{wenn nicht besonders angegeben.}$$

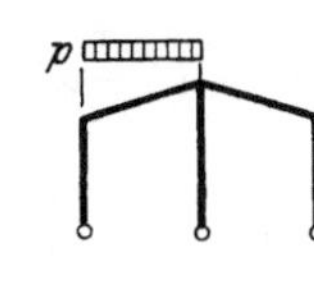

$$M_{d,g} = -\frac{p\,l^2}{4\,\mu},$$

$$M_{e,e'} = -\frac{p\,l^2}{4\,\mu}[1 + 2\varkappa_1],$$

$$M_f = 0.$$

$$M_{d,g} = -\frac{p\,l^2}{8}\left[\frac{1}{\mu} \pm \frac{\varphi'}{\nu}\right],$$

$$M_{e,e'} = -\frac{p\,l^2}{8}\left[\frac{1 + 2\varkappa_1}{\mu} \pm \frac{1}{\nu}\right],$$

$$M_f = \frac{p\,l^2}{4\,\nu}.$$

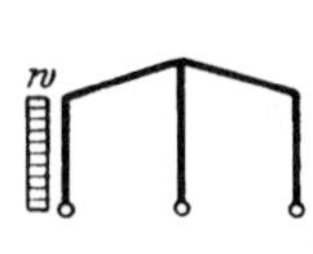

$$M_{d,g} = -\frac{p\,x'^2}{4\,\mu}\,\xi'[4 - 3\xi'],$$

$$M_{e,e'} = -\frac{p\,x'^2}{4\,\mu}[2\mu - 8(1+\varkappa_1)\xi' + (3 + 2\varkappa_1)\xi'^2],$$

$$M_f = 0.$$

$$\Phi = \frac{15}{\nu},$$

$$M_{d,g} = -\frac{p\,l^2}{120}\left[\frac{6}{\mu} \pm \frac{\varphi'}{2}\,\Phi\right],$$

$$M_{e,e'} = \frac{p\,l^2}{120}\left[\frac{9 + 16\varkappa_1}{\mu} \pm \frac{1}{2}\,\Phi\right],$$

$$M_f = \frac{p\,l^2}{120}\,\Phi.$$

$$\Phi = \frac{1}{\nu}(3 - 2\xi), \qquad M_{e,e'} = -\frac{p\,x^2}{8}\left\{\frac{1}{\mu}[4\varkappa_1 + 4\xi - (3 + 2\varkappa_1)\xi^2] \pm \Phi\right\},$$

$$M_{d,g} = -\frac{p\,x^2}{8}\left[\frac{1}{\mu}(6 - 8\xi + 3\xi^2) \pm \varphi'\,\Phi\right], \qquad M_f = \frac{p\,x^2}{4}\,\Phi.$$

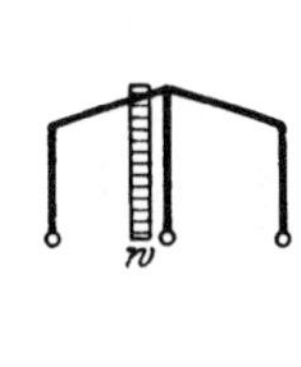

$$\Phi = \frac{\varphi'}{2\,\nu}(2\alpha + \varkappa_1),$$

$$M_{d,g} = -\frac{w\,h_1^2}{4}\left[\frac{\varkappa_1}{\mu} \mp \left(1 - \frac{\varphi'}{2}\,\Phi\right)\right],$$

$$M_{e,e'} = \frac{w\,h_1^2}{8}\left[\frac{\varkappa_1}{\mu} \mp \Phi\right],$$

$$M_f = \frac{w\,h_1^2}{4}\,\Phi.$$

$$\Phi = \frac{1}{2\,\nu}(\varphi'^2\alpha - \varkappa_2),$$

$$M_{d,g} = \pm\frac{w\,h^2}{4}\,\varphi[1 - \Phi],$$

$$M_{e,e'} = \mp\frac{w\,h^2}{4}\,\Phi,$$

$$M_f = \frac{w\,h^2}{2}\,\Phi.$$

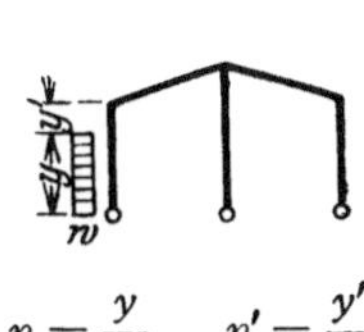

$$\Phi = \frac{\varphi'}{2\,\nu}[\varkappa_1(2 - \eta^2) + 2\alpha],$$

$$M_{d,g} = -\frac{w\,y^2}{8}\left[2\frac{\varkappa_1}{\mu}(2 - \eta^2) \mp (2 - \varphi'\,\Phi)\right],$$

$$\eta = \frac{y}{h_1}, \qquad \eta' = \frac{y'}{h_1}.$$

$$M_{e,e'} = \frac{w\,y^2}{8}\left[\frac{\varkappa_1}{\mu}(2 - \eta^2) \mp \Phi\right],$$

$$M_f = \frac{w\,y^2}{4}\,\Phi.$$

$$\Phi = \frac{1}{2\,\nu}[\varphi'^2\alpha - \varkappa_2(2 - \eta^2)],$$

$$M_{d,g} = \pm\frac{w\,y^2}{4}\,\varphi'[1 - \Phi],$$

$$M_{e,e'} = \mp\frac{w\,y^2}{4}\,\Phi,$$

$$\eta = \frac{y}{h}, \qquad \eta' = \frac{y'}{h}. \qquad M_f = \frac{w\,y^2}{2}\,\Phi.$$

$$\psi = \frac{1}{2} - \omega_\varphi', \qquad \Phi = \frac{1}{4\,\nu}\left(\omega_\varphi + \varphi'\psi + 2\frac{\varphi'^2}{\varphi}\alpha\zeta\right),$$

$$M_{d,g} = -\frac{w\,f^2}{2}\left[\frac{1}{2\,\mu}(2\psi - \omega_\varphi) \mp \frac{\varphi'}{\varphi}(\zeta - \varphi\,\Phi)\right],$$

$$M_{e,e'} = -\frac{w\,f^2}{2}\left[\frac{1}{2\,\mu}(2\omega_\varphi - \psi) \pm \Phi\right], \qquad M_f = w\,f^2\,\Phi.$$

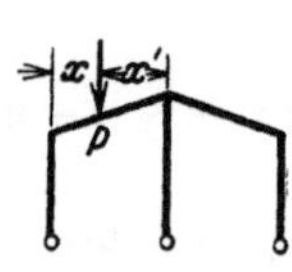

$$\Phi = \frac{1}{2\nu}\left(1 + \varphi' + 4\frac{\varphi'^2}{\varphi}\alpha\right),$$

$$M_{d,g} = -\frac{wf^2}{8}\left[\frac{1}{\mu} \mp \frac{\varphi'}{\varphi}(4 - \varphi\,\Phi)\right],$$

$$M_{e,e'} = -\frac{wf^2}{8}\left[\frac{1}{\mu} \pm \Phi\right],$$

$$M_f = \frac{wf^2}{4}\,\Phi.$$

$$\Phi = \frac{1}{\nu}[5(\varphi'^2\alpha - 2\varkappa_2) + 3\varkappa_2\eta^2],$$

$$M_{d,g} = \pm\frac{wy^2}{120}\varphi'[10 - \Phi],$$

$$\eta = \frac{y}{h}, \quad \eta' = \frac{y'}{h} \quad M_{e,e'} = \mp\frac{wy^2}{120}\Phi,$$

$$M_f = +\frac{wy^2}{60}\Phi,$$

$$\Phi = \frac{\varphi'}{2\nu}[10(\alpha + \varkappa_1) - 3\varkappa_1\eta^2],$$

$$M_{d,g} = -\frac{wy^2}{120}\left[\frac{2\varkappa_1}{\mu}(10 - 3\eta^2) \mp (10 - \varphi'\,\Phi)\right],$$

$$\eta = \frac{y}{h_1}, \quad \eta' = \frac{y'}{h_1}. \quad M_{e,e'} = \frac{wy^2}{120}\left[\frac{\varkappa_1}{\mu}(10 - 3\eta^2) \mp \Phi\right], \quad M_f = \frac{wy^2}{60}\Phi.$$

$$\Phi = \frac{\varphi'}{2\nu}(10\alpha + 7\varkappa_1),$$

$$M_{d,g} = -\frac{wh_1^2}{120}\left[14\frac{\varkappa_1}{\mu} \mp (10 - \varphi'\,\Phi)\right],$$

$$M_{e,e'} = \frac{wh_1^2}{120}\left[7\frac{\varkappa_1}{\mu} \mp \Phi\right],$$

$$M_f = \frac{wh_1^2}{60}\Phi.$$

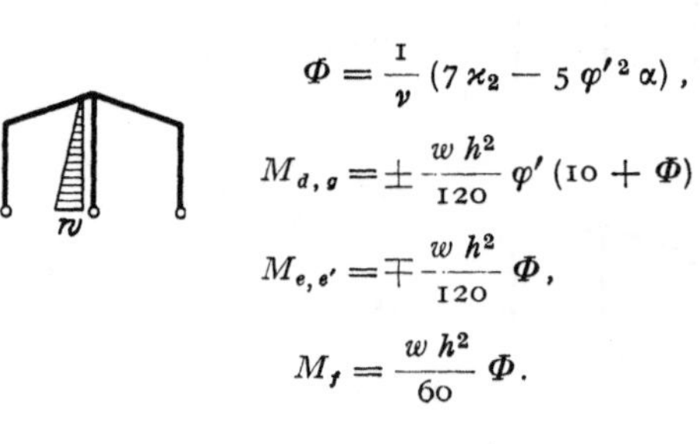

$$\Phi = \frac{1}{\nu}(7\varkappa_2 - 5\varphi'^2\alpha),$$

$$M_{d,g} = \pm\frac{wh^2}{120}\varphi'(10 + \Phi),$$

$$M_{e,e'} = \mp\frac{wh^2}{120}\Phi,$$

$$M_f = \frac{wh^2}{60}\Phi.$$

$$M_{d,g} = -\frac{3Pl}{2}\omega_R\left[\frac{1}{\mu}\xi' \pm \frac{\varphi'}{2\nu}\right],$$

$$M_{e,e'} = -\frac{Pl}{2}\omega_R\left\{\frac{1}{\mu}[2\varkappa_1 + (3 + 2\varkappa_1)\xi] \pm \frac{3}{2\nu}\right\},$$

$$M_f = \frac{3Pl}{2\nu}\omega_R.$$

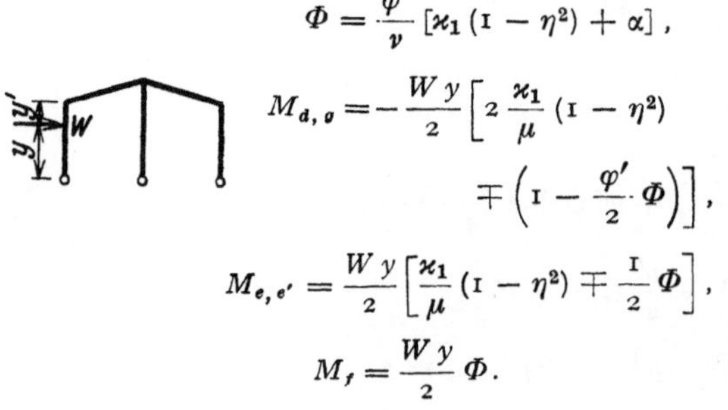

$$\Phi = \frac{\varphi'}{\nu}[\varkappa_1(1 - \eta^2) + \alpha],$$

$$M_{d,g} = -\frac{Wy}{2}\left[2\frac{\varkappa_1}{\mu}(1 - \eta^2) \mp \left(1 - \frac{\varphi'}{2}\Phi\right)\right],$$

$$M_{e,e'} = \frac{Wy}{2}\left[\frac{\varkappa_1}{\mu}(1 - \eta^2) \mp \frac{1}{2}\Phi\right],$$

$$M_f = \frac{Wy}{2}\Phi.$$

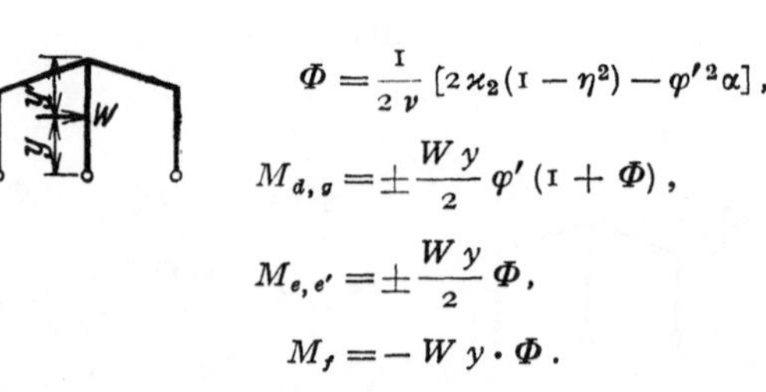

$$\Phi = \frac{1}{2\nu}[2\varkappa_2(1 - \eta^2) - \varphi'^2\alpha],$$

$$M_{d,g} = \pm\frac{Wy}{2}\varphi'(1 + \Phi),$$

$$M_{e,e'} = \pm\frac{Wy}{2}\Phi,$$

$$M_f = -Wy\cdot\Phi.$$

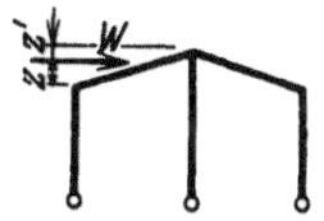

$$\Phi = \frac{1}{2\,\nu}\left(\omega_D + \varphi'\,\omega_D' + \frac{\varphi'^2}{\varphi}\,\alpha\right),$$

$$M_{d,g} = -\frac{W\,f}{2}\left[\frac{1}{\mu}(2\,\omega_D' - \omega_D) \mp \frac{\varphi'}{\varphi}\,(1 - \varphi\,\Phi)\right],$$

$$M_{e,e'} = -\frac{W\,f}{2}\left[\frac{1}{\mu}(2\,\omega_D - \omega_D') \pm \Phi\right],$$

$$M_f = W\,f\,\Phi.$$

$z = 0:$

$$M_{d,g} = \pm\frac{W\,h_1}{2}\left(1 - \frac{\varphi'^2}{2\,\nu}\,\alpha\right),$$

$$M_{e,e'} = \mp\frac{W\,h_1}{4}\,\frac{\varphi'}{\nu}\,\alpha,$$

$$M_f = \frac{W\,h_1}{2}\,\frac{\varphi'}{\nu}\,\alpha.$$

$$\Phi = \frac{\varphi'}{2\,\nu}\,(\alpha - \varkappa_1\,\omega_M),$$

$$M_{h,k} = \frac{\mathsf{M}}{2}\left[2\,\frac{\varkappa_1}{\mu}\,\omega_M \pm (1 - \varphi'\,\Phi)\right],$$

$$\eta = \frac{y}{h_1},\quad \eta' = \frac{y'}{h_1}.\qquad M_{e,e'} = -\frac{\mathsf{M}}{2}\left[\frac{\varkappa_1}{\mu}\,\omega_M \pm \Phi\right],$$

$$M_f = \mathsf{M}\,\Phi.$$

$$y = h_1:\qquad \Phi = \frac{\varphi'}{2\,\nu}\,(2 + \varphi''),\quad \omega_M = 2.$$

$$y = 0:\qquad \Phi = \frac{\varphi'}{2\,\nu}\,(\alpha + \varkappa_1),\quad \omega_M = -1.$$

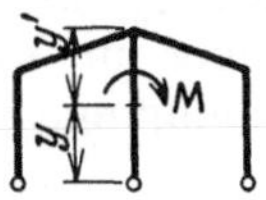

$$\Phi = \frac{1}{2\,\nu}\,(2\,\varkappa_2\,\omega_M + \varphi'^2\,\alpha),$$

$$M_{d,g} = \pm\frac{\mathsf{M}}{2}\,\varphi'\,(1 - \Phi),$$

$$\eta = \frac{y}{h},\quad \eta' = \frac{y'}{h}.\qquad M_{e,e'} = \mp\frac{\mathsf{M}}{2}\,\Phi,$$

$$y' > 0:\quad M_f = \mathsf{M}\,\Phi.$$

$$y = h:\quad \Phi = \frac{1}{2\,\nu}\,(4\,\varkappa_2 + \varphi'^2\,\alpha),\quad M_f = -\mathsf{M}\,(1 - \Phi).$$

$$y = 0:\quad \Phi = \frac{1}{2\,\nu}\,(\varphi'^2\,\alpha - 2\,\varkappa_2).$$

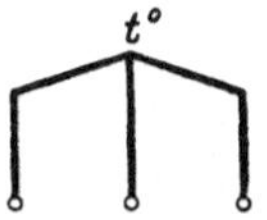

t°

$$M_{d,g} = -\frac{12\,E\,J_s\,l\,\alpha_t\,t}{\mu\,s\,h_1},$$

$$M_{e,e'} = \frac{6\,E\,J_s\,\alpha_t\,t}{\mu\,s\,h_1},\qquad M_f = 0.$$

62. Die räumliche Belastung des ebenen Tragwerks.

Während das ebene Tragwerk bei Belastung in der Symmetrieebene als Scheibe oder Scheibenverbindung angesehen und berechnet wird, ist bei allgemeinem Kraftangriff die räumliche Betrachtung von Träger, Stützung und Formänderung notwendig. Der Abschnitt eines Stabes besitzt in diesem Falle sechs Freiheitsgrade, so daß für die äußeren Kräfte sechs Gleichgewichtsbedingungen angeschrieben werden können. Die Verschiebung eines Querschnitts ist durch sechs geometrische Parameter, der Spannungszustand (σ_x, τ_{xy}, τ_{xz}) eines Querschnitts bei Annahme eines linearen Ansatzes für σ_x durch sechs Schnittkräfte (43) bestimmt.

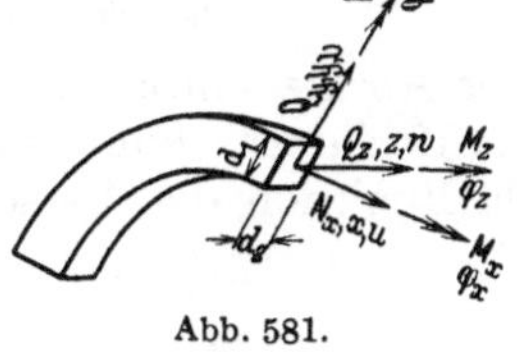

Die äußeren Kräfte werden in Komponenten zerlegt, die in der Trägerebene und senkrecht dazu angreifen. Der Beitrag jeder Gruppe zum Spannungs- und Verschiebungszustand darf nach dem Superpositionsgesetz getrennt angegeben werden. Die räumliche Belastung besteht daher nur aus Kräften winkelrecht zur Ebene des Tragwerks, für welche das Biegungsmoment M_z und die Querkraft Q_y Null sind, während die Verschiebungen u, v und die Verdrehung φ_z als klein gegen die Komponenten w, φ_x, φ_y vernachlässigt werden (Abb. 581).

Abb. 581.

Lösung A. Die ebenen Tragwerke des Bauwesens mit räumlichem Charakter sind, abgesehen von wenigen Ausnahmen, statisch unbestimmt. Der Spannungszustand kann daher ebenso wie in Abschn. 24 aus den Schnittkräften eines Hauptsystems entwickelt werden, an dem die statisch unbestimmten Schnittkräfte neben der

Belastung als äußere Kräfte angreifen. Sie werden nach denselben Gesichtspunkten wie bei Tragwerken unter ebener Belastung ausgewählt und berechnet (Abschn. 24 ff.). Daher lassen sich nach Abschn. 28 und 36 auch statisch überzählige Gruppenlasten bilden.

Die Schnittkräfte des Spannungszustandes werden durch Superposition gefunden.

$$M_y = M_{y,0} - \sum X_h M_{y,h}, \qquad M_x = M_{x,0} - \sum X_h M_{x,h}, \left.\begin{array}{l}\\\\\end{array}\right\}$$
$$Q_z = Q_{z,0} - \sum X_h Q_{z,h}; \quad (h = 1 \ldots n). \tag{876}$$

Dasselbe gilt für die Komponenten des Verschiebungszustandes des Hauptsystems. Die relativen Verschiebungen δ_k sind infolge der Kontinuität des vorgeschriebenen Tragwerks Null, so daß hier in Verbindung mit den Bemerkungen auf S. 89 ähnliche geometrische Bedingungen wie in Abschn. 24 angeschrieben werden können.

$$1_k \delta_k = 1_k (\delta_{k0} - \sum_{h=1}^{n} X_h \delta_{kh}), \qquad (k = 1 \ldots n).$$

$$1_k^{(0)} \delta_k = \int M_y^{(n)} M_{y,k}^{(0)} \frac{J_c}{J_y} ds + \frac{E}{G} \int M_x^{(n)} M_{x,k}^{(0)} \frac{J_c}{T} ds + E J_c \int M_{y,k}^{(0)} \frac{\alpha_t \Delta t}{d_2} ds = 0.$$

Die statische Untersuchung unterliegt denselben Rechenvorschriften wie bei ebener Belastung des Tragwerks (Abschn. 24 ff.) und besteht daher aus folgenden Teilen:

1. Entwicklung der Funktionen $M_{y,0}, M_{y,k}, M_{x,0}, M_{x,k}$.

2. Analytische oder numerische Integration der Vorzahlen und Belastungszahlen δ_{kh}, δ_{k0}.

3. Auflösung des Ansatzes und Nachweis der Schnittkräfte im Hauptsystem aus Belastung und überzähligen Größen X_k.

Lösung B. Die statische Untersuchung des Tragwerks kann ebenso wie bei ebener Belastung auf die geometrischen Randbedingungen der Stäbe zurückgeführt werden (Abschn. 38). Diese sind hier durch die Verdrehung und durch die Verschiebung des Stabknotens, also durch sechs Komponenten bestimmt, von denen allerdings $u_J, v_J, \varphi_{z,J}$ durch die Art der vorgeschriebenen Belastung Null sind. Die Verschiebungen w_J, w_K werden im Sinne der z-Achse, die Drehwinkel $\varphi_{x,J}, \varphi_{y,J}$ im Sinne des Uhrzeigers als positiv angenommen und stets mit dem $E J_c$ fachen Betrage verwendet. Sie ergeben sich ebenso wie in Abschn. 38 aus den Bedingungen für das Gleichgewicht der äußeren Kräfte an den kinematischen Gebilden $\Gamma_{x,J}, \Gamma_{y,J}, \Gamma_c$. Nach dem Prinzip der virtuellen Verrückungen (S. 315) ist

$$\delta A_{x,J} = 0, \quad \delta A_{y,J} = 0, \quad \delta A_c = 0 \qquad (J = A \ldots N, \ c = 1 \ldots f).$$

Der Ansatz enthält außer der Belastung $\mathfrak{P}_k, \mathfrak{P}_J$ der Stäbe k und Knoten J nach S. 319 die Anschlußkräfte $M_{y,J}^{(k)}, M_{x,J}^{(k)}$ an den Elementen der kinematischen Ketten als Funktion der Verschiebungen der Knotenpunkte:

$$M_{y,J}^{(k)} = M_{y,J0}^{(k)} + \varphi_{y,J} M_{y,JJ}^{(k)} + \varphi_{y,K} M_{y,JK}^{(k)} + \vartheta_{yk} M_{y,Jk}^{(k)}, \left.\begin{array}{l}\\\\\end{array}\right\}$$
$$M_{x,J}^{(k)} = M_{x,J0}^{(k)} + \varphi_{x,J} M_{x,JJ}^{(k)} + \varphi_{x,K} M_{x,JK}^{(k)}. \tag{877}$$

Der Drehsinn der Anschlußmomente am Stab wird in Übereinstimmung mit demjenigen der Drehwinkel im Uhrzeigersinn positiv gerechnet. Für gerade Stäbe l_k mit gleichbleibendem Querschnitt, also auch mit

$$J_{y,k} = \text{const}, \quad T_k = \text{const und} \frac{J_c}{J_{y,k}} l_k = l_k', \quad \frac{E}{G} \frac{J_c}{T_k} l_k = l_k'' = \varrho_k l_k' \tag{878}$$

ist nach S. 308

$$M_{y,J}^{(k)} = M_{y,J0}^{(k)} + \varphi_{y,J} \frac{4}{l_k'} + \varphi_{y,K} \frac{2}{l_k'} - \vartheta_{y,k} \frac{6}{l_k'}, \left.\begin{array}{l}\\\\\\\end{array}\right\}$$
$$M_{x,J}^{(k)} = M_{x,J0}^{(k)} - \varphi_{x,J} \frac{1}{l_k''} + \varphi_{x,K} \frac{1}{l_k''}; \tag{879}$$

oder mit $\qquad \vartheta_{y,k} = (w_J - w_K)/l_k$

$$M^{(k)}_{v,J} = M^{(k)}_{v,J0} + \varphi_{v,J}\frac{4}{l'_k} + \varphi_{v,K}\frac{2}{l'_k} - (w_J - w_K)\frac{6}{l_k\,l'_k}. \tag{880}$$

Das ebene Tragwerk dient in lotrechter Stellung mit waagerechter Belastung als Bogen- und Rahmenträger zur Übertragung von Wind-, Brems- und Fliehkräften und in waagerechter Lage mit senkrechter Belastung als Ringträger, Kragträger und Trägerrost. Ihre Berechnung wird auf einfache oder mehrfache Symmetrie des Tragwerks beschränkt, um auf diese Weise die wesentlichen Eigenschaften der Lösung hervortreten zu lassen und einfache Ergebnisse zu erhalten.

Seipp, H.: Theorie und Berechnung doppeltgekrümmter Freiträger. Wien 1910. — Habel, A.: Rahmenberechnung bei räumlichem Kraftangriff. Beton u. Eisen 1926 S. 214. — Derselbe: Berechnung symmetrischer mehrstieliger Rahmen. Bautechn. 1926 S. 159. — Derselbe: Die Einflußlinien des senkrecht zur Tragwandebene belasteten zweistieligen Rahmens und ihre Anwendung bei der Berechnung räumlich beanspruchter mehrstieliger Rahmenträger. Beton u. Eisen 1928 S. 46. — Worch, G.: Beitrag zur Ermittlung der Formänderungen ebener Stabzüge mit räumlicher Stützung nebst Anwendung auf die Berechnung statisch unbestimmter Systeme. Beton u. Eisen 1930 S. 167.

63. Der eingespannte Bogenträger mit Belastung winkelrecht zur Trägerebene.

Der Träger ist symmetrisch zur Achse, so daß jede Belastung nach S. 186 in den symmetrischen und antimetrischen Anteil zerlegt werden kann. Bei Symmetrie der Belastung sind die Querkraft Q_c und das Drillungsmoment M_a in der Symmetrieachse Null (Abb. 582a). Der Spannungszustand des Trägers enthält daher mit dem Biegungsmoment M_b in der Symmetrieachse nur eine statisch unbestimmte Schnittkraft. Dieses ist bei Antimetrie der Belastung Null, die Rechnung also mit M_a und Q_c zweifach statisch unbestimmt. Die überzähligen Größen können ebenso wie auf S. 274 durch Einführung von Gruppenlasten unabhängig voneinander berechnet werden (Abb. 582b).

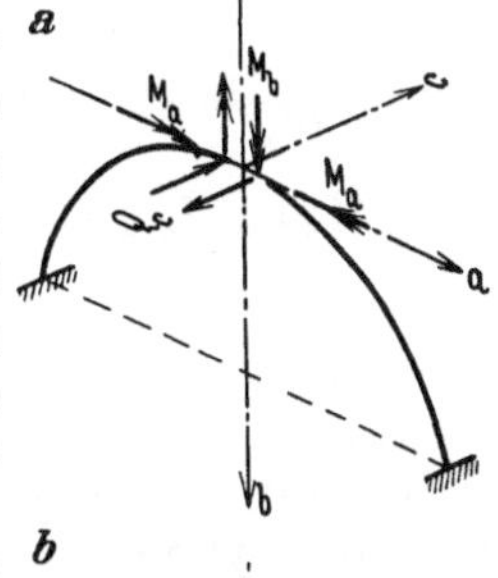

Das Hauptsystem der Untersuchung besteht nach Abb. 582a aus zwei winkelrecht zur Symmetrieebene belasteten Kragträgern, deren Schnittkräfte M_x, M_y in der folgenden Transformation verwendet werden (Abb. 582c)

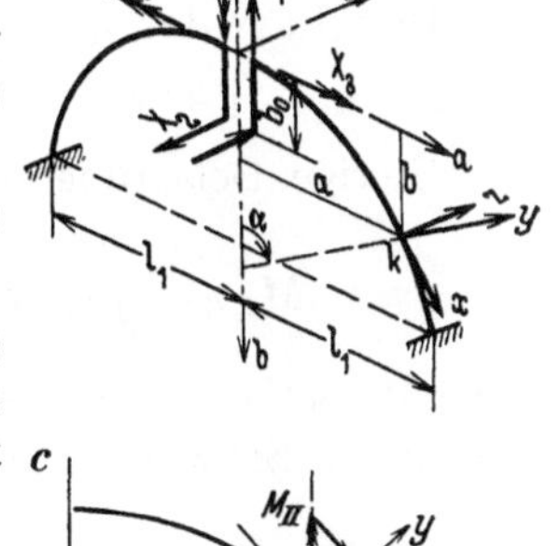

$$\left.\begin{aligned} M_y &= -M_I\sin\alpha - M_{II}\cos\alpha, \\ M_x &= -M_I\cos\alpha + M_{II}\sin\alpha. \end{aligned}\right\} \tag{881}$$

In dieser bedeuten M_I, M_{II} die Momente der Kräfte zwischen Scheitel und Querschnitt (k) in bezug auf die ausgezeichneten Achsen I und II mit dem Schwerpunkt des Querschnitts als Ursprung.

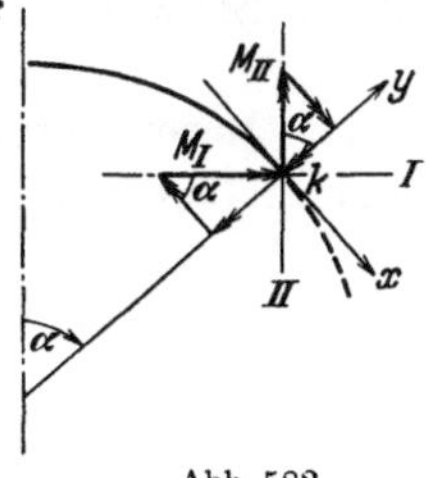

$$\frac{J_c}{J_v}\,ds = ds', \qquad \frac{E\,J_c}{G\,T}\,ds = \varrho\,ds', \qquad \varrho = \frac{E\,J_v}{G\,T}.$$

Überzählige Größen Abb. 582b.

$$X_1 = -M_b, \qquad X_3 = -M_a,$$

X_2: Gruppenlast aus $-Q_c$ und $\quad M_a = -Q_c\,b_0.$

Abb. 582.

a) Symmetrischer Anteil: $X_1 = \delta_{10}/\delta_{11}$, $X_2 = 0$, $X_3 = 0$.

$$-X_1 = 1: \qquad M_{y,1} = \cos\alpha, \qquad M_{x,1} = -\sin\alpha,$$

$$\delta_{10} = 2\int_0^{l_1} (M_{y,0}\cos\alpha - M_{x,0}\,\varrho\sin\alpha)\,ds', \qquad \delta_{11} = 2\int_0^{l_1} (\cos^2\alpha + \varrho\sin^2\alpha)\,ds'. \qquad (882)$$

$$M_y = M_{y,0} - X_1\cos\alpha, \qquad M_x = M_{x,0} + X_1\sin\alpha. \qquad (883)$$

b) Antimetrischer Anteil: $X_1 = 0$, $X_2 \neq 0$, $X_3 \neq 0$.

$$-X_2 = 1: \qquad M_y = a\cos\alpha + (b - b_0)\sin\alpha, \qquad M_x = -a\sin\alpha + (b - b_0)\cos\alpha.$$

$$-X_3 = 1: \qquad M_y = \sin\alpha, \qquad M_x = \cos\alpha.$$

Für $\delta_{23} = 0$ ist

$$b_0 = \frac{\displaystyle\int_0^{l_1} [\sin\alpha\,(a\cos\alpha + b\sin\alpha) - \varrho\cos\alpha\,(a\sin\alpha - b\cos\alpha)]\,ds'}{\displaystyle\int_0^{l_1} (\sin^2\alpha + \varrho\cos^2\alpha)\,ds'} \qquad (884)$$

und

$$X_2 = \delta_{20}/\delta_{22}, \qquad X_3 = \delta_{30}/\delta_{33},$$

$$\left.\begin{aligned}
&\delta_{20} = 2\int_0^{l_1} \{M_{y,0}\,[a\cos\alpha + (b-b_0)\sin\alpha] - \varrho\,M_{x0}\,[a\sin\alpha - (b-b_0)\cos\alpha]\}\,ds', \\[4pt]
&\delta_{22} = 2\int_0^{l_1} \{[a\cos\alpha + (b-b_0)\sin\alpha]^2 + \varrho\,[a\sin\alpha - (b-b_0)\cos\alpha]^2\}\,ds', \\[4pt]
&\delta_{30} = 2\int_0^{l_1} (M_{y,0}\sin\alpha + \varrho\,M_{x,0}\cos\alpha)\,ds', \quad \delta_{33} = 2\int_0^{l_1} (\sin^2\alpha + \varrho\cos^2\alpha)\,ds', \\[4pt]
&M_y = M_{y,0} - X_2\,[a\cos\alpha + (b-b_0)\sin\alpha] - X_3\sin\alpha, \\[4pt]
&M_x = M_{x,0} + X_2\,[a\sin\alpha - (b-b_0)\cos\alpha] - X_3\cos\alpha.
\end{aligned}\right\} \qquad (885)$$

Die Integrale werden nach Unterteilung des Bereichs l_1 in Intervalle mit geometrisch oder elastisch konstanter Breite nach S. 95 numerisch berechnet.

Die Biegungsmomente $M_{y,0}$ und die Drillungsmomente $M_{x,0}$ des Hauptsystems entstehen bei symmetrischen oder antimetrischen Kräften $\mathfrak{P}, p\,da$ und Kräftepaaren M, $\mu\,da$.

a) Belastung durch Einzellast P und Kräftepaar M$\|a$ im Punkt (a, b)

$$a < a_k, \quad b < b_k; \qquad M_{I,0} = P\,(b_k - b) + \mathsf{M}, \qquad M_{II,0} = P\,(a_k - a). \qquad (886)$$

b) Stetige Belastung mit den Komponenten $p, \mu\|a$

$$M_{I,0} = \int_0^{a_k} [p\,(b_k - b) + \mu]\,da, \qquad M_{II,0} = \int_0^{a_k} p\,(a_k - a)\,da. \qquad (887)$$

Die Berechnung der Schnittkräfte bietet bei numerischer Integration der Vorzahlen keine Schwierigkeiten. Dasselbe gilt für die Einflußlinien.

Berechnung der Bogenbrücke S. 538 für Windbelastung.

1. Geometrische Grundlagen. Bogenform und Überbau nach S. 538. Gewölbebreite $d_2 = 10$ m.

$$J_v = \frac{d_1\,d_2^3}{12}, \qquad J_c = \frac{0{,}52\cdot 10^3}{12} = 43{,}33 \text{ m}^4,$$

$$\varrho = \frac{E\,J_c}{G\,T\,J_c/J_v} = \frac{86{,}66}{T\,J_c/J_v}.$$

Nach S. 30 ist $\psi_3 \approx 0{,}320$ nahezu konstant und

$$T = d_2\, d_1^3\, \psi_3 = 3{,}20\, d_1^3 \; [\text{m}^4]\,.$$

2. Belastung. Winddruck $w = 0{,}250\;\text{t/m}^2$. Die belastete Fläche der rechten Bogenhälfte wird in 10 Trapezstreifen mit $\varDelta a = 1{,}372$ m eingeteilt und die stetige Belastung durch eine äquivalente Gruppe von Einzellasten $\mathfrak{P}_k$ in der Mitte der Intervallgrenzen ersetzt (Abb. 583).

$$\mathfrak{P}_k = \mathfrak{P}_{k,l} + \mathfrak{P}_{k,r}\,,$$

$$\mathfrak{P}_{k,l} = \frac{\varDelta a}{6}\,(h_{k-1} + 2\,h_k)\,w\,, \qquad \mathfrak{P}_{k,r} = \frac{\varDelta a}{6}\,(2\,h_k + h_{k+1})\,w\,.$$

Jeder Anteil ist äquivalent mit der Kraft in der Mittelebene des Bogens und dem Versetzungsmoment

$$\mu_{k,{}^l_r} = \mathfrak{P}_{k,{}^l_r} \cdot e_{{}_r}\,, \qquad c_k = \frac{h_k - v_k}{2}\,.$$

3. Überzählige Größen. Infolge der Symmetrie der Belastung ist nach S. 617 nur eine statisch überzählige Größe $X_1 = \delta_{10}/\delta_{11}$ vorhanden (Abb. 582 b).

4. Schnittkräfte im Hauptsystem und numerische Berechnung von δ_{11} und δ_{10}:

$$Q_k = \sum_0^{k-1} \mathfrak{P}_k\,, \qquad \varDelta b_k = b_k - b_{k-1}.$$

$$M_{I,\,k0} = M_{I,\,(k-1)0} + Q_k\,\varDelta b_k + \mu_{(k-1),\,r} + \mu_{k,\,l}\,,$$

$$M_{II,\,k0} = M_{II,\,(k-1)0} + Q_k\,\varDelta a\,.$$

Hieraus $M_{x,\,0}$, $M_{v,\,0}$ nach Gl. (881).

Die Integrale (882) für δ_{10}, δ_{11} werden nach Simpson numerisch berechnet.

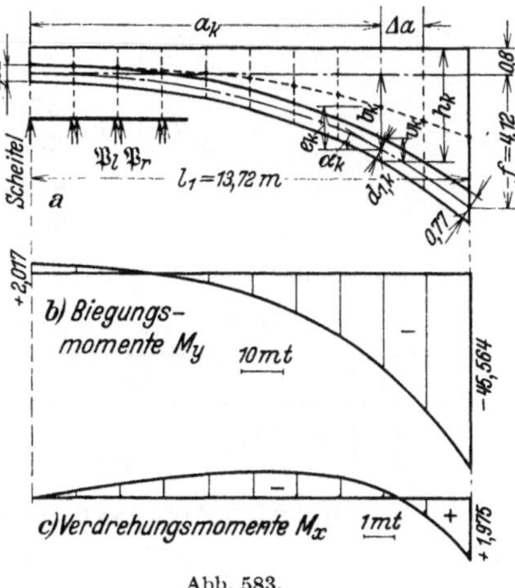

Abb. 583.

$$\frac{1}{2}\,\delta_{10} = \frac{\varDelta a}{3}\sum_0^{l_1} n\,\lambda_1\,, \qquad \lambda_1 = (M_{v,\,0}\cos\alpha - M_{x,\,0}\,\varrho\,\sin\alpha)\,\frac{J_c}{J\cos\alpha}\,,$$

$$\frac{1}{2}\,\delta_{11} = \frac{\varDelta a}{3}\sum_0^{l_1} n\,\lambda_2\,, \qquad \lambda_2 = (\cos^2\alpha + \varrho\,\sin^2\alpha)\,\frac{J_c}{J\cos\alpha}\,.$$

$\dfrac{a}{l_1}$	d_1	b	$\varDelta b$	h	e	$\sin\alpha$	$\cos\alpha$	$\dfrac{J_c}{J}$	$\dfrac{J_c}{J\cos\alpha}$	T	ϱ
0	0,520	0	—	1,060	0,270	0	1	1,000	1,000	0,451	192,151
0,1	0,520	0,029	0,029	1,090	0,285	0,0418	0,9984	1,000	1,000	0,451	192,151
0,2	0,525	0,116	0,087	1,180	0,327	0,0853	0,9963	0,990	0,994	0,464	188,654
⋮	⋮	⋮	⋮	⋮	⋮	⋮	⋮	⋮	⋮	⋮	⋮
1	0,770	4,120	1,002	5,417	2,212	0,6315	0,7753	0,675	0,871	1,462	87,815

Berechnung für $w = 1\;\text{t/m}^2$

a/l_1	$\mathfrak{P}_l$	$\mathfrak{P}_r$	$\mathfrak{P}$	μ_l	μ_r	Q	$Q\varDelta b$	$Q\varDelta a$	$M_{I,\,0}$	$M_{II,\,0}$
0	0	0,734	0,734	0	0,198	—	—	—	0	0
0,1	0,741	0,768	1,509	0,211	0,219	0,734	0,021	1,007	0,430	1,007
0,2	0,789	0,845	1,634	0,258	0,276	2,243	0,195	3,077	1,102	4,084
⋮	⋮	⋮	⋮	⋮	⋮	⋮	⋮	⋮	⋮	⋮
1	3,466	0	3,466	7,667	0	28,256	28,313	38,767	108,982	154,376

	Berechnung für $w = 1$ t/m²							$w = 0{,}250$ t/m²	
a/l_1	$M_{y,0}$	$M_{x,0}$	λ_1	n	$n\,\lambda_1$	λ_2	$n\,\lambda_2$	$M_{y,0}$ [mt]	$M_{x,0}$ [mt]
0	0	0	0	1	0	1	1	0	0
0,1	$-\;1{,}023$	$-\;0{,}387$	$+\;2{,}087$	4	$+\;8{,}348$	1,332	5,328	$-\;0{,}256$	$-0{,}0978$
0,2	$-\;4{,}163$	$-\;0{,}750$	$+\;7{,}873$	2	$+\;15{,}746$	2,351	4,702	$-\;1{,}041$	$-0{,}188$
$\vdots$	$\vdots$	$\vdots$	$\vdots$	$\vdots$	$\vdots$	$\vdots$	$\vdots$	$\vdots$	$\vdots$
1	$-188{,}510$	$+12{,}995$	$-754{,}976$	1	$-\;754{,}976$	31,026	31,026	$-47{,}128$	$+3{,}249$

$$\Sigma = -\,3388{,}492 \qquad \Sigma = 420{,}052$$

Mit $w = 0{,}250$ t/m² wird

$$\frac{1}{2}\,\delta_{10} = -\,\frac{1{,}372}{3}\cdot 3388{,}492 \cdot 0{,}250 = -\,387{,}417\,,$$

$$\frac{1}{2}\,\delta_{11} = +\,\frac{1{,}372}{3}\cdot 420{,}052 = +\,192{,}104\,,$$

$$X_1 = -\,\frac{387{,}417}{192{,}104} = -\,2{,}017 \text{ mt}\,.$$

5. Schnittkräfte und Spannungen. Nach Gl. (883) wird

$$M_y = M_{y,0} + 2{,}017 \cos\alpha\,, \qquad M_x = M_{x,0} - 2{,}017 \sin\alpha\,.$$

a/l_1	0	0,2	0,4	0,6	0,8	1,0	
M_y	$+\,2{,}017$	$+\,0{,}969$	$-\,2{,}454$	$-\,9{,}278$	$-\,21{,}812$	$-\,45{,}564$	mt
M_x	0	$-\,0{,}360$	$-\,0{,}673$	$-\,0{,}780$	$-\,0{,}217$	$+\,1{,}975$	mt

Die Momente sind in Abb. 583 dargestellt. Die größten Spannungen treten am Kämpfer auf.

$$\sigma_x = \frac{6\,M_y}{d_1\,d_2^2} = \frac{6\cdot 45{,}564}{0{,}77\cdot 100} = 3{,}55 \text{ t/m}^2 = 0{,}36 \text{ kg/cm}^2\,.$$

Nach S. 30 ist nach C. Weber $\psi_1 \approx 1$ und

$$\tau_{\max} = \frac{M_x}{T}\,\psi_1\,d_2 = \frac{1{,}975}{1{,}462}\cdot 1\cdot 10 = 13{,}5 \text{ t/m}^2 = 1{,}35 \text{ kg/cm}^2\,.$$

Berechnung eines eingespannten, symmetrischen Trapezrahmens mit räumlicher Belastung.

$$l'_{1y} = l_1\,\frac{J_c}{J_{v,l}}\,, \qquad s'_y = s\,\frac{J_c}{J_{v,s}}\,, \qquad \varkappa_y = \frac{l'_{1,y}}{s'_y}\,, \qquad \varrho_l = \frac{l''_1}{l'_{1,v}} = \frac{E\,J_{v,l}}{G\,T_l}\,, \qquad \varrho_s = \frac{s''}{s'_y} = \frac{E\,J_{v,s}}{G\,T_s}\,.$$

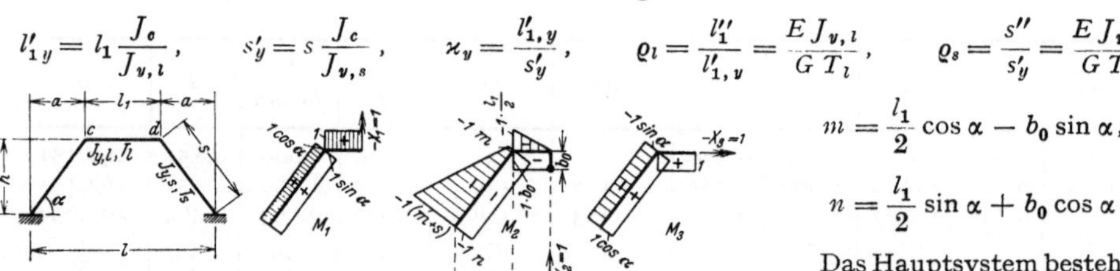

$$m = \frac{l_1}{2}\cos\alpha - b_0 \sin\alpha\,,$$

$$n = \frac{l_1}{2}\sin\alpha + b_0 \cos\alpha\,.$$

Abb. 584.

Das Hauptsystem besteht aus 2 Kragträgern. Die Überzähligen sind bei symmetrischer Belastung $X_1 = \delta_{10}/\delta_{11}$, bei antimetrischer Belastung $X_3 = \delta_{30}/\delta_{33}$ und $X_2 = \delta_{20}/\delta_{22}$ am Hebelarm b_0, so daß $\delta_{23} = 0$ (Abb. 584).

Vorzahlen. Mit den Abkürzungen

$$\psi_1 = 2\,(\cos^2\alpha + \varrho_s \sin^2\alpha)\,,$$

$$\psi_2 = 2 + 6\,\frac{m}{s}\left(\frac{m}{s}+1\right) + \varkappa_y\left(\frac{l_1}{2\,s}\right)^2 + 6\,\varrho_s\left(\frac{n}{s}\right)^2 + 3\,\varkappa_y\,\varrho_l\left(\frac{b_0}{s}\right)^2\,,$$

$$\psi_3 = 2\,(\sin^2\alpha + \varrho_s \cos^2\alpha)$$

wird $\quad \delta_{11} = s'(\varkappa_y + \psi_1)\,, \qquad \delta_{22} = \frac{s'\,s^2}{3}\,\psi_2\,, \qquad \delta_{33} = s'(\psi_3 + \varkappa_y\,\varrho_l)\,.$

Aus $\delta_{23} = 0$ folgt $b_0 = \dfrac{[s + l_1(1 - \varrho_s)\cos\alpha]\sin\alpha}{\psi_3 + \varkappa_y \varrho_l}$.

Belastung. a) Einzellast P senkrecht zur Rahmenebene und zwei Momente M_a, M_b in der Rahmenebene am Eckpunkt c (Abb. 585). Das Ergebnis wird für den symmetrischen und den antimetrischen Anteil getrennt angegeben.

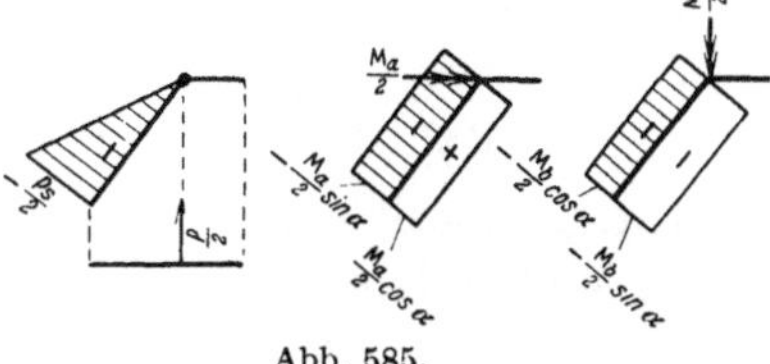

Abb. 585.

Symmetrischer Anteil	$X_1\,[\text{mt}]$	Antimetrischer Anteil	$X_2\,[\text{t}]$	$X_3\,[\text{mt}]$
	$-\dfrac{Pa}{2}\dfrac{1}{\psi_1 + \varkappa_y}$		$\dfrac{P}{2}\dfrac{2 + 3\frac{m}{s}}{\psi_2}$	$\dfrac{Ph}{2}\dfrac{1}{\psi_3 + \varkappa_y \varrho_l}$
	$-\dfrac{M_a}{2}\dfrac{1-\varrho_s}{\psi_1+\varkappa_y}\dfrac{2ah}{s^2}$		$\dfrac{3}{2}\dfrac{M_a}{s}\dfrac{\Phi_2}{\psi_2}$	$\dfrac{M_a}{2}\dfrac{\psi_3}{\psi_3 + \varkappa_y \varrho_l}$
	$-\dfrac{M_b}{2}\dfrac{\psi_1}{\psi_1 + \varkappa_y}$		$\dfrac{3}{2}\dfrac{M_b}{s}\dfrac{\Phi_1}{\psi_2}$	$\dfrac{M_b}{2}\dfrac{1-\varrho_s}{\psi_3+\varkappa_y\varrho_l}\dfrac{2ah}{s^2}$

$$\Phi_1 = \left(1 + 2\,\frac{m}{3}\right)\cos\alpha + 2\,\varrho_s\,\frac{n}{s}\,\sin\alpha, \qquad \Phi_2 = \left(1 + 2\,\frac{m}{s}\right)\sin\alpha - 2\,\varrho_s\,\frac{n}{s}\,\cos\alpha .$$

b) Gleichmäßig verteilte, waagerechte Belastung auf dem Riegel l_1 (Abb. 586). Die Belastung ist symmetrisch, daher $X_2 = X_3 = 0$.

$$\delta_{10} = -p\,s'\,\frac{l_1^2}{8}\left[\frac{\varkappa_y}{3} + 4\,\frac{s}{l_1}\cos\alpha + \psi_1\right],$$

$$X_1 = -p\,\frac{l_1^2}{8}\,\frac{\frac{1}{3}\varkappa_y + 4\,\frac{s}{l_1}\cos\alpha + \psi_1}{\varkappa_y + \psi_1} .$$

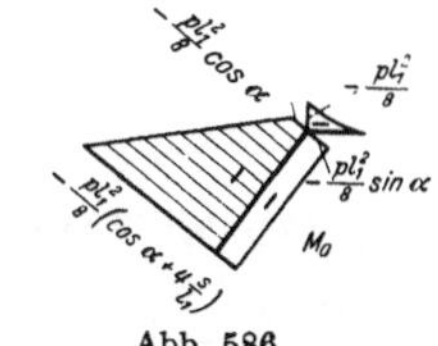

Abb. 586.

Hawranek, A.: Allgemeine Theorie der Wirkung von Querriegeln bei zweireihigen Bogenbrücken. Verhandlungen des 2. Internat. Kongr. f. Techn. Mech., Zürich 1927. — Schwarz, R.: Durchlaufende Bogen unter räumlicher Belastung. Bautechn. 1927 S. 449. — Derselbe: Berechnung des Rahmenwindverbandes von Zweigelenkbogenbrücken mit Kreisform und unveränderlichem Trägheitsmoment bei Berücksichtigung elastischer Einspannung durch die Endquerträger. Beton u. Eisen 1928 S. 31.

64. Der Kreisringträger.

Die allgemeine Theorie des querbelasteten Kreisringträgers ist in zahlreichen Arbeiten ausführlich behandelt worden. Sie stützen sich in der Regel auf die Gleichung der elastischen Linie. Da hier jedoch nur einzelne für den Konstrukteur wichtige Ergebnisse angegeben werden sollen, um die Eigenart des Ansatzes aufzuzeigen und die Lösung wichtiger Aufgaben zu erleichtern, wird auf die allgemeine Untersuchung der Formänderung des Trägers verzichtet.

Aus dem Gleichgewicht der äußeren Kräfte an einem Abschnitt ds folgt nach (68) und Abb. 587

$$\frac{dQ}{d\alpha} = -p\,r, \qquad \frac{dM_x}{d\alpha} = -M_y, \qquad \frac{dM_y}{d\alpha} = M_x + Q\,r . \tag{888}$$

Den Nullstellen des Biegungsmomentes M_y sind daher Größtwerte des Drillungsmomentes M_x, den Größtwerten des Biegungsmomentes M_y Wendepunkte der Funktion des Drillungsmomentes M_x zugeordnet.

Lösung für statisch bestimmte Aufgaben:

$$\frac{d^2 M_y}{d\alpha^2} + M_y = -p\,r^2, \qquad M_y = A \sin\alpha + B \cos\alpha - p\,r^2. \tag{889}$$

Die Integrationskonstanten A und B ergeben sich aus den Randbedingungen für M_y und $dM_y/d\alpha$.

$$M_x = -\int M_y\,d\alpha, \qquad Q = \frac{1}{r}\left(\frac{dM_y}{d\alpha} - M_x\right). \tag{890}$$

Die Schnittkräfte sind jedoch in der Regel statisch unbestimmt, sie lassen sich

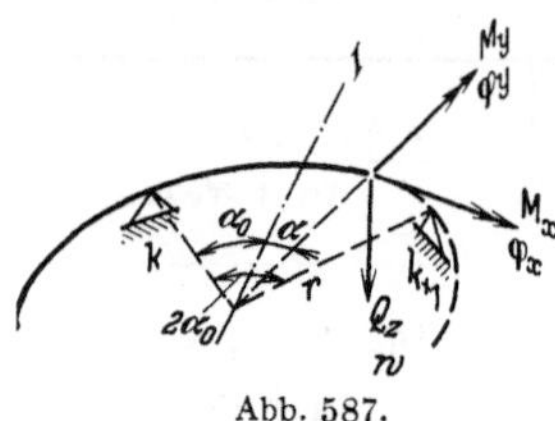

Abb. 587.

aber trotzdem für besondere Belastungsfälle allein aus den Gleichgewichtsbedingungen angeben, da die statisch unbestimmten Größen Null oder bekannt sind. Die Belastung wird aus diesem Grunde durch Umordnung aufgespalten, so daß die äußeren Kräfte eines jeden Anteils zu den Symmetrieachsen des Tragwerks symmetrisch oder antimetrisch sind. Bei Symmetrie der äußeren Kräfte in bezug auf eine Achse I (Abb. 587) ist in den beiden ihr angehörenden Querschnitten des Trägers:

$$w_I \neq 0, \qquad \varphi_{y,I} = 0, \qquad \varphi_{x,I} \neq 0;$$
$$Q_{z,I} = 0, \qquad M_{y,I} \neq 0, \qquad M_{x,I} = 0.$$

Bei Antimetrie der Belastung ist dort

$$w_I = 0, \qquad \varphi_{y,I} \neq 0, \qquad \varphi_{x,I} = 0;$$
$$Q_{z,I} \neq 0, \qquad M_{y,I} = 0, \qquad M_{x,I} \neq 0.$$

1. Kreisringträger mit gerader oder ungerader Stützenzahl n und gleichmäßiger Belastung durch p t/m. $2\alpha_0 = 2\pi/n$, $\alpha_0 = \pi/n$. Stützkraft $K = \frac{2\pi}{n} r p$, Querkräfte links und rechts der Stütze $Q_{z,k} = \mp \frac{\pi}{n} r p$ (Abb. 587).

Infolge Symmetrie der Belastung sind die Drillungsmomente der Querschnitte an den Stützen und Feldmitten Null. Die Schnittkräfte können daher entweder aus einer Integration der Gleichung (888) oder durch unmittelbare Gleichgewichtsbetrachtungen abgeleitet werden.

$$\begin{aligned}
M_{y,k} &= r^2 p\left(\frac{\pi}{n}\operatorname{ctg}\alpha_0 - 1\right), & M_y &= r^2 p\left(\frac{\pi}{n}\frac{\cos\alpha}{\sin\alpha_0} - 1\right), \\
M_x &= -r^2 p\left(\frac{\pi}{n}\frac{\sin\alpha}{\sin\alpha_0} - \alpha\right), & Q_z &= -r\,p\,\alpha.
\end{aligned} \tag{891}$$

2. Kreisringträger mit einer geraden Stützenzahl n und wechselweiser Belastung der Felder durch $\pm p$ t/m. Die Stützkräfte und die Querkräfte in Feldmitte sind Null, die Querkräfte links und rechts einer Stütze gleich groß und $\pm \frac{\pi}{n} r p$. Die Drillungsmomente in den Trägermitten und die Biegungsmomente über den Stützen sind Null. Die Drillungsmomente an den Endquerschnitten eines Abschnittes sind entgegengesetzt gleich. Die Verdrehung φ_x der Endquerschnitte ist Null.

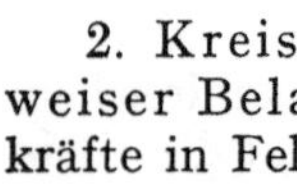

Abb. 588.

$$\begin{aligned}
M_y &= r^2 p\left(\frac{\cos\alpha}{\cos\alpha_0} - 1\right), \\
M_x &= r^2 p\left(\alpha - \frac{\sin\alpha}{\cos\alpha_0}\right), & Q_z &= -r\,p\,\alpha.
\end{aligned} \tag{892}$$

3. Die statisch bestimmte Lösung kann auch für **Kreisringträger** angeschrieben werden, welche nach Abb. 588 durch die Art der Abstützung in n Felder mit zwei verschiedenen Größen l_1, l_2 zerlegt werden. In diesem Falle sind die Drillungsmomente über den Stützen von Null verschieden, jedoch bei voller Belastung entgegengesetzt gleich. Biegungs- und Drillungsmoment können daher ebenfalls aus den Gleichgewichtsbedingungen abgeleitet werden.

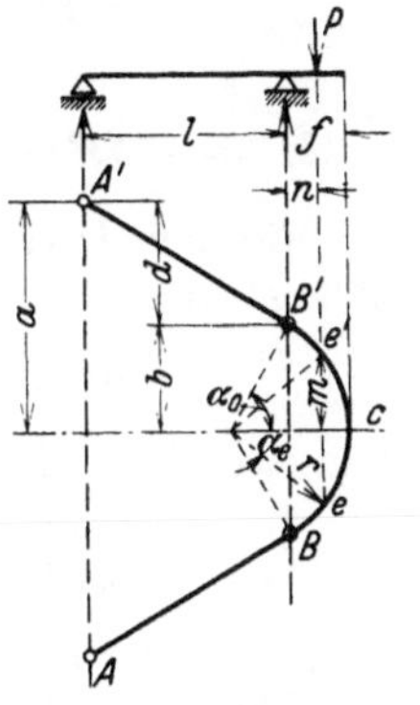

Abb. 589.

4. Die Schnittkräfte eines auskragenden Kreisbogenträgers Abb. 589 sind bei symmetrischer Belastung statisch bestimmt, da im Symmetriepunkt c

$$Q_{z,c} = 0\,, \qquad M_{x,c} = 0\,.$$

Einzellast P in c.

$$A = -\frac{P}{2}\frac{f}{l}\,, \qquad B = \frac{P}{2}\left(1 + \frac{f}{l}\right), \qquad M_{y,c} = \frac{P\,b}{2}\left(1 - \frac{d\,f}{b\,l}\right). \tag{893}$$

Zwei Einzellasten P in e, e'.

$$\left.\begin{aligned} A &= -P\,\frac{n}{l}\,, \qquad B = P\left(1 + \frac{n}{l}\right), \\ M_{y,c} &= P\,b\left(1 - \frac{m}{b} - \frac{n\,d}{b\,l}\right). \end{aligned}\right\} \tag{894}$$

Gleichmäßig verteilte Belastung p t/m über $\widehat{B, B'}$.

$$A = -p\,r\,\alpha_0\,\frac{s}{l}\,, \qquad B = p\,r\,\alpha_0\left(1 + \frac{s}{l}\right), \qquad M_{y,c} = p\,b\,r\left[\alpha_0\left(1 - \frac{s\,d}{l\,b}\right) - \frac{f}{b}\right]. \tag{895}$$

$s = (\sin\alpha_0 - \alpha_0\cos\alpha_0)\,r/\alpha_0$ = Abstand des Bogenschwerpunktes von $B\,B'$.

5. Der eingespannte Kreisbogenträger Abb. 590 ist bei symmetrischer Belastung senkrecht zur Trägerebene einfach statisch unbestimmt, da $Q_{z,c}$ und $M_{x,c}$ im Symmetriepunkt c Null sind.

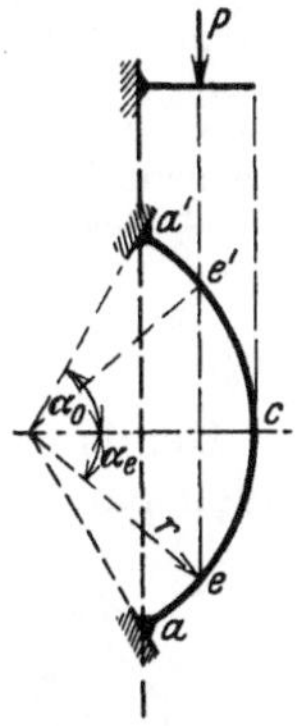

Abb. 590.

$$\left.\begin{aligned} M_{y,c} &= -X_1 = -\frac{\delta_{10}}{\delta_{11}}\,. \\ \delta_{10} &= 2\,r\int_0^{\alpha_0} (M_{y,0}\cos\alpha - M_{x,0}\,\varrho\sin\alpha)\,d\alpha\,, \\ \delta_{11} &= 2\,r\int_0^{\alpha_0} (\cos^2\alpha + \varrho\sin^2\alpha)\,d\alpha \\ &= \frac{r}{2}\,[2\,(\varrho + 1)\,\alpha_0 - (\varrho - 1)\sin 2\,\alpha_0]\,. \end{aligned}\right| \tag{896}$$

$$\alpha_0 = \frac{\pi}{2}: \quad \delta_{11} = \frac{r\,\pi}{2}\,(\varrho + 1)\,.$$

Einzellast P in c.

$$\left.\begin{aligned} X_1 &= P\,r\,\frac{2\,\frac{\varrho}{\varrho - 1}\,(\cos\alpha_0 - 1) + \sin^2\alpha_0}{2\,\frac{\varrho + 1}{\varrho - 1}\,\alpha_0 - \sin 2\,\alpha_0}\,. \\ M_y &= -\frac{P}{2}\,r\sin\alpha - X_1\cos\alpha\,, \qquad M_x = \frac{P}{2}\,r\,(1 - \cos\alpha) + X_1\sin\alpha\,. \end{aligned}\right| \tag{897}$$

Zwei Einzellasten P in e, e'.

$$\left.\begin{aligned} X_1 &= 2\,P\,r\,\frac{\frac{2\,\varrho}{\varrho - 1}\,(\cos\alpha_0 - \cos\alpha_e) + \frac{\varrho + 1}{\varrho - 1}\,(\alpha_0 - \alpha_e)\sin\alpha_e + \sin\alpha_0\sin(\alpha_0 - \alpha_e)}{2\,\frac{\varrho + 1}{\varrho - 1}\,\alpha_0 - \sin 2\,\alpha_0}\,, \\ \alpha_e < \alpha < \alpha_0: \quad M_y &= -P\,r\sin(\alpha - \alpha_e) - X_1\cos\alpha\,, \\ M_x &= P\,r\,(1 - \cos(\alpha - \alpha_e)) + X_1\sin\alpha\,. \end{aligned}\right| \tag{898}$$

Gleichmäßig verteilte Last p t/m.

$$X_1 = -p\,r^2\,\frac{\dfrac{\varrho+1}{\varrho-1}\,(4\sin\alpha_0 - 2\alpha_0) - \dfrac{4\,\varrho}{\varrho-1}\,\alpha_0\cos\alpha_0 + \sin 2\alpha_0}{2\,\dfrac{\varrho+1}{\varrho-1}\,\alpha_0 - \sin 2\alpha_0}\,. \tag{899}$$

$$M_y = -p\,r^2(1-\cos\alpha) - X_1\cos\alpha\,, \qquad M_x = p\,r^2(\alpha - \sin\alpha) + X_1\sin\alpha\,. \tag{899}$$

Für den **Halbkreisbogenträger** $\alpha_0 = \dfrac{\pi}{2}$ ist bei Belastung durch eine Einzellast P in c

$$M_{y,c} = \frac{P\,r}{\pi}\,, \qquad M_{y,a} = -\frac{P\,r}{2}\,, \qquad M_{x,a} = \frac{P\,r}{\pi}\left(\frac{\pi}{2}-1\right), \tag{900}$$

bei zwei Einzellasten P in e, e'

$$M_{y,c} = \frac{2\,P\,r}{\pi}\left[\cos\alpha_e - \left(\frac{\pi}{2}-\alpha_e\right)\sin\alpha_e\right], \qquad M_{y,a} = -P\,r\sin\left(\frac{\pi}{2}-\alpha_e\right),$$

$$M_{x,a} = \frac{2\,P\,r}{\pi}\left(\frac{\pi}{2}-\cos\alpha_e - \alpha_e\sin\alpha_e\right), \tag{901}$$

bei gleichmäßig verteilter Last p t/m

$$M_{y,c} = \frac{p\,r^2}{\pi}(4-\pi)\,, \qquad M_{y,a} = -p\,r^2\,, \qquad M_{x,a} = p\,r^2\left(\frac{\pi}{2}-\frac{4}{\pi}\right). \tag{902}$$

Die Größtwerte der Momente treten an der Einspannstelle auf. Bei beliebiger Belastung werden die überzähligen Größen nach Abschn. 63 durch numerische Integration berechnet.

Düsterbehn, F.: Ringförmige Träger. Eisenbau 1920 S. 73. — Derselbe: Einflußlinien ringförmiger Träger. Eisenbau 1921 S. 78. — Derselbe: Biegungslinien ringförmiger Träger. Eisenbau 1921 S. 249. — Unold, G.: Der Kreisträger. Berlin 1922. — Heßler, St.: Der nach einem Kreisbogen gekrümmte, beiderseits eingespannte Eisenbetonträger mit rechteckigem Querschnitt. Beton u. Eisen 1927 S. 429. — Derselbe, Der kontinuierliche, halbkreisförmig gebogene und gleichmäßig belastete Eisenbetonträger mit rechteckigem Querschnitt auf 3 und 4 gleich weit entfernten Stützen. Beton u. Eisen 1930 S. 149.

65. Der Trägerrost.

Der Trägerrost besteht aus zwei oder mehr Scharen von Trägern, deren Schwerlinien parallel zu einer Ebene liegen und den Rand des Feldes unter rechtem oder spitzem Winkel schneiden. Die Verbindung der Träger ist in der Regel drehsteif. Sie wird jedoch zur Vereinfachung der Rechnung in einzelnen Fällen nur zug- und druckfest angenommen. Die Enden sind unverschieblich oder elastisch verschieblich und können sich dabei entweder um einen Punkt oder auch um eine vorgeschriebene Achse drehen (Abb. 591). Diese Bewegung der Enden wird durch die starre Einspannung der Träger aufgehoben. Sie ist bei durchlaufenden Rosten durch die Formänderung des zusammenhängenden elastischen Gebildes bestimmt.

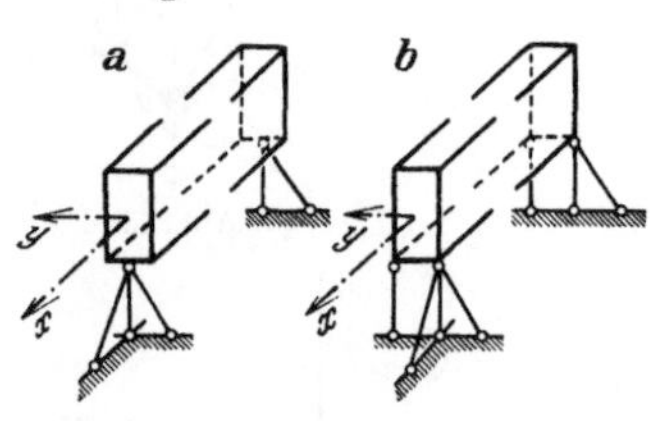

Abb. 591.

Ebenso wie der Plattenbalken als Ausgestaltung des Plattenstreifens angesehen wird, gilt der Trägerrost in konstruktiver Beziehung als Entwicklung der polygonal begrenzten Platte. Trägerrost und Platte unterscheiden sich jedoch von Plattenbalken und Plattenstreifen durch den räumlichen Charakter der Tragwirkung. Dies zeigt bereits die angenäherte statische Untersuchung ohne Berücksichtigung der Drillungssteifigkeit der Platte oder der drehsteifen Verbindung der Träger des Rostes. Sie führt in beiden Fällen zur Aufteilung der Belastung auf zwei statisch gleichwertige biegungssteife Gebilde.

Die Tragwirkung eines Rostes ist bei gleicher Durchbiegung um so größer, je günstiger sich die drehfeste Ausbildung von Träger und Knoten auswirkt. Sie wird durch die seitenschiefe Anordnung der Trägerscharen nach den Patenten von H. Marcus und St. Szegö[1] außerdem noch erhöht, da die Träger im Bereiche der Ecken auf diese Weise negative Biegungsmomente zugewiesen erhalten, welche die Feldmomente verringern. Diese Vergrößerung der Tragfähigkeit gelingt aber nur bei sorgfältiger Übertragung der Schubspannungen aus der Verdrillung der Träger und bei einwandfreier Eintragung der negativen Stützkräfte im Bereiche der Ecken. Die gleichen Überlegungen gelten für den Festigkeitsnachweis der Platten, deren Spannungszustand daher auch als Vorbild für die allgemeine Anordnung des Trägerrostes[2] angesehen werden kann.

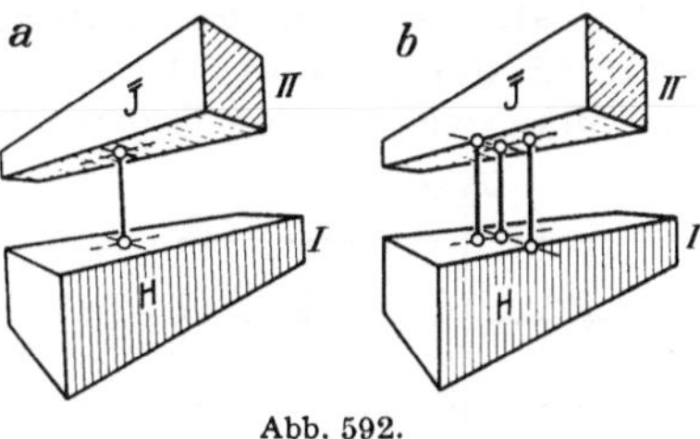

Abb. 592.

Um die allgemeinen statischen und geometrischen Beziehungen für den belasteten Trägerrost zu klären, werden zwei unter einem beliebigen Winkel kreuzende Scharen I, II von parallelen Trägern betrachtet. Bei m Elementen $A \ldots H \ldots M$ der Gruppe I und r Elementen $\overline{A} \ldots \overline{J} \ldots \overline{R}$ der Gruppe II einer seitenparallelen Anordnung sind $m \cdot r = n$ Stabknoten vorhanden. Diese werden in der Rechnung für senkrechte Belastung entweder als zug- und druckfeste, einstäbige Verbindung (a mit Abb. 592a) oder als drehsteife, dreistäbige Verbindung der beiden Träger angesehen (b mit Abb. 592b). Der seitenparallele

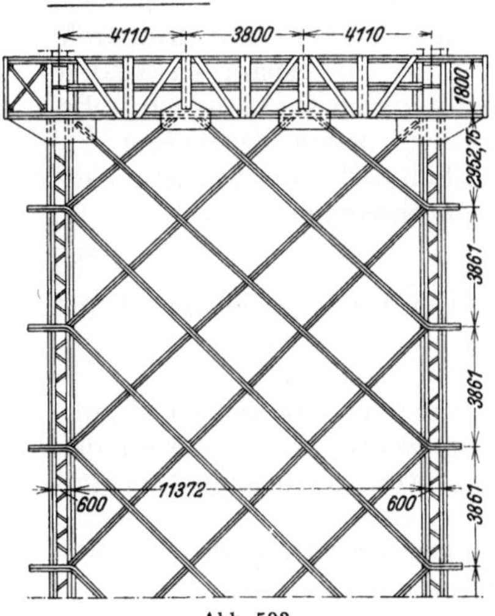

Abb. 593.

[1] Die diagonalen Kreuzträgerroste nach den Vorschlägen von St. Szegö sind nicht neu, sondern bereits im Jahre 1872 bis 75 für die Fahrbahntafel der Elbbrücke Niederwartha und im Jahre 1893 für die Fahrbahntafel der Elbbrücke zwischen Loschwitz und Blasewitz in Dresden (Abb. 593) von Köpke ausgeführt worden, ohne daß damals ein Patentschutz in Anspruch genommen worden ist.

[2] Da die wirtschaftlichen Vorzüge der Kreuzrostdecken in der Literatur mehrfach erörtert werden, sind die genauen Kosten von drei verschiedenen Trägeranordnungen über einem quadratischen Grundriß von 12 m Seitenlänge festgestellt worden (Abb. 594, statische Untersuchung S. 628 ff.). Baustoffaufwand mit Löhnen und Schalungskosten in RM nach einer Kalkulation der Löserbauunternehmung Dresden.

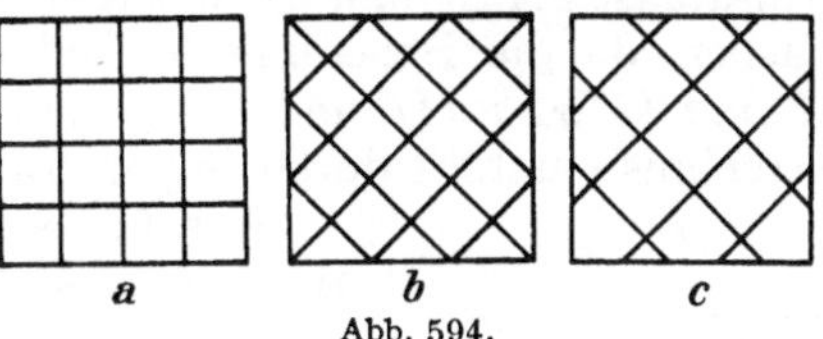

Abb. 594.

I. Ohne Rücksicht auf die drehsteife Verbindung der Träger.
II. Mit Rücksicht auf die drehsteife Verbindung der Träger.

	Anordnung a	Anordnung b	Anordnung c
I	2900.—	3150.—	3020.—
II	3155.—	3420.—	3240.—

Der Vergleich des Baustoffaufwandes zeigt zwar bei Anordnung b kleinere Querschnitte, dagegen einen Mehraufwand von ca. 30 lfd. m Träger. Hierdurch geht der Vorteil aus den kleineren Biegungsmomenten bei Anordnung b gegenüber Anordnung a wieder verloren. Der Trägerquerschnitt kann zwar hier noch in einfacher Weise abgestuft werden, um Beton zu sparen, dafür wird dann der Eisenaufwand größer. Die Berücksichtigung der drehsteifen Verbindung ergibt kleinere Trägerhöhen und weniger Rundeisen für die Balkenbiegung, dafür bedeutet jedoch die Schubsicherung zur Übertragung der Drillungsmomente eine wesentliche Kostenvermehrung und Arbeitsverteuerung. Das Ergebnis kann bei sorgfältiger Bewehrung des Betons gegen Torsion nicht überraschen.

Trägerrost a zählt daher bei frei drehbarer Abstützung der Trägerenden (Abb. 591a) $m \cdot r = n$ statisch überzählige Schnittkräfte, während beim Trägerrost b $3n$ statisch überzählige Kräfte berechnet werden müssen. Der Verschiebungszustand ist in beiden Fällen durch die n senkrechten Verschiebungen und durch $2n$ Drehwinkel φ_k, ψ_k der Tangenten an die Biegelinien der Träger I, II in den Stabknoten k, im ganzen also durch $3n$ unabhängige Komponenten bestimmt. Es liegt daher nahe, die Schnittkräfte des Trägerrostes a als Funktion der Belastung und der statisch überzähligen Größen nach Abschn. 24ff. zu berechnen, dagegen die Schnittkräfte des Trägerrostes b nach Abschn. 38 aus den $3n$ Komponenten w_k, φ_k, ψ_k des Verschiebungszustandes abzuleiten.

Die statische Untersuchung ohne Berücksichtigung der drehsteifen Verbindung der Träger. 1. Die Längskräfte in den gedachten Verbindungsstäben Abb. 593a zwischen den Trägern der Gruppe I und den Trägern der Gruppe II sind die

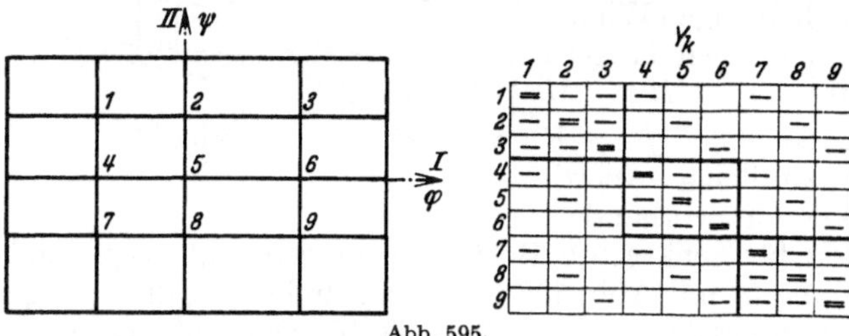

Abb. 595.

statisch überzähligen Größen Y_k des Ansatzes. Ein positiv definiertes Y_k erzeugt in den Verbindungsstäben Druckspannungen und daher in den Trägern I positive, in den Trägern II negative Biegungsmomente. Das Hauptsystem besteht mit $Y_k = 0$, je nach der Abstützung des Rostes am Rande des Feldes, aus Trägern mit frei drehbaren Enden, aus Rahmen oder aus Trägern mit starr eingespannten Enden. Die erste Anordnung ist statisch bestimmt, die beiden anderen sind statisch unbestimmt. Die Kreuzungswinkel der Gruppen I, II und der Abstand der Träger sind ohne Bedeutung für die Lösung. Die überzähligen Schnittkräfte werden nach Abschn. 24 aus n geometrischen Bedingungsgleichungen berechnet.

$$\sum Y_h \delta_{kh} = \delta_{k0}, \qquad k = 1 \dots n. \tag{903}$$

In jeder von ihnen (k) sind alle Verbindungskräfte Y am Träger H der Gruppe I und alle Verbindungskräfte Y am Träger J der Gruppe II enthalten.

Ansatz für den Trägerrost mit $m = 3$, $r = 3$, $n = 9$, Abb. 595.

Der Ansatz ist bei Symmetrie des Rostes zu einer, zwei oder vier Achsen wesentlich einfacher, da die Belastung in Teile aufgespalten werden kann, die zu den Achsen I und II oder III und IV symmetrisch oder antimetrisch sind. Das endgültige Ergebnis entsteht durch Superposition.

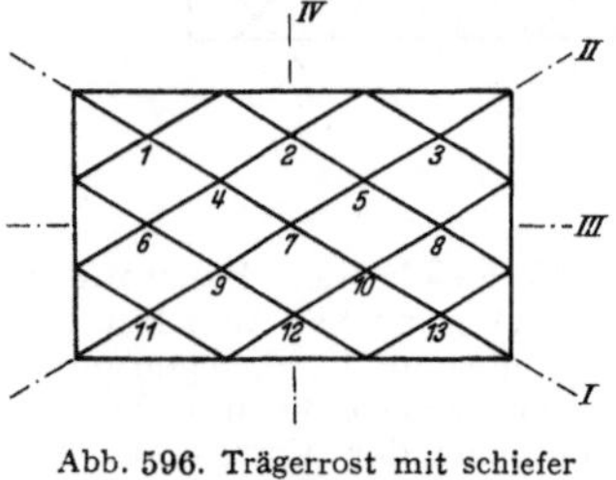

Abb. 596. Trägerrost mit schiefer Symmetrie.

Ansatz bei gleichmäßiger Belastung des symmetrischen Rostes (Abb. 596).

$$Y_2 = 0, \qquad Y_6 = 0, \qquad Y_{12} = 0, \qquad Y_8 = 0, \qquad Y_7 = 0;$$

$$(Y_1 = -Y_{11} = Y_{13} = -Y_3) \equiv X_1,$$

$$(Y_4 = -Y_9 = Y_{10} = -Y_5) \equiv X_2.$$

Die überzähligen Verbindungskräfte werden also nach Abschn. 28 zu zwei symmetrischen Gruppenlasten X_1, X_2 zusammengefaßt.

2. Das Ergebnis der Untersuchung kann durch die Fehlerempfindlichkeit der Zahlenrechnung bei Auflösung des Ansatzes und bei der Superposition der Anteile der Biegungsmomente aus der Belastung und den überzähligen Größen Y_k wesentlich beeinträchtigt werden. Diese Schwierigkeiten lassen sich zum Teil durch eine andere Rechenvorschrift umgehen, in die neben den statisch unbestimmten Schnittkräften

auch Komponenten ϱ_k des Verschiebungszustandes als Unbekannte eingehen. Sie werden nach Abschn. 38 derart ausgewählt, daß sich die statisch unbestimmten Schnittkräfte eines Stabwerks mit $\varrho_k = 0$ durch einfache Ansätze ableiten lassen. Die ausgezeichneten Parameter ϱ_k sind hier die n senkrechten Verschiebungen w_k der Stabknoten, da die Schnittkräfte aller Träger H der Gruppe I und aller Träger J der Gruppe II mit $w_k = 0$, $(k = 1, \ldots, n)$ unabhängig voneinander erhalten werden. Jeder von ihnen wirkt statisch als durchlaufender Träger auf starren, frei drehbaren Lagern. Die Stützenmomente werden mit Abb. 597 nach Abschn. 47 bei vorgeschriebenen Verschiebungen w_k aus den geometrischen Bedingungen (650) berechnet. Diese erscheinen stets im EJ_c fachen Betrage $w_k \equiv w_k/EJ_c$

$$M_{I,(k-1)}\, l'_k + 2 M_{I,k}\,(l'_k + l'_{k+1}) + M_{I,(k+1)}\, l'_{k+1} - 6\left(\frac{w_k - w_{k-1}}{l_k} - \frac{w_{k+1} - w_k}{l_{k+1}}\right) = -6\,\delta_{I,k0}\,, \quad (904)$$

$$M_{II,(k-r)}\, s'_k + 2 M_{II,k}\,(s'_k + s'_{k+r}) + M_{II,(k+r)}\, s'_{k+r} - 6\left(\frac{w_k - w_{k-r}}{s_k} - \frac{w_{k+r} - w_k}{s_{k+r}}\right) = -6\,\delta_{II,k0}\,. \quad (905)$$

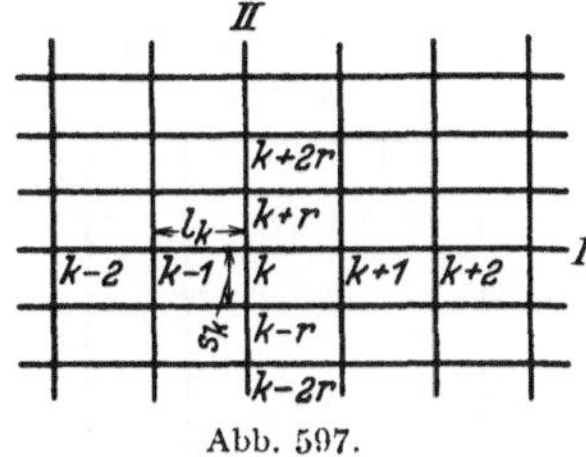

Abb. 597.

Da jedoch die senkrechten Verschiebungen w_k der Knoten unbekannt sind, fehlen zur Berechnung der $3n$ Wurzeln des Ansatzes zunächst noch n Gleichungen. Diese lassen sich mit dem Prinzip der virtuellen Verrückungen aus dem Gleichgewicht der Schnittkräfte des Rostes am Knoten ableiten. Die statischen

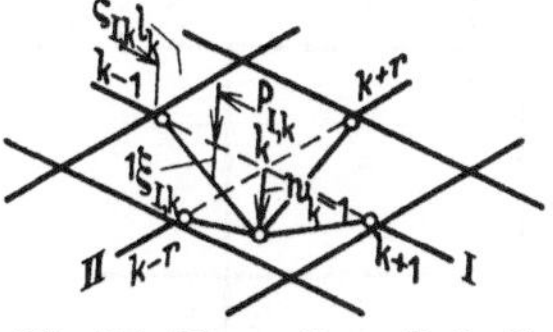

Abb. 598. Kinematische Kette Γ_k.

Bedingungen werden daher nach (523) für die äußeren Kräfte an n voneinander unabhängigen kinematischen Ketten Γ_k (Abb. 598) angeschrieben, die mit $w_k = 1$ angetrieben sind.

$$\frac{M_{I,k} - M_{I,k-1}}{l_k} - \frac{M_{I,k+1} - M_{I,k}}{l_{k+1}} + \frac{M_{II,k} - M_{II,k-r}}{s_k} - \frac{M_{II,k+r} - M_{II,k}}{s_{k+r}} - T_k = 0,$$

$$-\frac{1}{l_k} M_{I,k-1} + \left(\frac{1}{l_k} + \frac{1}{l_{k+1}}\right) M_{I,k} - \frac{1}{l_{k+1}} M_{I,k+1}$$

$$-\frac{1}{s_k} M_{II,k-r} + \left(\frac{1}{s_k} + \frac{1}{s_{k+r}}\right) M_{II,k} - \frac{1}{s_{k+r}} M_{II,k+r} - T_k = 0. \quad (906)$$

$$T_k = \mathfrak{P}_{I,k}\,\xi_{I,k} + \mathfrak{P}_{I,k+1}\,\xi'_{I,k+1} + \mathfrak{P}_{II,k}\,\xi_{II,k} + \mathfrak{P}_{II,k+r}\,\xi'_{II,k+r}. \quad (907)$$

Der Ansatz wird nach Abschn. 29 in zwei Stufen aufgelöst. Dabei gelten die Verschiebungen w_k in den Gleichungen (904), (905) zunächst als Teile der Belastungsglieder, so daß der Reihe nach die Schnittkräfte $M_{I,ko}$ $M_{I,kh}$ und $M_{II,ko}$, $M_{II,kh}$ eines durchlaufenden Trägers mit der beliebigen Belastung $\mathfrak{P}_{I,k}$, $\mathfrak{P}_{II,k}$ oder für $w_h = 1$ berechnet werden.

$$M_{I,k} = M_{I,ko} + \sum M_{I,kh}\, w_h, \qquad M_{II,k} = M_{II,ko} + \sum M_{II,kh}\, w_h.$$

Das Ergebnis liefert in Verbindung mit den Gleichungen (906) der zweiten Stufe die Verschiebungen w_k und durch Rekursion die Biegungsmomente $M_{I,k}$, $M_{II,k}$.

Die statische Untersuchung des Trägerrostes wird daher am besten mit der Entwicklung der konjugierten Matrix für die dreigliedrigen Gleichungen (904), (905) begonnen, in denen die senkrechten Verschiebungen w_k der Knoten Null sind. Sie zerfällt in Gruppen, die den einzelnen Trägern des Rostes zugeordnet sind und sich voneinander unterscheiden, wenn Knotenzahl und Abmessungen der Träger verschieden sind. Daher genügen bei seitenparalleler Anordnung in der Regel zwei voneinander unabhängige Ansätze. Die Rechnung ist bei Symmetrie des Rostes nach Umordnung der Belastung (Abschn. 27) wesentlich kürzer.

Ansatz für den Trägerrost Abb. 595.

$M_{I,k}$ | w_k — Gl. (904)

k	I,1	I,2	I,3	I,4	I,5	I,6	I,7	I,8	I,9	w,1	w,2	w,3	w,4	w,5	w,6	w,7	w,8	w,9
1	=	—								—	—	—						
2	—	=	—							—	—	—						
3		—	=							—	—	—						
4				=	—								—	—	—			
5				—	=	—							—	—	—			
6					—	=							—	—	—			
7							=	—								—	—	—
8							—	=	—							—	—	—
9								—	=							—	—	—

$M_{II,k}$ | w_k — Gl. (905)

k	I,7	I,4	I,1	I,8	I,5	I,2	I,9	I,6	I,3	w,7	w,4	w,1	w,8	w,5	w,2	w,9	w,6	w,3
7	=	—								—	—	—						
4	—	=	—							—	—	—						
1		—	=							—	—	—						
8				=	—								—	—	—			
5				—	=	—							—	—	—			
2					—	=							—	—	—			
9							=	—								—	—	—
6							—	=	—							—	—	—
3								—	=							—	—	—

$M_{I,k}$, $M_{II,k}$ — Gl. (906)

k	1·I	1·II	2·I	2·II	3·I	3·II	4·I	4·II	5·I	5·II	6·I	6·II	7·I	7·II	8·I	8·II	9·I	9·II
1	=	=	—					—										
2	—		=	=	—					—								
3			—		=	=						—						
4		—					=	=	—					—				
5				—			—		=	=	—					—		
6						—			—		=	=						—
7								—					=	=	—			
8										—			—		=	=	—	
9												—			—		=	=

Berechnung eines seitenparallelen, quadratischen Trägerrostes _a_ für gleichmäßig verteilte Belastung _q_ t/m².

Die Verbindungskräfte Y_1 bis Y_9 sind statisch unbestimmt. Infolge Symmetrie des Tragwerks ist bei gleichmäßig verteilter Belastung:

$$Y_1 = Y_3 = Y_9 = Y_7 = Y_5 = 0, \qquad Y_2 = -Y_6 = Y_8 = -Y_4.$$

Die Kräfte $Y_2, -Y_6, Y_8, -Y_4$ werden zu einer symmetrischen Gruppenlast X_1 zusammengefaßt. Der Zustand $-X_1 = 1$ besteht nach Abschn. 28 aus

$$-Y_2 = +Y_6 = -Y_8 = +Y_4 = 1\,.$$

Das Trägheitsmoment ist für alle Träger gleich groß, daher (Abb. 599b, c)

$$\delta_{11} = 4\,\frac{4\,l'}{3}\,l^2 + 2\left(2\,l'\,\frac{l^2}{3} + 2\,l'\,l^2\right) = \frac{32}{3}\,l'\,l^2,$$

$$\delta_{10} = -4\cdot\frac{5}{12}\,4\,l'\,l\cdot2\,p\,l^2 + 2\left(\frac{5}{12}\,4\,l'\cdot2\,l\cdot2\,p\,l^2 - 2\,l'\cdot\frac{l}{2}\,\frac{3\,p\,l^2}{2} - \frac{5}{12}\cdot2\,l'\cdot l\cdot\frac{p\,l^2}{2}\right) = -\frac{23}{6}\,l'\,l^3\,p\,,$$

$$X_1 = \frac{-23\,l'\,l^3\,p\cdot3}{6\cdot32\,l'\,l^2} = -\frac{23}{64}\,p\,l\,,$$

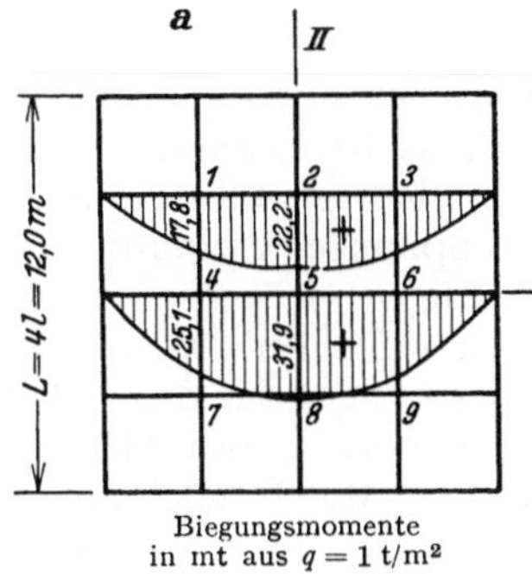

Biegungsmomente
in mt aus $q = 1$ t/m²

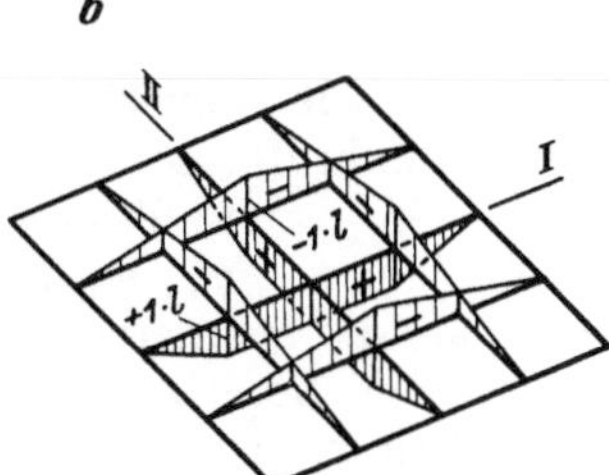

M_1
infolge $-X_1 = 1$
Abb. 599.

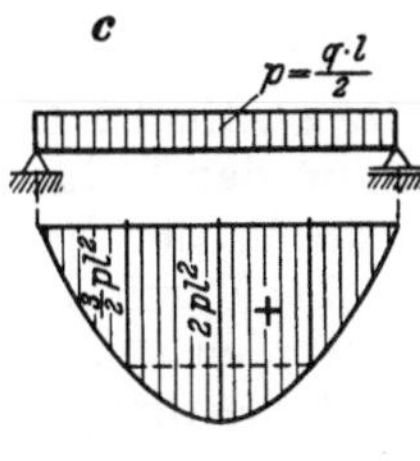

M_0
infolge $p = \dfrac{q\cdot l}{2}$
für alle Träger gleich.

$$M_{I,1} = M_{I,3} = \frac{3\,p\,l^2}{2} - \frac{23}{64}\,p\,l\cdot\frac{l}{2} = \frac{169}{128}\,p\,l^2,\qquad M_{I,2} = 2\,p\,l^2 - \frac{23}{64}\,p\,l^2 = \frac{105}{64}\,p\,l^2,$$

$$M_{I,4} = M_{I,6} = \frac{3\,p\,l^2}{2} + \frac{23}{64}\,p\,l\cdot l = \frac{119}{64}\,p\,l^2,\qquad M_{I,5} = 2\,p\,l^2 + \frac{23}{64}\,p\,l^2 = \frac{151}{64}\,p\,l^2.$$

Die Biegungsmomente für $l = 3,0$ m und $q = 1$ t/m² sind in Abb. 599a aufgetragen.

Berechnung eines seitenschiefen, quadratischen Trägerrostes a für gleichmäßig verteilte Belastung q t/m².

Infolge der Symmetrie des Tragwerkes ist

$$(Y_1 = -Y_3 = Y_{13} = -Y_{11}) \equiv X_1\,,\qquad (Y_4 = -Y_5 = Y_{10} = -Y_6) \equiv X_2\,.$$

Die übrigen Verbindungskräfte sind Null.

$$l = L\,\frac{\sqrt{2}}{6}\,,\qquad l'_1 = l\,\frac{J_c}{J_1}\,,\qquad l'_2 = l\,\frac{J_c}{J_2}\,,\qquad l'_3 = l\,\frac{J_c}{J_3}\,.$$

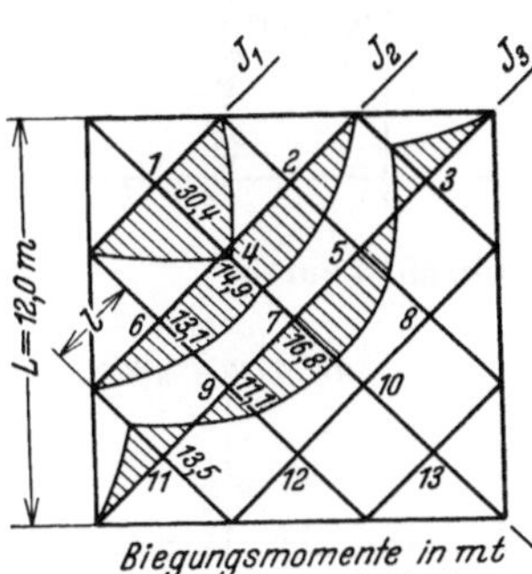

Biegungsmomente in mt
aus $q=1$ t/m² für $J_1=J_2=J_3$

Abb. 600.

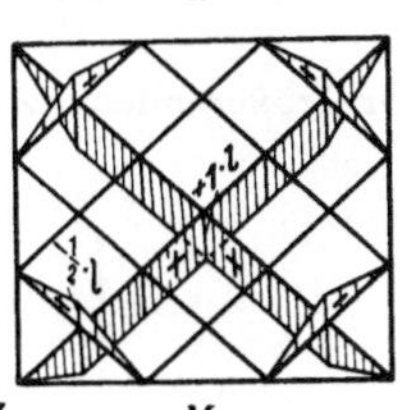

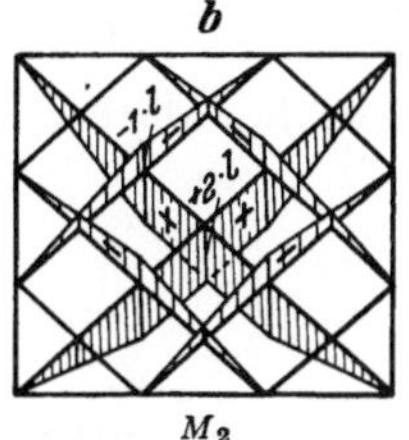

Abb. 601.

Abb. 601:

$$\delta_{11} = 4\cdot2\,l'_1\cdot\frac{1}{3}\cdot\frac{l^2}{4} + 2\left(2\,l'_3\cdot\frac{1}{3}\cdot l^2 + 4\,l'_3\cdot l^2\right) = \frac{2}{3}\,l^2\,(l'_1 + 14\,l'_3)\,,$$

$$\delta_{22} = \frac{16}{3}\cdot l^2\,(l'_2 + 5\,l'_3)\,,\qquad \delta_{12} = \frac{46}{3}\,l^2\,l'_3\,,$$

$$\delta_{10} = \frac{5}{6}\,p\,l^3\,(41\,l'_3 - l'_1)\,,\qquad \delta_{20} = \frac{4}{3}\,p\,l^3\,(44\,l'_3 - 10\,l'_2)\,.$$

Bei konstantem Trägheitsmoment $(l'_1 = l'_2 = l'_3 = l')$ entsteht nach Kürzung der Gleichungen mit $\dfrac{2\,l'\,l^2}{3}$ folgende Matrix:

$$
\begin{array}{cc}
X_1 & X_2 \\
\end{array}
$$

$$
\begin{array}{|c|c|}
\hline
15 & 23 \\
\hline
23 & 48 \\
\hline
\end{array}
\quad
\begin{array}{l}
50\,p\,l\,. \\
68\,p\,l\,.
\end{array}
\qquad
\begin{array}{l}
X_1 = + 4{,}3768\,p\,l\,, \\
X_2 = - 0{,}6805\,p\,l\,.
\end{array}
$$

$$M_{I,1} = 2{,}688\,p\,l^2\,, \qquad M_{I,6} = 1{,}160\,p\,l^2\,, \qquad M_{I,4} = 1{,}320\,p\,l^2\,,$$

$$M_{I,11} = -1{,}196\,p\,l^2\,, \qquad M_{I,9} = 0{,}984\,p\,l^2\,, \qquad M_{I,7} = 1{,}484\,p\,l^2\,.$$

Die Biegungsmomente für $J = \text{const}$, $L = 12{,}0$ m, $l = 2{,}828$ m und $q = 1$ t/m² sind in Abb. 600 dargestellt.

Die statische Untersuchung mit Berücksichtigung der drehsteifen Verbindung der Träger. Die Anschlußkräfte der Abschnitte l_k, s_k des Trägerrostes sind Funktionen der Belastung $\mathfrak{P}_{I,k}$, $\mathfrak{P}_{II,k}$ und ihrer geometrischen Randbedingungen und daher durch die Verschiebungen w_k, φ_k, ψ_k der Knotenpunkte bestimmt (529). Diese werden nach Abschn. 39 als die geometrisch überzähligen Größen eines geometrisch bestimmten Hauptsystems berechnet. Sie gehen dabei in $3n$ statische Bedingungen ein, die nach dem Prinzip der virtuellen Verrückungen für das Gleichgewicht der äußeren Kräfte von $3n$ voneinander unabhängigen zwangläufigen Gebilden $\Gamma_{\varphi k}$, $\Gamma_{\psi k}$, $\Gamma_{w k}$ angeschrieben werden. Dabei gelten alle Bezeichnungen, Rechenvorschriften und Bemerkungen der Abschn. 38 ff., so daß je nach der Art der Kette drei verschiedene Gruppen von Gleichungen entstehen:

$$
\left.
\begin{aligned}
\delta A_{wk} &= a_{wk,0} + \sum w_h\,a_{wk,h} + \sum \varphi_h\,\bar a_{wk,h} + \sum \psi_h\,a^{*}_{wk,h} = 0\,, \\
\delta A_{\varphi k} &= a_{\varphi k,0} + \sum w_h\,a_{\varphi k,h} + \sum \varphi_h\,\bar a_{\varphi k,h} + \sum \psi_h\,a^{*}_{\varphi k,h} = 0\,, \\
\delta A_{\psi k} &= a_{\psi k,0} + \sum w_h\,a_{\psi k,h} + \sum \varphi_h\,\bar a_{\psi k,h} + \sum \psi_h\,a^{*}_{\psi k,h} = 0\,.
\end{aligned}
\right\}
\qquad (908)
$$

a) Anschlußmomente infolge:

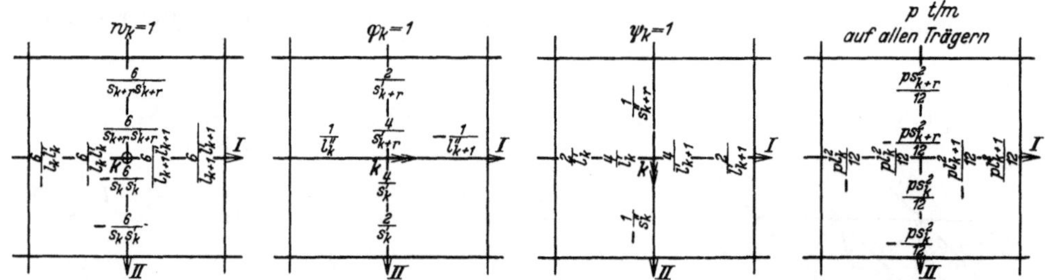

b) Anschlußmomente für Abstützung der Trägerenden nach Abb. 591a infolge:

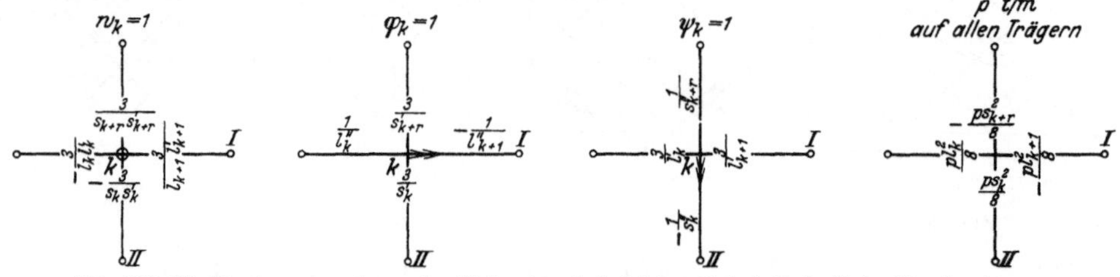

Abb. 602. Die Torsionsmomente an den Stabenden sind gleich und deshalb in Stabmitte eingetragen.

Die Vorzahlen $a_{\varphi k,0}$, $a_{\varphi k,h}$, $\bar a_{\varphi k,h}$, $a^{*}_{\varphi k,h}$ bedeuten nach S. 316 virtuelle Arbeiten an der mit $\dot\varphi_k = 1$ angetriebenen zwangläufigen Stabkette $\Gamma_{\varphi k}$ infolge von äußeren Kräften im geometrisch bestimmten Hauptsystem, die entweder von der

		w									φ									ψ								
	k	1	2	3	4	5	6	7	8	9	1	2	3	4	5	6	7	8	9	1	2	3	4	5	6	7	8	9
	1	=	–		–						–	–								–			–					
	2	–	=	–		–					–	–	–								–			–				
	3		–	=			–					–	–									–			–			
	4	–			=	–		–						–	–					–			–			–		
δA_{wk}	5		–		–	=	–		–					–	–	–					–			–			–	
	6			–		–	=			–					–	–						–			–			–
	7				–			=	–								–	–					–			–		
	8					–		–	=	–							–	–	–					–			–	
	9						–		–	=								–	–						–			–
	1	–	–								=	–		–														
	2	–	–	–							–	=	–		–													
	3		–	–								–	=			–												
	4				–	–					–			=	–		–											
$\delta A_{\varphi k}$	5				–	–	–					–		–	=	–		–										
	6					–	–						–		–	=			–									
	7							–	–					–			=	–										
	8							–	–	–					–		–	=	–									
	9								–	–						–		–	=									
	1	–			–															=	–		–					
	2		–			–														–	=	–		–				
	3			–			–														–	=			–			
	4	–			–			–												–			=	–		–		
$\delta A_{\psi k}$	5		–			–			–												–		–	=	–		–	
	6			–			–			–												–			=			–
	7				–			–															–			=	–	
	8					–			–															–		–	=	–
	9						–			–															–		–	=

Belastung des Trägerrostes ($\mathfrak{P}, \Delta t$), der Verschiebung $w_h = 1$ oder von der Verdrehung $\varphi_h = 1$ oder $\psi_h = 1$ herrühren. Diese lassen sich aus den Ansätzen (533 ff.) entnehmen, so daß die Vorzahlen und Belastungszahlen mit der Abb. 602 unmittelbar angeschrieben werden können. Dabei zeigt sich, daß

$$\bar{a}_{\psi k,h} = a^*_{\varphi k,h} = 0 \quad \text{und} \quad a_{\varphi k,h} = \bar{a}_{w k,h}, \qquad a_{\psi k,h} = a^*_{w k,h}.$$

Die 27 unabhängigen statischen Bedingungen zur Berechnung eines unregelmäßigen Trägerrostes nach Abb. 595 bilden die Matrix auf S. 631.

Die Wurzeln w_k, φ_k, ψ_k können durch die Iteration einer Näherungslösung angeschrieben werden, wenn auch dabei langwierige, mühevolle Zahlenrechnungen nicht ausbleiben. Sie sind bei symmetrischen Rosten durch die Umordnung der Belastung (S. 186) wesentlich einfacher. In einzelnen Fällen ist außerdem die Verdrehung der Knoten um ausgezeichnete Achsen infolge der konstruktiven Ausgestaltung des Rostes Null. Die Vorteile der Lösung treten jedoch vor allem bei Trägerrosten mit mehr als zwei Trägerscharen in Erscheinung (Abb. 607), da dann zwar der Grad der statischen Unbestimmtheit zunimmt, dagegen die Anzahl der geometrisch unbekannten Komponenten w_k, φ_k, ψ_k unverändert $3n$ bleibt.

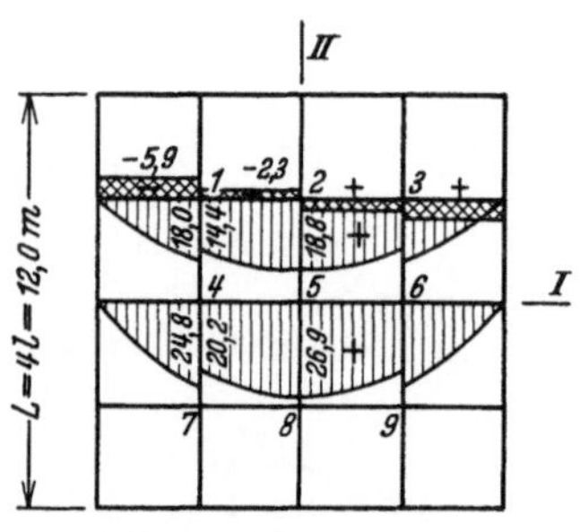

▭ Biegungsmomente
▨ Torsionsmomente
in mt aus $q = 1\,t/m^2$

Abb. 603.

Berechnung eines seitenparallelen, quadratischen Trägerrostes b für gleichmäßig verteilte Belastung q t/m².

Der Trägerrost Abb. 603 ist bei Lagerung der Trägerenden nach Abb. 591 b und drehsteifen Knoten 33 fach statisch unbestimmt und 27 fach geometrisch unbestimmt. Infolge der Symmetrie von Tragwerk und Belastung genügt ein Ansatz mit 3 statischen oder 5 geometrischen Größen, um den vollständigen Spannungszustand anzugeben. Daher wird der statische Ansatz gewählt.

Als Überzählige dienen die Verbindungskräfte Y und die Verbindungsmomente Z_I, Z_{II}, deren Drehsinn nach Abb. 604 a positiv ist. Infolge der Symmetrie des Tragwerks ist bei gleichmäßig verteilter Belastung

$$Y_1 = Y_3 = Y_9 = Y_7 = Y_5 = 0, \qquad (Y_2 = -Y_6 = Y_8 = -Y_4) \equiv X_1,$$
$$(Z_{I,1} \widehat{+} Z_{II,1} = Z_{I,3} \frown Z_{II,3} = -Z_{I,9} \frown Z_{II,9} = -Z_{I,7} \widehat{+} Z_{II,7}) \equiv X_2,$$
$$Z_{II,2} = Z_{I,6} = Z_{II,8} = Z_{I,4} = Z_{I,5} = Z_{II,5} = 0,$$
$$(Z_{I,2} = -Z_{II,6} = -Z_{I,8} = Z_{II,4}) \equiv X_3.$$

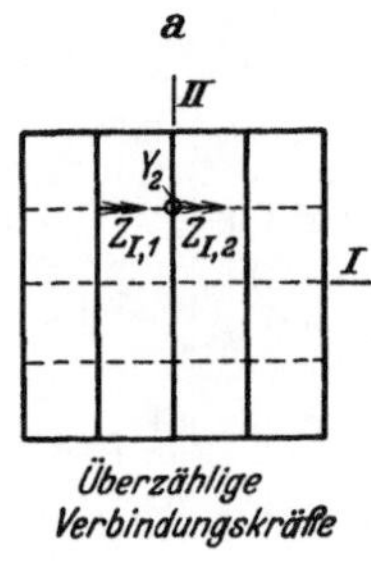

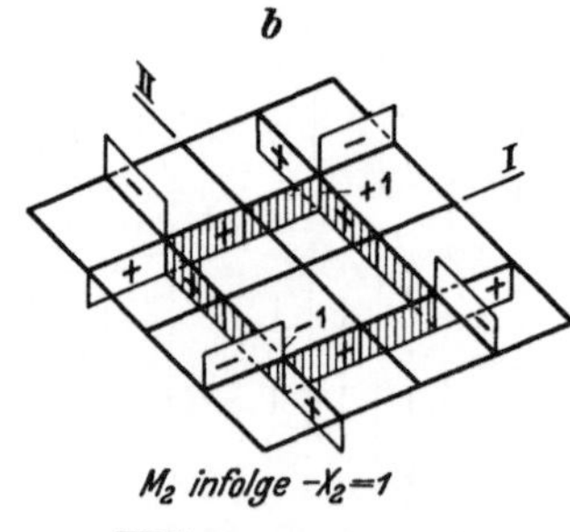

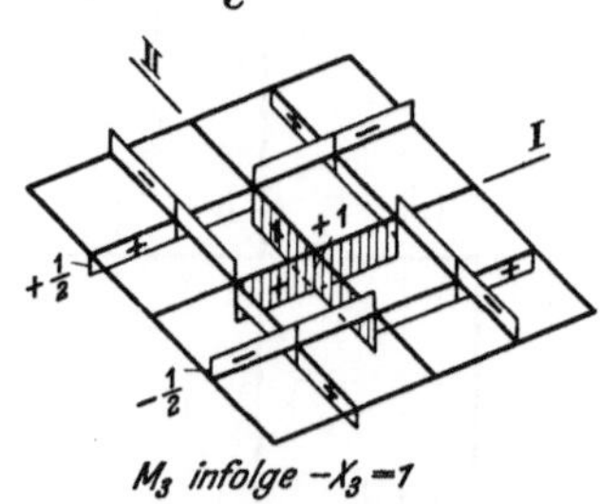

Abb. 604.

▬ Biegungsmomente   ▭ Torsionsmomente

Das Trägheitsmoment ist hier für alle Träger gleich,

$$l' = l\frac{J_c}{J}, \quad l'' = \varrho l', \quad \varrho = \frac{E J_v}{G T}$$

und daher nach S. 629

$$\delta_{11} = \frac{32}{3} l' l^2, \quad \delta_{10} = -\frac{23}{6} l' l^3 p.$$

Mit Abb. 604 b, c wird:

$$\delta_{22} = 8\,l'\,(1 + \varrho), \quad \delta_{33} = 4\,l'\,(1 + \varrho), \quad \delta_{12} = -6\,l\,l', \quad \delta_{13} = 4\,l\,l', \quad \delta_{23} = 4\,\varrho\,l',$$
$$\delta_{20} = \frac{44}{3}\,p\,l^2 l', \quad \delta_{30} = \frac{22}{3}\,p\,l^2 l'.$$

Für Träger, deren Höhe etwa gleich der doppelten Breite ist, ergibt sich nach S. 30 $\varrho \approx 3$ und nach Kürzung der Gleichungen mit $\dfrac{l'}{3}$ die folgende Matrix.

X_1	X_2	X_3	
$32\,l^2$	$-18\,l$	$12\,l$	$-11{,}5\,p\,l^3$,
$-18\,l$	96	36	$44\,p\,l^2$,
$12\,l$	36	48	$22\,p\,l^2$.

Mit $l = 3{,}0$ m und $q = 1$ t/m²; $p = \dfrac{q \cdot l}{2} = 1{,}5$ t/m wird

$$X_1 = -1{,}523\ \text{t}, \qquad X_2 = 3{,}591\ \text{mt}, \qquad X_3 = 4{,}636\ \text{mt}.$$

Die Schnittkräfte ergeben sich durch Superposition; z. B.:

$$M_{yI,\,4}^{(4)} = \tfrac{3}{2}\,p\,l^2 - X_1 \cdot l = 24{,}8\ \text{mt}, \qquad M_{yI,\,4}^{(5)} = \tfrac{3}{2}\,p\,l^2 - X_1\,l - X_3 \cdot 1 = 20{,}2\ \text{mt},$$

$$M_{xII,\,4}^{(4)} = M_{xI,\,2}^{(2)} = -X_3 \cdot \tfrac{1}{2} = -2{,}3\ \text{mt}.$$

Die Biegungs- und Torsionsmomente sind in Abb. 603 eingetragen.

Berechnung eines seitenschiefen, quadratischen Trägerrostes b für gleichmäßig verteilte Belastung q t/m².

Der Trägerrost Abb. 605 ist bei Lagerung der Trägerenden nach Abb. 591b und drehsteifen Knoten 49 fach statisch unbestimmt und 39 fach geometrisch unbestimmt. Infolge der Symmetrie des Tragwerks genügen jedoch 5 statische oder 7 geometrische Größen zur eindeutigen Angabe des Spannungszustandes. Um auch die Anwendung des Ansatzes (908) zu zeigen, werden die geometrisch unbestimmten Größen w_1, w_2, w_4, w_7, $\varphi_1, \varphi_2,\ \varphi_3$ berechnet und zu symmetrischen Gruppenbewegungen zusammengefaßt.

$$(w_1 = w_3 = w_{13} = w_{11}) \equiv W_1, \qquad (\varphi_1 = \psi_3 = -\varphi_{13} = -\psi_{11}) \equiv \Phi_A,$$
$$(w_4 = w_5 = w_{10} = w_9) \equiv W_2, \qquad (\varphi_4 = \psi_5 = -\varphi_{10} = -\psi_9) \equiv \Phi_B,$$
$$(w_2 = w_8 = w_{12} = w_6) \equiv W_3, \qquad (\varphi_2 \overset{\frown}{+} \psi_2 = -\varphi_8 \overset{\frown}{+} \psi_8 = -\varphi_{12} \overset{\frown}{\ } \psi_{12} = +\varphi_6 \overset{\frown}{\ } \psi_6) \equiv \Phi_C,$$
$$(w_7) \equiv W_4, \qquad \psi_1 = \psi_4 = \psi_7 = \psi_{10} = \psi_{13} = \varphi_3 = \varphi_5 = \varphi_7 = \varphi_9 = \varphi_{11} = 0.$$

Die Vorzahlen der statischen Bedingungsgleichungen lassen sich nach Abb. 602 unmittelbar anschreiben. Mit

$$l = L\,\frac{\sqrt{2}}{6}, \qquad l_1' = l\,\frac{J_c}{J_1}, \qquad l_2' = l\,\frac{J_c}{J_2}, \qquad l_3' = l\,\frac{J_c}{J_3},$$

$$l_1'' = \varrho_1 l_1', \qquad l_2'' = \varrho_2 l_2', \qquad l_3'' = \varrho_3 l_3'$$

ist z. B.

$$a_{11} = 4\left[-\frac{3}{l^2 l_3'} - 2\,\frac{3}{l^2 l_1'} - \frac{12}{l^2 l_3'}\right] = -\frac{12}{l^2 l_3'}\left(5 + 2\,\frac{l_3'}{l_1'}\right),$$

$$a_{12} = 4\,\frac{12}{l^2 l_3'} = \frac{48}{l^2 l_3'}, \qquad a_{13} = 0, \qquad a_{14} = 0,$$

$$a_{22} = 4\left[-2\,\frac{12}{l^2 l_3'} - 2\,\frac{12}{l^2 l_2'}\right] = -\frac{96}{l^2 l_3'}\left(1 + \frac{l_3'}{l_2'}\right).$$

$$a_{AA} = 4\left(-\frac{3}{l_3'} - \frac{4}{l_3'} - \frac{1}{l_1''} - \frac{1}{l_1''}\right) = -\frac{4}{l_3'}\left(7 + 2\,\frac{l_3'}{\varrho_1 l_1'}\right),$$

$$a_{AB} = -4\,\frac{2}{l_3'} = -\frac{8}{l_3'}, \qquad a_{AC} = 0, \qquad a_{BB} = 4\left(-2\,\frac{4}{l_3'} - \frac{2}{l_2''}\right) = -\frac{8}{l_3'}\left(4 + \frac{l_3'}{\varrho_2 l_2'}\right),$$

$$a_{A1} = 4\left(-\frac{3}{l\,l_3'} + \frac{4}{l\,l_3'} + \frac{2}{l\,l_3'}\right) = \frac{12}{l\,l_3'}, \qquad a_{A2} = -\frac{24}{l\,l_3'}, \qquad a_{A3} = 0, \qquad a_{A4} = 0,$$

$$a_{B1} = \frac{24}{l\,l_3'}, \qquad a_{B2} = 0, \qquad a_{B3} = 0, \qquad a_{B4} = -\frac{24}{l\,l_3'}.$$

Φ_A	Φ_B	Φ_C	W_1	W	W_3	W_4	p
$-\dfrac{4}{l'_3}\left(7+2\dfrac{l'_3}{\varrho_1 l'_1}\right)$	$-\dfrac{8}{l'_3}$	0	$\dfrac{12}{l\,l'_3}$	$-\dfrac{24}{l\,l'_3}$	0	0	$\dfrac{l^2}{6}$
$-\dfrac{8}{l'_3}$	$-\dfrac{8}{l'_3}\left(4+\dfrac{l'_3}{\varrho_2 l'_2}\right)$	$\dfrac{8}{\varrho_2 l'_2}$	$\dfrac{24}{l\,l'_3}$	0	0	$-\dfrac{24}{l\,l'_3}$	0
0	$\dfrac{8}{\varrho_2 l'_2}$	$-\dfrac{8}{l'_2}\left(7+2\dfrac{1}{\varrho_2}\right)$	0	$-\dfrac{48}{l\,l'_2}$	$\dfrac{24}{l\,l'_2}$	0	$\dfrac{l^2}{3}$
$\dfrac{12}{l\,l'_3}$	$\dfrac{24}{l\,l'_3}$	0	$-\dfrac{12}{l^2 l'_3}\left(5+2\dfrac{l'_3}{l'_1}\right)$	$\dfrac{48}{l^2 l'_3}$	0	0	$\dfrac{19}{2}l$
$-\dfrac{24}{l\,l'_3}$	0	$-\dfrac{48}{l\,l'_2}$	$\dfrac{48}{l^2 l'_3}$	$-\dfrac{96}{l^2 l'_3}\left(1+\dfrac{l'_3}{l'_2}\right)$	$\dfrac{96}{l^2 l'_2}$	$\dfrac{48}{l^2 l'_3}$	$8\,l$
0	0	$\dfrac{24}{l\,l'_2}$	0	$\dfrac{96}{l^2 l'_2}$	$-\dfrac{120}{l^2 l'_2}$	0	$9\,l$
0	$-\dfrac{24}{l\,l'_3}$	0	0	$\dfrac{48}{l^2 l'_3}$	0	$-\dfrac{48}{l^2 l'_3}$	$2\,l$

Für gleichmäßig verteilte Belastung $p=\dfrac{q\,l}{2}$ ergeben sich die Absolutglieder, z. B.:

$$a_{10}=4\cdot 3\,\frac{p\,l^2}{8}\cdot\frac{1}{l}+4\cdot 4\cdot\frac{p\,l}{2}=\frac{19}{2}\,p\,l,$$

$$a_{20}=4\cdot 4\cdot\frac{p\,l}{2}=8\,p\,l,$$

$$a_{A0}=4\left(-\frac{p\,l^2}{12}+\frac{p\,l^2}{8}\right)=\frac{p\,l^2}{6},$$

$$a_{B0}=0.$$

Der vollständige Ansatz bildet die nebenstehende Matrix.

Mit $L=12,0$ m, $l=2,828$ m,
$J=\text{const}$, $l'_1=l'_2=l'_3=l'$,
$\varrho_1=\varrho_2=\varrho_3=\varrho=3$
ergibt die Auflösung

$$\Phi_A=-22,857\,p,$$
$$\Phi_B=-26,211\,p,$$
$$\Phi_C=-24,608\,p,$$

$$W_1=53,765\,p,$$
$$W_2=134,644\,p,$$
$$W_3=98,768\,p,$$
$$W_4=174,667\,p.$$

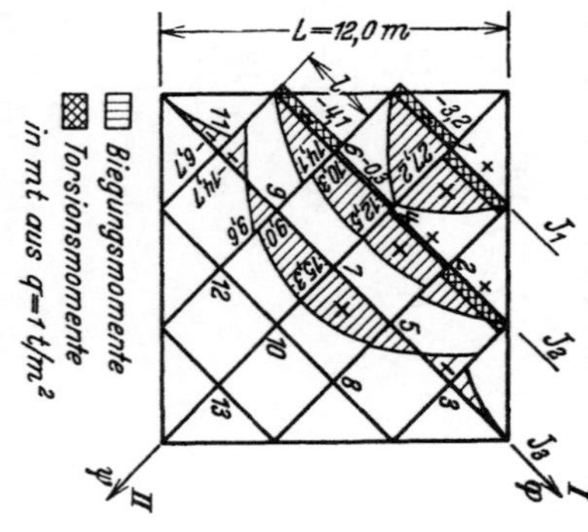

Biegungsmomente
Torsionsmomente
in mt aus $q=1$ t/m²

Abb. 605.

Die Anschlußkräfte ergeben sich nach (505) oder durch Superposition; z. B. ist mit $q=1$ t/m²,

$$p=\frac{q\cdot l}{2}=1,414\ \text{t/m}:$$

$$M^{(0)}_{y,12} = -\frac{p\,l^2}{8} + W_3\frac{3}{l\,l'} + \Phi_C\frac{3}{l'} = 14{,}1\ \text{mt},$$

$$M^{(2)}_{y,12} = +\frac{p\,l^2}{8} - W_3\frac{6}{l\,l'} + W_2\frac{6}{l\,l'} + \Phi_C\frac{4}{l'} = -10{,}3\ \text{mt},$$

$$M^{(0)}_{x,12} = -\Phi_C\frac{1}{\varrho\,l'} = 4{,}1\ \text{mt}, \qquad M^{(2)}_{x,12} = \Phi_C\frac{1}{\varrho\,l'} - \Phi_B\frac{1}{\varrho\,l'} = 0{,}3\ \text{mt}.$$

Die Biegungs- und Torsionsmomente sind in Abb. 605 aufgetragen.

Seitenschiefer, quadratischer Trägerrost nach Abb. 606 mit gleichmäßig verteilter Belastung $q = 1\ \text{t/m}^2$.

Die Rechnung bietet nichts Neues. Die Biegungsmomente ohne Berücksichtigung des Drillungswiderstandes der Träger sind in Abb. 606a, mit Berücksichtigung desselben in Abb. 606b dargestellt (vgl. Fußnote S. 625).

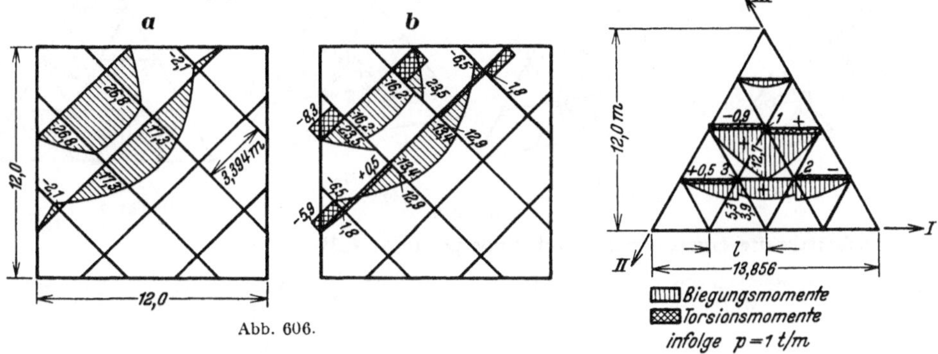

Abb. 606.

Abb. 607.

Berechnung eines Trägerrostes mit drei Trägerscharen über einem gleichseitigen Dreieck.

Der Trägerrost Abb. 607 mit Abstützung der Trägerenden nach Abb. 591b und drehsteifer Verbindung der Trägerscharen I, II, III ist 21fach statisch unbestimmt und 9fach geometrisch unbestimmt. Wegen der Symmetrieeigenschaften genügt bei gleichmäßig verteilter Last $q\ \text{t/m}^2$ die Berechnung von 3 Verbindungskräften (Lösung a) oder 2 Komponenten des Verschiebungszustandes (Lösung b), um den vollständigen Spannungszustand angeben zu können.

Lösung a) Die lotrechten Verbindungskräfte U_1, U_2, U_3 wirken an den Trägern Abb. 608a nach unten, an den Trägern Abb. 608b nach oben. Sie werden in der symmetrischen Gruppen-

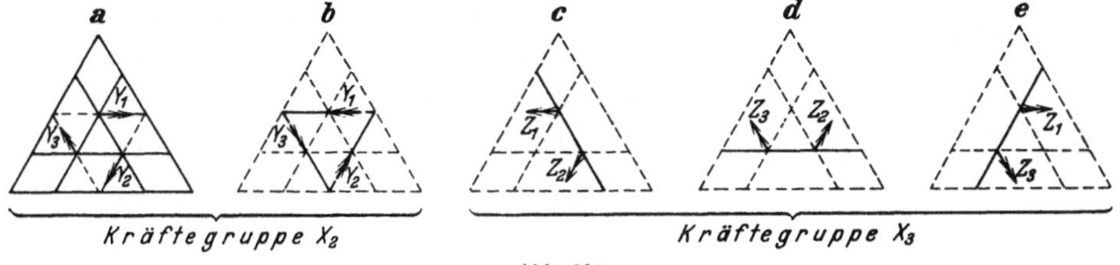

Abb. 608.

last X_1 zusammengefaßt. Die zyklisch liegenden Verbindungsmomente Y_1, Y_2, Y_3 zwischen den Trägern der Abb. 608a und Abb. 608b bilden die Gruppenlast X_2, die Verbindungsmomente Z_1, Z_2, Z_3 zwischen den Trägern der Abb. 608c, d und e die Gruppenlast X_3.

Das Trägheitsmoment ist für alle Träger gleich.

$$l' = l\frac{J_c}{J_v}, \qquad l'' = \varrho\,l', \qquad \varrho = \frac{E\,J_v}{G\,T}.$$

Abb. 609:

$$\delta_{11} = 3\left[2\,l'\cdot\frac{1}{3}\cdot\frac{l^2}{4} + 2\,l'\cdot\frac{1}{3}\frac{l^2}{4} + 3\,l'\cdot\frac{l^2}{4}\right] = \frac{7}{4}\,l^2\,l',$$

$$\delta_{22} = l'\left(1 + \frac{3}{2}\,\varrho\right), \qquad \delta_{33} = \frac{3}{4}\,l'\,(1 + 6\,\varrho), \qquad \delta_{12} = -\frac{\sqrt{3}}{2}\,l\,l',$$

$$\delta_{13} = -\frac{3}{4}\,l\,l', \qquad \delta_{23} = \frac{\sqrt{3}}{2}\cdot l';$$

$$\delta_{10} = -\frac{17}{8}\,p\,l'\,l^3, \qquad \delta_{20} = \frac{13}{12}\,\sqrt{3}\,p\,l'\,l^2, \qquad \delta_{30} = \frac{13}{8}\,p\,l'\,l^2.$$

Mit $\varrho = 3$, $l = 3{,}464$ m entsteht die folgende Matrix.

X_1	X_2	X_3	$p\,l^3$	
72,7461	— 10,3926	— 9,0000	— 7,3612	$X_1 = -3{,}8676\,p$ t,
— 10,3926	19,0526	3,0000	1,8762	$X_2 = \quad 1{,}8980\,p$ mt,
— 9,0000	3,0000	49,3634	1,6250	$X_3 = \quad 0{,}5479\,p$ mt.

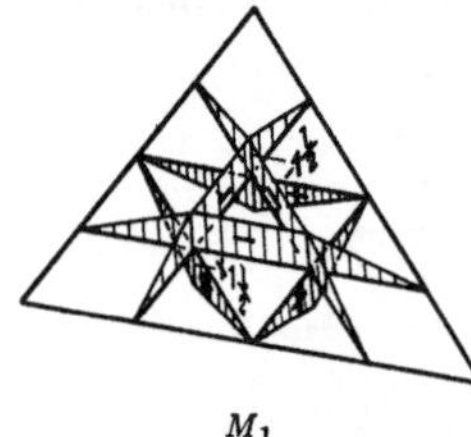
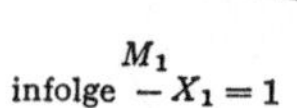
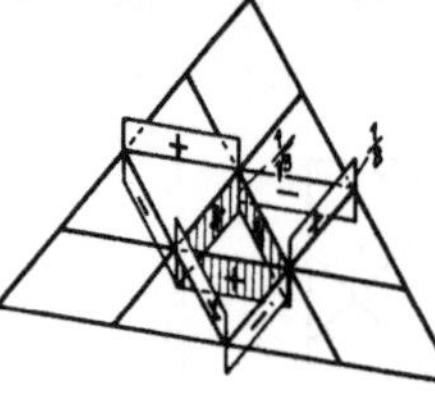
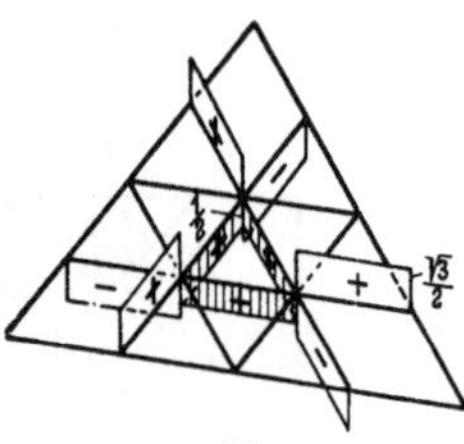
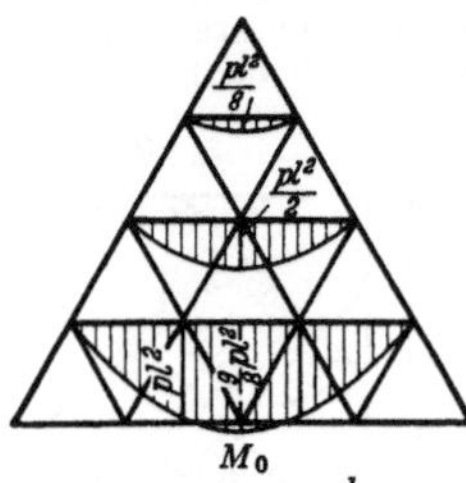

M_1 infolge $-X_1 = 1$ M_2 infolge $-X_2 = 1$ M_3 infolge $-X_3 = 1$ M_0 infolge $p = q\,\dfrac{l}{2\sqrt{3}}$

Abb. 609.

Die Schnittkräfte ergeben sich durch Superposition; z. B.:

$$M_{yI,3}^{(3)} = p\,l^2 + X_1\,\frac{l}{2} = 5{,}3\,p\text{ mt}, \qquad M_{yI,3}^{(2)} = p\,l^2 + X_1\,\frac{l}{2} - X_2\,\frac{1}{\sqrt{3}} - X_3\,\frac{1}{2} = 3{,}9\,p\text{ mt},$$

$$M_{xI,3}^{(3)} = +X_3\,\frac{\sqrt{3}}{2} = 0{,}5\,p\text{ mt}, \qquad M_{xII,3}^{(2)} = 0.$$

Die Biegungs- und Torsionsmomente sind in Abb. 607 dargestellt.

Lösung b) Als geometrisch überzählige Größen dienen die zyklischen Gruppenbewegungen (Abb. 610)

$$(w_1 = w_2 = w_3) \equiv W_1, \qquad (\varphi_{I,1} = \varphi_{II,2} = \varphi_{III,3}) \equiv \Phi_A.$$

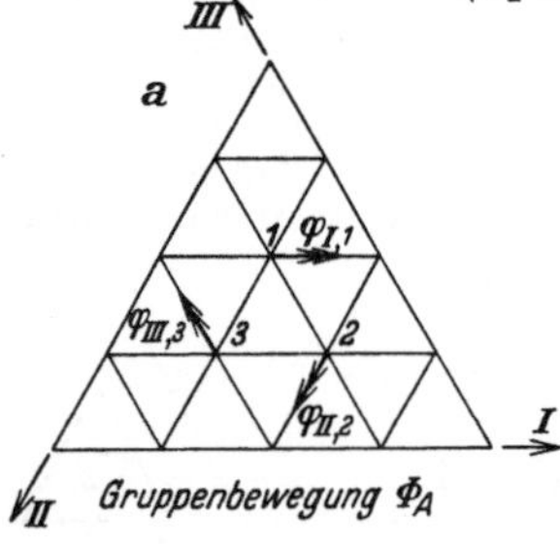

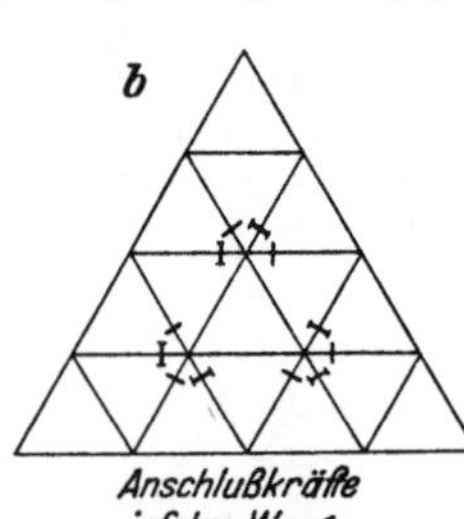

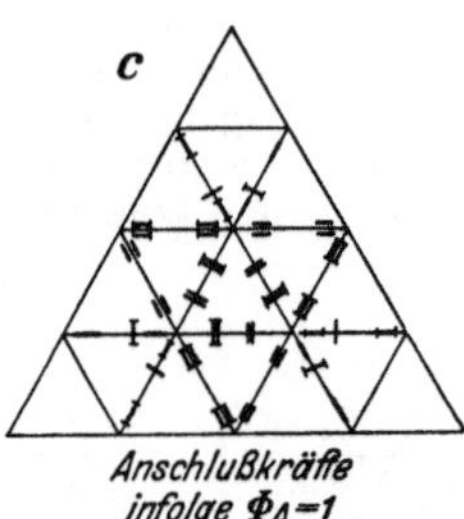

Abb. 610.

Die Anschlußkräfte infolge $W_1 = 1$, $\Phi_A = 1$ sind in Abb. 610 eingetragen. Ein Stabendmoment wird positiv gerechnet, wenn es bei Betrachtung von der zur Stabschar gehörenden Ecke des Rostes im Uhrzeigersinn dreht.

$$\frac{a_{AA}}{3} = -\frac{2}{l''} - \frac{2}{2\,l''}\cdot\frac{1}{2} - 2\,\frac{3\sqrt{3}}{2\,l'}\,\frac{3}{2\sqrt{3}} - 2\,\frac{\sqrt{3}}{l'}\,\frac{3}{2\sqrt{3}} = -\frac{5}{2\,l'}\left(3 + \frac{1}{\varrho}\right),$$

$$\frac{a_{11}}{3} = -4\cdot\frac{3}{l\,l'}\cdot\frac{1}{l} = -\frac{12}{l^2\,l'}, \qquad \frac{a_{A1}}{3} = -2\,\frac{3}{l\,l'}\cdot\frac{3}{2\sqrt{3}} = -\frac{3\sqrt{3}}{l\,l'},$$

$$\frac{a_{A0}}{3} = 2\,\frac{p\,l^2}{8}\cdot\frac{3}{2\sqrt{3}} - 2\,\frac{p\,l^2}{12}\cdot\frac{3}{2\sqrt{3}} = \frac{1}{8\sqrt{3}}\,p\,l^2, \qquad \frac{a_{10}}{3} = 4\,\frac{p\,l^2}{8}\cdot\frac{1}{l} + 4\,p\,l\cdot\frac{1}{2} + p\,l = \frac{7}{2}\,p\,l.$$

Mit $\varrho = 3$ und $l' = l = 3{,}464$ entsteht folgende Matrix:

Φ_A	W_1	p
$-2{,}4056$	$-0{,}4330$	$0{,}8660$
$-0{,}4330$	$-0{,}2887$	$12{,}1244$

$$\Phi_A = -9{,}8628\,p\,,$$
$$W_1 = 56{,}7890\,p\,.$$

Die Schnittkräfte ergeben sich nach (505) oder durch Superposition; z. B.

$$M_{y\,l,3}^{(2)} = \frac{p\,l^2}{12} + \frac{\sqrt{3}}{l}\,\Phi_A = -3{,}9\,p \text{ mt}.$$

Die Momente sind in Abb. 607 dargestellt.

Trägerrost mit freien Rändern. Werden die Querträger von Brücken mit mehreren Hauptträgern nicht nur als Teile der Fahrbahntafel betrachtet, sondern in statischer Beziehung in derselben Weise bewertet wie die Hauptträger, so entsteht ebenfalls ein Trägerrost mit seitenparalleler Anordnung. Da jedoch nur die Hauptträger gestützt, dagegen die Enden der Querträger frei sind, besteht deren Aufgabe hier nur in der Verteilung der Belastung eines Hauptträgers auf mehrere von ihnen, jedoch nicht mehr in der Entlastung der Hauptträger. Diese sind entweder Balkenträger auf zwei und mehreren Stützen oder Rahmen. Die Knoten zwischen Haupt- und Querträger sind biegungs- und drehsteif, gelten aber zur Vereinfachung der Rechnung in der Regel nur als zug- und druckfest. Der Brückengrundriß ist stets zu einer, meist aber auch zu zwei Achsen symmetrisch, so daß nach Abschn. 27 und 28 mit zwei- oder vierfacher Umordnung der Belastung und mit statisch unbestimmten Gruppenlasten gerechnet werden kann.

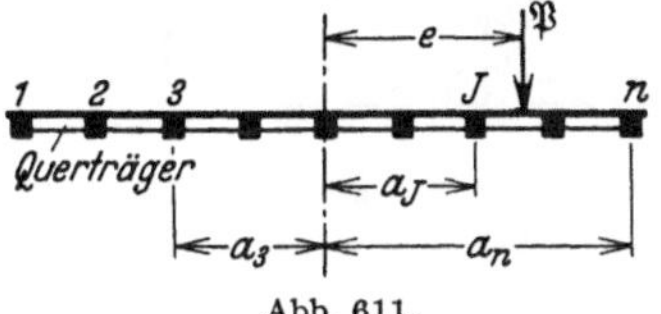

Abb. 611.

Die statische Untersuchung des Trägerrostes ist bei Annahme von sehr steifen Querträgern ($E\,J_{II} = \infty$) statisch bestimmt, wenn nur die Knotenpunkte und die Querträger belastet sind. Die Achsen der Querträger bleiben dann bei der Formänderung des Rostes gerade Linien. Auf einen Träger J der n Hauptträger entfällt bei Belastung eines Querträgers durch die resultierende Einzellast $\mathfrak{P}$ (Abb. 611) der Anteil

$$P_J = \frac{\mathfrak{P}}{n} + \frac{\mathfrak{P}\,e}{\sum\limits_{k=1}^{n} a_k^2}\,a_J\,. \tag{909}$$

Diese Annahme ist aber um so weniger berechtigt, je weniger Hauptträger verwendet werden, um die wirtschaftlichen Vorteile einer kreuzweisen Bewehrung der Fahrbahnplatte auszunützen und Schalungskosten zu sparen. Daher genügt die Untersuchung der Trägerroste mit drei und vier Hauptträgern auf je zwei Stützen, die mit den Querträgern zug- und druckfest verbunden angenommen sind. Die Anschlußmomente der mittleren Hauptträger sind die statisch unbestimmten Schnittkräfte der Rechnung.

Berechnung einer Balkenbrücke mit 3 Hauptträgern, Abb. 612.

Geometrische Grundlagen.

$$l = 3{,}5\,, \qquad s = 3{,}6 \text{ m}\,, \qquad \varkappa = \frac{s}{l} = 1{,}0286\,,$$

$$v_1 = \frac{J_1}{J_s} = 7{,}1111\,; \qquad v_2 = \frac{J_1}{J_2} = 1{,}3846\,,$$

$$J_c = J_1\,.$$

Als statisch überzählige Schnittkräfte X_k dienen die Biegungsmomente des mittleren Trägers in den Knoten $k = 1 \ldots 5$. Das Biegungsmoment X_3 ist in Abb. 612 als Vektor eingetragen.

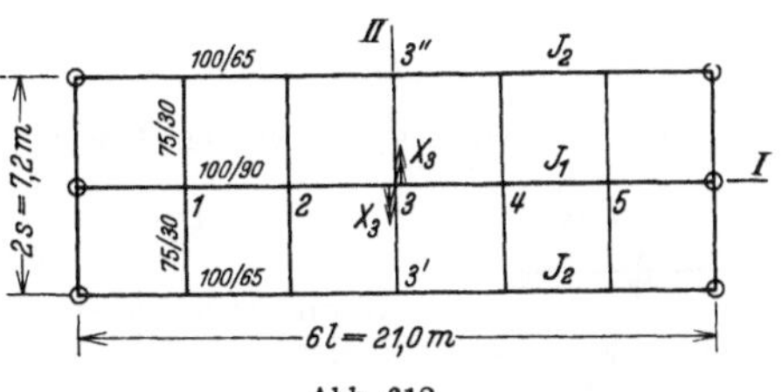

Abb. 612.

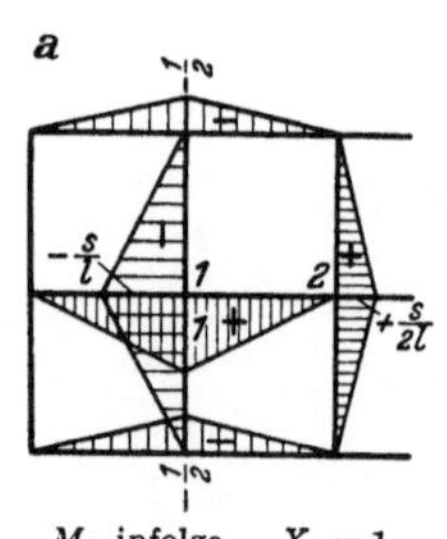

M_1 infolge $-X_1 = 1$

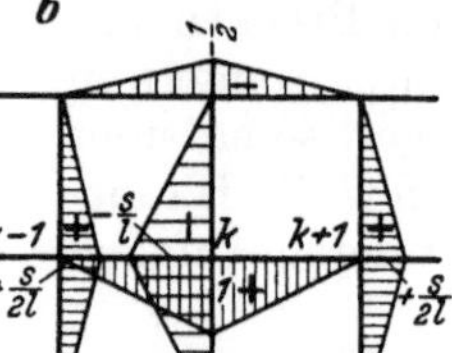

M_k infolge $-X_k = 1$

Abb. 613.

Vorzahlen (Abb. 613).

$$\delta_{11} = \frac{l}{3}\left(2 + v_2 + \frac{5}{2}\,\varkappa^3 v_1\right) = \quad 22{,}7304\,\frac{l}{3}\,,$$

$$\delta_{kk} = \frac{l}{3}\left(2 + v_2 + 3\,\varkappa^3 v_1\right) = \quad 26{,}5995\,\frac{l}{3}\,,$$

$$\delta_{k\,(k-1)} = \delta_{k\,(k+1)} = \frac{l}{6}\left(1 + \frac{v_2}{2} - 4\,\varkappa^3 v_1\right) = -\,14{,}6304\,\frac{l}{3}\,,$$

$$\delta_{k\,(k-2)} = \delta_{k\,(k+2)} = \frac{l}{6}\,\varkappa^3 v_1 = \quad 3{,}8692\,\frac{l}{3}\,.$$

δ Matrix nach Kürzung mit $l/3$.

X_1	X_2	X_3	X_4	X_5
22,7304	− 14,6304	3,8692		
− 14,6304	26,5995	− 14,6304	3,8696	
3,8692	− 14,6304	26,5995	− 14,6304	3,8692
	3,8692	− 14,6304	26,5995	− 14,6304
		3,8692	− 14,6304	22,7304

Konjugierte Matrix $\beta'_{hk} = \frac{l}{3}\,\beta_{hk}$.

	δ_{10}	δ_{20}	δ_{30}	δ_{40}	δ_{50}
X_1	0,072972	0,049733	0,017815	0,001388	− 0,002039
X_2	0,049733	0,090787	0,051121	0,015676	0,001388
X_3	0,017815	0,051121	0,088648	0,051121	0,017815
X_4	0,001388	0,015676	0,051121	0,090787	0,049733
X_5	− 0,002039	0,001388	0,017815	0,049733	0,072972

$$X_h = \sum \frac{3\,\beta'_{hk}}{l}\,\delta_{k0}\,.$$

Belastungszahlen für $P = 1\,\mathrm{t}$ in Knoten 3 (Abb. 614).

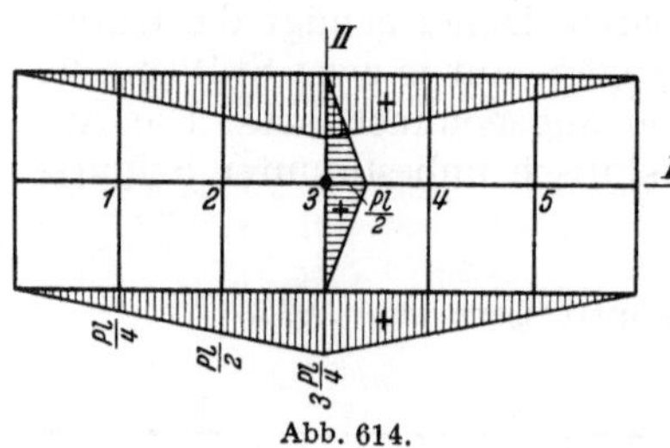

Abb. 614.

$$\delta_{10} = \delta_{50} = -\frac{l}{3}\,Pl\cdot\frac{3}{4}\,v_2 = -\,3{.}6346\,\frac{l}{3}\,,$$

$$\delta_{20} = \delta_{40} = -\frac{l}{3}\,\frac{Pl}{2}\,(3\,v_2 - \varkappa^3 v_1) = +\,6{,}2729\,\frac{l}{3}\,,$$

$$\delta_{30} = -\frac{l}{3}\,Pl\,(2\,v_2 + \varkappa^3 v_1) = -\,36{,}7763\,\frac{l}{3}\,,$$

$$X_1 = X_5 = -\,0{,}5923\,, \qquad X_2 = X_4 = -\,1{,}3980\,,$$

$$X_3 = -\,2{,}7483\ \mathrm{mt}\,.$$

In der Mitte des Querträgers 3 wird das Biegungsmoment

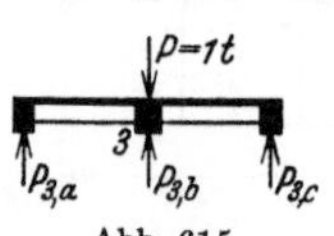

Abb. 615.

$$M_{II,3} = \frac{Ps}{3} + X_3\,\varkappa - X_2\,\frac{\varkappa}{2} - X_4\,\frac{\varkappa}{2} = 0{,}4111\ \mathrm{mt}\,.$$

Damit ergeben sich die Lastanteile $P_{3,i}$ ($i = a, b, c$) für die Hauptträger (Abb. 615)

$$P_{3,a} = P_{3,c} = 0{,}114\,\mathrm{t}\,, \qquad P_{3,b} = 0{,}772\,\mathrm{t}$$

und das Biegungsmoment im mittleren Hauptträger
$$M_{I,3} = -X_3 = 2{,}748 \text{ mt} .$$

Für Querträger mit $J_s = J_1$, also $\nu_1 = 1$ ist
$$P_{3,a} = P_{3,c} = 0{,}243 \text{ t}, \qquad P_{3,b} = 0{,}514 \text{ t}, \qquad M_{I,3} = 2{,}586 \text{ mt} .$$

Bei der Annahme $J_{II} = \infty$ wird nach (909)
$$P_{3,a} = P_{3,b} = P_{3,c} = \frac{\mathfrak{P}}{3} = 0{,}333 \text{ t}, \qquad M_{I,3} = \frac{1}{3}\,\frac{6\,l}{4} = 1{,}750 \text{ mt} .$$

Nach diesem Ergebnis kann auch bei sehr starken Querträgern nicht mit einer gleichmäßigen Lastverteilung auf die 3 Hauptträger gerechnet werden.

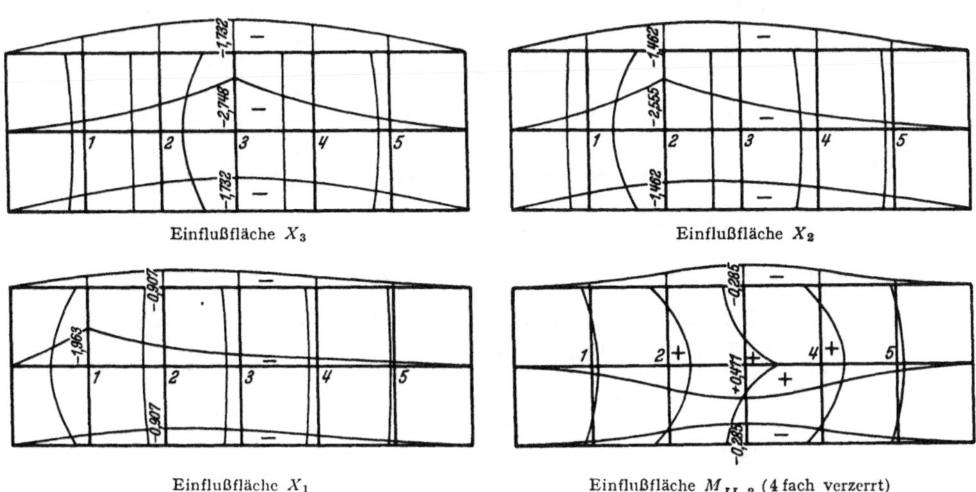

Einflußfläche X_3 Einflußfläche X_2

Einflußfläche X_1 Einflußfläche $M_{II,3}$ (4 fach verzerrt)

Einflußflächen. Wird der Reihe nach jeder Knoten mit $P = 1$ t belastet und die Größe einer Schnittkraft im Lastpunkt als Ordinate senkrecht zur Rostebene aufgetragen, so bilden die Endpunkte aller Ordinaten die Einflußfläche dieser Schnittkraft. Die Belastung der Randträger wird dabei in die zur Achse I symmetrischen und antimetrischen Anteile zerlegt. Für den antimetrischen Anteil sind die überzähligen Größen Null, die Schnittkräfte daher statisch

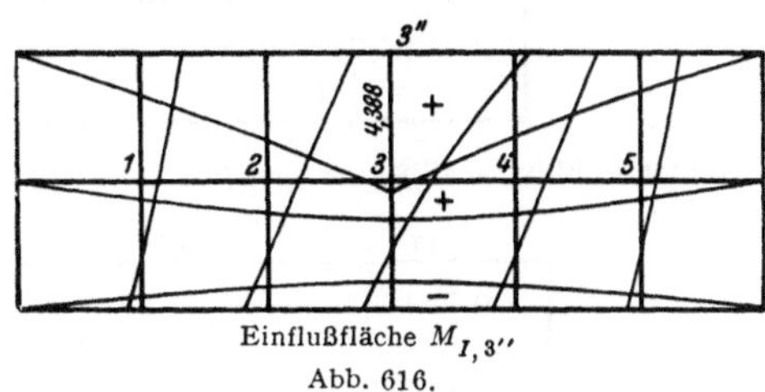

Einflußfläche $M_{I,3''}$
Abb. 616.

bestimmt. Die Rechnung bietet keinerlei Schwierigkeiten. Die Einflußflächen von X_1, X_2, X_3, $M_{I,3''}$ und $M_{II,3}$ sind in Abb. 616 dargestellt.

Berechnung einer Balkenbrücke mit 4 Hauptträgern, Abb. 617.

Geometrische Grundlagen.

$$l = 35 \text{ m}, \qquad s = 3{,}6 \text{ m}, \qquad \varkappa = \frac{s}{l} = 1{,}0286 ,$$

$$\nu_1 = \frac{J_1}{J_s} = 1 , \qquad \nu_2 = \frac{J_1}{J_2} = 1{,}3846 ,$$

$$J_c = J_1 ,$$

Aus den überzähligen Biegungsmomenten Z_k', Z_k'' der mittleren Hauptträger werden die symmetrischen und antimetrischen Gruppenlasten X_k, Y_k gebildet. Mit diesen ist

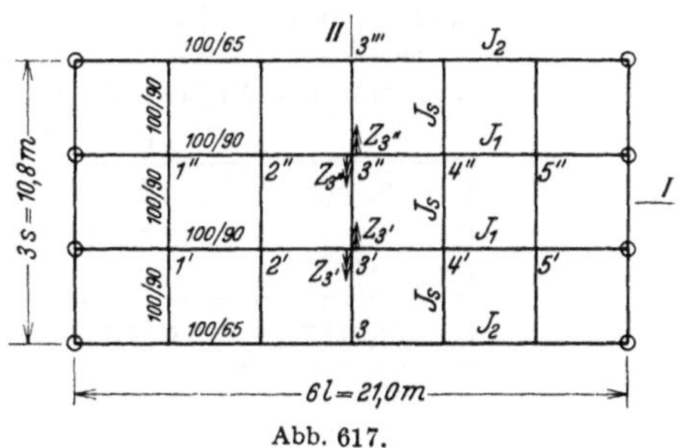

Abb. 617.

$$Z_{k''} = X_k + Y_k , \qquad Z_{k'} = X_k - Y_k , \qquad k = 1 \ldots 5 .$$

Vorzahlen
(Abb. 618).

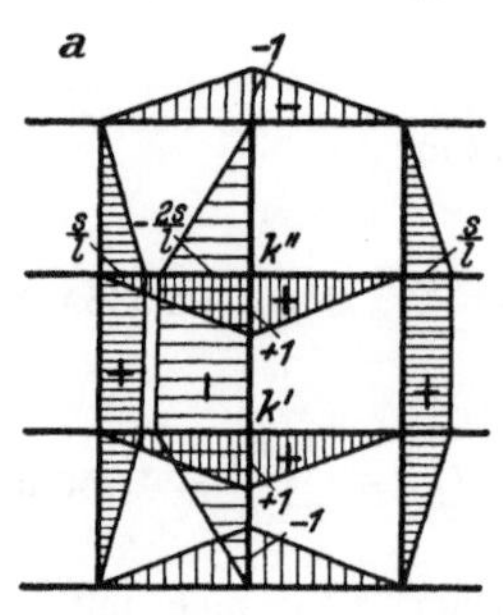

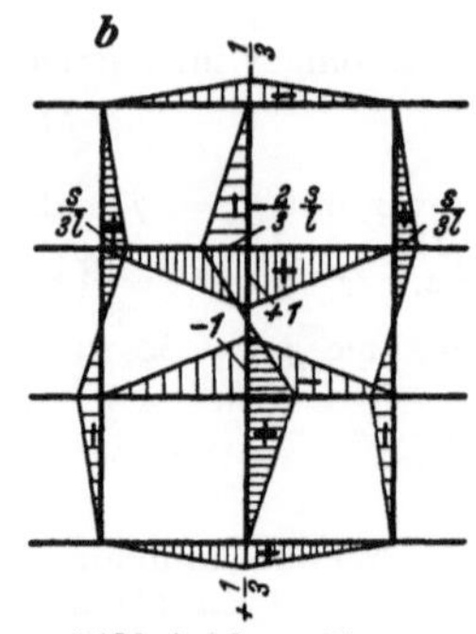

$$^{(1)}M_k \text{ infolge } -X_k = 1 \qquad \text{Abb. 618.} \qquad ^{(2)}M_k \text{ infolge } -Y_k = 1$$

$$^{(1)}\delta_{11} = \frac{l}{3}\left[4\,(1+\nu_2) + 25\,\varkappa^3\,\nu_1\right], \qquad ^{(2)}\delta_{11} = \frac{l}{3}\left[\frac{4}{9}\,(9+\nu_2) + \frac{5}{3}\,\varkappa^3\,\nu_1\right],$$

$$^{(1)}\delta_{kk} = \frac{l}{3}\left[4\,(1+\nu_2) + 30\,\varkappa^3\,\nu_1\right], \qquad ^{(2)}\delta_{kk} = \frac{l}{3}\left[\frac{4}{9}\,(9+\nu_2) + 2\,\varkappa^3\,\nu_1\right],$$

$$^{(1)}\delta_{k\,(k-1)} = \frac{l}{3}\left[2\,(1+\nu_2) - 20\,\varkappa^3\,\nu_1\right], \qquad ^{(2)}\delta_{k\,(k-1)} = \frac{l}{3}\left[\frac{1}{9}\,(9+\nu_2) - \frac{4}{3}\,\varkappa^3\,\nu_1\right],$$

$$^{(1)}\delta_{k\,(k-2)} = \frac{l}{3}\,5\,\varkappa^3\,\nu_1\,. \qquad\qquad ^{(2)}\delta_{k\,(k-2)} = \frac{l}{3}\,\frac{\varkappa^3\,\nu_1}{3}\,.$$

a) Symmetrischer Anteil X_k. $^{(1)}\delta$ Matrix nach Kürzung mit $l/3$.

X_1	X_2	X_3	X_4	X_5
36,7434	− 16,9948	5,4410		
− 16,9948	42,1844	− 16,9948	5,4410	
5,4410	− 16,9948	42,1844	− 16,9948	5,4410
	5,4410	− 16,9948	42,1844	− 16,9948
		5,4410	− 16,9948	36,7434

Konjugierte Matrix $^{(1)}\beta'_{hk} = \dfrac{l}{3}\,^{(1)}\beta_{hk}$

	δ_{10}	δ_{20}	δ_{30}	δ_{40}	δ_{50}
X_1	0,033 623	0,014 069	0,000 676	− 0,001 944	− 0,001 000
X_2	0,014 069	0,034 300	0,012 125	− 0,000 323	− 0,001 944
X_3	0,000 676	0,012 125	0,033 300	0,012 125	0,000 676
X_4	− 0,001 944	− 0,000 323	0,012 125	0,034 300	0,014 069
X_5	− 0,001 000	− 0,001 944	0,000 676	0,014 069	0,033 623

b) Antimetrischer Anteil Y_k. $^{(2)}\delta$ Matrix nach Kürzung mit $l/3$.

Y_1	Y_2	Y_3	Y_4	Y_5
6,4291	− 0,2971	0,3627		
− 0,2971	6,7918	− 0,2971	0,3627	
0,3727	− 0,2971	6,7918	− 0,2971	0,3627
	0,3627	− 0,2971	6,7918	− 0,2971
		0,3627	− 0,2971	6,4291

Konjugierte Matrix $^{(2)}\beta'_{hk} = \dfrac{l}{3}\,^{(2)}\beta_{hk}$.

	δ_{10}	δ_{20}	δ_{30}	δ_{40}	δ_{50}
Y_1	0,15630	0,00652	$-$0,00812	$-$0,00069	$+$0,00043
Y_2	0,00652	0,14819	0,00584	$-$0,00769	$-$0,00069
Y_3	$-$0,00812	0,00584	0,14861	0,00584	$-$0,00812
Y_4	$-$0,00069	$-$0,00769	0,00584	0,14819	0,00652
Y_5	$+$0,00043	$-$0,00069	$-$0,00812	0,00652	0,15630

Belastung $P = 1$ t in $3''$. Für den symmetrischen Anteil $P/2$ auf $3'$ und $3''$ wird (Abb. 618a)

$$^{(1)}\delta_{10} = {}^{(1)}\delta_{50} = -\frac{l}{3}\,Pl\,\frac{3}{2}\,v_2 = -7,2692\,\frac{l}{3}\,, \qquad ^{(1)}\delta_{20} = {}^{(1)}\delta_{40} = -\frac{l}{3}\,Pl\,\frac{1}{2}\,(6v_2 - 5\varkappa^3 v_1) = -5,0166\,\frac{l}{3}\,,$$

$$^{(1)}\delta_{30} = -\frac{l}{3}\,Pl\,(4\,v_2 + 5\,\varkappa^3\,v_1) = -38,4279\,\frac{l}{3}\,.$$

$$X_1 = X_5 = -0,3239\,, \qquad X_2 = X_4 = -0,7295\,, \qquad X_3 = -1,4112\,.$$

Für den antimetrischen Anteil $+\,P/2$ auf $3''$, $-\,P/2$ auf $3'$ wird (Abb. 618b)

$$^{(2)}\delta_{10} = {}^{(2)}\delta_{50} = -\frac{l}{3}\,Pl\,\frac{1}{6}\,v_2 = -0,8077\,\frac{l}{3}\,, \qquad ^{(2)}\delta_{20} = {}^{(2)}\delta_{40} = -\frac{l}{3}\,Pl\,\frac{1}{6}\,(2v_2 - \varkappa^3 v_1) = -0,9806\,\frac{l}{3}\,.$$

$$^{(2)}\delta_{30} = -\frac{l}{3}\,Pl\,\frac{1}{9}\,(4\,v_2 + 3\,\varkappa^3\,v_1) = -3,4235\,\frac{l}{3}\,.$$

$$Y_1 = Y_5 = -0,1045\,, \qquad Y_2 = Y_4 = -0,1625\,, \qquad Y_3 = -0,5071\,;$$
$$Z_{3''} = -1,4112 - 0,5071 = -1,9183 \text{ mt}.$$

Die Biegungsmomente in Querträger 3 werden

$$M_{II,\,3''} = \frac{s}{2} + 2\,\varkappa\,(X_3 - X_2) + \frac{s}{6} + \frac{2}{3}\,\varkappa\,(Y_3 - Y_2) = 0,7510 \text{ mt}\,,$$

$$M_{II,\,3'} = \frac{s}{2} + 2\,\varkappa\,(X_3 - X_2) - \frac{s}{6} - \frac{2}{3}\,\varkappa\,(Y_3 - Y_2) = 0,0236 \text{ mt}\,.$$

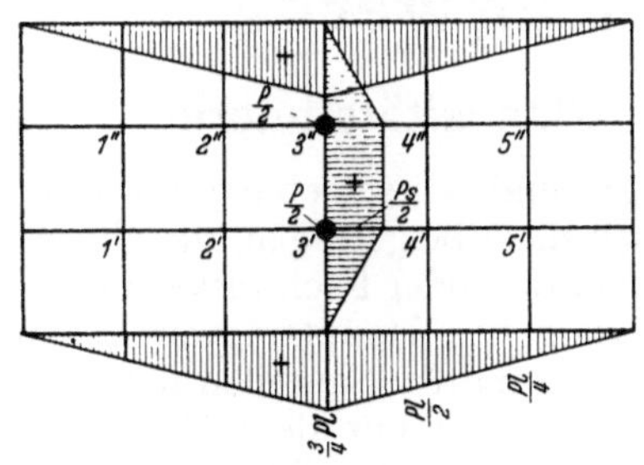

a) Biegungsmomente $^{(1)}M_0$ b) Biegungsmomente $^{(2)}M_0$

Abb. 619.

Damit ergeben sich die Lastanteile $P_{3,\,i}$ $(i = a \div d)$ für die Hauptträger (Abb. 619a).

$$P_{3\,a} = 0,209 \text{ t}, \qquad P_{3,\,b} = 0,589 \text{ t}, \qquad P_{3,\,c} = 0,195 \text{ t}, \qquad P_{3,\,d} = 0,0065 \text{ t};$$
$$M_{I,\,3''} = -Z_{3''} = 1,918 \text{ mt},$$
$$M_{I,\,3'''} = 1,579 \text{ mt}.$$

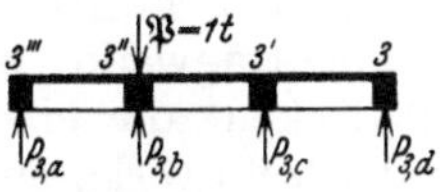

Bei der Annahme $J_{II} = \infty$ wird nach (909)

Abb. 619a.

$$P_{3,\,a} = 0,40 \text{ t}, \qquad P_{3,\,b} = 0,30 \text{ t}, \qquad P_{3,\,c} = 0,20 \text{ t}, \qquad P_{3,\,d} = 0,10 \text{ t}.$$

$$M_{I,\,3''} = \frac{0,3\cdot 6\,l}{4} = 1,58 \text{ mt}, \qquad M_{I,\,3'''} = \frac{0,4\cdot 6\,l}{4} = 2,10 \text{ mt}.$$

Belastung $P = 1$ t in $3'''$. Das Ergebnis ist:

$$P_{3,a} = 0,844 \text{ t}, \qquad P_{3,b} = 0,250 \text{ t}, \qquad P_{3,c} = -0,031 \text{ t}, \qquad P_{3,d} = -0,063 \text{ t}.$$

Das Biegungsmoment im Randträger wird

$$M_{I,3'''} = 3,916 \text{ mt}.$$

Bei der Annahme $J_{II} = \infty$ wird nach (909)

$$P_{3,a} = 0,70 \text{ t}, \qquad P_{3,b} = 0,40 \text{ t}, \qquad P_{3,c} = 0,10 \text{ t}, \qquad P_{3,d} = -0,26 \text{ t},$$

$$M_{I,3'''} = 3,68 \text{ mt}.$$

Einflußflächen. Entwicklung nach S. 639 (Abb. 620).

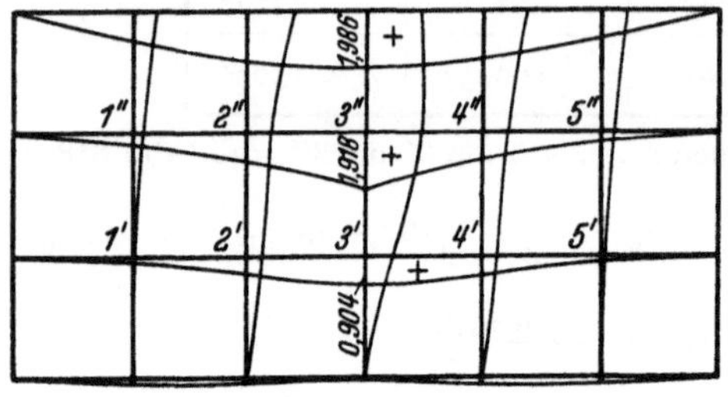

Einflußfläche $M_{I,3''}$

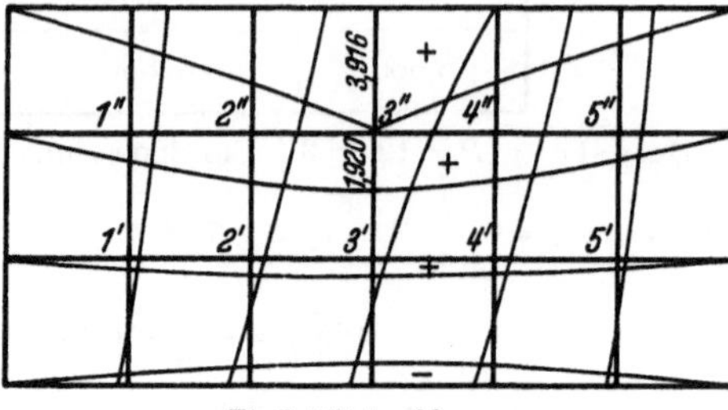

Einflußfläche $M_{I,3'''}$

Abb. 620.

Zschetzsche: Theorie lastverteilender Querverbindungen. Z. öst. Ing.- u. Arch.-Ver. 1893. — Bleich: Theorie und Berechnung eiserner Brücken. Berlin 1924. — Petermann: Überlastverteilende Wirkung durchgehender Querverbindungen. Bautechn. 1925. — Schilling, W.: Statik der Bodenkonstruktionen der Schiffe. Berlin 1925. — Faltus, F.: Lastverteilende Querverbindungen. Bauing. 1927 S. 853. — Genthner, R.: Der Eisenbetonträgerrost. Beton u. Eisen 1928 S. 411. — Marcus, H.: Die weitgespannten Decken des Sportgebäudes im Stadion Breslau-Leerbeutel. Beton u. Eisen 1929 S. 73. — Szegö, St.: Kreuzweise gespannte Balkenkonstruktionen. Zement 1930 S. 34. — Derselbe: Über die Berechnung quadratischer Kreuzeckroste. Zement 1930 Heft 38 bis 42. — Marcus, H.: Die Theorie der Rautendecke. Bauing. 1932 S. 303. — Szegö, St.: Die Kreuzeckrostbauweise. Beton u. Eisen 1932 S. 122. — Derselbe: Anwendung der Kreuzeckrostbauweise auf Hofkellerdecken. Zement 1932 S. 676.

VI. Die Flächentragwerke.

66. Die Beziehungen zur Elastizitätstheorie.

Die einfache Beherrschung des Spannungs- und Verschiebungszustandes der biegungssteifen Stäbe und Träger hat wesentlich dazu beigetragen, die Überbauten der Brücken und die Gerüste der Hochbauten als Stab- oder Fachwerke auszubilden. Während jedoch im Stahlbau die Formänderung des Haupttragwerks von den sekundären, zur unmittelbaren Lastaufnahme bestimmten Bauteilen nahezu unabhängig ist, sind diese im Eisenbetonbau in der Regel mit dem Haupttragwerk homogen verbunden, so daß zusammenhängende elastische Gebilde entstehen, deren Verschiebungszustand sich wesentlich von demjenigen des freien Haupttragwerks unterscheidet. Auf diese Weise sind in der jüngsten Vergangenheit, begünstigt durch den Fortschritt der theoretischen und physikalischen Erkenntnis, auch Flächentragwerke entwickelt worden. Die Trägerroste wurden zu Platten und Pilzdecken, die ebenen Stab- und Fachwerke zu Scheiben, die Rippenkuppeln und Flechtwerke zu Schalen.

Der Festigkeitsnachweis dieser elastischen Gebilde ist seit Jahrzehnten durch wissenschaftliche Arbeiten über Elastizitätstheorie vorbereitet worden, so daß sich die Baustatik auf zahlreiche bekannte Ergebnisse zu stützen vermag. Trotzdem bereitet der Festigkeitsnachweis für die Flächentragwerke des Bauwesens oft noch erhebliche Schwierigkeiten, da in der Regel nicht die idealisierten elastischen Gebilde der Theorie, sondern zweckbestimmte Bauformen untersucht werden müssen, deren Randbedingungen nicht immer eindeutig vorgeschrieben sind. Sie lassen sich in der Regel auch nicht vereinfachen, ohne das Spannungsbild wesentlich abzuändern. Die Lösung ist daher nur selten allein durch die Überwindung der mathematischen Schwierigkeiten abgeschlossen, sondern erfüllt ihren Zweck erst in Verbindung mit umfangreichen Zahlenrechnungen, die allein ein Urteil über die Festigkeit und Stabilität gestatten. Auch dann ist das Bild infolge von Eigenspannungen aus der Herstellung der Baukörper und infolge der unregelmäßigen und wandelbaren physikalischen Eigenschaften des Baustoffs nicht immer so klar, daß die Überschreitung eines durch ausreichende Sicherheit begrenzten Belastungsbereichs gerechtfertigt ist.

Die Elastizitätstheorie rechnet mit der vollkommenen Elastizität und mit der homogenen und isotropen Beschaffenheit des Baustoffs. Die Verschiebungen werden stets nur verschwindend klein und ihre Beziehungen zu den elastischen Kräften des Baustoffs als linear angenommen.

Die Komponenten des Spannungstensors und des Verschiebungsvektors sind bei homogener Beschaffenheit des Baukörpers stetige Funktionen der Koordinaten x, y, z. Daher kann das Gleichgewicht der inneren Kräfte auf einen differentialen Abschnitt des Körpers bezogen werden. Sind X, Y, Z die Komponenten der auf die Volumeneinheit bezogenen Massenkraft, so gelten die folgenden 6 Bedingungen:

$$\frac{\partial \sigma_x}{\partial x} + \frac{\partial \tau_{yx}}{\partial y} + \frac{\partial \tau_{zx}}{\partial z} + X = 0, \qquad \frac{\partial \tau_{xy}}{\partial x} + \frac{\partial \sigma_y}{\partial y} + \frac{\partial \tau_{zy}}{\partial z} + Y = 0,$$

$$\frac{\partial \tau_{xz}}{\partial x} + \frac{\partial \tau_{yz}}{\partial y} + \frac{\partial \sigma_z}{\partial z} + Z = 0,$$

$$\tau_{xy} = \tau_{yx}, \qquad \tau_{yz} = \tau_{zy}, \qquad \tau_{zx} = \tau_{xz}. \tag{910}$$

Durch die Annahme stetiger Veränderlichkeit der Verschiebungen sind die bezogenen Längenänderungen ε_x usw. und die Winkeländerungen γ_{xy} usw., die sich bei der Verzerrung des Prismas mit $dx \to dx(1 + \varepsilon_x)$, $\sphericalangle\,(dx, dy) = \pi/2 \to \pi/2 + \gamma_{xy}$ einstellen, in der folgenden Weise mit dem Verschiebungszustand verknüpft:

$$\varepsilon_x = \frac{\partial u}{\partial x}, \qquad \varepsilon_y = \frac{\partial v}{\partial y}, \qquad \varepsilon_z = \frac{\partial w}{\partial z},$$

$$\gamma_{xy} = \frac{\partial u}{\partial y} + \frac{\partial v}{\partial x}. \qquad \gamma_{yz} = \frac{\partial v}{\partial z} + \frac{\partial w}{\partial y}, \qquad \gamma_{zx} = \frac{\partial w}{\partial x} + \frac{\partial u}{\partial z}. \tag{911}$$

Die geometrischen Komponenten des Verzerrungstensors sind nach Annahme linear von den mechanischen Größen, den Komponenten des Spannungstensors abhängig und bei isotropem Baustoff nur durch zwei Konstante E und μ mit diesen verknüpft.

$$E\,\varepsilon_x = \sigma_x - \mu\,(\sigma_y + \sigma_z), \qquad G\,\gamma_{xy} = \tau_{xy} \text{ usw.}, \qquad G = \frac{E}{2\,(1 + \mu)}, \qquad \mu = \frac{1}{m}. \tag{912}$$

Die Spannungssumme $s = \sigma_x + \sigma_y + \sigma_z$ und die kubische Dehnung $e = \varepsilon_x + \varepsilon_y + \varepsilon_z$ sind invariante Größen des Ansatzes, mit denen sich die Beziehungen zwischen den Spannungs- und Verzerrungskomponenten auch folgendermaßen anschreiben lassen:

$$E\,\varepsilon_x = \sigma_x(1 + \mu) - \mu s, \qquad \sigma_x(1 + \mu) = E\,[\varepsilon_x + \mu\,e/(1 - 2\mu)],$$

$$E\,\varepsilon_y = \sigma_y(1 + \mu) - \mu s, \qquad \sigma_y(1 + \mu) = E\,[\varepsilon_y + \mu\,e/(1 - 2\mu)], \tag{913}$$

$$E\,\varepsilon_z = \sigma_z(1 + \mu) - \mu s, \qquad \sigma_z(1 + \mu) = E\,[\varepsilon_z + \mu\,e/(1 - 2\mu)].$$

Love, A. E. H.: Lehrbuch der Elastizität. Leipzig 1907. — Föppl, A. u. L.: Drang und Zwang. München u. Berlin 1920. — Trefftz, E.: Mathematische Elastizitätstheorie, Kap. 2. Handb. d. Physik Bd. VI: Mechanik der elastischen Körper. Berlin 1928.

A. Die Platten.

67. Annahmen und Grundlagen für die Berechnung.

Die Platten sind ebene Baukörper, die durch zwei zu einer Mittelebene parallele Ebenen und eine dazu senkrechte Zylinderfläche von beliebiger Leitkurve begrenzt sind. Die Belastung wirkt stets im Sinne der Flächennormalen z. Der Plattenrand ist frei drehbar gelagert, eingespannt oder auch in einzelnen Punkten gestützt. Die untere Laibungsebene ist kräftefrei oder durch Träger und Pfosten in einzelnen geraden Linien, Punkten oder Flächen gestützt. Auf diese Weise entstehen die durchlaufenden Platten, die Rippen- und Pilzdecken. Die Untersuchung kann für die Bedürfnisse des Bauwesens auf Platten beschränkt werden, deren Baustoff durch die Art der Herstellung und konstruktiven Ausbildung als homogen, isotrop und innerhalb der Gebrauchsbelastung als vollkommen elastisch gilt und deren Dicke gegenüber den anderen Abmessungen zurücktritt. Die Änderung der Plattendicke ist von höherer Ordnung klein im Vergleich zu der senkrechten Verschiebung $w(x, y, z)$ eines beliebigen Punktes, so daß

$$w(x, y, z) = w(x, y) + \int_0^z \frac{\partial w(x, y, z)}{\partial z}\, dz \longrightarrow w(x, y) = w \tag{914}$$

und damit der senkrechte Formänderungszustand der Platte durch die senkrechten Verschiebungen w der Mittelfläche beschrieben ist. Da sich die Platte unter der Belastung p im Vergleich zur Dicke h nur um kleine Wege ausbiegen soll, sind die waagerechten Verschiebungen der Punkte der Mittelfläche Null und die waagerechten Verschiebungen der Punkte im Abstand z von der Mittelebene, abgesehen von kleinen Beträgen höherer Ordnung, lineare Funktionen von z, so daß die Punkte einer Flächennormalen auch nach der Formänderung auf einer Normalen zur elastisch verbogenen Mittelfläche liegen. Daher ist bei Verwendung von kartesischen Koordinaten x, y nach Abb. 621

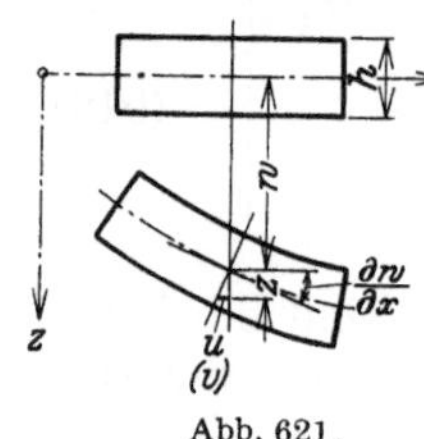

Abb. 621.

$$u = -z \frac{\partial w}{\partial x}, \qquad v = -z \frac{\partial w}{\partial y}. \tag{915}$$

Die Spannung σ_z ist an der unteren kräftefreien Plattenlaibung Null, an der oberen gleich der Belastungsintensität p, also abgesehen von Punktlasten, deren Untersuchung hier ausgeschlossen sein soll, stets sehr klein im Vergleich zu σ_x, σ_y. Sie kann daher in den allgemeinen Gleichgewichts- und Verträglichkeitsbedingungen mit $\sigma_z = 0$ vernachlässigt werden. Diese Annahmen begründen die folgenden Beziehungen der Plattenstatik.

1. Verträglichkeitsbedingungen nach (26)

$$\varepsilon_x = \frac{\partial u}{\partial x} = -z \frac{\partial^2 w}{\partial x^2}, \qquad \varepsilon_y = \frac{\partial v}{\partial y} = -z \frac{\partial^2 w}{\partial y^2}, \qquad \gamma_{xy} = \frac{\partial u}{\partial y} + \frac{\partial v}{\partial x} = -2z \frac{\partial^2 w}{\partial x \partial y}. \tag{916}$$

2. Elastizitätsgesetz nach (27) für

$$\left. \sigma_z/E = 0 = \varepsilon_z + \frac{\mu}{1-2\mu} e, \quad \varepsilon_z = -\frac{\mu}{1-\mu}(\varepsilon_x + \varepsilon_y), \quad \frac{\mu}{1-2\mu} e = \frac{\mu}{1-\mu}(\varepsilon_x + \varepsilon_y); \atop \sigma_x = \frac{E}{1-\mu^2}(\varepsilon_x + \mu\, \varepsilon_y), \quad \sigma_y = \frac{E}{1-\mu^2}(\mu\, \varepsilon_x + \varepsilon_y), \quad \tau_{xy} = G\, \gamma_{xy} = -\frac{E}{1-\mu^2} z \frac{\partial^2 w}{\partial x \partial y}(1-\mu). \right\} \tag{917}$$

und in Verbindung mit den Verträglichkeitsbedingungen (916)

$$\left. \sigma_x = -\frac{E z}{1-\mu^2}\left(\frac{\partial^2 w}{\partial x^2} + \mu \frac{\partial^2 w}{\partial y^2}\right), \qquad \sigma_y = -\frac{E z}{1-\mu^2}\left(\mu \frac{\partial^2 w}{\partial x^2} + \frac{\partial^2 w}{\partial y^2}\right), \atop \tau_{xy} = -\frac{E z}{1-\mu^2} \frac{\partial^2 w}{\partial x \partial y}(1-\mu). \right\} \tag{918}$$

Diese mit z linear veränderlichen Spannungen in der Flächennormalen lassen sich zu Schnittkräften in Querschnitten von der Breite 1 zusammenfassen. Sie betragen

$$
\left.
\begin{aligned}
&N_x = \int_{-h/2}^{+h/2} \sigma_x \, dF = 0, \qquad N_y = \int_{-h/2}^{+h/2} \sigma_y \, dF = 0. \qquad Q_{xy} = \int_{-h/2}^{+h/2} \tau_{xy} \, dF = 0, \\
&M_x = \int \sigma_x z \, dF, \qquad M_y = \int \sigma_y z \, dF, \qquad M_{xy} = \int \tau_{xy} z \, dF, \\
&M_x = -\frac{E\,h^3}{12\,(1-\mu^2)}\left(\frac{\partial^2 w}{\partial x^2} + \mu\,\frac{\partial^2 w}{\partial y^2}\right), \qquad M_y = -\frac{E\,h^3}{12\,(1-\mu^2)}\left(\mu\,\frac{\partial^2 w}{\partial x^2} + \frac{\partial^2 w}{\partial y^2}\right), \\
&M_{xy} = -\frac{E\,h^3}{12\,(1-\mu^2)}\,\frac{\partial^2 w}{\partial x\,\partial y}\,(1-\mu).
\end{aligned}
\right\} \quad (919)
$$

M_x, M_y sind Biegungsmomente, M_{xy}, M_{yx} Drillungsmomente. $E\,h^3/12\,(1-\mu^2) = N$ ist eine für Plattenquerschnitt und Plattenwerkstoff charakteristische Größe und heißt Plattenkonstante.

3. Transformation der Schnittkräfte eines differentialen Prismas $dx \cdot dy$ auf einen Schrägschnitt ds im Winkel $\widehat{xn} = \psi$ mit $ds = dx/\sin\psi = dy/\cos\psi$ (Abb. 622). Die Gleichgewichtsbedingungen liefern

$$Q_n\,ds = Q_{yz}\,dy + Q_{xz}\,dx,$$

$$M_n\,ds - (M_x\,dy + M_{yx}\,dx)\cos\psi - (M_y\,dx + M_{xy}\,dy)\sin\psi = 0,$$

$$M_{ns}\,ds - (M_x\,dy + M_{yx}\,dx)\sin\psi + (M_y\,dx + M_{xy}\,dy)\cos\psi = 0;$$

$$
\left.
\begin{aligned}
M_n &= M_x\cos^2\psi + M_y\sin^2\psi + M_{xy}\sin 2\psi, \\
M_s &= M_x\sin^2\psi + M_y\cos^2\psi - M_{xy}\sin 2\psi, \\
M_{ns} &= -(M_y - M_x)\,\frac{\sin 2\psi}{2} - M_{xy}\cos 2\psi.
\end{aligned}
\right\} \quad (920)
$$

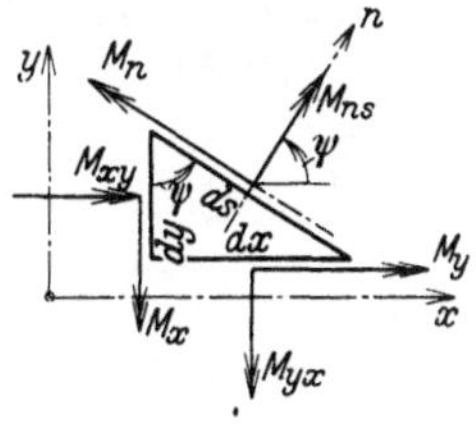

Daher bilden die Schrägschnitte I, II mit $M_{I,II} = M_{II,I} = 0$ und den Hauptbiegungsmomenten M_I, M_{II} den Winkel $\psi = \psi_0$.

Abb. 622.

$$
\left.
\begin{aligned}
&\operatorname{tg} 2\psi_0 = \frac{2\,M_{xy}}{M_x - M_y}, \\
&M_{\substack{I \\ II}} = \tfrac{1}{2}(M_x + M_y) \pm \tfrac{1}{2}\sqrt{(M_x - M_y)^2 + 4\,M_{xy}^2}.
\end{aligned}
\right\} \quad (921)
$$

In derselben Weise lassen sich in jedem Punkte der Platte auch die Richtungen I', II' mit $\psi_0' = \psi_0 \pm 45^0$ der beiden Hauptdrillungsmomente $M_{I',II'}$ angeben, in denen die Biegungsmomente Null sind.

$$M_{I',II'} = \pm\sqrt{(M_x - M_y)^2 + 4\,M_{xy}^2}. \quad (922)$$

Richtung und Größe der Hauptbiegungs- und Hauptdrillungsmomente können für jeden Punkt der Mittelebene auch nach den bekannten graphischen Methoden Mohrs festgestellt werden. Die Richtungen I, II bestimmen die Lage der Stahlbewehrung. Bei orthogonaler Bewehrung f_x, f_y sind die vergrößerten Beträge $(M_x \pm M_{yx})$ und $(M_y \pm M_{xy})$ maßgebend.

Die Summe der Biegungsmomente $(M_n + M_s)$ ist von der Richtung ψ unabhängig. Sie ist wie bei jeder Tensortransformation invariant.

$$M_x + M_y = M_n + M_s = M_I + M_{II}.$$

Dasselbe gilt daher auch für

$$M = \frac{M_x + M_y}{1 + \mu} = -N\left(\frac{\partial^2 w}{\partial x^2} + \frac{\partial^2 w}{\partial y^2}\right) = -N\,\Delta w. \quad (923)$$

M wird als Momentensumme bezeichnet und ist eine skalare Funktion in x und y. Die Bezeichnung $\varDelta$ ist eine in der Mathematik gebräuchliche Abkürzung der Differentialoperation

$$\frac{\partial^2}{\partial x^2} + \frac{\partial^2}{\partial y^2}\,. \tag{924}$$

4. Die Gleichgewichtsbedingungen. a) Gleichgewicht der äußeren Kräfte des differentialen Prismas (Abb. 623) bei einer Drehung um die beiden Kanten dx, dy:

$$\frac{\partial M_y}{\partial y} + \frac{\partial M_{xy}}{\partial x} - Q_{yz} = 0; \qquad \frac{\partial M_x}{\partial x} + \frac{\partial M_{yx}}{\partial y} - Q_{xz} = 0, \tag{925}$$

und mit (919) daher

$$Q_{yz} = -N\frac{\partial}{\partial y}\,\varDelta w, \qquad Q_{xz} = -N\frac{\partial}{\partial x}\,\varDelta w. \tag{926}$$

Da außerdem nach (910) $\tau_{xy} = \tau_{yx}$ ist, wird nach (919) auch $M_{xy} = M_{yx}$.

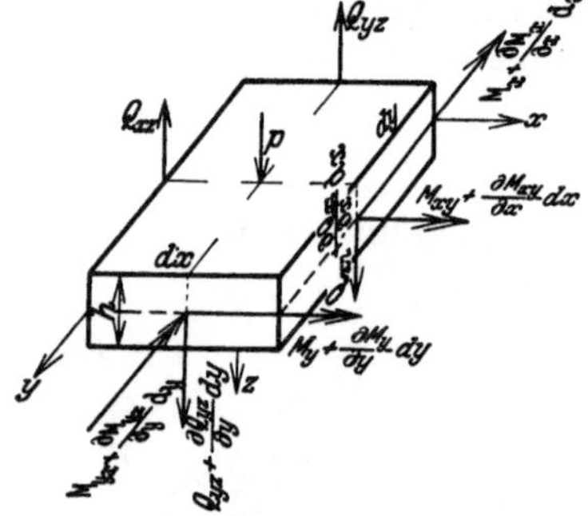

Abb. 623.

b) Gleichgewicht der äußeren Kräfte des differentialen Prismas bei einer Verschiebung in der z-Richtung.

$$\frac{\partial Q_{xz}}{\partial x} + \frac{\partial Q_{yz}}{\partial y} + p = 0. \tag{927}$$

Die Bedingung liefert in Verbindung mit (925) die folgende Differentialbeziehung zwischen der Belastung und den Spannungsmomenten

$$\frac{\partial^2 M_x}{\partial x^2} + 2\frac{\partial^2 M_{xy}}{\partial x\,\partial y} + \frac{\partial^2 M_y}{\partial y^2} + p = 0 \tag{928}$$

und bei Verwendung von (926) und (924) die Differentialbeziehung zwischen der Belastung p und der Verschiebung w, der Ordinate der elastischen Fläche der Platte

$$\frac{\partial^4 w}{\partial x^4} + 2\frac{\partial^4 w}{\partial x^2\,\partial y^2} + \frac{\partial^4 w}{\partial y^4} = \frac{p}{N}\,. \tag{929}$$

Sie läßt sich in Verbindung mit (924) auch folgendermaßen anschreiben:

$$\left(\frac{\partial^2}{\partial x^2} + \frac{\partial^2}{\partial y^2}\right)\left(\frac{\partial^2}{\partial x^2} + \frac{\partial^2}{\partial y^2}\right) w = \varDelta\,\varDelta w = \frac{p}{N}\,. \tag{930}$$

Diese Differentialgleichung 4. Ordnung kann nach H. Marcus mit (923) auch in zwei Differentialgleichungen 2. Ordnung zerlegt werden, die sich in der Reihenfolge

$$\frac{\partial^2 M}{\partial x^2} + \frac{\partial^2 M}{\partial y^2} = -p, \tag{931} \qquad \frac{\partial^2 w}{\partial x^2} + \frac{\partial^2 w}{\partial y^2} = -\frac{M}{N} = -\mathfrak{w} \tag{932}$$

lösen lassen, wenn die Bedingungen für die Momentensumme M am Rande der Platte bekannt sind. Beide Gleichungen bilden den analytischen Ausdruck für eine mit der Kraft 1 gespannte Membran, deren Ordinaten bei der Belastung p durch M und bei der Belastung $\mathfrak{w}$ mit w bezeichnet werden. Die Zerlegung der Differentialgleichung führt daher, wie H. Marcus zuerst bemerkt hat, zu einer Erweiterung der bekannten Ansätze für die Momentenlinie (90) und die Biegelinie (195) des biegungssteifen Stabes. Da nun später nachgewiesen wird, daß w und M am Rande der frei drehbar aufgelagerten Platte mit polygonaler Begrenzung Null sind, besitzen hier die beiden Flächen als Membran über der Randkurve mit der vorgeschriebenen Spannung 1 und dem Druck p oder $\mathfrak{w}$ konkrete Bedeutung.

Dieselben Betrachtungen gelten auch für Polarkoordinaten. Das Ergebnis kann entweder durch Koordinatentransformation gewonnen oder unmittelbar an einem differentialen Abschnitt (Abb. 624) abgeleitet werden. Das Biegungsmoment in einem Schnitt $r = $ const ist M_r, das Biegungsmoment in einem Schnitt $\alpha = $ const heißt M_α. Die Drillungsmomente führen die Bezeichnung $M_{r\alpha}$, $M_{\alpha r}$.

$$
\left.
\begin{aligned}
M_r &= -N\left[\frac{\partial^2 w}{\partial r^2} + \mu\left(\frac{1}{r}\frac{\partial w}{\partial r} + \frac{1}{r^2}\frac{\partial^2 w}{\partial \alpha^2}\right)\right], \\
M_\alpha &= -N\left[\mu\frac{\partial^2 w}{\partial r^2} + \frac{1}{r}\frac{\partial w}{\partial r} + \frac{1}{r^2}\frac{\partial^2 w}{\partial \alpha^2}\right], \\
M_{r\alpha} = M_{\alpha r} &= -N(1-\mu)\left(\frac{1}{r}\frac{\partial^2 w}{\partial r\,\partial\alpha} - \frac{1}{r^2}\frac{\partial w}{\partial\alpha}\right) = -N(1-\mu)\frac{\partial}{\partial r}\left(\frac{1}{r}\frac{\partial w}{\partial\alpha}\right).
\end{aligned}
\right\} \quad (933)
$$

Die Summe der Biegungsmomente $(M_r + M_\alpha)$ ist wiederum von der Lage der Bezugsachse unabhängig. Dasselbe gilt daher auch von der Momentensumme M.

$$
\left.
\begin{aligned}
M &= \frac{M_r + M_\alpha}{1+\mu} = -N\left(\frac{\partial^2 w}{\partial r^2} + \frac{1}{r}\frac{\partial w}{\partial r} + \frac{1}{r^2}\frac{\partial^2 w}{\partial \alpha^2}\right) = -N\,\Delta w, \\
Q_{rz} &= -N\frac{\partial}{\partial r}\,\Delta w, \qquad Q_{\alpha z} = -N\frac{\partial}{r\,\partial\alpha}\,\Delta w.
\end{aligned}
\right\} \quad (934)
$$

Die Differentialbeziehung zwischen Belastung p und Ausbiegung w lautet jetzt

$$
\left(\frac{\partial^2}{\partial r^2} + \frac{1}{r}\frac{\partial}{\partial r} + \frac{\partial^2}{r^2\,\partial\alpha^2}\right)\left(\frac{\partial^2}{\partial r^2} + \frac{1}{r}\frac{\partial}{\partial r} + \frac{1}{r^2}\frac{\partial}{\partial\alpha^2}\right) w = \Delta\Delta w = \frac{p}{N}. \quad (935)
$$

Sie kann auch hier wieder mit (934) in zwei Gleichungen 2. Ordnung zerlegt werden.

$$
\Delta M = \frac{\partial^2 M}{\partial r^2} + \frac{1}{r}\frac{\partial M}{\partial r} + \frac{\partial^2 M}{r^2\,\partial\alpha^2} = -p, \quad (936)
$$

$$
\Delta w = \frac{\partial^2 w}{\partial r^2} + \frac{1}{r}\frac{\partial w}{\partial r} + \frac{1}{r^2}\frac{\partial^2 w}{\partial\alpha^2} = -\frac{M}{N}. \quad (937)
$$

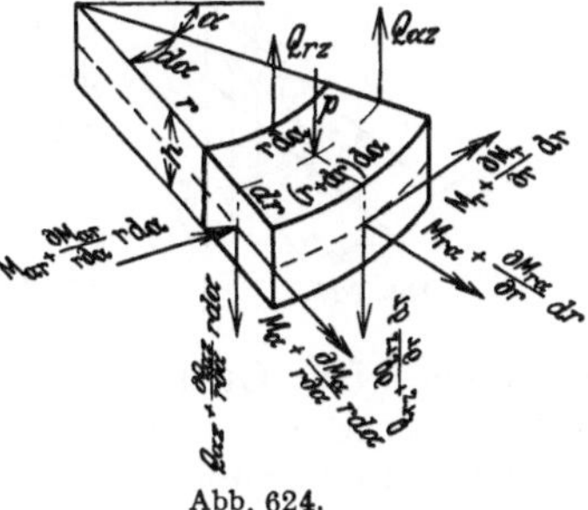

Abb. 624.

Die Berechnung des Spannungs- und Formänderungszustandes einer Platte für eine vorgeschriebene Belastung $p(x, y)$ oder $p(r, \alpha)$ besteht also darin, diejenige Funktion w in x, y oder r, α zu finden, welche die Differentialgleichung (930) oder (935), außerdem aber noch am Rande die von der Stützung der Platte vorgeschriebenen statischen und geometrischen Bedingungen erfüllt. Diese Lösung ist nach Abschn. 8 eindeutig. Dagegen sind unendlich viele Lösungen w vorhanden, welche die Differentialgleichung (930) oder (935) allein befriedigen. Der Plattenrand gilt entweder als frei drehbar aufgelagert, starr eingespannt oder als kräftefrei.

Die statischen und geometrischen Bedingungen der Stützung. a) Frei drehbare, starre Auflagerung der Platte in einer Geraden $x = $ const. Geometrische Bedingungen:

$$
\left.
\begin{aligned}
w = 0, \qquad \frac{\partial w}{\partial y} = 0, \qquad \frac{\partial^2 w}{\partial y^2} = 0, \\
\text{statische Bedingungen:} \\
-\frac{M_x}{N} = \frac{\partial^2 w}{\partial x^2} + \mu\frac{\partial^2 w}{\partial y^2} = 0, \\
\text{daher auch} \\
\frac{\partial^2 w}{\partial x^2} = 0, \qquad M_y = 0, \qquad \Delta w = \frac{\partial^2 w}{\partial x^2} + \frac{\partial^2 w}{\partial y^2} = 0 \quad \text{und} \quad M = 0.
\end{aligned}
\right\} \quad (938)
$$

Da also am Rande der frei drehbar aufgelagerten Platte $w = 0$ und $M = 0$ sein muß, kann die Lösung M aus (931) unabhängig von w angegeben und darauf zur Berechnung von w in (932) verwendet werden. Die Stützung wird daher in Übereinstimmung mit der Untersuchung für den biegungssteifen Stab als statisch bestimmt bezeichnet, obwohl die Schnittkräfte selbst erst durch die Funktion w bekannt sind.

Die an dem freien Rande vorhandenen Drillungsmomente M_{xy} werden nach dem Vorschlag von Thompson und Tait im Sinne der Abb. 625 durch eine stetige Verteilung von Kräftepaaren ersetzt. Der Spannungszustand wird auf diese Weise nach dem St. Venantschen Prinzip nur in einem eng begrenzten Bereich geändert. Die Kräftepaare ergänzen die Querkräfte am Rande und stehen gemeinsam mit diesen und dem Stützendruck A_x oder A_y im Gleichgewicht. Die Bedingung läßt sich am einfachsten ableiten, wenn die Platte an einem Randträger abgestützt angenommen wird (Abb. 626).

$$Q_{xz}\,dy + \int\limits_{y}^{y+dy} \left[\left(M_{xy} + \frac{\partial M_{xy}}{\partial y}\,dy\right)\frac{1}{dy} - \frac{M_{xy}}{dy}\right]dy + A_x\,dy = 0, \qquad (939)$$

$$\left.\begin{aligned} A_x &= -\left(Q_{xz} + \frac{\partial M_{xy}}{\partial y}\right) = N\left(\frac{\partial^3 w}{\partial x^3} + (2-\mu)\frac{\partial^3 w}{\partial x\,\partial y^2}\right), \\ A_y &= -\left(Q_{yz} + \frac{\partial M_{yx}}{\partial x}\right) = N\left(\frac{\partial^3 w}{\partial y^2} + (2-\mu)\frac{\partial^3 w}{\partial x^2\,\partial y}\right). \end{aligned}\right\} \qquad (940)$$

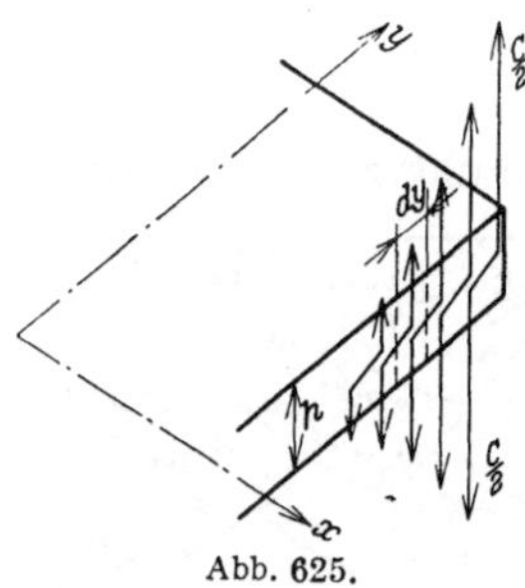

Die Substitution der Randdrillungsmomente liefert an den Ecken einer frei aufliegenden rechteckigen Platte aufwärtsgerichtete Einzelkräfte, deren Betrag gleich dem doppelten Drillungsmoment an der Ecke ist.

$$-C = 2\,M_{xy} = 2\,M_{yx}. \qquad (941)$$

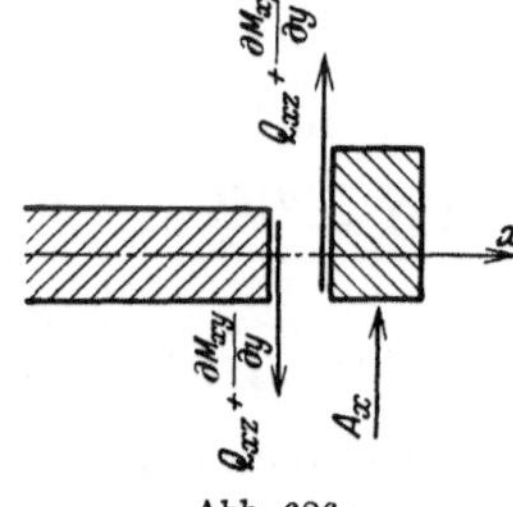

Abb. 625.

Daher ist die Verankerung der Ecken frei aufliegender Platten

Abb. 626.

notwendig. Die Querkräfte Q_{xz} und Q_{yz} sind an den Ecken Null.

b) **Starre Einspannung der Platte in einer Geraden** $x = $ const. Geometrische Bedingungen:

$$w = 0, \qquad \partial w/\partial x = 0.$$

Außerdem sind

$$\left.\frac{\partial w}{\partial y} = 0, \qquad \frac{\partial^2 w}{\partial y^2} = 0 \quad \text{und} \quad \frac{\partial}{\partial y}\left(\frac{\partial w}{\partial x}\right) = \frac{\partial^2 w}{\partial x\,\partial y} = 0,\right\} \qquad (942)$$

so daß am Rande starr eingespannter Platten keine Drillungsmomente auftreten.

c) **Kräftefreie Begrenzung der Platte in einer Geraden** $x = $ const. Statische Bedingungen:

$$-\frac{M_x}{N} = \frac{\partial^2 w}{\partial x^2} + \mu\frac{\partial^2 w}{\partial y^2} = 0, \qquad -\frac{A_x}{N} = \frac{\partial^3 w}{\partial x^3} + (2-\mu)\frac{\partial^3 w}{\partial x\,\partial y^2} = 0. \qquad (943)$$

d) **Kräftefreie Ecke der Platte:** Außer den statischen Bedingungen für den Rand $x = $ const mit $M_x = 0$ und $A_x = 0$ und für den Rand $y = $ const mit $M_y = 0$ und $A_y = 0$ muß die Kraft $C = 0$, also

$$\frac{\partial^2 w}{\partial x\,\partial y} = 0 \qquad (944)$$

sein.

Die Beschreibung des Verschiebungszustandes einer Platte für eine vorgeschriebene Belastung und vorgeschriebene Randbedingungen ist nach Ableitung der Differentialbeziehungen zwischen der Ausbiegung w und der Belastung p nur noch eine mathematische Aufgabe, deren unmittelbare Lösung allerdings nur in einzelnen

Fällen gelingt. Mit der Funktion $w(x, y)$ sind auch ihre Ableitungen und damit die Schnittkräfte in jedem Punkte der Platte bekannt.

Lévy, M.: C. R. Acad. Sci., Paris Bd. 129 (1899) S. 535. — Estanave, E.: Contribution à l'étude de l'équilibre élastique d'une plaque etc. Paris 1900. — Nadai, A.: Die elastischen Platten. Berlin 1925. — Geckeler, J. W.: Elastostatik. Handb. d. Physik Bd. VI: Mechanik der elastischen Körper, Kap. 3. Berlin 1928. — Bergsträßer, M.: Forsch.-Arbeiten Ing.-Wes. Heft 302. Berlin 1928.

68. Die Kreisplatte und die Kreisringplatte unter zentralsymmetrischer Belastung.

Platten mit gleichbleibender Dicke. Die Punkte der Mittelebene werden mit Rücksicht auf die Begrenzung der Platte auf Polarkoordinaten r, α mit dem Mittelpunkt O als Ursprung bezogen. Die Schnittkräfte der Platte und die Ausbiegung w ihrer Mittelfläche sind daher nach (935) aus der Belastung p bestimmt. Die Beziehungen sind jedoch bei Zentralsymmetrie der Plattenform, der Stützung und Belastung unabhängig vom Winkel α, so daß die Ableitungen der Funktion $w(r, \alpha) \to w(r)$ nach α Null sind und die partielle Differentialgleichung in eine totale Differentialgleichung übergeht. Die Drillungsmomente $M_{r\alpha} = M_{\alpha r}$ sind daher nach (933) ebenfalls Null. Im übrigen wird nach S. 647

$$M_r = -N\left(\frac{d^2w}{dr^2} + \mu \cdot \frac{1}{r}\cdot\frac{dw}{dr}\right), \qquad M_\alpha = -N\left(\mu\,\frac{d^2w}{dr^2} + \frac{1}{r}\cdot\frac{dw}{dr}\right),$$

$$\text{Momentensumme} \qquad M = \frac{M_r + M_\alpha}{1 + \mu} = -N\left(\frac{d^2w}{dr^2} + \frac{1}{r}\cdot\frac{dw}{dr}\right) = -N\,\Delta w. \tag{945}$$

Die Gleichgewichtsbedingungen für die äußeren Kräfte an dem Plattenabschnitt Abb. 627 liefern die Beziehungen

$$Q_{rz} = \frac{dM_r}{dr} + \frac{M_r - M_\alpha}{r} = -N\,\frac{d}{dr}(\Delta w); \qquad \frac{d(r\,Q_{rz})}{dr} = -p\,r \tag{946}$$

und mit (945) die Differentialgleichung

$$\left(\frac{d^2}{dr^2} + \frac{1}{r}\,\frac{d}{dr}\right)\left(\frac{d^2}{dr^2} + \frac{1}{r}\,\frac{d}{dr}\right)w = \Delta\,\Delta w = \frac{p}{N}. \tag{947}$$

Das Ergebnis kann daher in der Form

$$\frac{d^4w}{dr^4} + 2\,\frac{1}{r}\,\frac{d^3w}{dr^3} - \frac{1}{r^2}\,\frac{d^2w}{dr^2} + \frac{1}{r^3}\,\frac{dw}{dr} = \frac{p}{N} \tag{948}$$

angeschrieben und nach (946) aus dem Ansatz

$$\frac{d}{dr}\left[r\,\frac{d}{dr}\left(\frac{d^2w}{dr^2} + \frac{1}{r}\,\frac{dw}{dr}\right)\right] = \frac{p\,r}{N} \tag{949}$$

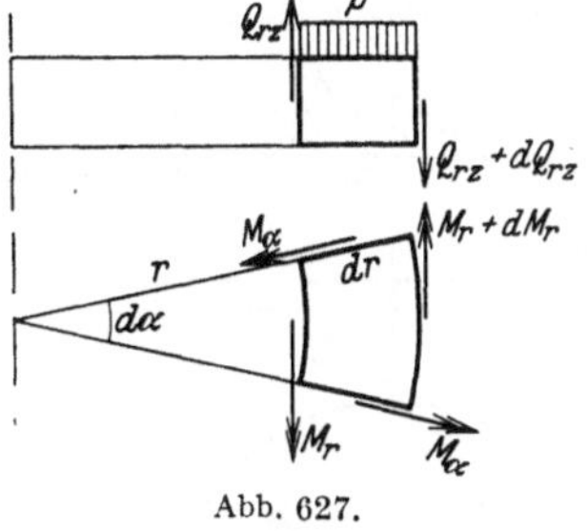

Abb. 627.

abgeleitet werden. Es läßt sich daher mit $\varphi = dw/dr$ auch folgendermaßen ausdrücken:

$$r\,\frac{d^2\varphi}{dr^2} + \frac{d\varphi}{dr} - \frac{1}{r}\,\varphi = r\,\frac{d}{dr}\left[\frac{1}{r}\,\frac{d}{dr}(r\,\varphi)\right] = \frac{1}{N}\left(\int_0^r p\,r\,dr + C\right). \tag{950}$$

Die vollständige Lösung der Differentialgleichung 4. Ordnung besteht aus einem partikulären Integral w_0 der inhomogenen Gleichung (947) und aus vier mit den Integrationskonstanten C_1 bis C_4 erweiterten Lösungen w_1 bis w_4 der homogenen Gleichung. Das partikuläre Integral w_0 kann in diesem Falle aus (936), (937) durch eine zweimalige Wiederholung einer doppelten Quadratur bestimmt werden, denn

$$r\,\frac{d^2M}{dr^2} + \frac{dM}{dr} = \frac{d}{dr}\left(r\,\frac{dM}{dr}\right) = -p\,r, \qquad M = -\int\frac{dr}{r}\int p\,r\,dr,$$

$$r\,\frac{d^2w_0}{dr^2} + \frac{dw_0}{dr} = \frac{d}{dr}\left(r\,\frac{dw_0}{dr}\right) = -\frac{M\,r}{N}, \qquad w_0 = -\int\frac{dr}{r}\int\frac{M}{N}\,r\,dr. \tag{951}$$

Als Lösungen der homogenen Gleichung eignen sich, wie sich leicht durch Einsetzen in (947) prüfen läßt, die folgenden Ansätze:

$$w_1 = 1, \qquad w_2 = \left(\frac{r}{a}\right)^2, \qquad w_3 = \frac{r^2}{a^2}\ln\frac{r}{a}, \qquad w_4 = \ln\frac{r}{a}. \tag{952}$$

a ist der Radius des Plattenrandes (Abb. 628c). Daher lautet die vollständige Lösung von (947) mit $r/a = \varrho$

$$\left.\begin{aligned}
w &= w_0 + C_1 + C_2\varrho^2 + C_3\varrho^2\ln\varrho + C_4\ln\varrho, \\[1ex]
\frac{dw}{dr} &= \frac{1}{a}\left[\frac{dw_0}{d\varrho} + 2C_2\varrho + C_3\varrho\,(1+2\ln\varrho) + C_4\frac{1}{\varrho}\right], \\[1ex]
M_r &= -\frac{N}{a^2}\left\{\frac{d^2w_0}{d\varrho^2} + \frac{\mu}{\varrho}\frac{dw_0}{d\varrho} + (1+\mu)\left[2C_2 + C_3\left(\frac{3+\mu}{1+\mu} - 2\ln\varrho\right)\right.\right. \\
&\qquad\qquad\qquad\qquad\qquad\qquad\left.\left. - C_4\frac{1-\mu}{1+\mu}\frac{1}{\varrho^2}\right]\right\}, \\[1ex]
M_\alpha &= -\frac{N}{a^2}\left\{\mu\frac{d^2w_0}{d\varrho^2} + \frac{1}{\varrho}\frac{dw_0}{d\varrho} + (1+\mu)\left[2C_2 + C_3\left(\frac{1+3\mu}{1+\mu} + 2\ln\varrho\right)\right.\right. \\
&\qquad\qquad\qquad\qquad\qquad\qquad\left.\left. + C_4\frac{1-\mu}{1+\mu}\frac{1}{\varrho^2}\right]\right\}, \\[1ex]
M &= -\frac{N}{a^2}\left[\frac{d^2w_0}{d\varrho^2} + \frac{1}{\varrho}\frac{dw_0}{d\varrho} + 4C_2 + 4C_3(1+\ln\varrho)\right], \\[1ex]
Q_{rz} &= -\frac{N}{a^3}\left(\frac{d^3w_0}{d\varrho^3} + \frac{d^2w_0}{\varrho\,d\varrho^2} - \frac{dw_0}{\varrho^2\,d\varrho} + 4C_3\frac{1}{\varrho}\right).
\end{aligned}\right\} \tag{953}$$

Der Stützendruck A bei einer zentralsymmetrischen Belastung $\mathfrak{P}$ wird

$$A = \mathfrak{P}/2\pi a. \tag{954}$$

Da jedoch die Durchbiegung w und die Biegungsmomente M_r, M_α im Mittelpunkt O der Kreisplatte ($\varrho = 0$, $\ln\varrho = \infty$) für $C_3 \neq 0$, $C_4 \neq 0$ unendlich groß werden, sind diese Integrationskonstanten des logarithmischen Anteils der Lösung für die Kreisplatte Null. Die Integrationskonstanten C_1, C_2 werden aus den Bedingungen für die Stützung am Plattenrande $r = a$, $\varrho = 1$ bestimmt. Bei freier Auflagerung des Plattenrandes ist für $\varrho = 1$: $w = 0$ und $M_r = 0$, bei starrer Einspannung des Plattenrandes für $\varrho = 1$: $w = 0$, $dw/dr = 0$. Bei elastischer Einspannung der Kreisplatte in einem Zylinder besteht die Formänderung aus der Ausbiegung w^* der frei aufgelagerten Platte mit der vorgeschriebenen Belastung p und aus der Ausbiegung $\mathsf{M}w^{**}$ derselben Platte mit einem am Rande angreifenden Einspannungsmoment M (Abb. 628a, b).

$$w = w^* + \mathsf{M}w^{**}. \tag{955}$$

Bei starrer Einspannung mit $\mathsf{M} = \mathsf{M}_0$ ist für $r = a$ mit $\varrho = 1$

$$\frac{dw}{dr} = \frac{dw^*}{dr} + \mathsf{M}_0\frac{dw^{**}}{dr} = 0 \tag{956}$$

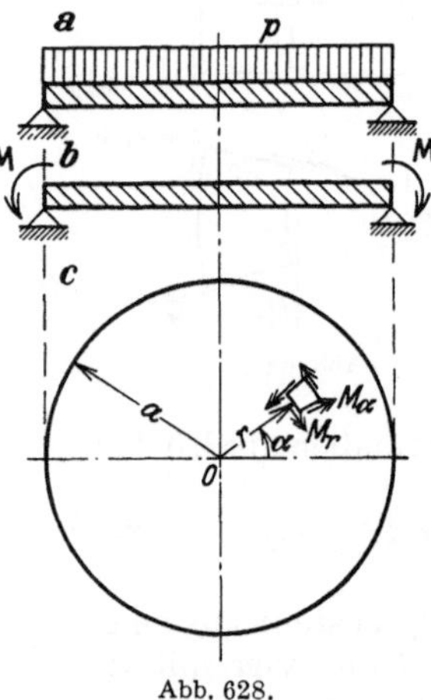

Abb. 628.

und damit das Einspannungsmoment noch auf andere Weise bestimmt.

Die Kreisringplatten werden entweder an beiden Rändern gestützt (Abb. 629a) oder als Kragplatten verwendet. Der freie Rand wird dann mit $r = b$, $b/a = \beta$, der gestützte Rand mit $r = a$, $\varrho = 1$ bezeichnet (Abb. 629b, c). Die Platte kann hier wieder frei aufgelagert oder eingespannt sein. Die Formänderung der Kreisringplatte wird durch die vollständige Differentialgleichung mit vier Integrationskonstanten beschrieben. Zu ihrer Berechnung stehen an jedem Rande zwei Bedingungen zur Verfügung. Am freien Rand $\varrho = \beta$ ist $M_r = 0$, $Q_r = 0$.

Die Kreisplatte vom Durchmesser $2b$ kann außerdem in einem konzentrischen Kreis mit dem Durchmesser $2a$ gestützt sein und daher mit einer Ringplatte von der Breite $b-a$ auskragen. Die äußeren an der Platte angreifenden Kräfte sind dann in $r = a$ unstetig. Die Berechnung zerfällt in die Lösung I für die Formänderung w der Kreisplatte mit den beiden Integrationskonstanten C_1, C_2 und in die Lösung II nach (953) für die Formänderung der Ringplatte von der Breite $(b-a)$ mit vier Integrationskonstanten. Die sechs Integrationskonstanten werden aus den Randbedingungen an der äußeren Begrenzung $(r = b)$ mit $M_{b,II} = 0$, $Q_{bz,II} = 0$ und aus den Bedingungen an dem abgestützten Kreis $r = a$ berechnet. An dieser Stelle ist $w_{a,I} = 0$, $w_{a,II} = 0$, $dw_{a,I}/dr = dw_{a,II}/dr$ und $M_{a,I} = M_{a,II}$. Als Kontrolle gilt $Q_{a,I} - Q_{a,II} + \mathfrak{P}/2\pi a = 0$ (Abb. 630) mit $\mathfrak{P}$ als Plattenbelastung. Dasselbe gilt von der Berechnung einer Ringplatte von der Breite $(b-c)$, nur daß in diesem Falle in die Rechnung acht Integrationskonstanten eingehen, die sich aus acht linearen Gleichungen ergeben (Abb. 631). Die Lösung läßt sich bei zentraler Symmetrie naturgemäß leicht auch für die statisch unbestimmte Stützung der Kreis- und Kreisringplatte erweitern.

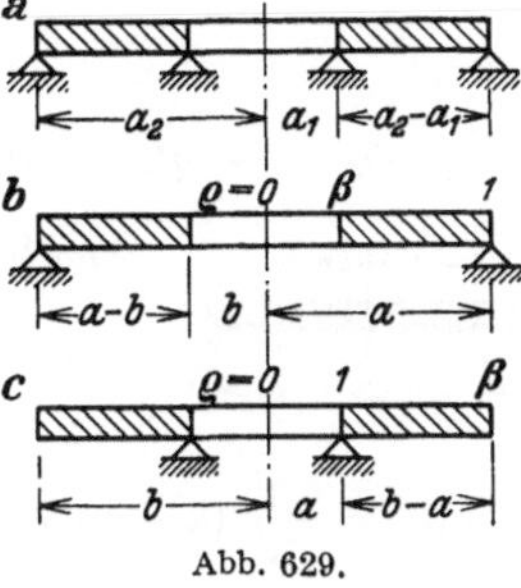

Abb. 629.

Die Belastung $p = p_0$ oder $p = p(r)$ erstreckt sich über die ganze Breite, über einen Ringstreifen oder als Linienbelastung P über einen ausgezeichneten Breitenkreis der Platte. Die Einzellast P_0 im Ursprung O ist ein Sonderfall. Formänderung und Schnittkräfte der Platte lassen sich in diesem Falle nach den Ansätzen auf S. 650 in dem Bereich um den Plattenmittelpunkt nicht angeben. Unstetigkeiten im Verlauf der zentralsymmetrischen Belastung p führen zu einer Unterteilung des Integrationsbereiches. Dasselbe gilt bei einem Wechsel der Plattenstärke. Die

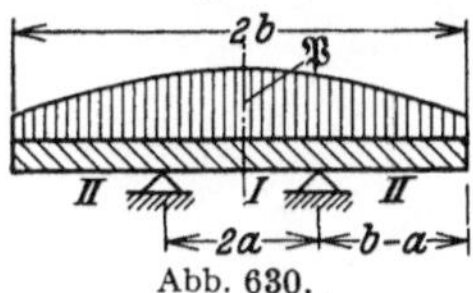

Abb. 630.

Untersuchung beginnt in jedem Falle mit der Berechnung der Integrationskonstanten aus ebenso vielen linearen Gleichungen. Damit ist die Ausbiegung w eindeutig bestimmt. Dasselbe gilt dann auch von den Schnittkräften,

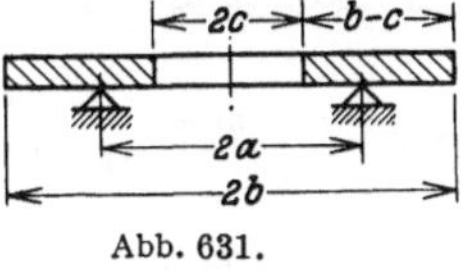

Abb. 631.

die sich nach (953) aus Ableitungen der Funktion w zusammensetzen. Die Lösung ist richtig, wenn sie die Differentialgleichung und die vorgeschriebenen Randbedingungen befriedigt.

Da Kreis- und Kreisringplatten für die konstruktive Ausgestaltung zahlreicher Bauaufgaben verwendet werden, ist das Ergebnis der notwendigen Untersuchungen in den Tabellen 63 u. 64 zusammengefaßt worden. Ihre Anwendung wird wesentlich vereinfacht, wenn die reziproke Poissonsche Zahl μ, die bei Stahl mit 0,25, bei Eisenbeton zwischen 0,16 und 0,10 gemessen ist, vernachlässigt wird. Dies ist in der Regel zulässig.

Die Differentialgleichung vierter Ordnung läßt sich mit (945) ebenso wie in Abschn. 67 in zwei Differentialgleichungen zweiter Ordnung zerlegen

$$\frac{d^2 M}{dr^2} + \frac{1}{r}\frac{dM}{dr} = -p, \qquad \frac{d^2 w}{dr^2} + \frac{1}{r}\frac{dw}{dr} = -\frac{M}{N} = -\mathfrak{w}. \qquad (957)$$

Da nach (945) und (946)

$$\frac{dM}{dr} = Q_{rz,p} = -\frac{1}{r}\int_0^r p\, r\, dr, \qquad \text{also auch} \qquad \frac{dw}{dr} = Q_{rz,\mathfrak{w}} = -\frac{1}{r}\int_0^r \frac{M}{N}\, r\, dr$$

ist, entstehen nach H. Marcus die beiden simultanen Differentialgleichungen zweiter Ordnung

$$\frac{d^2 M}{d r^2} = - \left[p - \frac{1}{r^2} \int_0^r p\, r\, dr \right], \qquad \frac{d^2 w}{d r^2} = - \left[\frac{M}{N} - \frac{1}{r^2} \int_0^r \frac{M}{N}\, r\, dr \right], \tag{958}$$

die wiederum eine Analogie zu den Differentialgleichungen der Seilkurve und der Biegelinie des biegungssteifen Stabes bilden und sich zur Berechnung des Spannungs- und Formänderungszustandes der Kreisplatte ebenfalls eignen.

Tabelle 63. Formänderungen und Schnittkräfte symmetrisch belasteter Kreis- und Kreisringplatten.

$$\varrho = \frac{r}{a}, \qquad \beta = \frac{b}{a}, \qquad N = \frac{E\, h^3}{12\,(1 - \mu^2)}, \qquad w' = \frac{dw}{dr}.$$

$$\Phi_0 = 1 - \varrho^4, \qquad \Phi_1 = 1 - \varrho^2, \qquad \Phi_2 = \varrho^2 \ln \varrho, \qquad \Phi_3 = \ln \varrho, \qquad \Phi_4 = \frac{1}{\varrho^2} - 1.$$

Die Funktionen Φ_0 bis Φ_4 sind in Tabelle 64 enthalten.

$$w = \frac{p\, a^4}{64\, N\,(1 + \mu)} \left[2\,(3 + \mu)\, \Phi_1 - (1 + \mu)\, \Phi_0 \right],$$

$$M_r = \frac{p\, a^2}{16}\,(3 + \mu)\, \Phi_1; \qquad M_t = \frac{p\, a^2}{16} \left[2\,(1 - \mu) + (1 + 3\,\mu)\, \Phi_1 \right], \qquad Q_r = - \frac{p\, a}{2}\, \varrho,$$

$\varrho = 0$:
$$w = \frac{p\, a^4}{64\, N} \cdot \frac{5 + \mu}{1 + \mu}; \qquad M_r = M_t = \frac{p\, a^2}{16}\,(3 + \mu),$$

$\varrho = 1$:
$$w' = - \frac{p\, a^3}{8\, N\,(1 + \mu)}; \qquad M_t = \frac{p\, a^2}{8}\,(1 - \mu); \qquad Q_r = - \frac{p\, a}{2}.$$

$$\varkappa_1 = \left[(5 + \mu) - (7 + 3\,\mu)\, \beta^2 \right] (1 - \beta^2) - 4\,(1 + \mu)\, \beta^4 \ln \beta,$$

$$\varkappa_2 = \left[(3 + \mu) - (1 - \mu)\, \beta^2 \right] (1 - \beta^2) + 4\,(1 + \mu)\, \beta^2 \ln \beta.$$

$\varrho \leqq \beta$:
$$w = \frac{p\, a^4}{64\, N\,(1 + \mu)} \left[\varkappa_1 - 2\, \varkappa_2 + 2\, \varkappa_2\, \Phi_1 \right], \qquad M_r = M_t = \frac{p\, a^2}{16}\, \varkappa_2, \qquad Q_r = 0.$$

$\varrho \geqq \beta$:
$$w = \frac{p\, a^4}{64\, N\,(1 + \mu)} \left\{ 2 \left[(3 + \mu)\,(1 - 2\,\beta^2) + (1 - \mu)\, \beta^4 \right] \Phi_1 \right.$$
$$\left. - (1 + \mu)\, \Phi_0 - 4\,(1 + \mu)\, \beta^4\, \Phi_3 - 8\,(1 + \mu)\, \beta^2\, \Phi_2 \right\},$$

$$M_r = \frac{p\, a^2}{16} \left[(3 + \mu)\, \Phi_1 - (1 - \mu)\, \beta^4\, \Phi_4 + 4\,(1 + \mu)\, \beta^2\, \Phi_3 \right], \qquad Q_r = - \frac{p\, a}{2} \left(\varrho - \frac{\beta^2}{\varrho} \right),$$

$$M_t = \frac{p\, a^2}{16} \left[(1 + 3\,\mu)\, \Phi_1 + (1 - \mu)\, \beta^4\, \Phi_4 + 4\,(1 + \mu)\, \beta^2\, \Phi_3 + 2\,(1 - \mu)\,(1 - \beta^2)^2 \right].$$

$\varrho = 0$:
$$w = \frac{p\, a^4}{64\, N\,(1 + \mu)}\, \varkappa_1.$$

$\varrho = 1$:
$$w' = - \frac{p\, a^3}{8\, N\,(1 + \mu)}\,(1 - \beta^2)^2, \qquad M_t = \frac{p\, a^2}{8}\,(1 - \mu)\,(1 - \beta^2)^2, \qquad Q_r = - \frac{p\, a}{2}\,(1 - \beta^2).$$

$$\varkappa_1 = 4 - (1 - \mu)\, \beta^2, \qquad \varkappa_2 = \left[\varkappa_1 - 4\,(1 + \mu) \ln \beta \right] \beta^2,$$

$$\varkappa_3 = 4\,(3 + \mu) - (7 + 3\,\mu)\, \beta^2 + 4\,(1 + \mu)\, \beta^2 \ln \beta.$$

$\varrho \leqq \beta$:
$$w = \frac{p\, a^4}{64\, N} \left\{ 1 + \left[4 - 5\, \beta^2 + 4\,(2 + \beta^2) \ln \beta \right] \beta^2 + 2\, \frac{\varkappa_2}{1 + \mu}\, \Phi_1 - \Phi_0 \right\}, \qquad Q_r = - \frac{p\, a}{2}\, \varrho,$$

$$M_r = \frac{p\, a^2}{16} \left[\varkappa_2 - (3 + \mu) + (3 + \mu)\, \Phi_1 \right], \qquad M_t = \frac{p\, a^2}{16} \left[\varkappa_2 - (1 + 3\,\mu) + (1 + 3\,\mu)\, \Phi_1 \right],$$

$$\varrho \geqq \beta: \quad w = \frac{p\,a^4}{64\,N}\cdot 2\,\beta^2\left[\frac{2\,(3+\mu)-(1-\mu)\,\beta^2}{1+\mu}\,\Phi_1 + 4\,\Phi_2 + 2\,\beta^2\,\Phi_3\right],$$

$$M_r = \frac{p\,a^2}{16}\left[(1-\mu)\,\beta^4\,\Phi_4 - 4\,(1+\mu)\,\beta^2\,\Phi_3\right], \qquad Q_r = -\frac{p\,b}{2}\,\frac{\beta}{\varrho},$$

$$M_t = \frac{p\,a^2}{16}\left[-(1-\mu)\,\beta^4\,\Phi_4 - 4\,(1+\mu)\,\beta^2\,\Phi_3 + 2\,(1-\mu)\,\beta^2\,(2-\beta^2)\right].$$

$$\varrho = 0: \qquad w = \frac{p\,a^2\,b^2}{64\,N\,(1+\mu)}\,\varkappa_3, \qquad M_r = M_t = \frac{p\,a^2}{16}\,\varkappa_2,$$

$$\varrho = \beta: \qquad M_r = \frac{p\,a^2}{16}\left[\varkappa_2 - (3+\mu)\,\beta^2\right], \qquad M_t = \frac{p\,a^2}{16}\left[\varkappa_2 - (1+3\mu)\,\beta^2\right], \qquad Q_r = -\frac{p\,b}{2},$$

$$\varrho = 1: \qquad w = -\frac{p\,a\,b^2}{8\,N\,(1+\mu)}\,(2-\beta^2), \qquad M_t = \frac{p\,b^2}{8}\,(1-\mu)\,(2-\beta^2), \qquad Q_r = -\frac{p\,b}{2}\,\beta.$$

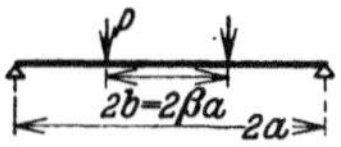

$$\varkappa_1 = (3+\mu)\,(1-\beta^2) + 2\,(1+\mu)\,\beta^2\ln\beta,$$

$$\varkappa_2 = (1-\mu)\,(1-\beta^2) - 2\,(1+\mu)\ln\beta,$$

$$\varrho \leqq \beta: \quad w = \frac{P\,a^2\,b}{8\,N\,(1+\mu)}\left[(\varkappa_1 - \varkappa_2) + \varkappa_2\,\Phi_1\right], \qquad M_r = M_t = \frac{P\,b}{4}\,\varkappa_2, \qquad Q_r = 0,$$

$$\varrho \geqq \beta: \quad w = \frac{P\,a^2\,b}{8\,N\,(1+\mu)}\left\{\left[(3+\mu)-(1-\mu)\,\beta^2\right]\Phi_1 + 2\,(1+\mu)\,\beta^2\,\Phi_3 + 2\,(1+\mu)\,\Phi_2\right\},$$

$$M_r = \frac{P\,b}{4}\left[(1-\mu)\,\beta^2\,\Phi_4 - 2\,(1+\mu)\,\Phi_3\right], \qquad Q_r = -P\,\frac{\beta}{\varrho}.$$

$$M_t = \frac{P\,b}{4}\left[-(1-\mu)\,\beta^2\,\Phi_4 - 2\,(1+\mu)\,\Phi_3 + 2\,(1-\mu)\,(1-\beta^2)\right],$$

$$\varrho = 0: \qquad w = \frac{P\,a^2\,b}{8\,N\,(1+\mu)}\,\varkappa_1,$$

$$\varrho = 1: \qquad w = -\frac{P\,a\,b}{2\,N\,(1+\mu)}\,(1-\beta^2), \qquad M_t = \frac{P\,b}{2}\,(1-\mu)\,(1-\beta^2), \qquad Q_r = -P\,\beta.$$

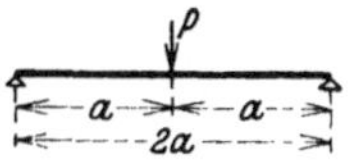

$$w = \frac{P\,a^2}{16\,\pi\,N}\left[\frac{3+\mu}{1+\mu}\,\Phi_1 + 2\,\Phi_2\right],$$

$$M_r = -\frac{P}{4\,\pi}\,(1+\mu)\,\Phi_3, \qquad M_t = \frac{P}{4\,\pi}\left[(1-\mu)-(1+\mu)\,\Phi_3\right], \qquad Q_r = -\frac{P}{2\,\pi\,a\,\varrho},$$

$$\varrho = 0: \qquad w = \frac{P\,a^2}{16\,\pi\,N}\,\frac{3+\mu}{1+\mu}.$$

$$\varrho = 1: \qquad w = -\frac{P\,a}{4\,\pi\,N\,(1+\mu)}, \qquad M_t = \frac{P}{4\,\pi}\,(1-\mu), \qquad Q_r = -\frac{P}{2\,\pi\,a}.$$

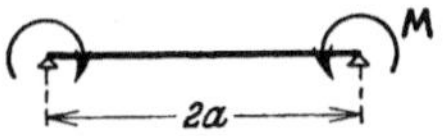

$$w = \frac{M\,a^2}{2\,N\,(1+\mu)}\,\Phi_1, \qquad M_r = M_t = M, \qquad Q_r = 0.$$

$$\varrho = 1: \qquad w = -\frac{M\,a}{N\,(1+\mu)}.$$

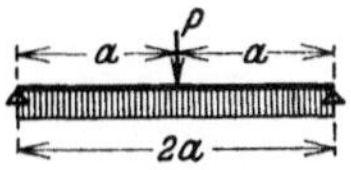

$$w = \frac{P\,a^2}{64\,\pi\,N}\left(2\,\frac{3+\mu}{1+\mu}\,\Phi_1 + \Phi_0 + 8\,\Phi_2\right),$$

$$M_r = -\frac{P}{16\,\pi}\left[(3+\mu)\,\Phi_1 + 4\,(1+\mu)\,\Phi_3\right],$$

$$M_t = -\frac{P}{16\,\pi}\left[(1+3\mu)\,\Phi_1 + 4\,(1+\mu)\,\Phi_3 - 2\,(1-\mu)\right], \qquad Q_r = -\frac{P}{2\,\pi\,a}\left(\frac{1}{\varrho}-\varrho\right).$$

$\varrho = 0$:
$$w = \frac{P\,a^2}{64\,\pi\,N}\,\frac{7+3\,\mu}{1+\mu}\,.$$

$\varrho = 1$:
$$w' = -\frac{P\,a}{8\,\pi\,N\,(1+\mu)}\,, \qquad M_t = \frac{P}{8\,\pi}\,(1-\mu)\,.$$

$$w = \frac{P\,a^4}{64\,N}\,(2\,\Phi_1 - \Phi_0)\,. \qquad M_r = \frac{p\,a^2}{16}\,[(3+\mu)\,\Phi_1 - 2]\,,$$

$$M_t = \frac{p\,a^2}{16}\,[(1+3\,\mu)\,\Phi_1 - 2\,\mu]\,, \qquad Q_r = -\frac{p\,a}{2}\,\varrho\,.$$

$\varrho = 0$:
$$w = \frac{p\,a^4}{64\,N}\,, \qquad M_r = M_t = \frac{p\,a^2}{16}\,(1+\mu)\,,$$

$\varrho = 1$:
$$M_t = \mu\,M_r = -\frac{p\,a^2}{8}\,\mu\,, \qquad Q_r = -\frac{p\,a}{2}\,,$$

$$\varkappa_1 = 1 - 4\,\beta^2 + \beta^4\,(3 - 4\ln\beta)\,,$$
$$\varkappa_2 = 1 - \beta^2\,(\beta^2 - 4\ln\beta)\,.$$

$\varrho \leqq \beta$:
$$w = \frac{p\,a^4}{64\,N}\,[(\varkappa_1 - \varkappa_2) + 2\,\varkappa_2\,\Phi_1]\,, \qquad M_r = M_t = \frac{p\,a^2}{16}\,(1+\mu)\,\varkappa_2\,, \qquad Q_r = 0\,.$$

$\varrho \geqq \beta$:
$$w = \frac{p\,a^4}{64\,N}\,[2\,(1 - 2\,\beta^2 - \beta^4)\,\Phi_1 - \Phi_0 - 4\,\beta^4\,\Phi_3 - 8\,\beta^2\,\Phi_2]\,,$$

$$M_r = \frac{p\,a^2}{16}\,[-2\,(1-\beta^2)^2 + (3+\mu)\,\Phi_1 - (1-\mu)\,\beta^4\,\Phi_4 + 4\,(1+\mu)\,\beta^2\,\Phi_3]\,,$$

$$M_t = \frac{p\,a^2}{16}\,[-2\,\mu\,(1-\beta^2)^2 + (1+3\,\mu)\,\Phi_1 + (1-\mu)\,\beta^4\,\Phi_4 + 4\,(1+\mu)\,\beta^2\,\Phi_3]\,,$$

$$Q_r = -\frac{p\,a}{2}\left(\varrho - \frac{\beta^2}{\varrho}\right)\,.$$

$\varrho = 0$:
$$w = \frac{p\,a^4}{64\,N}\,\varkappa_1\,.$$

$\varrho = 1$:
$$M_t = \mu\,M_r = -\frac{p\,a^2}{8}\,\mu\,(1 - \beta^2)^2\,, \qquad Q_r = -\frac{p\,a}{2}\,(1 - \beta^2)\,.$$

$$\varkappa_1 = \beta^2\,[4 - \beta^2\,(3 - 4\ln\beta)]\,,$$
$$\varkappa_2 = \beta^2\,(\beta^2 - 4\ln\beta)\,.$$

$\varrho \leqq \beta$:
$$w = \frac{p\,a^4}{64\,N}\,[(\varkappa_1 - 2\,\varkappa_2 + 1) + 2\,\varkappa_2\,\Phi_1 - \Phi_0]\,,$$

$$M_r = \frac{p\,a^2}{16}\,\{[(1+\mu)\,\varkappa_2 - (3+\mu)] + (3+\mu)\,\Phi_1\}\,,$$

$$M_t = \frac{p\,a^2}{16}\,\{[(1+\mu)\,\varkappa_2 - (1+3\,\mu)] + (1+3\,\mu)\,\Phi_1\}\,.$$

$\varrho \geqq \beta$:
$$w = \frac{p\,a^2\,b^2}{32\,N}\,[(2 + \beta^2)\,\Phi_1 + 2\,\beta^2\,\Phi_3 + 4\,\Phi_2]\,,$$

$$M_r = \frac{p\,b^2}{16}\,[-2\,(2 - \beta^2) + (1-\mu)\,\beta^2\,\Phi_4 - 4\,(1+\mu)\,\Phi_3]\,, \qquad Q_r = -\frac{p\,b}{2}\,\frac{\beta}{\varrho}\,,$$

$$M_t = \frac{p\,b^2}{16}\,[-2\,\mu\,(2 - \beta^2) - (1-\mu)\,\beta^2\,\Phi_4 - 4\,(1+\mu)\,\Phi_3]\,.$$

$\varrho = 0$:
$$w = \frac{p\,a^4}{64\,N}\,\varkappa_1\,, \qquad M_r = M_t = \frac{p\,a^2}{16}\,(1 + \mu)\,\varkappa_2\,.$$

$\varrho = \beta$:
$$M_r = -\frac{p\,a^2}{16}\,[(1 + \mu)\,\varkappa_2 - (3 + \mu)\,\beta^2]\,, \qquad M_t = -\frac{p\,a^2}{16}\,[(1 + \mu)\,\varkappa_2 - (1 + 3\,\mu)\,\beta^2]\,;$$

$$Q_r = -\frac{p\,b}{2}\,.$$

$\varrho = 1$:
$$M_t = \mu\,M_r = -\frac{p\,b^2}{8}\,\mu\,(2 - \beta^2)\,, \qquad Q_r = -\frac{p\,b}{2}\,\beta\,.$$

$$\varkappa_1 = 1 - \beta^2\,(1 - 2\ln\beta)\,,$$
$$\varkappa_2 = \beta^2 - 1 - 2\ln\beta\,.$$

$\varrho \leqq \beta$:
$$w = \frac{P\,a^2\,b}{8\,N}\,[(\varkappa_1 - \varkappa_2) + \varkappa_2\,\Phi_1]\,, \qquad M_r = M_t = \frac{P\,b}{4}\,(1 + \mu)\,\varkappa_2\,, \qquad Q_r = 0\,.$$

$\varrho \geqq \beta$:
$$w = \frac{P\,a^2\,b}{8\,N}\,[(1 + \beta^2)\,\Phi_1 + 2\,\beta^2\,\Phi_3 + 2\,\Phi_2]\,,$$

$$M_r = -\frac{P\,b}{4}\,[2\,(1 - \beta^2) - (1 - \mu)\,\beta^2\,\Phi_4 + 2\,(1 + \mu)\,\Phi_3]\,,$$

$$M_t = -\frac{P\,b}{4}\,[2\,\mu\,(1 - \beta^2) + (1 - \mu)\,\beta^2\,\Phi_4 + 2\,(1 + \mu)\,\Phi_3]\,, \qquad Q_r = -P\,\frac{\beta}{\varrho}\,.$$

$\varrho = 0$:
$$w = \frac{P\,a^2\,b}{8\,N}\,\varkappa_1\,.$$

$\varrho = 1$:
$$M_t = \mu\,M_r = -\frac{P\,b}{2}\,\mu\,(1 - \beta^2)\,, \qquad Q_r = -P\,\beta\,.$$

$$w = \frac{P\,a^2}{16\,\pi\,N}\,(\Phi_1 + 2\,\Phi_2)\,.$$

$$M_r = -\frac{P}{4\,\pi}\,[1 + (1 + \mu)\,\Phi_3]\,, \qquad M_t = -\frac{P}{4\,\pi}\,[\mu + (1 + \mu)\,\Phi_3]\,, \qquad Q_r = -\frac{P}{2\,\pi\,a\,\varrho}\,.$$

$\varrho = 0$:
$$w = \frac{P\,a^2}{16\,\pi\,N}\,.$$

$\varrho = 1$:
$$M_t = \mu\,M_r = -\frac{P}{4\,\pi}\,\mu\,, \qquad Q_r = -\frac{P}{2\,\pi\,a}\,.$$

$$\varkappa_1 = (3 + \mu) + 4\,(1 + \mu)\,\frac{\beta^2}{1 - \beta^2}\,\ln\beta\,,$$

$$\varkappa_2 = (3 + \mu) - 4\,(1 + \mu)\,\frac{\beta^2}{1 - \beta^2}\,\ln\beta\,,$$

$$w = \frac{p\,a^4}{64\,N}\,\left\{\frac{2}{1 + \mu}\,[(3 + \mu) - \beta^2\,\varkappa_2]\,\Phi_1 - \Phi_0 - \frac{4}{1 - \mu}\,\beta^2\,\varkappa_1\,\Phi_3 - 8\,\beta^2\,\Phi_2\right\}\,,$$

$$M_r = \frac{p\,a^2}{16}\,[(3 + \mu)\,\Phi_1 - \beta^2\,\varkappa_1\,\Phi_4 + 4\,(1 + \mu)\,\beta^2\,\Phi_3]\,, \qquad Q_r = -\frac{p\,a}{2}\,\left(\varrho - \frac{\beta^2}{\varrho}\right)\,,$$

$$M_t = \frac{p\,a^2}{16}\,\{(1 + 3\,\mu)\,\Phi_1 + \beta^2\,\varkappa_1\,\Phi_4 + 4\,(1 + \mu)\,\beta^2\,\Phi_3 + 2\,(1 - \mu) - 2\,\beta^2\,[2\,(1 - \mu) - \varkappa_1]\}\,.$$

$\varrho = \beta$:
$$w = \frac{p\,a^4}{64\,N}\,\left\{[(5 + \mu) - (7 + 3\,\mu)\,\beta^2]\,\frac{1 - \beta^2}{1 + \mu} - \frac{4}{1 - \mu}\,\beta^2\,\varkappa_1\,\ln\beta\right\}\,,$$

$$w' = -\frac{p\,a^2\,b}{8\,N\,(1 + \mu)}\,\left(\frac{\varkappa_1}{1 - \mu} - \beta^2\right)\,, \qquad M_t = \frac{p\,a^2}{8}\,[\varkappa_1 - (1 - \mu)\,\beta^2]\,.$$

$\varrho = 1$: $w' = -\dfrac{p\,a^3}{8\,N(1+\mu)}\left[1 - \beta^2\left(2 - \dfrac{\varkappa_1}{1-\mu}\right)\right]$,

$$M_t = \frac{p\,a^2}{8}\{(1-\mu) - \beta^2[2(1-\mu) - \varkappa_1]\}, \qquad Q_r = -\frac{p\,a}{2}(1-\beta^2).$$

$$\varkappa = \frac{\beta^2}{1-\beta^2}\ln\beta.$$

$$w = \frac{P\,a^2 b}{8\,N}\left[\left(\frac{3+\mu}{1+\mu} - 2\varkappa\right)\Phi_1 + 4\frac{1+\mu}{1-\mu}\varkappa\,\Phi_3 + 2\,\Phi_2\right].$$

$$M_r = -\frac{P\,b}{2}(1+\mu)(-\varkappa\,\Phi_4 + \Phi_3); \qquad Q_r = -P\frac{\beta}{\varrho},$$

$$M_t = -\frac{P\,b}{2}(1+\mu)\left[\varkappa\,\Phi_4 + \Phi_3 + \left(2\varkappa - \frac{1-\mu}{1+\mu}\right)\right].$$

$\varrho = \beta$: $w = \dfrac{P\,a^2 b}{8\,N}\left[\dfrac{3+\mu}{1+\mu}(1-\beta^2) + 4\dfrac{1+\mu}{1-\mu}\varkappa\ln\beta\right]$,

$$w' = -\frac{P\,a^2}{2\,N(1+\mu)}\left(\beta^2 - 2\varkappa\frac{1+\mu}{1-\mu}\right),$$

$$M_t = -\frac{P\,b}{2}(1+\mu)\left(2\frac{\varkappa}{\beta^2} - \frac{1-\mu}{1+\mu}\right); \qquad Q_r = -P.$$

$\varrho = 1$: $w' = -\dfrac{P\,a\,b}{2\,N(1+\mu)}\left(1 - 2\varkappa\dfrac{1+\mu}{1-\mu}\right)$; $Q_r = -P\beta$,

$$M_t = -\frac{P\,b}{2}(1+\mu)\left(2\varkappa - \frac{1-\mu}{1+\mu}\right).$$

$$w = -\frac{M\,b^2}{2\,N(1+\mu)}\frac{1}{1-\beta^2}\left(\Phi_1 - 2\frac{1+\mu}{1-\mu}\Phi_3\right),$$

$$M_r = -M\frac{\beta^2}{1-\beta^2}\Phi_4; \qquad M_t = -M\frac{\beta^2}{1-\beta^2}(\Phi_4 + 2), \qquad Q_r = 0.$$

$\varrho = \beta$: $w = -\dfrac{M\,b^2}{2\,N(1+\mu)}\left(1 - 2\dfrac{1+\mu}{1-\mu}\dfrac{\ln\beta}{1-\beta^2}\right)$,

$$w' = \frac{M\,b}{N(1+\mu)}\frac{1}{1-\beta^2}\left(\beta^2 + \frac{1+\mu}{1-\mu}\right); \qquad M_t = -M\frac{1+\beta^2}{1-\beta^2}.$$

$\varrho = 1$: $w' = 2\dfrac{M\,b}{N(1-\mu^2)}\dfrac{\beta}{1-\beta^2}$; $M_t = -2M\dfrac{\beta^2}{1-\beta^2}$.

$$w = \frac{M\,a^2}{2\,N(1+\mu)(1-\beta^2)}\left(\Phi_1 - 2\frac{1+\mu}{1-\mu}\beta^2\Phi_3\right).$$

$$M_r = M\left(1 - \frac{\beta^2}{1-\beta^2}\Phi_4\right); \qquad M_t = M\left(\frac{1+\beta^2}{1-\beta^2} + \frac{\beta^2}{1-\beta^2}\Phi_4\right). \qquad Q_r = 0.$$

$\varrho = \beta$: $w = \dfrac{M\,a^2}{2\,N(1+\mu)}\left(1 - 2\dfrac{1+\mu}{1-\mu}\dfrac{\beta^2}{1-\beta^2}\ln\beta\right)$,

$$w' = -\frac{M\,b}{N(1-\mu^2)}\frac{2}{1-\beta^2}; \qquad M_t = M\frac{2}{1-\beta^2}.$$

$\varrho = 1$: $w' = -\dfrac{M\,a}{N(1+\mu)(1-\beta^2)}\left(1 + \dfrac{1+\mu}{1-\mu}\beta^2\right)$, $M_t = M\dfrac{1+\beta^2}{1-\beta^2}$.

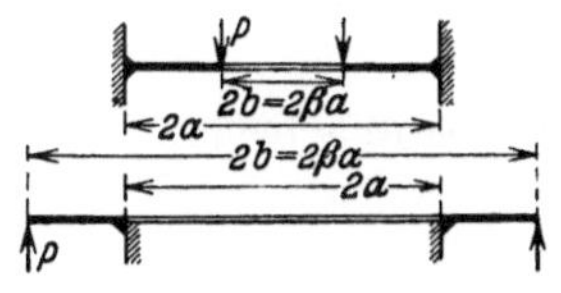

$$\varkappa_1 = (1 + \mu) + (1 - \mu)\,\beta^2, \qquad \psi_1 = 4\,(1 + \mu)\,\beta^2 \ln\beta,$$

$$\varkappa_2 = (1 - \mu) + (1 + \mu)\,\beta^2, \qquad \psi = \frac{\varkappa_1 + \psi_1}{\varkappa_2}\,\beta^2.$$

$$w = \frac{p\,a^4}{64\,N}\,[2\,(1 - 2\,\beta^2 - \psi)\,\Phi_1 - \Phi_0 - 4\,\psi\,\Phi_3 - 8\,\beta^2\,\Phi_2].$$

$$M_r = -\frac{p\,a^2}{16}\,[2\,(1 - 2\,\beta^2 + \psi) - (3 + \mu)\,\Phi_1 + (1 - \mu)\,\psi\,\Phi_4 - 4\,(1 + \mu)\,\beta^2\,\Phi_3].$$

$$M_t = -\frac{p\,a^2}{16}\,[2\,\mu\,(1 - 2\,\beta^2 + \psi) - (1 + 3\,\mu)\,\Phi_1 - (1 - \mu)\,\psi\,\Phi_4 - 4\,(1 + \mu)\,\beta^2\,\Phi_3].$$

$$Q_r = -\frac{p\,a}{2}\left(\varrho - \frac{\beta^2}{\varrho}\right).$$

$\varrho = \beta:$
$$w = \frac{p\,a^4}{64\,N}\,[(1 - \beta^2)^2 - 2\,(1 - \beta^2)\,(\psi + 2\,\beta^2) - 4\,(\psi + 2\,\beta^4)\ln\beta],$$

$$w' = -\frac{p\,a^3}{8\,N\,(1 + \mu)}\,\frac{\psi - \beta^4}{\beta}\,; \qquad M_t = \frac{p\,a^2}{8}\,\frac{1 - \mu^2}{\varkappa_2}\,(1 - \beta^4 + 4\,\beta^2 \ln\beta).$$

$\varrho = 1:$
$$M_t = \mu\,M_r = -\frac{p\,a^2}{8}\,\mu\,(1 - 2\,\beta^2 + \psi); \qquad Q_r = -\frac{p\,a}{2}\,(1 - \beta^2).$$

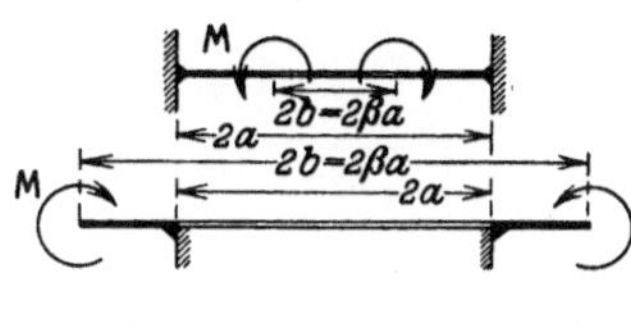

$$\varkappa = (1 - \mu) + (1 + \mu)\,\beta^2;$$

$$\psi = [1 + (1 + \mu)\ln\beta]\,\frac{\beta^2}{\varkappa}\,.$$

$$w = \frac{P\,a^2\,b}{8\,N}\,[(1 + 2\,\psi)\,\Phi_1 + 4\,\psi\,\Phi_3 + 2\,\Phi_2].$$

$$M_r = -\frac{P\,b}{2}\,[(1 - 2\,\psi) - (1 - \mu)\,\psi\,\Phi_4 + (1 + \mu)\,\Phi_3]. \qquad Q_r = -P\,\frac{\beta}{\varrho}\,.$$

$$M_t = -\frac{P\,b}{2}\,[\mu\,(1 - 2\,\psi) + (1 - \mu)\,\psi\,\Phi_4 + (1 + \mu)\,\Phi_3].$$

$\varrho = \beta:$
$$w = \frac{P\,a^2\,b}{8\,N}\,[(1 + 2\,\psi)\,(1 - \beta^2) + 2\,(\beta^2 + 2\,\psi)\ln\beta],$$

$$w' = \frac{P\,b^2}{2\,N\,\varkappa}\,(1 - \beta^2 + 2\ln\beta), \qquad M_t = -\frac{P\,b}{2}\,\frac{1 - \mu^2}{\varkappa}\,(1 - \beta^2 + 2\ln\beta).$$

$\varrho = 1:$
$$M_t = \mu\,M_r = -\frac{P\,b}{2}\,\mu\,(1 - 2\,\psi),$$

$$\varkappa = (1 - \mu) + (1 + \mu)\,\beta^2,$$

$$w = \frac{M\,b^2}{2\,N\,\varkappa}\,[\Phi_1 + 2\,\Phi_3]; \qquad Q_r = 0,$$

$$M_r = \frac{M\,\beta^2}{\varkappa}\,[2 + (1 - \mu)\,\Phi_4]; \qquad M_t = \frac{M\,\beta^2}{\varkappa}\,[2\,\mu - (1 - \mu)\,\Phi_4].$$

$\varrho = \beta:$
$$w = \frac{M\,b^2}{2\,N\,\varkappa}\,(1 - \beta^2 + 2\ln\beta); \qquad w' = \frac{M\,b}{N\,\varkappa}\,(1 - \beta^2).$$

$$M_t = -\frac{M}{\varkappa}\,[(1 - \mu) - (1 + \mu)\,\beta^2].$$

$\varrho = 1:$
$$M_t = \mu\,M_r = \frac{2\,M\,\beta^2}{\varkappa}\,\mu\,.$$

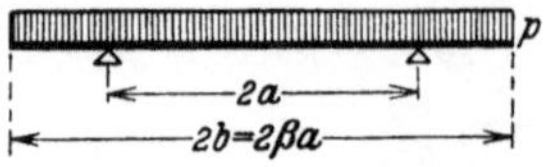

$$\varkappa_1 = 2\,(1 - \mu) + (1 + 3\,\mu)\,\beta^2 - 4\,(1 + \mu)\,\beta^2 \ln \beta\,,$$

$$\varkappa_2 = 2\,(1 - \mu) - (3 + \mu)\,\beta^2 - 4\,(1 + \mu)\,\beta^2 \ln \beta\,.$$

$\varrho \lesseqgtr 1$:

$$w = \frac{p\,a^4}{64\,N}\left(\frac{2\,\varkappa_1}{1 + \mu}\,\Phi_1 - \Phi_0\right),$$

$$M_r = \frac{p\,a^2}{16}\left[\varkappa_1 - (3 + \mu) + (3 + \mu)\,\Phi_1\right],$$

$$M_t = \frac{p\,a^2}{16}\left[\varkappa_1 - (1 + 3\,\mu) + (1 + 3\,\mu)\,\Phi_1\right], \qquad Q_r = -\frac{p\,a}{2}\,\varrho\,.$$

$\varrho \gtreqless 1$:

$$w = \frac{p\,a^4}{64\,N}\left(\frac{2\,\varkappa_2}{1 + \mu}\,\Phi_1 - \Phi_0 - 8\,\beta^2\,\Phi_3 - 8\,\beta^2\,\Phi_2\right), \qquad Q_r = \frac{p\,a}{2}\left(\frac{\beta^2}{\varrho} - \varrho\right).$$

$$M_r = \frac{p\,a^2}{16}\left[\varkappa_1 - (3 + \mu) + (3 + \mu)\,\Phi_1 - 2\,(1 - \mu)\,\beta^2\,\Phi_4 + 4\,(1 + \mu)\,\beta^2\,\Phi_3\right],$$

$$M_t = \frac{p\,a^2}{16}\left[\varkappa_1 - (1 + 3\,\mu) + (1 + 3\,\mu)\,\Phi_1 + 2\,(1 - \mu)\,\beta^2\,\Phi_4 + 4\,(1 + \mu)\,\beta^2\,\Phi_3\right].$$

$\varrho = 0$:

$$w = \frac{p\,a^4}{64\,N}\left(\frac{2\,\varkappa_1}{1 + \mu} - 1\right), \qquad M_r = M_t = \frac{p\,a^2}{16}\,\varkappa_1\,.$$

$\varrho = 1$:

$$w' = -\frac{p\,a^3}{16\,N}\left(\frac{\varkappa_1}{1 + \mu} - 1\right), \qquad Q_{ri} = -\frac{p\,a}{2}\,, \qquad Q_{ra} = \frac{p\,a}{2}\,(\beta^2 - 1)\,,$$

$$M_r = \frac{p\,a^2}{16}\left[\varkappa_1 - (3 + \mu)\right], \qquad M_t = \frac{p\,a^2}{16}\left[\varkappa_1 - (1 + 3\,\mu)\right].$$

$\varrho = \beta$:

$$w = -\frac{p\,a^4}{64\,N\,(1 + \mu)}\left\{\left[(3 - 5\,\mu) - (7 + 3\,\mu)\,\beta^2\right](\beta^2 - 1) + 16\,(1 + \mu)\,\beta^2 \ln \beta\right\},$$

$$w' = -\frac{p\,a^2\,b}{8\,N\,(1 + \mu)}\,(2 - \beta^2)\,, \qquad M_t = \frac{p\,a^2}{8}\,(1 - \mu)\,(2 - \beta^2)\,.$$

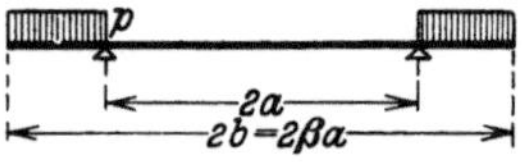

$$\varkappa_1 = \frac{1}{\beta^2}\left[(1 - \mu) + 4\,\mu\,\beta^2 - (1 + 3\,\mu)\,\beta^4 + 4\,(1 + \mu)\,\beta^4 \ln \beta\right],$$

$$\varkappa_2 = \frac{1}{\beta^2}\left[(1 - \mu)\,(1 - 2\,\beta^2) + (3 + \mu)\,\beta^4 + 4\,(1 + \mu)\,\beta^4 \ln \beta\right].$$

$\varrho \lesseqgtr 1$:

$$w = -\frac{p\,a^4}{32\,N\,(1 + \mu)}\,\varkappa_1\,\Phi_1\,, \qquad M_r = M_t = -\frac{p\,a^2}{16}\,\varkappa_1\,, \qquad Q_r = 0\,.$$

$\varrho \gtreqless 1$:

$$w = -\frac{p\,a^4}{64\,N\,(1 + \mu)}\left[2\,\varkappa_2\,\Phi_1 + (1 + \mu)\,\Phi_0 + 4\,(1 + \mu)\,(2\,\beta^2 - 1)\,\Phi_3 + 8\,(1 + \mu)\,\beta^2\,\Phi_2\right],$$

$$M_r = -\frac{p\,a^2}{16}\left[\varkappa_1 - (3 + \mu)\,\Phi_1 + (1 - \mu)\,(2\,\beta^2 - 1)\,\Phi_4 - 4\,(1 + \mu)\,\beta^2\,\Phi_3\right],$$

$$M_t = -\frac{p\,a^2}{16}\left[\varkappa_1 - (1 + 3\,\mu)\,\Phi_1 - (1 - \mu)\,(2\,\beta^2 - 1)\,\Phi_4 - 4\,(1 + \mu)\,\beta^2\,\Phi_3\right].$$

$$Q_r = \frac{p\,a}{2}\left(\frac{\beta^2}{\varrho} - \varrho\right).$$

$\varrho = 0$:

$$w = -\frac{p\,a^4}{32\,N\,(1 + \mu)}\,\varkappa_1\,, \qquad M_r = M_t = -\frac{p\,a^2}{16}\,\varkappa_1\,.$$

$\varrho = 1$:

$$w' = \frac{p\,a^3}{16\,N\,(1 + \mu)}\,\varkappa_1\,, \qquad M_r = M_t = -\frac{p\,a^2}{16}\,\varkappa_1\,, \qquad Q_{ri} = 0\,, \qquad Q_{ra} = \frac{p\,a}{2}\,(\beta^2 - 1)\,.$$

$\varrho = \beta$:

$$w = \frac{p\,a^4}{64\,N\,(1 + \mu)}$$

$$\cdot\left\{\left[2\,(1 - \mu) - (3 - 5\,\mu)\,\beta^2 + (7 + 3\,\mu)\,\beta^4\right]\frac{\beta^2 - 1}{\beta^2} - 4\,(1 + \mu)\,(4\,\beta^2 - 1) \ln \beta\right\},$$

$$w' = \frac{p\,a^3}{8\,N\,(1 + \mu)}\,\frac{(\beta^2 - 1)^2}{\beta}\,, \qquad M_t = -\frac{p\,a^2}{8}\,(1 - \mu)\,\frac{(\beta^2 - 1)^2}{\beta^2}\,.$$

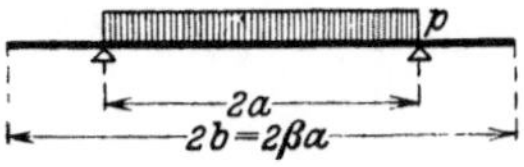

$$\varkappa = \frac{1-\mu}{\beta^2} + 2\,(1+\mu)\,.$$

$\varrho \lessgtr 1:$
$$w = \frac{p\,a^4}{64\,N}\left(2\,\frac{\varkappa}{1+\mu}\,\Phi_1 - \Phi_0\right), \qquad M_r = \frac{p\,a^2}{16}\,[\varkappa - (3+\mu) + (3+\mu)\,\Phi_1],$$

$$M_t = \frac{p\,a^2}{16}\,[\varkappa - (1+3\,\mu) + (1+3\,\mu)\,\Phi_1], \qquad Q_r = -\frac{p\,a}{2}\,\varrho\,.$$

$\varrho \gtrless 1:$
$$w = \frac{p\,a^4}{32\,N}\left[\frac{1-\mu}{1+\mu}\,\frac{1}{\beta^2}\,\Phi_1 - 2\,\Phi_3\right], \qquad Q_r = 0\,.$$

$$M_r = -\frac{p\,a^2}{16}\,(1-\mu)\left(\frac{\beta^2-1}{\beta^2} + \Phi_4\right), \qquad M_t = -\frac{p\,a^2}{16}\,(1-\mu)\left(-\frac{\beta^2+1}{\beta^2} - \Phi_4\right)\,.$$

$\varrho = 0:$
$$w = \frac{p\,a^4}{64\,N}\left(2\,\frac{\varkappa}{1+\mu} - 1\right), \qquad M_r = M_t = \frac{p\,a^2}{16}\,\varkappa\,.$$

$\varrho = 1:$
$$w' = -\frac{p\,a^3}{16\,N}\left(\frac{\varkappa}{1+\mu} - 1\right), \qquad M_r = -\frac{p\,a^2}{16}\,(1-\mu)\,\frac{\beta^2-1}{\beta^2}\,,$$

$$M_t = \frac{p\,a^2}{16}\,(1-\mu)\,\frac{\beta^2+1}{\beta^2}\,, \qquad Q_r = -\frac{p\,a}{2}\,.$$

$\varrho = \beta:$
$$w = -\frac{p\,a^4}{32\,N}\left[\frac{1-\mu}{1+\mu}\,\frac{\beta^2-1}{\beta^2} + 2\ln\beta\right], \qquad w' = -\frac{p\,a^3}{8\,N\,(1+\mu)\,\beta}\,, \qquad M_t = \frac{p\,a^2}{8}\,\frac{1-\mu}{\beta^2}\,.$$

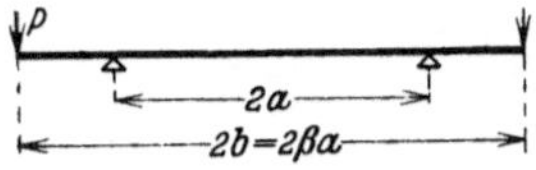

$$\varkappa = (1-\mu)\left(\beta - \frac{1}{\beta}\right) + 2\,(1+\mu)\,\beta\ln\beta\,.$$

$\varrho \lessgtr 1:$
$$w = -\frac{P\,a^3}{8\,N}\,\frac{\varkappa}{1+\mu}\,\Phi_1, \qquad M_r = M_t = -\frac{P\,a}{4}\,\varkappa\,, \qquad Q_r = 0\,.$$

$\varrho \gtrless 1:$
$$w = \frac{P\,a^3}{8\,N}\left\{-\left[\frac{\varkappa}{1+\mu} + 2\,\beta\right]\Phi_1 - 2\,\beta\,\Phi_3 - 2\,\beta\,\Phi_2\right\},$$

$$M_r = -\frac{P\,a}{4}\,[\varkappa + (1-\mu)\,\beta\,\Phi_4 - 2\,(1+\mu)\,\beta\,\Phi_3], \qquad Q_r = +P\,\frac{\beta}{\varrho}\,.$$

$$M_t = -\frac{P\,a}{4}\,[\varkappa - (1-\mu)\,\beta\,\Phi_4 - 2\,(1+\mu)\,\beta\,\Phi_3]\,.$$

$\varrho = 0:$
$$w = -\frac{P\,a^3}{8\,N\,(1+\mu)}\,\varkappa\,.$$

$\varrho = 1:$
$$w' = \frac{P\,a^2}{4\,N\,(1+\mu)}\,\varkappa\,; \qquad M_r = M_t = -\frac{P\,a}{4}\,\varkappa\,.$$

$\varrho = \beta:$
$$w = \frac{P\,a^3}{8\,N\,(1+\mu)}\left\{[(1-\mu) + (3+\mu)\,\beta^2]\left(\beta - \frac{1}{\beta}\right) - 2\,\varkappa\right\},$$

$$w' = \frac{P\,a^2}{2\,N\,(1+\mu)}\,(\beta^2 - 1)\,; \qquad M_t = \frac{P\,a}{2\,\beta}\,(1-\mu)\,(1-\beta^2)\,.$$

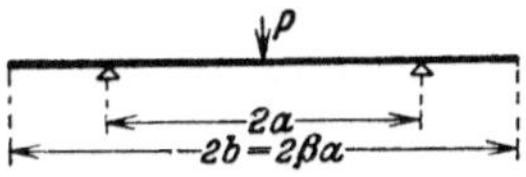

$$\varkappa = 2\,(1+\mu)\,\beta^2\,.$$

$\varrho \lessgtr 1:$
$$w = \frac{P\,a^2}{8\,\pi\,N}\left[\left(\frac{1-\mu}{\varkappa} + 1\right)\Phi_1 + \Phi_2\right],$$

$$M_r = -\frac{P}{8\,\pi\,\beta^2}\,[(1-\mu)\,(\beta^2 - 1) + \varkappa\,\Phi_3]\,,$$

$$M_t = -\frac{P}{8\,\pi\,\beta^2}\,[-(1-\mu)\,(\beta^2 + 1) + \varkappa\,\Phi_3]\,; \qquad Q_r = -\frac{P}{2\,\pi\,a\,\varrho}\,.$$

$\varrho \geqq 1:$
$$w = \frac{P\,a^2}{8\,\pi\,N}\left(\frac{1-\mu}{\varkappa}\,\Phi_1 - \Phi_3\right), \qquad M_r = -\frac{P}{8\,\pi\,\beta^2}(1-\mu)\,[(\beta^2-1)+\beta^2\,\Phi_4],$$

$$M_t = -\frac{P}{8\,\pi\,\beta^2}(1-\mu)\,[-(\beta^2+1)-\beta^2\,\Phi_4]; \qquad Q_r = 0.$$

$\varrho = 0:$
$$w = \frac{P\,a^2}{8\,\pi\,N}\left(\frac{1-\mu}{\varkappa}+1\right).$$

$\varrho = 1:$
$$w' = -\frac{P\,a}{8\,\pi\,N}\left(2\,\frac{1-\mu}{\varkappa}+1\right), \qquad M_r = -\frac{P}{8\,\pi\,\beta^2}(1-\mu)\,(\beta^2-1);$$

$$M_t = \frac{P}{8\,\pi\,\beta^2}(1-\mu)\,(\beta^2+1).$$

$\varrho = \beta:$
$$w = -\frac{P\,a^2}{8\,\pi\,N}\left[\frac{1-\mu}{\varkappa}(\beta^2-1)+\ln\beta\right]; \qquad w' = -\frac{P\,a}{4\,\pi\,N\,(1+\mu)\,\beta},$$

$$M_t = \frac{P}{4\,\pi\,\beta^2}(1-\mu).$$

$$w = \frac{M\,a^2}{2\,N\,(1+\mu)}\,\Phi_1; \qquad M_r = M_t = M; \qquad Q_r = 0.$$

$\varrho = 0:$
$$w = \frac{M\,a^2}{2\,N\,(1+\mu)}; \qquad \varrho = 1: \qquad w' = -\frac{M\,a}{N\,(1+\mu)}.$$

$\varrho = \beta:$
$$w = -\frac{M\,a^2}{2\,N\,(1+\mu)}(\beta^2-1); \qquad w' = -\frac{M\,b}{N\,(1+\mu)}.$$

$$\psi = \frac{1-\mu}{\beta^2}; \qquad \varkappa = (1+\mu)+\psi.$$

$\varrho \leqq 1:$
$$w = \frac{M\,a^2}{4\,N}\,\frac{\varkappa}{1+\mu}\,\Phi_1, \qquad M_r = M_t = \frac{M}{2}\,\varkappa, \qquad Q_r = 0.$$

$\varrho \geqq 1:$
$$w = \frac{M\,a^2}{4\,N}\left(\frac{\psi}{1+\mu}\,\Phi_1 - 2\,\Phi_3\right); \qquad Q_r = 0,$$

$$M_r = \frac{M}{2}(1-\mu)\left[\left(\frac{1}{\beta^2}-1\right)-\Phi_4\right], \qquad M_t = \frac{M}{2}(1-\mu)\left[\left(\frac{1}{\beta^2}+1\right)+\Phi_4\right].$$

$\varrho = 0:$
$$w = \frac{M\,a^2}{4\,N}\,\frac{\varkappa}{1+\mu}.$$

$\varrho = 1:$
$$w' = -\frac{M\,a}{2\,N}\left(1+\frac{\psi}{1+\mu}\right),$$

$$M_{ri} = \frac{M}{2}\,\varkappa; \qquad M_{ra} = -\frac{M}{2}(2-\varkappa),$$

$$M_{ti} = \frac{M}{2}\,\varkappa; \qquad M_{ta} = \frac{M}{2}\,\psi\,(\beta^2+1).$$

$\varrho = \beta:$
$$w = -\frac{M\,a^2}{4\,N}\left[\frac{\psi}{1+\mu}(\beta^2-1)+2\ln\beta\right].$$

$$w' = -\frac{M\,a}{N\,(1+\mu)\,\beta}, \qquad M_t = M\,\psi.$$

Tabelle 64. Funktionen Φ_0 bis Φ_4.

ϱ	Φ_0	Φ_1	Φ_2	Φ_3	Φ_4
0,0	$+\ 1,0000$	$+\ 1,00$	0	$-\infty$	$+\infty$
1	$+\ 0,9999$	$+\ 0,99$	$-\ 0,0230$	$-\ 2,3026$	$+\ 99,0000$
2	$+\ 0,9984$	$+\ 0,96$	$-\ 0,0644$	$-\ 1,6094$	$+\ 24,0000$
3	$+\ 0,9919$	$+\ 0,91$	$-\ 0,1084$	$-\ 1,2040$	$+\ 10,1111$
4	$+\ 0,9744$	$+\ 0,84$	$-\ 0,1556$	$-\ 0,9163$	$+\ 5,2500$
5	$+\ 0,9375$	$+\ 0,75$	$-\ 0,1733$	$-\ 0,6931$	$+\ 3,0000$
6	$+\ 0,8704$	$+\ 0,64$	$-\ 0,1839$	$-\ 0,5108$	$+\ 1,7778$
7	$+\ 0,7599$	$+\ 0,51$	$-\ 0,1748$	$-\ 0,3567$	$+\ 1,0408$
8	$+\ 0,5904$	$+\ 0,36$	$-\ 0,1428$	$-\ 0,2231$	$+\ 0,5625$
9	$+\ 0,3439$	$+\ 0,19$	$-\ 0,0853$	$-\ 0,1053$	$+\ 0,2346$
1,0	0	0	0	0	0
1	$-\ 0,4641$	$-\ 0,21$	$+\ 0,1153$	$+\ 0,0953$	$-\ 0,1736$
2	$-\ 1,0736$	$-\ 0,44$	$+\ 0,2625$	$+\ 0,1823$	$-\ 0,3056$
3	$-\ 1,8561$	$-\ 0,69$	$+\ 0,4434$	$+\ 0,2624$	$-\ 0,4083$
4	$-\ 2,8416$	$-\ 0,96$	$+\ 0,6595$	$+\ 0,3365$	$-\ 0,4898$
5	$-\ 4,0625$	$-\ 1,25$	$+\ 0,9123$	$+\ 0,4055$	$-\ 0,5556$
6	$-\ 5,5536$	$-\ 1,56$	$+\ 1,2032$	$+\ 0,4700$	$-\ 0,6094$
7	$-\ 7,3521$	$-\ 1,89$	$+\ 1,5335$	$+\ 0,5306$	$-\ 0,6540$
8	$-\ 9,4976$	$-\ 2,24$	$+\ 1,9044$	$+\ 0,5878$	$-\ 0,6914$
9	$-\ 12,0321$	$-\ 2,61$	$+\ 2,3171$	$+\ 0,6419$	$-\ 0,7230$
2,0	$-\ 15,0000$	$-\ 3,00$	$+\ 2,7726$	$+\ 0,6931$	$-\ 0,7500$
1	$-\ 18,4481$	$-\ 3,41$	$+\ 3,2719$	$+\ 0,7419$	$-\ 0,7732$
2	$-\ 22,4256$	$-\ 3,84$	$+\ 3,8161$	$+\ 0,7885$	$-\ 0,7934$
3	$-\ 26,9841$	$-\ 4,29$	$+\ 4,4061$	$+\ 0,8329$	$-\ 0,8110$
4	$-\ 32,1776$	$-\ 4,76$	$+\ 5,0427$	$+\ 0,8755$	$-\ 0,8264$
5	$-\ 38,0625$	$-\ 5,25$	$+\ 5,7268$	$+\ 0,9163$	$-\ 0,8400$

Beispiel für die Anwendung der Tabelle 63.

Der Verlauf der Biegungsmomente wird für eine Kreisringplatte mit verschiedener Stützung aus der Tabelle 63 entwickelt ($\mu = {}^1\!/_6$).

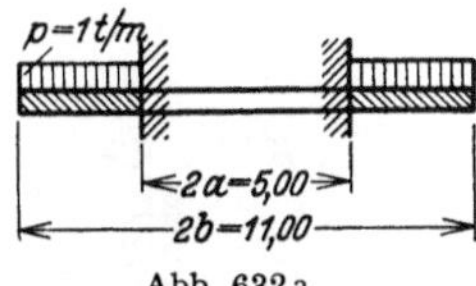

Abb. 632a.

1. Innen eingespannte Kreisringplatte (Abb. 632a).

Mit $\beta = b/a = 5,5/2,5 = 2,20$ ist nach S. 657

$$\varkappa_1 = 5,20\,, \qquad \varkappa_2 = 6,48\,, \qquad \psi_1 = 17,808\,, \qquad \psi = 17,185\,.$$

Damit wird

$$M_r = -6,6445 + 1,2370\,\Phi_1 - 5,5942\,\Phi_4 + 8,8230\,\Phi_3\,,$$

$$M_t = -1,1074 + 0,5859\,\Phi_1 + 5,5942\,\Phi_4 + 8,8230\,\Phi_3 \qquad \text{(Abb. 633a)}\,.$$

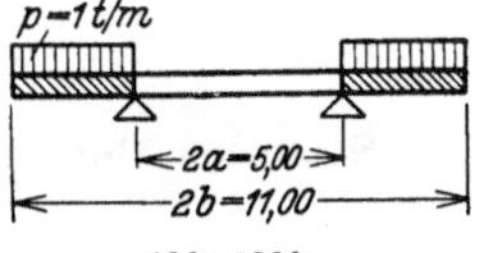

Abb. 632b.

2. Innen frei gelagerte Kreisringplatte (Abb. 632b).

Mit $\beta = 2,20$ ist nach S. 655

$$\varkappa_1 = -1,4710\,, \qquad \varkappa_2 = 7,8043\,, \qquad \text{und damit}$$

$$M_r = 1,2370\,\Phi_1 + 2,7811\,\Phi_4 + 8,8230\,\Phi_3\,,$$

$$M_t = 0,5859\,\Phi_1 - 2,7811\,\Phi_4 + 8,8230\,\Phi_3 - 11,2132 \qquad \text{(Abb. 633b)}\,.$$

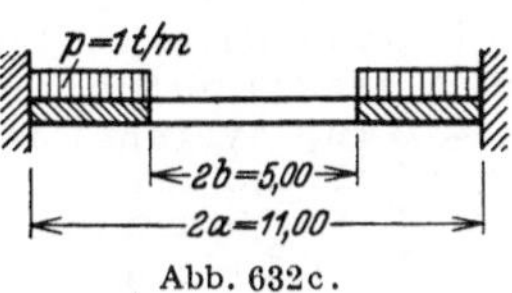

Abb. 632c.

3. Außen eingespannte Kreisringplatte (Abb. 632c).

Mit $\beta = \dfrac{b}{a} = \dfrac{2,5}{5,5} = 0,4545$ ist nach S. 657

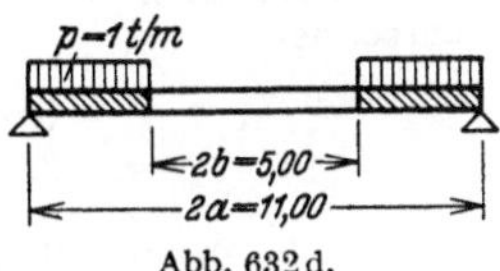

Abb. 632d.

$$\varkappa_1 = 1{,}33884 , \qquad \varkappa_2 = 1{,}07438 , \qquad \psi_1 = -0{,}760222 , \qquad \psi = 0{,}111273 ;$$

$$M_r = -2{,}6395 + 5{,}9870\,\Phi_1 - 0{,}1753\,\Phi_4 + 1{,}8229\,\Phi_3 ,$$

$$M_t = -0{,}4399 + 2{,}8359\,\Phi_1 + 0{,}1753\,\Phi_4 + 1{,}8229\,\Phi_3 \quad \text{(Abb. 633c)} .$$

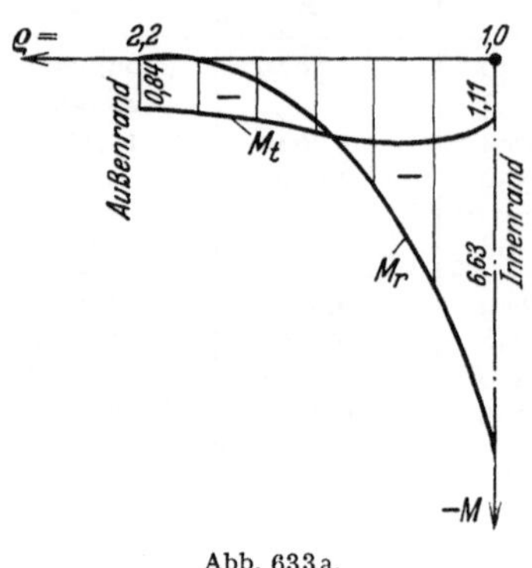

Abb. 633a.

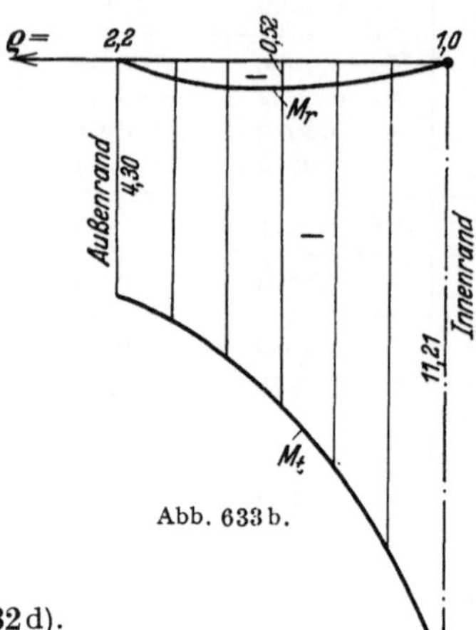

Abb. 633b.

4. Außen frei gelagerte Kreisringplatte (Abb. 632d).
Mit $\beta = 0{,}4545$ ist nach S. 655

$$\varkappa_1 = 2{,}2085 , \qquad \varkappa_2 = 4{,}1249 ;$$

$$M_r = 5{,}9870\,\Phi_1 - 0{,}8627\,\Phi_4 + 1{,}8229\,\Phi_3 ,$$

$$M_t = 2{,}8359\,\Phi_1 + 0{,}8627\,\Phi_4 + 1{,}8229\,\Phi_3 + 3{,}5743 \quad \text{(Abb. 633d)} .$$

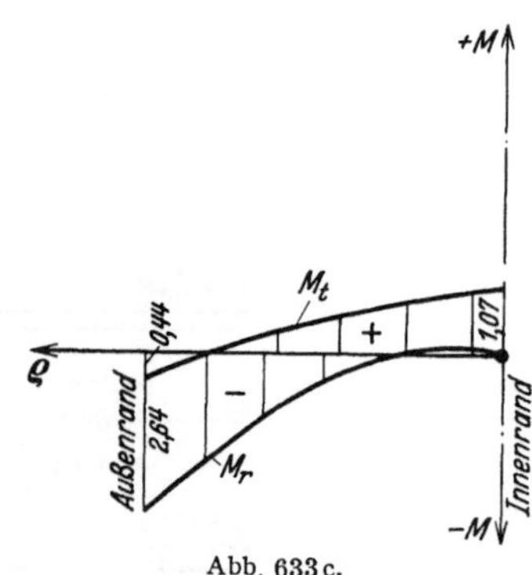

Abb. 633c.

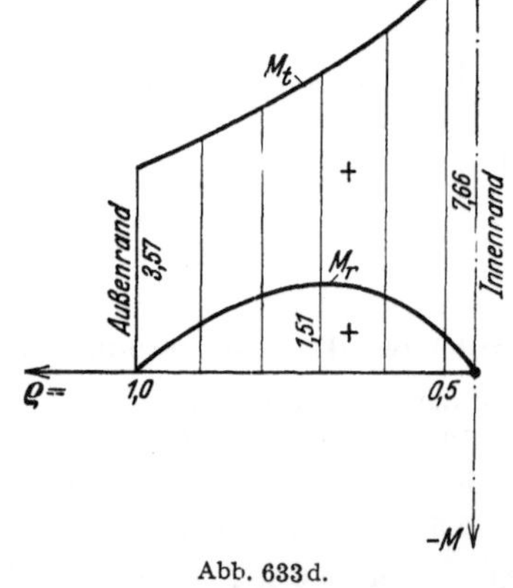

Abb. 633d.

Statische Untersuchung für die Decke eines kreisrunden Behälters mit Zwischenstützen.

Der Abstand der Stützen auf dem Parallelkreis $r = a$ ist so klein, daß die Punkt- oder Flächenkräfte durch eine rotationssymmetrische Linienstützung ersetzt werden können.

1. Geometrische Grundlagen. Die Abmessungen des Tragwerks sind in Abb. 634a enthalten. Die Querdehnung wird mit $\mu = \frac{1}{6}$ eingesetzt.

2. Hauptsystem und Überzählige. Zur Berechnung dient das Hauptsystem Abb. 634b. Überzählige Größen sind die Linienstützkraft X_1 über den ganzen äußeren Rand und die Stützkraft X_2 der Mittelstütze.

3. Formänderung und Schnittkräfte des Hauptsystems. Die Verschiebungen werden im N fachen Betrag angegeben und von den Schnittkräften nur die Biegungsmomente M_r berechnet.

Zustand $X_1 = -1$ (Abb. 634c, Tabelle 63 S. 659).

$$\beta = 2{,}0 , \qquad \ln \beta = 0{,}693147 , \qquad \varkappa = 4{,}48469 ,$$

$$\delta_{11} = 0{,}30216\,\frac{a^2}{\pi} , \qquad \delta_{21} = -0{,}12013\,\frac{a^2}{\pi} ,$$

$$w_i = -\frac{a^2}{\pi}\,0{,}12013\,\Phi_1\,, \qquad\qquad w_a = \frac{a^2}{\pi}\,(-0{,}24513\,\Phi_1 - 0{,}125\,\Phi_3 - 0{,}125\,\Phi_2)\,,$$

$$M_{r\,i} = -\frac{1}{\pi}\,0{,}28029\,, \qquad\qquad M_{r\,a} = -\frac{1}{\pi}\,(0{,}28029 + 0{,}10417\,\Phi_4 - 0{,}29167\,\Phi_3)\,.$$

Zustand $X_2 = -1$ (Abb. 634d, Tabelle 63 S. 659).

$$\varkappa = 9{,}33333\,, \qquad\qquad \delta_{22} = 0{,}13616\,\frac{a^2}{\pi}\,, \qquad \delta_{12} = -0{,}12013\,\frac{a^2}{\pi}\,,$$

$$w_i = \frac{a^2}{\pi}\,(0{,}13616\,\Phi_1 + 0{,}125\,\Phi_2)\,, \qquad w_a = \frac{a^2}{\pi}\,(0{,}01116\,\Phi_1 - 0{,}125\,\Phi_3)\,,$$

$$M_{r\,i} = -\frac{1}{\pi}\,(0{,}07812 + 0{,}29167\,\Phi_3)\,,$$

$$M_{r\,a} = -\frac{1}{\pi}\,(0{,}07812 + 0{,}10417\,\Phi_4)\,.$$

Belastung durch p t/m (Abb. 634e, Tabelle 63 S. 658).

$$\varkappa_1 = -5{,}27208\,, \qquad \varkappa_2 = -23{,}9387\,,$$

$$\delta_{10} = 0{,}42516\,p\,a^4\,, \qquad \delta_{20} = -0{,}15686\,p\,a^4\,,$$

$$w_i = -p\,a^4\,(0{,}14123\,\Phi_1 + 0{,}01562\,\Phi_0)\,,$$
$$w_a = -p\,a^4\,(0{,}64122\,\Phi_1 + 0{,}01562\,\Phi_0 + 0{,}5\,\Phi_3 + 0{,}5\,\Phi_2)\,,$$
$$M_{r\,i} = p\,a^2\,(-0{,}52742 + 0{,}19792\,\Phi_1)\,,$$
$$M_{r\,a} = p\,a^2\,(-0{,}52742 + 0{,}19792\,\Phi_1 - 0{,}41667\,\Phi_4 + 1{,}16667\,\Phi_3)\,.$$

4. Elastizitätsgleichungen nach Erweiterung
mit $\dfrac{\pi}{a^2}$

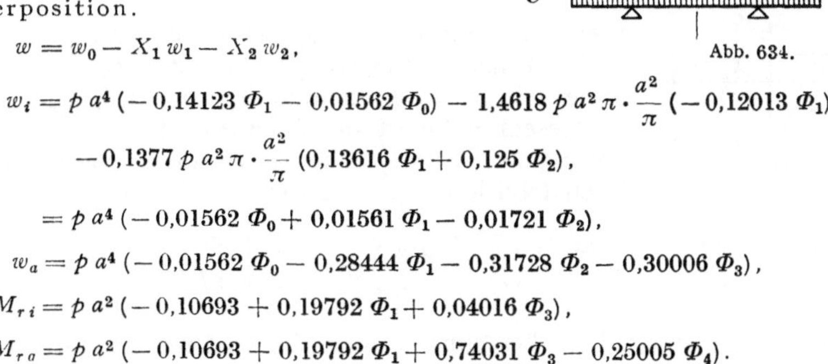

	X_1	X_2	
1	$+0{,}30216$	$-0{,}12013$	$+0{,}42516\,p\,a^2\,\pi$
2	$-0{,}12013$	$+0{,}13616$	$-0{,}15686\,p\,a^2\,\pi$

Lösung: $X_1 = 1{,}4618\,pa^2\pi$, $X_2 = 0{,}1377\,pa^2\pi$.

5. Superposition.

$$w = w_0 - X_1 w_1 - X_2 w_2\,,$$

$$w_i = p\,a^4\,(-0{,}14123\,\Phi_1 - 0{,}01562\,\Phi_0) - 1{,}4618\,p\,a^2\,\pi \cdot \frac{a^2}{\pi}\,(-0{,}12013\,\Phi_1)$$

$$-\,0{,}1377\,p\,a^2\,\pi \cdot \frac{a^2}{\pi}\,(0{,}13616\,\Phi_1 + 0{,}125\,\Phi_2)\,,$$

$$= p\,a^4\,(-0{,}01562\,\Phi_0 + 0{,}01561\,\Phi_1 - 0{,}01721\,\Phi_2)\,,$$

$$w_a = p\,a^4\,(-0{,}01562\,\Phi_0 - 0{,}28444\,\Phi_1 - 0{,}31728\,\Phi_2 - 0{,}30006\,\Phi_3)\,,$$

$$M_{r\,i} = p\,a^2\,(-0{,}10693 + 0{,}19792\,\Phi_1 + 0{,}04016\,\Phi_3)\,,$$

$$M_{r\,a} = p\,a^2\,(-0{,}10693 + 0{,}19792\,\Phi_1 + 0{,}74031\,\Phi_3 - 0{,}25005\,\Phi_4)\,.$$

Die Biegelinie und die Biegungsmomente M_r, ferner M_t und Q_r sind in Abb. 635 dargestellt.

Platten mit veränderlicher Dicke. Werden die Ausdrücke (945) der Biegungsmomente M_r, M_α in die allgemeingültigen Gleichgewichtsbedingungen (947) eingesetzt, so entsteht die Differentialgleichung

$$N\,\Delta\Delta w + \frac{dN}{dr}\left(2\frac{d^3 w}{dr^3} + \frac{2+\mu}{r}\frac{d^2 w}{dr^2} - \frac{1}{r^2}\frac{dw}{dr}\right) + \frac{d^2 N}{dr^2}\left(\frac{d^2 w}{dr^2} + \frac{\mu}{r}\frac{dw}{dr}\right) = p\,. \qquad (959)$$

Sie läßt sich durch Differentiation aus

$$\frac{d}{dr}\left[rN\frac{d}{dr}\left(\frac{d^2w}{dr^2}+\frac{1}{r}\frac{dw}{dr}\right)+r\frac{dN}{dr}\left(\frac{d^2w}{dr^2}+\frac{\mu}{r}\frac{dw}{dr}\right)\right]=p\,r \qquad (960)$$

gewinnen und daher mit $dw/dr = \operatorname{tg}\varphi \approx \varphi$ und $\overline{\varphi} = \varphi E h_0^3/12(1-\mu^2) = \varphi N_0$ auch als Differentialgleichung 2ter Ordnung anschreiben:

$$\frac{N}{N_0}\frac{d^2\overline{\varphi}}{dr^2}+\left(\frac{N}{rN_0}+\frac{dN}{N_0\,dr}\right)\frac{d\overline{\varphi}}{dr}-\left(\frac{N}{N_0}\frac{1}{r^2}-\frac{\mu}{r}\frac{dN}{N_0\,dr}\right)\overline{\varphi}=\frac{1}{r}\left[\int\limits_{r_i}^{r}p\,r\,dr+C\right]. \qquad (961)$$

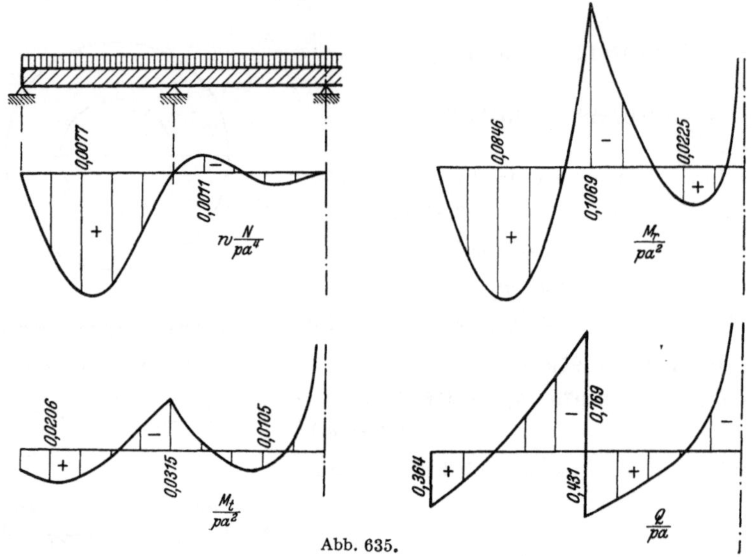

Abb. 635.

r_i ist der innere Radius der Ringplatte (Abb. 636). Die Funktionen $N/N_0=h^3/h_0^3=v_1$, $dN/N_0 dr = v_2$ sind gegeben; die rechte Seite ist das Integral zur Gleichgewichtsbedingung (946).

$$rQ_{rz}=-\int\limits_{r_i}^{r}p\,r\,dr+C \quad \text{und daher} \quad C=rQ_{rz}+\int\limits_{r_i}^{r}p\,r\,dr. \qquad (962)$$

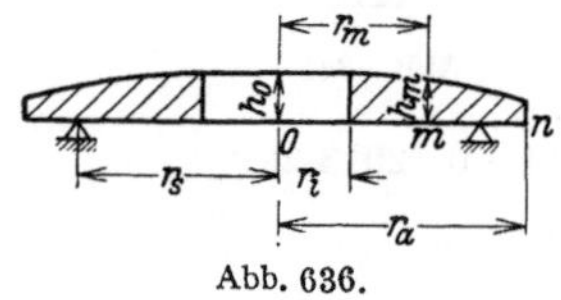

Abb. 636.

Freier Außenrand ($r_s = r_i$, Abb. 636), $Q_{rz,a} = 0$, $C = \mathfrak{P}$.
Freier Innenrand ($r_s = r_a$, Abb. 636), $Q_{rz,i} = 0$, $C = 0$.
Freier Innen- und Außenrand ($r_i < r_s < r_a$), $Q_{rz,i} = 0$, $C = 0$.
In diesem Falle ist die Querkraft in $r = r_s$ unstetig, die Lösung der Gl. (961) daher für zwei Bereiche anzuschreiben. Nach Division mit v_1 lautet die Gl. (961)

$$\frac{d^2\overline{\varphi}}{dr^2}+\left(\frac{1}{r}+\frac{v_2}{v_1}\right)\frac{d\overline{\varphi}}{dr}-\left(\frac{1}{r^2}-\frac{\mu}{r}\frac{v_2}{v_1}\right)\overline{\varphi}=\frac{1}{r\,v_1}\left[\int\limits_{r_i}^{r}p\,r\,dr+C\right]. \qquad (963)$$

Sie läßt sich leicht angenähert berechnen, wenn die Differentialquotienten durch Differenzenquotienten ersetzt werden. Hierbei ist die Unstetigkeit der Querkraft bei einer Stützung nach Abb. 636 ohne Bedeutung für die Lösung. Die bekannten Vorzahlen der Gleichung werden durch einzelne Buchstaben abgekürzt. Es ist

$$\frac{1}{r}+\frac{v_2}{v_1}=a, \qquad \frac{1}{r^2}-\frac{\mu}{r}\frac{v_2}{v_1}=b, \qquad \frac{1}{v_1 r}\left(\int\limits_{r_i}^{r}p\,r\,dr+C\right)=K. \qquad (964)$$

Der Integrationsbereich $(r_a - r_i)$ zerfällt in n Stufen von konstanter Breite s mit den Intervallgrenzen $0,\dots,m,\dots,n$. Die Bedingung für die Formänderung der

Platte am Punkte m kann also in Verbindung mit den Bemerkungen auf S. 129 folgendermaßen angeschrieben werden:

$$+ \Delta^2 \overline{\varphi}_m + s\, a_m\, \Delta \overline{\varphi}_m - s^2 b_m \overline{\varphi}_m = K_m s^2,$$

$$- \overline{\varphi}_{m-1}\left(1 - \frac{s\, a_m}{2}\right) + \overline{\varphi}_m\left(2 + s^2 b_m\right) - \overline{\varphi}_{m+1}\left(1 + \frac{s\, a_m}{2}\right) = - K_m s^2, \qquad (965)$$

$$m = 0 \ldots n.$$

Der Ansatz enthält $(n + 3)$ unbekannte Wurzeln φ_m in $(n + 1)$ linearen Gleichungen, die daher noch durch die Randbedingungen für $r = r_i$ und $r = r_a$ ergänzt werden müssen. Bei freien oder frei aufliegenden Rändern ist $M_i = 0$, $M_a = 0$, bei eingespannten Rändern $\varphi_i = 0$, $\varphi_a = 0$, bei der Kreisplatte außerdem $\varphi_i = 0$. Der Kern der Matrix enthält in jeder Zeile 3 unbekannte Wurzeln, die daher nach Abschn. 29 oder durch Iteration nach Abschn. 30 berechnet werden.

Die Schnittkräfte sind

$$\begin{aligned}
M_r &= -\frac{N}{N_0}\left(\frac{d\overline{\varphi}}{dr} + \frac{\mu}{r}\,\overline{\varphi}\right) \;\rightarrow\; -\frac{v_{1,m}}{2s}\left(\overline{\varphi}_{m+1} + \frac{2 s \mu}{r_m}\overline{\varphi}_m - \overline{\varphi}_{m-1}\right), \\[2mm]
M_\alpha &= -\frac{N}{N_0}\left(\mu\,\frac{d\overline{\varphi}}{dr} + \frac{1}{r}\,\overline{\varphi}\right) \rightarrow -\frac{\mu\, v_{1,m}}{2s}\left(\overline{\varphi}_{m+1} + \frac{2 s}{\mu\, r_m}\overline{\varphi}_m - \overline{\varphi}_{m-1}\right), \\[2mm]
Q_r &= -\frac{N}{N_0}\left(\frac{d^2\overline{\varphi}}{dr^2} - \frac{1}{r^2}\,\overline{\varphi} + \frac{1}{r}\,\frac{d\overline{\varphi}}{dr}\right) + \frac{dN}{N_0\, dr}\left(\frac{d\overline{\varphi}}{dr} + \frac{\mu}{r}\,\overline{\varphi}\right)
\end{aligned} \qquad (966)$$

$$\begin{aligned}
\rightarrow -\frac{v_{1,m}}{s^2}\Bigg[&\left(1 + \frac{s}{2 r_m} - \frac{s}{2}\frac{v_{2,m}}{v_{1,m}}\right)\varphi_{m+1} \\
&- \left(2 + \frac{s^2}{r_m^2} + \mu\,\frac{s^2}{r_m}\frac{v_{2,m}}{v_{1,m}}\right)\varphi_m \\
&+ \left(1 - \frac{s}{2 r_m} + \frac{s}{2}\frac{v_{2,m}}{v_{1,m}}\right)\varphi_{m-1}\Bigg].
\end{aligned}$$

Die Verformung der Platte folgt aus $dw/dr = \overline{\varphi}/N_0$ zu

$$w_{m+0,5} = w_{m-0,5} + \frac{\overline{\varphi}_m}{N_0}\, s. \qquad (967)$$

Berechnung der Gründungsplatte für einen Schornstein.

1. Geometrische Grundlagen. Abmessungen der Platte nach Abb. 637.

$$h_0 = h_6 = 2{,}2\ \text{m}, \qquad h_{10} = 1{,}5\ \text{m}.$$

Intervallbreite $s = r_a/10 = 0{,}9$ m. Im schrägen Teil der Platte ist

$$h_m = h_6 - (h_6 - h_{10})\,\frac{m - 6}{n - 6} = 2{,}2 - 0{,}175\,(m - 6),$$

$$n = 10, \qquad m = 6 \div 10,$$

$$\mu = \frac{1}{6}, \qquad N_0 = \frac{2\,100\,000 \cdot 2{,}2^3}{12 \cdot (1 - 0{,}028)} = 1\,918\,000\ \text{tm}^2/\text{m}.$$

2. Belastung. Ringförmige Belastung P nach Abb. 637a. Der Bodendruck $\overline{p} = P/r_a^2\,\pi$ wird gleichmäßig verteilt angenommen.

3. Vorzahlen der Differenzengleichungen (965) nach (964)

$$v_1 = \frac{h^3}{h_0^3}, \qquad v_2 = \frac{1}{h_0^3}\frac{d}{dr}\,(h^3) = \frac{3 h^2}{h_0^3}\frac{1}{s}\frac{d}{dm}\,(h), \quad (\text{Abb. 637 b})$$

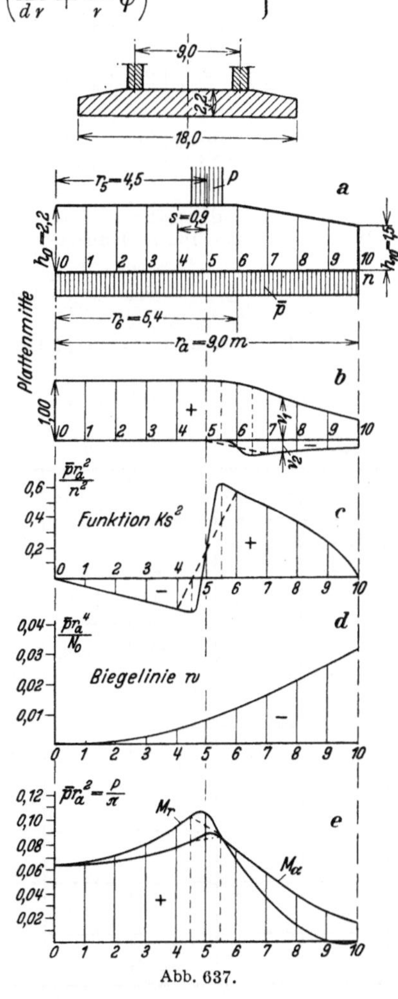

Abb. 637.

$$0 \leq m \leq 6: \quad v_{1,\,m} = 1\,, \quad v_{2,\,m} = 0\,,$$

$$6 \leq m \leq 10: \quad v_{1,\,m} = \frac{h_m^3}{10{,}65}\,, \quad v_{2,\,m} = -\,0{,}0548\, h_m^2\,.$$

$$\frac{s\,a_m}{2} = \frac{1}{2\,m} + 0{,}45\,\frac{v_2}{v_1}\,,$$

$$s^2 b_m = \frac{1}{m^2} - \frac{0{,}15}{m}\,\frac{v_2}{v_1}\,.$$

Für freien Innenrand ($r_i = 0$) ist nach S. 664 $C = 0$ und daher nach (964)

$$K s^2 = \frac{s^2}{r_1\,r} \int_0^r p\,r\,dr\,.$$

$$0 \leq m \leq 5: \quad K_m s^2 = -\,\overline{p}\,r_a^3\,\frac{m}{2\,v_1 n^3}\,, \qquad 5 \leq m \leq 10: \quad K_m s^2 = -\,\overline{p}\,r_a^3\,\frac{1}{2\,v_1 n^3}\left(m - \frac{n^2}{m}\right).$$

An den Unstetigkeitsstellen $m = 5$ und 6 werden die Funktionswerte v_1, v_2, K_m nach Abb. 637c festgesetzt.

m	h	$v_{1,\,m}$	$v_{2,\,m}$	$\dfrac{1}{2\,m}$	$0{,}45\,\dfrac{v_2}{v_1}$	$\dfrac{s\,a_m}{2}$	$\dfrac{1}{m^2}$	$\dfrac{0{,}15}{m}\dfrac{v_2}{v_1}$	$s^2 b_m$	$\dfrac{m}{2\,v_1 n}$	$\dfrac{n}{2\,v_1 m}$	$K_m s^2$
1	2,200	1	0	0,500	0	0,500	1	0	1	0,050	—	$-\,0{,}050 \cdot \overline{p}\,r_a^3/n^2$
2	2,200	1	0	0,250	0	0,250	0,250	0	0,250	0,100	—	$-\,0{,}100$,,
⋮	⋮	⋮	⋮	⋮	⋮	⋮	⋮	⋮	⋮	⋮	⋮	⋮
9	1,675	0,441	−0,154	0,056	−0,157	−0,213	0,012	−0,006	0,018	1,022	1,261	$-\,0{,}239$,,
10	1,500	0,317	−0,124	0,050	−0,175	−0,225	0,010	−0,006	0,016	1,579	1,579	0

4. **Randbedingungen.** In Plattenmitte ist $\varphi_0 = 0$, daher wird die erste Differenzengleichung für den Punkt 1 aufgestellt. Bei $m = 10$ ist $M_{10} = 0$, so daß nach (966)

$$\overline{\varphi}_{11} + \frac{2\,s\,\mu}{r_{10}}\,\overline{\varphi}_{10} - \overline{\varphi}_9 = \overline{\varphi}_{11} + 0{,}0333\,\overline{\varphi}_{10} - \overline{\varphi}_9 = 0$$

ist und 11 Gleichungen für die 11 Unbekannten $\overline{\varphi}_m$, $m = 1 \ldots 11$ zur Verfügung stehen.

5. **Matrix der Differenzengleichungen** (965) nach Elimination von φ_{11}.

$\overline{\varphi}_1$	$\overline{\varphi}_2$	$\overline{\varphi}_3$	$\overline{\varphi}_4$	$\overline{\varphi}_5$	$\overline{\varphi}_6$	$\overline{\varphi}_7$	$\overline{\varphi}_8$	$\overline{\varphi}_9$	$\overline{\varphi}_{10}$	$\dfrac{\overline{p}\,r_a^3}{n^2}$
3,000	−1,500									0,050
−0,750	2,250	−1,250								0,100
	−0,833	2,111	−1,167							0,150
		−0,875	2,063	−1,125						0,200
			−0,900	2,040	−1,100					−0,167
				−1,134	2,031	−0,866				−0,561
					−1,201	2,027	−0,799			−0,466
						−1,204	2,022	−0,796		−0,367
							−1,213	2,018	−0,787	−0,239
								−2,000	2,042	0

Die Auflösung nach Abschn. 29 liefert

$\overline{\varphi}_1$	$\overline{\varphi}_2$	$\overline{\varphi}_3$	$\overline{\varphi}_4$	$\overline{\varphi}_5$	$\overline{\varphi}_6$	$\overline{\varphi}_7$
$-0,54941$	$-1,13216$	$-1,78824$	$-2,55517$	$-3,47254$	$-4,19757$	$-4,64943$

6. Die Verformung der Platte. Nach (967) ist für die Zwischenpunkte $w_{m+0,5} = w_{m-0,5} + \overline{\varphi}_m\, s/N_0$. Die Verformung wird mit $w_{0,5} = 0$ auf den Plattenmittelpunkt bezogen, so daß mit

$\overline{\varphi}_8$	$\overline{\varphi}_9$	$\overline{\varphi}_{10}$	$\overline{\varphi}_{11}$	
$-4,90251$	$-4,95976$	$-4,85775$	$-4,79800$	$\dfrac{\overline{p}\, r_a^3}{n^2}$

$$\overline{\varphi} = \overline{\varphi}^* \,\overline{p}\, r_a^3/n^2: \qquad w_{m+0,5} = \frac{\overline{p}\, r_a^4}{n^3 N_0} \sum \overline{\varphi}^*. \qquad \text{Abb. 637 d.}$$

$w_{0,5}$	$w_{1,5}$	$w_{2,5}$	$w_{3,5}$	$w_{4,5}$	$w_{5,5}$	$w_{6,5}$	$w_{7,5}$	$w_{8,5}$	$w_{9,5}$	$w_{10,5}$	
0	$-0,5494$	$-1,6816$	$-3,4698$	$-6,0250$	$-9,4975$	$-13,6951$	$-18,3445$	$-23,2470$	$-28,2068$	$-33,0645$	$\dfrac{\overline{p}\, r_a^4}{1000\, N_0}$

7. Die Schnittkräfte. Mit $r_m/s = m$ und $r_a/s = n$ wird aus (966)

$$M_{r,\,m} = -\frac{v_{1,\,m}}{2\,n}\left(\overline{\varphi}^*_{m+1} + \frac{1}{3\,m}\,\overline{\varphi}^*_m - \overline{\varphi}^*_{m-1}\right)\overline{p}\, r_a^2,$$

$$M_{\alpha,\,m} = -\frac{v_{1,\,m}}{12\,n}\left(\varphi^*_{m+1} + \frac{12}{m}\,\varphi^*_m - \varphi^*_{m-1}\right)\overline{p}\, r_a^2.$$

In Plattenmitte ist $\overline{\varphi}_0 = 0$, $\left(\dfrac{\overline{\varphi}_m}{m}\right)_{m\to 0} \approx \overline{\varphi}_1$, $\overline{\varphi}_{-1} = -\overline{\varphi}_1$.
Z. B. ist

$$M_{r,\,0} = -\frac{1}{20}\left(-0,54941 - \frac{1}{3}\,0,54941 - 0,54941\right)\overline{p}\, r_a^2 = 0,0641\,\overline{p}\, r_a^2 \text{ mt},$$

$$M_{r,\,1} = -\frac{1}{20}\left(-1,13216 - \frac{1}{3}\,0,54941 + 0\right)\overline{p}\, r_a^2 \quad\;\; = 0,0658\,\overline{p}\, r_a^2 \text{ mt},$$

$$M_{r,\,2} = -\frac{1}{20}\left(-1,78824 - \frac{1}{6}\,1,13216 + 0,54941\right)\overline{p}\, r_a^2 = 0,0714\,\overline{p}\, r_a^2 \text{ mt}.$$

Die Momente sind in Abb. 637c dargestellt. Positive Momente erzeugen auf der Plattenunterseite Zugspannungen. Im Lastbereich wird die Momentenlinie parabelförmig ergänzt.

Um ein Urteil über die Genauigkeit der Differenzenmethode zu bekommen, sind die Momente M_r der Gründungsplatte mit gleichbleibender Dicke $h = 2,2$ m für eine Intervallteilung $n = 6$ und $n = 10$ berechnet und in Abb. 638 mit den Werten der exakten Berechnung ($n = \infty$) nach Tabelle 63 verglichen worden.

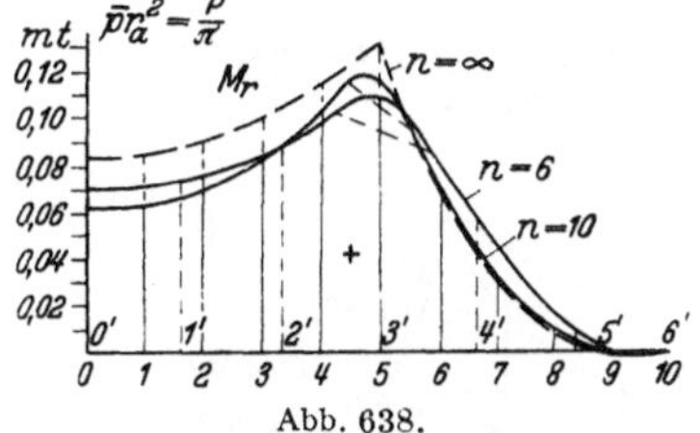

Abb. 638.

Kreisplatte mit gleichbleibender Dicke auf elastischer Bettung. Die äußeren Kräfte bestehen aus der Auflast $p\,(r)$ und dem Bodendruck $\overline{p}\,(r)$, der nach den Angaben auf S. 17 proportional zur Einsenkung w der Platte gesetzt werden soll ($\overline{p} = cw$). Daher besteht zwischen dem Verschiebungszustand w und den äußeren Kräften nach (948) folgende Differentialbeziehung:

$$\frac{d^4 w}{dr^4} + 2\,\frac{1}{r}\,\frac{d^3 w}{dr^3} - \frac{1}{r^2}\,\frac{d^2 w}{dr^2} + \frac{1}{r^3}\,\frac{dw}{dr} + \frac{c}{N}\,w = \frac{p}{N}. \qquad (968)$$

Abb. 639.

Sie besitzt auch Bedeutung für $p = 0$, um den Verschiebungszustand w für vorgeschriebene Randkräfte $M_{r=r_n}$, $Q_{r=r_n}$ anzugeben.

Um den geometrischen Zusammenhang in einfacher Weise zu klären, werden die Differentialquotienten hier ebenfalls durch Differenzenquotienten ersetzt. Dabei zerfällt der Integrationsbereich wiederum in n Stufen mit der konstanten Breite s. Für den Punkt k mit $r = r_k$, $s/r_k = \lambda_k$ und $p = p_k$ entsteht folgende Gleichung k $(k = 0, \ldots, n)$,

$$(1 - \lambda_k)\,w_{k-2} - \left[2\,(2 - \lambda_k) + \frac{\lambda_k^2}{2}\cdot(2 + \lambda_k)\right] w_{k-1} + \left[6 + 2\,\lambda_k^2 + \frac{c\,s^4}{N}\right] w_k$$

$$- \left[2\,(2 + \lambda_k) + \frac{\lambda_k^2}{2}\,(2 - \lambda_k)\right] w_{k+1} + (1 + \lambda_k)\,w_{k+2} = \frac{p_k\,s^4}{N}. \qquad (969)$$

Die Wurzeln w_k des Ansatzes werden entweder mit dem Gaußschen Algorithmus nach S. 216 ff. oder durch Iteration einer Anfangslösung nach Abschn. 30 berechnet. Die fehlenden Gleichungen liefern die Randbedingungen. Die Schnittkräfte sind dann aus den Verschiebungen w_k folgendermaßen bestimmt:

$$\left.\begin{aligned}
M_{r,k} &= -\frac{N}{s^2}\left(\Delta^2 w_k + \mu\,\frac{s}{r_k}\,\Delta w_k\right) = -\frac{N}{s^2}\left[w_{k+1}\left(1 + \frac{\mu s}{2\,r_k}\right) - 2\,w_k + w_{k-1}\left(1 - \frac{\mu s}{2\,r_k}\right)\right],\\[4pt]
M_{\alpha,k} &= -\frac{N\mu}{s^2}\left(\Delta^2 w_k + \frac{s}{\mu\,r_k}\,\Delta w_k\right) = -\frac{N\mu}{s^2}\left[w_{k+1}\left(1 + \frac{s}{2\,\mu\,r_k}\right) - 2\,w_k + w_{k-1}\left(1 - \frac{s}{2\,\mu\,r_k}\right)\right],\\[4pt]
Q_{rz,k} &= -\frac{N}{s^3}\left(\Delta^3 w_k + \frac{s}{r_k}\,\Delta^2 w_k - \frac{s^2}{r_k^2}\,\Delta w_k\right)\\[4pt]
&= -\frac{N}{2\,s^3}\left[w_{k+2} - w_{k+1}\,(2 - 2\,\lambda_k + \lambda_k^2) - 4\,\lambda_k\,w_k + w_{k-1}\,(2 + 2\,\lambda_k + \lambda_k^2) - w_{k-2}\right].
\end{aligned}\right\} \quad (970)$$

Berechnung der Gründungsplatte für einen Schornstein unter Berücksichtigung der elastischen Bettung.

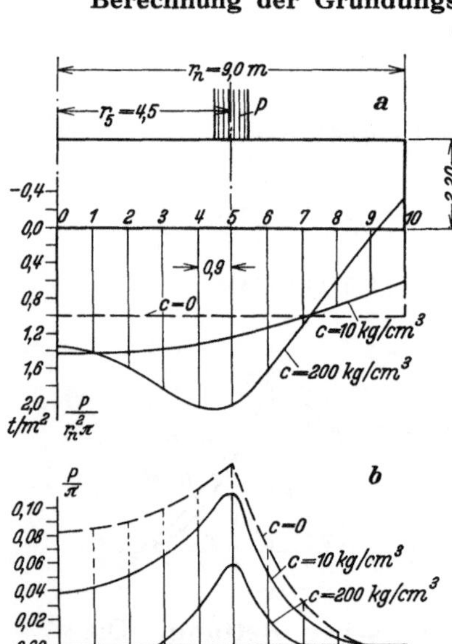

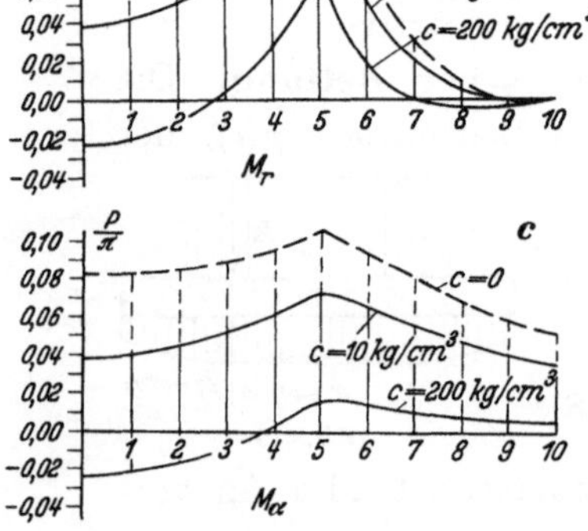

Abb. 640.

1. **Geometrische Grundlagen.** Abmessungen der Platte nach Abb. 640. Mit $\mu = {}^1\!/_6$, $E = 2\,100\,000$ t/m² ist nach S. 645

$$N = \frac{2\,100\,000 \cdot 2{,}2^3}{12\,(1 - 0{,}0278)} = 1\,916\,684 \text{ tm}^2/\text{m}.$$

2. **Belastung.** Die senkrechte Belastung P durch den Schornstein verteilt sich auf einen Ring von der Breite s und dem mittleren Radius $r_5 = 4{,}5$ m. Der Bodendruck wird nach S. 17 mit $\bar{p} = cw$ angenommen. Der Leitwert c liegt zwischen 10 und 200 kg/cm³, so daß die Rechnung für beide Grenzwerte durchgeführt wird.

3. **Die Randbedingungen.** Am Rand $r = r_{10}$ ist $M_{r,10} = 0$, $Q_{rz,10} = 0$; daher nach (970) mit $s = 0{,}9$, $r_{10} = 9{,}0$, $\lambda_{10} = 0{,}1$

$$1{,}0083\,w_{11} - 2\,w_{10} + 0{,}9917\,w_9 = 0,$$

$$w_{12} - 1{,}81\,w_{11} - 0{,}40\,w_{10} + 2{,}21\,w_9 - w_8 = 0.$$

In Plattenmitte ist aus Symmetriegründen $w_{-1} = w_1$, $w_{-2} = w_2$. Die Glieder der Differentialgleichung (968) werden für den Plattenmittelpunkt mit $r = 0$ unbestimmt, so daß sich die erste Differenzengleichung (969) für $k = 0$ erst nach einem Grenzübergang anschreiben läßt. Nach der Taylorentwicklung ist in der Umgebung des Mittelpunktes

$$w = w\,(0) + \frac{w''\,(0)}{2!}\,r^2 + \frac{w^{IV}\,(0)}{4!}\,r^4 + \cdots,$$

$$w' = w''\,(0)\,r + \frac{w^{IV}\,(0)}{3!}\,r^3 + \cdots,$$

$$w'' = w''\,(0) + \frac{w^{IV}\,(0)}{2!}\,r^2 + \cdots, \qquad w''' = w^{IV}\,(0)\,r + \cdots,$$

$$w^{IV} = w^{IV}\,(0) + \cdots.$$

w_0	w_1	w_2	w_3	w_4	w_5	w_6	w_7	w_8	w_9	w_{10}	$\dfrac{Pr_n^2}{1000\pi N}$
16,005 217	−21,333 333	5,333 333									0
−3,50000	8,003 423	−6,500 000	2,000 000								0
0,500 000	− 3,312 500	6,503 423	−5,187 500	1,500 000							0
	0,666 667	−3,462 964	6,225 645	−4,759 260	1,333 333						0
		0,750 000	−3,570 313	6,128 423	−4,554 688	1,250 000					0
			0,800 000	−3,644 000	6,083 423	−4,436 000	1,200 000				1
				0,833 333	−3,696 759	6,058 979	−4,358 797	1,166 667			0
					0,857 143	−3,736 152	6,044 239	−4,304 664	1,142 857		0
						0,875 000	−3,766 602	6,034 673	−4,264 648	1,125 000	0
							0,888 889	−3,790 812	4,935 368	−2,030 024	0
								2,000 000	−4,059 658	2,063 071	0

6. Die Auflösung nach Abschn. 29 liefert: Für $c = 10$ kg/cm³

k	0	1	2	3	4	5	6	7	8	9	10	
w	41,721 844	41,557 311	41,022 914	40,037 339	38,467 969	36,132 603	32,802 740	29,042 026	25,160 666	21,311 919	17,545 764	$Pr_n^2/1000\pi N$
$\overline{p} = c\,w$	1,4282	1,4225	1,4043	1,3705	1,3168	1,2369	1,1229	0,9941	0,8613	0,7295	0,6006	$P/r_n^2\pi$

Für $c = 200$ kg/cm³

	0	1	2	3	4	5	6	7	8	9	10	
w	1,961 285	2,061 615	2,324 233	2,668 974	2,951 416	2,948 407	2,348 391	1,590 896	0,851 008	0,166 964	−0,481 272	$Pr_n^2/1000\pi N$
$\overline{p} = c\,w$	1,3427	1,4114	1,5912	1,8272	2,0206	2,0185	1,6078	1,0892	0,5826	0,1143	−0,3295	$P/r_n^2\pi$

Die Zahlenrechnung ist wegen ihrer Fehlerempfindlichkeit mit 6 Stellen durchgeführt worden.
Der Bodendruck $\overline{p}$ ist in Abb. 640a dargestellt.

Daher lautet die Differentialgleichung (968) für den Plattenmittelpunkt $r = 0$

$$w^{IV}(0) + 2\,w^{IV}(0) - \frac{w^{IV}(0)}{2!} + \frac{w^{IV}(0)}{3!} + \frac{c}{N}\,w(0) = 0\,,$$

$$\frac{8}{3}\,w^{IV}(0) + \frac{c}{N}\,w(0) = 0\,,$$

oder in Differenzen ausgedrückt

$$\left(16 + \frac{c}{N}\right) w_0 - \frac{64}{3}\,w_1 + \frac{16}{3}\,w_2 = 0\,.$$

4. Die Vorzahlen der Differenzengleichungen (969).

k	λ_k	$1 - \lambda_k$	$1 + \lambda_k$	$2 - \lambda_k$	$2 + \lambda_k$	λ_k^2	$[\ ]_{k-1}$	$[\ ]_{k+1}$	$6 + 2\,\lambda_k^2$
1	1	0	2	1	3	1	3,5	6,5	8
2	0,500	0,500	1,500	1,500	2,500	0,250	3,312500	5,187500	6,5
3	0,333	0,666	1,333	1,666	2,333	0,111	3,462964	4,759260	6,222
·	·	·	·	·	·	·	·	·	·
·	·	·	·	·	·	·	·	·	·
·	·	·	·	·	·	·	·	·	·

$$\frac{c\,s^4}{N} = \frac{10000 \cdot 0,9^4}{1916684} = 0,003432 \quad \text{oder} \quad \frac{200000 \cdot 0,9^4}{1916684} = 0,068462\,.$$

Mit $p = \dfrac{P}{2\,r_5 \cdot \pi \cdot s} = \dfrac{10\,P}{\pi\,r_n^2}$ wird für $k = 5$ das Absolutglied $\dfrac{p_5\,s^4}{N} = \dfrac{P\,r_n^2}{1000\,\pi\,N}$, die übrigen sind Null.

5. Matrix der Differenzengleichungen (969) für $c = 10$ kg/cm³. (Die Matrix für $c = 200$ kg/cm³ ergibt sich durch Addition von 0,065039 zu den Hauptgliedern.) Die Wurzeln w_{11} und w_{12} sind bereits durch die Randbedingungen eliminiert. Matrix und Auflösung s. S. 669.

7. Die Schnittkräfte. Für $r = 0$ ist

$$M_{r,0} = M_{\alpha,0} = -N(1 + \mu)\frac{d^2 w}{d\,r^2} = -N(1 + \mu)\frac{2\,w_1}{s^2} - 2\,w_0 = +0{,}0384\,\frac{P}{\pi}\,, \qquad \left(-0{,}0234\,\frac{P}{\pi}\right).$$

Mit $\dfrac{\mu\,s}{2\,r_k} = \dfrac{1}{12\,k}$, $\dfrac{s}{2\,\mu\,r_k} = \dfrac{3}{k}$ ist nach (970) z. B.

$$M_{r,1} = -\frac{N}{s^2}\left[\left(1 - \frac{1}{12}\right)\cdot 0 - 2\,w_1 + \left(1 + \frac{1}{12}\right)w_2\right] = 0{,}043\,\frac{P}{\pi}\,, \qquad \left(-0{,}019\,\frac{P}{\pi}\right),$$

$$M_{r,2} = -\frac{N}{s^2}\left[\left(1 - \frac{1}{24}\right)w_1 - 2\,w_2 + \left(1 + \frac{1}{24}\right)w_3\right] = 0{,}051\,\frac{P}{\pi}\,. \qquad \left(-0{,}011\,\frac{P}{\pi}\right).$$

Die eingeklammerten Werte gelten für $c = 200$ kg/cm³.

Die Schnittkräfte sind in Abb. 640b, c dargestellt.

Melan, E.: Die Durchbiegung einer exzentrisch durch eine Einzellast belasteten Kreisplatte. Eisenbau Bd. 11 (1920) S. 190. — Nádai, A.: Die elastischen Platten. Berlin 1925. — Schleicher, F.: Kreisplatten auf elastischer Grundlage. Berlin 1926. — Crämer, H.: Die Beanspruchung von Kreisplatten mit veränderlicher Stärke. Beton u. Eisen 1928 S. 382. — Flügge, W.: Die strenge Berechnung von Kreisplatten unter Einzellasten. Berlin 1928. — Pichler, O.: Die Biegung kreissymmetrischer Platten von veränderlicher Dicke. Berlin 1928. — Haynal-Konyi: Die Berechnung von kreisförmig begrenzten Pilzdecken bei zentralsymmetrischer Belastung. Berlin 1929. — Schmidt, H.: Ein Beitrag zur Theorie der Biegung homogener Kreisplatten. Ing.-Arch. 1930 S. 147.

69. Die Kreisplatte und die Kreisringplatte unter antimetrischer Belastung.

Die antimetrische Belastung ist graphisch durch Abb. 641, analytisch durch

$$p = p_0\,\frac{r\cos\alpha}{a} \quad \text{und mit} \quad \frac{r}{a} = \varrho \quad \text{durch} \quad p = p_0\,\varrho\cos\alpha \tag{971}$$

beschrieben. Sie kann als der antimetrische Teil der hydraulischen Belastung einer senkrecht oder schräg eingebauten Kreisplatte oder als der antimetrische Teil des

Bodendruckes $\bar{p}$ eines Kreisplattenfundamentes angesehen werden, dessen Steifigkeit die Annahme des Gradliniengesetzes für $\bar{p}$ rechtfertigt. Die Ordinaten der Biegefläche sind in diesem Falle von dem Winkel α abhängig, so daß sich die Beziehungen zwischen Belastung, Formänderung und Beanspruchung der Platte nur durch den allgemeinen Ansatz auf S. 647 beschreiben lassen.

Die Lösung der Differentialgleichung (935) besteht aus einem partikulären Integral der inhomogenen Gleichung und aus vier mit den Integrationskonstanten $C_1, \ldots, C_4$ erweiterten Lösungen der homogenen Gleichung. Sie läßt sich daher in der folgenden Form anschreiben:

$$w = C\,(\varrho^5 + C_1 \varrho^3 + C_2 \varrho + C_3 \varrho \ln \varrho + C_4 \varrho^{-1}) \cos \alpha, \qquad (972)$$

denn

$$\Delta\Delta w = \frac{192}{a^4} C \varrho \cos \alpha = \frac{p_0\,\varrho \cos \alpha}{N}, \quad \text{wenn} \quad C = \frac{p_0\,a^4}{192\,N}. \qquad (973)$$

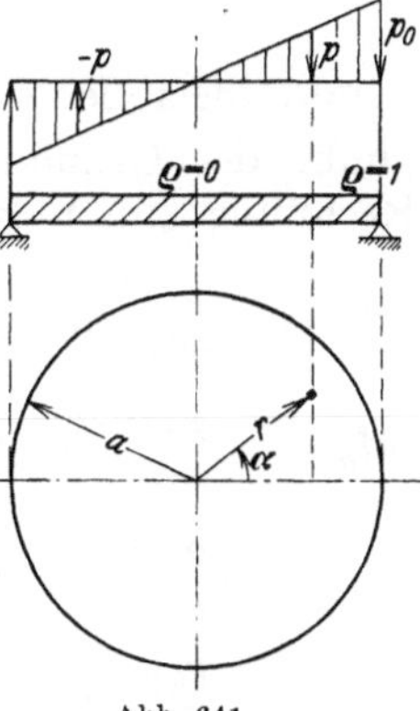

Abb. 641.

Die Integrationskonstanten sind durch die Randbedingungen der Aufgabe bestimmt. Die Lösung vereinfacht sich für Kreisplatten, da C_3 und C_4 Null sein müssen, damit die Ausbiegung w für $\varrho = 0$ endlich bleibt. Sie lautet in diesem Falle nach S. 650 folgendermaßen:

$$w = \frac{p_0\,a^4}{192\,N}\,(\varrho^5 + C_1 \varrho^3 + C_2 \varrho)\cos\alpha, \qquad \frac{\partial w}{\partial r} = \frac{p_0\,a^3}{192\,N}\,(5\varrho^4 + 3C_1\varrho^2 + C_2)\cos\alpha,$$

$$M_r = -\frac{p_0\,a^2}{192}\,[4\,(5+\mu)\,\varrho^3 + 2\,(3+\mu)\,C_1\varrho]\cos\alpha,$$

$$M_\alpha = -\frac{p_0\,a^2}{192}\,[4\,(1+5\mu)\,\varrho^3 + 2\,(1+3\mu)\,C_1\varrho]\cos\alpha,$$

$$M_{r\alpha} = \frac{p\,a^2}{192}\,(1-\nu)\,(4\varrho^3 + 2\,C_1\varrho)\sin\alpha,$$

$$Q_r = -\frac{p\,a}{96}\,(36\,\varrho^2 + 4\,C_1)\cos\alpha, \qquad Q_\alpha = \frac{p\,a}{96}\,(12\,\varrho^3 + 4\,C_1\varrho)\sin\alpha,$$

$$A_r = \frac{p\,a}{192}\,[4\,(17+\nu)\,\varrho^2 + 2\,(3+\nu)\,C_1]\cos\alpha.$$

$$\left.\right\}\ (974)$$

Freie Auflagerung am Rande $\varrho = 1$: $w = 0$, $M_r = 0$.

$$1 + C_1 + C_2 = 0, \qquad 4\,(5+\mu) + 2\,(3+\mu)\,C_1 = 0,$$

$$C_1 = -2\,\frac{5+\mu}{3+\mu}, \qquad C_2 = \frac{7+\mu}{3+\mu}.$$

$$\left.\right\}\ (975)$$

Einspannung am Rande $\varrho = 1$: $w = 0$, $\partial w/\partial r = 0$.

$$1 + C_1 + C_2 = 0, \qquad 5 + 3C_1 + C_2 = 0.$$

$$C_1 = -2, \qquad C_2 = 1.$$

$$\left.\right\}\ (976)$$

Bei einer Kreisringplatte sind die Integrationskonstanten C_3 und C_4 der allgemeinen Lösung von Null verschieden und durch die Randbedingungen $M_r = 0$, $A_r = 0$ am freien Rande bestimmt. Bei einer Gründungsplatte, die sich aus einer Kreisringplatte und einem starren Kern zusammensetzt (Abb. 642), genügen 3 Randbedingungen. Für $\varrho=1$ sind M_r und A_r Null, während die Verdrehung der Elemente an der inneren Begrenzung der Ringplatte ($r = b$, $\varrho = b/a = \beta$) durch die Verdrehung des starren Kerns vorgeschrieben ist.

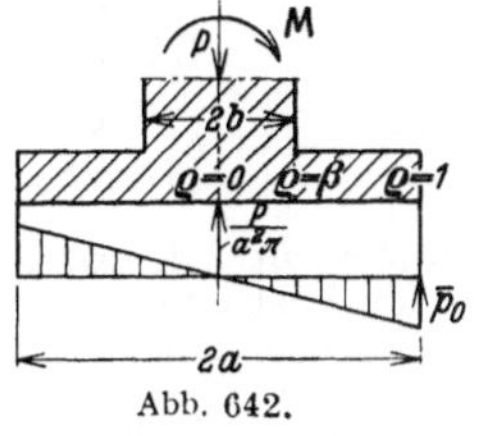

Abb. 642.

$$\frac{dw}{dr} = \frac{w}{b} \quad \text{oder} \quad \frac{dw}{d\varrho} = \frac{w}{\beta}. \qquad (977)$$

Aus diesen drei Bedingungsgleichungen wird mit den Abkürzungen

$$(3+\mu) + (1-\mu)\beta^4 = \varkappa_1, \qquad 4(2+\mu) + (1-\mu)(3+\beta^4)\beta^2 = \varkappa_2,$$

$$4(2+\mu)\beta^4 - (3+\mu)(3+\beta^4)\beta^2 = \varkappa_3,$$

$$C_1 = -2\frac{\varkappa_2}{\varkappa_1}, \qquad C_3 = 12, \qquad C_4 = -2\frac{\varkappa_3}{\varkappa_1}. \tag{978}$$

Liefern die äußeren Kräfte an dem Tragwerk ein Moment M in bezug auf den Mittelpunkt der Gründungsplatte, so ist $\bar{p}_0 = 4\,M/\pi a^3$ (Abb. 642). Das Ergebnis der Rechnung lautet dann folgendermaßen:

$$M_r = \frac{\bar{p}_0 a^2}{48\,\varkappa_1}\{(5+\mu)\varkappa_1\varrho^3 - (3+\mu)\varkappa_2\varrho + 3(1+\mu)\varkappa_1\varrho^{-1} - (1-\mu)\varkappa_3\varrho^{-3}\}\cos\alpha,$$

$$M_\alpha = \frac{\bar{p}_0 a^2}{48\,\varkappa_1}\{(1+5\mu)\varkappa_1\varrho^3 - (1+3\mu)\varkappa_2\varrho + 3(1+\mu)\varkappa_1\varrho^{-1} + (1-\mu)\varkappa_3\varrho^{-3}\}\cos\alpha,$$

$$M_{r\alpha} = -\frac{\bar{p}_0 a^2}{48\,\varkappa_1}(1-\mu)\{\varkappa_1\varrho^3 - \varkappa_3\varrho + 3\varkappa_1\varrho^{-1} + \varkappa_3\varrho^{-3}\}\sin\alpha,$$

$$Q_r = \frac{p_0 a}{24}\left(9\varrho^2 - 2\frac{\varkappa_3}{\varkappa_1} - 3\varrho^{-2}\right)\cos\alpha,$$

$$Q_\alpha = -\frac{p_0 a}{24}\left(3\varrho^3 - 2\frac{\varkappa_2}{\varkappa_1}\varrho + 3\varrho^{-1}\right)\sin\alpha. \tag{979}$$

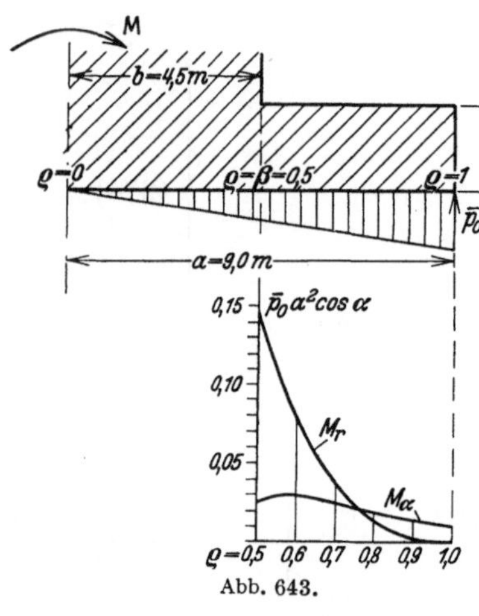

Abb. 643.

Berechnung der Gründungsplatte eines Schornsteins für antimetrische Belastung.

1. Geometrische Grundlagen. Abmessungen der Platte nach Abb. 643. Der mittlere Teil, auf dem der Schornstein aufsitzt, wird als starr angenommen.

2. Belastung. Die Belastung besteht aus dem Moment M infolge Winddruck auf den Schornstein. Der Bodendruck wird geradlinig und antimetrisch angesetzt

$$\bar{p}_0 = 4\,M/\pi\,a^3.$$

3. Die Schnittkräfte. Nach (978) ist mit

$$\mu = 1/6: \quad \varkappa_1 = 3,2188, \quad \varkappa_2 = 9,3048, \quad \varkappa_3 = -1,8827.$$

Damit wird nach (979)

$$M_r = \frac{\bar{p}_0 a^2}{154,5024}(16,6306\,\varrho^3 - 29,4655\,\varrho + 11,2661\,\varrho^{-1} + 1,5689\,\varrho^{-3})\cos\alpha,$$

$$M_\alpha = \frac{\bar{p}_0 a^2}{154,5024}(5,9010\,\varrho^3 - 13,9572\,\varrho + 11,2661\,\varrho^{-1} - 1,5689\,\varrho^{-3})\cos\alpha,$$

$$M_{r,\alpha} = -\frac{\bar{p}_0 a^2}{178,2651}(3,2188\,\varrho^3 + 1,8827\,\varrho + 9,6564\,\varrho^{-1} - 1,8827\,\varrho^{-3})\sin\alpha.$$

Die Momente M_r und M_α sind in Abb. 643 dargestellt. Das vollständige Kräftebild infolge zentrischer Last und Winddruck ergibt sich nach Abb. 642 durch Superposition der Ergebnisse von S. 665 oder 668.

Flügge, W.: Kreisplatten mit linear veränderlichen Belastungen. Bauing. 1929 S. 221.

70. Die rechteckige Platte.

Die Platte mit rechteckiger Begrenzung wird im Bauwesen selten einzeln, sondern in der Regel als Teil zusammenhängender Konstruktionen verwendet. Die Ränder der einfachen Platte sind entweder kräftefrei, eingespannt oder frei drehbar aufgelagert, so daß Zug- und Druckkräfte auf den Unterbau übertragen werden (Abb. 644). Die Oberfläche erhält in der Regel gleichförmige Belastung, bei Verwendung der Platten im Behälterbau auch hydrostatische Belastung.

Die Biegungssteifigkeit der Platte ist bei homogenem und isotropem Baustoff in jeder Richtung die gleiche. Die Beziehungen auf S. 646 zwischen der vorgeschrie-

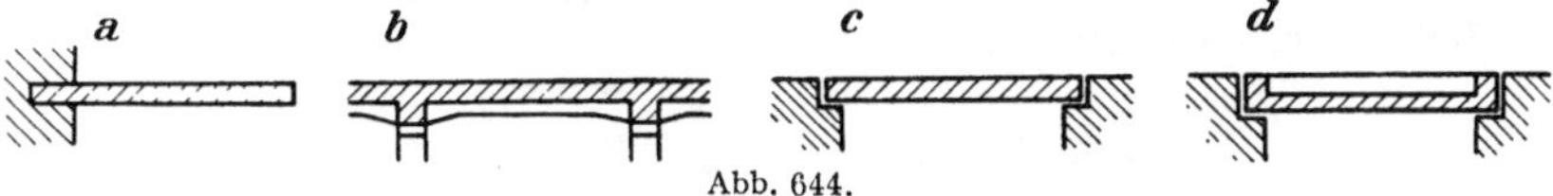

Abb. 644.

benen Belastung $p(xy)$ und den Ordinaten $w(xy)$ der ausgebogenen Mittelebene lassen sich jedoch auch auf Platten mit verschiedener Biegungssteifigkeit in der Längs- und Querrichtung erweitern. Der Nachweis der Formänderung von Eisenbetonplatten oberhalb der Rißlast im Sinne des Stadiums II der Festigkeit ist ausgeschlossen.

Die Untersuchung des Spannungs- und Verschiebungszustandes besteht bei homogenem und isotropem Baustoff und den Annahmen auf S. 644 in der Integration der partiellen Differentialgleichung (929) für vorgeschriebene Randbedingungen an den Kanten $x = 0$, $x = a$, $y = 0$, $y = b$ (Abb. 645). Das Ergebnis kann in der Regel nur als Reihenentwicklung angegeben werden, deren Brauchbarkeit für die Zahlenrechnung nicht allein von der Konvergenz der Reihe $w(x, y)$ selbst, sondern auch von der Konvergenz ihrer Ableitungen abhängt. Damit scheiden Näherungslösungen aus, welche nur die Durchbiegung, aber nicht die Krümmung der elastischen Fläche ausreichend beschreiben. Brauchbare Lösungen sind von L. Navier, A. Nadai, H. Hencky und einigen französischen Mathematikern angegeben worden. Sie bestehen entweder aus Gliedern $w_h(x,y)$, $h = 1, \ldots, \infty$, welche die Differentialgleichung (929) und die Randbedingungen für den Anteil $p_h(x, y)$ der vorgeschriebenen Belastung $p = \sum p_h$, $h = 1, \ldots, \infty$ erfüllen oder aus einer partikulären Lösung w^* der inhomogenen Gleichung, welche die Randbedingungen nur teilweise befriedigt und in einer Lösung w^{**} der homogenen Gleichung $\Delta\Delta w^{**} = 0$, die mit w^* überlagert, das gesuchte Ergebnis darstellt.

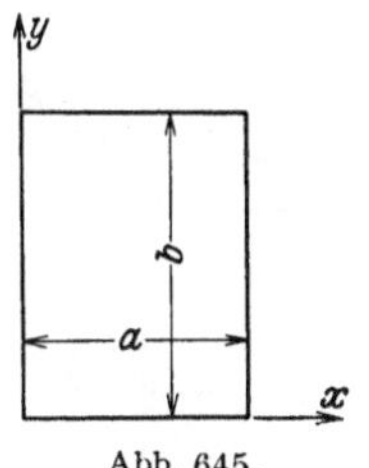

Abb. 645.

Der Plattenstreifen unter einer Belastung $p(x)$. Der Plattenstreifen ist in den Kanten $x = 0$ und $x = a$ gestützt (Abb. 646). Die Ableitungen der Durchbiegung w nach y sind Null, so daß aus (929) folgende Beziehung entsteht.

$$d^4 w / d x^4 = p(x) / N \,. \tag{980}$$

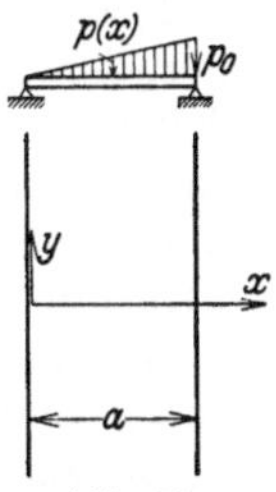

Die Lösung kann nach Abschn. 20 für die frei drehbare Auflagerung des Streifens unmittelbar angeschrieben werden.

a) Gleichförmige Belastung

$$w = \frac{p\, a^4}{24\, N} \left(\frac{x}{a} - 2\, \frac{x^3}{a^3} + \frac{x^4}{a^4} \right). \tag{981}$$

b) Hydrostatische Belastung (Abb. 646)

$$w = \frac{p_0\, a^4}{360\, N} \left(7\, \frac{x}{a} - 10\, \frac{x^3}{a^3} + 3\, \frac{x^5}{a^5} \right). \tag{982}$$

Abb. 646.

Die rechteckige Platte mit frei drehbarer Auflagerung der Kanten. Die Platte ist in den Punkten $y \neq 0$, $x = 0$ oder $x = a$ und $x \neq 0$, $y = 0$ oder $y = b$ gestützt. Die Durchbiegung w und ihre Ableitung Δw sind hier nach S. 647 Null. Die Biegungsmomente verschwinden an den Rändern, die Krümmung ist hier nach zwei winkelrechten Richtungen Null. Die Tangentialebene fällt also in den Ecken mit der ursprünglichen Mittelebene zusammen. Die elastische Fläche zeigt daher von den Ecken ausgehende Grate, in denen die Krümmung und daher auch die Biegungsmomente groß sind. Die größten Auflagerkräfte A_{xz}, A_{yz} in Kantenmitte sind bei gleichmäßiger Belastung vom Seitenverhältnis a/b der Platte nahezu unabhängig ($0{,}42\,pa$ bis $0{,}5\,pa$, a die kleinere Rechteckseite). Die Randbedingungen $w = 0$, $\Delta w = 0$ werden nach L. Navier gemeinsam mit der Differentialgleichung (929) durch die Funktion

$$w_{m,n} = c_{m,n} \sin m\pi \frac{x}{a} \sin n\pi \frac{y}{b} \tag{983}$$

für die Belastung

$$p(xy)_{m,n} = N\, c_{m,n}\, \pi^4 \left(\frac{m^2}{a^2} + \frac{n^2}{b^2}\right)^2 \sin m\pi \frac{x}{a} \sin n\pi \frac{y}{b} \tag{984}$$

erfüllt, wie sich an Hand der Gleichung (929) nachweisen läßt. Da nun jede Belastung $p(xy)$ über die Kanten der Platte hinaus nach beiden Seiten periodisch fortgesetzt werden kann (Abb. 647), ohne die Randbedingungen $w = 0$, $\Delta w = 0$ zu verletzen, so kann sie nach Fourier in eine trigonometrische Doppelreihe entwickelt werden.

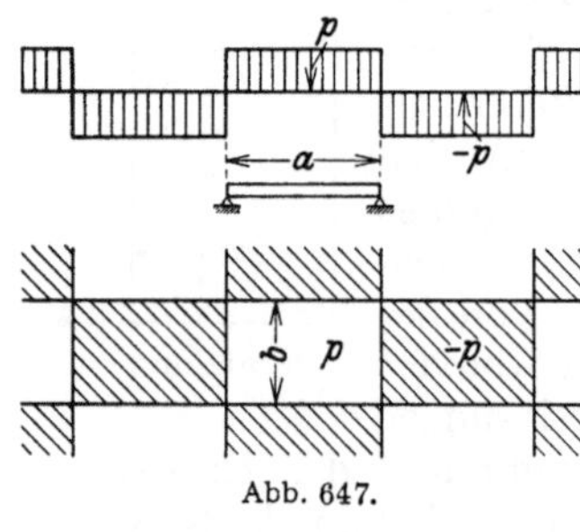

Abb. 647.

$$p(xy) = \sum \sum a_{m,n} \sin m\pi \frac{x}{a} \sin n\pi \frac{y}{b}. \tag{985}$$

Die Koeffizienten sind nach bekannten mathematischen Regeln

$$a_{m,n} = \int_0^b \int_0^a p(xy) \sin m\pi \frac{x}{a} \sin n\pi \frac{y}{b}\, dx\, dy. \tag{986}$$

Daher ist bei gleichförmiger Belastung p der ganzen Platte

$$a_{m,n} = \frac{16\, p_0}{m\, n\, \pi^2} \qquad (m, n = 1, 3, 5, \ldots). \tag{987}$$

Die gliedweise Gegenüberstellung von (984) mit (985) liefert $c_{m,n}$ und damit

$$w = \frac{16\, p_0}{N\, \pi^6} \sum_m \sum_n \frac{\sin m\pi \dfrac{x}{a} \sin n\pi \dfrac{y}{b}}{m\, n \left(\dfrac{m^2}{a^2} + \dfrac{n^2}{b^2}\right)^2}. \tag{988}$$

In dieser Reihe wird zuerst $m = 1$ und $n = 1, 3, 5$ usw., darauf $m = 3$ und $n = 1, 3, 5$ usw. eingesetzt, so daß die Buchstaben m und n der Reihe nach alle ungeraden Zahlen durchlaufen. Leider konvergiert die Reihe $\sum w_{m,n}$ mit ihren Ableitungen nur bei gleichförmiger Belastung p der Oberfläche schnell genug, um darnach numerisch zu rechnen. Sie ist neuerdings von V. Lewe zur Untersuchung von Pilzdecken verwendet worden, indem die äußeren an der Platte angreifenden Kräfte aus der Auflast und der über die Fläche des Pilzkopfes gleichmäßig verteilten Stützkraft ähnlich wie nach (988) in eine trigonometrische Doppelreihe entwickelt werden.

Um Lösungen zu erhalten, welche die Differentialgleichung (929) für eine vorgeschriebene Belastung $p(x)$ streng erfüllen und nur aus einfachen und besser konvergierenden Reihen bestehen, addiert A. Nadai zur Durchbiegung w^* des Plattenstreifens mit den Randbedingungen der Platte für $x = 0$ und $x = a$ die Durchbiegung w^{**} einer Platte mit Randkräften, welche die homogene Gleichung $\Delta\Delta w^{**} = 0$ erfüllt und gemeinsam mit w^* die für w vorgeschriebenen Randbedingungen an allen vier Kanten befriedigt.

Bei gleichförmiger Belastung p und frei drehbarer Stützung in $x = 0$, $x = a$ ist nach (981)

$$w^* = \frac{p\,a^4}{24\,N}\left(\frac{x}{a} - 2\,\frac{x^3}{a^3} + \frac{x^4}{a^4}\right) = \frac{4\,p\,a^4}{N\,\pi^5}\sum'\frac{1}{n^5}\sin\frac{n\,\pi\,x}{a} \qquad (n = 1, 3, 5, \ldots). \tag{989}$$

Der Ansatz

$$w^{**} = \sum' Y_n \sin\frac{n\,\pi\,x}{a} \quad \text{mit} \quad Y_n = f_n(y) \tag{990}$$

erfüllt die Randbedingungen $w^{**} = 0$, $\varDelta w^{**} = 0$ in $x = 0$ und $x = a$ und die Differentialgleichung $\varDelta\varDelta w^{**} = 0$ für

$$Y_n = a_n \operatorname{\mathfrak{Cof}}\frac{n\,\pi\,y}{a} + b_n\,\frac{n\,\pi\,y}{a}\operatorname{\mathfrak{Sin}}\frac{n\,\pi\,y}{a} + c_n\operatorname{\mathfrak{Sin}}\frac{n\,\pi\,y}{a}$$

$$+ d_n\,\frac{n\,\pi\,y}{a}\operatorname{\mathfrak{Cof}}\frac{n\,\pi\,y}{a}, \tag{991}$$

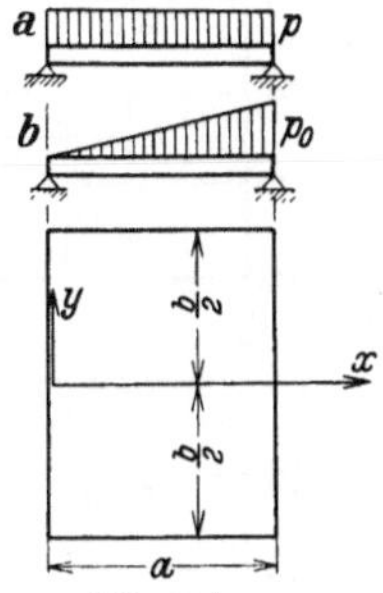

da jedes einzelne Glied eine Lösung der biharmonischen Gleichung ist. Die Freiwerte a_n, b_n, c_n, d_n $(n = 1, \ldots, \infty)$ werden so bestimmt, daß die Funktion $w = w^* + w^{**}$ die vier Randbedingungen für $y = \pm\, b/2$ befriedigt (Abb. 648). Bei Symmetrie der Stützung genügen die in y geraden Funktionen der allgemeinen Lösung w^{**}. Das Ergebnis lautet nach A. Nadai mit

Abb. 648.

$$\xi_n = \frac{n\,\pi\,x}{a}, \qquad \eta_n = \frac{n\,\pi\,y}{a}, \qquad \alpha_n = \frac{n\,\pi\,b}{2\,a}, \tag{992}$$

$$w = \frac{4\,p\,a^4}{N\,\pi^5}\sum'\frac{1}{n^5}\left[1 - \frac{2\operatorname{\mathfrak{Cof}}\alpha_n\operatorname{\mathfrak{Cof}}\eta_n + \alpha_n\operatorname{\mathfrak{Sin}}\alpha_n\operatorname{\mathfrak{Cof}}\eta_n - \eta_n\operatorname{\mathfrak{Sin}}\eta_n\operatorname{\mathfrak{Cof}}\alpha_n}{1 + \operatorname{\mathfrak{Cof}}2\,\alpha_n}\right]\sin\xi_n \tag{993}$$

$$(n = 1, 3, 5, \ldots).$$

Bei hydrostatischer Belastung (Abb. 648b) $p = p_0\,x/a$ ist

$$w = \frac{2\,p_0\,a^4}{N\,\pi^5}\sum'\frac{(-1)^{n+1}}{n^5}\left[1 - \frac{(2 + \alpha_n\operatorname{\mathfrak{Tg}}\alpha_n)\operatorname{\mathfrak{Cof}}\eta_n - \eta_n\operatorname{\mathfrak{Sin}}\eta_n}{2\operatorname{\mathfrak{Cof}}\alpha_n}\right]\sin\xi_n. \tag{994}$$

Die Reihen konvergieren schnell, so daß bereits das erste Glied als Näherung genügt. Mit $w(x, y)$ sind nach S. 645 auch die Schnittkräfte $M_x, M_y, M_{xy}, Q_{xz}, Q_{yz}$ und die Stützkräfte A_{xz}, A_{yz} der Platte bestimmt, so daß Richtung und Größe der Hauptbiegungs- und Hauptdrillungsmomente berechnet und darauf die Trajektorien und die Linien gleichen Hauptmomentes aufgetragen werden können. Um daran das Wesen der Plattenbiegung zu studieren, ist die Zahlenrechnung für zwei Platten unter gleichförmiger Belastung mit dem Seitenverhältnis 1:1 und 3:4 ausgeführt worden (s. S. 677). In Abb. 649 sind die Biegungsmomente M_x, M_y in den Symmetrieachsen der rechteckigen Platten mit dem Seitenverhältnis $b/a = 1; 1,5; 2$ für $\mu = 1/4$ dargestellt. Die Abhängigkeit der Momente und der Durchbiegung von dem Seitenverhältnis zeigt nach A. Nadai für $\mu = 3/10$ Abb. 650.

Der gleichmäßig belastete Halbstreifen ist ein Sonderfall der rechteckig begrenzten Platte mit $b \gg a$ und von A. Nadai in der gleichen Weise untersucht worden. Das Ergebnis ist hier wiedergegeben, um damit später andere Aufgaben zu lösen.

a) Die drei Seiten des Halbstreifens liegen frei auf (Abb. 651a)

$$w = \frac{4\,p\,a^4}{N\,\pi^5}\sum\left[1 - \left(1 + \frac{\eta_n}{2}\right)e^{-\eta_n}\right]\frac{1}{n^5}\sin\xi_n, \qquad (n = 1, 3, 5, \ldots). \tag{995}$$

43*

b) Die Längsseiten des Halbstreifens liegen frei auf, die kurze Seite ist frei (Abb. 651b)

$$w = \frac{4\,p\,a^4}{N\,\pi^5} \sum \left[1 + \frac{\mu}{3+\mu} \left(\frac{1+\mu}{1-\mu} - \eta_n\right) e^{-\eta_n}\right] \frac{1}{n^5} \sin \xi_n \, , \quad (n = 1, 3, 5, \ldots). \qquad (996)$$

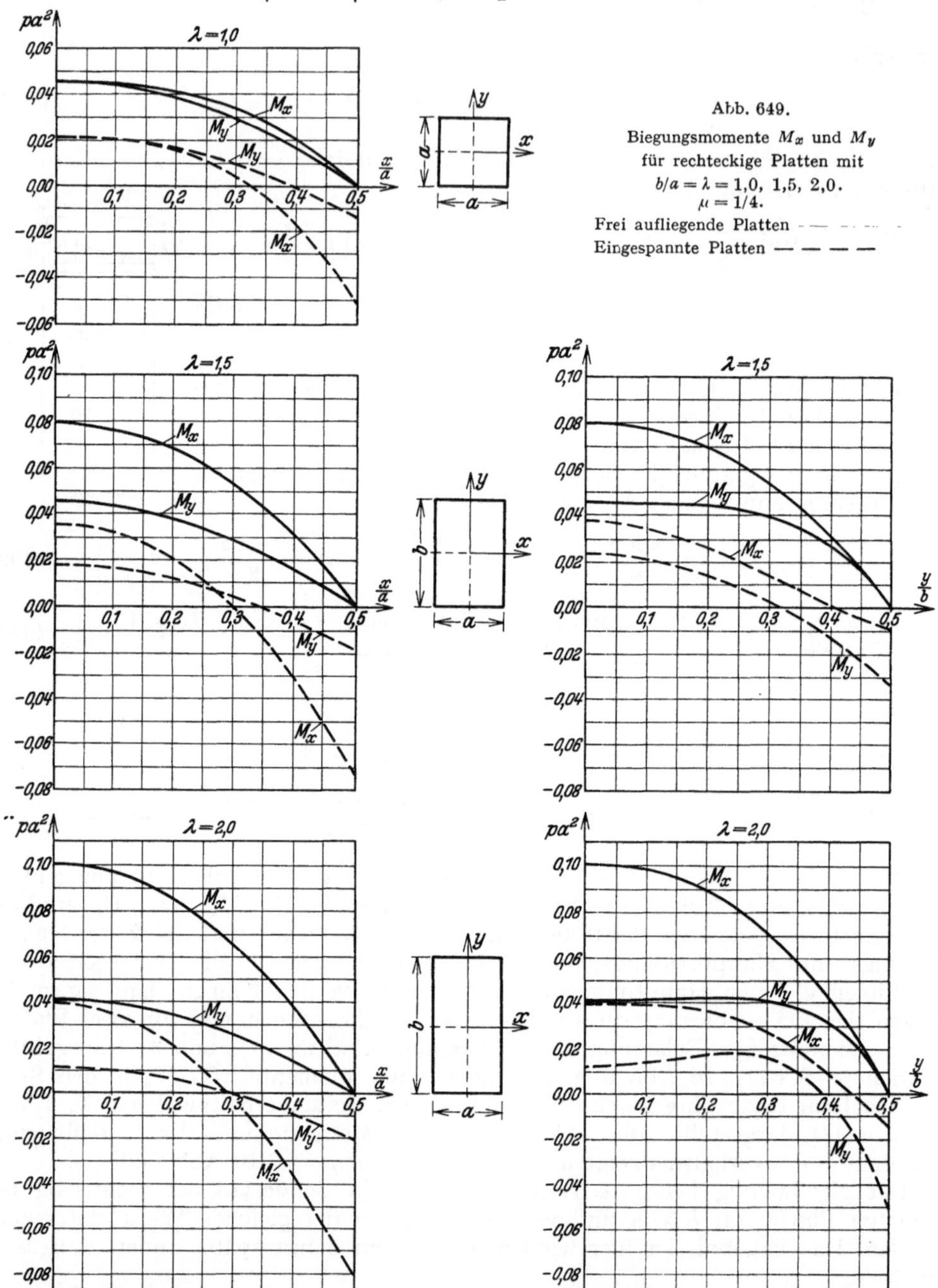

c) Die Längsseiten des Halbstreifens liegen frei auf, die kurze Seite ist eingespannt (Abb. 651c)

$$w = \frac{4\,p\,a^4}{N\,\pi^5} \sum \left[1 - (1 + \eta_n)\, e^{-\eta_n}\right] \frac{1}{n^5} \sin \xi_n \, , \qquad (n = 1, 3, 5, \ldots). \qquad (997)$$

Berechnung einer rechteckigen Platte nach A. Nadai.

Untersucht wird eine rechteckige Platte mit $b/a = 4/3$ unter gleichmäßig verteilter Belastung p. Mit der Abkürzung

$$\Phi_n = 2\,\mathfrak{Cof}\,\alpha_n\,\mathfrak{Cof}\,\eta_n + \alpha_n\,\mathfrak{Sin}\,\alpha_n\,\mathfrak{Cof}\,\eta_n - \eta_n\,\mathfrak{Sin}\,\eta_n\,\mathfrak{Cof}\,\alpha_n$$

wird nach (993) die Durchbiegung

$$w = 0{,}01307\,\frac{p\,a^4}{N}\sum\frac{1}{n^5}\left[1 - \frac{\Phi_n}{1 + \mathfrak{Cof}\,2\,\alpha_n}\right]\sin\xi_n\,, \qquad n = 1,\,3,\,5.\ldots$$

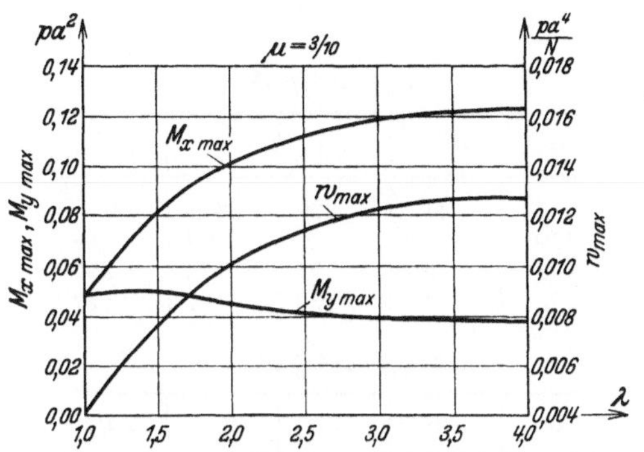

Abb. 650. Biegungsmomente $M_{x\,\mathrm{max}}$, $M_{y\,\mathrm{max}}$ und Durchbiegung w_{max} der frei aufliegenden, rechteckigen Platte mit gleichmäßig verteilter Last p als Funktionen des Seitenverhältnisses $b/a = \lambda$.

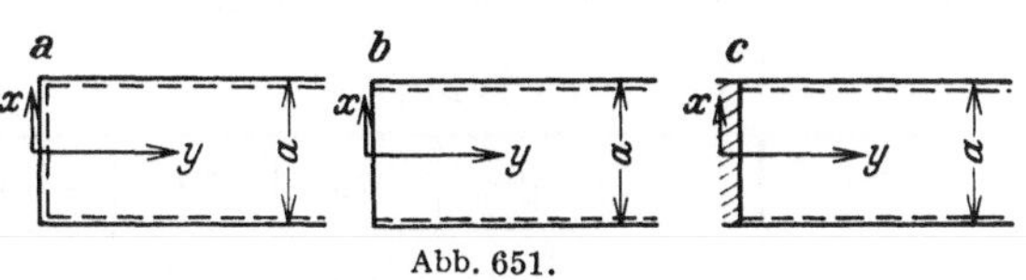

Abb. 651.

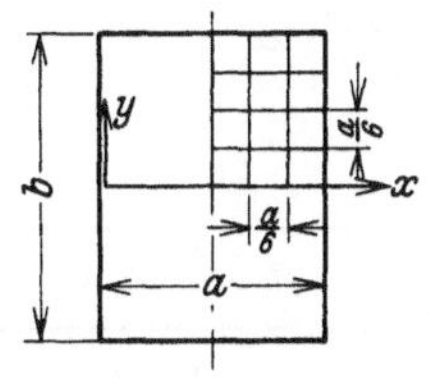

Abb. 652.

Die $10^{-5}\,p\,a^4/N$ fachen Ordinaten w in den Punkten eines Gitters (Abb. 652) mit $\dfrac{a}{12} = \dfrac{b}{16}$ sind

$x\backslash y$	0	$a/12$	$a/6$	$a/4$	$a/3$	$5a/12$	$a/2$	$7a/12$
$a/2$	663	651	618	563	487	389	273	141
$7a/12$	641	631	599	545	471	377	264	138
$2a/3$	578	569	540	492	426	341	239	125
$3a/4$	476	468	445	406	351	281	198	103
$5a/6$	339	334	317	289	250	201	142	73
$11a/12$	176	174	165	151	131	105	74	38

Die Schnittkräfte werden nach (919) mit

$$M'_x = p\,x\,(a - x)/2\,, \qquad M'_y = \mu\,p\,x\,(a - x)/2\,;$$

$$M_x = M'_x + (1 - \mu)\,p\,a^2\,\pi^2\sum n^2\sin\xi_n\left[a_n\,\mathfrak{Cof}\,\eta_n + b_n\left(\eta_n\,\mathfrak{Sin}\,\eta_n - \frac{2\,\mu}{1 - \mu}\,\mathfrak{Cof}\,\eta_n\right)\right],$$

$$M_y = M'_y - (1 - \mu)\,p\,a^2\,\pi^2\sum n^2\sin\xi_n\left[a_n\,\mathfrak{Cof}\,\eta_n + b_n\left(\eta_n\,\mathfrak{Sin}\,\eta_n + \frac{2}{1 - \mu}\,\mathfrak{Cof}\,\eta_n\right)\right],$$

$$M_{xy} = - (1 - \mu)\,p\,a^2\,\pi^2\sum n^2\cos\xi_n\left[a_n\,\mathfrak{Sin}\,\eta_n + b_n\,(\eta_n\,\mathfrak{Cof}\,\eta_n + \mathfrak{Sin}\,\eta_n)\right],$$

worin

$$a_n = -\frac{2\,(2 + \alpha_n\,\mathfrak{Tg}\,\alpha_n)}{n^5\,\pi^5\,\mathfrak{Cof}\,\alpha_n}\,, \qquad b_n = \frac{2}{n^5\,\pi^5\,\mathfrak{Cof}\,\alpha_n}\,, \qquad \mu = 1/6.$$

$$a_1 = -\,0{,}0063928\,; \qquad a_3 = -\,8{,}3204\cdot10^{-7}\,; \qquad b_1 = 0{,}0015856\,; \qquad b_3 = 1{,}0045\cdot10^{-7}.$$

$M_x/p\,a^2$, $M_y/p\,a^2$.

$x\backslash y$	0	$a/6$	$a/3$	$a/2$	0	$a/6$	$a/3$	$a/2$
$a/2$	0,0672	0,0630	0,0501	0,0288	0,0421	0,0413	0,0376	0,0266
$2a/3$	0,0611	0,0573	0,0458	0,0264	0,0370	0,0363	0,0332	0,0239
$5a/6$	0,0405	0,0382	0,0313	0,0189	0,0223	0,0219	0,0203	0,0152

$$M_{xy}/p\,a^2$$

x \ y	a/6	a/3	a/2	2a/3
2a/3	0,0068	0,0141	0,0187	0,0210
5a/6	0,0120	0,0250	0,0343	0,0390
a	0,0140	0,0293	0,0407	0,0479

Damit ergeben sich nach (921) die Richtung und Größe der Hauptbiegungsmomente M_I u. M_{II} und die Hauptdrillungsmomente $M_{I,II}$.

	$M_I \cdot 10^4/p\,a^2$					$M_{II} \cdot 10^4/p\,a^2$				
x \ y	0	a/6	a/3	a/2	2a/3	0	a/6	a/3	a/2	2a/3
a/2	672	630	501	288	0	421	413	376	266	0
2a/3	611	593	544	439	210	370	343	247	64	−210
5a/6	405	445	503	514	390	223	155	13	−173	−390
a	0	140	279	407	479	0	−140	−279	−407	−479

	α^0					$M_{I,II} \cdot 10^4/p\,a^2$				
x \ y	0	a/6	a/3	a/2	2a 3	0	a/6	a/3	a/2	2a/3
a/2	0	0	0	0	0	126	109	63	11	0
2a/3	0	16,5	32,5	43	45	121	125	148	188	210
5a/6	0	28	38,5	43	45	91	145	245	343	390
a	0	45	45	45	45	0	140	279	407	479

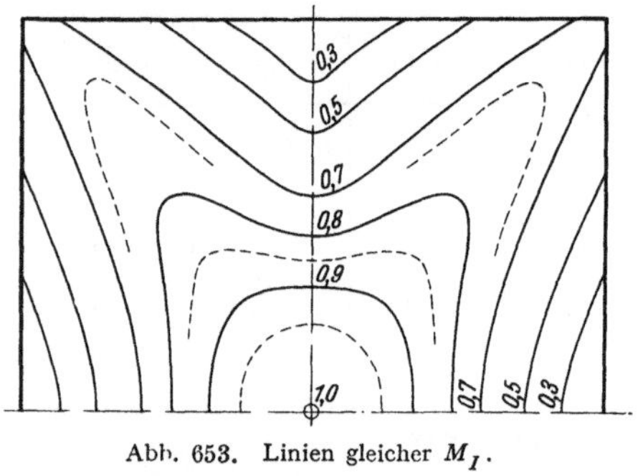

Abb. 653. Linien gleicher M_I.

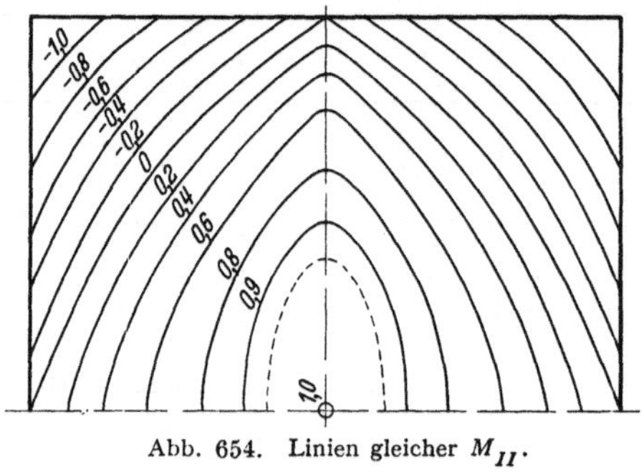

Abb. 654. Linien gleicher M_{II}.

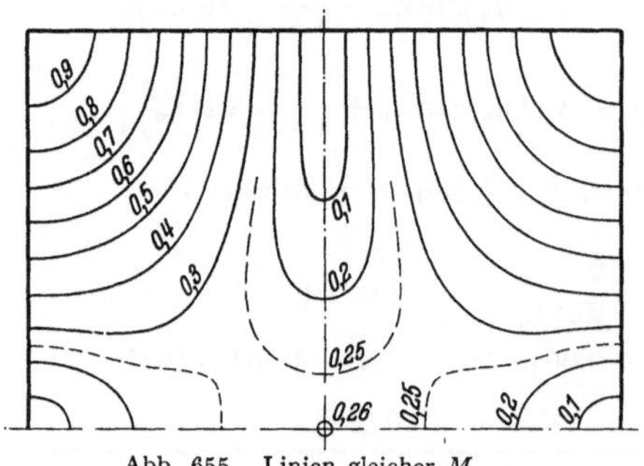

Abb. 655. Linien gleicher $M_{I,II}$.

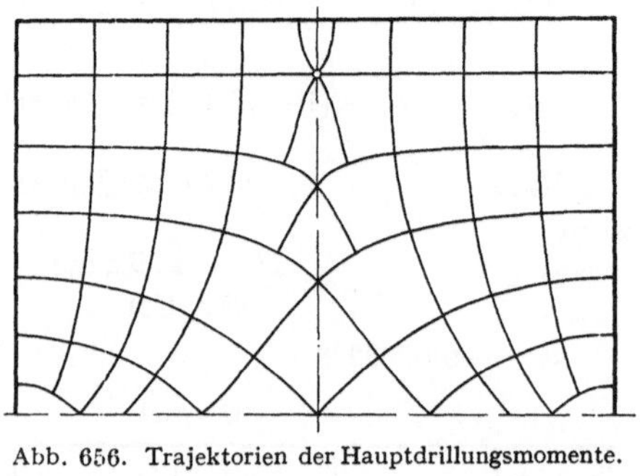

Abb. 656. Trajektorien der Hauptdrillungsmomente.

Die Linien gleicher Hauptmomente sind in Abb. 653 bis 655 dargestellt, ihre Bezifferung bedeutet den Bruchteil des größten Momentes. Abb. 656 zeigt die Trajektorien der Hauptdrillungsmomente, Abb. 657 die Trajektorien der Hauptbiegungsmomente, die in Abb. 658 mit denjenigen der quadratischen Platte verglichen werden. Der Mittelpunkt der quadratischen

Platte ist mit $M_x = M_y$ ein singulärer Punkt, in dem sich 4 Trajektorien schneiden. Die rechteckige Platte hat zwei singuläre Punkte auf der langen Symmetrieachse, in denen sich je 3 Trajektorien schneiden.

Abb. 658. Trajektorien der Hauptbiegungsmomente für die quadratische Platte.

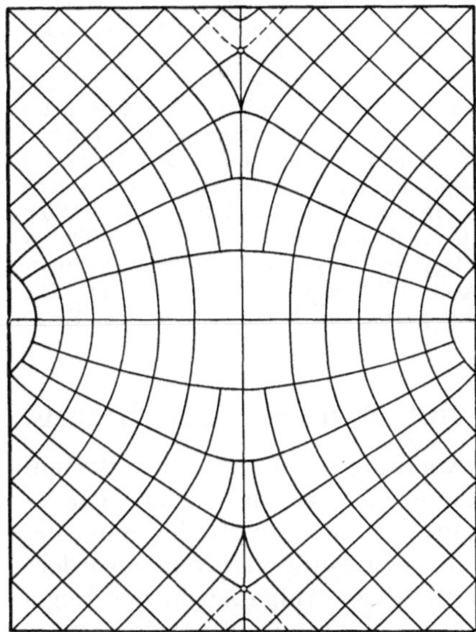

Abb. 657. Trajektorien der Hauptbiegungsmomente.

Die eingespannte Platte bei gleichmäßiger Belastung. Nachdem die Tangentialebene an die Biegefläche der frei aufliegenden Platte in den Eckpunkten bereits mit der ursprünglichen Mittelebene zusammenfällt, sind hier die Biegungsmomente der eingespannten Platte Null und die Tangenten an die Kurven der Randmomente waagerecht. Längs des Randes sind auch die Drillungsmomente nach S. 648 Null und daher $A_{xz} = Q_{xz}$.

Um die Differentialgleichung (929) bei starrer Einspannung oder anderen Randbedingungen zu integrieren, wird die Lösung Naviers w_1 für die frei aufliegende Platte (988) nach M. Levy durch eine allgemeine Lösung w_2 der homogenen Gleichung $\Delta\Delta w_2 = 0$ ergänzt. Sie enthält so viele Freiwerte, besteht also aus so vielen Partikularlösungen, daß die vorgeschriebenen Randbedingungen durch die Reihenentwicklung für $w = w_1 + w_2$ gliedweise erfüllt werden können. Die Fläche w_2 entsteht darnach durch Randkräfte an der frei aufliegenden Platte. Der mechanische Sinn dieser mathematischen Operation läßt sich mit der Berechnung der statisch unbestimmten Schnittkräfte in Abschn. 24 vergleichen.

Die Aufgabe kann auch nach H. Hencky und A. Nadai durch Überlagerung einer Grundlösung w^* für die vorgeschriebene Belastung mit einem allgemeinen Integral w^{**} der homogenen Gleichung $\Delta\Delta w^{**} = 0$ untersucht werden. Dieses läßt sich in einfach unendlichen Reihen anschreiben und enthält ebenso viele Freiwerte, also ebenso viele Partikularlösungen w_h^{**}, als andere Randbedingungen im Vergleich zur frei aufliegenden Platte vorhanden sind. Die Freiwerte werden auch hier gliedweise so bestimmt, daß die Funktion $w = w^* + w^{**}$ die Differentialgleichung und die vorgeschriebenen Randbedingungen erfüllt. Der mathematische Teil der Lösung bereitet hier jedoch wesentlich größere Schwierigkeiten als bei der frei aufliegenden Platte, so daß man sich bei diesen Aufgaben in der Regel mit Näherungslösungen begnügt.

Hencky, H.: Über den Spannungszustand in rechteckigen ebenen Platten. München 1913. — Leitz, H.: Berechnung der frei aufliegenden Platte. Berlin 1914. — Nadai, A.: Die Formänderungen und die Spannungen von rechteckigen Platten. Forsch.-Arb. Ing.-Wes. Berlin 1915. — Leitz, H.: Berechnung der eingespannten rechteckigen Platte. Z. Math. Physik 1917

S. 262. — Huber, M. T.: Über die Biegung einer rechteckigen Platte von ungleicher Biegungs-festigkeit in der Längs- und Querrichtung bei einspannungsfreier Stützung des Randes usw. Bauing. 1924 S. 259. — Derselbe: Über die genaue Biegungsgleichung einer orthotropen Platte und ihre Anwendung auf kreuzweise bewehrte Betonplatten. Bauing. 1925 S. 878 — Si Luan Wei: Über die eingespannte rechteckige Platte mit gleichmäßig verteilter Belastung. Diss. Göttingen 1925. — Huber, M.T.: Vereinfachte strenge Lösung der Biegungsaufgabe einer recht-eckigen Eisenbetonplatte bei geradliniger freier Stützung aller Ränder. Bauing. 1926 S. 121. — Derselbe: Anwendungen der Biegetheorie orthotroper Platten. Z. angew. Math. Mech. 1926 S. 228. — Marcus, H.: Die Grundlagen der Querschnittsbemessung kreuzweise bewehrter Platten. Bauing. 1926 S. 577. — Crämer, H.: Die Biegungsgleichung von Platten stetig veränder-licher Stärke. Beton u. Eisen 1929 S. 12. — Marcus, H.: Die Drillungsmomente rechteckiger Platten. Bauing. 1929 S. 497. — Ritter, M.: Die Anwendung der Theorie elastischer Platten auf den Eisenbeton. Bericht über die II. Int. Tagung f. Brücken- u. Hochbau, S. 694. Wien 1929. — Inada, T.: Die Berechnung auf 4 Seiten gestützter rechteckiger Platten. Berlin 1930. — Müller, E.: Die Berechnung rechteckiger, gleichförmig belasteter Platten, die an zwei gegenüber-liegenden Rändern durch Träger unterstützt sind. Ing.-Arch. 1931 S. 606. — Crämer, H.: Die bauliche Aufnahme der Randdrillungsmomente vierseitig gelagerter Platten. Beton u. Eisen 1932 S. 95.

71. Die Lösung von Plattenaufgaben mit Differenzenrechnung.

Differenzengleichung eines Gitters. Die Anwendung der Theorie der Platten-biegung bei beliebiger Belastung und Stützung ist ebenso wie die strenge Unter-suchung ebener Spannungsprobleme im Bauwesen im wesentlichen durch die mathe-matischen Schwierigkeiten der Lösung verhindert worden. Man begnügt sich daher für diese Aufgaben in der Regel mit qualitativ brauchbaren Näherungslösungen, zumal auch die Annahmen über die physikalischen Eigenschaften des Baustoffs und die Beschaffenheit der Stützung keines-wegs streng erfüllt sind. Es liegt daher nahe, den stetigen Charakter des Ansatzes wie bei anderen Problemen der Mechanik aufzugeben und die Abhängigkeit zwischen Spannungs-, Verschiebungs- und Belastungszustand an endlichen Abschnitten der Platte zu beschreiben. Die stetiggekrümmte Biegefläche erscheint dabei als Vielkant, dessen Kanten sich im Grundriß je nach der Art der Ko-ordinaten in Abständen Δx, Δy rechtwinklig schneiden oder als Strahlenbündel mit einer Schar konzentrischer Polygone erscheinen. Die Eckpunkte k des Vielkantes sind Punkte der Biegefläche, die Kanten beschreiben ein elastisches Gitter. Die geometrische Abwandlung der Fläche zum Vielkant bedeutet mathematisch den Übergang vom Längendifferential zur Differenz zweier Strecken und vom Differen-tialquotienten zum Differenzenquotienten. Er ist zur numerischen Lösung von Aufgaben der Plattenbiegung zuerst von H. Marcus vollzogen worden.

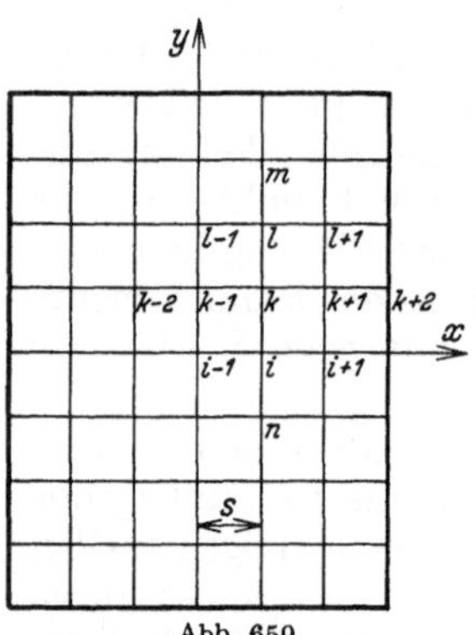

Abb. 659.

Die Mittelebene der rechteckigen Platte wird zur Vorbereitung der Unter-suchung durch zwei Systeme äquidistanter, sich winkelrecht kreuzender Geraden geteilt. Die Abstände Δx, Δy sind in der Regel gleichgroß ($\Delta x = \Delta y = s$).

Die Differentialquotienten werden nach ihrer geometrischen Bedeutung durch Funktionen der Ordinaten w_k der Gitterknoten ersetzt (Abschn. 20). Danach ist in Verbindung mit Abb. 659

$$\left(\frac{\partial w}{\partial x}\right)_k \rightarrow \frac{w_{k+1} - w_{k-1}}{2\,\Delta x}, \qquad \left(\frac{\partial w}{\partial y}\right)_k \rightarrow \frac{w_l - w_i}{2\,\Delta y},$$

$$\left(\frac{\partial^2 w}{\partial x\,\partial y}\right)_k \rightarrow \frac{w_{l+1} - w_{l-1} - w_{i+1} + w_{i-1}}{4\,\Delta x\,\Delta y},$$

$$\left(\frac{\partial^2 w}{\partial x^2}\right)_k \rightarrow \frac{w_{k+1} - 2\,w_k + w_{k-1}}{\Delta x^2}, \qquad \left(\frac{\partial^2 w}{\partial y^2}\right)_k \rightarrow \frac{w_l - 2\,w_k + w_i}{\Delta y^2},$$

$$\left(\frac{\partial^3 w}{\partial x^3}\right)_k \rightarrow \frac{\Delta^2 w_{k+1} - \Delta^2 w_{k-1}}{2\,\Delta x^3} = \frac{w_{k+2} - 2\,w_{k+1} + 2\,w_{k-1} - w_{k-2}}{2\,\Delta x^3},$$

$$\left(\frac{\partial^3 w}{\partial y^3}\right)_k \rightarrow \frac{w_m - 2\,w_l + 2\,w_i - w_n}{2\,\Delta y^3},$$

$$\left(\frac{\partial^4 w}{\partial x^2\,\partial y^2}\right)_k = \left[\frac{\partial^2}{\partial y^2}\left(\frac{\partial^2 w}{\partial x^2}\right)_k\right]_k \rightarrow \frac{\left(\frac{\partial^2 w}{\partial x^2}\right)_l - 2\left(\frac{\partial^2 w}{\partial x^2}\right)_k + \left(\frac{\partial^2 w}{\partial x^2}\right)_i}{\Delta y^2}$$

$$\rightarrow \frac{4\,w_k - 2\,(w_{k+1} + w_{k-1} + w_l + w_i) + (w_{i-1} + w_{i+1} + w_{l+1} + w_{l-1})}{\Delta x^2\,\Delta y^2},$$

$$\left(\frac{\partial^4 w}{\partial x^4}\right)_k \rightarrow \frac{\left(\frac{\partial^2 w}{\partial x^2}\right)_{k+1} - 2\left(\frac{\partial^2 w}{\partial x^2}\right)_k + \left(\frac{\partial^2 w}{\partial x^2}\right)_{k-1}}{\Delta x^2}$$

$$\rightarrow \frac{w_{k+2} - 4\,w_{k+1} + 6\,w_k - 4\,w_{k-1} + w_{k-2}}{\Delta x^4},$$

$$\left(\frac{\partial^4 w}{\partial y^4}\right)_k \rightarrow \frac{w_m - 4\,w_l + 6\,w_k - 4\,w_i + w_h}{\Delta y^4}.$$

(998)

Die Differentialgleichungen der Plattenbiegung (929) und (931), (932) werden Differenzengleichungen, so daß der Zusammenhang zwischen der Belastungsintensität p_k, den Ordinaten w_k der Biegefläche und den Momentensummen M_k in folgender Weise beschrieben wird:

$$\text{I.}\quad \frac{\Delta^4 w_k}{\Delta x^4} + 2\,\frac{\Delta^4 w_k}{\Delta x^2\,\Delta y^2} + \frac{\Delta^4 w_k}{\Delta y^4} = \frac{p_k}{N},$$

$$\text{II.}\quad \frac{\Delta^2 M_k}{\Delta x^2} + \frac{\Delta^2 M_k}{\Delta y^2} = -p_k, \qquad \frac{\Delta^2 w_k}{\Delta x^2} + \frac{\Delta^2 w_k}{\Delta y^2} = -\frac{M_k}{N}.$$

Daraus entsteht an jedem freien Maschenknoten mit den Differenzenquotienten (998) und mit $\Delta y^2 / \Delta x^2 = \alpha$ die Gleichung

$$\text{I.}\quad w_k\left[6\left(\alpha + \frac{1}{\alpha}\right) + 8\right] - 4\left[(1 + \alpha)\,(w_{k+1} + w_{k-1}) + \left(1 + \frac{1}{\alpha}\right)(w_l + w_i)\right]$$

$$+ 2\,(w_{i-1} + w_{l-1} + w_{l+1} + w_{i+1}) + \alpha\,(w_{k+2} + w_{k-2})$$

$$+ \frac{1}{\alpha}\,(w_m + w_h) = p_k\,\frac{\alpha\,\Delta x^4}{N},$$

$$\text{II.}\quad 2\,(1 + \alpha)\,M_k - \alpha\,(M_{k+1} + M_{k-1}) - (M_l + M_i) = p_k\,\alpha\,\Delta x^2,$$

$$2\,(1 + \alpha)\,w_k - \alpha\,(w_{k+1} + w_{k-1}) - (w_l + w_i) = \frac{M_k}{N}\,\alpha\,\Delta x^2.$$

(999)

Bei gleich großen Abständen $\Delta x = \Delta y = s$ des Gitters ist

$$\text{I.}\quad 20\,w_k - 8\,(w_{k-1} + w_l + w_{k+1} + w_i) + 2\,(w_{i-1} + w_{l-1} + w_{l+1} + w_{i+1})$$

$$+ (w_{k-2} + w_m + w_{k+2} + w_h) = p_k\,\frac{s^4}{N}. \tag{1000}$$

$$\text{II.}\quad 4\,M_k - M_{k-1} - M_l - M_{k+1} - M_i = +\,p_k\,s^2, \tag{1001}$$

$$4\,w_k - w_{k-1} - w_l - w_{k+1} - w_i = +\,\frac{M_k}{N}\,s^2. \tag{1002}$$

Schnittkräfte. Die Schnittkräfte der Platte sind nach (919) Funktionen von Differentialquotienten der Plattenbiegung und daher jetzt Funktionen von Differenzenquotienten, so daß die Schnittkräfte am Maschenknoten k in folgender Weise von den Verschiebungen des Gitters abhängen:

$$M_{x,k} = -N\left(\frac{\Delta^2 w_k}{\Delta x^2} + \mu\,\frac{\Delta^2 w_k}{\Delta y^2}\right) = \frac{N}{s^2}\left[-w_{k-1} + 2\,w_k - w_{k+1} + \mu\,(-w_i + 2\,w_k - w_l)\right],$$

$$M_{y,k} = -N\left(\mu\,\frac{\Delta^2 w_k}{\Delta x^2} + \frac{\Delta^2 w_k}{\Delta y^2}\right) = \frac{N}{s^2}\left[\mu\,(-w_{k-1} + 2\,w_k - w_{k+1}) - w_i + 2\,w_k - w_l\right],$$

$$M_k = -N\left(\frac{\Delta^2 w_k}{\Delta x^2} + \frac{\Delta^2 w_k}{\Delta y^2}\right) = \frac{N}{s^2}\left[-w_i - w_{k-1} + 4\,w_k - w_{k+1} - w_l\right],$$

$$M_{xy,k} = -N\,(1-\mu)\,\frac{\Delta^2 w_k}{\Delta x\,\Delta y} = \frac{N\,(1-\mu)}{4\,s^2}\left[w_{l-1} - w_{l+1} - w_{i-1} + w_{i+1}\right]. \tag{1003}$$

$$Q_{xz,k} = \frac{\Delta M_k}{\Delta x} = \frac{1}{2\,s}\,(M_{k+1} - M_{k-1})$$
$$= \frac{N}{2\,s^3}\left[w_{k-2} + (w_{l-1} + w_{i-1}) - (w_{l+1} + w_{i+1}) - w_{k+2} + 4\,(w_{k+1} - w_{k-1})\right],$$

$$Q_{yz,k} = \frac{\Delta M_k}{\Delta y} = \frac{1}{2\,s}\,(M_l - M_i)$$
$$= \frac{N}{2\,s^3}\left[w_h + (w_{i+1} + w_{i-1}) - (w_{l+1} + w_{l-1}) - w_m + 4\,(w_l - w_i)\right]. \tag{1004}$$

$$A_{xz,k} = -\frac{1}{2\,s}\left[M_{k+1} - M_{k-1} + M_{xy,l} - M_{xy,i}\right]$$
$$= -\frac{N}{2\,s^3}\left[w_{k-2} + (6 - 2\,\mu)\,(w_{k+1} - w_{k-1})\right.$$
$$\left. + (2 - \mu)\,(w_{i-1} + w_{l-1} - w_{l+1} - w_{i+1}) - w_{k+2}\right],$$

$$A_{yz,k} = -\frac{1}{2\,s}\left[M_l - M_i + M_{xy,k+1} - M_{xy,k-1}\right]$$
$$= -\frac{N}{2\,s^3}\left[w_h + (6 - 2\,\mu)\,(w_l - w_i)\right.$$
$$\left. + (2 - \mu)\,(w_{i+1} + w_{i-1} - w_{l-1} - w_{l+1}) - w_m\right]. \tag{1005}$$

Die Teilung Δx, Δy des Gitters ist in beiden Richtungen konstant. Je kleiner die Abschnitte gewählt werden, um so besser ist die Angleichung des Verschiebungszustandes des Gitters an die elastische Fläche der Platte, um so größer aber auch die Anzahl der linearen Gleichungen (1000) und der Umfang der Zahlenrechnung. Die Zerlegung des Integrationsbereiches in quadratische Maschen ($\Delta x = \Delta y = s$) vereinfacht die Differenzengleichungen der Wurzeln M_k, w_k und die Ansätze für die Schnittkräfte. Die Poissonsche Zahl beträgt bei Eisenbetonplatten $\mu = 1/6$, sie kann aber auch zur einfachen Berechnung der Schnittkräfte, vor allem bei $\Delta x + \Delta y$ im Sinne dieser Näherungslösung Null gesetzt werden.

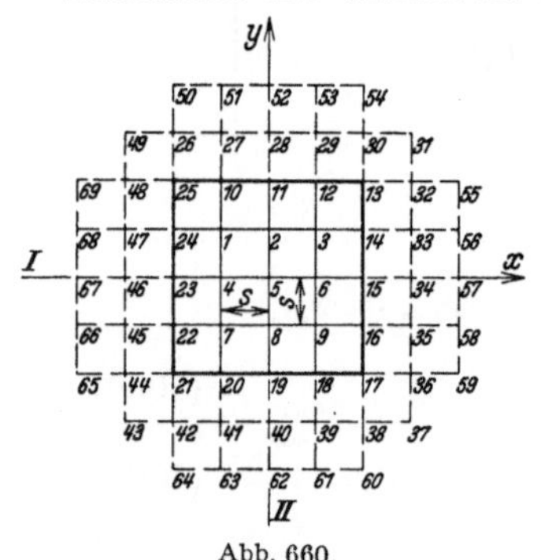

Abb. 660.

Die Bedingungen am Rande des Gitters und an den singulären Stellen der Belastungsfunktion. Um den Zusammenhang zwischen der Biegefläche $w\,(x, y)$ der Platte und der vorgeschriebenen Belastung auch am Plattenrande in endlichen Abschnitten Δx, Δy zu beschreiben, und die Schnitt- und Stützkräfte nach (1003) ff. abzuleiten, wird die elastische Fläche unabhängig von der Stützung erweitert, indem das Gitter und die Belastung $p\,(x, y)$ stetig über den Plattenrand hinaus fortgesetzt werden. Damit ist die Bedingung $\Delta\Delta w = p/N$ auch außerhalb des Randes erfüllt (Abb. 660). Unter dieser Voraussetzung gelten die Ansätze (1004) für die Schnittkräfte Q_{xz}, Q_{yz}, M_{xy} und die Ansätze (1005) für die Auflagerkräfte A_{xz}, A_{yz}. In diesen lassen sich dann die Verschiebungen w der Nebenknoten außerhalb des Randes eliminieren, so daß sich die Auflagerkräfte folgendermaßen berechnen lassen:

a) Frei aufliegende Platte. Für den Randknoten k folgt nach (1003) aus $M_k = 0$ und $w_i = w_k = w_l = 0$

$$w_{k+1} = - w_{k-1}.$$ (1006)

Die Differenzengleichung (1001) liefert mit $M_i = M_k = M_l = 0$

$$M_{k+1} = - M_{k-1} - p_k s^2$$

und die Differenzengleichung (1002) für den Nebenknoten $(k+1)$ ergibt

$$4\,w_{k+1} - w_{l+1} - w_{k+2} - w_{i+1} = \frac{M_{k+1}}{N}\,s^2 = - \frac{M_{k-1}}{N}\,s^2 - \frac{p_k\,s^4}{N}$$

oder mit (1006)

$$w_{k+2} = 4\,w_{k+1} + w_{l-1} + w_{i-1} + \frac{M_{k-1}}{N}\,s^2 + \frac{p_k\,s^4}{N}.$$

Nach (1002) ist für den Punkt $(k-1)$

$$\frac{M_{k-1}}{N}\,s^2 = 4\,w_{k-1} - w_{k-2} - w_{i-1} - w_{l-1},$$

also

$$w_{k+2} = - w_{k-2} + \frac{p_k\,s^4}{N}.$$ (1007)

Damit geht Gl. (1005) über in

$$A_{xz,\,k} = \frac{N}{2\,s^3}\left[4\,(3 - \mu)\,w_{k-1} - 2\,w_{k-2} - 2\,(2 - \mu)\,(w_{i-1} + w_{l-1}) + \frac{p_k\,s^4}{N}\right].$$ (1008)

Ebenso wird erhalten

$$A_{yz,\,k} = \frac{N}{2\,s^3}\left[4\,(3 - \mu)\,w_i \quad - 2\,w_h \quad - 2\,(2 - \mu)\,(w_{i-1} + w_{i+1}) + \frac{p_k\,s^4}{N}\right].$$ (1009)

b) Starr eingespannte Platte. Für den Randknoten k folgt nach (998) aus $dw/dx = 0$

$$w_{k+1} = w_{k-1}.$$ (1010)

Die Differenzengleichung (1000) liefert mit $w_i = w_k = w_l = 0$ und (1010)

$$w_{k+2} = \frac{p_k\,s^4}{N} + 16\,w_{k-1} - 4\,(w_{i-1} + w_{l-1}) - w_{k-2},$$ (1011)

so daß nach (1005)

$$A_{xz,\,k} = \frac{N}{2\,s^3}\left[16\,w_{k-1} - 2\,w_{k-2} - 4\,(w_{i-1} + w_{l-1}) + \frac{p_k\,s^4}{N}\right]$$ (1012)

und ebenso

$$A_{yz,\,k} = \frac{N}{2\,s^3}\left[16\,w_i \quad - 2\,w_h \quad - 4\,(w_{i-1} + w_{i+1}) + \frac{p_k\,s^4}{N}\right].$$ (1013)

Die Erweiterung der Fläche M_k und der elastischen Fläche w_k über den Rand hinaus zeigt Abb. 661 für einen Schnitt $y = $ const. a) Frei aufliegende Platte, b) starr eingespannte Platte, c) freier Rand. Die Belastungsfunktion p ist dabei konstant angenommen worden.

Man kann aber auch zur Formulierung der Randbedingungen auf die Erweiterung der elastischen Fläche verzichten und die Differenzengleichungen und Schnittkräfte allein mit den Verschiebungen der Hauptknoten des Gitters anschreiben, wenn an Stelle des einzelnen Plattenelementes eine nach allen Seiten durchlaufende Platte mit den gleichen Stützenbedingungen untersucht wird. Die durchlaufende Platte

wird auf Schneiden gestützt und antimetrisch oder symmetrisch belastet. Die Formänderung der benachbarten Felder ist dann antimetrisch oder symmetrisch zur
Formänderung des Hauptfeldes, so daß die Verschiebungen der Nebenknoten antimetrisch oder symmetrisch mit den Verschiebungen der Hauptknoten übereinstimmen. Die Differenzengleichungen der Randknoten enthalten jedoch dann neben der
Belastungsintensität p die singulären Stützkräfte. Sie können also nur angeschrieben
werden, wenn diese bekannt sind. Das gilt auch von den singulären Stützkräften
bei Pilzdecken. Daher ist die Lösung mit Differenzen nur dann möglich, wenn an
diesen Punkten die Randwerte der Unbekannten Null oder vorgeschrieben sind. Beim
frei aufliegenden Rand ist $M_k = 0$ und $w_k = 0$, die Lösung also nach (1001), (1002) in
zwei Stufen durchführbar. Beim eingespannten Rand ist $M_k \neq 0$, $w_k = 0$, so daß
nur der allgemeine Ansatz (1000) verwendet werden kann. Bei Pilzdecken ist über
den Stützen $w_k = 0$, also ebenfalls nur der allgemeine Ansatz anwendbar, doch ist
es zweckmäßig, den Stützendruck als statisch überzählige Größe zu berechnen.

Werden die Randbedingungen durch Bedingungen über die Antimetrie oder Symmetrie der Formänderung ersetzt, so lassen sich die Stützkräfte A_{xz}, A_{yz} nicht mehr nach (1005) ermitteln. Sind aber die Verschiebungen w_k bekannt, so können die Differenzengleichungen für die singulären Punkte nunmehr zur Bestimmung der singulären Stützkräfte dienen. Z.B. ist für die starr eingespannte Platte am Randknoten k nach (1000) mit

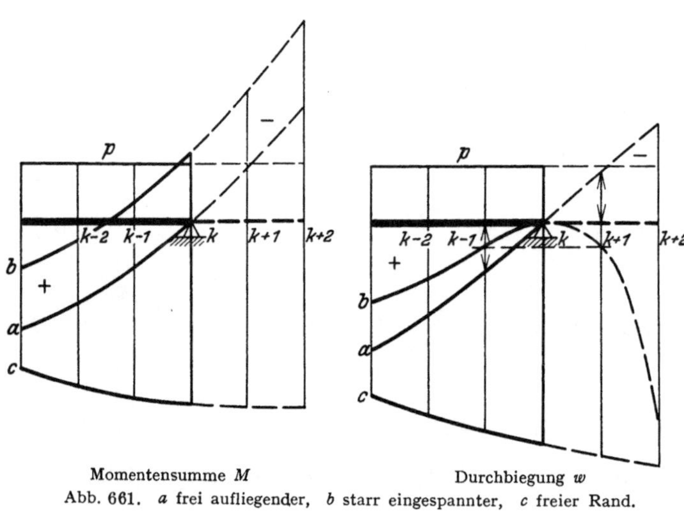

Momentensumme M Durchbiegung w
Abb. 661. *a* frei aufliegender, *b* starr eingespannter, *c* freier Rand.

$$w_i = w_k = w_l = 0, \qquad w_{k+1} = w_{k-1}, \qquad w_{k+2} = w_{k-2},$$

$$2\,w_{k-2} + 4\,(w_{i-1} + w_{l-1}) - 16\,w_{k-1} = \overline{p}_k\,\frac{s^4}{N},$$

wobei $\overline{p}_k$ die Belastungsintensität unter Berücksichtigung der Stützkraft bedeutet.
Nach Abb. 662 ist

$$\overline{p}_k\,s^2 = -\,2\,A_{xz,\,k}\,s + p_k\,s^2,$$

womit wiederum wie in (1012)

$$A_{xz,\,k} = \frac{N}{2\,s^3}\left[16\,w_{k-1} - 2\,w_{k-2} - 4\,(w_{i-1} + w_{l-1}) + \frac{p_k\,s^4}{N}\right].$$

Den Verlauf von M_k und w_k für einen Schnitt $y = $ const am Rande bei Ersatz
der Randbedingungen durch Bedingungen über die Antimetrie oder Symmetrie der
Formänderung zeigt Abb. 662. Die Belastungsfunktion p ist dabei konstant angenommen worden. Sie hat im Randknoten beim eingespannten Rand eine Singularität, beim frei aufliegenden Rand einen Sprung.

1. Freie Auflagerung der Ränder. Die Verschiebungen w_{10} bis w_{25} und
die Momentensummen M_{10} bis M_{25} in den Randpunkten sind nach S. 647 Null
(Abb. 660). Daher werden zunächst die Momentensummen M_1 bis M_9 der Hauptknoten nach (1001) und daraus die Verschiebungen w_1 bis w_9 des Gitters nach

(1002) berechnet. Damit sind nach (1003) auch die Biegungsmomente $M_{x,1}$ bis $M_{x,9}$, $M_{y,1}$ bis $M_{y,9}$ bekannt. Um die Drillungsmomente für alle Maschenknoten nach (1003) zu berechnen, sind auch die Verschiebungen der dem Rande benachbarten Nebenknoten notwendig. Diese ergeben sich aus der Bedingung (938) für die Momentensummen am Rande.

$$w_{27} = - w_1 \text{ usw.,} \qquad w_{33} = - w_3 \text{ usw.,} \qquad \text{an der Ecke} \quad w_{31} = w_3 \text{ usw.} \qquad (1014)$$

Die Berechnung der Querkräfte Q_{10} bis Q_{25} und der Stützkräfte A_{10} bis A_{25} nach (1004), (1005) setzt außerdem noch die Kenntnis über die Größe der Momentensummen M_{26} bis M_{48} in denselben Nebenknoten voraus. Sie ergeben sich aus den Differenzengleichungen (1001) für die Randpunkte.

$$M_1 + M_{27} = - p_{10}\, s^2 \text{ usw.,} \qquad M_3 + M_{33} = - p_{14}\, s^2 \text{ usw.}$$

Eine andere Lösung mit Hilfe der Verschiebungen ist bereits auf S. 683 angegeben worden.

2. **Starre Einspannung der Ränder.** Die Verschiebungen w_{10} bis w_{25} sind Null, dagegen die Momentensummen M_{10} bis M_{25} von Null verschieden (Abb. 660). Daher werden die Verschiebungen w_1 bis w_9 der Hauptknoten mit dem allgemeinen Ansatz (1000) in einer Stufe berechnet. Hierbei gehen die Verschiebungen der am Rande benachbarten Nebenknoten in die

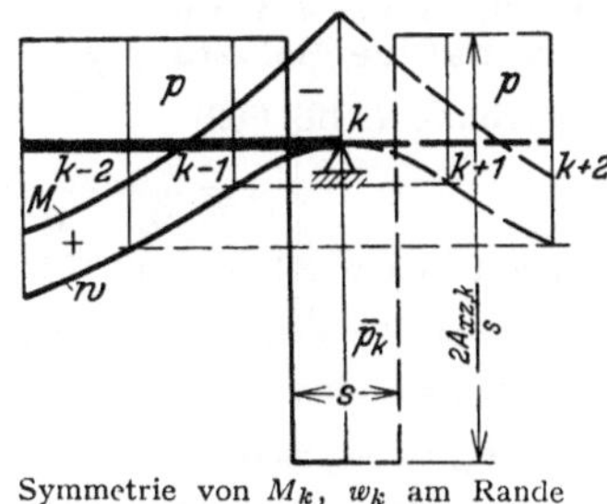

Symmetrie von M_k, w_k am Rande der eingespannten Platte (Belastungsfunktion mit Singularität).

Antimetrie von M_k, w_k am Rande der frei aufliegenden Platte (Belastungsfunktion mit Sprung).

Abb. 662.

Gleichungen ein. Diese sind durch die Randbedingungen (942) bestimmt, da mit

$$\partial w/\partial y = 0: \qquad w_{27} = w_1 \text{ usw.,} \qquad \partial w/\partial x = 0: \qquad w_{33} = w_3 \text{ usw.} \qquad (1015)$$

Mit den Wurzelwerten w_k sind nach (1003) alle Biegungs- und Drillungsmomente in den Knoten 1 bis 25 bestimmt. Die Drillungsmomente in den Randpunkten ergeben sich nach Vorschrift zu Null. Die Berechnung der Auflagerkraft ist bereits auf S. 683 abgeleitet worden.

3. **Zwei anschließende Ränder (10 bis 17) der Platte sind kräftefrei, die beiden anderen (18 bis 25) frei aufgelagert (Abb. 660).** Die Verschiebungen und Momentensummen in den Randknoten 17 bis 25 sind Null, so daß damit auch die Verschiebungen der Nebenknoten 38 bis 48 als antimetrisch zu den Verschiebungen der symmetrisch liegenden Hauptknoten bekannt sind. Damit können die Differenzengleichungen für die Punkte 1 bis 16 angeschrieben werden. Als Wurzeln erscheinen nur noch die unbekannten Verschiebungen der Nebenknoten 26 bis 36 und 51 bis 58. Diese müssen durch die Bedingungen $M_{y,25}$ bis $M_{y,13} = 0$, $M_{x,13}$ bis $M_{x,17} = 0$, $A_{y,10}$ bis $A_{y,13} = 0$, $A_{x,13}$ bis $A_{x,16} = 0$ und $C_{13} = 0$ eliminiert werden.

Die beliebige Belastung von achsensymmetrischen Platten (freie Auflagerung oder starre Einspannung aller vier Ränder) wird durch die Umordnung der Belastung nach den beiden Achsen im Sinne von Abschn. 27 in vier unabhängige Teile zerlegt, so daß in (1001), (1002) nur die Momentensummen $^{(1)}M_k \ldots {}^{(4)}M_k$ und die Verschiebungen $^{(1)}w_k \ldots {}^{(4)}w_k$ eines Quadranten als Wurzeln auftreten.

$$M_k = {}^{(1)}M_k + \cdots + {}^{(4)}M_k, \qquad w_k = {}^{(1)}w_k + \cdots + {}^{(4)}w_k. \qquad (1016)$$

Die Momentensummen und Verschiebungen in Punkten der Symmetrieachsen *I, II* sind bei Antimetrie der Belastung nach *I* und *II* Null. Die Rechnung wird dadurch vereinfacht. Sind mehrere Belastungsfälle, also auch die Einflußflächen von Verschiebungen oder Schnittkräften zu untersuchen, so wird nach Abschn. 29 die konjugierte Matrix zu den Differenzengleichungen (1000) oder (1001), (1002) gebildet.

Flächenlasten, die nicht mit der Teilung des Gitters in Beziehung stehen, werden maschenweise zu Einzellasten zusammengefaßt und nach dem Hebelgesetz auf die Maschenknoten verteilt.

Der Umfang der Zahlenrechnung nimmt wesentlich zu, wenn die Symmetrieeigenschaften der Stützung ganz oder teilweise wegfallen. Die Art der Untersuchung nach S. 684 wird jedoch nicht geändert. Der Spannungszustand an kräftefreien Ecken *k* liefert stets 5 Bedingungen. Neben denjenigen des kräftefreien Randes mit

$$M_{x,k}=0\,,\qquad M_{y,k}=0\,,\qquad A_{xz,k}=0\,,\qquad A_{yz,k}=0$$

ist nach den Bemerkungen auf S. 648 auch $M_{xy,k}=M_{yx,k}=0$, also

$$(\partial^2 w/\partial x\,\partial y)_k=0\,.$$

Berechnung der rechteckigen Platte $b/a = 4/3$ mit frei aufliegenden Rändern für gleichmäßige Belastung p.

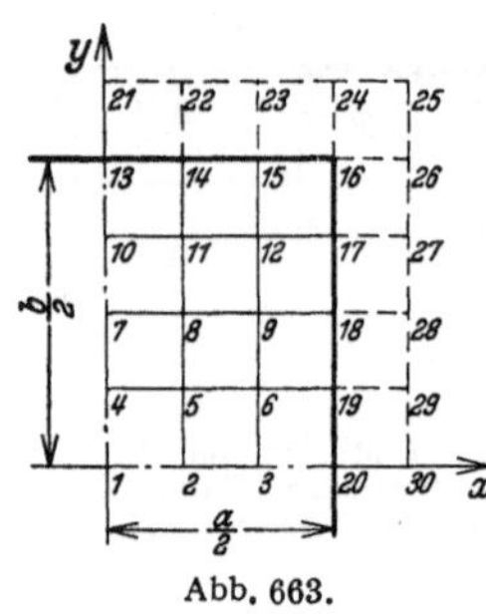

Abb. 663.

1. Gitterteilung (Abb. 663)

$$s = \frac{a}{6} = \frac{b}{8}\,.$$

2. Randwerte nach (938) und (1014).

$$M_{13}\ \text{bis}\ M_{20}=0\,,\qquad w_{13}\ \text{bis}\ w_{20}=0\,.$$

$$w_{21}=-w_{10}\ \text{usw.}\,,\qquad w_{30}=-w_3\ \text{usw.}$$

$$w_{24}=w_{26}=0\,,\qquad w_{25}=w_{12}\,.$$

3. Differenzengleichungen (1001), (1002) für die 12 Gitterpunkte.

$$p_k s^2=\frac{10^4}{36}\cdot\frac{p a^2}{10^4}\,,\qquad \frac{M_k s^2}{N}=\frac{M_k}{10^{-4}\,p a^2}\cdot\frac{10}{36}\cdot\frac{p a^4}{10^5 N}\,.$$

1	2	3	4	5	6	7	8	9	10	11	12	$\dfrac{p a^2}{10^4}$	$\dfrac{p a^4}{10^5 N}$
4	−2		−2									277,8	256,3
−1	4	−1		−2								277,8	229,7
	−1	4			−2							277,8	147,2
−1			4	−2		−1						277,8	244,1
	−1		−1	4	−1		−1					277,8	219,1
		−1		−1	4			−1				277,8	140,8
			−1			4	−2		−1			277,8	204,7
				−1		−1	4	−1		−1		277,8	184,4
					−1		−1	4			−1	277,8	120,0
						−1			4	−2		277,8	128,8
							−1		−1	4	−1	277,8	117,2
								−1		−1	4	277,8	78,3

4. Die Iteration einer Näherungslösung liefert

k	1	2	3	4	5	6	7	8	9	10	11	12	
M_k	923	827	530	879	789	507	737	664	432	464	422	282	$10^{-4}\,p\,a^2$
w_k	661	577	339	617	539	317	486	425	251	273	239	142	$10^{-5}\,p\,a^4/N$

5. Schnittkräfte nach (1003) ff. und (1008), z. B.

$$M_{r,1} = \frac{36\,N}{a^2} \cdot \frac{10^{-5}\,p\,a^4}{N}\left[-577 + 2\cdot661 - 577 + \frac{1}{6}(-617 + 2\cdot661 - 617)\right] = 0{,}066\,p\,a^2,$$

$$M_{v,1} = \frac{36\,N}{a^2} \cdot \frac{10^{-5}\,p\,a^4}{N}\left[\frac{1}{6}(-577 + 2\cdot661 - 577) - 617 + 2\cdot661 - 617\right] = 0{,}042\,p\,a^2,$$

$$M_{xv,16} = \frac{36\,N}{4\,a^2}\left(1 - \frac{1}{6}\right)\frac{10^{-5}\,p\,a^4}{N}[-142 - 142 - 142 - 142] = -0{,}043\,p\,a^2,$$

$$A_{r,20} = \frac{216\,N}{2\,a^3} \cdot \frac{10^{-5}\,p\,a^4}{N}\left[4\cdot\left(3 - \frac{1}{6}\right)339 - 2\cdot577 - 2\left(2 - \frac{1}{6}\right)(317+317)\right] + \frac{p\,a}{12} = 0{,}475\,p\,a.$$

Die Schnittkräfte sind in Abb. **664** dargestellt. Sie stimmen gut mit den genauen Werten S. **677** überein. Der Auflagerdruck ergibt sich nach der gestrichelten Linie und ist an den Ecken nicht Null wie bei der strengen Lösung. Der Fehler nimmt mit der Gitterteilung ab. Der Auflagerdruck ist daher nach den Ecken zu kleiner als die Zahlenrechnung angibt und verläuft etwa nach der ausgezogenen Linie.

Um die Abhängigkeit des Ergebnisses der Differenzenmethode von der Gitterteilung zu zeigen, ist eine quadratische, frei aufliegende, gleichmäßig belastete Platte für $s = a/4$ und $a/8$ berechnet worden. Die Ergebnisse weichen nur wenig voneinander ab (Abb. **665**).

In Abb. **666** sind die Ergebnisse für eine Einzellast in Plattenmitte mit $s = a/4$, $a/8$, $a/12$ dargestellt. Sie weichen nur in geringer Umgebung der Last voneinander ab. Daher genügt es, die Berechnung für ein grobes Gitter durchzuführen und nur im Lastbereich ein feineres Gitter einzuschalten. Für das grobe Gitter $s = a/4$ (Abb. **665**a) lauten die Differenzengleichungen (1001)

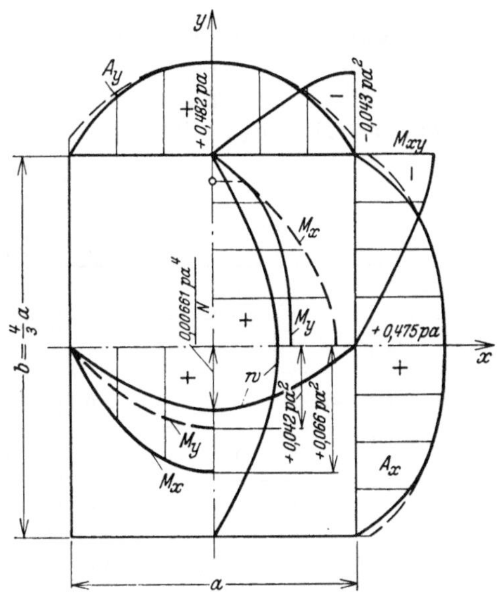

Abb. 664. Schnittkräfte der frei aufliegenden rechteckigen Platte mit gleichmäßiger Belastung p.

M_1	M_2	M_3	P
4	-4		1
-1	4	-2	0
	-2	4	0

mit dem Ergebnis

$$M_1 = 0{,}374\,P,$$
$$M_2 = 0{,}125\,P,$$
$$M_3 = 0{,}0624\,P.$$

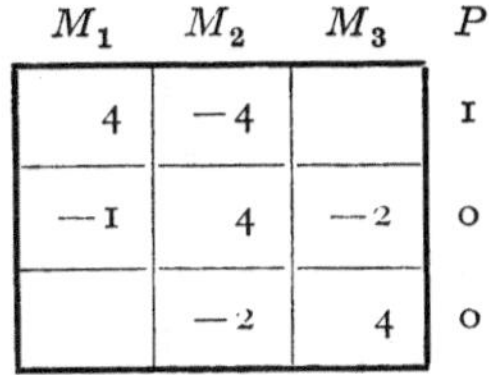

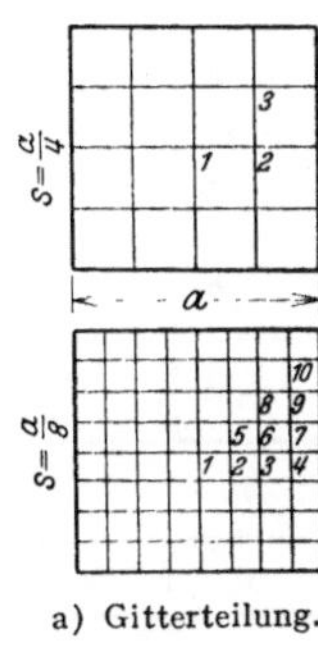

a) Gitterteilung.

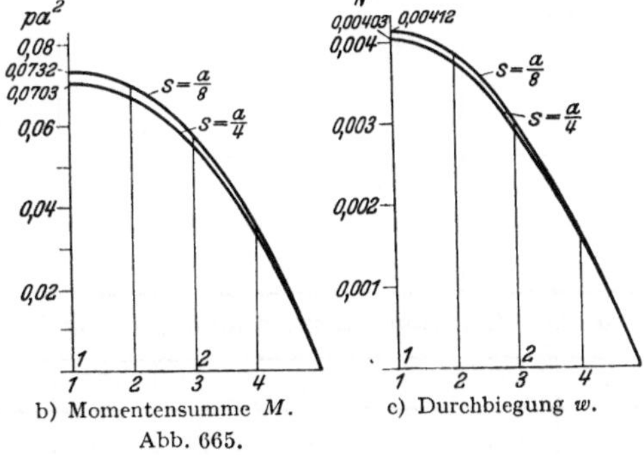

b) Momentensumme M.

c) Durchbiegung w.

Abb. 665.

Für das eingeschaltete feinere Gitter mit $s = a/8$ (Abb. 667) lauten die Gleichungen (1001)

	M_1	M_4	M_5	
	4	-4		I
	$-$I	4	-2	$0 + M_2$
		-2	4	$0 + 2\,M_6$

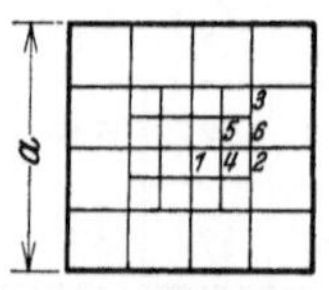

Abb. 667. Gitterteilung mit eingeschaltetem feinerem Gitter.

Mit $M_2 = 0{,}125\,P$ und $M_6 = M_2 - \tfrac{1}{4}(M_2 - M_3) = 0{,}112\,P$ aus einer quadratischen Interpolation ergibt sich $M_4 = 0{,}243\,P$, $M_1 = 0{,}493\,P$. Die Werte stimmen nach Abb. 666 mit dem Ergebnis für das 8teilige Gitter gut überein.

Berechnung der rechteckigen Platte $b/a = 4/3$ mit eingespannten Rändern und gleichmäßiger Belastung p.

1. Gitterteilung (Abb. 668).
$$s = \frac{a}{6} = \frac{b}{8}.$$

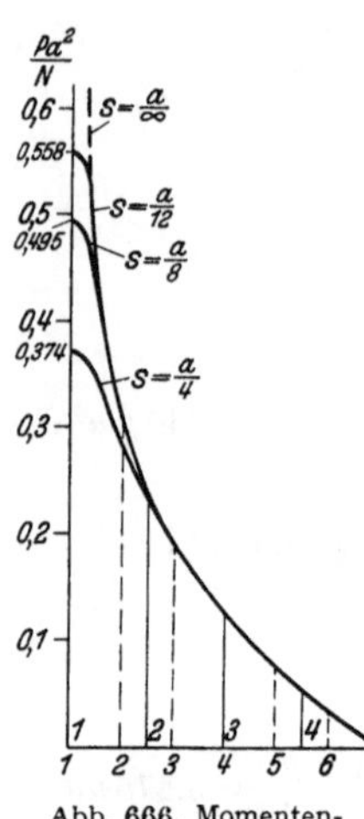

Abb. 666. Momentensumme M.

Abb. 668.

2. Randwerte nach (942) und (1015).
$$w_{13} \text{ bis } w_{20} = 0, \qquad w_{21} = w_{10} \text{ usw. },$$
$$w_{30} = w_3 \text{ usw. }, \qquad w_{25} = w_{12}.$$

3. Differenzengleichungen (1000) für die 12 Gitterpunkte.
$$\frac{p_k\,s^4}{N} = \frac{10^5}{6^4} \cdot \frac{p\,a^4}{10^5\,N}.$$

w_1	w_2	w_3	w_4	w_5	w_6	w_7	w_8	w_9	w_{10}	w_{11}	w_{12}	$\dfrac{p\,a^4}{10^5 N}$
20	-16	2	-16	8		2						77,17
-8	21	-8	4	-16	4		2					77,17
1	4	21	-16	2	-8	4		2				77,17
-8	4		21	-16	2	-8	4		1			77,17
2	-8	2	-8	22	-8	2	-8	2		1		77,17
	2	-8	1	-8	22		2	-8			1	77,17
1			-8	4		20	-16	2	-8	4		77,17
	1		2	-8	2	-8	21	-8	2	-8	2	77,17
		1		2	-8	1	-8	21		2	-8	77,17
			1			-8	4		21	-16	2	77,17
				1		2	-8	2	-8	22	-8	77,17
					1		2	-8	1	-8	22	77,17

4. Die Iteration einer Näherungslösung liefert

k	I	2	3	4	5	6	7	8	9	10	11	12	
w_k	227	187	86	207	171	79	149	124	59	67	56	27	$10^{-5}\,p\,a^4/N$

5. Schnittkräfte nach (1003ff.) und (1012), z. B.

$$M_{x,1} = \frac{36\,N}{a^2} \cdot \frac{10^{-5}\,p\,a^4}{N}\left[-187 + 2\cdot 227 - 187 + \frac{1}{6}\,(-207 + 2\cdot 227 - 207)\right] = 0\,032\,p\,a^2,$$

$$M_{x,20} = \frac{36\,N}{a^2} \cdot \frac{10^{-5}\,p\,a^4}{N}\left[-86 + 2\cdot 0 - 86 + \frac{1}{6}\cdot 0\right] = -0\,062\,p\,a^2,$$

$$A_{x,20} = \frac{216\,N}{2\,a^3} \cdot \frac{10^{-5}\,p\,a^4}{N}\,[16\cdot 86$$

$$-2\cdot 187 - 4\,(79 + 79)] + \frac{p\,a}{12} = 0{,}49\,p\,a.$$

Die Schnittkräfte sind in Abb. 669 dargestellt. Da der Auflagerdruck nach der strengen Lösung an der Ecke Null ist, wird das Ergebnis der Rechnung berichtigt (ausgezogene Linie). Der Fehler nimmt mit der Gitterteilung ab.

Berechnung der rechteckigen Platte $b/a = 4/3$ mit frei aufliegenden Rändern und einer Einzellast.

1. Gitterteilung (Abb. 670).

$$s = \frac{a}{6} = \frac{b}{8}.$$

2. Randwerte nach (938) und (1014). Am ganzen Rand ist

$M = 0$ und $w = 0$, $w_{21} = -w_{10}$ usw.

3. Belastungsumordnung. Zur Berechnung der Durchbiegung nach (1002) sind 35 Differenzengleichungen auf-

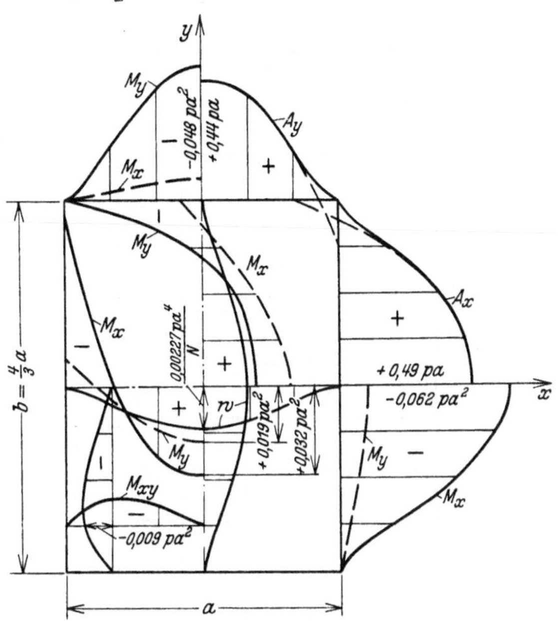

Abb. 669. Schnittkräfte der eingespannten rechteckigen Platte mit gleichmäßiger Belastung p.

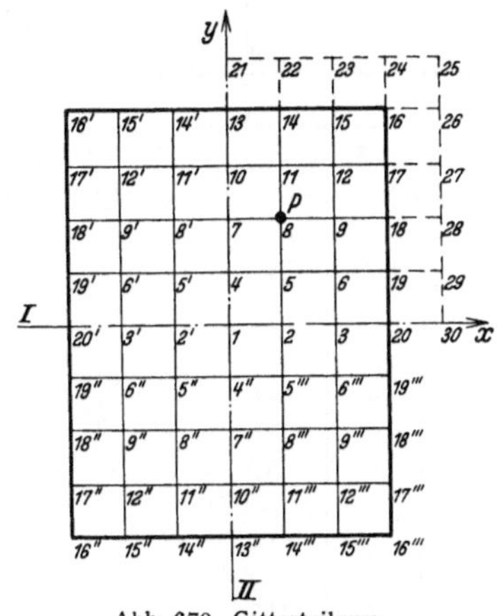

Abb. 670. Gitterteilung.

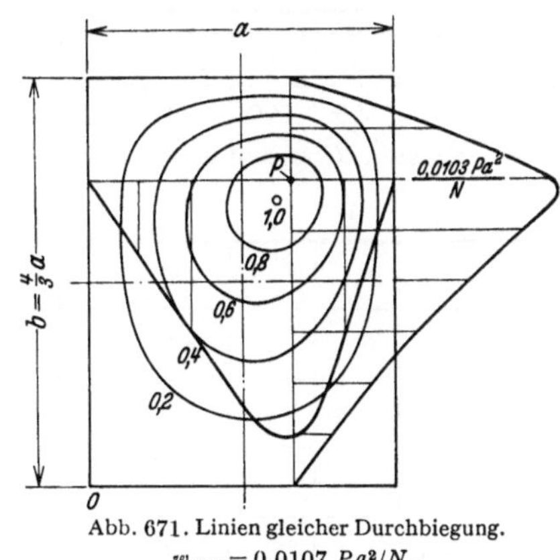

Abb. 671. Linien gleicher Durchbiegung.
$w_{\max} = 0{,}0107\,P a^2/N$.

zulösen. Es ist daher zweckmäßiger, die Belastung nach Abschn. 27 in die symmetrischen und antimetrischen Anteile zu den Achsen I, II umzuordnen (Abb. 672). In den Antimetrieachsen ist $w = 0$ und daher bekannt.

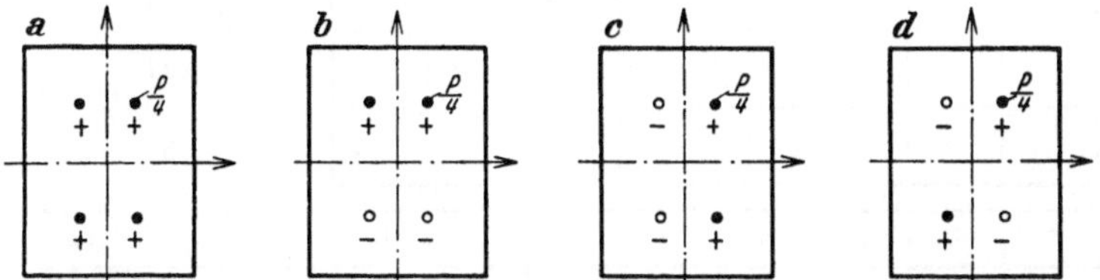

Abb. 672.

4. Differenzengleichungen (1001), (1002) für die 12 Gitterpunkte im 1. Quadranten. Im Punkt 8 ist

$$p_k s^2 = \frac{P}{4}, \qquad \frac{M_k}{N} s^2 = \frac{4 M_k}{P} \cdot \frac{10^5}{144} \cdot \frac{P a^2}{10^5 N}.$$

In allen anderen Punkten sind die Belastungsglieder Null.

a) 4 symmetrische Einzellasten $P/4$ (Abb. 672a).

1	2	3	4	5	6	7	8	9	10	11	12	$P/4$	$\dfrac{P a^2}{10^5 N}$
4	−2		−2									0	228
−1	4	−1		−2								0	205
	−1	4			−2							0	113
−1			4	−2		−1						0	249
	−1		−1	4	−1		−1					0	239
		−1		−1	4			−1				0	124
			−1			4	−2		−1			0	287
				−1		−1	4	−1		−1		1	380
					−1		−1	4			−1	0	144
						−1			4	−2		0	147
							−1		−1	4	−1	0	150
								−1		−1	4	0	73

$k =$	1	2	3	4	5	6	7	8	9	10	11	12	
$w^I =$	729	637	365	709	624	355	613	557	307	343	305	172	$P a^2/10^5 N$

b) 4 Einzellasten $P/4$, symmetrisch zur y-Achse, antimetrisch zur x-Achse (Abb. 672b).

4	5	6	7	8	9	10	11	12	$P/4$	$\dfrac{P a^2}{10^5 N}$
4	−2		−1						0	114
−1	4	−1		−1					0	121
	−1	4			−1				0	57
−1			4	−2		−1			0	214
	−1		−1	4	−1		−1		1	315
		−1		−1	4			−1	0	107
			−1			4	−2		0	114
				−1		−1	4	−1	0	121
					−1		−1	4	0	57

$k =$	1	2	3	4	5	6	7	8	9	10	11	12	
$w^{II} =$	0	0	0	180	164	90	277	265	138	180	164	90	$P a^2/10^5 N$

c) 4 Einzellasten $P/4$, symmetrisch zur x-Achse, antimetrisch zur y-Achse (Abb. 672c).

2	3	5	6	8	9	11	12	$P/4$	$\dfrac{Pa^2}{10^5 N}$
4	-1	-2						0	50,7
-1	4		-2					0	37,6
-1		4	-1	-1				0	82,8
	-1	-1	4		-1			0	49,8
		-1		4	-1	-1		1	230,8
			-1	-1	4		-1	0	79,3
				-1		4	-1	0	66,8
					-1	-1	4	0	36,5

$k =$	1	2	3	4	5	6	7	8	9	10	11	12	
$w^{III} =$	0	69	60	0	82	67	0	111	75	0	55	41	$P a^2/10^5 N$

d) 4 antimetrische Einzellasten (Abb. 672d).

5	6	8	9	11	12	$\dfrac{P}{4}$	$\dfrac{Pa^2}{10^5 N}$
4	-1	-1				0	64,6
-1	4		-1			0	34,4
-1		4	-1	-1		1	224,2
	-1	-1	4		-1	0	73,2
		-1		4	-1	0	64,6
			-1	-1	4	0	34,4

$k =$	1	2	3	4	5	6	7	8	9	10	11	12	
$w^{IV} =$	0	0	0	0	49	36	0	96	60	0	49	36	$P a^2/10^5 N$

Die Superposition der Einzelergebnisse liefert die Ausbiegung infolge $P = 1$ im Punkt 8 mit $w_k = w_k^I + w_k^{II} + w_k^{III} + w_k^{IV}$ nach der Zusammenstellung auf S. 692.
Das Ergebnis ist in Abb. 671 dargestellt.

5. Schnittkräfte nach (1003)ff. und (1008), z. B.

$$M_{x,8} = \frac{36 N}{a^2} \cdot \frac{P a^2}{10^5 N} \left[-890 + 2 \cdot 1029 - 580 + \frac{1}{6} (-919 + 2 \cdot 1029 - 573) \right] = 0{,}246\, P,$$

$$M_{y,8} = \frac{36 N}{a^2} \cdot \frac{P a^2}{10^5 N} \left[\frac{1}{6} (-890 + 2 \cdot 1029 - 580) - 919 + 2 \cdot 1029 - 573 \right] = 0{,}239\, P,$$

$$M_{xy,16} = \frac{36 N}{4 a^2} \left(1 - \frac{1}{6}\right) \frac{P a^2}{10^5 N} [-339 - 339 - 339 - 339] = -0{,}102\, P,$$

$$A_{x,18} = \frac{216 N}{2 a^3} \frac{P a^2}{10^5 N} \left[4 \left(3 - \frac{1}{6}\right) 580 - 2 \cdot 1029 - 2 \left(2 - \frac{1}{6}\right) (548 + 339) \right] = 1{,}36\, P/a,$$

$$A_{y,13} = \frac{216 N}{2 a^3} \cdot \frac{P a^2}{10^5 N} \left[4 \left(3 - \frac{1}{6}\right) 523 - 2 \cdot 890 - 2 \left(2 - \frac{1}{6}\right) (573 + 365) \right] = 1{,}38\, P/a.$$

Die Schnittkräfte sind in Abb. 673 dargestellt. Der Auflagerdruck ergibt sich etwas zu groß, da das Integral längs des ganzen Randes etwa 1,4 P wird. Der Fehler nimmt mit der Gitterteilung ab.

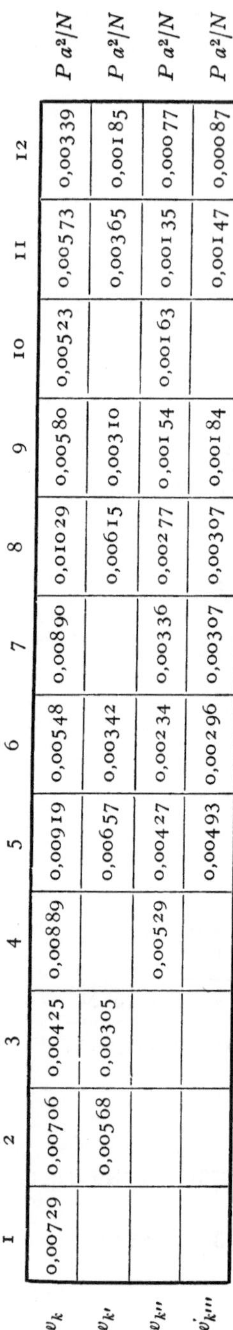

	1	2	3	4	5	6	7	8	9	10	11	12	
w_k	0,00729	0,00706	0,00425	0,00889	0,00919	0,00548	0,00890	0,01029	0,00580	0,00523	0,00573	0,00339	$P a^2/N$
$w_{k'}$		0,00568	0,00305		0,00657	0,00342		0,00615	0,00310		0,00365	0,00185	$P a^2/N$
$w_{k''}$				0,00529	0,00427	0,00234	0,00336	0,00277	0,00154	0,00163	0,00135	0,00077	$P a^2/N$
$\dot{w}_{k'''}$					0,00493	0,00296	0,00307	0,00307	0,00184		0,00147	0,00087	$P a^2/N$

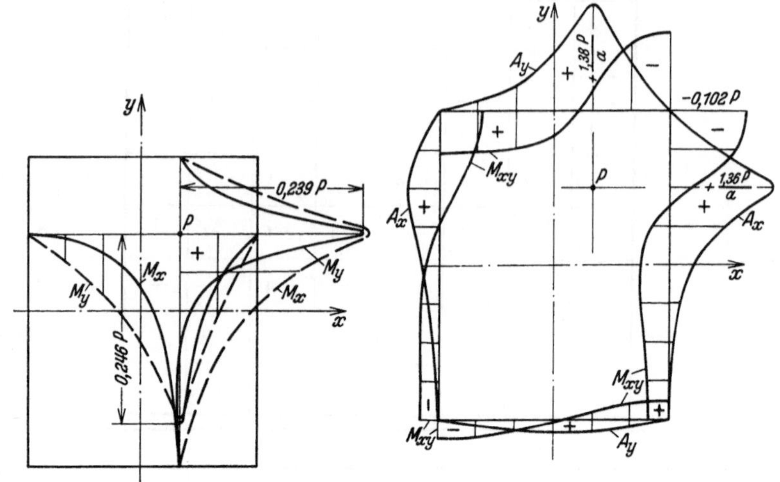

Abb. 673.

a) Biegungsmomente der frei aufliegenden rechteckigen Platte mit einer Einzellast P.

b) Randkräfte der frei aufliegenden rechteckigen Platte mit einer Einzellast P.

Die Aufgabe kann auch mit einem Ansatz gelöst werden, wenn ein gröberes Gitter gewählt wird. Für das Gitter nach Abb. 674 lauten z. B. die Differenzengleichungen mit $s = a/3$

$8''$	$8'''$	$2'$	2	$8'$	8	$\dfrac{P}{4}$	$\dfrac{P a^2}{10^5\,N}$
4	−1	−1				0	218
−1	4		−1			0	313
−1		4	−1	−1		0	552
	−1	−1	4		−1	0	1035
		−1		4	−1	0	958
			−1	−1	4	4	3275

Abb. 674.

$k =$	$8''$	$8'''$	$2'$	2	$8'$	8	
$w_k =$	285	345	575	786	680	1186	$P a^2/10^5\,N$

Diese Werte sind als Näherung durchaus noch brauchbar, wie der Vergleich mit der Zahlentafel am Rande der Seite zeigt. Für die Schnittkräfte sind dagegen größere Abweichungen zu erwarten.

So ist z. B. $M_{x,8} = 0{,}176\,P$ gegenüber $0{,}246\,P$. Genauere Werte ergeben sich, wenn die Biegefläche mit den Näherungswerten aufgezeichnet wird und die Ordinaten zur Bestimmung der Momente für eine engere Teilung der Zeichnung entnommen werden. Auf diese Weise wird z. B. $M_{x,8} = 0{,}255\,P$.

Berechnung einer Behälterwand mit hydrostatischer Belastung.

Die rechteckige Seitenwand eines Behälters mit quadratischem Grundriß ist am oberen Rande frei, am unteren elastisch eingespannt und an den Seiten starr eingespannt. Sie kann daher in erster Annäherung als Platte berechnet werden, die an drei Seiten starr eingespannt und an einer Seite kräftefrei ist.

Um die Rechnung abzukürzen, ist $\mu = 0$ angenommen worden.

1. Gitterteilung (Abb. 675).

$$s = \frac{a}{3} = \frac{b}{4}.$$

2. Randwerte nach (938) und (943). An den eingespannten Rändern ist

$$w_k = 0, \qquad w_{18} = w_6 \text{ usw.}, \qquad w_{25} = w_1 \text{ usw.}$$

Am freien Rand ist $M_y = 0$, $A_y = 0$. Mit (1003) folgt daraus

$$w_7 = 2\,w_5 - w_3, \qquad w_8 = 2\,w_6 - w_4, \qquad w_9 = 0.$$

Diese Beziehungen liefern mit (1005)

$$w_{10} = w_1 - 12\,w_3 + 8\,w_4 + 12\,w_5 - 8\,w_6,$$
$$w_{11} = w_2 + 4\,w_3 - 12\,w_4 - 4\,w_5 + 12\,w_6.$$

3. Die Belastungszahlen. Die hydrostatische Belastung wird nach S. 682 über den Plattenrand hinaus stetig fortgesetzt und nach dem Hebelgesetz auf die Gitterpunkte verteilt (Abb. 675).

$$p_5 = p_6 = 0, \qquad p_3 = p_4 = \tfrac{1}{3}\,p_0, \qquad p_1 = p_2 = \tfrac{2}{3}\,p_0, \qquad p_{17} = p_{16} = p_0.$$

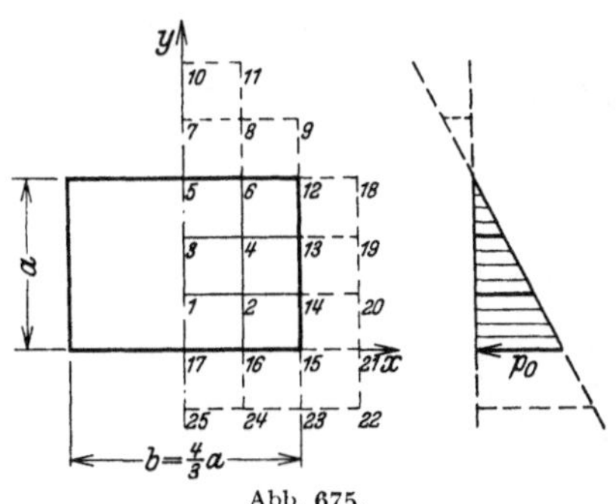

Abb. 675.

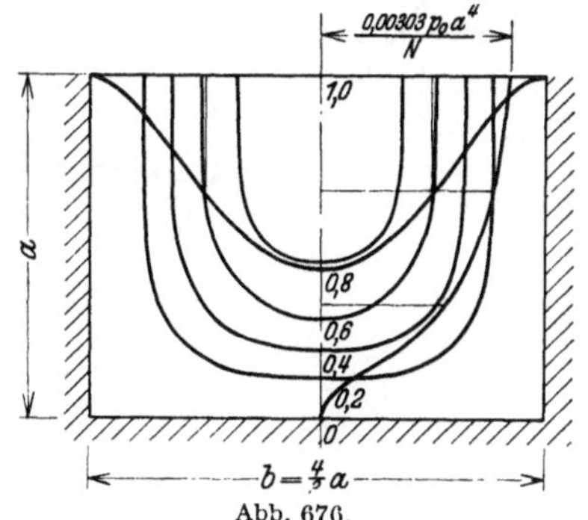

Abb. 676.

4. Differenzengleichungen (1000) für die Gitterpunkte 1 bis 6. Beim Aufstellen der Differenzengleichungen werden die Randbedingungen unter 2 berücksichtigt.

w_1	w_2	w_3	w_4	w_5	w_6	$\dfrac{p_0\,a^4}{1000\,N}$
21	−16	−8	4	1		8,23
−8	23	2	−8		1	8,23
−8	4	19	−16	−6	4	4,12
2	−8	−8	21	2	−6	4,12
1		−12	8	16	−16	0
	1	4	−12	−8	18	0

5. Die Iteration einer Näherungslösung liefert

$k =$	1	2	3	4	5	6	
$w_k =$	2,095	1,414	2,981	1,921	3,033	1,888	$p_0\,a^4/1000\,N$

Die Biegefläche ist in Abb. 676 dargestellt.

6. Schnittkräfte nach (1003) ff. und (1012), z. B.

$$M_{y,17} = \frac{9\,N}{a^2}\,\frac{p_0\,a^4}{1000\,N}\,[-2{,}095 - 2{,}095] = 0{,}038\,p_0\,a^2,$$

$$M_{x,12} = \frac{9\,N}{a^2}\,\frac{p_0\,a^4}{1000\,N}\,[-1{,}888 - 1{,}888] = 0{,}034\,p_0\,a^2,$$

$$A_{y,17} = \frac{27\,N}{2\,a^3}\,\frac{p_0\,a^4}{1000\,N}\,[16\cdot 2{,}095 - 2\cdot 2{,}981 - 4\cdot 2{,}828] + \frac{p_0\,a}{6} = 0{,}39\,p_0\,a.$$

Die Schnittkräfte sind in Abb. 677 eingetragen.

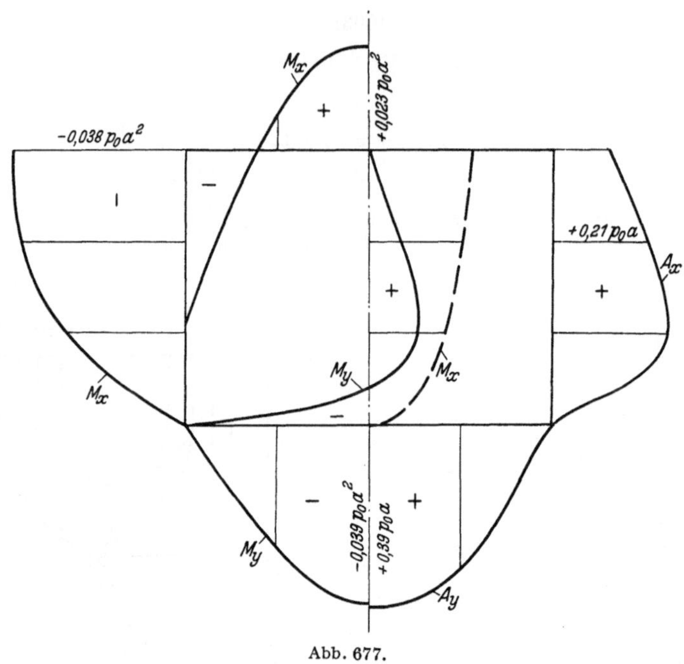

Abb. 677.

Marcus, H.: Die Theorie elastischer Gewebe und ihre Anwendung auf die Berechnung biegsamer Platten. Berlin 1924, u. Arm. Beton 1919 S. 107. — Nielsen, N. S.: Bestemmelse af Spoendinger in Plader ved anvendelse af Differensligninger. Kopenhagen 1920. — Kirsten, O.: Beitrag zur Berechnung der rechteckigen Platte mit beliebigen Randbedingungen. Diss. Dresden 1924.

72. Die Abschätzung des Spannungszustandes in rechteckigen Platten nach H. Marcus.

Die Anwendung der Plattenstatik im Bauwesen ist durch die Beschreibung der statischen und geometrischen Zusammenhänge mit Differenzen und Differenzengleichungen aus den Ordinaten w_k der elastischen Fläche wesentlich gefördert worden, da die Aufgaben mit einfachen mathematischen Hilfsmitteln für die Bedürfnisse der Technik hinreichend genau gelöst werden. Da es jedoch in vielen Fällen genügt, das Spannungsbild zur Beurteilung der Sicherheit des Tragwerks in elementarer Weise summarisch zu erfassen, wird die Plattenbiegung in erster Annäherung mit der Formänderung zweier sich rechtwinklig kreuzender Trägerschaaren l_x, l_y verglichen, die sich unabhängig voneinander durchbiegen und die an den Enden unter denselben Bedingungen gelagert sind, wie der Plattenrand. Die Formänderung der Träger l_x entsteht durch eine Belastung $p(x)$, diejenige der Träger l_y aus einer Belastung $p(y)$. Ihre Summe ist an jedem Kreuzungspunkt $(x,\,y)$ gleich der vorgeschriebenen Belastung $p = p(x) + p(y)$ (Abb. 678). Bilden die Trägerschaaren einen Rost (Abschn. 65), dessen Elemente sich an den Kreuzungspunkten nicht mehr relativ zueinander verschieben, so entstehen für $p(x)$ und $p(y)$ Bedingungsgleichungen, die sich jedoch nur dann einfach anschreiben lassen, wenn allein zwei ausgezeichnete Träger l_x, l_y betrachtet werden. Hierfür werden die Träger mit der größten Durchbiegung ausgewählt.

Bei freier Auflagerung der Platte (Abb. 678) sind die größten Durchbiegungen der Träger in Trägermitte

$$\delta_x = \frac{5}{384}\frac{p_x\,l_x^4}{E\,J_x}, \qquad \delta_y = \frac{5}{384}\frac{p_y\,l_y^4}{E\,J_y},$$

wenn $p(x)$, $p(y)$ in erster Annäherung konstant angenommen werden. Da $p = p_x + p_y$ und $\delta_x = \delta_y$, so ist für $J_x = J_y$

$$p_x = \frac{l_y^4}{l_x^4 + l_y^4}\,p, \qquad p_y = \frac{l_x^4}{l_x^4 + l_y^4}\,p. \tag{1017}$$

Die Anteile p_x, p_y von p ändern sich mit der Art der Stützung des Plattenrandes. Ihre Größe ist für jeden Fall in der Übersicht S. 698 enthalten.

Die Formänderung der Platte unterscheidet sich von derjenigen eines Trägers l_x, l_y durch die Verdrillung der Plattenstreifen infolge von Schubspannungen an den Streifenrändern. Sie bilden an Streifen mit $x = \text{const}$ Drillungsmomente M_{xy}, an Streifen mit $y = \text{const}$ Drillungsmomente M_{yx}, welche die Durchbiegung der Platte im Vergleich zu derjenigen des Trägers verkleinern und daher bei gleicher Ausbiegung die Tragfähigkeit der Platte im Vergleich zum Träger vergrößern (Abb. 678). Dieses Bild wird von H. Marcus zur Beschreibung der Plattenbiegung verwendet.

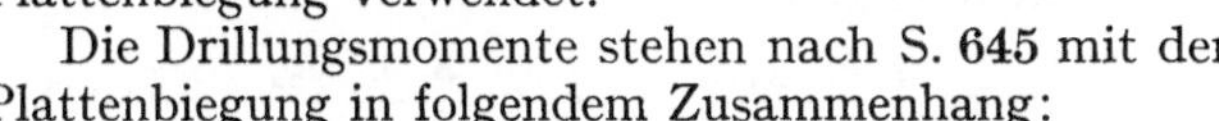

Die Drillungsmomente stehen nach S. 645 mit der Plattenbiegung in folgendem Zusammenhang:

$$M_{xy} = M_{yx} = -N(1-\mu)\cdot\frac{\partial^2 w}{\partial x\,\partial y}.$$

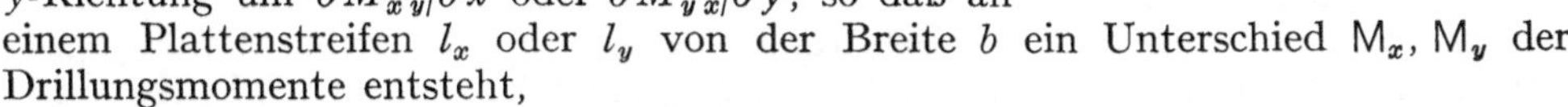

Sie ändern sich beim Fortschreiten in der x- oder y-Richtung um $\partial M_{xy}/\partial x$ oder $\partial M_{yx}/\partial y$, so daß an einem Plattenstreifen l_x oder l_y von der Breite b ein Unterschied M_x, M_y der Drillungsmomente entsteht,

$$\mathsf{M}_x = b\,\frac{\partial M_{yx}}{\partial y} = -N(1-\mu)\,b\,\frac{\partial^3 w}{\partial x\,\partial y^2}, \qquad \mathsf{M}_y = b\,\frac{\partial M_{xy}}{\partial x} = -N(1-\mu)\,b\,\frac{\partial^3 w}{\partial x^2\,\partial y}, \tag{1018}$$

der sich als Belastung der Streifen l_x, l_y durch ein stetig verteiltes Kräftepaar M_x, M_y deuten läßt. Dieses erzeugt die Biegungsmomente M_x', M_y', die mit den Biegungsmomenten M_x, M_y aus der Belastung p_x, p_y überlagert werden. Das Ergebnis M_x^*, M_y^* zeigt folgende Form:

$$\left.\begin{aligned}
M_x^* &= M_x + M_x' = M_x\left(1 + \frac{M_x'}{M_x}\right) = M_x(1 - \varphi_x), \\[2mm]
M_y^* &= M_y + M_y' = M_y\left(1 + \frac{M_y'}{M_y}\right) = M_y(1 - \varphi_y).
\end{aligned}\right\} \tag{1019}$$

$$M_x' = -b\int\frac{\partial M_{yx}}{\partial y}\,dx + C_1 = -N(1-\mu)\,b\,\frac{\partial^2 w}{\partial y^2} + C_1 = -N(1-\mu)\,b\,\frac{1}{\varrho_y^*} + C_1,$$

$$M_y' = -b\int\frac{\partial M_{xy}}{\partial x}\,dy + C_2 = -N(1-\mu)\,b\,\frac{\partial^2 w}{\partial x^2} + C_2 = -N(1-\mu)\,b\,\frac{1}{\varrho_x^*} + C_2.$$

Die Integrationskonstanten C_1, C_2 sind bei achsensymmetrischer Belastung und frei drehbarer Auflagerung der Streifenenden Null. Die Biegungsmomente M_x', M_y

werden also von der Verkantung der Streifen l_x, l_y bestimmt. Sie erzeugen allein die Ausbiegung w'_x, w'_y, die mit der Ausbiegung w_x, w_y aus der Belastung p_x, p_y überlagert, die Formänderung w^*_x, w^*_y der Streifen der Plattenbiegung angleicht.

$$w^*_x = w_x + w'_x, \qquad w^*_y = w_y + w'_y.$$

Wird der Verlauf der Biegungsmomente M'_x, M'_y in erster Annäherung als ähnlich zu demjenigen von M_x, M_y angenommen, so ist ebenfalls in erster Annäherung

$$w'_x/w_x = w'_y/w_y = c \quad \text{und} \quad w'_x = c\,w_x, \qquad w'_y = c\,w_y$$

und mit $w^*_x = w^*_y$ ebenso wie auf S. 695

$$w_x = w_y, \quad \text{also} \quad p_x = \frac{l_y^4}{l_x^4 + l_y^4}\,p, \qquad p_y = \frac{l_x^4}{l_x^4 + l_y^4}\,p.$$

Die Biegungsmomente M'_x, M'_y der Streifen l_x, l_y aus den Drillungsmomenten sind von H. Marcus durch den Vergleich mit den Ergebnissen der strengen Theorie in Plattenmitte abgeleitet worden.

Die Grenzwerte der Biegungsmomente $M'_x = -\varphi_x M_x$, $M'_y = -\varphi_y M_y$ zweier ausgezeichneter Plattenstreifen l_x, l_y mit dem Unterschied M_x, M_y der Drillungsmomente an den Intervallgrenzen als Belastung können nach H. Marcus durch

$$\varphi_x = c_y \left(\frac{l_x}{l_y}\right)^2, \qquad \varphi_y = c_x \left(\frac{l_y}{l_x}\right)^2 \qquad (1020)$$

angegeben werden. Die Beiwerte c_x, c_y beschreiben dabei im wesentlichen die Randbedingungen der Platte. Sie werden von H. Marcus aus einem Vergleich mit denselben Biegungsmomenten der Plattentheorie abgeschätzt.

$$c_y = \frac{5}{6}\,\frac{M_{x\,\mathrm{max}}}{M_{0x}}, \qquad c_x = \frac{5}{6}\,\frac{M_{y\,\mathrm{max}}}{M_{0y}}. \qquad (1021)$$

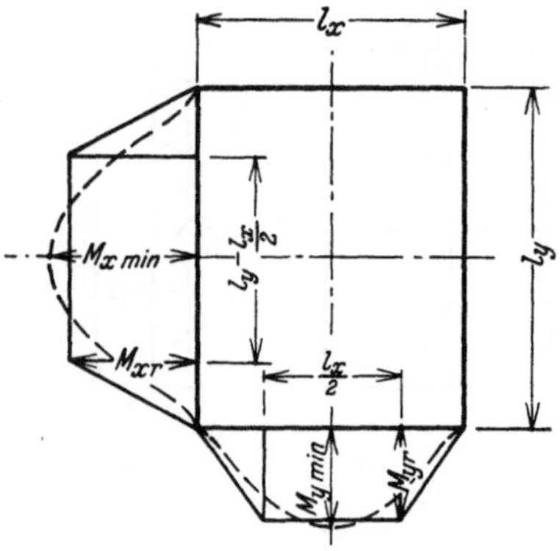

Abb. 679.

In diesem Ansatz sind $M_{x\,\mathrm{max}}$, $M_{y\,\mathrm{max}}$ die größten Biegungsmomente aus der Belastung p_x, p_y der Plattenstreifen l_x, l_y mit den vorgeschriebenen Randbedingungen, M_{0x}, M_{0y} die größten Biegungsmomente zweier frei aufliegender Plattenstreifen l_x, l_y für die volle Belastung $p = p_x + p_y$. Die größten Biegungsmomente der drillungssteifen Platte $M^*_{x\,\mathrm{max}}$, $M^*_{y\,\mathrm{max}}$ entstehen daher nach H. Marcus in erster Annäherung aus einer einheitlichen Lösung

$$M^*_{x\,\mathrm{max}} = M_{x\,\mathrm{max}}(1 - \varphi_x) = M_{x\,\mathrm{max}}\,v_x, \qquad M^*_{y\,\mathrm{max}} = M_{y\,\mathrm{max}}(1 - \varphi_y) = M_{y\,\mathrm{max}}\,v_y, \qquad (1022)$$

deren Ergebnisse sich mit denjenigen der Plattentheorie vergleichen lassen.

An den eingespannten Plattenrändern sind nach (942) keine Drillungsmomente vorhanden. Die Schaulinien der Biegungsmomente am Rande berühren die Bezugsachsen an den Ecken (S. 679). Als Mittelwerte M_{xr}, M_{yr} genügen die Einspannungsmomente der ausgezeichneten Plattenstreifen l_x, l_y aus der Belastung p_x, p_y (Abb. 679).

$$M_{xr} = -\frac{p_x\,l_x^2}{12}, \qquad M_{yr} = -\frac{p_y\,l_y^2}{12} < -\frac{p\,l_x^2}{24} \quad \text{bei} \quad l_x < l_y. \qquad (1023)$$

Der Grenzwert kann nach H. Marcus mit

$$M_{x\,\mathrm{min}} = -\frac{p_x\,l_x^2}{12\,v_x}, \qquad M_{y\,\mathrm{min}} = -\frac{p_y\,l_y^2}{12\,v_y} \approx -\frac{p\,l_x^2}{20} \qquad (1024)$$

angenommen werden.

Das Bild der Biegungsmomente in den mittleren Querschnitten ist durch die strengen Lösungen der Aufgabe in Abb. 649 gegeben. Das Ergebnis ist in der

Tab. 65 enthalten und wird in den bekannten Bestimmungen des Deutschen Ausschusses (§ 23) verwendet. Die Platten Abb. 685 und 686 sind danach gerechnet worden.

Die Rechenvorschriften für die rechteckige Platte lassen sich auch zur Abschätzung der Biegungsmomente in durchgehenden Platten anwenden, da die Randbedingungen der einzelnen Felder bei gleichförmiger Belastung angenähert mit denjenigen der einzelnen Platte mit frei aufliegenden oder eingespannten Rändern übereinstimmen. Schachbrettartige Belastung wird umgeordnet und besteht dann aus der gleichförmigen Belastung $^{(1)}p = p/2$ und aus abwechselnder Belastung der Felder mit $^{(2)}p = \pm\, p/2$, so daß $p = {}^{(1)}p + {}^{(2)}p$. Die Randbedingungen der Felder sind für $^{(2)}p$, unendliche Ausdehnung der Platte angenommen, mit freier Auflagerung identisch.

Drillungsmomente. Die Tragfähigkeit einer Platte beruht, verglichen mit dem Trägerrost, auf der Mitwirkung der Drillungsmomente. Die größten Biegungsmomente von Platte und Rost stehen nach (1022) im Verhältnis v_x, v_y. Im übrigen wird die Festigkeit der Platte durch die Hauptbiegungsmomente M_I, M_{II} bestimmt, die sich nach (921) aus M_x^*, M_y^* und den Drillungsmomenten zusammensetzen. Diese treten nach (919) in folgende Beziehung zum Verschiebungszustand $w(x, y)$ der Platte:

$$M_{xy} = M_{yx} = - N (1 - \mu) \frac{\partial^2 w}{\partial x\, \partial y} = - N (1 - \mu) \frac{\partial}{\partial x}\left(\frac{\partial w}{\partial y}\right)$$

$$= - N (1 - \mu) \frac{\partial}{\partial y}\left(\frac{\partial w}{\partial x}\right). \qquad (1025)$$

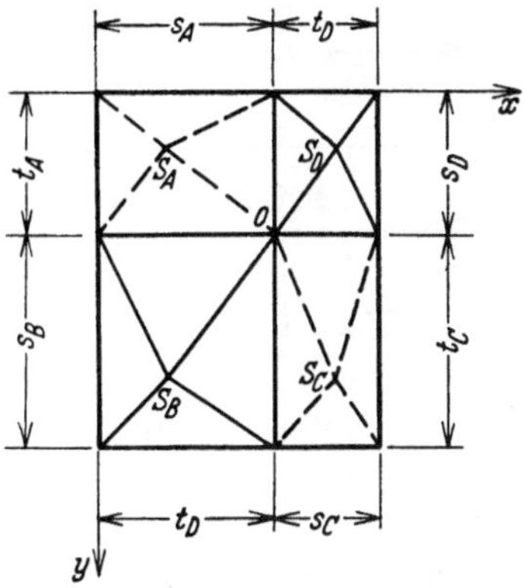

Das Drillungsmoment ist daher bei achsensymmetrischer Belastung an allen Punkten der Biegefläche Null, in denen die Tangentialebene an die Biegefläche parallel zur x- oder y-Achse ist, und wechselt auf diesen ausgezeichneten Parallelen das Vorzeichen. Es ist im ersten und dritten Quadranten negativ, im zweiten und vierten Quadranten positiv. Die Funktion M_{xy} erhält einen Extremalwert, wenn

Abb. 680.

$$\frac{\partial M_{xy}}{\partial x} = 0 = \frac{\partial}{\partial y}\left(\frac{\partial^2 w}{\partial x^2}\right) \quad \text{und} \quad \frac{\partial M_{xy}}{\partial y} = 0 = \frac{\partial}{\partial x}\left(\frac{\partial^2 w}{\partial y^2}\right). \qquad (1026)$$

Die Bedingungen sind in einem Punkte S erfüllt, in welchem die Schnitte $x = $ const und $y = $ const der elastischen Fläche einen gemeinsamen Wendepunkt besitzen. Die Ordinaten M_{xy} beschreiben daher vier Körper, deren Grundriß mit $M_{xy} = 0$ durch die ausgezeichneten Geraden $x = s_A$, $y = t_A$ bestimmt ist, die sich in dem Punkte O mit $w = w_{\max}$ schneiden. Der Inhalt V eines Körpers ist durch Integration nach Abb. 680

$$V = \int_0^{s_A}\!\!\int_0^{t_A} M_{xy}\, dx\, dy = - N (1 - \mu) \int_0^{s_A}\!\!\int_0^{t_A} \frac{\partial^2 w}{\partial x\, \partial y}\, dx\, dy = - N (1 - \mu)\, w_{\max}, \qquad (1027)$$

also proportional zur größten Ausbiegung der Platte. Da nun die Drillungsmomente in erster Annäherung als lineare Funktionen angenommen werden können und bei starrer Einspannung längs des Randes Null sind, approximiert H. Marcus den Körper als Pyramide und setzt

$$V = - N (1 - \mu)\, w_{\max} = \tfrac{1}{3} s_A t_A M_{xy,\max}^{(A)} = - \tfrac{1}{3} s_B t_B M_{xy,\max}^{(B)}$$

$$= \tfrac{1}{3} s_C t_C M_{xy,\max}^{(C)} = - \tfrac{1}{3} s_D t_D M_{xy,\max}^{(D)}. \qquad (1028)$$

Die größte Durchbiegung $w_{\max}$ ist durch die Biegungsmomente $M_{x\,\max}^*$ oder $M_{y\,\max}^*$ und durch die Einspannungsmomente M_{xr}, M_{yr} der beiden ausgezeichneten

Tabelle 65. Abschätzung der größten Biegungsmomente in rechteckigen Platten mit gleichmäßig verteilter Last nach H. Marcus.

$\lambda = l_y/l_x$, ·········· frei aufliegender, ////// eingespannter Rand.

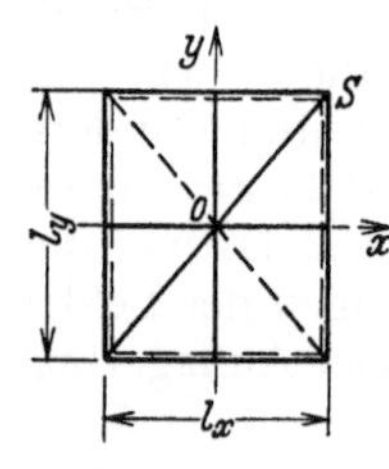

$$p_x = p\,\frac{\lambda^4}{1 + \lambda^4}, \qquad v_x = v_y = v, \qquad M_{x\,\max} = \frac{p_x\,l_x^2}{8}\,v$$

$$p_v = p\,\frac{1}{1 + \lambda^4}, \qquad v = 1 - \frac{5}{6}\,\frac{\lambda^2}{1 + \lambda^4}, \qquad M_{y\,\max} = \frac{p_y\,l_y^2}{8}\,v$$

$$M_{x\,r} = M_{y\,r} = 0, \qquad\qquad\qquad N w_{\max} = \frac{p_x\,l_x^4}{72}\,v$$

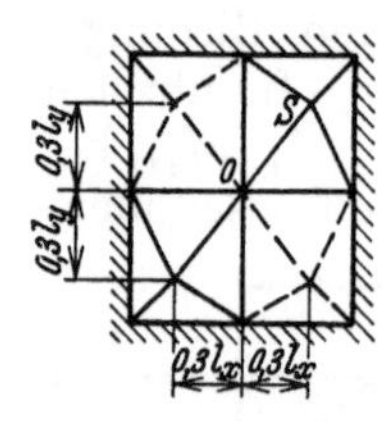

$$p_x = p\,\frac{\lambda^4}{1 + \lambda^4}, \qquad v_x = v_y = v, \qquad M_{x\,\max} = \frac{p_x\,l_x^2}{24}\,v$$

$$p_v = p\,\frac{1}{1 + \lambda^4}, \qquad v = 1 - \frac{5}{18}\,\frac{\lambda^2}{1 + \lambda^4}, \qquad M_{y\,\max} = \frac{p_y\,l_y^2}{24}\,v$$

$$M_{x\,r} = -\frac{p_x\,l_x^2}{12}, \qquad M_{y\,r} = -\frac{p\,l_x^2}{24}, \quad (l_x < l_y)\,. \quad N w_{\max} = \frac{p_x\,l_x^4}{192}\,\frac{v}{1 + v^2}$$

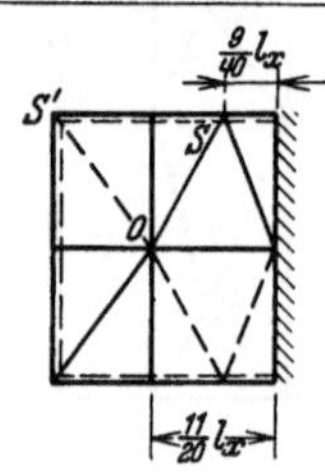

$$p_x = p\,\frac{5\,\lambda^4}{2 + 5\,\lambda^4}, \qquad v_x = 1 - \frac{75}{32}\,\frac{\lambda^2}{2 + 5\,\lambda^4}, \qquad M_{x\,\max} = \frac{9}{128}\,p_x\,l_x^2\,v_x$$

$$p_v = p\,\frac{2}{2 + 5\,\lambda^4}, \qquad v_y = 1 - \frac{5}{3}\,\frac{\lambda^2}{2 + 5\,\lambda^4}, \qquad M_{y\,\max} = \frac{p_y\,l_y^2}{8}\,v_y$$

$$M_{x\,r} = -\frac{p_x\,l_x^2}{8}, \qquad\qquad N w_{\max} = \frac{p_x\,l_x^4}{720}\,(1{,}064 + 2{,}815\,v_x)$$

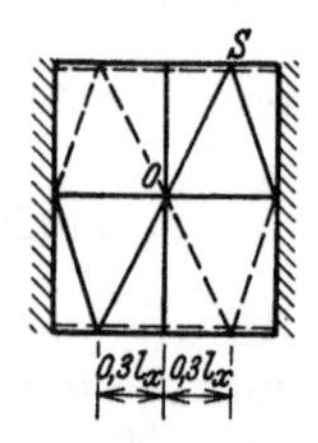

$$p_x = p\,\frac{5\,\lambda^4}{1 + 5\,\lambda^4}, \qquad v_x = 1 - \frac{25}{18}\,\frac{\lambda^2}{1 + 5\,\lambda^4}, \qquad M_{x\,\max} = \frac{p_x\,l_x^2}{24}\,v_x$$

$$p_v = p\,\frac{1}{1 + 5\,\lambda^4}, \qquad v_y = 1 - \frac{5}{6}\,\frac{\lambda^2}{1 + 5\,\lambda^4}, \qquad M_{y\,\max} = \frac{p_y\,l_y^2}{8}\,v_y$$

$$M_{x\,r} = -\frac{p_x\,l_x^2}{12}, \qquad\qquad N w_{\max} = \frac{p_x\,l_x^4}{360}\,v_y$$

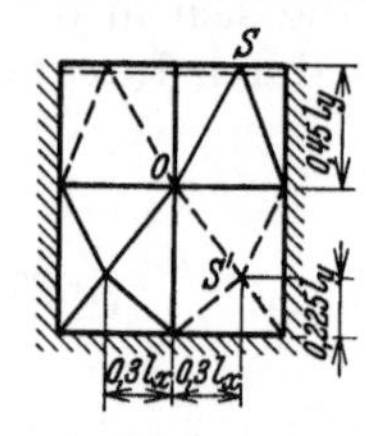

$$p_x = p\,\frac{2\,\lambda^4}{1 + 2\,\lambda^4}, \qquad v_x = 1 - \frac{5}{9}\,\frac{\lambda^2}{1 + 2\,\lambda^4}, \qquad M_{x\,\max} = \frac{p_x\,l_x^2}{24}\,v_x$$

$$p_v = p\,\frac{1}{1 + 2\,\lambda^4}, \qquad v_y = 1 - \frac{15}{32}\,\frac{\lambda^2}{1 + 2\,\lambda^4}, \qquad M_{y\,\max} = \frac{9}{128}\,p_y\,l_y^2\,v_y$$

$$M_{x\,r} = -\frac{p_x\,l_x^2}{8}, \qquad M_{y\,r} = -\frac{p_y\,l_y^2}{8}, \qquad N w_{\max} = \frac{p_x\,l_x^4}{192}\,\frac{v_x}{1 + v_x}$$

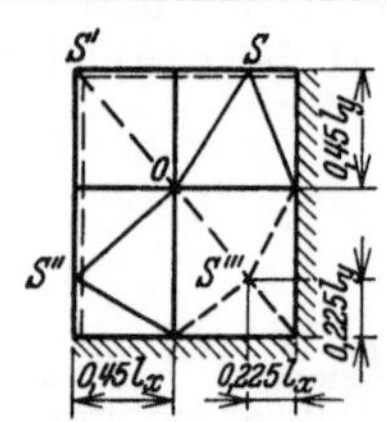

$$p_x = p\,\frac{\lambda^4}{1 + \lambda^4}, \qquad v_x = v_y = v, \qquad M_{x\,\max} = \frac{9}{128}\,p_x\,l_x^2\,v$$

$$p_v = p\,\frac{1}{1 + \lambda^4}, \qquad v = 1 - \frac{15}{32}\,\frac{\lambda^2}{1 + \lambda^4}, \qquad M_{y\,\max} = \frac{9}{128}\,p_y\,l_y^2\,v$$

$$M_{x\,r} = -\frac{p_x\,l_x^2}{8}, \qquad M_{y\,r} = -\frac{p_y\,l_y^2}{8}, \qquad N w_{\max} = \frac{p_x\,l_x^4}{720}\,(1{,}064 + 2{,}815\,v)$$

Plattenstreifen l_x, l_y nach Abschn. 20 bestimmt. Sie ist in der Tabelle S. 698 angegeben, so daß damit nach Gl. (1028) die Drillungsmomente errechnet werden können. Außerdem werden von H. Marcus mit Abb. 681 und $\mu = 0$ noch die Quadraturen (1029) verwendet. Der Ursprung des Koordinatensystems ist dabei im Punkte O mit $w = w_{\max}$ angenommen.

$$\left.\begin{aligned}
\int_0^x M_x\,dx &= -N \int_0^x \frac{\partial^2 w}{\partial x^2}\,dx = -\left[N\frac{\partial w}{\partial x}\right]_0^x = -N\frac{\partial w}{\partial x} = F_x\,, \\[1ex]
\int_0^y M_y\,dy &= -N \int_0^y \frac{\partial^2 w}{\partial y^2}\,dy = -\left[N\frac{\partial w}{\partial y}\right]_0^y = -N\frac{\partial w}{\partial y} = F_y\,, \\[1ex]
\int_y^b M_{xy}\,dy &= -N \int_y^b \frac{\partial^2 w}{\partial x\partial y}\,dy = +\left[N\frac{\partial w}{\partial x}\right]_b^y = +N\frac{\partial w}{\partial x} = F_{xy}\,, \\[1ex]
\int_x^a M_{yx}\,dx &= -N \int_x^a \frac{\partial^2 w}{\partial x\partial y}\,dx = +\left[N\frac{\partial w}{\partial y}\right]_a^x = +N\frac{\partial w}{\partial y} = F_{yx}\,.
\end{aligned}\right\} \quad (1029)$$

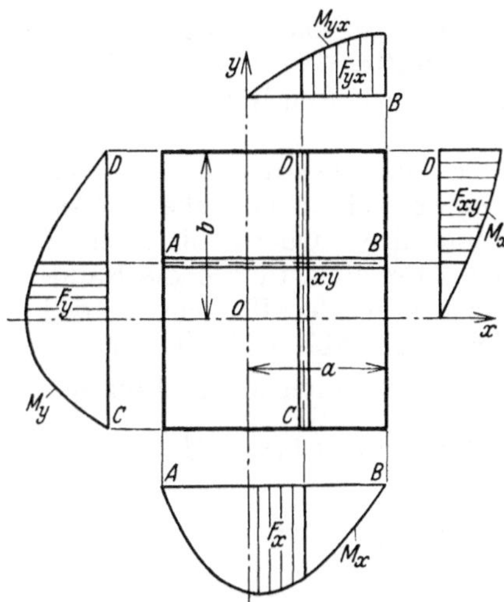

Abb. 681.

Daher gelten für die Flächen aus den Biegungs- und Drillungsmomenten über zugeordneten Abschnitten der Strecken $x =$ const, $y =$ const folgende Beziehungen:

$$F_x = -F_{xy}\,, \qquad F_y = -F_{yx} \qquad (1030)$$

Sie dienen zur Nachprüfung der größten Drillungsmomente $M_{xy,\max}$.

Die Auflagerkräfte der Platte. Die Querkräfte und Drillungsmomente an den Rändern der Platte werden entweder von einem Unterbau oder von Randträgern aufgenommen. Der Anteil aus den Querkräften läßt sich bei den gleichen Randbedingungen an

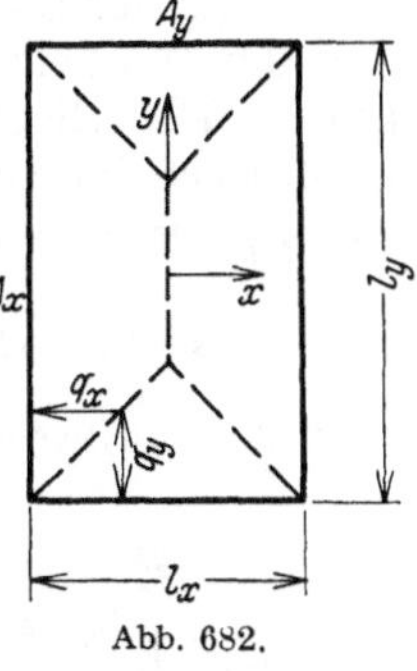

Abb. 682.

allen vier Rändern angenähert aus der Unterteilung der Grundfläche durch die Winkelhalbierenden in den Ecken angeben. Nach Abb. 682 ist mit $l_y/l_x = \lambda > 1$

$$\int_{-l_y/2}^{+l_y/2} q_x\,dy = Q_x = \tfrac{1}{4}p\,l_x^2\,(2\lambda - 1)\,, \qquad \int_{-l_x/2}^{+l_x/2} q_y\,dx = Q_y = \tfrac{1}{4}p\,l_x^2\,. \qquad (1031)$$

Bei verschiedener Lagerung der Ränder kann nach H. Marcus

$$Q_x = \tfrac{1}{2}p_x\,l_x\,l_y\,, \qquad Q_y = \tfrac{1}{2}p_y\,l_x\,l_y\,,$$

gesetzt werden, wobei jedoch für die kurzen Ränder dasjenige p_x oder p_y zu wählen ist, das der quadratischen Platte entspricht.

Die Drillungsmomente an eingespannten Rändern sind Null. Der Verlauf der Drillungsmomente am Rande des ersten Quadranten einer freiaufliegenden Platte ist in Abb. 683 dargestellt. Sie können durch einen Randträger aufgenommen werden, der auf diese Weise eine Momentenbelastung mit entgegengesetztem Drehsinn erhält und damit nach Abb. 678 am Rande l_y Biegungsmomente im Betrage von $-\int_y^{l_y/2} M_{xy}\,dy$, am Rande l_x Biegungsmomente im Betrage von $-\int_x^{l_x/2} M_{yx}\,dx$

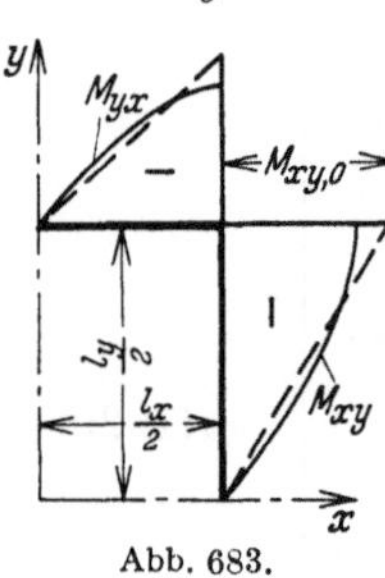

Abb. 683.

erhält. Wird der Verlauf der Drillungsmomente in erster Annäherung linear mit $M_{xy,0}$ am Eckpunkt angenommen, so sind die Biegungsmomente in der Mitte der Randträger

$$-\int_0^{l_y/2} M_{xy}\,dy = -\frac{M_{xy,0}\,l_y}{4}\,,$$

$$-\int_0^{l_x/2} M_{yx}\,dx = -\frac{M_{yx,0}\,l_x}{4}\,.$$

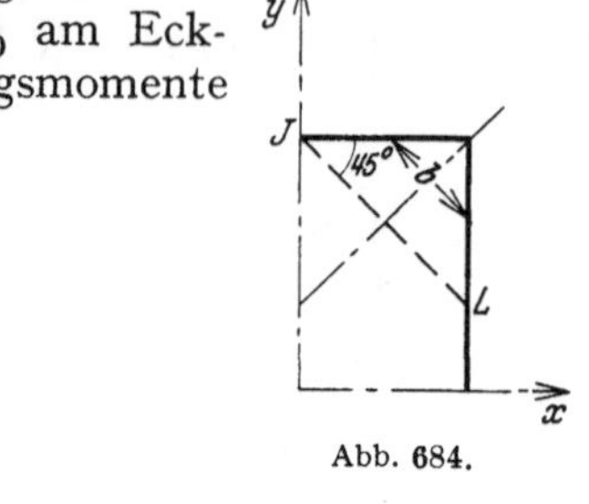

Abb. 684.

Da jedoch die Randträger aufliegen, tritt zu den Stützkräften Q_x, Q_y aus der Querkraft am Rande noch der Anteil

$$Q'_x = Q'_y = -\,2\,M_{xy,0} = \frac{p\,v_x}{3}\,l_y^2\,\frac{\lambda}{1+\lambda^4}\,. \tag{1032}$$

Würde die Platte ohne Versteifungsträger am Rande frei aufgelagert sein, so muß die ihnen zugewiesene Kraftwirkung durch 4 Einzelkräfte $C = 2\,M_{xy,0}$ an den Ecken ersetzt werden, die mit der stetig über dem Rand verteilten Kraft im Gleichgewicht stehen.

Die äußeren Kräfte am Rande im Bereich der Ecken sind auch für die Abschätzung der Biegungsmomente wichtig. H. Marcus betrachtet die Ecke zur Abschätzung der Biegungsspannungen als Stab mit veränderlicher Querschnittsbreite b und der Winkelhalbierenden als Achse. Er trägt neben der Belastung p die Randkräfte. Die Biegungsmomente M_1 des Stabes erreichen in der Plattenecke den Größtwert im Betrage von $-M_{xy,0}$ mt/m und sind nach Abb. 654 etwa in der Linie $\overline{JL}$ Null (Abb. 684). Diese kennzeichnet daher einen Spannungswechsel für M_1.

Abschätzung der Schnittkräfte in rechteckigen Platten mit $l_y/l_x = 4/3$ für gleichmäßige Belastung p.

1. Frei aufliegende Platte.

$$\lambda = 4/3 = 1{,}333\,, \qquad \lambda^2 = 1{,}778\,, \qquad \lambda^4 = 3{,}160\,.$$

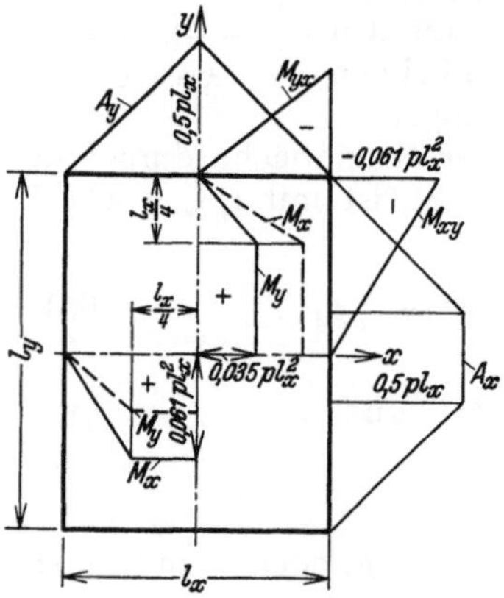

Nach Tabelle 65 ist

$$p_x = p\,\frac{3{,}160}{4{,}160} = 0{,}759\,p\,,$$

$$p_y = p\,\frac{1}{4{,}160} = 0{,}241\,p\,,$$

$$v = 1 - \frac{5}{6}\,\frac{1{,}778}{4{,}160} = 0{,}644\,,$$

$$M_{x,\,\mathrm{max}} = \frac{0{,}759}{8}\cdot 0{,}644\,p\,l_x^2 = 0{,}061\,p\,l_x^2\,,$$

$$M_{y,\,\mathrm{max}} = \frac{0{,}241}{8}\cdot 0{,}644\,p\,l_y^2 = 0{,}0194\,p\,l_y^2 = 0{,}035\,p\,l_x^2\,,$$

$$N\,w_{\mathrm{max}} = \frac{0{,}759}{72}\cdot 0{,}644\,p\,l_x^4 = 0{,}00678\,p\,l_x^4\,.$$

Abb. 685.

Nach (1028) ist

$$\frac{1}{3}\,M_{xy,0}\,\frac{l_x}{2}\,\frac{l_y}{2} = -\,0{,}00678\,p\,l_x^4\,, \qquad M_{xy,0} = -\,0{,}061\,p\,l_x^2\,.$$

2. Eingespannte Platte.

$$\lambda = 4/3 = 1{,}333 ,$$

$$p_x = 0{,}759\, p , \qquad p_y = 0{,}241\, p ,$$

$$v = 1 - \frac{5}{18} \cdot \frac{1{,}778}{4{,}160} = 0{,}881 ,$$

$$M_{x,\max} = \frac{0{,}759}{24} \cdot 0{,}881\, p\, l_x^2 = 0{,}028\, p\, l_x^2 ,$$

$$M_{y,\max} = \frac{0{,}241}{24} \cdot 0{,}881\, p\, l_y^2 = 0{,}00885\, p\, l_y^2 = 0{,}016\, p\, l_x^2 ,$$

$$M_{x,r} = - \frac{0{,}759}{12}\, p\, l_x^2 = - 0{,}063\, p\, l_x^2 ,$$

$$M_{y,r} = - \frac{p\, l_y^2}{24} = - 0{,}042\, p\, l_x^2 .$$

$$N\, w_{\max} = \frac{0{,}759}{192} \cdot \frac{0{,}881}{1 + 0{,}881^2}\, p\, l_x^4 = 0{,}00196\, p\, l_x^4 .$$

Nach (1028) ist

$$\frac{1}{3}\, M_{xv,0}\, \frac{l_x}{2}\, \frac{l_y}{2} = - 0{,}00196\, p l_x^4 , \qquad M_{xv,0} = - 0{,}018\, p\, l_x^2 .$$

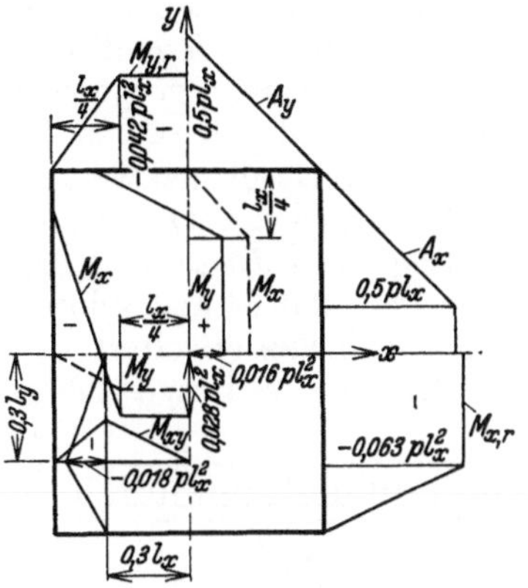

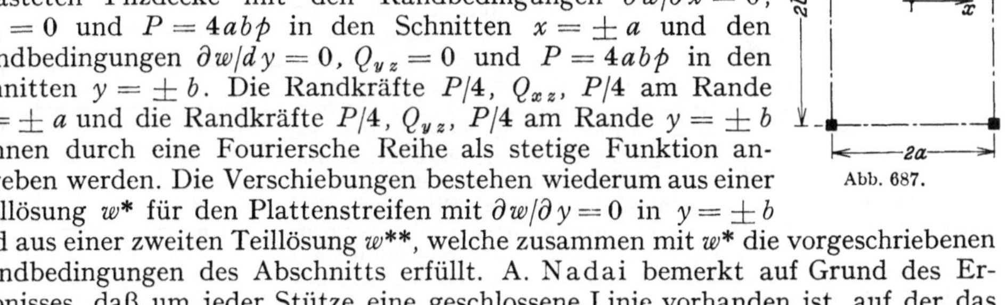

Abb. 686.

Klagas: Auswertung der Marcusschen Formeln für vierseitig gelagerte Platten. Bauing. 1927 S. 251. — Marcus, H.: Die vereinfachte Berechnung biegsamer Platten, 2. Aufl. Berlin 1929.

73. Die Pilzdecke.

Die Platten mit Zwischenstützung in Punkten oder Flächen sind von A. Nadai, V. Lewe, H. Marcus und N. J. Nielsen untersucht worden. Dabei wurden zunächst gleichförmige Belastung und unbegrenzte Ausdehnung nach beiden Seiten angenommen, um die Aufgabe durch Symmetriebetrachtungen zu vereinfachen. Die äußeren Kräfte und die Randbedingungen für den Spannungs- und Verschiebungszustand eines Feldes sind in diesem Falle bekannt. Die Lösung kann daher ebenso wie für eine rechteckige Platte nach S. 674 angegeben werden.

A. Nadai betrachtet den Abschnitt Abb. 687 der gleichförmig belasteten Pilzdecke mit den Randbedingungen $\partial w/\partial x = 0$, $Q_{xz} = 0$ und $P = 4ab p$ in den Schnitten $x = \pm a$ und den Randbedingungen $\partial w/\partial y = 0$, $Q_{yz} = 0$ und $P = 4ab p$ in den Schnitten $y = \pm b$. Die Randkräfte $P/4$, Q_{xz}, $P/4$ am Rande $x = \pm a$ und die Randkräfte $P/4$, Q_{yz}, $P/4$ am Rande $y = \pm b$ können durch eine Fouriersche Reihe als stetige Funktion angegeben werden. Die Verschiebungen bestehen wiederum aus einer Teillösung w^* für den Plattenstreifen mit $\partial w/\partial y = 0$ in $y = \pm b$ und aus einer zweiten Teillösung w^{**}, welche zusammen mit w^* die vorgeschriebenen Randbedingungen des Abschnitts erfüllt. A. Nadai bemerkt auf Grund des Ergebnisses, daß um jeder Stütze eine geschlossene Linie vorhanden ist, auf der das Biegungsmoment M_r um die Tangente verschwindet. Sie schneidet die Diagonale des quadratischen Feldes mit der Seitenlänge $2a$ in einer Entfernung von $0{,}46a$, die Verbindungslinie der Stützen in einer Entfernung $0{,}42a$ vom Stützpunkt und läßt sich durch einen Kreis mit dem Halbmesser $0{,}44a$ ersetzen. Der Spannungs- und Verschiebungszustand kann daher in dem Bereiche der Pilzdecke um den Stützpunkt mit guter Annäherung für eine frei drehbar angeschlossene Kreisplatte angeschrieben werden, die neben der gleichförmigen Belastung p in O eine Einzellast $P = - 4\,a^2 p$ trägt, deren Querkraft an der Begrenzung $r = 0{,}44a$ bekannt und deren Verschiebung w_0 Null ist.

Abb. 687.

Eine ähnliche Näherungslösung ist von V. Lewe formuliert worden. Sie wird auf eine ringsum beweglich eingespannte Kreisplatte vom Radius R bezogen, deren Querkraft Q_{rz} für $r = R$ Null ist (Abb. 688). Daher ist R aus der Bedingung $\pi R^2 = 4\,a^2$ mit $R = 1,1286\,a$ vorgeschrieben. Die Platte liegt auf einem kreisförmigen Pilz mit $R_1 = \alpha a$ und $J = \infty$, so daß die Pilzdecke im Bereich der Stütze mit einer Kreisringplatte verglichen werden kann, deren Formänderung in $r = R_1$ durch die Randbedingungen $dw/dr = 0$, $Q_{rz} = -p(R^2 - R_1^2)/2\,R_1$, in $r = R$ durch die Randbedingungen $dw/dr = 0$, $Q_{rz} = 0$ bestimmt ist. Beide Lösungen können mit den Tabellen 63 u. 64 angeschrieben und auch für zwischengeschaltete kreisrunde Platten nach Abb. 689 erweitert werden.

Die von V. Lewe angegebene strenge Lösung für die beiderseits unbegrenzte

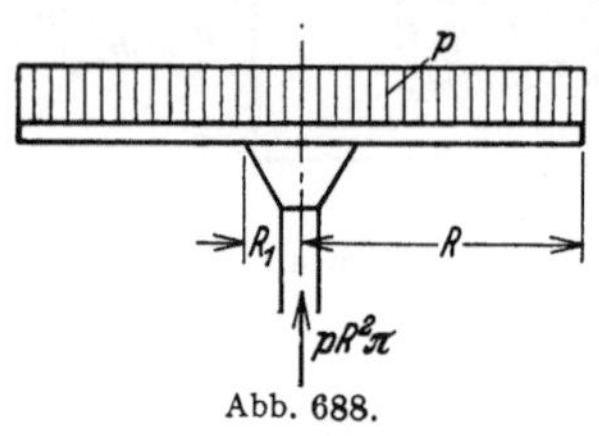

Abb. 688.

gleichförmig belastete und regelmäßig unterstützte Pilzdecke beruht, wie bereits auf S. 674 bemerkt, in der Entwicklung einer bekannten, aus der Belastung p und dem Flächendruck $\bar p$ bestehenden periodischen Funktion in eine

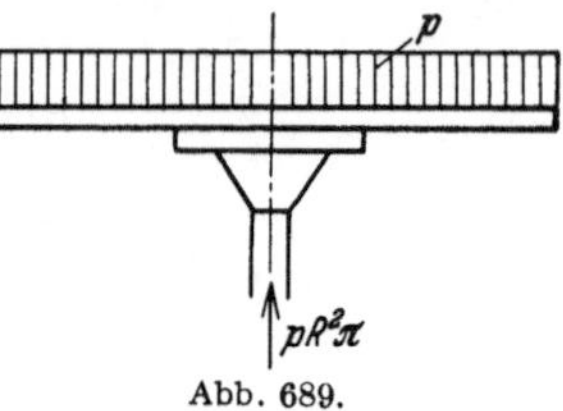

Abb. 689.

doppelte trigonometrische Reihe. Damit kann die Lösung für das Feld Abb. 687 ebenso wie bei der rechteckigen Platte (983) nach Navier angeschrieben werden. Leider konvergieren die Reihen vor allem für die Schnittkräfte schlecht, so daß die Zahlenrechnung mühsam und umfangreich ist. Sie wird durch eine Anzahl von Tabellen erleichtert, die Lewe seinem mehrfach erwähnten Buche beigegeben hat. Diese enthalten auch Angaben für zweiseitig und allseitig begrenzte Pilzdecken mit Streifen- und Schachbrettbelastung. Die Anwendung der Differenzenrechnung auf die Untersuchung des Spannungs- und Verschiebungszustandes von Pilzdecken ist von H. Marcus und N. J. Nielsen gezeigt worden.

Die Berechnung einer nach zwei Seiten unendlich langen Pilzdecke mit einer Stützenreihe und frei aufliegenden Rändern.

Ansatz. Die Aufgabe kann mit Differenzen in einer Stufe nach (1000) oder in zwei Stufen nach (1001), (1002) gelöst werden. Da die Iteration einer Anfangslösung in beiden Fällen infolge der schlechten Konvergenz versagt, bleibt nur die algebraische Auflösung der Gleichungen nach C. F. Gauß übrig, um die Ausbiegung w so genau angeben zu können, daß die Schnittkräfte trotz der Fehlerempfindlichkeit der Rechnung nach (1003)ff. brauchbar sind. Die algebraische Auflösung in zwei Stufen ist naturgemäß einfacher, obwohl dann für die Stützpunkte wegen ihrer singulären Eigenschaften keine Differenzengleichungen angeschrieben werden können, solange die Stützkräfte unbekannt sind. Deshalb werden diese als statisch unbestimmte Größen eines Hauptsystems, dem frei aufliegenden Plattenstreifen, berechnet.

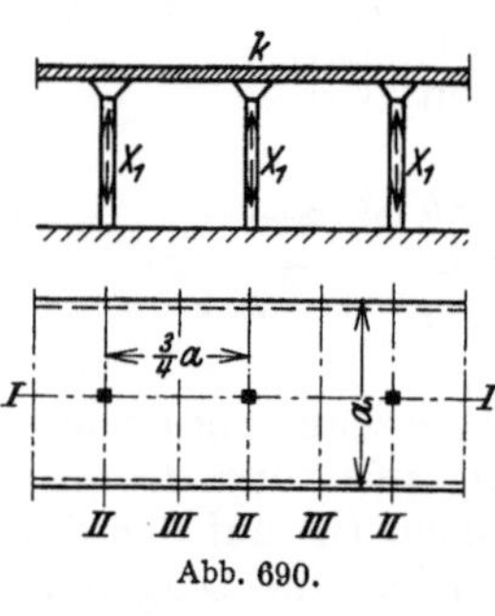

Abb. 690.

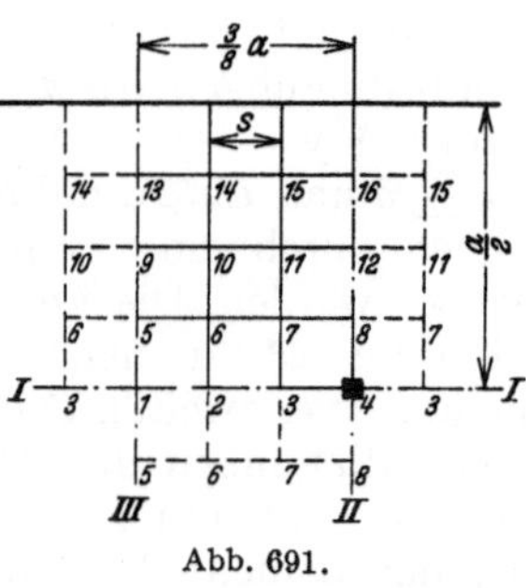

Abb. 691.

Bezeichnet w_1 die senkrechte Verschiebung eines Punktes des Streifens infolge $-X_1 = 1$, w_0 diejenige infolge der Belastung, so ist

$$w = w_0 - X_1 w_1,\tag{1033}$$

an der Stütze k: $w_k = 0 = w_{k0} - X_1 w_{k1}$,

$$X_1 = w_{k0}/w_{k1}.\tag{1034}$$

Belastung. Die Schnittkräfte werden für gleichmäßig verteilte Last, Schachbrettlast und Streifenlast angegeben. Bei gleichmäßig verteilter Last ist der Spannungs- und Formänderungszustand durch die Symmetrieachsen *I, II, III* Abb. 690 ausgezeichnet, so daß es genügt, einen von diesen Achsen begrenzten Abschnitt zu untersuchen (Abb. 691). Durch Belastungsumordnung ergeben sich daraus auch die Schnittkräfte für Schachbrettlast und Streifenlast.

I. Berechnung für gleichmäßig verteilte Last p t/m².

A. Belastung des Hauptsystems durch $-X_1 = 1$ in allen Angriffspunkten der Zwischenstützen.

1. Gitterteilung. $s = a/8$.

2. Randwerte. M und w sind zu den Achsen *I, II, III* symmetrisch; am Rande Null.

3. Differenzengleichungen (1001), (1002) für 16 Gitterpunkte (Abb. 691).

Die Belastungszahlen $p_k s^2$ der ersten Stufe sind bis auf diejenige für den Angriffspunkt (4) der Zwischenstütze Null, dagegen ist $p_4 s^2 = 1$. Die Belastungszahlen der zweiten Stufe sind

$$\frac{M_k s^2}{N} = \frac{M_k}{64}\,\frac{a^2}{N}.$$

1	2	3	4	5	6	7	8	9	10	11	12	13	14	15	16		a^2/N
4	−2			−2												o	$M_1/64$
−1	4	−1			−2											o	$M_2/64$
	−1	4	−1			−2										o	$M_3/64$
		−2	4				−2									1	$M_4/64$
−1				4	−2			−1								o	$M_5/64$
	−1			−1	4	−1			−1							o	$M_6/64$
		−1			−1	4	−1			−1						o	$M_7/64$
			−1			−2	4				−1					o	$M_8/64$
				−1				4	−2			−1				o	$M_9/64$
					−1			−1	4	−1			−1			o	$M_{10}/64$
						−1			−1	4	−1			−1		o	$M_{11}/64$
							−1			−2	4				−1	o	$M_{12}/64$
								−1				4	−2			o	$M_{13}/64$
									−1			−1	4	−1		o	$M_{14}/64$
										−1			−1	4	−1	o	$M_{15}/64$
											−1			−2	4	o	$M_{16}/64$

4. Auflösung. Um den Ansatz für die Anwendung des Gaußschen Algorithmus zu vereinfachen, wird das System partieller Differenzengleichungen zweiter Ordnung in simultane Gruppen totaler Differenzengleichungen verwandelt. Das Verfahren ist von H. Marcus allgemein gezeigt worden. Die partielle Differenzengleichung jeder der beiden Stufen enthält neben drei Wurzeln M oder w mit den Fußziffern $(k-1)$, k, $(k+1)$ einer Zeile k noch zwei Vorzahlen mit den Fußziffern i, l der benachbarten Zeilen. Daher besteht der Sinn der Transformation darin, die Wurzeln einer Zeile k derart durch ebenso viele unabhängige neue Unbekannte zu ersetzen, daß in den transformierten Gleichungen nur die Fußziffern dreier aufeinanderfolgender Zeilen erscheinen. Auf diese Weise entstehen hier vier voneinander unabhängige Gruppen von totalen Differenzengleichungen, von denen jede soviel dreigliedrige Gleichungen und Unbekannte enthält, als Gitterpunkte auf einer Zeile liegen.

Das Gitter Abb. 691 zur Berechnung der Pilzdecke besteht aus vier Zeilen und vier Normalen, die sich in 16 Gitterpunkten schneiden. Daher lassen sich in der Matrix unter 3 vier Gruppen von je 4 Differenzengleichungen unterscheiden. Von diesen wird eine mittlere mit den Gitterpunkten $5 \equiv k$ bis $8 \equiv k + 3$ herausgegriffen, um an einem Beispiel die Transformation zu zeigen. Die dieser Gruppe zugeordneten Gitterzeilen werden mit $i \equiv 1$, $k \equiv 5$, $l \equiv 9$ unterschieden.

M_i	M_{i+1}	M_{i+2}	M_{i+3}	M_k	M_{k+1}	M_{k+2}	M_{k+3}	M_l	M_{l+1}	M_{l+2}	M_{l+3}	
-1				4	-2			-1				g_k
	-1			-1	4	-1			-1			g_{k+1}
		$1-$			-1	4	-1			-1		g_{k+2}
			-1			-2	4				-1	g_{k+3}

Die Gleichungen werden mit α_1, α_2, α_3, α_4 multipliziert und darauf addiert. Das Ergebnis lautet:

$$-\alpha_1 M_i - \alpha_2 M_{i+1} - \alpha_3 M_{i+2} - \alpha_4 M_{i+3} + (4\alpha_1 - \alpha_2) M_k + (-2\alpha_1 + 4\alpha_2 - \alpha_3) M_{k+1}$$

$$+ (-\alpha_2 + 4\alpha_3 - 2\alpha_4) M_{k+2} + (-\alpha_3 + 4\alpha_4) M_{k+3} - \alpha_1 M_l - \alpha_2 M_{l+1} - \alpha_3 M_{l+2} - \alpha_4 M_{l+3}$$

$$= \alpha_1 g_k + \alpha_2 g_{k+1} + \alpha_3 g_{k+2} + \alpha_4 g_{k+3}; \tag{1035}$$

es wiederholt sich nach Eintauschung der zugeordneten Fußziffern bei jeder der vier Gruppen. Um unabhängige Wurzeln totaler Differenzengleichungen zu erhalten, werden die Vorzahlen derart bestimmt, daß

$$\frac{4\alpha_1 - \alpha_2}{\alpha_1} = \frac{-2\alpha_1 + 4\alpha_2 - \alpha_3}{\alpha_2} = \frac{-\alpha_2 + 4\alpha_3 - 2\alpha_4}{\alpha_3} = \frac{-\alpha_3 + 4\alpha_4}{\alpha_4} = c \tag{1036}$$

ist. Damit geht Gl. (1035) über in

$$-(\alpha_1 M_i + \alpha_2 M_{i+1} + \alpha_3 M_{i+2} + \alpha_4 M_{i+3}) + c\,(\alpha_1 M_k + \alpha_2 M_{k+1} + \alpha_3 M_{k+2} + \alpha_4 M_{k+3})$$

$$-(\alpha_1 M_l + \alpha_2 M_{l+1} + \alpha_3 M_{l+2} + \alpha_4 M_{l+3}) = \alpha_1 g_k + \alpha_2 g_{k+1} + \alpha_3 g_{k+2} + \alpha_4 g_{k+3}, \tag{1037}$$

und mit der Substitution

$$\alpha_1 M_i + \alpha_2 M_{i+1} + \alpha_3 M_{i+2} + \alpha_4 M_{i+3} = T_i \tag{1038}$$

wird daraus

$$-T_i + c\,T_k - T_l = \alpha_1 g_k + \alpha_2 g_{k+1} + \alpha_3 g_{k+2} + \alpha_4 g_{k+3}. \tag{1039}$$

Die Gl. (1036) läßt sich folgendermaßen umformen

$$-\frac{\alpha_2}{\alpha_1} = -2 \frac{\alpha_1}{\alpha_2} - \frac{\alpha_3}{\alpha_2} = -\frac{\alpha_2}{\alpha_3} - 2 \frac{\alpha_4}{\alpha_3} = -\frac{\alpha_3}{\alpha_4} = c - 4 = \mu.$$

Daraus entsteht das Gleichungssystem

$$\left. \begin{aligned} \alpha_1 \mu + \alpha_2 &= 0, \\ 2\alpha_1 + \alpha_2 \mu + \alpha_3 &= 0, \\ \alpha_2 + \alpha_3 \mu + 2\alpha_4 &= 0, \\ \alpha_3 + \alpha_4 \mu &= 0. \end{aligned} \right\} \tag{1040}$$

Mit $\alpha_1 = 1$ liefern die ersten drei Gleichungen

$$\alpha_2 = -\mu, \qquad \alpha_3 = \mu^2 - 2, \qquad \alpha_4 = \frac{\mu}{2}(3 - \mu^2) \tag{1041}$$

und aus der letzten folgt die algebraische Gleichung 4ten Grades für μ:

$$\mu^4 - 5\mu^2 + 4 = 0 \tag{1042}$$

mit den vier Wurzeln $\mu_{1,2} = \pm 1$, $\mu_{3,4} = \pm 2$, so daß mit (1040) vier Systeme von α Vorzahlen bestimmt sind.

μ	$+1$	-1	$+2$	-2	
α_1	1	1	1	1	
α_2	-1	1	-2	2	(1043)
α_3	-1	-1	2	2	
α_4	1	-1	-1	1	

Sie werden nach (1038) zu der folgenden Substitution verwendet.

$$\begin{aligned}
\mu &= 1: & M_k - M_{k+1} - M_{k+2} + M_{k+3} &= T_k , & c &= 5 , \\
\mu &= -1: & M_k + M_{k+1} - M_{k+2} - M_{k+3} &= U_k , & c &= 3 , \\
\mu &= 2: & M_k - 2 M_{k+1} + 2 M_{k+2} - M_{k+3} &= V_{..} , & c &= 6 , \\
\mu &= -2: & M_k + 2 M_{k+1} + 2 M_{k+2} + M_{k+3} &= W_k , & c &= 2 .
\end{aligned} \qquad (1044)$$

Die Gl. (1035) geht damit in vier neue, voneinander unabhängige Gleichungen über.

$$\begin{aligned}
- T_i + 5 T_k - T_l &= g_k - g_{k+1} - g_{k+2} + g_{k+3} = \lambda_T , \\
- U_i + 3 U_k - U_l &= g_k - g_{k+1} + g_{k+2} - g_{k+3} = \lambda_U , \\
- V_i + 6 V_k - V_l &= g_k - 2 g_{k+1} + 2 g_{k+2} - g_{k+3} = \lambda_V , \\
- W_i + 2 W_k - W_l &= g_k + 2 g_{k+1} + 2 g_{k+2} + g_{k+3} = \lambda_W .
\end{aligned} \qquad (1045)$$

Sind die neuen Unbekannten T, U, V, W dieser Gleichungen berechnet, so folgt aus (1044)

$$\begin{aligned}
M_k &= \tfrac{1}{6} (2 T_k + 2 U_k + V_k + W_k) , \\
M_{k+1} &= \tfrac{1}{6} (- T_k + U_k - V_k + W_k) , \\
M_{k+2} &= \tfrac{1}{6} (- T_k - U_k + V_k + W_k) , \\
M_{k+3} &= \tfrac{1}{6} (2 T_k - 2 U_k - V_k + W_k) .
\end{aligned} \qquad (1046)$$

Die Anwendung der Substitution (1044) auf die Matrix S. 703 liefert die vier folgenden, voneinander unabhängigen Gleichungssysteme.

Zur bequemeren Superposition werden gleich die Werte $T/6$, $U/6$, $V/6$, $W/6$ ausgerechnet und jeweils die erste der Gleichungen durch 2 dividiert, um symmetrische Matrizen zu erhalten.

$T_1/6$	$T_5/6$	$T_9/6$	$T_{13}/6$		a^2/N
2,5	-1			$1/12$	$\lambda_{T,1}/12$
-1	5	-1		0	$\lambda_{T,2}/6$
	-1	5	-1	0	$\lambda_{T,3}/6$
		-1	5	0	$\lambda_{T,4}/6$

$U_1/6$	$U_5/6$	$U_9/6$	$U_{13}/6$		a^2/N
1,5	-1			$-1/12$	$\lambda_{U,1}/12$
-1	3	-1		0	$\lambda_{U,2}/6$
	-1	3	-1	0	$\lambda_{U,3}/6$
		-1	3	0	$\lambda_{U,4}/6$

$V_1/6$	$V_5/6$	$V_9/6$	$V_{13}/6$		a^2/N
3	-1			$-1/12$	$\lambda_{V,1}/12$
-1	6	-1		0	$\lambda_{V,2}/6$
	-1	6	-1	0	$\lambda_{V,3}/6$
		-1	6	0	$\lambda_{V,4}/6$

$W_1/6$	$W_5/6$	$W_9/6$	$W_{13}/6$		a^2/N
1	-1			$1/12$	$\lambda_{W,1}/12$
-1	2	-1		0	$\lambda_{W,2}/6$
	-1	2	-1	0	$\lambda_{W,3}/6$
		-1	2	0	$\lambda_{W,4}/6$

Die λ-Zahlen beziehen sich auf die zweite Stufe des Ansatzes.

Die Auflösung dieser Gleichungen für die erste Stufe liefert

$T_1/6$	0,036369	$U_1/6$	$-0,074468$	$V_1/6$	$-0,029463$	$W_1/6$	0,333332
$T_5/6$	0,007590	$U_5/6$	$-0,028369$	$V_5/6$	$-0,005055$	$W_5/6$	0,249999
$T_9/6$	0,001581	$U_9/6$	$-0,010638$	$V_9/6$	$-0,008666$	$W_9/6$	0,166666
$T_{13}/6$	0,000316	$U_{10}/6$	$-0,003546$	$V_{13}/6$	$-0,000144$	$W_{13}/6$	0,083333

Die Superposition nach (1046) ergibt die Momentensummen

M_1	0,227672	M_5	0,203388	M_9	0,147686	M_{13}	0,076729
M_2	0,251957	M_6	0,219096	M_{10}	0,155314	M_{14}	0,079615
M_3	0,341968	M_7	0,265724	M_{11}	0,174857	M_{15}	0,086419
M_4	0,584470	M_8	0,326973	M_{12}	0,191972	M_{16}	0,091202

die, durch 64 dividiert, nach S. 703 die Absolutglieder der zweiten Stufe sind. Aus diesen werden nach (1045) die Absolutglieder der transformierten Gleichungen gebildet.

$\lambda_{T,1}/12$	0,000 284 136	$\lambda_{U,1}/12$	$-$0,000 581 782	$\lambda_{V,1}/12$	$-$0,000 230 178	$\lambda_{W,1}/12$	0,002 604 156
$\lambda_{T,2}/6$	0,000 118 596	$\lambda_{U,2}/6$	$-$0,000 443 262	$\lambda_{V,2}/6$	$-$0,000 078 982	$\lambda_{W,2}/6$	0,003 906 250
$\lambda_{T,3}/6$	0,000 024 708	$\lambda_{U,3}/6$	$-$0,000 166 223	$\lambda_{V,3}/6$	$-$0,000 013 540	$\lambda_{W,3}/6$	0,002 604 167
$\lambda_{T,4}/6$	0,000 004 942	$\lambda_{U,4}/6$	$-$0,000 055 408	$\lambda_{V,4}/6$	$-$0,000 002 257	$\lambda_{W,4}/6$	0,001 302 083

Die Auflösung für die zweite Stufe liefert

$T_1/6$	0,000 135	$U_1/6$	$-$0,000 694	$V_1/6$	$-$0,000 086	$W_1/6$	0,028 645
$T_5/6$	0,000 054	$U_5/6$	$-$0,000 460	$V_5/6$	$-$0,000 029	$W_5/6$	0,026 042
$T_9/6$	0,000 017	$U_9/6$	$-$0,000 242	$V_9/6$	$-$0,000 007	$W_9/6$	0,019 531
$T_{13}/6$	0,000 004	$U_{13}/6$	$-$0,000 099	$V_{13}/6$	$-$0,000 002	$W_{13}/6$	0,010 417

Die Superposition nach (1046) ergibt die Durchbiegung w_1.

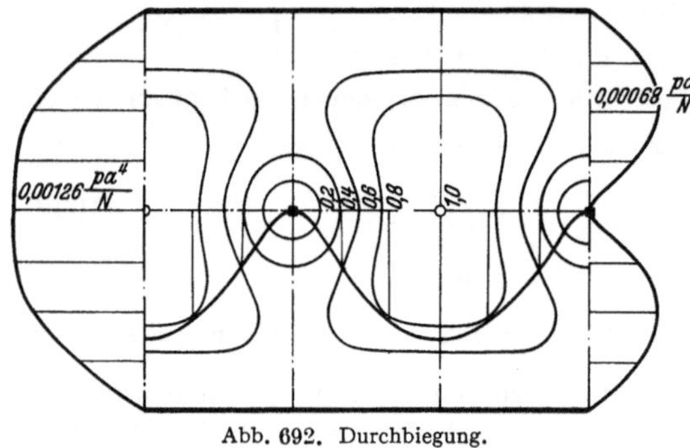

Abb. 692. Durchbiegung.

	a^2/N		a^2/N
$w_{1,1}$	0,027 441	$w_{5,1}$	0,025 202
$w_{2,1}$	0,027 903	$w_{6,1}$	0,025 557
$w_{3,1}$	0,029 119	$w_{7,1}$	0,026 419
$w_{4,1}$	0,030 392	$w_{8,1}$	0,027 098

	a^2/N		a^2/N
$w_{9,1}$	0,019 074	$w_{13,1}$	0,010 226
$w_{10,1}$	0,019 280	$w_{14,1}$	0,010 315
$w_{11,1}$	0,019 749	$w_{15,1}$	0,010 510
$w_{12,1}$	0,020 055	$w_{16,1}$	0,010 625

B. Gleichmäßig verteilte Belastung des Hauptsystems mit p t/m².
Die Lösung (981) für den gleichmäßig belasteten Halbstreifen liefert

$$w_{1,0} = 0,013021\, p\, a^4/N, \qquad w_{5,0} = 0,012055\, p\, a^4/N,$$

$$w_{9,0} = 0,009277\, p\, a^4/N, \qquad w_{13,0} = 0,005056\, p\, a^4/N.$$

Die Durchbiegungen der Punkte einer waagerechten Zeile des Gitters sind gleich.

C. Der Stützendruck der gleichmäßig belasteten Pilzdecke.
Nach (1034) ist

$$X_1 = P = \frac{w_{4,0}}{w_{4,1}} = \frac{0,013021}{0,030392}\,\frac{p\,a^4\,N}{N\,a^2} = 0,428436\, p\, a^2.$$

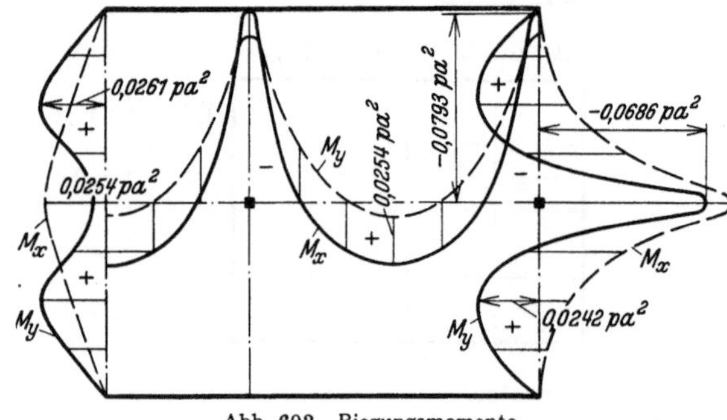

Abb. 693. Biegungsmomente.

D. Die Formänderung der Pilzdecke.
Die Superposition nach (1033) ergibt

	$p\, a^4/N$		pa^4/N
w_1	0,001 2639	w_5	0,001 2572
w_2	0,001 0664	w_6	0,001 1051
w_3	0,000 5453	w_7	0,000 7358
w_4	0	w_8	0,000 4447

	$p\, a^4/N$		$p\, a^4/N$
w_9	0,001 1054	w_{13}	0,000 6748
w_{10}	0,001 0170	w_{14}	0,000 6365
w_{11}	0,000 8162	w_{15}	0,000 5530
w_{12}	0,000 6850	w_{16}	0,000 5037

Die Durchbiegung ist in Abb. 692 dargestellt.

E. Die Schnittkräfte.
Die Schnittkräfte ergeben sich aus der Durchbiegung nach (1003) ff. Die Biegungsmomente M_x und M_y sind in Abb. 693 für die drei Symmetrieachsen eingetragen.

II. Berechnung für Schachbrettlast (Abb. 694).

Die Belastung wird umgeordnet in eine gleichmäßig verteilte Last $+\,p/2$ und eine abwechselnde Belastung $\pm\,p/2$. Formänderung und Schnittkräfte der Pilzdecke für die verteilte Last sind aus I bekannt. Die abwechselnde Belastung bewirkt, daß sich jedes gleichartig belastete Feld wie eine ringsum frei aufliegende Platte verhält, die nach Abschn. 70 oder 71 berechnet wird. Formänderungen und Schnittkräfte sind in Abb. 695 dargestellt.

III. Berechnung für die halbseitige Streifenlast (Abb. 696).

Die Belastung wird umgeordnet in eine gleichmäßig verteilte Last $+\ p/2$ und zwei abwechselnde Streifenlasten $\pm\ p/2$ nach Abb. 696. Diese bewirkt, daß sich jeder gleichartig belastete Streifen wie ein beiderseits frei aufliegender Plattenstreifen verhält, der nach (981) berechnet wird. Formänderungen und Schnittkräfte sind in Abb. 697 dargestellt.

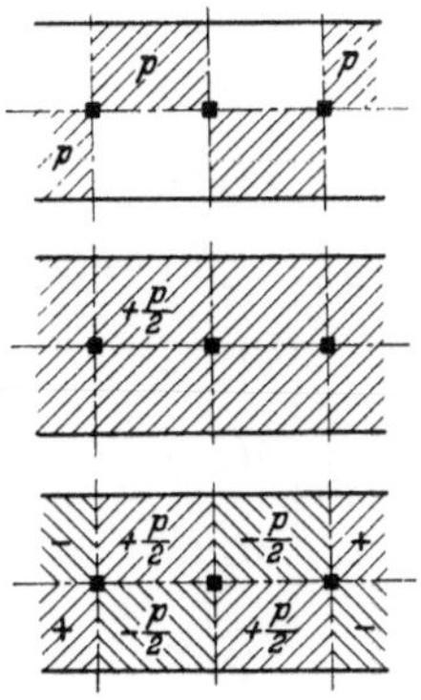

Abb. 694.

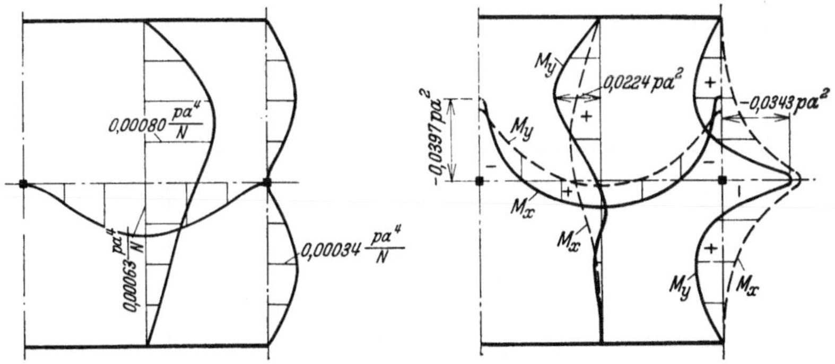

Abb. 695.

a) Durchbiegung.

b) Biegungsmomente.

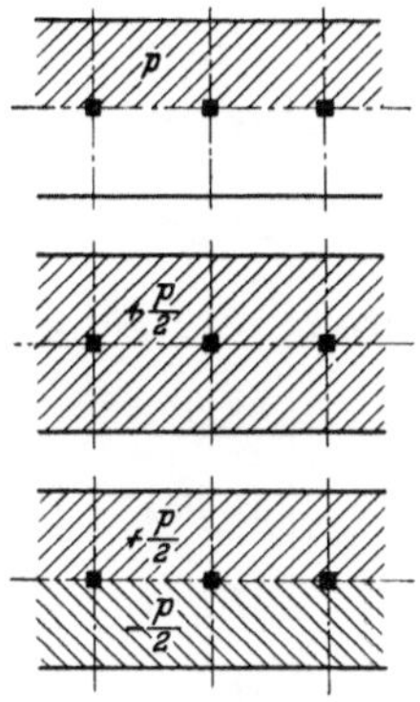

Abb. 696.

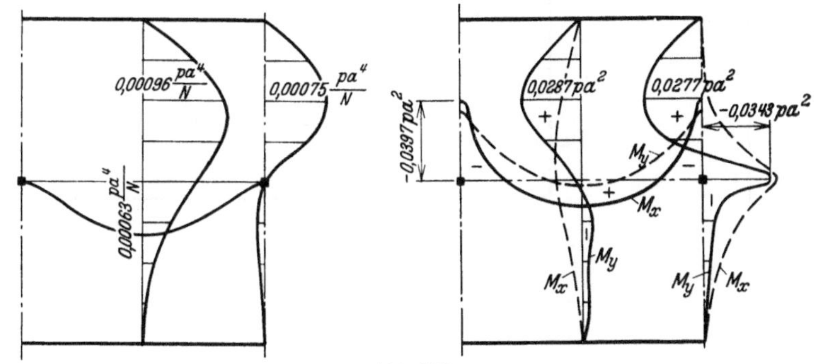

Abb. 697.

Durchbiegung.

Biegungsmomente.

Die Berechnung einer nach einer Seite unendlich langen Pilzdecke mit einer Stützenreihe und frei aufliegenden Rändern.

Die Berechnung wird auf das Endstück mit der Länge $b = \frac{3}{4}\,a$ beschränkt (Abb. 698). Da die Randwerte M und w auf der Geraden II unbekannt sind, werden hier in erster Annäherung die Formänderungen und Schnittkräfte der nach zwei Seiten unendlich langen Pilzdecken zugrunde gelegt. Der Fehler ist um so kleiner, je größer b gewählt wird. Die Rechnung wird in zwei Stufen durchgeführt und der Stützendruck als überzählige Größe berechnet. Das Hauptsystem ist ein Plattenhalbstreifen. Die Belastung sei gleichmäßig verteilt.

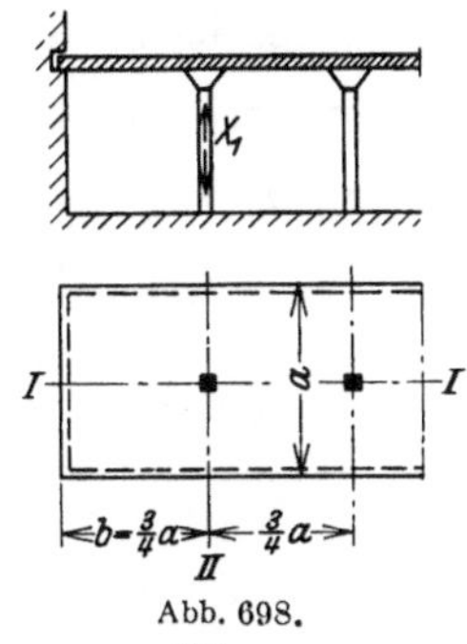

A. Belastung des Hauptsystems mit $-X_1 = 1$.

1. Gitterteilung (Abb. 699). $s = a/8$.

2. Randwerte. M und w sind an den aufliegenden Rändern Null, zur Achse I symmetrisch und auf der Geraden II vorgeschrieben.

$M_{21,1}$	0,091 202		$w_{21,1}$	0,010 625 a^2/N
$M_{22,1}$	0,191 972		$w_{22,1}$	0,020 055 ,,
$M_{23,1}$	0,326 973		$w_{23,1}$	0,027 098 ,,
$M_{24,1}$	0,584 470		$w_{24,1}$	0,030 392 ,,

Abb. 698.

3. Differenzengleichungen (1001), (1002) für die 20 Gitterpunkte (Abb. 699).

M_1	2	3	4	5	6	7	8	9	10	11	12	13	14	15	16	17	18	19	20		a^2/N
4	-1				-2															0	$M_1/64$
-1	4	-1				-2														0	$M_2/64$
	-1	4	-1				-2													0	$M_3/64$
		-1	4	-1				-2												0	$M_4/64$
			-1	4					-2											$M_{24,1}$	$M_5/64+w_{24,1}$
-1					4	-1				-1										0	$M_6/64$
	-1				-1	4	-1				-1									0	$M_7/64$
		-1				-1	4	-1				-1								0	$M_8/64$
			-1				-1	4	-1				-1							0	$M_9/64$
				-1				-1	4					-1						$M_{23,1}$	$M_{10}/64+w_{23,1}$
					-1					4	-1				-1					0	$M_{11}/64$
						-1				-1	4	-1				-1				0	$M_{12}/64$
							-1				-1	4	-1				-1			0	$M_{13}/64$
								-1				-1	4	-1				-1		0	$M_{14}/64$
									-1				-1	4					-1	$M_{22,1}$	$M_{15}/64+w_{22,1}$
										-1					4	-1				0	$M_{16}/64$
											-1				-1	4	-1			0	$M_{17}/64$
												-1				-1	4	-1		0	$M_{18}/64$
													-1				-1	4	-1	0	$M_{19}/64$
														-1				-1	4	$M_{21,1}$	$M_{20}/64+w_{21,1}$

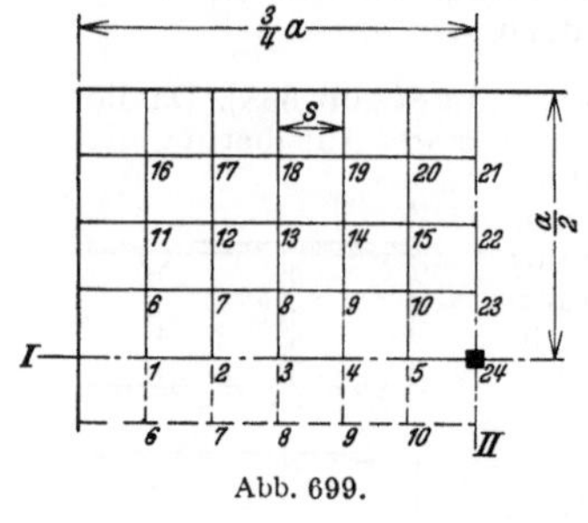

Abb. 699.

4. Auflösung. Die Auflösung wird wieder nach S. 704 ff. durchgeführt. Mit $c-4=\mu$ lauten die Gleichungen für die α Vorzahlen

$$\alpha_1\mu + \alpha_2 = 0,$$
$$\alpha_1 + \alpha_2\mu + \alpha_3 = 0,$$
$$\alpha_2 + \alpha_3\mu + \alpha_4 = 0,$$
$$\alpha_3 + \alpha_4\mu + \alpha_5 = 0,$$
$$\alpha_4 + \alpha_5\mu = 0.$$

Ihre Lösung ist

$$\alpha_1 = 1,\quad \alpha_2 = -\mu,\quad \alpha_3 = -(1-\mu^2),\quad \alpha_4 = \mu(2-\mu^2),\quad \alpha_5 = 1 - 3\mu^2 + \mu^4,$$

$$\mu^5 - 4\mu^3 + 3\mu = 0,$$

$$\mu_{1,2} = \pm 1,\quad \mu_3 = 0,\quad \mu_{4,5} = \pm\sqrt{3}.$$

Die 5 Systeme α-Vorzahlen sind daher

μ	1	-1	0	$\sqrt{3}$	$-\sqrt{3}$
α_1	1	1	1	1	1
α_2	-1	1	0	$-\sqrt{3}$	$\sqrt{3}$
α_3	0	0	-1	2	2
α_4	1	-1	0	$-\sqrt{3}$	$\cdot\sqrt{3}$
α_5	-1	-1	1	1	1

Sie führen zu der Substitution

$$\left.\begin{aligned}
\mu=1:\quad & M_k - M_{k+1} && + M_{k+3} && - M_{k+4} = S_k, & c&=5, \\
\mu=-1:\quad & M_k + M_{k+1} && - M_{k+3} && - M_{k+4} = T_k, & c&=3, \\
\mu=0:\quad & M_k && - M_{k+2} && + M_{k+4} = U_k, & c&=4, \\
\mu=\sqrt{3}:\quad & M_k - \sqrt{3}\,M_{k+1} + 2M_{k+2} - \sqrt{3}\,M_{k+3} + M_{k+4} = V_k, & c&=4+\sqrt{3}, \\
\mu=-\sqrt{3}:\quad & M_k + \sqrt{3}\,M_{k+1} + 2M_{k+2} + \sqrt{3}\,M_{k+3} + M_{k+4} = W_k, & c&=4-\sqrt{3},
\end{aligned}\right\} \quad (1047)$$

aus der sich rückwärts ergibt

$$\left.\begin{aligned}
M_k &= \tfrac{1}{12}(\ 3S_k + 3T_k + 4U_k + V_k + W_k), \\
M_{k+1} &= \tfrac{1}{12}(-3S_k + 3T_k - \sqrt{3}\,V_k + \sqrt{3}\,W_k), \\
M_{k+2} &= \tfrac{1}{12}(-4U_k + 2V_k + 2W_k), \\
M_{k+3} &= \tfrac{1}{12}(\ 3S_k - 3T_k - \sqrt{3}\,V_k + \sqrt{3}\,W_k), \\
M_{k+4} &= \tfrac{1}{12}(-3S_k - 3T_k + 4U_k + V_k + W_k).
\end{aligned}\right\} \quad (1048)$$

Die Substitution (1047) führt zu den fünf unabhängigen Gleichungsgruppen:

$S_1/12$	$S_6/12$	$S_{11}/12$	$S_{16}/12$	
2,5	-1			$-M_{24,1}/24$
-1	5	-1		$-M_{23,1}/12$
	-1	5	-1	$-M_{22,1}/12$
		-1	5	$-M_{21,1}/12$

$T_1/12$	$T_6/12$	$T_{11}/12$	$T_6/12$	
1,5	-1			$-M_{24,1}/24$
-1	3	-1		$-M_{23,1}/12$
	-1	3	-1	$-M_{22,1}/12$
		-1	3	$-M_{21,1}/12$

$U_1/12$	$U_6/12$	$U_{11}/12$	$U_{16}/12$	
2	-1			$M_{24,1}/24$
-1	4	-1		$M_{23,1}/12$
	-1	4	-1	$M_{22,1}/12$
		-1	4	$M_{21,1}/12$

$V_1/12$	$V_6/12$	$V_{11}/12$	$V_{16}/12$	
$2+\sqrt{3}/2$	-1			$M_{24,1}/24$
-1	$4+\sqrt{3}$	-1		$M_{23,1}/12$
	-1	$4+\sqrt{3}$	-1	$M_{22,1}/12$
		-1	$4+\sqrt{3}$	$M_{21,1}/12$

$W_1/12$	$W_6/12$	$W_{11}/12$	$W_{16}/12$	
$2-\sqrt{3}/2$	-1			$M_{24,1}/24$
-1	$4-\sqrt{3}$	-1		$M_{23,1}/12$
	-1	$4-\sqrt{3}$	-1	$M_{22,1}/12$
		-1	$4-\sqrt{3}$	$M_{21,1}/12$

Das Ergebnis der Auflösung lautet:

$w_{1,1}$	0,0043143	$w_{6,1}$	0,0039742	$w_{11,1}$	0,0030156	$w_{16,1}$	0,0015832
$w_{2,1}$	0,0088332	$w_{7,1}$	0,0081319	$w_{12,1}$	0,0061787	$w_{17,1}$	0,0033220
$w_{3,1}$	0,0137215	$w_{8,1}$	0,0126033	$w_{13,1}$	0,0095488	$w_{18,1}$	0,0051605
$w_{4,1}$	0,0190674	$w_{9,1}$	0,0174222	$w_{14,1}$	0,0130990	$w_{19,1}$	0,0069916
$w_{5,1}$	0,0247991	$w_{10,1}$	0,0224350	$w_{15,1}$	0,0167029	$w_{20,1}$	0,0088288

B. Belastung des Hauptsystems mit gleichmäßig verteilter Last p t/m. Die Durchbiegung des Halbstreifens wird nach (995) berechnet.

$w_{1,0}$	0,00249	$w_{6,0}$	0,00231	$w_{11,0}$	0,00180	$w_{16,0}$	0,00099
$w_{2,0}$	0,00473	$w_{7,0}$	0,00439	$w_{12,0}$	0,00340	$w_{17,0}$	0,00187
$w_{3,0}$	0,00663	$w_{8,0}$	0,00615	$w_{13,0}$	0,00475	$w_{18,0}$	0,00260
$w_{4,0}$	0,00817	$w_{9,0}$	0,00757	$w_{14,0}$	0,00585	$w_{19,0}$	0,00320
$w_{5,0}$	0,00938	$w_{10,0}$	0,00869	$w_{15,0}$	0,00671	$w_{20,0}$	0,00366

$$w_{24,0} = 0{,}01032.$$

C. Der Stützendruck.

$$X_1 = \frac{w_{24,0}}{w_{24,1}} = \frac{0{,}01032}{0{,}30392} = 0{,}339563\, p\, a^2.$$

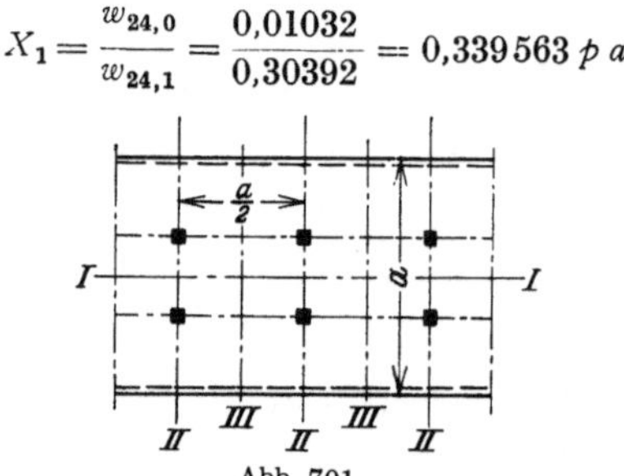

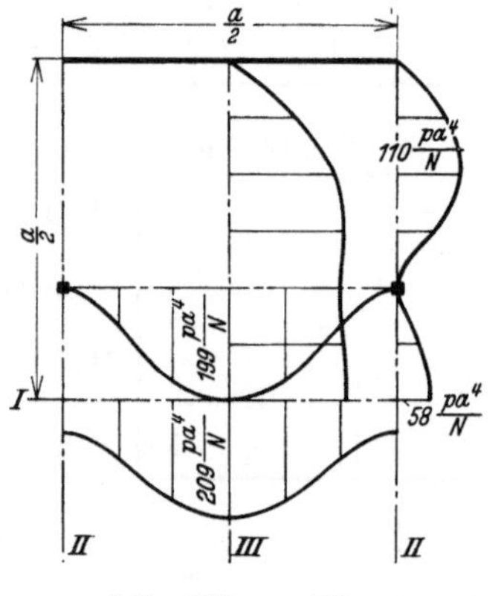

Abb. 700.

Abb. 701.

D. Formänderung und Schnittkräfte. — Die Durchbiegung beträgt nach (1033)

$$w_k = w_{k,0} - X_1 w_{k,1}.$$

w_1	w_2	w_3	w_4	w_5	
0,001025	0,001731	0,001971	0,001695	0,000959	$p\, a^4/N$

Schnittkräfte nach (1003) ff. Abb. 700 zeigt Durchbiegung und Schnittkräfte in der Symmetrieachse I.

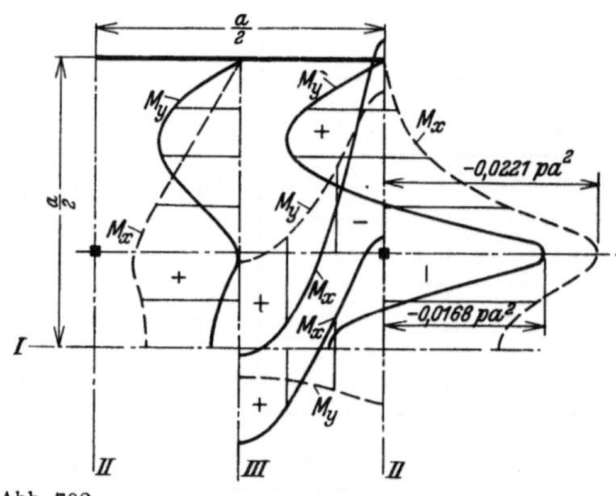

a) Durchbiegung $10^6\, w$.

Abb. 702.

b) Biegungsmomente.

Die nach zwei Seiten unendlich lange Pilzdecke mit zwei Stützenreihen und frei aufliegenden Rändern (Abb. 701) ist für die Teilung 3 : 2 bereits von H. Marcus berechnet worden[1]. Das Ergebnis ist zum Vergleich mit den Verschiebungen und mit den Schnittkräften auf S. 706 in der Abb. 702 eingetragen.

---

[1] Marcus, H.: Die Theorie elastischer Gewebe 2. Aufl. S. 274. Berlin 1932.

H. Marcus hat in seiner bereits mehrfach erwähnten Arbeit auch **das quadratische Mittelfeld einer nach allen Seiten unendlich ausgedehnten Pilzdecke** untersucht. Die Ergebnisse sind in der Abb. 703 enthalten, um sie mit den Schnittkräften zu vergleichen, die im Bereiche der Stützen nach den Bemerkungen auf S. 701 weiter unten als Näherung berechnet worden sind.

Biegungsmomente im Bereich der Stütze für die nach allen Seiten unendlich ausgedehnte Pilzdecke mit quadratischen Feldern.

1. Lösung nach A. Nadai (S. 701).

Stützenabstand $2\,l$. Radius der stellvertretenden Kreisplatte $a = 0,44\,l$. $P = 4\,p\,l^2$, $Q = (P - p\,a^2\pi)/2\,a\pi$. Die Lösung wird durch Superposition der

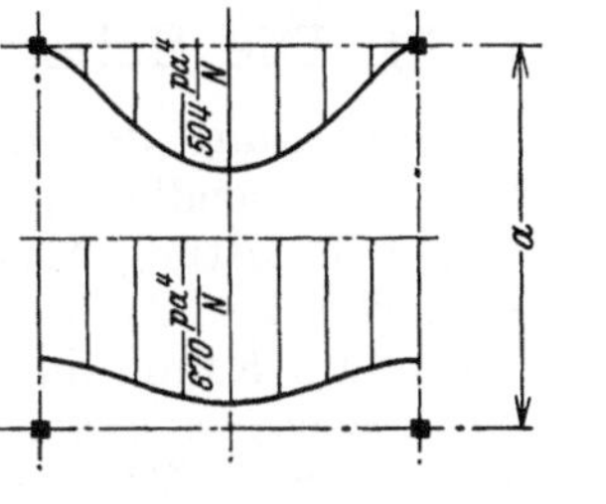

Abb. 703.
a) Durchbiegung $10^5\,w$.   b) Biegungsmomente.

Schnittkräfte der frei aufliegenden Kreisplatte bei gleichmäßig verteilter Last p und bei einer Einzellast P gefunden. Nach Tabelle **63** ist mit $\mu = 1/6$ (Abb. **704** u. **706**a)

$$M_r = \frac{p\,a^2}{16}\,(3 + \mu)\,\Phi_1 + \frac{P}{4\,\pi}\,(1 + \mu)\,\Phi_3 = (0,0382\,\Phi_1 + 0,3761\,\Phi_3)\,p\,l^2 ,$$

$$M_t = \frac{p\,a^2}{16}\,[2\,(1 - \mu) + (1 + 3\,\mu)\,\Phi_1] - \frac{P}{4\,\pi}\,[(1 - \mu) - (1 + \mu)\,\Phi_3]$$

$$= (-0,2452 + 0,0182\,\Phi_1 + 0,3716\,\Phi_3) .$$

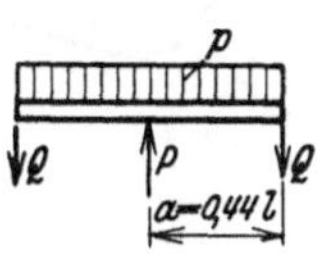

Abb. 704.

2. Lösung nach V. Lewe (S. 702).

Stützenabstand $2\,l$. Radius der stellvertretenden Kreisplatte $a = R = 1,1286\,l$, $R_1 = 0$. $P = 4\,p\,l^2$, M aus $dw/dr = 0$ am Rand. Die Lösung ergibt sich durch Superposition der Schnittkräfte der eingespannten Kreisplatte bei gleichmäßig verteilter Last p und bei einer Einzellast P. Nach Tabelle **63** ist (Abb. **705** u. **706**b)

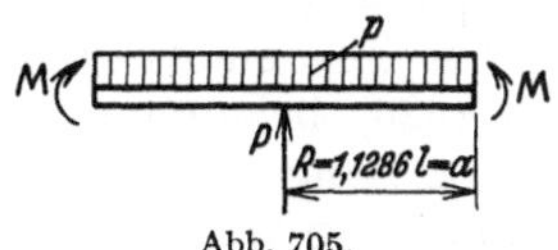

Abb. 705.

$$M_r = \frac{p\,a^2}{16}\,[(3 + \mu)\,\Phi_1 - 2] + \frac{P}{4\,\pi}\,[1 + (1 + \mu)\,\Phi_3] = (0,1593 + 0,2521\,\Phi_1 + 0,3716\,\Phi_3)\,p\,l^2 ,$$

$$M_t = \frac{p\,a^2}{16}\,[(1 + 3\,\mu)\,\Phi_1 - 2\,\mu] + \frac{P}{4\,\pi}\,[\mu + (1 + \mu)\,\Phi_3] = (0,0266 + 0,1194\,\Phi_1 + 0,3716\,\Phi_3)\,p\,l^2 .$$

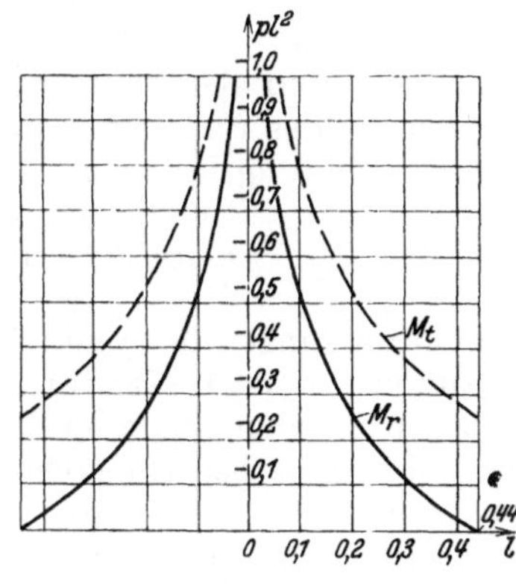

Abb. 706a.

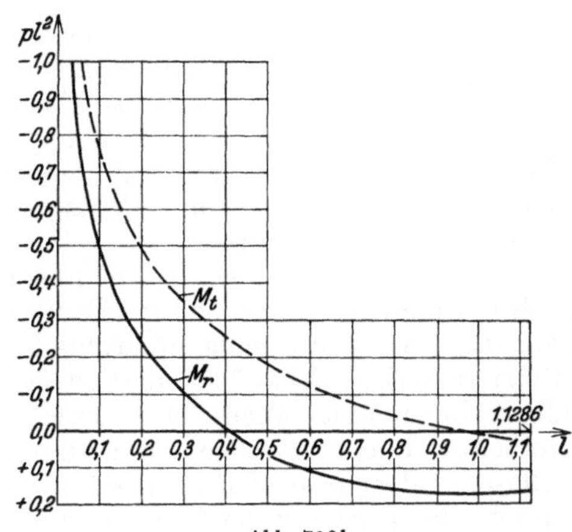

Abb. 706b.

Nadai, A.: Die elastischen Platten 1925. — Frey, K.: Die gleichförmig belastete, in gleichen Abständen unterstützte Gerade der allseitig unendlichen Platte und deren Anwendung in der strengen Theorie der trägerlosen Decken. Bauing. 1926 S. 21. — Marcus, H.: Die Theorie elastischer Gewebe und ihre Anwendung auf die Berechnung biegsamer Platten. Berlin 1928. — Lewe, V.: Pilzdecken und andere trägerlose Eisenbetonplatten. Berlin 1929.

B. Die Scheiben.

74. Die Scheiben.

Um die allgemeine Problemstellung der Elastizitätstheorie zu vereinfachen, wird entweder der in y-Richtung unendlich lange Körper mit unveränderlichem Querschnitt und gleichförmiger Belastung $\mathfrak{P}(x, z)$ oder die dünne, durch zwei parallele Ebenen begrenzte Scheibe $\varDelta y \cdot F(x, z)$ betrachtet (Abb. 707), deren Mittel-

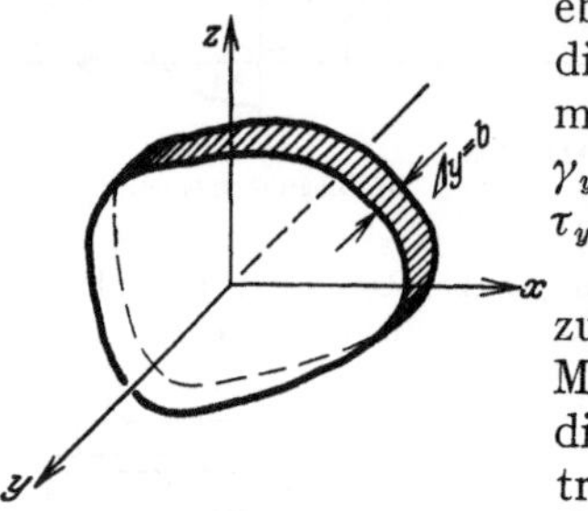
Abb. 707.

ebene am Rande durch äußere Kräfte belastet ist. Auf diese Weise entstehen Grenzfälle der allgemeinen Lösung mit ebenem Verzerrungszustand ($v = $ const, $\gamma_{yz} = 0$, $\gamma_{yx} = 0$) oder mit ebenem Spannungszustand ($\sigma_y = 0$, $\tau_{yz} = 0$, $\tau_{yx} = 0$).

Die Spannungen $\sigma_x, \sigma_z, \tau_{xz}$ der Scheibe sind parallel zur Mittelebene und bedeuten bei endlicher Dicke $\varDelta y = b$ Mittelwerte, an deren Stelle auch die auf die Scheibendicke b bezogenen Längs- und Schubkräfte N_x, N_z, N_{xz} treten können. Die Beanspruchung und die Verzerrung der Scheibe infolge der Querdehnung des Baustoffs senkrecht zur Mittelebene werden vernachlässigt. Die begrenzenden Ebenen der Scheibe sind also auch nach der Formänderung eben und parallel.

Die inneren Kräfte der Scheibe bilden in jedem Punkte einen Tensor mit der aus (920) bekannten Komponententransformation. Danach ist die Summe s der beiden Längsspannungen ebenso wie die Momentensumme M der Plattenbiegung unabhängig vom Koordinatensystem und eine skalare Funktion in x und z. Mit $\psi \to \psi_0$ oder $\psi \to \psi_0'$ nach (921) entstehen die Hauptlängsspannungen σ_1, σ_2 und die Hauptschubspannungen $\tau_{12} = \tau_{21}$, die sich zu Isoklinen, Trajektorien und Linien mit gleichgroßer Hauptlängsspannung und gleichgroßer Hauptschubspannung zusammenfassen lassen. Von diesen besitzt das Feld der Hauptlängsspannungen für

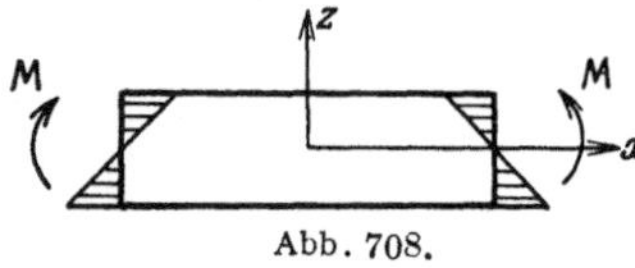
Abb. 708.

die bauliche Ausgestaltung der Scheiben besondere Bedeutung. Es besteht aus den Zug- und Druckkraftlinien und enthält meist auch noch singuläre Punkte, deren Existenz, deren Lage und deren Eigenschaften für das Bild des Kraftfeldes und damit für die Übertragung der Kräfte Bedeutung besitzen.

Man unterscheidet singuläre Nullpunkte, singuläre Punkte mit endlicher Kraftwirkung und singuläre Unendlichkeitspunkte als Folge der Scheibenbegrenzung oder als Folge von Einzellasten.

Um die Spannungen allein aus den Gleichgewichtsbedingungen (910) und damit statisch bestimmt zu berechnen, wird die Normalspannung σ_x nach Navier linear in z angenommen. Die Lösung gilt streng für einen ebenen Streifen, an dessen Enden Kräftepaare wirken (Abb. 708), und genügt mit der bei technischen Aufgaben notwendigen Genauigkeit auch bei anderen Belastungen von Scheiben, deren Höhe gegenüber der Länge zwischen den Stützpunkten klein ist, wenn der Bereich neben Einzellasten oder neben Unstetigkeiten der Begrenzung ausscheidet. Die statisch bestimmte Beschreibung des Spannungszustandes ist daher bei hohen Trägern mit kleiner Stützweite und im Bereich von Ecken, Knickstellen und Verzweigungen des Streifens unzureichend.

Der statisch unbestimmte Spannungszustand. 1. Annahmen und Abkürzungen nach S. 643. Der Spannungszustand ist eben und durch $\sigma_x, \sigma_z, \tau_{xz}$ bestimmt. $\sigma_y = \tau_{yz} = \tau_{yx} = 0$. Die Komponenten $\varepsilon_y, \gamma_{yz}, \gamma_{yx}$ der Verzerrung sind klein im Vergleich zu den übrigen Komponenten ε_x, ε_z, γ_{xz} und werden daher vernachlässigt ($\varepsilon_y = \gamma_{yz} = \gamma_{yx} = 0$).

$$G = \frac{E}{2(1+\mu)}, \qquad \mu = \frac{1}{m}, \qquad e = \varepsilon_x + \varepsilon_y + \varepsilon_z, \qquad s = \sigma_x + \sigma_z, \qquad \Delta = \left[\frac{\partial^2}{\partial x^2} + \frac{\partial^2}{\partial z^2}\right].$$

s ist gegenüber einer Drehung des Koordinatensystems invariant.

Z bedeutet die auf die Einheit bezogene konstante Massenkraft (Eigengewicht).

    2. Gleichgewichtsbedingungen nach S. 643.

$$\frac{\partial \sigma_x}{\partial x} + \frac{\partial \tau_{zx}}{\partial z} = 0, \qquad \frac{\partial \sigma_z}{\partial z} + \frac{\partial \tau_{xz}}{\partial x} + Z = 0, \qquad \tau_{xz} = \tau_{zx}. \tag{1049}$$

    3. Elastizitätsgesetz nach S. 643.

$$\left.\begin{aligned}
\varepsilon_x &= \frac{1}{2G}\left(\sigma_x - \frac{s}{m+1}\right), & \varepsilon_z &= \frac{1}{2G}\left(\sigma_z - \frac{s}{m+1}\right), & \gamma_{xz} &= \frac{\tau_{xz}}{G}, \\[2mm]
\sigma_x &= 2G\left(\varepsilon_x + \frac{e}{m-2}\right), & \sigma_z &= 2G\left(\varepsilon_z + \frac{e}{m-2}\right), & e &= \frac{1}{2G}\, s\, \frac{m-2}{m+1}.
\end{aligned}\right\} \tag{1050}$$

    4. Verträglichkeitsbedingungen nach S. 18.

$$\varepsilon_x = \frac{\partial u}{\partial x}, \qquad \varepsilon_z = \frac{\partial w}{\partial z}, \qquad \gamma_{xz} = \frac{\partial u}{\partial z} + \frac{\partial w}{\partial x}. \tag{1051}$$

Die Verwendung der Beziehungen 3. und 4. in 2. liefert folgende Gleichgewichtsbedingungen:

$$G\left(\Delta u + \frac{m}{m-2}\frac{\partial e}{\partial x}\right) = 0, \qquad G\left(\Delta w + \frac{m}{m-2}\frac{\partial e}{\partial z}\right) + Z = 0. \tag{1052}$$

Aus der Addition der beiden nach x und z differentiierten Gleichungen entsteht mit $\partial Z/\partial z = 0$ die Bedingung

$$\Delta e = 0 \quad \text{oder} \quad \Delta s = 0, \quad \text{also} \quad \frac{\partial^2 \sigma_x}{\partial x^2} + \frac{\partial^2 \sigma_z}{\partial z^2} = 0. \tag{1053}$$

Soll diese allgemeine Differentialbeziehung des Spannungszustandes durch eine Veränderliche F beschrieben werden, so muß diese die Gleichgewichtsbedingungen (1049) erfüllen. Dies geschieht nach G. B. Airy mit

$$\sigma_x = \frac{\partial^2 F}{\partial z^2}, \qquad \sigma_z = \frac{\partial^2 F}{\partial x^2}, \qquad \tau_{xz} = -\frac{\partial^2 F}{\partial x \partial z} - Z x, \tag{1054a}$$

bei fehlenden Massenkräften auch mit

$$\sigma_x = \frac{\partial^2 F}{\partial z^2}, \qquad \sigma_z = \frac{\partial^2 F}{\partial x^2}, \qquad \tau_{xz} = -\frac{\partial^2 F}{\partial x \partial z}, \tag{1054b}$$

so daß der ebene Spannungszustand nach (1053) und (1054) durch folgende Bedingung bestimmt ist:

$$\Delta s = \left(\frac{\partial^2}{\partial x^2} + \frac{\partial^2}{\partial z^2}\right)\left(\frac{\partial^2 F}{\partial x^2} + \frac{\partial^2 F}{\partial z^2}\right) = \Delta \Delta F = \frac{\partial^4 F}{\partial x^4} + 2\frac{\partial^4 F}{\partial x^2 \partial z^2} + \frac{\partial^4 F}{\partial z^4} = 0. \tag{1055}$$

Die Gleichung kann ebenso wie auf S. 646 in zwei partielle Differentialgleichungen zweiter Ordnung zerlegt und nach (935) in Polarkoordinaten angeschrieben werden.

$$\frac{\partial^2 F}{\partial x^2} + \frac{\partial^2 F}{\partial z^2} = s, \qquad \frac{\partial^2 s}{\partial x^2} + \frac{\partial^2 s}{\partial z^2} = 0, \qquad s = \sigma_x + \sigma_z. \tag{1056}$$

$$\Delta \Delta F = \left(\frac{\partial^2}{\partial r^2} + \frac{1}{r}\frac{\partial}{\partial r} + \frac{1}{r^2}\frac{\partial^2}{\partial \alpha^2}\right)^2 F = 0 \tag{1057}$$

mit

$$\sigma_r = \frac{1}{r}\frac{\partial F}{\partial r} + \frac{1}{r^2}\frac{\partial^2 F}{\partial \alpha^2}, \qquad \sigma_t = \frac{\partial^2 F}{\partial r^2}, \qquad \tau_{xz} = -\frac{\partial}{\partial r}\left(\frac{1}{r}\frac{\partial F}{\partial \alpha}\right). \tag{1058}$$

Die Funktion F ist unter dem Namen Airysche Spannungsfunktion bekannt. Sie genügt nach (929) der Differentialgleichung einer an der Oberfläche kräftefreien Platte, so daß die Ordinaten F mit den Verschiebungen w einer elastischen, durch Randkräfte erzeugten Biegefläche mit den durch (1061) vorgeschriebenen Randbedingungen verglichen werden können. Die Fläche wird Airysche Fläche oder Spannungsfläche genannt, da ihre Krümmungen nach (1054b) die Längsspannungen der Scheibe beschreiben. Diese Erkenntnis ist von K. Wieghardt verwendet worden, um die Spannungen der Scheibe an der Formänderung eines dünnen Bleches auszumessen.

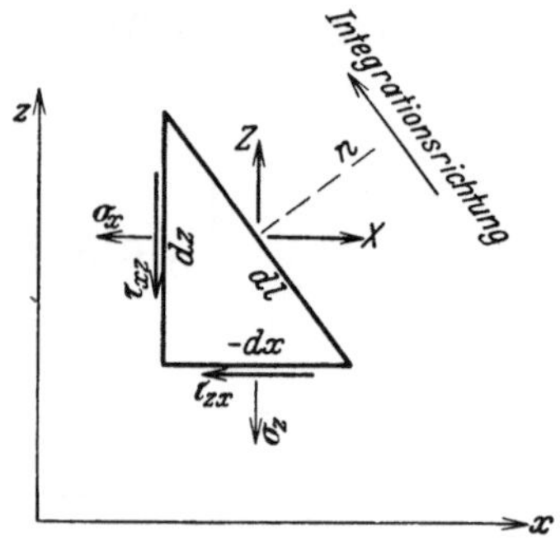

Abb. 709.

Die Randbedingungen. Die analytische Untersuchung des Spannungszustandes besteht in der Ermittlung einer Funktion $F(x, z)$, welche die partielle Differentialgleichung (1055) und die von Randkräften $X(x, z)$, $Z(x, z)$ vorgeschriebenen Bedingungen für σ_n und $\tau_{n\,l}$ erfüllt. Um diese auch bei einer allgemeinen Begrenzung der Scheibe in einfacher Form auszusprechen, wird das Gleichgewicht der Kräfte an einem Randabschnitt der Scheibe betrachtet. Nach Abb. 709 ist

$$\left.\begin{array}{l} \sigma_x \cos(n, x) + \tau_{zx} \cos(n, z) = X, \\ \tau_{xz} \cos(n, x) + \sigma_z \cos(n, z) = Z \end{array}\right\} \qquad (1059)$$

und mit (1054b) und

$$\cos(n, x) = \frac{dz}{dl}, \qquad \cos(n, z) = -\frac{dx}{dl},$$

$$\left.\begin{array}{l} \dfrac{\partial^2 F}{\partial z^2} \dfrac{dz}{dl} + \dfrac{\partial^2 F}{\partial x\,\partial z} \dfrac{dx}{dl} = X, \qquad -\dfrac{\partial^2 F}{\partial x\,\partial z} \dfrac{dz}{dl} - \dfrac{\partial^2 F}{\partial x^2} \dfrac{dx}{dl} = Z, \\[2ex] \dfrac{\partial F}{\partial z} = \displaystyle\int_0^k X\,dl = R_x, \qquad \dfrac{\partial F}{\partial x} = -\displaystyle\int_0^n Z\,dl = -R_z. \end{array}\right\} \quad (1060)$$

Danach lassen sich die Randbedingungen der Spannungsfunktion bei beliebiger Begrenzung und Belastung der Scheibe in folgender Weise anschreiben:

$$\int\left(\frac{\partial F}{\partial z}\,dz + \frac{\partial F}{\partial x}\,dx\right) = F = \int (R_x\,dz - R_z\,dx),$$

$$F_k = \int_0^k [X(z_k - z) - Z(x_k - x)]\,dl. \qquad (1061\,a)$$

$$\frac{\partial F}{\partial n} = \frac{\partial F}{\partial x}\frac{dx}{dn} + \frac{\partial F}{\partial z}\frac{dz}{dn} = -R_z \cos(l, z) + R_x \cos(l, x) = -R_l. \qquad (1061\,b)$$

Die Spannungsfunktion F und ihre Normalableitung $\partial F/\partial n$ sind daher in einem beliebigen Punkte K des Randes bis auf die in (1061a) und (1061b) nicht enthaltenen Integrationskonstanten durch das Moment und die Tangentialkomponente R_l der Resultierenden der Randbelastung im Punkte k des Scheibenrandes bestimmt. Der Anfangspunkt der Integration ist beliebig. Durch seine Wahl würden nur die Integrationskonstanten in (1061a) und (1061b) festgelegt werden, welche auf die Spannungen und Verschiebungen ohne Einfluß sind, da diese nur von zweiten und höheren Differentialquotienten abhängen. Die Ableitung der Spannungsfunktion nach der Tangente des Scheibenrandes ist an einspringenden Ecken und an den Angriffspunkten von Einzellasten unstetig. Die Krümmung der Spannungsfläche wird daher hier unendlich. Dasselbe gilt von der Längsspannung.

Die formale Lösung der Aufgabe ist nur in einzelnen Fällen möglich. Zwar lassen sich ebenso wie bei der Integration der Plattengleichung (929) leicht Funktionen anschreiben, welche die Differentialgleichung (1055) erfüllen, dagegen gelingt

die Befriedigung der Randbedingungen durch eine rechnerisch brauchbare Reihenentwicklung nur bei denjenigen Scheiben, die nach drei und vier Seiten unbegrenzt
sind oder parallele Ränder besitzen. Das sind die Ebene und geradlinig, keilförmig
oder kreisförmig begrenzte Abschnitte der Ebene. Aus diesem Grunde ist auch die
Umordnung der Belastung bei symmetrisch ausgebildeten Scheiben nützlich. Die
Randbedingungen werden auf diese Weise symmetrisch oder antimetrisch. Die
Anzahl der in einem Ansatz zu befriedigenden Randbedingungen ist dann kleiner
und der Ansatz selbst kürzer. Er muß die Differentialgleichung und nach (1060)
oder (1061) differentiiert die vorgeschriebenen Randbedingungen erfüllen.

Spannungszustand in einer Halbscheibe. Randbedingungen für $z = 0$:
$\sigma_z = 0$, $\tau_{xz} = 0$ oder vorgeschrieben.

a) Belastung durch die Einzellast P_1 winkelrecht zur Begrenzung (Abb. 710).

$$F = -\frac{P_1}{\pi}\,r\,\alpha\sin\alpha, \qquad \sigma_r = -\frac{2\,P_1}{\pi}\,\frac{\cos\alpha}{r}, \qquad \sigma_t = 0, \qquad \tau_{rt} = 0, \qquad (1062\,\text{a})$$

$$\sigma_z = \sigma_r\cos^2\alpha, \qquad \sigma_x = \sigma_r\sin^2\alpha, \qquad \tau_{xz} = -\sigma_r\sin\alpha\cos\alpha. \qquad (1062\,\text{b})$$

In rechtwinkligen Koordi-
naten lauten die Gleichungen
(1062b) mit $\xi = x/a$, $\zeta = z/a$

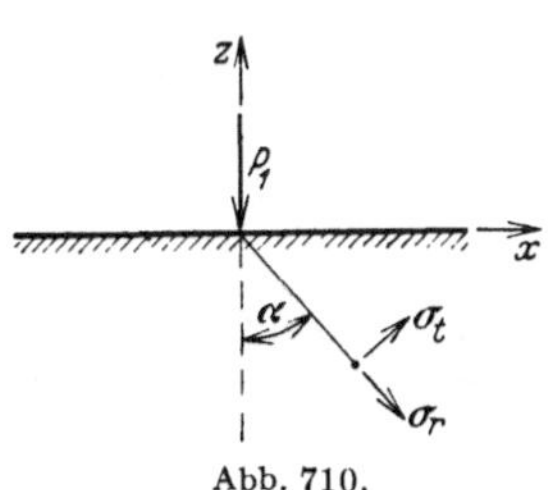

Abb. 710.

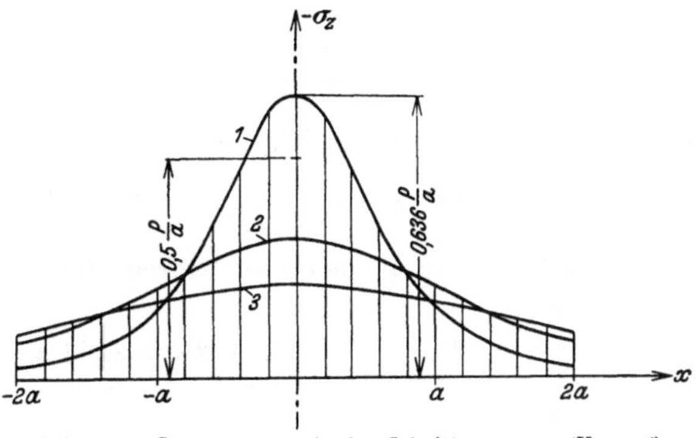

Abb. 711a. Spannungen σ_z in den Schnitten $z = -a$ (Kurve *1*),
$z = -2a$ (Kurve *2*), $z = -3a$ (Kurve *3*).

$$\sigma_x = -\frac{2\,P_1}{\pi\,a}\,\frac{\xi^2\,\zeta}{(\xi^2 + \zeta^2)^2}, \qquad \sigma_z = -\frac{2\,P_1}{\pi\,a}\,\frac{\zeta^3}{(\xi^2 + \zeta^2)^2}, \qquad \tau_{xz} = \frac{2\,P_1}{\pi\,a}\,\frac{\xi\,\zeta^2}{(\xi^2 + \zeta^2)^2}.$$

Die Abb. 711a enthält die Spannung σ_z für mehrere Schnitte $z = $ const, die
Abb. 711b, c die Spannungen σ_x, τ_{xz} für mehrere Schnitte $x = $ const. Die Span-

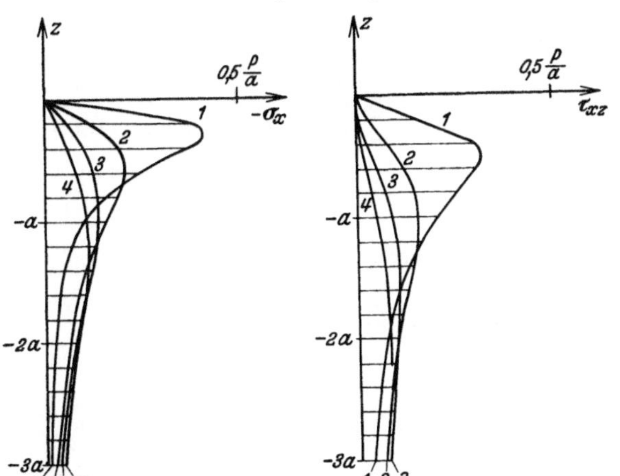

Abb. 711b, c. Spannungen σ_x und τ_{xz} in den Schnitten $x = a/2$
(Kurve *1*), $x = a$ (Kurve *2*), $x = 3a/2$ (Kurve *3*), $x = 2a$ (Kurve *4*).

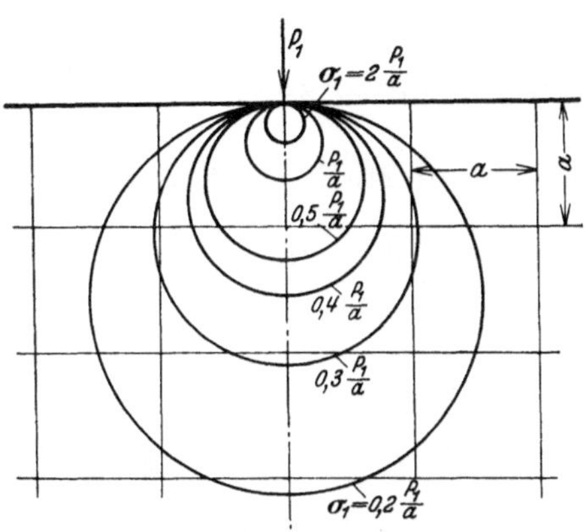

Abb. 712. Linien gleicher Hauptspannung σ_1.

nung σ_x wechselt in diesen Schnitten nicht ihr Vorzeichen, so daß $\int\limits_{-\infty}^{0}\sigma_x\,dz$ einen von x unabhängigen endlichen Wert besitzen muß, der zu $-P_1/\pi$ gefunden wird.

Die Linien gleicher Hauptspannung σ_1 sind Kreise durch den Koordinatenanfangspunkt mit der Gleichung

$$\xi^2 + \left(\zeta - \frac{1}{n}\right)^2 = \left(\frac{1}{n}\right)^2, \qquad n = \sigma_1 \left| \frac{P_1}{\pi a}\right..$$

Die Spannung σ_2 ist überall gleich Null (Abb. 712).

Die Längsspannungstrajektorien sind Kreise um den Koordinatenanfangspunkt oder die von dort ausgehenden Radien (Abb. 713).

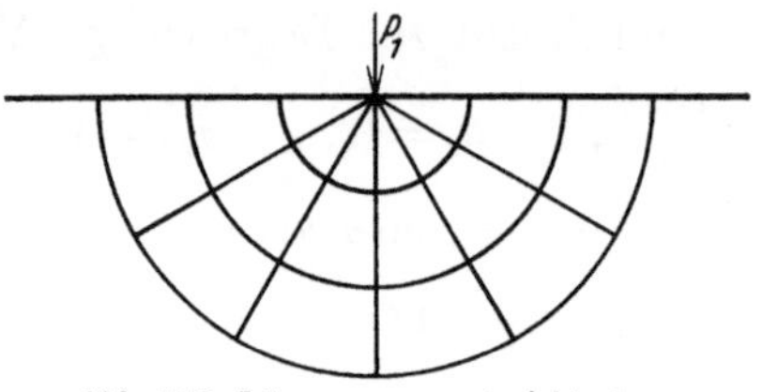

Abb. 713. Längsspannungstrajektorien.

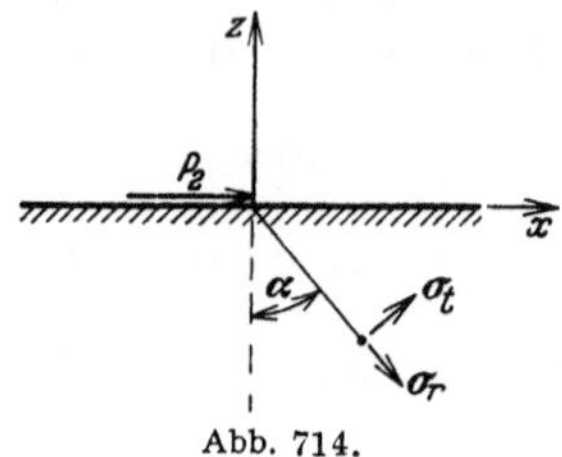

Abb. 714.

b) Belastung durch die Einzellast P_2 parallel zur Begrenzung (Abb. 714).

$$F = -\frac{P_2}{\pi}\,r\alpha\cos\alpha, \qquad \sigma_r = -\frac{2P_2}{\pi}\frac{\sin\alpha}{r}, \qquad \sigma_t = 0, \qquad \tau_{rt} = 0. \quad (1063)$$

c) Belastung durch mehrere Einzellasten P_k (Abb. 715). Superposition der Lösungen a).

$$\sigma_z = -\frac{2}{\pi}\sum\frac{P_k\cos^3\alpha_k}{r_k}, \quad \sigma_x = -\frac{2}{\pi}\sum\frac{P_k\cos\alpha_k\sin^2\alpha_k}{r_k}, \quad \tau_{xz} = \frac{2}{\pi}\sum\frac{P_k\sin\alpha_k\cos^2\alpha_k}{r_k}. \quad (1064)$$

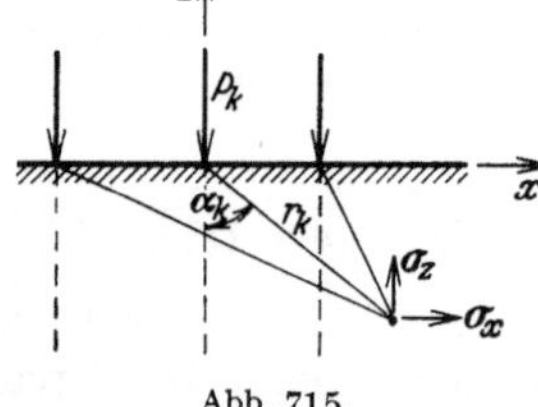

Abb. 715.

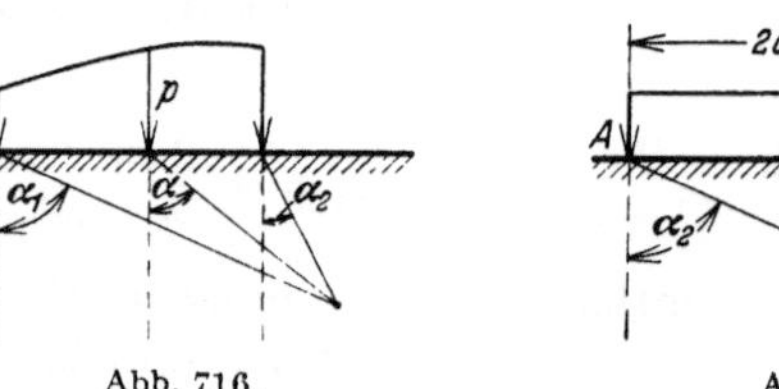

Abb. 716.

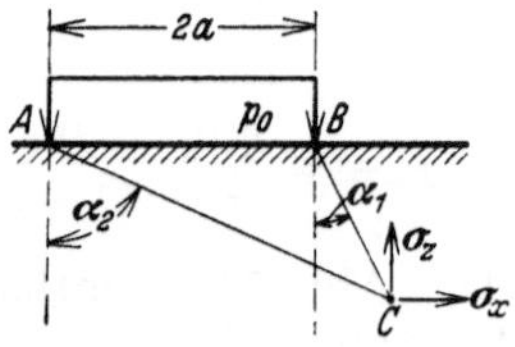

Abb. 717.

d) Stetige Streckenlast $dP = p\,dx$ (Abb. 716).

$$\sigma_z = \frac{2}{\pi}\int\limits_{\alpha_1}^{\alpha_2} p\cos^2\alpha\,d\alpha, \quad \sigma_x = \frac{2}{\pi}\int\limits_{\alpha_1}^{\alpha_2} p\sin^2\alpha\,d\alpha, \quad \tau_{xz} = -\frac{2}{\pi}\int\limits_{\alpha_1}^{\alpha_2} p\sin\alpha\cos\alpha\,d\alpha. \quad (1065)$$

Sonderfall $p = p_0 = \text{const}$ (Abb. 717):

$$\left.\begin{aligned}
&\sigma_z = \frac{p_0}{2\pi}[2(\alpha_2 - \alpha_1) + \sin 2\alpha_2 - \sin 2\alpha_1], \qquad \tau_{xz} = +\frac{p_0}{2\pi}[\cos 2\alpha_2 - \cos 2\alpha_1], \\
&\qquad\qquad \sigma_x = +\frac{p_0}{2\pi}[2(\alpha_2 - \alpha_1) - (\sin 2\alpha_2 - \sin 2\alpha_1)].
\end{aligned}\right\} \quad (1066\,\text{a})$$

Hauptspannungen:

$$\sigma_1 = \frac{p_0}{\pi}[(\alpha_2 - \alpha_1) - \sin(\alpha_2 - \alpha_1)], \qquad \sigma_2 = \frac{p_0}{\pi}[(\alpha_2 - \alpha_1) + \sin(\alpha_2 - \alpha_1)]. \quad (1066\,\text{b})$$

Die Hauptspannung σ_2 fällt in die Richtung der Halbierungslinie des Winkels ACB (Abb. 717).

Spannungen σ_z in Schnitten $z=$ const: Abb. 718a

   ,, σ_x ,,   ,, $x=$ const: ,,   718b

   ,, τ_{xz} ,,   ,, $x=$ const: ,,   718c

Auch hier ist $\int\limits_{-\infty}^{0}\sigma_x\,dz$ von Null verschieden und gleich $-2\,p_0 a/\pi$. Die Linien gleicher Hauptspannungen σ_1 oder σ_2 (Abb. 719a) sind Kreise durch die Endpunkte der Belastung, da beide Hauptspannungen nur von der Differenz der Winkel α_1 und α_2 abhängen. Die Längsspannungstrajektorien sind in Abb. 719b dargestellt.

Keilförmig begrenzte Scheiben mit einer Einzellast an der Spitze (Abb. 720).

Die Normalspannungen σ_t und die Schubspannungen τ_{rt} der Halbscheibe in

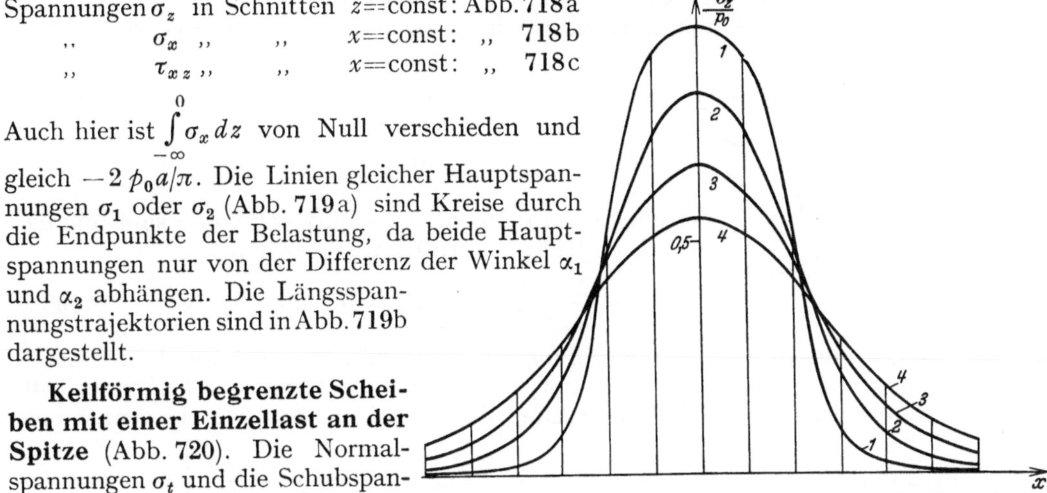

Abb. 718a. Spannungen σ_z in den Schnitten $z=-0,5a$ (Kurve *1*), $z=-a$ (Kurve *2*), $z=-1,5a$ (Kurve *3*), $z=-2a$ (Kurve *4*).

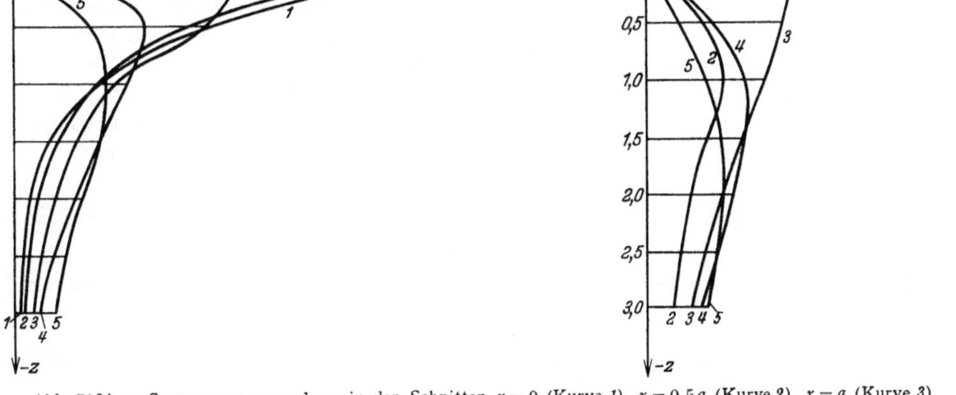

Abb. 718b, c. Spannungen σ_x und τ_{xz} in den Schnitten $x=0$ (Kurve *1*), $x=0,5a$ (Kurve *2*), $x=a$ (Kurve *3*), $x=1,5a$ (Kurve *4*), $x=2a$ (Kurve *5*).

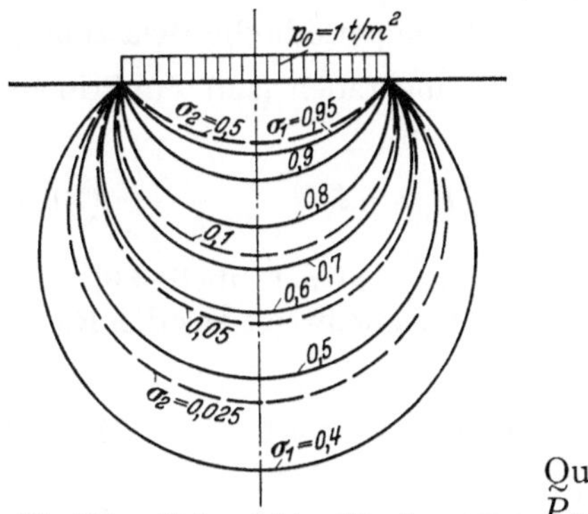

Abb. 719a. Linien gleicher Hauptspannung σ_1 oder σ_2.

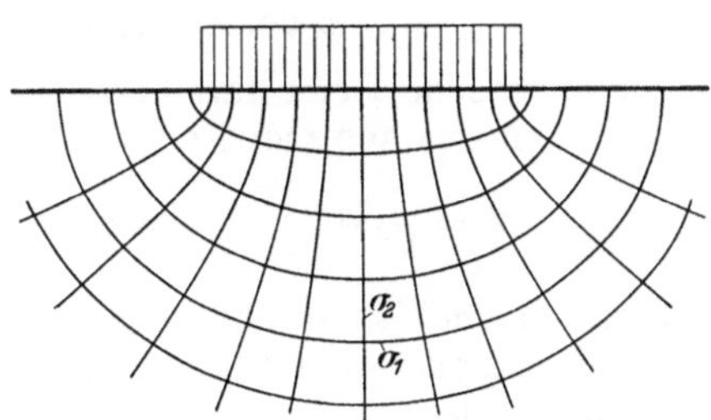

Abb. 719b. Längsspannungstrajektorien.

Querschnitten durch den Angriffspunkt der Lasten P_1, P_2 sind Null. Der Spannungszustand bleibt daher in einem danach abgetrennten Keil unverändert.

$$\sigma_r = -\frac{2\,P_1\cos\alpha}{r\,(2\,\beta+\sin 2\,\beta)} + \frac{2\,P_2\sin\alpha}{r\,(2\,\beta-\sin 2\,\beta)}\,, \qquad \sigma_t = 0\,, \qquad \tau_{rt} = 0\,. \qquad (1067)$$

Halbscheibe mit periodischer Belastung des Randes (Abb. 721). Die Differentialgleichung der Spannungsfunktion wird gliedweise durch eine trigonometrische Reihe

$$F' = \sum_0^\infty F_n' = F_0' + \sum_1^\infty Z_n' \cos \xi_n \qquad \text{oder} \qquad F'' = \sum_0^\infty F_n'' = \sum_1^\infty Z_n'' \sin \xi_n \qquad (1068\,\text{a})$$

$$\text{mit} \quad \xi_n = n \pi \frac{x}{l}$$

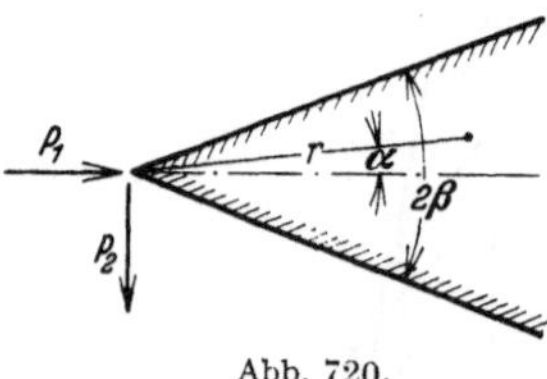

Abb. 720.

erfüllt, deren Beiwerte Z_n Funktionen von z sind und daher nach (1055) die Differentialgleichung

$$\frac{d^4 Z_n}{d z^4} - \frac{2}{l_n^2} \frac{d^2 Z_n}{d z^2} + \frac{1}{l_n^4} Z_n = 0 \quad \text{mit} \quad l_n = \frac{l}{n \pi} \qquad (1068\,\text{b})$$

befriedigen müssen. Die Spannungsfunktion F ist außerdem noch durch vier Randbedingungen bestimmt. Für $z = 0$ ist $\sigma_z = \partial^2 F/\partial x^2 = -p$, $\tau_{xz} = -\partial^2 F/\partial x \partial z = 0$. Ist die Resultierende der Belastung einer Periode $2\,l$ von Null verschieden, so entsteht durch Überlagerung einer konstanten Zugbelastung $p_0 = \dfrac{1}{2\,l} \displaystyle\int_{-l}^{+l} p\, dx$ eine Belastung $p^* = p - p_0$ mit der Resultierenden Null. Für p^* ist also im negativ Unendlichen $\sigma_z = 0$, $\tau_{xz} = 0$. Die Druckbelastung p_0 erzeugt eine gleichförmige Beanspruchung der Scheibe mit $\sigma_z = -p_0$, $\tau_{xz} = 0$, $\sigma_x = 0$, so daß für $p = p^* + p_0$ im negativ Unendlichen folgende Bedingungen bestehen:

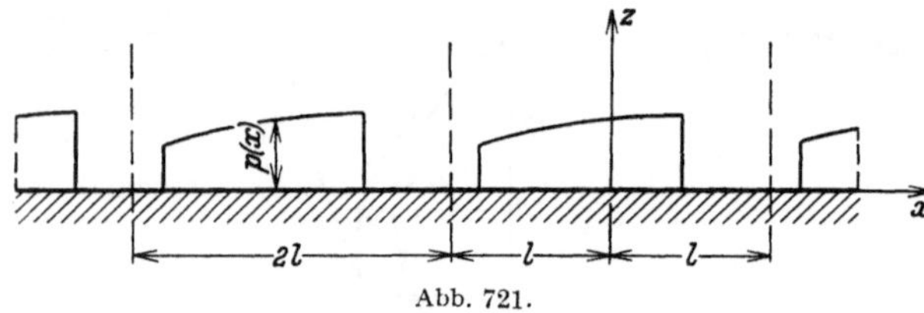

Abb. 721.

$$\sigma_z = \frac{\partial^2 F}{\partial x^2} = -p_0 = -\frac{1}{2\,l} \int_{-l}^{+l} p\, dx\,, \qquad \tau_{xz} = -\frac{\partial^2 F}{\partial x \partial z} = 0\,.$$

Sie werden nach A. Nadai durch die Funktionen (1068a) erfüllt, wenn mit $\zeta_n = n \pi \dfrac{z}{l}$

$$\begin{aligned} Z_n' &= (C_n' + D_n' \zeta_n)\, e^{\zeta_n}\,, \qquad & F_0' &= -p_0\, x^2/2 \\ Z_n'' &= (C_n'' + D_n'' \zeta_n)\, e^{\zeta_n} & & \end{aligned} \Bigg\} \qquad (1068\,\text{c})$$

und gesetzt wird. Die Vorzahlen C, D hängen von den Bedingungen am Rande ($z = 0$) ab. Um hier $\sigma_z = \dfrac{\partial^2 F}{\partial x^2} = -p$ vorzuschreiben, wird auch die periodische Belastung p in eine trigonometrische Reihe mit geraden (cos) oder ungeraden (sin) Funktionen zerlegt, je nachdem sie symmetrisch oder antimetrisch ist.

$$p' = A_0 + \sum_1^\infty A_n \cos \xi_n\,, \qquad p'' = \sum_1^\infty B_n \sin \xi_n\,. \qquad (1069)$$

Die Vorzahlen A_n und B_n ergeben sich nach bekannten Regeln (Tabelle 66).

Die Integrationskonstanten C_n, D_n lassen sich nunmehr gliedweise aus den Randbedingungen berechnen.

$$F' = -\frac{p_0\, x^2}{2} + \sum_1^\infty A_n\, l_n^2\, (1 - \zeta_n)\, e^{\zeta_n} \cos \xi_n \qquad (1070\,\text{a})$$

oder

$$F'' = \sum_1^\infty B_n\, l_n^2\, (1 - \zeta_n)\, e^{\zeta_n} \sin \xi_n \qquad (1070\,\text{b})$$

mit $l_n = \dfrac{l}{n \pi}$ und $\zeta_n = \dfrac{n \pi z}{l}$.

Tabelle 66. Fourierkoeffizienten für einfache Belastungen.

$$\gamma_n = n\pi \frac{c}{l} = \frac{c}{l_n}, \qquad p_0 = \frac{1}{2l}\int_{-l}^{+l} p\,dx\,.$$

a	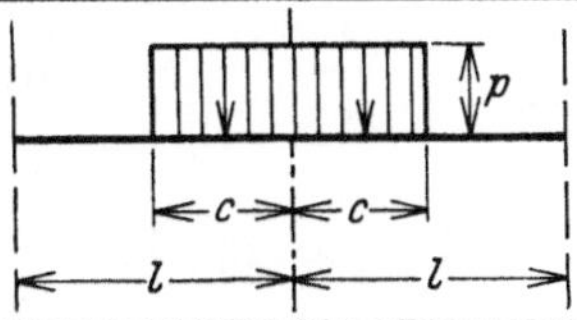	$A_0 = p_0 = p\,\frac{c}{l}$, $\quad A_n = 2\,p_0\,\frac{\sin\gamma_n}{\gamma_n}$
b	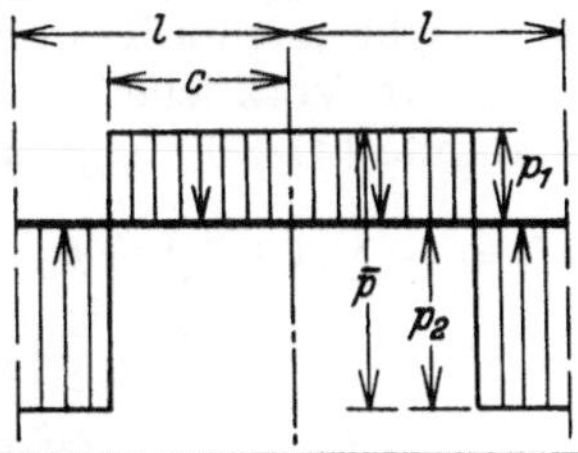	Belastung mit der Resultierenden Null $[p_1 c = p_2 (l - c)]$. $\bar{p} = p_1\,\frac{c}{l-c}$, $\quad A_0 = p_0 = 0$, $\quad A_n = 2\,\bar{p}\,\frac{\sin\gamma_n}{\gamma_n}$
c	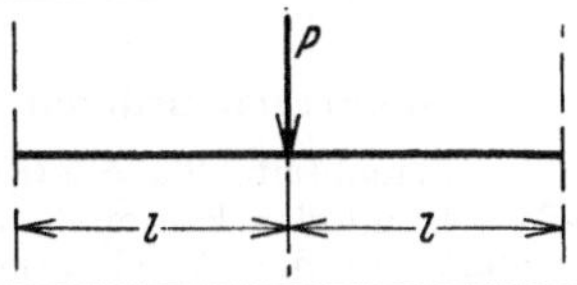	$A_0 = p_0 = \frac{P}{2l}$, $\quad A_n = \frac{P}{l}$
d	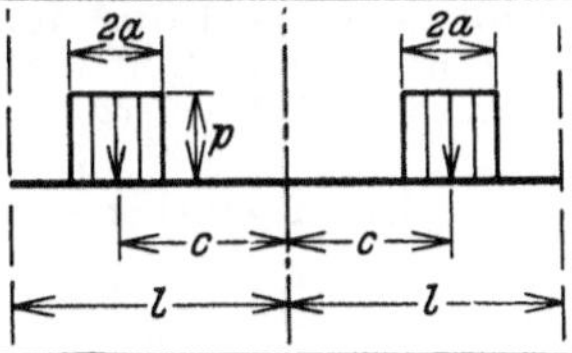	$A_0 = p_0 = 2\,p\,\frac{a}{l}$, $\quad A_n = 2\,p_0\,\frac{c}{a}\,\frac{\cos\gamma_n}{\gamma_n}\,\sin n\pi\,\frac{a}{l}$
e	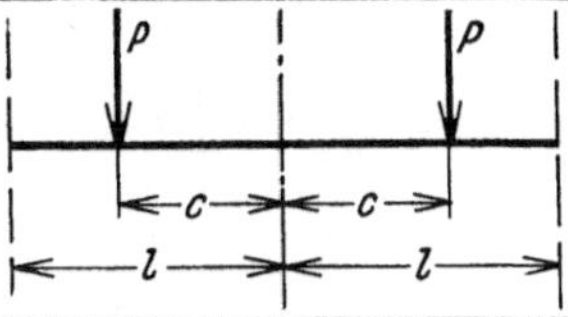	$A_0 = p_0 = \frac{P}{l}$, $\quad A_n = 2\,\frac{P}{l}\,\cos\gamma_n$
f	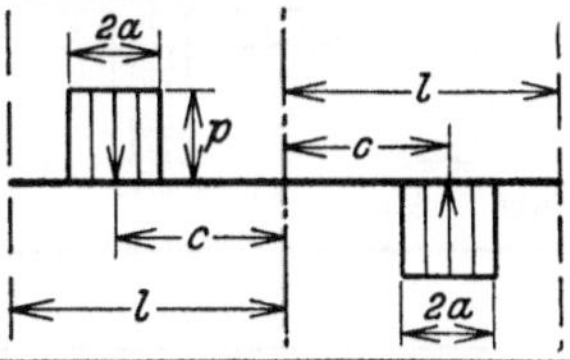	$\bar{p} = 2\,p\,\frac{a}{l}$, $\quad B_n = 2\,\bar{p}\,\frac{c}{a}\,\frac{\sin\gamma_n}{\gamma_n}\,\sin n\pi\,\frac{a}{l}$
g	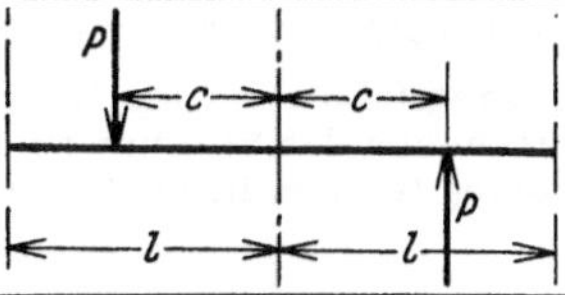	$B_n = 2\,\frac{P}{l}\,\sin\gamma_n$
h	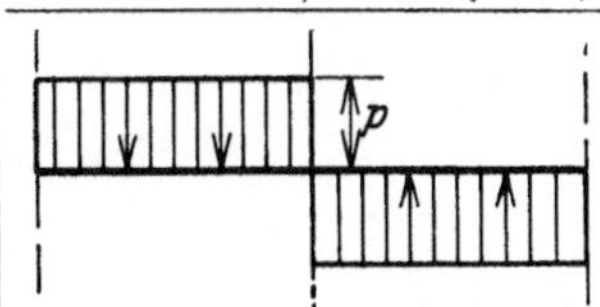	$B_n = -\frac{4p}{\pi n}$ $\qquad n = 1, 3, 5, \ldots$

Bei Belastung der Halbebene nach Tabelle 66, a entsteht daher folgender Spannungszustand:

$$\sigma_x = \frac{\partial^2 F}{\partial z^2} = -2\,p_0 \sum_1^\infty \frac{\sin\gamma_n}{\gamma_n}\,(1+\zeta_n)\,e^{\zeta n}\cos\xi_n\,,$$

$$\tau_{xz} = -\frac{\partial^2 F}{\partial x\,\partial z} = -2\,p_0 \sum_1^\infty \frac{\sin\gamma_n}{\gamma_n}\,\zeta_n\,e^{\zeta n}\sin\xi_n\,,$$

$$\sigma_z = \frac{\partial^2 F}{\partial x^2} = -p_0 - 2\,p_0 \sum_1^\infty \frac{\sin\gamma_n}{\gamma_n}\,(1-\zeta_n)\,e^{\zeta n}\cos\xi_n\,. \tag{1071}$$

Die Randbedingungen für $z=0$ und $z=\infty$ lassen sich leicht nachprüfen. Bei Belastung der Halbebene nach Abb. 722 erhält p_0 das negative Vorzeichen.

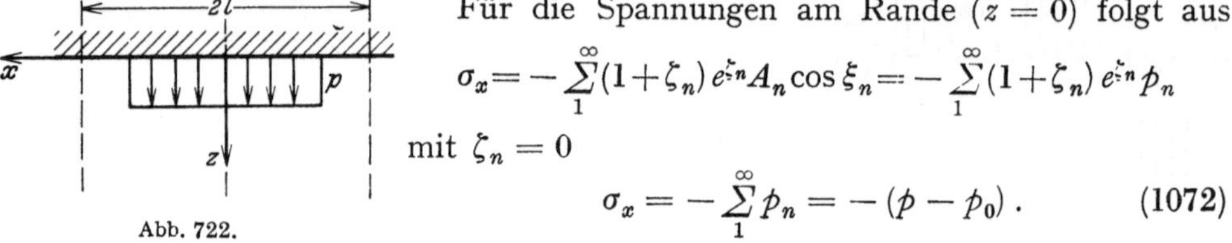

Abb. 722.

Für die Spannungen am Rande ($z=0$) folgt aus

$$\sigma_x = -\sum_1^\infty (1+\zeta_n)\,e^{\zeta n} A_n \cos\xi_n = -\sum_1^\infty (1+\zeta_n)\,e^{\zeta n} p_n$$

mit $\zeta_n=0$

$$\sigma_x = -\sum_1^\infty p_n = -(p - p_0)\,. \tag{1072}$$

Spannungszustand im Mittelfeld einer hohen Silowand auf mehreren Stützen.

1. Abmessungen und äußere Kräfte. Feldweite $2\,l=8{,}00$ m, Stützenbreite $2\,c=2{,}00$ m (Abb. 723 a). Die x-Achse fällt mit dem unteren Rand, die z-Achse mit der Feldmitte zusammen. Die gleichförmig verteilte Zugbelastung $-p'$ in t/m liefert auf die Wandstärke b bezogen die Belastung $-p=-p'/b$ in t/m². Die Untersuchung wird für $p=-1$ t/m² durchgeführt. Stützkraft: $q=p\cdot l/c=4\,p$. Durch Superposition von Belastung und Stützkräften entsteht das Belastungsbild Abb. 723 b. Die Entwicklung nach Fourier (S. 719) liefert

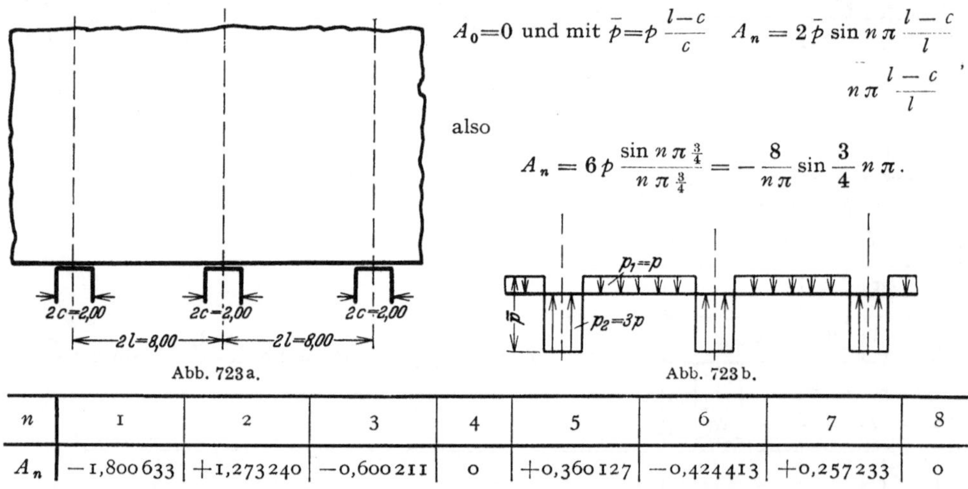

Abb. 723 a.   Abb. 723 b.

$A_0=0$ und mit $\bar p = p\,\dfrac{l-c}{c}$

$$A_n = 2\,\bar p \sin n\,\pi\,\frac{\dfrac{l-c}{l}}{n\,\pi\,\dfrac{l-c}{l}}\,,$$

also

$$A_n = 6\,p\,\frac{\sin n\,\pi\,\tfrac34}{n\,\pi\,\tfrac34} = -\frac{8}{n\,\pi}\sin\frac34\,n\,\pi\,.$$

n	1	2	3	4	5	6	7	8
A_n	−1,800 633	+1,273 240	−0,600 211	0	+0,360 127	−0,424 413	+0,257 233	0

Die ersten fünf Fourierglieder ergeben als Annäherung der Belastungsfunktion *1* die Kurve *2* der Abb. 724, die ersten acht Glieder die Kurve *3*. Wird die Berechnung der Spannungen auf die ersten fünf Glieder beschränkt, so entsteht die strenge Lösung für die Belastung nach Kurve *2*.

2. Ermittlung von σ_x, σ_z, τ_{xz}. Nach (1054 b) und (1070) ist

$$\sigma_x = -\sum_1^5 (1+\zeta_n)\,e^{\zeta n}\cdot A_n\cos\xi_n = -\sum_1^5 \psi_n(\zeta)\cdot E_n(\xi)\,,$$

$$\sigma_z = -\sum_1^5 (1-\zeta_n)\,e^{\zeta n}\cdot A_n\cos\xi_n = -\sum_1^5 \varphi_n(\zeta)\cdot E_n(\xi)\,,$$

$$\tau_{xz} = -\sum_1^5 \zeta_n\cdot e^{\zeta n}\cdot A_n\sin\xi_n = -\sum_1^5 \chi_n(\zeta)\cdot F_n(\xi)\,.$$

Die Spannungen werden für einzelne Schnitte $z = $ const berechnet. Dabei ergeben sich z. B. für $z = - 0,25\,l$ die folgenden Werte der Funktionen ψ, φ, χ:

n	1	2	3	5
ζ_n	$- 0,785\,398$	$- 1,570\,796$	$- 2,356\,194$	$- 3,926\,991$
$\psi_n\,(\zeta)$	$+ 0,097\,88$	$- 0,118\,66$	$- 0,128\,54$	$- 0,057\,67$
$\varphi_n\,(\zeta)$	$+ 0,814\,36$	$+ 0,534\,41$	$+ 0,318\,10$	$+ 0,097\,08$
$\chi_n\,(\zeta)$	$- 0,358\,24$	$- 0,326\,54$	$- 0,223\,32$	$- 0,077\,37$

Damit lassen sich die Spannungen für diesen Schnitt folgendermaßen anschreiben:

$$\sigma_x = - 0,09788\,E_1\,(\xi) + 0,11866\,E_2\,(\xi) + 0,12854\,E_3\,(\xi) + 0,05767\,E_5\,(\xi),$$

$$\sigma_z = - 0,81436\,E_1\,(\xi) - 0,53441\,E_2\,(\xi) - 0,31810\,E_3\,(\xi) - 0,09708\,E_5\,(\xi),$$

$$\tau_{xz} = + 0,35824\,F_1\,(\xi) + 0,32654\,F_2\,(\xi) + 0,22332\,F_3\,(\xi) + 0,07737\,F_5\,(\xi).$$

Die Funktionen E, F sind für Achtelteilung der Strecke l in folgender Tabelle enthalten:

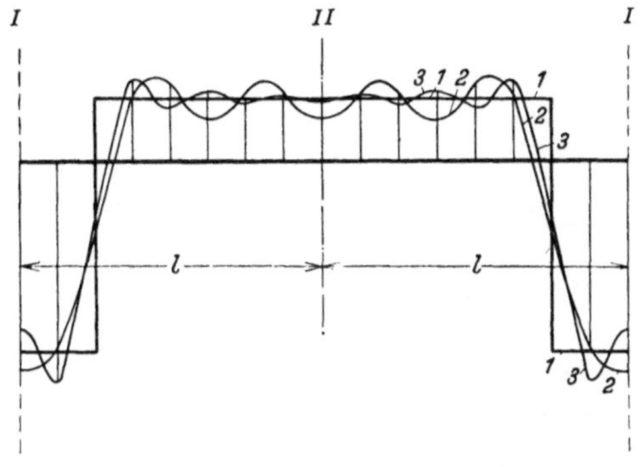

Abb. 724. Linienzug *1*: Gegebene Belastung, Kurve *2*: Annäherung durch fünf Fourierglieder, Kurve *3*: Annäherung durch acht Fourierglieder.

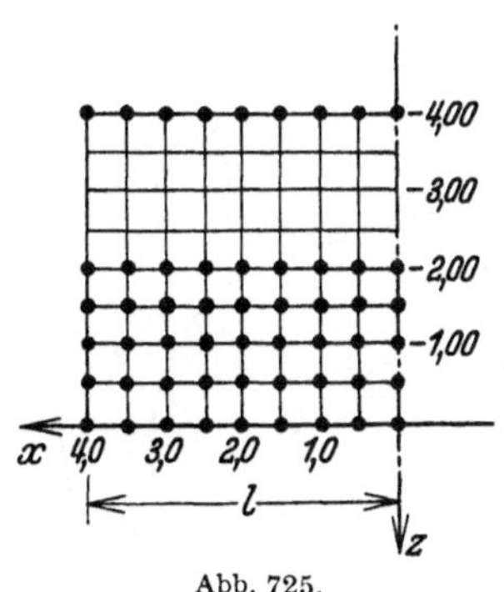

Abb. 725.

ξ	0	0,125	0,250	0,375	0,500	0,625	0,750	0,875	1
$E_1\,(\xi)$	$-1,800\,63$	$-1,663\,60$	$-1,273\,24$	$-0,689\,06$	0	$+0,689\,06$	$+1,273\,24$	$+1,663\,60$	$+1,800\,63$
$F_1\,(\xi)$	0	$-0,689\,06$	$-1,273\,24$	$-1,663\,60$	$-1,800\,63$	$-1,663\,60$	$-1,273\,24$	$-0,689\,06$	0
$E_2\,(\xi)$	$+1,273\,24$	$+0,900\,32$	0	$-0,900\,32$	$-1,273\,24$	$-0,900\,32$	0	$+0,900\,32$	$+1,273\,24$
$F_2\,(\xi)$	0	$+0,900\,32$	$+1,273\,24$	$+0,900\,32$	0	$-0,900\,32$	$-1,273\,24$	$-0,900\,32$	0
$E_3\,(\xi)$	$-0,600\,21$	$-0,229\,68$	$+0,224\,42$	$+0,554\,54$	0	$-0,554\,54$	$-0,224\,42$	$+0,229\,68$	$+0,600\,21$
$F_3\,(\xi)$	0	$-0,554\,54$	$-0,224\,42$	$+0,229\,68$	$+0,600\,21$	$+0,229\,68$	$-0,224\,42$	$-0,554\,54$	0
$E_5\,(\xi)$	$+0,360\,13$	$-0,137\,82$	$-0,254\,66$	$+0,332\,72$	0	$-0,332\,72$	$+0,254\,66$	$+0,137\,82$	$-0,360\,13$
$F_5\,(\xi)$	0	$+0,332\,72$	$-0,254\,66$	$-0,137\,82$	$+0,360\,13$	$-0,137\,82$	$-0,254\,66$	$+0,332\,72$	0

Die Auswertung der allgemeinen Ansätze liefert demnach für $z = - 0,25\,l$ folgende Spannungen in t/m²:

ξ	0	0,125	0,250	0,375	0,500	0,625	0,750	0,875	1
σ_x	$+0,273$	$+0,234$	$+0,166$	$+0,052$	$-0,151$	$-0,266$	$-0,166$	$-0,021$	$+0,029$
σ_z	$+0,922$	$+0,959$	$+0,925$	$+0,834$	$+0,680$	$+0,129$	$-0,925$	$-1,921$	$-2,303$
τ_{xz}	0	$-0,051$	$-0,154$	$-0,261$	$-0,483$	$-0,849$	$-0,986$	$-0,639$	0

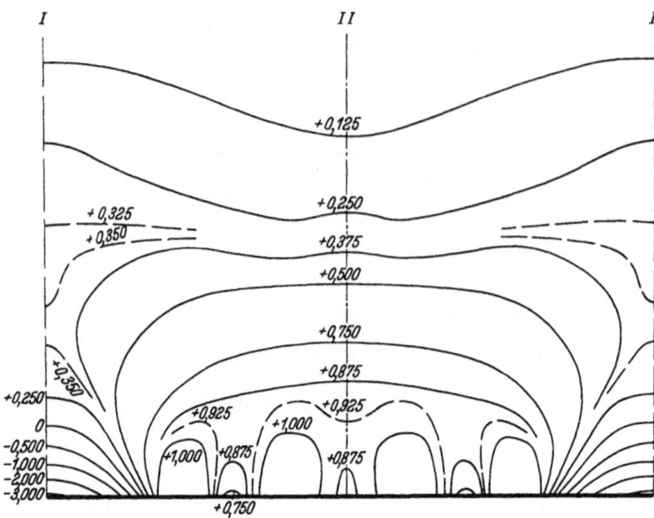

Abb. 726. Linien gleicher Hauptspannung σ_1.

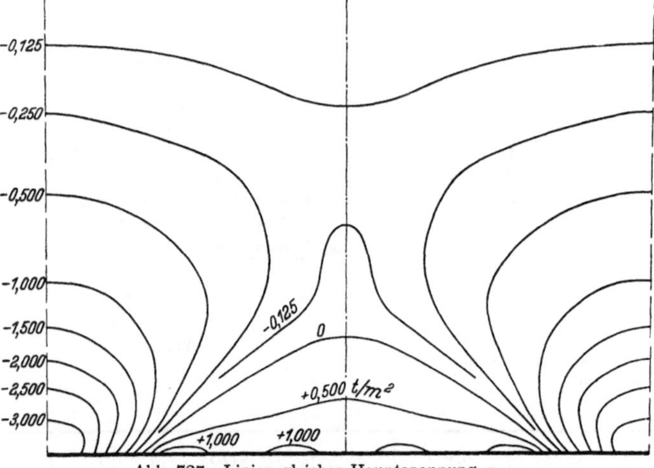

Abb. 727. Linien gleicher Hauptspannung σ_2.

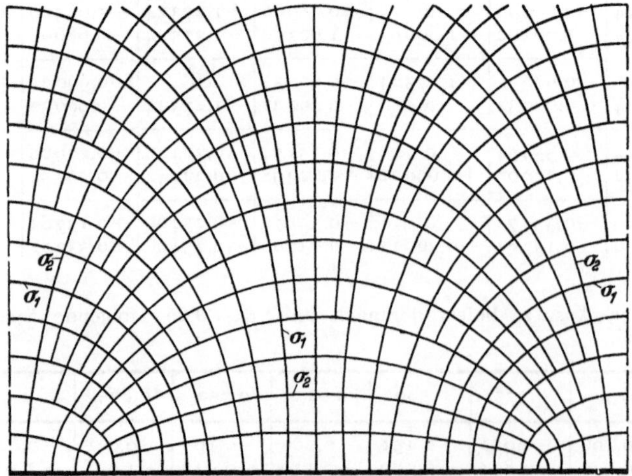

Abb. 728. Längsspannungstrajektorien.

3. **Hauptspannungen.** Die Hauptspannungen und ihre Richtungen werden nach (40) ermittelt. Mit den Spannungen an den in Abb. 725 eingetragenen Punkten sind die Linien gleicher Spannung σ_1 (Abbild. 726), die Linien gleicher Spannung σ_2 (Abb. 727) und die Hauptlängsspannungstrajektorien (Abb. 728) gezeichnet worden.

Föppl, A. u. L.: Drang und Zwang. Berlin u. München 1920. — Nadai, A.: Die elastischen Platten. Berlin 1925. — Wyß, Th.: Die Kraftfelder in festen elastischen Körpern. Berlin 1926. — Miura, A.: Spannungskurven in rechteckigen und keilförmigen Trägern. Berlin 1928. — Trefftz, E.: Mathematische Elastizitätstheorie, Kap. 2 im Handb. d. Physik Bd. II: Mechanik der elastischen Körper. Berlin 1928. — Flügge, W.: Spannungsermittlung in Scheiben und Schalen aus Eisenbeton. J. A. 1930 S. 481. — Hager, K.: Der ebene Spannungszustand. Z. A. M. 1932 S. 137.

75. Der Streifen mit periodischer Belastung der Ränder.

Der Spannungszustand in hohen Wänden ($H = 2h$) läßt sich am einfachsten an durchlaufenden Tragwerken nachweisen, die auf unendlich vielen, gleichweit entfernten Stützen ruhen ($L = 2l$) und als Streifen mit periodischer Belastung der Ränder idealisiert werden (Abb. 729). Das Eigengewicht des Streifens ist mit g t/m³ gleichförmig über die Fläche verteilt. Die Belastung aus Einzelkräften P und gleichförmig verteilten Streckenlasten p an den Rändern wird auf die Einheit der Scheibendicke bezogen.

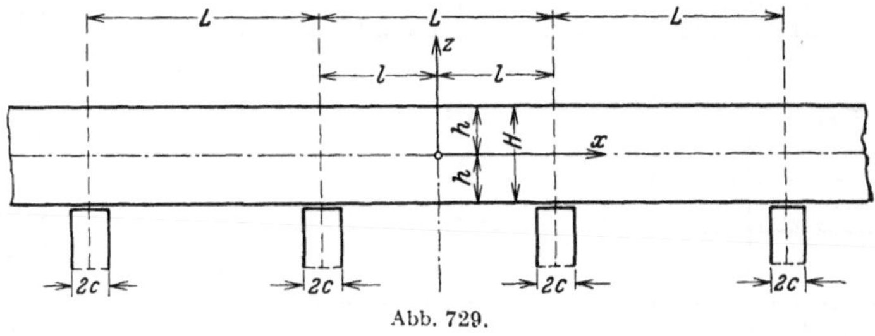

Abb. 729.

Die Belastung. Zur allgemeinen Beurteilung des Spannungszustandes genügen die Belastungsannahmen nach Abb. 730a bis c am oberen oder unteren Rande. Bei einem Wechsel von belasteten mit unbelasteten Feldern (Abb. 731a) werden die Spannungen aus einer gleichförmigen Belastung $p/2$ über alle Felder (Abb. 731b) mit den Spannungen aus feldweise wechselnder Belastung $\pm p/2$ (Abb. 731c) überlagert. Ist der Spannungszustand bei gestützter Belastung (Abb. 732b) bekannt, so läßt sich der Spannungszustand für die angehängte Last p (Abb. 732a) daraus durch Überlagerung mit einer gleichförmigen Querbeanspruchung $\sigma_z = + p$ (Abb. 732c)

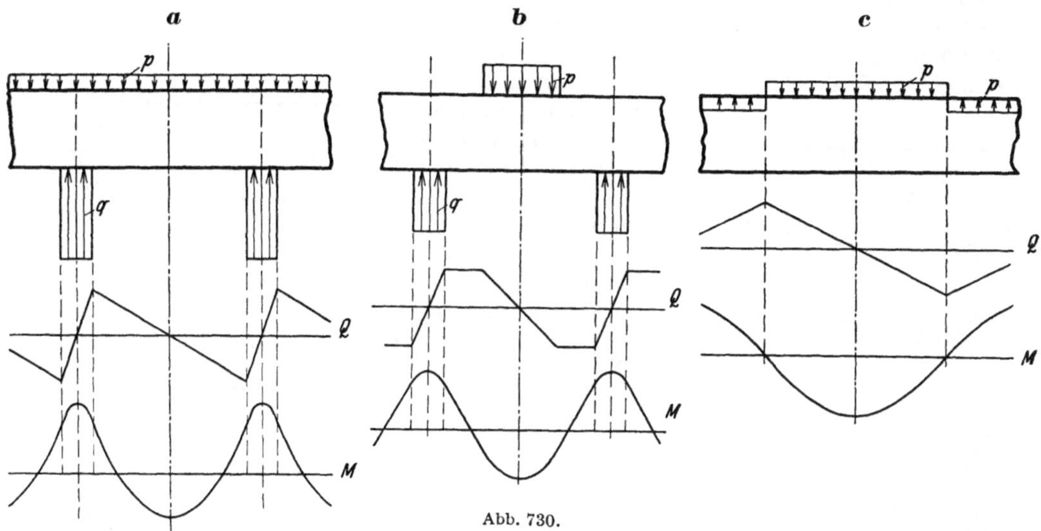

Abb. 730.

entwickeln. Die Spannungen $\sigma_{xg}, \sigma_{zg}, \tau_{xzg}$ aus dem Eigengewicht g t/m³ (Abb. 733a) der Scheibe lassen sich aus den Spannungen $\sigma_x, \sigma_z, \tau_{xz}$ einer gleichförmig verteilten Randbelastung $p = 2gh$ (Abb. 733b) bestimmen, da die vorgeschriebene Belastung g durch Überlagerung der Randbelastung mit Kräften der Abb. 733c hervorgeht. Diesen sind die Spannungen $\bar{\sigma}_z = g(h + z), \bar{\sigma}_x = -\mu\sigma_x, \bar{\tau}_{xz} = 0$ zugeordnet.

Die Belastung an einer Periode $2l$ des Streifens steht im Gleichgewicht.

$$P = \int\limits_{-l}^{+l} p(x)\, dx = \int\limits_{-l}^{+l} q(x)\, dx = Q.$$

Ist sie außerdem in jedem Felde $2\,l$ zur senkrechten Mittellinie symmetrisch, so enthält die Reihenentwicklung der Belastung p und der Stützenkräfte q nach Fourier allein eine Folge von geraden trigonometrischen Funktionen.

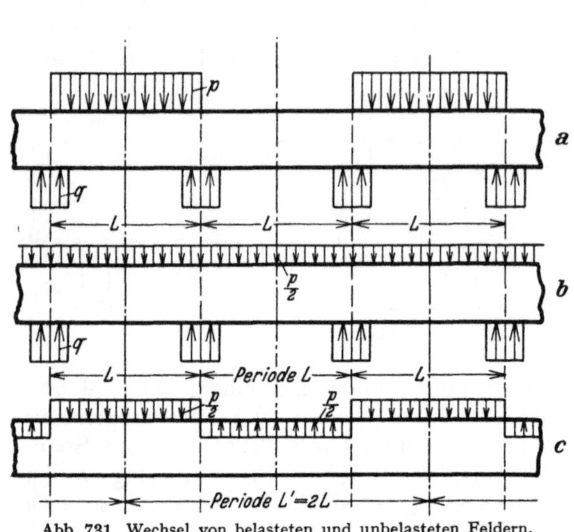
Abb. 731. Wechsel von belasteten und unbelasteten Feldern.

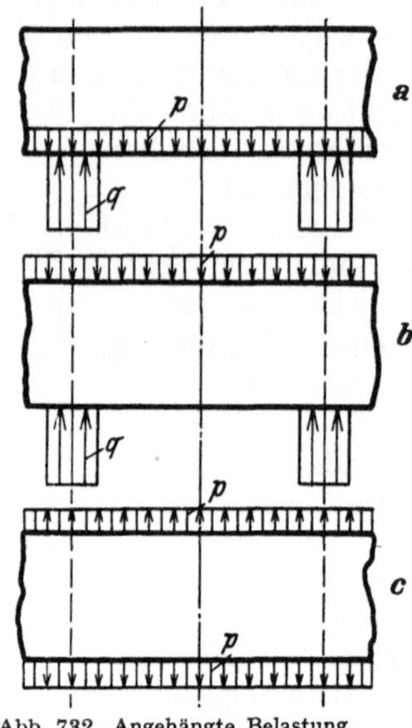
Abb. 732. Angehängte Belastung.

Die x-Achse ist Symmetrieachse des Streifens. Die äußeren Kräfte lassen sich daher stets in einen symmetrischen Anteil $^{(1)}p$ und in einen antimetrischen Anteil $^{(2)}p$ zerlegen, um übersichtliche Lösungen zu erhalten (Abb. 734). Das Kraftfeld ist dann mit allen Randbedingungen ebenfalls symmetrisch oder antimetrisch. In der x-Achse $(z = 0)$ sind bei Symmetrie der Belastung die Schubspannungen τ_{xz}, bei Antimetrie der Belastung die Längsspannungen σ_x, σ_y Null. In dem einen Falle sind die Hauptspannungen für $z = 0$ parallel zur x- und z-Richtung, in dem anderen Falle wird die x-Achse von ihnen unter 45^0 geschnitten.

Der Ansatz. Spannungsfunktionen F des Streifens sind von L.N.G.Filon, A.Timpe.

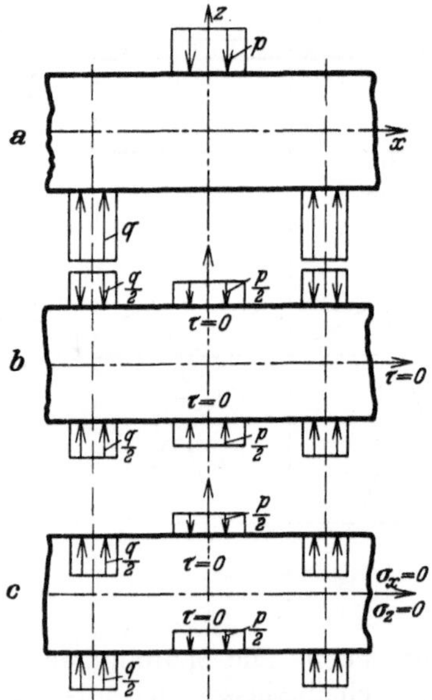
Abb. 734. Umordnung der Belastung (a) in den symmetrischen Anteil $^{(1)}p$ (b) und den antimetrischen Anteil $^{(2)}p$ (c).

F. Bleich, Th. v. Kármán und F. Seewald mit verschiedenen mathematischen Hilfsmitteln bestimmt und in jüngster Zeit durch H. Crämer, F. Dischinger und H. Bay zur Berechnung von Tragwänden aus Eisenbeton verwendet worden.

Die Lösung erscheint in jedem Falle als Reihenentwicklung. Sie ist um so brauchbarer, je besser die Reihen konvergieren und je einfacher sich dabei das allgemeine Spannungsbild abspalten und in den singulären Abschnitten des Streifens zum vollständigen Ergebnis ergänzen läßt.

Die Belastung des Streifens besteht bei L. N. G. Filon aus zwei gleichgroßen, entgegengesetzt gerichteten Einzellasten. Das Ergebnis der Untersuchung dient auch zur Beurteilung der Spannungszustände aus anderen Belastungen. Th. v. Kármán und F. Seewald behandeln die Biegung des Balkenträgers auf zwei Stützen mit den Einflußfunktionen der Spannungen und verwenden dabei ebenso wie Filon ein Fouriersches Integral als Spannungsfunktion. F. Bleich untersucht den Streifen für periodische Belastungen der Ränder und entwickelt die allgemeine Lösung für (1055) aus Partikularlösungen der homogenen biharmonischen Differentialgleichung. Dabei entsteht ein ähnlicher Ansatz wie auf S. 718 bei der Untersuchung der Halbebene, dem Grenzfall des unendlich hohen Streifens. Bei Symmetrie der Belastung zur z-Achse enthält der Ansatz ebenso wie (1070a) neben hyperbolischen Funktionen von z nur gerade trigonometrische Funktionen von x.|

$$F = \sum_{n=0}^{n=\infty} F_n = F_0 + \sum_{1}^{\infty} Z_n \cos \xi_n \quad \text{mit} \quad \frac{l}{n\pi} = l_n \quad \text{und} \quad n\pi\frac{x}{l} = \frac{x}{l_n} = \xi_n. \tag{1073a}$$

Z_n ist dabei wiederum eine Funktion, die allein die Veränderliche z enthält und die Differentialgleichung, also die Bedingung

$$\frac{d^4 Z_n}{dz^4} - \frac{2}{l_n^2}\frac{d^2 Z_n}{dz^2} + \frac{1}{l_n^4} Z_n = 0 , \tag{1073b}$$

erfüllt, nur daß die Lösungen Z_n in diesem Falle die Randbedingungen für $z = +h$ mit $\sigma_z = -p_0$, $\tau_{xz} = 0$, für $z = -h$ mit $\sigma_z = -p_u$, $\tau_{xz} = 0$ erfüllen müssen. Sie sind daher bei symmetrischer und antimetrischer Belastung ebenfalls symmetrisch oder antimetrisch zur x-Achse, so daß die allgemeine Lösung ${}^{(1)}Z_n$, ${}^{(2)}Z_n$ der Differentialgleichung aus je zwei partikulären Integralen mit geraden oder ungeraden Funktionen von z besteht. Um die Integrationskonstanten derart festzusetzen, daß Z_n die Randbedingungen erfüllt, werden die zur x-Achse symmetrischen oder antimetrischen äußeren Kräfte ${}^{(1)}p$, ${}^{(2)}p$ (Abb. 734b, c) ebenfalls in Reihen mit geraden trigonometrischen Funktionen von x und der Periode $2\,l$ entwickelt.

$$ {}^{(1)}p(x) = A_0 + \sum_{1}^{\infty} A_n \cos \xi_n = {}^{(1)}p_0 + \sum_{1}^{\infty} {}^{(1)}p_n, \quad {}^{(2)}p(x) = \sum_{1}^{\infty} A'_n \cos \xi_n = \sum_{1}^{\infty} {}^{(2)}p_n. \tag{1074}$$

Die Beiwerte A_0, A_n, A'_n können für jeden Belastungsfall nach bekannten Regeln berechnet werden. Die Ergebnisse stehen in Tabelle 66.

Lösung bei symmetrischer Belastung ${}^{(1)}p$ nach Abb. 734b mit $\zeta_n = \dfrac{z}{l_n}$.

$$
\left.
\begin{aligned}
{}^{(1)}F &= {}^{(1)}F_0 + \sum_{1}^{\infty} {}^{(1)}Z_n \cos \xi_n = -A_0 \frac{x^2}{2} - \sum_{1}^{\infty} A_n\, l_n^2 (C_n \operatorname{\mathfrak{Cof}} \zeta_n + D_n \zeta_n \operatorname{\mathfrak{Sin}} \zeta_n) \cos \xi_n, \\[4pt]
{}^{(1)}\sigma_z &= \frac{\partial^2 F}{\partial x^2} = \sum_{0}^{\infty} {}^{(1)}\sigma_{z,n} = -A_0 + \sum_{1}^{\infty} A_n (C_n \operatorname{\mathfrak{Cof}} \zeta_n + D_n \zeta_n \operatorname{\mathfrak{Sin}} \zeta_n) \cos \xi_n, \\[4pt]
{}^{(1)}\sigma_x &= \frac{\partial^2 F}{\partial z^2} = \sum_{0}^{\infty} {}^{(1)}\sigma_{x,n} = -\sum_{1}^{\infty} A_n[(C_n + 2D_n)\operatorname{\mathfrak{Cof}} \zeta_n + D_n \zeta_n \operatorname{\mathfrak{Sin}} \zeta_n]\cos \xi_n, \\[4pt]
{}^{(1)}\tau_{xz} &= -\frac{\partial^2 F}{\partial x\,\partial z} = \sum_{0}^{\infty} {}^{(1)}\tau_{xz,n} = -\sum_{1}^{\infty} A_n[(C_n + D_n)\operatorname{\mathfrak{Sin}} \zeta_n + D_n \zeta_n \operatorname{\mathfrak{Cof}} \zeta_n]\sin \xi_n.
\end{aligned}
\right\} \tag{1075a}
$$

Die Bedingungen $-{}^{(1)}\sigma_{z,n} = {}^{(1)}p_n = A_n \cos \xi_n$ und ${}^{(1)}\tau_{xz} = 0$ an den Rändern $z = \pm h$ oder $\zeta_n = \pm h/l_n = \pm \lambda_n$ liefern:

$$
\left.
\begin{aligned}
C_n &= -\frac{2\,(\operatorname{Sin}\lambda_n + \lambda_n \operatorname{Cos}\lambda_n)}{2\,\lambda_n + \operatorname{Sin} 2\,\lambda_n}, &
D_n &= \frac{2\,\operatorname{Sin}\lambda_n}{2\,\lambda_n + \operatorname{Sin} 2\,\lambda_n}, \\[2mm]
C_n + D_n &= -\frac{2\,\lambda_n \operatorname{Cos}\lambda_n}{2\,\lambda_n + \operatorname{Sin} 2\,\lambda_n}, &
C_n + 2 D_n &= \frac{2\,(\operatorname{Sin}\lambda_n - \lambda_n \operatorname{Cos}\lambda_n)}{2\,\lambda_n + \operatorname{Sin} 2\,\lambda_n}.
\end{aligned}
\right\} \quad (1075\,\text{b})
$$

$$
\left.
\begin{aligned}
\text{Für } z = \pm h \text{ ist} \quad \sigma_x &= \sum {}^{(1)}p_n \frac{2\,\lambda_n - \operatorname{Sin} 2\,\lambda_n}{2\,\lambda_n + \operatorname{Sin} 2\,\lambda_n}, \\[2mm]
\text{für } z = 0 \text{ ist} \quad \sigma_z &= -\,{}^{(1)}p_0 - \sum {}^{(1)}p_n \frac{2\,(\operatorname{Sin}\lambda_n + \lambda_n \operatorname{Cos}\lambda_n)}{2\,\lambda_n + \operatorname{Sin} 2\,\lambda_n}.
\end{aligned}
\right\} \quad (1076)
$$

Lösung bei antimetrischer Belastung ${}^{(2)}p$ nach Abb. 734c.

$$
\left.
\begin{aligned}
{}^{(2)}F &= \sum_1^\infty {}^{(2)}Z_n \cos \xi_n = -\sum_1^\infty A_n' \, l_n^2 (C_n' \operatorname{Sin}\zeta_n + D_n' \zeta_n \operatorname{Cos}\zeta_n) \cos \xi_n, \\[2mm]
{}^{(2)}\sigma_z &= \frac{\partial^2 F}{\partial x^2} = \sum_1^\infty {}^{(2)}\sigma_{z,n} = \sum_1^\infty A_n' (C_n' \operatorname{Sin}\zeta_n + D_n' \zeta_n \operatorname{Cos}\zeta_n) \cos \xi_n, \\[2mm]
{}^{(2)}\sigma_x &= \frac{\partial^2 F}{\partial z^2} = \sum_1^\infty {}^{(2)}\sigma_{x,n} = -\sum_1^\infty A_n' [(C_n' + 2 D_n') \operatorname{Sin}\zeta_n + D_n' \zeta_n \operatorname{Cos}\zeta_n] \cos \xi_n, \\[2mm]
{}^{(2)}\tau_{xz} &= -\frac{\partial^2 F}{\partial x\,\partial z} = \sum_1^\infty {}^{(2)}\tau_{xz,n} = -\sum_1^\infty A_n' [(C_n' + D_n') \operatorname{Cos}\zeta_n + D_n' \zeta_n \operatorname{Sin}\zeta_n] \sin \xi_n.
\end{aligned}
\right\} \quad (1077\,\text{a})
$$

Die Bedingungen $-{}^{(2)}\sigma_{z,n} = \pm {}^{(2)}p_n = \pm A_n' \cos \xi_n$ und ${}^{(2)}\tau_{xz} = 0$ an den Rändern $z = \pm h$ oder $\zeta_n = \pm h/l_n = \pm \lambda_n$ liefern:

$$
\left.
\begin{aligned}
C_n' &= \frac{2\,(\operatorname{Cos}\lambda_n + \lambda_n \operatorname{Sin}\lambda_n)}{2\,\lambda_n - \operatorname{Sin} 2\,\lambda_n}, &
D_n' &= \frac{-\,2\,\operatorname{Cos}\lambda_n}{2\,\lambda_n - \operatorname{Sin} 2\,\lambda_n}, \\[2mm]
C_n' + D_n' &= \frac{\lambda_n \operatorname{Sin}\lambda_n}{2\,\lambda_n - \operatorname{Sin} 2\,\lambda_n}, &
C_n' + 2 D_n' &= -\frac{2\,(\operatorname{Cos}\lambda_n - \lambda_n \operatorname{Sin}\lambda_n)}{2\,\lambda_n - \operatorname{Sin} 2\,\lambda_n}.
\end{aligned}
\right\} \quad (1077\,\text{b})
$$

$$
\left.
\begin{aligned}
\text{Für } z = \pm h \text{ ist} \quad {}^{(2)}\sigma_x &= \pm \sum {}^{(2)}p_n \frac{2\,\lambda_n + \operatorname{Sin} 2\,\lambda_n}{2\,\lambda_n - \operatorname{Sin} 2\,\lambda_n}, \\[2mm]
\text{für } z = 0 \text{ ist} \quad \tau_{xz} &= \sum_1^\infty A_n' \frac{\lambda_n \operatorname{Sin}\lambda_n}{2\,\lambda_n - \operatorname{Sin} 2\,\lambda_n} \sin \xi_n.
\end{aligned}
\right\} \quad (1078)
$$

Das Kraftfeld ist darnach durch die Belastung und deren Reihenentwicklung nach Fourier (Tab. 66) und durch die Abmessungen $L = 2l$, $H = 2h$, $2c$ und die davon abhängigen Verhältniszahlen ξ_n, ζ_n, λ_n bestimmt. Es wird durch die Isoklinen und die Trajektorien der Hauptlängsspannungen und durch die Linien gleicher Hauptlängs- und gleicher Hauptschubspannung beschrieben. Sie zeigen den Ausgleich der äußeren Kräfte zwischen den Rändern des Streifens. In der Regel begnügt man sich jedoch mit den Komponenten $\sigma_x, \sigma_z, \tau_{xz}$ in einzelnen ausgezeichneten Schnitten $x = \text{const}$ oder $z = \text{const}$, insbesondere $x = 0$ (Feldmitte), $x = \pm l$ (Stützenquerschnitt), $z = 0$ (waagerechte Symmetrieachse) und $z = \pm h$ (Ränder), um auf die Grenzwerte der Spannungen zu schließen. Daneben können auch einzelne ausgezeichnete Spannungen als Funktionen von h oder c bestimmt werden. Leider ist die Konvergenz der Reihen für die Untersuchung in der Nähe der Ränder ungünstig. Bei hohen Streifen $(h \gg l)$ genügen auch die Spannungen der Halbebene nach (1072), so daß angenähert

$$\sigma_x^{(o)} = -\left(p^{(o)} - p_0^{(o)}\right), \qquad \sigma_x^{(u)} = -\left(p^{(u)} - p_0^{(u)}\right)$$

$$p_0^{(o)} = \frac{1}{l}\int_0^l p^{(o)}\,dx, \qquad p_{0\,;\,\mathbf{1}}^{(u)} = \frac{1}{l}\int_0^l p^{(u)}\,dx \qquad (1079)$$

gesetzt werden kann.

Die Längsspannungen σ_x sind in der Nähe des belasteten Randes größer, in der Nähe des unbelasteten Randes kleiner als beim Geradliniengesetz. Im Grenzfall $H \gg L$ wird der Streifen zur Halbebene mit $-\sigma_x = \pm p$ am belasteten Rande. Daher ist σ_x am Rande des Streifens stets größer als p, konvergiert jedoch gegen die Mitte schnell gegen Null. Für $L \geq 2H$ kann nach dem Geradliniengesetz gerechnet werden.

Die Ergebnisse der Zahlenrechnung müssen die Randbedingungen und die Gleichgewichtsbedingungen zwischen den inneren und äußeren Kräften erfüllen. In jedem Querschnitt ist daher

$$\int_{-h}^{+h}\sigma_x\,dz = 0, \qquad \int_{-h}^{+h}\sigma_x z\,dz = M, \qquad \int_{-h}^{+h}\tau_{xz}\,dz = -R_z.$$

Die Schnittkräfte M und R_z der periodischen Belastung sind bekannt.

Der Verschiebungszustand wird ebenso wie beim biegungssteifen Stab durch die Krümmung $1/\varrho_x$ von ausgezeichneten Linien $z = \text{const}$, also $z = 0$, $z = \pm h$ beim Streifen, $z = 0$, $z = h$, $z = 2h \dots$ bei der Halbebene beschrieben. Bei kleinen Verschiebungen ist $1/\varrho_x = \partial^2 w/\partial x^2$. Da außerdem nach (1050) und (1051)

$$\gamma_{xz} = \frac{\tau_{xz}}{G} = \frac{\partial u}{\partial z} + \frac{\partial w}{\partial x}, \qquad \varepsilon_x = \frac{1}{E}\left(\sigma_x - \mu\,\sigma_z\right) = \frac{\partial u}{\partial x}$$

ist, wird

$$\frac{1}{\varrho_x} = \frac{\partial^2 w}{\partial x^2} = \frac{\partial \gamma_{xz}}{\partial x} - \frac{\partial^2 u}{\partial x\,\partial z}$$

$$= -\frac{1}{E}\frac{\partial \sigma_x}{\partial z} + \frac{1}{G}\frac{\partial \tau_{xz}}{\partial x} + \frac{\mu}{E}\frac{\partial \sigma_z}{\partial z}. \qquad (1080\,\text{a})$$

Die Summanden beschreiben einzeln den Anteil der Komponenten des Spannungszustandes an der Krümmung. Sie kann mit (1054b) nach

$$\frac{1}{\varrho_x} = -\frac{1}{E}\left[\frac{\partial^3 F}{\partial z^3} - (2+\mu)\frac{\partial^3 F}{\partial x^2\,\partial z}\right] \qquad (1080\,\text{b})$$

aus (1075a) oder (1077a) berechnet werden.

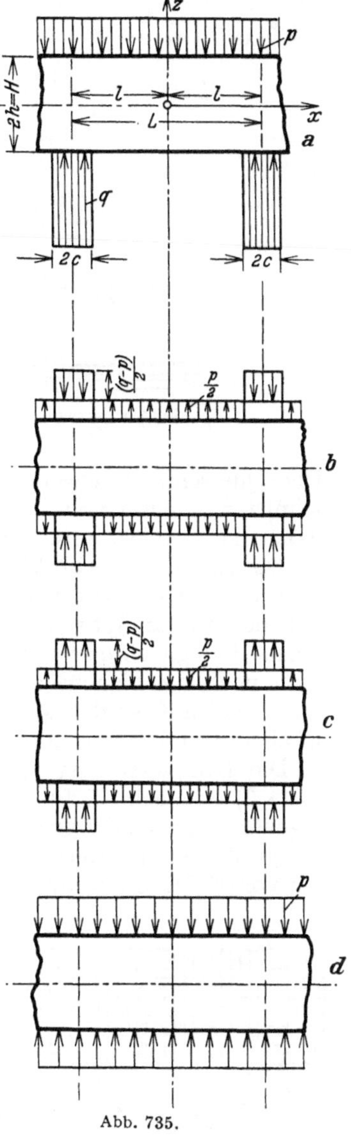

Abb. 735.

Gleichförmig verteilte Belastung am oberen Rande. Das Kräftebild Abb. 735a läßt sich in drei Teile zerlegen. Der Anteil I besteht aus einer periodischen, symmetrischen Streckenlast $^{(1)}p$ (Abb. 735b) mit Spannungen nach (1075a).

$$A_0 = 0, \qquad A_n = \frac{2\bar{p}}{\gamma_n}\sin\gamma_n, \qquad \bar{p} = -\frac{p}{2}\frac{l-c}{c}, \qquad \gamma_n = n\pi\frac{l-c}{l}. \qquad (1081)$$

Die Schubspannungen sind in den Schnitten $x = 0$, $x = l$, $z = 0$, $z = \pm h$ Null und daher die Längsspannungen σ_x, σ_z dort gleichzeitig Hauptspannungen. Da die

Schnittkräfte M, N, Q bei symmetrischem Lastangriff Null werden, ist in jedem Querschnitt

$$\int\limits_{-h}^{+h} \sigma_x\, dF = 0\,, \qquad \int\limits_{-h}^{+h} \sigma_x z\, dF = 0\,, \qquad \int\limits_{-h}^{+h} \tau_{xz}\, dF = 0\,.$$

Der Anteil II der Belastung (Abb. 735c) ist antimetrisch und erzeugt Spannungen nach (1077a). Dabei ist

$$A'_n = -A_n = \frac{2\,\bar{p}}{\gamma_n}\sin\gamma_n\,, \qquad \bar{p} = +\frac{p}{2}\,\frac{l-c}{c}\,, \qquad \gamma_n = n\,\pi\,\frac{l-c}{l}\,. \qquad (1081)$$

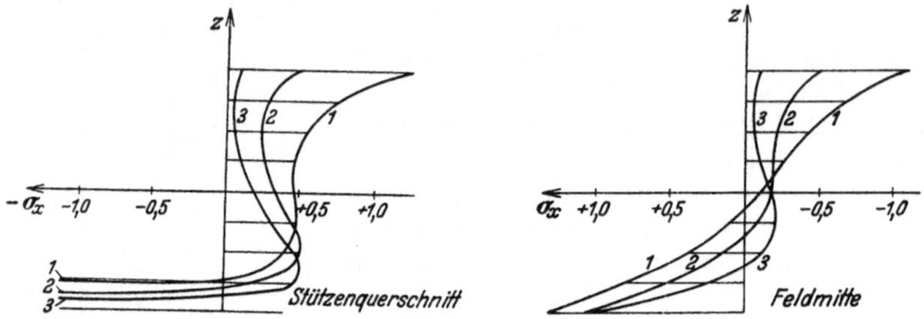

Abb. 736. Verlauf der Funktion $\sigma_x(z)$ bei Balken mit veränderlichem Verhältnis H/L.
Kurven *1*: $H/L = 1/2$, Kurven *2*: $H/L = 2/3$, Kurven *3*: $H/L = 1$.

Die Querschnitte $x = o$, $x = l$ sind frei von Schubspannungen τ_{xz}, der Längsschnitt $z = o$ frei von Längsspannungen σ_x, σ_z. Die Hauptspannungen schneiden daher die x-Achse unter 45^0.

Der Anteil III (Abb. 735d) liefert einen einachsigen Spannungszustand $-\sigma_z = p$.

Das Kraftfeld zur vorgeschriebenen Belastung entsteht entweder durch Addition der drei analytischen Spannungsanteile oder durch die Addition ihrer Zahlenwerte. Bei gleichförmiger Belastung p am unteren Rande nach Abb. 732a tritt dazu noch die einachsige Querbeanspruchung $+\sigma_z = p$. Sie hebt sich gegen den Anteil III auf, so daß sich das Ergebnis in diesem Falle allein aus den Spannungsanteilen I und II zusammensetzt.

Die Längsspannung σ_x am unteren (gestützten) Rande eines hohen Streifens ($H \gg L$) ist nach (1079) angenähert gleich der Randbelastung p oder q, also auch angenähert gleich der größten Längsspannung σ_z eines Querschnittes. Sie ist wesentlich größer als der Betrag $\sigma_x = M/W = 6\,M/h^2$ nach dem Geradliniengesetz. Nach den von E. Dischinger angegebenen Schaulinien (Abb. 736) nähert sich die Funktion $\sigma_x(z)$ eines Querschnittes bei abnehmendem Verhältnis h/l der Navierschen Geraden in Feldmitte schneller als im Stützenquerschnitt.

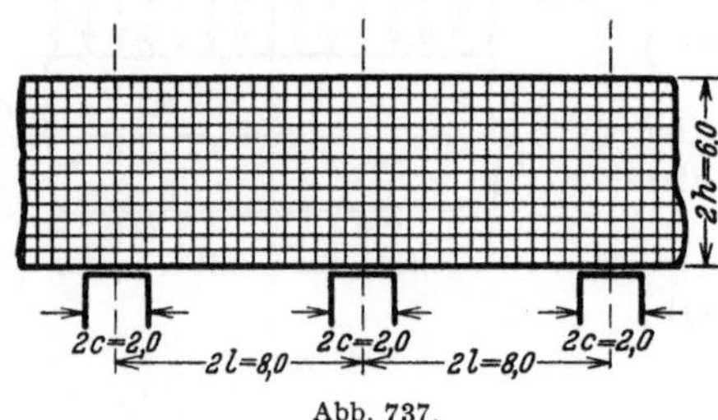

Abb. 737.

Spannungszustand im Mittelfeld einer hohen Silowand ($H/L = 3/4$) auf mehreren Stützen (Abb. 737).

Stützung und Belastung stimmen mit den Angaben in Abb. 723 überein, so daß ein Vergleich mit den Ergebnissen auf S. 722 möglich ist.

Die Belastung wird nach S. 727 in den symmetrischen (Abb. 735b) und den antimetrischen Anteil (Abb. 735c) aufgespalten.

Zusammenstellung der Formeln nach S. 725f.

A. Symmetrischer Anteil.

$$^{(1)}p = p_0 + \sum_1^\infty A_n \cos\xi_n\,, \qquad \xi_n = n\,\pi\,\frac{x}{l}\,, \qquad p_0 = 0\,, \qquad A_n \text{ nach Tabelle 66.}$$

$$C_n = -\frac{2\,(\mathfrak{Sin}\,\lambda_n + \lambda_n\,\mathfrak{Cof}\,\lambda_n)}{2\,\lambda_n + \mathfrak{Sin}\,2\,\lambda_n} = -\frac{\mathfrak{Tg}\,\lambda_n + \lambda_n}{\dfrac{\lambda_n}{\mathfrak{Cof}\,\lambda_n} + \mathfrak{Sin}\,\lambda_n}\,,$$

$$D_n = \frac{2\,\mathfrak{Sin}\,\lambda_n}{2\,\lambda_n + \mathfrak{Sin}\,2\,\lambda_n} = \frac{\mathfrak{Tg}\,\lambda_n}{\dfrac{\lambda_n}{\mathfrak{Cof}\,\lambda_n} + \mathfrak{Sin}\,\lambda_n}\,, \qquad \lambda_n = n\,\pi\,\frac{h}{l}\,,$$

$$\varphi_n(\zeta) = C_n\,\mathfrak{Cof}\,\zeta_n + D_n\,\zeta_n\,\mathfrak{Sin}\,\zeta_n\,,$$
$$\psi_n(\zeta) = (C_n + 2\,D_n)\,\mathfrak{Cof}\,\zeta_n + D_n\,\zeta_n\,\mathfrak{Sin}\,\zeta_n\,,$$
$$\chi_n(\zeta) = (C_n + D_n)\,\mathfrak{Sin}\,\zeta_n + D_n\,\zeta_n\,\mathfrak{Cof}\,\zeta_n\,.$$

B. Antimetrischer Anteil.

$$^{(2)}p = \sum_1^\infty A'_n \cos\xi_n\,, \qquad A'_n = -A_n\,,$$

$$C'_n = \frac{2\,(\mathfrak{Cof}\,\lambda_n + \lambda_n\,\mathfrak{Sin}\,\lambda_n)}{2\,\lambda_n - \mathfrak{Sin}\,2\,\lambda_n} = \frac{1 + \lambda_n\,\mathfrak{Tg}\,\lambda_n}{\dfrac{\lambda_n}{\mathfrak{Cof}\,\lambda_n} - \mathfrak{Sin}\,\lambda_n}\,,$$

$$D'_n = -\frac{2\,\mathfrak{Cof}\,\lambda_n}{2\,\lambda_n - \mathfrak{Sin}\,2\,\lambda_n} = -\frac{1}{\dfrac{\lambda_n}{\mathfrak{Cof}\,\lambda_n} - \mathfrak{Sin}\,\lambda_n}\,,$$

$$\varphi'_n(\zeta) = C'_n\,\mathfrak{Sin}\,\zeta_n + D'_n\,\zeta_n\,\mathfrak{Cof}\,\zeta_n\,,$$
$$\psi'_n(\zeta) = (C'_n + 2\,D'_n)\,\mathfrak{Sin}\,\zeta_n + D'_n\,\zeta_n\,\mathfrak{Cof}\,\zeta_n\,,$$
$$\chi'_n(\zeta) = (C'_n + D'_n)\,\mathfrak{Cof}\,\zeta_n + D'_n\,\zeta_n\,\mathfrak{Sin}\,\zeta_n\,.$$

C. Superposition der Anteile A und B.

$$E_n(\xi) = A_n \cos\xi_n\,, \qquad\qquad F_n(\xi) = A_n \sin\xi_n\,,$$
$$E'_n(\xi) = A'_n \cos\xi_n = -E_n(\xi)\,, \qquad F'_n(\xi) = A'_n \sin\xi_n = -F_n(\xi)$$

$$\sigma_z = {}^{(1)}\sigma_z + {}^{(2)}\sigma_z = \sum_1^\infty \varphi_n(\zeta)\cdot E_n(\xi) + \sum_1^\infty \varphi'_n(\zeta)\cdot E'_n(\xi)$$
$$= \sum_1^\infty [\varphi_n(\zeta) - \varphi'_n(\zeta)]\,E_n(\xi) = \sum_1^\infty \overline{\varphi}_n(\zeta)\cdot E_n(\xi)\,.$$

$$\sigma_x = {}^{(1)}\sigma_x + {}^{(2)}\sigma_x = -\sum_1^\infty \psi_n(\zeta)\cdot E_n(\xi) - \sum_1^\infty \psi'_n(\zeta)\cdot E'_n(\xi)$$
$$= -\sum_1^\infty [\psi_n(\zeta) - \psi'_n(\zeta)]\,E_n(\xi) = -\sum_1^\infty \overline{\psi}_n(\zeta)\cdot E_n(\xi)\,.$$

$$\tau_{xz} = {}^{(1)}\tau_{xz} + {}^{(2)}\tau_{xz} = -\sum_1^\infty \chi_n(\zeta)\cdot F_n(\xi) - \sum_1^\infty \chi'_n(\zeta)\cdot F'_n(\xi)$$
$$= -\sum_1^\infty [\chi_n(\zeta) - \chi'_n(\zeta)]\,F_n(\xi) = -\sum_1^\infty \overline{\chi}_n(\zeta)\cdot F_n(\xi)\,.$$

Auswertung der Formeln.

Wie bei dem Beispiel in Abschn. **74** wird die Rechnung auf die ersten fünf Fourierglieder beschränkt.

1. Fourierkonstanten $A_n = -A'_n$. Die Konstanten A_n sind halb so groß wie die entsprechenden Werte auf S. **720**.

n	1	2	3	4	5
A_n	$-0{,}900316$	$+0{,}636620$	$-0{,}300106$	0	$+0{,}180064$

2. Integrationskonstanten C_n, D_n, C'_n, D'_n.

n	1	2	3	5
C_n	$-0{,}58871$	$-102{,}4816\cdot10^{-3}$	$-13{,}73953\cdot10^{-3}$	$-195{,}5161\cdot10^{-6}$
D_n	$+0{,}17321$	$+17{,}9378\cdot10^{-3}$	$+1{,}70284\cdot10^{-3}$	$+15{,}2974\cdot10^{-6}$
$C_n + D_n$	$-0{,}41550$	$-84{,}5438\cdot10^{-3}$	$-12{,}03669\cdot10^{-3}$	$-180{,}2187\cdot10^{-6}$
$C_n + 2\,D_n$	$-0{,}24229$	$-66{,}6060\cdot10^{-3}$	$-10{,}33385\cdot10^{-3}$	$-164{,}9213\cdot10^{-6}$
C'_n	$-0{,}69259$	$-102{,}7831\cdot10^{-3}$	$-13{,}74007\cdot10^{-3}$	$-195{,}5162\cdot10^{-6}$
D'_n	$+0{,}20897$	$+17{,}9954\cdot10^{-3}$	$+1{,}70291\cdot10^{-3}$	$+15{,}2974\cdot10^{-6}$
$C'_n + D'_n$	$-0{,}48361$	$-84{,}7877\cdot10^{-3}$	$-12{,}03716\cdot10^{-3}$	$-180{,}2188\cdot10^{-6}$
$C'_n + 2\,D'_n$	$-0{,}27464$	$-66{,}7923\cdot10^{-3}$	$-10{,}33424\cdot10^{-3}$	$-164{,}9213\cdot10^{-6}$

3. Funktionen φ, ψ, χ für $z = -0,5\,l$ ($\zeta = -0,5$).

n	1	2	3	5
φ_n	$-0,85105$	$-0,53715$	$-0,31819$	$-0,09707$
φ'_n	$+0,77020$	$+0,53168$	$+0,31801$	$+0,09707$
$\overline{\varphi}_n$	$-1,62125$	$-1,06883$	$-0,63620$	$-0,19414$
$\dot{\psi}_n$	$+0,01818$	$-0,12128$	$-0,12861$	$-0,05767$
ψ'_n	$-0,19162$	$+0,11603$	$+0,12846$	$+0,05767$
$\overline{\psi}_n$	$+0,20980$	$-0,23731$	$-0,25707$	$-0,11534$
χ_n	$+0,27350$	$+0,32313$	$+0,22322$	$+0,07737$
χ'_n	$-0,45806$	$-0,32995$	$-0,22342$	$-0,07737$
$\overline{\chi}_n$	$+0,73156$	$+0,65306$	$+0,44664$	$+0,15474$

4. Spannungen im Schnitt $z = -0,5\,l$.

$$\sigma_x = -0,20980\,E_1(\xi) + 0,23731\,E_2(\xi) + 0,25707\,E_3(\xi) + 0,11534\,E_5(\xi),$$
$$\sigma_z = -1,62125\,E_1(\xi) - 1,06883\,E_2(\xi) - 0,63620\,E_3(\xi) - 0,19414\,E_5(\xi),$$
$$\tau_{xz} = -0,73156\,F_1(\xi) - 0,65306\,F_2(\xi) - 0,44664\,F_3(\xi) - 0,15474\,F_5(\xi).$$

Die Funktionen $E_n(\xi)$, $F_n(\xi)$ können von S. 721 übernommen werden, sind jedoch wegen der Aufteilung der Belastung in den symmetrischen und den antimetrischen Anteil durch 2 zu dividieren. Damit erhält man die folgenden Spannungen in t/m²:

ξ	0	0,125	0,250	0,375	0,500	0,625	0,750	0,875	1
σ_x	$+0,283$	$+0,244$	$+0,176$	$+0,056$	$-0,151$	$-0,270$	$-0,176$	$-0,030$	$+0,019$
σ_z	$+0,935$	$+0,954$	$+0,922$	$+0,831$	$+0,680$	$+0,131$	$-0,922$	$-1,916$	$-2,296$
τ_{xz}	0	$+0,056$	$+0,164$	$+0,274$	$+0,497$	$+0,862$	$+0,996$	$+0,644$	0

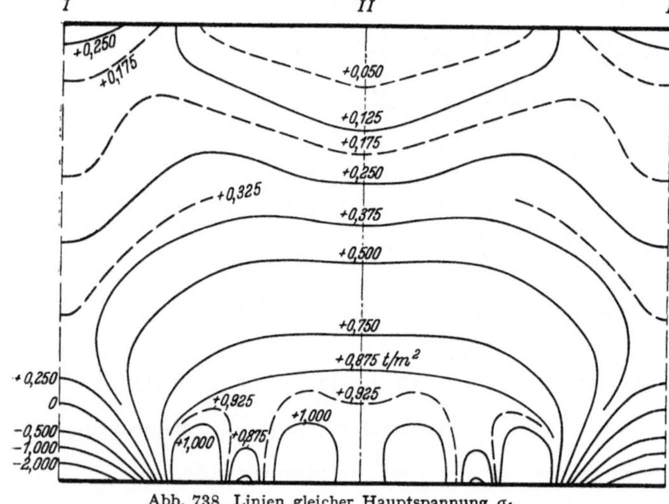

Abb. 738. Linien gleicher Hauptspannung σ_1.

5. Hauptspannungen. Die Spannungen werden für die Knoten des quadratischen Netzes Abb. 737 berechnet. Sie liefern die Linien gleicher Hauptspannung σ_1 (Abb. 738), gleicher Hauptspannung σ_2 (Abb. 739) und die Längsspannungstrajektorien (Abb. 740).

Feldweise wechselnde Belastung $\pm\,p$ am oberen Rande (Abb. 741a u. 731c). Die Belastung dient nur dazu, die Spannungen bei abwechselnd belasteten und unbelasteten Feldern (Abb. 731a) aus der Lösung für gleichförmige Belastung aller Felder (Abb. 731b) herzuleiten. Ihre Periodenlänge L' ist gleich der doppelten Stützenentfernung L. Bei der Superposition nach Abb. 731 ist die Phasenverschiebung der Perioden zu beachten.

Die Stützkräfte sind Null, da die Belastung Abb. 741a innerhalb einer Periode L' im Gleichgewicht ist. Sie wird nach Abb. 741b, c in den symmetrischen und den antimetrischen Anteil zerlegt. Die Konstanten der nach Fourier entwickelten Randbelastung jedes Anteils stimmen miteinander überein und werden nach Tab. 66 mit

$$A_n = A'_n = -p\,\frac{\sin\dfrac{n\pi}{2}}{\dfrac{n\pi}{2}} \tag{1082}$$

angeschrieben. Die Spannungen lassen sich damit nach (1075a) und (1077a) unter Beachtung der doppelten Periode L' berechnen.

Ist der Spannungszustand aus einer Belastung $\pm p$ am oberen Rande bekannt, so lassen sich die Spannungen bei Eintragung am unteren Rande am einfachsten durch Überlagerung der Spannungen einer symmetrischen Belastung anschreiben.

Symmetrische Gruppen von Streckenlasten $P = 2\,c\,p$ (Abb. 742). Die Belastung ist symmetrisch und wird nach Tab. 66 in eine Fouriersche Reihe mit den Koeffizienten

$$A_0 = p_0 = p\,\frac{c}{l} = \frac{P}{2\,l},$$

$$A_n = 2\,p_0\,\frac{\sin\gamma_n}{\gamma_n}$$

$$= \frac{P}{l}\,\frac{\sin\gamma_n}{\gamma_n}, \qquad (1083)$$

$$\gamma_n = n\,\pi\,\frac{c}{l}.$$

entwickelt. Die Schnittkräfte M,N,Q sind in jedem Querschnitt Null, die Längsspannungen σ_z im Längsschnitt $z = 0$ von Streifen mit Randabständen $h \geq 2\,l$ angenähert konstant $-p\,c/l$. Dies wird durch Zahlenrechnung für die Längsschnitte $z_1 = 0$ und $z_2 = h - 2\,l$, eines Streifens mit $H/L = 3$ und $l/c = 4$ (Abb. 743) nachgewiesen.

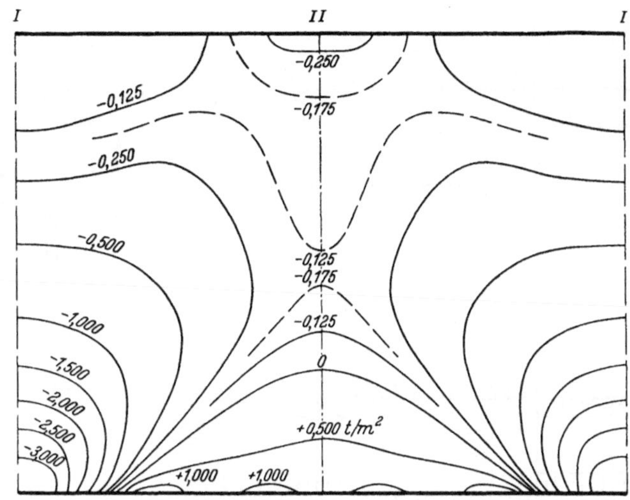

Abb. 739. Linien gleicher Hauptspannung σ_2.

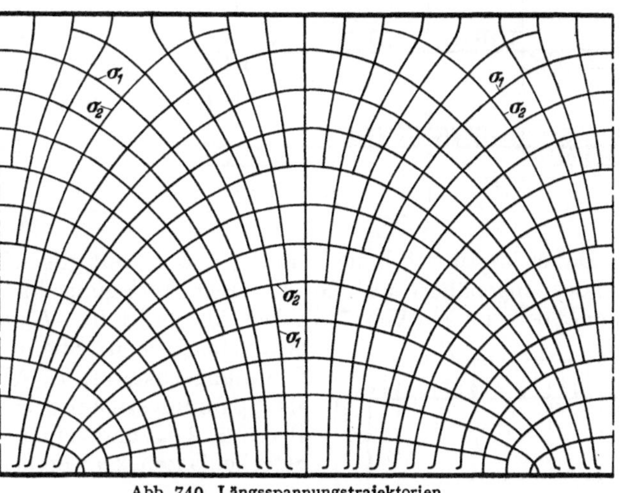

Abb. 740. Längsspannungstrajektorien.

$\xi = x/l$		0	0,25	0,50	0,75	1
$z_1 = 0$	σ_z/p	$-0,251$	$-0,251$	$-0,250$	$-0,249$	$-0,249$
	τ_{zx}/p	0	0	0	0	0
$z_2 = h - 2l$	σ_z/p	$-0,256$	$-0,254$	$-0,250$	$-0,246$	$-0,244$
	τ_{zx}/p	0	$+0,004$	$+0,005$	$+0,004$	0

Da der Längsschnitt $z_1 = 0$ frei von Schubspannungen ist, kann hier der Streifen ohne Störung des Spannungszustandes in zwei Teile zerlegt werden, wenn dabei die Längsspannungen $\sigma_z \approx -p\,c/l$ an den Schnitträndern als äußere Kräfte mitwirken. Nach den Ergebnissen der Zahlenrechnung sind die Schubspannungen auch noch in Längsschnitten $z_2 \leq h - 2\,l$ nahezu Null, so daß die Zerlegung des Streifens in drei parallele Abschnitte mit den Längsspannungen $\sigma_z \approx -p\,c/l$ als äußeren Kräften keine wesentliche Änderung des Spannungszustandes bedeutet.

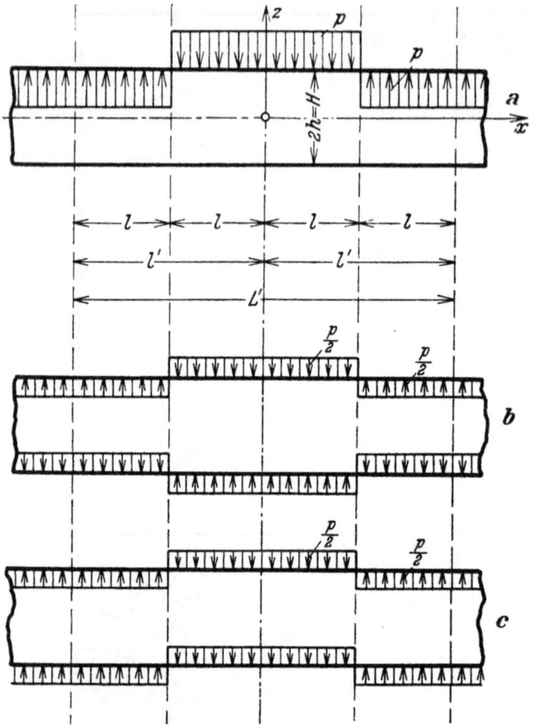

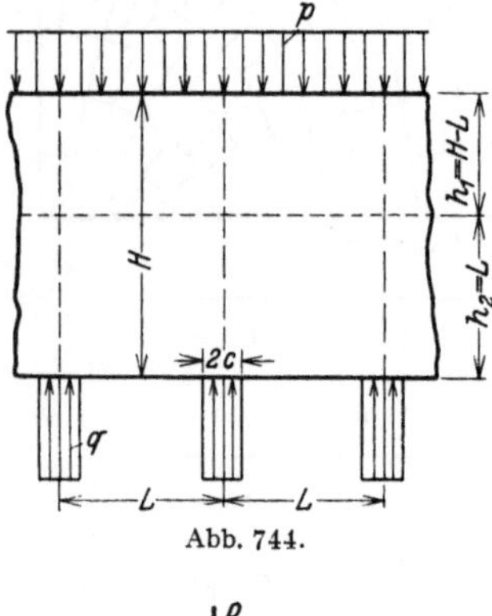

Abb. 741.

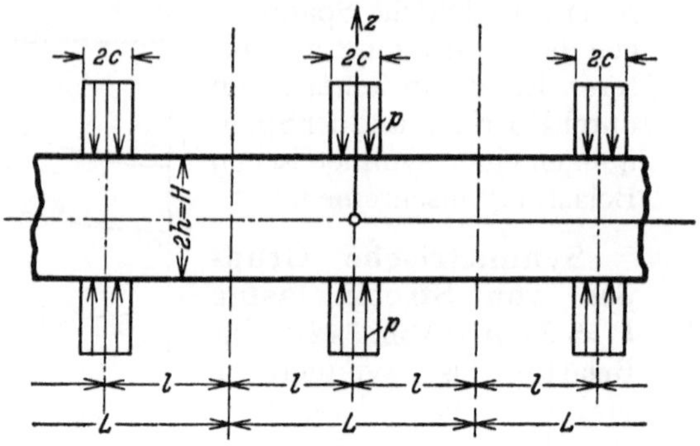

Abb. 742.

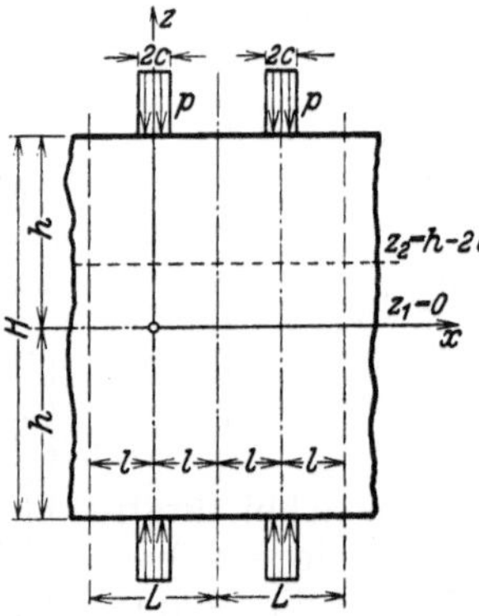

Abb. 743. $H/L = 3,\ l/c = 4$.

Daher lassen sich hohe Wände $(H \gg L)$ mit gleichförmiger Belastung des oberen Randes angenähert auf Grund einer Zerlegung in die Abschnitte $h_1 = H - L$, $h_2 = L$ berechnen (Abb. 744). Der Abschnitt $H - L$ unterliegt im wesentlichen nur dem einachsigen Spannungszustand $-\sigma_z = p$. Der Spannungszustand des Abschnitts h_2 wird genau genug als Spannungszustand eines Streifens mit dem Randabstand $2\,h_2$ und einer symmetrischen Gruppe von Streckenlasten $2\,qc$ berechnet.

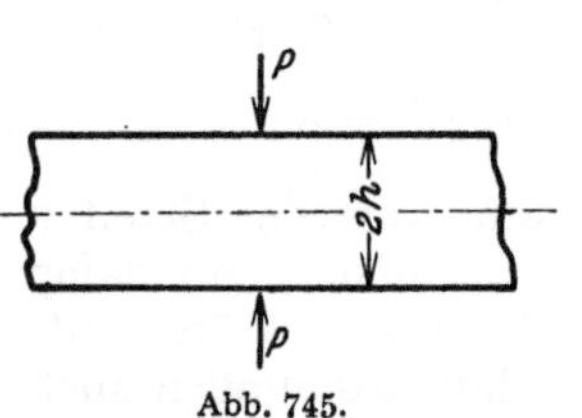

Abb. 744.

Abb. 745.

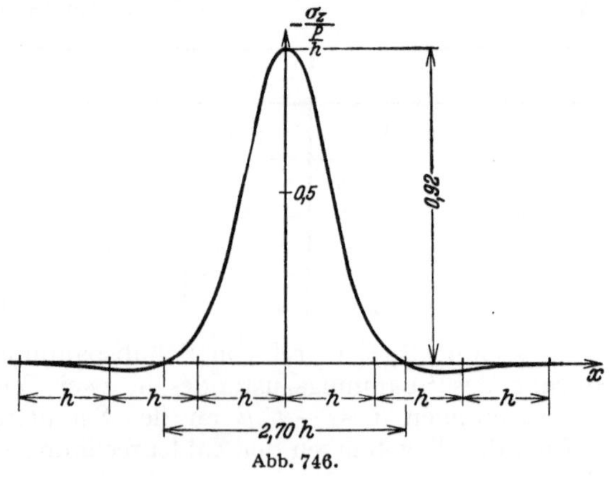

Abb. 746.

Dasselbe Ergebnis läßt sich auch aus einer Spannungsfunktion ableiten, die von N. L. G. Filon für die Belastung der Ränder eines Streifens mit zwei gleichgroßen entgegengesetzt gerichteten Einzellasten P nach Abb. 745 als Fouriersches Integral angegeben worden ist. Die Zustandslinien σ_x^*, σ_z^*, τ_{xz}^* für $z = \text{const}$ sind gleichzeitig Einflußlinien für eine wandernde Lastengruppe. Die Summe der positiven und negativen Anteile der Flächen σ_x^*, τ_{xz}^* sind in den Längsschnitten $z = \text{const}$ Null, da bei gleichförmiger Belastung der Ränder nur Spannungen σ_z entstehen.

Nach Abb. 746 erzeugt die einzelne Kräftegruppe P (Abb. 745) auf der Breite $2{,}7\,h$ der Symmetrieachse Druckspannungen σ_z. Darüber hinaus entstehen unbedeutende Zugspannungen, die schnell gegen Null konvergieren. Einzellasten werden daher durch ein elastisches Mittel auf $2{,}7\,h$ Breite verteilt. Die Spannung σ_z erreicht mit $0{,}92\,P/h$ in der Wirkungslinie der Einzelkraft das Maximum. Sie ist nahezu gleich der auf den halben Scheibenquerschnitt bezogenen Spannung. Zwischen Einzellasten mit einem größeren Abstand als $2{,}7\,h$ bestehen keine wesentlichen Beziehungen.

Filon, L. N. G.: On an approximate solution of the bending of a beam of rectangular cross section. Philos. Trans. Royal Soc. London 1903 (A.) Bd. 201 S. 63. — Timpe, A.: Problem der Spannungsverteilung in ebenen Systemen. Diss. Göttingen 1905. — Bleich, F.: Der gerade Stab mit Rechteckquerschnitt als ebenes Problem. B. I. 1923 S. 255. — Th. v. Kármán: Über die Grundlagen der Balkentheorie. Abhandlg. aus dem Aerodynamischen Institut d. Techn. Hochschule Aachen. Berlin 1927. — Seewald, F.: Die Spannungen und Formänderungen von Balken mit rechteckigem Querschnitt. Abhandlg. aus dem Aerodynamischen Institut d. Techn. Hochschule Aachen. Berlin 1927. — Crämer, H.: Spannungen in hohen wandartigen Trägern. Bericht über die II. Int. Tagung für Brücken- und Hochbau. Wien 1929. — Derselbe: Spannungen in wandartigen Balken bei feldweise wechselnder Belastung. Z. A. M. 1930 S. 205. — Bay, H.: Der wandartige Träger auf unendlich vielen Stützen. J. A. 1931 S. 435. — Cooker, E. G., u. L. N. G. Filon: A Treatise on Photo Elasticity. Cambridge 1931. — Dischinger, F.: Beitrag zur Theorie der Halbscheibe und des wandartigen Balkens. Abhandlungen der Int. Vereinigung für Brücken- und Hochbau. Zürich 1932 und Beton u. Eisen 1933 S. 237. — Crämer, H.: Spannungen in durchlaufenden Scheiben bei Vollbelastung sämtlicher Felder. Beton u. Eisen 1933 S. 233.

76. Die Berechnung der Spannungsfunktion mit Differenzen.

Die Erweiterung der Randbedingungen durch die rechteckige oder polygonale Begrenzung der Scheiben bereitet beim Ansatz und bei der numerischen Lösung der Spannungsfunktion F wesentlich größere Schwierigkeiten. Aus diesem Grunde begnügt man sich bei derartigen Aufgaben ebenso wie bei ähnlichen Problemen der Plattenbiegung mit einer Näherungslösung durch die Entwicklung der Ansätze (1054) in Differenzen. Da die Differentialgleichung des ebenen Spannungszustandes und die Differentialgleichung der Plattenbiegung unter Randkräften miteinander übereinstimmen, kann die Differenzengleichung des ebenen Spannungszustandes in rechtwinkligen Koordinaten nach (999) oder in Polarkoordinaten unmittelbar angeschrieben werden. Die Spannungsfläche erscheint dann ebenso wie die elastische Fläche der Platte als Gitter, dessen Aufriß aus zwei Gruppen von äquidistanten, sich rechtwinklig kreuzenden geraden Linien besteht ($\Delta x \neq \Delta z$). Die Endpunkte der Ordinaten F_k der Gitterknoten k liegen in der Spannungsfläche. Ihre gegenseitigen Beziehungen lassen sich an jedem Gitterknoten durch eine lineare Gleichung ausdrücken. Sie lautet für $\Delta x = \Delta z$ nach (1000) folgendermaßen (Abb. 747):

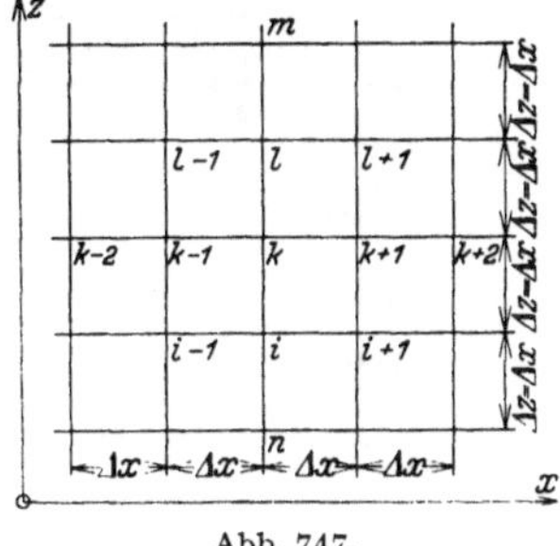

Abb. 747.

$$20 F_k - 8\,(F_{k-1} + F_l + F_{k+1} + F_i) + 2\,(F_{i-1} + F_{l-1} + F_{l+1} + F_{i+1})$$
$$+ (F_{k-2} + F_m + F_{k+2} + F_n) = 0. \tag{1084}$$

Für $\Delta x \neq \Delta z$ wird die Differentialbeziehung $\Delta\Delta F = 0$ nach (999) angeschrieben. Die Gleichungen für die inneren Knoten sind homogen. Außerdem gelten Randbedingungen, die entweder nach (1054) durch die Randkräfte oder nach (1061) durch Funktionen der Randkräfte vorgeschrieben sind. Der Ansatz liefert bei jedem Belastungsfall ein eindeutiges Ergebnis für die Ordinaten F_k. Mit diesen lassen sich dann die Komponenten des ebenen Spannungszustandes nach (998) berechnen.

$$\sigma_z = \frac{\partial^2 F}{\partial x^2} \approx \frac{F_{k+1} - 2F_k + F_{k-1}}{\Delta x^2}, \qquad \sigma_x = \frac{\partial^2 F}{\partial z^2} \approx \frac{F_l - 2F_k + F_i}{\Delta z^2}, \quad \left.\begin{array}{c}\\[3em]\end{array}\right\} \quad (1085)$$

$$\tau_{xz} = -\frac{\partial^2 F}{\partial x\,\partial z} \approx -\frac{(F_{l+1} - F_{l-1}) - (F_{i+1} - F_{i-1})}{4\,\Delta x \cdot \Delta z}.$$

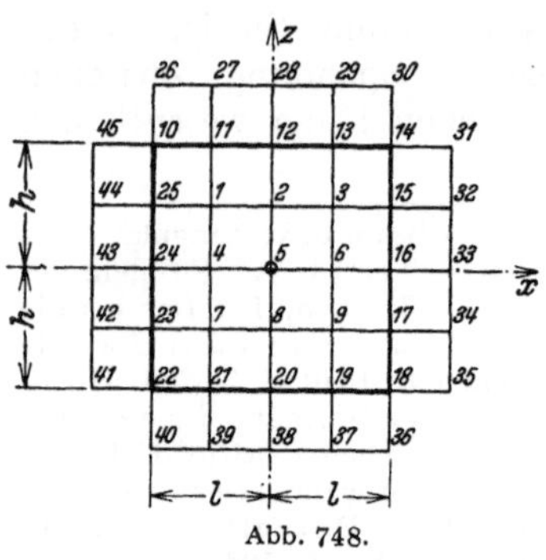

Abb. 748.

Die Schubspannungen werden daher am einfachsten für die Mittelpunkte der Maschen berechnet.

Der quadratischen Scheibe Abb. 748 wird ein durch 2 Scharen von äquidistanten Geraden bestimmtes Gitter mit 9 Innenknoten und 16 Randknoten zugeordnet, so daß zunächst ohne Beachtung der Symmetrie 25 Ordinaten F_k der Spannungsfläche in die Rechnung eingehen und 9 Gleichungen angeschrieben werden können. Diese enthalten noch die unbekannten Ordinaten F_k von 20 Nebenknoten der über den Scheibenrand hinaus erweiterten Spannungsfläche. Die 45 Wurzeln des Ansatzes sind daher nur dann eindeutig bestimmt, wenn zu den 9 linearen Gleichungen für die Gitterknoten _1_ bis _9_ noch 36 Randbedingungen treten. Diese stehen bei freien Rändern $z = \pm h$ nach (1085) als unmittelbare Beziehung zwischen Randbelastung und Randspannung zur Verfügung. An 10 Randknoten $z = \pm h$ ist $\sigma_z = -p_z$, an 10 Randknoten $x = \pm l$ ist $\sigma_x = -p_x$, an 12 mittleren Randknoten $z = \pm h$, $x = \pm l$ und an 4 Eckknoten ist $\tau_{xz} = 0$.

Ansatz und Lösung werden an einer Scheibe mit $h/l = 3/4$ gezeigt, welche nach Abb. 749 belastet ist. Wegen der Symmetrie der Belastung zur z-Achse genügt die Berechnung der Spannungsfläche F für eine Hälfte der Scheibe. Nach Abb. 750 sind daher die Ordinaten F_k von 20 Innenknoten zu berechnen ($\Delta x = \Delta z = \Delta$).

Bestimmung der Randordinaten nach (1061a): Als Anfangspunkt wird wegen der Symmetrie der Punkt _21_ gewählt.

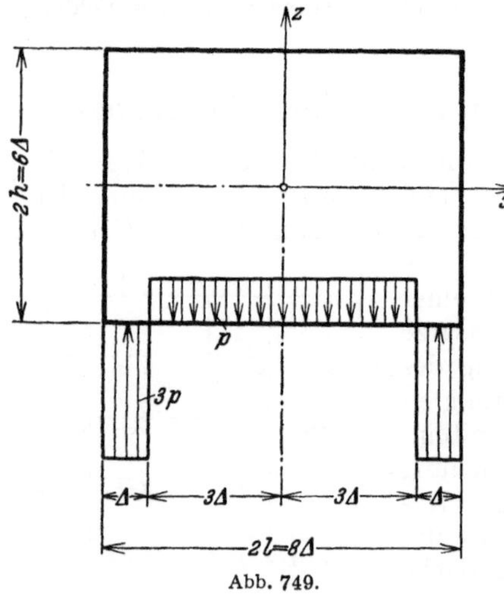

Abb. 749.

$$F_{21} = F_{22} = \cdots = F_{31} = 0,$$

$$F_{32} = -3\,p\,\Delta \cdot \frac{\Delta}{2} \qquad\qquad = -1{,}5\,p\,\Delta^2,$$

$$F_{33} = -3\,p\,\Delta \cdot \frac{3}{2}\,\Delta + p\,\Delta \cdot \frac{\Delta}{2} \quad = -4{,}0\,p\,\Delta^2,$$

$$F_{34} = -3\,p\,\Delta \cdot \frac{5}{2}\,\Delta + p\,2\,\Delta \cdot \Delta \quad = -5{,}5\,p\,\Delta^2,$$

$$F_{35} = -3\,p\,\Delta \cdot \frac{7}{2}\,\Delta + p\,3\,\Delta \cdot \frac{3}{2}\,\Delta = -6{,}0\,p\,\Delta^2.$$

Elimination der Ordinaten an den Nebenknoten nach (1061b): Für die Randknoten *21* bis *35* wird $\partial F/\partial n = -R_l$, so daß z. B. für die Knoten *22, 28* und *33* die folgenden Beziehungen entstehen:

$$\frac{F_{37}-F_3}{2\,\varDelta}=0\,,\qquad \frac{F_{44}-F_9}{2\,\varDelta}=0\,,\qquad \frac{F_{50}-F_{18}}{2\,\varDelta}=0\,.$$

Daher ist $F_{37}=F_3$, $F_{44}=F_9$, $F_{50}=F_{18}$. Das vollständige Ergebnis für alle Rand- und Außenknoten ist in Abb. 751 eingetragen.

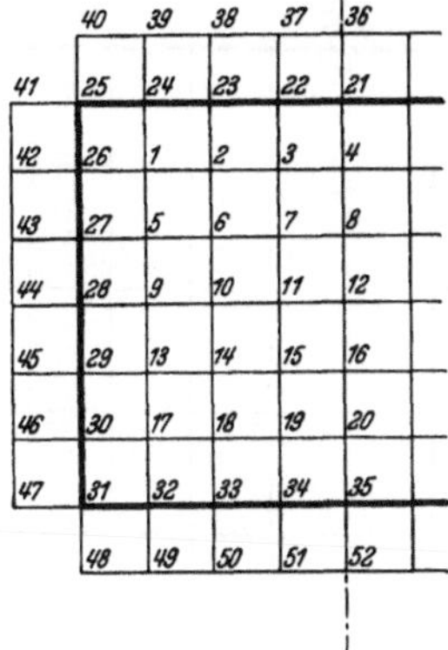
Abb. 750.

Aufstellung der Differenzengleichungen nach (1084): Gleichung für den Punkt *3*:

$$20F_3 - 8(F_2+0+F_4+F_7) + 2(F_6+0+0+F_8)$$
$$+ (F_1+F_3+F_3+F_{11}) = 0\,.$$

Gleichung für den Punkt *18*:

$$20F_{18} - 8(F_{17}+F_{14}+F_{19}-4{,}0\,p\,\varDelta^2) + 2(-1{,}5\,p\,\varDelta^2$$
$$+ F_{13}+F_{15} - 5{,}5\,p\,\varDelta^2) + (0+F_{10}+F_{20}+F_{18}) = 0\,.$$

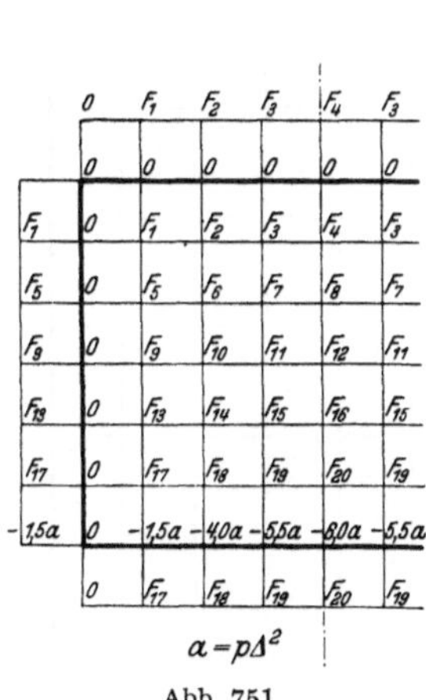
Abb. 751.

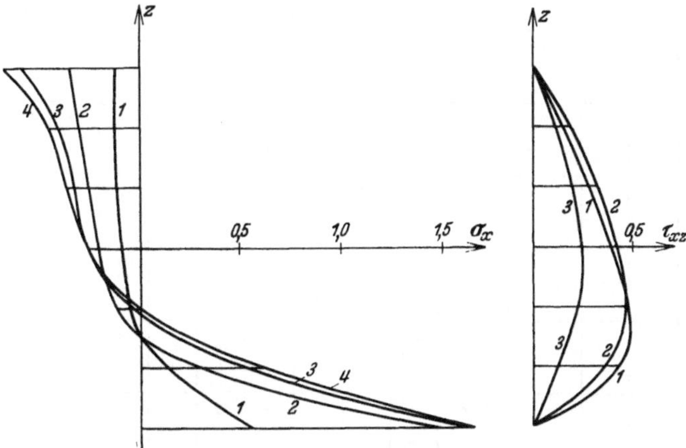
Abb. 752a, b. Spannungen σ_x und τ_{xz} in den Schnitten im Abstand $\varDelta$, $2\varDelta$, $3\varDelta$, $4\varDelta$ vom Außenrand (Kurven *1* bis *4*).

Das vollständige Gleichungssystem ist nach Zusammenfassung der einzelnen Unbekannten F_k in der Matrix auf S. 736 enthalten. Die Lösung steht auf S. 737.

Die Spannungen $\sigma_x,\sigma_z,\tau_{xz}$ werden hieraus nach (1085) ermittelt. Sie sind in den Abb. 752a bis c aufgetragen. Die Abb. 753a bis c enthalten die Linien gleicher Hauptlängsspannungen σ_1,σ_2 und die Längsspannungstrajektorien, deren Verlauf bei der groben Maschenteilung der Lösung allerdings im mittleren Bereich des unteren Randes nicht angegeben werden kann. Trotzdem eignen sich die

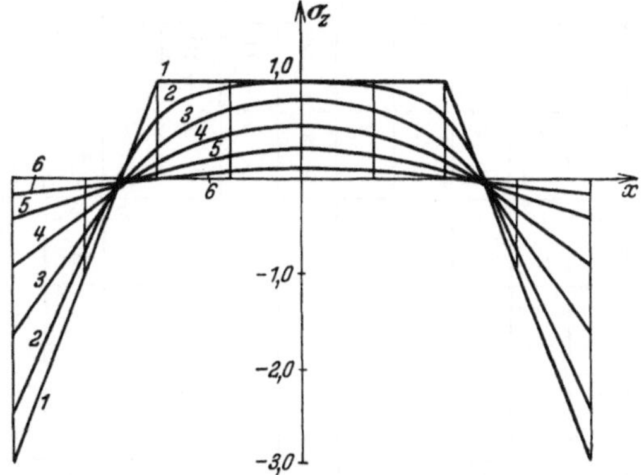
Abb. 752c. Spannungen σ_z in den Schnitten im Abstand $0,\varDelta,2\varDelta\ldots5\varDelta$ vom unteren Rand (Kurven *1* bis *6*).

Abb. 753 zu einem kritischen Vergleich mit der Lösung für die Halbscheibe auf S. 722 und für den Streifen auf S. 730f. Dabei verdient vor allem der Einfluß der Ränder auf den Spannungszustand Beachtung.

F	1	2	3	4	5	6	7	8	9	10	11	12	13	14	15	16	17	18	19	20
													$+1,5a$	$+4,0a$	$+5,5a$	$+6,0a$	$-4,0a$	$-18,0a$	$-24,0a$	$-26,0a$
F_{20}												+1			+2	−8		+1	−8	+21
F_{19}											+1			+2	−8	+4	+1	−8	+22	−16
F_{18}										+1			+2	−8	+2		−8	+21	−8	+2
F_{17}									+1				−8	+2			+22	−8	+1	
F_{16}								+1			+2	−8		+1	−8	+20			+2	−8
F_{15}							+1			+2	−8	+4	+1	−8	+21	−16		+2	−8	+4
F_{14}						+1			+2	−8	+2		−8	+20	−8	+2	+2	−8	+2	
F_{13}					+1				−8	+2			+21	−8	+1		−8	+2		
F_{12}				+1			+2	−8		+1	−8	+20			+2	−8				+1
F_{11}			+1			+2	−8	+4	+1	−8	+21	−16		+2	−8	+4			+1	
F_{10}		+1			+2	−8	+2		−8	+20	−8	+2	+2	−8	+2			+1		
F_{9}	+1				−8	+2			+21	−8	+1		−8	+2			+1			
F_{8}			+2	−8		+1	−8	+20			+2	−8				+1				
F_{7}		+2	−8	+4	+1	−8	+21	−16		+2	−8	+4			+1					
F_{6}	+2	−8	+2		−8	+20	−8	+2	+2	−8	+2			+1						
F_{5}	−8	+2			+21	−8	+1		−8	+2			+1							
F_{4}		+1	−8	+21			+2	−8				+1								
F_{3}	+1	−8	+22	−16		+2	−8	+4			+1									
F_{2}	−8	+21	−8	+2	+2	−8	+2			+1										
F_{1}	+22	−8	+1		−8	+2			+1											

Lösung der Matrix auf S. 736:

k	1	2	3	4	5	6	7	8	9	10
F_k	−0,0589	−0,1682	−0,3005	−0,3473	−0,2053	−0,6282	−1,0040	−1,1485	−0,4631	−1,3222

k	11	12	13	14	15	16	17	18	19	20
F_k	−2,0395	−2,3092	−0,8172	−2,2306	−3,3332	−3,7338	−1,2242	−3,2490	−4,6725	−5,1662

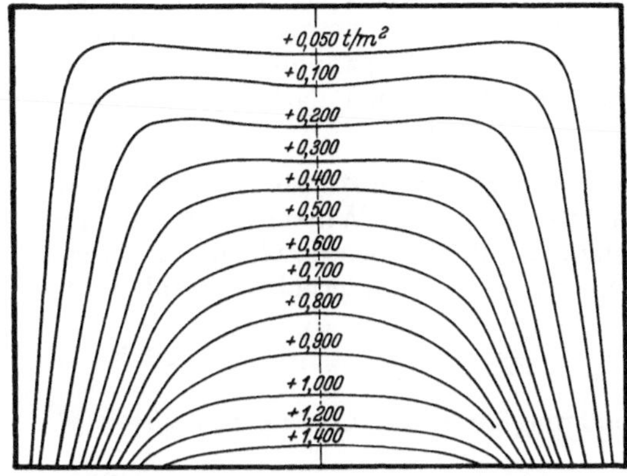

Abb. 753a. Linien gleicher Hauptspannung σ_1.

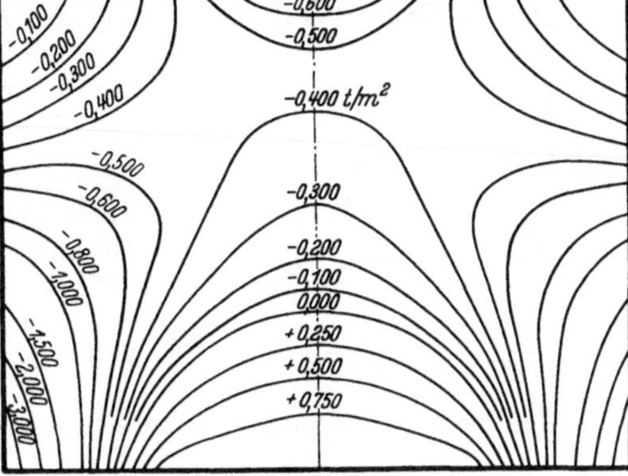

Abb. 753b. Linien gleicher Hauptspannung σ_2.

Der Spannungszustand der Scheiben mit $H \ll L$, der aus den Schnittkräften nach Abschn. 10 statisch bestimmt angegeben werden kann, unterscheidet sich von dem Spannungszustand gedrungener Scheiben vor allem durch das Verhältnis von σ_z zu σ_x. In dem einen Falle ist $\sigma_z \ll \sigma_x$, in dem anderen Falle sind beide Spannungen von der gleichen Größenordnung. Das Vorzeichen der Längsspannung σ_x wechselt beim Träger in der Achse, dagegen bei gedrungenen Scheiben mit $H \approx L$ in den Wendepunkten der Querschnitte $x = $ const der Spannungsfläche F, also

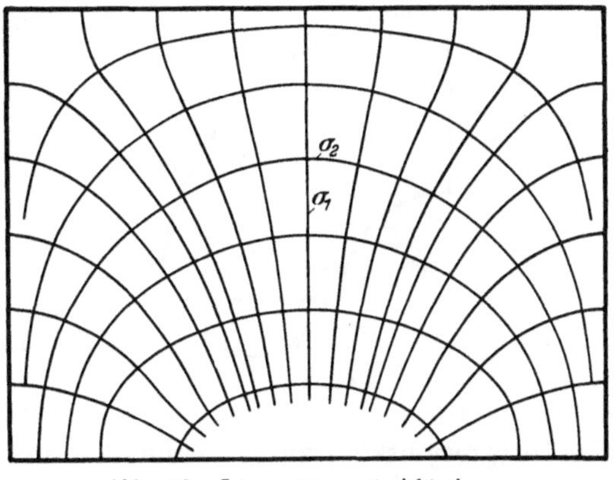

Abb. 753c. Längsspannungstrajektorien.

in der Nähe des abgestützten Scheibenrandes. Die Spannungen in Längs- oder Querschnitten lassen sich aber auch hier stets zu Schnittkräften zusammenfassen, welche mit den äußeren Kräften am Rande die Gleichgewichtsbedingungen erfüllen.

Bay, H.: Über den Spannungszustand in hohen Trägern und die Bewehrung von Eisenbetonwänden. Stuttgart 1931.

77. Angenäherte Untersuchung des Spannungszustandes in Rahmenecken.

Während die statisch bestimmte Berechnung der Spannungen aus den Schnittkräften zur Beurteilung der Festigkeit der Rahmenstäbe ausreicht, läßt sich das Kraftfeld im Bereich der Winkelpunkte der Stabachsen nur mit einem ebenen Spannungszustand vergleichen. Dieser ist durch polarisationsoptische Untersuchungen an rechtwinkligen, auf Biegung beanspruchten Stabecken gemessen worden. Darnach ist der ausspringende Bereich der Ecke fast spannungsfrei. Aus diesem Grunde liegt es nahe, das vorgeschriebene polygonale Kraftfeld durch einen Kreisringsektor mit konzentrischen Rändern zu begrenzen und die Spannungsaufgabe mit Polarkoordinaten zu lösen, wenn dabei sich voraussichtlich auch der Verschiebungszustand ändern wird.

Um die Randbedingungen und damit auch die Zahlenrechnung zu vereinfachen, wird über die Eintragung der Schnittkräfte an den Querschnitten der Scheibe nichts ausgesagt. Hier gelten vielmehr nur die Gleichgewichtsbedingungen zwischen den bekannten Schnittkräften N, M, Q des Rahmenstabes und den errechneten Spannungen σ_t, τ_{tr}, die ebenso wie die Spannungsfunktion mit Rücksicht auf die Randbedingungen in Polarkoordinaten angeschrieben werden.

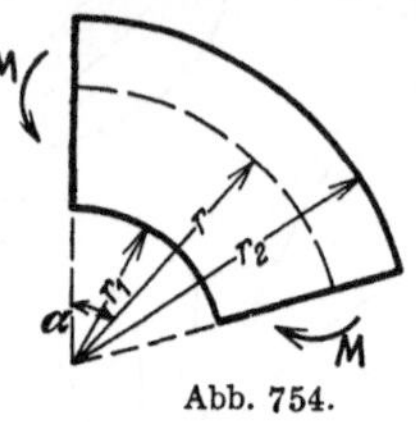

Abb. 754.

Übertragung zweier Biegungsmomente M (Abb. 754). Die Spannungen sind unabhängig vom Winkel α, so daß die partielle Differentialgleichung (1057) ebenso wie die Plattengleichung (947) in bezug auf die Veränderliche r total wird.

$$\left(\frac{d^2}{dr^2} + \frac{1}{r}\frac{d}{dr}\right)\left(\frac{d^2F}{dr^2} + \frac{1}{r}\frac{dF}{dr}\right) = 0\,; \qquad \sigma_r = \frac{1}{r}\frac{dF}{dr}\,, \qquad \sigma_t = \frac{d^2F}{dr^2}\,, \qquad \tau_{rt} = 0\,.$$

Ihre allgemeine Lösung steht bereits auf S. 650 und lautet mit $r_2/r = \varrho$ und $r_2/r_1 = \varrho_1$

$$F = c_0 + c_1 \ln \varrho + c_2 \frac{1}{\varrho^2} + c_3 \frac{1}{\varrho^2} \ln \varrho\,. \tag{1086}$$

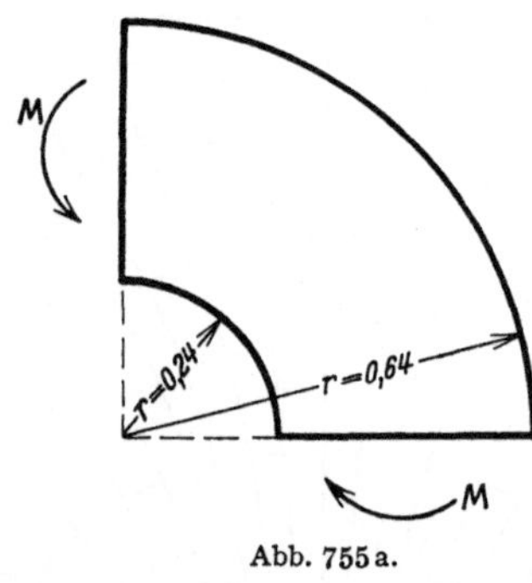

Abb. 755a.

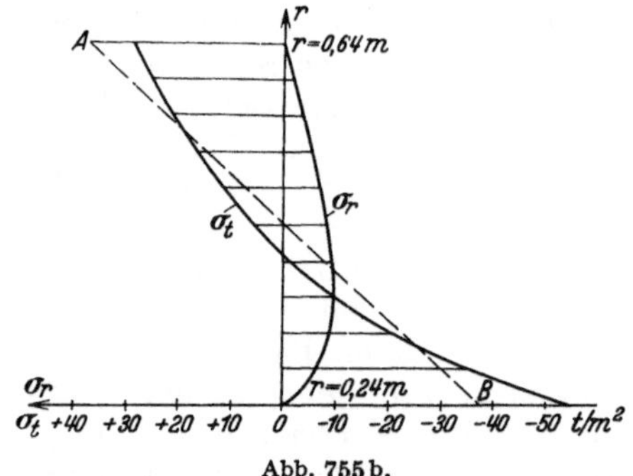

Abb. 755b.

Die Integrationskonstanten lassen sich aus den Bedingungen

$$\sigma_r = -\frac{1}{r_2^2}(c_1 \varrho^2 - 2 c_2 + c_3 - 2 c_3 \ln \varrho) = 0$$

an den Rändern $r = r_1$ und $r = r_2$ und $M = \int_{r_1}^{r_2} \sigma_t\, r\, dr$ bestimmen. Man erhält mit

$$T_1 = r_1^2 [(\varrho_1^2 - 1)^2 - 4 \varrho_1^2 (\ln \varrho_1)^2]\,,$$

$$c_1 = -\frac{M}{T_1} r_2^2 \cdot 4 \ln \varrho_1\,, \qquad c_2 = \frac{M}{T_1} r_2^2 (1 - \varrho_1^2 - 2 \ln \varrho_1)\,, \qquad c_3 = \frac{M}{T_1} r_2^2 \cdot 2\,(1 - \varrho_1^2) \tag{1087a}$$

und daraus

$$\sigma_r = \frac{4\,M}{T_1}\left(\ln -\frac{\varrho_1}{\varrho} - \varrho_1^2 \ln \varrho + \varrho^2 \ln \varrho_1\right)\,, \qquad \sigma_t = \frac{4\,M}{T_1}\left(\varrho_1^2 - 1 - \ln \frac{\varrho_1}{\varrho} - \varrho_1^2 \ln \varrho - \varrho^2 \ln \varrho_1\right)\,. \tag{1087b}$$

σ_r und σ_t sind Hauptspannungen, die Querschnitte bleiben eben.

Für einen Sektor mit $r_1 = 0{,}24$ m, $r_2 = 0{,}64$ m (Abb. 755a) wird $\varrho_1 = 2{,}6667$ und $T_1 = 0{,}57492$. Die Auswertung der Ergebnisse (1087b) liefert mit $M = 1$ mt/m die für alle Radialschnitte gleiche Spannungsverteilung der Abb. 755b. Die Gerade AB zeigt den linearen Verlauf von σ_t nach Navier.

Ausgleich einer Querkraft. Die Querkraft Q_a (Abb. 756) steht mit den Schnittkräften N_b, M_b, Q_b im Gleichgewicht $[(Q_a, N_b, M_b, Q_b) = 0]$. Die Spannungsfunktion

$$F = \Phi(r) \cdot \sin \alpha \tag{1088}$$

mit den Spannungskomponenten

$$\left. \begin{aligned} \sigma_r &= \left(\frac{\Phi'}{r} - \frac{\Phi}{r^2}\right)\sin\alpha, \qquad \sigma_t = \Phi'' \cdot \sin\alpha, \\ \tau_{rt} &= -\left(\frac{\Phi'}{r} - \frac{\Phi}{r^2}\right)\cos\alpha = -\frac{\sigma_r}{\operatorname{tg}\alpha} \end{aligned} \right\} \tag{1089}$$

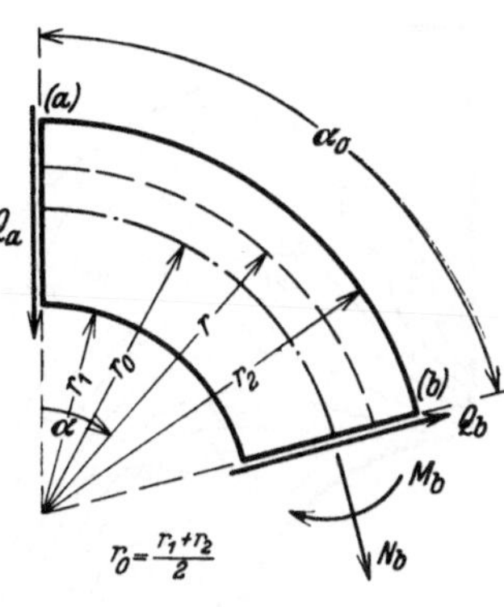

Abb. 756.

liefert am Rande $\alpha = 0$ nur Schubspannungen τ_{rt}. Aus

$$\Delta\Delta F = \left(\frac{d^2}{dr^2} - \frac{1}{r^2} + \frac{1}{r}\frac{d}{dr}\right)\left(\frac{d^2\Phi}{dr^2} - \frac{\Phi}{r^2} + \frac{1}{r}\frac{d\Phi}{dr}\right)\cdot\sin\alpha$$

folgt für $\Phi(r)$ die totale Differentialgleichung

$$\left(\frac{d^2}{dr^2} - \frac{1}{r^2} + \frac{1}{r}\frac{d}{dr}\right)^2 \Phi = 0. \tag{1090a}$$

Ihre Lösung ist

$$\Phi = c_1 \frac{1}{\varrho^3} + c_2 \frac{\ln\varrho}{\varrho} + c_3 \frac{1}{\varrho} + c_4 \varrho, \tag{1090b}$$

wobei wieder $r_2/r = \varrho$ gesetzt wurde.

Die Integrationskonstanten c_1, c_2, c_4 lassen sich aus den Bedingungen

$$\sigma_r = \left(2c_1\frac{1}{\varrho} - c_2\varrho - 2c_4\varrho^3\right)\frac{\sin\alpha}{r_2^2} = -\tau_{rt}\operatorname{tg}\alpha = 0$$

an den Rändern $r = r_1$ und $r = r_2$ und aus der Bedingung $\int_{r_1}^{r_2} \tau_{rt}\, dr = Q_a$ am Rande

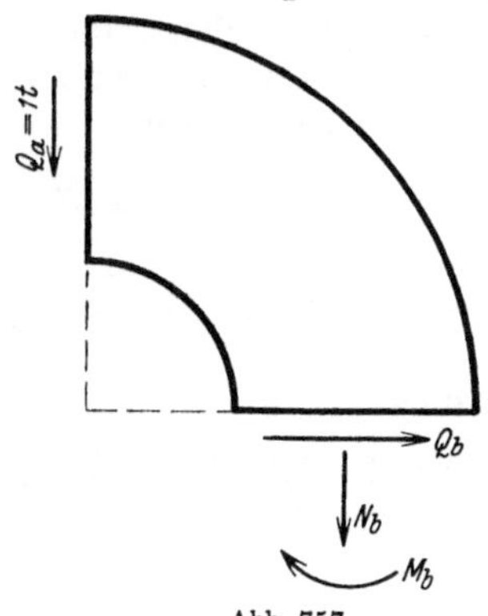

Abb. 757.

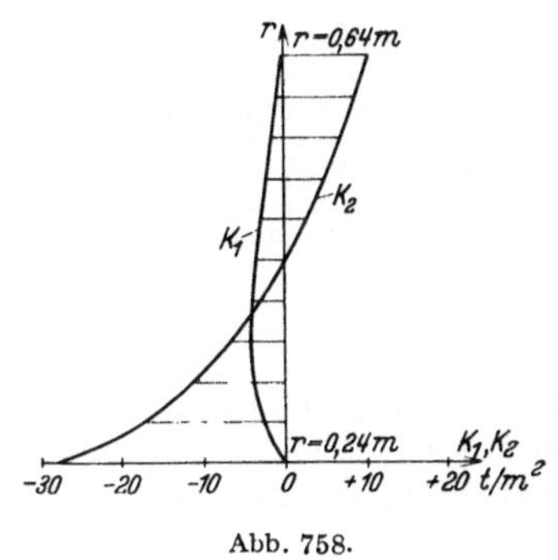

Abb. 758.

$\alpha = 0$ ermitteln. Die Integrationskonstante c_3 ist ohne Einfluß auf die Spannungen und daher beliebig. Mit der Abkürzung

$$T_2 = r_2[(\varrho_1^2 + 1)\ln\varrho_1 - (\varrho_1^2 - 1)]$$

ergibt sich

$$\left. c_1 = \frac{\varrho_1^2}{2}\frac{Q_a}{T_2}, \qquad c_2 = (\varrho_1^2 + 1)\frac{Q_a}{T_2}, \qquad c_4 = -\frac{1}{2}\frac{Q_a}{T_2} \right\} \tag{1091a}$$

47*

und damit

$$\sigma_r = \frac{Q_a}{T_2}\left[\frac{\varrho_1^2}{\varrho} - (\varrho_1^2 + 1)\,\varrho + \varrho^3\right]\sin\alpha\,, \qquad \tau_{rt} = -\frac{\sigma_r}{\mathrm{tg}\,\alpha}\,,$$

$$\sigma_t = \frac{Q_a}{T_2}\left[3\,\frac{\varrho_1^2}{\varrho} - (\varrho_1^2 + 1)\,\varrho - \varrho^3\right]\sin\alpha\,. \tag{1091b}$$

Die Spannungsresultierenden im Schnitt $b\,(\alpha = \alpha_0)$ stehen mit Q_a im Gleichgewicht:

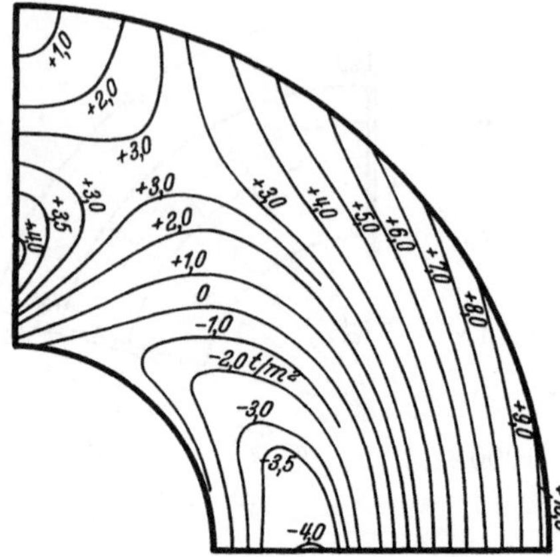

Abb. 759a. Linien gleicher Hauptspannung σ_1.

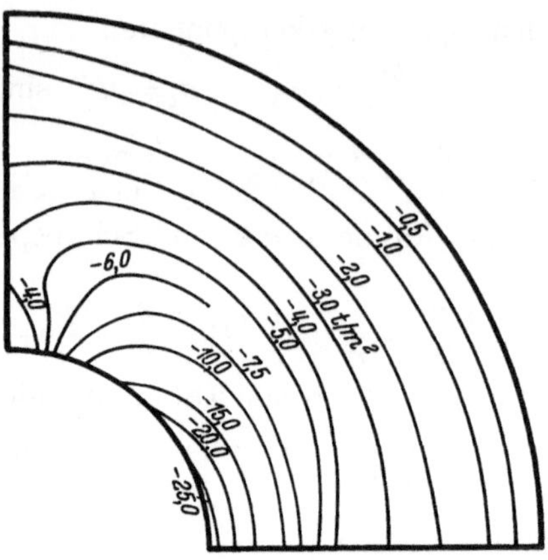

Abb. 759b. Linien gleicher Hauptspannung σ_2.

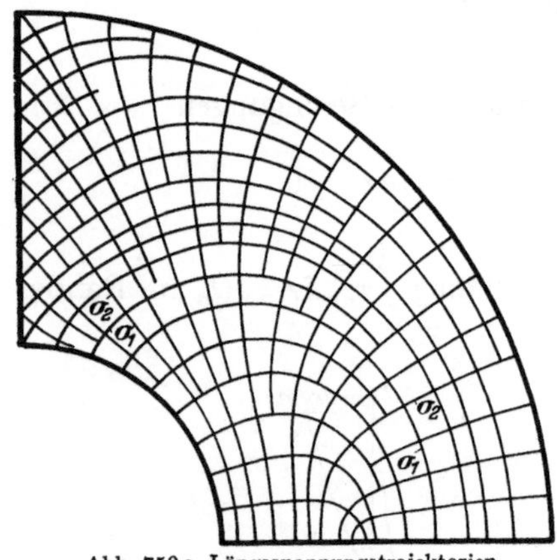

Abb. 759c. Längsspannungstrajektorien.

$$\int_{r_1}^{r_2}\sigma_t\,dr = N_b = -Q_a\sin\alpha_0\,,$$

$$\int_{r_1}^{r_2}\tau_{rt}\,dr = Q_b = Q_a\cos\alpha_0\,,$$

$$\int_{r_1}^{r_2}\sigma_t\,(r - r_0)\,dr = M_b = Q_a r_0\sin\alpha_0\,.$$

Für den Sektor mit den Abmessungen nach Abb. 755a, belastet nach Abb. 757, ist $\varrho_1 = 2{,}6667$, $T_2 = 1{,}18005$. Mit

$$\frac{Q_a}{T_2}\left[\frac{\varrho_1^2}{\varrho} - (\varrho_1^2 + 1)\,\varrho + \varrho^3\right] = K_1\,,$$

$$\frac{Q_a}{T_2}\left[3\,\frac{\varrho_1^2}{\varrho} - (\varrho_1^2 + 1)\,\varrho - \varrho^3\right] = K_2$$

wird $\sigma_r = K_1\sin\alpha\,, \qquad \sigma_t = K_2\sin\alpha\,.$

Die Funktionen K_1 und K_2 sind in Abb. 758 dargestellt. Die Abb. 759a, b enthalten die Linien gleicher Hauptspannungen σ_1, σ_2, die Abb. 759c die Längsspannungstrajektorien für die Belastung nach Abb. 757.

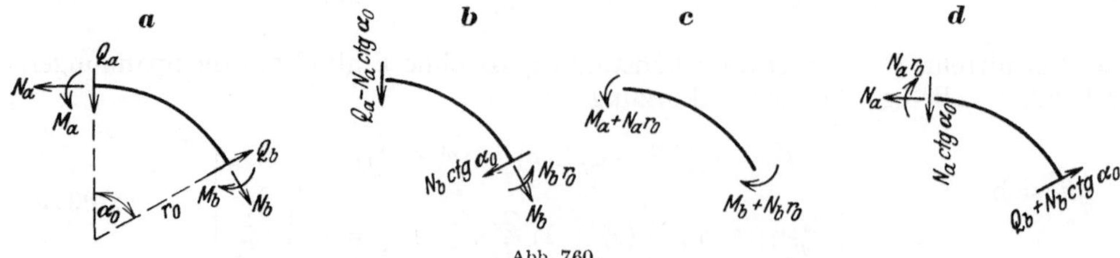

Abb. 760.

Eine Belastung des Ringsektors nach Abb. 760a läßt sich durch Aufspaltung in die drei Anteile Abb. 760b, c, d auf die beiden Grundfälle zurückführen.

Preuß, E.: Versuche über die Spannungsverminderung durch die Ausrundung scharfer Ecken. Forsch.-Arb. Ing.-Wes. Heft 126. Berlin 1912. — Grüning, M.: Die Spannungen im Knotenpunkt eines Vierendeelträgers. Eisenbau 1914 S. 162. — Wyß, Th.: Die Kraftfelder in festen elastischen Körpern. Berlin 1926. — Cardinal v. Widdern, H.: Polarisationsoptische Spannungsmessungen an Stabecken. Mitteilungen aus dem Mechan.-Techn. Laboratorium der T. H. München. 3. Folge Heft 34. München 1930. — Kurzhalz, H.: Polarisationsoptische Untersuchungen an rechtwinkligen, auf Biegung beanspruchten Stabecken. Mitteilungen aus dem Mechan.-Techn. Laboratorium der T. H. München. 3. Folge Heft 35. München 1931.

78. Der Spannungszustand in Rahmenknoten.

Die Lösung der Aufgabe ist angenähert für eine durch die Querschnitte a, b, c begrenzte rechteckige Knotenscheibe (Abb. 761) mit Hilfe einer Spannungsfunktion versucht worden, die zwar die Differentialgleichung (1055) und die Gleichgewichtsbedingungen in a, b, c befriedigt, dagegen nicht den Randbedingungen gerecht wird. Für das Kräftebild Abb. 761 ohne Querkraft in c ist nach M. Grüning

$$F = \frac{3}{8}\frac{Q}{c^3 f^3}\left[x\,y\left(f^2 - \frac{1}{3}y^2\right)(x^2 l + 2 e^3 - 3 e^2 l) + \frac{1}{5}x\,y\,l\,(f^2 - y^2)^2 - \frac{2}{3}f^3 l\,x^3\right], \quad (1092\text{a})$$

für das Kräftebild Abb. 762 mit einer Querkraft in c (Stockwerkrahmen)

$$F = \frac{P}{16\,e^3 f}\left[x^3(y + f)^2 - (y + f)^4 x + (8 f^2 - 3 e^2) x (y + f)^2 + 2 e^3 y^2\right]. \quad (1092\text{b})$$

Die Spannungen lassen sich daraus mit (1054b) leicht ableiten. Die Lösung gibt jedoch ohne die ausreichende Berücksichtigung der Randbedingungen kein zutreffendes Bild des Kraftfeldes, da nicht der Spannungszustand in den einspringenden Ecken erfaßt und sein Einfluß auf den Kern des Kraftfeldes bewertet wird.

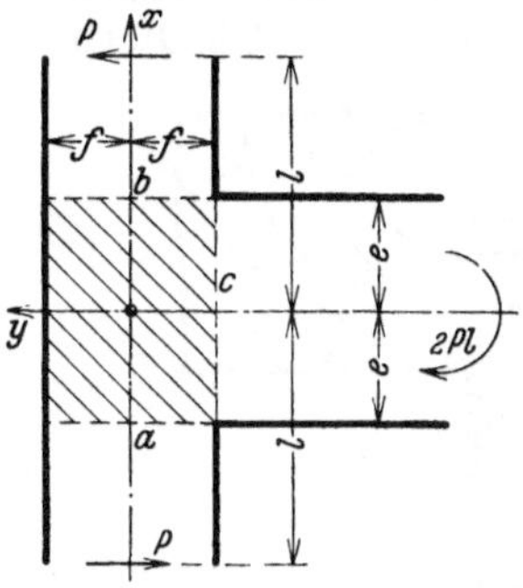

Das Problem ist neuerdings durch Spannungsmessungen und vor allem durch optische Beobachtungen geklärt und von Th. Wyß an Kraftfeldern studiert worden, die sich an Hand des Versuchsmaterials mit Hilfe der analytischen Beziehungen über Tra-

Abb. 761.

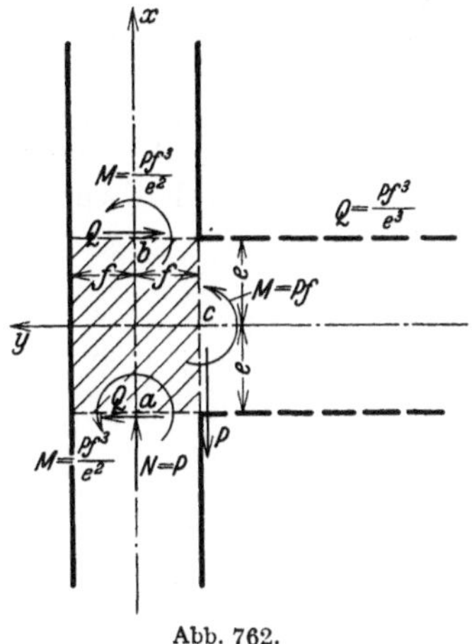

Abb. 762.

jektorien aufzeichnen lassen. Dabei wird der Rahmenknoten in denjenigen Querschnitten abgegrenzt, in denen die einfachen Gesetze der Navierschen Balkenbiegung als zutreffend angenommen werden, so daß die Randbedingungen des Kraftfeldes durch Schnittkräfte bekannt sind.

Das Kräftebild zerfällt bei symmetrischen Knotenscheiben, die hier vorausgesetzt werden sollen, in den symmetrischen und in den antimetrischen Anteil mit grundsätzlich verschiedenen, ausgezeichneten Kraftfeldern.

a) Symmetrie der Belastung. Die Biegungsmomente, Quer- und Längskräfte der Querschnitte a, b sind einander gleich, am Querschnitt c ist nur die Längskraft $N_c = 2 Q_a$ von Null verschieden (Abb. 763a). Die Schubspannungen sind in der Symmetrielinie Null, die Hauptspannungen σ_1, σ_2 parallel zur x- und y-Achse. Das Kraftfeld stimmt mit demjenigen eines im Bereich c verstärkten Balkenabschnitts überein, der hier eine gleichförmig verteilte Belastung aufnimmt (Abb. 763b). Die Kraftlinien α beschreiben im wesentlichen den Kraftfluß und die Beziehungen zwischen den beiden Riegeln, die Kraftlinien β denjenigen zwischen Riegel und Pfosten, während die Kraftlinien γ und δ die Trägerwirkung der Knotenscheibe wiedergeben. Die Biegungsmomente an den Riegelquerschnitten werden also im wesentlichen unmittelbar übertragen.

b) **Antimetrie der Belastung.** Die Biegungsmomente, Quer- und Längskräfte der beiden Querschnitte a, b sind entgegengesetzt gleich (Abb. 764a); am

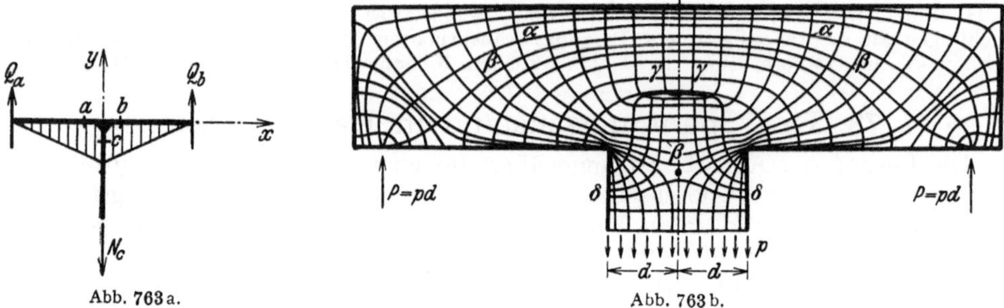

Abb. 763a.   Abb. 763b.

Querschnitt c ist $N_c = 0$, $Q_c = N_a + N_b$, $M_c = 2 M_a$. Die Längsspannungen σ_x, σ_y sind in der Symmetrieachse Null und daher die Hauptschubspannungen hier nach x und y gerichtet. Die Symmetrieachse ist also Trajektorie der Hauptschubspannungen. Sie wird von den Hauptlängsspannungen unter 45^0 geschnitten. Der singuläre Punkt N des Kraftfeldes Abb. 764b ist daher ein Spannungsnullpunkt, so daß sich keine Längsspannungen zwischen den beiden Riegeln ausgleichen. Der singuläre Punkt K wird von 2 Scharen von Kraftlinien umfaßt, welche durch zwei ausgezeichnete Linien NL und NR begrenzt sind und den mittelbaren Kraftfluß zwischen Riegel und Pfosten beschreiben. Außerhalb der beiden Grenzlinien ist eine unmittelbare Wechselwirkung zwischen Riegel und Pfosten vorhanden. Die Form

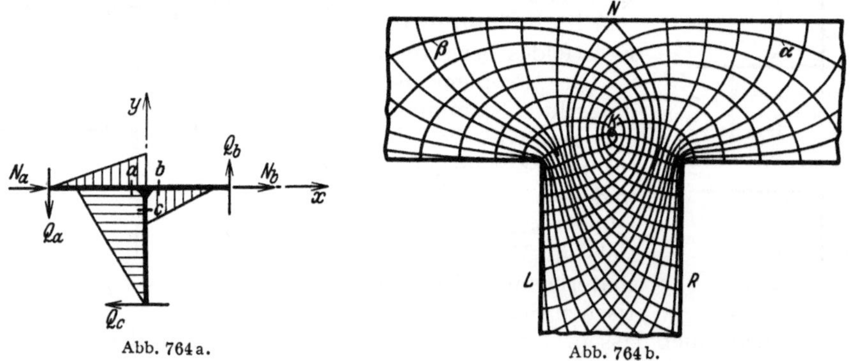

Abb. 764a.   Abb. 764b.

des Kraftfeldes bietet unter Umständen die Möglichkeit, die Spannungen durch Überlagerung der Ergebnisse der Untersuchung zweier Rahmenecken abzuschätzen.

Die beiden Scharen der Kraftlinien α, β schneiden sich rechtwinklig. An unbelasteten Rändern ist zur Befriedigung der Randbedingungen die eine Kraftlinie (α) parallel, die andere (β) winkelrecht zum Rande. Die ihr zugeordnete Hauptspannung σ_β ist hier Null. Parallele Kraftlinien sind ein Zeichen für konstante Hauptspannungen. Die Hauptspannungen α wachsen um so mehr, je größer die Krümmung der rechtwinklig zugeordneten Kraftlinien β ist. Je mehr daher ihr Abstand abnimmt, um so größer wird die Hauptspannung und damit die Beanspruchung des Baustoffs.

Wyß, Th.: Die Kraftfelder in festen elastischen Körpern. Berlin 1926. Hieraus sind die Abb. 763b und 764b entnommen.

C. Die Schalen.

79. Die Grundlagen der Berechnung.

Die Schalen sind einfach oder doppelt gekrümmte Flächentragwerke, deren Dicke h ebenso wie bei den Platten im Vergleich zu den anderen Abmessungen klein ist. Die Halbierungspunkte der Schalenwand bilden die Mittelfläche, die in der Regel durch eine Symmetrieachse ausgezeichnet ist. Winkelrecht dazu liegende Ebenen erzeugen meist geometrisch ähnliche Schnittlinien mit dem Krümmungshalbmesser $r_\alpha(\beta)$.

Die Breitenschnitte der rotationssymmetrischen Flächen sind Kreise mit $r_\alpha(\beta) = r_\alpha$. Ihre Lage und Größe ist durch den Winkel α zwischen der Symmetrieachse und der Flächennormalen und durch den Abschnitt R_α der Flächennormalen zwischen der Mittelfläche und der Symmetrieachse bestimmt. R_α ist der Krümmungshalbmesser eines der beiden Hauptschnitte der Rotationsfläche ($r_\alpha = R_\alpha \sin\alpha$) (Abb. 766).

Die Ebenen mit der Symmetrieachse erzeugen die Meridianschnitte. Sie werden auf einen Nullmeridian bezogen (Winkel β) und sind bei rotationssymmetrischen Flächen einander kongruent. Ihr Krümmungshalbmesser $R_\beta = R_\beta(\alpha)$ bestimmt die zweite Hauptkrümmung der Fläche. Mit $R_\beta = $ const entsteht die Kreisringschale, mit $R_\beta = R_\alpha = $ const $= a$ die Kugelschale (Abb. 765a). Der Meridianschnitt des Kegelstumpfes ist eine Gerade mit $R_\beta = \infty$, $\alpha = $ const und $R_\alpha = y$ ctg α (Abb. 765b). Durch $\alpha = 90^0$ wird die Kegelschale zur Zylinderschale mit senk-

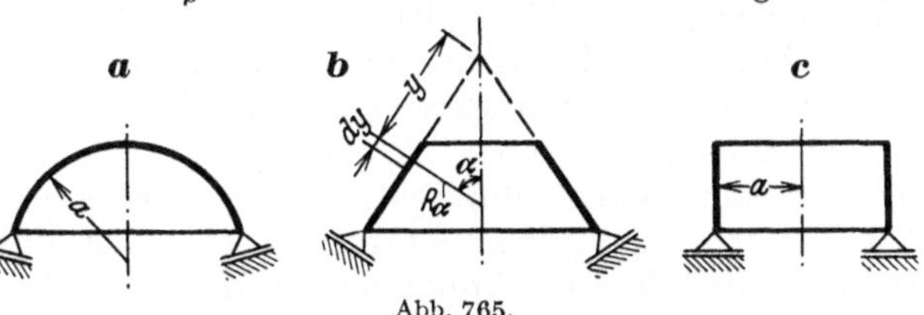

Abb. 765.

rechter Achse und $R_\alpha = r_\alpha = $ const $= a$ (Abb. 765c). Besondere Bedeutung besitzen die Tonnenschalen des Brücken- und Hochbaues. Die Breitenschnitte sind Teile ausgezeichneter Kurven, also nicht rotationssymmetrisch (Abschn. 82).

Die Schalen dienen als Dächer zum Abschluß von Räumen oder als Behälter zur Stapelung von Füllgut, so daß die elastischen Kräfte des Tragwerks aus dem Eigengewicht und seiner Ausrüstung, aus der Belastung durch Schnee, aus dem Strömungswiderstand der Schale bei Wind und aus den Seitenkräften der Füllung entstehen können. Die Belastung erscheint stets als stetige Funktion der Winkel α und β. Dasselbe gilt von den Stützkräften, so daß der Formänderungs- und Spannungszustand ebenso wie bei der Platte und Scheibe zunächst an einem differentialen Abschnitt betrachtet werden kann. Dabei wird die vorgeschriebene Belastung p nach drei ausgezeichneten Richtungen, der Schalennormale z, der Meridiantangente y, der Tangente an den Breitenkreis x zerlegt ($dy = R_\beta d\alpha$, $dx = r_\alpha d\beta$, $p = p_x \overset{+}{} p_y \overset{+}{} p_z$).

Die allgemeinen Beziehungen der Elastizitätstheorie lassen sich auch hier zur Berechnung des Spannungs- und Verschiebungszustandes vereinfachen. Die Wanddicke $h = h(\alpha)$ ist im Vergleich zum Krümmungshalbmesser R_α, R_β der Hauptschnitte stets klein, so daß die Normalspannungen σ_z verglichen mit den Normalspannungen σ_α, σ_β stets kleine Größen zweiter Ordnung sind und daher ebenso wie in der Plattenstatik (S. 644) vernachlässigt werden. Aus demselben Grunde werden die Punkte einer Normalen zur Mittelfläche auch nach der Formänderung auf einer Normalen zur verzerrten Mittelfläche liegen, so daß die Dehnungen $\varepsilon_\alpha(z)$, $\varepsilon_\beta(z)$, $\gamma_{\alpha\beta}(z)$ eines durch Hauptschnitte begrenzten Schalenteils annähernd lineare Funktionen von z sind, in welche die Dehnung $\varepsilon_{0\alpha}$, $\varepsilon_{0\beta}$ und die Krümmungsänderung $d\psi_\alpha/dy$, $d\psi_\beta/dx$ der Mittelfläche als Konstante eingehen.

$$\sigma_z = 0\,, \qquad \varepsilon_\alpha = \varepsilon_{0\alpha} + z\,d\psi_\alpha/dx\,, \qquad \varepsilon_\beta = \varepsilon_{0\beta} + z\,d\psi_\beta/dy\,.$$

Daher lassen sich auch die Spannungen σ_α, σ_β ebenso wie beim Stabe an einem Schnitte $\alpha = $ const von der Breite ,,1`` zur Längskraft $N_\alpha$ in t/m und zum Biegungsmoment $M_\alpha$ in mt/m, an einem Schnitte $\beta = $ const von der Breite ,,1`` zur Längskraft N_β in t/m und zum Biegungsmoment M_β in mt/m zusammenfassen. Die Schubspannungen $\tau_{\alpha z}$, $\tau_{\beta z}$ bilden die Querkräfte $Q_{\alpha z}$, $Q_{\beta z}$, die Schubspannungen $\tau_{\alpha\beta}$, $\tau_{\beta\alpha}$ im allgemeinen Schubkräfte $N_{\alpha\beta}$, $N_{\beta\alpha}$ und Drillungsmomente $M_{\alpha\beta}$, $M_{\beta\alpha}$. Schnittkräfte und Belastung des differentialen Flächenteils sind durch die Gleichgewichtsbedingungen, die Komponenten des Verzerrungszustandes, Dehnung, Krümmung und Verwindung sind mit den Komponenten u, v, w des Verschiebungszustandes der Schale durch geometrische Bedingungen verknüpft, während das Hookesche Gesetz Beziehungen zwischen den Schnittkräften und den Komponenten des Verzerrungszustandes herstellt. Dabei entstehen ebenso viele Gleichungen als unbekannte Größen eingehen.

Im Bauwesen begnügt man sich allerdings in der Regel mit Näherungslösungen, um ohne allzu großen Aufwand an Rechnung zu Zahlenergebnissen zu gelangen, welche den Spannungs- und Verschiebungszustand qualitativ richtig wiedergeben. Man benützt daher den Umstand, daß die Krümmungsänderung der Mittelfläche $(d\psi_\alpha/dy,\ d\psi_\beta/dx,\ d\psi_{\alpha\beta}/dy,\ d\psi_{\beta\alpha}/dx)$ und damit Biegungs- und Drillungsmomente nur in denjenigen Abschnitten der Mittelfläche Bedeutung besitzen, in welchen Querschnitt und Form der Schale oder die äußeren Kräfte in α und β unstetig sind. Für den übrigen Bereich genügt die Beschreibung des Spannungszustandes durch die Längskräfte N_α, N_β und $N_{\alpha\beta}$, die aus den drei Gleichgewichtsbedingungen der Kräfte an einem differentialen Schalenabschnitt 1 berechnet werden können. Die Untersuchung gilt streng für die unendlich dünne Schale ohne Biegungswiderstand, so daß die Berechnung der Schnittkräfte N_α, N_β, $N_{\alpha\beta}$ allein aus den Gleichgewichtsbedingungen auch als Membrantheorie der Schale bezeichnet wird. Die Ergebnisse sind in allen den Fällen brauchbar, bei welchen die vorgeschriebenen Randbedingungen an der Schalenbegrenzung durch die Längskräfte erfüllt werden. Die Biegungsspannungen sind in diesem Falle Nebenspannungen.

Um diesen Spannungszustand in einfacher Weise durch zwei sich rechtwinklig schneidende Komponenten zu beschreiben, werden an Stelle der geometrisch ausgezeichneten Schnitte $\alpha = $ const, $\beta = $ const nach (40) in jedem Punkte die Richtungen 1, 2 der Hauptlängskräfte N_1, N_2 bestimmt, für welche $N_{12} = 0$ ist. Sie bilden die Trajektorien des Spannungszustandes.

Alle Festigkeitsuntersuchungen gelten unter der Voraussetzung der Stabilität des Verschiebungszustandes. Diese Bemerkung hat gerade für die Schalentheorie mit Rücksicht auf die außergewöhnlich kleine Wandstärke besondere Bedeutung.

Meißner, E.: Das Elastizitätsproblem für dünne Schalen von Ringflächen, Kugel- oder Kegelform. Physik. Z. 1913 S. 343. — Derselbe: Über Elastizität und Festigkeit dünner Schalen. Vjschr. Naturforsch. Ges. Zürich 1915. — Geckeler, J. W.: Elastostatik. Handbuch der Physik. Bd. VI: Mechanik der elastischen Körper S. 231. Berlin 1928. — Föppl, A. u. L.: Drang und Zwang. Bd. II, 2. Aufl. — Flügge, W.: Die Stabilität der Kreiszylinderschale. Ing.-Arch. 1932 S. 463.

80. Membrantheorie für Rotationsschalen mit stetiger Belastung $p\,(\alpha,\beta)$.

Der differentiale Abschnitt Abb. 766 ist geometrisch durch die Winkel α, β und durch die Krümmung $1/R_\alpha$, $1/R_\beta$ der Hauptschnitte der Mittelfläche bestimmt.

$$dF = ds_\alpha \cdot ds_\beta = r_\alpha\,d\beta \cdot R_\beta\,d\alpha\,, \qquad r_\alpha = R_\alpha \sin\alpha\,. \tag{1093}$$

Die Belastung $p(\alpha, \beta) = p_x \mathbin{\hat{+}} p_y \mathbin{\hat{+}} p_z$ steht mit den Schnittkräften

$$(N_\alpha, N_{\alpha\beta}), \qquad (N_\beta, N_{\beta\alpha}), \qquad \left(N_\alpha + \frac{\partial N_\alpha}{\partial \alpha} d\alpha, \ N_{\alpha\beta} + \frac{\partial N_{\alpha\beta}}{\partial \alpha} d\alpha\right),$$

$$\left(N_\beta + \frac{\partial N_\beta}{\partial \beta} d\beta, \ N_{\beta\alpha} + \frac{\partial N_{\beta\alpha}}{\partial \beta} d\beta\right)$$

im Gleichgewicht. Aus der virtuellen Drehung des Abschnitts um die z-Achse folgt, abgesehen von kleinen Größen zweiter Ordnung, $N_{\alpha\beta} = N_{\beta\alpha}$. Die virtuelle Verschiebung des Abschnitts nach einer der drei ausgezeichneten Richtungen x, y, z liefert die Gleichgewichtsbedingungen:

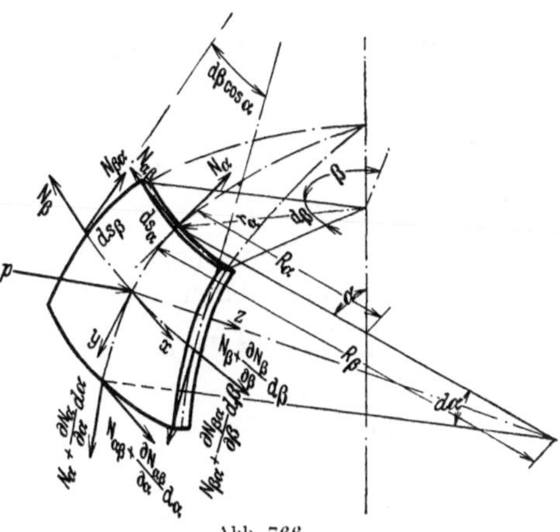
Abb. 766.

a) $\quad \dfrac{\partial N_\beta}{\partial \beta} d\beta \cdot R_\beta d\alpha + N_{\alpha\beta} \cdot R_\beta d\alpha \cdot d\beta$

$\qquad + \dfrac{\partial}{\partial \alpha}(N_{\alpha\beta} \cdot r_\alpha d\beta) d\alpha + p_x \cdot r_\alpha d\beta \cdot R_\beta d\alpha = 0,$

b) $\quad \dfrac{\partial}{\partial \alpha}(N_\alpha \cdot r_\alpha d\beta) d\alpha - N_\beta \cdot R_\beta d\alpha \cdot d\beta \cdot \cos\alpha$

$\qquad + \dfrac{\partial N_{\alpha\beta}}{\partial \beta} d\beta R_\beta d\alpha + p_y \cdot r_\alpha d\beta \cdot R_\beta d\alpha = 0,$

c) $\quad N_\alpha \cdot r\, d\beta \cdot d\alpha + N_\beta \cdot R_\beta d\alpha \cdot d\beta \cdot \sin\alpha$

$\qquad + p_z \cdot r_\alpha d\beta \cdot R_\beta d\alpha = 0.$

Sie lassen sich folgendermaßen vereinfachen:

$$\begin{aligned}
\text{a)} \quad & \frac{\partial N_\beta}{\partial \beta} R_\beta + N_{\alpha\beta} R_\beta \cos\alpha + \frac{\partial}{\partial \alpha}(N_{\alpha\beta} r_\alpha) + p_x r_\alpha R_\beta = 0, \\[2mm]
\text{b)} \quad & \frac{\partial}{\partial \alpha}(N_\alpha r_\alpha) - N_\beta R_\beta \cos\alpha + \frac{\partial N_{\alpha\beta}}{\partial \beta} R_\beta + p_y r_\alpha R_\beta = 0, \\[2mm]
\text{c)} \quad & \frac{N_\alpha}{R_\beta} + \frac{N_\beta}{R_\alpha} + p_z = 0.
\end{aligned} \qquad (1094)$$

Rotationssymmetrische Belastung. Die Belastung p_x, p_y, p_z und die Funktionen der unbekannten Stütz- und Schnittkräfte $N_\alpha, N_\beta, N_{\alpha\beta}$ sind vom Breitenwinkel β unabhängig, ihre Ableitungen nach β also Null, so daß die Gleichgewichtsbedingungen (1094) totale Differentialgleichungen werden.

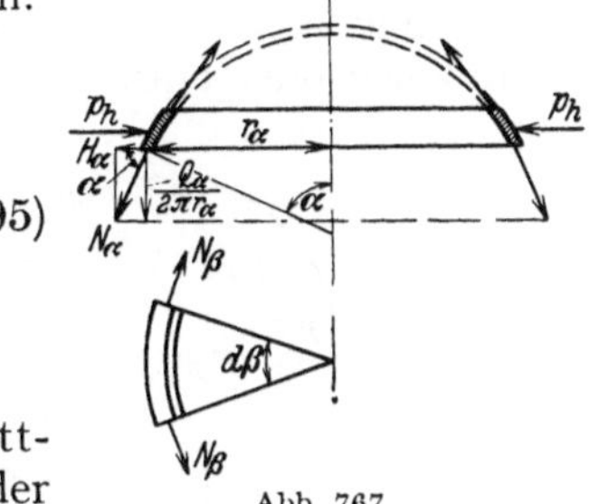
Abb. 767.

$$\begin{aligned}
& \frac{d}{d\alpha}(N_{\alpha\beta} r_\alpha) + N_{\alpha\beta} R_\beta \cos\alpha + p_x r_\alpha R_\beta = 0, \\[2mm]
& \frac{d}{d\alpha}(N_\alpha r_\alpha) - N_\beta R_\beta \cos\alpha + p_y r_\alpha R_\beta = 0, \\[2mm]
& \frac{N_\alpha}{R_\beta} + \frac{N_\beta}{R_\alpha} + p_z = 0.
\end{aligned} \qquad (1095)$$

Für $p_x = 0$ ist die Schubkraft $N_{\alpha\beta}$ Null und die Schnittkraft N_α nach Elimination der Schnittkraft N_β mit der vorgeschriebenen Belastung in ähnlicher Weise wie die Schnittkräfte des Stabes (S. 27) durch eine Differentialgleichung verknüpft. Ihre Lösung läßt sich aber auch ebenso wie dort aus dem Gleichgewicht der Kräfte an einem Abschnitt des Flächentragwerks ableiten. Hierzu dient entweder der Schalenteil über einem Breitenkreis α (Belastung Q_α) oder der Ring zwischen zwei benachbarten Breitenschnitten (Abb. 767).

$$\begin{aligned}
& Q_\alpha + 2\pi r_\alpha N_\alpha \sin\alpha = 0, \qquad N_\alpha = -\frac{Q_\alpha}{2\pi r_\alpha \sin\alpha} = -\frac{Q_\alpha}{2\pi R_\alpha \sin^2\alpha}, \\[2mm]
& N_\beta R_\beta d\alpha - d(r_\alpha N_\alpha \cos\alpha) + p_h r_\alpha R_\beta d\alpha = 0, \quad N_\beta = \frac{d}{R_\beta d\alpha}(r_\alpha N_\alpha \cos\alpha) - p_h r_\alpha.
\end{aligned} \qquad (1096)$$

Der zweite Summand der rechten Seite ist bei senkrechter Belastung (Eigengewicht, Schneebelastung) Null, so daß mit $r_\alpha N_\alpha \cos\alpha = -Q_\alpha \operatorname{ctg}\alpha/2\pi$

$$N_\beta = -\frac{1}{2\pi}\,\frac{d(Q_\alpha \operatorname{ctg}\alpha)}{R_\beta\,d\alpha}\,. \tag{1097}$$

Die Meridianspannungen sind also negativ, während die Ringspannungen mit $d(Q_\alpha \operatorname{ctg}\alpha)/R_\beta d\alpha = 0$ das Vorzeichen wechseln. Die Spannungen aus Eigengewicht sind bei konstanter Schalendicke von dieser unabhängig.

Periodische Belastung in β. Die Belastung kann durch Wind hervorgerufen oder durch Randbedingungen vorgeschrieben werden. Sie läßt sich stets als trigonometrische, nach ganzen Vielfachen von β fortschreitende Reihe entwickeln, deren Koeffizienten X_n, Y_n, Z_n allein Funktionen von α sind.

$$p_x = \sum X_n \sin n\beta\,, \quad p_y = \sum Y_n \cos n\beta\,, \quad p_z = \sum Z_n \cos n\beta, \quad n = 0,1\ldots\infty. \tag{1098}$$

Die partiellen Differentialgleichungen (1094) für das Gleichgewicht der Kräfte werden dann durch einen Ansatz

$$N_\alpha = \sum N_{\alpha n}\cos n\beta\,, \qquad N_\beta = \sum N_{\beta n}\cos n\beta\,, \qquad N_{\alpha\beta} = \sum N_{\alpha\beta n}\sin n\beta \tag{1099}$$

befriedigt, wenn die von α allein abhängigen Funktionen $N_{\alpha n}, N_{\beta n}, N_{\alpha\beta n}$ gliedweise die folgenden Differentialgleichungen erfüllen:

$$\left.\begin{aligned}
\frac{d}{d\alpha}\left(r_\alpha N_{\alpha\beta n}\right) - n R_\beta N_{\beta n} + R_\beta N_{\alpha\beta n}\cos\alpha + X_n r_\alpha R_\beta &= 0\,,\\[4pt]
\frac{d}{d\alpha}\left(r_\alpha N_{\alpha n}\right) + n R_\beta N_{\alpha\beta n} - R_\beta N_{\beta n}\cos\alpha + Y_n r_\alpha R_\beta &= 0\,,\\[4pt]
\frac{N_{\alpha n}}{R_\beta} + \frac{N_{\beta n}}{R_\alpha} + Z_n &= 0\,.
\end{aligned}\right\} \tag{1100}$$

Wird $N_{\beta n}$ eliminiert, so entstehen zwei simultane totale Differentialgleichungen für $N_{\alpha n}$ und $N_{\alpha\beta n}$.

$$\left.\begin{aligned}
\frac{d}{d\alpha}\left(r_\alpha N_{\alpha\beta n}\right) + R_\beta N_{\alpha\beta n}\cos\alpha + n R_\alpha N_{\alpha n} &= -X_n r_\alpha R_\beta - n Z_n R_\alpha R_\beta\,,\\[4pt]
\frac{d}{d\alpha}\left(r_\alpha N_{\alpha n}\right) + R_\alpha N_{\alpha n}\cos\alpha + n R_\beta N_{\alpha\beta n} &= -Y_n r_\alpha R_\beta - Z_n R_\alpha R_\beta\cos\alpha\,.
\end{aligned}\right\} \tag{1101}$$

$n = 0$ und $n = 1$ liefern die Grundschwingungen einer zum Meridian $\beta = 0$ symmetrischen oder antimetrischen Belastung.

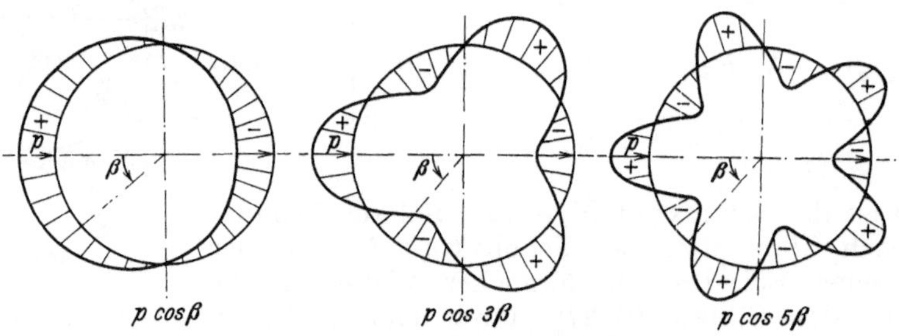

Abb. 768. Periodische Belastung $p\cos n\,\beta$.

Sonderfall $p_x = 0$, $p_y = 0$, $p_z = \sum Z_n(\alpha)\cos n\beta$ (Windbelastung). Die Kräfte besitzen die Periode $2\pi/n$ und bilden bei einer geraden Zahl n eine symmetrische, bei einem ungeraden n eine antimetrische Kräftegruppe. Ihr Moment in bezug auf die Drehachse ist Null. Die Gleichgewichtsbedingungen (1100) werden durch die Schnittkräfte $N_\alpha = \sum N_{\alpha n}\cos n\beta$, $N_\beta = \sum N_{\beta n}\cos n\beta$ erfüllt, die in den Meridianschnitten $\beta = 0$ und ganzzahligen Vielfachen von π/n, also $\beta = \lambda\pi/n$ Grenzwerte

$N_{\alpha n}$, $N_{\beta n}$ annehmen, dagegen in Meridianschnitten $\beta = \pi/2n + \lambda\pi/n$ Null sind. Hier werden die Schubkräfte $N_{\alpha\beta} = \sum N_{\alpha\beta n} \sin n\beta$ zu Grenzwerten $N_{\alpha\beta n}$. Die Grenzwerte $N_{\alpha n}$, $N_{\beta n}$, $N_{\alpha\beta n}$ sind durch die Gleichgewichtsbedingungen der äußeren Kräfte bestimmt, die an dem durch einen Breitenschnitt und zwei Nullmeridianen begrenzten Schalensektor angreifen.

Der Verschiebungszustand. Die Formänderung der Membranschalen ist durch die Verschiebung der Punkte der Mittelfläche bestimmt. Diese wird nach drei ausgezeichneten Achsen x, y, z in die Komponenten u, v, w zerlegt. Sie lassen sich aus den bezogenen Längen- und Winkeländerungen $\varepsilon_x = \varepsilon_\beta$, $\varepsilon_y = \varepsilon_\alpha$, $\gamma_{xy} = \gamma_{\alpha\beta}$ eines differentialen Flächenabschnitts berechnen. Die Dehnung ε_z ist auf Grund der Annahmen Null (Abb. 769).

$$\left.\begin{aligned}
\varepsilon_\alpha &= \frac{1}{R_\beta\,d\alpha}\left[(R_\beta - w)\,d\alpha - \frac{\partial v}{R_\beta\,\partial\alpha}\,R_\beta\,d\alpha - R_\beta\,d\alpha\right] = \frac{\partial v}{R_\beta\,\partial\alpha} - \frac{w}{R_\beta} = \frac{v' - w}{R_\beta}, \\
\varepsilon_\beta &= \frac{1}{r_\alpha\,d\beta}\left[(r_\alpha - w\sin\alpha + v\cos\alpha)\,d\beta + \frac{\partial u}{\partial\beta}\,d\beta - r_\alpha\,d\beta\right] = \frac{v\,\mathrm{ctg}\,\alpha - w}{R_\alpha} + \frac{1}{R_\alpha\sin\alpha}\frac{\partial u}{\partial\beta}.
\end{aligned}\right\} \tag{1102}$$

Bei rotationssymmetrischer Belastung ist $\partial u/\partial\beta = 0$ und nach Elimination von w

$$\frac{\partial v}{\partial\alpha} - v\,\mathrm{ctg}\,\alpha = \frac{\partial}{\partial\alpha}\left(\frac{v}{\sin\alpha}\right) = \frac{1}{\sin\alpha}(R_\beta\varepsilon_\alpha - R_\alpha\varepsilon_\beta),$$

$$\left.\begin{aligned}
v &= \sin\alpha\left[\int \frac{R_\beta\varepsilon_\alpha - R_\alpha\varepsilon_\beta}{\sin\alpha}\,d\alpha + C_1\right], \\
w &= v\,\mathrm{ctg}\,\alpha - R_\alpha\varepsilon_\beta.
\end{aligned}\right\} \tag{1103}$$

Die Winkeländerung des Flächenabschnitts ist nach (911)

$$\gamma_{\alpha\beta} = \frac{\partial u}{R_\beta\,\partial\alpha} + \frac{\partial v}{r_\alpha\,\partial\beta},$$

so daß mit v und $\gamma_{\alpha\beta}$ auch die Verschiebung u berechnet werden kann. Die Komponenten ε_α, ε_β, $\gamma_{\alpha\beta}$ der Flächenverzerrung sind mit den Schnittkräften nach (913) durch das Hookesche Gesetz verknüpft.

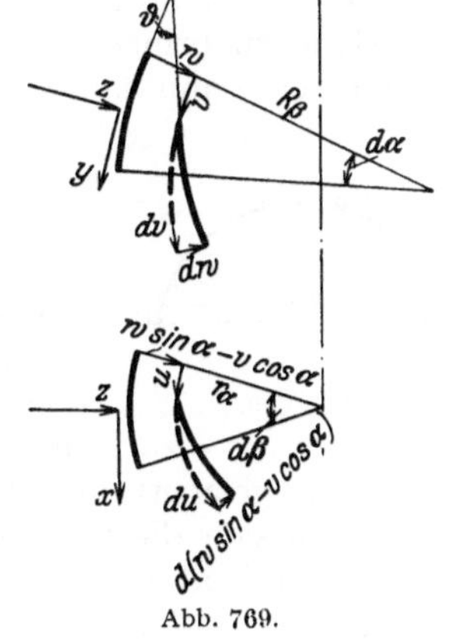

Abb. 769.

$$\left.\begin{aligned}
\varepsilon_\alpha &= \frac{1}{Eh}(N_\alpha - \mu N_\beta), & \varepsilon_\beta &= \frac{1}{Eh}(N_\beta - \mu N_\alpha). & \gamma_{\alpha\beta} &= \frac{2(1+\mu)}{Eh}N_{\alpha\beta}, \\
N_\alpha &= \frac{hE}{1-\mu^2}(\varepsilon_\alpha + \mu\varepsilon_\beta), & N_\beta &= \frac{hE}{1-\mu^2}(\varepsilon_\beta + \mu\varepsilon_\alpha), & N_{\alpha\beta} &= \frac{hE}{2(1+\mu)}\gamma_{\alpha\beta}.
\end{aligned}\right\} \tag{1104}$$

Die Krümmungsänderung in den Hauptschnitten wird mit

$$\frac{1}{R_\beta} = \frac{d\alpha}{ds_\beta}, \quad \frac{1}{R_\alpha} = \frac{\sin\alpha}{r_\alpha},$$

$$\left.\begin{aligned}
\varkappa_\beta &= d\left(\frac{1}{R_\beta}\right) = \frac{d\alpha + \delta(d\alpha) - d\alpha}{ds_\beta} = \frac{\delta(d\alpha)}{ds_\beta} = \frac{d(\delta\alpha)}{ds_\beta} = \frac{d\vartheta}{R_\beta\,d\alpha}, \\
\varkappa_\alpha &= d\left(\frac{1}{R_\alpha}\right) = \frac{\sin(\alpha + \delta\alpha) - \sin\alpha}{r_\alpha} = \frac{\delta\alpha\cdot\mathrm{ctg}\,\alpha}{R_\alpha} = \frac{\vartheta\,\mathrm{ctg}\,\alpha}{R_\alpha}.
\end{aligned}\right\} \tag{1105}$$

In der Regel begnügt man sich mit der Beschreibung des rotationssymmetrischen Verschiebungszustandes durch die Vergrößerung Δr_α des Breitenkreises und durch die Verdrehung ϑ der Tangente an die elastische Linie des Meridians.

$$\left.\begin{aligned}
\Delta r_\alpha &= r_\alpha\varepsilon_\beta = \frac{r_\alpha}{Eh}(N_\beta - \mu N_\alpha), \\
\vartheta &= \frac{v}{R_\beta} + \frac{\partial w}{R_\beta\,\partial\alpha} = \frac{1}{R_\beta}\left[(R_\beta\varepsilon_\alpha - R_\alpha\varepsilon_\beta)\,\mathrm{ctg}\,\alpha - \frac{\partial(R_\alpha\varepsilon_\beta)}{\partial\alpha}\right].
\end{aligned}\right\} \tag{1106}$$

Die Randbedingungen. Die Berechnung der Schalen nach der Membrantheorie verlangt neben der stetigen Eintragung der Belastung die stetige Änderung der Wandstärke und die stetige Krümmung der Mittelfläche. Um die Verbiegung dieser Schalen auszuschließen und den Spannungszustand abgesehen von Nebenspannungen allein durch die Längskräfte N_α, N_β und durch die Schubkräfte $N_{\alpha\beta}$, also statisch bestimmt beschreiben zu können, müssen zunächst die statischen Randbedingungen durch die Eintragung der äußeren Kräfte am Schalenrande erfüllt werden. Hierzu dienen Ringträger, um Einzelkräfte am Schalenrande gleichförmig zu verteilen und die stetige Randbelastung der Mittelfläche in Richtung der Meridiantangente zuzuführen. Daher besitzen in der Regel die geschlossenen Schalen einen Fußring, die offenen Schalen Kopf- und Fußring, die je nach ihrer Lage zum Flächentragwerk auf Zug oder Druck beansprucht werden (Abb. 770). Dabei bleibt der Membranspannungszustand der Schale nur erhalten, wenn die Dehnung der Ringträger mit der Dehnung der Schalenränder übereinstimmt. Die Begrenzung der Schale durch Ringträger ist bei stetiger Abstützung nur dann unnötig, wenn die Hauptschnitte der Ränder mit der Drehachse rechte Winkel einschließen ($\alpha_1 = 90^0$, $\alpha_2 = 90^0$), also die Endtangenten der Meridianschnitte senkrecht sind. Um die Dehnung der Schalenränder in allen anderen Fällen mit der Längenänderung der Ringträger in Einklang zu bringen und Biegungsspannungen in der Nähe des Schalenrandes zu vermeiden, kann nach einem von F. Dischinger ausgesprochenen und der Dyckerhoff & Widmann A.-G. patentierten Gedanken die Krümmung der Meridiankurve durch einen Übergangsbogen zum Ringträger derart verändert werden, daß die Randbedingungen zwischen Schalenrand und Ringträger ganz oder teilweise erfüllt sind (Abschn. 80d).

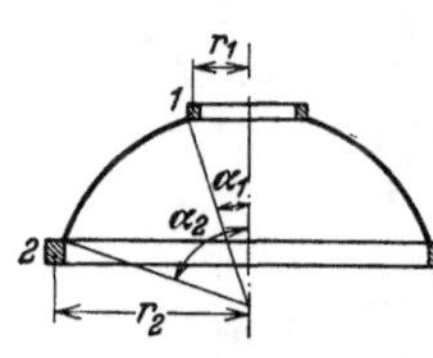

Abb. 770.

Neben den statischen Randbedingungen müssen auch die geometrischen Randbedingungen des statisch bestimmten Spannungszustandes befriedigt werden. Das Flächentragwerk muß daher so gelagert, der Überbau derart auf dem Kopfring der Schale abgestützt sein, daß sich die Verschiebungen $\varDelta r_1$, $\varDelta r_2$ der Endpunkte und die Verdrehungen ϑ_1, ϑ_2 der Endtangenten der Meridiankurve zwanglos einstellen können. Nur auf diese Weise lassen sich Biegungsspannungen in der Nachbarschaft der Schalenränder vermeiden. Die äußeren Kräfte können auch aus diesem Grunde an den Schalenrändern nur in Richtung der Tangenten an die Hauptschnitte der Mittelfläche eingetragen werden.

Die Belastung der Rotationsschalen. Bisher sind unter den allgemeinen Belastungsfällen nur die rotationssymmetrische Belastung und die von β periodisch abhängige Belastung hervorgehoben worden, für welche sich die Gleichgewichtsbedingungen (1094) integrieren lassen. In physikalischer Beziehung wird das Eigengewicht der Schale $p_x = 0$, $p_y = g \sin \alpha$, $p_z = g \cos \alpha$, die Schneelast $p_x = 0$, $p_y = p_s \sin \alpha \cos \alpha$, $p_z = p_s \cos^2 \alpha$ und der Seitendruck von Flüssigkeiten $p_x = 0$, $p_y = 0$, $p_z = \gamma f$ unterschieden. Außerdem kann noch der Seitendruck und die Reibungskraft des Füllgutes nach den Ansätzen in Abschn. 6 zur Wirkung kommen. Durch die Verwendung der Schalen zur Überdachung von Räumen gewinnt auch der Strömungswiderstand $\mathfrak{W}$ des Windes an gekrümmten Oberflächen als äußere Ursache innerer Kräfte Bedeutung (1). Er wird in Übereinstimmung mit den baupolizeilichen Bestimmungen für die statische Untersuchung von ebenen Dachflächen in der Regel nach der Newtonschen Widerstandstheorie festgesetzt, ohne auf die Form der Schale, auf die Rauhigkeit ihrer Oberfläche oder auf die Turbulenz der Strömung Rücksicht zu nehmen und entweder nach

$$p_x = 0, \qquad p_y = 0, \qquad p_z = p_w \sin^2 \alpha \cos^2 \beta \qquad (1107)$$

oder in Anlehnung an Versuche von M. v. Lößl nach

$$p_x = 0 , \qquad p_y = 0 , \qquad p_z = p_w \sin \alpha \cos \beta , \qquad (1108)$$

allein auf den angeströmten Teil der Oberfläche verteilt. Wenn auch nach der gegenwärtigen physikalischen Erkenntnis an der Oberfläche der Schale ein vollständig andersgeartetes Kraftfeld entsteht, so begnügt man sich doch mit diesen einfachen Ansätzen, solange die Spannungen aus Wind nur einen geringen Bruchteil der zulässigen Beanspruchung des Baustoffes ausmachen. Dies gilt zunächst erfahrungsgemäß allein für die ebenen und räumlichen Stabwerke des Brücken- und Hochbaues, während die Spannungen in Schalen wesentlich von der Druckintensität p_w und von der Verteilung $p_z(\alpha, \beta)$ des Strömungswiderstandes abhängen. Diese muß, falls einfache Ansätze vorgeschrieben werden sollen, nach S. 748 im Bereiche der Schalenoberfläche stetig sein, auf Grund von Beobachtungen antimetrischen Charakter erhalten und mit dem Staudruck p_w der Ansätze (1107) oder (1108) angenommen werden. Die Integration liefert ebenfalls einen Strömungswiderstand des Baukörpers, der aber nicht mit den Versuchsergebnissen an ähnlichen Körpern im Windkanal oder mit dem Strömungswiderstand nach (1107) oder (1108) verglichen werden kann.

Die Bedingungen für $p_z(\alpha,\beta)$ werden am einfachsten durch die Gleichungen (1108) mit $0 \leqq \beta \leqq 360^0$ erfüllt. Um eine in β quadratische Druckverteilung im Sinne der baupolizeilichen Vorschriften als

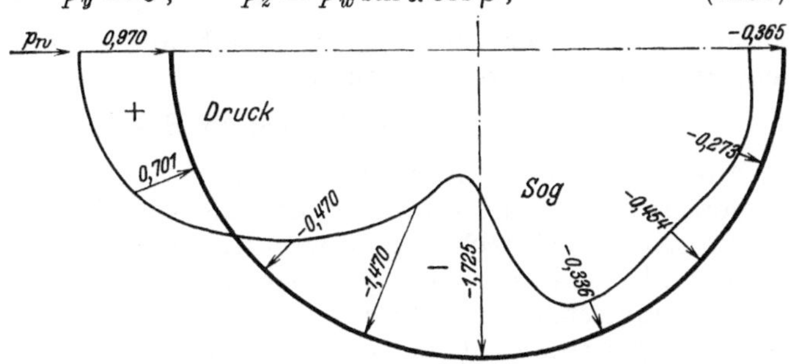

Abb. 771. Druckverteilung an einem Gasometermodell bei $v = 35$ m/sec Windgeschwindigkeit, bezogen auf den Staudruck $p_w = 1$ t/m².

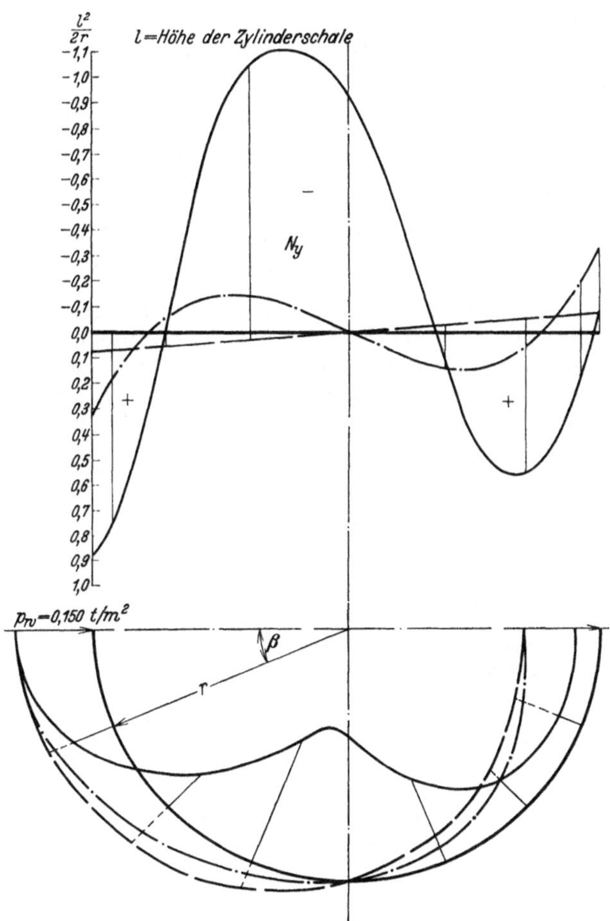

Abb. 772. Windgesetz und Meridianschnittkraft für eine Zylinderschale (l, r).

——— Windgesetz (1111) nach den Göttinger Versuchen.
—·—·— Quadratisches Windgesetz (1109).
——— Antimetrisches Windgesetz (1108).

stetige antimetrische Funktion zu verwenden, wird der Ansatz (1107) für $0 \leqq \beta \leqq 90^0$ mit $+ \cos^2\beta$, für $90^0 \leqq \beta \leqq 180^0$ mit $- \cos^2\beta$ als Fouriersche Reihe entwickelt.

$$p_z = p_w \sin^2 \alpha \cos^2 \beta = p_w \sin^2 \alpha \, (0{,}8493 \cos \beta + 0{,}1699 \cos 3\,\beta - 0{,}0243 \cos 5\,\beta$$
$$+ 0{,}0081 \cos 7\,\beta - 0{,}0037 \cos 9\,\beta \pm \cdots)\,. \qquad (1109)$$

Ein ähnliches Ergebnis wird von F. Dischinger auf andere Weise erzielt. Es besteht aus zwei Gliedern und lautet

$$p_z = p_w \sin^2 \alpha \, (0{,}85 \cos \beta + 0{,}15 \cos 3\,\beta)\,. \qquad (1110)$$

Der Ansatz ist in der Reihe (1109) enthalten, die also die Spannungen aus einem in β quadratischen Windgesetz namentlich mit Rücksicht auf die schlechte Konvergenz der zur Spannungsberechnung notwendigen abgeleiteten Funktionen besser wiedergeben würde, wenn der Ansatz physikalische Bedeutung hätte.

Die Voraussetzungen zur Berechnung der Spannungen in kreisrunden Zylindern sind im Gegensatz zu diesen unzuverlässigen Annahmen durch die Versuche der Aerodynamischen Versuchsanstalt Göttingen beim Anströmen von Gasometermodellen wesentlich verbessert worden. Die Abb. 771 zeigt das Ergebnis der Druckmessung im Bereiche eines mittleren Breitenschnittes. Die Schaulinie ist periodisch und läßt sich daher durch harmonische Analyse in eine trigonometrische Reihe entwickeln, die mit Rücksicht auf die schlechte Konvergenz der Spannungsberechnung mit 6 Gliedern angeschrieben wird.

$$p_z = p_w \, (-\,0{,}655 + 0{,}280 \cos \beta + 1{,}115 \cos 2\,\beta$$
$$+ 0{,}400 \cos 3\,\beta - 0{,}113 \cos 4\,\beta - 0{,}027 \cos 5\,\beta)$$

und mit $\qquad\qquad p_w = 0{,}150\ \text{t/m}^2\,,$

$$p_z = -\,0{,}098 + 0{,}042 \cos \beta + 0{,}167 \cos 2\,\beta$$
$$+ 0{,}060 \cos 3\,\beta - 0{,}017 \cos 4\,\beta - 0{,}004 \cos 5\,\beta\,. \qquad (1111)$$

Die Zahlenrechnung läßt sich durch die gemessene Druckverteilung (Abb. 771) nachprüfen. Ein Vergleich der einzelnen Windgesetze für den Kreiszylinder (Abb. 772) zeigt nicht allein in der Druckverteilung, sondern auch im Spannungszustand grundsätzliche Unterschiede, die auf die Brauchbarkeit der Ansätze (1107) und (1108) für doppelt gekrümmte Schalen schließen lassen.

Dischinger, F.: Schalen- und Rippenkuppeln. Handbuch für Eisenbetonbau. Bd. VI, 2. Kapitel. Berlin 1930.

a) Die Kugelschale. Die Kugelschale wird als geschlossenes oder als offenes Tragwerk verwendet und dabei durch einen oder zwei Breitenschnitte α_1, α_2 begrenzt (Abb. 773). An den Rändern sind in der Regel Ringträger vorhanden, da hier nach S. 748 nur tangential gerichtete Kräfte ohne Störung des Membranzustandes in die Schale eingetragen werden.

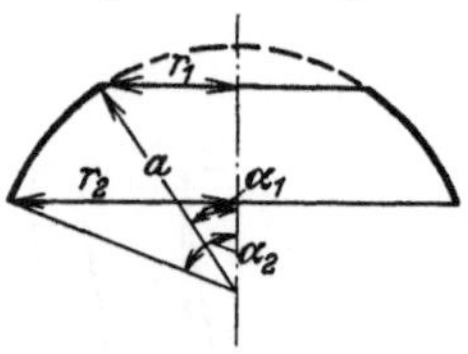

Abb. 773.

Die allgemeinen Gleichgewichtsbedingungen (1094) lauten für die Kugelschale mit $R_\alpha = R_\beta = a$, $r_\alpha = a \sin \alpha$ folgendermaßen:

$$\frac{\partial N_\beta}{\partial \beta} + N_{\alpha\beta} \cos \alpha + \frac{\partial}{\partial \alpha}\,(N_{\alpha\beta} \sin \alpha) + p_x a \sin \alpha = 0\,,$$
$$\frac{\partial}{\partial \alpha}\,(N_\alpha \sin \alpha) - N_\beta \cos \alpha + \frac{\partial N_{\alpha\beta}}{\partial \beta} + p_y a \sin \alpha = 0\,, \qquad (1112)$$
$$N_\alpha + N_\beta + a p_z = 0\,.$$

Sie lassen sich mathematisch vereinfachen.

$$\frac{1}{\sin \alpha}\,\frac{\partial N_\beta}{\partial \beta} + 2 N_{\alpha\beta}\,\text{ctg}\,\alpha + \frac{\partial N_{\alpha\beta}}{\partial \alpha} + a p_x = 0\,,$$
$$\frac{\partial N_\alpha}{\partial \alpha} + (N_\alpha - N_\beta)\,\text{ctg}\,\alpha + \frac{1}{\sin \alpha}\,\frac{\partial N_{\alpha\beta}}{\partial \beta} + a p_y = 0\,, \qquad (1113)$$
$$N_\alpha + N_\beta + a p_z = 0\,.$$

Bei rotationssymmetrischer Belastung sind die Ableitungen nach β Null. Das Gleichgewicht der inneren und äußeren Kräfte wird dann durch drei simultane totale Differentialgleichungen beschrieben. Aus diesen folgt, daß

$$N_{\alpha\beta} = -\frac{a}{\sin^2\alpha}\int p_x \sin^2\alpha\, d\alpha + C_1, \qquad N_\beta = -N_\alpha - p_z a, \left.\begin{array}{l}\\ \\ \\ \\\end{array}\right\} \quad (1114)$$

$$N_\alpha = -\frac{a}{\sin^2\alpha}\int (p_y + p_z \operatorname{ctg}\alpha)\sin^2\alpha\, d\alpha + C_2.$$

Bedingung für C_2 bei geschlossener Kugelschale:

$$\alpha = 0: \qquad N_\alpha = N_\beta, \qquad (1115)$$

Bedingung für C_2 bei offener Kugelschale:

$$\alpha = \alpha_1: \qquad N_\alpha = 0 \qquad (1116)$$

oder einem vorgeschriebenen Betrage.

Ist $p_x = 0$, so wird $N_{\alpha\beta} = 0$.

Die Gleichung (b) in (1094) kann bei rotationssymmetrischer Belastung durch die Bedingung für das Gleichgewicht aller senkrechten Kräfte oberhalb eines Breitenkreises α ersetzt werden (S. 745). Sie liefert N_α. Damit ist auch N_β bestimmt.

Zur Beschreibung des Verschiebungszustandes genügt bei rotationssymmetrischer Belastung nach S. 747 die Vergrößerung Δr_α des Breitenkreises r_α und die Verdrehung ϑ der Meridiantangente.

$$\Delta r_\alpha = -\frac{r_\alpha}{E\,h}\left(p_z a + N_\alpha(1 + \mu)\right), \left.\begin{array}{l}\\ \\ \\\end{array}\right\} \quad (1117)$$

$$\vartheta = \frac{1}{E\,h}\left[(N_\alpha - N_\beta)(1 + \mu)\operatorname{ctg}\alpha + \frac{\partial}{\partial\alpha}(\mu N_\alpha - N_\beta)\right] = \frac{a}{E\,h}[p_z' - (1 + \mu)p_y].$$

Die offene Kugelschale mit rotationssymmetrischer Belastung. Für $\alpha = \alpha_1$ ist N_α Null oder ein vorgeschriebener Betrag $N_{\alpha,1}$.

Schnittkräfte für Eigengewicht g der Schale (Abb. 774).

$$N_\alpha = -a\,g\,\frac{\cos\alpha_1 - \cos\alpha}{\sin^2\alpha}, \qquad N_\beta = a\,g\left(\frac{\cos\alpha_1 - \cos\alpha}{\sin^2\alpha} - \cos\alpha\right), \left.\begin{array}{l}\\ \\ \\ \\ \\\end{array}\right\}$$

$$\Delta r_\alpha = \frac{a^2 g}{E\,h}\sin\alpha\left[\frac{\cos\alpha_1 - \cos\alpha}{\sin^2\alpha}(1 + \mu) - \cos\alpha\right], \qquad (1118)$$

$$\vartheta = -\frac{a\,g}{E\,h}(2 + \mu)\sin\alpha.$$

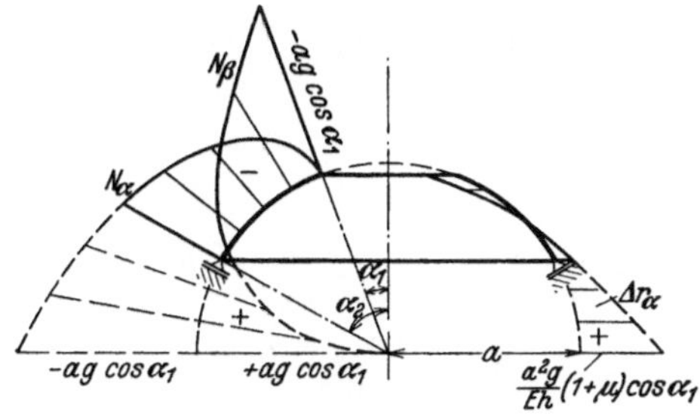

Abb. 774. Schaulinien für Eigengewicht.

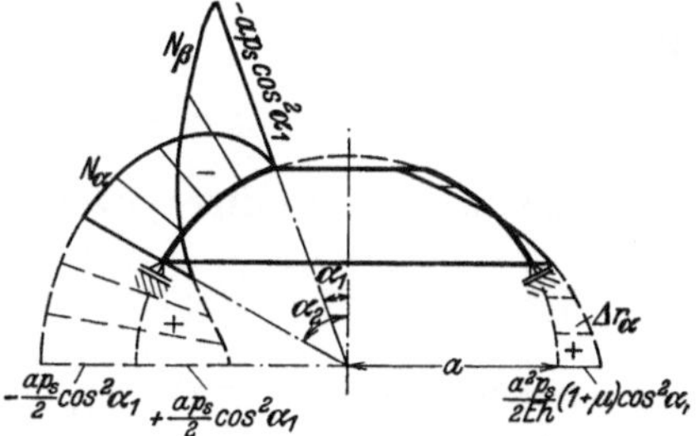

Abb. 775. Schaulinien für Schneelast.

Schnittkräfte für Schneebelastung p_s, $N_{\alpha,1} = 0$ (Abb. 775).

$$N_\alpha = -\frac{a\,p_s}{2}\left(1 - \frac{\sin^2\alpha_1}{\sin^2\alpha}\right), \qquad N_\beta = \frac{a\,p_s}{2}\left(1 - \frac{\sin^2\alpha_1}{\sin^2\alpha} - 2\cos^2\alpha\right), \left.\begin{array}{l}\\ \\ \\ \\ \\\end{array}\right\}$$

$$\Delta r_\alpha = \frac{a^2 p_s}{E\,h}\frac{\sin\alpha}{2}\left[\left(1 - \frac{\sin^2\alpha_1}{\sin^2\alpha}\right)(1 + \mu) - 2\cos^2\alpha\right], \qquad (1119)$$

$$\vartheta = -\frac{a\,p_s}{E\,h}(3 + \mu)\sin\alpha\cos\alpha.$$

Schnittkräfte aus der Belastung $G_L = 2\,\pi\,a\,P\,\sin\alpha_1$ durch die Laterne und den Laternenring. $N_{\alpha,1} = -\,P/\sin\alpha_1$ (Abb. 776).

$$N_\alpha = -N_\beta = -P\,\frac{\sin\alpha_1}{\sin^2\alpha}, \qquad \Delta r = \frac{P\,a}{E\,h}\,(1+\mu)\,\frac{\sin\alpha_1}{\sin\alpha}, \qquad \vartheta = 0\,. \qquad (1120)$$

Äußere Kraft H zur tangentialen Eintragung der Laternenlast P: $H = P\,\mathrm{ctg}\,\alpha$, Längskraft im Laternenring $N_L = -\,P\,a\,\cos\alpha_1$.

Die geschlossene Kugelschale mit rotationssymmetrischer Belastung. Für $\alpha = 0$ ist $N_\alpha = N_\beta$.

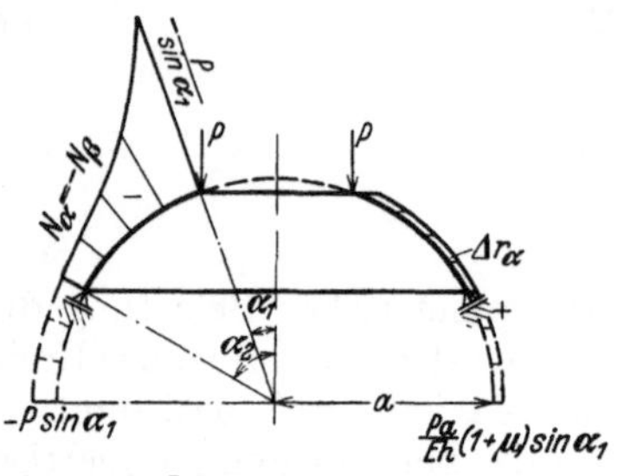

Abb. 776. Schaulinien für Laternenlast.

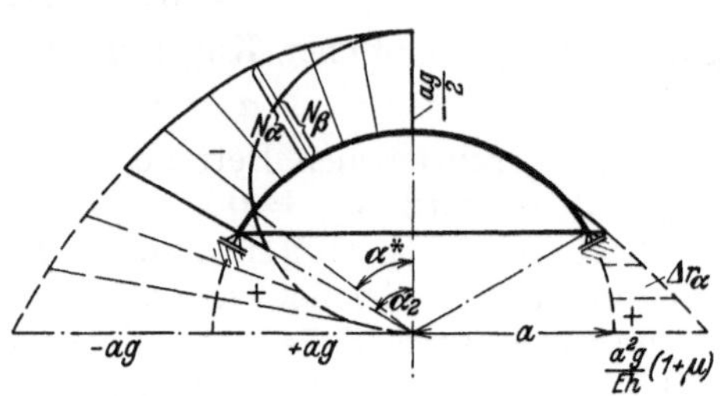

Abb. 777. Schaulinien für Eigengewicht.

Schnittkräfte für Eigengewicht $p_x = 0$, $p_y = g\sin\alpha$, $p_z = g\cos\alpha$ (Abb. 777).

$$N_\alpha = -\,\frac{a\,g}{1+\cos\alpha}, \qquad N_\beta = \frac{a\,g}{1+\cos\alpha}\,(1-\cos\alpha - \cos^2\alpha)\,, \qquad N_{\alpha\beta} = 0\,. \qquad (1121)$$

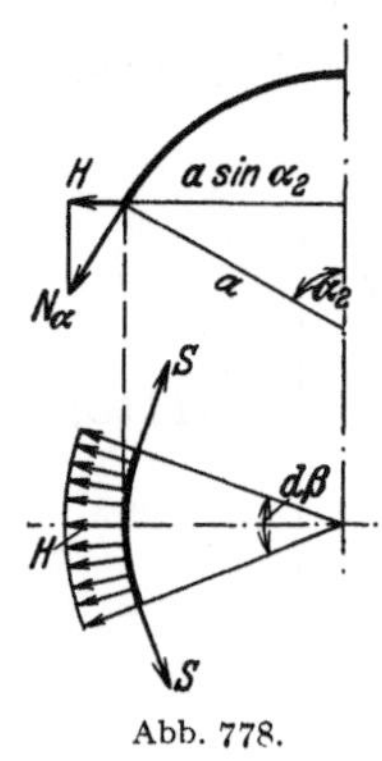

Abb. 778.

Die Längskraft N_α in Richtung des Meridians erzeugt für alle Winkel α zwischen 0^0 und 90^0 Druckspannungen. Das Vorzeichen der Längskraft N_β wechselt bei $\alpha = \alpha^*$. N_β erzeugt für alle Winkel $\alpha > \alpha^*$ Zugspannungen. Der Breitenkreis α^* mit dem Spannungswechsel $N_\beta = 0$ ist durch die Bedingung $(1-\cos\alpha^* - \cos^2\alpha^*) = 0$ bestimmt, so daß $\alpha^* = 51^0\,50'$.

$$\alpha = 0: \quad N_\alpha = N_\beta = -\,\frac{a\,g}{2}\,.$$

Um den senkrechten Auflagerdruck der Schale tangential zuzuführen, ist eine waagerechte Kraft $H = N_{\alpha 2}\cos\alpha_2$ notwendig. Sie erzeugt den Ringzug (Abb. 778)

$$S = -H\,a\sin\alpha_2. \quad \text{Mit} \quad H = -\,a\,g\,\frac{\cos\alpha_2}{1+\cos\alpha_2}$$
$$\text{ist} \qquad S = \frac{a^2\,g}{2}\,\frac{\sin 2\,\alpha_2}{1+\cos\alpha_2}\,. \qquad \left.\right\}\quad (1122)$$

Verschiebungszustand für Eigengewicht nach Abschn. 80:

$$\varepsilon_\alpha = -\,\frac{a\,g}{E\,h}\,\frac{1+\mu\,(1-\cos\alpha-\cos^2\alpha)}{1+\cos\alpha}\,, \qquad \varepsilon_\beta = \frac{a\,g}{E\,h}\,\frac{1-\cos\alpha-\cos^2\alpha+\mu}{1+\cos\alpha}\,, \qquad (1123)$$

$$R_\beta\,\varepsilon_\alpha - R_\alpha\,\varepsilon_\beta = -A\,\frac{2-\cos\alpha-\cos^2\alpha}{1+\cos\alpha}\,, \qquad A = \frac{a^2\,g\,(1+\mu)}{E\,h}\,,$$

$$\int\frac{(R_\beta\,\varepsilon_\alpha - R_\alpha\,\varepsilon_\beta)}{\sin\alpha}\,d\alpha = A\ln\,(1+\cos\alpha) + C_1$$

und daher nach (1103)

$$v = \sin\alpha\,[A\ln\,(1+\cos\alpha) + C_1]\,,$$
$$w = \cos\alpha\,[A\ln\,(1+\cos\alpha) + C_1] - \frac{A}{1+\cos\alpha} + \frac{A\cos\alpha}{1+\mu}\,. \qquad \left.\right\}\quad (1124)$$

Die senkrechten und waagerechten Komponenten t, Δr_α der Verschiebung sind mit Abb. 779 nach S. 747

$$t = w\cos\alpha + v\sin\alpha\,, \qquad \Delta r_\alpha = -w\sin\alpha + v\cos\alpha\,. \qquad (1125)$$

Für $\alpha = \alpha_2$ wird $t = 0$, so daß C_1 berechnet werden kann.

$$C_1 = -A\left[\ln(1 + \cos\alpha_2) - \frac{\cos\alpha_2}{1 + \cos\alpha_2} + \frac{\cos^2\alpha_2}{1 + \mu}\right],$$

so daß

$$v = A\sin\alpha\left[\ln\frac{1 + \cos\alpha}{1 + \cos\alpha_2} + \frac{\cos\alpha_2}{1 + \cos\alpha_2} - \frac{\cos^2\alpha_2}{1 + \mu}\right],$$

$$w = v\operatorname{ctg}\alpha - A\left(\frac{1}{1 + \cos\alpha} - \frac{\cos\alpha}{1 + \mu}\right),$$

$$\Delta r_\alpha = \frac{a^2 g}{E h}\sin\alpha\left(\frac{1 + \mu}{1 + \cos\alpha} - \cos\alpha\right),$$

$$\vartheta = -\frac{a g}{E h}(2 + \mu)\sin\alpha. \qquad\qquad (1126)$$

Die senkrechte Verschiebung w_0 des Scheitels ($\alpha = 0$) ist

$$w_0 = A\left(\ln\frac{2}{1 + \cos\alpha_2} + \frac{\cos\alpha_2}{1 + \cos\alpha_2} - \frac{\cos^2\alpha_2}{1 + \mu} + \frac{1 - \mu}{2(1 + \mu)}\right). \qquad (1127\,\text{a})$$

Sonderfall $\alpha_2 = 90^0$

$$w_0 = w_0^* = \frac{a^2 g}{E h}(1{,}19315 + \mu\, 0{,}19315), \qquad \Delta r_0^* = \frac{a^2 g}{E h}(1 + \mu). \qquad (1127\,\text{b})$$

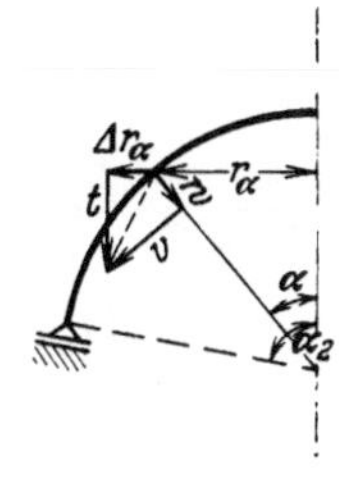

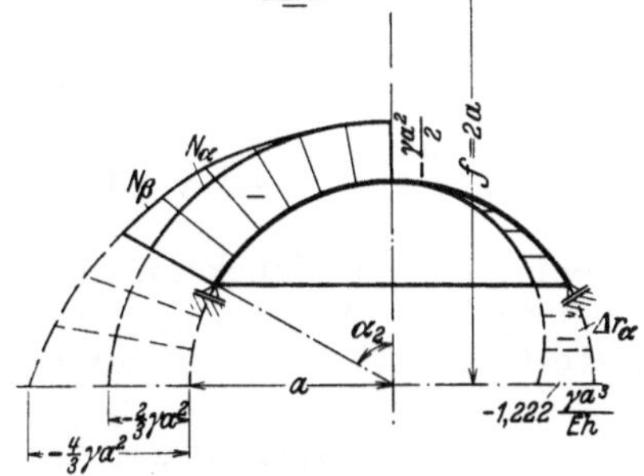

Eine gleichförmige Erwärmung der Kugelschale um t^0 erzeugt

$$\Delta r_\alpha = \alpha_t\, t\, a\sin\alpha, \qquad \vartheta = 0. \qquad\qquad (1128)$$

Abb. 779.

Schnittkräfte bei Schneebelastung. $p_x = 0$, $p_y = p_s\sin\alpha\cos\alpha$, $p_z = p_s\cos^2\alpha$ (Abb. 780).

$$N_\alpha = -\frac{a p_s}{2}, \qquad N_\beta = -\frac{a p_s}{2}\cos 2\alpha. \qquad\qquad (1129)$$

Bei $\alpha > 45^0$ entstehen daher Zugspannungen σ_β.

Die waagerechte Verschiebung beträgt

$$\Delta r_\alpha = \frac{a^2 p_s}{E h}\sin\alpha\left(\frac{1 + \mu}{2} - \cos^2\alpha\right) \qquad\qquad (1130)$$

und die Verdrehung der Meridiantangente

$$\vartheta = -\frac{a p_s}{E h}(3 + \mu)\sin\alpha\cos\alpha. \qquad\qquad (1131)$$

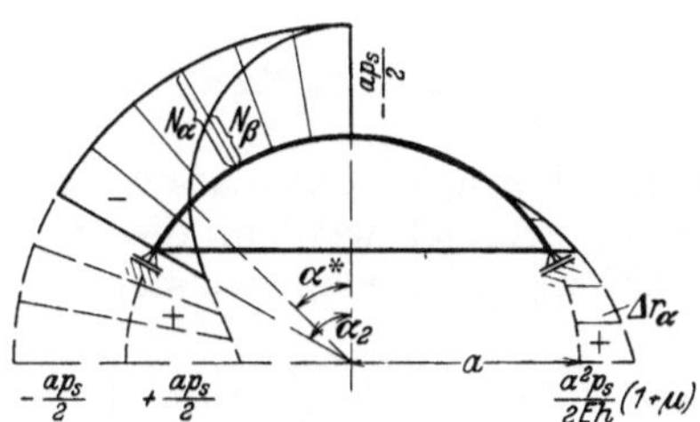

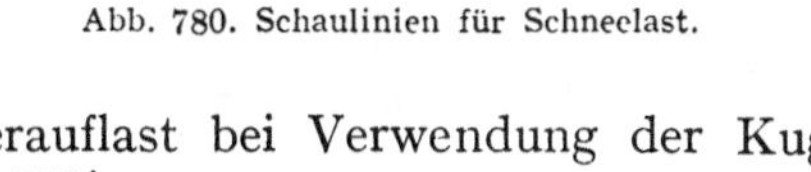

Abb. 780. Schaulinien für Schneelast.

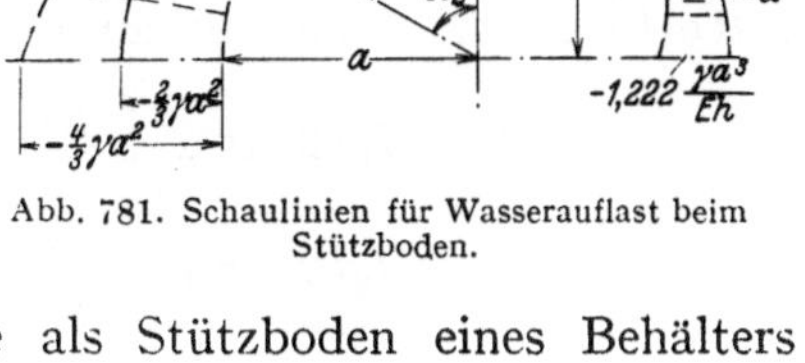

Abb. 781. Schaulinien für Wasserauflast beim Stützboden.

Wasserauflast bei Verwendung der Kugelschale als Stützboden eines Behälters (Abb. 781).

$$p_x = 0, \qquad p_y = 0, \qquad p_z = p_w = \gamma a\left(\frac{f}{a} - \cos\alpha\right),$$

$$N_\alpha = -\frac{\gamma a^2}{\sin^2\alpha}\left[\int\left(\frac{f}{a} - \cos\alpha\right)\sin\alpha\cos\alpha\, d\alpha + C_1\right]$$

$$= -\frac{\gamma a^2}{6\sin^2\alpha}\left[\frac{3f}{a}\sin^2\alpha + 2\cos^3\alpha + 6 C_1\right].$$

Da N_α für $\alpha = 0$ endlich ist, wird die Klammer Null und daher $6 C_1 = -2$.

$$N_\alpha = -\frac{\gamma a^2}{6}\left(3\frac{f}{a} - 2\frac{1-\cos^3\alpha}{\sin^2\alpha}\right), \quad N_\beta = -\frac{\gamma a^2}{6}\left(3\frac{f}{a} - 6\cos\alpha + 2\frac{1-\cos^3\alpha}{\sin^2\alpha}\right),$$

$$\Delta r_\alpha = -\frac{\gamma a^3}{6Eh}\sin\alpha\left[3(1-\mu)\frac{f}{a} - 6\cos\alpha + 2(1+\mu)\frac{1-\cos^3\alpha}{\sin^2\alpha}\right],$$

$$\vartheta = \gamma\frac{a^2}{Eh}\sin\alpha.$$

$$(1132)$$

Wird die Kugelschale nach Abb. 782 als Hängeboden eines Wasserbehälters verwendet, so erhält die bezogene Kraft g unter Beibehaltung des Koordinatensystems in den Ergebnissen (1121) bis (1127) das negative Vorzeichen.

Schnittkräfte durch Wasserauflast bei Verwendung der Kugelschale als Hängeboden eines Behälters (Abb. 782).

$$p_x = 0, \qquad p_y = 0, \qquad p_z = -\gamma a\left(\frac{f}{a} + \cos\alpha\right),$$

$$N_\alpha = \frac{\gamma a^2}{6}\left(3\frac{f}{a} + 2\frac{1-\cos^3\alpha}{\sin^2\alpha}\right), \quad N_\beta = \frac{\gamma a^2}{6}\left(3\frac{f}{a} + 6\cos\alpha - 2\frac{1-\cos^3\alpha}{\sin^2\alpha}\right),$$

$$\Delta r_\alpha = \frac{\gamma a^3}{6Eh}\sin\alpha\left[3(1-\mu)\frac{f}{a} + 6\cos\alpha - 2(1+\mu)\frac{1-\cos^3\alpha}{\sin^2\alpha}\right].$$

$$\vartheta = \frac{\gamma a^2}{Eh}\sin\alpha.$$

$$(1133)$$

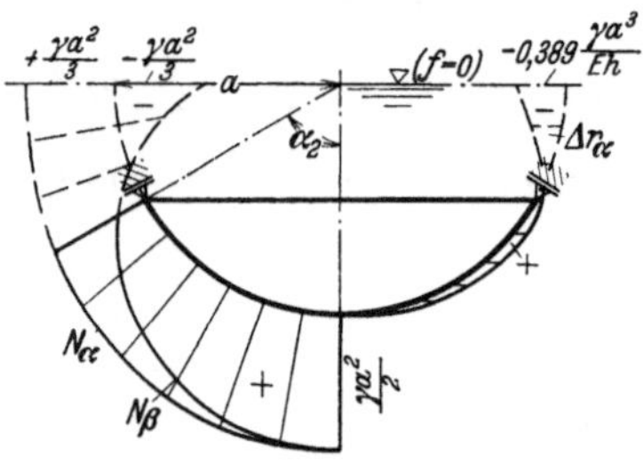

Abb. 782. Schaulinien für Wasserauflast beim Hängeboden.

Aus der Ableitung an einem Spiegelbild der Abb. 782 folgt, daß ϑ im Gegensatz zu (1132) bei Rechtsdrehung der Meridiantangente positiv ist.

Die Kugelschale mit einer vom Meridianwinkel β periodisch abhängigen Belastung. Die allgemeinen Differentialgleichungen (1100) für das Gleichgewicht der Kräfte an einer Rotationsschale lassen sich für $R_\alpha = R_\beta = a$ folgendermaßen vereinfachen:

$$\frac{dN_{\alpha\beta n}}{d\alpha} + 2N_{\alpha\beta n}\,\mathrm{ctg}\,\alpha + \frac{n}{\sin\alpha}N_{\alpha n} = -a\left(X_n + \frac{n}{\sin\alpha}Z_n\right),$$

$$\frac{dN_{\alpha n}}{d\alpha} + 2N_{\alpha n}\,\mathrm{ctg}\,\alpha + \frac{n}{\sin\alpha}N_{\alpha\beta n} = -a\left(Y_n + Z_n\,\mathrm{ctg}\,\alpha\right).$$

$$(1134)$$

Sie enthalten die Unbekannten in symmetrischer Form, so daß daraus neue Unbekannte $U_1 = N_{\alpha n} + N_{\alpha\beta n}$, $U_2 = N_{\alpha n} - N_{\alpha\beta n}$ gebildet werden, die sich nach H. Reißner auf Grund bekannter Regeln unabhängig berechnen lassen.

$$\frac{dU_1}{d\alpha} + U_1\left(2\,\mathrm{ctg}\,\alpha + \frac{n}{\sin\alpha}\right) = -a\left(X_n + Y_n + \frac{n+\cos\alpha}{\sin\alpha}Z_n\right),$$

$$\frac{dU_2}{d\alpha} + U_2\left(2\,\mathrm{ctg}\,\alpha - \frac{n}{\sin\alpha}\right) = +a\left(X_n - Y_n + \frac{n-\cos\alpha}{\sin\alpha}Z_n\right),$$

$$(1135)$$

Bei Windbelastung ist $p_x = 0$, $p_y = 0$, $p_z = \sum Z_n(\alpha)\cos n\beta$. Der auf jeden Schalensektor von der Winkelbreite π/n entfallende Anteil bildet eine Resultierende. Je zwei sind einander symmetrisch oder antimetrisch zugeordnet, je nachdem n eine gerade oder eine ungerade Zahl ist. Sie geben geometrisch addiert eine senkrechte (W_v) oder eine waagerechte Kraft (W_h), deren Wirkungslinie die Drehachse im Schalenmittelpunkt schneidet (Abb. 783).

Sonderfall $Z_n(\alpha) = p\sin\alpha$, $n = 1$. Die Spannungsverteilung ist durch einen Nullmeridian ausgezeichnet.

a) Lösung der Differentialgleichungen (1135). Die Gleichungen haben die Form

$$\frac{dU}{d\alpha} + U\varphi = \psi\,.$$

Die Substitution $\varphi = \overline{\varphi}'/\overline{\varphi}$ führt auf

$$\overline{\varphi}\,U' + U\overline{\varphi}' = \psi\overline{\varphi}\,, \qquad \overline{\varphi}\,U = \int \psi\overline{\varphi}\,d\alpha + C\,.$$

Durch Integration folgt

$$\int \varphi\,d\alpha = \int \frac{\overline{\varphi}'}{\overline{\varphi}}\,d\alpha = \ln\overline{\varphi}\,, \qquad \overline{\varphi} = e^{\int \varphi\,d\alpha}$$

und damit die Lösung

$$U = e^{-\int \varphi\,d\alpha}\Big[\int \psi\,e^{\int \varphi\,d\alpha}\,d\alpha + C\Big]\,.$$

Die Integrationskonstanten ergeben sich aus der Bedingung, daß für $\alpha = 0$ die Schnittkräfte und damit auch U_1 und U_2 endlich sind. Die Integration bietet keine Schwierigkeiten; die Lösung lautet (Abb. 785)

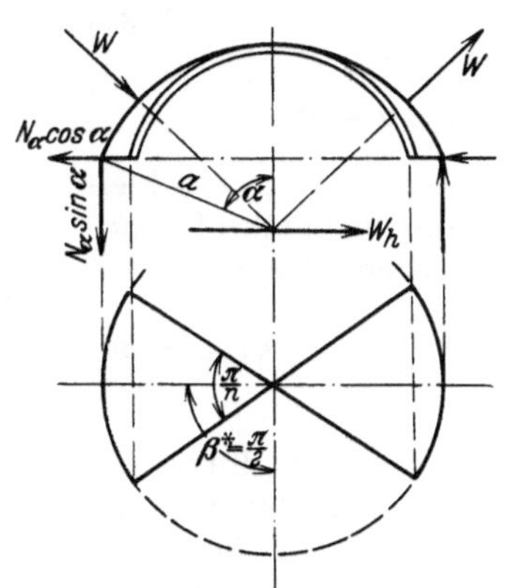

Abb. 783.

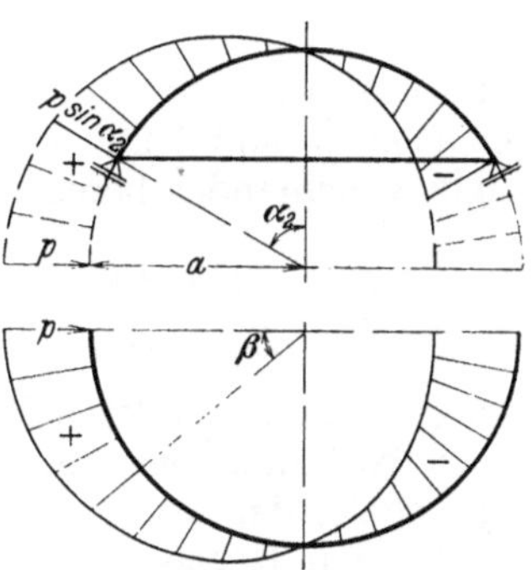

Abb. 784. Windlast $p_z = p\sin\alpha\cos\beta$.

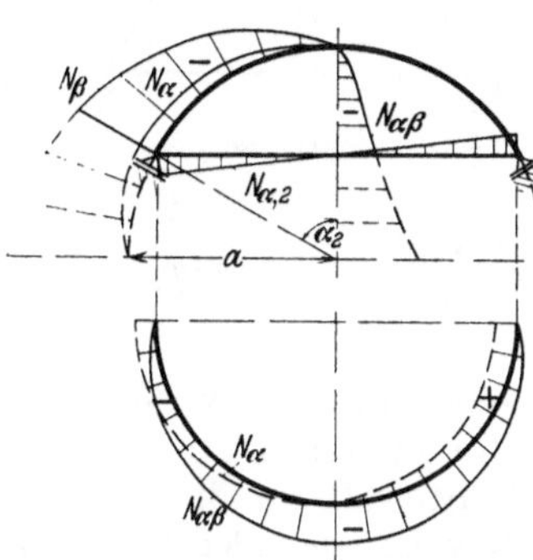

Abb. 785. Schaulinien für Windbelastung $p_z = p\sin\alpha\cos\beta$.

$$
\begin{aligned}
N_\alpha &= -\frac{p\,a}{3}\frac{\cos\alpha}{\sin^3\alpha}\,(2 - 3\cos\alpha + \cos^3\alpha)\cos\beta\,, \\[2mm]
N_{\alpha\beta} &= -\frac{p\,a}{3}\frac{1}{\sin^3\alpha}\,(2 - 3\cos\alpha + \cos^3\alpha)\sin\beta\,, \\[2mm]
N_\beta &= +\frac{p\,a}{3}\frac{1}{\sin^3\alpha}\,(2\cos\alpha - 3\sin^2\alpha - 2\cos^4\alpha)\cos\beta\,.
\end{aligned}
\qquad (1136)
$$

b) Unmittelbare Anwendung der Gleichgewichtsbedingungen (Abb. 783 u. 784).

$$W_h = 4\,p\,a^2 \int\limits_0^\alpha \sin^3\alpha\,d\alpha \int\limits_0^{\pi/2} \cos^2\beta\,d\beta = p\,\frac{\pi\,a^2}{3}\,(2 - 3\cos\alpha + \cos^3\alpha)\,.$$

Gleichgewicht aller äußeren Kräfte gegen Drehen um eine Achse $\beta^* = \pi/2$ in der Ebene des Breitenkreises:

$$W_h\,a\cos\alpha + 4N_{\alpha 1}\,a^2 \sin^3\alpha \int\limits_0^{\pi/2} \cos^2\beta\,d\beta = 0\,; \qquad \text{daraus } N_\alpha \text{ nach (1136)}\,.$$

Gleichgewichtsbedingung (1113):

$$N_\beta = N_{\beta 1}\cos\beta = -(p\,a\sin\alpha\sin\beta + N_{\alpha 1})\cos\beta\,; \qquad \text{daraus } N_\beta \text{ nach (1136)}\,.$$

Gleichgewicht gegen Verschieben durch W_h und durch die Komponenten der Schnittkräfte N_α, $N_{\alpha\beta}$ in Richtung W_h:

$$W_h - 4N_{\alpha 1}\, a \sin\alpha \cos\alpha \int_0^{\pi/2} \cos^2\beta\, d\beta + 4N_{\alpha\beta 1}\, a \sin\alpha \int_0^{\pi/2} \sin^2\beta\, d\beta = 0,$$

daraus $N_{\alpha\beta}$ nach (1136).

Reißner, H.: Spannungen in Kugelschalen. Müller-Breslau-Festschrift S. 192. Leipzig 1912.
— Pasternak, P.: Die praktische Berechnung biegefester Kugelschalen usw. Z. angew. Math. Mech. 1926 S. 1.

b) Die Kegelschale. Die allgemeinen Gleichgewichtsbedingungen für die äußeren Kräfte am unteren differentialen Abschnitt der Fläche erhalten mit $R_\beta = \infty$,

$$R_\beta d\alpha = dy, \quad r_\alpha \to r_z = y \cos\alpha, \quad N_\alpha \to N_y, \quad N_{\alpha\beta} \to N_{y\beta}$$

folgende Form (Abb. 786):

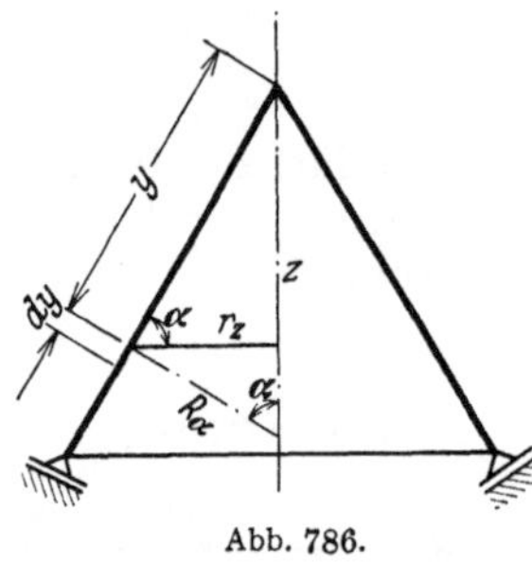

Abb. 786.

$$y\frac{\partial N_{y\beta}}{\partial y} + 2N_{y\beta} + \frac{1}{\cos\alpha}\frac{\partial N_\beta}{\partial\beta} + yp_x = 0,$$

$$y\frac{\partial N_y}{\partial y} + (N_y - N_\beta) + \frac{1}{\cos\alpha}\frac{\partial N_{y\beta}}{\partial\beta} + yp_y = 0, \qquad (1137)$$

$$N_\beta + yp_z\,\mathrm{ctg}\,\alpha = 0.$$

Rotationssymmetrische Belastung: Die Ableitungen nach β sind Null, so daß die Schnittkräfte unabhängig voneinander berechnet werden können.

$$\frac{d(N_{y\beta}\,y^2)}{dy} = -y^2 p_x, \quad \frac{d(N_y y)}{dy} = -yp_y - yp_z\,\mathrm{ctg}\,\alpha, \quad N_\beta = -yp_z\,\mathrm{ctg}\,\alpha. \qquad (1138)$$

$$p_x = 0: \qquad N_{y\beta} = 0.$$

Ableitung von N_y aus dem Gleichgewicht der äußeren Kräfte an einem durch den Breitenkreis r_z begrenzten Schalenabschnitt. Das obere Vorzeichen der Schnittkräfte gilt für die gestützte Kegelschale, das untere Vorzeichen für die hängende Kegelschale. Der Tragring der gestützten Kegelschale wird gezogen, derjenige der hängenden Kegelschale gedrückt.

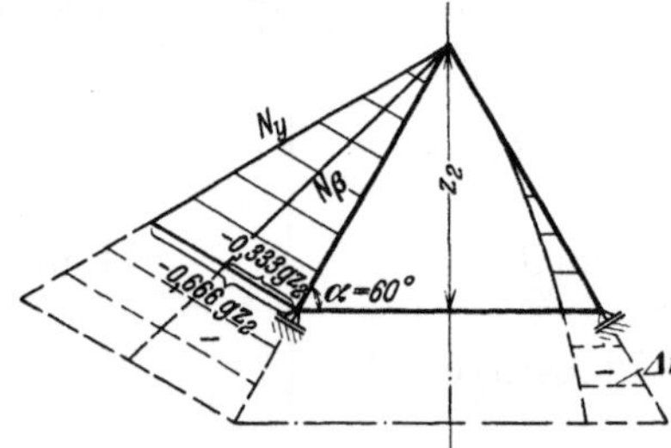

Abb. 787. Schaulinien für Eigengewicht.

$$N_y = \mp\frac{Q}{2\pi r_z \sin\alpha} = \mp\frac{Q}{\pi y \sin 2\alpha}. \qquad (1139)$$

Verschiebungszustand bei rotationssymmetrischer Belastung

$$r \to r + \Delta r_z,$$

$$\Delta r_z = \frac{r_z}{E h}(N_\beta - \mu N_y)$$

$$= \frac{y\cos\alpha}{E h}(N_\beta - \mu N_y), \qquad (1140)$$

$$\vartheta = \frac{\mathrm{ctg}\,\alpha}{E h}\left[(1+\mu)(N_y - N_\beta) - y\frac{\partial}{\partial y}(N_\beta - \mu N_y)\right]$$

$$= \frac{\mathrm{ctg}\,\alpha}{E h}\left[\mathrm{ctg}\,\alpha\,\frac{\partial}{\partial y}(y^2 p_z) - \mu y p_y + N_y\right]. \qquad (1141)$$

Eigengewicht einer geschlossenen Kegelschale mit gleichbleibender Wanddicke h (Abb. 787).

$$p_z = g\cos\alpha, \qquad p_y = g\sin\alpha, \qquad G = \pi r_z y g,$$

$$N_y = \mp\frac{g z}{2\sin^2\alpha}, \qquad N_\beta = \mp g z\,\mathrm{ctg}^2\alpha,$$

$$\Delta r_z = \mp\frac{g z^2}{2 E h}\frac{\mathrm{ctg}\,\alpha}{\sin^2\alpha}(2\cos^2\alpha - \mu), \quad \vartheta = \mp\frac{g z\,\mathrm{ctg}\,\alpha}{E h\sin^2\alpha}\left[\tfrac{1}{2} + \mu - (2+\mu)\cos^2\alpha\right]. \qquad (1142)$$

Zur Berechnung der Schnittkräfte aus Schneelast wird $g = p_s \cos\alpha$ eingesetzt. Waagerecht abgeglichene Auflast (Abb. 788 u. 789):

$$G = \gamma\pi r_z^2\left(f \pm \tfrac{2}{3}z\right). \quad N_y = \mp\frac{\gamma z\,\operatorname{ctg}\alpha}{6\sin\alpha}\left(3f \pm 2z\right),\quad N_\beta = \mp\gamma z\left(f \pm z\right)\operatorname{ctg}^2\alpha\cos\alpha,$$

$$\varDelta r_z = \mp\frac{\gamma z^2}{E\,h}\frac{\cos^2\alpha}{\sin^4\alpha}\left[(f \pm z)\cos^2\alpha - \frac{\mu}{6}(3f \pm 2z)\right],$$

$$\vartheta = \mp\frac{\gamma z}{E\,h}\frac{\cos^2\alpha}{\sin^3\alpha}\left[\tfrac{1}{6}(3f \pm 2z) + \mu(3f \pm 4z) - \cos^2\alpha(2f \pm 3z)\right]. \tag{1143}$$

Eigengewicht (g) einer offenen Kegelschale (Abb. 790)

$$N_y = -\frac{g z}{2\sin^2\alpha}\left(1 - \frac{z_1^2}{z^2}\right),\quad N_\beta = -g z\operatorname{ctg}^2\alpha,$$

$$\varDelta r_z = -\frac{g z^2}{E\,h}\operatorname{ctg}^3\alpha\left[1 - \frac{\mu}{2\cos^2\alpha}\left(1 - \frac{z_1^2}{z^2}\right)\right],$$

$$\vartheta = -\frac{g z}{E\,h}\frac{\operatorname{ctg}\alpha}{\sin^2\alpha} \times$$

$$\times\left[\tfrac{1}{2} + \mu - (2 + \mu)\cos^2\alpha - \tfrac{1}{2}\frac{z_1^2}{z^2}\right]. \tag{1144}$$

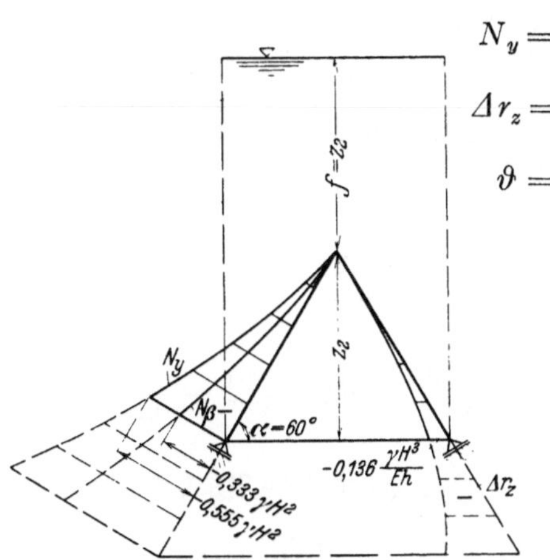
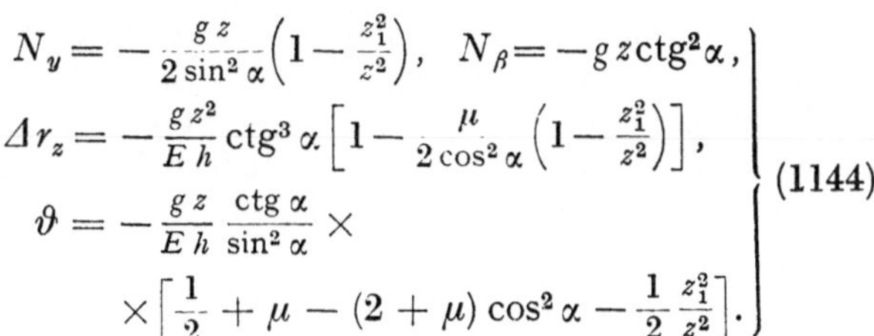
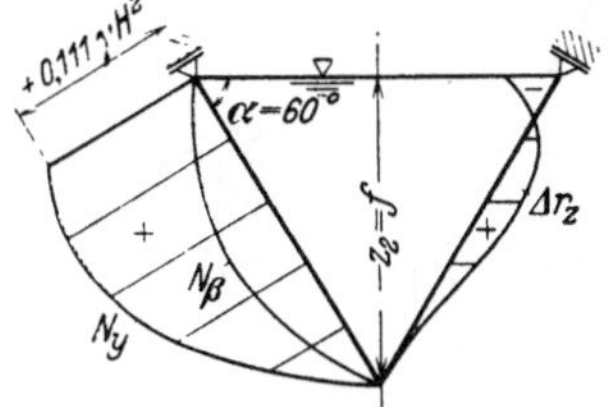

Abb. 788. Schaulinien für Auflast bei der aufgestützten Kegelschale.

Abb. 789. Schaulinien für Auflast bei der aufgehängten Kegelschale.

Offene Kegelschale mit Kopfring und Ringlast G_0 (Abb. 791)

$$N_y = -\frac{G_0}{2\pi z\cos\alpha},\qquad N_\beta = 0,$$

$$\varDelta r_z = \frac{\mu\,G_0}{2\pi E\,h\sin\alpha},\qquad \vartheta = -\frac{G_0}{E\,h}\frac{1}{2\pi z\sin\alpha}. \tag{1145}$$

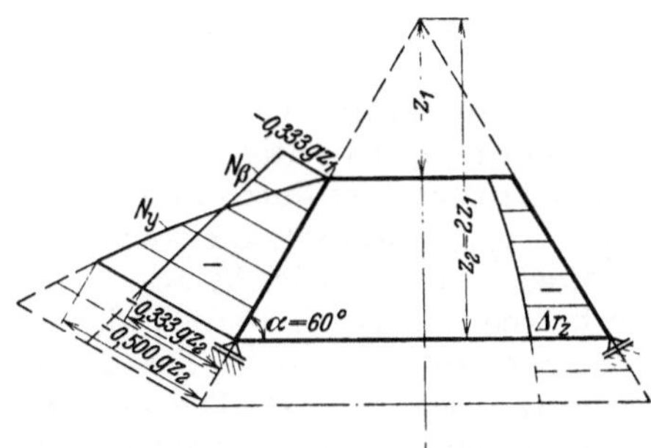
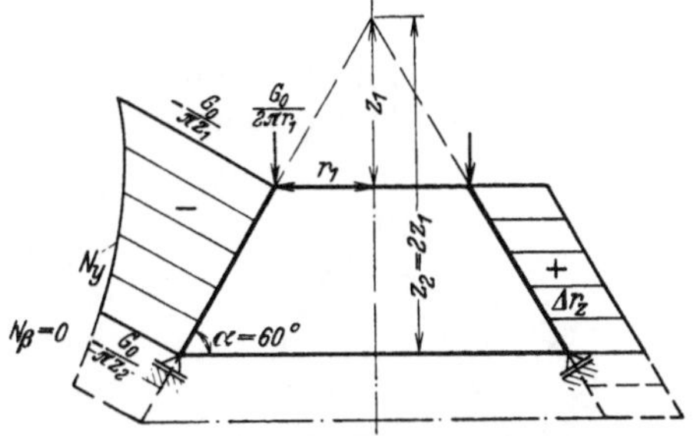

Abb. 790. Schaulinien für Eigengewicht.

Abb. 791. Schaulinien für Ringlast.

Periodische Belastung. Entwicklung als trigonometrische, nach ganzen Vielfachen von β fortschreitende Reihe. Die Koeffizienten sind Funktionen von z.

$$p_x = \Sigma X_n\sin n\beta,\quad p_y = \Sigma Y_n\cos n\beta,\quad p_z = \Sigma Z_n\cos n\beta,\quad n = 0, 1 \ldots \infty.$$

Die allgemeinen Gleichgewichtsbedingungen (1113) werden durch den Ansatz

$$N_y = \Sigma N_{yn}\cos n\beta,\quad N_\beta = \Sigma N_{\beta n}\cos n\beta,\quad N_{y\beta} = \Sigma N_{y\beta n}\sin n\beta$$

erfüllt, wenn die allein von z abhängigen Funktionen N_{yn}, $N_{\beta n}$, $N_{y\beta n}$ den folgenden beiden simultanen totalen Differentialgleichungen genügen.

$$\left. \begin{aligned} &\frac{d N_{y\beta n}}{d y} + \frac{2}{y} N_{y\beta n} + X_n + \frac{n}{\sin \alpha} Z_n = 0 , \\ &\frac{d}{d y}(y N_{yn}) + \frac{n}{\cos \alpha} N_{y\beta n} + y Y_n + y Z_n \operatorname{ctg} \alpha = 0 . \end{aligned} \right\} \qquad (1146)$$

Außerdem ist

$$N_{\beta n} = - y Z_n \operatorname{ctg} \alpha .$$

Darnach kann $N_{y\beta n}$ unabhängig von den beiden anderen Schnittkräften aus (1146) berechnet werden. Die allgemeine Lösung dieser linearen Differentialgleichung ist bekannt (Hütte 26. Aufl. Bd. 1 S. 101), so daß N_{yn} mit $N_{y\beta n}$ durch eine einfache Quadratur gefunden wird. Die beiden Integrationskonstanten sind durch die Randbedingungen bestimmt. Die Lösung liefert die Schnittkräfte aus der Windbelastung eines Kegeldaches mit $p_x = 0$, $p_y = 0$, $p_z = \sum Z_n \cos n\beta$.

Lösung für $Z_n = Z_n(\alpha) = \mathrm{const.}$

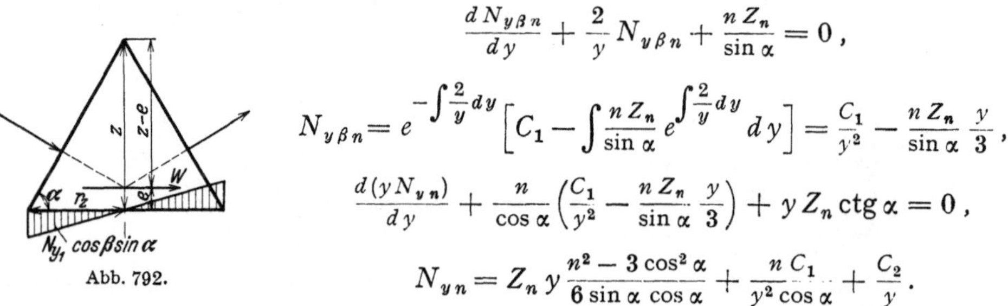

$$\frac{d N_{y\beta n}}{d y} + \frac{2}{y} N_{y\beta n} + \frac{n Z_n}{\sin \alpha} = 0 ,$$

$$N_{y\beta n} = e^{-\int \frac{2}{y} d y} \left[C_1 - \int \frac{n Z_n}{\sin \alpha} e^{\int \frac{2}{y} d y} d y \right] = \frac{C_1}{y^2} - \frac{n Z_n}{\sin \alpha} \frac{y}{3} ,$$

$$\frac{d(y N_{yn})}{d y} + \frac{n}{\cos \alpha} \left(\frac{C_1}{y^2} - \frac{n Z_n}{\sin \alpha} \frac{y}{3} \right) + y Z_n \operatorname{ctg} \alpha = 0 ,$$

$$N_{yn} = Z_n y \frac{n^2 - 3 \cos^2 \alpha}{6 \sin \alpha \cos \alpha} + \frac{n C_1}{y^2 \cos \alpha} + \frac{C_2}{y} .$$

Abb. 792.

Damit für $y = 0$ die Schnittkräfte endlich bleiben, ist $C_1 = 0$, $C_2 = 0$.

$$\left. \begin{aligned} N_y &= - \frac{Z_n z}{6} \frac{n^2 - 3 \cos^2 \alpha}{\sin^2 \alpha \cos \alpha} \cos n\beta , \\ N_\beta &= - Z_n z \frac{\operatorname{ctg} \alpha}{\sin \alpha} \cos n\beta , \\ N_{y\beta} &= - \frac{n Z_n z}{3 \sin^2 \alpha} \sin n\beta . \end{aligned} \right\} \qquad (1147)$$

Der Ansatz (1147) für die Schnittkräfte zeigt, daß die Längskräfte N_y, N_β in n ausgezeichneten Meridianebenen Null und die Schubkräfte gleichzeitig Grenzwerte sind. Der Spannungszustand ist durch drei Funktionen N_{yn}, $N_{\beta n}$, $N_{y\beta n}$ bestimmt, die auch aus den drei Bedingungen für das Gleichgewicht der äußeren Kräfte berechnet werden können, die an einem Schalensektor π/n angreifen, der durch einen Breitenschnitt z begrenzt ist. Die aus der Belastung herrührenden Kräfte schneiden sich auf der Drehachse. Sie sind bei einer geraden Zahl n symmetrisch, ihre Resultierende senkrecht, dagegen bei einer ungeraden Zahl n antimetrisch, so daß eine waagerecht gerichtete resultierende Kraft entsteht. Die Untersuchung kann in beiden Fällen auf den halben Sektor beschränkt werden.

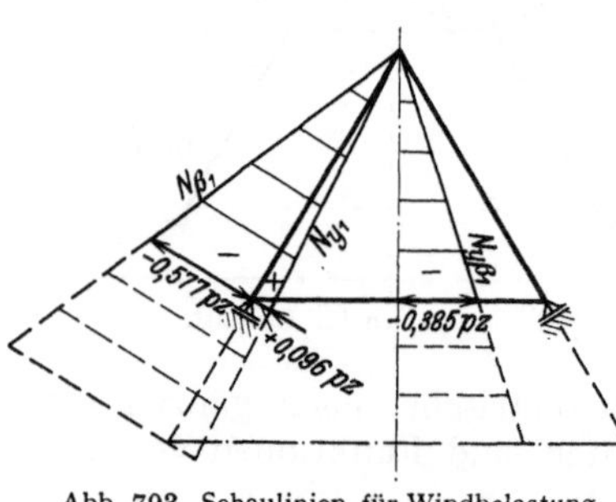

Abb. 793. Schaulinien für Windbelastung $p \sin \alpha \cos \beta$.

Lösung für $p_x = 0$, $p_y = 0$, $p_z = p \sin \alpha \cos \beta$ (Abb. 793).
Waagerechte Resultierende der äußeren Kräfte (Abb. 792).

$$W = 4 \int\limits_{0}^{\frac{\pi}{2}} \int\limits_{0}^{y} p_z \sin\alpha \cos\beta \, dy \, r_z \, d\beta = 4p \sin^2\alpha \cos\alpha \int\limits_{0}^{\frac{\pi}{2}} \int\limits_{0}^{y} y \cos^2\beta \, dy \, d\beta \quad = \frac{\pi}{2} p z^2 \cos\alpha,$$

$$W \cdot e = 4 \int\limits_{0}^{\frac{\pi}{2}} \int\limits_{0}^{y} p_z \sin\alpha \cos\beta \, \frac{s}{\sin\alpha} \, r_z \, dy \, d\beta = \pi p \, \frac{y^3}{3} \sin\alpha \cos\alpha, \quad e = \frac{2y}{3 \sin\alpha}.$$

Gleichgewicht aller äußeren Kräfte gegen Drehen um eine Achse $\beta^* = \frac{\pi}{2}$ in der Ebene des Breitenkreises.

$$W(z - e) = 4 \int\limits_{0}^{\frac{\pi}{2}} N_{y1} \cos\beta \sin\alpha \cdot r_z \cos\beta \cdot r_z \, d\beta, \quad N_y = \frac{p z}{6} \frac{1 - 3 \cos^2\alpha}{\sin\alpha \cos\alpha} \cos\beta.$$

Gleichgewichtsbedingung (1137)

$$N_\beta = - p \, z \, \mathrm{ctg}\,\alpha \cos\beta.$$

Gleichgewicht gegen Verschieben in der Richtung W

$$4 \int\limits_{0}^{\frac{\pi}{2}} N_y \cos\alpha \cos\beta \cdot r_z \, d\beta + 4 \int\limits_{0}^{\frac{\pi}{2}} N_{y\beta 1} \sin^2\beta \cdot r_z \, d\beta - W = 0,$$

$$N_{y\beta} = - \frac{p z}{3 \sin\alpha} \sin\beta.$$

c) Die Zylinderschale. Die allgemeinen Gleichgewichtsbedingungen (1137) der Kegelschale vereinfachen sich mit $r = a = \text{const}$ und $\alpha = 90^0$. Sie lauten

$$\frac{\partial N_\beta}{\partial\beta} + a \frac{\partial N_{y\beta}}{\partial y} + a p_x = 0, \quad \frac{\partial N_{y\beta}}{\partial\beta} + a \frac{\partial N_y}{\partial y} + a p_y = 0, \quad N_\beta + a p_z = 0, \quad (1148)$$

so daß die Schnittkräfte N_β, $N_{y\beta}$, N_y in Verbindung mit zwei Integrationskonstanten der Reihe nach berechnet werden können. Diese sind durch die Randbedingungen bestimmt.

$$\left.\begin{aligned} N_\beta &= - p_z a, \qquad N_{y\beta} = \int\left(\frac{\partial p_z}{\partial\beta} - p_x\right) dy + C_1(\beta), \\ N_y &= -\int\left[p_y + \frac{1}{a} \int\left(\frac{\partial^2 p_z}{\partial\beta^2} - \frac{\partial p_x}{\partial\beta}\right) dy + \frac{d C_1(\beta)}{d\beta}\right] dy + C_2(\beta). \end{aligned}\right\} \quad (1149)$$

Die Formänderung der Zylinderschale ist den Verträglichkeitsbedingungen zwischen den Komponenten u, v, w des Verschiebungszustandes und den Komponenten ε_y, ε_β, $\gamma_{y\beta}$ der Verzerrung eines differentialen Abschnitts unterworfen.

$$\left.\begin{aligned} \varepsilon_y &= \frac{\partial v}{\partial y}, \qquad \varepsilon_\beta = \frac{\partial u}{a \, \partial\beta} - \frac{w}{a}, \qquad \gamma_{y\beta} = \frac{\partial v}{a \, \partial\beta} + \frac{\partial u}{\partial y}, \\ \text{so daß} \qquad & \\ v &= \int \varepsilon_y \, dy + C_3(\beta), \qquad u = \int\left(\gamma_{y\beta} - \frac{\partial v}{a \, \partial\beta}\right) dy + C_4(\beta), \qquad w = \frac{\partial u}{\partial\beta} - a\, \varepsilon_\beta. \end{aligned}\right\} \quad (1150)$$

Die Dehnungen ε_y, ε_β und die Winkeländerung $\gamma_{y\beta}$ sind durch das Elastizitätsgesetz bestimmt (1104). Darnach ist

$$\varepsilon_y = \frac{1}{E h}(N_y - \mu N_\beta), \qquad \varepsilon_\beta = \frac{1}{E h}(N_\beta - \mu N_y), \qquad \gamma_{y\beta} = \frac{2(1 + \mu)}{E h} N_{y\beta}. \quad (1151)$$

Rotationssymmetrische Belastung. Die Ableitung der Funktionen der Schnittkräfte nach β sind Null, so daß nach (1148) folgender Ansatz verwendet werden kann.

$$\frac{dN_{y\beta}}{dy} + p_x = 0, \qquad \frac{dN_y}{dy} + p_y = 0, \qquad N_\beta + a\,p_z = 0,$$
$$-w = \Delta a = \frac{a}{E\,h}(N_\beta - \mu N_y), \qquad \vartheta = dw/dy. \tag{1152}$$

Schnittkräfte aus dem Eigengewicht g einer Zylinderschale mit Aufbau (Gewicht G_0, Abb. 794)

$$N_y = -g\,y + \frac{G_0}{2\,a\,\pi}, \quad N_\beta = 0, \quad E\,h\,w = -\mu\left(a\,y\,g + \frac{G_0}{2\,\pi}\right), \quad E\,h\,\vartheta = -\mu\,a\,g. \tag{1153}$$

Bei den folgenden Belastungsarten ist die Meridianschnittkraft N_y Null.

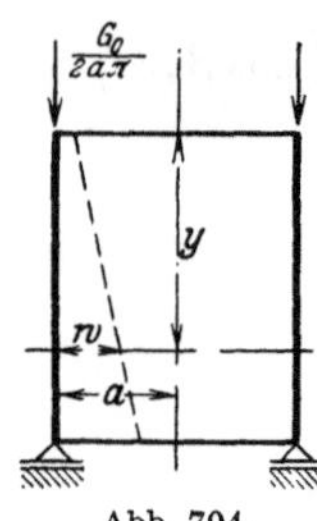

1. Wasserfüllung mit $p_z = -\gamma\,y$:

$$N_\beta = \gamma\,y\,a, \qquad E\,h\,w = -\gamma\,y\,a^2, \qquad E\,h\,\vartheta = -\gamma\,a^2. \tag{1154}$$

2. Silodruck nach S. 14 mit $p_s = p_{s,\,max}\,(1 - e^{-y/y_0})$, $p_z = -p_s$:

$$N_\beta = a\,p_s, \qquad E\,h\,w = -a^2\,p_s, \qquad E\,h\,\vartheta = -p_{s,\,max}\frac{a^2}{y_0}e^{-y/y_0}. \tag{1155}$$

3. Erddruck nach S. 9 mit $e = \gamma_e\,\mathrm{tg}^2(45 - \varphi/2)$, $p_z = e(y + q/\gamma_e)$:

$$N_\beta = -a\,e(y + q/\gamma_e), \qquad E\,h\,w = a^2\,e(y + q/\gamma_e), \qquad E\,h\,\vartheta = a^2\,e. \tag{1156}$$

Abb. 794.

4. Temperatur und Schwinden:

$$w = -\alpha_t\,t\,a, \qquad \vartheta = 0. \tag{1157}$$

Periodische Belastung. Entwicklung als trigonometrische, nach ganzen Vielfachen von β fortschreitende Reihe. Die Koeffizienten X_n, Y_n, Z_n sind Funktionen von y.

$$p_x = \sum X_n \sin n\beta, \qquad p_y = \sum Y_n \cos n\beta, \qquad p_z = \sum Z_n \cos n\beta. \tag{1158}$$

Die allgemeinen Gleichgewichtsbedingungen (1148) werden durch den Ansatz

$$N_y = \sum N_{yn}\cos n\beta, \quad N_\beta = \sum N_{\beta n}\cos n\beta, \qquad N_{y\beta} = \sum N_{y\beta n}\sin n\beta \tag{1159}$$

erfüllt, wenn die allein von y abhängigen Funktionen N_{yn}, $N_{\beta n}$, $N_{y\beta n}$ den folgenden beiden simultanen totalen Differentialgleichungen genügen.

$$\frac{dN_{y\beta n}}{dy} + X_n + n Z_n = 0, \qquad \frac{dN_{yn}}{dy} + \frac{n}{a}N_{y\beta n} + Y_n = 0,$$
$$N_{\beta n} + a Z_n = 0. \tag{1160}$$

Berechnung einer Zylinderschale (Abb. 795).
(Kühlturm im Kraftwerk Golpa-Zschornewitz.)

Geometrische Abmessungen.

$$a = 16{,}7\,\mathrm{m}, \qquad l = 32{,}0\ \mathrm{m}.$$

Belastung. Windgesetz (1111) der Göttinger Versuchsanstalt mit $p_w = 0{,}200\ \mathrm{t/m^2}$.

$$p_x = 0, \quad p_y = 0, \quad p_z = \sum Z_n \cos n\beta = -0{,}131 + 0{,}056\cos\beta + 0{,}223\cos 2\beta + 0{,}080\cos 3\beta.$$

Lösung der Differentialgleichungen (1160).

$$X_n = 0, \qquad Y_n = 0, \qquad Z_n = \mathrm{const}.$$
$$N_{y\beta n} = -n Z_n (y + C_1),$$
$$N_{yn} = \frac{n^2 Z_n}{a}\left(\frac{y^2}{2} + C_1 y + C_2\right),$$
$$N_{\beta n} = -a Z_n.$$

Für $y = 0$ ist $N_{yn} = 0$, $N_{y\beta n} = 0$, daher $C_1 = 0$, $C_2 = 0$.

$$N_y = \frac{y^2}{2a} \sum n^2 Z_n \cos n\beta ,$$

$$N_\beta = -a \sum Z_n \cos n\beta ,$$

$$N_{y\beta} = -y \sum n Z_n \sin n\beta .$$

Schnittkräfte und Trajektorien der Hauptspannungen sind in Abb. 795 u. 796 dargestellt.

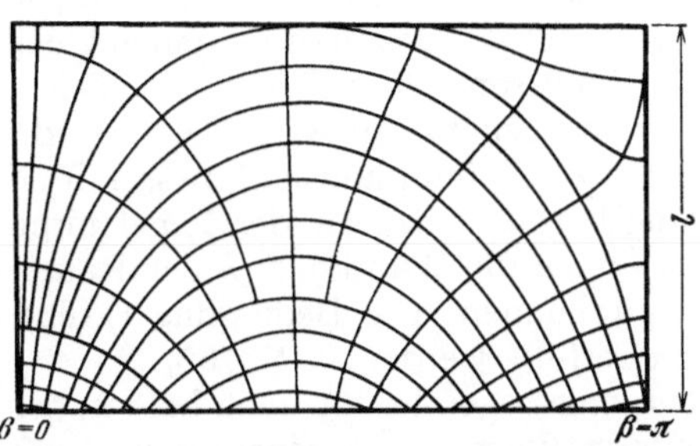

Abb. 796. Trajektorien im abgewickelten Zylindermantel.

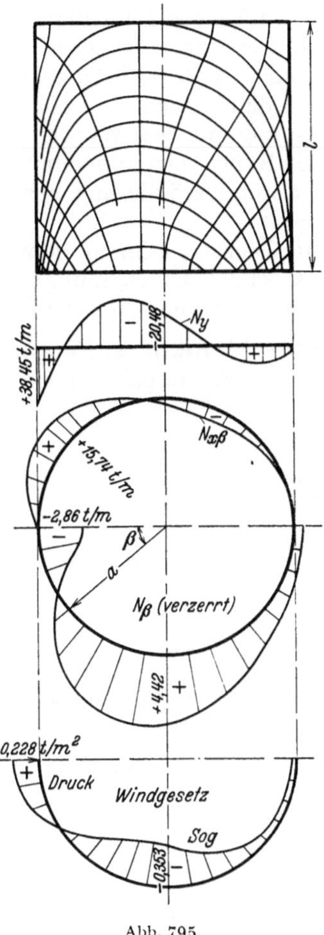

Abb. 795.

d) Der Schalenrand. Ein Längsspannungszustand kann sich auch bei stetiger Krümmung der Mittelfläche, bei stetiger Änderung der Wanddicke und bei stetiger Belastung der Schale nur dann ausbilden, wenn die äußeren Kräfte am Rande in Richtung der Meridiantangente eingetragen werden, ohne daß die Formänderung des Längsspannungszustandes infolge Belastung und Temperaturänderung durch die Stützung oder den biegungssteifen Anschluß anderer Bauteile gestört wird. Diese Bedingungen lassen sich nur bei Schalen mit senkrechter Endtangente erfüllen. Der Meridian wird dabei zum Halbkreis, zur Ellipse, Zykloide, Parabel oder zu einem Korbbogen mit annähernd stetiger Änderung der Krümmung (Abb. 799).

Um Schalen ohne senkrechte Endtangente abzustützen oder senkrechte Lasten in den oberen Rand offener Schalen einzuführen und Schalen in einem Breitenkreis mit unstetiger Krümmung zu verbinden, sind Ringträger notwendig, deren Längskraft an den Unstetigkeitsstellen das Gleichgewicht der inneren Kräfte herstellt. Sie lassen sich auch zur Eintragung von Einzellasten verwenden, die als stetige Funktionen des Winkels β vorgegeben sind. Längskräfte in Ringträgern bei rotationssymmetrischer Belastung (Abb. 770).

Druckring: Zugring:

$$D = -\frac{Q_1}{2\pi} \operatorname{ctg} \alpha_1 , \qquad Z = +\frac{Q_2}{2\pi} \operatorname{ctg} \alpha_2 , \qquad (1161)$$

Zwischenring k zwischen zwei Meridianabschnitten mit den Tangentenwinkeln $\alpha_k^{(o)}$, $\alpha_k^{(u)}$ (Abb. 797).

$$S_k = -\frac{Q_k}{2\pi} (\operatorname{ctg} \alpha_k^{(u)} - \operatorname{ctg} \alpha_k^{(o)}) . \qquad (1162)$$

Abb. 797.

Störungen des Längsspannungszustandes werden jedoch hier nur vermieden, wenn die Ringdehnung ε_β der Schale mit der Dehnung $\bar\varepsilon_\beta$ des Ringträgers übereinstimmt, also für $\alpha \to \alpha_2$ (Abb. 798).

$$E\,\varepsilon_{\beta 2} = \frac{1}{h}(N_{\beta 2} - \mu N_{\alpha 2}) = E\,\bar\varepsilon_{\beta 2} = -\left(\frac{r_2\,N_{\alpha 2}\cos\alpha_2}{F_2} + \frac{\mu N_{\alpha 2}\sin\alpha_2}{b_2}\right),$$

$$-\frac{N_{\beta 2}}{N_{\alpha 2}} + \mu = \frac{h}{F_2}\,r_2\cos\alpha_2 + \mu\,\frac{h}{b}\sin\alpha_2 . \tag{1163}$$

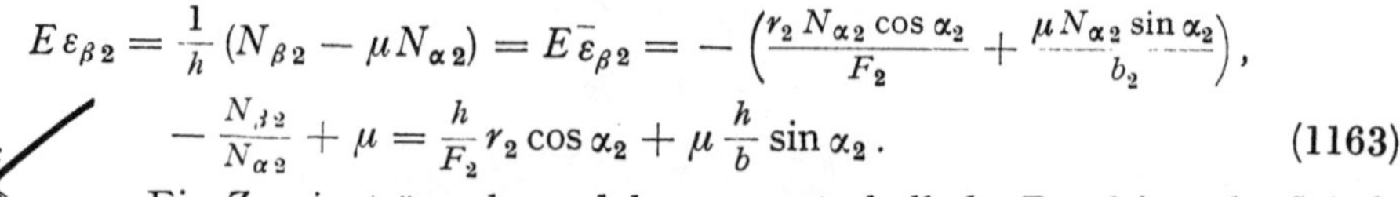

Abb. 798.

Ein Zugringträger kann daher nur unterhalb der Bruchfuge der Schale angeordnet werden ($N_{\beta 2} > 0$), so daß flache Kugel- oder Kegelschalen nach F. Dischinger einen Übergangsbogen zum Ringträger erhalten müssen, in welchem ein Teil des Bogenschubes durch Ringkräfte aufgenommen wird. Diese sind nach (1097) um so größer, je kleiner der Krümmungshalbmesser R_β der Kurve und damit auch die Länge des Übergangsbogens wird. In der Regel nimmt die Krümmung mit dem Winkel α stetig zu, um auch die Wanddicke h der Randzone gegen den Randträger allmählich vergrößern zu können. Die Bedingung (1163) kann dann durch Veränderung von h, F_2 oder α_2 erfüllt werden (s. S. 765).

Der Übergangsbogen leistet auch bei offenen Schalen gute Dienste, wenn an dem oberen Rande das Eigengewicht einer Laterne aufgenommen werden soll. Die Dehnung ε_β der Schale ist nahezu Null, während die Dehnung $\bar\varepsilon_\beta$ des Ringträgers sehr groß wird.

e) Rotationssymmetrische Schalen mit beliebiger Meridiankurve. Neben der Kugel-, Kegel- und Zylinderschale werden zur Lösung von Bauaufgaben noch

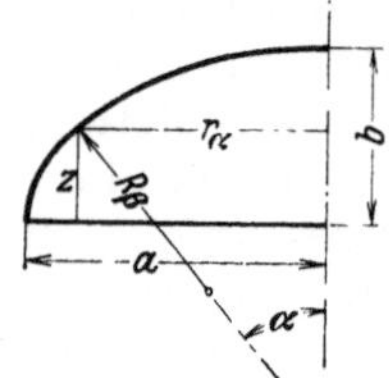

Abb. 799 a. Ellipse.

$$r_\alpha = \frac{a}{b}\sqrt{b^2 - z^2} = \frac{a^2\sin\alpha}{(a^2\sin^2\alpha + b^2\cos^2\alpha)^{1/2}},$$

$$R_\beta = \frac{a^2 b^2}{(a^2\sin^2\alpha + b^2\cos^2\alpha)^{3/2}}, \qquad \operatorname{ctg}\alpha = \frac{dr_\alpha}{dz} = -\frac{a}{b}\,\frac{z}{\sqrt{b^2 - z^2}},$$

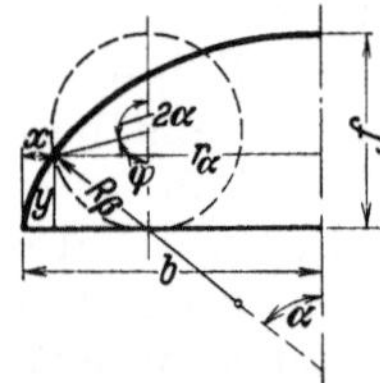

Abb. 799 b. Zykloide.

$$x = \frac{f}{2}(\varphi - \sin\varphi), \qquad y = \frac{f}{2}(1 - \cos\varphi), \qquad 0 \leqq \varphi \leqq 180^\circ,$$

$$b = \frac{\pi f}{2}, \qquad r_\alpha = \frac{f}{2}(2\alpha - \sin 2\alpha), \qquad R_\beta = 2f\cos\alpha,$$

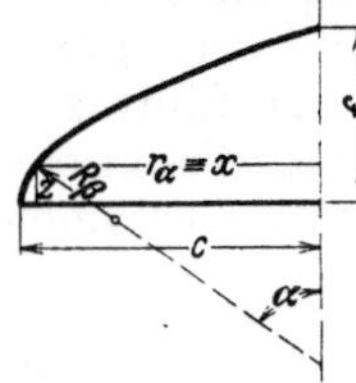

Abb. 799 c. Parabel.

$$x = \frac{2pc - z^2}{2p}, \qquad f = \sqrt{2pc},$$

$$\sin\alpha = \frac{p}{\sqrt{p^2 + z^2}}, \qquad \cos\alpha = \frac{z}{\sqrt{p^2 + z^2}},$$

$$R_\alpha = \frac{x}{\sin\alpha}, \qquad R_\beta = 2\sqrt{\frac{2}{p}\left(c - x + \frac{p}{2}\right)^3},$$

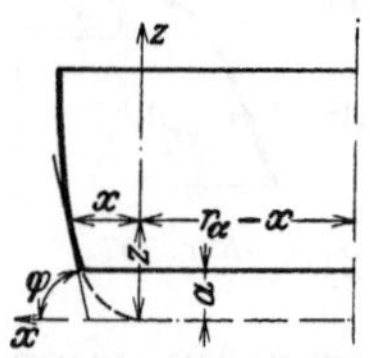

Abb. 799 d. Kettenlinie.

$$z = a\operatorname{\mathfrak{Coj}}\left(\frac{x}{a}\right), \qquad \sin\varphi = \operatorname{\mathfrak{Tg}}\left(\frac{x}{a}\right), \qquad \cos\varphi = \frac{1}{\operatorname{\mathfrak{Coj}}\left(\frac{x}{a}\right)},$$

$$R_\alpha = r_\alpha\operatorname{\mathfrak{Ctg}}\left(\frac{x}{a}\right), \qquad R_\beta = a\operatorname{\mathfrak{Coj}}^2\left(\frac{x}{a}\right).$$

rotationssymmetrische Schalen mit einer Ellipse, Zykloide, Parabel oder Kettenlinie als Meridiankurve verwendet (Abb. 799). Die analytische Berechnung ihrer Längskräfte bereitet nach S. 745 keine Schwierigkeiten. Dagegen sind zur Untersuchung von Schalen mit beliebiger Meridiankurve noch einige Bemerkungen notwendig, die sich auch zur angenäherten Berechnung von Schalen mit mathematisch definierter Meridianlinie und veränderlicher Wanddicke eignen.

a) **Rotationssymmetrische Belastung.** Die Schnittkräfte werden aus dem Gleichgewicht der äußeren Kräfte an einem geeigneten Abschnitt des Flächentragwerks berechnet. An dem Schalenteil über einem Breitenschnitt mit dem Halbmesser r_α wirken neben der stetigen Belastung $p = p_x \mp p_z$ die Längskräfte N_α. Die Schubkräfte $N_{\alpha\beta}$ sind Null, da $N_{\alpha\beta} = N_{\beta\alpha}$ und diese bei rotationssymmetrischer Belastung wegfallen. Mit Q_α als senkrechter Komponente der resultierenden Belastung und $p_z \sin\alpha - p_y \cos\alpha = p_h$ als waagerechter Komponente der stetigen Belastung p lauten die Gleichgewichtsbedingungen für die Kräfte an den Abschnitten Abb. 767 nach S. 745

$$r_\alpha N_\alpha = -\frac{1}{\sin\alpha}\frac{Q_\alpha}{2\pi},$$

$$N_\beta = -N_\alpha \frac{R_\alpha}{R_\beta} - p_z R_\alpha \qquad (1164)$$

$$= \frac{d}{ds}(r_\alpha N_\alpha \cos\alpha) - p_h r_\alpha.$$

Bei senkrechter Belastung ist also

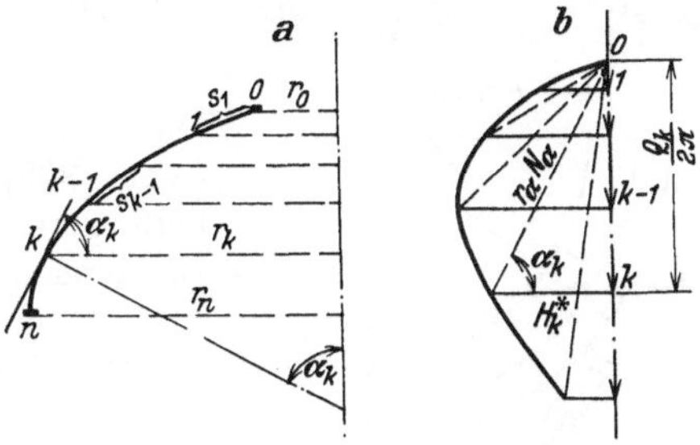

$$N_\beta = -\frac{1}{2\pi}\frac{d(Q_\alpha \operatorname{ctg}\alpha)}{ds}. \qquad (1165)$$

Abb. 800.

Die Schnittkräfte lassen sich daher rechnerisch oder zeichnerisch bei jeder Form des Meridianschnittes angeben, wenn dieser mit der Punktfolge $O \ldots k \ldots n$ in n gleichgroße Intervalle s geteilt und der Differentialquotient (1165) durch den Differenzenquotienten (1166) ersetzt wird.

Die Buchstaben α_k bezeichnen die Winkel der Tangenten in den Intervallgrenzen, die Buchstaben r_k den Halbmesser der Breitenschnitte k. Ihnen sind die Kräfte Q_k und der Bogenschub $H_k^* = Q_k/2\pi \cdot \operatorname{ctg}\alpha_k$ zugeordnet.

$$r_{\alpha,k} N_{\alpha,k} = \frac{1}{\sin\alpha_k} \cdot \frac{Q_{\alpha,k}}{2\pi},$$

$$N_{\beta,k} = \frac{H_k^* - H_{k-1}^*}{s_k} - \frac{p_{h,k} + p_{h,(k-1)}}{2} \cdot \frac{r_k + r_{k-1}}{2}. \qquad (1166)$$

Die numerische Anwendung der Rechenvorschrift ist in dem Zahlenbeispiel auf S. 764 enthalten. Die zeichnerische Lösung besteht aus einem Kräfteplan mit $Q_0/2\pi \ldots Q_k/2\pi \ldots Q_n/2\pi$, aus dem zunächst $(r_{\alpha,k} N_{\alpha,k})$, also auch $N_{\alpha,k}$ und $(r_{\alpha,k} N_{\alpha,k} \cos\alpha_k) = H_k^*$ erhalten werden (Abb. 800). Die Ringkräfte $N_{\beta,k}$ wechseln bei senkrechter Belastung ($p_h = 0$) mit $\Delta H_k^* = H_k^* - H_{k-1}^* = 0$ das Vorzeichen.

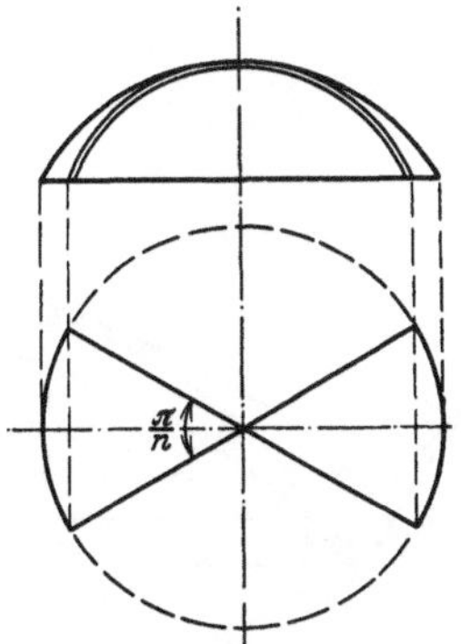

Abb. 801.

b) **Windbelastung.** Die Belastung $p_w = p_z$ kann nach S. 746 stets als trigonometrische, nach ganzen Vielfachen n von β fortschreitende Reihe entwickelt und damit in Teile zerlegt werden, die zu einer ausgezeichneten Meridianebene ($\beta = 90°$) symmetrisch oder antimetrisch sind, je nachdem n eine gerade oder ungerade Zahl ist ($p_w = \sum p_{wn}$). Die Spannungen werden für jeden Anteil p_{wn} einzeln berechnet und darauf überlagert. Die Spannungen aus dem Anteil p_{wn} eines Breitenschnittes sind nach S. 746 durch 3 Parameter bestimmt.

Sie ergeben sich aus den drei Gleichgewichtsbedingungen der äußeren Kräfte des doppelten Schalensektors vom Öffnungswinkel π/n (Abb. 801). Er wird durch Ringzonen unterteilt, in denen der Meridian sich angenähert durch gerade Strecken ersetzen läßt und besteht dann aus einzelnen abgestumpften Kreiskegeln.

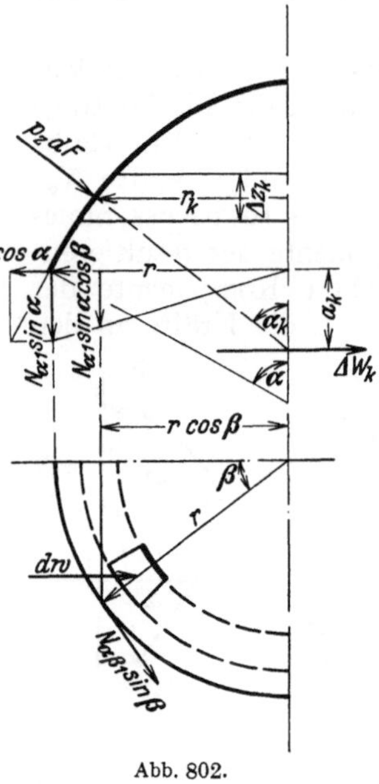

Sonderfall $n = 1$, $p_z = p_w \sin \alpha \cos \beta$.

Der Normaldruck auf das Flächenteilchen dF beträgt $p_z dF$, seine Komponente in der Windrichtung mit $dF = r_\alpha \, d\beta \, dz / \sin \alpha$

$$dw = p_w r_\alpha \sin \alpha \cos^2 \beta \, d\beta \, dz . \tag{1167}$$

Für einen vollen Ring mit der Höhe dz ist daher

$$dW = 4 \int_{\beta=0}^{\beta=\pi/2} dw = \pi p_w r_\alpha \sin \alpha \, dz ,$$

und für einen endlichen Abschnitt Δz

$$\Delta W_k = \pi p_w r_k \sin \alpha_k \, \Delta z_k . \tag{1168}$$

Die Kraft wirkt im Abstand a_k vom Breitenkreis r (Abb. 802), so daß sich folgende Gleichgewichtsbedingungen für die äußeren Kräfte oberhalb des Breitenschnittes r aufstellen lassen.

$$\left.\begin{aligned} \sum a_k \, \Delta W_k + 4 N_{\alpha 1} \, r^2 \sin \alpha \int_0^{\pi/2} \cos^2 \beta \, d\beta &= 0 , \\ N_{\alpha 1} = -\frac{\sum a_k \, \Delta W_k}{\pi r^2 \sin \alpha} , \qquad N_\alpha &= N_{\alpha 1} \cos \beta , \end{aligned}\right\} \tag{1169}$$

Abb. 802.

Gleichgewichtsbedingung (1094) c

$$N_{\beta 1} = -\left(p_w \sin \alpha + \frac{N_{\alpha 1}}{R_\beta} R_\alpha\right) , \qquad N_\beta = N_{\beta 1} \cos \beta , \tag{1170}$$

und

$$\sum \Delta W_k - 4 N_{\alpha 1} r \cos \alpha \int_0^{\pi/2} \cos^2 \beta \, d\beta + 4 N_{\alpha\beta 1} r \int_0^{\pi/2} \sin^2 \beta \, d\beta = 0 .$$

$$N_{\alpha\beta 1} = -\frac{1}{\pi r}\left[\sum \Delta W_k + \frac{\operatorname{ctg} \alpha}{r} \sum a_k \, \Delta W_k\right] , \qquad N_{\alpha\beta} = N_{\alpha\beta 1} \sin \beta . \tag{1171}$$

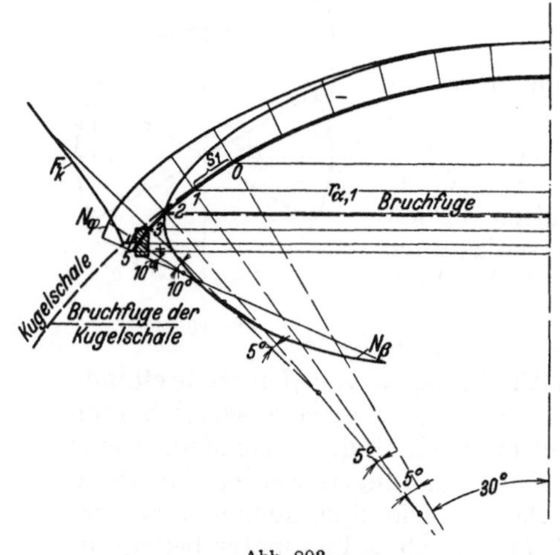
Abb. 803.

Berechnung einer Kugelschale mit Übergangsbogen für Eigengewicht.

Kugelschale: $a = 23{,}75$ m, $g = 0{,}12$ t/m², Schnittkräfte nach (1121). Bei $\alpha = 30^0$ ist

$$N_{\alpha, 0} = -1{,}526 \text{ t/m} , \qquad N_{\beta, 0} = -0{,}94 \text{ t/m} .$$

$$\frac{Q_{\alpha, 0}}{2\pi} = +N_{\alpha, 0} \cdot a \sin^2 \alpha = -9{,}06 \text{ t} .$$

Der Übergangsbogen beginnt bei $\alpha = 30^0$ und ist geometrisch durch Abb. 803 gegeben. Er wird in Intervalle mit $\Delta \alpha = 5^0$ oder 10^0 eingeteilt. Die Radien der Breitenkreise $r_{\alpha, k}$ für die Intervallgrenze, $r_{\alpha, k'}$ für die Intervallmitte werden der Zeichnung entnommen. Schnittkräfte nach (1166).

$$Q_{\alpha, k} = Q_{\alpha, 0} + \sum \Delta Q_{\alpha, k} ,$$

$$\Delta Q_{\alpha, k} = g \, s_k \, 2\pi \, r_{\alpha, k'} ,$$

k	α_k^0	s_k m	$r_{\alpha,k'}$ m	$\Delta Q_{\alpha,k}/2\pi$ t	$Q_{\alpha,k}/2\pi$ t	$r_{\alpha,k}$ m	$\sin\alpha_k$	$r_{\alpha,k}\sin\alpha_k$	$N_{\alpha,k}$ t/m	$\operatorname{ctg}\alpha_k$	$\dfrac{Q_{\alpha,k}\operatorname{ctg}\alpha_k}{2\pi}$	$\dfrac{\Delta(Q_{\alpha,k}\operatorname{ctg}\alpha_k)}{2\pi}$	$N_{\beta,k}$ t/m
0	30				$-\,9{,}06$	11,88	0,5	5,94	$-\,1{,}53$	1,732	$-\,15{,}70$		$(-\,0{,}94)$
1	35	1,78	12,72	$-\,2{,}72$	$-\,11{,}78$	13,48	0,574	7,73	$-\,1{,}52$	1,428	$-\,16{,}81$	$-\,1{,}11$	$-\,0{,}62$
2	40	1,38	14,03	$-\,2{,}32$	$-\,14{,}10$	14,55	0,643	9,36	$-\,1{,}51$	1,192	$-\,16{,}82$	$-\,0{,}01$	$-\,0{,}01$
3	45	0,86	14,88	$-\,1{,}54$	$-\,15{,}64$	15,19	0,707	10,72	$-\,1{,}46$	1,000	$-\,15{,}64$	$+\,1{,}18$	$+\,1{,}38$
4	55	0,67	15,39	$-\,1{,}24$	$-\,16{,}88$	15,61	0,819	12,76	$-\,1{,}32$	0,700	$-\,11{,}81$	$+\,3{,}83$	$+\,5{,}72$
5	65	0,35	15,69	$-\,0{,}66$	$-\,17{,}54$	15,81	0,906	14,32	$-\,1{,}23$	0,466	$-\,8{,}19$	$+\,3{,}62$	$+\,10{,}34$

Die günstigste Lage und der Querschnitt des Zugringes folgt aus (1163) mit $h = 0{,}05$ m und $h/b \ll 1$.

$$F_k = (0{,}05\, r_{\alpha,k} \cos\alpha_k) : \left(\frac{N_{\beta,k}}{-N_{\alpha,k}} + \mu \right) = \frac{\mathfrak{Z}}{\mathfrak{N}}.$$

k	$\cos\alpha_k$	$\mathfrak{Z}$	$\dfrac{N_{\beta,k}}{-N_{\alpha,k}}$	$\mathfrak{N}$	F_k cm²
2	0,766	0,557	$-\,0{,}005$	0,16	34 800
3	0,707	0,546	0,95	1,12	4 880
4	0,574	0,448	4,34	4,51	995
5	0,423	0,335	8,40	8,57	381

Der Zugring wird bei $\alpha = 45^0$ angeordnet und erhält den Querschnitt 100/50 cm. Abb. 803 zeigt die neue Lage der Bruchfuge im Gegensatz zur Kugelschale.

f) Schalen mit Massenausgleich. Sind die Schalen mit konstanter Wanddicke h zur Lösung einer Bauaufgabe ungeeignet, so liegt es bei der baulichen Ausbildung eines Querschnitts mit veränderlicher Wanddicke nahe, auf diejenigen elastischen Gebilde (Koordinaten $\overline{R}_\alpha$, $\overline{R}_\beta$, $\overline{\alpha}$ oder $\overline{r}$, $\overline{s}$, $\overline{t}$) zurückzugreifen, die mit einer ausgezeichneten Schale von konstanter Wanddicke (Koordinaten R_α, R_β, α oder r, s, t) geometrisch verwandt sind, und deren Spannungen wiederum im wesentlichen durch Längskräfte hervorgerufen werden.

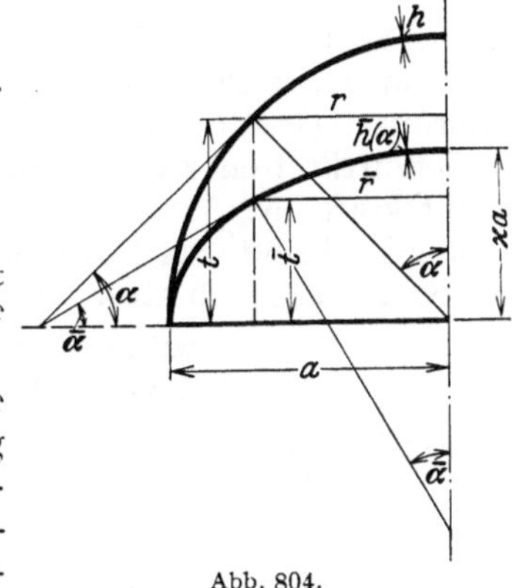

Abb. 804.

Die Lösung ist bei rotationssymmetrischen Schalen mit einer Ellipse als Meridianschnitt am einfachsten ($\overline{r}$, $\overline{t}$, $\overline{s}$, $\overline{h}$). Sie wird auf eine Halbkugelschale (r, s, t, $h =$ const) bezogen, die mit ihr in folgender Weise geometrisch verwandt ist (Abb. 804):

$$\overline{r} = r, \qquad \overline{s} = s, \qquad \overline{t} = \varkappa t.$$

$$d\overline{x} = dx, \quad d\overline{y} = dy\,\sqrt{\cos^2\alpha + \varkappa^2 \sin^2\alpha}, \quad d\overline{F} = d\overline{x}\cdot d\overline{y} = dF\,\sqrt{\cos^2\alpha + \varkappa^2 \sin^2\alpha}. \tag{1172}$$

Wird dann für die Belastung g, $\overline{g}$ der beiden geometrisch verwandten Schalen nachgewiesen, daß $g\,dF = \overline{g}\,d\overline{F}$, so ist auch $N_\beta dy = \overline{N}_\beta d\overline{y}$ und $N_\alpha d x \sin\alpha = \overline{N}_\alpha d\overline{x} \sin\overline{\alpha}$, also

$$\overline{N}_\beta = N_\beta \frac{1}{\sqrt{\cos^2\alpha + \varkappa^2 \sin^2\alpha}}, \qquad \overline{N}_\alpha = N_\alpha \frac{dt}{dy}\frac{d\overline{y}}{d\overline{t}} = N_\alpha \frac{\sqrt{\cos^2\alpha + \varkappa^2 \sin^2\alpha}}{\varkappa} \tag{1173}$$

und für die Spannungen gilt

$$\overline{\sigma}_\alpha = \sigma_\alpha \frac{h}{\overline{h}}\frac{\sqrt{\cos^2\alpha + \varkappa^2 \sin^2\alpha}}{\varkappa}, \qquad \overline{\sigma}_\beta = \sigma_\beta \frac{h}{\overline{h}}\frac{1}{\sqrt{\cos^2\alpha + \varkappa^2 \sin^2\alpha}}. \tag{1174}$$

Die Lösung gilt für Eigengewicht bei veränderlicher Wanddicke $\overline{h}$ der geometrisch verwandten Schale, wenn

$$\gamma\, h\, dF = \gamma\, \overline{h}\, d\overline{F}, \qquad \text{also} \qquad \overline{h} = \frac{h}{\sqrt{\cos^2\alpha + \varkappa^2 \sin^2\alpha}}. \tag{1175}$$

Die Wanddicke $\bar{h}$ stimmt also im Scheitel ($\alpha = 0$) mit der Wanddicke h überein und erreicht am Kämpfer $\alpha = 90^0$ ihren Grenzwert $\bar{h}^* = h/\varkappa$. Die Wanddicke nimmt also bei abgeplatteten Rotationsschalen ($\varkappa < 1$) gegen den Kämpfer zu und bei überhöhten Rotationsschalen ($\varkappa > 1$) ab. In beiden Fällen wird das Eigengewicht allein durch Längsspannungen abgetragen.

Dasselbe gilt auch bei Schneebelastung, da die Bedingung $p_s \cos \alpha \, dF = p_s \cos \bar{\alpha} \, d\bar{F}$ mit $d\bar{y}/dy = d\bar{F}/dF$ erfüllt ist.

Ähnliche Betrachtungen lassen sich auch für abgeplattete oder überhöhte Schalen mit ellipsenförmigem Grundriß wiederholen. Ihre geometrische Verwandtschaft zur Halbkugelschale kann z. B. mit $\bar{r}/r = \lambda$, $\bar{s}/s = 1$, $\bar{t}/t = \varkappa$ beschrieben werden.

81. Biegungssteife rotationssymmetrische Schalen.

Die Spannungen $\sigma_\alpha(z)$, $\sigma_\beta(z)$ usw. sind nach den Bemerkungen auf S. 744 lineare Funktionen der Dehnungen $\varepsilon_{0\alpha} \to \varepsilon_\alpha$, $\varepsilon_{0\beta} \to \varepsilon_\beta$ der Mittelfläche und der Krümmungsänderung $d(1/R_\alpha) = \varkappa_\alpha$, $d(1/R_\beta) = \varkappa_\beta$ ihrer Hauptschnitte. Sie lassen sich daher zu Schnittkräften zusammenfassen, von denen jedoch die Querkräfte $Q_{\beta z}$, die Schnittkräfte $N_{\alpha\beta}$ und die Drillungsmomente $M_{\alpha\beta}$ bei rotationssymmetrischer Belastung Null sind. Der Spannungszustand ist daher in diesem Falle durch die folgenden Schnittkräfte bestimmt:

$$\text{Schnitt } \alpha = \text{const:} \qquad N_\alpha, \, M_\alpha, \, Q_{\alpha z} = Q_\alpha,$$
$$\text{Schnitt } \beta = \text{const:} \qquad N_\beta, \, M_\beta, \, Q_{\beta z} = 0.$$

Sie werden für $\sigma_z = 0$ und $h \ll R_\beta$ nach dem Hookeschen Gesetz ebenso wie auf S. 747 und S. 645 aus der Verzerrung der Mittelfläche berechnet.

$$N_\alpha = D(\varepsilon_\alpha + \mu\,\varepsilon_\beta), \qquad N_\beta = D(\varepsilon_\beta + \mu\,\varepsilon_\alpha), \qquad D = \frac{E\,h}{1 - \mu^2}, \left.\begin{array}{r}\\[2em]\\[2em]\end{array}\right\} (1176)$$
$$M_\alpha = -B(\varkappa_\alpha + \mu\,\varkappa_\beta), \qquad M_\beta = -B(\varkappa_\beta + \mu\,\varkappa_\alpha), \qquad B = \frac{E\,h^3}{12(1 - \mu^2)}.$$

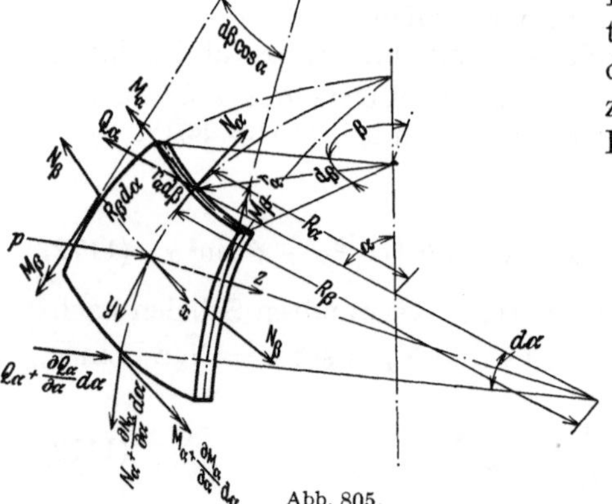

Abb. 805.

Die Verzerrung (ε_α, ε_β, $\varkappa_\alpha$, $\varkappa_\beta$) des differentialen Abschnitts der Mittelfläche steht mit den Komponenten v, w des Verschiebungszustandes (Abb. 769) nach S. 747 in folgenden Beziehungen:

$$\varepsilon_\alpha = \frac{v' - w}{R_\beta}, \qquad \varepsilon_\beta = \frac{v \operatorname{ctg} \alpha - w}{R_\alpha},$$
$$\vartheta = \frac{v + w'}{R_\beta},$$
$$\varkappa_\alpha = \frac{\vartheta'}{R_\beta}, \qquad \varkappa_\beta = \frac{\vartheta \operatorname{ctg} \alpha}{R_\alpha},$$
$$(\ )' = \frac{d(\ )}{d\alpha}. \left.\begin{array}{r}\\[4em]\end{array}\right\} (1177)$$

Auf diese Weise sind 12 unbekannte Komponenten des Spannungs- und Formänderungszustandes durch 9 Bedingungen miteinander verknüpft. Ihre eindeutige Berechnung gelingt in Verbindung mit den Gleichgewichtsbedingungen für die äußeren Kräfte an einem differentialen Schalenteil, die nach Abb. 805 folgendermaßen lauten:

$$(N_\alpha R_\alpha \sin \alpha)' - N_\beta R_\beta \cos \alpha - Q_\alpha R_\alpha \sin \alpha + p_y R_\alpha R_\beta \sin \alpha = 0, \left.\begin{array}{r}\\\\\\\end{array}\right.$$
$$(Q_\alpha R_\alpha \sin \alpha)' + N_\alpha R_\alpha \sin \alpha + N_\beta R_\beta \sin \alpha + p_z R_\alpha R_\beta \sin \alpha = 0, \left.\begin{array}{r}\\\end{array}\right\} (1178)$$
$$(M_\alpha R_\alpha \sin \alpha)' - M_\beta R_\beta \cos \alpha - Q_\alpha R_\alpha R_\beta \sin \alpha = 0.$$

Um diese 12 linearen Gleichungen in mathematischer Beziehung übersichtlich zu lösen, wird die Querkraft Q_α bei der Untersuchung von Schalen mit konstanter Wanddicke h und veränderlichem Halbmesser $R_\alpha(\alpha)$ durch die Unbekannte $V_\alpha = R_\alpha Q_\alpha$ und bei Schalen mit stetig veränderlicher Wanddicke $h(\alpha)$ durch die Unbekannte $U_\alpha = Q_\alpha R_\alpha/h^2$ ersetzt. Die Wurzeln des Ansatzes lassen sich dann durch geeignete Verknüpfung der Gleichungen allmählich ausschließen, so daß zwei simultane Differentialgleichungen zwischen den Unbekannten V oder U und der Verdrehung ϑ der Meridiantangente entstehen, die sich durch gleichartigen Aufbau auszeichnen. Sie lauten in Symbolen

$$\mathfrak{L}(\vartheta) + \vartheta \cdot F_1(\alpha) = -\lambda_1 U, \qquad \mathfrak{L}(U) + U \cdot F_2(\alpha) = \lambda_2 \vartheta + \Phi(\alpha), \qquad (1179)$$

Die Buchstaben $\mathfrak{L}(\ )$ bezeichnen Differentialoperationen, die Buchstaben $F_1(\alpha)$, $F_2(\alpha)$ bekannte, mit der Schalenform vorgeschriebene Funktionen. Die Buchstaben λ_1, λ_2 sind konstante Größen, die von den elastischen Eigenschaften des Baustoffs abhängen, während die Funktion $\Phi(\alpha)$ mit der Belastung p_y, p_z der Oberfläche verschwindet.

Die vollständige Lösung J enthält neben der allgemeinen Lösung $\overline{J}$ der homogenen Gleichungen (1179) mit $\Phi(\alpha)=0$ ein partikuläres Integral J_0 des inhomogenen Ansatzes ($\Phi(\alpha) \neq 0$). Dieses stimmt mit großer Genauigkeit mit der Lösung für den Längsspannungszustand der statisch bestimmt abgestützten Schale (Abschn. 80) überein. Daher wird die vollständige Lösung für die biegungssteife Schale durch die Überlagerung der Schnittkräfte $N_{\alpha,0}, N_{\beta,0}, M_{\alpha,0} = M_{\beta,0} = Q_{\alpha,0} = 0$ aus dem Längsspannungszustand mit den Schnittkräften $\overline{N}_\alpha, \overline{N}_\beta, \overline{M}_\alpha, \overline{M}_\beta, \overline{Q}_\alpha$ aus der Randstörung erhalten.

Die allgemeine Lösung des homogenen Ansatzes enthält vier Integrationskonstanten, so daß neben den statischen oder geometrischen Bedingungen des Längsspannungszustandes noch zwei Bedingungen an jedem Schalenrande vorgeschrieben werden können.

a) Freier Rand $U = 0$, $M_\alpha = 0$.

b) Frei drehbare Lagerung des Schalenrandes $\Delta r_\alpha = 0$, $M_\alpha = 0$.

c) Eingespannter Schalenrand $\Delta r_\alpha = 0$, $\vartheta = 0$.

d) Bei einer Verbindung des Schalenrandes mit anderen Bauteilen sind die gegenseitige Verschiebung δ_1 und die gegenseitige Verdrehung δ_2 der Anschlußflächen Null.

Geckeler, J. W.: Über die Festigkeit achsensymmetrischer Schalen. Forsch.-Arb. Ing.-Wes. Heft 276. Berlin 1926.

a) Die Kugelschale mit gleichbleibender Wandstärke. Die Krümmung der Mittelfläche ist konstant ($R_\alpha = R_\beta = a$). Dasselbe gilt von der Schalendicke h und daher auch von der Dehnungssteifigkeit D und der Biegungssteifigkeit B ($h =$ const, $D =$ const, $B =$ const). Unter diesen Umständen lassen sich durch Verknüpfung von (1177) die allgemeinen Beziehungen zwischen den Komponenten des Verschiebungszustandes der Mittelfläche und der Verzerrung des Schalendifferentials folgendermaßen ergänzen:

$$\vartheta = (\varepsilon_\alpha - \varepsilon_\beta)\operatorname{ctg}\alpha - \varepsilon_\beta', \qquad d(\ )/d\alpha = (\ )'. \qquad (1180)$$

Die Schnittkräfte unterliegen den Gleichgewichtsbedingungen (1178). Sie lauten für $R_\alpha = R_\beta = a$

$$\begin{aligned}
(N_\alpha \sin\alpha)' - N_\beta \cos\alpha - Q_\alpha \sin\alpha + p_y a \sin\alpha &= 0, \\
(Q_\alpha \sin\alpha)' + N_\alpha \sin\alpha + N_\beta \sin\alpha + p_z a \sin\alpha &= 0, \\
M_\alpha' - (M_\beta - M_\alpha)\operatorname{ctg}\alpha - Q_\alpha a &= 0.
\end{aligned} \qquad (1181)$$

Die letzte Bedingung liefert mit (1176), also mit

$$M_\alpha = -\frac{B}{a}\,(\vartheta' + \mu\,\vartheta\,\mathrm{ctg}\,\alpha), \qquad M_\beta = -\frac{B}{a}\,(\vartheta\,\mathrm{ctg}\,\alpha + \mu\,\vartheta'),$$

$$L(\vartheta) - \mu\,\vartheta = \vartheta'' + \vartheta'\,\mathrm{ctg}\,\alpha - \vartheta\,\mathrm{ctg}^2\alpha - \mu\,\vartheta = -\frac{a^2}{B}\,Q_\alpha. \qquad (1182)$$

Aus den anderen beiden Gleichgewichtsbedingungen folgt

$$N_\alpha = -Q_\alpha\,\mathrm{ctg}\,\alpha - \frac{a\,F}{\sin^2\alpha}, \qquad N_\beta = \frac{a\,F}{\sin^2\alpha} - Q_\alpha' - p_z\,a$$

mit

$$dF/d\alpha = p_z\sin\alpha\cos\alpha + p_y\sin^2\alpha$$

und daher in Verbindung mit (1176) und (1180)

$$L(Q_\alpha) + \mu\,Q_\alpha = Q_\alpha'' + Q_\alpha'\,\mathrm{ctg}\,\alpha - Q_\alpha\,\mathrm{ctg}^2\alpha + \mu\,Q_\alpha = E\,h\,\vartheta - a[p_z' - (1+\mu)\,p_y]. \quad (1183)$$

Auf diese Weise ist ein System von zwei simultanen Differentialgleichungen zweiter Ordnung entstanden, aus dem jede der beiden Unbekannten durch Wiederholung der Differentialoperation $L(\ )$ mit einer Differentialgleichung vierter Ordnung berechnet werden kann. Die Partikularlösung ϑ_0, $Q_{\alpha 0}$ der vollständigen Gleichung läßt sich nach E. Meißner für die wesentlichen Belastungsfälle angeben. Z. B. wird bei Eigengewicht mit $p_y = g\sin\alpha$, $p_z = g\cos\alpha$ in (1183)

$$-a[p_z' - (1+\mu)\,p_y] = a\,g\,(2+\mu)\sin\alpha.$$

Die simultanen Differentialgleichungen (1182) und (1183) für ϑ_0, $Q_{\alpha 0}$ werden durch den Ansatz $\vartheta_0 = A_1\sin\alpha$, $Q_{\alpha 0} = A_2\sin\alpha$ erfüllt, wenn

$$A_1 = -\frac{(2+\mu)\,a^3\,g}{(1-\mu^2)[1+12\,(a/h)^2]\,B} = \frac{a^2\,A_2}{(1+\mu)\,B}.$$

Damit sind ϑ_0, $Q_{\alpha 0}$ und in Verbindung mit (1176) auch $M_{\alpha 0}$, $M_{\beta 0}$ bestimmt.

$$M_{\alpha 0} = M_{\beta 0} = -\frac{B}{a}\,A_1\,(1+\mu)\cos\alpha.$$

Diese Schnittkräfte sind im Vergleich zu dem Anteil aus den Randstörungen nach S. 770 klein von höherer Ordnung und werden daher vernachlässigt. Mit

$$Q_{\alpha 0} = 0, \qquad M_{\alpha 0} = 0, \qquad M_{\beta 0} = 0$$

stimmt der Spannungszustand der biegungssteifen Schale bei statisch bestimmter Stützung mit dem Längsspannungszustand auf S. 751 überein. Dasselbe gilt damit auch für den Verschiebungszustand. Das Ergebnis wiederholt sich bei den Partikularlösungen für die anderen rotationssymmetrischen Belastungsfälle.

Die Schnittkräfte und Verschiebungen der biegungssteifen Kugelschale lassen sich daher, wie bereits auf S. 767 bemerkt, mit großer Genauigkeit aus zwei voneinander unabhängigen Anteilen zusammensetzen. Der eine besteht aus den Schnittkräften und Verschiebungen des Längsspannungszustandes durch die vorgeschriebene stetige Belastung, der andere aus den Schnittkräften und Verschiebungen der biegungssteifen Schale infolge der Randkräfte $M_{\alpha 2}$, $Q_{\alpha 2}$ usw., die zur Befriedigung der vorgeschriebenen Stützung notwendig sind.

Die Schnittkräfte und Verschiebungen des Längsspannungszustandes sind für die regelmäßigen Belastungsfälle auf S. 751 ff. angeschrieben. Die Schnittkräfte und Verschiebungen der biegungssteifen Kugelschale aus vorgeschriebenen Randkräften werden aus den homogenen Differentialgleichungen (1182), (1183) für $\overline{\vartheta}$ und $\overline{Q}_\alpha$ berechnet.

Das Integral der homogenen Gl. (1182), (1183) kann als Reihenentwicklung angeschrieben werden. Die Lösungen für $\overline{\vartheta}$, $\overline{Q}_\alpha$ und für alle daraus abgeleiteten Schnittkräfte und Verschiebungen klingen vom Rande aus schnell ab. Da jede Ableitung im

Vergleich zu der nächst höheren Ableitung dann klein von zweiter Ordnung ist, können nach einem Vorschlage von J. W. Geckeler die Funktionen $\overline{\vartheta}$ und $\overline{\vartheta}'$ gegenüber $\overline{\vartheta}''$ in (1182) und die Funktionen $\overline{Q}_\alpha$ und $\overline{Q}'_\alpha$ gegenüber $\overline{Q}''_\alpha$ in (1183) vernachlässigt werden, um schnell zu einer übersichtlichen, für technische Aufgaben brauchbaren Näherungslösung zu kommen.

Die Näherungslösung für $\overline{\overline{\vartheta}}\,(\alpha)$ und $\overline{Q}\,(\alpha)$ entsteht also aus den Gleichungen

$$\overline{\vartheta}'' = -\frac{a^2}{B}\,\overline{Q}_\alpha, \qquad \overline{Q}''_\alpha = E\,h\,\overline{\vartheta}. \qquad (1184)$$

Die Elimination von $\overline{Q}_\alpha$ liefert mit

$$4\,k^4 = \frac{a^2}{B}\,E\,h = \frac{12(1-\mu^2)a^2}{h^2}\,, \qquad k = \sqrt{\frac{a}{h}}\,\sqrt{3(1-\mu^2)}\,, \qquad (1185)$$

$$\overline{\vartheta}_\alpha^{IV} + 4\,k^4\,\overline{\vartheta} = 0\,. \qquad (1186)$$

Durch Elimination von $\overline{\vartheta}$ entsteht

$$\overline{Q}_\alpha^{IV} + 4\,k^4\,\overline{Q}_\alpha = 0\,. \qquad (1187)$$

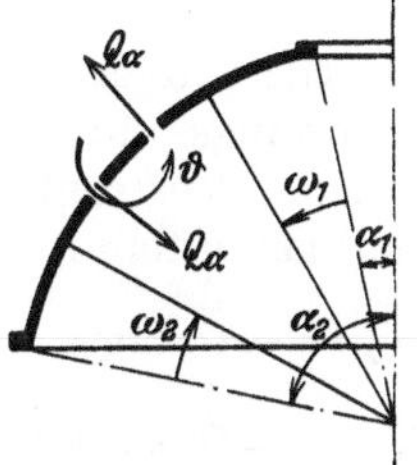
Abb. 806.

Die Gleichungen werden mit dem aus Abschn. 22 bekannten Exponentialansatz gelöst. Da hiernach beide Funktionen $\overline{\vartheta}, \overline{Q}_\alpha$ ebenso wie alle daraus abgeleiteten Schnittkräfte und Verschiebungen schnell vom Rande aus abklingen, werden sie je nach der Betrachtung der oberen oder unteren Randzone auf den Winkel $\omega_1 = (\alpha - \alpha_1)$, $d\omega_1 = d\alpha$ oder $\omega_2 = (\alpha_2 - \alpha)$, $d\omega_2 = -d\alpha$ als unabhängiger Veränderlicher bezogen (Abb. 806). Daher ist in beiden Fällen

$$\overline{\vartheta} = e^{-k\omega}(\overline{A}_1 \cos k\,\omega + \overline{A}_2 \sin k\,\omega) + e^{k\omega}(\overline{A}_3 \cos k\,\omega + \overline{A}_4 \sin k\,\omega)\,, \left.\begin{array}{l} \\ \\ \end{array}\right\}$$
$$\overline{Q}_\alpha = e^{-k\omega}(A_1 \cos k\,\omega + A_2 \sin k\,\omega) + e^{k\omega}(A_3 \cos k\,\omega + A_4 \sin k\,\omega)\,, \qquad (1188\,\text{a})$$

oder nach S. 141 auch

$$\overline{Q}_\alpha = C_1\,e^{-k\omega}\cos(k\,\omega + \psi_1) + C_2\,e^{k\omega}\cos(k\,\omega + \psi_2)\,. \qquad (1188\,\text{b})$$

Die Integrationskonstanten $\overline{A}_3, \overline{A}_4$ und A_3, A_4 oder C_2, ψ_2 einer Lösung für die geschlossene Kugelschale mit $\omega_2 = \alpha_2 - \alpha$ als unabhängiger Veränderlicher sind Null, da die Bedingungen $\vartheta = 0$, $Q_\alpha = 0$ im Scheitel nur auf diese Weise erfüllt werden können. Die Funktion $\vartheta\,(\omega)$ und $Q_\alpha\,(\omega)$ verlaufen daher ebenso wie alle abgeleiteten Funktionen der übrigen Schnittkräfte und Verschiebungen nach gedämpften Schwingungen mit dem Winkel $2\,\pi/k$ als Schwingungslänge und π als logarithmischem Dekrement. Sie klingen mit wachsendem ω um so schneller ab, je größer k ist. Der Einfluß der von den Randstörungen des Längsspannungszustandes herrührenden Randkräfte $M_{\alpha 2}, Q_{\alpha 2}$ ist daher auf eine schmale Randzone beschränkt. Das Ergebnis läßt sich auch leicht auf Grund des St. Venantschen Prinzips einsehen, da die Randkräfte im Gleichgewicht stehen. Es bestätigt die Richtigkeit der Annahmen für die Näherungslösung, da die zweiten Ableitungen $\overline{\vartheta}'', \overline{Q}''_\alpha$ den Betrag k^2 als Faktor enthalten, und daher als Glieder des linearen Ansatzes (1182) oder (1183) wesentlich größere Bedeutung besitzen als $\overline{\vartheta}', \overline{\vartheta}$ oder $\overline{Q}'_\alpha, \overline{Q}_\alpha$.

Die Lösung $\overline{\vartheta}$ und $\overline{Q}_\alpha$ offener Schalen nach (1187) enthält streng genommen vier Integrationskonstante, die aus vier Bedingungen für die Verschiebungen oder für die Schnittkräfte an den beiden Schalenrändern berechnet werden können. Ist die Schalenzone $(\alpha_2 - \alpha_1)$ jedoch breit, so klingen die von jeder Randbelastung herrührenden Komponenten des Spannungs- und Verschiebungszustandes so weit ab, daß je zwei Integrationskonstante A_1, A_2 und A_3, A_4 oder C_1, ψ_1 und C_2, ψ_2 unabhängig voneinander aus

$$\overline{Q}_\alpha = e^{-k\omega}(A_1 \cos k\,\omega + A_2 \sin k\,\omega) \quad \text{und} \quad \overline{Q}_\alpha = e^{-k\omega}(A_3 \cdot \cos k\,\omega + A_4 \sin k\,\omega) \quad (1189)$$

angegeben werden können, je nachdem der Breitenunterschied $\omega_2 = \alpha_2 - \alpha$ oder $\omega_1 = \alpha - \alpha_1$ vom unteren oder oberen Rande gerechnet wird.

Rechenvorschrift. Im Bereiche des oberen Randes der offenen Kugelschale ist

$$\overline{Q}_\alpha = C\, e^{-k\,\omega_1} \cos\left(k\,\omega_1 + \psi\right) \tag{1190}$$

im Bereiche des unteren Randes

$$\overline{Q}_\alpha = C\, e^{-k\,\omega_2} \cos\left(k\,\omega_2 + \psi\right). \tag{1191}$$

Die Gleichungen bilden die Grundlage für die Berechnung aller Komponenten des Spannungs- und Formänderungszustandes aus den Gleichgewichtsbedingungen (1181) und den Verträglichkeitsbedingungen (1177). Das obere Vorzeichen gilt in der oberen, das untere in der unteren Randzone der Schale.

$$
\left.
\begin{aligned}
\overline{N}_\alpha &= -\overline{Q}_\alpha \operatorname{ctg}\alpha = -C\, e^{-k\,\omega}\cos\left(k\,\omega + \psi\right)\operatorname{ctg}\alpha\,, \\[1ex]
\overline{N}_\beta &= -\overline{Q}'_\alpha = \pm C\, k\,\sqrt{2}\, e^{-k\,\omega}\sin\left(k\,\omega + \psi + \frac{\pi}{4}\right), \\[1ex]
\overline{\vartheta} &= \frac{\overline{Q}''_\alpha}{h\,E} = +C\,\frac{2\,k^2}{h\,E}\, e^{-k\,\omega}\sin\left(k\,\omega + \psi\right), \\[1ex]
\overline{M}_\alpha &= -\frac{B}{a}\left(\overline{\vartheta}' + \overline{\vartheta}\operatorname{ctg}\alpha\right) \approx -\frac{B}{a}\,\overline{\vartheta}' = \mp C\,\frac{B}{a\,h\,E}\,2\,k^3\,\sqrt{2}\, e^{-k\,\omega}\cos\left(k\,\omega + \psi + \frac{\pi}{4}\right), \\[1ex]
\overline{M}_\beta &= \mu\,\overline{M}_\alpha - \frac{B\operatorname{ctg}\alpha}{a}\,\overline{\vartheta}\,, \\[1ex]
\overline{\Delta r} &= r_\alpha\,\overline{\varepsilon}_\beta = \frac{r_\alpha}{h\,E}\left(\overline{N}_\beta - \mu\,\overline{N}_\alpha\right) = -\frac{r_\alpha}{h\,E}\left(\overline{Q}'_\alpha - \mu\,\overline{Q}_\alpha\operatorname{ctg}\alpha\right) \approx -\frac{r_\alpha\,\overline{Q}'_\alpha}{h\,E}\,.
\end{aligned}
\right\} \tag{1192}
$$

Die Näherungslösungen für $\overline{M}_\alpha$ und $\overline{\varepsilon}_\beta$ lassen sich ebenso begründen wie die Vernachlässigung von $\overline{Q}_\alpha$ neben $\overline{Q}'_\alpha$ in (1183).

Die Integrationskonstanten C,ψ sind bei starrem Unterbau durch die Stützung der Schale, am oberen Rande durch vorgeschriebene äußere Kräfte bestimmt.

1. Der untere Rand ist unverschieblich, aber frei drehbar gestützt

$$
\omega = 0,\ \alpha = \alpha_2: \quad
\left.
\begin{aligned}
\varepsilon_{\beta 2,0} + \overline{\varepsilon}_{\beta 2} &= \varepsilon_{\beta 2} = 0\,, \\
M_{\alpha 2,0} + \overline{M}_{\alpha 2} &= M_{\alpha 2} = 0 = \overline{M}_{\alpha 2},
\end{aligned}
\right\} \tag{1193}
$$

wenn die Dehnungen des Längsspannungszustandes wieder mit $\varepsilon_{\beta,0}$ bezeichnet werden. Die Biegungsmomente $M_{\alpha,0}$ sind Null.

$$
\left.
\begin{aligned}
M_{\alpha 2} &= C\,\frac{B}{a\,h\,E}\,2\,k^3\,\sqrt{2}\cos\left(\psi + \frac{\pi}{4}\right) = 0\,, \quad\text{d.h.}\quad \psi = \frac{\pi}{4}\,, \\[1ex]
\varepsilon_{\beta 2} &= \varepsilon_{\beta 2,0} - C\,\frac{k\,\sqrt{2}}{h\,E}\sin\left(\psi + \frac{\pi}{4}\right) = 0\,, \quad\text{d.h.}\quad C = \frac{\varepsilon_{\beta 2,0}}{k\,\sqrt{2}}\,h\,E\,.
\end{aligned}
\right\} \tag{1194}
$$

2. Der untere Rand ist starr eingespannt. $\omega = 0,\ \alpha = \alpha_2$.

$$
\left.
\begin{aligned}
\vartheta_2 &= \vartheta_{2,0} + C\,\frac{2\,k^2}{h\,E}\sin\psi = 0\,, \\[1ex]
\varepsilon_{\beta 2} &= \varepsilon_{\beta 2,0} - C\,\frac{k\,\sqrt{2}}{h\,E}\sin\left(\psi + \frac{\pi}{4}\right) = 0\,, \\[1ex]
\text{für}\quad \vartheta_{2,0} &\approx 0 \quad\text{ist}\quad \psi = 0 \quad\text{und}\quad C = \frac{\varepsilon_{\beta 2,0}}{k}\,h\,E\,.
\end{aligned}
\right\} \tag{1195}
$$

3. Der obere Rand ist durch einen starren Druckring abgeschlossen. $\omega = 0$, $\alpha = \alpha_1$.

$$\varepsilon_{\beta 1} = \varepsilon_{\beta 1,0} + C \frac{k\sqrt{2}}{hE} \sin\left(\psi + \frac{\pi}{4}\right) = 0 \,,$$

$$\vartheta_1 = \vartheta_{1,0} + C \frac{2k^2}{hE} \sin\psi = 0 \,, \tag{1196}$$

$$\text{für}\quad \vartheta_{1,0} \approx 0 \quad \text{ist}\quad \psi = 0 \quad \text{und}\quad C = -\frac{\varepsilon_{\beta 1,0}}{k} hE \,.$$

Damit sind in Verbindung mit (1192) auch alle Komponenten des Spannungs- und Verschiebungszustandes aus einer Randstörung der statisch bestimmt gestützten Schale bekannt (S. 766). Sie werden mit den zugeordneten Komponenten des Längsspannungszustandes überlagert.

Biegungsspannungen am Rand einer Kugelschale bei Belastung durch Eigengewicht.
(Vgl. Abb. 777, $\alpha_2 = 60^0$.)

1. Der untere Rand ist unverschieblich, aber frei drehbar gestützt. Nach (1123) ist für den Längsspannungszustand

$$\varepsilon_{\beta,0} = \frac{1}{Eh}(N_{\beta,0} - \mu N_{\alpha,0}) = \frac{ag}{Eh}\frac{1 + \mu - \cos\alpha - \cos^2\alpha}{1 + \cos\alpha} \quad \text{und mit}\quad \mu = \frac{1}{6} \,,\quad \alpha \to \alpha_2$$

$$\varepsilon_{\beta 2,0} = \frac{ag}{Eh}\frac{1,1667 - 0,5 - 0,25}{1 + 0,5} = 0,278 \frac{ag}{Eh} \,.$$

Für $a/h = 200$ ist nach (1185)

$$k = \sqrt{200\sqrt{3 \cdot 0,9722}} = 18,49 \,,$$

so daß nach (1194)

$$C = ag \frac{0,278}{k\sqrt{2}} = 0,01064\,ag \,,\qquad \psi = \frac{\pi}{4} \,.$$

Die Schnittkräfte nach (1192) infolge der Randstörung werden nun

$$\overline{N}_\alpha = -0,01064\,ag\,e^{-k\omega}\cos\left(k\omega + \frac{\pi}{4}\right)\operatorname{ctg}\alpha \,,$$

$$\overline{N}_\beta = -0,278\,ag\,e^{-k\omega}\cos(k\omega) \,,$$

$$\overline{M}_\alpha = -0,0815\,agh\,e^{-k\omega}\sin(k\omega) \,,$$

$$\frac{B\operatorname{ctg}\alpha}{a}\overline{\vartheta} = 0,00311\,agh\operatorname{ctg}\alpha\,e^{-k\omega}\sin\left(k\omega + \frac{\pi}{4}\right) \,,$$

$$\overline{M}_\beta = \mu\overline{M}_\alpha - \frac{B\operatorname{ctg}\alpha}{a}\overline{\vartheta} \,.$$

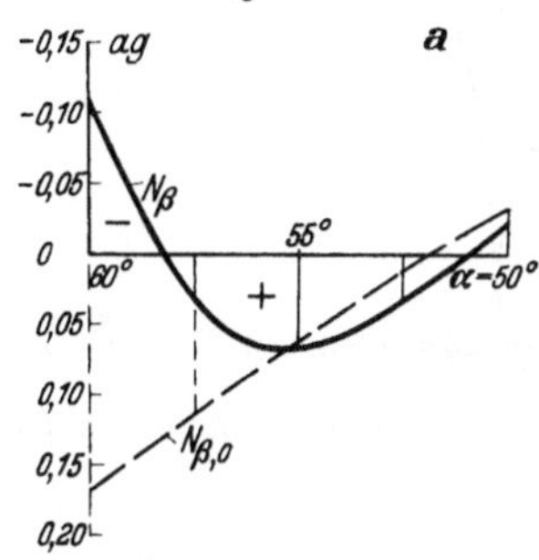

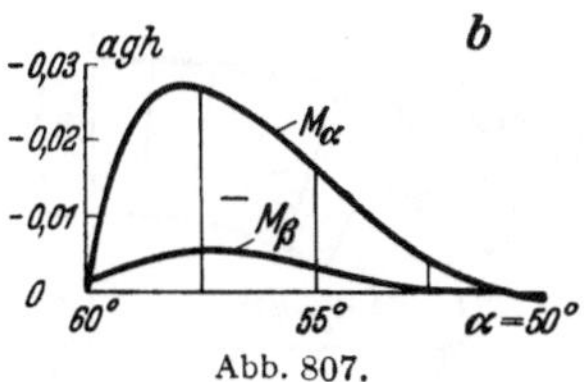

Abb. 807.

Die Längskräfte $\overline{N}_\alpha$ sind gegenüber $N_{\alpha,0}$ aus dem Längsspannungszustand zu vernachlässigen. Die Längskräfte $N_\beta = N_{\beta,0} + \overline{N}_\beta$ sind in Abb. 807a für die Randzone $50^0 < \alpha < 60^0$ dargestellt. Abb. 807b zeigt die Biegungsmomente der Randzone.

2. Der untere Rand ist starr eingespannt.

Für den Längsspannungszustand ist nach (1123) und (1126)

$$\varepsilon_{\beta 2,0} = 0,278 \frac{ag}{Eh} \,,\qquad \vartheta_{2,0} = -\frac{ag}{Eh}(2 + \mu)\sin\alpha_2 = -1,878 \frac{ag}{Eh} \,.$$

Die Randbedingungen (1195) lauten dann mit $C = C_1 ag$

$$-1,878 + C_1 \cdot 683 \sin\psi = 0 \,,$$

$$0,278 - C_1 26,12 \sin\left(\psi + \frac{\pi}{4}\right) = 0 \,,$$

oder

$$-49 \sin\left(\psi + \frac{\pi}{4}\right) + 190,1 \sin\psi = 0 \,,$$

$$\operatorname{tg}\psi = \frac{49}{190,1\sqrt{2} - 49} = 0,223 \,,\qquad \psi = 12^0\,30' = 0,2182 \,,$$

$$C_1 = \frac{1,878}{683 \sin\psi} = 0,0127 \,,\qquad C = 0,0127\,ag \,.$$

(Für $\vartheta_{2,0} \approx 0$ ist $\psi = 0$, $C \approx 0,0151\,ag$.)

Die Schnittkräfte nach (1192) infolge der Randstörung werden nun

$$\overline{N}_\alpha = -0{,}0127\, a\, g\, e^{-k\omega} \cos(k\,\omega + \psi)\, \operatorname{ctg}\alpha\,,$$

$$\overline{N}_\beta = -0{,}332\, a\, g\, e^{-k\omega} \sin\left(k\,\omega + \psi + \frac{\pi}{4}\right),$$

$$\overline{M}_\alpha = 0{,}0973\, a\, g\, h\, e^{-k\omega} \cos\left(k\,\omega + \psi + \frac{\pi}{4}\right),$$

$$\frac{B\operatorname{ctg}\alpha}{a}\,\overline{\vartheta} = 0{,}00372\, a\, g\, h\, \operatorname{ctg}\alpha\, e^{-k\omega} \sin(k\,\omega + \psi)\,,$$

$$\overline{M}_\beta = \mu\,\overline{M}_\alpha - \frac{B\operatorname{ctg}\alpha}{a}\,\overline{\vartheta}\,.$$

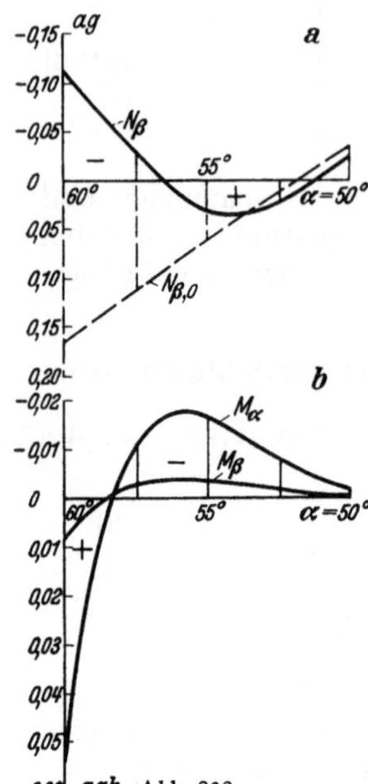

Die Schnittkräfte sind für die Randzone $50^0 < \alpha < 60^0$ in Abb. 808 dargestellt.

Schnittkräfte in einem Stützboden bei Wasserauflast $f = 2\,a$.
(Vgl. Abb. 781, $\alpha_2 = 40^0$.)

Der Rand der Schale ist starr eingespannt.

Nach (1132) ist mit $f = 2\,a$, $\mu = {}^1/_6$, $\alpha_2 = 40^0$

$$\varepsilon_{\beta\,2,0} = -\frac{1}{E\,h}\,\frac{\gamma\,a^2}{6}\left[3\,\frac{f}{a}\,(1-\mu) - 6\cos\alpha_2 + 2(1+\mu)\frac{1-\cos^2\alpha_2}{\sin^2\alpha_2}\right]$$

$$= -0{,}585\,\frac{\gamma\,a^2}{E\,h}\,,$$

$$\vartheta_{2,0} = \frac{\gamma\,a^2}{E\,h}\sin\alpha_2 = 0{,}643\,\frac{\gamma\,a^2}{E\,h}\,.$$

Aus (1185) folgt mit $a/h = 25$

$$k = \sqrt{25\,\sqrt{3\cdot 0{,}9722}} = 6{,}53\,.$$

Die Randbedingungen (1195) lauten nunmehr mit $C = C_1 \gamma a^2$

$$0{,}643 + C_1\, 85{,}3\,\sin\psi = 0\,,$$

$$-0{,}585 - C_1\, 9{,}22\,\sin\left(\psi + \frac{\pi}{4}\right) = 0\,,$$

oder

$$-5{,}93\,\sin\left(\psi + \frac{\pi}{4}\right) + 49{,}9\,\sin\psi = 0\,,$$

$$\operatorname{tg}\psi = \frac{5{,}93}{49{,}9\,\sqrt{2} - 5{,}93} = 0{,}0917\,,$$

$$\psi = 5^0\,14' \equiv 0{,}0915\,,$$

$$C_1 = -0{,}0826\,, \qquad C = -0{,}0826\,\gamma\,a^2\,.$$

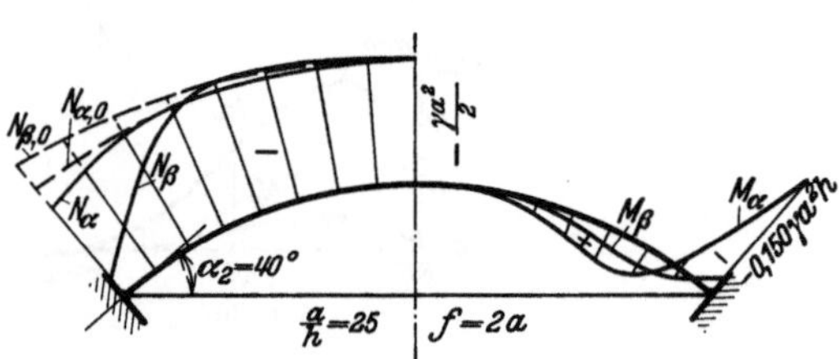

Abb. 809. Schnittkräfte im eingespannten Stützboden.

(Für $\vartheta_{2,0} \approx 0$ ist $\psi = 0$, $C \approx -0{,}0896\,\gamma\,a^2$.)

Die Schnittkräfte infolge der Randstörung sind nach (1192)

$$\overline{N}_\alpha = 0{,}0826\,\gamma\,a^2\,e^{-k\omega}\cos(k\,\omega + \psi)\,\operatorname{ctg}\alpha\,,$$

$$\overline{N}_\beta = 0{,}762\,\gamma\,a^2\,e^{-k\omega}\sin\left(k\,\omega + \psi + \frac{\pi}{4}\right),$$

$$\overline{M}_\alpha = -0{,}223\,\gamma\,a^2\,h\,e^{-k\omega}\cos\left(k\,\omega + \psi + \frac{\pi}{4}\right),$$

$$\frac{B\operatorname{ctg}\alpha}{a}\,\overline{\vartheta} = -0{,}0242\,\gamma\,a^2\,h\,\operatorname{ctg}\alpha\,e^{-k\omega}\sin(k\,\omega + \varphi)\,,$$

$$\overline{M}_\beta = \mu\,\overline{M}_\alpha - \frac{B\operatorname{ctg}\alpha}{a}\,\overline{\vartheta}\,.$$

Die Schnittkräfte sind in Abb. 809 dargestellt.

Verbindung einer Kugelschale mit verwandten Tragwerken. Der Spannungszustand eines elastischen Gebildes aus einer Kugelschale mit verwandten Tragwerken erfährt keine Änderung, wenn die Verbindung am Anschluß der Kugelschale durch einen Breitenschnitt gelöst wird und die inneren Kräfte an beiden Ufern als äußere Kräfte zur Belastung hinzutreten. Diese sind rotationssymmetrisch, die Längskraft N_α nach S. 745 aus den Gleichgewichtsbedingungen bekannt, die Querkraft Q_α oder ihre waagerechte Komponente $H = X_1$ und das Anschlußmoment $\tilde{M}_\alpha = X_2$ statisch unbestimmt. Sie lassen sich aus der Bedingung berechnen, daß die gegenseitige Verschiebung δ_1 (positiv im Sinne von X_1) und die gegenseitige Verdrehung δ_2 (positiv im Sinne von X_2) der beiden Ufer des Breitenschnittes Null sein müssen, wenn die Formänderung des vorgegebenen Flächentragwerks mit der Formänderung des Hauptsystems durch die Belastung und die überzähligen Schnittkräfte X_1, X_2 übereinstimmt. Diese wird ebenso wie in Abschn. 24 als virtuelle Arbeit berechnet. Nach Abb. 810 ist

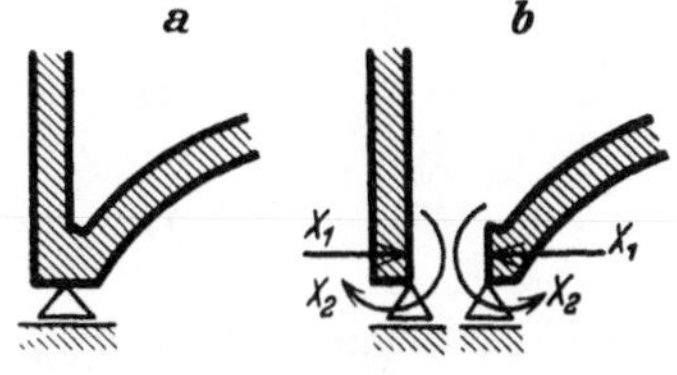

Abb. 810.

$$l_1\,\delta_1 = l_1\,(\delta_{10} + X_1\,\delta_{11} + X_2\,\delta_{12}) = 0\,,$$
$$l_2\,\delta_2 = l_2\,(\delta_{20} + X_1\,\delta_{21} + X_2\,\delta_{22}) = 0\,.$$

Jede Komponente δ_{10}, δ_{11} usw. des Verschiebungszustandes besteht aus zwei Teilen ($\delta_{10} = \delta_{10,1} + \delta_{10,2}$, $\delta_{11} = \delta_{11,1} + \delta_{11,2}$ usw.), von denen $\delta_{10,1}$, $\delta_{11,1}$ usw. durch die Formänderung der Kugelschale, $\delta_{10,2}$, $\delta_{11,2}$ usw. durch die Formänderung des angeschlossenen Tragwerks, also durch die Formänderung torsionssteifer Ringe, Platten, Kegel- oder Zylinderschalen hervorgerufen werden.

Die Vorzahlen $\delta_{11,1}$, $\delta_{12,1}$ werden aus (1192) für die Randbedingungen der Abb. 810 berechnet.

1. Belastungszustand $X_1 = 1$ (Abb. 810).
Randbedingungen:

$$M_{\alpha 2,1} = 0\,, \qquad Q_{\alpha 2,1} = -\sin\alpha_2;\qquad \psi = \frac{\pi}{4}\,, \qquad C = -\sqrt{2}\,\sin\alpha_2\,.$$

$$\delta_{11,1} = \frac{2\,k\,a}{E\,h}\sin^2\alpha_2\,, \qquad \delta_{21,1} = -\frac{2\,k^2}{E\,h}\sin\alpha_2\,. \tag{1197}$$

Schnittkräfte nach (1192).

$$N_{\alpha,1} = \sqrt{2}\,\sin\alpha_2\,e^{-k\omega}\cos\left(k\,\omega + \frac{\pi}{4}\right)\mathrm{ctg}\,\alpha\,,$$

$$N_{\beta,1} = 2\,k\,\sin\alpha_2\,e^{-k\omega}\cos(k\,\omega)\,,$$

$$\vartheta_{\alpha,1} = -\frac{2\,\sqrt{2}\,k^2}{h\,E}\,e^{-k\omega}\sin\alpha_2\sin\left(k\,\omega + \frac{\pi}{4}\right)\,,$$

$$M_{\alpha,1} = \frac{k\,h}{\sqrt{3\,(1 - \mu^2)}}\,e^{-k\omega}\sin\alpha_2\sin(k\,\omega)\,, \tag{1198}$$

$$Q_{\alpha,1} = -\sqrt{2}\,e^{-k\omega}\sin\alpha_2\cos\left(k\,\omega + \frac{\pi}{4}\right)\,,$$

$$\varDelta r_{\alpha,1} = \frac{2\,k\,a}{E\,h}\,e^{-k\omega}\sin^2\alpha_2\cos(k\,\omega)\,.$$

2. Belastungszustand $X_2 = 1$ (Abb. 810).
Randbedingungen:

$$M_{\alpha 2,2} = -1\,, \qquad Q_{\alpha 2,2} = 0;\qquad \psi = \frac{\pi}{2}\,, \qquad C = \frac{a\,h\,E}{2\,k^3\,B}\,.$$

$$\delta_{22,1} = \frac{a}{k\,B}\,, \qquad \delta_{12,1} = -\frac{a^2}{2\,k^2\,B}\sin\alpha_2 = -\frac{2\,k^2}{E\,h}\sin\alpha_2\,. \tag{1199}$$

Schnittkräfte nach (1192).

$$\begin{aligned}
N_{\alpha,2} &= \frac{a\,h\,E}{2\,k^3\,B}\,e^{-k\omega}\sin(k\,\omega)\,\operatorname{ctg}\alpha\,, \\[2mm]
N_{\beta,2} &= -\frac{a\,h\,E}{\sqrt{2}\,k^2\,B}\,e^{-k\omega}\cos\left(k\,\omega+\frac{\pi}{4}\right), \\[2mm]
\vartheta_{\alpha,2} &= \frac{a}{k\,B}\,e^{-k\omega}\cos(k\,\omega)\,, \\[2mm]
M_{\alpha,2} &= -\sqrt{2}\,e^{-k\omega}\sin\left(k\,\omega+\frac{\pi}{4}\right), \\[2mm]
Q_{\alpha,2} &= -\frac{a\,h\,E}{2\,k^3\,B}\,e^{-k\omega}\sin(k\,\omega)\,, \\[2mm]
\Delta r_{\alpha,2} &= -\frac{a^2}{\sqrt{2}\,k^2\,B}\,e^{-k\omega}\sin\alpha\cos\left(k\,\omega+\frac{\pi}{4}\right).
\end{aligned}\qquad(1200)$$

Die Belastungszahlen $\bar\delta_{10,1}$, $\bar\delta_{20,1}$ gelten für die nach Abb. 810b abgestützte Kugelschale. Ihr Spannungszustand ist statisch unbestimmt, da die Stützkräfte nicht tangential zur Mittelfläche eingetragen werden. Hierzu ist noch eine Schubkraft $H = N_\alpha\cos\alpha$ notwendig (vgl. S. 752). Die Belastungszahlen werden daher in die Anteile $\bar\delta_{10,1}$, $\bar\delta_{20,1}$ für die statisch bestimmt gestützte Kugelschale und die Anteile $\delta'_{10,1}$, $\delta'_{20,1}$ für die Kugelschale mit den Randkräften $X_1 = -H$, $X_2 = 0$ zerlegt. Die Anteile $\bar\delta_{10,1}$, $\bar\delta_{20,1}$ sind nahezu die gleichen wie beim Membranzustand und daher nach S. 751 ff. bekannt. Die Anteile $\delta'_{10,1}$, $\delta'_{20,1}$ sind mit (1197)

$$\delta'_{10,1} = -H\,\delta_{11,1}\,, \qquad \delta'_{20,1} = -H\,\delta_{21,1}\,. \qquad(1201)$$

Damit lauten die vollständigen Belastungszahlen

$$\delta_{10,1} = \bar\delta_{10,1} + \delta'_{10,1}\,, \qquad \delta_{20,1} = \bar\delta_{20,1} + \delta'_{20,1}\,.$$

Bolle, E.: Festigkeitsberechnung von Kugelschalen. Zürich 1916. — Lichtenstern, E.: Die biegungsfeste Kugelschale mit linear veränderlicher Wandstärke. Z. angew. Math. Mech. 1932 S. 347.

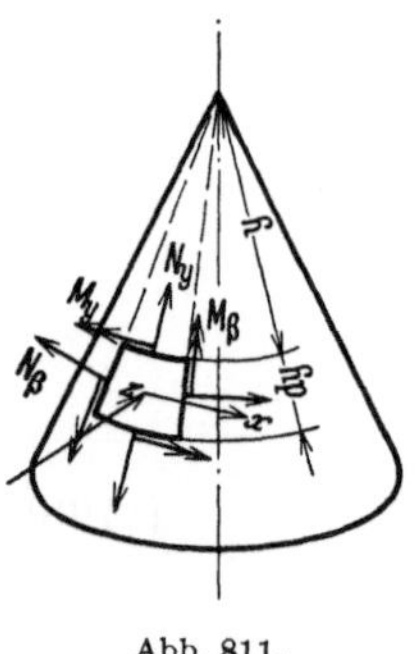

Abb. 811.

b) Die biegungssteife Kegelschale mit gleichbleibender Wandstärke. Der Krümmungshalbmesser R_β ist unendlich, der Winkel α konstant und daher nicht mehr als ortsbestimmende Koordinate geeignet. Er wird durch den Abschnitt y der Mantellinie ersetzt, so daß $ds = R_\beta d\alpha = dy$, $R_\alpha = y\operatorname{ctg}\alpha$. Damit lassen sich die allgemeinen Beziehungen (1176), (1177) zwischen den Komponenten des Spannungs- und Verschiebungszustandes mit $(\ )'$ für $d(\ )/dy$ folgendermaßen anschreiben:

$$\varepsilon_\alpha = \varepsilon_y = v'\,, \qquad \varepsilon_\beta = \frac{v - w\operatorname{tg}\alpha}{y}\,, \qquad \varkappa_\alpha = \varkappa_y = \vartheta'\,, \\[2mm]
\varkappa_\beta = \frac{\vartheta}{y}\,, \qquad \vartheta = w'\,, \qquad\qquad\qquad(1202)$$

$$N_y = D\left(v' + \mu\,\frac{v - w\operatorname{tg}\alpha}{y}\right),\quad N_\beta = D\left(\frac{v - w\operatorname{tg}\alpha}{y} + \mu\,v'\right),\quad D = \frac{h\,E}{1-\mu^2}\,, \\[2mm]
M_y = -B\left(\vartheta' + \mu\,\frac{\vartheta}{y}\right),\qquad M_\beta = -B\left(\mu\,\vartheta' + \frac{\vartheta}{y}\right),\qquad B = \frac{E\,h^3}{12\,(1-\mu^2)}\,. \qquad(1203)$$

Belastung und Schnittkräfte eines differentialen Schalenabschnitts unterliegen den Gleichgewichtsbedingungen (1178). Sie lauten für die Längskräfte

$$(N_y\,y)' - N_\beta + p_y\,y = 0 \quad \text{und} \quad (Q_y\,y)' + N_\beta\operatorname{tg}\alpha + p_z\,y = 0 \qquad(1204)$$

oder in einer Gleichung zusammengefaßt und integriert

$$(N_y\operatorname{tg}\alpha + Q_y)\,y + \int (p_y\operatorname{tg}\alpha + p_z)\,y\,dy + c = 0\,. \qquad(1205)$$

Dazu tritt

$$(M_y\, y)' - M_\beta - Q_y\, y = 0 \quad \text{oder} \quad y\, M_y' + M_y - M_\beta - Q_y\, y = 0. \qquad (1206)$$

Aus dieser wird mit (1203)

$$y\, \vartheta'' + \vartheta' - \frac{\vartheta}{y} = -\frac{Q_y\, y}{B}. \qquad (1207)$$

Durch die Verknüpfung der Beziehungen (1202) entsteht

$$(y\, \varepsilon_\beta)' = \varepsilon_y - \vartheta\, \operatorname{tg}\alpha. \qquad (1208)$$

Die Dehnungen ε_β und ε_y werden aus (1104) berechnet. Hierin ist nach (1204)

$$N_\beta = -(Q_y\, y)' \operatorname{ctg}\alpha - p_z\, y \operatorname{ctg}\alpha,$$

$$N_y = -Q_y \operatorname{ctg}\alpha - \frac{F}{y} \operatorname{ctg}\alpha \quad \text{mit} \quad F(y) = \int (p_y \operatorname{tg}\alpha + p_z)\, y\, dy + c.$$

Damit N_y für $y = 0$ endlich bleibt, ist die Integrationskonstante c für die geschlossene Kegelschale Null. Auf diese Weise kann aus (1208) die folgende zu (1207) simultane Differentialgleichung entwickelt werden:

$$\left. \begin{aligned} y\, (Q_y\, y)'' + (Q_y\, y)' - \frac{(Q_y\, y)}{y} &= h\, E\, \operatorname{tg}^2\alpha \cdot \vartheta + \Phi(y) \\ \text{mit} \qquad \Phi(y) &= \frac{F(y)}{y} + \mu\, y\, p_y \operatorname{tg}\alpha - (p_z\, y^2)'. \end{aligned} \right\} \qquad (1209)$$

Die Lösung $\vartheta,\, Q_y$ besteht aus dem allgemeinen Integral der beiden homogenen Gleichungen (1207) und (1209) und aus einem partikulären Integral der inhomogenen Gleichungen, das sich für Eigengewicht $p_y = g\sin\alpha$, $p_z = g\cos\alpha$ folgendermaßen entwickeln läßt:

$$F(y) = \frac{g\, y^2}{2\cos\alpha}, \qquad \Phi(y) = (1 + 2\mu\sin^2\alpha - 4\cos^2\alpha)\frac{g\, y}{2\cos\alpha} = g_1\, y. \qquad (1210)$$

Wird $Q_{y0} = 0$ und $\vartheta_0 = A_1 y$ angenommen, so ergeben

$$A_1 = -\frac{g_1 \operatorname{ctg}^2\alpha}{h\, E}, \qquad \vartheta_0 = -\frac{g_1 \operatorname{ctg}^2\alpha}{h\, E}\, y \qquad (1211)$$

eine partikuläre Lösung von (1207), (1209). Aus dieser folgt mit (1203)

$$Q_{y0} = 0, \qquad M_{y0} = M_{\beta 0} = \frac{g_1 \operatorname{ctg}^2\alpha}{1 - \mu} \cdot \frac{h^2}{12} = \text{const.} \qquad (1212)$$

Die Biegungsspannungen einer statisch bestimmt gestützten Kegelschale (Abb. 786) sind also im Vergleich zu dem Anteil aus den Randstörungen nach S. 776 klein von höherer Ordnung. Der Spannungs- und Verschiebungszustand kann daher durch die Angaben auf S. 756 ff. für den Längsspannungszustand beschrieben werden. Das gleiche gilt von allen rotationssymmetrischen Belastungsfällen.

Die Integration der homogenen simultanen Differentialgleichungen

$$\left. \begin{aligned} y\, \bar{\vartheta}'' + \bar{\vartheta}' - \frac{\bar{\vartheta}}{y} &= -\frac{\bar{Q}_y\, y}{B}, \qquad y\, (\bar{Q}_y\, y)'' + (\bar{Q}_y\, y)' - \frac{(\bar{Q}_y\, y)}{y} = h\, E\, \operatorname{tg}^2\alpha \cdot \bar{\vartheta} \\ \text{oder} \qquad\qquad y^2\, \bar{Q}_y'' + 3\, y\, \bar{Q}_y' &= h\, E\, \operatorname{tg}^2\alpha \cdot \bar{\vartheta} \end{aligned} \right\} \qquad (1213)$$

kann nach den Bemerkungen auf S. 769 vereinfacht werden, da die Funktionen $\bar{\vartheta},\, \bar{\vartheta}'$ und $\bar{Q}_y,\, \bar{Q}_y'$ im Vergleich zu den Ableitungen $\bar{\vartheta}'',\, \bar{Q}_y''$ klein von zweiter Ordnung sind. Der elastische Zusammenhang läßt sich daher mit großer Genauigkeit durch die Gleichungen

$$\bar{\vartheta}'' = -\bar{Q}_y / B, \qquad y^2\, \bar{Q}_y'' = h\, E\, \operatorname{tg}^2\alpha \cdot \bar{\vartheta} \qquad (1214)$$

beschreiben, so daß entweder $\overline{\vartheta}$ oder $\overline{Q}_y$ eliminiert und aus einer der folgenden Gleichungen berechnet werden kann:

$$\overline{\vartheta}^{IV} + \frac{hE\,\mathrm{tg}^2\alpha}{B\,y^2}\,\overline{\vartheta} = 0\,, \qquad (y^2\,\overline{Q}_y'')'' + \frac{hE\,\mathrm{tg}^2\alpha}{B}\,\overline{Q}_y = 0$$

oder $\qquad (y\,\overline{V}'')'' + \frac{hE\,\mathrm{tg}^2\alpha}{B\,y}\,\overline{V} = 0\quad \text{mit}\quad y\,\overline{Q}_y = \overline{V}\,.$ $\qquad\qquad$ (1215)

Die erste Gleichung stimmt bis auf den Beiwert $hE\,\mathrm{tg}^2\alpha/B\,y^2 = 4\,k^4 = 4/L^4$ mit (1186) überein. Dieser ist im Vergleich zu (1185) nicht mehr konstant, sondern eine mit y veränderliche, vorgeschriebene Funktion. Da die Integration aus diesem Grunde in der Regel Schwierigkeiten bereitet, zerlegt man den Bereich $l - a$ nach J. W. Geckeler durch Breitenschnitte in Zonen mit annähernd konstantem L und begnügt sich mit dieser Näherungslösung. Dabei kann die Vorzahl $4/L^4$ in den beiden Randzonen mit $y = a$ oder $y = l$ gebildet werden. Die ortsbestimmende Koordinate des Winkels ϑ wird auf den oberen Rand $(s_1 = y - a,\ ds_1 = dy)$ oder auf den unteren Rand $(s_2 = l - y,\ ds_2 = -dy)$ bezogen, je nachdem die Untersuchung den Spannungen am oberen oder unteren Rande gilt (Abb. 812). Die Gleichungen (1215) lauten also

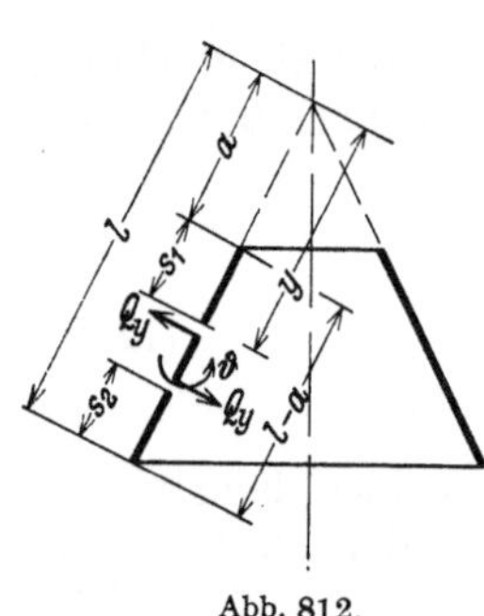

Abb. 812.

$$\frac{d^4\overline{\vartheta}}{ds_1^4} + \frac{hE\,\mathrm{tg}^2\alpha}{B\,a^2}\,\overline{\vartheta} = 0 \quad \text{und} \quad \frac{d^4\overline{\vartheta}}{ds_2^4} + \frac{hE\,\mathrm{tg}^2\alpha}{B\,l^2}\,\overline{\vartheta} = 0$$

oder mit

$$\frac{1}{L_1^4} = \frac{3(1-\mu^2)}{a^2\,h^2}\,\mathrm{tg}^2\alpha \quad \text{und} \quad \frac{1}{L_2^4} = \frac{3(1-\mu^2)}{l^2\,h^2}\,\mathrm{tg}^2\alpha \quad (1216)$$

allgemein

$$\frac{d^4\overline{\vartheta}}{ds^4} + \frac{4}{L^4}\,\overline{\vartheta} = 0 \quad \text{und mit} \quad \frac{s}{L} = \eta \quad \text{auch} \quad \frac{d^4\overline{\vartheta}}{d\eta^4} + 4\,\overline{\vartheta} = 0\,. \qquad (1217)$$

Die allgemeine Lösung dieser Gleichung ist auf S. 769 erörtert worden. Sie enthält vier Integrationskonstante, von denen bei geschlossener Kegelschale C_2, ψ_2 wiederum Null sind, da die Verdrehung $\overline{\vartheta}$ und die Querkraft $\overline{Q}_y$ aus Symmetriegründen an der Spitze Null sein müssen. Die Lösung der Differentialgleichung lautet dann

$$\overline{\vartheta} = e^{-\eta}(A_1\cos\eta + A_2\sin\eta) \quad \text{oder} \quad \overline{\vartheta} = e^{-\eta}C_1\cos(\eta + \psi_1)\,, \qquad \eta = s_2/L_2\,. \qquad (1218)$$

Die Integrationskonstanten A_1, A_2 oder C_1, ψ_2 sind durch die Randbedingungen bestimmt.

a) Frei drehbare, unverschiebliche Stützung des Randes:

$$\varepsilon_\beta = \varepsilon_{\beta 0} + \overline{\varepsilon}_\beta = 0\,, \quad \vartheta' = \vartheta_0' + \overline{\vartheta}' = 0\,. \qquad (1219)$$

b) Starre Einspannung des Randes:

$$\varepsilon_\beta = \varepsilon_{\beta 0} + \overline{\varepsilon}_\beta = 0\,, \quad \vartheta = \vartheta_0 + \overline{\vartheta} = 0\,. \qquad (1220)$$

Mit $\overline{\vartheta}$ sind auch die Schnittkräfte aus der statisch unbestimmten Stützung der Kegelschale bekannt (1203).

$$\overline{M}_y = -B\,\overline{\vartheta}'\,, \quad \overline{M}_\beta = -B(\mu\,\overline{\vartheta}' + \overline{\vartheta}/y)\,, \quad \overline{Q}_y = -B\,\overline{\vartheta}''\,, \quad \overline{N}_y = -\overline{Q}_y\,\mathrm{ctg}\,\alpha\,, \quad \overline{N}_\beta = (\overline{N}_y\,y)'\,. \quad (1221)$$

Sie klingen um so schneller vom Rande aus ab, je größer η ist, und bilden zusammen mit den Schnittkräften des Längsspannungszustandes aus der Belastung (S. 756 ff.) das endgültige Ergebnis.

$$M_y = \overline{M}_y\,, \quad N_y = N_{y_0} + \overline{N}_y\,, \quad \text{usw.} \qquad (1222)$$

Die Gleichung (1218) dient auch zur Berechnung des Spannungs- und Verschiebungszustandes der Kegelschale für eine vorgeschriebene Belastung durch Randkräfte $X_1 = 1$, $X_2 = 1$ (Abb. 813 u. 814). Das Ergebnis wird bei der Berechnung von zusammengesetzten elastischen Tragwerken (Abb. 825 u. 828) verwendet.

a) Unterer Rand (Abb. 813).

Belastung $X_1 = 1$.

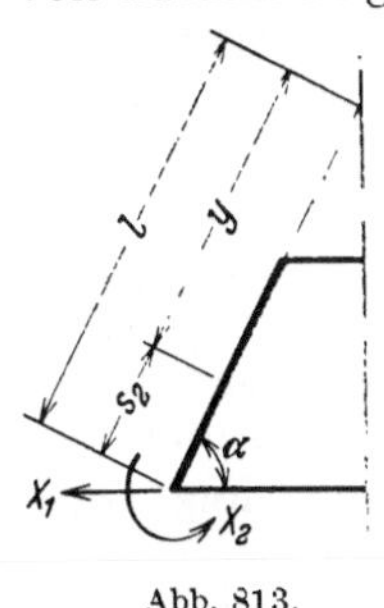

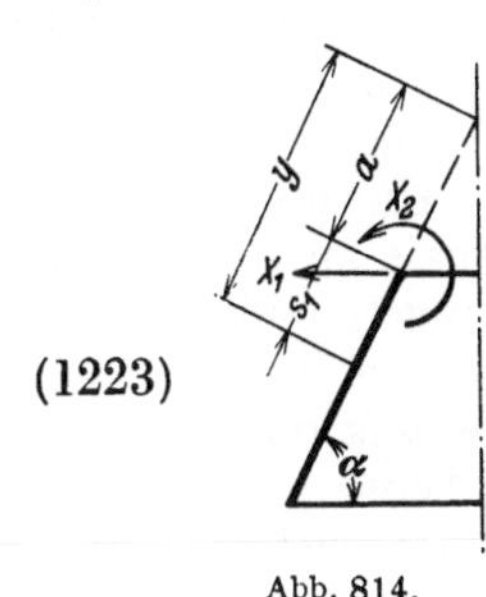

$$\delta_{11} = \frac{2\,l^2}{L_2 E\,h}\cos^2\alpha, \qquad \delta_{21} = -\frac{L_2^2}{2\,B}\sin\alpha,$$

$$\bar\vartheta = -\frac{L_2^2}{2\,B}e^{-\eta_2}\sin\alpha(\sin\eta_2 + \cos\eta_2),$$

$$\Delta\bar r_z = -\frac{2\,y^2\cos^2\alpha}{L_2 E\,h}e^{-\eta_2}\cos\eta_2,$$

$$\bar M_y = L_2 e^{-\eta_2}\sin\alpha\sin\eta_2,$$

$$\bar Q_y = c^{-\eta_2}\sin\alpha(\sin\eta_2 - \cos\eta_2). \tag{1223}$$

Abb. 813.   Abb. 814.

Belastung $X_2 = 1$.

$$\delta_{12} = -\frac{L_2^2}{2\,B}\sin\alpha, \qquad \delta_{22} = \frac{L_2}{B},$$

$$\bar\vartheta = \frac{L_2}{B}c^{-\eta_2}\cos\eta_2, \qquad \Delta\bar r_z = \frac{2\,y^2\cos^2\alpha}{L_2^2 E\,h\sin\alpha}c^{-\eta_2}(\sin\eta_2 - \cos\eta_2),$$

$$\bar M_y = -e^{-\eta_2}(\sin\eta_2 + \cos\eta_2), \qquad \bar Q_y = -\frac{2}{L_2}e^{-\eta_2}\sin\eta_2. \tag{1224}$$

b) Oberer Rand (Abb. 814).

Belastung $X_1 = 1$.

$$\delta_{11} = \frac{2\,a^2}{L_1 E\,h}\cos^2\alpha, \qquad \delta_{21} = \frac{L_1^2}{2\,B}\sin\alpha,$$

$$\bar\vartheta = \frac{L_1^2}{2\,B}c^{-\eta_1}\sin\alpha(\sin\eta_1 + \cos\eta_1), \qquad \Delta\bar r_z = -\frac{2\,v^2\cos^2\alpha}{L_1 E\,h}e^{-\eta_1}\cos\eta_1, \tag{1225}$$

$$\bar M_y = L_1 c^{-\eta_1}\sin\alpha\sin\eta_1, \qquad \bar Q_y = -c^{-\eta_1}\sin\alpha(\sin\eta_1 - \cos\eta_1).$$

Belastung $X_2 = 1$.

$$\delta_{12} = \frac{L_1^2}{2\,B}\sin\alpha, \qquad \delta_{22} = \frac{L_1}{B},$$

$$\bar\vartheta = \frac{L_1}{B}c^{-\eta_1}\cos\eta_1, \qquad \Delta\bar r_z = -\frac{2\,v^2\cos^2\alpha}{L_1^2 E\,h\sin\alpha}e^{-\eta_1}(\sin\eta_1 - \cos\eta_1), \tag{1226}$$

$$\bar M_y = c^{-\eta_1}(\sin\eta_1 + \cos\eta_1), \qquad \bar Q_y = -\frac{2}{L_1}e^{-\eta_1}\sin\eta_1.$$

Werden die Randkräfte X_1, X_2, mit einem anderen Richtungssinn als in Abb. 813 und 814 festgelegt, verwendet, so sind die Vorzeichen in (1223) bis (1226) entsprechend abzuändern. Für die Belastungszahlen gelten die Bemerkungen auf S. 774. (Vgl. auch die Beispiele auf S. 786 ff.)

Um die Näherungslösung (1218) mit konstantem L nach S. 776 zu verbessern, wird die Gleichung (1217) schrittweise für schmale, etwa 0,5 m breite Zonen $k - 1$, k und Mittelwerte $1/L_k$ usw. aus den Abmessungen der Zonen angeschrieben. Zur Berechnung der Integrationskonstanten der Gleichung für die Randzone 1 dienen die Stützenbedingungen. Die Gleichung (1218) liefert die Randbedingungen für die Lösung der zweiten Zone. Die einzelnen Schritte der Rechenvorschrift sind also voneinander unabhängig, so daß keine mathematischen Schwierigkeiten entstehen.

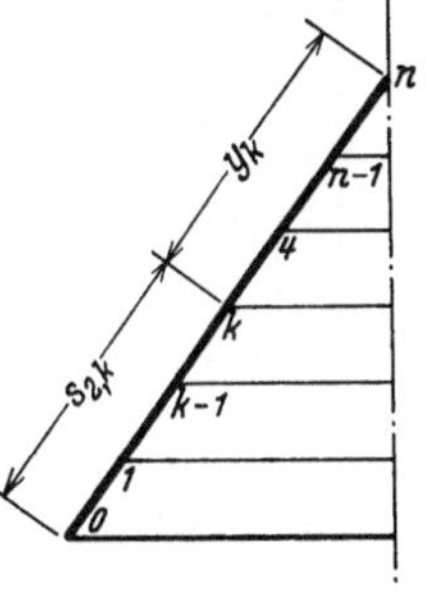

Abb. 815.

Die allgemeine Lösung (1188 b) der Differentialgleichung für die offene Kegelschale mit den Breitenkreisen r_1, r_2 enthält vier Integrationskonstante C_1, ψ_1 und C_2, ψ_2, die aus den vier Bedingungsgleichungen für den Verschiebungs- und Spannungszustand an den beiden Rändern bestimmt werden müssen. Da jedoch die Wirkung aus den Randstörungen schnell abklingt, genügt bei offenen Kegelschalen mit $5r_1 < r_2$ eine Näherungslösung, bei welcher die Integrationskonstanten C_1, ψ_1 zunächst ebenso wie bei der geschlossenen Kegelschale für $C_2 = 0$, $\psi_2 = 0$ bestimmt werden, um sie bei der Berechnung der Integrationskonstanten C_2, ψ_2 aus der vollständigen Lösung mit den Bedingungen am Rande $y = a$ zu verwenden.

Um die elastischen Eigenschaften der Kegelschale mit denjenigen der Zylinderschale zu vergleichen, können die allgemeinen Differentialgleichungen für die Spannungen und Verschiebungen auf S. 774 nach F. Kann auch dadurch vereinfacht werden, daß die Biegungssteifigkeit der Schale im Breitenschnitt, die Querzusammenziehung des Baustoffs und die Verschiebung v des Breitenschnittes in Richtung der y-Achse vernachlässigt werden ($M_\beta = 0$, $\mu = 0$, $v = 0$). In diesem Falle folgt aus den Gleichgewichtsbedingungen auf S. 774

$$(M_y y)'' = (Q_y y)' = - N_\beta \operatorname{tg} \alpha - p_z y \quad \text{und mit} \quad N_\beta = - D\,\frac{w}{y}\,\operatorname{tg}\alpha \ \Bigg\}$$
$$B\,(y\,w'')'' + w\,\frac{D\,\operatorname{tg}^2\alpha}{y} - p_z y = 0\,. \tag{1227}$$

Diese Differentialgleichung der Biegelinie des Meridians zerfällt nach H. Reißner in zwei Differentialgleichungen zweiter Ordnung, die mit Zylinderfunktionen integriert werden können.

Um die mathematischen Schwierigkeiten bei der Integration der Differentialgleichungen (1207) und (1209) zu umgehen, können die Ableitungen der Funktionen $\overline{\vartheta}$, $\overline{Q}_y$, $y^2\overline{Q}_y''$ in den Differentialgleichungen (1213) und in den Differentialbeziehungen (1221) der Schnittkräfte nach S. 130 durch Differenzenquotienten ersetzt werden, so daß fünfgliedrige Differenzengleichungen entstehen. Diese werden für die Intervallgrenzen einer Aufteilung des Integrationsbereichs $l - a$ in Strecken $\varDelta y$ angeschrieben und bilden zusammen mit den Randbedingungen in den Breitenschnitten $y = a$ und $y = l$ einen vollständigen Ansatz zur eindeutigen Berechnung der Unbekannten. Die Rechenvorschrift dient auf S. 789 zur Untersuchung des Spannungszustandes einer Zylinderschale mit veränderlicher Wanddicke.

Dubois, F.: Über die Festigkeit der Kegelschale. Diss. Zürich 1917. — Honegger, E.: Festigkeitsberechnung von Kegelschalen mit linear veränderlicher Wandstärke. Luzern 1919. — Kann, F.: Kegelförmige Behälterböden, Dächer und Silotrichter. Forscherarb. Eisenbeton Heft 29. Berlin 1921.

c) Die Zylinderschale. Grundlagen der Lösung. Die allgemeinen Beziehungen (1177) zwischen Verzerrung und Verschiebung der Mittelfläche werden durch die geometrischen Eigenschaften der Zylinderschale $R_\beta = \infty$, $R_\beta d\alpha = dy$, $\alpha = 90^0$, $\operatorname{ctg}\alpha = 0$, $R_\alpha = a = \text{const}$ vereinfacht. Mit der Abkürzung $(\ )'$ für $d(\ )/dy$ ist nach (1177)

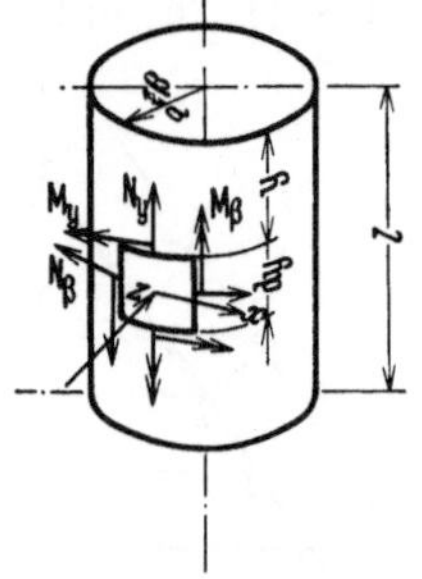

$$\varepsilon_\alpha = \varepsilon_y = v'\,, \qquad \varepsilon_\beta = -\frac{w}{a}\,, \qquad \varkappa_\alpha = \varkappa_y = \vartheta'\,, \qquad \varkappa_\beta = 0\,, \Bigg|$$
$$\vartheta = w' = - a\left(\frac{N_\beta - \mu\,N_y}{E\,h}\right)'\,, \tag{1228}$$

Abb. 816.

so daß die Schnittkräfte nach dem Hookeschen Gesetz (1176) folgendermaßen angeschrieben werden können:

$$N_y = D\left(v' - \mu\,\frac{w}{a}\right), \quad N_\beta = D\left(-\frac{w}{a} + \mu v'\right), \quad M_y = - B\,\vartheta'\,, \quad M_\beta = - \mu\,B\,\vartheta'\,, \Bigg\}$$
$$D = \frac{E\,h}{1 - \mu^2}\,, \qquad B = \frac{E\,h^3}{12\,(1 - \mu^2)}\,. \tag{1229}$$

Sie unterliegen den Gleichgewichtsbedingungen (1178)

$$N_y' + p_y = 0 , \qquad Q_y' + \frac{N_\beta}{a} + p_z = 0 , \qquad M_y' - Q_y = 0 . \tag{1230}$$

Lösung für unveränderliche Wandstärke h. Die Steifigkeit D der Schale gegen Dehnung und ihre Steifigkeit B gegen Biegung sind konstant. In diesem Falle liefert die dritte Gleichgewichtsbedingung (1230) und die Zusammenfassung der ersten beiden Gleichgewichtsbedingungen in Verbindung mit (1228) und (1229) zwei simultane totale Differentialgleichungen.

$$\vartheta'' = - \frac{Q_y}{B} , \qquad Q_y'' = \frac{D(1 - \mu^2)}{a^2} \vartheta - p_z' + \frac{\mu}{a} p_y . \tag{1231}$$

Durch die Elimination der einen Unbekannten entsteht die Differentialgleichung für die andere.

$$\vartheta^{IV} + \frac{4}{L^4} \vartheta = \frac{1}{B} \left(p_z' - \frac{\mu}{a} p_y \right) , \qquad Q_y^{IV} + \frac{4}{L^4} Q_y = - \left(p_z' - \frac{\mu}{a} p_y \right)'' , \tag{1232}$$
$$\frac{1}{L^4} = \frac{3(1 - \mu^2)}{h^2 \cdot a^2} .$$

Die Verknüpfung von $M_y'' = Q_y'$ mit den übrigen Gleichgewichts- und Verträglichkeitsbedingungen liefert die Differentialgleichung der Biegelinie des Meridians

$$w^{IV} + \frac{4}{L^4} w = \frac{1}{B} \left(p_z + \mu \frac{N_y}{a} \right) , \qquad N_y = - \int p_y \, dy + C . \tag{1233}$$

Die vollständige Lösung der Differentialgleichungen für Q_y oder w besteht aus einem von der Belastung p_y, p_z abhängigen partikulären Integral Q_{y0}, w_0 der inhomogenen Gleichung und aus der allgemeinen Lösung $\overline{Q}_y$, $\overline{w}$ der homogenen Gleichung mit vier Integrationskonstanten.

$$Q_y = Q_{y0} + \overline{Q}_y \qquad w = w_0 + \overline{w} . \tag{1234}$$

Flüssigkeitsfüllung:

$$p_y = 0 , \quad N_y = 0 , \quad p_z = - \gamma y , \quad Q_{y0} = 0 , \quad w_0 = - \frac{L^4}{4 B} \gamma y = - \frac{a^2}{E h} \gamma y . \tag{1235}$$

Füllgut im Sinne von S. 14:

$$p_y = 0 , \quad N_y = 0 , \quad p_z = - p_{s,\,\mathrm{max}} (1 - e^{-y/y_0}) , \quad Q_{y0} = \frac{p_{s,\,\mathrm{max}}\, y_0}{1 + 4 \left(\dfrac{y_0}{L} \right)^4} e^{-y/y_0} , \tag{1236}$$
$$w_0 = - p_{s,\,\mathrm{max}} \left[\frac{a^2}{E h} - \frac{1}{B} \frac{y_0^4}{1 + 4 \left(\dfrac{y_0}{L} \right)^4} e^{-y/y_0} \right] .$$

Die homogenen Differentialgleichungen

$$\frac{d^4 \overline{Q}_y}{d (y/L)^4} + 4 \overline{Q}_y = 0 \quad \text{oder} \quad \frac{d^4 \overline{w}}{d (y/L)^4} + 4 \overline{w} = 0 \tag{1237}$$

sind auf S. 769 gelöst worden. Das Ergebnis $\overline{Q}_y$, $\overline{w}$ unterscheidet sich allein durch die Bedeutung der Integrationskonstanten. Sind diese aus den Randbedingungen bestimmt worden, so lassen sich alle Komponenten des Spannungs- und Verschiebungszustandes anschreiben. Aus $Q_y(y)$ wird

$$N_y = - \int p_y \, dy + C , \qquad E h w = a^2 (Q_y' + p_z) + \mu a N_y , \tag{1238}$$
$$N_\beta = - a (Q_y' + p_z) , \qquad E h \vartheta = a^2 (Q_y'' + p_z') - \mu a p_y .$$

Aus $w(y)$ folgt

$$N_y = - \int p_y \, dy + C , \qquad N_\beta = - E h \frac{w}{a} + \mu N_y , \qquad \vartheta = w' , \tag{1239}$$
$$M_y = - B w'' , \qquad M_\beta = - \mu B w'' , \qquad Q_y = - B w''' .$$

Die Untersuchung wird daher auf die Ableitung des Spannungszustandes aus den Verschiebungen w beschränkt. Nach Abb. 816 ist mit (1237)

$$\frac{L^4}{l^4}\,\frac{d^4\overline{w}}{d(y/l)^4}+4\,\overline{w}=0 \quad \text{oder} \quad \frac{d^4\overline{w}}{d(\lambda\,\eta)^4}+4\,\overline{w}=0, \qquad \lambda=\frac{l}{L}, \qquad \eta=\frac{y}{l}. \tag{1240}$$

Der Buchstabe L bezeichnet eine für jede Zylinderschale charakteristische Länge, welche von den Abmessungen des Breitenschnittes und von den elastischen Eigenschaften des Baustoffs abhängt. Sie beträgt bei Verwendung von Eisenbeton mit $\mu=1/6$

$$L=a:\sqrt{\frac{a}{h}\,\sqrt{3\,(1-\mu^2)}}=a:1{,}31\sqrt{\frac{a}{h}}. \tag{1241}$$

$l/L=\lambda$ ist eine Schalenkonstante, $y/l=\eta$ die unbenannte, ortsbestimmende Koordinate. Nach S. 769 ist

$$\overline{w}=C_1\,e^{-\lambda\eta}\cos\lambda\,\eta+C_2\,e^{-\lambda\eta}\sin\lambda\,\eta+C_3\,e^{\lambda\eta}\cos\lambda\,\eta+C_4\,e^{\lambda\eta}\sin\lambda\,\eta \tag{1242}$$

und mit $\qquad\qquad C_1=A_1\cos\gamma_1, \qquad C_2=-A_1\sin\gamma_1 \quad$ usw.

auch $\qquad\qquad \overline{w}=A_1\,e^{-\lambda\eta}\cos(\lambda\,\eta+\gamma_1)+A_2\,e^{+\lambda\eta}\cos(\lambda\,\eta+\gamma_2).$

Der abklingende Anteil der Funktion allein ist eine periodisch gedämpfte Schwingung. Die halbe Wellenlänge ist $l_0=\pi l/\lambda=\pi L$, das logarithmische Dekrement π,

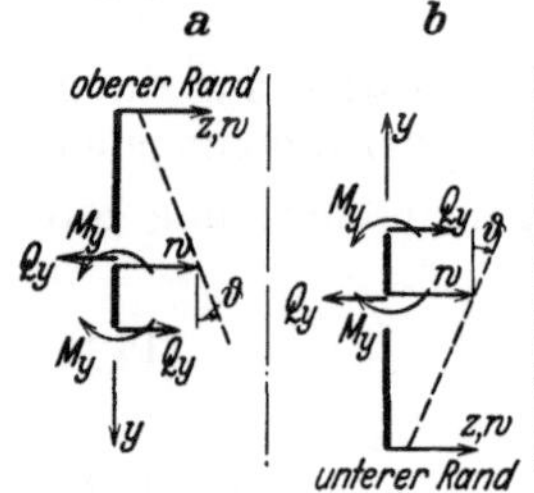

Abb. 817.

so daß die Amplituden der Funktion $\overline{w}$ und aller ihrer Ableitungen mit jeder halben Welle auf 1/23,14 des vorhergehenden Ausschlags zurückgehen. Sie klingen also um so schneller ab, je größer λ oder je kleiner L ist. Aus diesem Grunde gelten Schalen mit $l>7L$ als unendlich lang nach einer Richtung. Bei diesen sind die Integrationskonstanten $C_3,\,C_4$ oder $A_2,\,\gamma_2$ Null, damit die Wirkung der Randkräfte in $\eta=0$ für $\eta=\infty$ verschwindet.

Die allgemeine Rechenvorschrift zerfällt daher bei hohen Zylinderschalen mit $l>7L$ in zwei Teillösungen für den unendlich langen Zylinder, bei welchen η sowohl für w_0 wie für $\overline{w}$ entweder vom oberen oder unteren Rande gerechnet wird (Abb. 817). In beiden Fällen ist nach (1242)

$$\left.\begin{aligned}
\overline{w} &= e^{-\lambda\eta}\,(C_1\cos\lambda\,\eta+C_2\sin\lambda\,\eta) \ \text{und mit}\ dw/d(\lambda\,\eta)=\overline{w}{}^{\boldsymbol{\cdot}}\ \text{usw.}\\
\overline{w}{}^{\boldsymbol{\cdot}} &= -e^{-\lambda\eta}\,[C_1\,(\sin\lambda\,\eta+\cos\lambda\,\eta)+C_2\,(\sin\lambda\,\eta-\cos\lambda\,\eta)],\\
\overline{w}{}^{\boldsymbol{\cdot\cdot}} &= 2\,e^{-\lambda\eta}\,(C_1\sin\lambda\,\eta-C_2\cos\lambda\,\eta),\\
\overline{w}{}^{\boldsymbol{\cdot\cdot\cdot}} &= -2\,e^{-\lambda\eta}\,[C_1\,(\sin\lambda\,\eta-\cos\lambda\,\eta)-C_2\,(\sin\lambda\,\eta+\cos\lambda\,\eta)],
\end{aligned}\right\} \tag{1243}$$

$$\left.\begin{aligned}
N_\beta &= -\frac{E\,h}{a}\,(w_0+\overline{w})+\mu\,N_y, & w' &= w_0'+\frac{\overline{w}{}^{\boldsymbol{\cdot}}}{L},\\
M_y &= -B\,w''=-B\left(w_0''+\frac{\overline{w}{}^{\boldsymbol{\cdot\cdot}}}{L^2}\right), & Q_y &= -B\,w'''=-B\left(w_0'''+\frac{\overline{w}{}^{\boldsymbol{\cdot\cdot\cdot}}}{L^3}\right).
\end{aligned}\right\} \tag{1244}$$

Das Ergebnis (1244) gilt selbstverständlich auch für die vollständige Lösung $\overline{w}$ (1242) der homogenen Differentialgleichung. Es bedeutet mechanisch die Überlagerung der Verschiebungen w_0 und der Schnittkräfte $N_{y0},\,N_{\beta0}$ der statisch bestimmt gestützten Schale aus der vorgeschriebenen Belastung $p_y,\,p_z$ mit den Anteilen $\overline{w},\,\overline{M}_y,\,\overline{M}_\beta$ aus den Biegungsmomenten und Querkräften (X_1 bis X_4), welche durch Randstörungen, also durch statisch unbestimmten Anschluß der Schale, unverschiebliche Lagerung und Einspannung des Schalenrandes hervorgerufen werden. Sind die Randkräfte bekannt, so läßt sich der Verschiebungs- und Spannungszustand der Schale nach der folgenden Rechenvorschrift anschreiben:

$$w = w_0 + \sum X_i w_i\,, \qquad N_\beta = N_{\beta 0} + \sum X_i N_{\beta i}\,, \qquad (i = 1, \ldots, 4)\,. \qquad (1245)$$

Die Komponenten w_0, $N_{\beta 0}$ aus der Belastung der statisch bestimmt gestützten biegungssteifen Schale stimmen ebenso wie bei der Kugel- und Kegelschale nahezu mit den Schnittkräften und Verschiebungen des Längsspannungszustandes überein und sind in einzelnen Belastungsfällen mit diesen identisch. Daher können die Komponenten w_0, $N_{\beta 0}$ nach den Angaben in Abschn. 80 eingesetzt werden. Die Schnittkräfte $N_{\beta i}$, $M_{y i}$ und die Verschiebungen w_i der biegungssteifen Schale werden für $X_i = 1$ aus den homogenen Gleichungen (1237) berechnet. Dabei sind die übrigen Randkräfte Null. Die Integrationskonstanten werden dabei allerdings in der Regel für die Randbedingungen eines nach einer Richtung unendlich langen Zylinders angegeben, zumal diese Lösung bereits aus Abschn. 22 bekannt ist.

Lösung für $X_1 = 1$ (Abb. 818a):

$$\left.\begin{aligned}
&w_1 = \frac{2\,a^2}{L\,E\,h}\,e^{-\lambda\eta}\cos\lambda\,\eta\,, &\qquad &\vartheta_1 = -\frac{2\,a^2}{L^2\,E\,h}\,e^{-\lambda\eta}\,(\sin\lambda\,\eta + \cos\lambda\,\eta)\,, \\[4pt]
&N_{\beta 1} = -\frac{2\,a}{L}\,e^{-\lambda\eta}\cos\lambda\,\eta\,, &\qquad &M_{y1} = -L\,e^{-\lambda\eta}\sin\lambda\,\eta\,, \\[4pt]
&\qquad\qquad Q_{y1} = e^{-\lambda\eta}\,(\sin\lambda\,\eta - \cos\lambda\,\eta)\,.
\end{aligned}\right\} \qquad (1246)$$

Lösung für $X_2 = 1$ (Abb. 818b):

$$\left.\begin{aligned}
&w_2 = -\frac{2\,a^2}{L^2\,E\,h}\,e^{-\lambda\eta}\,(\cos\lambda\,\eta - \sin\lambda\,\eta)\,, &\quad &\vartheta_2 = \frac{4\,a^2}{L^3\,E\,h}\,e^{-\lambda\eta}\cos\lambda\,\eta\,, \\[4pt]
&N_{\beta 2} = \frac{2\,a}{L^2}\,e^{-\lambda\eta}\,(\cos\lambda\,\eta - \sin\lambda\,\eta)\,, &\quad &M_{y2} = e^{-\lambda\eta}\,(\sin\lambda\,\eta + \cos\lambda\,\eta)\,, \\[4pt]
&Q_{y2} = -\frac{2}{L}\,e^{-\lambda\eta}\sin\lambda\,\eta\,.
\end{aligned}\right\} \qquad (1247)$$

Die Anschlußkräfte $X_i\,(i = 1 \ldots 4)$ sind durch die geometrischen oder statischen Bedingungen aus der vorgeschriebenen Abstützung $\delta_i\,(i = 1 \ldots 4)$ der beiden Schalenränder a, b oder durch ihre Verbindung mit benachbarten Bauteilen (Platte, Kegelschale, Kugelschale) bestimmt. Die Buchstaben δ_i bedeuten dann die gegenseitige Verschiebung der Ränder oder die gegenseitige Verdrehung der Endtangenten der benachbarten rotationssymmetrischen Flächen ($\delta_i = \delta_{i,1} + \delta_{i,2}$, vgl. S. 773). Auch hierbei wird in der Regel mit dem einseitig unendlich langen Zylinder gerechnet, um die Aufgabe zu vereinfachen. Nach (1246) und (1247) ist

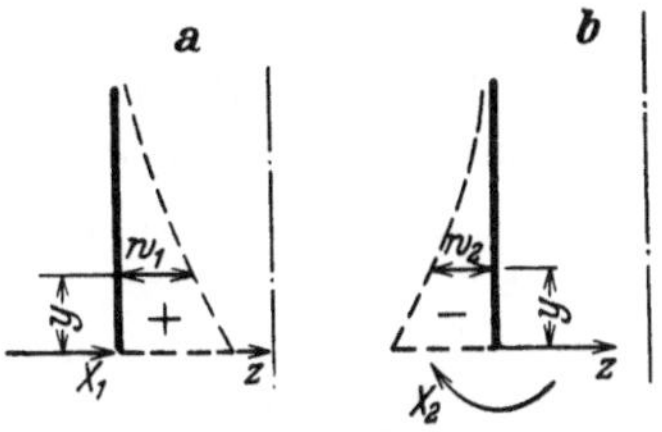

Abb. 818.

$$\delta_{11,2} = \frac{2\,a^2}{L\,E\,h}\,, \qquad \delta_{12,2} = \delta_{21,2} = -\frac{2\,a^2}{L^2\,E\,h}\,, \qquad \delta_{22,2} = \frac{4\,a^2}{L^3\,E\,h}\,. \qquad (1248)$$

1. Starre Einspannung des Randes $a\,(\eta = 0)$ eines unendlich langen Zylinders.

$$\delta_1 = X_1\,\delta_{11} + X_2\,\delta_{12} + \delta_{10} = 0\,,$$
$$\delta_2 = X_1\,\delta_{21} + X_2\,\delta_{22} + \delta_{20} = 0\,.$$

Mit (1248) und $\delta_{10} = w_{a0}$, $\delta_{20} = w'_{a0}$ wird

$$\left.\begin{aligned}
X_2 &= M_a = -\frac{L^2\,E\,h}{2\,a^2}\,(w_{a0} + L\,w'_{a0})\,, \\[4pt]
X_1 &= -Q_a = -\frac{L\,E\,h}{2\,a^2}\,(2\,w_{a0} + L\,w'_{a0})\,.
\end{aligned}\right\} \qquad (1249)$$

2. Gelenkige Lagerung des Randes $a\,(\eta = 0)$ eines unendlich langen Zylinders.

$$M_a = X_2 = 0$$

und
$$\delta_1 = X_1\,\delta_{11} + \delta_{10} = 0,$$

also mit (1248)
$$X_1 = -\,Q_a = -\,\frac{L\,E\,h}{2\,a^2}\,w_{a\,0}. \tag{1250}$$

Damit sind nach (1244) auch die Formänderungen und Schnittkräfte bekannt.

Zylinderschale mit $h = \mathrm{const}$ als Behälter (Abb. 819). Der untere Rand des Mantels ist im Behälterboden starr eingespannt, der obere Rand kann frei, gelenkig gelagert oder ebenfalls eingespannt sein. Um die strenge Lösung der Aufgabe zu begründen, sollen die Abmessungen des Behälters eine relativ große charakteristische Länge L bestimmen und daher die Integrationskonstanten der Lösung (1242) von den Bedingungen an beiden Rändern abhängen. Nach S. 760 ist

$$p_z = -\,\gamma\,y = -\,\gamma\,L\,\lambda\,\eta, \qquad w_0 = -\,\gamma\,\frac{L\,a^2}{E\,h}\,\lambda\,\eta. \tag{1251}$$

Die vollständige Lösung $w = w_0 + \overline{w}$ der inhomogenen Differentialgleichung lautet daher nach (260) transformiert

$$w = -\,\gamma\,\frac{L\,a^2}{E\,h}\,\lambda\,\eta + U_1 \cos \lambda\,\eta\,\operatorname{Cof} \lambda\,\eta + U_2 \cos \lambda\,\eta\,\operatorname{Sin} \lambda\,\eta + U_3 \sin \lambda\,\eta\,\operatorname{Cof} \lambda\,\eta$$
$$+ \;U_4 \sin \lambda\,\eta\,\operatorname{Sin} \lambda\,\eta. \tag{1252}$$

Werden die Ableitungen der Funktion w nach der Veränderlichen $(\lambda\eta)$ mit $w^{\cdot}$, $w^{\cdot\cdot}$ usw. bezeichnet, so sind nach (1244)

$$\vartheta = \frac{1}{L}\,w^{\cdot}, \qquad M_y = -\,\frac{B}{L^2}\,w^{\cdot\cdot}, \qquad M_\beta = -\,\mu\,\frac{B}{L^2}\,w^{\cdot\cdot}, \qquad Q_y = -\,\frac{B}{L^3}\,w^{\cdot\cdot\cdot}. \tag{1253}$$

Die Funktionen $w^{\cdot}$ usw. sind auf S. 141 angeschrieben. Die Vorzahlen sind

$$\frac{1}{L} = \frac{1}{a}\,\sqrt[4]{3\,\frac{a^2}{h^2}\,(1 - \mu^2)}\,, \qquad \frac{B}{L^2} = \frac{E\,h^2}{4\,a}\,\frac{1}{\sqrt{3\,(1 - \mu^2)}}\,, \tag{1254}$$

so daß die Integrationskonstanten $U_1 \ldots U_4$ leicht aus den Randbedingungen für $\lambda\,\eta = 0$ oder $\lambda\,\eta = \lambda$ berechnet werden können.

1. Oberer Rand frei, $\lambda\,\eta = 0$ mit $\overline{w}^{\cdot\cdot} = 0$ und $\overline{w}^{\cdot\cdot\cdot} = 0$, unterer Rand eingespannt $\lambda\eta = \lambda$, mit $\overline{w} = 0$, $\overline{w}^{\cdot} = 0$.

$$\left. \begin{aligned}
U_1 &= -\,\gamma\,\frac{l\,a^2}{E\,h}\,\frac{\cos \lambda\,\operatorname{Sin} \lambda + \sin \lambda\,\operatorname{Cof} \lambda - 2\,\lambda \cos \lambda\,\operatorname{Cof} \lambda}{\lambda\,(\cos^2 \lambda + \operatorname{Cof}^2 \lambda)}, \qquad U_4 = 0, \\[2mm]
U_2 &= -\,\gamma\,\frac{l\,a^2}{E\,h}\,\frac{\cos \lambda\,\operatorname{Sin} \lambda - \sin \lambda\,\operatorname{Cof} \lambda - 1/\lambda \cdot \cos \lambda\,\operatorname{Cof} \lambda}{\cos^2 \lambda + \operatorname{Cof}^2 \lambda} = U_3.
\end{aligned} \right\} \tag{1255}$$

2. Oberer Rand gelenkig gelagert $\lambda\,\eta = 0$ mit $\overline{w} = 0$ und $\overline{w}^{\cdot\cdot} = 0$, unterer Rand eingespannt $\lambda\eta = \lambda$ mit $\overline{w} = 0$, $\overline{w}^{\cdot} = 0$.

$$\left. \begin{aligned}
U_1 &= 0, \qquad U_2 = -\,\gamma\,\frac{l\,a^2}{E\,h}\,\frac{1/\lambda \cdot \sin \lambda\,\operatorname{Cof} \lambda - \sin \lambda\,\operatorname{Sin} \lambda - \cos \lambda\,\operatorname{Cof} \lambda}{\operatorname{Cof} \lambda\,\operatorname{Sin} \lambda - \cos \lambda \sin \lambda}, \\[2mm]
U_4 &= 0, \qquad U_3 = +\,\gamma\,\frac{l\,a^2}{E\,h}\,\frac{1/\lambda \cdot \cos \lambda\,\operatorname{Sin} \lambda + \sin \lambda\,\operatorname{Sin} \lambda - \cos \lambda\,\operatorname{Cof} \lambda}{\operatorname{Cof} \lambda\,\operatorname{Sin} \lambda - \cos \lambda \sin \lambda}.
\end{aligned} \right\} \tag{1256}$$

3. Oberer Rand eingespannt $\lambda\,\eta = 0$ mit $\overline{w} = 0$ und $\overline{w}^{\cdot} = 0$, unterer Rand eingespannt $\lambda\eta = \lambda$ mit $\overline{w} = 0$ und $\overline{w}^{\cdot} = 0$.

$$\left. \begin{aligned}
U_1 &= 0, \qquad U_2 = -\,\gamma\,\frac{l\,a^2}{E\,h}\,\frac{(\operatorname{Sin} \lambda + \sin \lambda) \sin \lambda - \lambda\,(\sin \lambda\,\operatorname{Cof} \lambda + \cos \lambda\,\operatorname{Sin} \lambda)}{\lambda\,(\operatorname{Sin}^2 \lambda - \sin^2 \lambda)}, \\[2mm]
U_3 &= -\,\gamma\,\frac{l\,a^2}{E\,h}\,\frac{\lambda\,(\sin \lambda\,\operatorname{Cof} \lambda + \cos \lambda\,\operatorname{Sin} \lambda) - \operatorname{Sin} \lambda\,(\sin \lambda + \operatorname{Sin} \lambda)}{\lambda\,(\operatorname{Sin}^2 \lambda - \sin^2 \lambda)}, \\[2mm]
U_4 &= -\,\gamma\,\frac{l\,a^2}{E\,h}\,\frac{(\operatorname{Cof} \lambda - \cos \lambda)\,(\operatorname{Sin} \lambda + \sin \lambda) - 2\,\lambda \sin \lambda\,\operatorname{Sin} \lambda}{\lambda\,(\operatorname{Sin}^2 \lambda - \sin^2 \lambda)}.
\end{aligned} \right\} \tag{1257}$$

Damit sind auch alle Komponenten (1253) des Spannungs- und Verschiebungszustandes bekannt. Ihre Berechnung wird durch die bekannten Tabellen der hyperbolischen Funktionen von K. Hayashi erleichtert. Sind diese nicht zur Hand, so kann in der Regel ($h \ll a$)

$$\mathfrak{Sin}\,\lambda = \mathfrak{Cof}\,\lambda = \frac{1}{2}\,c^\lambda$$

gesetzt und c^λ als num ln c^λ = num λ nach Taschenbüchern bestimmt werden. Das Einspannungsmoment ist dann für $\eta = 1$ und $\mu = 0$ in allen 3 Fällen

$$M_y \approx \gamma\frac{a^2\,h^2}{6\,l}\,\lambda\,(\lambda - 1). \tag{1258}$$

Berechnung eines Wasserbehälters.

a) Vollständige Lösung nach (1252) für starre Einspannung des unteren Schalenrandes.

$a = 9,0$ m; $\qquad l = 9,0$ m; $\qquad h = 0,30$ m; $\qquad a/h = 30$.

Nach (1241) ist $\quad L = \dfrac{9,0}{1,31\,\sqrt[]{30}} = 1,258$,

$\lambda = 7,17$, $\qquad \gamma = 1$ t/m³, $\qquad E = 2\,100\,000$ t/m²,

$$\gamma\,\frac{l\,a^2}{E\,h} = 1,156\cdot 10^{-3}.$$

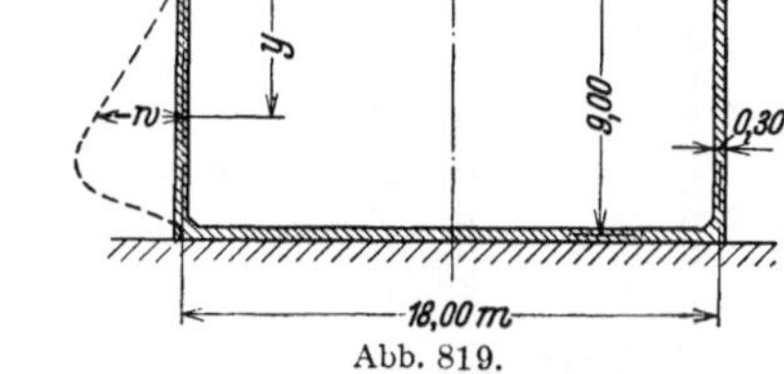

Abb. 819.

1. Oberer Rand frei. Nach (1255) ist $U_4 = 0$ und

$$U_1 = -1,156\cdot 10^{-3}\,\frac{409,64 + 504,60 - 14,34\cdot 409,64}{7,17\cdot 423\,275} = 18,89\cdot 10^{-7},$$

$$U_2 = U_3 = -1,156\cdot 10^{-3}\,\frac{409,64 - 504,60 - \dfrac{1}{7,17}\cdot 409,64}{423\,275} = 4,15\cdot 10^{-7},$$

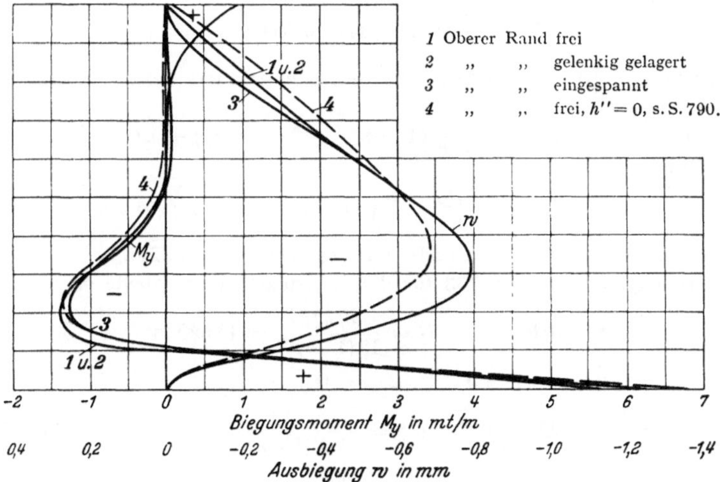

Abb. 820.

damit nach (1252) und (1253) mit (1251)

$w = -0,161\cdot 10^{-3}\,\lambda\,\eta + 10^{-7}[18,89\cos\lambda\,\eta\,\mathfrak{Cof}\,\lambda\,\eta + 4,15(\cos\lambda\,\eta\,\mathfrak{Sin}\,\lambda\,\eta + \sin\lambda\,\eta\,\mathfrak{Cof}\,\lambda\,\eta)]$,

$M_y = 0,614\cdot 10^{-3}[18,89\sin\lambda\,\eta\,\mathfrak{Sin}\,\lambda\,\eta + 4,15(\sin\lambda\,\eta\,\mathfrak{Cof}\,\lambda\,\eta - \cos\lambda\,\eta\,\mathfrak{Sin}\,\lambda\,\eta)]$.

Am unteren Rand ist $M_a = 6,08$ mt/m.

2. Oberer Rand gelenkig gelagert. Nach (1256) ist

$$U_1 = U_4 = 0, \qquad U_2 = 23,05\cdot 10^{-7}, \qquad U_3 = 4,15\cdot 10^{-7}.$$

3. Oberer Rand starr eingespannt. Nach (1257) ist

$$U_1 = 0, \qquad U_2 = 23{,}06 \cdot 10^{-7}, \qquad U_3 = 1{,}598 \cdot 10^{-4}, \qquad U_4 = -1{,}585 \cdot 10^{-4}.$$

Die Ausbiegung w und die Biegungsmomente M_y sind in Abb. 820 dargestellt. Die Ringkraft N_β ist nach (1244) proportional der Ausbiegung w.

b) Näherungsweise ist für alle 3 Randbedingungen nach (1258)

$$M_a \approx 1{,}0 \, \frac{9{,}0^2 \cdot 0{,}30^2}{6 \cdot 9{,}0} \cdot 7{,}17 \cdot 6{,}17 = 5{,}97 \ \text{mt/m}.$$

c) Die Teillösung (1243) für den unendlich langen Zylinder ergibt nach (1249)

$$M_a = \frac{L^3 \gamma}{2} (\lambda - 1) = 6{,}12 \ \text{mt/m}.$$

Der Verlauf der Funktionen w und M_y stimmt mit den Kurven 1 und 2 Abb. 820 so gut überein, daß der Unterschied in der Zeichnung nicht hervortritt.

Untersuchung eines Wasserbehälters nach (1234) bei verschiedenen Randbedingungen.

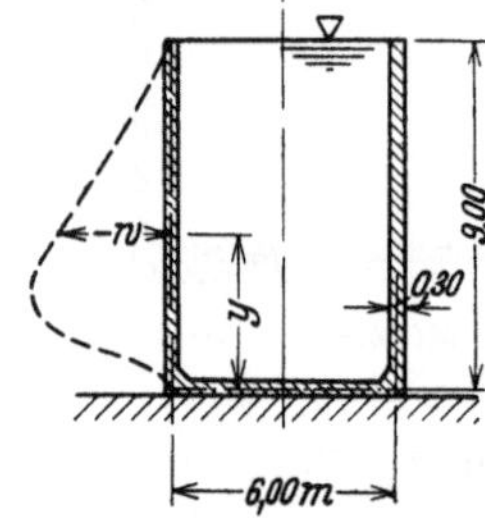

a) **Starre Einspannung des unteren Schalenrandes.**

$$a = 3{,}0 \ \text{m}, \qquad l = 9{,}0 \ \text{m}, \qquad h = 0{,}3 \ \text{m}, \qquad a/h = 10.$$

Nach (1241) ist $\quad L = \dfrac{3{,}0}{1{,}31 \sqrt{10}} = 0{,}723,$

$$\lambda = 12{,}45, \qquad \gamma = 1{,}0 \ \text{t/m}^3, \qquad E\,h = 0{,}63 \cdot 10^6.$$

Für den Längsspannungszustand ist nach (1154)

$$w_0 = -\gamma \frac{a^2}{E\,h}(l - y), \qquad w_0' = \gamma \frac{a^2}{E\,h}.$$

Abb. 821.   Damit wird nach (1249) das Einspannungsmoment

$$M_a = X_2 = -\frac{L^2 E\,h}{2\,a^2}\left(-\gamma \frac{a^2\,l}{E\,h} + L\,\gamma \frac{a^2}{E\,h}\right) = \frac{L^3 \gamma}{2}(\lambda - 1) = 2{,}165 \ \text{mt/m}$$

und

$$X_1 = \frac{L^2}{2}\gamma(2\,\lambda - 1) = 6{,}25 \ \text{t/m},$$

so daß nach (1243) und (1244) Formänderung und Schnittkräfte bestimmt sind (Abb. 824a).

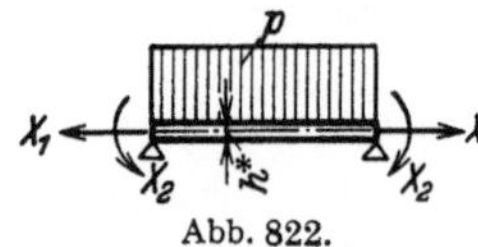

$$w = -\gamma \frac{a^2\,l}{E\,h}\left[1 - \eta - e^{-\lambda \eta}\left(\cos \lambda\,\eta + \left(1 - \frac{L}{l}\right)\sin \lambda\,\eta\right)\right],$$

Abb. 822.

$$M_y = -L^2 \frac{l\,\gamma}{2} e^{-\lambda \eta}\left(\sin \lambda\,\eta - \left(1 - \frac{L}{l}\right)\cos \lambda\,\eta\right).$$

b) **Elastische Einspannung in eine Kreisplatte (Abb. 824b).**

1. Formänderungsgrößen nach S. 773 für die Kreisplatte mit Tabelle 63.

$$h^* = 0{,}40 \ \text{m}, \qquad N = \frac{E\,h^{*3}}{12(1 - \mu^2)} = 11\,520 \ \text{mt}.$$

$$X_1 = 1: \quad \delta_{11,1} = \delta_{21,1} = 0, \qquad w_1^* = 0, \qquad M_{r,1} = 0.$$

$$X_2 = 1: \quad \delta_{22,1} = \frac{3{,}0}{N(1+\mu)} = 223{,}2 \cdot 10^{-6}, \quad w_2^* = -\frac{a^2}{2N(1+\mu)}\Phi_1 = -335 \cdot 10^{-6} \cdot \Phi_1; \quad M_{r,2} = -1.$$

$$p = \gamma\,l: \quad \delta_{10,1} = 0, \quad \delta_{20,1} = -\gamma \frac{l\,a^3}{8\,N(1+\mu)} = -2265 \cdot 10^{-6}.$$

$$w_0^* = \gamma \frac{l\,a^4}{64\,N(1+\mu)}[2(3+\mu)\Phi_1 - (1+\mu)\Phi_0] = 5365 \cdot 10^{-6}(\Phi_1 - 0{,}184\,\Phi_0),$$

$$M_{r,0} = \gamma \frac{l\,a^2}{16}(3+\mu)\Phi_1 = 16{,}07\,\Phi_1.$$

2. Formänderungsgrößen für die Zylinderschale nach (1248)

$$\delta_{11,2} = 39{,}5 \cdot 10^{-6}, \qquad \delta_{12,2} = -54{,}7 \cdot 10^{-6}, \qquad \delta_{22,2} = 151{,}2 \cdot 10^{-6},$$

$$\delta_{10,2} = w_{0a} = -128{,}6 \cdot 10^{-6}, \qquad \delta_{20,2} = w_{0a}' = 14{,}3 \cdot 10^{-6}.$$

3. Berechnung der Anschlußkräfte nach S. 773 mit $\delta_{ik} = \delta_{ik,1} + \delta_{ik,2}$.

X_1	X_2		
39,5	$-54,7$	128,6	$X_1 = 14{,}518$ t/m ,
$-54,7$	374,4	2250,7	$X_2 = 8{,}133$ mt/m .

4. Formänderung und Schnittkräfte der Schale Abb. 824b. Nach (1243) und (1244) ist

$$w = -\gamma\, \frac{a^2\, l}{E\, h}\,(1 - \eta) + 14{,}518\, w_1 + 8{,}133\, w_2$$

$$= -128{,}6 \cdot 10^{-6}\,[(1 - \eta) - e^{-\lambda \eta}(\cos \lambda\, \eta + 3{,}44 \sin \lambda\, \eta)]\,,$$

$$M_y = 14{,}518\, M_1 + 8{,}133\, M_2$$

$$= -2{,}358\, e^{-\lambda \eta}(\sin \lambda\, \eta - 3{,}44 \cos \lambda\, \eta)\,.$$

5. Formänderung und Schnittkräfte der Platte. Abb. 824b.

$$w^* = 5365 \cdot 10^{-6}(\Phi_1 - 0{,}184\, \Phi_0) - 8{,}133 \cdot 335 \cdot 10^{-6}\, \Phi_1$$

$$= 10^{-6}(2640\, \Phi_1 - 987\, \Phi_0)\,,$$

$$M_r = 16{,}07\, \Phi_1 - 8{,}133\,.$$

c) **Elastische Einspannung in eine Kugelschale.** Abb. 824c.

1. Formänderungsgrößen für die Kugelschale nach (1197) und (1199) mit

$$a^* = 4{,}67\ \mathrm{m}\,, \qquad h^* = 0{,}20\ \mathrm{m}\,, \qquad a^*/h^* = 23{,}35\,.$$

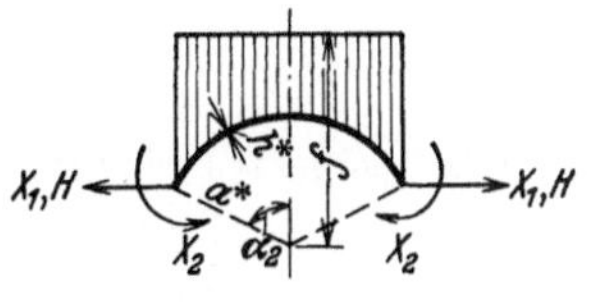

Nach (1185) ist

$$k = \sqrt{23{,}35}\,\sqrt{3 \cdot 0{,}9722} = 6{,}32\,, \qquad \frac{1}{B} = 695 \cdot 10^{-6}\,,$$

Abb. 823.

und mit $\alpha_2 = 40^0$, $\sin \alpha_2 = 0{,}6428$, $E\, h^* = 0{,}42 \cdot 10^{-6}$,

$$\delta_{11,1} = 58{,}1 \cdot 10^{-6}\,, \qquad \delta_{12,1} = -122{,}5 \cdot 10^{-6}\,, \qquad \delta_{22,1} = 513 \cdot 10^{-6}\,.$$

Mit $f = 9 + 4{,}67 \cdot \cos \alpha_2 = 12{,}58$ m und $f/a^* = 2{,}69$ wird nach (1132)

$$\bar{\delta}_{10,1} = \Delta r_{\alpha 2} = -136 \cdot 10^{-6} \quad \text{und} \quad \bar{\delta}_{20,1} = \vartheta_{\alpha 2} = 33{,}3 \cdot 10^{-6}\,.$$

Die Horizontalkraft H beträgt nach S. 752 mit (1132)

$$H = +N_{\alpha 2}\cos \alpha_2 = -\gamma\, \frac{a^{*2}}{6}\left(3\,\frac{f}{a^*} - 2\,\frac{1 - \cos^3 \alpha_2}{\sin^2 \alpha_2}\right)\cos \alpha_2 = -15{,}1\ \text{t/m}$$

und damit nach (1201)

$$\delta'_{10,1} = 15{,}1 \cdot 58{,}1 \cdot 10^{-6} = 878 \cdot 10^{-6}\,, \qquad \delta'_{20,1} = -15{,}1 \cdot 122{,}5 \cdot 10^{-6} = -1850 \cdot 10^{-6}\,,$$

so daß

$$\delta_{10,1} = (-136 + 878) \cdot 10^{-6} = 742 \cdot 10^{-6}\,, \qquad \delta_{20,1} = (33{,}3 - 1850)\, 10^{-6} = -1816{,}7 \cdot 10^{-6}\,.$$

2. Formänderungsgrößen der Zylinderschale wie unter b).

3. Berechnung der Anschlußkräfte nach S. 773 mit $\delta_{ik} = \delta_{ik,1} + \delta_{ik,2}$.

X_1	X_2		
97,6	$-177{,}2$	$-\ 613{,}4$	$X_1 = -2{,}634$ t/m ,
$-177{,}2$	664,2	1802,4	$X_2 = 2{,}011$ mt/m .

4. Formänderungen und Schnittkräfte der Zylinderschale nach (1243) und (1244)

$$w = -10^{-6} \cdot 128{,}6\,[(1 - \eta) + 1{,}67\, e^{-\lambda \eta}(\cos \lambda\, \eta - 0{,}513 \sin \lambda\, \eta)]\,,$$

$$M_y = 3{,}917\, e^{-\lambda \eta}(\sin \lambda\, \eta + 0{,}513 \cos \lambda\, \eta)\,.$$

5. Schnittkräfte in der Kugelschale nach (1192)

$$M_\alpha = (X_1 + H)\, M_1 + X_2\, M_2 = e^{-k\omega}\left[5{,}94 \sin (k\,\omega) - 2{,}84 \cos\left(k\,\omega + \frac{\pi}{4}\right)\right].$$

d) **Berechnung für Temperatur und Schwinden bei eingespanntem unterem Rand.**

Die Formänderungsgrößen aus $X_1 = 1$, $X_2 = 1$ werden wie auf S. 784

$$\delta_{11} = 39{,}5 \cdot 10^{-6}, \qquad \delta_{12} = -54{,}7 \cdot 10^{-6}, \qquad \delta_{22} = 151{,}2 \cdot 10^{-6}.$$

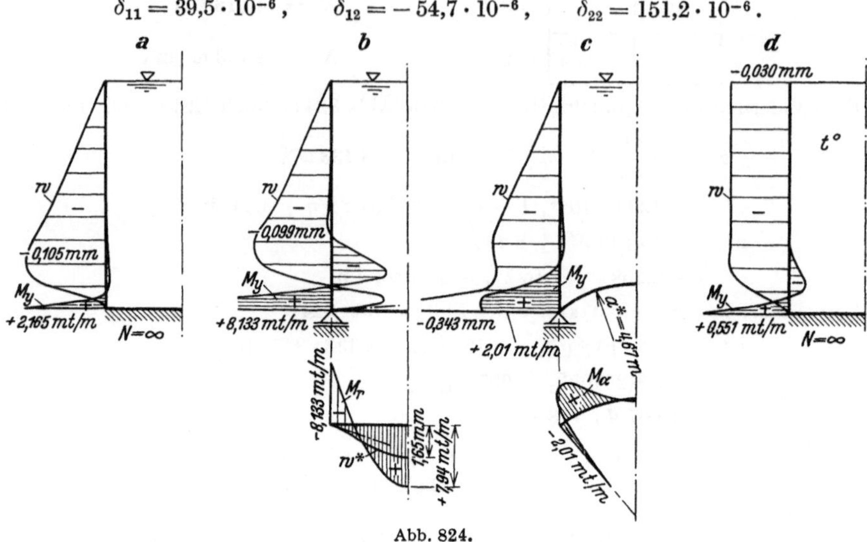

Abb. 824.

Für Temperaturwirkung ist nach (1157) mit $\alpha_t = 10 \cdot 10^{-6}$

$$\delta_{10} = w_{0a} = -\alpha_t \cdot t \cdot a = -30 \cdot t \cdot 10^{-6}, \qquad \delta_{20} = 0.$$

Damit lauten die Gleichungen auf S. 773

X_1	X_2		
39,5	$-$ 54,7	$30 \cdot t$	$X_1 = 1{,}522 \cdot t$ t/m,
$-$ 54,7	151,2	o	$X_2 = 0{,}551 \cdot t$ mt/m.

Formänderung und Schnittkräfte betragen nach (1243), (1244) Abb. 824d

$$w = -30 \cdot t \cdot 10^{-6} [1 - e^{-\lambda \eta} (\cos \lambda \eta + \sin \lambda \eta)],$$

$$M = -0{,}551 \, e^{-\lambda \eta} (\sin \lambda \eta - \cos \lambda \eta).$$

Berechnung eines Silos.

1. **Geometrische Grundlagen.**

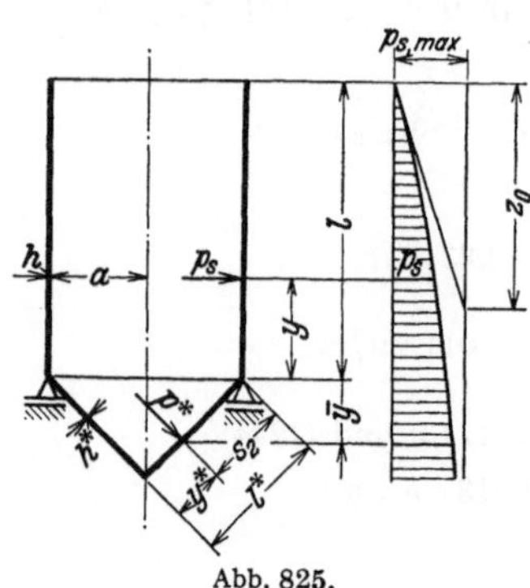

Zylinderschale: $a = 3{,}0$ m, $l = 9{,}0$ m, $h = 0{,}20$ m,

$$E\,h = 0{,}42 \cdot 10^6, \qquad a/h = 15, \qquad L = 0{,}591 \text{ m},$$

$$\lambda = 15{,}25, \qquad \eta = y/l.$$

Kegelschale: $\alpha = 45^0$, $l^* = 4{,}24$ m, $h^* = 0{,}25$ m,

$$E\,h^* = 0{,}525 \cdot 10^6, \qquad L_2^* = 0{,}788 \text{ m}, \qquad B^* = 10^6/355,$$

$$\eta_2 = s_2/L_2^*.$$

2. **Belastung. Füllgut: Roggen.** Nach S. 14 ist (Abb. 825)

$$\gamma = 0{,}7 \text{ t/m}^3, \qquad k_1 = 0{,}248, \qquad \mu' = 0{,}44, \qquad F/U = 3/2,$$

$$p_{s,\text{max}} = \frac{0{,}7}{0{,}44}\frac{3}{2} = 2{,}39, \qquad p_{b,\text{max}} = \frac{2{,}39}{0{,}248} = 9{,}62,$$

$$z_0 = \frac{1{,}5}{0{,}44 \cdot 0{,}248} = 13{,}75,$$

$$p_s = 2{,}39\,(1 - e^{-\varkappa}), \qquad p_b = 9{,}62\,(1 - e^{-\varkappa}), \qquad \varkappa = \frac{l - y}{z_0} = \frac{9 - y}{13{,}75}.$$

Zylinderschale: $\quad p_z = -2,39\,(1 - e^{-\varkappa})$.

Kegelschale: $\quad p_z^* = -p_s \sin^2\alpha - p_b \cos^2\alpha = -6,01\left(1 - e^{-\frac{l+\bar{y}}{z_0}}\right),$

$$p_z^* = -6,01\,(1 - e^{-\varkappa^*}), \qquad \varkappa^* = \frac{16,96 - y^*}{19,43}\;.$$

3. Formänderung der Zylinderschale.
a) Membranzustand. Nach (1155) ist

$$w_0 = -\frac{3,0^2}{0,42}\cdot 10^{-6}\cdot 2,39\,(1 - e^{-\varkappa}) = -51,3\cdot 10^{-6}\,(1 - e^{-\varkappa})\,,$$

$$\vartheta_0 = \frac{51,3\cdot 10^{-6}}{13,75}\,e^{-\varkappa} = 3,73\cdot 10^{-6}\,e^{-\varkappa}\,,$$

so daß mit $y = 0$:

$$\delta_{10,2} = -24,6\cdot 10^{-6}, \qquad \delta_{20,2} = 1,94\cdot 10^{-6}\,.$$

b) Für die Belastung aus $X_1 = 1$, $X_2 = 1$ (Abb. 826) ist nach (1248)

$$\delta_{11,2} = 72,5\cdot 10^{-6}, \qquad \delta_{12,2} = -122,6\cdot 10^{-6}, \qquad \delta_{22,2} = 415,0\cdot 10^{-6}\,.$$

4. Formänderung der Kegelschale.
a) Membranzustand. Aus den Gleichgewichtsbedingungen (1138) folgt

$$N_{\beta\,0} = -y^*\,p_z = 6,01\,y^*\,(1 - e^{-\varkappa^*})$$

und

$$(N_{y\,0}\,y^*)' = 6,01\,y^*\,(1 - e^{-\varkappa^*})\,,$$

woraus

$$N_{y\,0} = 6,01\left[\frac{y^*}{2} - 19,43\,e^{-\varkappa^*} + \frac{19,43^2}{y^*}\,(e^{-\varkappa^*} - e^{-0,872})\right].$$

Damit wird nach (1140)

$$\varDelta r_{z,0} = 8,1\cdot 10^{-6}\,y^*\left\{y^*\,(1 - e^{-\varkappa^*}) - \mu\left[\frac{y^*}{2} - 19,43\,e^{-\varkappa^*}\left(1 - \frac{19,43}{y^*}\right) - \frac{19,43^2}{y^*}\,e^{-0,872}\right]\right\},$$

und nach (1141)

$$\vartheta_0^* = -11,46\cdot 10^{-6}\left[\frac{3}{2}\,y^* - e^{-\varkappa^*}\left(\frac{19,43^2}{y^*} - 19,43 + 2\,y^* + \frac{y^{*2}}{19,43}\right) + \frac{19,43^2}{y^*}\cdot e^{-0,872}\right].$$

Die Formänderungen am Rande im Sinne der Definition nach Abb. 826 betragen daher

$$\bar{\delta}_{10,1} = (\varDelta r_{z,0})_{y^*=l^*} = 63,3\cdot 10^{-6}\,,$$

$$\bar{\delta}_{20,1} = -(\vartheta_0^*)_{y^*=l^*} = 29,3\cdot 10^{-6}\,.$$

b) Für die Belastung aus $X_1 = 1$, $X_2 = 1$ ist nach (1223) und (1224) unter Beachtung des Wirkungssinnes von X_2 nach Abb. 826

$$\delta_{11,1} = 43,4\cdot 10^{-6}, \qquad \delta_{12,1} = 77,9\cdot 10^{-6}, \qquad \delta_{22,1}\cdot 279,5\cdot 10^{-6}\,.$$

c) Belastung H. Nach Abb. 767 ist

$$H = +\,(N_{y\,0})_{y^*=l^*}\cdot\cos\alpha = +\,4,67\;\text{t}$$

und nach (1201)

$$\delta'_{10,1} = -4,67\cdot 43,4\cdot 10^{-6} = -202,5\cdot 10^{-6}\,,$$

$$\delta'_{20,1} = -4,67\cdot 77,9\cdot 10^{-6} = -363,5\cdot 10^{-6}\,.$$

5. Berechnung der Überzähligen.

$$\delta_{11} = (72,5 + 43,4)\cdot 10^{-6} = 115,9\cdot 10^{-6}\,,$$

$$\delta_{12} = (-122,6 + 77,9)\cdot 10^{-6} = -44,7\cdot 10^{-6}\,,$$

$$\delta_{22} = (415,0 + 279,5)\,10^{-6} = 694,5\cdot 10^{-6}\,,$$

$$\delta_{10} = (-24,6 + 63,3 - 202,5)\,10^{-6} = -163,8\cdot 10^{-6}\,,$$

$$\delta_{20} = (1,94 + 29,3 - 363,5)\,10^{-6} = -332,26\cdot 10^{-6}\,.$$

X_1	X_2		
115,9	$-44,7$	163,8	$X_1 = 1,639\;\text{t/m}\,,$
$-44,7$	694,5	332,26	$X_2 = 0,584\;\text{mt/m}\,.$

6. Formänderung und Schnittkräfte der Zylinderschale nach (1243) und (1244)

$$w = w_0 + 1{,}639\, w_1 + 0{,}584\, w_2$$
$$= -51{,}3 \cdot 10^{-6}\left[(1 - e^{-\varkappa}) - 0{,}923\, e^{-\lambda\eta}\,(\cos\lambda\eta + 1{,}516\sin\lambda\eta)\right].$$
$$M_y = 1{,}639\, M_1 + 0{,}584\, M_2 = 0{,}384\, e^{-\lambda\eta}\left[1{,}516\cos\lambda\eta - \sin\lambda\eta\right].$$

7. Formänderung und Schnittkräfte der Kegelschale nach (1202) und (1221)

$$\Delta r_z = \Delta r_{z,0} + (1{,}639 - 4{,}67)\,\Delta r_{z,1} + 0{,}584\,\Delta r_{z,2}$$
$$= \Delta r_{z,0} - 3{,}031\,\Delta r_{z,1} + 0{,}584\,\Delta r_{z,2}.$$

$\Delta r_{z,0}$ auf S. 787. Nach (1223) und (1224) ist

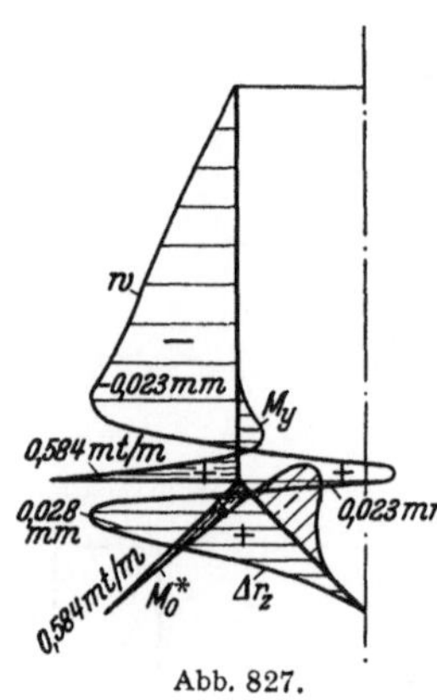

Abb. 827.

$$\Delta r_{z,1} = 2{,}41 \cdot 10^{-6}\, y^{*\,2}\, e^{-\eta_2}\cos\eta_2\,,$$
$$\Delta r_{z,2} = 4{,}33 \cdot 10^{-6}\, y^{*\,2}\, e^{-\eta_2}\,(\cos\eta_2 - \sin\eta_2)\,,$$
$$M_y^* = -3{,}031\, M_1 + 0{,}584\, M_2 = 0{,}584\, e^{-\eta_2}\left[\cos\eta_2 - 1{,}721\sin\eta_2\right].$$

Formänderung und Schnittkräfte sind in Abb. 827 dargestellt.

Berechnung eines Kühlturmes.

1. Geometrische Grundlagen (Abb. 828).

Zylinderschale: $a = 5{,}5$ m, $l = 15{,}0$ m, $h = 0{,}07$ m

$$E\,h = 0{,}147 \cdot 10^6\,, \qquad a/h = 78{,}6\,, \qquad L = 0{,}474\text{ m}\,, \qquad \lambda = 31{,}7\,, \qquad \eta = y/l\,.$$

Kegelschale: $\alpha = 65^0$, $l^* = 17{,}0$ m, $a^* = 13{,}0$ m, $h^* = 0{,}10$ m

$$E\,h^* = 0{,}210 \cdot 10^6\,, \qquad L_1^* = 0{,}596\text{ m}\,, \qquad B^* = 10^6/5560\,, \qquad \eta_1 = s_1/L_1^*\,.$$

2. Belastung. Eigengewicht.

Zylinderschale $g = 0{,}168$ t/m²; Kegelschale $g^* = 0{,}24$ t/m².

3. Formänderung der Zylinderschale.

a) Membranzustand. Nach (1153) ist

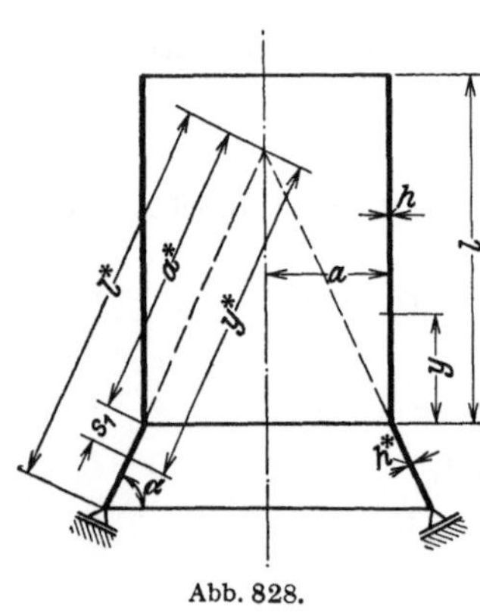

Abb. 828.

$$w_0 = -\frac{\mu}{E\,h}\,a\,g\,l\,(1 - \eta) = -10^{-6} \cdot 15{,}73\,(1 - \eta)\,,$$

$$\vartheta_0 = 10^{-6} \cdot \frac{15{,}73}{l} = 10^{-6} \cdot 1{,}05\,,$$

so daß mit $\eta = 0$ $\quad \delta_{10,2} = -15{,}73 \cdot 10^{-6}\,,$

$$\delta_{20,2} = 1{,}05 \cdot 10^{-6}\,.$$

b) Für die Belastung aus $X_1 = 1$, $X_2 = 1$ (Abb. 829) ist nach (1248)

$$\delta_{11,2} = 868 \cdot 10^{-6}\,, \qquad \delta_{12,2} = -1836 \cdot 10^{-6}\,,$$
$$\delta_{22,2} = 7750 \cdot 10^{-6}\,.$$

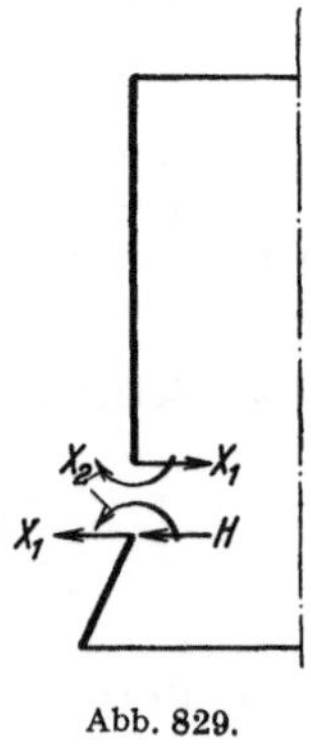

4. Formänderung der Kegelschale.

a) Membranzustand. Nach (1142) und (1145) ist mit $z = y^*\sin\alpha$ und

Abb. 829.

$$G_0 = g \cdot l \cdot 2\,a\,\pi = 87\text{ t}$$

$$\Delta r_{z,0} = -\frac{g^*\, y^{*\,2}}{E\,h^*}\cos^2\alpha\,\operatorname{ctg}\alpha\left\{1 - \frac{\mu}{2\cos^2\alpha}\left[1 - \left(\frac{a^4}{y^*}\right)^2\right]\right\} + \frac{\mu\,G_0}{2\,\pi\,E\,h^*\sin\alpha}$$

$$= 10^{-6}\left\{12{,}12 - 0{,}0444\, y^{*\,2}\left[1{,}145 + \left(\frac{13}{y^*}\right)^2\right]\right\},$$

$$\vartheta_0 = -\frac{g^*\, y^*}{E\,h^*}\,\frac{\operatorname{ctg}\alpha}{\sin\alpha}\left[\frac{1}{2} + \mu - (2 + \mu)\cos^2\alpha - \frac{1}{2}\left(\frac{a^*}{y^*}\right)^2\right] - \frac{G_0}{E\,h \cdot 2\,\pi\, y^*\sin^2\alpha}$$

$$= -10^{-6}\left\{0{,}294\, y^*\left[0{,}56 - \left(\frac{13}{y^*}\right)^2\right] + \frac{80{,}3}{y^*}\right\}.$$

Mit $y^* = a^*$ wird $\qquad \bar\delta_{10,1} = -3{,}96 \cdot 10^{-6}\,, \qquad \bar\delta_{20,1} = -4{,}49 \cdot 10^{-6}\,.$

b) Die Belastung $X_1 = 1$, $X_2 = 1$ liefert nach (1225) und (1226)

$$\delta_{11,1} = 482 \cdot 10^{-6}, \qquad \delta_{12,1} = 896 \cdot 10^{-6}, \qquad \delta_{22,1} = 3320 \cdot 10^{-6}.$$

c) Belastung H. Nach (1145) ist

$$H = -\frac{G_0}{2\,\pi\,a}\,\operatorname{ctg}\alpha = +1{,}175 \text{ t/m}$$

und daher nach (1201)

$$\delta'_{10,1} = -1{,}175 \cdot 482 \cdot 10^{-6} = -566 \cdot 10^{-6},$$

$$\delta'_{20,1} = -1{,}175 \cdot 896 \cdot 10^{-6} = -1053 \cdot 10^{-6}.$$

5. **Berechnung der Überzähligen.** $(\delta_{ik} = \delta_{ik,1} + \delta_{ik,2},\ \delta_{i0} = \overline{\delta}_{i0,1} + \delta'_{i0,1} + \delta_{i0,2})$

X_1	X_2		
1350	−940	581	$X_1 = 0{,}532$ t/m.
−940	11070	1056	$X_2 = 0{,}141$ mt/m.

6. **Formänderung und Schnittkräfte der Zylinderschale** nach (1243) und (1244)

$$w = w_0 + 0{,}532\,w_1 + 0{,}141\,w_2$$
$$= -15{,}73 \cdot 10^{-6}\,[(1-\eta) - 12{,}85\,e^{-\lambda\eta}\,(\cos\lambda\,\eta + 1{,}281\sin\lambda\,\eta)],$$
$$M_y = 0{,}532\,M_1 + 0{,}141\,M_2 = -0{,}110\,e^{-\lambda\eta}\,(\sin\lambda\,\eta - 1{,}281\cos\lambda\,\eta).$$

7. **Formänderung und Schnittkräfte der Kegelschale** nach (1202) und (1221)

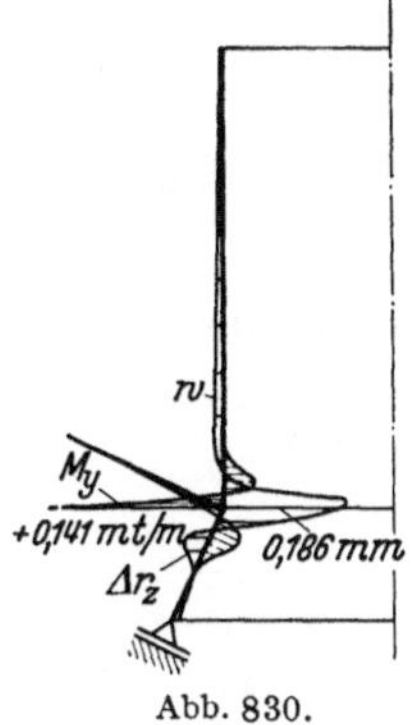

$$\Delta r_z = \Delta r_{z,0} + (0{,}532 - 1{,}175)\,\Delta r_{z,1} + 0{,}141\,\Delta r_{z,2}$$
$$= \Delta r_{z,0} - 0{,}643\,\Delta r_{z,1} + 0{,}141\,\Delta r_{z,2}.$$

$\Delta r_{z,0}$ auf S. 788. Nach (1225) und (1226) ist

$$\Delta r_{z,1} = 2{,}855 \cdot 10^{-6}\,y^{*2}\,e^{-\eta_1}\cos\eta_1,$$
$$\Delta r_{z,2} = -5{,}28 \cdot 10^{-6}\,y^{*2}\,e^{-\eta_1}\,(\sin\eta_1 - \cos\eta_1).$$

Formänderung und Schnittkräfte sind in Abb. 830 dargestellt.

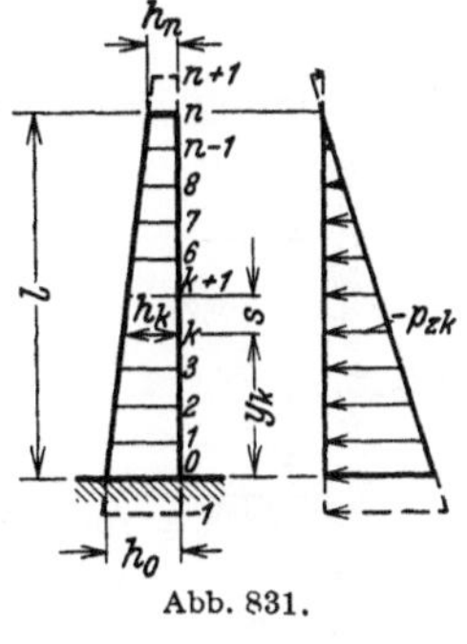

Abb. 830.

Abb. 831.

Die Zylinderschale mit veränderlicher Wanddicke. Näherungslösungen der allgemeinen Aufgabe entstehen nach S. 778 durch die Unterteilung des Integrationsbereichs l in n gleichgroße Abschnitte $\Delta y = s$ mit der Punktfolge $0, 1 \ldots k \ldots n$ und durch die Umwandlung der Differentialquotienten der Differentialgleichung des Problems in Differenzenquotienten.

Die Differentialgleichung der Biegelinie w des Meridianschnittes mit beliebig veränderlicher Wanddicke h lautet nach (1229) für

$$N_y = 0, \qquad M''_y + \frac{N_\beta}{a} + p_z = 0, \qquad M''_y = -(B\,w'')' :$$

$$\left(\frac{h^3}{h_0^3}\,w''\right)'' + 4\,w\,\frac{h}{h_0}\,\frac{3(1-\mu^2)}{a^2\,h_0^2} = 12\,\frac{(1-\mu^2)}{E\,h_0^3}\,p_z. \tag{1259}$$

Aus dieser werden nach (211) mit $h_k/h_0 = \zeta_k$ die folgenden Differenzengleichungen abgeleitet:

$$\zeta_{k-1}^3\,\Delta^2 w_{k-1} - 2\,\zeta_k^3\,\Delta^2 w_k + \zeta_{k+1}^3\,\Delta^2 w_{k+1} + 4\,\zeta_k\,\frac{s^4}{L^4}\,w_k = \frac{12(1-\mu^2)\,s^4}{E\,h_2^3}\,p_{z,k}.$$

Sie lassen sich nach S. 130 umformen

$$\zeta_{k-1}^3\,w_{k-2} - 2\,w_{k-1}(\zeta_{k-1}^3 + \zeta_k^3) + w_k\left(\zeta_{k-1}^3 + 4\left[\zeta_k^3 + \zeta_k\frac{s^4}{L^4}\right] + \zeta_{k+1}^3\right)$$

$$- 2\,w_{k+1}(\zeta_k^3 + \zeta_{k+1}^3) + \zeta_{k+1}^3\,w_{k+2} = \frac{12(1-\mu^2)\,s^4}{E\,h_0^3}\,p_{z,k}, \quad k = 1 \ldots (n-1). \tag{1260}$$

Die Rechenvorschrift besteht neben diesen $(n-1)$ linearen Gleichungen aus vier Randbedingungen für w, w', M oder Q am Rande $y = 0$ und $y = l$. Sie enthält ebenso viele Wurzeln $w_k (k = -1 \ldots n+1)$, die daher eindeutig bestimmt sind. Die Randbedingungen sind Vorschriften über den Verschiebungs- oder Spannungszustand. Dieser läßt sich nach (1229) ebenfalls durch Differenzen ausdrücken.

$$w'_k \approx \frac{w_{k+1} - w_{k-1}}{2\,s}, \quad N_{\beta k} = \frac{E\,h_k}{a}\,w_k, \quad M_{y k} = -\frac{E\,h_k^3}{12\,(1-\mu^2)}\,\frac{w_{k-1} - 2\,w_k + w_{k+1})}{s^2},$$
$$Q_k = -\frac{E}{12\,(1-\mu^2)}\left(\frac{h_{k+1}^3\,\varDelta^2\,w_{k+1} - h_{k-1}^3\,\varDelta^2\,w_{k-1}}{2\,s^3}\right). \tag{1261}$$

Sind keine Randbedingungen vorgeschrieben, sondern nur durch die Verbindung des Breitenschnittes mit anderen elastischen Bauteilen bestimmt, so müssen hier ebenso wie auf S. 781 zunächst die Anschlußkräfte berechnet werden. Die Komponenten δ_{10}, δ_{20} des Verschiebungszustandes ergeben sich in der Regel aus der partikulären Lösung von (1259), die Vorzahlen δ_{11}, δ_{12}, δ_{22} des Ansatzes lassen sich genügend genau aus den Differenzengleichungen eines unendlich langen Zylinders mit vorgeschriebenen Randkräften nach S. 789 für $X_1 = Q_y = 1$, $M = 0$ oder $X_2 = M = 1$, $Q_y = 0$ berechnen. Da die Funktionen $w(y)$ in diesem Falle schnell abklingen, werden die Verschiebungen $w_{k,1}$, $w_{k,2}$ außerhalb einer geschätzten Randzone Null gesetzt, ohne die Bedingungen am entgegengesetzten Rande zu berücksichtigen.

Berechnung des Wasserbehälters Abb. 819 für linear veränderliche Wandstärke $(h'' = 0)$.

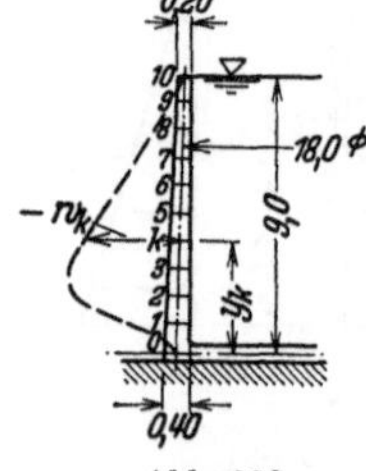
Abb. 832.

1. Geometrische Abmessungen (Abb. 832). $l = 9,0$ m, $a = 9,0$ m.

$$h_0 = 0,40 \text{ m}, \qquad h_{10} = 0,20 \text{ m}, \qquad h_k = \frac{h_0}{c}\,(c - y_k),$$

$$c = \frac{l\,h_0}{h_0 - h_{10}} = 18,0, \qquad \zeta_k = \frac{h_k}{h_0} = 1 - \frac{y_k}{18,0}.$$

Der Integrationsbereich l wird in 10 gleiche Teile geteilt. $s = 0,9$ m.

2. Belastung. Wasserdruck, $p_{z,k} = -1,0\,(l - y_k)$.

3. Randbedingungen. Der untere Rand $y = 0$ ist starr eingespannt, $w = 0$, $w' = 0$, also $w_{-1} = w_1$. Der obere Rand ist kräftefrei, $Q_{10} = 0$, $M_{y 10} = 0$, daher mit (1261)

$$w_{11} = 2\,w_{10} - w_9, \qquad w_{12} = \frac{\zeta_9^3}{\zeta_{11}^3}\,(w_8 - 2\,w_9 + w_{10}) + 3\,w_{10} - 2\,w_9.$$

4. Vorzahlen der Differenzengleichungen (1260)

$$\frac{12\,(1-\mu^2)}{E\,h_0^3}\,p_{z,k} = \frac{p_{z,k}}{B_0} = -\frac{0,057}{1000}\,(9,0 - y_k), \qquad \frac{s^4}{L^4} = 0,1475.$$

k	y_k	ζ_k	ζ_k^3	$\zeta_k^3 + \zeta_{k+1}^3$	$\zeta_k\,\dfrac{s^4}{L^4}$	$[\quad]$ Gl.(1260)	$\zeta_{k-1}^3 + 4[\quad] + \zeta_{k+1}^3$	$9,0 - y_k$	$10^3\,\dfrac{p_{z,k}}{B_0}$
-1	$-0,9$	$1,05$	$1,158$	$2,158$	$0,1550$	$1,3130$	—	—	
0	0	1	1	$1,857$	$0,1475$	$1,1475$	$6,595$	9	$-0,513$
1	$0,9$	$0,95$	$0,857$	$1,586$	$0,1401$	$0,9971$	$5,719$	$8,1$	$0,461$
2	$1,8$	$0,9$	$0,729$	$1,343$	$0,1328$	$0,8618$	$4,921$	$7,2$	$0,411$
$\vdots$	$\vdots$	$\vdots$	$\vdots$	$\vdots$	$\vdots$	$\vdots$	$\vdots$	$\vdots$	$\vdots$

5. Die Bedingungsgleichungen unter Berücksichtigung der Randbedingungen.

w_1	w_2	w_3	w_4	w_5	w_6	w_7	w_8	w_9	w_{10}	$10^3 \dfrac{p_{z,k}}{B_0}$
6,719	−3,172	0,729								−0,461
−3,172	4,921	−2,686	0,614							−0,411
0,729	−2,686	4,199	−2,252	0,512						−0,359
	0,614	−2,252	3,556	−1,868	0,422					−0,308
		0,512	−1,868	2,988	−1,530	0,343				−0,256
			0,422	−1,530	2,485	−1,236	0,275			−0,205
				0,343	−1,236	2,044	−0,982	0,216		−0,154
					0,275	−0,982	1,661	−0,764	0,166	−0,103
						0,216	−0,764	1,204	−0,332	−0,051
							0,166	−0,332	0,313	0

6. Auflösung. Die Iteration einer Näherungslösung liefert

$k =$	1	2	3	4	5	6	7	8	9	10
$10^3\, w_k =$	−0,2396	−0,5144	−0,6616	−0,6777	−0,6131	−0,5146	−0,4047	−0,2860	−0,1547	−0,0124 mm

7. Schnittkräfte nach (1261). Die Ausbiegung w_k und das Biegungsmoment $M_{y\,k}$ sind in Abb. 820 S. 783 durch die Linie *4* dargestellt.

Pöschl, T., u. K. v. Terzaghi: Berechnung von Behältern nach neueren analytischen und graphischen Methoden. Berlin 1913 und 1926. — Meißner, E.: Beanspruchung und Formänderung zylindrischer Gefäße mit linear veränderlicher Wandstärke. Vjschr. Naturforsch. Ges. Zürich 1917 S. 153. — Pasternak, P.: Formeln zur raschen Berechnung der Biegebeanspruchung in kreisrunden Behältern. Schweiz. Bauztg. Bd. 86 (1925) S. 129. — Derselbe: Vereinfachte Berechnung der Biegebeanspruchung in dünnwandigen kreisrunden Behältern. Verh. 2. Int. Kongr. f. techn. Mechanik. Zürich 1927. — Derselbe: Die praktische Berechnung der Biegebeanspruchung in kreisrunden Behältern mit gewölbten Böden und Decken und linear veränderlichen Wandstärken. Schweiz. Bauztg. Bd. 90 (1927). — Susok, K.: Formeln zur praktischen Berechnung der Biegungsbeanspruchung in kreisrunden Behältern mit linear veränderlichen Wandstärken. Beton u. Eisen 1927 S. 450. — Steuermann, E.: Beitrag zur Berechnung des zylindrischen Behälters mit veränderlicher Wandstärke. Beton u. Eisen 1928 S. 286. — Miesel, K.: Über die Festigkeit von Kreiszylinderschalen mit nichtachsensymmetrischer Belastung. Ing.-Arch. 1930 S. 22. — Flügge, W.: Die Stabilität der Kreiszylinderschale. Ing.-Arch. 1931 S. 463. — Stange, K.: Der Spannungszustand einer Kreisringschale. Ing.-Arch. 1931 S. 47. — Abdank, R.: Berechnung ganz oder teilweise gefüllter, freitragender, dünnwandiger Rohrleitungen mit beliebig geneigter Achse. Bautechn. 1931 S. 419. — v. Sanden, K., u. F. Tölke: Über Stabilitätsprobleme dünner kreiszylindrischer Schalen. Ing.-Arch. 1931 S. 24.

82. Membrantheorie von Rohr und Tonne.

Tonne und Rohr werden bei zahlreichen Anwendungen im Bauwesen längs der Ränder oder längs ausgezeichneter Mantellinien $\alpha = $ const stetig unterstützt und bei der statischen Untersuchung unendlich lang angenommen (Abb. 833). Eine von x unabhängige Belastung $p = p(\alpha)$ erzeugt dann mit $\mu = 0$ einen ebenen Spannungszustand, dessen Komponenten ebenso wie beim biegungssteifen gekrümmten Stabe berechnet werden (S. 131 und 136). Durch die Abstützung einzelner Querschnitte des Flächentragwerks mit biegungssteifen Rahmen, Bindern oder Querwänden entstehen freitragende Rohre und Tonnen, deren differentiale Streifen sich nicht mehr gleichartig verhalten, so daß die Spannungen nach der Schalentheorie berechnet werden müssen. Gelten dabei mit $h \ll r$ dieselben Annahmen wie auf S. 743, so lassen sich die inneren Kräfte auch hier durch Schnittkräfte, also durch Längs- und Querkräfte, Biegungs- und Drillungsmomente ausdrücken. Die räumliche Tragwirkung der Tonne ist zuerst von A. Föppl an Fachwerken (1894), von D. Thoma und E. Schwerin an Rohren (1920) und von F. Bauersfeld und

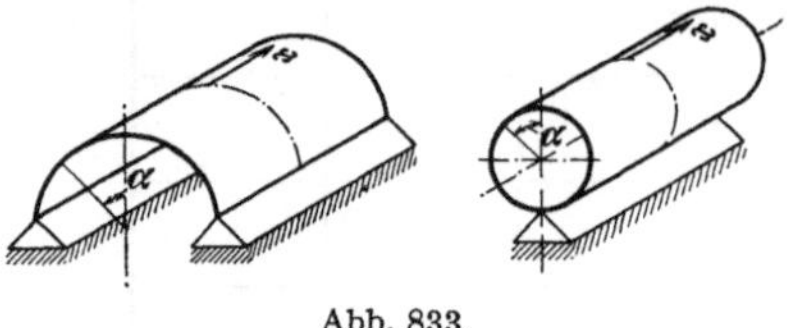

Abb. 833.

U. Finsterwalder an freitragenden Gewölben (1928) untersucht worden.

Um die Rechnung zu vereinfachen, können die Biegungsspannungen gegenüber den Dehnungsspannungen eines Abschnitts zunächst ebenso wie bei den rotationssymmetrischen Schalen vernachlässigt werden, wenn die Randbedingungen vollständig erfüllt sind oder wenn die Randstörungen keinen wesentlichen Einfluß auf den Spannungs- und Formänderungszustand besitzen. Das Kraftfeld der Schale wird dann allein durch Längskräfte und Schubkräfte beschrieben, während die Biegung nur geringe Nebenspannungen erzeugt.

Zur Berechnung der Längskräfte N_x, N_α und der Schubkräfte $N_{x\alpha}$ genügen die drei Gleichgewichtsbedingungen. Die Aufgabe ist also ebenso wie bei den rotationssymmetrischen Schalen statisch bestimmt. Die Gleichgewichtsbedingungen werden für die äußeren Kräfte eines differentialen Schalenteils $dx \cdot r\, d\alpha$ angeschrieben und dabei auf das Achsensystem der Abb. 838 bezogen. Der Ursprung der x-Achse fällt in den mittleren Breitenschnitt zwischen zwei Querstützen (Abstand $2\,l$). Diese bedeuten Ränder des stetigen Zusammenhangs und damit Randbedingungen für die mathematische Beschreibung des Spannungs- und Verschiebungszustandes. Dasselbe gilt von der Begrenzung der Tonnenschalen längs der Erzeugenden. Randstörungen des Membranzustandes sind also nur dann ausgeschlossen, wenn die an den Rändern der Schale vorhandenen Kräfte den stützenden Randgliedern ohne Zwang zugeführt werden können.

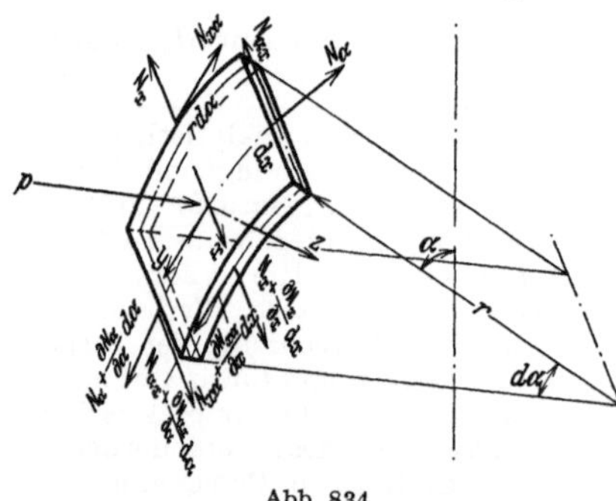

Abb. 834.

Die Wanddicke h ist konstant, die Belastung p eine stetige Funktion von x und α. Ihre Komponenten werden mit p_x, p_v, p_z bezeichnet. Die Verschiebungen der Punkte der Mittelfläche im Sinne der drei in Abb. 834 eingetragenen Achsen sind u, v, w.

Bedingungen für das Gleichgewicht der Kräfte an dem differentialen Abschnitt Abb. 834

$$\frac{\partial N_x}{\partial x}\,dx\,r\,d\alpha + \frac{\partial N_{x\alpha}}{\partial \alpha}\,d\alpha\,dx + p_x\,dx\,r\,d\alpha = 0\,,$$

$$\frac{\partial N_\alpha}{\partial \alpha}\,d\alpha\,dx + \frac{\partial N_{x\alpha}}{\partial x}\,dx\,r\,d\alpha + p_y\,dx\,r\,d\alpha = 0\,,$$

$$N_\alpha\,dx\,d\alpha + p_z\,dx\,r\,d\alpha = 0\,,$$

$$\frac{\partial N_{x\alpha}}{\partial x} + \frac{1}{r}\frac{\partial N_\alpha}{\partial \alpha} + p_y = 0\,, \qquad \frac{\partial N_x}{\partial x} + \frac{\partial N_{x\alpha}}{r\,\partial \alpha} + p_x = 0\,, \qquad N_\alpha + p_z\,r = 0\,. \tag{1262}$$

Die Schnittkräfte können daher unabhängig voneinander berechnet werden.

$$N_\alpha = -r\,p_z\,, \qquad N_{x\alpha} = -\int \frac{1}{r}\frac{\partial N_\alpha}{\partial \alpha}\,dx - \int p_y\,dx + C_1(\alpha)\,, \left.\begin{array}{c}\\[2.2em]\end{array}\right\}$$
$$N_x = -\int \frac{1}{r}\frac{\partial N_{x\alpha}}{\partial \alpha}\,dx - \int p_x\,dx + C_2(\alpha)\,. \tag{1263}$$

Die Integrationskonstanten C_1, C_2 sind unabhängig von x, aber Funktionen von α, und daher nur durch Randbedingungen für $x = $ const bestimmt. Bei freier Auflagerung der Schale auf zwei Querstützen sind die Längskräfte N_x an den freien Rändern in $x = \pm l$ Null; bei freier Auskragung der Schale sind Längskraft N_x und Schubkraft $N_{\alpha x}$ am freien Rand Null. Randstörungen des Membranzustandes sind dabei aber nur dann ausgeschlossen, wenn die Dehnung von Schalenrand und Querstütze stetig ineinander übergehen. In allen anderen Fällen entstehen ebenso wie bei der Verbindung von Rotationsschale und Ringträger Biegungsspannungen, die sich allerdings ebenso wie dort nur auf eine schmale Randzone beschränken und daher keine große Bedeutung besitzen.

Der Verschiebungszustand der Mittelfläche (u, v, w) läßt sich mit den als bekannt anzusehenden Schnittkräften aus den folgenden Beziehungen berechnen:

$$\varepsilon_x = \frac{\partial u}{\partial x} = \frac{1}{E\,h}(N_x - \mu\,N_\alpha)\,, \qquad \varepsilon_\alpha = \frac{\partial v}{r\,\partial\alpha} - \frac{w}{r} = \frac{1}{E\,h}(N_\alpha - \mu\,N_x)\,, \quad \left.\right\} \quad (1264)$$
$$\gamma_{x\alpha} = \frac{\partial u}{r\,\partial\alpha} + \frac{\partial v}{\partial x} = \frac{2\,(1+\mu)}{E\,h}\,N_{\alpha x}\,.$$

Spannungszustand einer freitragenden Druckrohrleitung.

1. Lösung für Eigengewicht $p_x = 0$, $p_y = g \sin\alpha$, $p_z = g \cos\alpha$. Nach (1263) ist
$$N_\alpha = -a\,g\cos\alpha\,,$$
$$N_{\alpha x} = -\frac{1}{a}\int a\,g\sin\alpha\,dx - g\int \sin\alpha\,dx + C_1 = -2g\,x\sin\alpha + C_1\,.$$

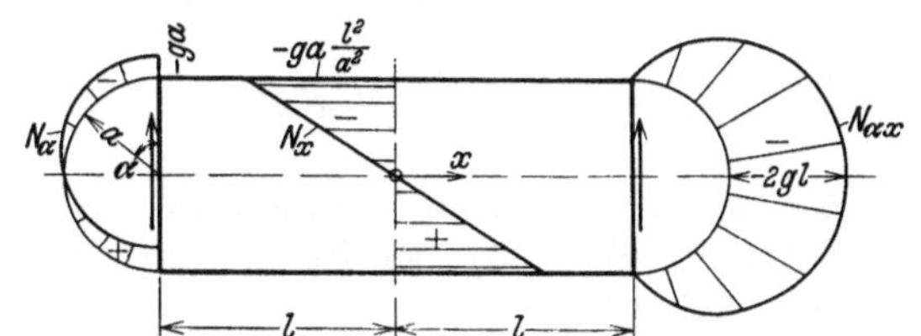

Abb. 835. Schnittkräfte infolge Eigengewicht.

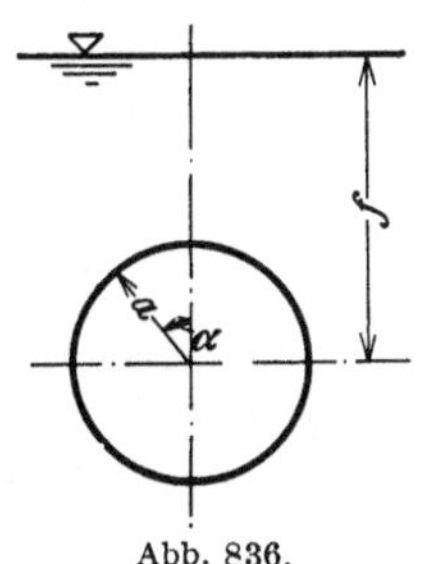

Abb. 836.

Aus Symmetriegründen ist $N_{\alpha x} = 0$ für $x = 0$, also $C_1 = 0$.
$$N_x = +\frac{1}{a}\int 2g\,x\cos\alpha\,dx + C_2 = \frac{g}{a}\cos\alpha\,(x^2 + C_2)\,.$$

Für $x = l$ ist $N_x = 0$, also $C_2 = -l^2$. Die Schnittkräfte lauten nunmehr

$$N_\alpha = -g\,a\cos\alpha\,, \qquad N_{\alpha x} = -2g\,x\sin\alpha\,, \qquad N_x = -g\,a\,\frac{l^2}{a^2}\left(1 - \frac{x^2}{l^2}\right)\cos\alpha\,.$$

Sie sind in Abb. 835 dargestellt.

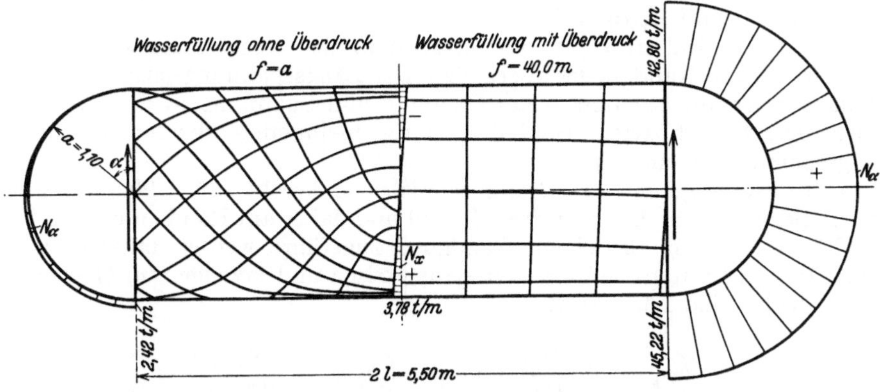

Abb. 837. Schnittkräfte und Spannungstrajektorien in einem Rohrabschnitt.

2. Lösung für Wasserüberdruck $p_x = 0$, $p_y = 0$, $p_z = -\gamma\,(f - a\cos\alpha)$ (Abb. 836). Die Integration nach (1263) liefert

$$N_\alpha = a^2\gamma\left(\frac{f}{a} - \cos\alpha\right), \qquad N_{\alpha x} = -\gamma\,a\,x\sin\alpha, \qquad N_x = -\gamma\,\frac{l^2}{2}\left(1 - \frac{x^2}{l^2}\right)\cos\alpha.$$

Die Schnittkräfte und Spannungstrajektorien sind bei Wasserfüllung ohne Überdruck, also für $f = a = 1{,}10$ m auf der linken Seite, bei Wasserfüllung mit $f = 40{,}0$ m auf der rechten Seite der Abb. 837 eingetragen. Die Hauptspannungen werden also bei wachsendem Überdruck immer mehr zu Ringspannungen. Dabei wird die Durchbiegung des Rohres kleiner.

Die Tonnenschale mit Querstützung. Die Mittelfläche der Tonnenschale ist ein zum Meridianschnitt $\alpha = 0$ symmetrischer Abschnitt einer Zylinderfläche mit parallelen Rändern $\alpha = \alpha^* = $ const. Die Krümmung des Breitenschnittes $1/r$ ist eine Funktion von α, die Wanddicke h in der Regel konstant. Das Flächentragwerk ruht entweder auf allen vier Rändern oder trägt sich zwischen den Querwänden frei. Daneben sind auch noch andere Stützungsmöglichkeiten vorhanden.

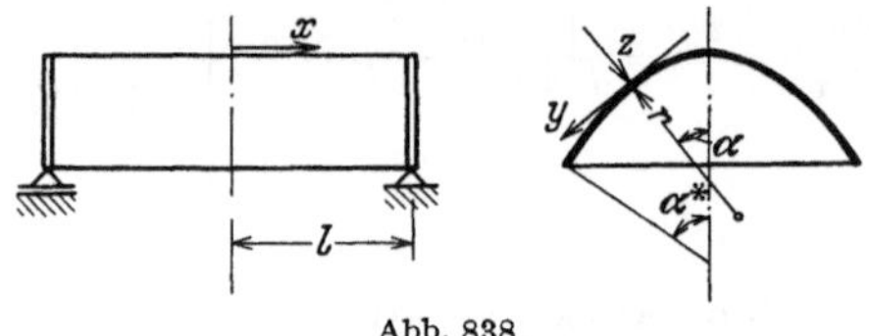

Abb. 838.

Die Belastung p wirkt stetig, wird aber im Hinblick auf die Anwendung im Bauwesen derart angenommen, daß $p_x = 0$ und p_y, p_z allein stetige Funktionen von α, also unabhängig von x sind. Die allgemeinen Gleichgewichtsbedingungen (1263) lauten dann folgendermaßen:

$$\left.\begin{aligned}
N_\alpha &= -p_z\,r, \qquad N_{x\alpha} = -\left(p_y + \frac{1}{r}\frac{\partial N_\alpha}{\partial\alpha}\right)x + C_1(\alpha),\\
N_x &= \frac{1}{r}\frac{\partial}{\partial\alpha}\left(p_y + \frac{1}{r}\frac{\partial N_\alpha}{\partial\alpha}\right)\frac{x^2}{2} - \frac{1}{r}\frac{\partial C_1(\alpha)}{\partial\alpha} + C_2(\alpha).
\end{aligned}\right\}\tag{1265}$$

Tragwerk und Belastung sind zum Querschnitt $x = 0$ symmetrisch, so daß zur Berechnung der Integrationskonstanten $C_1(\alpha)$, $C_2(\alpha)$ bei freier Auflagerung der Ränder $x = \pm l$ folgende Bedingungen gelten:

$$\left.\begin{aligned}
x = 0: &\qquad N_{\alpha x} = 0 \quad\text{also}\quad C_1(\alpha) = 0,\\
x = \pm l: &\qquad N_x = 0 \quad\text{also}\quad C_2(\alpha) = -\frac{1}{r}\frac{\partial}{\partial\alpha}\left(p_y + \frac{1}{r}\frac{\partial N_\alpha}{\partial\alpha}\right)\frac{l^2}{2}.
\end{aligned}\right\}\tag{1266}$$

Die Schnittkräfte sind daher

$$N_\alpha = -p_z\,r, \quad N_{\alpha x} = -\left(p_y + \frac{1}{r}\frac{\partial N_\alpha}{\partial\alpha}\right)x, \quad N_x = -\frac{1}{r}\frac{\partial}{\partial\alpha}\left(p_y + \frac{1}{r}\frac{\partial N_\alpha}{\partial\alpha}\right)\left(\frac{l^2 - x^2}{2}\right). \tag{1267}$$

Ist $x = 0$ der freie Rand einer einseitig eingespannten Tonne mit $N_x = 0$, $N_{\alpha x} = 0$, so ist $C_1(\alpha) = 0$ und $C_2(\alpha) = 0$.

An den Längsrändern $\alpha^* = $ const werden in der Regel Längskräfte N_α^* und Schubkräfte $N_{\alpha x}^*$ an Randglieder abgegeben. Der Längsspannungszustand der Schale bleibt dabei aber nur erhalten, wenn Dehnung und Spannung in der Grenzschicht zwischen den benachbarten Bauteilen stetig ineinander übergehen, ohne daß Biegungsspannungen entstehen.

Sind die Endtangenten des Breitenschnittes senkrecht ($\alpha^* = 90°$), so sind bei lotrechter Belastung die Längskräfte N_α^* Null und daher am Rande nur noch Schubkräfte $N_{\alpha x}^*$ vorhanden, die einem Randglied zugeführt werden müssen. Sie sind nach (1267) zum Breitenschnitt $x = 0$ symmetrisch und erzeugen im Querschnitt x des Randgliedes eine Längskraft

$$S = -\left(p_y + \frac{1}{r}\frac{\partial N_\alpha}{\partial\alpha}\right)\int\limits_l^x x\,dx = \left(p_y + \frac{1}{r}\frac{\partial N_\alpha}{\partial\alpha}\right)\left(\frac{l^2 - x^2}{2}\right). \tag{1268}$$

Die Längskräfte S der beiden Randglieder bilden mit den Längskräften N_x eines Querschnitts der Tonne eine Gleichgewichtsgruppe

$$S + \int_0^{\alpha^*} N_x \, r \, d\alpha = 0$$

und erhalten damit die Bedeutung der Biegungslängskraft eines Balkenträgers.

Die Form des Breitenschnittes steht mit dem Spannungszustand in einer Beziehung, die sich bei der Belastung der Tonne durch Eigengewicht $g = $ const leicht verfolgen läßt, wenn der Parameter n in der Gleichung des Breitenschnittes $1/r = 1/a \cdot \cos^n \alpha$ durch verschiedene ganze Zahlen ersetzt wird. $n = 3$ liefert eine Parabel, $n = 2$ eine Kettenlinie, $n = 0$ einen Kreis und $n = -1$ eine Zykloide. Mit $p_x = 0$, $p_y = g \sin \alpha$, $p_z = g \cos \alpha$ ist dann

$$N_\alpha = -g \, a/\cos^{n-1} \alpha \,, \quad \text{die Bogenkraft} \quad H = -N_\alpha \cos \alpha = g \, a/\cos^{n-2} \alpha \,,$$
$$N_{x\alpha} = -g \, x \, (2-n) \sin \alpha \,, \qquad N_x = -g \, \frac{(2-n)}{a} \cos^{n+1} \alpha \, \frac{l^2}{2} \left(1 - \frac{x^2}{l^2}\right). \tag{1269}$$

a) Der Breitenschnitt ist eine Kettenlinie: $n = 2$.

$$H = g \, a = \text{const}\,, \qquad N_{x\alpha} = 0\,, \qquad N_x = 0\,, \qquad S = 0\,. \tag{1270}$$

Die Tonne überträgt das Eigengewicht abgesehen von Randstörungen biegungsfrei nach den Bauteilen am Rande $\alpha^* = $ const.

b) Der Breitenschnitt ist der Kettenlinie einbeschrieben: $n > 2$.

Der Bogenschub nimmt mit wachsendem α zu, die Schubkräfte $N_{\alpha x} = N_{x \alpha}$ und die Längskräfte N_x sind positiv und daher S negativ.

c) Der Breitenschnitt ist gegen die Kettenlinie überhöht: $n < 2$.

Der Bogenschub nimmt mit wachsendem α ab, die Schubkräfte $N_{\alpha x} = N_{x \alpha}$ und die Längskräfte N_x sind negativ, die Längskraft S der Randglieder positiv. Bei Tonnen mit senkrechter Endtangente ($N_\alpha^* = 0$) wird das Eigengewicht vollständig nach den Querstützen abgetragen. Die Tonne wird zum Träger. Für freitragende Schalendächer mit Querstützung durch Wände oder Binder sind nur die überhöhten Breitenschnitte geeignet.

Nach diesen Untersuchungen kann das Gleichgewicht zwischen der stetigen Belastung einer Tonnenschale und den inneren Kräften eines Längsspannungszustandes nur in Verbindung mit einem Randglied hergestellt werden, dessen Längskraft S die Schubkräfte $N_{\alpha x}$ am Rande der Schale α^* aufnimmt und ausgleicht. Da jedoch der Sinn der Längskraft S des Randgliedes dem Sinne der Längskraft N_x des Schalenrandes stets entgegengesetzt ist, so kann sich in der Randzone kein Längsspannungszustand ausbilden. Die Unstetigkeit der Formänderung zwischen Schalenrand und Randglied bedeutet vielmehr stets Krümmungsänderungen durch Biegung. Sie sind um so größer, je mehr die mit der Angliederung besonderer Bauteile verbundene unstetige Gewichtsvermehrung die Annahmen über die äußeren Kräfte in den Gleichgewichtsbedingungen für den Längsspannungszustand verändert. Dabei ist zunächst noch immer ein Breitenschnitt mit senkrechter Endtangente angenommen worden. Die Verbindung von flachen Kreiszylinderschalen mit hohen Randträgern zwingt jedoch von vornherein ebenso wie die unstetige Belastung oder die unstetige Krümmung der Tonnenschalen dazu, die Biegungsspannungen des Flächentragwerks in den Vordergrund zu stellen. Dabei werden die Anschlußkräfte zwischen Träger und Schale in ähnlicher Weise wie bei den rotationssymmetrischen Schalen als die überzähligen Größen eines Hauptsystems betrachtet, das durch die Trennung der Randträger von der Schale entsteht. Die überzähligen Größen, also die Biegungsmomente, Längs- und Schubkräfte sind jetzt allerdings nicht mehr konstant, sondern Funktionen von x, die als periodische Funktionen in trigonometrischen Reihen entwickelt angenommen werden. Das Ergebnis entsteht aber ebenso wie bei den biegungssteifen rotationssymmetrischen Schalen durch die Überlagerung des Längsspannungszustandes aus der vorgeschriebenen Belastung mit den Biegungsspannungen aus den überzähligen Größen, für deren Berechnung die geometrischen Bedingungen über die gegenseitige Verschiebung und Verdrehung der Ufer der Anschlußquerschnitte von Schalen und Randträger verwendet werden. Die Lösung des Problems ist von U. Finsterwalder gezeigt worden. Mit Rücksicht auf Platzmangel muß auf die angegebene Literatur verwiesen werden.

1. Der Breitenschnitt ist eine Ellipse.

$$r = \frac{a^2 b^2}{(a^2 \sin^2 \alpha + b^2 \cos^2 \alpha)^{3/2}} \cdot$$

Schnittkräfte aus Eigengewicht $p_y = g \sin \alpha;\ p_z = g \cos \alpha$.

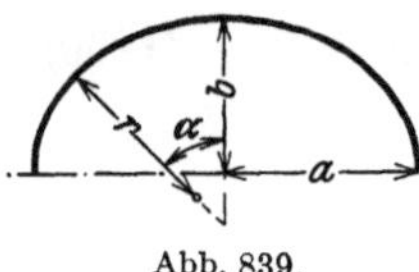

Abb. 839.

$$N_\alpha = - g\, a^2 b^2 \frac{\cos \alpha}{(a^2 \sin^2 \alpha + b^2 \cos^2 \alpha)^{3/2}},$$

$$N_{x\alpha} = - g\, x\, \frac{2 a^2 + (a^2 - b^2) \cos^2 \alpha}{a^2 \sin^2 \alpha + b^2 \cos^2 \alpha} \sin \alpha,$$

$$N_x = - \frac{g\, l^2}{2}\left(1 - \frac{x^2}{l^2}\right) \frac{a^2 b^2 (a^2 \sin^2 \alpha + b^2 \cos^2 \alpha)^{1/2}}{3 a^2 b^2 + 3 a^2 (b^2 - a^2) \sin^2 \alpha - (a^2 \sin^2 \alpha + b^2 \cos^2 \alpha)^2}$$

Schnittkräfte aus Schneelast. $p_y = p_s \sin \alpha \cos \alpha,\ p_z = p_s \cos^2 \alpha$.

$$N_\alpha = - p_s a^2 b^2 \frac{\cos^2 \alpha}{(a^2 \sin^2 \alpha + b^2 \cos^2 \alpha)^{3/2}},$$

$$N_{x\alpha} = 3 p_s x\, \frac{b^2 - 2 (a^2 \sin^2 \alpha + b^2 \cos^2 \alpha)}{(a^2 \sin^2 \alpha + b^2 \cos^2 \alpha)} \sin \alpha \cos \alpha,$$

$$N_x = - \frac{3}{2} p_s l^2 \left(1 - \frac{x^2}{l^2}\right) \frac{b^2 (a^2 \sin^2 \alpha - b^2 \cos^2 \alpha) + 2 (a^2 \sin^2 \alpha + b^2 \cos^2 \alpha)^2 (\cos^2 \alpha - \sin^2 \alpha)}{a^2 b^2 (a^2 \sin^2 \alpha + b^2 \cos^2 \alpha)^{1/2}} \cdot$$

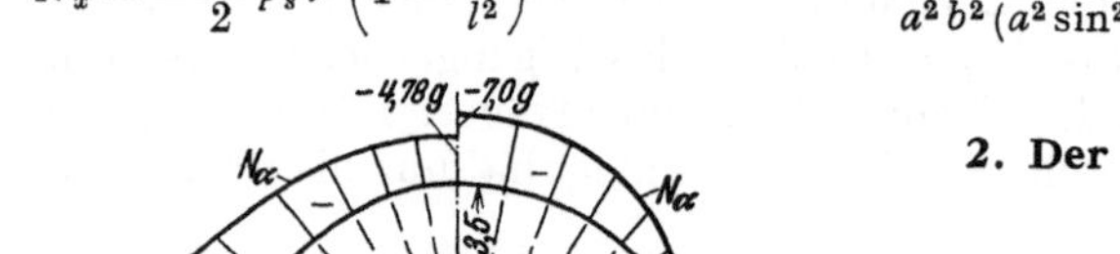

2. Der Breitenschnitt ist eine Zykloide.

$$r = a \cos \alpha \cdot$$

Schnittkräfte aus Eigengewicht

$$p_y = g \sin \alpha,\ p_z = g \cos \alpha.$$

$$N_\alpha = - g\, a \cos^2 \alpha, \qquad N_{x\alpha} = - 3 g\, a\, \frac{x}{a} \sin \alpha,$$

$$N_x = - \frac{3}{2} g\, a\, \frac{l^2}{a^2}\left(1 - \frac{x^2}{l^2}\right).$$

Die Schnittkräfte und Trajektorien sind in Abb. **840** mit denjenigen für eine Kettenlinie als Breitenschnitt verglichen worden.

Schnittkräfte aus Schneelast

$$p_y = p_s \sin \alpha \cos \alpha,\ p_z = p_s \cos^2 \alpha.$$

$$N_\alpha = - p_s a \cos^3 \alpha, \qquad N_{x\alpha} = - 4 p_s x \sin \alpha \cos \alpha,$$

$$N_x = 2 p_s a\, \frac{l^2}{a^2}\left(1 - \frac{x^2}{l^2}\right) \frac{1 - 2 \cos^2 \alpha}{\cos \alpha} \cdot$$

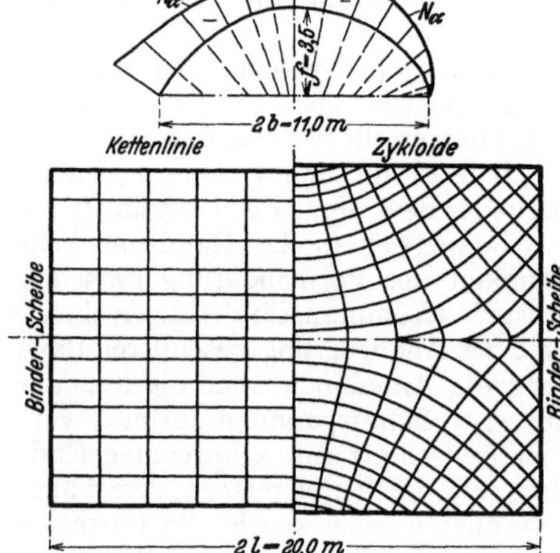

Abb. 840.

Gleichung der

Kettenlinie	Zykloide
$y = 8{,}28 - 4{,}78\, \mathfrak{Cof}\, \dfrac{x}{4{,}78}$	$x = \dfrac{f}{2}\,(\varphi - \sin \varphi)$
$a = 4{,}78$	$y = \dfrac{f}{2}\,(1 - \cos \varphi)$
	$0 \leqq \varphi \leqq f$
	$a = 2 f$

Schwerin, E.: Über die Spannungen in symmetrisch und unsymmetrisch belasteten Kugelschalen. Berlin 1918 und Arm. Beton 1919 S. 25. — Thoma, D.: Die Beanspruchung freitragender mit Wasser gefüllter Rohre. Z. ges. Turbinenwes. 1920 S. 17. — Schwerin, E.: Über die Spannungen in freitragenden gefüllten Rohren. Z. angew. Math. Mech. 1922 S. 340. —

Miesel, K.: Über die Festigkeit von Kreiszylinderschalen mit nichtachsensymmetrischer Belastung. Ing.-Arch. 1929 S. 22. — Geckeler, J.: Zur Theorie der Elastizität flacher rotationssymmetrischer Schalen. Ing.-Arch. 1930 S. 255. — Rüsch, H.: Theorie der querversteiften Zylinderschalen für schmale, unsymmetrische Kreissegmente. Diss. München 1931. — Finsterwalder, U.: Die querversteiften zylindrischen Schalengewölbe mit kreissegmentförmigem Querschnitt. Ing.-Arch. Bd. 4 (1933) S. 43.

83. Vieleckkuppeln.

Die Breitenschnitte der zyklisch symmetrischen Tragwerke sind in der Regel Vielecke mit gerader Seitenzahl $(2\,n)$. Sie bilden n Tonnenschalen, die untereinander kongruent sind und sich gegeneinander in n Gratlinien abstützen. Die Krümmung des Querschnitts $1/R_\beta$ kann sich beliebig ändern. Sie ist jedoch in der Regel mathematisch bestimmt, der Querschnitt also z. B. ein Kreisbogen, eine Ellipse oder eine Zykloide.

Der Schalensektor ist durch einen Rand $\alpha = \alpha_2$ und durch zwei Gratlinien begrenzt, welche den Winkel $2\varphi = \pi/n$ einschließen (Abb. 841). Sind die Randbedingungen für $\alpha = \alpha_2$ nach S. 794 erfüllt und Randstörungen ohne Bedeutung, so erzeugt jede stetige Belastung allein Schnittkräfte N_α, $N_{\alpha x}$, N_x. Die allgemeinen Angaben darüber auf S. 794 enthalten zwei Funktionen $f_1(\alpha)$, $f_2(\alpha)$ als Integrationskonstante, über die im Sinne des Längsspannungszustandes in den Graten so verfügt werden kann, daß die Hauptschnittkräfte mit der Tangente an die Gratlinien zusammenfallen und daher die Komponenten in Richtung der Haupt- und Binormalen Null sind. Die Anzahl $2n$ der unbekannten Funktionen $f(\alpha)$ stimmt mit der Anzahl $2n$ der verfügbaren Bedingungsgleichungen der Schale für den Längsspannungszustand des Tragwerks in den Graten überein. Die Grate erhalten

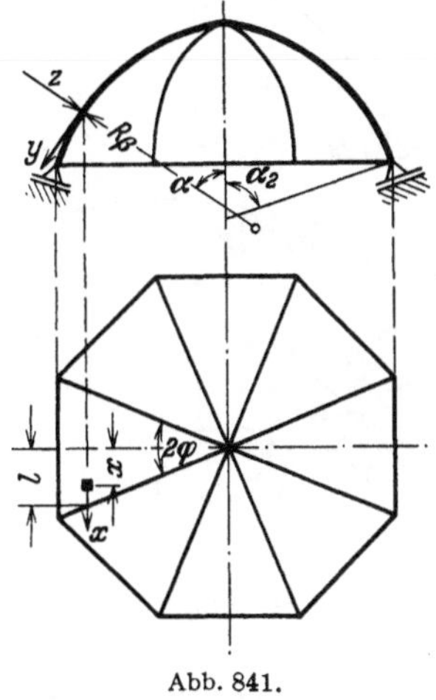

Abb. 841.

daher bei jeder stetigen Belastung der Tonnen im wesentlichen nur Längskräfte.

Die Integration der Gleichgewichtsbedingungen (1262) für eine Belastung aus $p_x = 0$, $p_y = p_y(\alpha)$, $p_z = p_z(\alpha)$ liefert mit $R_\beta \equiv r$

$$N_\alpha = -p_z R_\beta, \qquad N_{\alpha x} = -\left(\frac{\partial N_\alpha}{R_\beta \partial \alpha} + p_y\right) x + f_1(\alpha) = -p_y^* x + f_1(\alpha),$$
$$N_x = \frac{\partial p_y^*}{2 R_\beta \partial \alpha} x^2 - \frac{\partial f_1(\alpha)}{R_\beta \partial \alpha} x + f_2(\alpha). \tag{1271}$$

Die Belastung ist entweder symmetrisch (Eigengewicht, Schneelast) oder antimetrisch (Windbelastung).

Die Unstetigkeit der Mittelfläche in den Gratlinien zwingt zur Zerlegung des Spannungsbildes. Der eine Anteil beschreibt die Tragwirkung der Tonne zur Übertragung der Belastung nach den Gratlinien, der andere die Tragwirkung der Kuppel zur Übertragung der Randkräfte in den Gratlinien nach den Stützpunkten und Randgliedern.

Lösung bei zyklisch symmetrischer Belastung.

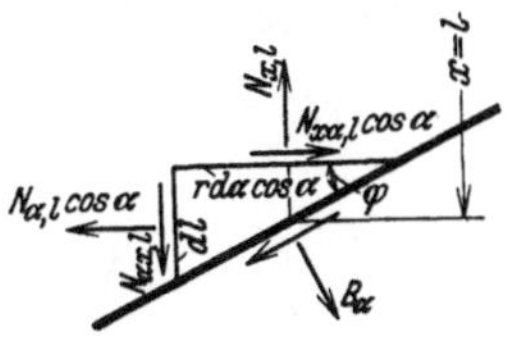

Anteil I. Die Schubkräfte $N_{\alpha x}$ sind in allen Symmetrieebenen, also auch in den Querschnitten $x = 0$ (Abb. 841) Null, so daß nach (1271) $f_1(\alpha) = 0$. Durch die Ausnützung der Symmetrie ist in den Gratschnitten nur noch die Bedingung verfügbar, daß die Komponente B_α der Hauptschnittkraft in $x = l_\alpha$ in Richtung der Binormalen Null ist. Danach gilt für den Grundriß eines differentialen Schalenteils (Abb. 842)

Abb. 842.

$$B_\alpha = (N_{x,l} - 2N_{\alpha x,l} \cos\alpha \operatorname{tg}\varphi + N_{\alpha,l} \cos^2\alpha \operatorname{tg}^2\varphi) R_\beta d\alpha \cos\varphi = 0,$$

und mit (1271)

$$N_{\alpha x,\,l} = -p_y^* l, \qquad N_{x,\,l} = \frac{\partial p_y^*}{2R_\beta \partial \alpha} l^2 + f_2(\alpha)$$

also

$$f_2(\alpha) = -\frac{l^2}{2}\frac{\partial p_y^*}{R_\beta \partial \alpha} - 2p_y^* l \cos\alpha \operatorname{tg}\varphi + p_z R_\beta \cos^2\alpha \operatorname{tg}^2\varphi. \qquad (1272)$$

Die Trägerwirkung des Schalensektors besteht daher aus den Schnittkräften

$$N_\alpha = -p_z R_\beta, \quad N_{\alpha x} = -p_y^* x, \quad N_x^{(T)} = -\frac{l^2 - x^2}{2}\frac{\partial p_y^*}{R_\beta \partial \alpha} - f_3(\alpha), \left.\right\}$$
$$f_3(\alpha) = +2p_y^* l \cos\alpha \operatorname{tg}\varphi + N_\alpha \cos^2\alpha \operatorname{tg}^2\varphi. \qquad (1273)$$

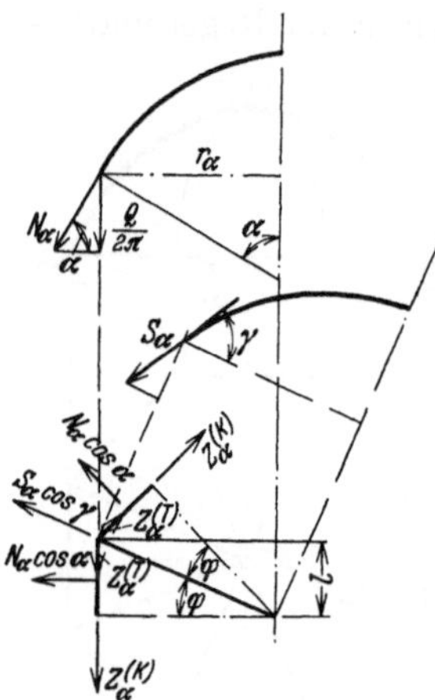

Abb. 843.

Sie sind jedoch nur durch die Längskraft $Z_\alpha^{(T)}$ eines Zuggliedes am Rande $\alpha = \alpha_2$ im Gleichgewicht

$$Z_\alpha^{(T)} = +\frac{l^2 - x^2}{2}p_y^* + \int_0^{\alpha_2} f_3(\alpha) R_\beta \, d\alpha. \qquad (1274)$$

Anteil II. Der Spannungszustand durch die Kuppelwirkung des Tragwerks besteht aus Längskräften $N_x^{(K)}$, die von der nach den Graten abgetragenen Belastung hervorgerufen werden. Sie lassen sich nach (1096) am einfachsten als Zuwachs der Resultierenden $Z_\alpha^{(K)}$ aller Längskräfte oberhalb eines Breitenschnittes α berechnen.

Durch diesen werden neben der Resultierenden Q_α der Belastung die Schnittkräfte N_α, $Z_\alpha^{(T)}$ und die Längskraft S_α in Richtung der Grattangenten zu äußeren Kräften, die miteinander im Gleichgewicht sind. Die Summe aller senkrechten Komponenten liefert S_α (Abb. 843).

$$Q_\alpha + 4nl N_\alpha \sin\alpha + 2n S_\alpha \sin\gamma = 0, \quad \text{also mit} \quad \sin\gamma = 1/\sqrt{1 + \operatorname{ctg}^2\alpha/\cos^2\varphi}, \left.\right\}$$
$$S_\alpha = -\left(\frac{Q_\alpha}{2n} - 2p_z R_\beta r_\alpha \sin\alpha \operatorname{tg}\varphi\right)\sqrt{1 + \operatorname{ctg}^2\alpha/\cos^2\varphi}. \qquad (1275)$$

Zum Gleichgewicht der waagerechten Komponenten der Schnittkräfte S_α, N_α mit der Schubkraft $Z_\alpha^{(T)}$ an den Eckpunkten eines freien Breitenschnittes α ist die Längskraft $Z_\alpha^{(K)}$ eines Zugringes notwendig (Abb. 843).

$$Z_\alpha^{(K)} + \frac{S_\alpha \cos\gamma}{2\sin\varphi} + r_\alpha N_\alpha \cos\alpha + \int_0^\alpha f_3(\alpha) R_\beta \, d\alpha = 0 \left.\right|$$

und

$$N_x^{(K)} = -\frac{\partial Z_\alpha^{(K)}}{R_\beta \partial \alpha} = \frac{\partial}{R_\beta \partial \alpha}\left(\frac{S_\alpha \cos\gamma}{2\sin\varphi} + r_\alpha N_\alpha \cos\alpha\right) + f_3(\alpha). \left.\right| \qquad (1276)$$

Durch die Überlagerung der Anteile I und II des Spannungszustandes entsteht die gesuchte Schnittkraft

$$N_x = N_x^{(T)} + N_x^{(K)} = -\frac{l^2 - x^2}{2}\frac{\partial p_y^*}{R_\alpha \partial \alpha} + \frac{\partial}{R_\beta \partial \alpha}\left(\frac{S_\alpha \cos\gamma}{2\sin\varphi} + r_\alpha N_\alpha \cos\alpha\right) \left.\right\}$$

mit

$$\frac{S_\alpha \cos\gamma}{2\sin\varphi} + r_\alpha N_\alpha \cos\alpha = -\frac{Q_\alpha \operatorname{ctg}\alpha}{2n \sin 2\varphi} + p_z R_\beta r_\alpha \cos\alpha \operatorname{tg}^2\varphi, \quad \varphi = \pi/2n. \left.\right\} \qquad (1277)$$

Eigengewicht: $p_x = 0$, $p_y = g \sin\alpha$, $p_z = g \cos\alpha$.

$$Q_\alpha = 4n \operatorname{tg}\frac{\pi}{2n}\int_0^\alpha g R_\beta r_\alpha \, d\alpha = 4n \operatorname{tg}\frac{\pi}{2n} Q_{\alpha 1}. \qquad (1278)$$

Schneelast: $p_x = 0$, $p_y = p \sin \alpha \cos \alpha$, $p_z = p \cos^2 \alpha$.

$$Q_\alpha = 4 n \operatorname{tg} \frac{\pi}{2 n} \cdot \frac{p_0}{2} r_\alpha^2 = 4 n \operatorname{tg} \frac{\pi}{2 n} Q_{\alpha 2}. \tag{1279}$$

a) Der Meridian ist ein Kreisbogen (Abb. 844):

$$Q_{\alpha 1} = g a [a (1 - \cos \alpha) - c \alpha], \qquad Q_{\alpha 2} = \frac{p_0}{2} (a \sin \alpha - c)^2. \tag{1280}$$

b) Der Meridian ist eine Zykloide (Abb. 845):

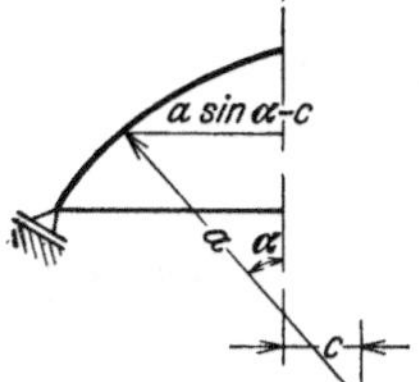

Abb. 844.

$$Q_{\alpha 1} = 2 g f^2 \Big(\alpha \sin \alpha + \cos \alpha$$
$$- \frac{1}{3} \cos^3 \alpha - \frac{2}{3} \Big),$$
$$Q_{\alpha 2} = \frac{p_0}{2} f^2 \Big(\alpha + \frac{1}{2} \sin 2 \alpha \Big)^2. \tag{1281}$$

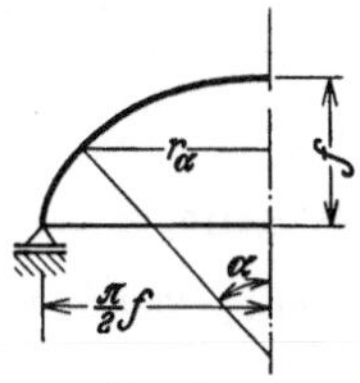

Abb. 845.

Ist die Meridiankurve anderweit festgelegt, so werden die Integrationen in Verbindung mit $R_\beta d\alpha = ds \to \Delta s$ als Summe und die Differentialquotienten ebenso wie auf S. 763 angenähert als Differenzenquotienten berechnet.

Berechnung einer Vieleckkuppel.

Die Kuppel hat einen achteckigen Grundriß nach Abb. 841 mit $2 n = 8$, $\varphi = \pi/8$ und einen Kreisquerschnitt mit dem Radius $a = 20,5$ m. Die Belastung besteht aus Eigengewicht $g = 0,20 \, t/m^2$. Nach (1273) ist

$$N_\alpha = - g a \cos \alpha = -4,1 \cos \alpha,$$
$$N_{\alpha x} = - 2 g x \sin \alpha = -0,4 x \sin \alpha,$$

oder für

$$x = l = a \sin \alpha \operatorname{tg} \varphi;$$
$$N_{\alpha x} (x = l) = -3,39 \sin^2 \alpha.$$

Für den Kreisquerschnitt ist nach (1278) und (1280) $Q_\alpha = 16 g a^2 (1 - \cos \alpha) \operatorname{tg} \varphi$ und die Längskraft in den Graten nach (1275)

$$S_\alpha = 2 g a^2 \operatorname{tg} \varphi [(1 + \sin^2 \alpha) \cos \alpha - 1] \sqrt{1 + \frac{\operatorname{ctg}^2 \alpha}{\cos^2 \varphi}}.$$

Die Ringkraft ist nach (1277) für $x = 0$

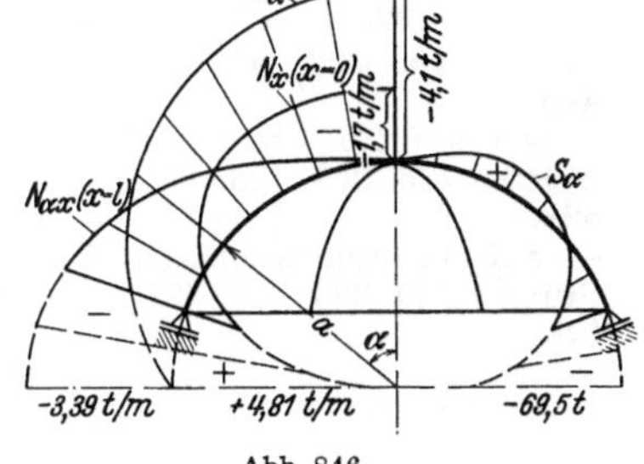

Abb. 846.

$$N_x (x = 0) = \frac{g a}{\cos^2 \varphi} \Big[\frac{1 - \cos \alpha - \cos^2 \alpha}{1 + \cos \alpha} + (1 - 4 \sin^2 \alpha) \cos \alpha \sin^2 \varphi \Big].$$

Die Schnittkräfte sind in Abb. 846 dargestellt.

Dischinger, F.: Die Theorie der Vieleckkuppeln. Diss. Dresden und Beton u. Eisen 1929 S. 100.

Sachverzeichnis.

Druck von Oscar Brandstetter in Leipzig.